Conversion Factors

Length
1 in = 2.54 cm
1 cm = 0.394 in
1 ft = 30.5 cm
1 m = 39.4 in = 3.281 ft
1 km = 0.621 mi
1 mi = 5,280 ft = 1.609 km
1 light-year = 9.461×10^{15} m

Mass
1 lb = 453.6 g (where $g = 9.8 \text{ m/s}^2$)
1 kg = 2.205 lb (where $g = 9.8 \text{ m/s}^2$)
1 atomic mass unit u = 1.66061×10^{-27} kg

Volume
1 liter = 1.057 quarts
1 in^3 = 16.39 cm^3
1 gallon = 3.786 liters
1 ft^3 = 0.02832 m^3

Energy
1 cal = 4.184 J
1 J = 0.738 ft·lb = 0.0239 cal
1 ft·lb = 1.356 J
1 Btu = 252 cal = 778 ft·lb
1 kWh = 3.60×10^6 J = 860 kcal
1 hp = 550 ft·lb/s = 746 W
1 W = 0.738 ft·lb/s
1 Btu/h = 0.293 W
Absolute zero (0K) = –273.15°C
1 J = 6.24×10^{18} eV
1 eV = 1.6022×10^{-19} J

Speed
1 km/h = 0.2778 m/s = 0.6214 mi/h
1 m/s = 3.60 km/h = 2.237 mi/h = 3.281 ft/s
1 mi/h = 1.61 km/h = 0.447 m/s = 1.47 ft/s
1 ft/s = 0.3048 m/s = 0.6818 mi/h

Force
1 N = 0.2248 lb
1 lb = 4.448 N

Pressure
1 atm = 1.013 bar = 1.013×10^5 N/m^2 = 14.7 lb/in^2
1 lb/in^2 = 6.90×10^3 N/m^2

Powers of Ten

10^{-10} = 0.000.000.000.1	10^0 = 1
10^{-9} = 0.000.000.001	10^1 = 10
10^{-8} = 0.000.000.01	10^2 = 100
10^{-7} = 0.000.000.1	10^3 = 1,000
10^{-6} = 0.000.001	10^4 = 10,000
10^{-5} = 0.000.01	10^5 = 100,000
10^{-4} = 0.000.1	10^6 = 1,000,000
10^{-3} = 0.001	10^7 = 10,000,000
10^{-2} = 0.01	10^8 = 100,000,000
10^{-1} = 0.1	10^9 = 1,000,000,000
10^0 = 1	10^{10} = 10,000,000,000

Multipliers for Metric Units

a	atto-	10^{-18}	da	deka-	10^1
f	femto-	10^{-15}	h	hecto-	10^2
p	pico-	10^{-12}	k	kilo-	10^3
n	nano-	10^{-9}	M	mega-	10^6
μ	micro-	10^{-6}	G	giga-	10^9
m	milli-	10^{-3}	T	tera-	10^{12}
c	centi-	10^{-2}	P	peta-	10^{15}
d	deci-	10^{-1}	E	exa-	10^{18}

Physical Constants

Quantity	Approximate Value
Gravity (Earth)	$g = 9.8 \text{ m/s}^2$
Gravitational law constant	$G = 6.67 \times 10^{-11} \text{ N·m}^2/\text{kg}^2$
Earth radius (mean)	6.38×10^6 m
Earth mass	5.98×10^{24} kg
Earth-Sun distance (mean)	1.50×10^{11} m
Earth-Moon distance (mean)	3.84×10^8 m
Fundamental charge	1.60×10^{-19} C
Coulomb law constant	$k = 9.00 \times 10^9 \text{ N·m}^2/\text{C}^2$
Electron rest mass	9.11×10^{-31} kg
Proton rest mass	1.6726×10^{-27} kg
Neutron rest mass	1.6750×10^{-27} kg
Bohr radius	5.29×10^{-11} m
Avogadro's number	6.02×10^{23}/mol
Planck's constant	6.62×10^{-34} J·s
Speed of light (vacuum)	3.00×10^8 m/s
Pi	$\pi = 3.1415926536$

7판

TILLERY
자연과학개론

Bill W. Tillery
Arizona State University

Eldon D. Enger
Delta College

Frederick C. Ross
Delta College

Timothy F. Slater, Ph.D.
University of Wyoming

Stephanie J. Slater, Ph.D.
CAPER Center for Astronomy & Physics Education Research

Integrated Science, 7th Edition

1 2 3 4 5 6 7 8 9 10 Gyomoonsa 20 21

Original: Integrated Science, 7th Edition © 2019
By Bill W. Tillery, Eldon D. Enger, Frederick C. Ross, Timothy F. Slater, Stephanie J. Slaster
ISBN 978-0-07-786260-2

This authorized Korean translation edition is jointly published by McGraw-Hill Education Korea, Ltd. and Gyomoonsa. This edition is authorized for sale in the Republic of Korea.

This book is exclusively distributed by Gyomoonsa.

When ordering this title, please use ISBN 978-89-363-2124-6 (93400)

Printed in Korea

7판

TILLERY 자연과학개론

Bill W. Tillery 외 지음

김덕현 감수

강광철 · 김석준 · 김영태 · 김주천

박태원 · 양도현 · 원기탁 · 정연환 옮김

교문사

옮긴이 머리말

최근 들어 학제간 융합교육의 필요성과 함께 '자연과학개론'도 그 중요성과 요구가 커지고 있다. 즉 '자연과학개론'도 기초과학의 역할로서뿐만 아니라 현대 일반인의 대중 교양교육으로 그 필요성이 강조되고 있다. 이러한 분위기에 힘입어 인터넷이나 각종 방송매체, 그리고 다양한 과학 관련 교육모임이나 학계의 교육이 많이 활성화되어 있다. 즉 일반인들도 작은 관심을 기울이면 쉽게 관련 정보를 얻거나 강의 사이트를 접할 수 있는 환경이 되었다. 정규 교육기관인 대학에서도 '자연과학개론'이란 과목으로 오랫동안 개설되어 강좌가 이루어지고 있다. 다양한 수요에도 불구하고 현재의 시점에서 과학 전체를 통합하며, 논리적 비약 없이 과학의 기초부터 사회현상을 모두 아우르는 좋은 교재가 없었던 것도 현실이다.

일반인과 학생을 포함한 피교육자를 위한 교재의 내용은, 에너지와 물질의 기원, 우주와 지구, 그리고 생명의 탄생, 생명의 진화와 인간의 탄생과 고도화된 지능의 탄생까지를 아우르는 내용을 포함해야 할 것이다. 그리고 이러한 내용은 학생뿐만 아니라 일반 자연인이 가질 수 있는 원초적인 과학적 의문에 그 실마리를 제공할 수 있어야 한다. 그 의문들의 대부분을 다루는 친절한 교재는 다양한 분야의 많은 전문가, 그 전문자의 많은 노력과 시간의 투자, 마지막으로 그 전문가의 교육에 대한 열정이 요구되는 일이다. 이러한 요구를 만족하고, 피교육자의 요구도 만족시키는 교재가 아직까진 출판된 적이 없었으며, 교육자와 피교육자 모두 자연과학개론 혹은 교양과학개론이라는 친절한 교재의 부재를 안타까워하고 있었다.

이 책은 물리/생물/천문, 그리고 과학교육 관련 전문가들이 다년간의 연구/교육 경험을 바탕으로 공통과학의 필요성을 절실히 느끼고 저술한 《Integrated Science》(Tillery, 7판)의 광범위한 내용을 번역한 것이다. 번역과정에서 국내의 현실적인 여러 문제로 전체를 번역하지 못했지만 자연과학 각 분야의 기초적이고 근본적인 내용을 대부분 빠트리지 않고 모두 담아 피교육자와 교육자의 요구에 부하도록 노력하였다. 원본을 번역하는 과정에서 생긴 오타나 잘못된 부분은 앞으로 빠짐없이 수정·보완할 것이며, 각 장의 짝수 예제문제와 연습문제의 해답은 별도의 PDF 파일로 제공할 예정이다(교문사 홈페이지).

마지막으로 독자분들에게 부탁하고 싶은 것은, 본문의 내용이 비록 기초적인 내용으로 익숙한 표현들과 그림으로 이루어진 것이고 또한 이미 알고 있는 장이나 절이더라도 본문 내용 전체를 토시하나 빠짐없이 모두 읽고, 본문을 제외한 '자세한 관찰', '관련 내용', '개념 적용', '과학 스케치', '과학과 사회', '미신, 착각, 그리고 오해', '과학의 배후에 있는 사람들' 등의 관련 첨부 자료들도 상세히 읽어 보기를 제안한다. 이러한 읽기를 통한 통합적 이해는 궁극적으로 인간을 포함한 자연과 사회를 동시에 이해하는 데 중요한 디딤돌이 될 것으로 생각한다.

역자 대표 김덕현

지은이 머리말

최근 들어 다양한 연구에서는 학문간 경계를 허물거나 낮추어 학문의 폭을 넓히고 참인간교육으로의 과학교육을 추구하는 방향이 중요하다고 강조되곤 한다. 그리고 다양한 방법으로 그런 목적에 부합하도록 그 교육방향을 바꾸어야 한다는 점도 자주 강조되고 있다. 또 다른 연구에서는 한 분야에서 기술적으로 풍부한 경험을 가진 인재의 수요보다는 기초 과학과 관련하여 더 많은 다양한 기본적인 지식체계를 가진 인재를 더 많이 필요로 하는 사회적 요구도 존재한다.

과학과 사회분야의 다양한 이해는 학생들로 하여금 학제간 연관성과 상호간의 이해를 도우며, 이러한 것은 결국 과학에 대한 주요 진보를 이해하는 것을 도울 수 있을 뿐만 아니라, 과학 및 각종 정책과 관련된 여러 사회 문제들에 대해서도 합리적인 판단을 하는 데도 도움이 될 것이다.

이러한 목적을 달성하기 위하여 본 책은 과학의 기본 개념을 통하여 과학적 생각을 하도록 돕는 데 있다. 수학적 표현이나 과학적 용어들이 과학적인 사실을 설명하거나 이해함에 있어서 매우 엄격하게 정의되고 중요하나, 본 책에서는 핵심 개념을 이해하는 데 꼭 필요한 부분에만 사용하였고, 관련하여 선생학습이 없는 것으로 가정하여 표현하였다. 책의 다양한 구성들이 학생들로 하여 과학적 관점으로 과학적 생각을 하게끔 돕도록 구성하고자 노력하였다. 예를 들어, 이를 위하여 필요시 장마다 역사적 배경을 두거나, 일상생활에서의 예를 통하여 개념에 접근하도록 하며, 과학 개념변화에 기여를 한 과학자나 과학적 사건에 대한 토론 등도 내용에 포함하였다. 비전공자가 이해할 수 있도록 전통 과학 표현법이 아닌 다양한 방법의 적합한 방법들을 사용하여 설명하였다. 몇 번의 출판과 수정, 그리고 독자 및 교수자의 의견을 반영하여 다양한 내용들이 추가적으로 소개되었다 예를 들어, '핵심 개념', '장의 개요', '연관성', '개요', '개념 적용', '예제', '과학 스케치', '관련 내용', '과학과 사회', '자세한 관찰', '미신, 착각, 그리고 오해', '과학의 배후에 있는 사람들' 등이 그것이다.

본 내용은 과학개념의 이해, 개념 간의 결합적 개념의 이해, 그리고 이를 통한 문제해결 능력을 키우도록 구성하였다. 전체 내용 중에서 학생의 요구사항이나 피교육자의 상황에 따라 관련 교육자가 원하는 목적에 맞도록 내용의 순서와 난이도를 유연하게 재구성 가능하도록 전체를 폭넓게 구성하였다. 불필요한 부분을 뺄 수도 있으며, 한 학기 혹은 두 학기로 강의가 구성될 수 있도록 하였다.

차례

CHAPTER 11

지구 263

CHAPTER 12

지구의 표면 292

CHAPTER 13

지구의 날씨 314

CHAPTER 14

지구의 물 353

CHAPTER 15

원자와 주기적 성질 381

CHAPTER 16

화학 반응 407

CHAPTER 17

물과 용액 441

CHAPTER 18

유기화학과 생화학 465

CHAPTER 19

생명체의 본질 500

CHAPTER 20

생명의 기원과 진화 542

CHAPTER 21

생물의 역사 574

CHAPTER 22

멘델유전학과 분자유전학 607

1 과학이란?

What Is Science?

과학은 주변 환경과 이에 대한 개념, 이해와 관련된 것이다. ©Brand X Pictures/Getty Images RF

핵심 개념

과학은 주변 환경에 대해 생각하고 이해하는 방법이다.

장의 개요

식은 변수 간의 관계에 대한 기술이다.
Pg. 20

과학의 배후에 있는 사람들: 플로렌스 배스컴

연관성

물리학

▶ 에너지가 주변 환경에서 들어오고 나온다(2-7장).

화학

▶ 물질은 여러 다른 준위에서 상호작용하는 원자로 구성되어 있다(8, 15-17장).

지구과학

▶ 지구는 변화의 순환을 통해 상호작용하는 물질과 에너지이다(10-14장).

천문학

▶ 별과 태양계는 변화의 주기를 통해 상호작용하는 물질과 에너지이다(9장).

개요

여러분들은 여러분의 생각과 아는 것에 대해 고민해본 적이 있는가? 간단하게 말해서, 여러분들이 아는 모든 것은 감각을 통해 왔다고 말할 수 있다. 여러분들은 선택한 것을 보고, 듣고, 만지고, 주변의 것들의 냄새를 맡고, 맛을 볼 수 있다. 감각 기관에 의해 수집된 정보는 뇌로 전달된다. 여러분들의 두뇌는 이 모든 정보의 규칙을 찾고 이해하려고 시도한다. 규칙을 찾는 것은 세상과 특정 장소와 시간에 무슨 일이 일어나고 있는지 이해하는 데 도움이 된다. 또한 다음에 일어날 일을 예측할 수 있게 한다.

이 책은 주변 환경에 대해 생각하고 이해하는 것에 관한 것이다. 주변 환경은 풍경이나 날씨와 같은 명확한 것에서부터 원자의 구성과 같이 명확하지 않은 것까지 다양한 범위를 아우른다. 또한 자연적인 것뿐만 아니라 인류가 인공적으로 생성하여 사용하는 것들을 포함한다(그림 1.1). 여러분들은 이전의 경험과 무관하게 주변 환경에 대해 생각하는 방법을 배우게 될 것이다. 첫 번째 장은 사고 과정에서 사용할 '도구와 규칙'에 관한 것이다. 얼마나 많은, 얼마나 큰, 얼마나 멀리 떨어져 있는, 그리고 어떻게 변화하는지에 대해 세계를 묘사하는 데 중점을 둘 것이다.

1.1 미터법 체계의 표준 단위

주변의 모든 물체와 사건의 속성을 고려하려면 그 수는 엄청날 것이다. 그러나 속성을 측정하는 방법을 자세히 들여다보면 일부는 다른 속성의 조합임을 알 수 있다(그림 1.2). 예를 들어, 부피는 길이, 너비, 높이라는 3개의 길이로 설명된다. 면적은 길이와 너비 2개의 길이로 설명된다. 그러나 길이는 다른 속성으로 간단한 정의할 수 없다. 더 간단한 용어로 설명할 수 없는 4가지 속성이 있으며 다른 모든 속성은 이 4가지의 조합이다. 이러한 이유로 **기본 속성(fundamental property)**이라고 한다. 기본 속성은 측정 방법으로 설명하는 것 이외에는 간단한 용어로 정의할 수 없다. 이 4가지 기본 특성은 (1) **길이(length)**, (2) **질량(mass)**, (3) **시간(time)**, (4) **전하(charge)**이다. 이 4가지 속성은 개별적으로 또는 조합하여 관찰한 내용을 설명하거나 측정하는 데 사용된다. 길이, 질량 및 시간의 기본 특성을 측정하기 위한 미터법 측정 단위를 곧바로 설명할 것이다. 네 번째 기본 속성인 전하는 전기와 관련이 있으며 6장에서 설명한다.

그림 1.1 주변 환경은 오솔길이나 담벽과 같이 자연적으로 생긴 것들과 인공적으로 만들어진 것들을 포함한다.

길이

미터법 체계에서 길이의 표준 단위는 **미터(meter)**이다(기호 또는 약어는 m이다). 미터는 빛이 1/299,792,458초의 특정 시간 동안 진공에서 이동하는 거리로 정의된다. 기억해야 할 중요한 것은 미터가 길이의 **표준 단위(standard unit)**라는 것이다. 미터는 39.3인치인 야드보다 약간 더 긴데, 대략적으로 팔을 곧게 뻗었을 때 대략 왼쪽 어깨에서 오른손 끝까지의 거리이다. 대부분의 손잡이는 바닥에서 약 1미터 위에 있다. 미터의 길이를 떠올리려 할 때 이 거리를 생각하라.

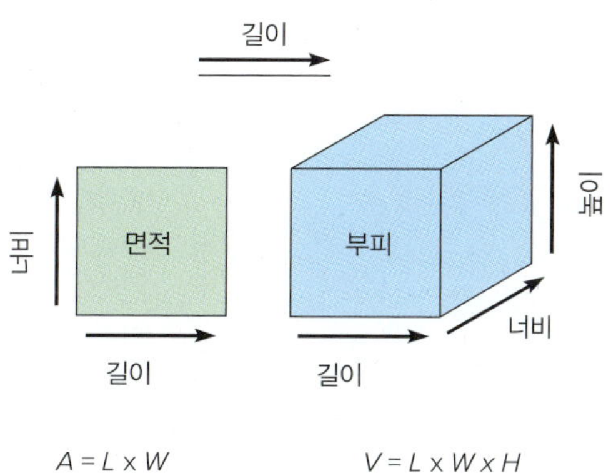

그림 1.2 면적 또는 표면의 면적은 2개의 길이로 설명할 수 있다. 부피 또는 물체가 차지하는 공간은 3개의 길이로 설명할 수 있다. 그러나 길이는 측정 방법으로만 설명할 수 있으므로 기본 속성이라고 한다.

질량

미터법 체계에서 질량의 표준 단위는 **킬로그램**(kilogram, kg)이다. 킬로그램은 프랑스의 국제 도량형국이 보관하는 특정 원통형 금속의 질량으로 정의된다. 질량은 아직까지도 물체로 정의된 유일한 표준 단위이다. 질량은 지표면에서 상호 간에 비례관계가 있기 때문에 종종 무게와 혼동되기도 한다. 그러나 2가지는 완전히 다른 속성이며 다른 단위로 측정된다. 모든 물체는 정지 상태 또는 직선 운동 상태를 유지하는 경향이 있으며 이 속성을 '관성'이라고 한다. 물체의 **질량**(mass)은 관성의 척도이다. 물체의 **무게**(weight)는 중력의 척도이다. 무게와 질량의 이러한 차이점은 2장에서 자세히 설명할 것이다. 지금은 무게와 질량이 같은 속성이 아님을 기억하라.

시간

시간의 표준 단위는 **초**(second, s)이다. 원래 초는 태양일의 1/86,400(1/60 × 1/60 × 1/24)로 정의되었다. 그러나 지구의 자전이 원래 생각했던 것만큼 일정하지 않은 것으로 밝혀짐에 따라, 초는 세슘 원자의 특정 진동 횟수에 해당하는 시간으로 재정의되었다. '원자 시계'라고 하는 특수 분광계는 이러한 진동을 측정하고 매년 수백만 분의 1초의 정확도를 유지한다.

1.2 미터법 접두어

미터법 체계는 접두어를 사용하여 10배씩 더 크거나 작은 양을 나타낸다. 가장 일반적으로 사용되는 접두사, 약어, 의미는 표 1.1에 나열되어 있다. 표준 길이 단위인 미터보다 작은 것을 측정한다고 하자. 미터는 **데시미터**(decimeter)라고 하는 10개의 동일한 크기의 작은 단위

표 1.1 미터법 접두어

접두어	기호	의미
tera-	T	10^{12} (단위의 1,000,000,000,000배)
giga-	G	10^{9} (단위의 1,000,000,000배)
mega-	M	10^{6} (단위의 1,000,000배)
kilo-	k	10^{3} (단위의 1,000배)
hecto-	h	10^{2} (단위의 100배)
deka-	da	10^{1} (단위의 10배)
Unit		
deci-	d	10^{-1} (단위의 0.1)
centi-	c	10^{-2} (단위의 0.01)
milli-	m	10^{-3} (단위의 0.001)
micro-	μ	10^{-6} (단위의 0.000001)
nano-	n	10^{-9} (단위의 0.000000001)
pico-	p	10^{-12} (단위의 0.000000000001)

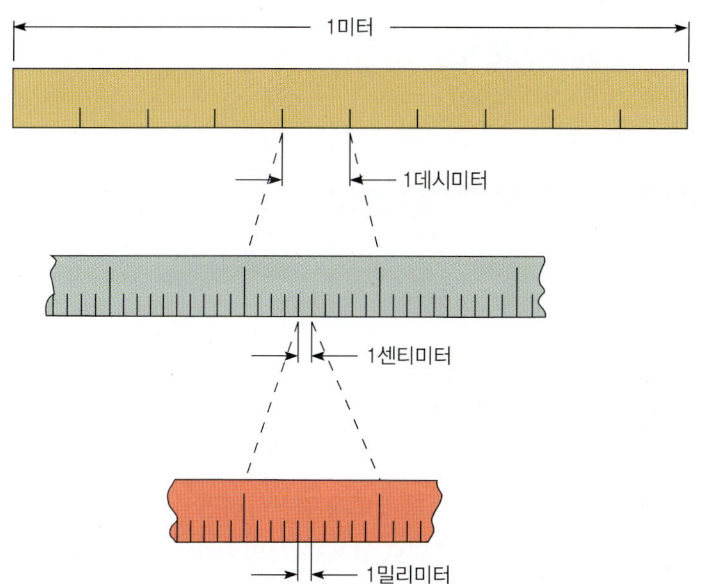

그림 1.3 위에 표시된 단위를 비교하라. 1센티미터는 몇 밀리미터에 해당하는가? 1데시미터는 몇 밀리미터에 해당하는가? 이것을 10의 배수로 표현할 수 있겠는가?

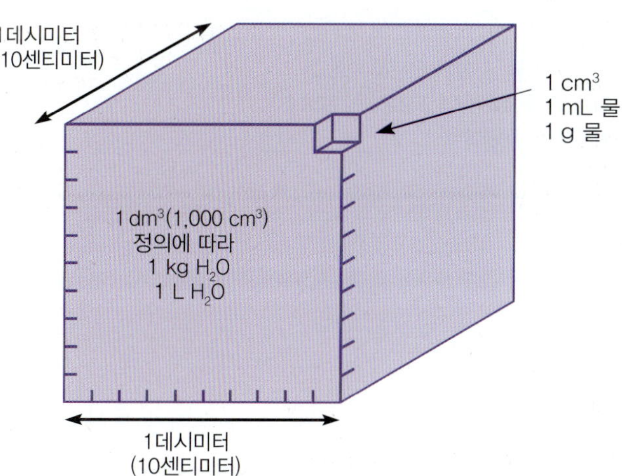

그림 1.4 액체의 입방 데시미터(1,000 cm^3) 부피는 1 L(1,000 mL)이고 질량은 1 kg(1,000 g)이다. 따라서 1 cm^{3}의 물은 1 mL의 부피 및 1 g의 질량을 갖는다.

로 나누어진다. 접두사 데시(deci-)는 '10분의 1'의 의미를 가지며 1미터의 길이와 같아지려면 10데시미터가 필요하다. 더 작은 측정을 위해 데시미터는 센티미터(centimeter)라고 하는 10개의 동일한 크기의 작은 단위로 나뉜다. 10센티미터는 1데시미터이고 100센티미터는 1미터이다. 유사한 방식으로, 각 접두사는 10배만큼 증가 또는 감소를 간단히 나타낸다(그림 1.3).

미터법 체계가 1791년에 설립되었을 때, 표준 질량 단위는 특정 부피의 물의 질량으로 정의되었다. 4°C에서 순수한 물의 입방 데시미터(dm^3)를 1킬로그램(kg)의 질량으로 정의하였다. 이 정의는 길이, 질량, 부피 사이를 관계짓기 때문에 편리하다. 그림 1.4와 같이 입방 데시미터는 각 면이 10 cm이므로 이 정육면체의 부피는 10 cm × 10 cm × 10 cm 또는 1,000 입방 센티미터(cc 또는 cm^{3}으로 약칭)이다. 따라서 물 1,000 cm^{3}의 부피는 1 kg인데, 1 kg은 1,000 g이므로 물 1 cm^{3}의 질량은 1 g이다.

또한 1,000 cm^{3}의 부피는 액체의 부피로 사용되는 리터(liter, L)를 미터법 단위로 정의한다. 적은 양의 경우 밀리리터(mL)를 사용한다. 따라서 액체의 부피, 부피 및 질량의 관계는

$$1.0\ \text{L} \rightarrow 1.0\ \text{dm}^3,\ \text{질량은}\ 1.0\ \text{kg}$$

또는 적은 양의 경우 다음과 같다.

$$1.0\ \text{mL} \rightarrow 1.0\ \text{cm}^3,\ \text{질량은}\ 1.0\ \text{g}$$

1.3 측정의 이해

측정의 기본적인 사용법 중 하나는 모든 사람이 이해할 수 있는 정확한 방법으로 묘사하는 데 쓰는 것이다. 예를 들어, 다른 지역의 친구가 날씨가 '따뜻한' 상태라고 말하면 우리는 몇 도

그림 1.5 일기 예보는 각 조건에 대해 숫자와 지정된 단위를 이용하여 날씨를 정확하게 묘사하는 정보와 자료를 제공한다.

일기예보

금요일(오후 5시까지 24시간)
최고-공항지역 23°C, 시내지역 24°C
최저-공항지역 20°C, 시내지역 21°C
강우량 ········· 6.6 mm
평균 풍속 ········· 2.3 m/s
상대습도 ········· 최고 85%
최저 75%
예상 강우량 ········· 24 mm

의 온도가 묘사되는지 알 수 없다. 대기 온도가 21°C라는 진술은 '따뜻한 날씨'에 대한 진술보다 더 정확한 정보를 전달한다. 대기 온도가 21°C라는 진술에는 (1) 숫자값 21과 (2) 섭씨 단위의 2가지 중요한 개념이 포함되어 있다. 측정값을 올바르게 전달하려면 숫자값과 단위가 모두 필요하다. 따라서 일기 예보는 숫자와 지정된 단위로 날씨를 설명한다. 예를 들어 기온은 21°C, 풍속은 초속 2.3미터, 강우량은 6.6밀리미터이다(그림 1.5). 이렇게 숫자와 지정된 단위로 묘사하면 모든 사람이 그 조건을 **정확하게** 이해하게 된다.

자료

무언가를 설명하는 데 사용되는 측정 정보를 **자료**(data)라고 한다. 자료는 물체, 조건, 사건 또는 변경 사항을 설명하는 데 사용될 수 있다. 매년 날씨 자료를 비교하기 전까지는 실제로 매년 날씨가 바뀌었는지 알지 못한다. 자료는 날씨가 더워지는지, 건조해지는지, 매해 거의 동일하게 유지되고 있는지를 알려준다.

자료를 사용하여 설명하는 방법과 자료를 분석하는 방법을 살펴보자. 그림 1.6의 입방체가 그 예이다. 각 입방체는 크기와 표면적의 특성을 측정하여 설명할 수 있다.

먼저 각 입방체의 크기를 생각해보자. 크기는 **부피**(volume)로 설명할 수 있는데, 이는 **어떤 물체가 차지하는 공간**을 의미한다. 입방체의 부피는 길이, 너비, 높이를 측정하고 곱하여 얻을 수 있다. 그 자료값은

입방체 a의 부피 $1\ cm^3$
입방체 b의 부피 $8\ cm^3$
입방체 c의 부피 $27\ cm^3$

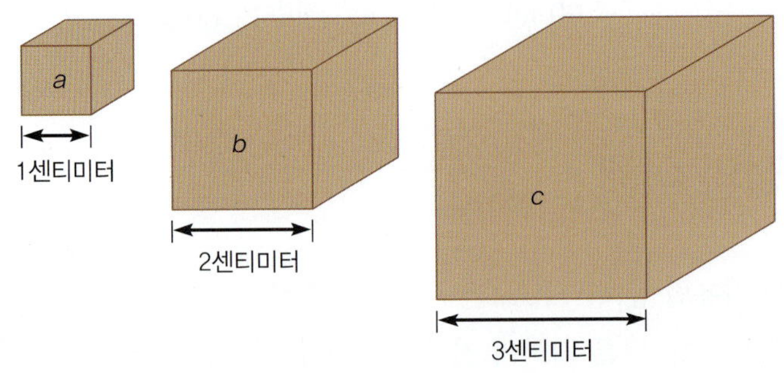

그림 1.6 입방체 *a*는 각 면이 1센티미터, *b*는 각 면이 2센티미터, *c*는 각 면이 3센티미터이다. 이 세 입방체는 자료로 설명하고 비교하거나 측정 정보와 비교할 수 있지만, 경향성이나 의미를 찾기 위해서는 분석이 필요하다.

이제 각 입방체의 표면적을 생각해보자. **면적(area)**은 표면의 범위를 의미하며 각 입방체에는 6개의 면(상단, 하단, 4개의 옆면)이 있다. 모든 면의 면적은 길이와 너비를 측정하고 이를 곱하여 얻을 수 있다. 따라서 세 입방체에 대한 자료는 다음과 같다.

	부피	표면적
입방체 a	1 cm^3	6 cm^2
입방체 b	8 cm^3	24 cm^2
입방체 c	27 cm^3	54 cm^2

비율과 일반화

그림 1.6에서 세 입방체의 부피와 표면적에 대한 자료는 입방체를 설명해주지만 부피와 표면적 사이의 관계에 대해 이야기하지 않는다. 자연은 관계를 감추는 경향이 있어 기본 자료에서 그 의미를 추출하기는 어렵다. 감춰진 것을 찾아내려면 수학적 기법을 사용하여 경향성을 찾아내야 한다. 이러한 기술을 세 입방체의 자료에 적용하는 방법과 그 경향성을 살펴보자.

자료를 좀 더 관리하기 쉬운 형태로 줄이는 수학적 기법 중 하나는 **비율(ratio)**을 통해 경향성을 드러내는 것이다. 비율은 한 숫자를 다른 숫자로 나눌 때 얻은 두 숫자 사이의 관계이다. 예를 들어, 25명의 실험실 그룹에 50장의 그래프 종이가 있다고 하자. 매수와 학생 수의 관계 또는 비율은 50종이 대 25학생이며, 이것은 50종이/25학생으로 쓸 수 있다. 이 비율은 50을 25로 나눠줌으로써 단순화되며 그 비율은 학생 1인당 2장이다. 1은 일반적으로 명시되지 않아서 비율은 단순히 2장의 종이/학생이 되고 학생 '각각' 2장, 또는 '학생당' 2장으로 표기한다. 비율로 단순화하는 개념은 중요한 것이며 과학 전반에 걸쳐 반복해서 볼 수 있다. 숫자 및 단위와 함께 사용될 때 '당'과 '각각'에 대한 의미를 이해하는 것이 중요하다.

그림 1.6의 세 입방체에 비율 개념을 적용하면 가장 작은 a에 대한 표면적 대 부피의 비율은 6 cm^2 대 1 cm^3이거나,

$$\frac{6\ \text{cm}^2}{1\ \text{cm}^3} = 6\ \frac{\text{cm}^2}{\text{cm}^3}$$

즉 각각의 cm^3 부피에 6 cm^2의 면적이 있다.

중간 크기의 b는 표면적이 24 cm^2이고 부피가 8 cm^3이다. 따라서 표면적 대 부피의 비율은

$$\frac{24\ \text{cm}^2}{8\ \text{cm}^3} = 3\ \frac{\text{cm}^2}{\text{cm}^3}$$

즉 각각의 cm^3 부피에 3 cm^2의 면적이 있다.

가장 큰 입방체 c는 표면적이 54 cm^2이고 부피가 27 cm^3이다. 비율은

$$\frac{54\ \text{cm}^2}{27\ \text{cm}^3} = 2\ \frac{\text{cm}^2}{\text{cm}^3}$$

또는 각각의 cm^3 부피에 2 cm^2의 면적이 있다. 요약하면 세 입방체에 대한 표면적 대 부피의 비율은 다음과 같다.

작은 입방체	*a*	6 : 1
중간 입방체	*b*	3 : 1
큰 입방체	*c*	2 : 1

비율을 통해 자료를 단순화했으므로 이제 정보의 의미하는 것을 일반화할 수 있다. 여러분들은 입방체의 부피가 커짐에 따라 표면적-부피 비율이 감소한다고 일반화할 수 있다. 이 일반화에서 추론하면 다른 여러 관찰에 대해서도 설명을 시도할 수 있다. 예를 들어, 분쇄된 얼음이 같은 부피의 얼음 덩어리보다 더 빨리 녹는 이유는 무엇인가? 분쇄 얼음은 덩어리보다 부피 대 표면적 비율이 크기 때문에 더 많은 표면이 따뜻한 공기에 노출된다고 설명할 수 있다. 입방체 이외의 모양에도 일반화를 적용할 수 있는데, 잘린 나무조각이 통나무보다 더 빨리 타는 이유를 설명할 수 있다. 좀 더 일반화하면 큰 감자가 같은 무게의 작은 감자보다 벗겨낼 껍질이 많을지 적을지 예측할 수 있다. 일반화된 설명이 경험에 의해 검증될 때, 설명에 대한 확신을 얻게 된다. 관계의 경향성을 찾는 것은 종종 실용적인 이해와 일반화로 이끄는 만족스러운 지적 모험이다.

밀도 비율

비율을 사용하면 사물을 단순화하여 좀 더 쉽게 설명할 수 있다. 물질마다 다른 특성을 고려할 때 비율의 기술을 사용하면 그 위력을 느낄 수 있다. 부피는 종종 질량과 혼동되는 특성인데 큰 물체가 작은 물체보다 반드시 더 큰 질량을 갖는 것은 아니다. 예를 들어 큰 풍선은 이 책보다 훨씬 크지만, 책이 풍선보다 훨씬 더 무겁다. 특정 부피의 질량을 비교하는 단순한 방법은 질량 대 부피의 비율을 찾는 것이다. 이 비율을 **밀도**(density)라고 하며 **단위부피당 질량**으로 정의된다. 단위는 '하나' 또는 '각각'을 의미한다. 따라서 '단위부피당 질량'은 '부피 하나당의 질량'을 의미한다(그림 1.7). 관계는 다음과 같이 쓸 수 있다.

$$\text{밀도} = \frac{\text{질량}}{\text{부피}}$$

그림 1.7 각각의 단위부피의 입방체가 보여주듯 물질이 다르면 부피가 같더라도 질량이 같지 않다. 밀도를 g/m^{3}으로 계산하라. 다른 물질의 같은 부피이면 밀도가 같겠는가? 설명하라.

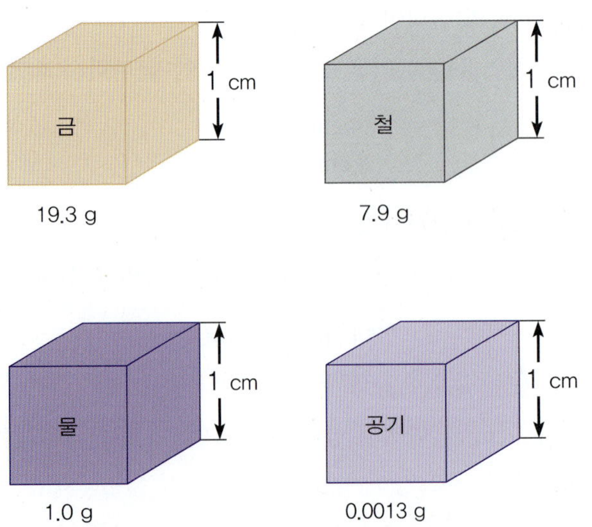

또는

$$\rho = \frac{m}{V} \tag{1.1}$$

[ρ는 그리스 문자 로(rho)의 기호이다.]

다른 비율과 마찬가지로 밀도는 하나의 숫자와 단위를 다른 숫자와 단위로 나누어서 얻는다. 따라서 부피가 5 cm^3이고 질량이 10 g인 물체의 밀도는 다음과 같다.

$$\text{밀도} = 10\ g/5\ cm^3 = 2\ g/cm^3$$

이 예에서 밀도는 10 g 대 5 cm^3의 비 또는 10 g/5 cm^3, 즉 2 g 대 1 cm^3이다. 따라서 예시의 밀도는 부피당(단위부피의) 질량, 즉 cm^3당 2 g이다.

밀도를 표현하기 위해 임의의 질량 및 부피의 단위가 사용될 수 있다. 고체, 액체 및 기체의 밀도는 일반적으로 입방 센티미터당 그램(g/cm^3)으로 표시되지만 종종 액체의 밀도는 밀리리터당 그램(g/mL)으로 표시된다. SI 표준 단위를 사용하여 밀도는 kg/m^3으로 표시된다. 일반적인 물질의 밀도는 표 1.2와 같다.

표 1.2 물질의 밀도

물질	밀도(ρ) (g/cm^3)
알루미늄	2.70
구리	8.96
철	7.87
납	11.4
물	1.00
바닷물	1.03
수은	13.6
휘발유	0.680

개념 적용

밀도의 예

이 책의 밀도는 얼마인가? 이 책의 길이, 너비 및 높이를 cm 단위로 측정한 다음 곱하여 cm^3 단위의 부피를 구하시오. 저울을 이용하여 이 책의 질량을 그램 단위로 구하시오. 질량을 부피로 나누어 책의 밀도를 계산하시오. g/cm^3 단위의 밀도를 표 1.2에 나열된 다른 물질과 비교하시오.

물질이 부피 전체에 동일하게 분포하면 질량과 부피의 비율은 측정되는 질량과 부피에 관계없이 동일하게 유지된다. 따라서 물은 같은 온도에서 티스푼, 컵 또는 담수로 가득 찬 호수 모두 약 1 g/cm^3 또는 1 kg/L의 동일한 밀도를 갖는다.

예제 1.1 (선택)

두 블록이 탁자에 있다. 블록 A의 부피는 30.0 cm^3이고 질량은 81.0 g이다. 블록 B의 부피는 50.0 cm^3이고 질량은 135 g이다. 어느 블록이 더 큰 밀도를 갖는가? 두 블록의 밀도가 같다면 어떤 물질인가? (표 1.2 참조)

풀이

밀도는 물질의 단위부피당 질량의 비율로 정의된다. 질량이 부피 전체에 균등하게 분포되어 있다고 가정하면 측정하는 덩어리의 크기와 관계없이 동일하다고 가정할 수 있다. 이 가정을 받아들일 수 있다면 식 (1.1)을 사용하여 밀도를 결정할 수 있다.

블록 A

질량(m) = 81.0 g, 부피(V) = 30.0 cm^3, 밀도(ρ) = ?

$$\rho = \frac{m}{V} = \frac{81.0\ g}{30.0\ cm^3} = \frac{81.0}{30.0}\,\frac{g}{cm^3} = 2.70\,\frac{g}{cm^3}$$

블록 B

$$질량(m) = 135\text{ g},\ 부피(V) = 50.0\text{ cm}^3,\ 밀도(\rho) = ?$$

$$\rho = \frac{m}{V} = \frac{135\text{ g}}{50.0\text{ cm}^3} = \frac{135}{50.0}\frac{\text{g}}{\text{cm}^3} = 2.70\frac{\text{g}}{\text{cm}^3}$$

두 블록의 밀도는 동일하다. 표 1.2를 보면 알루미늄의 밀도가 2.70 g/cm^{3}이므로 두 블록 모두 알루미늄일 것이다.

예제 1.2 (선택)

부피가 4.50 cm^{3}인 암석의 질량은 15.0 g이다. 암석의 밀도는 얼마인가? (답: 3.33 g/cm^3)

기호와 식

밀도, 질량, 부피의 관계는 기호로 기술되었다. 밀도는 그리스 문자 ρ, 질량은 m, 부피는 V로 표시된다. 이러한 기호는 관례에 의해 정해지며 외국어의 어휘와 같다. 여러분들은 각 기호가 매우 특정한 속성이나 개념을 의미한다는 것을 배우게 될 것이다. 기호는 실제로 **수량**(quantity) 또는 **측정된 속성**(measured property)을 나타낸다. 따라서 기호 m은 숫자 및 단위, 예를 들어 16 g으로 지정된 질량의 양을 나타낸다. 기호 V는 숫자와 단위(예: 17 cm^3)로 지정된 부피의 양을 나타낸다.

기호

기호는 일반적으로 질량(mass)에 대해 m, 부피(volume)에 대해 V와 같이 그들이 나타내는 양에 대한 실마리를 제공한다. 그러나 어떤 경우에는 부피와 속도(velocity) 같이 두 글자가 같은 문자로 시작하므로 하나에는 대문자가(부피는 V), 다른 쪽에는 소문자가(속도는 v) 사용된다. 대문자와 소문자의 수보다 많은 양들이 있으므로 그리스 알파벳의 문자(예: 질량 밀도의 경우 ρ)도 사용된다. 때로는 아래 첨자가 특정 상황에서 초기(initial) 속도 v_i, 나중(final) 속도 v_f와 같은 수량을 식별하는 데 사용된다. 일부 기호는 메시지를 전달하는 데에도 사용된다. 예를 들어, 그리스 문자 델타(Δ)는 값의 '변화'를 의미하는 메시지이다. ∴ 기호는 '따라서'를, ∝ 기호는 '비례'를 의미한다.

식

식(equation)은 기호를 사용하여 기술되는데, 등호의 한쪽에 있는 값이 다른 쪽에 있는 값과 동일한 관계를 설명한다. 동일하다는 것은 숫자와 단위 모두에 해당한다. 따라서 밀도 특성 $\rho = m/V$를 설명하는 식에서 등호 양쪽의 숫자가 같고(예: $5 = 10/2$), 단위도 동일하다(예: g/cm^3 = g/cm^3).

식은 (1) 속성을 설명하거나 (2) 개념을 정의하거나 (3) 수량이 서로에 대해 어떻게 변하는지 설명하는 데 사용된다. 식이 이 3가지 항목으로 어떻게 사용되는지 아는 것이 과학을 이해하기 위한 기본이다. 각 항목의 사용은 다음과 같다.

속성의 설명 물질의 밀집한 정도는 밀도라는 속성으로 설명된다는 것을 배웠다. 밀도는 질량 대 단위부피의 비율 또는 $\rho = m/V$이다. 이 속성을 이해하는 열쇠는 비율의 의미와 '당', '각각'의 의미를 이해하는 것이다. 비율로 정의되는 속성의 다른 예는 물체가 얼마나 빨리 움직이는지(속도)와 속도가 얼마나 빠르게 변화하는지(가속도)이다.

개념의 정의 과학 개념은 종종 측정 절차를 지정하여 정의된다. 개념을 정의하고 측정 방법을 알려주는 절차가 확립되어 있기 때문에 이것을 **조작적 정의**(operational definition)라고 한다. 힘, 역학적 일, 일률, 전자기 상호작용에 관련된 개념은 측정 절차에 의해 정의될 수 있다.

값이 상대적으로 어떻게 변하는지 설명 자연에는 하나 이상의 값이 다른 값의 변화에 대응하여 변하거나 크기가 변하는 상황이 다양하게 존재한다. 변화하는 양을 **변수**(variable)라고 한다. 예를 들어, 체중은 다른 변수의 변화에 따라 크기가 변하는 변수인데, 먹는 음식의 양이 그 예이다. 여러분들은 이 두 변수 사이의 경향성 또는 관계에 대해 이미 알고 있을 것이다. 다른 모든 요소가 동일하면, 먹는 음식의 양이 증가하면 체중이 증가한다. 두 변수가 같은 비율로 함께 증가(또는 감소)하면 비율에 **정비례**(direct proportion)한다고 한다. 두 변수가 정비례하는 경우 한 변수의 증가 또는 감소는 두 번째 변수도 동일하게 상대적으로 증가 또는 감소하게 된다.

변수가 항상 비례하여 증가 또는 감소하는 것은 아니다. 때로는 한 변수가 증가하는 반면 두 번째 변수는 같은 비율로 감소한다. 이것은 **반비례**(inverse proportion) 관계이다. 일반적으로 나타나는 다른 관계에는 한 변수의 증가에 대해 두 번째 변수의 **제곱**(square) 또는 **역제곱**(inverse square)에 비례하여 증가하는 것이 있다. 이 4가지 유형의 비례 관계의 형태는 다음과 같다.

정비례	$a \propto b$
반비례	$a \propto 1/b$
제곱 비례	$a \propto b^2$
역제곱 비례	$a \propto 1/b^2$

관련 내용

물고기의 밀도

상어와 가오리는 완전히 연골로 만들어진 내부 골격을 가진 해양 동물이다. 이 동물들은 물속에서 자신의 위치를 유지하기 위해 몸의 밀도를 조절할 수 있는 부레가 없다. 그러므로 끊임없이 헤엄치지 않으면 가라앉게 된다. 반면 뼈 물고기는 뼈로 구성된 골격을 가지고 있으며 대부분 부레를 가지고 있다. 이 물고기들은 부레의 공기량을 조절하여 밀도를 조절할 수 있다. 따라서 뼈 물고기는 많은 양의 에너지를 소비하지 않고 물속에서 깊이를 유지할 수 있다.

개념 적용

역제곱 관계

에너지와 거리의 역제곱 관계는 빛, 소리, 중력, 전기장, 핵 방사선 및 공급원에서 모든 방향으로 균등하게 퍼지는 모든 현상에서 발견된다. 상자 그림 1.1은 역제곱 관계를 갖는 현상을 나타내는데, 광원으로부터 특정 거리(d), 2배 거리($2d$) 및 3배 거리($3d$)로 빛이 퍼지는 상황을 가정해보자. 광원에서 2배 떨어진 빛은 4배의 면적에 걸쳐 퍼지므로 1/4의 세기를 갖게 된다. 이것은 $1/2^2$과 같다.

광원에서 3배 떨어진 빛은 9배의 면적에 걸쳐 퍼지므로 1/9의 세기를 갖는다. 이것은 $1/3^2$과 같으며, 역제곱 관계를 다시 보여준다.

오버헤드 프로젝터(OHP)의 조명을 벽에 비치도록 하여 역제곱 관계를 측정할 수 있다(상자 그림 1.1의 거리 d 참조). 조도계 또는 다른 방법으로 빛의 세기를 측정하시오. 이제 프로젝터를 이동시켜 벽에서 거리를 2배로 늘리시오. 벽에 투사된 빛의 면적을 측정하고 다시 빛의 세기를 측정하시오. 빛의 세기와 거리 사이에 어떤 관계가 있는가?

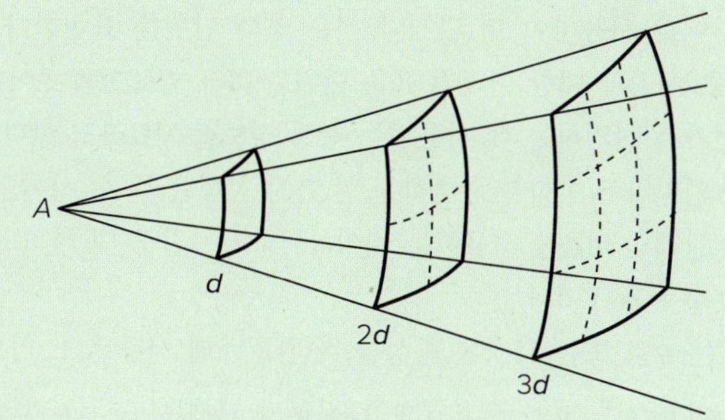

상자 그림 1.1 점 A에서 이동하는 빛이 거리가 2배($2d$)와 3배($3d$)가 될 때 얼마나 넓게 퍼지는가? 이것은 빛의 밝기에 어떤 영향을 주는가?

과학의 배후에 있는 사람들

플로렌스 배스컴(Florence Bascom, 1862–1945)

미국 지질학자인 플로렌스 배스컴은 암석과 광물 연구자였으며 펜실베이니아주의 브린마 대학에 지질학과를 설립했다. 이곳은 20세기 초 최고의 여성 지질학자들을 배출하였다.

배스컴은 아버지와 그의 친구이자 오하이오 주립대학의 지질학 교수인 에드워드 오톤(Edward Orton)과 함께한 자동차 여행에서 지질학에 대한 관심을 갖게 되었다. 그 경험은 항상 새로운 곳을 탐사하는 지질학자에게 흥미로운 것이었다. 또한 배스컴은 위스콘신과 존스 홉킨스에서 새로운 분야인 변성학과 결정학 전문가들로부터 영감을 받았다. 배스컴의 박사학위 논문은 이전에는 퇴적물로 여겨졌지만 용암의 변성암으로 판명된 암석에 관한 연구이다.

출처: USGS Photo Library

배스컴은 박사과정 중 열정과 엄격함으로 학생들에게 인기 있는 교사가 되었다. 그녀는 흑인과 아메리카 인디언을 위한 햄프턴 전문학교와 록퍼드 대학을 거쳐 1892년부터 1895년까지 오하이오 주립대에서 지질학과 강사 및 부교수가 되었다. 브린마 대학으로 옮긴 후 2년간 지질학은 다른 과학보다 못하다는 편견에 맞서 창고에서 강의하며 상당한 양의 화석, 암석 및 광물을 수집하였다. 그녀는 여성 세대에게 지식을 전달하고 훈련시키는 것에 자부심을 느꼈다. 브린마에서 그녀는 빠르게 성장하여 강사(1898년), 부교수(1903년), 정교수(1906년), 그리고 1928년 석좌교수가 되어 1945년 매사추세츠주 노샘프턴에서 사망할 때까지 재직하였다.

배스컴은 1896년 미국 지질측량국에서 일한 최초의 여성이었으며 여름에는 펜실베이니아, 메릴랜드 및 뉴저지에서 지질층을 측량하고 겨울에는 단층을 분석했다. 그녀의 연구는 미국 지질학회의 회보로 편찬되었다. 그녀는 1924년 최초의 지질학회 여성 평의원으로 선출되었고, 1930년 최초의 여성 부의장이 되었다. 그녀는 미국 지질학회 학술지의 편집자였으며(1896~1905년), 자신의 분야에서 얼마나 비중 있는 연구자인가에 대한 지표인 미국 남성/여성 과학자 첫 번째 판(1906년)에서 별 4개를 받았다.

배스컴은 40편이 넘는 연구 논문의 저자였으며 애팔래치아 고원(Appalachian Piedmont)의 결정암에 관한 전문가였으며 고원 지형학에 대한 연구서를 작성했다. 지질학자들은 여전히 그녀의 연구에 높은 가치를 부여하고 있으며 지질학 분야에서 지위를 추구하는 여성의 좋은 본보기가 되고 있다.

출처: Modified from the *Hutchinson Dictionary of Scientific Biography.* Abington, UK: Helicon, 2011.

요약

미터법 체계는 참조자를 기준으로 한 표준 단위를 사용한다. 또한 접두어를 사용하여 더 많거나 적은 양의 단위를 표현한다. 길이, 질량, 시간에 대한 미터법 표준 단위는 **미터**, **킬로그램**, **초**이다.

무언가를 설명하는 데 사용되는 측정 정보를 **자료**라고 한다. 자료에서 의미와 일반화를 추출하는 한 가지 방법은 두 수 사이의 단순화된 관계인 **비율**을 사용하는 것이다. 밀도는 질량 대 부피의 비율 또는 $\rho = m/V$이다.

기호는 **수량** 또는 측정된 속성을 나타내는 데 사용된다. 기호는 식에서 사용되며, 등호의 양쪽에서 양(값과 단위)이 동일한 관계를 설명하는 방법이다. 식은 (1) 속성을 **설명**하거나 (2) 개념을 **정의**하거나 (3) 양이 **어떻게 변하는지 설명**하는 데 사용된다.

다른 시간에 다른 값을 가질 수 있는 양을 **변수**라고 한다. 같은 비율로 증가 또는 감소하는 변수는 **정비례** 관계에 있다고 한다. 한 변수가 증가하고 다른 변수는 같은 비율로 감소하면 변수는 **반비례** 관계이다. 비례 설명은 반드시 식일 필요는 없다.

식의 요약

1.1 $$\text{밀도} = \frac{\text{질량}}{\text{부피}}$$

$$\rho = \frac{m}{V}$$

개념에 대한 질문

1. 길이, 질량 및 시간에 대한 미터법 표준 단위를 정의하시오.
2. 점토를 팬케이크 모양으로 납작하게 만들었을 때, 동일한 점토로 공 모양으로 만든 것과 밀도는 같은가? 설명하시오.
3. 부피가 커지면 물질의 밀도가 어떻게 달라지는지 실험을 통해 계산하시오.
4. 임금이 근무 시간의 제곱에 관련된 경우, 시간을 2배로 늘리면 임금은 어떻게 달라지는가?

연습문제

참고: 다음 연습문제 중 일부는 표 1.2를 참조해야 한다.

그룹 A

1. 여러분의 키는 몇 미터인가? 몇 센티미터인가?
2. 20.0 cm^3의 질량이 272 g이라면 수은의 질량 밀도는 얼마인가?
3. 부피가 10.0 cm^3인 납의 질량은 얼마인가?
4. 질량 밀도가 3.00 g/cm^3이고 질량 600 g인 암석의 부피는 얼마인가?
5. 표 1.2에 열거된 물질 중 하나가 50.0 cm^3 부피에 34.0 g이라면, 그 물질은 무엇인가?
6. 40 L의 수조 안에 있는 물의 질량은 얼마인가?
7. 2.1 kg의 알루미늄 캔 더미가 녹은 다음 입방체의 고체로 냉각된다. 입방체의 부피는 얼마인가?
8. 입방체 상자에 1,000 g의 물이 들어 있다. 상자 한 변의 길이는 몇 미터인가? 추론 과정을 설명하시오.
9. 0.2 g/cm^3의 밀도를 가진 빵(부피 3,000 cm^3)이 장바구니 안에서 1,500 cm^3의 부피로 뭉개졌다. 뭉개진 빵의 밀도는 얼마인가?
10. 표 1.2에 따르면 윗접시저울에서 1.00 cm^3 납의 균형을 맞추기 위해 얼마만큼의 구리가 필요한가?

2 운동

Motion

다양한 크기의 기구가 올라가거나, 내려가거나, 지면을 가로질러 움직일 때 어떤 힘이 작용하는지 예측할 수 있겠는가? 이 장은 힘과 질량의 관계, 그리고 이것들이 물체의 운동에 어떠한 영향을 미치는가에 관한 것이다.

핵심 개념

운동 상태가 변화하려면 합력이 필요하다.

장의 개요

관성은 합력이 0일 때 물체의 운동 상태가 변화하지 않고 유지되는 성질이다. *Pg. 34*

중력은 낙하물을 일정하게 가속시킨다. *Pg. 37*

작용하는 힘들의 합력이 없으면 모든 물체는 정지 상태 또는 직선 운동을 유지한다. *Pg. 39*

연관성

물리학

- ▶ 역학적 일은 힘과 힘의 결과로 물체가 움직인 거리의 곱이다(3장).
- ▶ 공명은 가해진 힘에 의한 진동수가 고유 진동수와 일치할 때 발생한다(5장).

생명과학

- ▶ 생체역학은 생명체에 운동의 법칙을 적용하는 것이다(19장).

천문학

- ▶ 중력은 우주에서 가스 구름을 끌어당겨 별을 형성한다(9장).
- ▶ 태양계는 이전에 존재했던 별의 가스, 먼지 및 원소들이 중력에 의해 큰 원판으로 뭉쳐지며 형성되었다(9장).

지구과학

- ▶ 지표면은 지표면에 작용하는 힘에 의해 움직이는 크고 단단한 판으로 구성되어 있다(11장).

개요

1장에서 "도구와 규칙", 그리고 주변 환경에서 규칙을 찾는 기술에 대해 학습했다. 규칙은 종종 경향성 또는 식으로 표현되는 관계식에서 발견된다. 식은 (1) 속성을 설명하고, (2) 개념을 정의하며, (3) 값이 서로에 대해 어떻게 변하는지를 설명하는 데 사용된다. 3가지 경우 모두에서 경향성은 정량화되고 개념화되며 자연계에서 발생하는 것들에 대한 일반적인 이해를 얻는다.

과학에서 어떤 것들은 편의를 위해 함께 고려되고 연구된다. 대표적인 것은 운동과 관련된 것이다. 대부분의 물체는 움직임이 없는 정지 상태에 있다. 건물, 바위, 전신주 및 나무가 한 장소에서 다른 장소로 움직이는 경우는 거의 없다. 때때로 움직일 수 있는 물체들조차 많은 시간 동안 정지 상태에 있다. 여기에는 사람들, 자전거, 자동차 등이 포함된다(그림 2.1). 반면, 태양, 달, 하늘의 빛나는 별들은 항상 움직이며 정지하지 않는 것처럼 보인다. 왜 어떤 물체는 정지해 있고 어떤 물체는 움직이는가?

운동은 수천 년 동안 사람들의 관심사였다. 그러나 고대 사람들은 신비주의와 물체에 깃든 영혼으로 운동에 관한 질문에 답했다. 기원전 600년부터 기원전 300년 사이의 그리스 시기에 사람들은 영혼을 넘어선 생각을 하기 시작했다. 그리스 철학자 아리스토텔레스는 우주의 운동과 같은 것들에 대한 설명뿐 아니라 아름다움, 질서, 완벽함에 관한 저술을 남겼다. 이 이론은 다른 생각들과 일치하는 것처럼 보였고 거의 2천 년 동안 옳은 것으로 여겨졌다. 1600년대가 되어서야 갈릴레오와 뉴턴에 의해 운동에 대한 새롭고, 정확한 이해로 발전하였다. 운동에 관한 사고의 발전은 놀랍고 재미있는 이야기이다. 이 장에서는 운동을 기술하는 방법과 속성에 대해 학습한다. 이것은 운동에 대한 기본적인 이해를 제공하고 천문학과 지구과학은 물론이고 생명체의 움직임을 이해하는 데에도 큰 도움이 될 것이다.

2.1 운동의 기술

운동은 구름의 이동, 강우와 강설, 무한히 반복되는 물의 순환 등 주변에서 볼 수 있는 일상적인 사건이다. 또한 곳곳에서 걷거나 뛰는 사람들, 각종 기계가 작동하는 광경에서 목격할 수 있다. 운동은 매우 일반적이므로 모든 사람이 그 개념을 직관적으로 이해한다고 생각하겠지만, 인류가 운동에 대해 올바르게 이해하기 시작한 것은 고작 300여 년에 지나지 않는다. 올바른 개념은 미묘하고 상식과 상반되므로 복잡한 상황에서는 단순하고 명확한 개념을 찾아야 한다. 측정 가능한 자료를 수집하고 발생한 사건을 설명하는 개념을 만들어 규칙을 찾는 과정이 과학이다. 이러한 과정을 운동에 적용할 것이다.

그림 2.1 스노우 보더와 다른 움직이는 물체의 움직임은 특정 시간 동안 주행한 거리와 관련하여 설명할 수 있다. ©Vadim Zakharishchev/Shutterstock.com RF

운동이란 무엇인가? 잔디밭 한가운데에 있는 공을 생각해보라. 시간이 지난 후 공이 잔디밭 가장자리, 울타리에 있음을 알게 되었는데 바람이나 다른 사람이 공을 움직였는지 의문을 갖게 되었다. 바람이 꾸준히 불었는지, 큰 돌풍이 생겨 공을 움직였는지, 심지어 아이들이 공을 찼는지조차 알지 못한다. 확실히 아는 것은 공이 일정 시간이 지난 후 다른 위치에 있기 때문에 움직였다는 것이다. 이것은 운동의 2가지 중요한 측면, (1) 위치의 변화와 (2) 시간의 경과이다.

바람에 의해 공이 잔디밭을 가로질러 굴러가는 것을 본다면, 공이 연속적으로 움직이는 것을 볼 수 있을 것이며 두 위치보다 더 많은 곳에서 공을 볼 수 있을 것이다. 공의 연속적인 움직임은 매우 작은 시간 간격에 대한 일련의 개별 위치로 간주할 수 있다. 움직임은 시간에 대한 위치의 변화이다. 운동은 위치를 바꾸는 행동 또는 과정이다.

물체의 움직임은 일반적으로 움직이지 않는 것으로 간주되는 다른 것과 관련하여 설명한다. (이러한 움직이지 않는 물체는 '정지 상태'라고 한다.) 다른 사람과 자동차를 타고 여행한다고 가정해보자. 고속도로에서 차의 위치가 시간에 따라 바뀌기 때문에 차량이 땅을 가로질러 움직이고 있다는 것을 알고 있다. 그러나 옆자리의 사람을 관찰하면 위치가 바뀌지 않는다. 자동차 외부의 고속도로에 대해서 움직이고 있으나 옆 사람에 대해서는 움직이지 않는다. 운동은 기준이 되는 물체 또는 장소에 대한 위치의 변경 과정이다. 따라서 **운동**은 일정 시간 동안 기준점에 대해 위치를 변경하는 동작 또는 과정으로 정의할 수 있다.

2.2 운동의 측정

물체는 질량과 길이 같은 특정 기본 속성을 측정하여 설명할 수 있다는 것을 학습했다. 운동은 (1) 위치의 변화와 (2) 시간의 경과를 수반하기 때문에, 길이와 시간이라는 기본 속성의 조합을 사용하여 물체의 운동을 설명할 수 있다. 이러한 측정의 조합은 **속력**(speed), **속도**(velocity) 및 **가속도**(acceleration)의 3가지 운동의 특징을 기술한다.

속력

직선 도로 위로 움직이는 차에 있다고 생각해보자. 움직임을 어떻게 설명할 수 있을까? 최소한 2개의 측정, (1) 이동한 거리와 (2) 이 거리를 이동하는 동안 경과한 시간이 필요하다. 이러한 거리와 시간은 움직임을 나타내는 비율로 표현할 수 있다. 이 비율은 **속력**(speed)이라고 하는 운동의 속성으로, 얼마나 빨리 움직이는지에 관한 척도가 된다. 속력은 단위시간당 거리 또는 다음과 같다.

$$속력 = \frac{거리}{시간}$$

속력을 나타내는 데 사용되는 단위는 일반적으로 마일/시간(mi/h), 킬로미터/시간(km/h) 또는 미터/초(m/s)이다.

곧은 고속도로를 같은 시간 간격 동안 같은 거리를 운전하고 있다고 하자(그림 2.2). 스톱워치를 사용하여 고속도로 거리 표지(고속도로 옆 일정 거리마다 숫자가 표기된 작은 표지판) 사이의 거리를 지나가는 데 필요한 시간을 측정하면 시간이 모두 같다. 같은 시간 간격으로 같은 거리를 지나가는 균일한 직선 운동이 가장 간단한 운동이다.

자동차가 같은 시간 간격 동안 같은 거리를 이동하면 **속력이 일정**하다. 이것은 자동차의 속력이 빨라지거나 느려지지 않음을 의미한다. 일정한 속력을 유지하는 것은 일반적으로 어렵다. 다른 차량이나 멋진 경치에 주의를 기울이게 되면 속력이 느려진다. 그렇게 되면 속력을 증가시켜야 한다. 전체 여행에 대한 속력을 계산하려면 먼 두 지점과 경과된 총 시간을 고려해야 한다. 속력의 증가 및 감소는 평균화된다. 따라서 대부분의 속력 계산은 **평균 속력**에 대한 것이다. 특정 순간의 속력을 **순간 속력**이라고 한다. 순간 속력을 계산하려면 매우 짧은 시간 간격(0에 가까운 간격)을 고려해야 한다. 가장 쉬운 방법은 속도계를 사용하는 것이다. 속도계는 순간 속도를 나타내준다.

전체 명칭을 쓰지 않고 기호를 사용하면 학습에 용이하다. v는 직선 운동에서 속력을 나타내기 위해 사용할 수 있으며, 이 책에서는 그렇게 사용할 것이다. v 위의 가로줄($\bar{v}$)은 평균을 의미하는 기호이다. d는 거리를, t는 시간을 나타내는 데 사용한다. 따라서 평균 속력, 거리 및 시간 사이의 관계는 다음과 같다.

$$\bar{v} = \frac{d}{t} \tag{2.1}$$

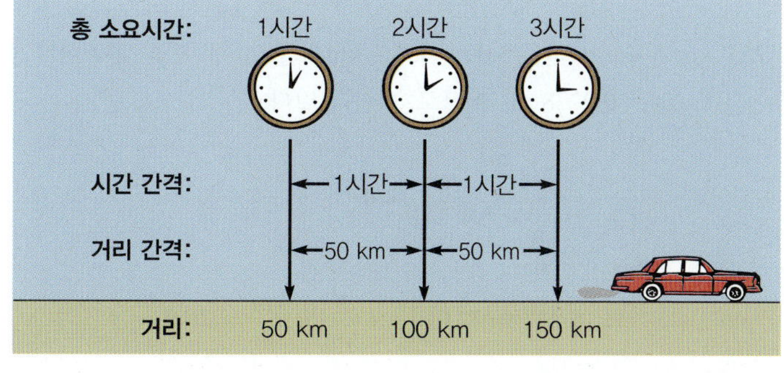

그림 2.2 거리, 시간 및 속력의 3가지 변수 중 2가지 값을 알고 있으면 세 번째를 찾을 수 있다. 이 차의 평균 속력은 얼마인가?

이것은 1장에서 논의한 3가지 식의 유형 중 하나이며, 이 경우는 운동의 속성을 정의한다.

거리, 시간 단위로 일정 속도, 순간속도 또는 평균 속력을 측정할 수 있다. 속력의 미터법 단위는 일반적으로 킬로미터/시간 및 미터/초이다.

속도

속도라는 단어는 종종 속력과 혼동되어 사용되지만, 차이가 있다. **속도**(velocity)는 움직이는 물체의 속력과 방향을 나타낸다. 예를 들어, 속력은 60 km/h로 기술하지만, 속도는 서쪽으로 60 km/h로 기술한다. 속도를 변경하려면 속력 또는 방향(또는 둘 다)이 바뀐다. 지구 주위의 원형 궤도에서 일정한 속도로 움직이는 인공위성은 방향이 끊임없이 변하기 때문에 속도가 일정하지 않다. 속도는 화살표의 형태로 도식화할 수 있다. 화살표의 길이는 속력에 비례하며 화살표의 방향은 이동 방향을 나타낸다(그림 2.3).

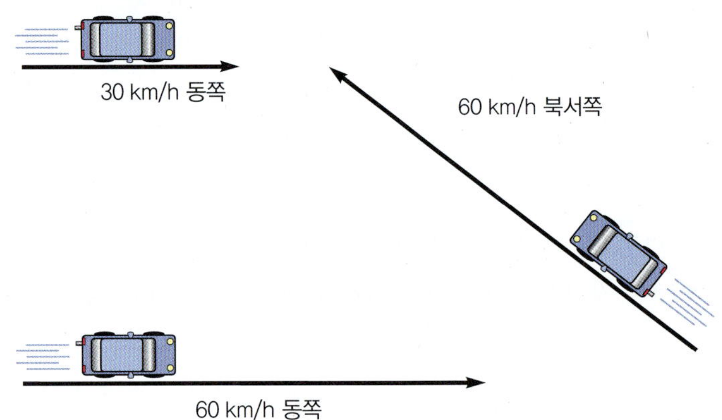

그림 2.3 속도는 화살표의 형태로 도식화할 수 있다. 다음은 3가지 다른 화살표로 표시되는 속도이다. 각 화살표의 길이는 속력에 비례하며 화살표의 방향은 이동 방향을 나타낸다.

과학 스케치

그림 2.3의 자동차에 다음의 3가지 경우에 대해 도식화하시오. (i) 반대 방향 속도, (ii) 북쪽 방향 속도, (iii) 50%의 속도

예제 2.1 (선택)

72.0 km/h로 움직이는 자동차 운전자가 차량의 바닥에 지도를 떨어뜨렸다. 지도를 줍고나서 다시 길을 주시하는 데 3.00초가 걸렸다. 그동안 차량은 얼마나 이동했는가?

풀이

자동차의 속도는 72.0 km/h이고 시간은 3.00 s이므로 km/h를 m/s로 변환해야 한다. 이 책의 앞표지 안쪽에서 변환 계수는 1 km/h = 0.2778 m/s이므로, 다음과 같다.

$$\bar{v} = \frac{0.2778\,\frac{\text{m}}{\text{s}}}{\frac{\text{km}}{\text{h}}} \times 72.0\,\frac{\text{km}}{\text{h}}$$

$$= (0.2778)(72.0)\,\frac{\text{m}}{\text{s}} \times \frac{\cancel{\text{h}}}{\cancel{\text{km}}} \times \frac{\cancel{\text{km}}}{\cancel{\text{h}}} = 20.0\,\frac{\text{m}}{\text{s}}$$

세 변수 $\bar{v}$, t와 d 사이의 관계는 식 (2.1) $\bar{v} = d/t$와 같다.

$$\bar{v} = 20.0\ \frac{\text{m}}{\text{s}} \qquad \bar{v} = \frac{d}{t}$$

$$t = 3.00\ \text{s} \qquad \bar{v}t = \frac{d\cancel{t}}{\cancel{t}}$$

$$d = ?$$

$$\begin{aligned} d &= \bar{v}t \\ &= \left(20.0\ \frac{\text{m}}{\text{s}}\right)(3.00\ \text{s}) \\ &= (20.0)(3.00)\ \frac{\text{m}}{\cancel{\text{s}}} \times \frac{\cancel{\text{s}}}{1} \\ &= \boxed{60.0\ \text{m}} \end{aligned}$$

예제 2.2 (선택)

자전거의 평균 속력은 8.00 km/h이다. 자전거가 10.0초 동안 얼마나 멀리 이동하겠는가? (답: 22.2 m)

가속도

운동은 (1) 속력을 바꾸거나, (2) 이동 방향을 바꾸거나 (3) 속력과 이동 방향을 모두 바꾸는 3가지 방식으로 변경할 수 있다. 속도는 속력과 이동 방향을 모두 나타내므로 3가지 중 하나라도 바뀌면 속도가 변경된다. 운동의 변화를 설명하려면 변경이 일어나는 동안 걸린 시간의 추가 측정이 필요하다. 운동이 변화된 비율을 정의하기 위해 속도의 변화와 시간을 이용하여 기술할 수 있다. 이 비율을 **가속도**(acceleration)라고 한다. 가속은 단위시간당 속도 변화로 정의되거나, 다음과 같이 표현된다.

$$\text{가속도} = \frac{\text{속도의 변화}}{\text{걸린 시간}}$$

'속도 변화'를 말하는 또 다른 방법은 나중 속도에서 초기 속도를 뺀 것이므로 다음과 같이 쓸 수 있다.

$$\text{가속도} = \frac{\text{나중 속도} - \text{초기 속도}}{\text{걸린 시간}}$$

속력의 변화로 인한 가속도는 다음과 같이 계산할 수 있다. 운전자가 일정한 직선 속도 60 km/h

개념 적용

시냇물은 얼마나 빠른가?

물이 흘러가는 시냇물의 속력을 어떻게 측정할 수 있겠는가? 물에 떠 있는 나뭇잎이 이동하는 거리와 움직이는 데 걸리는 시간을 측정하는 것이 도움이 되겠는가?

시냇물의 속력과 최근의 강우와는 어떠한 상관관계가 있는가? 직접적인 관계를 짐작할 수 있겠는가? 시냇물의 속력을 측정하고 최근 강우량과 그 결과를 비교해보시오.

로 움직이는 자동차를 80 km/h로 증가시키는 데 4초가 걸린다고 하자. 속도 변화는 80 km/h에서 60 km/h 또는 20 km/h이다. 가속도는 다음과 같다.

$$\text{가속도} = \frac{80\,\dfrac{\text{km}}{\text{h}} - 60\,\dfrac{\text{km}}{\text{h}}}{4\text{ s}} = \frac{20\,\dfrac{\text{km}}{\text{h}}}{4\text{ s}}$$

$$= 5\,\frac{\text{km/h}}{\text{s}} \quad \text{또는} \quad 5\text{ km/h/s}$$

자동차의 평균 가속도는 1초당 5 km/h이다. 다시 말해 속도가 초당 5 km/h 증가한다. 가속이 시작될 때 차량의 속도는 60 km/h(초기 속도)였다. 1초 후 속도는 65 km/h였다. 2초 후 70 km/h, 3초 후 75 km/h, 4초(총 소요 시간) 후 속도는 80 km/h(나중 속도)였다. 속도가 시간의 변화에 따라 속도가 얼마나 빨라지는지 주목하라. 요약하면,

시작 (초기 속도)	60 km/h
1초 후	65 km/h
2초 후	70 km/h
3초 후	75 km/h
4초 후 (나중 속도)	80 km/h

위에서 볼 수 있듯이 가속은 속력이 얼마나 빠르게 변하는지에 대한 실제적 설명이며, 이 경우 초당 5 km/h씩 증가한다.

일반적으로 동일한 단위로 표현하기 위해 km/h를 m/s로 변환한다. 5.0 km/h의 속도 변화는 1.4 m/s이므로 가속도는 1.4 m/s/s이다. 단위 '초당 m/s'는 초당 속도 변화(1.4 m/s)가 발생하는 것을 의미한다. 'm/s/s'라는 표현을 수학적 기호를 활용하여 단순한 표현($\text{m/s} \times 1/\text{s} = \text{m/s}^2$)으로 나타낸다. 1.4 m/s^2라는 표현은 주어진 시간 동안의 속도 변화인 초당 1.4 m/s와 동일함을 기억하라.

가속과 관련된 양 사이의 관계는 평균 가속도 a, 나중 속도 v_f, 초기 속도 v_i, 시간 t로 나타낼 수 있다. 관계식은 다음과 같다.

$$a = \frac{v_f - v_i}{t} \tag{2.2}$$

물체의 운동에서 가속도와 관련된 몇 가지 다른 변화가 있다. 하나는 속도가 감소하는 것이다. 예를 들어, 자동차의 브레이크는 자동차를 느리게 하거나 완전히 정지시킬 수 있다. 이것은 반대 방향의 가속이며, 감속이라고 한다. 또 다른 변화는 방향의 변화이다. 속도는 방향과 속력 모두를 포함하므로 방향의 변화는 가속이다. 지구 주위의 원형 궤도에서 일정한 속력으로 움직이는 인공위성은 지속적으로 운동 방향을 변화시키고 있다. 따라서 운동이 끊임없이 변화하고 있기 때문에 지속적으로 가속하고 있다. 자동차에는 운동 상태를 변경할 수 있는 3개의 장치, 즉 가속 페달(속도의 크기를 증가시킬 수 있는), 브레이크(속도의 크기를 감소시킬 수 있는) 및 핸들(속도의 방향을 바꿀 수 있는)이 있다(그림 2.4 참고). 가속은 물체의 운동 변화로 인해 발생하는 것임을 기억하라.

여행

초고속 자기 부상(maglev) 열차는 기차를 자기를 이용하여 모노레일 위로 3~10 cm 띄우고, 모노레일 유도장치를 따라 이동하는 자기장과 함께 운행하는 완전히 새로운 기술이다. 자기 부상 열차에는 바퀴가 없기 때문에 바퀴와 레일 사이에 마찰이 없다. 이렇듯 저항이 없고 자기장을 쉽게 조작할 수 있어 매우 짧은 거리로도 가속이 가능하다. 예를 들어, 독일 자기 부상 열차는 5 km 거리에서 0에서부터 300 km/h까지 가속할 수 있다. 기존의 바퀴가 달린 열차는 정지 상태에서 같은 속력에 도달하려면 약 30 km를 달려야 한다. 자기 부상은 우수한 가속도로 인해 짧은 거리의 운행에 유용하다. 또한 500 km/h의 높은 최고 속력으로 인해 장거리 운행에도 이점이 있다. 오늘날에는 항공기만이 이 속력에 도달할 수 있다.

개념 적용

가속 패턴

자동차의 냉각장치에 누수가 있고 냉각수가 시간당 일정하게 새고 있다고 가정하자. 자동차를 가속할 때 도로에 떨어지는 물방울은 어떤 형태로 나타나는가? 일정한 속력으로 운전할 때 어떤 형태로 나타나는가? 정지하기 위해 속력을 감소할 때 어떤 형태를 관찰할 수 있겠는가? (1) 가속, (2) 일정 속력 및 (3) 음의 가속을 종이에 점으로 표시하여 도식화하시오. 각 상황의 가속을 적절한 어휘로 표현하시오.

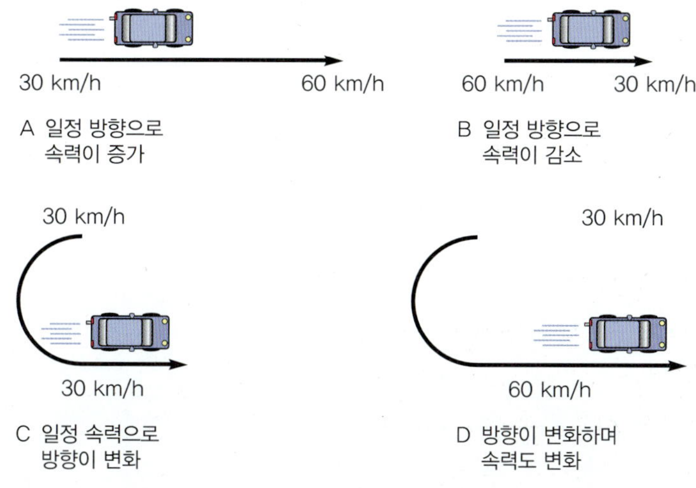

그림 2.4 자동차의 다른 4가지 (A~D) 가속도

예제 2.3 (선택)

자전거가 5초 만에 정지 상태에서 5 m/s로 운동한다. 가속도는 얼마인가?

풀이

$v_i = 0\ \text{m/s}$

$v_f = 5\ \text{m/s}$

$t = 5\ \text{s}$

$a = ?$

$$a = \frac{v_f - v_i}{t} = \frac{5\ \text{m/s} - 0\ \text{m/s}}{5\ \text{s}}$$

$$= \frac{5}{5}\ \frac{\text{m/s}}{\text{s}} = 1\ \frac{\text{m}}{\text{s}} \times \frac{1}{\text{s}}$$

$$= \boxed{1\ \frac{\text{m}}{\text{s}^2}}$$

예제 2.4 (선택)

자동차가 정지 상태에서 6초 동안 5 m/s^{2}로 일정하게 가속된다. 나중 속도는 몇 m/s 인가? (답: 30 m/s)

2.3 힘

그리스의 철학자 아리스토텔레스는 기원전 4세기에 운동의 원인에 관하여 최초로 연구를 했다. 그러나 그는 낙하하는 물체가 그 무게에 의해 결정되어 일정한 속력으로 낙하한다고 기술하며 오류를 범하게 되었다. 또한 지표면을 가로질러 움직이는 물체가 계속 움직이려면 지속적으로 힘이 가해져야 한다는 틀린 생각을 했다. 이러한 사고는 측정이 아니라 관찰과 생각에 기초한 것이며, 그것이 올바른지 확인한 사람은 아무도 없었다. 인류가 운동을 올바르게 이해하기 시작하기까지 약 2천 년이 걸렸다.

아리스토텔레스는 힘과 운동 사이의 연관성을 인식했으며 이것은 꽤 받아들일 만한 것이었다. 힘은 움직임의 어떠한 변화와 밀접한 관련이 있기 때문에 부분적으로만 정확하다. 이 절에서는 힘의 개념을 소개한다. 힘의 개념은 나중에 힘과 운동의 관계를 고려할 때 더욱 발전하게 될 것이다.

힘은 밀거나 당기는 것으로 물체의 운동 상태를 바꿀 수 있는 것이다. 예를 들어, 2개의 예인선이 밀면서 배가 움직이는 것을 생각해보자(그림 2.5). 예인선은 선박에 가하는 힘의 세기

그림 2.5 이 선박의 이동 속도와 방향은 각 예인선으로부터의 힘의 방향과 크기의 조합에 의해 결정된다. 두 예인선이 어느 방향으로 밀고 있는가? 한 예인선이 더 큰 힘으로 밀고 있다는 증거는 무엇인가? 뒤에 있는 예인선이 배의 뒤를 움직이지 못하게 고정하고 앞쪽의 예인선이 더 큰 힘으로 밀면 어떻게 되겠는가?

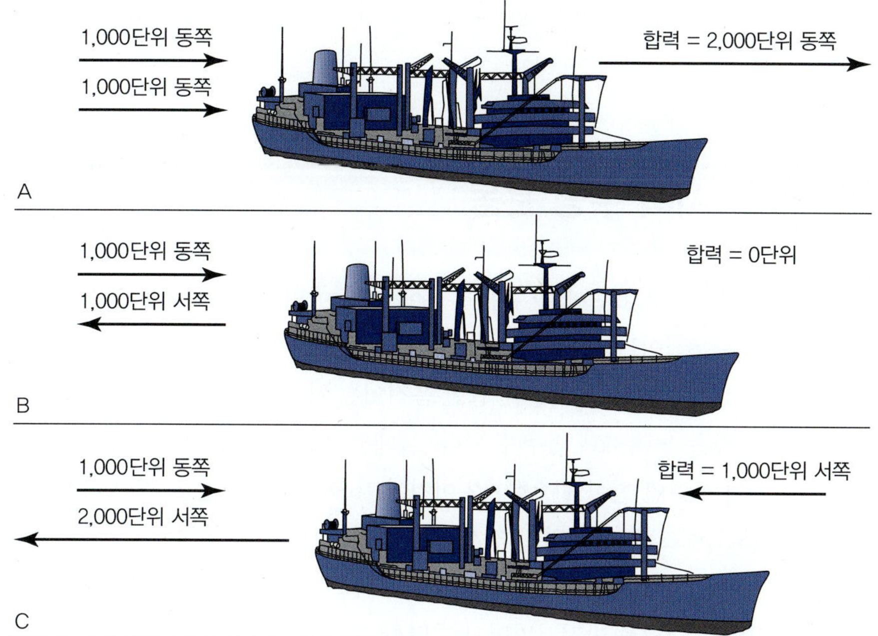

그림 2.6 (A) 선박에 두 평행한 힘이 같은 방향으로 작용할 때, 합력은 두 힘이 합쳐진 것이다. (B) 두 힘이 반대이고 같은 크기일 때, 합력은 0이다. (C) 두 평행한 힘의 크기가 다른 경우, 합력은 큰 힘과 다른 방향 힘과의 차이이다.

를 변화시킬 수 있고, 다른 방향으로 밀 수도 있다. 두 힘이 물체에 작용할 때 방향은 어떤 영향을 주는가? 예인선이 나란히 있고 같은 방향으로 밀면 전체 힘은 두 힘의 합이다. 선박의 양 측면을 밀고 정확히 반대 방향으로 작용한다면, 전체 힘은 두 힘의 크기의 차이이다. 서로 같은 크기를 가지고 있다면, 종합적인 효과는 서로 상쇄되어 아무런 움직임을 만들지 않을 것이다. **합력**(net force)은 물체에 작용하는 모든 힘의 합이다. 합력은 힘들의 합쳐진 '최종'을 의미한다(그림 2.6).

두 평행력이 같은 방향으로 작용하면 간단히 더해질 수 있다. 이 경우, 합력은 두 힘의 합과 같다. 두 평행력이 반대 방향으로 작용할 때, 합력은 두 힘의 차이이며 방향은 더 큰 힘의 방향이다. 두 힘이 정확히 같거나 반대 방향으로 작용하지 않으면 결과는 완전히 다른 방향과 크기의 힘이 된다.

힘은 힘 화살표로 나타낼 수 있으며, 세기와 방향을 갖는다. 화살표의 꼬리는 힘을 받는 물체에 있으며 화살표의 머리는 가해지는 힘의 방향을 가리킨다. 화살표의 길이는 힘의 세기에 비례한다. 힘 화살표를 사용하면 모든 힘이 합력에 어떻게 기여하는지 시각화하고 이해하는 데 도움이 된다.

다른 힘으로는 설명할 수 없는 4가지 **기본 힘**(fundamental forces)이 있다. 중력, 전자기력, 약력과 강한 핵력이 그것이다. 중력은 우주의 모든 물체들, 즉 여러분과 지구, 지구와 태양, 태양계의 행성들 사이에서 작용하며, 실제로 은하라고 불리는 큰 별들의 무리를 구성한다. 매우 큰 은하에서 원자 내부로 그 크기를 전환하면 전자와 양성자 같이 원자의 전하를 가지고 있는 부분 사이에 작용하는 전자기력이 발견된다. 전자기력으로 인해 원자의 구조, 화학적 변화, 전자기 현상이 결정된다. 약력과 강력은 원자의 핵 내부에서 작용하므로 중력 및 전자기력만큼 주변에서 쉽게 관찰되지 않는다. 약력은 특정 핵 반응에 관여한다. 강력은 짧은 거리에서 핵의 구조를 유지하는 데 관여한다. 일반적으로, 핵 내부 입자들 사이의 강력은 전자기력보다 약 10^2배 강하고 중력보다 약 10^{39}배 더 강하다. 기본 힘은 우주에서 일어나는 모든 일에 관련 있으며 전기, 빛, 핵에너지, 화학, 지질학 및 천문학에 관한 장에서 자세히 알아볼 것이다.

2.4 지면에서의 수평 운동

일상의 경험으로 보면 지구 표면에서 수평 운동에 대한 아리스토텔레스의 생각은 옳다. 결국 밀거나 당기지 않은 움직이는 물체는 금세 정지하게 된다. 힘이 계속해서 작용할 때만 물체가 계속 움직이는 것처럼 보인다. 시동을 끄면 움직이는 자동차가 느려지고 멈춘다. 마찬가지로 바닥을 구르는 공은 느려지고 멈추게 된다. 물체의 자연스러운 상태는 정지 상태이며 물체가 계속 움직이게 하려면 힘이 필요한가? 이것이 1638년 갈릴레오(그림 2.7)가 《두 새로운 과학》(Two New Sciences)을 출판하기 전까지 사람들이 생각한 것이다.

이 책은 등속 운동, 가속 운동, 그리고 발사체를 다루는 세 부분으로 구성되어 있다. 갈릴레오는 운동의 정의와 개념을 발전시키면서 간단한 실험, 측정, 계산 및 사고 실험에 대해 자세히 설명했다. 갈릴레오는 그의 사고 실험 중 하나에서, 물체를 움직이기 위해 힘이 필요하다는 아리스토텔레스의 견해에 반대하는 주장을 제시했다. 갈릴레오는 마찰력 없이 수평면 위로 움직이는 (공과 같은) 물체를 생각했다. 그는 운동을 변화시키는 힘이 작용하지 않는다면 물체는 일정한 속도로 영원히 움직일 것이라고 결론지었다.

왜 구르는 공은 느려지면서 멈추게 되는가? 여러분들은 카펫으로 덮인 바닥보다 볼링 레인과 같이 매끄럽고 왁스가 발린 바닥에서 공이 더 멀리 굴러가는 것을 알고 있다. 거친 카펫 위를 구르는 공에는 더 많은 저항력이 작용한다. 바닥 마찰의 저항은 그림 2.8에서 힘 화살표

그림 2.7 갈릴레오는 운동에 관한 당시의 지배적인 세계관에 도전하고 거리, 시간, 속도 및 가속도의 개념에 주의를 집중했다.
출처: Rijksmuseum, Amsterdam

날씨

분류 체계는 사물이나 사건의 유사점과 차이점을 보여주기 위한 지적인 구성 작업이다. 예를 들어 다음은 기상 전선과 관련이 없는 폭풍을 분류하는 데 사용되는 2가지 체계를 설명한다.

열대성 저기압, 열대성 폭풍 및 허리케인의 차이점은 무엇인가? 그것들은 지면에서 지속적인 최대 풍속에 따라 분류된다. 미국에서는 최대 풍속을 1분 동안의 평균 풍속으로 측정한다. 분류 체계는 다음과 같다.

열대성 저기압 일반적으로 55 km/h 이하로 움직이는 바람의 저기압 중심이다. 열대성 저기압은 아무런 영향 없이 사라지거나 더 강력한 돌풍으로 발전할 수 있다.

열대성 폭풍 56~120 km/h의 바람으로 더 강한 저기압 중심이다.

허리케인 바람이 120 km/h 이상으로 격렬한 저기압 중심이다. 이 유형의 강한 폭풍은 국제 날짜 표시선의 대서양 또는 태평양 동쪽에서 발생하는 경우 '허리케인'이라고 하고, 국제 날짜 표시선 서쪽의 북태평양에서 발생하는 경우 '태풍'이라고 한다. 허리케인은 범주 및 예상되는 피해에 따라 더 세분화하여 분류한다. 분류 체계는 다음과 같다.

구분	피해	바람
1	극미한	120~153 km/h
2	온화한	154~177 km/h
3	광대한	178~210 km/h
4	심한	211~250 km/h
5	치명적인	> 250 km/h

F_{floor}로 표시되어 있다. 이 힘은 공기 저항의 힘 화살표 F_{air}와 함께 공의 운동과 반대 방향으로 작용한다. 그림 2.8의 A에서 실선 화살표를 확인하라. 공에 다른 힘이 가해지지 않으므로 구르는 속도가 줄어들어 완전히 멈추게 된다. 이제 공이 일정한 속도로 굴러가려면 손으로 어떠한 힘을 가해야 하는지 생각해보자. 그림 2.8의 B에 있는 힘들을 점검하면 힘의 크기를 결정하는 데 도움이 될 것이다. 작용하는 힘은 $F_{applied}$로 저항력에 상응해야 한다. 화살표 방향으로 표시된 것처럼 공을 감속하는 힘에 반대 방향으로 작용한다. 얼마나 많은 힘을 가해야 하는지 결정하려면 화살표로 표현된 식을 보라. $F_{applied}$는 두 저항력의 합과 길이가 같지만 반대 방향이다. 따라서 합력 F_{net}은 0이 된다. 운동에 저항하는 힘과 **균형**을 이루면 공은 일정한 속도로 계속 움직인다. 그러므로 저항력이 없다면, 운동을 계속하기 위해 힘을 작용할 필요가 없게 된다. 이것이 갈릴레오가 물체가 계속 움직이기 위해서는 힘이 필요하다는 아리스

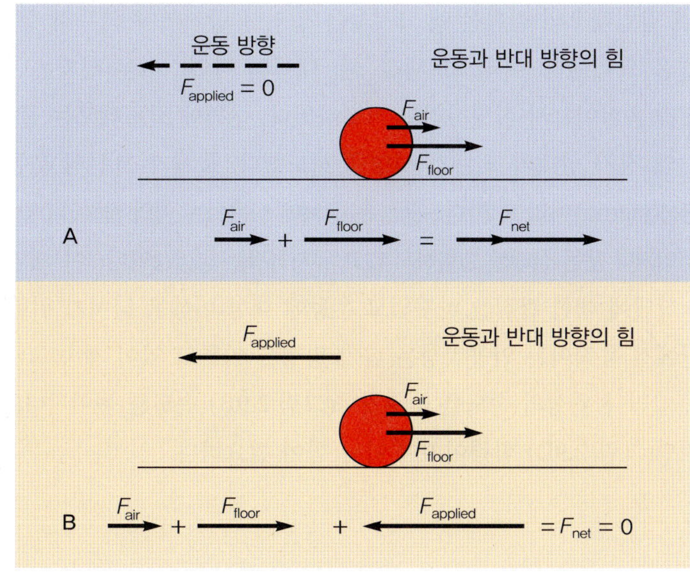

그림 2.8 (A) 이 공은 운동 방향으로 힘이 작용하지 않은 채로 왼쪽으로 굴러가고 있다. 바닥 마찰력(F_{floor})과 공기 저항력(F_{air})의 합은 운동과 반대 방향의 합력을 작용하여 공의 속도가 줄어들어 정지하게 된다. (B) 공이 운동하는 방향으로 힘을 가한다. 외력($F_{applied}$)은 운동의 반대 방향으로 작용하는 힘의 합과 같으므로 공은 일정한 속도로 계속 움직인다.

자세한 관찰

자전거 경주자의 우위

갈릴레오는 운동 반대 방향으로 작용하는 마찰력의 역할을 인식한 최초의 사람 중 한 사람이다. 그림 2.8에서 볼 수 있듯이 바닥 마찰력과 공기 저항력이 결합한 저항력은 표면에서 움직이는 모든 물체에 합력을 작용한다. 이 글은 공기 저항과 운동을 방해하는 힘을 줄이기 위한 기술에 관한 것이다.

상자 그림 2.1의 자전거 경주자들은 페이스라인(paceline)이라고 불리는 단일 열을 형성하고 있는데, 후류가 뒤에서 바짝 붙어 있는 경주자의 공기 저항을 감소시키기 때문이다. 자전거 경주자들은 다른 경주자의 후류를 타면 많은 에너지를 절약할 수 있다고 하며 실제로 동일한 에너지로 혼자 주행하는 것보다 8 km/h 더 빠르게 이동할 수 있다.

어떤 의미에서, 후류를 타는 것은 진행 방향의 많은 양의 공기를 밀어내지 않아도 된다는 것을 의미한다. 32 km/h에서 자전거 경주자는 매분 0.5톤에 조금 못 미치는 공기를 헤쳐나가야 한다.

상자 그림 2.1 결승선을 맨 먼저 통과하려면 앞에 있는 것이 유리하다. 선수들은 왜 의도적으로 일렬로 경주를 진행하고 있을까? ©bayualam/Shutterstock.com RF

매분 0.5톤 정도의 공기를 헤쳐나가는 문제와 함께 공기 저항과 관련된 2가지 기본적인 요인이 있다. 이것들은 (1) 난기류 대 원활한 공기 흐름과 (2) 마찰 저항 문제이다. 난기류의 공기 흐름은 공기가 후면에서 일부 분리되어 움직이는 물체의 전면에 가해지는 압력을 증가시켜 공기 저항을 증가시킨다. 그렇기 때문에 경주용 자동차, 비행기, 보트 및 기타 경주용 차량이 물방울 모양의 유선형으로 제작된다. 이 형태는 공기 흐름을 매끄럽게 하여 난기류(앞쪽의 압력이 높아짐)가 잘 생기지 않게 한다.

공기 저항력은 울퉁불퉁한 탁자 위에서 책을 밀 때 발생하는 마찰력과 유사하다. 탁자의 거친 면을 매끄럽게 하면 책의 마찰력이 줄어든다. 마찬가지로, 움직이는 공기에 노출된 표면을 매끄럽게 하면 공기 마찰이 줄어든다. 자전거 경주자는 부드러운 스판덱스 옷을 입고 움직이는 공기에 노출되는 팔과 다리를 면도하여 이 '평탄화' 작업을 수행한다. 모발은 전체 마찰력의 한 원인이 되므로 팔과 다리를 면도하면 시간을 단축할 수 있다. 이것은 비등비등한 경주에서 승리하기 위한 충분한 우위를 제공할 수 있다. 팔과 다리를 면도하고 스판덱스를 착용하거나 다른 타이트하고 딱 맞는 옷을 입는 것은 자전거 경주자가 경주에서 우위를 얻기 위해 할 수 있는 것들 중 일부일 뿐이다. 운동을 방해하는 힘을 줄이는 더 많은 방법을 생각할 수 있을 것이다.

토텔레스의 견해에 의혹을 제기하며 제시한 추론이었다. 갈릴레오는 힘이 균형을 이루면, 즉 합력이 0이면 움직이는 물체가 일정한 속도를 유지하며 계속 움직일 것이라고 결론 지었다.

힘이 작용하는 운동에 대한 아리스토텔레스와 갈릴레오의 견해의 차이는 실제로는 분석의 정도라고 주장할 수 있다. 결국 지구에서 움직이는 물체는 계속 밀거나 당기지 않으면 정지하게 된다. 그러나 갈릴레오의 결론은 왜 그것들을 밀거나 당기어야 하는지 설명하고 물체의 운동에 대한 본질을 드러낸다. 아리스토텔레스는 대상의 자연스러운 상태는 정지 상태라고 주장했고 왜 물체가 움직이는지 설명하려고 시도하였다. 반면에 갈릴레오는 물체가 움직이는 것이 자연스럽고 왜 정지 상태가 되는지 설명을 시도했다. 물체가 자신의 운동 상태를 유지하려는 성질을 **관성**(inertia)이라고 한다. 관성은 **물체에 작용하는 힘의 합력이 0일 때 물체가 움직이거나 정지한 상태이거나 운동 상태를 변화하지 않고 유지하려는 경향성**이다. 이 개념의 발전은 물체의 자연스러운 상태에 대한 관점을 바꾸었고 운동에 대한 이해를 넓히기 위한 길을 열었다. 오늘날 자유 공간에서 움직이는 인공위성은 힘이 평형을 이루고 있어 계속 그렇게 운동할 것이다(그림 2.9A). 그러나 위성의 속도를 늦추거나(그림 2.9B) 속도를 높이거나(그림 2.9C) 이동 방향을 바꾸려면(그림 2.9D) 합력이 0이 아닌 힘이 필요하다.

A 힘이 작용하지 않음 – 직선 방향으로 속력이 일정함

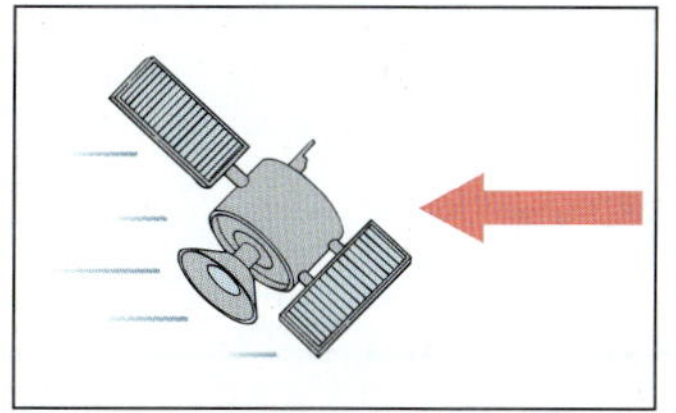

B 운동의 반대 방향으로 힘이 작용

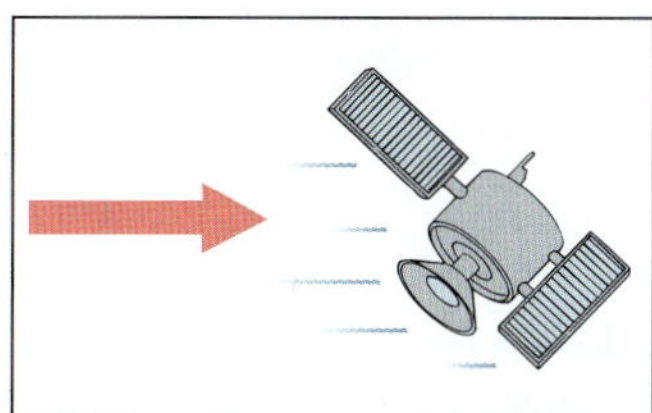

C 운동 방향으로 힘이 작용

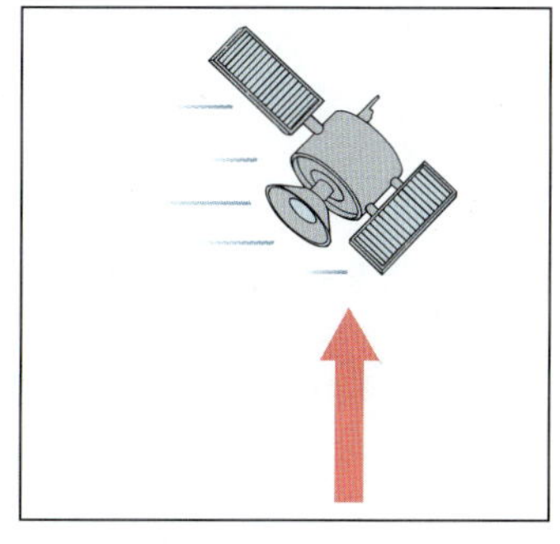

D 운동의 옆방향으로 힘이 작용

그림 2.9 A~D에서 관성이 어떻게 나타나는지 설명하라.

미신, 착각, 그리고 오해

빗속에서 걷는가 달리는가?

비에 젖지 않기 위해 비가 올 때 달려가는 것은 잘못된 것인가? 빗속에 노출되는 시간이 줄기 때문에 덜 젖기 위해서는 뛰어가야 한다고 주장할 수 있다. 하지만 이것은 비가 머리와 어깨 위에 닿는 경우에만 해당된다. 달리면 얼굴, 가슴 및 다리 앞면의 더 넓은 표면적에 비를 맞게 된다.

노스 캐롤라이나의 두 연구원은 이 질문에 답하기 위해 면으로 된 운동복을 입고 일정한 거리를 한 사람은 걸어가게 하고 다른 한 사람은 달려가게 하였다. 옷의 무게를 측정한 결과 걸어간 사람의 운동복 무게가 더 많이 나가는 것을 발견했다. 이것은 덜 젖기 위해서는 빗속을 달려야 한다는 것을 의미한다.

2.5 낙하하는 물체

그림 2.10 잘 알려진 이야기에 따르면 갈릴레오는 피사의 사탑에서 무게가 다른 두 물체를 떨어 뜨렸다. 낙하 속도가 무게에 비례한다는 아리스토텔레스의 견해와 달리 두 물체는 거의 같은 시간에 땅에 떨어졌다.

바위가 낙하하는 동안 무슨 일이 일어나는지 궁금해본 적이 있는가? 아리스토텔레스는 바위가 무게에 비례하는 일정한 속력으로 떨어지는 것으로 생각했다. 따라서 무거운 바위는 가벼운 것보다 더 빠른 일정한 속력으로 떨어진다. 잘 알려진 이야기에서, 갈릴레오는 피사의 사탑 꼭대기에서 단단한 철 공과 나무 공을 동시에 떨어뜨림으로써 아리스토텔레스의 결론을 부정하였다(그림 2.10). 이야기에 따르면 두 공 모두 거의 동시에 지면에 떨어졌다. 이렇게 되려면 같은 속도로 떨어져야 한다. 다시 말해, 떨어지는 물체의 속도는 무게와 관련이 없다. 자유 낙하하는 물체와의 차이점은 공기 저항으로 설명할 수 있다. 갈릴레오 시대 이후 진공 펌프가 발명되었는데, 이것을 이용하여 유리관에서 공기를 빼낼 수 있다. 낙하하는 물체에 대한 공기 저항은 물체가 공기에서와 진공 상태의 유리관에서 어떻게 떨어지는가를 비교하여 설명할 수 있다. 공기 중에서는 동전이 깃털보다 더 빨리 떨어진다. 진공 상태의 유리관에서는

관련 내용

스포츠

자유 낙하라는 용어에는 2가지 의미가 있다. 물리학에서 **자유 낙하**란 공기 저항을 고려하지 않고 중력장에서 제한을 받지 않는 물체의 운동을 의미한다. 공기 저항이 없으면 모든 물체는 지면을 향해 9.8 m/s^2로 가속되는 것으로 가정한다.

스카이 다이빙에서 **자유 낙하**는 낙하산과 같은 항력을 생성하는 장치 없이 대기 중으로 떨어지는 것을 의미한다. 공기는 낙하 물체의 운동의 반대 방향으로 저항력을 작용하며, 합력은 아래 방향 힘(무게)과 위 방향 공기 저항의 차이이다. 낙하하는 물체의 무게는 질량과 중력 가속도에 따라 달라지며, 이는 아래 방향의 힘이다. 저항력은 적어도 다음의 2가지 변수, (1) 공기의 흐름에 맞닿는 물체의 면적 및 (2) 낙하 물체의 속력에 의해 결정된다. 물체의 모양, 공기의 온도 및 난기류와 같은 다른 변수가 중요한 역할을 하지만 가장 큰 영향은 면적과 속력이 증가함에 따라 증가하는 저항력이다.

스카이 다이버의 무게는 일정하므로 아래 방향으로 작용하는 힘도 일정하다. 스카이 다이버는 일반적으로 지상에서 약 3,650 m에서 낙하산을 펼치는 약 750 m까지 자유 낙하한다. 비행기에서 뛰어내린 후, 다이버는 지면을 향해 가속하여 약 185~210 km/h의 속력에 도달한다. 속력이 증가하면 공기 저항이 증가하고 합력은 점점 줄어든다. 결국 아래 방향으로 작용하는 무게는 위 방향으로 작용하는 공기 저항력과 균형을 이루고, 합력은 0이 된다. 이제 다이버는 일정한 속력으로 낙하하고 종단속력에 도달했다고 말할 수 있다. 몸의 자세를 바꾸면 낙하 속력을 32 km/h로 바꾸는 것이 가능하다. 그러나 자유 낙하에서 다이빙 또는 '일어선' 자세에서 숙련된 스카이 다이버는 최대 290 km/h의 속력에 도달할 수 있다. 특수장비 없이 기록된 자유 낙하 속력은 517 km/h이다. 낙하산이 펴지면 일반적으로 하강 속력이 약 16 km/h가 된다.

공기 저항에 의한 영향이 제거되었으므로 동전과 깃털이 동시에 떨어진다. 공기 저항을 고려하지 않고 물체가 지구로 떨어지면 **자유 낙하**(free fall)라고 한다. 자유 낙하는 중력만 고려하고 공기 저항을 무시한다.

갈릴레오는 자유 낙하하는 경우 가벼운 물체와 무거운 물체가 동시에 떨어진다고 결론을 내렸지만 낙하하는 동안 무슨 일이 일어나는지에 대한 세부 사항을 알고 싶어했다. 그는 자유 낙하에서 물체의 속도가 무게에 비례하지 **않는다**는 것을 알았다. 자유 낙하에서 물체의 속도는 물체가 떨어짐에 따라 **증가**하므로, 이것으로부터 낙하하는 물체의 속도는 (1) 어쨌든 시간에 비례하고 (2) 낙하하는 거리에 비례해야 한다고 추론했다. 시간과 거리가 모두 속도와 관련이 있다면 서로 간에는 어떤 관계가 있겠는가?

갈릴레오는 자유 낙하하는 물체가 **낙하 시간의 제곱에 비례하는 거리를 지나야 한다고** 추론했다($d \propto t^2$). 즉, 물체가 2초일 때는, 1초일 때의 4배($2^2 = 4$), 3초일 때는 9배($3^2 = 9$)까지 멀어지게 된다. 갈릴레오는 매끄러운 홈이 있는 경사로에서 공을 굴려 이 계산을 확인하였다. 그는 당시 정확한 시간측정 장치가 없었기 때문에 경사로를 사용하여 낙하 운동을 늦추고 필요한 거리와 시간 관계를 측정하였다. 그는 예상한 대로 낙하하는 공이 시간의 제곱에 비례하는 거리를 움직인다는 것을 발견했다. 이것은 **낙하하는 물체의 속도가 일정한 비율로 증가했음을** 의미한다. 일정 시간 동안의 속도 변화를 가속이라고 했음을 기억하라. 다시 말해, 낙하하는 물체는 지표면을 향해 **가속**된다.

떨어지는 물체의 속도가 일정한 비율로 증가하기 때문에 물체는 중력에 의해 **일정하게** 가속되어야 한다. **자유 낙하하는 모든 물체는 일정하게 가속된다.** 물체가 지구에서 낙하할 때 매초 9.8 m/s의 속도가 증가한다. 이 증가분은 낙하 물체의 가속도 9.8 m/s^2이다.

지구를 향해 떨어지는 물체의 가속도는 지구의 모양과 자전 때문에 지표면의 위치에 따라 조금씩 달라진다. 낙하 물체의 가속도는 극에서 적도까지 감소하며 지구의 질량이 균등하게 분포되지 않기 때문에 장소에 따라 다르다. 9.8 m/s의 값은 특정 위치의 중력에 의한 가속으

개념 적용

낙하하는 물체

갈릴레오는 위 방향으로 작용하는 공기 저항을 제거할 때 모든 물체가 같은 가속도로 함께 떨어진다고 결론지었다. 공기를 제거하는 것은 어려운 일이지만, 떨어지는 물체에 공기가 어떤 영향을 미치는지에 대한 몇 가지 실험이 가능하다.

1. 종이와 교과서를 같은 높이에서 나란히 떨어뜨린다. 결과를 기록하라.
2. 책 위에 종이를 놓고 동시에 떨어뜨린다. 동시에 떨어지는가?
3. 종이를 느슨하게 뭉쳐 공 모양으로 만들고 책과 같은 높이에서 나란히 떨어뜨린다.
4. 종이를 단단하게 뭉쳐 공 모양으로 만들고 책과 같은 높이에서 나란히 떨어뜨린다.

물체가 어떻게 낙하하는지 발견한 결과를 설명하시오.

로 거의 근접하지만 정확하지는 않은 근삿값이다. 중력에 의한 가속은 여러 상황에서 중요하므로 특별히 기호 g로 표시한다.

2.6 운동의 3가지 법칙

이전 절에서는 거리, 시간, 속도 및 가속도로 운동을 설명하는 방법을 학습했다. 또한 일반적으로 운동과 밀접한 관련이 있는 2가지 개념을 소개했다. 즉 (1) 물체에는 운동의 변화에 저항하는 경향인 관성이 있고, (2) 힘이 운동의 변화에 관여한다는 것이다.

힘과 운동의 변화 사이의 관계는 많은 일상적인 상황에서 볼 수 있다. 자동차, 버스 또는 비행기가 움직이기 시작하면 힘을 느낄 수 있다. 마찬가지로, 엘리베이터가 올라가기 시작하면 발에 힘이 느껴진다. 자동차가 급정거하면 계기판 쪽으로 힘을 느끼며 엘리베이터가 급하강하면 발이 바닥에서 떨어지는 것처럼 느껴진다. 이러한 예에는 힘과 운동 사이의 관계, 정량화, 개념화, 그리고 물체가 왜 움직이거나 정지하는지에 대해 답하는 데 사용되는 방식이 모두 포함된다. 이러한 방식이 뉴턴의 3가지 운동 법칙의 주제이다.

뉴턴의 제1 운동 법칙

뉴턴의 제1 운동 법칙은 **관성의 법칙**으로도 알려져 있으며 운동에 대한 갈릴레오의 발견과 매우 유사하다. 갈릴레오는 **관성**이라는 용어를 사용하여 물체의 운동 변화에 저항하는 경향성을 설명했다. 뉴턴의 제1 운동 법칙은 이러한 경향을 좀 더 직접적으로 설명한다. 현대 용어(뉴턴의 말이 아님)에서 **뉴턴의 제1 운동 법칙**은 다음과 같다.

힘의 불균형이 발생하지 않는 한 모든 물체는 정지 상태 또는 일정한 직선 운동 상태를 유지한다.

이것은 불균형 힘, 다시 말해 합력이 0이 아니어서 물체가 움직이지 않는 한, 정지 상태

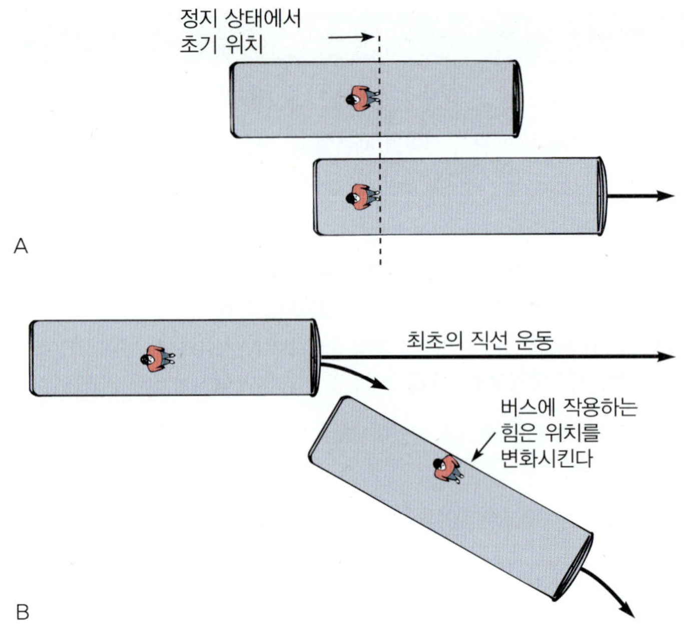

그림 2.11 버스 통로에 서 있는 사람의 평면도. (A) 버스는 초기에 정지해 있다가 앞으로 움직이기 시작한다. 관성으로 인해 사람은 원래 위치를 유지하기 위해 뒤로 밀려나는 것처럼 보인다. (B) 버스는 오른쪽으로 회전하지만 관성으로 인해 측면에서 새로운 방향으로 힘을 작용할 때까지 원래의 직선 운동을 유지한다.

는 계속 그 상태를 유지한다는 것을 의미한다. 마찬가지로, 일정하게 직선 운동을 하는 물체는 합력으로 인해 속도가 느려지거나 이동 방향이 바뀌지 않는 한 그 운동을 유지한다. 따라서 뉴턴의 제1 운동 법칙은 물체가 운동 상태의 어떠한 변화에 저항하는 경향을 설명한다.

버스 통로에서 서 있을 때 뉴턴의 제1 운동 법칙을 생각해보라. 버스가 움직이기 시작하고 독립적인 물체인 여러분은 정지 상태를 유지하려고 한다. 지면을 기준으로 위치를 유지하려는 경향이 있으므로 뒷걸음을 해야 한다. 버스의 어느 부분을 잡고 있다면 버스가 동일한 운동을 하는 데 필요한 힘을 공급하므로 뒷걸음을 할 필요가 없다. 버스와 동일한 운동을 하면 버스가 커브를 돌기 전까지 힘이 가해지지 않는다. 버스가 커브를 돌면 버스는 운동 방향을 바꾸었지만, 여러분들은 역시 독립적인 물체로서 직선 운동을 하려는 경향이 있다. 좌석의 옆면은 힘을 가하여 버스의 곡선 운동을 따르도록 한다. 버스가 움직이거나 회전할 때 느끼는 힘은 정지 상태나 직선 운동 상태를 유지하려는 경향 때문에 생겨나는 것이다 (그림 2.11).

뉴턴의 제2 운동 법칙

뉴턴은 운동의 본질을 설명하기 위해 갈릴레오의 사고를 성공적으로 사용했다. 뉴턴의 제1 운동 법칙에 따르면 일단 운동을 시작한 물체는 힘이 가해지지 않는 한 일정한 속도로 직선 운동 상태를 유지한다. 이 법칙은 운동을 설명할 뿐만 아니라 힘의 역할도 확립한다. 운동의 변화는 합력이 작용한 증거이다. 힘과 운동의 연관성은 일상의 경험에서 쉽게 찾을 수 있다. 여러분은 자동차를 가속하면서 등에 작용하는 힘을 느꼈고, 자동차가 회전하거나 정지할 때 다른 힘들을 느꼈을 것이다. 또한 지표면을 향해 물체를 가속시키는 중력에 대해 학습했다. 불균형 힘과 가속도는 모든 운동의 변화에 관여한다. 뉴턴의 제2 운동 법칙은 운동 변화의 원인을 설명하는 **합력**, **가속도** 및 **질량** 사이의 관계이다.

교통과 환경

환경 과학은 지구 환경에 대한 학제간 연구이다. 이 연구는 환경에 대한 인류의 손실과 피해의 구제책에 관한 전반적인 사항에 관한 것이다. 환경 연구 주제의 예로서, 교통 이용과 관련된 피해를 생각해보라. 환경전문가들은 전반적인 운송 활동이 총 미국 탄소 배출량의 약 3분의 1을 차지한다고 추정한다. 탄소 배출은 일산화탄소 형태로 직접적으로 유해하기 때문에 문제가 된다. 또한 이산화탄소로 지구 온난화와 기후변화에 영향을 끼치는 간접적인 피해를 준다.

운송에 의한 환경 피해의 양을 줄이기 위해 사람들이 할 수 있는 일의 목록은 다음과 같다.

A. 자전거, 카풀, 도보 또는 대중교통을 이용한다.

B. 상점, 쇼핑몰 및 직장으로의 이동 시 계획을 수립하여 가능한 한 차량의 운행을 줄인다.

C. 가능한 한 하이브리드 또는 연료 전지 차량을 구입한다.

D. 자동차 사용이 덜 필요하고 권장되지 않는 계획된 공동체로 이동한다.

개념 적용

제1 법칙 실험

자동차, SUV 또는 픽업 트럭에서 바닥의 평평한 부분에 작은 공을 놓는다. 먼저, 다음 각 상황에서 공이 어떻게 될지 예측해보자. (1) 차량이 정지 위치에서 앞으로 움직인다. (2) 차량이 일정한 속력으로 움직인다. (3) 차량이 일정한 속력으로 움직인 후 오른쪽으로 회전한다. (4) 차량이 일정한 속력으로 움직인 후 정지한다. 이제 예측한 것을 검증하고 뉴턴의 제1 운동 법칙에 따라 각 결과를 설명하시오.

자전거를 타고 움직이는 상황을 생각해보자. 뉴턴의 제1 운동 법칙에 따르면 외부의 불균형 힘이 여러분과 자전거에 작용하지 않는 한 일정한 직선 속도를 계속 유지할 것이다. 페달에 가하는 힘은 여러분과 자전거를 따라 움직이는 외력과 같다(나중에 더 자세히 설명할 것이다). 타이어 마찰력 및 공기 저항력과 균형을 맞추려면 지속적으로 힘을 가해야 한다. 그러나 저항력이 없는 경우 일정한 속도로 계속 이동하기 위해 힘을 가할 필요가 없다. 따라서 합력은 페달에 가한 타이어 마찰력과 공기 저항력을 뺀 힘이다. 그러므로 직선으로 일정한 속도로 움직일 때 합력은 0이다(그림 2.12).

페달에 더 큰 힘을 가하면 마찰과 공기 저항을 상쇄하고도 남는 추가적인 힘이 발생하게 된

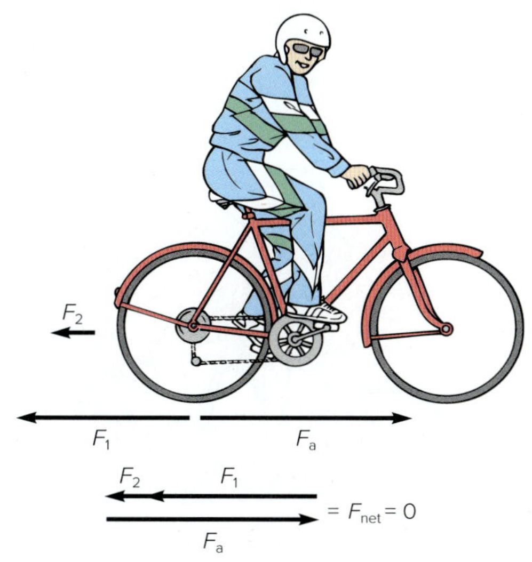

그림 2.12 일정한 속도에서 타이어 마찰력(F_1)과 공기 저항력(F_2)의 합은 작용한 힘(F_a)과 같다. 따라서 합력은 0이다.

다. 따라서 0보다 큰 합력이 있으며 가속하게 된다. 합력이 0보다 큰, 그 동안에만 가속이 일어나게 된다. 마찬가지로, 브레이크에 힘을 가하면 다른 종류의 저항 마찰력이 발생한다. 속도를 바꾸는 세 번째 방법은 핸들에 힘을 가하여 속도의 방향을 변경하는 것이다. 따라서 **불균형 힘이 가속**을 일으킨다.

정지 상태에서 자전거를 출발할 때에 힘과 가속의 관계가 성립한다. 페달을 세게 밟을수록 가속도가 커지는 것을 관찰할 수 있다. 합력을 2배로 늘리면 가속도도 2배가 되어 절반의 시간으로도 같은 속도에 도달한다. 마찬가지로 합력을 3배로 늘리면 가속도가 3배 증가한다. 양이 같은 비율로 증가 또는 감소할 때, 그것들은 **정비례**한다고 한다. 그러므로 가속은 힘에 정비례한다.

자전거에 2개의 자리가 있고 친구를 자전거에 태워 질량이 2배가 된다고 가정해보자. 이전과 동일한 합력을 사용하면 자전거의 가속도가 훨씬 작아진다. 실제로 다른 모든 요소가 동일하면 질량을 2배로 늘리고 동일한 힘을 가하면 절반만 가속된다(그림 2.13). 더 무거운 친구는 가속도를 훨씬 더 줄이게 된다. 질량을 3배로 늘리고 동일한 힘을 가하면 가속도가 1/3이 된다. 두 수량 사이의 관계가 같은 비율로 다른 수량이 감소함에 따라 한 수량이 증가하는 것을 나타내면 수량은 **반비례**한다고 한다.

물체의 가속은 적용되는 합력과 물체의 질량 모두에 관련이 있다. **제2 운동 법칙**은 다음과 같다.

물체의 가속은 물체에 작용하는 합력에 정비례하고 물체의 질량에 반비례한다.

적절한 단위로 힘을 표현하면 이 진술을 식으로 쓸 수 있다.

그림 2.13 같은 힘이 가해질 때 질량이 클수록 가속도가 줄어든다. 다른 조건들이 동일한 경우, 같은 힘을 가했을 때 질량이 2배가 되면 가속도가 절반이 된다. 두 번째 친구는 페달을 밟지 않는다.

개념 적용

제2 법칙 실험

줄의 한쪽 끝을 책에 묶고 다른 쪽 끝을 큰 고무줄에 묶는다. 고무 밴드 고리에 검지 손가락이 말려있는 상태에서 매끄러운 탁자 위로 책을 당겨 보자. 고무 밴드의 늘어난 길이를 통해 작용하는 힘을 대략적으로 추정할 수 있다. (1) 탁자에서 일정한 속도로 책을 당겨라. 다른 값의 속도를 일정하게 유지하는 데 필요한 힘을 비교하라. (2) 다른 비율로 책을 가속시켜 보라. 다른 가속도를 유지하는 데 필요한 힘을 비교하라. (3) 질량이 큰, 다른 책을 이용하여 다시 다른 비율로 가속시켜 보라. 더 큰 질량의 경우 결과는 어떻게 달라지는가?

관찰한 결과에 기반하여 힘, 가속 및 질량 사이의 관계를 유추할 수 있겠는가?

$$a = \frac{F}{m}$$

F에 대해 풀면 가장 흔하게 표현되는 형태로 재배열할 수 있다.

$$F = ma \tag{2.3}$$

미터법 체계에서 힘의 단위는 질량(m)과 가속도(a)를 곱한 단위가 된다. 질량의 단위는 kg이고 가속의 단위는 m/s^2이다. 이 단위 (kg)(m/s^2)의 조합은 아이작 뉴턴을 기리기 위해 **뉴턴**(N)이라고 하는 힘의 단위이다.

$$1 \text{ newton} = 1 \text{ N} = 1 \frac{\text{kg} \cdot \text{m}}{\text{s}^2}$$

뉴턴의 제2 운동 법칙은 운동에 대한 그의 연구의 핵심적인 아이디어이다. 이 법칙에 따르면, 가속도, 합력 및 물체의 질량 사이에는 항상 관련이 있다. 이 진술에는 다음의 3가지가 함축되어 있다. (1) 우리는 물체에 작용하는 총 외력을 의미하는 합력에 대해 이야기하고 있다. (2) 운동의 진술은 속도가 아닌 가속도에 관한 것이다. (3) 별도로 언급하지 않으면 질량은 변하지 않는다.

예제 2.5 (선택)

합계 질량이 60 kg인 자전거와 운전자가 0.5 m/s^2로 가속한다. 이 가속도가 되려면 운전자가 얼마나 많은 힘을 가해야 하는가?

풀이

60 kg의 질량(m)과 0.5 m/s^2의 가속도(a)가 주어졌다. 이 문제는 주어진 질량에 가속도를 얻기 위해 필요한 추가 힘(F)을 묻는다. 관계는 식 (2.3) $F = ma$에 나와 있다.

$$m = 60 \text{ kg} \qquad a = 0.5 \frac{\text{m}}{\text{s}^2} \qquad F = ?$$

$$\begin{aligned} F = ma &= (60 \text{ kg})\left(0.5 \frac{\text{m}}{\text{s}^2}\right) \\ &= (60)(0.5)\text{kg} \times \frac{\text{m}}{\text{s}^2} \\ &= 30 \frac{\text{kg} \cdot \text{m}}{\text{s}^2} \\ &= \boxed{30 \text{ N}} \end{aligned}$$

자전거와 운전자가 0.5 m/s^{2}의 가속을 유지하려면 일정한 속력을 유지하는 데 필요한 힘에 추가로 30 N 이상의 힘을 페달에 가해야 한다. (kg·m/s^2 단위는 힘의 단위인 뉴턴의 정의이므로 기호 N이 쓰였음에 주의하라.)

예제 2.6 (선택)

20 kg 카트에 40 N의 힘을 가한 경우 가속도는 얼마인가? (답: 2 m/s^2)

무게와 질량

무게의 의미는 무엇인가? 질량과 같은 개념인가? 무게는 대부분의 사람들에게 친숙한 개념이며 일상적으로 종종 질량과 같은 의미로 사용된다. 그러나 물리학에서는 기본적인 차이가 있으며 이 차이는 운동과 운동의 원인에 대한 뉴턴의 설명에서 매우 중요하다.

질량(mass)은 물체가 운동의 변화에 저항하는 정도를 나타내는 속성으로 정의한다. 질량이 클수록 관성 또는 운동의 변화에 대한 저항이 커진다. 예를 들어, 대형 트럭을 움직이는 것보다 작은 차를 움직이는 것이 더 쉽다는 점을 생각해보라. 트럭은 질량이 크므로 관성도 크다. 뉴턴은 원래 질량을 물체의 '물질의 양'으로 정의했으며, 이 정의는 직관적으로 매력적이다. 그러나 뉴턴은 운동에서 명백한 역할과 관성의 척도로 질량을 재정의했기 때문에 관성을 측정해야 했다.

뉴턴의 제2 운동 법칙을 이용하여 물체에 힘을 가하고 가속도를 측정하여 질량을 구할 수 있다. 이 방법은 매우 불편하므로 일반적으로 질량은 물체에 작용하는 중력과 표준 질량에 작용하는 중력을 비교하여 저울에서 측정된다.

질량에 작용하는 중력은 물체의 무게이다. 무게는 힘이며 질량(kg)과 다른 단위(N)를 갖는다. 무게는 물체에 작용하는 중력의 척도이므로, 힘은 뉴턴의 제2 운동 법칙으로부터 계산할 수 있다.

$$F = ma$$

또는

$$\text{아래 방향 힘} = (\text{질량})(\text{중력으로 인한 가속})$$

또는

$$\text{무게} = (\text{질량})(\text{g})$$

$$w = mg \tag{2.4}$$

앞에서 g는 중력으로 인한 가속도를 나타내는 데 사용되는 기호라는 것을 학습했다. 지표면 근처에서 g의 값은 약 9.8 m/s^{2}이다. 움직이지 않는 물체에 g가 어떻게 적용되는지 이해하려면 손에 든 공을 생각해보라. 공의 무게를 지탱함으로써 공을 정지시킬 수 있으므로 손의 힘과 공의 중력(무게)의 합력이 0이 되어야 한다. 공을 놓으면, 중력만이 작용하게 된다. 그러면 공의 무게가 중력으로 인한 가속도인 g로 가속하는 합력이다. 따라서 $F_{net} = w = ma = mg$이다. 공의 무게는 주어진 위치에서 변하지 않으므로 공이 가속되지 않더라도 무게는 항

표 2.1 미터법 체계와 영국식 체계에서 질량과 무게의 단위

	질량	×	가속도	=	힘
미터법 체계	kg	×	$\frac{m}{s^2}$	=	$\frac{kg \cdot m}{s^2}$ (newton)
영국식 체계	$\left(\frac{lb}{ft/s^2}\right)$	×	$\frac{ft}{s^2}$	=	lb (pound)

상 $w = mg$와 같다.

기억해야 할 중요한 것은 **파운드와 뉴턴이 힘의 단위**라는 것이다(표 2.1). 한편, **킬로그램은 질량의 척도**이다. 따라서 1.0 lb의 영국식 단위는 4.5 N의 미터법 단위와 비슷하다(또는 0.22 lb가 1.0 N과 같다). 변환표는 때때로 파운드(무게 단위)에서 킬로그램(질량 단위)으로 어떻게 변환하는지 알려준다. 이것은 무게와 질량이 지표면에서 비례하기 때문에 가능하다. 이 책의 앞표지 안쪽에 있는 변환 계수를 사용하여 체중을 파운드와 뉴턴으로, 질량을 킬로그램으로 표시할 수 있는지 확인하라.

예제 2.7 (선택)

지표면에서 60.0 kg인 사람의 무게는 얼마인가?

풀이

60.0 kg의 질량(m)이 주어지고, 중력으로 인한 가속도(g) 9.8 m/s^{2}를 알고 있다. 문제는 무게(w)를 요구했다. 관계는 식 (2.4) $w = mg$이며, 이는 $F = ma$의 형태이다.

$m = 60.0$ kg
$a = 9.8$ m/s^2
$w = ?$

$$w = mg = (60.0 \text{ kg})\ 9.8 \frac{\text{m}}{\text{s}^2}$$
$$= (60.0)(9.8)\text{kg} \times \frac{\text{m}}{\text{s}^2}$$
$$= 588 \frac{\text{kg} \cdot \text{m}}{\text{s}^2}$$
$$= 588 \text{ N}$$
$$= \boxed{590 \text{ N}}$$

예제 2.8 (선택)

달에서 60.0 kg인 사람의 몸무게는 100.0 N이다. 달의 g 값은 얼마인가? (답: 1.67 m/s^2)

뉴턴의 제3 운동 법칙

뉴턴의 제1 운동 법칙에 따르면 합력이 0일 때 물체의 운동 상태가 유지된다. 두 번째 법칙은 힘이 작용할 때 알려진 질량을 가진 물체가 어떻게 움직이는지 설명하며 합력이 0이 아닌 경우 어떻게 되는지 기술한다. 두 법칙은 힘의 개념에 대한 한 가지 관점을 제공한다. 즉, 물체가 움직이기 시작하거나 속도가 빨라지거나 느려지거나 이동 방향이 바뀌는 것을 관찰하면

관련 내용

다른 행성들의 무게

행성	중력가속도	대략적인 무게(N)	대력적인 무게(lb)
수성	3.72 m/s^2	223 N	50 lb
금성	8.92 m/s^2	535 N	120 lb
지구	9.80 m/s^2	588 N	132 lb
화성	3.72 m/s^2	223 N	50 lb
목성	24.89 m/s^2	1,493 N	336 lb
토성	10.58 m/s^2	635 N	143 lb
천왕성	8.92 m/s^2	535 N	120 lb
해왕성	11.67 m/s^2	700 N	157 lb

* 60.0 kg인 사람의 경우

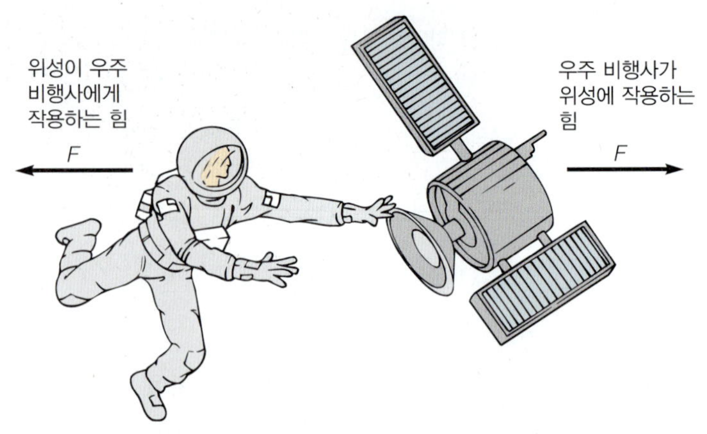

그림 2.14 힘은 크기가 같고 방향이 반대인 짝을 이루며 발생한다.

물체에 불균형 힘이 작용하고 있다고 결론을 내릴 수 있다. 따라서 물체의 운동 상태의 변화는 불균형 힘이 작용하였다는 증거이다.

뉴턴의 제3 운동 법칙 역시 힘과 관련이 있다. 먼저 힘이 어디에서 오는지 생각해보라. 힘은 항상 두 물체의 상호작용에 의해 생성된다. 때때로 우리는 힘이 어떻게 생기는지 알지 못하지만 항상 쌍으로 발생한다는 것은 알고 있다. 힘이 가해질 때마다 항상 일치하는 반대의 힘이 발생한다. 예를 들어 벽을 밀면 벽도 같은 힘을 반대 방향으로 작용한다. 두 힘은 서로 반대 방향이며 균형을 이루는데, $F = ma$이고 벽이 가속되지 않았기 때문에 이것을 알 수 있다. 가속도가 0이면 $F = ma$에서 합력이 0임을 알 수 있다($0 = 0$). 또한 두 힘은 서로 다른 두 물체인 여러분과 벽 사이에 작용하는 것에 유의하라. 뉴턴의 제3 법칙은 항상 2개의 서로 다른 물체 사이에서 일어나는 현상을 설명한다. 지구에서 발생하는 많은 영향을 단순화하려면 우주에 자유롭게 떠다니는 위성을 생각해보라. 뉴턴의 제2 법칙($F = ma$)에 따르면, 위성의 운동 상태를 변경하려면 힘을 가해야 한다. 가능한 힘의 근원은 무엇인가? 우주 비행사가 1초 동안 위성을 밀 수 있을 것이다. 힘을 가하는 동안 위성은 가속된 다음 일정한 속도로 원래 위치에서 멀어진다. 우주 비행사는 원래 위치에서 반대 방향으로 멀어진다(그림 2.14). 힘은 단독으로 존재하지 않는다. 항상 동시에 발생하는 작용 및 반작용 힘이 있다. 따라서 우주 비행사는 위성에 순간적으로 힘을 가했지만, 위성도 우주 비행사에게도 순간적으로 힘을 가한 것으로 보이는데 우주 비행사가 원래 위치에서 반대 방향으로 멀어지기 때문이다. 뉴턴은 이와 같이 우주 비행사와 위성을 생각하지는 않았지만 이 예는 작용과 반작용에 대해 그가 수행한 추론과 같다. 따라서 **제3 운동 법칙**은 다음과 같다.

두 물체가 상호작용할 때마다 한 물체에 가해지는 힘은 다른 물체에 가해지는 힘과 크기는 같고 방향은 반대이다.

제3 법칙은 힘이 항상 반대 방향으로, 그리고 2개의 다른 개체에 짝을 이루며 작용하며 쌍으로 발생한다고 기술한다. 때때로 제3 운동 법칙은 "모든 작용에는 크기가 같고 반대 방향의 반작용이 있다."라고 표현되는데 이는 오해의 소지가 있다. 어떤 힘도 다른 힘의 원인이

관련 내용

수영하는 가리비

뉴턴의 운동 법칙은 위성, 자동차뿐만 아니라 동물의 운동에도 적용된다. 예를 들어, 가리비가 움직이는 방법에 대해 생각해보자. 가리비는 방사형 홈이 있는 부채꼴 모양의 껍질이다(상자 그림 2.2). 가리비는 조개와 비슷한 연체 동물로 유일하게 수영이 가능한 특이한 해양 동물이다. 껍질을 열고 닫음으로써 껍질의 내부에서 물을 분사하는 작용을 하여 스스로 이동할 수 있다.

가리비는 껍질을 적절한 각도로 향하게 하고 가라앉음을 방지하기 위해 최소 가속을 유지하여 수영할 수 있다. 예를 들어, 특정 가리비 종은 수영하는 깊이를 유지하기 위해 10도의 각도로 초당 약 6개의 몸 길이만큼 움직일 수 있도록 충분히 물을 뒤로 밀어야 한다는 사실이 발견되었다. 이러한 수영 능력은 최대 약 20초 동안 유지될 수 있어 가리비가 포식자로부터 도망가거나 기타 나쁜 조건에서 벗어날 수 있다.

더 무거운 몸체는 수영 능력을 제한하는데, 동일한 가속도를 얻기 위해 더 큰 힘이 필요하기 때문이다(뉴턴의 제2 운동 법칙에서 기술한 것처럼). 이 문제는 가리비가 추진력이 커지지 않고 몸집이 크게 성장하면 더욱 악화된다.

상자 그림 2.2 가리비 껍질 ©Image Club RF

아니다. 힘은 모든 순간에 서로의 원인이며 동시에 나타나고 사라진다. 우주 비행사가 위성에 가한 힘을 설명하려면 위성이 우주 비행사에 동시에 가하는 힘이 있음을 알아야 한다. 힘(위성이 우주 비행사에 가하는 것과 우주 비행사가 위성에 가하는 것)은 크기는 같지만 방향은 반대이다.

작은 로켓으로 위성을 움직이는 것이 더 일반적이다. 우주에서 위성은 움직이고자 하는 방향과 반대 방향으로 로켓을 발사하여 움직인다. 배기 가스(또는 압축 가스)는 동일하지만 반대의 힘을 위성에 가해 반대 방향으로 가속시킨다. 이것은 제3 법칙의 또 다른 예이다.

지표면에서 한 쌍의 힘이 어떻게 작용하는지 생각해보자. 여러분은 발을 땅에 대고 걷는다(그림 2.15). 물론 마찰력이 없다면 이 작업을 수행할 수 없는데 얼음처럼 마찰이 없으면 미끄러질 것이다. 그러나 마찰이 존재하기 때문에 지면에 뒷방향으로 수평힘을 가하고, 제3 법칙에 의해 지면은 같은 크기, 반대 방향의 힘을 가한다. 제2 법칙에 설명된 것처럼 작용한 합력으로 인해 앞으로 나아간다. 지구가 여러분과 비슷한 질량을 가졌다면, 여러분이 앞으로 가

그림 2.15 풋볼 선수의 발이 지면을 밀고 있지만, 지면이 선수의 발을 밀어주므로 가속시켜 앞으로 뛸 수 있게 한다.

속된 것과 같은 속도로 뒤로 가속될 것이다. 그러나 지구는 질량이 훨씬 더 크므로 거의 가속되지 않는다. 전체적인 효과는 지면이 여러분에게 가하는 힘에 의해 앞으로 가속된다.

앞에서 설명한 자전거의 예로 돌아가보자. 자전거를 가속시키는 **외력**의 근원은 무엇인가? 페달을 밟는 것은 여러분과 자전거의 외부가 아니므로 이 힘이 자전거를 앞으로 가속시키지 않는다. 이 힘은 자전거 메커니즘을 통해 뒷타이어로 전달되어 지면에 닿는다. 이 힘과 같은 크기, 반대 방향으로 자전거에 힘을 가해 가속시키는 것은 지면이다. $F = ma$를 적용하기 전에 자전거에 작용하는 힘을 고려해야 한다. 자전거의 전진 운동에 영향을 미치는 유일한 힘은 지면의 힘과 운동에 대항하는 마찰력이다. 이것은 제3 법칙의 또 다른 예이다.

2.7 운동량

스포츠 해설가는 종종 팀의 **추진력**(momentum)을 언급하고, 뉴스 캐스터는 선거에서 후보자 중 한 명의 기세(momentum)를 언급하곤 한다. 두 상황 모두 한쪽이 승리를 향해 움직이고 멈추기 어려운 경쟁을 묘사한다. 운동량은 운동의 속성이기 때문에 물리학에서 이 용어를 빌리는 것이 적절할 것이다. 운동량이 클 때 같은 힘으로 물체의 운동을 멈추는 데 더 많은 시간이 소요된다. 운동량의 물리학 개념은 뉴턴의 운동 법칙과 밀접한 관련이 있다. **운동량**(p)은 물체의 질량(m)과 속도(v)의 곱으로 정의한다.

$$\text{운동량} = \text{질량} \times \text{속도}$$

또는

$$p = mv \tag{2.5}$$

그림 2.16의 질량이 60.0 kg인 우주 비행사는 위성과의 상호작용으로 속도가 0.750 m/s이다. 따라서 운동량은 (60.0 kg)(0.750 m/s) 또는 45.0 kg · m/s이다. 우주 비행사가 더 빠른 속도

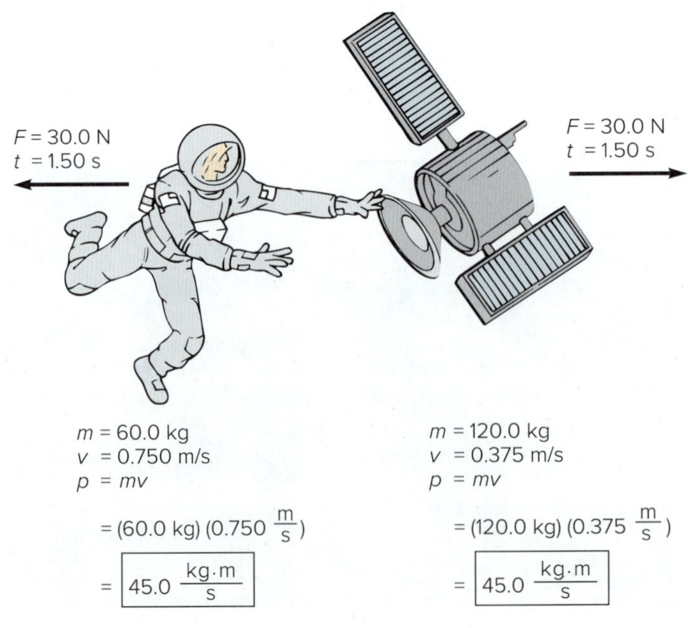

그림 2.16 우주 비행사와 위성은 서로를 밀 때 1.50초 동안 30.0 N의 힘을 받는다. 모두 반대 방향으로 45.0 kg·m/s의 운동량을 갖는다. 이것은 운동량 보존 법칙의 예이다.

를 얻었을 경우 또는 더 큰 질량의 우주 비행사가 같은 속도를 얻었을 경우 운동량은 더 커진다. 운동량은 움직이는 물체의 관성(질량)과 속도를 모두 포함한다.

운동량 보존

그림 2.16에서 위성이 얻은 운동량 또한 45.0 kg·m/s이다. 우주 비행사는 한 방향으로 일정한 운동량을 얻었고, 위성은 반대 방향으로 같은 운동량을 얻었다. 뉴턴은 원래 물체에 작용하는 합력에 비례하는 운동량의 변화라는 관점에서 제2 법칙을 정의했다. 제3 법칙에 따르면 우주 비행사와 위성 모두에 가해진 힘은 크기가 동일하고 방향이 반대이므로 두 물체가 반대 방향으로 같은 크기의 운동량을 얻을 것이다. 이 결과는 한 시스템 안의 개체가 상호작용하며 이들 사이에만 힘이 작용할 때에 항상 관찰된다(그림 2.16). 이것은 보존 법칙이라는 특별한 종류의 관계로 기술된다. 이 경우 법칙은 운동량에 적용되며 **운동량 보존 법칙**(law of conservation of momentum)이라고 한다.

상호작용하는 물체 집단의 총 운동량은 외력이 없는 경우 일정하다.

운동량, 에너지 및 전하의 보존은 일상적인 상황에 적용되는 보존 법칙 중 하나이다. 이러한 상황은 항상 2가지 이해를 보여준다. (1) 각 보존 법칙은 관찰할 수 있는 물리적 원리를 설명하는 표현이다. (2) 각 법칙은 상호작용의 세부 사항이나 어떻게 일어났는지에 관계없이 유지된다. 보존 법칙은 항상 발생하는 것을 나타내므로 주어진 상황에서 일어날 것으로 예상되는 것과 발생하지 않을 것을 알려준다. 보존 법칙은 또한 분석에 의해 미지의 양을 찾을 수 있도록 한다. 예를 들어 운동량 보존 법칙은 당구공, 자동차 또는 철도 차량과 같은 단순한 충돌 시스템에서 운동을 분석하는 데 유용하다. 또한 후방으로 배출되는 배기 가스의 운동량이 반대 방향으로 동일한 운동량을 로켓에 주어 로켓을 추진하는 것과 같은 상호작용을 측정하는 데 유용하다(그림 2.17). 이 과정에서 운동량은 항상 보존된다.

그림 2.17 운동량 보존 법칙에 따르면, 한 방향으로 배출된 가스의 운동량은 외력이 작용하지 않는 다른 방향의 로켓의 운동량과 같다.
출처: NASA

충격량

공을 칠 때 "끝까지 휘둘러야" 한다는 말을 들어 본 적이 있는가? 끝까지 휘두를 때, 방망이는 공과 오랜 시간 동안 접촉한다. 물론 타격하는 힘도 중요하지만, 힘과 그 힘이 얼마나 오래 작용하는지가 결과를 결정한다. 힘과 작용 시간의 곱을 **충격량**(impulse)이라고 한다. 이 값은 다음과 같이 표현된다.

$$\text{충격량} = Ft$$

여기서 F는 접촉 시간(t) 동안 가해진 힘이다. 공에 주는 충격량에 따라 공이 얼마나 빨리 움직이며 얼마나 멀리 날아갈지 결정된다.

충격량은 주어진 질량의 공의 운동 변화와 관련이 있으므로 운동량(mv)의 변화는 충격량에 의해 생기게 된다. 이것은 다음과 같이 표현할 수 있다.

$$\text{운동량의 변화} = (\text{작용한 힘})(\text{접촉 시간})$$

$$\Delta p = Ft \qquad (2.6)$$

여기서 Δp는 운동량의 변화이다. 여러분은 접촉 시간을 늘리기 위해 공을 치는 동안 "끝까지 휘둘러야" 한다. 동일한 힘을 사용하면 접촉 시간이 길어질수록 충격량이 커진다. 충격량이 클수록 운동량의 변화가 크며, 공의 질량이 변하지 않기 때문에 공이 더 빠른 속도로 움직이게 된다. 이 결과는 같은 힘으로 공을 치는 거리가 더 멀어짐을 의미한다. 그렇기 때문에 공을 칠 때 끝까지 휘두르는 것이 중요하다.

이제 움직이는 물체를 잡아서 정지시키는 것을 생각해보자. 이 경우 물체의 질량은 변하지 않으며 속도는 0이 되어야 하는데 이러한 양에 대해 할 수 있는 것은 없다. 운동량의 변화는 충격량과 같으며 힘과 힘이 작용하는 시간은 조작할 수 있다. 예를 들어, 던져진 날달걀을 잡는 것을 생각해보자. 달걀을 잡을 때 움직이는 방향으로 손을 이동하면 접촉 시간이 길어진다. 접촉 시간을 늘리면 $\Delta p = Ft$이므로 힘을 줄일 수 있다. 접촉 시간을 늘려 가해진 힘을 변경했으며, 계란이 깨지지 않도록 충분히 힘을 줄였다.

접촉 시간은 안전에도 중요하다. 자동차 에어백, 팔꿈치 및 무릎 보호대의 패딩 및 고속도로의 플라스틱 배럴이 접촉 시간을 늘리기 위한 설계의 예이다. 또한 접촉 시간을 증가시키면 $\Delta p = Ft$이므로 필요한 힘이 줄어든다. 충격력(힘)이 줄어들고 부상도 줄어든다. 다음에 충돌로 구겨진 차량을 볼 때 이 점을 생각해보라. 운전자와 승객은 차의 외관이 찌그러지며 멈추는 데 더 많은 시간이 걸리기 때문에 심각한 부상으로부터 보호되었을 것이다. 충돌에서 찌그러지는 자동차가 더 안전한 자동차이다.

개념 적용

운동량 실험

5개의 강철 공이 끈에 매달려 있는 뉴턴 진자를 사용하여 탄성 충돌 시 운동량이 교환되는 것을 관찰할 수 있다. 하나의 공을 뒤로 당겼다가 놓으면, 그 공이 충돌하는 공으로 운동량을 전달하고 마지막 공이 흔들릴 때까지 운동량을 공끼리 전달하고 멈춘다. 몇 가지 예측을 한 후 다음에 대한 실험을 수행하시오. 다음의 경우 어떠한 일이 일어나겠는가? (1) 2개의 공을 한쪽에서 동시에 놓는다. (2) 양쪽에서 공을 하나씩 동시에 놓는다. (3) 양쪽에서 공을 2개씩 동시에 놓는다. (4) 한쪽에서는 2개의 공을, 다른 쪽에서는 1개의 공을 동시에 놓는다. 각 상황에 대한 운동량 전달을 분석하시오.

이 실험의 대안으로, 홈이 나 있는 자 위에서 홈을 따라 움직이는 구슬을 사용하는 유사한 실험을 고려해보자. 여기서 충돌하는 구슬의 질량을 변경할 수도 있다.

2.8 힘과 원운동

원형 궤도에서 지구 주위를 일정한 속도로 움직이는 통신 위성을 생각해보자. 제1 운동 법칙에 따르면 위성이 직선으로 움직이지 않기 때문에 위성에 작용하는 힘이 있어야 한다. 제2 운동 법칙에서 물체의 운동을 바꾸기 위해서는 불균형 힘이 작용해야 한다.

가속도는 속도 변화율로 정의되며 속도는 크기와 방향을 모두 갖는다. 속도는 속력, 방향, 또는 속력과 방향 모두의 변화에 의해 변화한다. 원형 궤도를 도는 위성은 지속적으로 가속되고 있다. 다시 말해, 위성을 직선 경로에서 벗어나게 하는 불균형 힘이 위성에 지속적으로 작용한다는 것이다.

직선 경로에서 원형 경로로 물체를 끌어 당기는 힘을 **구심력**(centripetal force) 또는 중심력이라고 한다. 아마도 여러분은 머리 위로 줄 끝에 공을 달고 수평 원 모양으로 흔들어 보았을 것이다. 공이 움직이면 오직 공에 작용하는 불균형 힘(중력 이외의 힘)은 줄을 통해 공에 가하는 구심력이다. 이 구심력은 공을 자연적인 **직선 경로**에서 원형 경로로 유도한다. 공에 바깥 방향으로 작용하는 힘은 없다. 줄에서 느끼는 힘은 공이 여러분의 손에 반대 방향의 같은 크기힘을 가한다는 제3 법칙의 결과이다. 줄을 놓으면, 공을 놓은 지점에서 반경 방향과 직각을 이루는 직선 경로로 원형 경로에서 멀어지게 된다(그림 2.18). 줄을 놓으면 구심력이 없어지고 공은 자연스러운 직선 운동을 따르게 된다. 그럼에도 불구하고, 명백한 외력은 마치 실제로 작용하는 힘인 것처럼 이름이 붙여졌다. 바깥 방향으로 잡아당기는 힘을 **원심력**(centrifugal force)이라고 한다.

물체를 원형 경로로 유지하는 데 필요한 구심력의 크기는 물체의 관성 또는 질량과 물체의 가속도에 따라 다르다. 원궤도로 움직이는 물체의 가속도는 원 주위 속도의 제곱에 직접 비례하고(v^2) 원의 반경(r)에 반비례함을 보일 수 있다. (반경이 작을수록 가속도가 더 커져야 한다.) 따라서 균일한 원운동(a_c)을 하는 물체의 가속도는 다음과 같다.

$$a_c = \frac{v^2}{r} \tag{2.7}$$

반경(r)의 원형 경로에서 일정한 질량(m)을 가지고 속도(v)로 움직이는 물체의 구심력의 크기는 $F = ma$에 식 (2.7)을 이용하여 구할 수 있다.

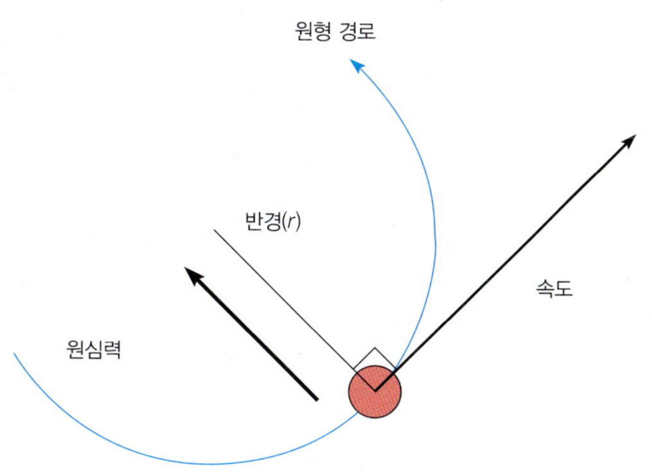

그림 2.18 공에 작용하는 구심력은 공의 방향을 계속 바꾸거나 원형 경로로 가속하게 한다. 힘이 가해지지 않으면 공은 직선으로 계속 진행한다.

관련 내용

회전기구

놀이기구는 우리 몸을 가속하도록 설계되어 있고 때로는 (급격한) 가속 변화를 체험하게 한다. 이것은 속력의 변화, 이동 방향의 변화, 또는 방향과 속력 모두의 변화에 의해 이루어진다. 많은 움직임이 원형 경로로 움직이는데, 그러한 움직임은 일정한 가속이기 때문이다.

사람들이 놀이기구를 즐기는 이유는 무엇일까? 우리 몸은 일정한 속도로 움직이는 것에 민감하지 않기 때문에 빠른 속도 때문은 아니다. 예를 들어 비행기에서 시속 1,000킬로미터로 이동하여도 중앙 선실의 통로 좌석에 앉았을 때 거의 감각을 느끼지 못한다.

신체는 고속 주행에 민감하지 않지만 가속 및 가속의 변화에 민감하다. 가속은 균형 감각을 조절하는 내이의 체액에 영향을 준다. 또한 대부분의 사람들에게 가속은 신장 근처에 위치한 부신 수질에서 에피네프린과 노르 에피네프린 호르몬을 방출하는 반응을 일으킨다. 심박수가 증가하고 혈압이 상승하며 혈액이 근육으로 보내져 호흡 속도가 증가한다. 놀이기구의 경우 우리 몸이 이러한 경험을 즐기는 것으로 보인다.

$$F = \frac{mv^2}{r} \tag{2.8}$$

예제 2.9 (선택)

0.25 kg의 공이 0.5 m 줄 끝에 부착되어 2.0 m/s의 속도로 수평 원을 움직인다. 공을 원형 경로로 유지하려면 얼마만큼의 힘이 필요한가?

풀이

$m = 0.25\text{ kg}$
$r = 0.5\text{ m}$
$v = 2.0\text{ m/s}$
$F = ?$

$$\begin{aligned} F &= \frac{mv^2}{r} \\ &= \frac{(0.25\text{ kg})(2.0\text{ m/s})^2}{0.5\text{ m}} \\ &= \frac{(0.25\text{ kg})(4.0\text{ m}^2/\text{s}^2)}{0.5\text{ m}} \\ &= \frac{(0.25)(4.0)}{0.5}\,\frac{\text{kg}\cdot\text{m}^2}{\text{s}^2} \times \frac{1}{\text{m}} \\ &= 2\,\frac{\text{kg}\cdot\cancel{\text{m}^2}}{\cancel{\text{m}}\cdot\text{s}^2} \\ &= 2\,\frac{\text{kg}\cdot\text{m}}{\text{s}^2} \\ &= \boxed{2\text{ N}} \end{aligned}$$

예제 2.10 (선택)

예제 2.9의 줄을 반으로 짧게 하여 0.25 m가 되게 하자. 이제 힘이 얼마만큼 필요한가? (답: 4.0 N)

과학의 배후에 있는 사람들

아이작 뉴턴(Isaac Newton, 1642-1727)

아이작 뉴턴은 영국의 물리학자로서 지금까지 살았던 최고의 과학자 중 한 명으로 여겨진다. 그는 자신의 이름을 딴 3가지 운동 법칙을 발견했으며 질량, 무게, 힘, 관성 및 가속의 본질을 명확하게 정의하여 중력을 설명한 최초의 인물이다. 그의 업적을 기리기 위해, 힘의 SI 단위는 뉴턴이라고 한다. 뉴턴은 또한 빛에 대한 근본적인 발견을 통해 백색광이 다양한 색상으로 구성되어 있음을 알아내었고 반사 망원경을 발명했다.

뉴턴은 1643년 1월 4일에 태어났다. 그는 아버지의 사망 후 태어난 조산아였으며 유약하여 유년기를 잘 보낼 수 있을지 걱정되는 아이였다. 세 살 때 그의 어머니는 재혼했고, 어린 뉴턴은 할머니에게 보내졌다. 그는 곧 수많은 그림과 도표뿐 아니라 물시계, 불 같은 초롱이 달린 연, 쥐로 작동하는 모형 풍차 등을 만들며 기계적인 것들로 피신하기 시작했다. 뉴턴이 열두 살 때 그의 어머니는 그를 농부로 만들려는 의도로 학업을 중단시켰다. 다행스럽게도 삼촌이 뉴턴의 능력을 알아채고 그를 학교에 다시 데려가 대학을 준비하게 했다.

뉴턴은 케임브리지의 트리니티 칼리지에 입학하여 1665년 전염병으로 인해 대학이 문을 닫은 같은 해에 졸업했다. 뉴턴은 전염병이 잠잠해지기를 기다리기 위해 그의 어린 시절의 농장으로 돌아왔으며, 이따금씩 케임브리지로 갔다. 이 기간에 그는 첫 번째 프리즘 실험을 수행했으며 운동과 중력에 대해 연구했다.

전염병이 지나가고 뉴턴은 공부하기 위해 케임브리지에 돌아왔으며, 1668년에 석사 학위를 받고 26세의 나이에 교수가 되었다. 뉴턴은 거의 30년 동안 케임브리지에 머물면서 대부분 혼자서 연구했지만 서신과 런던의 왕립 학회를 통해 다른 주요 과학자들과 자주 접촉했다. 이 시기는 뉴턴에게 가장 풍요로운 해였다. 그는 계산을 통해 사고를 검증하며 밤낮으로 연구했다.

케임브리지에서 뉴턴은 자신의 가장 위대한 독자적인 업적《자연 철학의 수학 원리》(Philosophiae Naturalis Principia Mathematica)의 저술을 완성했다. 이것은 1686년 왕립 학회에 제출되었으며, 이후 자금 부족으로 출판이 중단되었다. 뉴턴의 친구이자 부유한 인물인 천문학자 에드먼드 헬리(Edmund Halley, 1656-1742)는 1687년《프린시피아》(Principia)의 출판 비용을 지불해주었다. 이 책에서 뉴턴은 운동의 법칙과 만유인력의 법칙을 밝혔다.

뉴턴의 가장 큰 성과는 과학적 원리가 보편적으로 적용된다는 것을 입증한 것이었다.《프린시피아 매스매티카》(Principia Mathematica)에서 그는 여전히 일반적인 타당성을 가진 우주의 모형을 개발하기 위해 실험과 관측의 증거를 제시했다. "내가 다른 사람들보다 더 멀리 보았다면, 나는 거인의 어깨에 서 있었기 때문이다."[1]라고 회고했다. 확실히 뉴턴은 그의 선조들의 지식을 훌륭하게 종합할 수 있었다.

어떤 지식도 완전한 지식일 수는 없지만, 뉴턴의 예는 폭발적인 발견과 결코 줄어들지 않는 조사에 의한 것이다. "나 자신에게는 바닷가에서 놀고 있는 소년과 같았을 뿐이며, 이따금씩 몸을 담그고 보통의 것보다 더 부드러운 조약돌이나 더 예쁜 껍데기를 찾았을 뿐, 진실의 대양은 내 앞에 발견되지 않은 모든 것을 드러내지 않은 채 놓여 있었던 것 같다." 이 말을 했을 때 그는 이것을 예견했을 것이다.

자연의 작용에 대한 그의 비범한 통찰력과 그 비밀을 파헤치고 그것들을 가능한 근본적이고 간결한 방법으로 밝혀내고자는 집념으로, 뉴턴은 과학의 거물로서 서 있다. 물리학에서는 아르키메데스(기원전 287-212년)와 앨버트 아인슈타인(1879-1955년)만이 그에 버금가는 자질을 보유하였다.

[1] 아이작 뉴턴. "아이작 뉴턴 경이 로버트 훅에게 보낸 편지", 1675년 2월 5일, 펜실베이니아 역사 학회.

출처: Modified from the *Hutchinson Dictionary of Scientific Biography*. Abington, UK: Helicon, 2011.

요약

운동은 속력, 속도 및 가속도로 측정할 수 있다. **속력**은 물체가 얼마나 빨리 움직이는가에 대한 척도로 두 위치 사이를 이동하는 동안 경과한 시간과 두 위치 사이의 거리 비율이다. **평균 속력**은 일정 시간 간격 동안의 거리를 고려하는 반면, **순간 속력**은 특정 순간의 속력이다. **속도**는 움직이는 물체의 속력과 방향을 측정한 것이다. **가속도**는 단위시간당 속도의 변화이다.

힘은 밀거나 당기는 것으로 물체의 움직임을 바꿀 수 있다. **합력**은 물체에 작용하는 모든 힘의 합이다.

갈릴레오는 운동에 연속적으로 가해지는 힘이 필요하지 않음을 알아내고 **관성**의 개념을 정의했다. 즉, 합력이 없을 때 물체의 운동은 변하지 않는다. 또한 갈릴레오는 낙하하는 물체가 무게와 무관하게 지면을 향해 가속함을 알아냈다. 그는 중력으로 인한 가속도 g가 9.8 m/s^{2}이고 물체가 떨어지는 거리가 자유 낙하 시간의 제곱에 비례한다는 것을 발견했다($d \propto t^2$).

뉴턴의 제1 운동 법칙은 물체의 움직임과 합력이 없는 경우에 관한 것이다. **관성의 법칙**으로도 알려진 첫 번째 법칙은 물체에 작용하는 합력이 0인 한 직선 운동 상태(또는 정지 상태)를 유지한다고 설명한다.

제2 운동 법칙은 합력, 질량 및 가속 사이의 관계를 설명한다. 1 뉴턴의 힘은 1.0 kg 질량에 1.0 m/s^{2}의 가속을 주는 데 필요한 힘이다.

무게는 물체의 질량에 지구의 중력이 작용하여 발생하는 아래 방향의 힘이다. 무게는 미터법 체계에서는 뉴턴으로, 영국식 체계에서는 파운드로 측정된다.

뉴턴의 제3 운동 법칙에 따르면 다른 두 물체의 상호작용으로 힘이 생성된다. 이러한 힘은 항상 크기가 같고 방향이 반대인 쌍으로 발생한다.

운동량은 물체의 질량과 속도의 곱이다. 외력이 없으면 상호작용하는 물체들의 운동량의 총합은 항상 같다. 이 관계는 **운동량 보존 법칙**이다. **충격량**은 운동량의 변화로 힘에 작용 시간을 곱한 것과 같다.

원형 경로를 따라 움직이는 물체는 직선으로 움직이지 않기 때문에 힘이 작용해야 한다. 직선 경로에서 물체의 경로를 변화시키는 힘을 **구심력**이라고 한다. 물체를 원형 경로로 유지하는 데 필요한 구심력은 물체의 질량, 속도 및 원의 반경에 따라 달라진다.

식의 요약

2.1 $\text{평균 속력} = \dfrac{\text{거리}}{\text{시간}}$

$$\bar{v} = \frac{d}{t}$$

2.2 $\text{가속도} = \dfrac{\text{속도의 변화}}{\text{시간}} = \dfrac{\text{나중 속도} - \text{초기 속도}}{\text{시간}}$

$$a = \frac{v_f - v_i}{t}$$

2.3 힘 = 질량 × 가속도

$$F = ma$$

2.4 무게 = 질량 × 중력으로 인한 가속도

$$w = mg$$

2.5 운동량 = 질량 × 속도

$$p = mv$$

2.6 운동량의 변화량 = 힘 × 시간

$$\Delta p = Ft$$

2.7 $\text{구심 가속도} = \dfrac{\text{속도의 제곱}}{\text{원의 반경}}$

$$a_c = \frac{v^2}{r}$$

2.8 $\text{구심력} = \dfrac{\text{질량} \times \text{속도의 제곱}}{\text{원의 반경}}$

$$F = \frac{mv^2}{r}$$

개념에 대한 질문

1. 버스 안에 벌레가 8.0 km/h로 뒤쪽에서 앞쪽으로 날아간다. 버스는 80.0 km/h로 직선으로 움직인다. 벌레의 속도는 얼마인가?
2. 공기 마찰을 무시하고, 총에서 발사된 총알에 작용하는 모든 힘을 설명하시오.
3. 중력이 진공 상태에서 작용할 수 있는가? 설명하시오.
4. 소형차가 대형 트럭과 같은 운동량을 가질 수 있는가? 설명하시오.
5. 직선으로 움직이는 자동차가 일정한 속도를 유지하려면 어떤 힘이 필요한가? 설명하시오.
6. 모든 작용에 동일하고 반대되는 반작용이 있을 경우 어떠한 불균형 힘이 존재할 수 있는가?
7. 지붕에서 뛰어내린 후 땅에 착지할 때 왜 무릎을 구부려야 하는가?
8. 질량이 일정하게 유지되면서 체중이 변할 수 있는가? 설명하시오.
9. 무엇이 태양 주위를 공전하는 지구의 속도를 유지하게 하는가?
10. 여러분이 얼어붙은 호수의 얼음 위에 서 있고 마찰이 전혀 없다고 가정하자. 어떻게 얼음에서 벗어날 수 있는가? (**힌트**: 기어가거나 걸을 때 마찰이 필요하므로 얼음에서 벗어날 수 없다.)
11. 우주 정거장의 플랫폼에서 로켓이 폭발한다. 동일한 로켓이 자유 공간에서 폭발한다. 다른 모든 것을 동일하게 고려하면 두 로켓의 가속도가 동일한가? 설명하시오.
12. 우주 비행사가 자유 공간을 지나가는 우주선에서 안테나를 조정하기 위해 외부로 나온다. 우주선은 우주 비행사를 뒤로 남겨 둔 채 떠나게 되는가? 설명하시오.
13. 속력과 속도의 중요한 유사점과 차이점은 무엇인가?
14. 속도와 가속도의 중요한 유사점과 차이점은 무엇인가?
15. 뉴턴의 3가지 운동 법칙을 배우기 전후에 운동에 대한 여러분의 믿음과 추론을 비교하시오.
16. 뉴턴의 제1 운동 법칙에 따르면 원심력이 존재하지 않는다는 추론을 평가하시오.

연습문제

참고: 모든 운동에서 마찰력은 무시한다.

그룹 A

1. 섬광을 본 후 5.00초 후에 천둥 소리가 들리면 얼마나 먼 곳에서 번개가 친 것인가? 소리는 350.0 m/s로 이동했다고 가정한다.

2. 10.0초 동안 정지 상태에서 15.0 m/s로 이동하는 자동차의 가속도는 얼마인가?

3. 2.0시간 동안 160 km를 주행하는 트럭의 평균 속력은 얼마인가?

4. 40.0 kg의 식료품 카트에 2.4 m/s^2의 가속도를 주려면 얼마의 힘이 필요한가?

5. 18 N의 불균형 힘이 물체에 3 m/s^2의 가속도를 준다. 같은 물체에 10 m/s^2의 가속도를 주려면 얼마의 힘이 필요한가?

6. 70.0 kg인 사람의 체중은 얼마인가?

7. 6 m/s로 움직이는 100 kg인 축구 선수의 운동량은 얼마인가?

8. 무게가 13,720 N인 자동차가 91 km/h의 속도로 고속도로를 주행하고 있다. 이 차의 운동량은 얼마인가?

9. 15 g의 총알이 6 kg인 총에서 200 m/s의 속도로 발사된다. 소총의 반동 속도는 얼마인가?

10. 힘 5,000.0 N은 5.0초 동안 자동차를 정지에서 90.0 km/h로 가속시킨다. (a) 차의 질량은 얼마인가? (b) 차의 무게는 얼마인가?

11. 0.20 kg의 공을 1.50 m 줄로 3.0 m/s의 속도로 원형 경로를 유지하려면 얼마만큼의 구심력이 필요한가?

3 에너지

Energy

핵심 개념

에너지는 일이나 열을 통해 변환되며, 총량은 일정하게 유지된다.

태양의 에너지와 마찬가지로 바람도 에너지원으로 사용할 수 있다. 이 풍력 터빈은 풍력 에너지를 전기로 변환하도록 설계되었는데, 전기를 생산하기에 충분할 만큼의 세기로 일정하게 바람이 부는 장소에서 잘 작동한다.

장의 개요

물체에 일을 하면 에너지를 얻는다.
Pg. 64

연관성

물리학

- ▶ 열은 에너지를 전달한다(3장).
- ▶ 소리는 에너지의 기계적 형태이다(5장).
- ▶ 전기는 에너지의 한 형태이다(6장).

화학

- ▶ 화학 변화는 에너지의 한 형태이다(15-17장).
- ▶ 원자핵에는 엄청난 양의 에너지가 존재한다(8장).

지구과학

- ▶ 에너지 변화는 지구를 변화시키고 물질을 순환시킨다(10-14장).

생명과학

- ▶ 생명체는 복잡한 상호작용에서 에너지와 물질을 사용한다(18-22장).

천문학

- ▶ 별은 원자로이다(9장).

개요

에너지(energy)라는 용어는 힘, 운동, 일률의 개념과 밀접한 관련이 있다. 바람처럼 공기를 통해 이동하는 공기나 개천과 강으로 움직이는 물과 같이 자연적으로 움직이는 물체에는 힘이 작용한다. 여러분들은 강한 바람을 맞거나 급류의 길목에 서 있었던 경우 이러한 힘을 느꼈을 것이다. 움직이는 공기와 물의 운동, 힘을 활용하여 에너지원(energy source)으로 사용할 수 있다(그림 3.1). 바람은 풍차의 날개를 회전시키는 에너지원이다. 유사하게, 흐르는 물은 발전기 터빈의 날개를 돌리는 에너지원이다. 다시 말해, 움직이는 물질은 경로에 있는 물체에 힘을 가하고, 에너지원으로 사용될 수 있다.

놀랍게도 물질이 에너지를 공급하기 위해 움직여야만 하는 것은 아니다. 오히려 물질은 실제로 에너지 자체를 포함한다. 예를 들어, 음식은 20세기 이전에 대부분의 일을 수행했던 인간과 동물에게 근육에 필요한 에너지를 공급한다. 오늘날에는 기계가 대부분의 일을 수행하는데, 기계는 일에 필요한 힘과 운동을 공급받기 위해 연료나 풍력 에너지 또는 태양 에너지를 사용한다.

또한 나무, 석탄과 같이 태우는 연료에도 일을 할 수 있는 에너지가 포함되어 있다. 일과 에너지의 개념, 물질과의 관계는 이 장의 주제이다. 에너지가 어떻게 주변에서 들어오고 나가는지 학습하고 에너지에 대한 더 폭넓은 개념적 견해를 발전시킬 것이다.

3.1 일

앞에서 과학에서 사용하는 힘(force)이라는 용어는 일상의 개념과는 다른 특별한 의미를 가진다는 것을 배웠다. 일상적으로는 경찰력, 경제력 또는 논리력과 같은 다양한 조합으로 이 용어를 사용한다. 초기에 힘은 일반적으로 미는 것 또는 당기는 것으로 논의되었다. 이후 뉴턴의 운동 법칙에서 좀 더 정교한 과학적 정의가 이루어졌는데, 힘은 물체의 운동 상태를 바꿀 수 있는 상호작용의 결과이다.

일(work)이라는 단어는 과학에서 특별한 의미를 가지고 있으며 일상적인 개념과 다른 것들 중 하나이다. 일상에서 일은 수행할 작업 또는 작업 수행에 소요된 시간과 관련이 있다. 예를 들어 여러분은 과학을 이해하는 일을 하고 있으며 누군가에게 그것은 많은 일이라고 말

그림 3.1 유타와 애리조나 사이의 콜로라도강에 있는 글렌캐니언 댐의 높이는 216 m이며, 8개의 발전기에 초당 940 m^3의 물이 떨어진다. ©Bill W. Tillery

할 수 있다. 또한 상자를 들어 올리거나 옮기는 등의 육체 노동으로 인한 힘듦과 연관시킬 수 있다. 역학적 일의 정의는 이러한 것들이 아니라 물체에 작용한 힘과 그 결과로 물체가 이동한 거리에 관련이 있다. 물체에 한 **일**은 **작용한 힘과 힘이 작용하는 동안 힘과 평행한 방향으로 이동한 거리의 곱으로 정의된다.**

$$\text{일} = \text{힘} \times \text{거리} \tag{3.1}$$

$$W = Fd$$

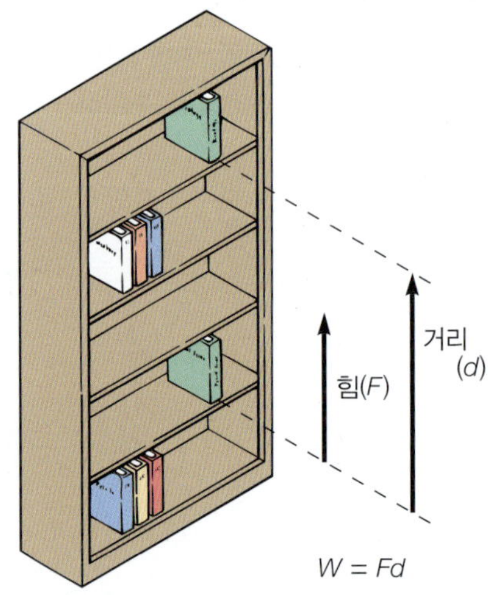

그림 3.2 책에 가해지는 힘은 책을 두 번째 선반에서 다섯 번째 선반으로 수직으로 이동시키며 일을 한다($W = Fd$).

역학적 일은 힘과 힘으로 인해 물체가 움직이는 거리의 곱이다. 이 정의에 대해 기억해야 할 2가지 중요한 사항이 있다. (1) 일이 있으려면 뭔가 **움직여야 하며,** (2) 움직임은 힘의 방향과 **같은 방향**이어야 한다. 책장에서 책을 더 높은 선반으로 옮기면 책에 대해 일을 하는 것이다. 힘과 같은 방향으로 책을 이동시킬 때 책의 무게와 같은 연직 윗방향으로 힘을 가한다. 따라서 책에 한 일은 책의 무게에 이동한 거리를 곱하여 계산할 수 있다(그림 3.2).

그러나 단순히 책을 들고 서 있으면 책에 한 일은 없다. 책의 무게와 같은 연직 윗방향으로 힘을 가해야 하기 때문에 책을 들고 있으면 팔에 힘이 든다. 그러나 이 힘은 책을 움직이지 않기 때문에 이동한 거리가 없다. 식 (3.1)에 따르면 거리가 0이면 일도 0이다. 같은 방향으로 움직이는 힘만 일을 한다.

일의 단위

일의 단위는 일의 정의 $W = Fd$에서 얻을 수 있다. 미터법에서 힘은 뉴턴(N)으로, 거리는 미터(m)로 측정되므로 일의 단위는 다음과 같다.

$$W = Fd$$

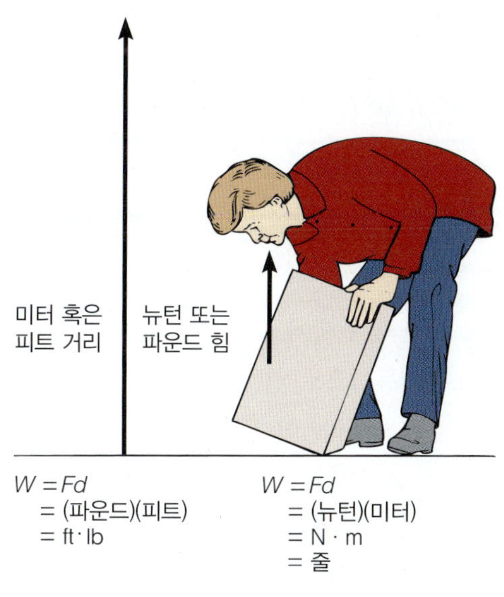

그림 3.3 물체를 들어 올릴 때 중력에 대해 일을 한다. 일은 줄 또는 피트-파운드로 측정된다.

$$W = (\text{뉴턴})(\text{미터})$$

$$W = (\text{N})(\text{m})$$

따라서 뉴턴-미터는 일의 단위이다. 이 파생 단위, 뉴턴-미터는 **줄**(J)이라고 한다.

$$1\text{줄} = 1\text{뉴턴-미터}$$

뉴턴의 단위는 $\text{kg}\cdot\text{m/s}^2$이며 미터의 단위는 m이다. 따라서 줄의 단위는 $\text{kg}\cdot\text{m}^2/\text{s}^2$이다.

영국 단위계에서 힘은 파운드(lb)로 측정되며 거리는 피트(ft)로 측정된다. 따라서 영국 단위계에서 일의 단위는 ft·lb이다. ft·lb에는 N·m와 같이 고유한 이름이 없다(그림 3.3). [일에 관한 식은 $W = Fd$이므로 (파운드)(피트)와 같고 단위는 ft·lb이다.]

예제 3.1 (선택)

5.0 kg의 배낭을 바닥으로부터 1.0 m 높이의 선반으로 들어 올리려면 얼마의 일을 해야 하는가?

풀이

배낭의 질량(m)은 5.0 kg이며 거리(d)는 1.0 m이다. 배낭을 들어 올리려면 배낭의 무게와 같은 힘을 수직으로 가해야 한다. 무게는 $w = mg$로 계산할 수 있다.

$$m = 5.0\ \text{kg} \qquad g = 9.8\ \text{m/s}^2 \qquad w = ?$$

$$\begin{aligned} w = mg &= (5.0\ \text{kg})\left(9.8\ \frac{\text{m}}{\text{s}^2}\right) \\ &= (5.0)(9.8)\ \text{kg} \times \frac{\text{m}}{\text{s}^2} \\ &= 49\frac{\text{kg}\cdot\text{m}}{\text{s}^2} = 49\ \text{N} \end{aligned}$$

일의 정의는 식 (3.1)에 나와 있다.

$$F = 49\ \text{N} \qquad d = 1.0\ \text{m} \qquad W = ?$$

$$\begin{aligned} W = Fd &= (49\ \text{N})(1.0\ \text{m}) \\ &= (49)(1.0)\ \text{N} \times \text{m} \\ &= 49\ \text{N}\cdot\text{m} \\ &= \boxed{49\ \text{J}} \end{aligned}$$

예제 3.2 (선택)

25 kg의 상자를 수직으로 0.6 m만큼 들어 올리려면 얼마의 일이 필요한가? (답: 147 J)

일률

여러분이 계단을 올라갈 때 자신의 무게에 해당하는 힘을 가하여 계단의 수직(vertical) 높이(힘이 가해지는 방향의 거리)로 이동하므로 일을 하게 된다. 질량이 60 kg이고 수직 거리가 3 m인 계단을 올라가는 사람을 생각해보라. 이 사람은 (60 kg)(9.8 m/s^2)(3 m) 또는 1,764 J의 일을 한다. 사람이 계단을 뛰어 올라가면 일의 양이 달라지는가? 답은 “아니요”이다. 그러나 계단을 뛰어 올라가는 것은 걸어가는 것보다 힘이 더 든다. 같은 양의 에너지를 사용하지만 뛰어 올라가는 것이 더 빠른 **비율**로 에너지를 사용한다. 에너지가 변환되는 비율 또는 일을 하는 비율을 **일률**(power)이라고 한다(그림 3.4). 일률은 단위시간당 일로 정의된다.

$$\text{일률} = \frac{\text{일}}{\text{시간}} \qquad (3.2)$$

$$P = \frac{W}{t}$$

60 kg의 사람이 3 m 높이의 계단을 4초에 올라갔을 때 일률은 다음과 같다.

$$P = \frac{W}{t} = \frac{(60\ \text{kg})(9.8\ \text{m/s}^2)(3\ \text{m})}{4\ \text{s}} = 441\ \text{J/s}$$

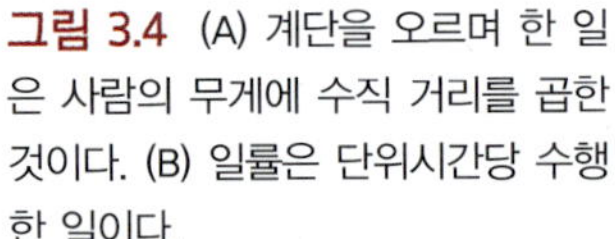

그림 3.4 (A) 계단을 오르며 한 일은 사람의 무게에 수직 거리를 곱한 것이다. (B) 일률은 단위시간당 수행한 일이다.

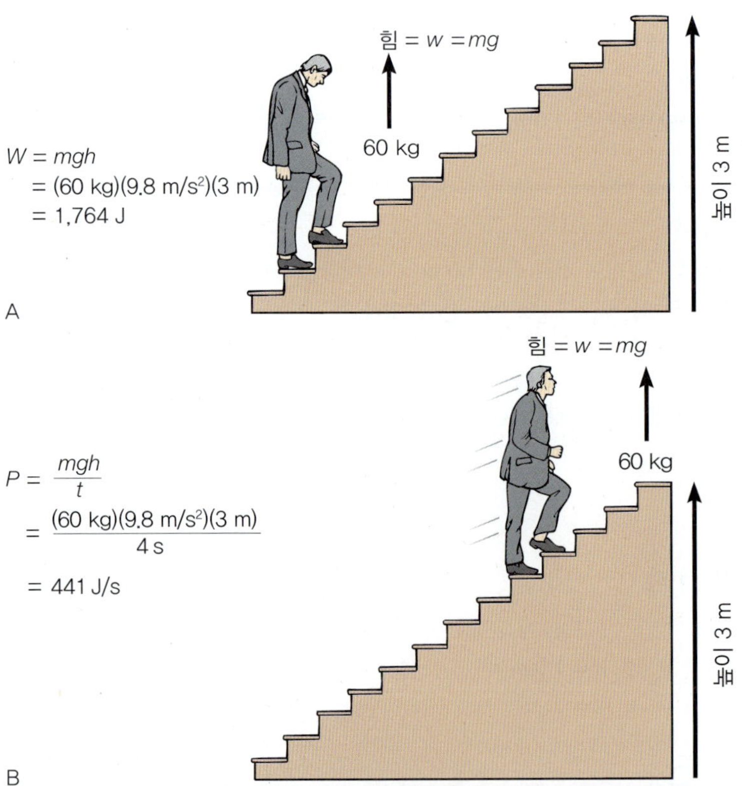

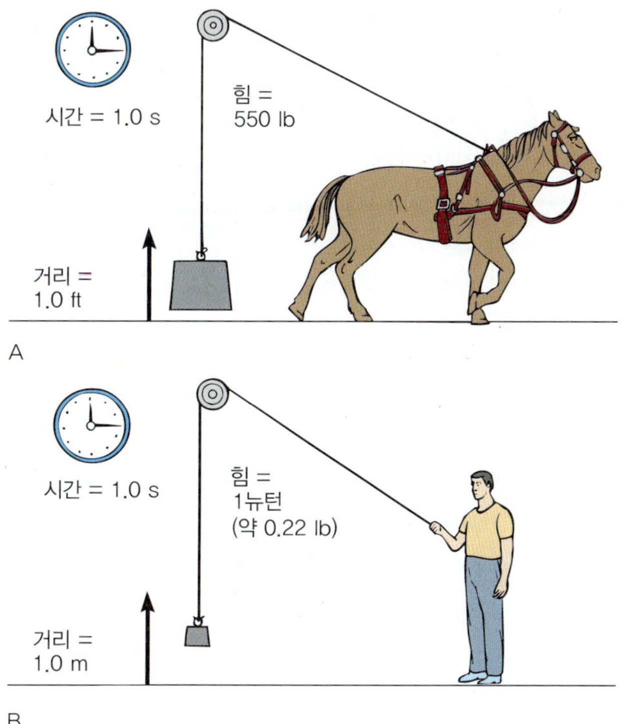

그림 3.5 (A) 마력은 550 ft · lb/s의 일률로 정의된다. (B) 와트는 초당 뉴턴-미터 또는 초당 줄로 정의된다.

같은 조건에서 3초의 시간이 걸렸다면, 일률은 588 J/s로 더 클 것이다. 이 경우가 더 큰 에너지 사용률 또는 더 큰 일률이다.

증기 기관이 처음 발명되었을 때 엔진이 할 수 있는 일의 비율을 설명할 필요가 있었다. 당시에는 말을 사용하여 일을 수행하는 데 익숙했기 때문에 증기 기관을 말과 비교했다. 증기 기관을 설계한 제임스 와트(James Watt)는 **마력**(horsepower)을 550 ft·lb/s의 일률로 정의했다(그림 3.5A). 영국식 단위 ft·lb/s의 일률을 마력으로 변환하려면 일률을 550 ft·lb/s/hp로 나누어 구한다. 예를 들어, 일률이 400 ft·lb/s인 무게 120 lb 사람의 마력은 400 ft·lb/s ÷ 550 ft·lb/s/hp 또는 0.7 hp이다.

미터법 단위계에서 일률은 초당 줄 단위로 측정된다. 단위 J/s는 **와트**(watt)(W)라고 한다. 와트(그림 3.5B)는 1,000 W = 1킬로와트(kW) 및 1,000,000 W = 1메가와트(MW)와 같이 미터법 접두어와 함께 사용된다. 1마력은 746 W와 같다. 1킬로와트는 약 1⅓마력이다. 전력 회사는 사용한 전기 에너지에 대해 요금을 청구하는데, 전기 에너지는 사용 시간(h)에 전력(kW)을 곱한 값으로 측정된다. 따라서 전기 에너지는 kWh 단위로 측정된다. 나중에 전기에 대해 논의할 때 다시 킬로와트와 킬로와트시가 등장할 것이다.

예제 3.3 (선택)

엘리베이터는 5.0 s 동안 500.0 kg 질량을 거리 10.0 m 들어 올릴 수 있다. 엘리베이터의 일률은 얼마인가?

풀이

일률은 단위시간당 일($P = W/t$)이고 일은 힘과 거리의 곱($W = Fd$)이다. 필요한 수직력은 들어 올린 무

자세한 관찰

단순 기계

단순 기계는 사람들이 일을 수행하는 데 도움이 되는 도구이다. 일은 힘에 거리를 곱한 것임을 기억한다면 단순 기계는 힘이나 물체가 움직이는 거리를 바꿔 줌으로써 도움을 준다는 것을 알 수 있을 것이다. 기계를 이용하여 얻을 수 있는 힘 또는 거리의 이점을 **기계적 이점**(mechanical advantage)이라고 한다. 기계적 이점이 클수록 기계를 사용하여 절약할 수 있는 작용이 커진다.

지렛대는 단순 기계이며, 상자 그림 3.1은 일에 필요한 힘을 감소시키기 위해 지렛대에 포함되는 것을 보여준다. 먼저 2가지 힘이 관련되어 있다. 기계에 제공하는 힘을 **작용력**(effort force)이라고 한다. 사용자와 기계는 **저항력**(resistance force)이라고 하는 두 번째 힘에 대하여 일을 한다. 그림에서는 60 N의 작용력이 300 N의 저항력으로 전환된다.

지렛대에는 또한 2가지의 거리가 있다. 힘이 작용하는 거리를 **작용 거리**(effort distance)라고 하며 저항이 움직이는 거리를 **저항 거리**(resistance distance)라고 한다. 1 m의 작용 거리를 통해 60 N의 힘으로 아래로 밀면, 300 N 바위는 0.2 m의 저항 거리로 위로 올라온다.

지렛대에서 60 N × 1 m 또는 60 J의 일을 하였다. 지렛대에 의해 바위에 한 일은 300 N × 0.02 m 또는 60 J의 일이다. 지렛대에서 한 일은 바위에 지렛대로 한 일과 동일하므로

$$\text{입력 일} = \text{출력 일}$$

이다. 일은 힘과 거리의 곱이므로 이 개념을 다음과 같이 쓸 수 있다.

$$\text{작용력} \times \text{작용 거리} = \text{저항력} \times \text{저항 거리}$$

마찰을 무시하고 단순 기계에서 얻는 일은 기계에 입력한 일과 동일하다. 지렛대를 사용하면 거리에 대한 힘을 교환할 수 있으며, 기계적 이득(MA)은 저항력(F_R)을 작용력(F_E)으로 나눈 비율로 구할 수 있다.

$$MA = \frac{F_R}{F_E}$$

따라서 상자 그림 3.1 지렛대의 예는 다음과 같은 기계적 이점이 있다.

$$MA = \frac{F_R}{F_E} = \frac{300\text{ N}}{60\text{ N}} = 5$$

또한 작용 거리(d_E)를 저항 거리(d_R)로 나누어 기계적 이점을 구할 수 있다.

$$MA = \frac{d_E}{d_R}$$

지렛대 예의 경우

$$MA = \frac{d_E}{d_R} = \frac{1\text{ m}}{0.2\text{ m}} = 5$$

이다. 따라서 기계적 이점을 계산하기 위해 단순 기계에 관련된 힘이나 거리를 사용할 수 있다. 요약하면, 단순 기계는 짧은 거리에 큰 힘을 가하기 위해 긴 거리에 작은 힘을 가할 수 있게 해준다.

경사면, 쐐기, 나사, 지렛대, 바퀴와 축, 도르래의 6가지 단순 기계가 있다. 나사와 쐐기는 경사면의 한 유형으로 볼 수 있다. 바퀴와 축, 도르래는 지렛대의 유형으로 간주될 수 있다.

1. **경사면**(inclined plane)은 힘의 이동거리를 전환하는 데 사용되는 고정 경사로이다. 계단을 올라갈 때 경사면을 사용하거나 산허리를 오르기 위해 지그재그한 도로를 운전하거나 널판지를 사용하여 무거운 상자를 적재함까지 밀어 넣는다. 각각은 힘을 거리로 전환시킴으로써 큰 기계적 이점을 얻는다. 예를 들어, 무거운 상자를 10 m 경사로 위로 2 m 높이의 적재함으로 밀어 올리면 더 긴 거리를 통해 적은 힘으로 상자를 들어 올린다. 이 경사면의 기계적 이점은 다음과 같다.

   $$MA = \frac{d_E}{d_R} = \frac{10\text{ m}}{2\text{ m}} = 5$$

   마찰을 무시할 때 기계적 이점이 5라는 것은 무게가 100뉴턴인 상자를 경사로 위로 올리려면 20뉴턴의 힘만 필요하다는 것을 의미한다.
2. **쐐기**(wedge)는 움직이는 경사면이다. 도끼는 쪼개려는 나무 사이를 이동하는 2개의 경사면이다. 쐐기는 칼, 도끼, 자귀, 못에 그 형태가 발견된다.
3. **나사**(screw)는 실린더 주위를 감싸는 경사면이며 나사산이 경사 역할을 한다. 정밀한 나사산을 가진 나사는 기계적 이점이 높고 회전에 적은 힘이 필요하지만 더 큰 작용 거리가 필요하다.
4. **지렛대**(lever)는 **받침점**(fulcrum)이라고 하는 고정점을 중심으로 자유롭게 회전할 수 있는 막대 또는 널판지이다. 받침점의 위치, 작용력, 저항력에 따라 3가지의 지레가 있다(상자 그림 3.2). 1종 지레는 작용력과 저항력 사이에 받침점이 있다. 예로 시소, 집게, 가위, 지렛대 및 삽을 들 수 있다. 2종 지레는 받침점과 작용력 사이에 저항력이 있다. 호두까는 기구, 돌려서 따는 뚜껑이 그 예이다. 3종 지레는 저항력과 받침점 사이에 작용력이 있다. 낚싯대와 족집게가 그 예이다.

   장도리는 널판지에서 못을 제거하는 1종 지레로 사용할 수 있다. 망치

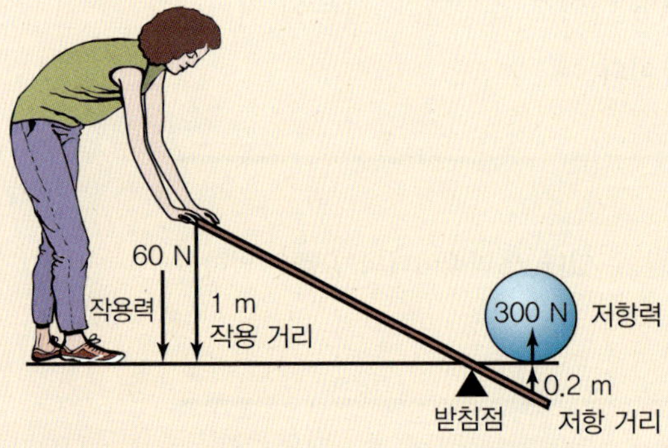

상자 그림 3.1 지렛대는 6가지 단순 기계 중 하나이다.

손잡이가 30 cm이고 못의 위치에서 받침점까지의 거리가 5 cm인 경우 기계적 이점은 다음과 같다.

$$MA = \frac{d_E}{d_R} = \frac{30\ \text{cm}}{5\ \text{cm}} = 6$$

5. 바퀴와 축(wheel and axle)에는 2개의 원이 있는데 작은 원은 축, 큰 원은 바퀴라고 한다. 바퀴와 축은 원으로 움직일 수 있는 지레로 간주될 수 있다. 드라이버, 손잡이, 핸들 및 회전 크랭크를 적용하는 것이 예가 될 수 있다. 기계적 이점은 힘이 가해지는 바퀴의 반경에서 저항 이동 거리인 축의 반경까지이다. 예를 들어, 큰 회전 드라이버의 핸들(바퀴)은 반경 15 cm, 끝날(축)은 0.5 cm이다. 이 드라이버의 기계적 이점은 다음과 같다.

$$MA = \frac{d_E}{d_R} = \frac{3\ \text{cm}}{0.5\ \text{cm}} = 6$$

6. 도르래(pulley)는 받침점 주위를 회전하는 움직이는 지레이다. 고정 도르래는 힘의 방향만 변경할 수 있다. 기계적 이점을 얻으려면 도르래 장치에 있는 고정 도르래와 움직 도르래가 필요하다. 줄이나 체인의 길이를 저항력이 이동한 거리와 비교하여 도르래 장치의 기계적 이점을 찾을 수 있다.

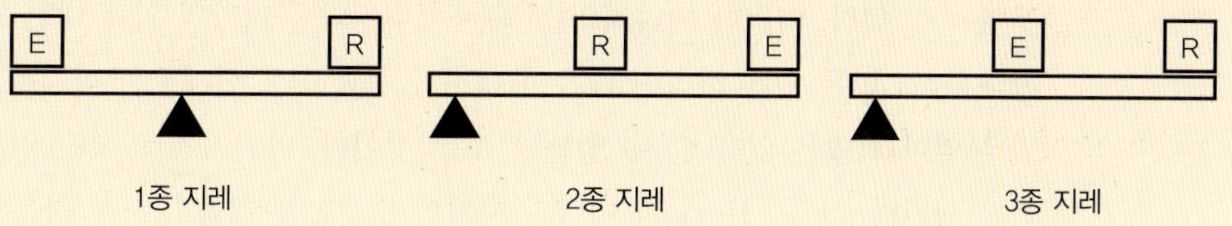

상자 그림 3.2 3가지 종류의 지레는 받침점, 작용, 저항의 상대적인 위치에 의해 정의된다.

게이며 $w = mg$이다. 따라서 수행한 일은 $W = mgh$이고 일률은 $P = mgh/t$이다. h는 수직 거리(d)인 높이다.

$$m = 500.0\ \text{kg}$$
$$g = 9.8\ \text{m/s}^2$$
$$h = 10.0\ \text{m}$$
$$t = 5.0\ \text{s}$$

$$\begin{aligned} P &= \frac{mgh}{t} \\ &= \frac{(500.0\ \text{kg})\left(9.8\ \frac{\text{m}}{\text{s}^2}\right)(10.0\ \text{m})}{5.0\ \text{s}} \\ &= \frac{(500.0)(9.8)(10.0)}{5.0}\ \frac{\text{kg} \times \frac{\text{m}}{\text{s}^2} \times \text{m}}{\text{s}} \\ &= 9{,}800\frac{\text{N·m}}{\text{s}} \\ &= 9{,}800\ \frac{\text{J}}{\text{s}} \\ &= 9{,}800\ \text{W} \\ &= \boxed{9.8\ \text{kW}} \end{aligned}$$

마력(hp) 단위의 일률은 다음과 같다.

$$9{,}800\ \text{W} \times \frac{\text{hp}}{746\ \text{W}} = 13\ \text{hp}$$

예제 3.4 (선택)

75 kg의 사람이 4.5 m의 계단을 10.0초 동안에 올라간다. 일률은 몇 마력인가? (답: 0.41마력)

개념 적용

책에 한 일

용수철 저울을 이용하여 작은 책의 무게를 측정하시오. 이 책을 1 m 들어 올리는 데 한 일을 구하시오. 탁자 위에 이 책을 놓고 1 m 당기는 동안 용수철 저울을 이용하여 한 일을 구하시오. 두 일의 크기는 동일한가? 그 이유는 무엇인가?

3.2 운동, 위치 그리고 에너지

에너지(energy)의 개념은 일의 개념과 밀접한 관련이 있다. 에너지는 **일을 할 수 있는 능력**으로 정의될 수 있다. 이러한 에너지의 정의는 에너지와 물리학의 일에 대한 일상적인 개념과 일치한다. 결국 많은 일을 하려면 많은 에너지가 필요하다. 실제로 에너지를 측정하는 한 가지 방법은 얼마나 많은 일을 할 수 있는지 보는 것이다. 마찬가지로 어떤 일을 할 때 에너지의 변화가 생긴다. 다음 예는 일과 에너지 사이의 밀접한 관계를 명확히 하는 데 도움이 될 것이다.

퍼텐셜에너지

책장 옆에 있는 책을 선반으로 수직으로 이동시키면 책에게 일을 할 수 있다. 수직 윗방향 힘에 책이 이동한 거리를 곱하여 이 일을 구할 수 있다. 예를 들어, 책에 10 J의 일을 했음을 알 수 있다.

그림 3.6과 같이 책이 줄에 매달려 있다고 생각해보자. 줄은 마찰이 없는 도르래를 통해 바닥의 물체에 연결되어 있다. 책이 선반에서 떨어지면 바닥에 있는 물체는 줄에 의해 일정 거리만큼 수직으로 들어 올려진다. 떨어지는 책은 줄을 통해 물체에 힘을 가하고 물체는 거리를 이동한다. 즉, 이 책은 줄을 통해 물체에 일 $W = Fd$를 했다.

책이 더 높은 선반에서 떨어지면 물건을 더 긴 거리로 움직일 수 있기 때문에 더 많은 일을 할 수 있다. 선반이 높을수록 책이 일을 할 수 있는 **퍼텐셜**(potential)은 커진다. 일하는 능력은 에너지로 정의된다. 물체가 그 위치에서 가지고 있는 에너지를 **퍼텐셜에너지**(potential energy, PE)라고 한다. 퍼텐셜에너지는 **위치로 인한 에너지**로 정의된다. 이 유형의 퍼텐셜에너지는 중력의 결과이기 때문에 **중력 퍼텐셜에너지**라고 한다. 용수철의 압축 혹은 늘어남과 같은 다른 유형의 퍼텐셜에너지도 있다.

물체의 중력 퍼텐셜에너지는 물체의 위치를 변경하기 위해 물체에 한 일로 계산할 수 있다. 바닥 위로 무게와 같은 힘을 가하여 물체를 들어 올리면, 일은 무게와 높이의 곱이다. 마찬가지로, 물체의 위치로 인해 물체가 할 수 있는 일은 무게와 높이의 곱이다. 미터법 질량 단위의 경우, 무게는 물체 질량에 g(중력 가속도)를 곱한 것이다. 따라서

$$\text{중력 퍼텐셜에너지} = \text{무게} \times \text{높이}$$

$$PE = mgh \qquad (3.3)$$

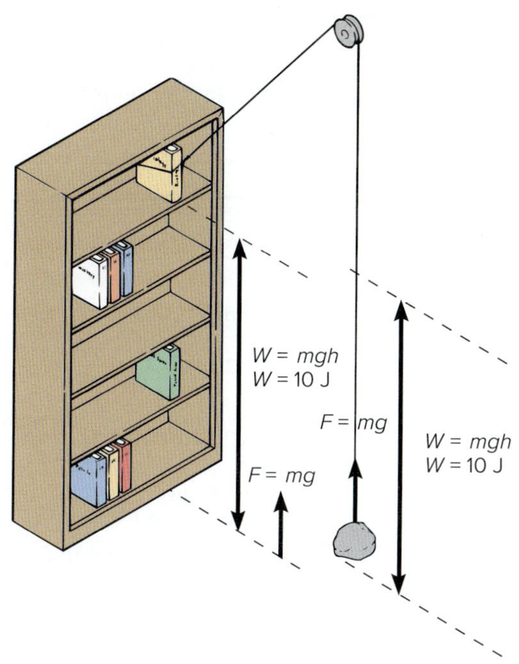

그림 3.6 책을 바닥에서 높은 선반으로 옮기는 데 10 J의 일이 필요한 경우, 책이 선반에서 떨어질 때 책은 같은 질량의 물체에 대해 10 J의 일을 한다.

이다. 영국식 단위의 경우 파운드는 힘의 중력 단위 또는 무게이므로 식 (3.3)은 $PE = (w)(h)$가 된다.

어떤 조건에서 물체의 퍼텐셜에너지가 0이 되는가? 책장의 책을 고려할 때 책이 편평한 바닥에 있을 때 퍼텐셜에너지가 0이라고 말할 수 있다. 바닥에 있을 때는 일을 할 수 없다. 하지만 그 바닥이 건물의 3층이라면 어떻게 될까? 책을 창문 밖으로 떨어뜨릴 수 있다. 하지만 답에는 아무런 차이가 없다. 퍼텐셜에너지에서 중요한 것은 **위치의 변화**이기 때문에 동일한 결과를 얻을 수 있다. 따라서 퍼텐셜에너지의 0의 기준점은 임의적이다. 0의 기준점을 편의상 선택한다. 건물의 3층을 0의 기준점으로 선택하면 1층의 책은 음의 퍼텐셜에너지를 갖게 된다. 즉, 책을 0의 퍼텐셜에너지 위치로 되돌리려면 책에 일을 해야 한다(그림 3.7). 화학에 관련된 단원에서 음의 에너지를 더 학습하게 될 것이다.

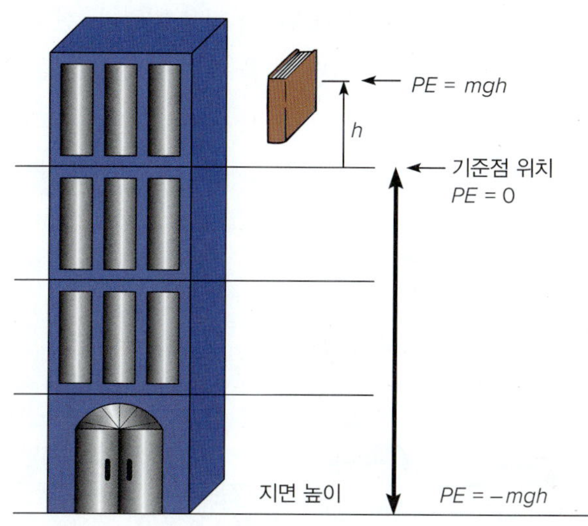

그림 3.7 편의를 위해 퍼텐셜에너지의 0의 기준점이 필요하다. 여기서 선택된 기준 위치는 3층이므로, 지면에서 책은 음의 퍼텐셜에너지를 갖는다.

예제 3.5 (선택)

바닥에서 1.0 m 위의 책장에 있는 2.14 kg 책의 퍼텐셜에너지는 얼마인가?

풀이

식 (3.3) $PE = mgh$는 퍼텐셜에너지(PE), 무게(mg), 높이(h) 사이의 관계를 보여준다.

$$m = 2.14\text{ kg} \qquad h = 1.0\text{ m} \qquad PE = ?$$

$$\begin{aligned} PE &= mgh \\ &= (2.14\text{ kg})\left(9.8\,\frac{\text{m}}{\text{s}^2}\right)(1.0\text{ m}) \\ &= (2.14)(9.8)(1.0)\,\frac{\text{kg}\cdot\text{m}\cdot\text{m}}{\text{s}^2} \\ &= 21\,\frac{\text{kg}\cdot\text{m}}{\text{s}^2}\times\text{m} \\ &= 21\text{ N}\cdot\text{m} \\ &= \boxed{21\text{ J}} \end{aligned}$$

예제 3.6 (선택)

5.00 kg 책이 지상 5.00 m에 있는 경우 얼마나 많은 일을 할 수 있는가? (답: 250 J)

운동에너지

움직이는 물체는 움직임으로 인해 다른 물체에 일을 할 수 있다. 굴러가는 볼링공은 볼링핀에 힘을 가하고 핀을 이동시키는 반면, 상호작용의 결과로 공은 속도가 줄어든다(그림 3.8). 움직이는 자동차는 나무에 힘을 가하여 쓰러뜨리면서 자신은 속도를 잃는다. 움직이는 물체는 일을 할 수 있는 능력이 있으므로 에너지가 있다. 움직이는 물체의 에너지는 **운동에너지**(kinetic energy)로 알려져 있다. 운동에너지는 (1) 물체를 움직이기 위해 한 일 또는 (2) 움직이는 물체가 정지할 때 해야 할 일로 측정될 수 있다. 던져서 움직이는 물체를 생각해보라. 공이 손을 떠나기 전까지 일정한 거리를 통해 가속하며 힘을 가한다. 현재 공이 가지고 있는 운동에너지는 공에 한 일(힘과 거리의 곱)과 같다. 공을 잡을 때 손에 힘을 가하여 일정한 거

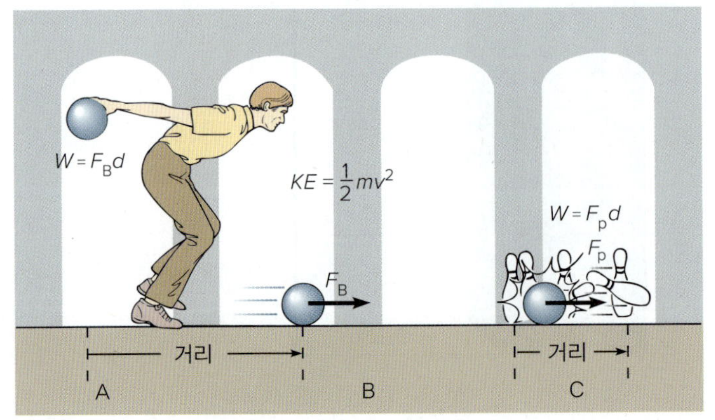

그림 3.8 (A) 볼링공에 일정한 거리를 움직이는 동안 힘(F_B)을 가하며 일을 한다. (B) 공은 해준 일만큼의 운동에너지를 갖게 된다. (C) 공은 핀에 일을 하며 그 후에도 핀 뒤의 벽에 충돌할 만큼의 충분한 에너지를 가지고 있다.

리를 통해 감속한다. 손이 한 알짜 일은 공이 가지고 있던 운동에너지와 같다.

같은 속도로 움직이는 야구공과 볼링공의 운동에너지는 같지 않다. 천천히 굴러가는 야구공으로는 많은 볼링핀을 쓰러트릴 수 없다. 분명히 무거운 볼링공은 같은 속도의 가벼운 야구공보다 훨씬 더 많은 일을 할 수 있다. 볼링공과 야구공이 같은 운동에너지를 가질 수 있을까? 야구공에 충분한 속도를 줄 수 있다면 대답은 "그렇다"이다. 운동에너지는 움직이는 물체의 질량에 비례하지만 속도는 더 큰 영향을 미친다. 같은 질량이지만 하나는 다른 것보다 2배 빠르게 움직이는 두 공을 생각해보라. 속도가 2배인 공은 느린 공보다 4배 많은 일을 한다. 속도가 3배인 공은 9배 많은 일을 한다. 운동에너지는 속도의 제곱에 비례한다($2^2 = 4$, $3^2 = 9$). 물체의 운동에너지(KE)는 다음과 같다.

$$\text{운동에너지} = \frac{1}{2}\,(\text{질량})(\text{속도})^2$$

$$KE = \frac{1}{2}mv^2 \tag{3.4}$$

운동에너지는 일($F \times d$ 또는 N·m) 및 퍼텐셜에너지(mgh 또는 N·m)와 같이 줄 단위로 측정된다.

예제 3.7 (선택)

7.00 kg의 볼링공이 속도 5.00 m/s로 볼링 레인에서 움직인다. 공의 운동에너지는 얼마인가?

풀이

운동에너지(KE), 질량(m) 및 속도(v) 사이의 관계는 식 (3.4) $KE = 1/2\,mv^2$에 나와 있다.

$m = 7.00$ kg
$v = 5.00$ m/s
$KE = ?$

$$\begin{aligned}
KE &= \frac{1}{2}mv^2 \\
&= \frac{1}{2}(7.00\text{ kg})\left(5.00\,\frac{\text{m}}{\text{s}}\right)^2 \\
&= \frac{1}{2}(7.00\text{ kg})\left(25.0\,\frac{\text{m}^2}{\text{s}^2}\right) \\
&= \frac{1}{2}(7.00)(25.0)\text{ kg} \times \frac{\text{m}^2}{\text{s}^2} \\
&= \frac{1}{2} \times 175\,\frac{\text{kg}\cdot\text{m}^2}{\text{s}^2} \\
&= 87.5\,\frac{\text{kg}\cdot\text{m}}{\text{s}^2} \times \text{m} \\
&= 87.5\text{ N}\cdot\text{m} \\
&= \boxed{87.5\text{ J}}
\end{aligned}$$

예제 3.8 (선택)

6.0 m/s의 속도로 움직이는 100.0 kg의 풋볼 선수가 정지해 있는 쿼터백에 태클을 한다. 쿼터백에게 얼마나 많은 일을 하는가? (답: 1,800 J)

과학의 배후에 있는 사람들

제임스 프레스콧 줄(James Prescott Joule, 1818–1889)

제임스 줄은 열의 일당량을 실험적으로 측정하여 에너지 보존의 원리를 발전시킨 영국의 물리학자이다. 에너지 분야에서 줄의 선구적인 업적을 인정받아, 에너지의 SI 단위는 줄이라고 이름 붙여졌다.

줄은 1818년 12월 24일 부유한 양조 가정에서 태어났다. 그와 그의 형은 1833년과 1837년 사이에 영국의 화학자 존 돌턴(1766-1844)에 의해 수학, 자연 철학, 화학을 교육받았다.

©Archive Photos/Getty Images

줄은 실험자로서 뛰어난 재주를 가지고 있었고, 온도를 매우 정확하게 측정할 수 있었다. 처음에 다른 과학자들은 그러한 정확성을 믿을 수 없었고 그 결과를 설명하기 위해 개발된 줄의 이론들에 대해 회의적이었다. 그러나 1847년부터 켈빈 경의 긍정적인 평가로 과학자들의 태도가 바뀌었는데, 켈빈은 줄의 실험 수행 능력을 크게 이용했다. 1850년 줄은 다른 과학자들에 의해 높이 평가되었고 왕립 협회의 회원으로 선출되었다.

줄은 아주 일찍부터 정확한 측정의 중요성을 깨달았고, 정확한 데이터는 그의 특징이 되었다. 그의 가장 활발한 연구 기간은 1837-1847년 사이였다. 긴 일련의 실험에서, 그는 전기, 기계, 화학 현상과 열의 관계를 연구했고, 1843년에 단위 열의 생성에 필요한 일의 양에 대한 결과를 발표할 수 있었다. 이것을 열의 일당량(칼로리당 4.184줄)이라고 한다.

줄의 큰 업적 중 하나는 다양하고 완벽한 실험적 증거이다. 그는 같은 관계가 실험적으로 검증될 수 있고 등가비율 또한 일정하다는 것을 보여주었는데, 변환되는 에너지의 형태나 물질에는 관련이 없다. 줄이 발견한 원리는 에너지가 생성되거나 파괴될 수 없고 단지 변형될 뿐이라는 것이다.

칼로리와 같은 초기 단위를 대체하면서 에너지를 측정하는 데에 줄의 이름을 계속 사용하고 있다. 그것은 위대한 실험 능력과 과학의 기본 법칙을 확립하는 그의 집요함을 적절히 반영한 것이다.

출처: Modified from the *Hutchinson Dictionary of Scientific Biography*. Abington, UK: Helicon, 2011.

개념 적용

일과 일률

일률은 에너지의 소비율 또는 단위시간에 한 일이다. 몇 가지 측정으로 일률을 구할 수 있다.

첫째로 계단을 오르는 데 얼마나 많은 일을 하는지 알아보자. 한 일은 대략적으로 퍼텐셜에너지 변화(mgh)와 같으므로 (1) 미터 단위로 계단의 수직 높이를 측정하고 (2) 질량을 계산하거나 측정하시오(변환 계수는 이 책의 앞표지 안쪽에 있다). 구한 결과값을 보고서에 기록하라.

둘째로, 스톱워치로 시간을 측정하는 동안 가능한 빨리 계단을 올라 일률을 구하시오. 일률을 와트로 구하시오. 이 책의 앞표지 안쪽의 변환 계수를 참조하여 이것을 마력으로 변환하시오. 1마력에 도달하였는가? 빠른 사람은 항상 더 큰 마력을 가지고 있는가?

$$\text{걷기의 일률} = \frac{(\quad \text{kg})(9.8\ \text{m/s}^2)(\quad \text{m})}{(\quad \text{s})}$$

$$\text{달리기의 일률} = \frac{(\quad \text{kg})(9.8\ \text{m/s}^2)(\quad \text{m})}{(\quad \text{s})}$$

요약

일은 가한 힘과 힘이 작용하는 거리의 곱으로 정의된다. 일은 **줄**이라고 하는 미터법 단위인 뉴턴-미터로 측정된다. **일률**은 단위시간당 일이며, **와트**로 측정된다. 1와트는 초당 1줄이다. 일률은 또한 마력으로 측정되는데 1마력은 746 W이다.

에너지는 일을 할 수 있는 능력으로 정의된다. 중력에 대해 높이를 갖는 물체는 일을 할 수 있다. 물체는 **퍼텐셜에너지** 또는 **위치에너지**를 가지고 있다고 한다. 움직이는 물체는 움직임 때문에 다른 물체에 작용할 수 있다. 움직이는 물체의 에너지를 **운동에너지**라고 한다.

식의 요약

3.1 일 = 힘 × 거리

$$W = Fd$$

3.2 $\text{일률} = \dfrac{\text{일}}{\text{시간}}$

$$P = \frac{W}{t}$$

3.3 퍼텐셜에너지 = 무게 × 높이

$$PE = mgh$$

3.4 $\text{운동에너지} = \dfrac{1}{2}(\text{질량})(\text{속도})^2$

$$KE = \frac{1}{2}mv^2$$

개념에 대한 질문

1. 일은 에너지와 어떤 관계가 있는가?
2. 책을 더 높은 책장으로 옮길 때 한 일과 더 높은 선반에서 책의 퍼텐셜에너지 사이에는 어떤 관계가 있는가?
3. 움직이는 버스의 통로에 움직이지 않고 서 있는 사람은 운동에너지를 가지고 있는가? 설명하시오.
4. 램프 전구의 등급은 100 W이다. 왜 등급에 시간 계수가 포함되지 않는가?
5. kWh 단위는 일, 에너지, 일률 또는 이들 중 하나 이상인가? 설명하시오.
6. 줄을 정의하시오. 일의 줄과 에너지의 줄 사이의 차이점은 무엇인가?
7. 지구에서 물체를 10 m를 올리는 데 필요한 에너지와 같은 질량을 달에서 10 m 올리는 데 필요한 에너지를 비교하시오. 차이점이 있으면 왜 그런지 설명하시오.
8. 떨어지는 책이 바닥에 닿을 때 책의 운동에너지는 어떻게 되는가?
9. 일을 할 때마다 무엇인가가 움직여야 한다는 요구 조건을 평가하시오. 왜 이런 조건이 있어야 하는가?
10. 일과 힘의 뚜렷한 유사점과 차이점은 무엇인가?
11. 뭔가를 할 때마다 에너지를 소모한다. 어떻게 이 진술이 사실임을 확실히 알 수 있는지 분석하시오.
12. 단순 기계는 거리와 힘을 교환할 수 있기 때문에 유용하다. 단순 기계를 사용할 때 더 적은 일을 한다고 믿는 다른 사람과의 대화를 묘사하시오.
13. 운동에너지의 식을 이용하여 과속 자동차를 정지시키는 데 속도가 질량보다 중요하다는 것을 증명하시오.
14. 음의 퍼텐셜에너지의 몇 가지 예와 각각의 개념에 대해 어떻게 명확히 이해할 수 있는지 그 방법을 설명하시오.

연습문제

참고: 모든 운동에서 마찰력은 무시한다.

그룹 A

1. 강의실 바닥에서 탁자를 3 m 거리를 이동시키려면 200 N의 힘이 필요하다. 탁자에 한 일은 얼마인가?
2. 무게 880 N 상자를 440 N의 힘으로 수평 바닥을 밀어 5.0 m 거리를 이동하였다. 상자에 얼마의 일을 하였는가?
3. 10.0 kg 배낭을 바닥에서 1.5 m 높이의 선반으로 올리는 데 얼마의 일을 하는가?

4. 창고의 선반에 102 kg의 상자를 올리기 위해 5,000 J의 일을 한 경우 상자는 얼마나 높이 올라갔는가?

5. 60.0 kg의 학생이 3.92초 동안 5.00 m 높이의 계단을 올라간다. (a) 그녀는 몇 와트의 일률로 움직였는가? (b) 이것은 몇 마력인가?

6. 72 km/h로 움직이는 2,000 kg 차량의 운동에너지는 얼마인가?

7. 고속도로에서 54.0 km/h로 직진하는 1,000.0 kg 차량을 정지시키는 데 얼마의 일이 필요한가?

8. 높이 51.02 m의 언덕 위에 1,000 kg의 차가 정차하였다. (a) 언덕을 오르는 데 얼마나 많은 에너지가 사용되었는가? (b) 차가 가지고 있는 퍼텐셜에너지는 얼마인가?

9. 5 N의 수평력을 작용하여 책장을 1.5 m 이동하였다. (a) 책장에 얼마의 일을 하였는가? (b) 그 결과로 중력 퍼텐셜에너지는 얼마만큼 변화하였는가?

10. (a) 2.0 kg 책을 2.00 m 높이의 선반으로 옮기는 데 얼마의 일을 해야 하는가? (b) 그 결과 이 책의 퍼텐셜에너지 변화는 얼마인가? (c) 책이 떨어져서 바닥에 닿을 때 운동에너지는 얼마인가?

11. 2.0 m/s로 움직이는 60.0 kg의 조깅 선수가 속도를 2배로 올렸다. 이 속도 변화는 운동에너지를 얼마만큼 변화시켰는가?

12. 85 kg의 학생이 10.0초에 높이 7.5 m인 교실로 계단을 올라간다. (a) 학생은 얼마나 많은 일을 했는가? (b) 평균 일률은 몇 마력인가?

4 열과 온도
Heat and Temperature

핵심 개념

열, 온도, 그리고 분자의 운동과 위치 사이에는 관련이 있다.

장의 개요

모든 물질은 움직이고 상호작용하는 분자로 이루어져 있다. *Pg. 72*

온도는 분자의 평균 운동에너지의 척도이다. *Pg. 76*

열은 전달되거나 흡수된 내부 에너지로 측정된다. *Pg. 81*

열역학 법칙은 내부 에너지, 일과 열의 변화 사이의 관계를 설명한다. *Pg. 98*

강철판이 적외선 레이저에 의해 절단되면서 불꽃이 튀어 날아온다. 오늘날 레이저는 빛에너지를 이용하여 금속을 자르거나 용접하는 데 사용된다.

연관성

화학

▶ 화학 반응은 분자의 내부 에너지 변화를 포함한다(16장).

천문학

▶ 별은 원자를 압축하고 융합하여 생성되는 에너지로 빛난다 (9장).

지구과학

▶ 지구 내부는 온도가 높으며, 이로 인해 맨틀 상층부의 움직임이 발생한다(11-12장).

▶ 온도 차이로 인해 공기, 기단, 해류의 이동이 주기적으로 발생한다(13-14장).

생명과학

▶ 유산소 호흡 과정으로 열이 방출된다(19장).

개요

열은 역사상 인류의 생계와 밀접한 관련이 있다. 원시시대의 조상들이 처음으로 불을 발견하고 몸을 따뜻하게 하고 음식을 조리하는 법을 배웠을 때의 그 고마움을 상상해보라. 또한 기원전 3000년경 인류가 뜨거운 불에 특정한 암석 물질을 놓고 구리, 납 또는 철을 발견했을 때의 경이로움과 흥분을 상상해보라. 곧이어 이러한 금속을 간단한 도구로 사용하게 되었다. 오늘날 금속은 복잡한 엔진을 제작하여 토양과 암석의 이동, 건설, 농업 등에서 이용된다. 열 추출 금속으로 만든 장치도 구조물의 온도를 조절하여 필요에 따라 공기를 가열하거나 냉각시키는 데 사용된다. 따라서 열의 생산과 통제는 오늘날 문명의 기초를 쌓았다(그림 4.1).

열원은 3장에서 배운 에너지 형태이다. 화석 연료는 화학 열원이다. 이러한 연료와 산소가 결합하면 열이 방출된다. 또한 열은 자동차의 브레이크 장치로 정지하는 것과 같이 기계적 에너지가 마찰에 대항할 때 발생한다. 복사 에너지가 흡수될 때에도 열이 나타난다. 이는 태양 에너지가 태양열 집열기에 물을 데울 때나 햇빛이 눈을 녹일 때 뚜렷하게 나타난다. 전기 에너지의 열 변환은 토스터기, 전열기 및 전자레인지에서 확실하게 볼 수 있다. 원자력 에너지는 원자력 발전소에서 증기를 만들기 위한 열을 제공한다. 따라서 모든 에너지 형태는 열로 변환될 수 있다.

에너지 형태와 열의 관계는 자연에 질서를 부여하여 이해하고자 하는 과학적 행위의 경향성을 그대로 가지고 있다. 필요한 것은 이 관계를 설명하고 이해하는 데 필요한 모델이나 이론이다. 이 장은 열과 온도와 에너지의 관계에 대해 다룬다. 물질의 구조에 관한 간단한 이론으로 시작하여 그 이론을 이용하여 열, 에너지, 온도 변화의 개념을 설명한다.

4.1 분자 운동 이론

물질이 매우 작은 입자로 구성되어 있다는 생각은 초기 그리스 철학자들로부터 거슬러 올라갈 수 있다. 이 사상에 대한 최초의 기록은 기원전 5세기 동안 데모크리토스에 의해 쓰여졌다. 그는 물질은 **원자**(atom)라고 불리는 작고, 분리할 수 없는 엄청나게 많은 입자들로 채워진 빈 공간이라고 생각했다. 그러나 이러한 생각은 대부분의 고대 그리스인들에게 받아들여지지 않았다. 왜냐하면 물질은 연속적으로 보였고, 빈 공간은 도저히 믿겨지지 않았기 때문이다. 아리스토텔레스는 지구, 공기, 불, 물 원소로 구성된 연속적인 물질에 대한 믿음을 공식화하면서 원자에 대한 생각을 거부하였다. 아리스토텔레스의 물질에 대한 믿음은 운동에 대한 그의 믿음과 마찬가지로 1600년대까지 계속되었다. 갈릴레오와 뉴턴 같은 몇몇 인물들은

그림 4.1 열과 현대 기술은 불가분의 관계에 있다. 1,100°C가 넘는 반짝이는 이 철판은 자동 불꽃 토치에 의해 절단된다. 철판 주물기는 약 45분 만에 300톤의 용융된 주철을 철판으로 변환한다. 철판은 자동차, 가전, 건축 산업에서 사용할 수 있도록 판강으로 변환된다. ©mauritius images GmbH/Alamy Stock Photo

물질이 아주 작은 입자나 원자로 이루어졌다는 생각이 물질의 행동을 설명하는 것 같았기 때문에 원자 이론을 신봉했으나 1700년대 후반과 1800년대 초에 화학 분야에서 강력한 증거가 제시되기 전까지 입자 모델은 일반적으로 받아들여지지 않았다. 결국 계속적인 실험들에 의해 물질이 작은 입자와 그 주변의 공간으로 이루어져 있다는 가정들에 도달하였다. 그 가정들은 **분자 운동 이론**(kinetic molecular theory)이라고 통칭하여 불린다. 다음은 이러한 가정들 중 일부에 대한 일반적인 설명이다.

분자

분자 운동 이론의 기본 가정은 모든 물질이 **원자**라고 하는 작고 기본적인 단위 구조로 구성되어 있다는 것이다. 원자는 어떤 유형의 화학적 또는 물리적 변화에도 분열, 생성 또는 파괴되지 않는다. **원소**(element)로 알려진 순수한 물질을 구성하는 원자와 유사한 집단이 있다. 각 원소들은 다른 원소의 원자와는 다른 종류의 원자를 가지고 있다. 예를 들어 수소, 산소, 탄소, 철 및 금은 원소이며 각각 고유한 원자를 가지고 있다.

원소 외에도 더 복잡한 구조 단위를 갖는 **화합물**(compound)이라는 순수한 물질이 있다. 물, 설탕, 알코올과 같은 물질은 2개 이상의 원소로 이루어져 있으며, 이 원소들은 일정한 비율로 결합한다. 예를 들어, 물(H_2O)은 1개의 산소 원자에 2개의 수소 원자가 단단히 결합된 단위 구조를 가지고 있다. 이 구조는 쉽게 분해되지 않고 작은 물리적 입자로 존재한다. 각각은 존재할 수 있는 가장 작은 물 입자, 즉 물의 분자이다. **분자**(molecule)는 일반적으로 원자들이 자신의 상태를 유지하며 긴밀하게 묶인 원자의 집단으로 정의된다. 원자가 어떻게 결합하여 분자를 형성하는지는 16장에서 설명한다.

어떤 원소는 상온에서 기체로 존재하며, 모든 원소는 충분히 높은 온도가 되면 기체가 된다. 상온에서 산소, 질소 및 기타 기체의 원자는 2개가 1조로 짝을 지어 **이원자 분자**(diatomic molecule)를 형성한다. 헬륨과 같은 기체들은 상온에서 단독으로, 쌍을 이루지 않는 원자로 존재한다. 충분히 높은 온도에서 철, 금, 그리고 다른 금속들도 기화하여 단독으로, 쌍을 이루지 않는 원자로 기체를 형성한다. 분자 운동 이론에서 **분자**라는 용어는 존재할 수 있는 물질의 가장 작고 기본적인 입자라는 의미를 추가적으로 가지고 있다. 따라서 기체의 기본적인 입자는 둘 또는 그 이상의 원자가 결합되어 있든 하나의 원자가 결합되어 있든 하나의 분자로 간주된다. 예를 들어 헬륨의 단일 원자는 **단원자 분자**(monatomic molecule)로 알려져 있다. **분자**는 그 물질의 특성을 유지하고 존재할 수 있는 화합물 또는 기체 원소의 가장 작은 입자로 정의된다.

분자 상호작용

일부 고체 및 액체의 분자는 상호작용하여 서로를 끌어당기고 결합한다. 이 인력이 같은 종류의 분자 사이에 작용할 때 이것을 **응집**(cohesion)이라고 한다. 고체와 액체를 기체와 다르게 만드는 것은 강한 결합인데, 이것이 없으면 모든 물질이 기체 형태가 된다. 때로는 한 종류의 분자가 다른 종류의 분자를 끌어당기거나 결합한다. 다른 분자들 사이의 인력을 **점착**(adhesion)이라고 한다. 물 분자와 피부의 점착력이 물 분자의 응집력보다 강하기 때문에 물은 피부를 적신다. 접착제와 같은 일부 물질은 액체 상태에서 경화될 때 강한 점착력을 가지며 이를 접착(adhesive)이라고 한다.

물질의 위상

지구의 일반적인 온도와 압력 조건에서 물질은 3가지 위상을 갖는데, 이러한 위상 또는 존재 형태는 고체, 액체, 기체이다. 이들 각각은 서로 다른 분자 배열을 가지고 있다(그림 4.2). 각 위상의 서로 다른 특성은 분자 배열과 분자 간 인력의 세기에 기인한 것이다(표 4.1).

고체(solid)는 일정한 형태와 부피를 가지고 있는데, 이는 서로 일정한 거리를 두고 비교적 강한 응집력에 의해 묶여 있기 때문이다. 각 분자는 인접한 분자로부터 거의 고정된 거리에 있고, 평형 위치 근처에서 진동하거나 움직인다. 이들 분자의 질량과 그 사이의 간격은 고체의 밀도를 결정한다. 고체의 경도는 분자를 더 멀리 떨어뜨리려는 힘에 대한 저항이다.

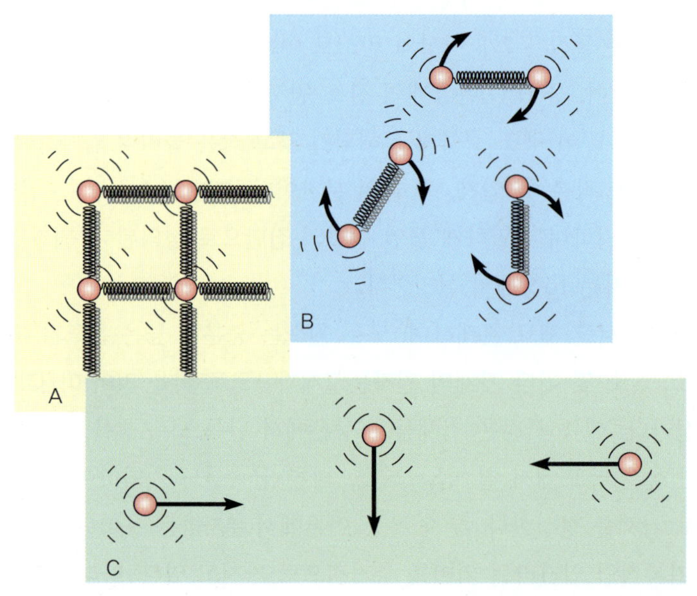

그림 4.2 (A) 고체에서는 분자가 일정한 평형 위치를 중심으로 진동하며 강한 분자력에 의해 제자리에 고정된다. (B) 액체에서는 분자력이 그렇게 강하지 않기 때문에 분자들이 서로 회전할 수 있다. (C) 기체에서는 분자가 무작위의 자유 경로로 빠르게 움직인다.

표 4.1 고체, 액체, 기체의 형태와 부피의 특성은 분자 배열을 반영한 것이다*

	고체	액체	기체
형태	고정	변함	변함
부피	고정	고정	변함

*이 특성은 지표면의 일반적인 온도 및 압력 조건에서 예상되는 것이다.

액체(liquid)는 고체와 같이 평형 위치에 구속되지 않는 분자를 가지고 있다. 액체의 분자는 고체에 가까우며 고체에 있는 것만큼 강하지 않은 응집력에 의해 결합된다. 이것은 분자들이 액체 안에서 이리저리 움직일 수 있게 해준다. 분자력은 액체의 부피를 한정시킬 수 있을 만큼 강하지만 확실한 형태를 줄 수 있을 만큼 강하지는 않다. 따라서 1리터의 우유는 항상 1리터의 우유(엄청난 압력을 받지 않는 한)이며, 담겨 있는 용기의 모양과 같다. 액체 분자들 사이의 힘이 고체의 분자들 사이의 힘보다 약하기 때문에 액체는 고체처럼 그 위에 놓인 암석의 압력을 지탱할 수 없다. 액체 분자들은 바위가 액체 분자 사이를 헤집고 내려오듯이 바위 위로 굴러 올라가며 흐른다. 그러나 분자력은 액체를 함께 지탱할 수 있을 만큼 강하기 때문에 같은 부피를 유지한다.

기체(gas)는 그들 사이에 응집이 약하게 작용하는 분자로 구성되어 있다. 기체 분자는 비교적 멀리 떨어져 있고 다른 분자와 충돌하여 자주 바뀌는 일정한 무작위 운동으로 자유롭게 움직인다. 따라서 기체는 고정된 형태도, 부피도 없다.

양의 이온과 음의 전자로 이루어진 기체를 **플라스마(plasma)**라고 부른다. 플라스마는 기체와 같은 성질을 지녔지만 또한 전기를 전도하고 자기장과 강하게 상호작용한다. 플라스마는 우리 주변의 형광등과 네온 불빛, 그리고 태양과 다른 별들에서 발견된다. 핵융합은 별의 플라스마(8~9장 참조)에서 발생하며, 햇빛은 물론 별빛도 생성한다. 플라스마 물리학은 핵융합을 시도하려는 과학자들에 의해 연구되고 있다.

물질의 위상 사이에 다른 구분이 있다. **증기(vapor)**라는 용어는 보통 액체 상태에서 기체를 설명하기 위해 종종 사용된다. 예를 들어 수증기는 액체 상태인 물의 기체 형태다. 액체와 기체는 대부분의 고체에 없는 성질인 흐를 수 있는 능력 때문에 **유체(fluid)**라고 부른다.

분자의 운동

공기의 이동 없이 고르게 난방을 하는 방안에 있다고 생각해보자. 암모니아 병을 열면 곧 암모니아 냄새를 방안 모든 곳에서 맡을 수 있다. 분자 운동 이론에 따르면 암모니아 분자는 병을 떠나 다른 분자들 사이에서 방안의 모든 곳에 도달할 때까지 튀어다니며 천천히 균일하게 분포하게 된다. 암모니아 분자는 방 전체에 **확산(diffuse)**된다. 암모니아 냄새는 공기 온도가 높으면 더 빨리 퍼지고, 온도가 낮으면 더 느리게 퍼진다. 이것은 온도와 분자가 움직이는 속도의 관계를 의미한다.

기체의 온도와 분자의 움직임 사이의 관계는 1857년 루돌프 클라우지우스(Rudolf Clausius)에 의해 공식화되었다. 그는 기체의 온도가 기체 분자의 평균 운동에너지에 비례한다는 것

그림 4.3 실온의 공기에서 찾을 수 있는 특정 속도를 가진 산소 분자들의 수. 일부는 거의 움직이지 않고, 일부는 1,000 m/s 이상의 속도를 가지고 있지만, 평균 속도는 약 500 m/s이다.

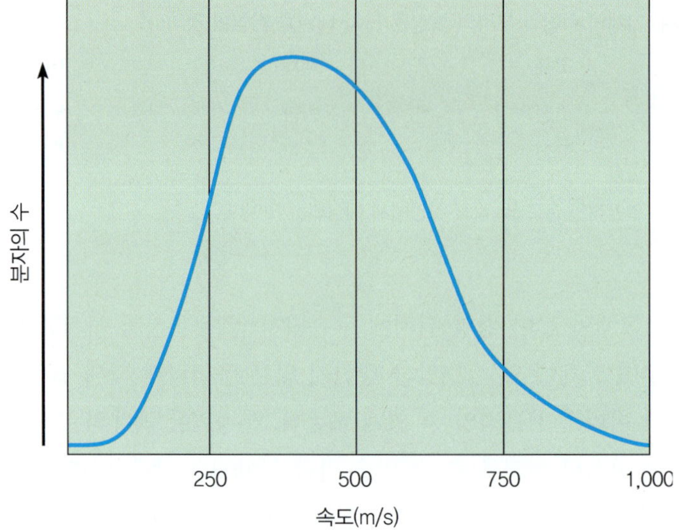

을 보여주었다. 이는 암모니아 분자가 높은 온도에서 평균 속도가 더 높고 낮은 온도에서 평균 속도가 더 느리다는 것을 의미한다. 이것은 왜 기체가 높은 온도에서 더 빠른 속도로 확산되는지를 설명해준다. 운동에너지는 분자의 질량과 그 속도($KE = 1/2\ mv^2$)에 관련이 있다는 점을 기억하라. 온도에 비례하는 평균 운동에너지는 분자의 질량뿐만 아니라 속도도 포함한다. 흔들림, 진동, 회전 또는 이곳저곳으로 움직이는 운동에너지는 **온도**(temperature)로서 물질을 구성하는 분자의 평균 운동에너지의 척도이다(그림 4.3).

개념 적용

움직이는 분자

작은 풍선을 불어서 공기가 새지 않도록 입구에 매듭을 짓는다. 풍선의 크기를 기록해 두어라. 풍선을 냉장고의 냉동실에 1시간 동안 두었다가 다시 풍선의 크기를 기록한다. 풍선을 직사광선에 1시간 동안 노출시킨 후 다시 풍선의 크기를 기록한다. 운동 분자 이론을 이용하여 관찰 내용을 설명하시오.

4.2 온도

사람들에게 온도에 대해 물어보면, 보통 비교 대상("1989년 여름보다 더 더움") 또는 숫자("20°C 또는 68°F")로 대답한다. 참조자나 숫자에 대한 느낌은 상대적 비교를 포함한 여러 요인에 따라 달라진다. 예를 들어, 20°C(68°F)의 온도는 7월 한 달 동안에는 춥게 느낄 수 있지만 1월 한 달 동안에는 따뜻한 온도일 수 있다. 20°C의 온도는 20°C이지만 몇 월인지에 따라 기대되는 해당 월의 온도와 비교된다.

사람들이 온도에 대해 물어볼 때, 그들은 정말로 어떤 물체가 얼마나 뜨거운지 또는 차가운지 묻는다. 그러나 온도계가 없다면 대부분의 사람들은 상대적인 온도를 묘사하는 데 있어서 뜨겁거나 차갑다거나 어쩌면 따뜻하거나 시원하다라는 것 이상을 할 수 없다. 그 외에도 온도에 대해 사람들을 혼란스럽게 하는 다른 요소들이 있다. 우리 몸은 에너지 이동의 방향에 기초하여 온도를 판단한다. 열이 몸으로 들어오면 따뜻하게, 몸에서 나가면 시원하게 인지한다. 추운 겨울에 눈 속에 손을 넣어본 경험이 있을 것이다. 눈 속에서 꺼낸 손을 찬물로 씻으면 찬물은 따뜻하게 느껴진다. 손은 물보다 차갑기 때문에 에너지가 손으로 흘러 들어감에 따라 손은 "따뜻함"을 느끼게 되는 것이다.

온도계

인체는 온도의 감지 기능이 약하기 때문에 **온도계**(thermometer)라고 하는 장치를 사용하여 어떤 것의 뜨거움이나 차가움을 측정한다. 대부분의 온도계는 물질의 특성과 온도 변화의 관계에 기반을 둔다. 거의 모든 재료가 온도 상승과 함께 팽창한다. 금속 한 가닥은 뜨거울 때는 약간 길어지고 차가워질 때는 약간 짧아지지만, 길이의 변화는 너무 작아서 온도계에 유용하지 않다. 팽창 속도가 다른 두 금속을 긴 끈처럼 접합하면 더 유용하고 큰 변화를 얻는다. 바이메탈(바이 = 2, 메탈 = 금속) 스트립은 가열될 때 덜 팽창하는 금속 쪽으로 구부러진다(그림 4.4). 이러한 바이메탈 스트립은 코일로 만들어 자동 온도 조절기와 다이얼 온도계에 사용된다(그림 4.5).

일반적인 유리 온도계는 액체가 들어 있는 구부(아래쪽 액체가 모여 있는 부분)와 유리관인데, 보통 수은이나 착색된 알코올이 온도가 올라가면 관 위로 올라가고 온도가 내려가면 아래로 수축한다. 이 액체 기둥의 높이는 온도를 측정하기 위해 눈금과 함께 사용된다. 일부 온도계는 관에 약간의 수축이 있어 액체가 아래로 되돌아갈 수 없다. 따라서 측정된 온도가

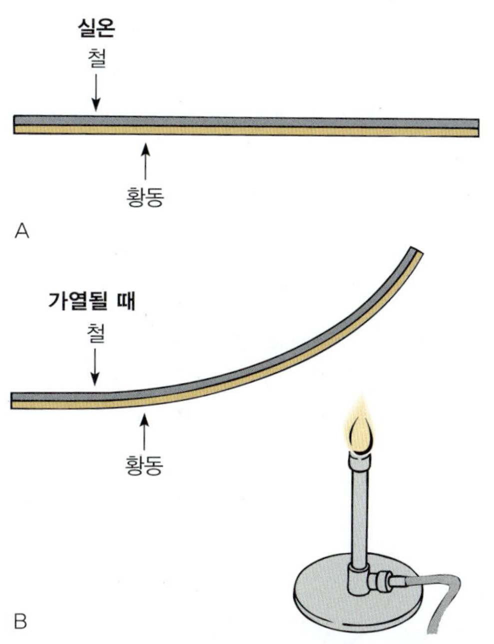

그림 4.4 (A) 바이메탈 스트립은 보는 바와 같이 철과 황동 같은 2개의 다른 금속이 하나로 결합된 것이다. (B) 한 금속이 다른 금속보다 더 많이 팽창하기 때문에 스트립이 가열되면 구부러진다. 이 예에서 황동은 철보다 더 많이 팽창하기 때문에, 바이메탈 스트립은 황동의 반대 방향으로 구부러진다.

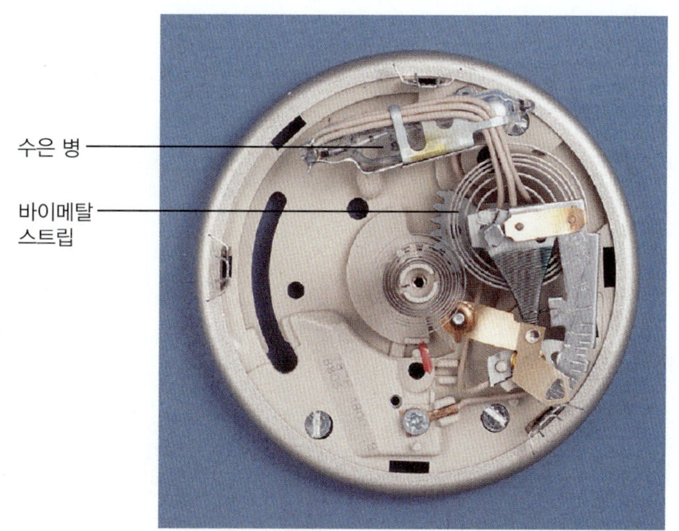

그림 4.5 이 온도 조절기에는 실내 온도 변화에 따라 팽창하고 수축하는 바이메탈 스트립 코일이 있다. 부착된 수은 병은 어느 쪽으로든 기울어지게 되는데 냉난방 시스템을 켜는 전기 회로를 연결하거나 단락시킨다. ©Reprinted with permission from Honeywell, Inc.

판독 중에 위아래로 변동했더라도 가장 높은 판독값을 나타낸다. 온도계를 흔들어줌으로써 액체를 아래의 구부 안으로 밀어 넣어야 한다. 밀치는 힘에 의해 액체가 수축된 관을 지나 구부로 밀려들어가면 온도계는 다시 사용할 준비가 된다. 최근 과학자들은 수은-유리관 열 온도계를 사용하는 데 발생하는 문제를 해결하기 위해 다른 종류의 온도계를 개발했다. 새로운 방식은 고막의 내부에서 나온 적외선을 빠르게 판독함으로써 온도를 측정하는 것이다. 우리 몸을 포함한 절대 영도 이상의 온도를 가진 모든 물체는 적외선을 방출한다. 세기는 체온에 민감하게 반응하기 때문에 방출되는 적외선을 분석하면 그 체온에 대해 알 수 있다.

인간의 고막은 신체의 온도 조절기인 시상하부에 가까우므로 여기에서 얻는 온도 측정값은 내부의 온도에 가깝다. 귀에는 수은 체온계를 사용할 수 없는데, 수은 구부에서 얻는 수치가 부정확할 뿐 아니라 고막에 상처를 낼 수 있는 매우 현실적인 위험 때문이다. 열전 물질을 사용하여 귀에서 나오는 적외선을 측정할 수 있는데, 열전 물질은 온도 변화에 비례하여 전하를 발생시키는 편광 결정체이다. 적외선 온도계에는 귀 입구에 삽입하는 짧은 원통이 있다. 버튼으로 배터리 구동 장치 내부의 셔터를 열어 적외선을 약 300밀리초 동안 측정한다. 귀에서 나오는 적외선은 전하를 발생시키는 얇은 열전 결정의 온도를 증가시킨다. 열전 센서에서 전류 신호가 필터와 변환기를 통과하여 마이크로프로세서 칩으로 이동한다. 이 칩은 체온과 방출되는 적외선 사이의 관계로 프로그래밍되어 있다. 이 정보를 이용하여 적외선이 열전 결정에 들어오면서 발생하는 전류를 측정하여 온도를 계산한다. 마이크로프로세서는 즉시 장치 외부의 LCD 디스플레이로 온도 판독값을 보낸다.

온도계 눈금

온도를 측정하기 위한 숫자 값을 정의하기 위해 여러 척도를 사용한다(그림 4.6). **화씨 눈금**(Fahrenheit scale)은 1715년 독일의 물리학자 가브리엘 파렌하이트(Gabriel D. Fahrenheit)에 의해 개발되었다. 파렌하이트는 임의로 선택한 기준점 2개를 기초로 한 유리관으로 된 수은 온도계를 발명했다. 원래의 화씨 눈금은 얼음과 소금 혼합물의 온도로 하한 기준점(0°)을, 인체의 온도로 상한 기준점(약 100°)을 설정하였다. 원래의 화씨 눈금은 높은 기준점과 낮은

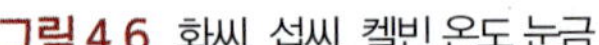
그림 4.6 화씨, 섭씨, 켈빈 온도 눈금

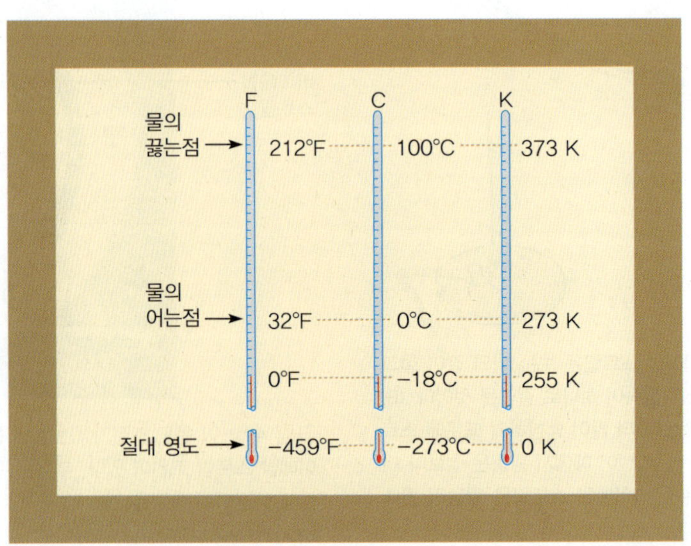

기준점 사이에 100개의 눈금이 있었다. 그런 다음 두 기준점 사이의 거리를 도(degree)라고 하는 동일한 간격으로 나누었다. 하지만 체온이 매일 변화하기 때문에 '정상적인' 체온을 기준점으로 파악하는 데 문제가 있었다. 또한 어떤 사람은 다른 사람들보다 더 높은 체온을 가지고 있다. 정상 체온이 99.1°F인 사람도 있고 97°F인 사람도 있는데, 평균 체온은 98.6°F이다. 인간의 체온에 대해 유일하게 일관된 것은 끊임없이 변화한다는 것이다. 화씨 눈금의 기준은 결국 정상 대기압에서 물의 어는점과 끓는점으로 좀 더 일관된 것으로 바뀌었다. 그러나 원래 눈금은 새로운 기준점과 동일하게 적용되므로 32°F(물의 어는점)와 212°F(정상 대기압에서 물의 끓는점)의 '이상한' 숫자가 기준점이 되었다. 화씨 눈금에서 물의 어는점과 끓는점 사이에는 180개의 같은 간격, 또는 도가 있다.

섭씨 눈금(Celsius scale)은 1735년 스웨덴의 천문학자인 앤더스 셀시우스(Anders C. Celsius)에 의해 발명되었다. 섭씨 눈금 또한 정상 대기압에서 물의 어는점과 끓는점을 사용하지만 임의로 할당된 값이 다르다. 섭씨 눈금은 물의 어는점은 0°C로, 끓는점은 100°C로 나타낸다. 이 두 기준점 사이에는 100개의 같은 간격(도)이 있다.

섭씨 눈금이나 화씨 눈금에는 특별한 것이 없다. 둘 다 임의로 숫자를 부여했고, 하나가 다른 것보다 정확하지 않다. 섭씨 눈금은 십진수 눈금이고, 곧 설명될 세 번째 눈금인 켈빈 눈금과의 관련이 있어 더 편리하다. 두 눈금 모두 임의로 기준점이 할당되고 상대적 온도 변화를 나타내는 임의의 숫자선이 있다. 0은 단순히 각 숫자선의 점 중 하나일 뿐 온도가 없다는 뜻은 아니다. 마찬가지로 이 수치는 온도 변화의 상대적 척도이므로 2°는 1°보다 2배, 10°는 5°보다 2배 이상 뜨겁지 않다. 이 숫자는 단순히 정상 조건에서 물의 어는점과 끓는점에 대한 온도를 측정하는 것을 의미한다.

이제 (1) 두 눈금의 어는점과 끓는점 사이 온도의 크기 차이, (2) 하한 기준점의 값 차이를 고려하여 한 온도에서 다른 온도로 변환할 수 있다.

화씨 눈금은 끓는점과 어는점 사이(212°F~32°F)가 180°이며 섭씨 눈금은 동일한 두 점 사이가 100°이다. 따라서 섭씨도는 180/100 또는 9/5 화씨도이다. 화씨도는 100/180 또는 5/9 섭씨도이다. 또한 하한 기준점(0°C와 32°F)의 값 차이를 고려하면 온도 변환식을 구할 수 있다.

$$T_F = \frac{9}{5} T_C + 32° \tag{4.1}$$

$$T_C = \frac{5}{9} (T_F - 32°) \tag{4.2}$$

예제 4.1 (선택)

평균 인체 온도는 98.6°F이다. 섭씨 눈금에서의 온도는 얼마인가?

풀이

$$T_C = \frac{5}{9}(T_F - 32°) = \frac{5}{9}(98.6° - 32°)$$

$$= \frac{5}{9}(66.6°) = \frac{333°}{9} = \boxed{37°C}$$

예제 4.2 (선택)

외부의 온도는 20.0°C를 나타낸다. 화씨 눈금의 온도는 얼마인가? (답 : 68°F)

임의로 기준점을 할당하지 않고 0이 아무것도 없음을 의미하는 온도 척도가 있다. 이것은 상대적 척도가 아니라 **절대 온도 눈금**(absolute scale), 즉 **켈빈 눈금**(Kelvin scale)이라고 불리는 척도이다. 절대 눈금의 0은 온도의 가장 낮은 한계라고 생각된다. **절대 영도**(absolute zero)는 분자의 모든 무작위 운동이 중단되었을 때 발생할 수 있는 가장 낮은 온도이다. 절대 영도는 0 K로 표기된다. 도 기호는 사용되지 않으며, K는 SI 표준 척도 단위 켈빈을 의미한다. 절대 눈금은 섭씨 눈금과 같은 도 크기를 사용하며, −273°C = 0 K이다. 그림 4.6에서 273 K는 물의 어는점이고 373 K는 끓는점이라는 점에 유의하라. 절대 눈금은 섭씨 눈금의 0을 273°만큼 이동했다고 생각할 수 있다. 따라서 절대 온도와 섭씨 온도의 관계는 다음과 같다.

$$T_K = T_C + 273 \tag{4.3}$$

절대 영도에 도달한 적은 없지만 과학자들은 나트륨 시료를 700나노켈빈으로, 즉 절대 영도보다 1,000만분의 7켈빈만큼 높은 온도로 냉각시켰다.

예제 4.3 (선택)

과학 기사에서 300.0 K의 온도를 언급한다. (a) 섭씨 온도는 얼마인가? (b) 화씨 온도는 얼마인가?

풀이

(a) 절대 눈금과 섭씨 눈금 사이의 관계는 식 (4.3) $T_K = T_C + 273$에 나와 있다. 섭씨에 대해 이 방정식을 풀면 $T_C = T_K - 273$이다.

$$\begin{aligned} T_C &= T_K - 273 \\ &= 300.0 - 273 \\ &= \boxed{27°\text{C}} \end{aligned}$$

(b)

$$\begin{aligned} T_F &= \frac{9}{5} T_C + 32° \\ &= \frac{9}{5} 27° + 32° \\ &= \frac{243°}{5} + 32° \\ &= 48.6° + 32° \\ &= \boxed{81°\text{F}} \end{aligned}$$

예제 4.4 (선택)

항공기 조종사가 공항 온도는 −10.0°C라고 말하면 화씨 온도는 얼마인가? (답: 14°F)

관련 내용

닭살과 오한

평균 연령과 적은 활동성을 가지는 경우, 많은 사람들은 기온이 약 25°C일 때 쾌적함을 느낀다. 이 온도에서의 쾌적함은 신체가 열을 보존하거나 방출하기 위해 노력할 필요가 없다는 사실에서 오는 것일 것이다.

열을 보존하려는 신체의 변화는 인체 바로 옆의 공기와 옷의 온도가 20°C 미만이 되거나 신체가 급격한 열손실을 감지할 때 발생한다. 첫째, 피부의 혈관이 수축된다. 이것은 표면 근처의 혈액의 흐름을 늦추고, 전도에 의한 열손실을 감소시킨다. 피부 혈관의 수축은 체온 저하를 감소시키지만 피부와 팔다리가 체온보다 현저히 차가워지는 원인이 되기도 한다(예: 수족냉증).

갑작스러운 열손실, 즉 한기는 종종 신체에 의해 또 다른 형태로 열을 절약하게 한다. 피부의 털은 곧게 당겨지는데, 수직으로 세워지므로 피부를 가로지르는 차가운 공기로 인한 열손실이 느려지게 된다. 머리카락 축대 밑부분에 붙어 있는 작은 근육의 수축은 피부에 아주 작은 매듭, 즉 혹을 만든다. 이것들은 때때로 '닭살' 또는 '소름'이라고 한다. 비록 '닭살'이 인체의 단열을 크게 증가시키지는 않지만, 새와 많은 포유류의 동등한 반응은 털이나 깃털을 곧게 세우고 단열을 크게 강화시킨다.

피부의 혈관이 수축된 후 더 냉각되면 인체는 또 다른 작용을 한다. 몸은 이제 '오한'이라고 불리는 무의식적인 근육 수축으로 열손실을 보충하면서 더 많은 열을 생산하기 시작한다. 체온이 더 필요할수록 떨림 활동도 더 커진다.

환경 온도가 약 25°C 이상으로 상승하면 신체는 열을 잃게 하는 반응을 일으킨다. 한 가지 반응은 피부의 혈관을 더 크게 만들어 피부의 혈류를 증가시키는 것이다. 이것은 피부를 통해 열을 전도시킨 후 내부로부터 더 많은 열을 가져온다. 그것은 피부의 혈류량이 증가하게 하여 일부 사람들에게 홍조를 띠게 한다. 이 작용은 피부를 통한 전도를 증가시키는데 열복사만으로는 약 29°C 이상의 환경 온도에서 충분한 냉각이 불가능하다. 이 정도 온도에서는 땀이 나기 시작하고 땀은 피부에 쏟아져 증발에 의해 냉각시킨다. 온도가 높을수록 증발을 통한 땀 배출과 냉각 속도가 빨라진다.

시원하거나, 춥거나, 따뜻하거나, 더운 환경에 대한 실제 반응은 사람의 활동 수준, 나이, 성별, 그리고 상대 습도, 공기 이동, 이러한 요소들의 조합과 같은 환경적 요인에 의해 영향을 받을 것이다. 온도는 쾌적함을 위한 가장 중요한 요인이다. 그러나 냉각을 위해 땀을 흘려야 할 정도로 기온이 높을 때에는 습도 또한 중요한 요소가 된다.

개념 적용

인간 온도계?

인체가 얼마나 체온을 잘 감지하는지 알아보는 방법이 있다. 손을 물에 담글 수 있을 만큼 큰 용기를 3개 준비하고, 첫 번째 용기에는 얼음물을, 두 번째 용기에는 뜨거운 물을, 세 번째 용기에는 미지근한 물을 넣는다.

오른손은 뜨거운 물에, 왼손은 얼음물에 1분 동안 담근다. 그 후 두 손을 미지근한 물에 담근다. 오른손이 느끼는 물의 온도는 어떠한가? 왼손은 어떠한가? 우리 손은 온도를 얼마나 잘 감지하는가?

4.3 열

뜨거운 수프 그릇이나 뜨거운 커피 한 잔이 있다고 가정하자. 이것을 식히기 위해 무엇을 할 수 있는가? 바람을 불어 증발 속도가 빠르게 하여도 냉각이 가능하지만, 이것은 느린 과정이다. 시간이 없다면, 얼음과 같은 더 낮은 온도의 물질을 넣을 것이다. 더 차가운 물질을 첨가하면 뜨거운 액체가 식을 것이다.

고온의 물체와 저온의 물체를 섞으면 어떤 일이 일어나는지 알 것이다. 따뜻한 온도의 물체는 차가워지고 차가운 온도의 물체는 따뜻해진다. 결국, 둘 다 따뜻한 것과 차가운 것 사이의 온도가 될 것이다. 이것은 따뜻한 물체와 차가운 물체 사이를 무언가가 이동하면서 온도를 변화시키고 있다는 것을 암시한다.

그림 4.7 마찰로 인해 온도를 상승시키는 방법은 다음과 같다. 움직이는 표면의 분자는 다른 표면에 포획되고, 그 표면의 분자력에 의해 늘어지게 된다. 분자들은 다시 원래 위치로 당겨지며 진동하는 운동에너지를 얻는다.

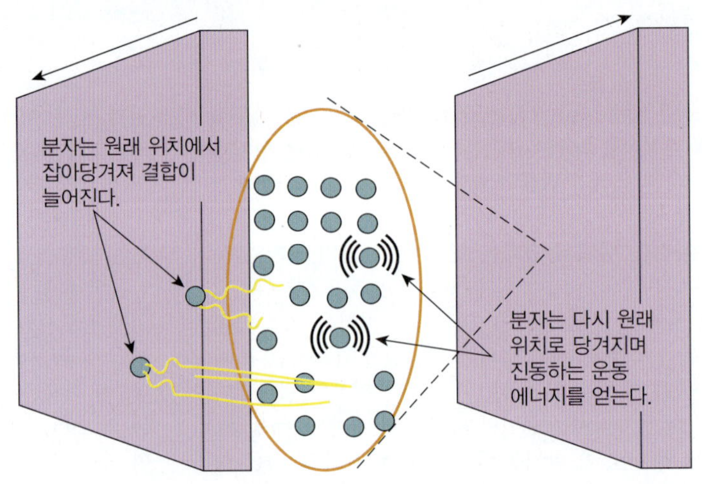

에너지와 온도 사이에 존재하는 관계는 열의 개념을 설명하는 데 도움이 될 것이기 때문에 먼저 학습한다. 두 손을 몇 번 비비면 조금 따뜻해지는 느낌이 든다. 세게 비벼준다면 훨씬 더 따뜻해질 것이다. 온도 상승은 기계적 에너지가 표면끼리 마찰시킬 때에 일어난다(그림 4.7). 두 표면은 2개의 블록과 같이 고체일 수도 있지만, 공기 같은 유체의 표면일 수도 있다. 공기 중을 이동하는 물체는 공기를 압축시켜 표면 온도가 높아진다. 높은 속도의 유성이 지구 대기로 들어오면 가열되어 빛이 나기 시작하며, 그 결과 '별똥별'의 불덩어리와 연기 자국이 생겨난다.

물체의 에너지와 분자의 에너지를 구별하기 위해 **외부** 에너지와 **내부** 에너지라는 용어를 사용한다. **외부 에너지**(external energy)는 보통의 크기 정도인 물체의 총 퍼텐셜에너지와 운동에너지이다. 이전 장에서 논의된 모든 운동에너지 및 퍼텐셜에너지는 물체의 외부 에너지에 관한 것이다.

내부 에너지(internal energy)는 물체를 이루고 있는 **분자**의 총 운동에너지와 퍼텐셜에너지이다. 분자의 운동에너지는 직선 속도의 경우보다 훨씬 더 복잡할 수 있는데, 동시에 여러 종류의 운동(진동, 비틀림, 회전 등)을 할 수 있기 때문이다. 전체적으로 내부 에너지는 온도, 밀도, 열, 부피, 기체의 압력 등의 성질이 특징이다.

바닥을 가로질러 탁자를 밀면 탁자의 관측 가능한 **외부** 운동에너지가 탁자 다리와 바닥의 분자의 **내부** 운동에너지로 전달되어 온도가 상승한다(그림 4.8). 외부 운동에너지와 내부 운동에너지의 관계는 왜 난방이 기계적 에너지 사용량에 비례하는지 이유를 설명한다.

그림 4.8 외부 에너지는 우리가 볼 수 있는 운동에너지와 퍼텐셜에너지이다. 내부 에너지는 분자의 총 운동에너지와 퍼텐셜에너지이다. 탁자를 밀면 바닥의 마찰에 대항하여 일을 한다. 외부 역학적 에너지의 일부는 내부 운동에너지와 퍼텐셜에너지로 전환되어 바닥과 닿는 탁자 다리의 온도가 올라간다.

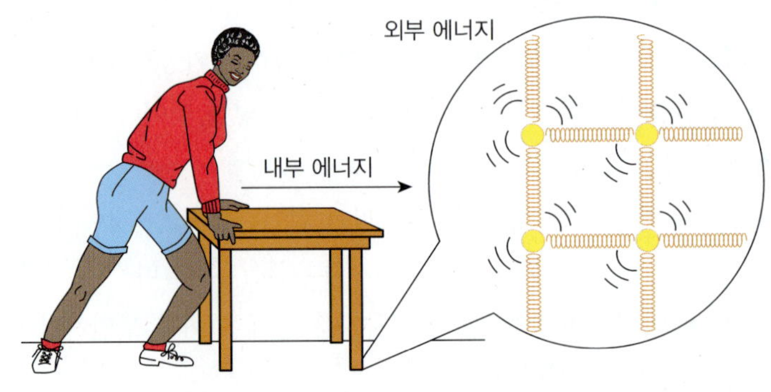

에너지 전달로서의 열

온도는 평균 분자 운동에너지에 근거하여 물체의 뜨겁거나 차가워지는 정도를 측정한다. 반면에 열은 물체의 분자의 **총 내부 에너지**에 기초한다. 물 한 잔과 물 한 주전자만 생각해도 열과 온도의 한 가지 차이를 알 수 있다. 만약 적은 물과 많은 양의 물이 같은 온도를 가지고 있다면, 둘 다 동일한 평균 분자 운동에너지를 가지고 있어야 한다. 예를 들어, 둘 다 20°만큼 온도를 낮추려 한다고 가정하자. 물 한 주전자를 식히는 데 훨씬 더 오랜 시간이 걸리는데, 이는 많은 양의 물은 더 많은 내부 에너지를 가지고 있어야 함을 의미한다(그림 4.9). 열은 물체에 있는 분자의 **총** 내부 에너지에 근거한 척도로, 같은 온도의 컵보다 주전자에 있는 총에너지가 더 많다.

어떻게 열을 측정할 수 있을까? 분자를 보기 어렵기 때문에 내부 에너지는 직접 측정하기 어렵다. 그러므로 열은 물체가 에너지를 얻거나 잃는 과정에서 거의 항상 측정된다. 또한 이 측정 절차는 **열**(heat)에 대한 작업적 정의를 제시한다.

열은 한 물체에서 다른 물체로 흡수되거나 전달된 내부 에너지의 척도이다.

내부 에너지를 증가시키는 **과정**을 '가열'이라고 하며, 내부 에너지를 감소시키는 **과정**을 '냉각'이라고 한다. **과정**이라는 단어는 열은 우리가 추가하거나 빼앗을 수 있는 물질적인 것이 아니라 운송 중에 있는 에너지라는 것을 강조하기 위해 고딕체로 표시하였다. 열은 에너지가 물체로 흘러 들어오거나 나갈 때 측정할 수 있는 내부 에너지의 척도로 이해할 수 있다.

일반적으로 가열이 일어날 수 있는 방법이 2가지 있다. (1) 온도차가 있을 때, 에너지가 더 높은 온도에서 이동하는 것과 (2) 에너지 형태의 변환을 통해 물체로부터 에너지를 얻는 것이다.

온도차가 발생하면 에너지는 온도가 높은 지역에서 낮은 지역으로 전달된다. 공이 내리막으로 굴러가는 것이 자연스럽듯이 온도가 높은 지역에서 낮은 지역으로 에너지가 흘러가는 것은 자연스러운 과정이다. 물체와 주변의 온도는 열이 물체로 전달되는지 또는 물체로부터 전달되는지를 결정한다. **가열**과 **냉각**이라는 용어는 에너지 이동의 방향을 설명하며, 자연적으로 에너지가 더 높은 곳에서 낮은 곳으로 이동한다.

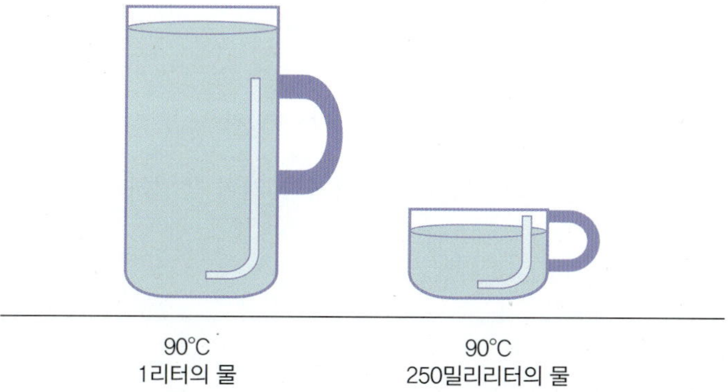

그림 4.9 같은 온도의 1리터의 물(1,000 mL)과 250 mL 컵의 물에서 보듯 열과 온도는 다른 개념이다. 1리터의 물은 한 컵의 물보다 같은 온도(예를 들면 25°C)만큼 낮추는 데 더 많은 얼음이 필요하고, 따라서 더 많은 내부 에너지를 가지고 있다. 실질적으로 1리터의 물을 식히기 위해서는 48,750칼로리를 제거해야 한다.

관련 내용

식품의 에너지

참고: 일반적으로 기초 대사율은 하루에 1,200~2,200 Cal이다.

식품	Cal	kJ
초코바	120~230	502~963
맥주(일반)	150	628
맥주(라이트)	100	419
탄산음료	150	628
쇠고기 스테이크	380	1,590
와퍼 치즈버거	705	2,951
대형 소프트콘 아이스크림	340	1,423
도미노 디럭스 피자(16인치)	225(조각당)	942
KFC 닭가슴살	300	1,256
빅맥 버거	560	2,344
피자헛 슈프림피자(10인치)	140(조각당)	586

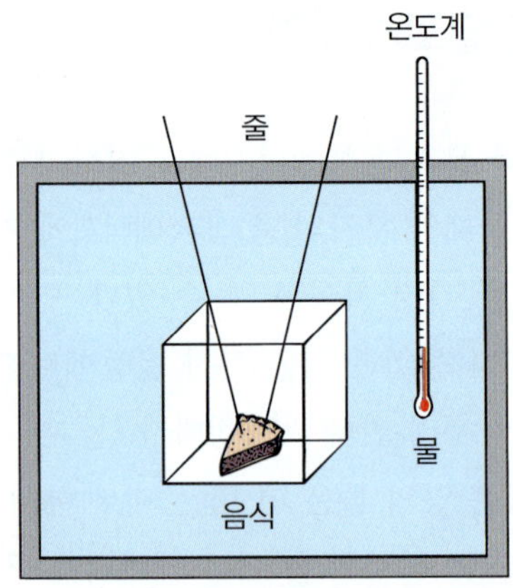

그림 4.10 음식의 칼로리 값은 음식을 태울 때 방출되는 열을 측정하여 결정한다. 10.0 kg의 물이 있고 10°C에서 20°C로 온도가 올라가면 음식은 100 Cal(10만 cal)를 함유하고 있다. 여기에 묘사된 음식은 이것보다 훨씬 더 많은 에너지를 방출할 것이다.

열의 측정

가열은 에너지 전달 방법이므로 열량은 모든 에너지량과 마찬가지로 측정할 수 있다. 일, 에너지 또는 열의 표준 단위는 줄이다. 그러나 열과 운동의 개념이 역사적으로 별도로 발전하여 온도 차이에는 별도의 단위를 사용한다.

열의 미터법 단위를 **칼로리**(cal)라고 한다. 칼로리는 물 1그램의 온도를 섭씨 1도 높이는 데 필요한 에너지(또는 열)의 양으로 정의한다. 더 정확하게는 온도에 따라 필요한 에너지가 다르기 때문에 14.5°C에서 15.5°C 사이의 간격을 지정한다. **킬로칼로리**(kcal)는 섭씨 1도의 물 1킬로그램의 온도를 높이는 데 필요한 에너지(또는 열)의 양이다. 음식의 산화에 의해 방출되는 에너지의 측정은 킬로칼로리지만 영양학자에 의해 칼로리(대문자 C)라고 한다(그림 4.10). 과학의 칼로리는 절대 대문자를 사용하지 않고 영양학의 칼로리는 항상 대문자로 설정하여 혼란을 피할 수 있다. 가장 좋은 해결책은 영양학의 칼로리를 킬로칼로리(kcal)라고 부르는 것이다.

미터법 단위에서 열의 일당량은,

$$4.184\ \text{J} = 1\ \text{cal}$$

또는

$$4{,}184\ \text{J} = 1\ \text{kcal}$$

이다. 이 정확한 비례는 기본적으로 기계적 에너지와 열이 동일하지만 다른 형태라는 것을 의미한다.

예제 4.5 (선택)

1,000.0 kg의 자동차가 90.0 km/h(25.0 m/s)로 움직인다. 자동차가 정지할 때 몇 킬로칼로리가 발생하는가?

풀이

자동차의 운동에너지는

$$\begin{aligned} KE &= \frac{1}{2}mv^2 \\ &= \frac{1}{2}(1{,}000.0\text{ kg})\left(25.0\,\frac{\text{m}}{\text{s}}\right)^2 \\ &= \frac{1}{2}(1{,}000.0\text{ kg})\left(625\,\frac{\text{m}^2}{\text{s}^2}\right) \\ &= (500.0)(625)\,\frac{\text{kg}\cdot\text{m}^2}{\text{s}^2} \\ &= 312{,}500\text{ J} \end{aligned}$$

기계적 에너지와 열의 관계를 사용하여 이것을 kcal로 변환할 수 있다.

$$\left(312{,}500\text{ J}\right)\frac{1\text{ kcal}}{4{,}184\text{ J}}$$

$$\frac{312{,}500}{4{,}184}\,\frac{\cancel{\text{J}}\cdot\text{kcal}}{\cancel{\text{J}}}$$

$$\boxed{74.7\text{ kcal}}$$

참고: 이 열량으로 인한 온도 증가는 식 (4.4)에서 계산할 수 있다.

예제 4.6 (선택)

지면에서 15.0 m 높이의 난간에서 떨어지는 5.00 kg의 바위를 정지시키는 데 몇 킬로칼로리의 에너지가 사용되는가? (답: 0.18 kcal)

비열

'주방 물리학' 실험을 통해 열과 다른 물질의 관계를 관찰할 수 있다. 식사를 준비하기 위해 큰 냄비가 있다고 하자. 필요한 열량을 구하는 데 3가지 변수가 영향을 준다.

1. 액체의 초기 온도
2. 냄비에 얼마나 많은 액체가 있는지
3. 액체의 종류(예를 들어 물 또는 수프)

이것이 구체적으로 의미하는 것은 다음과 같다.

1. **온도 변화** 필요한 열량은 온도 변화에 비례한다. 냉수의 온도를 높이려면 더 많은 열이 필요하므로 이 관계를 $Q \propto \Delta T$로 쓸 수 있다.
2. **질량** 필요한 열량은 가열되는 물질의 양에 비례한다. 큰 질량은 동일한 온도 변화를 위해 작은 질량보다 더 많은 열이 필요하다. 기호로 $Q \propto m$로 쓸 수 있다.

그림 4.11 이 3가지 금속 중 알루미늄은 가열할 때 그램당 가장 많은 열을 필요로 하고 냉각할 때 가장 많은 열을 방출한다. 입방체의 크기는 왜 다른가?

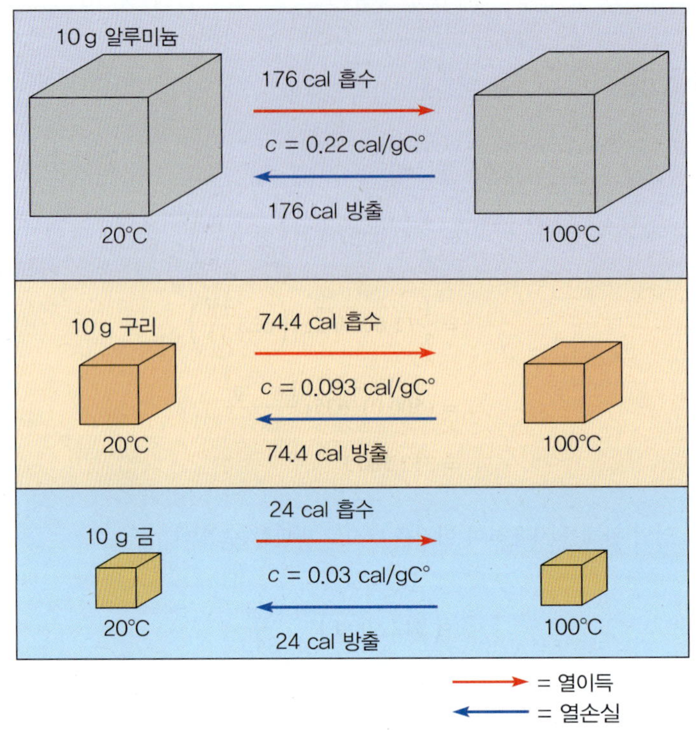

3. **물질** 물질이 다르면 같은 범위의 온도를 변화시키기 위해 다른 양의 열이 필요하다(그림 4.11). 이 특성을 재료의 **비열**(specific heat)이라 하며 물질 1그램의 온도를 섭씨 1도 상승시키는 데 필요한 열량으로 정의한다.

주방 물리학의 요리 경험에 관련된 모든 변수를 고려할 때, 필요한 열(Q)은 다음과 같이 쓸 수 있다.

$$Q = mc\Delta T \tag{4.4}$$

여기서 c는 비열에 대한 기호이다.

비열은 물 근처에서보다 육지에서 온도 변화가 크게 관측되는 원인이 된다. 표 4.2에서 토양의 비열은 0.200 cal/gC°, 물의 비열은 1.00 cal/gC°이다.

표 4.2 물질의 비열

물질	비열(cal/gC° 또는 kcal/kgC°)
공기	0.17
알루미늄	0.22
콘크리트	0.16
구리	0.093
유리(평균)	0.160
금	0.03
얼음	0.500
철	0.11
납	0.0305
수은	0.033
해수	0.93
은	0.056
토양(평균)	0.200
증기	0.480
물	1.00

참고: J/kgC° 단위의 비열로 변환하려면 각 값에 4,184를 곱하라. 또한 1 cal/gC° = 1 kcal/kgC°임에 유의하라.

개념 적용

주방 물리학

냄비 및 팬의 금속과 관련하여 다음을 고려한다.

1. 낮은 비열의 금속은 온도를 변화시키기 더 쉽다.
2. 높은 비열의 금속은 온도를 변화시키기 더 어렵다.

표 4.2에 나열된 금속 및 비열의 목록을 보고 다음 질문에 답하시오.

1. 비열만을 고려했을 때, 어떤 금속이 가장 에너지 효율이 높은 실용적인 냄비와 팬을 만드는 데 사용될 수 있는가?
2. 다시 비열만을 고려한다면, 어떤 금속의 조합이 급격한 온도 변화에 대한 이점을 제공할 것인가?

비열은 물질 1 g의 온도를 1도 증가시키는 데 필요한 열량으로 정의되기 때문에 1 cal의 햇빛에 노출된 1 g의 물은 1°C 올라간다. 반면 1 g의 토양은 토양을 1°C로 데우는 데 0.2 cal만 소요되므로 5°C 올라간다. 물의 온도를 변화시키는 것이 더 어렵기 때문에 물 근처의 온도가 더 안정적이다.

예제 4.7 (선택)

팬이 (a) 철과 (b) 알루미늄으로 만들어진 경우, 온도를 20.0°C에서 100.0°C로 올리려면 500.0 g 팬에 얼마나 많은 열을 공급해야 하는가?

풀이

공급된 열(Q), 질량(m) 및 온도 변화(ΔT) 사이의 관계는 식 (4.4)에 나와 있다. 철과 알루미늄의 비열(c)은 표 4.2에 나와 있다.

(a) 철:

$m = 500.0\text{ g}$
$c = 0.11\text{ cal/gC°}$
$T_f = 100°\text{C}$
$T_i = 20.0°\text{C}$
$Q = ?$

$$Q = mc\Delta T$$
$$= (500.0\text{ g})\left(0.11\frac{\text{cal}}{\text{gC°}}\right)(80.0\text{ C°})$$
$$= (500.0)(0.11)(80.0)\text{ g} \times \frac{\text{cal}}{\text{g}\cdot\text{C°}} \times \text{C°}$$
$$= 4{,}400\frac{\text{g}\cdot\text{cal}\cdot\text{C°}}{\text{g}\cdot\text{C°}}$$
$$= \boxed{4.4\text{ kcal}}$$

(b) 알루미늄:

$m = 500.0\text{ g}$
$c = 0.22\text{ cal/gC°}$
$T_f = 100°\text{C}$
$T_i = 20.0°\text{C}$
$Q = ?$

$$Q = mc\Delta T$$
$$= (500.0\text{ g})\left(0.22\frac{\text{cal}}{\text{gC°}}\right)(80.0\text{ C°})$$
$$= (500.0)(0.22)(80.0)\text{ g} \times \frac{\text{cal}}{\text{g}\cdot\text{C°}} \times \text{C°}$$
$$= 8{,}800\frac{\text{g}\cdot\text{cal}\cdot\text{C°}}{\text{g}\cdot\text{C°}}$$
$$= \boxed{8.8\text{ kcal}}$$

철로 만들어진 팬과 동일한 온도 범위를 알루미늄 팬으로 데우는 데에는 열에너지가 2배 더 소모된다. 따라서 동일한 비율의 에너지로 철 팬은 알루미늄 팬보다 2배 더 빨리 가열된다.

예제 4.8 (선택)

20.0°C에서 40.0°C로 온도를 높이기 위해 1.2 kcal가 필요한 경우 2.0 kg 금속 시료의 비열은 얼마인가? (답: 0.03 kcal/kgC°)

열의 이동

이전 절에서, 열은 (1) 온도의 차이 또는 (2) 에너지 형태의 전환을 포함하는 에너지의 전달이라는 것을 학습했다. 온도 차이로 인해 발생하는 열전달은 전도, 대류, 복사의 3가지 방식으로 일어난다.

전도

온도 차이가 있을 때마다 온도가 높은 곳에서 낮은 곳으로 자연스럽게 열이 전달된다. 고체에서 이러한 전달은 열이 더 따뜻한 곳에서 더 차가운 곳으로 **전도**된다. 고체의 분자들이 고정된 평형 위치에서 진동하고 높은 온도 영역의 분자들이 낮은 온도 영역의 분자들보다 평균적으로 더 많은 운동에너지를 가지고 있음을 기억하라. 금속 막대 같은 고체가 화염에 휩싸일 때, 따뜻해진 끝부분의 분자들은 격렬하게 진동한다. 분자 상호작용을 통해, 증가된 진동에너지는 인접한 천천히 움직이는 분자로 전달되는데, 전달된 분자 또한 격렬하게 진동하기 시작한다. 분자들은 차례로, 더 많은 진동 에너지를 옆의 분자들에게 전달한다. 이러한 움직임은 분자에서 분자로 이동하여 막대를 따라 확장된다. 이를 **전도**(conduction)라고 하며, 분자에서 분자로 에너지를 전달한다(그림 4.12).

대부분의 절연 재료는 작은 빈 공간을 다수 포함하기 때문에 좋은 절연체이다(그림 4.13). 작은 빈 공간은 공기 분자가 고체에 비해 멀리 떨어져 있어 분자에서 분자로 증가하는 진동 운동을 전달하기가 더 어렵기 때문에 좋은 도체가 되지 못한다. 스티로폼, 유리 섬유, 그리고 양모 천은 그것들이 만들어진 물질 때문이 아니라 작은 빈 공간을 많이 가지고 있기 때문에 좋은 절연체이다. 가장 좋은 절연체는 진동하는 운동을 전달할 수 있는 분자가 없는 진공이다.

책상의 나무와 금속 부분은 온도가 같지만, 금속 부분이 더 차갑게 느껴진다. 금속은 나무보다 좋은 전도체이며 손가락의 열을 더 빨리 전달하기 때문에 더 차갑게 느껴진다. 이것은 나무나 타일 바닥이 맨발에 차갑게 느껴지는 것과 같은 이유이다. 발에서 열의 전도를 늦추기 위해 단열 카펫을 사용한다.

대류

대류(convection)는 상대적으로 높은 운동에너지를 가진 분자 집단의 대규모 변위에 의한 열전달이다. 전도에서, 운동에너지는 분자에서

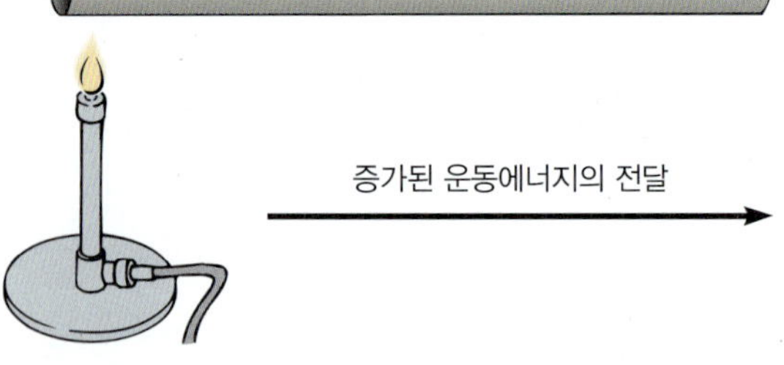

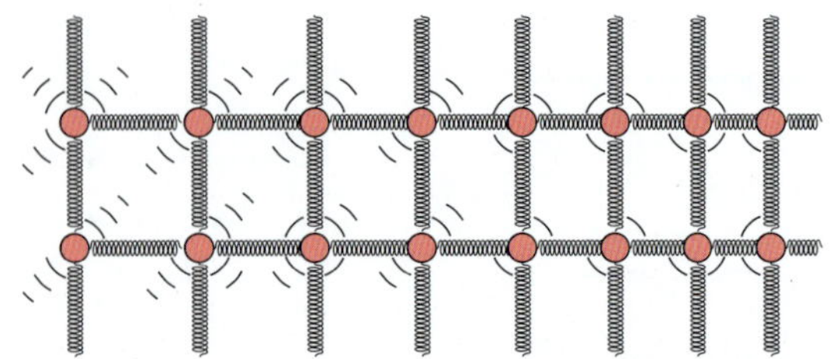

그림 4.12 금속 막대에 드릴로 구멍을 뚫고 설치한 온도계는 열이 고온에서 저온 영역으로 전도된다는 것을 보여준다. 증가한 분자의 움직임은 전도 과정에서 분자에서 분자로 전달된다.

그림 4.13 유리 섬유 단열재는 물질의 두께에 대한 전도율의 비율인 *R*값으로 평가된다. ©Stockbyte/SuperStock RF

분자로 전달된다. 대류에서는 높은 운동에너지의 분자가 한 장소에서 다른 장소로 이동한다. 전도는 주로 고체에서 발생하지만 대류는 액체와 기체에서만 발생하며 유체 운동은 높은 운동에너지의 분자가 긴 거리를 이동할 수 있게 한다. 분자가 에너지를 얻으면 더 빠르게 움직이며 주변을 더 격렬하게 밀치게 된다. 그 결과 가열된 분자의 영역이 바깥쪽으로 밀려 나가면서 부피가 커짐에 따라 팽창한다. 동일한 양의 물질이 이제 더 큰 부피를 차지하기 때문에 전체 밀도가 감소한다.

유체에서 팽창은 대류를 가능하게 한다. 따뜻하고 밀도가 낮은 유체는 주변의 차갑고 밀도가 높은 유체에 의해 위로 밀려 올라간다. 일반적으로 차가운 공기는 밀도가 더 높아 가라앉고 내리막으로 이동한다. 냉장고의 문을 열면 발쪽으로 차가운 공기가 쏟아지는 것을 느낄 수 있다. 반면 따뜻하고 밀도가 낮은 공기는 위로 올라간다. 난방장치에서 따뜻한 공기가 위로 밀려 올라가는데, 따뜻한 공기가 천장을 따라 바깥쪽으로 퍼지고 새로 데워진 공기가 천장으로 올라가면서 천천히 옮겨지게 된다. 공기가 냉각됨에 따라 방의 다른 부분에 가라앉아 **대류 흐름**(그림 4.14)이라는 순환 패턴이 일어난다. 대류 흐름은 또한 일정 범위에서 가열되는 큰 솥에서 관찰할 수 있다. 따뜻한 부분에서 액체가 위로 올라오고 차가운 부분에서 가

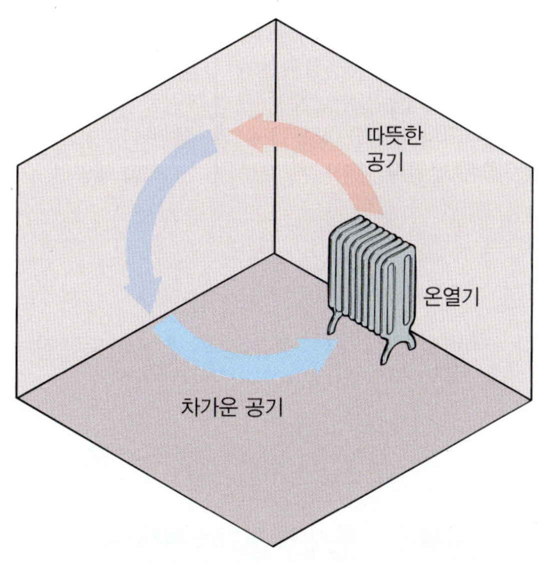

그림 4.14 대류는 온열기 위의 공기가 따뜻해지고 팽창하며 차가운 공기에 의해 위쪽으로 이동함에 따라 온기를 실내 전체로 이동시킨다.

개념 적용

밀납 양초, 기포, 그리고 전구

여기 열의 이동에 대한 3가지 실험이 있다.

전도 녹인 촛농을 이용하여 압핀의 머리를 긴 금속 막대에 붙인다. 막대의 한쪽 끝을 불꽃으로 달군다. 전도에 의해 열이 막대를 가로질러 이동한다는 관찰한 증거를 기록하시오.

대류 강한 햇빛이 있는 고요하고 따뜻한 날을 선택한다. 잔디밭과 인접한 아스팔트 주차장 사이의 대류를 연구하기 위해 비누 거품을 만든다. 대류 현상을 발견할 수 있다고 생각되는 다른 인접한 곳을 찾아보시오. 실험, 결과 그리고 관찰한 내용에 대한 설명을 기록하시오.

복사 불을 켜지 않은 전구를 손으로 잡고 전구를 켠다. 여러분이 느끼는 것이 전도나 대류가 아닌 복사에 의해 전달되었다고 느끼는 증거를 기술하시오. 복사 에너지를 느꼈다는 것을 증명하기 위해 생각할 수 있는 실험을 설계하시오.

자세한 관찰

수동 태양열 설계

수동 태양열 설비는 오늘날 태양 에너지를 경제적으로 정당하게 사용하는 것이다. 수동 태양열 설계는 태양 에너지로 생활공간을 가열하기 위해 건축물의 구조를 이용하며 선풍기, 모터, 그리고 다른 에너지원은 거의 사용하지 않는다. 태양광 에너지의 장점을 이용하는데 전도와 대류, 복사를 통해 에너지를 저장하고 분배한다.

지구 표면에 도달하는 햇빛은 대부분 흡수된다. 건물과 토지, 물체는 복사 에너지를 흡수할수록 따뜻해진다. 그러나 거의 모든 물질은 흡수된 에너지를 더 긴 파장으로 재방사하는데, 그 파장은 너무 길어서 사람의 눈에는 보이지 않는다. 햇빛의 짧은 파장은 일반적인 창문의 유리를 통해 쉽게 통과하지만, 재방출되는 긴 파장은 통과하지 못한다. 그러므로 햇빛은 창문을 통과하여 집 안의 물체를 따뜻하게 하지만 재방사된 긴 파장은 유리를 통해 쉽게 되돌아갈 수 없고 공기 중의 특정 분자에 의해 흡수된다. 따라서 공기의 온도는 증가한다. 이를 '온실 효과'라고 한다. 아마 화창한 여름날에 차창을 닫은 채로 놔두었을 때 이 효과를 경험했을 것이다.

일반적으로 수동 태양열 주택은 태양 에너지를 포획, 저장 그리고 거주자에게 분배하기 위해 다양한 건설 재료를 이용한다. 햇빛은 남향의 커다란 창문을 통해 집 안으로 들어와 콘크리트나 벽돌, 돌로 된 두꺼운 층을 따뜻하게 한다. 이 저장된 에너지는 낮에도 방출되지만 더 중요한 건 밤에도 방출된다. 이러한 에너지 방출은 직접 복사, 인접 공기로의 전도 또는 공기 대류에 의해 이루어질 수 있다. 따라서 생활공간은 특별한 배관이나 강제적인 공기 순환 없이 가열된다. 성공적인 수동 태양열 주택의 핵심은 바닥과 벽의 건축자재, 대류 공기순환의 패턴, 창문의 크기와 배치 등 자연 에너지 이동의 모든 세부사항을 고려하는 것이다. 또한 수동 태양열 주택은 다른 생활양식과 생활패턴이 필요하다. 예를 들어, 카펫은 단열재로 작용하여 태양 에너지의 저장을 방해할 수 있다. 유리는 좋은 단열재가 아니기 때문에 창문에는 커튼이나 움직일 수 있는 단열판이 있어야 밤에 에너지 손실을 줄일 수 있다. 이를 위해서는 밤에 커튼을 닫거나 단열판을 설비하고 아침에 커튼을 열고 판을 움직이는 활동이 필요하다. 따라서 수동 태양열 주택은 거주자에 의한 높은 수준의 개입을 요구한다.

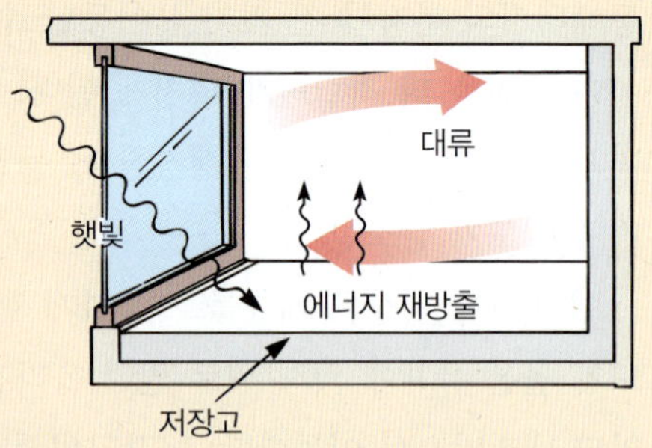

상자 그림 4.1 직접 태양열 주택은 태양 에너지를 모아 생활공간에 저장한다.

수동 태양열 설계는 (1) 직접 태양열 이득, (2) 간접 태양열 이득, (3) 고립 태양열 이득의 3가지의 기본 범주로 나뉜다.

직접 태양열 주택이란 실제 생활공간

라앉는 것을 볼 수 있다. 전반적으로, 대류 흐름은 액체가 따뜻해질 때 뒤집히는 것처럼 보이게 한다.

복사

온도 차이로 인해 열전달이 발생하는 세 번째 방법은 **복사**(radiation)이다. 복사는 공간을 통해 이동하는 에너지인 **복사 에너지**(radiant energy)라고 하는 에너지 형태를 포함한다. 7장에서 배우겠지만 복사 에너지에는 가시광선과 다른 많은 형태가 포함된다. 절대 온도가 0보다 높은 모든 물체는 복사 에너지를 방출하는데, 물체의 절대 온도에 따라 방출되는 속도, 세기 및 종류가 결정된다. 물체가 특정 온도로 가열되면 가시광선이 방출된다. 예를 들어, 전기 레인지의 가열부에서 가장 높은 온도로 설정하면 붉은 주황색 빛으로 빛을 내지만 더 낮은 온도에서는 피부에 따뜻함을 느끼기는 하지만 눈에 보이는 빛을 내지 않는다. 피부는 원소에서 방출되는 보이지 않는 복사 에너지를 흡수하는데, 복사 에너지는 피부의 분자에 작용하여 운동에너지를 더 많이 전달하여 온도의 상승, 즉 따뜻함을 느끼게 된다.

절대 영도 위의 모든 물체는 복사 에너지를 방출하지만, 모든 물체는 복사 에너지를 흡수하기도 한다. 뜨거운 물체는 차가운 물체보다 더 많은 복사 에너지를 방출한다. 뜨거운 물체는 차가운 물체에서 흡수하는 것보다 더 많은 에너지를 방출하고, 차가운 물체는 뜨거운 물

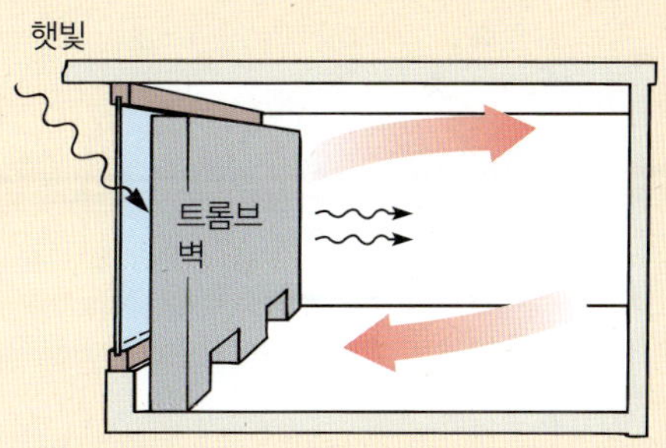

상자 그림 4.2 간접 태양열 주택은 트롬브 벽을 이용하여 태양 에너지를 모으고 저장하며 재분배한다.

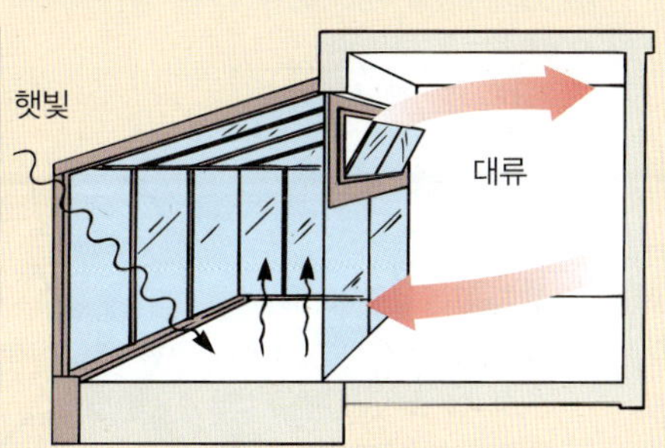

상자 그림 4.3 고립 태양열 주택은 태양 에너지를 모으고 저장하기 위해 별도의 구조를 이용한다.

(상자 그림 4.1)에서 태양 에너지를 모으는 것이다. 이 설계의 장점은 겨울에는 최대로 태양 에너지가 들어오지만 여름에는 태양 에너지가 들어오지 않게끔 계산된 돌출부가 있는 넓고 열린 창문 공간이다. 단점은 입주자가 에너지를 수집하고 보관하는 곳에 거주하도록 설계되어 있으며 바닥과 벽의 저장고를 따뜻하게 하는 데 방해가 되는 어떤 것(카펫이나 가구 등)도 배치할 수 없다는 것이다.

간접 태양열 주택은 창문의 안쪽에 거대한 벽으로 저장고의 역할을 한다. **트롬브 벽**(Trombe wall)이라고 불리는 벽은 상자 그림 4.2에 나타나 있다. 트롬브 벽은 태양 에너지를 모아 저장한 다음 복사 에너지와 대류 흐름으로 생활공간을 따뜻하게 한다. 간접 태양열 이득 설계의 단점은 큰 창문이 트롬브 벽에 의해 차단된다는 것이다. 입주자가 태양열 집열·보관 구역과 직접 접촉하지 않아 카펫과 가구를 원하는 대로 배치할 수 있는 것이 장점이다. 이 설계에는 여전히 야간 에너지 손실을 방지하기 위한 제어장치가 필요하다.

고립 태양열 주택은 태양 에너지를 수집하고 저장하기 위해 생활공간과 분리된 구조를 이용한다. 예로는 부속 온실 또는 태양 현관(상자 그림 4.3)이 있다. 부속 구조물과 생활공간 사이의 에너지 이동은 전도, 대류, 복사 등으로 조절할 수 있으며, 부속 구조물을 개폐하여 제어할 수 있다. 이 설계는 완전히 격리되거나, 필요에 따라 생활공간에 개방되거나, 조건이 맞을 때 생활공간에 직접 사용될 수 있기 때문에 최상의 제어장치를 제공한다. 그러나 밤 또는 해가 없는 겨울철에는 추가적인 단열재가 필요하다.

수동 태양광 주택을 짓는 데는 같은 규모의 전통가옥을 짓는 것보다 10% 정도의 비용이 더 드는 것으로 추정된다. 가능한 에너지 절약을 고려해볼 때, 이제 대부분의 가정이 수동 태양열 주택을 갖게 될 것이라고 생각할지도 모른다.

체에서 방출하는 것보다 더 많은 에너지를 흡수한다. 따라서 두 물체 사이에 온도 차이가 있는 한 복사에 의해 발생하는 알짜 에너지 전달이 있다.

4.4 에너지, 열 및 분자 이론

물질의 운동 분자 이론은 단지 하나의 주제 영역이 아니라 과학의 다른 분야에서 나온 증거에 기초한다. 화학자들과 물리학자들은 지난 150년 동안 실험과 수학적 계산을 사용하여 물질의 구조에 대한 몇 가지 설득력 있는 결론에 도달하였다. 보이지 않는 입자 세계의 세부 구조는 견고하게 확립되었다. 오늘날 이 입자 구조에 대한 이해는 물리학, 화학, 생물학, 지질학, 그리고 실질적으로 모든 다른 과학 과목에 기초가 된다. 또한 이러한 이해는 현대 과학기술로 귀결되었다.

위상 변화

고체, 액체 및 기체는 물질의 3가지 일반적인 위상이며 각 위상은 다른 분자 배열로 특징지

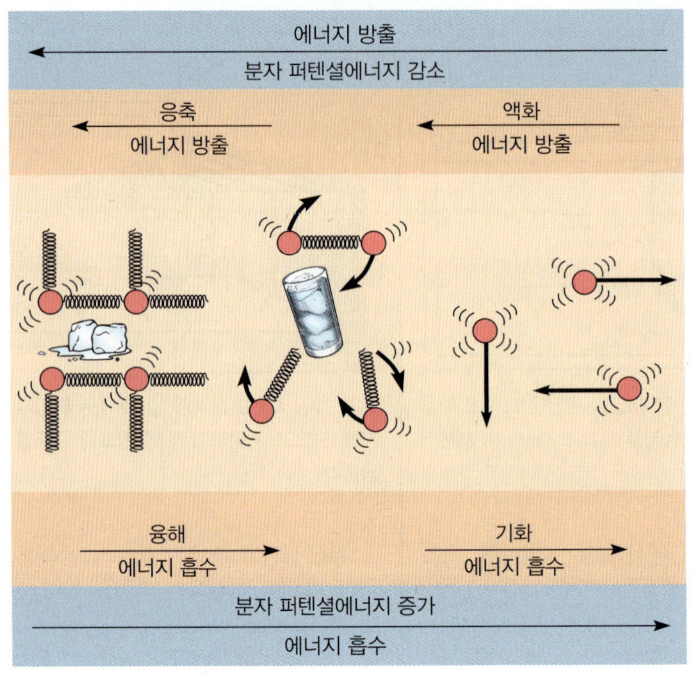

그림 4.15 각각의 위상 변화는 분자의 퍼텐셜에너지로 들어가거나 나오는 잠열을 흡수하거나 방출하며 일어난다.

어진다. 3가지 위상 중 어떠한 것에서든 분자의 운동은 (1) 온도 차이를 통한 열의 추가 또는 (2) 열을 초래하는 5가지 형태의 에너지 중 하나의 흡수를 통해 활발해질 수 있다. 두 경우 모두 물질의 비열에 따라 고체, 액체 또는 기체의 온도가 증가하며, 일반적으로 열이 많을수록 온도가 상승한다.

그러나 더 많은 열로 인해 항상 온도가 높아지는 것은 아니다. 고체, 액체 또는 기체가 한 위상에서 다른 위상으로 변하는 경우, 이러한 전이를 **위상 변화**(phase change)라고 한다. 위상 변화는 항상 **온도 변화와 관련이 없는 열**인 에너지를 흡수하거나 방출한다. 위상 변화와 관련된 열은 온도 변화와 관련이 없으므로 **잠열**(latent heat)이라고 한다. 잠열은 위상 변화의 '숨겨진' 에너지를 말하며, 이는 **내부 퍼텐셜에너지**로 들어가거나 나오는 에너지(열)이다(그림 4.15).

(1) **고체-액체**, (2) **액체-기체**, (3) **고체-기체** 등 3가지 주요 위상 변화가 발생할 수 있다. 각각의 경우 위상 변화는 어느 방향으로든 진행될 수 있다. 예를 들어, 고체-액체 변화는 고체가 액체로 녹거나 액체가 고체로 얼 때 발생한다. 얼음은 녹아서 물이 되고 물은 얼어서 얼음이 되는 것이 위상 변화와 두 방향의 일반적인 예이다. 둘 다 위상 변화 방향에 따라 **어는점** 또는 **녹는점**이라는 온도에서 발생한다. 어는점과 녹는점은 동일한 온도이다.

액체-기체 위상 변화도 2가지 다른 방향으로 발생한다. 액체가 끓어서 기체(또는 증기)로 변하는 온도를 **끓는점**이라고 한다. 기체나 증기가 다시 액체로 변하는 온도를 **응축점**이라고 한다. 끓는점과 응축점은 같은 온도이다. 액체가 액체-기체 위상 변화를 겪을 수 있는 끓음 이외의 조건이 있으며, 이것은 다음 절에서 설명한다.

고체-기체 위상 변화는 익숙하지 않을 수 있지만 일반적인 현상이다. 고체가 기체나 증기로 직접 위상 변화하는 것을 **승화**라고 한다. 나프탈렌과 드라이아이스(고체 CO_2)는 승화 과정을 겪는 일반적인 예이지만, 얼음도 특정 조건에서 승화 과정을 겪는다. 아마도 냉동고의 얼음 조각이 승화의 결과로 시간이 지날수록 작아지는 것을 보았을 것이다. 반면에 냉동고에서 형성되는 서리는 다른 방향에서 일어나는 고체-기체 위상 변화의 한 예이다. 이 경우 수증기는 액체 상태를 거치지 않고 서리를 형성하는데, 고체-기체 위상은 승화와 반대 방향에서 일어난다.

특별한 예로, 얼음에 온도가 일정한 열원이 가해질 때 발생하는 변화를 생각해보자(그림 4.16). 그래프의 왼쪽에서 시작하면 일정하게 열을 가하여 얼음의 온도가 증가하는 것을 알 수 있다. 얼음은 $Q = mc\Delta T$에 따라 온도가 올라가는데, 여기서 c는 얼음의 비열이다. 온도가 녹는점(0°C)에 도달하면 얼음이 녹기 시작하면서 온도가 상승을 멈춘다. 얼음이 녹으면 액체인 물이 점점 더 많아지지만 열이 계속 일정하게 추가되어도 온도는 0°C로 유지된다. 얼음을 모두 녹이려면 어느 정도의 열이 필요하다. 얼음이 완전히 녹으면 녹는점과 끓는점 사이에서 온도가 다시 일정하게 증가한다. 그 후 어떤 온도가 되면 추가되는 열에 의해 액체에서 기체로 또 다른 위상 변화가 일어난다. 위상 변화에 들어가는 열은 분자 간 결합을 끊어 이제 분자들이 서로 자유롭게 움직일 수 있다. 열(Q)이 온도 변화 없이 흡수되기 때문에 **용융 잠열**(latent heat of fusion, L_f)이라고 한다. 용융 잠열은 고체-액체에서 얼거나 녹는 위상 변화에 관련된 열이다. 물의 경우, 잠열은 80.0 cal/g이다. 이것은 얼음 1 g이 녹으려면 80.0칼로리의 열을 흡수해야 한다는 것을 의미한다. 물 1 g이 얼면 80.0 cal를 방출한다. 고체-액체 위상 변화와 관련된 총 열은 관련된 물질의 질량에 따라 달라지므로 다음과 같이 기술할 수 있다.

$$Q = mL_f \tag{4.5}$$

여기서 L_f는 물질의 용융 잠열이다.

그림 4.16을 다시 참고하라. 고체-액체 위상 변화가 완료된 후, 열이 가해지면 $Q = mc\Delta T$에 따라 물의 온도가 증가하는데, 여기서 c는 이제 액체인 물의 비열이다. 물이 끓는점에 도달하면 열이 일정하게 공급되더라도 온도는 다시 일정하게 유지된다. 위상 변화에 들어가는 열은 다시 끌어당기는 분자력을 상쇄하는 작업을 수행한다. 이번에는 분자가 액체 상태에서 빠져 나와 독립적인 기체 분자가 된다. 위상 변화 동안 흡수 또는 방출된 열량(Q)을 **기화 잠열**(latent heat of vaporization, L_v)이라고 한다. 기화 잠열은 증발 또는 응축이 있는 액체-기체의 위

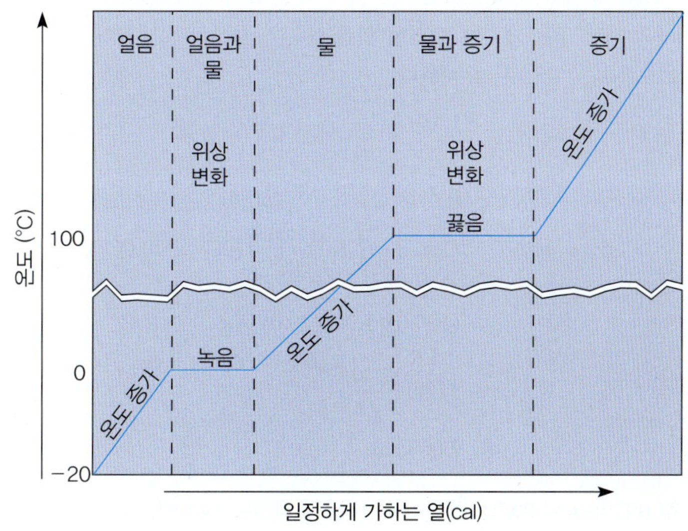

그림 4.16 이 그래프는 3개의 온도 상승과 일정한 열의 입력에 따른 2개의 위상 변화를 보여준다. 얼음이 녹는점까지 따뜻해진 다음, 위상 변화 과정에서 온도가 일정하게 유지되며 열을 흡수한다. 얼음이 모두 녹으면 이제 액체인 물은 끓는점까지 온도가 올라가는데, 이 두 번째 단계에서 다시 열이 흡수되면서 온도가 일정하게 유지된다. 모든 액체가 기체로 바뀐 후 계속 따뜻해지면 수증기의 온도가 올라간다.

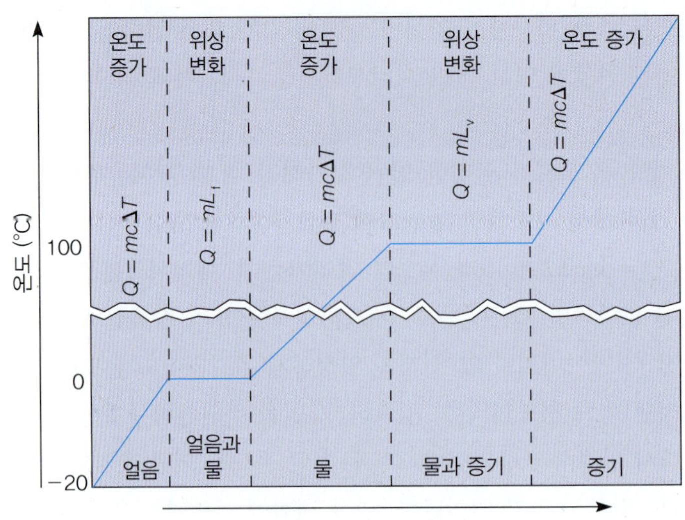

그림 4.17 이 그래프를 그림 4.16의 그래프와 비교하라. 이 그래프는 −20°C의 얼음에서 100°C 이상의 온도에서 수증기로 물이 데워짐에 따라 흡수되는 열의 양과 위상 변화 사이의 관계를 보여준다. 얼음, 물, 수증기에 대한 비열이 서로 다른 값임에 유의하라.

표 4.3 물과 열에 관한 물리 상수

비열(c)	
물	c = 1.00 cal/gC°
얼음	c = 0.500 cal/gC°
증기	c = 0.480 cal/gC°
융융 잠열	
L_f(물)	L_f = 80.0 cal/g
기화 잠열	
L_v(물)	L_v = 540.0 cal/g
열의 일당량	
1 kcal	4,184 J

상 변화와 관련된 열이다. 물의 경우, 기화 잠열은 540.0 cal/g이다. 즉, 욕실 거울에 수증기가 응축되면 그램당 540.0 cal를 다시 방출하여 욕실을 따뜻하게 할 수 있다. 가해진 총 열은 수증기 응축량에 따라 달라지므로 다음과 같이 기술할 수 있다.

$$Q = mL_v \tag{4.6}$$

여기서 L_v는 물질의 기화 잠열이다. 온도가 증가하는 동안 흡수된 열량과 위상 변화 사이의 관계는 그림 4.17에 나와 있다. 물과 열에 대한 일부 물리적 상수는 표 4.3에 요약되어 있다.

예제 4.9 (선택)

−10.0°C의 얼음을 만들기 위해 20.0°C의 물 100.0 g에서 얼마나 많은 에너지를 제거해야 하는가?

풀이

이러한 유형의 문제는 (1) 추가되거나 제거된 열과 물질의 각 위상에서 온도 변화를 고려하고, (2) 위상 변화로 인한 열의 이동으로 세분화하여 해결하는 것이 가장 좋다(그림 4.17 참조). 각 위상 변화에 관련된 열과 각 위상에서의 가열 또는 냉각에 관련된 열은 Q_1, Q_2 등으로 식별된다. 온도 판독값은 절댓값으로 계산되므로 양수 또는 음수 부호는 무시한다.

1. 액체 상태의 물은 $Q = mc\Delta T$ 관계에 따라 20.0°C에서 0°C(어는점)로 냉각된다. 여기서 c는 물의 비열이다.

$$Q_1 = mc\Delta T = (100.0\text{ g})\left(1.00\,\frac{\text{cal}}{\text{gC}^\circ}\right)(0\text{C}^\circ - 20.0\text{C}^\circ)$$
$$= (100.0)(1.00)(20.0)\text{ g} \times \frac{\text{cal}}{\text{g}\cdot\text{C}^\circ} \times \text{C}^\circ$$
$$= 2{,}000\,\frac{\cancel{\text{g}}\cdot\text{cal}\cdot\cancel{\text{C}^\circ}}{\cancel{\text{g}}\cdot\cancel{\text{C}^\circ}}$$
$$= 2.00\text{ kcal}$$

2. 위상 변화를 통해 0°C의 물이 0°C의 얼음이 되어 융융 잠열을 제거해야 한다.

$$
\begin{aligned}
Q_2 = mL_f &= (100.0\text{ g})\left(80.0\,\frac{\text{cal}}{\text{g}}\right)\\
&= (100.0)(80.0)\,\cancel{\text{g}} \times \frac{\text{cal}}{\cancel{\text{g}}}\\
&= 8{,}000\text{ cal}\\
&= 8.00\text{ kcal}
\end{aligned}
$$

3. 얼음은 이제 0°C에서 −10°C로 냉각된다. 얼음은 $Q = mc\Delta T$에 따라 냉각되며, 여기서 c는 얼음의 비열이다. 얼음의 비열은 0.500 cal/gC°이다.

$$
\begin{aligned}
Q_3 = mc\Delta T &= (100.0\text{ g})\left(0.500\,\frac{\text{cal}}{\text{gC°}}\right)(10\text{°C} - 0\text{°C})\\
&= (100.0)(0.500)(10.0)\,\cancel{\text{g}} \times \frac{\text{cal}}{\cancel{\text{g}}\cdot\cancel{\text{C°}}} \times \cancel{\text{C°}}\\
&= 500\text{ cal}\\
&= 0.500\text{ kcal}
\end{aligned}
$$

4. 제거된 총에너지는 다음과 같다.

$$
\begin{aligned}
Q_T &= Q_1 + Q_2 + Q_3\\
&= (2.00\text{ kcal}) + (8.00\text{ kcal}) + (0.500\text{ kcal})\\
&= \boxed{10.50\text{ kcal}}
\end{aligned}
$$

예제 4.10 (선택)

0°C에서 얼음 40.0 g이 천천히 녹아서 20.0°C 실온의 물이 되었다면 얼마나 많은 열을 흡수하였겠는가?
(답: 3.3 kcal)

증발 및 응축

액체가 기체로 변화하기 위해 온도가 끓는점에 있을 필요는 없다. 사실 개방된 상태에 있을 때 어떤 온도에서도 위상 변화가 일어나는 경향이 있다. 위상 변화는 어떤 온도에서든 발생하지만 고온에서 더 빠르게 일어난다. 물의 온도는 물 분자의 **평균** 운동에너지와 관련이 있다. **평균**이라는 단어는 분자들 중 일부는 더 큰 에너지를 가지고 있고 일부는 더 작은 에너지를 가지고 있다는 것을 암시한다. 만약 유난히 큰 에너지를 가진 물 분자가 표면 가까이에 있고 적절한 방향으로 향한다면, 그것은 다른 물 분자들의 인력을 극복하고 액체를 탈출하여 기체가 될 수 있다. 이것은 **증발**(evaporation) 과정이다. 증발은 물 분자가 액체 상태를 떠나 대기 중의 수증기가 될 때 액체인 물의 양을 감소시킨다(그림 4.18).

증발한 물 분자는 모든 방향으로 움직이며, 일부는 액체 표면에 부딪히면서 되돌아온다. 이전에 탈출한 것과 같은 힘이 분자들을 붙잡아 액체 상태로 되돌린다. 이를 응축 과정이라고 한다. 응축은 증발의 반대이다. **증발**에서, 되돌아오는 것보다 더 많은 분자들이 액체 상태를 떠나고 있다. **응축**에서, 떠나는 것보다 더 많은 분자들이 액체 상태로 되돌아오고 있다. 이것은 분자들이 계속해서 떠나고 돌아오는 역동적이고 지속적인 과정이다. 떠나거나 돌아오는

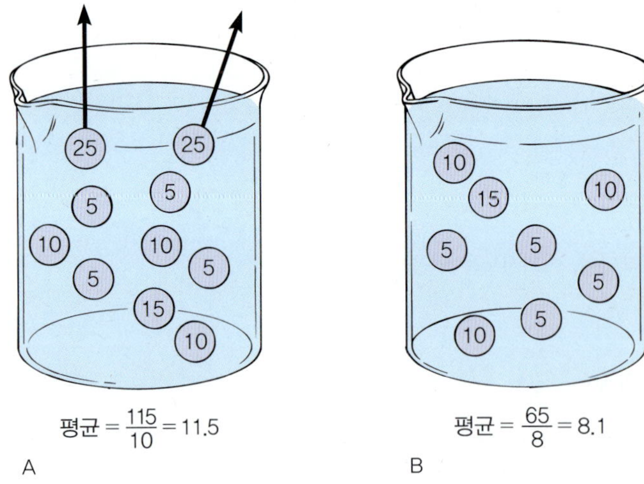

그림 4.18 온도는 물질을 이루고 있는 분자의 평균 에너지와 관련이 있다. 그림에서 원의 숫자는 임의의 분자 운동에너지를 나타내며, 이는 다시 온도를 나타낸다. 운동에너지 값이 더 높은 두 분자(A에서 25)는 탈출해서 평균값을 11.5에서 8.1(B)로 낮춘다. 따라서 운동에너지가 더 많은 물 분자의 증발은 기화에 의한 냉각 효과를 가져오는데, 이는 잠열 흡수에 대한 추가 작용이다.

그림 4.19 이 밀폐된 병의 내부는 주위와 분리되어 있기 때문에 액체 위의 공간이 포화상태가 된다. 포화상태인 동안 증발률은 응축률과 동일하다. 병을 식히면 응축이 증발을 초과하여 내부에 액체 방울이 맺히게 한다.
©Bill W. Tillery

알짜 수는 증발 또는 응축이 발생하는지 여부를 결정한다(그림 4.19).

응축률이 증발률과 같으면, 액체 위의 공기는 **포화되었다**(saturated)고 한다. 표면 근처에 있는 공기는 포화상태일 수 있지만, 응축된 물 분자는 공기 이동과 함께 쉽게 이동된다. 증발에 의해 이동되는 열은 응축에 의해 반환되기 때문에 공기가 포화되었을 때 총에너지 이동은 0이다. 이것이 더울 때 얼굴에 부채질을 하는 이유이다. 움직이는 공기는 피부 근처의 공기에서 물 분자를 밀어내어 인접한 공기가 포화상태가 되는 것을 방지하여 증발 속도를 증가시킨다. 다음에 누군가가 얼굴에 부채질을 하는 것을 볼 때 이 과정을 생각해보라.

상대 습도

증발-응축과 공기의 온도 사이에는 관련이 있다. 공기 온도가 내려가면 공기를 구성하는 분자의 평균 운동에너지가 감소한다. 수증기 분자가 분자력이 액체 상태로 끌어들일 수 있을 정도로 느리게 되면 공기에서 응축된다. 빠르게 움직이는 수증기 분자는 느리게 움직이는 것보다 포획될 가능성이 적다. 따라서 공기 온도가 올라감에 따라 수증기 분자가 액체 상태로 되돌아가는 경향이 작아진다. 따라서 따뜻한 공기는 시원한 공기보다 더 많은 수증기를 보유할 수 있다. 실제로 38°C의 공기는 10°C의 공기보다 5배 많은 수증기를 보유할 수 있다(그림 4.20).

관련 내용

증발식 냉각기

증발식 냉각기는 에어컨의 가장 초기 형태 중 하나이다. 증발식 냉각기(때로는 '습기 냉각기'라고도 한다)는 증발에 의해 외부 공기를 냉각시킨 다음 차고 습한 공기를 집 안으로 보낸다. 보통 증발식 냉각기는 가정에 충분한 양의 공기를 이동시켜 2분 또는 3분마다 공기를 완전히 새롭게 순환시킨다.

증발식 냉각기는 공기 흡입구가 있는 금속 또는 유리섬유 상자로 구성된다. 상자 안에는 팬과 모터가 있고, 물을 재활용하기 위한 작은 펌프가 있을 수도 있다. 흡입구 뒤에는 나무를 깎아낸 대팻밥 또는 기타 다공성 재료로 만든 패드가 있다. 냉각기 바닥에서 물을 끌어올려 패드를 통해 흘러내리면서 물에 완전히 젖게 한다. 팬은 공기를 집 안으로 밀어 넣고 건조하고 따뜻한 외부 공기는 습식 패드를 통해 집 안으로 일정한 흐름으로 이동한다. 창문이나 집의 문은 부분적으로 열려 있어야 한다. 그렇지 않으면 공기가 집 안으로 들어올 수 없을 것이다.

패드의 물은 증발하여 통과하는 공기의 열을 제거한다. 물 1리터가 증발하면 540 kcal 이상의 열을 흡수할 수 있다. 실제 제거되는 열은 물의 온도, 냉각기의 효율 및 외부 공기의 상대 습도에 따라 달라진다.

선풍기는 증발에 의해 냉각시키지만, 증발식 냉각기는 주위에서 불어오는 공기를 냉각시킨다. 상대 습도는 증발식 냉각기가 공기를 얼마나 냉각시킬지를 결정하는 주요 변수이다. 다음 자료는 외부 공기가 38°C일 때 다양한 상대 습도에서 일반적인 증발식 냉각기의 냉각 능력을 보여준다.

증발식 냉각기의 장점은 일반 에어컨에 비해 작동하는 데 드는 비용이 낮다는 것이다. 단점은 습도가 높을 때 온도를 많이 낮출 수 없고, 공기 중의 습도를 증가시키며, 먼지, 꽃가루, 오염이 있는 바깥 공기가 집 안으로 계속 밀려 들어오게 한다는 것이다. 또 다른 단점은 물을 증발시킴으로써 광물 퇴적물이 남고 빈번한 유지 보수를 필요로 할 수 있다는 것이다.

현재의 습도	38°C의 공기가 냉각되는 온도
10%	22°C
20%	24°C
30%	27°C
40%	29°C
50%	31°C
60%	33°C
70%	34°C
80%	35°C
90%	37°C

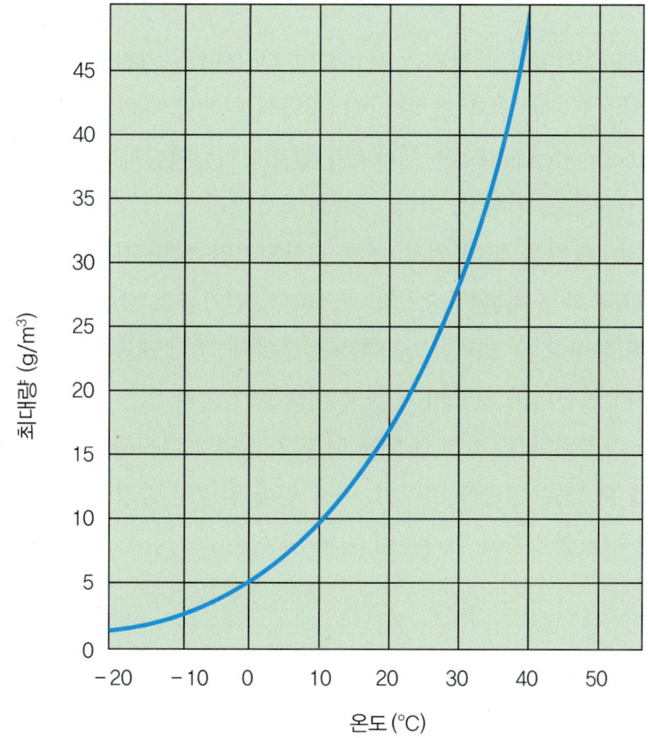

그림 4.20 이 곡선은 다양한 온도에서 공기 중에 있을 수 있는 수증기의 최대량을 g/m^3로 보여준다.

공기 중에 있는 수증기의 양과 특정 온도에서 공기 중에 있을 수 있는 수증기의 양의 비율을 **상대 습도**(relative humidity)라고 한다. 이 비율은 일반적으로 백분율로 표시된다.

$$\text{상대 습도} = \frac{\text{공기 중의 수증기}}{\text{현재 온도에서의 수용량}} \times 100\%$$

$$R.H. = \frac{\text{g/m}^3\text{ (현재)}}{\text{g/m}^3\text{ (최대)}} \times 100\% \qquad (4.7)$$

그림 4.20은 다양한 온도에서 공기 중에 있을 수 있는 최대 수증기량을 보여준다. 공기에 10°C에서 10 g/m^{3}의 수증기가 포함되어 있다고 하자. 그림 4.20에 따르면 공기 온도가 10°C 일 때 공기 중에 있을 수 있는 최대 수증기의 양은 10 g/m^{3}이다. 따라서 상대 습도는 (10 g/m^3) ÷(10 g/m^3) × 100%, 즉 100%이다. 따라서 이 공기는 포화상태이다. 공기가 10°C에서 5 g/m^{3}의 수증기만을 가지고 있는 경우, 상대 습도는 50%가 되고 10°C의 공기 중 2 g/m^{3}의 수증기는 상대 습도가 20%이다.

공기 온도가 증가함에 따라 공기가 보유할 수 있는 수증기의 양도 증가한다. 즉, 온도가 상승하는 동안 **같은 양**의 수증기가 공기 중에 있으면 상대 습도가 감소한다. 따라서 밤이 되면 수증기가 유입되어서가 아니라 공기 온도가 낮아져서 상대 습도가 증가한다. 상대 습도는 증발률을 제어하는 것 중 하나이기 때문에 중요하며 증발률은 더운 날씨에 얼마나 잘 냉각시킬 수 있는지에 관련된 변수 중 하나이다.

4.5 열역학

열역학(thermodynamics)이라고 불리는 물리학의 한 분야는 열펌프, 열기관, 그리고 모든 형태의 에너지 변환을 포함한 열과 기계적 에너지와의 관계에 대한 연구와 관련이 있다. **열역학의 법칙**(laws of thermodynamics)은 에너지가 일로, 또는 역방향으로 변환될 때 일어나는 것에 관한 관계를 기술하고, 기상학, 화학, 생물학에서 유용한 지적 도구 역할을 한다.

기계적 에너지는 마찰을 통해 열로 쉽게 전환되지만 열을 기계적 에너지로 변환하기 위해서는 **열기관**이라고 하는 특별한 장치가 필요하다. 열기관의 작동은 그림 4.21과 같이 분자 운동 이론에 의해 설명할 수 있다. 그림에는 실린더와 그 안에 꼭 맞는 피스톤이 있다. 피스톤은 조금 더 작은 실린더와 같으며 무게가 피스톤에 눌려 있는 공기에 의해 떠 있다. 만약 실린더의 공기가 가열된다면, 기체 분자는 더 많은 운동에너지를 얻을 것이다. 이로 인해 기체 분자가 표면에 더 많은 영향을 미치며, 이로 인해 압력이 증가한다. 압력이 증가하면 그림 4.21B와 같이 합력이 증가하고 피스톤이 위로 이동한다. 따라서 열은 이제 중력 퍼텐셜에너지로 변환되었다.

과학 스케치

그림 4.21(또는 종이에 다시 그리기)에 (B)의 열원이 제거되고 계가 냉각된 후 어떻게 되는지 그림(C)을 그려보시오.

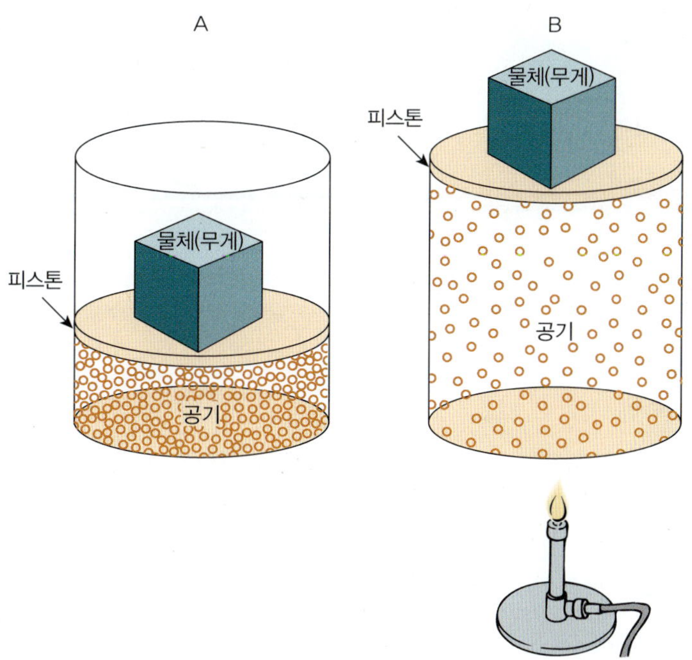

그림 4.21 매우 단순한 열기관. (B)에서는 공기가 가열되어 분자 운동이 증가하였고, 따라서 압력이 증가하였다. 열의 일부는 기계적 에너지로 변환되면서 중력 퍼텐셜에너지로 전환된다.

열역학은 열기관의 기체와 같은 물질을 구성하는 분자의 퍼텐셜에너지 및 운동에너지인 **내부 에너지**(U)와 관련이 있다. 온도, 기체의 압력, 부피, 열 등의 변수는 계의 **상태**(state)라고 하는 총 내부 에너지를 특징짓는다. 계를 확정하고 나면 다른 모든 것을 **환경**(surrounding)이라 한다. 상태를 특성화하는 변수는 여러 개의 값 및 값의 조합을 가질 수 있기 때문에 계는 여러 가지 상태로 존재할 수 있다. 내부 에너지를 특징짓는 변수값이 동일한 두 계는 동일한 상태에 있다.

열역학 제1법칙

모든 열역학적 계에는 계의 내부 에너지를 식별하는 고유한 특성의 집합이 있다. 이 상태는 (1) 계의 열흡수(Q_{in}) 또는 열방출(Q_{out})의 열 이동에 의해 또는 (2) 계가 일을 하거나(W_{out}) 계에 일이 가해지는(W_{in}) 2가지 방식으로 변경될 수 있다. 따라서 일(W)과 열(Q)은 다음과 같이 열역학적 계의 내부 에너지를 변경할 수 있다.

$$JQ - W = U_2 - U_1 \tag{4.8}$$

여기서 J는 열의 일당량($J = 4.184$ J/cal)이고 ($U_2 - U_1$)은 두 상태 사이의 내부 에너지 차이이다. 이 식은 **열역학 제1법칙**(first law of thermodynamics)을 나타내며, 열역학적 계에 공급된 에너지에서 계에 의해 수행되는 일의 양을 뺀 값은 내부 에너지의 변화와 동일하다는 것을 나타낸다. 열역학 제1법칙은 모든 에너지에 **에너지 보존 법칙**을 적용하는 것이다. 열역학 제1법칙은 특히 열역학적 계에 관한 것이다. 예를 들어, 열기관의 열역학적 계의 에너지에 대해 생각해보자(그림 4.22 참조). 엔진이 내부 에너지의 원래 상태($U_2 - U_1 = 0$)로 순환할 때 외부의 모든 일은 순환과정에서 흡수된 열의 총량과 같아야 한다. 고온 열원(Q_H)에서 엔진으로

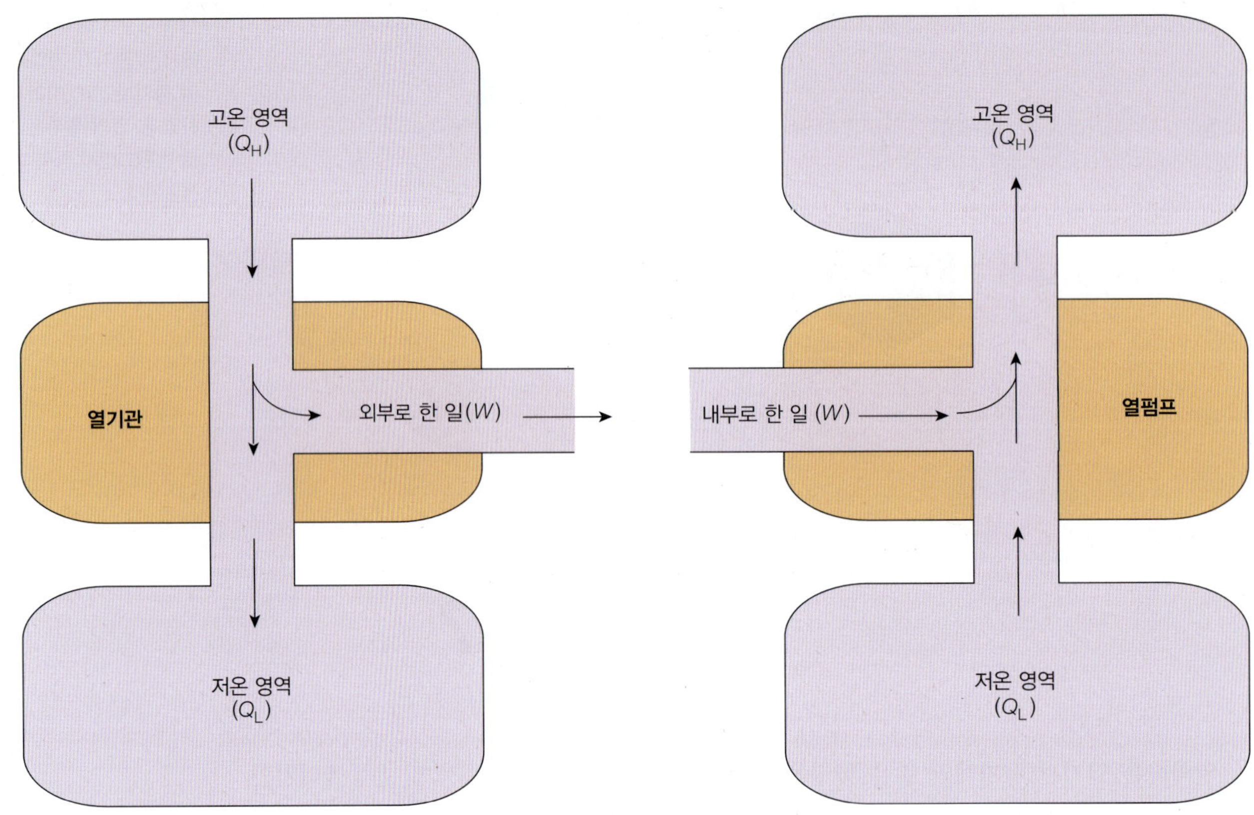

그림 4.22 열기관에 공급되는 열(Q_H)은 기계적 일(W)로 들어가고, 나머지는 배기부(Q_L)로 빠져나간다. 따라서 완료된 일은 열입력과 열출력의 차이($Q_H - Q_L$)이므로, 완료된 일은 사용된 열 $W = J(Q_H - Q_L)$로 나타낸다.

그림 4.23 열펌프는 저온 영역(Q_L)에서 고온 영역(Q_H)으로 열을 이동시키기 위해 일(W)을 이용한다. 열이 이동(Q_L)하려면 $J(Q_H - Q_L) = W$의 일(W)이 필요하다. 열펌프를 사용하여 Q_L에서 냉각시키거나 Q_H에서 따뜻하게 할 수 있다.

공급되는 열은 부분적으로 일(W)로 변환되고 나머지는 저온 배기부(Q_L)로 빠져나간다. 따라서 일은 열입력과 열출력의 차이($Q_H - Q_L$)이므로 일은 사용된 열로 나타낸다.

$$W = J(Q_H - Q_L) \quad (4.9)$$

여기서 J는 열의 일당량(J = 4.184 J/cal)이다. 이 관계는 그림 4.22에 도식화되어 있다. 기계적 에너지를 공급하거나 일을 하여 내부 에너지를 증가(열발생)시킬 수 있다. 열역학 제1법칙에 따르면 열을 일로 변환하는 것은 가역적이며, 이것은 열이 일로 변경될 수 있음을 의미한다. 증기 터빈 또는 가솔린 자동차 엔진의 예처럼 열을 일로 변환하는 방법에는 여러 가지가 있다.

열역학 제2법칙

열펌프는 그림 4.23과 같이 열기관과 반대로 작동한다. 열펌프는 열을 저온 영역(Q_L)에서 고온 영역(Q_H)으로 이동시키는 일(W)을 한다. 이러한 방식으로 열을 이동시키는 데 일이 필요하다는 것은 열이 자연적으로 높은 온도에서 낮은 온도로 흐른다는 관측 결과와 일치한다. 역으로 온도가 낮은 곳에서 높은 곳으로 열을 이동시키기 위해서는 에너지가 필요하다. 이러한 과정의 자연스러운 방향을 **열역학 제2법칙**(second law of thermodynamics)이라고 하는데, 열은 온도가 높은 물체에서 낮은 물체로 이동한다. 다시 말해, 추운 지역에서 따뜻한 지역으로 열을 이동시키려면 에너지를 사용하여야 한다. 그리고 열펌프를 사용하는 등의 경우처럼 열을 이동시키려면 전기와 같은 다른 에너지를 사용해야 한다.

제2법칙의 또 다른 진술은 열을 기계적 에너지로 완전히 변환하는 것이 불가능하다는 것이다. 이 법칙은 자동차가 브레이크로 정지할 때 기계적 에너지를 열로 완전히 변환할 수는 없다고 말하는 것이 아니다. 이 법칙에 따르면 역과정이 불가능한데, 열원의 100%를 기계적 에너지로 변환할 수 없다.

기계가 사용하는 열을 일의 척도로 표현할 수 있으므로 입력한 일과 출력한 일을 비교하면 기계가 얼마나 잘 작동하는지 알 수 있다. 일의 출력 대 입력의 비율을 기계적 **효율**(효율 = 일의 출력/일의 입력)이라고 한다. 기계가 모든 열을 기계적 에너지로 변환하면 효율은 100%가 된다. 그러나 기계의 효율은 열역학 제2법칙으로 인해 항상 100% 미만이다. 기계에 입력한 일의 일부는 항상 마찰로 인해 손실된다. 열의 100%를 기계적 에너지로 변환하는 것이 가능하더라도 열손실과 마찰로 인해 실제 효율은 60~80%에 불과하다. 증기 터빈은 열기관 중 가장 효율적이며 생성된 열의 약 40%를 기계적 에너지로 변환한다. 휘발유로 구동되는 자동차는 약 17%의 낮은 기계적 효율을 보인다.

열역학 제2법칙 및 자발적 과정

에너지는 (1) 물체의 관측 가능한 **외부 에너지**와 (2) 물체를 구성하는 분자 또는 입자의 **내부 에너지**의 2가지를 고려할 수 있다. 예를 들어, 공을 던졌을 때 공은 운동에너지를 가지고 있고, 공을 구성하는 전체 입자계는 하나의 거대한 입자처럼 작용한다. 단일계의 운동과 에너지는 운동의 법칙과 일과 에너지의 개념을 나타내는 방정식에서 계산할 수 있다. 모든 입자들은 외부 운동에너지를 고려할 때 **균일한 운동**으로 함께 움직인다.

하지만 공을 구성하는 입자들은 내부 에너지의 운동과 진동이라는 다른 운동에너지를 가지고 있다. 이 경우 입자들은 균일하게 운동하지 않고 다른 방향으로 진동한다. 알짜 운동이 없고 상관관계가 없기 때문에 입자들은 종종 혼돈으로 묘사되는, **뒤죽박죽의 운동**으로 뒤섞여 있다. 이 무작위적이고 혼란스러운 운동은 **열운동**이라고 불린다.

그러므로 물체의 입자가 가질 수 있는 운동에는 (1) 함께 움직이는 균일한 운동과 (2) 개별 입자의 일관성 없고 뒤죽박죽의 운동의 2종류가 있다. 이러한 2가지 유형의 운동은 2가지 에너지 전달 모드, 즉 일 및 열과 관련이 있다. 물체에 대한 **일**은 **균일한 운동**과 관련이 있고 물체에 **열**을 가하는 것은 내부의 **뒤죽박죽의 운동**과 관련이 있다.

열역학 제2법칙은 일(균일한 운동)과 열(뒤죽박죽의 운동) 사이의 관계에 대한 방향을 의미하며, 이 방향은 에너지 변환 중에 어떠한 운동이 일어나는지 분석해보면 명확해진다. 전기 또는 기계적 에너지와 같은 형태의 에너지는 입자들이 균일한 운동으로 함께 움직이기 때문에 더 많은 양의 질서를 가지고 있다. **에너지의 질**이라는 용어는 균일한 운동의 양을 식별하기 위해 사용된다. 질서와 일관성이 높은 에너지를 **높은 품질의 에너지**라고 한다. 반면에 질서가 떨어지고 일관성이 떨어지는 에너지는 **낮은 품질의 에너지**라고 한다. 일반적으로, 높은 품질의

개념 적용

열역학 작용

열역학 법칙은 에너지와 열의 변화와 관련이 있다. 다음의 예는 이러한 관계의 일부를 탐구한다.

전기 믹서와 온도계를 준비한다. 믹서를 물로 반쯤 채운 다음 온도가 일정해질 때까지 기다린다.

믹서를 가장 빠른 회전으로 짧게 작동시킨 후 정지하고 물의 온도를 기록한다. 이 절차를 여러 번 반복한다.

열역학 측면에서 관찰 결과를 설명하시오. 에너지와 열의 변화 사이의 관계를 보여주는 다른 실험을 생각해볼 수 있는지 알아보시오.

미신, 착각, 그리고 오해

자신만의 연료를 만드는가?

영구 기관에 대해 들어본 적이 있는가? 영구 기관은 무에서 유용한 에너지를 생산하는 가상의 장치이다. 물리학 법칙에 따르면 이것은 일반적으로 불가능한 것으로 받아들여진다. 특히 영구 기관은 열역학 제1법칙이나 제2법칙 중 하나를 위반할 것이다.

열역학 제1법칙을 위반하는 영구 기관을 '제1종 영구 기관'이라고 한다. 일반적으로 제1법칙은 공짜로 어떤 것을 얻을 수 없다는 것이다. 에너지 투입 없이는 내부 에너지의 변화가 있을 수 없고, 내부 에너지의 변화 없이는 출력되는 일이 있을 수 없다는 뜻이다. 제1종 영구 기관은 일반적으로 연료를 사용하지 않거나 연료를 사용하는 것보다 빠르게 자체 연료를 만든다. 이러한 유형의 기계가 작동하는 것처럼 보이면 숨겨진 에너지원을 찾아야 한다.

'제2종 영구 기관'은 무에서 에너지를 만들려고 하지 않는다. 대신에 임의의 분자 운동에서 가용한 일을 추출하거나 퍼지는 복사 에너지와 같은 저하된 에너지원으로부터 유용한 에너지를 추출하려고 한다. 열역학 제2법칙은 암석이 스스로 오르막길을 오르는 것보다 이런 일이 더욱 일어날 수 없다고 말한다. 이것은 틀림없이 일어나지 않는다.

미국물리학회(American Physical Society)는 "실험적으로 검증된 물리적 원리에 의해 입증되지 않은 영구 기관 또는 무제한적인 자유 에너지원에 근거하여 대중을 현혹하고 속이려는 시도를 개탄한다."고 밝히고 있다.

에너지는 쉽게 일로 전환될 수 있지만, 낮은 품질의 에너지는 일로 변환되기 어렵다.

높은 품질의 전기 및 기계적 에너지는 일을 하는 데 사용될 수 있지만 에너지 형태의 변환과 마찰을 통해 열로 분산될 수 있다. 충분한 온도 차이가 있는 경우에만 열을 더 많은 일로 변환할 수 있다. 하지만 전도, 대류, 그리고 복사가 또한 에너지를 빠르게 분산시키기 때문에 온도 차이는 오래 가지 않는다. 따라서 높은 품질의 에너지를 낮은 품질의 에너지로 전환하는 것이 자연스러운 과정이다. 에너지는 그 형태가 열로 변환되고 전도, 대류 및 복사의 열 이동 과정으로 분산되는 경향이 있다. 두 과정은 모두 한 방향으로만 흐르며 되돌릴 수 없다. 이를 **에너지 저하**라고 하는데, 높은 품질의 에너지에서 낮은 품질의 에너지로 변환되는 것이다. 알려진 모든 예에서, 그것은 에너지가 저하되는 자연스러운 과정이며, 점점 더 일을 할 수 없게 된다. 열기관을 통해 일시적으로 열을 기계적 에너지로 변환하거나 열펌프를 사용하여 온도를 높일 수 있더라도 이 진행은 **되돌릴 수 없다**. 결국 좋은 품질의 기계적 에너지는 열로 저하되고 증가된 열은 열 이동 과정을 통해 분산된다.

열펌프 또는 열기관에 의한 에너지 품질의 향상은 항상 다른 곳에서 더 큰 에너지 품질의 저하를 동반한다. 예를 들어, 열펌프를 작동시키는 데 사용되는 전기 에너지는 발전소에서 화학 또는 원자력 에너지가 품질 저하되며 생성되었다. 전체적인 결과는 **총에너지**가 더 무질서한 상태로 저하되었다는 것이다.

무질서도의 열역학적 측정을 **엔트로피**(entropy)라고 한다. 질서는 경향성과 일관된 배열을 의미한다. 무질서는 산란, 경향성 없음, 무작위 또는 분산된 배열을 의미한다. 엔트로피는 혼돈의 척도이며, 이것은 열역학 제2법칙과 자발적 변화의 방향에 대한 또 다른 진술로 이어진다.

우주의 전체 엔트로피는 계속 증가한다.

이 두 번째 법칙에서 **전체**와 **우주**라는 단어를 사용하는 것에 주목하라. 계의 엔트로피가 줄어들 수 있는데(질서 증가), 열펌프가 무작위로 혼란스럽게 움직이는 수증기 분자를 좀 더 규칙적인 액체 상태로 냉각시키고 응축시키는 경우가 그 예가 될 수 있다. 그러나 전기 에너지의 생산, 전송 및 사용을 위한 에너지원을 고려할 때, **전체** 엔트로피는 증가하는 것을 알 수 있다. 마찬가지로 전체 엔트로피는 식물이나 동물이 자라는 동안에도 증가한다. 모든 음식, 폐기물 및 대사 산물을 고려할 때 **전체** 엔트로피가 다시 증가한다.

따라서 **자발적 과정**은 대응하는 엔트로피의 증가와 함께 질서 상태가 무질서 상태가 되는 것이다. 이것은 우주의 모든 가용 에너지가 점진적으로 감소하고 있음을 의미하며, 시간이 지남에 따라 우주는 **열죽음**이라고 불리는 최대 무질서의 한계에 접근하게 된다. 우주의 열죽음은 이론적으로 무질서의 한계이며, 모든 분자가 먼 곳으로 퍼져 균일한 저온에서 천천히 진동하는 것이다.

우주의 열죽음은 열역학 제2법칙의 논리적 결과인 것처럼 보이지만, 제2법칙이 전체 우주에 적용되어야 하는지 과학자들은 확신하지 못한다. 여러분은 어떻게 생각하는가? 천천히 진동하는 분자로 물질이 퍼지면서 우주가 끝을 맞겠는가? 전에 언급했듯이 자연은 대칭으로 가득하다. 그렇다면 우주는 왜 대폭발로 시작해서 속삭임으로 끝나야 하는가?

예제 4.11 (선택)

열기관이 65.0 kcal의 열을 공급하고 40.0 kcal의 열을 배출한다. 엔진이 얼마나 많은 일을 하는가?

풀이

알려진 그리고 알려지지 않은 수량들은 다음과 같다.

열입력	$Q_H = 65.0$ kcal
열배출	$Q_L = 40.0$ kcal
열의 기계적 등가	1 kcal = 4,184 J

이 양들 사이의 관계는 식 (4.9) $W = J(Q_H - Q_L)$에서 찾을 수 있다. 이 식은 고온 열원(Q_H)에서 엔진으로 공급되는 열 사이의 관계를 나타내며, 일부는 일(W)로 변환되고 나머지는 저온 배기부(Q_L)에서 배출된다. 따라서 일은 열입력과 열출력의 차이($Q_H - Q_L$)이므로 일은 사용된 열을 나타낸다. 여기서 J는 열의 일당량(1 kcal = 4,184 J)이다. 따라서

과학의 배후에 있는 사람들

럼퍼드 백작(벤저민 톰프슨) (1753-1814)

럼퍼드 백작은 열이 유체가 아니라 운동의 한 형태라는 것을 최초로 확실하게 입증한 미국 태생의 물리학자였다. 그는 1753년 3월 26일 매사추세츠주 워번에서 벤저민 톰프슨으로 태어났다. 19세 때, 독학과 지역 성직자들의 도움으로 교사가 되었다.

럼퍼드의 바이에른에서의 초기 연구는 사회적 실험과 열에 관한 그의 평생의 관심사를 모든 면에서 결합시켰다. 군복을 제조하기 위해 거리의 걸인들을 고용했을 때, 그는 그들에게 식사를 주는 문제에 직면했다. 영양에 대한 연구는 물과 야채의 중요성을 인식하게 했고, 럼퍼드는 수프가 그의 요구조건에 적합할 것으로 결정했다. 그는 많은 요리법을 고안했고 감자의 사용을 강조하면서 값싼 음식을 개발했다. 군인들은 채소를 생산하기 위해 정원 가꾸기에 고용되었다. 럼퍼드의 군복 제조 사업은 단열 연구로 이어졌고 대류를 통해 주로 열이 손실된다는 결론에 이르렀다. 따라서 그는 최초의 보온 의류와 같은 대류를 억제하도록 옷을 디자인했다.

어떤 열 기술의 응용도 럼퍼드의 실험에 도움되지 않는 것이 없었다. 그는 가정용 생활용품인 '상자 속의 불'과 그것에 어울리는 특별한 도구들을 고안했다. 그는 연비에 관심이 있어 다양한 연료의 연소열을 비교하기 위해 열량계를 고안했다. 연기가 자욱한 벽난로도 그의 관심을 끌었고, 다양한 공기의 움직임을 연구한 후, 난로와 굴뚝에 필수적인 것으로 여겨지는 모든 특징을 통합한 디자인을 제작했다.

©North Wind Picture Archives

럼퍼드를 가장 유명하게 만든 일은 1798년에 일어났다. 바이에른의 선거인의 군 지휘관으로서, 그는 대포의 제조에 신경을 썼다. 대포는 드릴로 쇳덩어리에 구멍을 뚫는 형태로 제작되었는데, 당시 열은 드릴로 쇠를 자르면서 열소라는 액체의 형태로 빠져나가며 뜨거워지는 것으로 여겨졌다. 그러나 럼퍼드는 드릴이 무뎌지며 금속이 잘려지지 않을 때 오히려 열 생산량이 증가한다는 것을 알아챘다. 만약 매우 무딘 드릴을 사용했다면, 금속은 손상되지 않았지만, 열은 무한히 나올 것처럼 보였다. 분명히 열은 금속의 유체가 될 수 없지만 드릴을 돌리는 작업과 관련되어야 했다. 럼퍼드는 또한 밀도와 비열이 다른 액체의 팽창에 대해 연구했고, 세심하게 무게를 측정함으로써 그 팽창이 여분의 공간을 차지하는 열소 때문은 아니라는 것을 보여주었다.

럼퍼드가 열의 열소 이론을 뒤엎으며 과학에 기여한 것은 매우 중요한데, 그 이유는 열이 에너지와 일과 관련이 있고 모든 형태의 에너지가 열로 전환될 수 있다는 사실을 깨닫게 하는 길을 닦았기 때문이다. 그러나 열소가 존재하지 않고 열소 이론의 근거가 없음을 정설로 받아들이기까지는 수십 년이 걸렸다.

출처: Modified from the *Hutchinson Dictionary of Scientific Biography*. Abingdon, UK: Helicon, 2011.

$$\begin{aligned}
W &= J(Q_H - Q_L) \\
&= 4{,}184\,\frac{\text{J}}{\text{kcal}}\,(65.0\ \text{kcal} - 40.0\ \text{kcal}) \\
&= 4{,}184\,\frac{\text{J}}{\text{kcal}}\,(25.0\ \text{kcal}) \\
&= (4{,}184)(25.0)\,\frac{\text{J}\ \cancel{\text{kcal}}}{\cancel{\text{kcal}}} \\
&= 104{,}600\ \text{J} \\
&= \boxed{105\ \text{kJ}}
\end{aligned}$$

예제 4.12 (선택)

열기관이 25.0 kcal를 배출하는 경우 50,000.0 J의 일을 수행하려면 열기관에 얼마나 많은 열이 공급되어야 하는가? (답: 52 kcal)

요약

물질의 운동 이론은 모든 물질이 **분자**라고 불리는 물질의 작은 입자로 구성되어 있다고 가정한다. 분자는 화합물의 가장 작은 입자 또는 그 물질의 특성들을 여전히 유지할 수 있는 기체 원소로 정의된다. 분자는 **응집력**을 통해 서로를 끌어당기며 상호작용한다. 액체, 고체 및 기체는 분자 배열과 분자 사이의 인력으로 설명되는 **물질의 위상**이다. **고체**는 강한 응집력으로 고정된 평형 위치에서 분자가 진동하기 때문에 명확한 모양과 부피를 가진다. **액체**는 일정한 부피를 제공할 수 있을 정도로 강한 응집력을 갖지만 명확한 모양을 가질 만큼 강하지는 않다. 액체 분자들은 서로 흐를 수 있다. **기체**는 약한 응집력으로 멀리 떨어진 분자들로 구성된다. 기체 분자는 일정한 무작위 운동으로 자유롭게 움직인다.

물체의 **온도**는 물체를 구성하는 분자의 **평균 운동**에너지와 관련이 있다. 온도 측정은 물체가 **화씨 눈금**과 **섭씨 눈금**이라는 2개의 임의의 눈금으로 얼마나 뜨거운지 혹은 차가운지를 나타낸다. **절대 눈금** 또는 **켈빈 눈금**은 가능한 가장 차가운 온도(−273°C)를 0(0K)으로 설정한다.

물체의 관측 가능한 퍼텐셜 및 운동에너지는 물체의 **외부 에너지**이며, 물체를 구성하는 분자의 퍼텐셜 및 운동에너지는 물체의 **내부 에너지**이다. 열은 총 내부 에너지를 말하며 (1) 두 물체 사이의 **온도차** 또는 (2) **에너지 형태 변환**으로 인해 발생하는 에너지의 전달이다. 에너지 형태 변환은 실제로 분자 수준에서 일과 관련된 에너지 변환이므로 모든 에너지 전달에는 **열** 및 **일**이 포함된다.

열량은 **줄**(일 또는 에너지의 단위) 또는 **칼로리**(열의 단위)로 측정할 수 있다. **킬로칼로리**는 1,000칼로리이며 또 다른 열의 단위이다. Btu 또는 **영국식 열 단위**는 영국식 단위계에서 열의 단위이다. **열의 일당량**은 4,184 J = 1 kcal이다.

물질의 **비열**은 물질 1그램의 온도를 섭씨 1도 올리는 데 필요한 에너지(또는 열)의 양이다. 각 물질의 분자 구조가 다르기 때문에 다양한 물질의 비열은 동일하지 않다.

온도 차이로 인해 발생하는 에너지 전달은 전도, 대류 또는 복사를 통해 이루어진다. **전도**는 증가된 운동에너지를 분자에서 분자로 전달하는 것이다. 물질은 열을 전도하는 능력이 다양하며 전도도가 낮은 물질을 **절연체**라고 한다. 공기와 같은 기체는 우수한 절연체이며, 가장 좋은 절연체는 진공이다. **대류**는 높은 운동에너지를 가진 큰 분자 집단의 변위에 의한 열전달이다. 유체에서 대류가 발생하며 밀도 차이로 인해 발생하는 유체 이동을 **대류 흐름**이라고 한다. **복사**는 공간을 통해 이동하는 복사 에너지이다. 절대 온도가 0보다 높은 모든 물체는 복사 에너지를 방출하지만 흡수하기도 한다. 에너지는 뜨거운 물체에서 차가운 물체로 복사를 통해 전달된다.

물질의 한 위상에서 다른 위상으로의 전환을 **위상 변화**라고 한다. 위상 변화는 항상 온도 변화와 관련이 없는 많은 양의 **잠열**을 흡수하거나 방출한다. 잠열은 **내부 퍼텐셜에너지**로 들어가거나 나오는 에너지이다. **용융 잠열**은 고체-액체 위상 변화에서 흡수되거나 방출된다. 물의 용융잠열은 80.0 cal/g이다. **기화 잠열**은 액체-기체 위상 변화에서 흡수되거나 방출된다. 물의 기화 잠열은 540.0 cal/g이다.

액체 분자는 때때로 높은 속도를 가지고 있어 **증발**이라는 과정을 통해 표면을 빠져나갈 수 있다. 증발은 탈출 분자가 고에너지일 뿐만 아니라 증발 잠열을 제거하기 때문에 냉각 과정이다. 증기 분자는 **응축**이라는 과정을 통해 액체 상태로 돌아간다. 응축은 증발과 반대이며 따뜻해지는 과정이다. 응축률이 증발률과 같을 때 공기는 **포화상태**라고 한다. 증발 속도는 (1) 온도 증가, (2) 표면적의 증가, (3) 증발된 분자의 제거 및 (4) 대기압 감소에 의해 **증가**될 수 있다.

따뜻한 공기는 차가운 공기보다 더 많은 수증기를 보유할 수 있으며, 그 온도에서 공기에 있을 수 있는 (포화) 수증기 대 공기에 있는 수증기의 비율을 **상대 습도**라고 한다.

열역학은 열과 기계적 에너지와의 관계에 대한 연구이며 **열역학의 법칙**은 이러한 관계를 설명한다. **열역학 제1법칙**은 에너지 보존 법칙에 대한 열역학적 진술이다. **열역학 제2법칙**에 따르면 열은 온도가 높은 물체에서 낮은 물체로 이동한다. 제2법칙은 **높은 품질**(더 질서 있는)의 **에너지원**이 **낮은 품질**(덜 질서 있는)의 **에너지원으로 에너지의 질 저하**를 의미한다. **엔트로피**는 열역학적 무질서도의 측정이다. 엔트로피는 우주에서 지속적으로 증가하는 것으로 보이며 우주의 **열죽음**으로 불리는 최대 무질서를 초래할 수 있다.

식의 요약

4.1 $T_F = \frac{9}{5} T_C + 32°$

4.2 $T_C = \frac{5}{9} (T_F - 32°)$

4.3 $T_K = T_C + 273$

4.4 열량 = (질량)(비열)(온도 변화)

$$Q = mc\Delta T$$

4.5 열흡수 또는 열방출 = (질량)(용융 잠열)

$$Q = mL_f$$

4.6 열흡수 또는 열방출 = (질량)(기화 잠열)

$$Q = mL_v$$

4.7 $\text{상대 습도} = \dfrac{\text{공기 중의 수증기}}{\text{현재 온도에서의 수용량}} \times 100\%$

$$R.H = \frac{\text{g/m}^3\text{(현재)}}{\text{g/m}^3\text{(최대)}} \times 100\%$$

4.8 (기계적 열의 등가) − (일) = 두 상태의 내부 에너지 차이

$$JQ - W = U_2 - U_1$$

4.9 일 = (기계적 열의 등가)(열입력과 열출력 사이의 차이)

$$W = J(Q_H - Q_L)$$

개념에 대한 질문

1. 온도는 무엇인가? 열은 무엇인가?
2. 대부분의 물질이 온도가 높아질수록 왜 밀도가 낮아지는지 설명하시오.
3. 밀폐된 공간에 유리솜과 같은 절연재를 더 단단히 포장하면 단열 성능이 증가하는가 감소하는가? 설명하시오.
4. 진공 병에는 벽 사이의 공간에 공기가 없는 은색의 이중벽이 있다. 이 설계가 전도, 대류 및 복사를 처리하여 음식을 따뜻하거나 차가운 상태로 유지하는 방법을 설명하시오.
5. 공기의 흐름이 없는 밤에 낮은 계곡의 공기가 더 차가운 이유는 무엇인가?
6. 공기가 좋은 절연체인 이유는 무엇인가?
7. 금속 조각은 같은 온도에서 나무 조각보다 시원하게 느껴진다. 그 이유를 설명하시오.
8. 응축이란 무엇인가? 분자 수준에서 수증기가 욕실 거울에 응축되어 어떻게 욕실이 따뜻해지는지 설명하시오.
9. 0°C, 5 kg의 얼음과 0°C, 5 kg의 얼음물 중 어떤 스티로폼 냉각기가 더 많이 냉각할 수 있겠는가? 추론을 설명하시오.
10. 차가운 음료수로 채워진 유리에 왜 물방울이 맺히는지 설명하시오. 여름이나 겨울에 더 물방울이 맺힐 것으로 예상하는가? 설명하시오.
11. 100°C 증기로 인한 화상이 100°C 물로 인한 화상보다 더 심한 이유를 설명하시오.
12. 일몰 후 기의 메일 지녁 상대 습도가 증가힌다. 증기가 대기에 추가되거나 제거되지 않는 경우 어떻게 이것이 가능한지 설명하시오.
13. 어떤 것이 고체, 액체 또는 기체인지를 판단하기 위한 기준을 고려할 때, 식탁용 소금(쏟을 수 있는)은 어떤 상태인가?
14. 열과 온도의 중요한 유사점과 차이점은 무엇인가?
15. 기체와 플라스마는 물질의 위상이지만 기체는 자동차를 운행하고 플라스마는 혈액의 일부이다. 이 용어들을 비교하고 대조하여 유사한 이름의 사용에 대하여 설명하시오.
16. 물질의 비열을 나타낸 표(표 4.2)를 분석하여 어떤 금속이 더 적은 에너지로 더 많은 요리를 할 수 있는 에너지 효율적이고 실용적인 팬을 만들 수 있는지 결정하시오.
17. 이 장에는 3가지 유형의 수동 태양열 주택 설계에 대한 정보가 있다. 지역 기후에 적합한 설계를 결정하는 데 도움이 되는 평가 기준 또는 표준을 개발하시오.
18. 열펌프가 기화 잠열 없이 열을 움직일 수 있는가? 설명하시오.
19. '우주의 열죽음' 개념의 근거가 되는 가정에 대해 탐구해보시오. 우주의 미래를 위한 대안 아이디어를 제안하고 평가하시오.

연습문제

참고: 모든 운동에서 마찰력은 무시한다.

그룹 A

1. 평균 인체 온도는 98.6°F이다. 섭씨 눈금 온도는 얼마인가?
2. 20.0°C에서 38.0°C로 221 g 구리선을 가열한다. 얼마나 많은 열이 발생하는가? (구리의 비열 = 0.093 kcal/kgC°)
3. 자전거와 라이더의 총 질량은 100.0 kg이다. 자전거가 36.0 km/h의 속도에서 멈출 때 브레이크에 몇 칼로리의 열이 발생하는가?
4. 15.53 kg의 모래주머니가 건설 현장에서 5.50 m 아래로 떨어진다. 모든 에너지가 유지된다면 온도는 얼마나 상승하는가? (모래의 비열 = 0.200 kcal/kgC°)
5. 75.0 kg의 사람은 감자튀김(250.0 Cal)을 섭취한 후, 10.0 m 계단을 올라 에너지를 '소비'하려고 한다. 모든 에너지를 소모하려면 몇 번의 수직 등반이 필요한가?
6. 0.5 kg 유리 그릇(유리의 비열 = 0.2 kcal/kgC°)과 0.5 kg 철 냄비(철의 비열 = 0.11 kcal/kgC°)의 온도는 20°C이다. 냉동실에서 0°C로 식히려면 열을 얼마나 제거해야 하는가?
7. 20.0°C의 은 표본에 896 cal가 추가되어 100.0°C로 가열된다. 은의 질량은 얼마인가? (은의 비열 = 0.056 kcal/kgC°)
8. 300.0 W 가열기를 사용하여 250.0 g의 물을 10.0°C에서 70.0°C로 가열한다. 몇 분이 걸리겠는가?
9. 100.0 g의 금속 표본에 60.0 cal의 열을 가했을 때 20.0°C로 데워진다. 이 금속의 비열은 얼마인가?
10. 80.0°C 250.0 g의 물을 100.0°C의 증기로 바꾸려면 얼마나 많은 열이 필요한가?
11. 20.0°C 100.0 g의 물을 125.0°C의 증기가 되도록 가열하였다. 얼마나 많은 열을 흡수하였는가?
12. 냉동고에서 18.0°C 400.0 g의 물을 냉각, 동결시키고 −5.00°C의 얼음으로 냉각하였다. 물에서 제거된 총 열은 얼마인가?

5 파동의 운동과 소리
Wave Motions and Sound

핵심 개념
소리는 에너지를 전달하는 파동의 압력이 증가하거나 감소함에 따라 전달된다.

장의 개요

역학적 파동은 종파 또는 횡파이며, 소리는 종파이다. *Pg. 111*

모든 소리는 진동하는 물질에서 생겨난다. *Pg. 114*

외력이 고유 진동수와 일치하면 공명이 발생한다. *Pg. 119*

고요한 날 숲속에서 희미하게 들리는 부드러운 소리에 비해 거대한 폭포에서 들려오는 소리는 최대 100만 배 이상의 에너지를 전달할 수 있다. ©Medioimages/Photodisc/Getty Images RF

개요

무거운 것이 떨어졌을 때 건물의 바닥이 잠시 흔들리는 것을 느낄 수 있다. 근처에 기차가 지나갈 때에도 지면에서 진동이 느껴진다. 건물의 바닥과 지면은 진동 형태로 에너지를 전달하는 고체이다. 진동은 대부분의 고체에서 흔하게 나타나는데 충격 후에 다시 튀어나오는 성질이 있기 때문이다. 보통 진동을 바닥이나 땅에서 볼 수는 없지만, 감지할 수 있기 때문에 진동이 있다는 것을 알 수 있다.

우리가 볼 수 있는 진동의 예는 많다. 진동하는 기타 줄의 흔들림(그림 5.1)과 튕겨져 나간 다이빙 보드에서 위아래로 움직이는 진동을 볼 수 있다. 진동하는 기타 줄과 다이빙 보드는 둘 다 공기의 움직임인 소리로 식별할 수 있다. 공기의 진동하는 움직임을 볼 수는 없지만 소리가 들리기 때문에 공기의 움직임을 감지하게 된다.

보이지 않지만 감지할 수 있는 진동은 여러 종류가 있다. 열에너지는 앞의 장에서 배운 것과 같이 너무 빠르고 너무 작은 분자 진동과 연관되어 있어 온도 상승 이외로는 감지할 수 없다. 다른 보이지 않는 진동으로는 진동하는 전자가 있어 전자기파를 발생시킨다. 그러므로 진동은 물체의 관측 가능한 운동으로서 발생하며, 또한 소리, 열, 전기, 빛에도 관여한다. 이 모든 현상에 수반되는 진동은 여러 면에서 유사하며 모두 에너지를 수반한다. 그러므로 과학의 많은 주제들은 에너지가 한 장소에서 다른 곳으로 이동하는 진동과 관련이 있다. 이 장에서는 진동의 본질과 진동이 일반적으로 파동을 생성하는 방법에 대해 배울 것이다. 이러한 개념은 이 장의 소리와 이후 장들의 전기 및 전자기 에너지에 적용될 것이다.

5.1 힘과 탄성 물질

고무공을 떨어뜨리면 바닥에 부딪힌 뒤 빠르게 형태를 회복할 수 있기 때문에 튕기게 된다. 반면 점토공은 형태를 회복하지 못하고 바닥에 납작한 형태로 남아 있다. **탄성**(elastic) 물질은 힘으로 변형된 후에 힘이 제거되면 원래의 형태를 회복할 수 있는 물질이다. 고무공은 탄력이 있고 점토공은 탄력이 없다. 금속 용수철은 늘이거나 압축할 수 있고 항상 모양을 회복할 수 있는 탄성 물질이다.

용수철이 늘어나거나 압축되는 정도와 가해지는 힘의 크기 사이에는 직접적인 관계가 존재한다. 큰 힘은 용수철을 많이, 작은 힘은 약간 늘어나게 한다. 가해진 힘이 용수철의 탄성 한계를 벗어나지 않는 한, 가해진 힘을 제거하면 언제나 원래의 모습으로 되돌아간다. 작용한 힘과 용수철의 반응에 대한 3가지 중요한 고려 사항이 있다.

1. 가한 힘이 클수록 용수철의 원래 모양에서 압축되거나 늘어나는 정도가 커진다.
2. 용수철은 **내부 복원력**(internal restoring force)이 있어 원래의 형태로 되돌아간다.
3. 용수철을 멀리 밀거나 당길수록 원래대로 되돌아가려는 복원력이 강하다.

힘과 진동

진동(vibration)은 자신을 앞뒤로 반복하며 움직이는 운동이다. 그러한 움직임은 특정 방향으로만 제한되지 않으며 동시에 여러 다른 방향으로 이루어질 수 있다. 탄성이 있으면 거의 모든 고체는 진동하도록 만들 수 있다. 힘이 진동에 어떻게 관여하는지 보려면 그림 5.2의 용수

그림 5.1 진동은 많은 탄성 물질에서 흔히 발생하며, 주위에서 많은 것들을 보거나 들을 수 있다. 열, 전기, 빛과 같은 다른 진동은 쉽게 감지되지 않는다.
©Patrick Coughlin/Stone/Getty Images

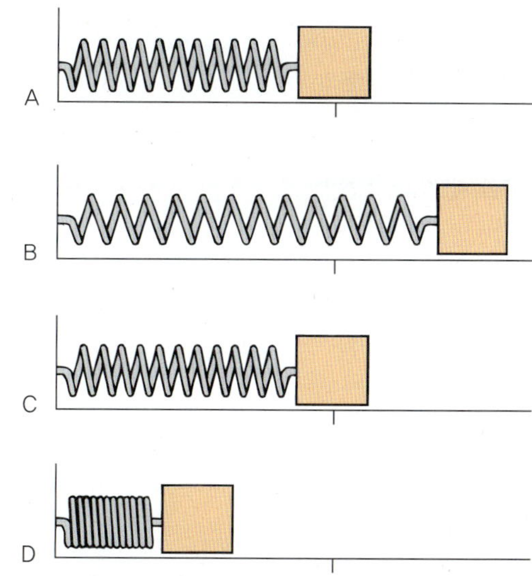

그림 5.2 마찰이 없는 표면의 물체는 평형 위치(A)에 정지해 있다. 용수철을 늘이거나(B) 압축(D)한 다음 놓으면 복원력이 변위의 반대 방향으로, 크기에 비례하여 작용하기 때문에 물체는 앞뒤로 진동한다.

철과 물체를 살펴보라. 용수철과 물체는 마찰이 없는 면에서 질량이 자유롭게 앞뒤로 움직일 수 있도록 배치되어 있다. 물체는 **평형 위치**(equilibrium position)에 정지해 있다(그림 5.2A). 평형 위치에서 용수철은 압축되거나 늘어나지 않으므로 물체에 힘을 가하지 않는다. 그러나 물체를 오른쪽으로 당기는 경우(그림 5.2B), 용수철이 늘어나며 물체에 복원력을 왼쪽으로 가한다. 물체가 멀어질수록 용수철의 늘어난 길이가 커져서 복원력이 커진다. 복원력은 변위에 비례하며 적용된 힘의 반대 방향으로 작용한다.

물체를 놓게 되면 복원력은 물체에 작용하는(수평방향) 유일한 힘이므로 평형 위치를 향해 가속한다. 이 힘은 물체가 작용하는 힘이 0인 평형 위치에 도달할 때까지 지속적으로 감소할 것이다. 그러나 물체는 평형 위치에 도달하면 최대 속도를 가지므로 평형 위치를 넘어서서 왼쪽으로 계속 이동한다(그림 5.2C). 평형 위치의 왼쪽으로 이동하면서 용수철이 압축되어 물체에 증가하는 힘을 작용한다. 물체는 일시적으로 정지하지만(그림 5.2D), 이제 복원력은 다시 평형 위치로 이동하게 한다. 물체는 같은 길을 왔다 갔다 하면서 전체 과정이 반복된다.

물체의 주기적인 진동은 **단조화 운동**(simple harmonic motion)이라고 부르는 자연에서 발견되는 많은 진동 운동과 비슷하다. 단조화 운동은 변위의 크기에 비례하고 반대 방향의 복원력이 있을 때 발생하는 진동 운동으로 정의한다.

진동하는 물체와 용수철 시스템은 한동안 진동을 계속하여 완전히 멈출 때까지 시간에 따라 서서히 감소할 것이다. 속도가 느려지고 멈추는 것은 공기 저항과 내부 마찰 때문이다. 만약 이것들이 제거되거나 추가 에너지로 보상될 수 있다면, 물체는 반복적이고 **주기적인** 움직임으로 계속 진동할 것이다.

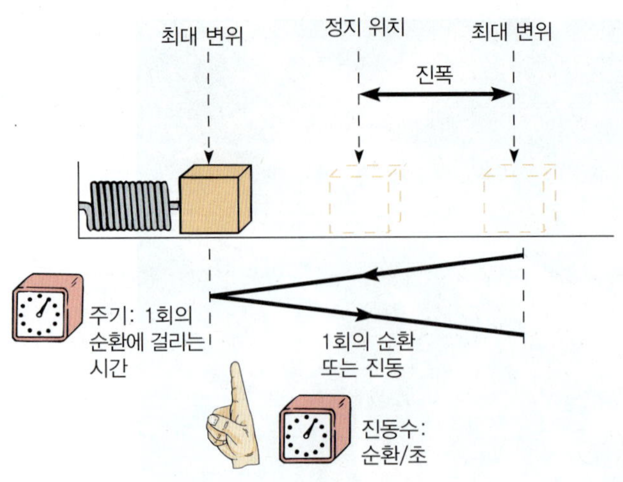

그림 5.3 용수철에 부착된 물체를 정지 또는 평형 위치에서 이동한 후 놓는다. 최대 변위는 진동의 진폭이라고 한다. 순환은 하나의 완전한 진동이다. 주기는 하나의 완전한 순환에 필요한 시간이다. 진동수는 1초 안에 완료되는 순환의 개수를 말한다.

진동의 기술

진동하는 물체는 여러 변수(그림 5.3)를 측정하여 기술한다. 평형 위치에서 이동하는 정도를 **진폭**(amplitude)이라고 한다. 평형 위치로부터 큰 거리를 이동한 진동은 변위가 작은 진동보다 큰 진폭을 가진다.

완전한 진동을 **순환**(cycle)이라고 한다. 순환은 어느 지점에서부터의 움직임이며, 말하자면 맨 좌측, 맨 우측, 다시 같은 지점으로 되돌아가는 것이다. **주기**(period, T)는 단순히 하나의 순환을 완료하는 데 필요한 시간이다. 예를 들어, 물체가 하나의 완전한 순환을 완성하기 위해 한 지점에서 앞뒤로 움직이며 다시 그 지점으로 이동하기 위해 0.1초가 필요하다고 하자. 이 진동의 주기는 0.1초이다.

때때로 진동이 매초 얼마만큼의 순환을 자주 완료하는지 아는 것이 유용하다. 초당 순환한 수를 **진동수**(frequency, f)라고 한다. 예를 들어 진동하는 물체는 1초에 10번의 순환을 할 때, 이 진동의 주파수는 초당 10사이클이다. 진동수는 **헤르츠**(Hz)라는 단위로 측정된다. 사이클에 단위가 없기 때문에 헤르츠 단위는 1/s이다. 따라서 초당 10사이클의 진동수를 10 Hz 또는 10 1/s라고 한다.

주기와 진동수는 진동과 관련된 시간을 설명하는 2가지 방법이다. 주기(T)는 한 사이클에 관련된 총 시간이고, 진동수(f)는 초당 사이클 수이기 때문에 관계는 다음과 같다.

$$T = \frac{1}{f} \tag{5.1}$$

또는

$$f = \frac{1}{T} \tag{5.2}$$

예제 5.1 (선택)

밝은 표시등이 0.5초마다 깜박인다. 진동수는 몇 Hz인가?

풀이

$$T = 0.5\text{초} \qquad f = \frac{1}{T} = \frac{1}{0.5\text{ s}} = \frac{1}{0.5}\frac{1}{\text{s}} = 2\frac{1}{\text{s}}$$

$$f = ? \qquad = \boxed{2\text{ Hz}}$$

예제 5.2 (선택)

수영장을 순환하는 수영 선수가 0.022 Hz의 일정한 진동수로 수영장을 가로질러 갈 수 있다. 수영장을 가로질러 가는 데 시간이 얼마나 걸리는가? (답: 45초)

진동하는 물체의 그래프로 진폭, 주기 및 진동수를 쉽게 구할 수 있다. 펜을 진동하는 물체에 고정시키고 종이를 일정한 속도로 움직이면 그림 5.4와 같이 곡선이 그려진다. 진동하는 물체의 진폭이 클수록 이 곡선의 높이가 커진다. 진동수가 클수록 마루와 골이 더 가까워진다. 이 곡선의 모양은 단조화 운동의 특징이며 **정현**(sinusoidal) 곡선 또는 사인파라고 한다. 삼각함수에서 사인 함수와 같은 모양이기 때문에 그렇게 부르게 되었다.

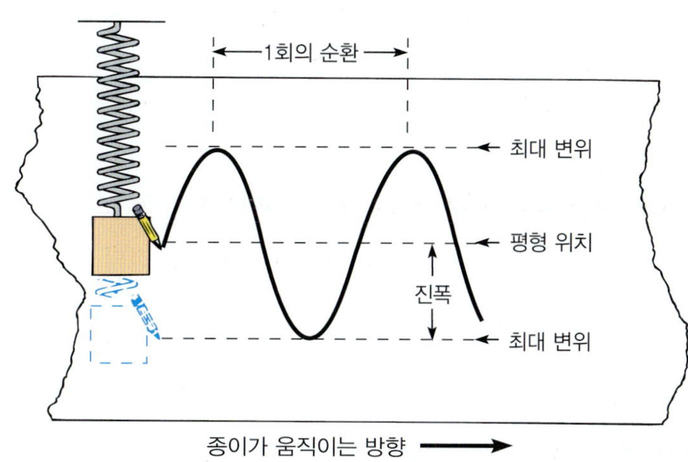

그림 5.4 단조화 운동의 그래프는 사인곡선으로 설명할 수 있다.

5.2 파동

진동은 반복적이거나 **주기적인** 유형의 운동이다. **펄스**(pulse)는 짧은 시간 동안 지속되는 단일 사건이다. 펄스와 주기적인 진동 모두 주변 환경에 물리적인 **파동**(wave)을 만들 수 있다. 파동은 고체 또는 공기와 같은 매체를 통해 이동한다. 예를 들어, 무거운 물체가 바닥에 떨어지면 펄스가 만들어져 우리가 느낄 수 있는 기계적 파동을 보낸다. 소리가 들릴 수도 있다. 두 경우 모두, 매체(고체인 바닥 또는 공기)는 파동이 지나간 후에 원래 상태로 돌아간다. 매체는 장소 사이를 이동하지 않지만 파동은 이동한다. 파동에 대한 중요한 2가지 사항은 (1) 파동이 이동하며 (2) 에너지를 운반한다는 것이다.

잔잔한 수면에 돌을 떨어뜨릴 때 파동을 관찰할 수 있다. 돌은 물에 들어가면서 원형의 마루를 만든다. 마루는 원형으로 모든 방향으로 움직이기 시작하며 뒤쪽으로 골을 남긴다. 물이

그림 5.5 수면 위로 파동이 움직인다. 표면을 가로질러 움직이는 것은 물이 아니라 에너지라는 것을 어떻게 알 수 있겠는가?
©Patrick Clark/Getty Images RF

골로 움직이고 원형 파동(마루와 골)이 생성된 곳에서 바깥쪽으로 이동한다(그림 5.5). 나뭇잎과 같이 파동의 경로에 떠 있는 물체는 파동의 마루와 골 같은 상하 움직임을 보여준다. 그러나 나뭇잎은 단순히 위아래로 움직일 뿐 파동이 지나간 후에도 거의 같은 곳에 있다. 따라서 이동하는 것은 물 자체가 아니다. 파동이 물의 가장자리에 있는 나뭇잎에 도달하면, 물 밖으로 밀어낼 수 있다. 즉, 파동은 한 장소에서 다른 장소로 에너지를 전달한다.

파동의 종류

물결이 지나갈 때 수면 근처의 물 분자의 움직임을 개별적으로 볼 수 있다면 위, 아래 그리고 뒤로 이동하는 원형 경로를 볼 수 있을 것이다. 이 원운동은 물결의 이동에 대응하는 입자의 운동이다. 여러 종류의 파동이 있으며 각각의 경우 입자가 독특한 형태로 움직인다.

종파(longitudinal wave)는 입자가 파동이 움직이는 것과 같은 방향으로 가까워지거나 멀어지며 움직인다. 용수철의 한쪽 끝을 벽에 부착하고 팽팽하게 잡아당긴 채로 용수철에 평행하게 앞뒤로 손을 움직이면 평행한 방향의 파동을 만들 수 있다. 손을 용수철의 길이 방향으로 움직일 때마다 압축된 코일이 용수철을 가로질러 움직인다(그림 5.6A). 손을 뒤로 당길 때

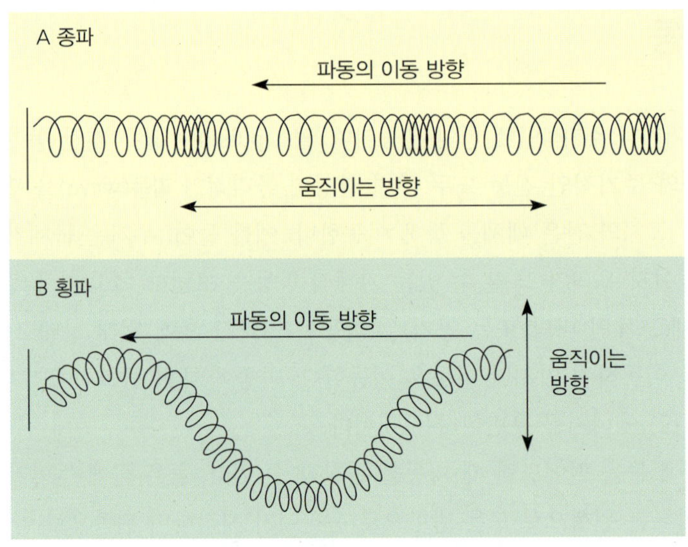

그림 5.6 (A) 용수철과 평행하게 앞뒤로 움직이는 용수철에서 종파가 생성된다. (B) 위아래로 움직이는 용수철에서 횡파가 생성된다.

개념 적용

파동 만들기

긴 코일 용수철을 바닥에 늘여 놓고, 다른 사람에게 한쪽 끝을 잡아 움직이지 않게 하고 파동을 생성하여 이동시켜 보자. 종파와 횡파를 생성하여 각각의 경우 어떻게 움직이는지 관찰하자. 용수철의 길이가 충분히 길면 거리를 재고, 파형별 이동 시간을 측정하시오. 파동은 얼마나 빠른가?

마다 팽창된 용수철을 가로질러 움직인다. 코일은 파동이 움직이는 방향과 같은 방향으로 앞뒤로 움직이며, 이는 종파의 특징적인 운동이다.

용수철의 길이에 수직 방향으로 손을 위아래로 움직이면 **횡파**(transverse wave)를 만들 수 있다. 횡파는 파동의 이동 방향에 수직으로 움직인다. 횡파의 입자는 가까이나 멀리 이동하지 않으며, 파동의 이동 방향에 수직으로 위아래로 움직인다(그림 5.6B).

종파나 횡파를 만들지 여부는 파동을 생성하는 움직임의 특성뿐만 아니라 매질의 특성에도 관련이 있다. 횡파는 매질을 구성하는 분자 사이에 상호작용 또는 접촉되어 있는 경우에만 이동할 수 있다. 예를 들어 기체의 경우, 분자들은 서로 접촉되어 있지 않고 자유롭게 움직인다. 펄스는 이들 분자가 서로 가까이 또는 멀리 움직이게 하여 종파를 전달할 수 있다. 그러나 기체 분자가 위아래로 움직이면 다른 분자가 붙어 있지 않기 때문에 파동이 전달되지 않는다. 따라서 기체는 종파는 전달하지만 횡파는 전달하지 않는다. 마찬가지로, 액체 분자는 단순히 서로를 미끄러지며 지나기 때문에 종파는 전달하지만 횡파는 그렇지 않다. 그러나 액체의 표면은 표면장력으로 인해 상황이 달라진다. 표면파는 실제로 입자가 원형으로 이동하며 생성하는 종파와 횡파의 조합이다. 고체는 분자 사이의 강한 접촉 때문에 종파와 횡파 모두 전달할 수 있다.

공기 중의 파동

공기를 통해 이동하는 파동은 종파이므로 음파는 종파여야만 한다. 소리에 대한 구체적인 설명은 공기를 통해 이동하는 종파의 익숙한 상황을 이용하여 설명할 수 있다. 2개의 문이 방 안쪽으로 열려 있는 밀폐된 작은 방을 생각해보자. 한쪽 문을 열면 다른 문이 닫히게 된다. 왜 이런 일이 발생하는가? 분자 운동 이론에 따르면, 방에는 공기를 구성하는 작고 불규칙하게 움직이는 기체 분자가 많이 있다. 문을 열면 기체 분자가 밀려서 문 바로 옆에 분자들이 뭉쳐지는 영역이 만들어진다. 이 영역은 밀도와 압력이 커져 펄스로 문에서 바깥쪽으로 퍼지게 된다. 이러한 움직임은 분자에서 분자로 빠르게 전달되고 압축 펄스가 방을 가로질러 퍼진다. 밀도가 높고 공기 압력이 증가한 펄스가 반대편의 문에 도달하고 문에 영향을 미치는 분자들의 효과, 즉 압력이 증가하여 문이 닫히게 된다.

방의 다른 쪽에 있는 문이 잠겨 있지 않다면 첫 번째 문을 빨리 잡아당겨 다시 문을 열 수 있다. 문을 잡아당기면 밀도와 압력이 낮아진 분자의 얇은 펄스를 보내게 되고, 분자의 일부를 방의 외부로 밀어낸다. 다른 분자는 압력이 작은 영역으로 빠르게 이동한 다음 원래 위치로 되돌아간다. 전체적인 효과는 얇은 펄스가 방을 가로질러 움직이게 된다. 작은 압력의 펄

그림 5.7 (A) 문을 안쪽으로 열면 응축이라고 하는 밀도와 압력이 증가하는 펄스가 생성된다. 문을 바깥쪽으로 당기면 희박이라고 하는 밀도와 압력이 감소하는 펄스가 발생한다. (B) 응축상태에서 기체 분자 사이의 평균 거리는 펄스가 통과할 때 순간적으로 감소한다. 희박상태에서 평균 거리는 순간적으로 증가한다.

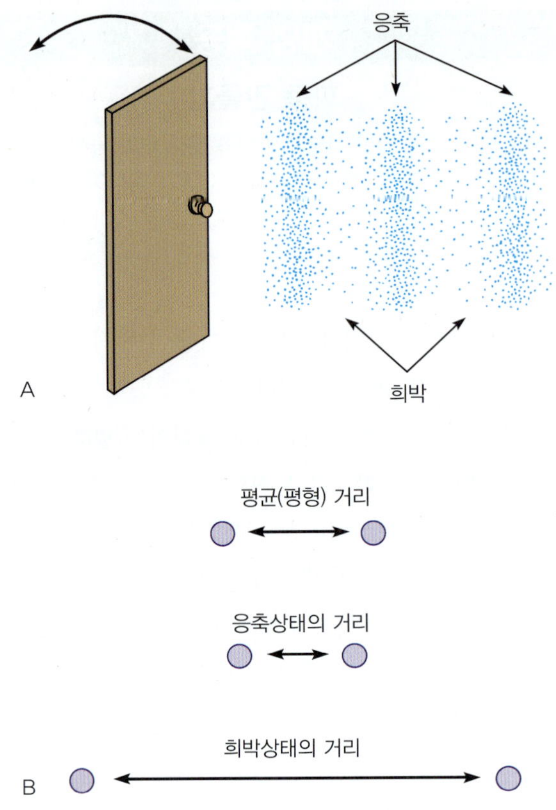

스가 다른 문에 도달하면, 문 외부의 정상 압력을 가하는 분자에 의해 문이 움직이게 된다. 펄스가 특정 위치를 지나간 후, 분자들은 신속하고 무작위적인 움직임으로 인해 곧 균질하게 재분포된다.

문을 앞뒤로 흔들면 진동하는 물체가 된다. 앞뒤로 진동함에 따라 초당 진동 횟수와 관련하여 특정 진동수를 갖게 된다. 문이 방 안쪽을 향해 움직일 때, **응축**(또는 압축)이라고 하는 뭉쳐 있는 분자들이 방 전체로 빠르게 이동한다. 문이 방 바깥쪽으로 움직일 때, **희박**이라고 하는 얇아진 분자층이 방 전체로 빠르게 움직인다. 문이 안쪽과 바깥쪽으로 움직일 때 응축(밀도와 압력의 증가) 및 희박(밀도와 압력의 감소)의 반복 펄스를 보낸다(그림 5.7). 펄스는 반대쪽 문에 움직임을 일으키거나 일을 하기 때문에 에너지를 전달한다. 개별 분자는 평형 위치에 대해 조화 운동을 하며 움직일 수 있는 물체에 일을 할 수 있다. 따라서 이 예를 통해 종파에 의해 에너지가 전달되는 것을 알 수 있다.

공기 중의 파동 듣기

사람의 귀는 일반적으로 20~20,000 Hz의 진동수를 가진 물체에서 발생하는 소리를 듣기 때문에 문이 진동하는 것을 들을 수 없다. 진동수가 20 Hz 미만인 종파를 **초저주파**(infrasonic)라고 한다. 좋은 음향 시스템을 쓰고 있는 경우에는 일반적으로 20 Hz 이하의 소리를 듣는 것이 아닌 느끼게 된다. 20,000 Hz 이상의 종파를 **초음파**(ultrasonic)라고 한다. 일반적으로 20,000 Hz는 청각의 상한으로 간주되지만 실제 한계는 사람마다 다르며 나이가 들어감에 따라 점점 낮아진다. 인간은 초저주파나 초음파 소리를 듣지 못하지만 동물마다 한계가 다르다.

귀

상자 그림 5.1은 귀의 해부도를 보여준다. 귀에 도달하는 소리는 먼저 외이를 통해 고막으로 전달된다. 외이의 원뿔 모양은 소리를 고막에 집중시켜 음파가 도달하는 것과 같은 주파수로 진동하게 한다. 고막에 붙어 있는 3개의 작은 뼈들은 달팽이관이라고 하는 달팽이 모양의 구조물 안에 난원창이라고 불리는 작은 막으로 덮인 개구부에 차례로 붙어 있다. 고막의 진동은 작은 뼈들이 진동하게 하고, 그것들은 차례로 난원창의 막에 상응하는 진동을 일으킨다.

귀의 달팽이관 소리를 감지하는 구조로, 달팽이 모양의 유체가 채워진 관으로 구성되어 있다. 난원창이 진동하면 유체가 움직이기 시작하여 막이 진동한다. 높은 음, 짧은 파장의 소리는 막의 난원창에서 가까운 한 부분을 움직이게 하는 반면 낮은 음, 긴 파장 소리는 난원창에서 멀리 떨어진 다른 부분을 진동시킨다. 큰 소리는 희미한 소리보다 막을 더 강하게 진동하게 한다. 이 막의 세포는 진동으로 자극을 받아 뇌에 신호를 전달하게 된다.

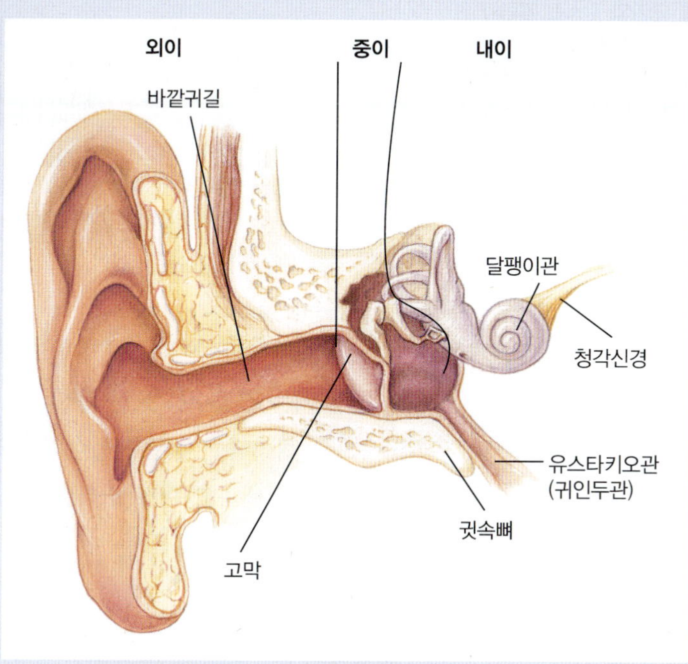

상자 그림 5.1 귀의 대략적인 그림

서로 다른 파장의 소리가 달팽이관의 다른 부분을 자극하기 때문에, 뇌는 소리의 음조를 결정할 수 있다. 대부분의 소리는 다른 가청 음조의 혼합으로 이루어져 있다. 더 큰 소리는 막을 더욱 강하게 자극하여 달팽이관 내의 감각 세포들이 초당 더 많은 신경 자극을 보내게 한다. 따라서 뇌는 다양한 소리의 음조뿐만 아니라 세기도 감지할 수 있다.

달팽이관에는 2개의 유체가 채워진 주머니와 반고리관이 있다. 이러한 구조는 청력에 관여하지 않고 균형과 자세를 유지하는 데 관여한다. 주머니와 반고리관의 벽에는 막에서 발견된 것과 유사한 세포들이 있다. 이 세포들은 중력에 대한 머리의 위치와 움직임에 의해 자극을 받는다. 머리의 위치가 지속적으로 변화하면 균형을 유지하는 데 중요한 감각이 들어오게 된다.

개, 고양이, 쥐, 박쥐는 사람보다 더 높은 주파수를 들을 수 있다. 예를 들어 개는 사람이 들을 수 없는 초음파 소리를 들을 수 있다. 박쥐 중 일부는 완전한 어둠 속에서 움직이며 날아다니는 곤충을 탐색하기 위해 최대 100,000 Hz 진동수의 소리를 만들고 듣는다. 과학자들은 최근 코끼리가 수 킬로미터 거리에서 극히 낮은 주파수의 소리로 통신한다는 것을 발견했다. 인간은 그러한 낮은 진동수의 소리를 감지할 수 없다. 이것은 다른 동물들이 우리가 할 수 없는 초저주파 파동을 감지할 수 있다는 가능성을 제기한다.

260 Hz에서 진동하는 소리굽쇠는 움직이는 문과 비슷하게 종파를 만들지만, 이러한 종파는 사람의 청각 주파수 범위 내에 있기 때문에 음파(sound wave)라고 한다. 부딪친 소리굽쇠의 갈래는 앞뒤로 움직이며 진동한다. 소리굽쇠의 갈래를 종이 위에 고정시키거나 물이 담긴 비커에 빠뜨리면 더 쉽게 관찰할 수 있다. 공기 중에서 진동하는 갈래는 먼저 앞쪽으로 이동하여 공기 분자를 밀도와 압력이 증가된 응축상태로 밀어낸다. 갈래가 뒤로 이동함에 따라, 밀도와 압력이 감소된 희박상태가 생성된다. 교대로 일어나는 증가 및 감소된 압력의 펄스는 진동하는 소리굽쇠로부터 이동하여 빠르게 팽창하는 풍선의 표면처럼 모든 방향으로 동일하게 바깥쪽으로 퍼진다(그림 5.8). 고막은 펄스에 의해 안과 밖으로 밀려나고 소리굽쇠와 동일한 진동수로 진동한다. 고막의 진동은 3개의 작은 뼈에 의해 고리관의 유체로 전달된다. 여기

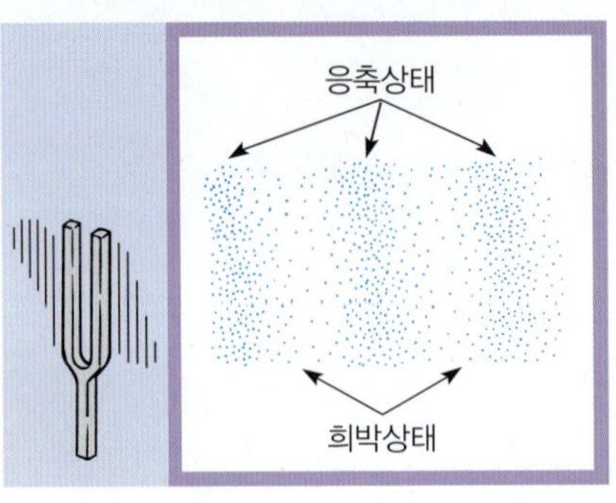

그림 5.8 진동하는 소리굽쇠는 퍼지는 일련의 응축상태와 희박상태를 생성한다. 증가와 감소된 압력의 펄스가 귀에 도달하여 고막을 진동시킨다. 귀는 진동에 대한 신경 신호를 뇌에 보내고, 뇌는 그 신호를 소리로 해석한다.

에 있는 작은 털들은 움직임의 빈도와 크기에 반응하여 정보를 뇌로 전달하는 신경을 활성화시킨다. 뇌는 진동수를 특정 **음조**(pitch)의 소리로 해석한다. 예를 들어 높은 진동수의 소리는 고음으로 해석되고 낮은 진동수의 소리는 저음으로 해석된다. 그러면 뇌는 모든 소리에서 특정 소리를 선택하고 특정 소리로 '조정'하여 다른 모든 소리들로 이루어진 배경 소음을 제거하면서 원하는 소리를 들을 수 있다.

5.3 파동의 기술

소리굽쇠는 특정 진동수와 진폭으로 진동하여 압력이 증가된 응축상태와 감소된 희박상태가 반복되는 종파 형태의 펄스를 생성한다. 이 진동의 진동수와 진폭의 그래프는 그림 5.9A와 같으며, 응축 및 희박상태는 그림 5.9B와 같다. 파동의 형태는 또한 그림 5.9C에 그려진 것처럼 진행하는 음파의 압력 변화에 대한 그래프로 나타낼 수 있다. 이 그래프는 음파와 관련된

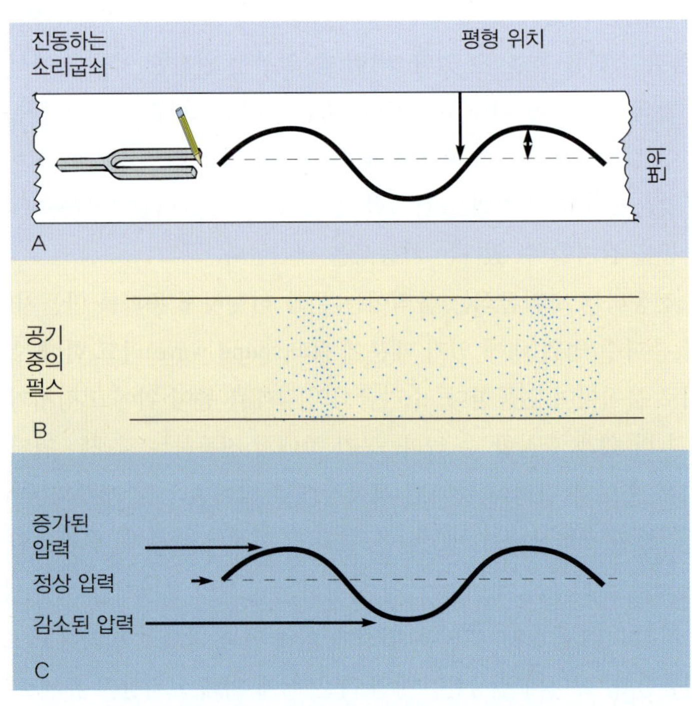

그림 5.9 (A) 소리굽쇠의 전후 진동을 (B) 공기를 통해 이동하는 응축 및 희박상태와 (C) 기압의 증감을 비교하라.

청각 장애

일반적으로 청각 장애에 관련하여 3가지 영역이 있다. (1) 어린아이의 중이염, (2) 노화에 따른 고음 영역의 청각 능력 상실, (3) 머리나 귀에서 들리는 이명 및 기타 소음 유형이다.

중이염은 어린아이들의 가장 흔한 질병 중 하나이다. 중이는 고막 뒤의 작은 방으로, 고막에서 내이로 음향 진동을 전달하는 3개의 작은 뼈가 있다(상자 그림 5.1 참조). 중이는 유스타키오관이라는 작은 관으로 목과 연결되어 있다. 이 관은 고막 앞뒤의 기압의 균형을 유지해준다. 중이염은 보통 감기로 시작한다. 어린아이들은 유스타키오관이 짧은데, 감기로 인해 부어오르고, 이로 인해 중이에 유체가 남게 된다. 수분이 쌓이면 통증이나 불편함은 물론 청력 저하까지 초래된다. 이 상태는 종종 몇 주 혹은 그 이상이면 저절로 없어진다. 심각하고 반복적인 경우 작은 배수관을 고막을 통해 삽입해 유체가 배수 가능하도록 하는 경우도 있다. 이 관들은 언젠가는 빠지고, 고막은 치유된다. 중이염은 아이가 학령기에 이르면 거의 해소된다.

노화로 인해 정상적인 청력 상실이 발생한다. 이러한 현상은 높은 주파수에서 더 뚜렷하게 나타나며, 여성보다 남성에게서 더 크다. 정상적인 청력 상실은 20대 초반에 시작되며, 그 후 60대와 70대에 걸쳐 증가한다. 그러나 이 과정은 소음이 매우 큰 장소에서 많은 시간을 보낼 때 가속화된다. 시끄러운 콘서트, 시끄러운 이어폰, 그리고 붐카(고성능 스피커를 장착하고 음악을 시끄럽게 틀어대는 차)를 타는 것은 고음 영역의 청력 상실을 가속화하는 예들이다.

이명은 귀나 머리에서 생겨난 것 같은 울림이나 바람소리와 같은 것으로, 증상이 있는 사람만이 들을 수 있다. 여러 가지 원인이 있지만 가장 흔한 것은 내이 신경의 손상이다. 시끄러운 소음, 폭발, 총기 그리고 시끄러운 음악 밴드에 노출되는 것이 흔한 원인이다. 또한 나이와 어떤 약물 복용이 이명을 일으킬 수 있다. 아스피린과 같은 약물은 이명을 멈출 수 있지만 내이의 신경 손상에 대한 치료법은 없다.

몇 가지 개념을 정의하는 데 사용할 수 있다. 진동 갈래의 (1) 진폭 또는 변위, (2) 응축과 희박상태의 펄스, (3) 변화하는 공기 압력 간의 대응 관계를 보라. 또한 진동 갈래와 파동 주기의 진동수 사이의 대응 관계에 주목하라.

그림 5.10은 지속적으로 진동하는 파원의 파동과 관련된 용어를 보여준다. 파동의 **마루**(crest)는 매질이 정지 위치로부터의 최대로 멀어진 곳이다. 음파의 경우 이는 기압이 최대로 증가된 것을 나타낸다. 파동의 **골**(trough)은 정지 위치의 반대 방향으로 최대로 증가된 것이다. 음파의 경우 이는 기압이 최대로 감소된 것을 나타낸다. 파동의 **진폭**은 정지에서 마루 또는 정지에서 골까지의 변위이다. 파동을 반복하는 데 필요한 시간은 **주기**(T)이다. 그 자체를 반복한다는 것은 한 파동의 마루에서 다음 마루까지처럼 하나의 파동이 통과하는 데 필요한 시간을 의미한다. 파동이 반복되는 이 길이를 **파장**(wavelength)이라고 한다. 기호는 λ(그리스 문자 람다)를 사용한다. 파장은 다른 길이와 마찬가지로 센티미터 또는 미터로 측정된다.

파동의 파장, 주기 및 속도 사이에는 다음의 관계가 있다.

$$v = \lambda f \tag{5.3}$$

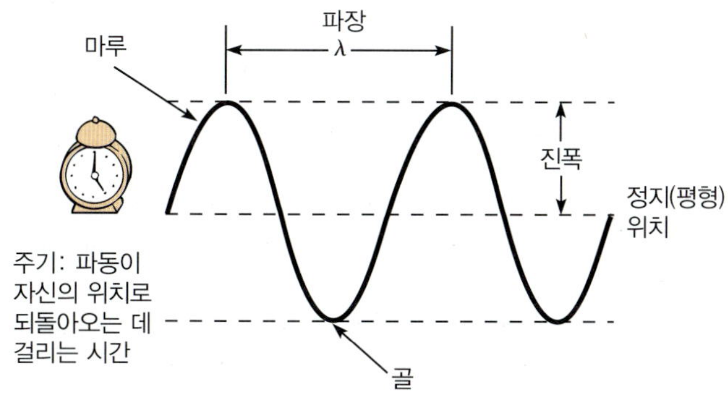

그림 5.10 여기에는 주기적인 파동과 관련된 용어가 몇 가지 있다. 파장은 파동의 한 부분에서 다음의 동일한 부분까지의 거리로서, 한 마루에서 다음 마루까지의 거리이다. 진폭은 정지 위치로부터의 움직이는 거리이다. 주기는 파동이 반복하는 데 필요한 시간, 즉 하나의 완전한 파장이 주어진 위치를 지나 이동하기 위한 시간이다.

이 방정식은 파장의 속도와 진동수의 곱에서 파동의 속도를 얻을 수 있음을 알려준다. 또한 파장과 진동수가 주어진 속도에서 반비례함을 알 수 있다.

예제 5.3 (선택)

진동수가 260 Hz인 종소리의 음파의 파장은 1.27 m이다. 이 음파의 속력은 얼마인가?

풀이

$f = 260\ \text{Hz}$

$\lambda = 1.27\ \text{m}$

$v = ?$

$$v = \lambda f$$
$$= (1.27\ \text{m})\left(260\ \frac{1}{\text{s}}\right)$$
$$= (1.27)(260)\ \text{m} \times \frac{1}{\text{s}}$$
$$= \boxed{330\ \frac{\text{m}}{\text{s}}}$$

예제 5.4 (선택)

일반적으로 사람의 귀는 2,500 Hz의 소리에 가장 민감하다. 소리가 330 m/s로 이동한다고 하면 사람들이 가장 민감하게 반응하는 소리의 파장은 얼마인가? (답: 13 cm)

5.4 에너지와 소리

모든 파동은 음파를 포함하여 에너지를 전달한다. 그림 5.2에서 진동하는 물체와 용수철은 평형 위치에서 물체를 이동시키면서 얼마나 많은 일을 했느냐에 따라 달라지는 진폭으로 진동한다. 물체에 대한 일이 클수록 변위가 커지고 진동하는 진폭이 커진다. 음파를 발생시키는 진동은 진폭이 클 경우 더 강한 응축과 희박을 일으킬 것이다. 음파의 세기는 음파가 전달하는 에너지의 척도이다(그림 5.11). **세기**(intensity)는 파동에 의해 파동의 수직인 단위 영역(제곱미터)으로 전달되는 일률(와트)로 정의된다.

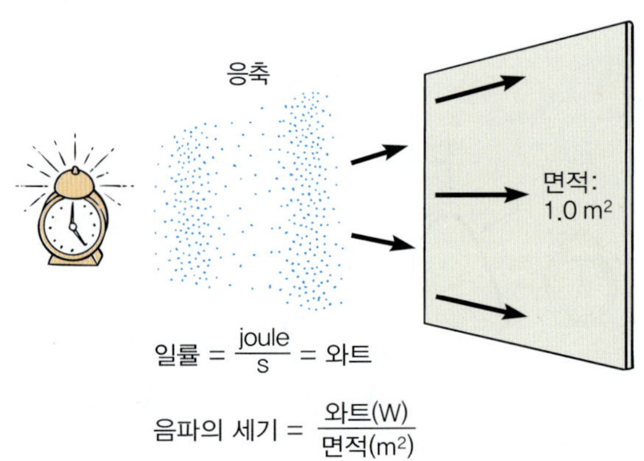

그림 5.11 음파의 세기는 파동의 수직인 영역으로 전달되는 에너지의 비율이다. 세기는 제곱미터당 와트(W/m^2)로 측정된다.

음량

소리의 **음량**(loudness)은 사람마다 다른 주관적인 해석이다. 또한 음량은 (1) 진동 물체의 에너지, (2) 음파가 이동하는 공기의 상태, (3) 파원과의 거리와도 관련이 있다. 또한 파원의 진폭을 2배로 증가시키면 음파의 세기가 4배로 증가하지만 소리는 4배만큼 크게 인식되지 않는다. 음파의 세기와 인지되는 음량 사이의 관계는 선형 관계가 아니다. 사실, 2배로 인식되는 소리는 10배의 세기를 필요로 하고, 4배의 음량은 100배의 세기를 필요로 한다.

사람의 귀는 매우 민감하고 10^{-12} W/m^{2}의 낮은 세기의 소리를 들을 수 있으며 약 1 W/m^{2}에 이를 때까지 불편함을 느끼지 않는다. 불편함을 느끼게 되는 소리의 세기는 들을 수 있는 세기의 백만(10^{12}) 배이다. 이 범위 내에서, 세기에 대해서는 10의 제곱에 따라 달라지는 것처럼 보인다. 이러한 관측 결과는 세기 수준을 측정하기 위해 **데시벨 눈금**을 개발하게 하였다. 척도는 들을 수 있는 최소 세기인 청각 문턱에 대한 소리의 세기 비율로 정의하며, 청각 문턱은 1,000 Hz에서 10^{-12} W/m^{2}이다. 소리의 세기가 10의 제곱에 따라 달라진다는 해석에 따라 선형이 아닌 로그 척도를 사용한다. 원래 척도는 청각의 문턱에 대한 소리의 세기 수준의 비율의 로그함수였다. 이 정의는 인간의 청각 문턱을 0으로 설정했으며, 그 단위는 알렉산더 그레이엄 벨을 기리기 위해 벨(bel)로 명명되었다. 이 단위는 너무 커서 실용적이지 못했는데, 그런 이유로 10분의 1로 줄였으며 데시벨(decibel)이라고 부르게 되었다. 따라서 소리의 세기 수준은 데시벨(표 5.1)로 측정된다. 표 5.1에 나열된 친숙한 소리의 데시벨 소음 수준을 비교하고 데시벨 눈금이 10씩 증가할 때마다 세기가 10의 배수만큼 늘어난다는 점에 유의하라. 예를 들어 데시벨 수준 10에서 데시벨 수준 20으로 이동하려면 세기가 10배 커져야 한다. 마찬가지로, 데시벨 수준 20에서 40으로 이동하려면 세기가 100배 증가해야 한다. 보다시피 데시벨 눈금은 단순한 선형 눈금이 아니다.

표 5.1 데시벨 눈금의 소음 수준과 세기의 비교

예	소음 수준	데시벨	세기(W/m^2)
최소 필요 청력	간신히 들리는	0	1×10^{-12}
고요한 날 숲속	아주 조용한	10	1×10^{-11}
속삭임(5 m)	매우 조용한	20	1×10^{-10}
도서관	정숙한	40	1×10^{-8}
대화	잘 들리는	65	3×10^{-6}
차량이 많은 길가	대화하기 어려운	70	1×10^{-5}
공압식 드릴(15 m)	매우 큰	95	3×10^{-3}
제트기(60 m)	불쾌한	120	1

공명

천둥소리가 창문을 덜컹거리는 소리를 들을 때 음파가 에너지를 전달한다는 것을 알 수 있다. 폭발할 때 나오는 날카로운 소리는 창문을 덜컹거릴 뿐만 아니라 깨뜨릴 수도 있는 것으로 알려져 있다. 천둥소리나 폭발과 연관 지어 생각해볼 때 그 에너지의 원천은 명백하다. 가

관련 내용

소음 공해 해결책?

벨, 제트기, 사이렌, 오토바이, 착암기, 그리고 건설 소음은 여러 지역에서 흔하게 접할 수 있는 소음이다. 이러한 소음 공해는 어디에나 있으며, 계속되는 소음으로부터 벗어날 수 있는 장소는 매우 드물다. 귀마개는 소음 수준을 낮추는 데 도움이 되지만, 음악이나 사람의 목소리처럼 듣고 싶어 하는 소리 또한 막게 된다. 귀마개는 항공기 엔진이나 바람 소리와 같은 낮은 진동수보다 높은 진동수의 소음에 더 효과적이다.

소음 공해에 대한 더 나은 해결책은 우리 귀에 도달하기 전에 음파를 소거하는 비교적 새로운 '항소음(antinoise)' 기술일 것이다. 마이크는 주위의 소음을 감지하고 파형에 대한 정보를 마이크로프로세서로 전송한다. 그런 다음 마이크로프로세서는 배경 소음과 위상차가 180도인 '항소음' 신호를 생성한다. 소음과 항소음 신호가 만나면 상쇄간섭이 일어나고 최종 소음 세기를 크게 감소시킨다.

소음 제거(noise-canceling) 기술은 오늘날 휴대용 플레이어처럼 보이는 헤드폰 세트의 전자 장비로 사용할 수 있다. 헤드폰은 진공청소기, 제트기 내부처럼 일정하고 지속적인 배경 소음에 사용할 수 있다. 판매상들은 자사의 장치가 최대 40%의 에어컨 소음, 80%의 자동차 소음, 그리고 95%의 비행기 소음을 상쇄할 수 있다고 홍보한다. 마이크로프로세서가 일정한 음원 외에는 일치시킬 수 있을 만큼 빠르지 못하기 때문에 사람들이 말하는 소리, 경고 소리, 음악 등 다른 모든 소리는 들을 수 있다.

소음 제거 마이크를 사용하면 소음이 많은 곳의 원격 회의 또는 휴대폰 사용 중에 사람의 음성을 혼란시키는 배경 소음을 제한할 수 있다. 향상된 마이크로프로세서와 새로운 디지털 애플리케이션으로, 소음 제거 기술은 음성 기반 애플리케이션에 더 높은 음질을 제공하는 데 도움이 될 것이다. 또한 시끄러운 우리 세계의 음량을 낮추는 데 도움이 되는 광범위한 실용성을 제공할 것이다.

끔 무슨 일이 일어나고 있는지 분명하지 않을 때에도 음파를 통해 에너지가 전달된다. 예를 들어 트럭 한 대가 길을 지나갈 때, 한 창문은 덜컹거리지만 다른 창문은 그렇지 않다. 가수가 단 하나의 음으로 유리잔을 산산조각 내지만 다른 물건들은 부서지지 않고 그대로 있다. 진동하는 물체의 특성과 에너지의 전달을 자세히 살펴보면 이러한 현상을 설명할 수 있다.

거의 모든 탄성 물체는 진동하게 만들 수 있고 충분히 교란된 후에는 일정한 진동수로 자유롭게 진동할 수 있다. 연예인들은 이러한 사실을 알고 종종 토크쇼에 출연하여 톱, 렌치, 그리고 다른 이상한 물건들을 악기 삼아 연주한다. 모든 물체는 재료와 모양에 의해 결정되는 **고유 진동수**(natural frequency)가 있다. 다양한 고유 진동수를 가지기 때문에 매달린 도구들을 마치 실로폰 막대처럼 사용할 수 있다.

만약 그네를 밀어본 적이 있다면, 작은 힘이 특정한 진동수에 적용될 수 있다는 것을 알 것이다. 가하는 힘이 그네의 고유 진동수와 일치하는 경우 진폭이 증가한다. 2개의 진동수가 일치할 때, 에너지는 매우 효율적으로 전달된다. **외력**의 진동수가 고유 진동수와 일치하는 상태를 **공명**(resonance)이라고 한다. 따라서 물체의 고유 진동수를 **공명 진동수**, 즉 공명이 발생하는 진동수라고 한다.

동일한 진동수의 소리굽쇠를 두들겨 다른 소리굽쇠 근처에서 진동시킬 경우 무음의 다른 소리굽쇠가 공명하게 된다(그림 5.12). 두들긴 굽쇠를 손으로 만져 진동을 멈추면 이전에 무음이었던 소리굽쇠의 소리가 들린다. 두들긴 소리굽쇠에 의해 생성되는 응축 및 희박상태의 파동은 무음 소리굽쇠의 고유 진동수와 일치하는 일련의 자극을 정기적으로 생성한다. 이는 공명 시 진동을 시작하는 데 필요한 에너지가 상대적으로 작다는 것을 보여준다.

트럭이 건물 옆을 지나갈 때 진동을 일으키면 한 창문은 덜컹거리고 다른 창문은 그러지 않을 수 있다. 트럭에 의한 진동은 덜컹거리는 창문의 고유 주파수와 일치하지만 다른 창문과는 그렇지 않다. 창문은 고유 진동수와 일치하는 음파로 공명하고 있다. 또한 가수가 유리

과학의 배후에 있는 사람들

요한 크리스티안 도플러(Johann Christian Doppler, 1803-1853)

요한 도플러는 파동의 관측된 진동수를 파원과 관찰자의 상대적인 움직임과 관련된 도플러 효과를 발견한 오스트리아의 물리학자이다. 도플러 효과는 움직이는 음원에서 쉽게 관찰되며, 그 음원이 관찰자를 통과할 때 음조가 떨어지게 되며, 천문학에서 멀리 떨어져 있는 천체의 속도와 거리를 추정하는 데 유용하게 사용된다.

도플러는 관찰자를 향해 움직이는 파원에서 나오는 음파가 파원이 정지해 있을 때보다 더 큰 진동수로 관찰자에게 도달하여 소리의 음조를 높이는 효과를 지적함으로써 자신의 이름을 딴 효과를 설명했다. 마찬가지로 관찰자로부터 멀어지는 파원에서 나오는 음파는 관찰자에게 더 느리게 도달하여 진동수가 감소하고 음조가 낮아진다. 1842년 도플러는 이 설명을 내세우고 관찰되는 진동수를 수학적으로 도출했다.

도플러의 원리에 대한 최초의 실험은 1845년 네덜란드의 위트레흐트에서 이루어졌다. 기관차를 이용하여 뚜껑이 없는 객차에 트럼펫 연주자들을 태우고 이쪽저쪽으로 이동시키면 음악가들에 의해 음조의 변화를 감지할 수 있을 것이었다. 트럼펫 연주자들의 이동에 의해 생성되는 음조의 변화는 도플러 방정식을 검증했다.

©Boris15/Shutterstock.com RF

도플러는 자신의 원리가 어떤 파동의 운동에도 적용될 것이라고 제안했고 그 예로 소리뿐 아니라 빛도 언급했다. 그는 모든 별들이 백색광을 발산하며, 별들의 움직임이 관측되는 빛의 진동수와 그에 따른 색에 영향을 미치기 때문에 지구에서 색의 차이가 관찰된다고 믿었다. 별들의 기본 색이 다양하기 때문에 이 생각은 보편적으로 사실이 아니었다. 그러나 피조(Armand Fizeau, 1819-1896)는 1848년에 별의 스펙트럼 선의 변화를 관측할 수 있고 도플러 효과에 기인하여 움직임을 결정할 수 있다고 지적했다. 이 생각은 1868년 허긴스(William Huggins, 1824-1910)에 의해 처음 적용되었는데, 그는 시리우스가 그 스펙트럼에서 작은 적색편이를 감지함으로써 태양계로부터 멀어지고 있다는 것을 발견했다. 1929년 허블(Edwin Hubble, 1889-1953)에 의해 은하 속도와 거리와의 관계로, 적색편이를 사용하여 은하의 거리를 구할 수 있게 되었다. 따라서 도플러가 소리에서 일상적이고 하찮은 효과를 설명하기 위해 발견한 원리는 실로 우주적인 중요성이 있는 것이었다.

출처: Modified from the *Hutchinson Dictionary of Scientific Biography*. Abington, UK: Helicon, 2011.

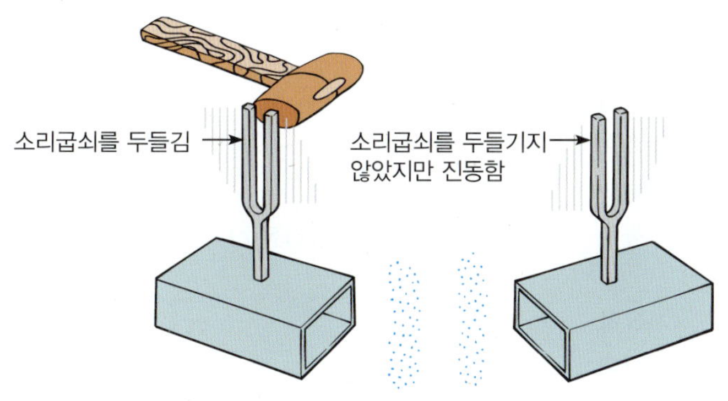

그림 5.12 음파의 힘을 포함하여 가해진 힘의 진동수가 물체의 고유 진동수와 일치할 때 에너지는 매우 효율적으로 전달된다. 그 상태를 공명이라고 한다.

잔을 깨트릴 수 있는 것도 공명이다. 음정이 유리의 공명 주파수와 일치하는 경우, 진동이 유리를 산산조각 낼 수 있을 정도로 커질 수 있다.

공명을 고려하는 것은 공학에서 중요한 문제이다. 원자력 발전소의 대형 냉각수 공급기가 그 예이다. 전기 모터의 진동이 터빈 날개의 공명 진동수와 일치하여, 금세 산산조각이 나게 되었다. 문제가 발견된 후 날개는 다른 고유 진동수를 가지도록 재설계되었다. 공명 진동은 건물 설계에서 특히 중요하다.

개념 적용

노래하는 컵

테두리를 문질렀을 때 유리컵이 '노래'하는 소리를 들어본 적이 있는가? 유리컵이 노래하게 하는 비결은 손가락에서 최대한 많은 유분을 제거하는 것이다. 그런 다음 유리 테두리 윗부분을 적절한 속도로 가볍게 문지른다. 유분이 없으면, 테두리를 문지를 때 손 피부의 일부분만 유리컵에 닿는다. 적절한 압력과 속도를 유지하면 유리의 고유 진동수와 일치할 수 있다. 공명 진동으로 인해 유리컵이 높은 음조로 '노래'하게 된다.

요약

탄성 물체는 외력이 작용할 때, 반복적인 움직임으로 **진동** 또는 앞뒤로 움직인다. 외력에 의해 변형된 후 원래 위치로 되돌리는 **내부 복원력**을 가지고 있기 때문에 이러한 현상이 발생한다. 내부 복원력이 변위와 반대 방향이고 변위의 크기에 비례하는 경우 **단조화 운동**이라고 한다. 변위의 정도를 **진폭**이라고 하며, 하나의 완전한 앞뒤 움직임이 한 **순환**이다. 한 순환에 필요한 시간은 **주기**이다. **진동수**는 초당 순환의 수이고 진동수의 단위는 **헤르츠**이다. 단조화 운동에 대한 시간의 함수로서 변위 그래프는 **사인** 그래프이다.

주기적이거나 반복적인 진동 또는 단일 **펄스**는 매질을 통해 에너지를 전달하는 **파동**을 생성할 수 있다. 파동 방향으로 입자가 전후 운동하는 파동을 **종파**라고 한다. 파동 방향에 수직으로 운동하는 파를 **횡파**라고 한다. 매체의 성질과 운동하는 방향은 생성되는 파동의 유형을 결정한다.

공기를 통해 이동하는 파동은 종파이며 공기를 구성하는 분자의 앞뒤 방향 운동을 유발한다. 분자들이 더 가까이 밀착된 구역은 밀도와 압력이 증가된 **응축상태**의 펄스를 생성한다. 밀도와 압력이 감소된 영역은 **희박상태**이다. 진동하는 물체는 파원에서 바깥쪽으로 퍼지는 응축 및 희박상태를 생성한다. 진동수가 20~20,000 Hz 사이이면 사람의 귀는 파동을 특정 **음조**의 **소리**로 인식한다. 높은 진동수는 고음으로, 낮은 진동수는 저음으로 해석된다.

응축 및 희박상태에 의해 생성된 압력 변화의 그래프를 사용하여 음파를 설명할 수 있다. 응축상태는 **마루**를 생성하고, 희박상태는 **골**을 생성한다. **진폭**은 정상 위치에서 압력의 최대 변화이다. **파장**은 하나의 마루에서 다음 마루까지의 거리와 같이 파동의 연속된 두 위치 사이의 거리이다. **주기**는 파동이 반복되기 위해 필요한 시간이다. 파동의 **속도**는 파장이 얼마나 빨리 지나가는지는 의미한다. **진동수**는 $v = \lambda f$에서 계산할 수 있다.

음파의 **에너지**를 파동의 **세기**라고 하며 제곱미터당 와트로 측정된다. 소리의 세기는 **데시벨 눈금**으로 표현되며, 이는 사람의 귀가 감지하는 소리의 크기 변화와 관련이 있다.

식의 요약

5.1 $\text{주기} = \dfrac{1}{\text{진동수}}$

$$T = \frac{1}{f}$$

5.2 $\text{진동수} = \dfrac{1}{\text{주기}}$

$$f = \frac{1}{T}$$

5.3 속도 = (파장)(진동수)

$$v = \lambda f$$

개념에 대한 질문

1. 파동이란 무엇인가?
2. 횡파가 공기 중으로 이동할 수 있는가? 설명하시오.
3. 달의 우주 비행사가 서로 가까이 있을 때에도 왜 무선 통신을 해야 하는가?
4. 모든 진동수의 소리가 같은 속도로 이동하는가? 파동 방정식을 사용하여 답을 설명하시오.
5. 종파와 횡파의 중요한 유사점과 차이점은 무엇인가? 각각의 예를 제시하시오.

연습문제

그룹 A

1. 진동하는 물체가 파장 50 cm, 주파수 10 Hz의 주기적인 파동을 생성한다. 이 파동은 얼마나 빠르게 이동하는가?
2. 응축 중심과 인접한 희박 중심 사이의 거리는 1.50 m이다. 진동수가 112.0 Hz인 경우 파동의 속도는 얼마인가?
3. 파도가 4.0초마다 다리 아래를 통과한다. (a) 이 파동의 주기는 얼마인가? (b) 진동수는 얼마인가?
4. 진동수가 260 Hz인 음파는 330 m/s의 속도로 움직인다. 한 응축상태에서 다음까지의 거리는 얼마인가?
5. 다음 음파의 속도는 얼마인가?
   a. C 음표 또는 256 Hz 및 1.34 m λ
   b. A 음표 또는 440.0 Hz 및 78.0 cm λ
   c. 750.0 Hz 및 45.7 cm의 λ의 사이렌 소리
   d. 2,500.0 Hz 및 13.7 cm의 λ의 입체음향 소리
6. "안녕하세요"라고 소리친 후 4.80초 후에 절벽에서 울림이 들린다. 소리 속도가 335 m/s인 경우 절벽에서 몇 미터 떨어져 있는가?
7. 천둥이 번개가 친 후 4.63초 뒤에 관찰되었다. 소리 속도가 345 m/s인 경우 번개는 몇 미터나 떨어진 곳에서 발생하였는가?

6 전기
Electricity

핵심 개념

전기장과 자기장은 상호작용하며 각각 전기력과 자기력을 만든다.

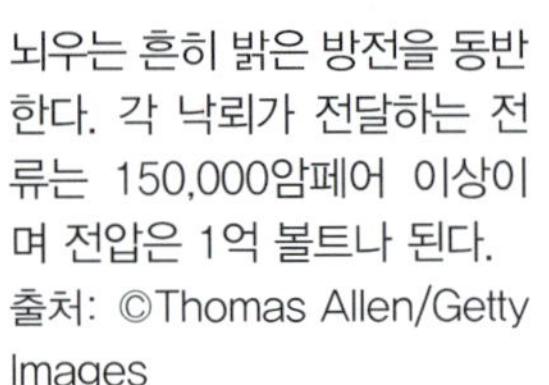

뇌우는 흔히 밝은 방전을 동반한다. 각 낙뢰가 전달하는 전류는 150,000암페어 이상이며 전압은 1억 볼트나 된다. 출처: ©Thomas Allen/Getty Images

장의 개요

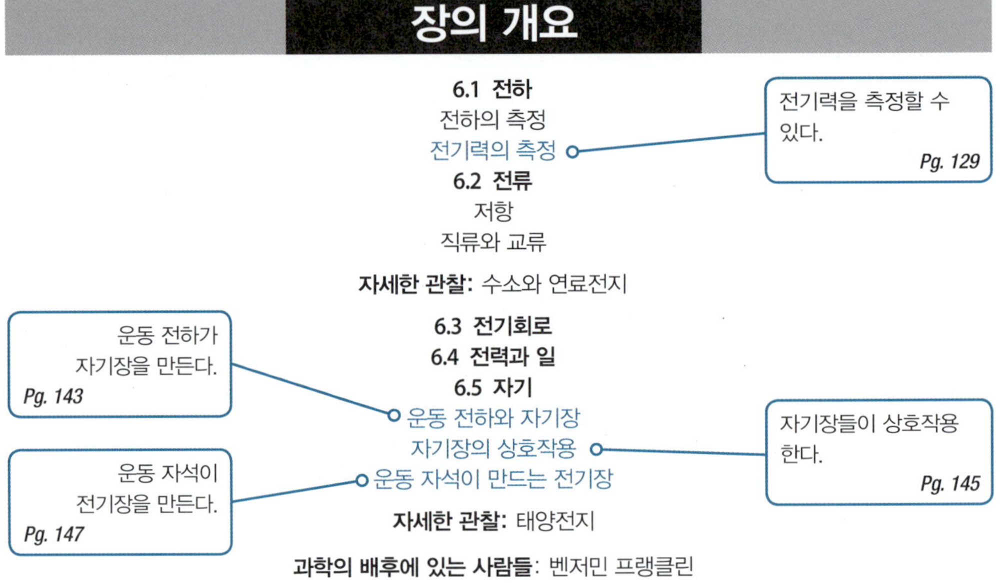

연관성

물리학

- 힘은 인력이나 척력이다(2장).
- 어떤 물체에 일을 하면 이 물체는 에너지를 얻는다(3장).
- 전력은 에너지 변환율이다(3장).
- 전기에너지는 다른 형태의 에너지로 변환될 수 있다(3장).
- 전기는 에너지의 한 형태이다(3장).
- 빛은 전기장과 자기장으로 이루어진 복사이다(7장).

화학

- 물질(원자)의 본질은 전기이다(15장).
- 화학 반응은 전기력과 관련이 있다(16장)

지구과학

- 광물의 결정은 전하에 의해 묶여있다(11장).

개요

앞 장들의 내용은 역학적 개념들, 즉 서로에게 힘을 가하는 물체의 운동에 관한 설명과 관련이 있었다. 직선 운동, 자유낙하 운동과 지상에서의 원운동뿐 아니라 행성과 인공위성의 원운동을 설명하는 데 이 개념들을 사용하였다. 역학적 개념은 뉴턴의 운동법칙에 기초하고 있으므로 때로 뉴턴 물리학이라고도 부른다. 또 분자의 운동학 이론을 통해 물질의 원자 세계도 역학적으로 설명할 수 있다. 이런 설명에서는 운동하는 물체가 상호작용하는 분자라 가정하고 이들 작은 입자들의 운동을 열에너지로 해석한다. 뉴턴의 개념을 더 확장하면 소리에도 역학 개념을 적용할 수 있다. 역학적 요동(disturbance)인 소리는 물질 분자를 통과하면서 운동법칙을 따른다.

1800년대 물리학자들은 전기, 화학 반응과 빛 같은 다른 자연현상도 역학적 해석이 가능하다는 것에 의아해했다. 역학 모형은 이미 많은 자연현상을 설명했기 때문에 아주 매력적이었고, 과학자들은 항상 근본적인 통일이론을 찾으려 노력했다. 전기를 움직이는 유체로, 빛은 물질 유체를 통과하는 역학적 파동으로 생각하는 역학적 해석이 시도되었다. 이 모형에는 많은 풀리지 않는 퍼즐들이 존재하기 때문에 점차 전기, 빛과 화학 반응은 역학적 해석이 불가능하다는 것을 인식하게 되었다.

시간이 지나면서 입자에 관한 연구로부터 입자 주위의 공간의 성질에 관한 연구로 관점이 변했다. 이 장에서는 입자 주위의 공간이란 개념을 사용해 전하에 대해 배우고자 한다. 장 모형(field model)이라고 부르는 이런 전하 모형은 전류, 전기회로와 전기적 일 및 전력을 성공적으로 기술한다. 자기는 무엇이고 어떻게 자기를 만드는지를 포함해서 전기와 매혹적인 자기 사이의 관계는 다음에 논의한다. 그런 뒤 발전(그림 6.1), 전기를 측정하는 방법과 어떻게 전기를 일상생활에 이용하는지 설명하는 데 이 관계를 이용한다.

6.1 전하

전등, 커피메이커, 스마트폰과 컴퓨터 모니터와 같은 많은 전기기구에 전기가 사용되는 것에 익숙할 것이다. 또 전기가 교통과 직장과 집의 냉난방에 사용된다는 것도 잘 알고 있다. 많은 사람은 전기기구를 당연시하지만 어떻게 작동하는지는 잘 모른다. 많은 사람에게 전기는 마법 같다. 전기는 마법이 아니고 다른 자연현상을 이해하고 있듯이 이해가 가능하다. 이해를 가능하게 하는 관측, 측정 가능한 물리량과 이 물리량들 사이의 관계를 설명해주는 이론 또는 법칙들이 존재한다. 모든 관측, 측정과 법칙은 전하(electrical charge)에 관한 이해로부터 출발한다.

그림 6.1 현대 산업사회에서 전력이 중요하다는 것은 분명하다. 그러나 자기, 빛, 화학 변화에서와 물질 구조의 기본 요소로서의 전기의 역할은 분명하지 않다. 앞으로 살펴보겠지만 사실 모든 물질의 본질은 전기이다. ©Bill W. Tillery

전기는 수천 년 동안 가장 큰 신비였다. 누구도 비벼댄 호박(송진이 굳어 만들어진 보석 종류)이 종이, 실과 머리카락의 작은 조각을 끌어당기는 이유를 알아낼 수 없었다. 이런 설명할 수 없는 끌림을 '호박 효과'라고 불렀다. 그러고 나서 100여 년 전 조셉 J. 톰슨(Joseph J. Thomson)이 전류 실험을 하던 중 답을 얻었다. 이 실험으로부터 톰슨은 음전하 입자가 모든 물질에 존재하며 이것이 물질을 구성하는 재료라는 결론을 내렸다. 호박 효과는 이 입자들의 운동과 관련된다고 보고 이 입자를 호박을 뜻하는 그리스 단어인 **전자**(electron)라고 불렀다. **전기**(electricity) 역시 호박을 뜻하는 그리스 단어에서 유래한 것이다.

오늘날 우리는 물질의 기본 단위가 **원자**(atom)임을 알고 있다. 원자는 다시 전자, **양성자**(proton)와 **중성자**(neutron)로 구성되어 있다. 원자는 밀집된 양성자와 중성자를 가진 **원자핵**(nucleus)이라 부르는 중앙부를 가지고 있다. 전자는 먼 거리 떨어져서 원자핵 주위를 돈다(그림 6.2). 전기를 이해하려면 원자핵 속의 양성자와 원자핵 주위를 도는 전자만 고려하면 된다. 또 전자가 한 원자로부터 이동해 다른 물체로 이동한다는 사실만 고려하면 된다. 양성자, 중성자, 전자의 본질과 어떻게 원자를 생성하는지는 15장에서 다룬다.

전자와 양성자는 **전하**라는 속성을 가진다. 전자는 **음전하**를 가지며 양성자는 **양전하**를 갖고 있다. 양과 음의 의미는 단지 두 속성이 서로 반대라는 것이지, 하나가 다른 것보다 좋다는 의미가 아니다. 중력이 질량의 기본 속성이듯이, 전하는 전자와 양성자의 기본 속성이다. 질량과 중력을 떼어놓고 생각할 수 없듯이 전자와 양성자에서 전하를 분리할 수 없다.

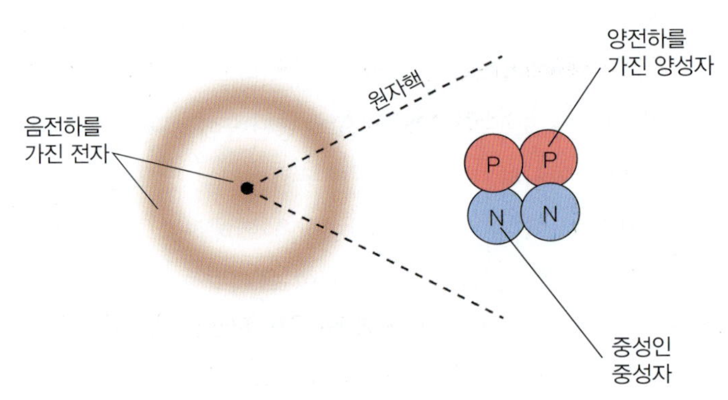

그림 6.2 아주 단순화한 원자 모형에서는 질량의 대부분이 원자핵이라 부르는 작고 밀도가 높은 중앙에 몰려있다. 원자핵은 양전하를 가진 양성자와 중성인 중성자로 구성되어 있다. 음전하를 가진 전자들은 이 그림에서보다 아주 먼 거리에서 원자핵 주위를 돈다. 정상적인 원자들은 중성인데 양전하 양성자의 수와 음전하 전자의 수가 같기 때문이다.

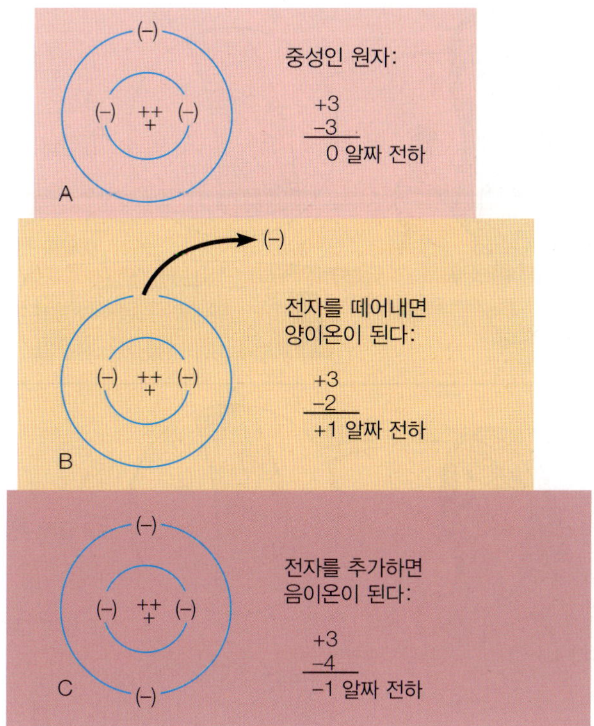

그림 6.3 (A) 중성인 원자는 전자의 수와 양성자의 수가 같다. (B) 전자 하나를 제거하면 알짜 양전하를 갖게 되고, 이것을 양이온이라고 부른다. (C) 전자를 추가하면 알짜 음전하를 갖게 되어 음이온이 된다.

전하가 상호작용하면 **전기력**을 만든다. 양전하와 양전하, 음전하와 음전하처럼 같은 부호의 전하들은 미는 전기력을 만든다. 양전하와 음전하처럼 다른 부호의 전하들은 끌어당기는 전기력을 만든다. "같은 전하들은 반발하고 다른 전하들은 당긴다"는 단순한 규칙을 기억하라.

정상적인 원자는 양전하 양성자의 수와 음전하 전자의 수가 같기 때문에 전기적으로 중성이다. 전자를 잃거나 얻은 원자에서는 다른 물리적, 화학적 상호작용이 일어날 수 있다. 두 경우 모두 원자가 **이온화**(ionized)되었다고 하고 그 결과 **이온**이 만들어진다. 전자를 잃고 이온화되면 **양이온**이 되는데, 알짜 양전하를 갖고 있기 때문이다. 전자를 얻은 원자는 알짜 음전하를 가지므로 **음이온**이 된다(그림 6.3).

과학 스케치

그림 6.3(또는 종이) 위에 +2 알짜 전하를 가진 원자를 그리고 네 번째인 표식을 붙이시오.

원자에서 원자로 전자들이 이동하여 이온이 만들어진다. 또 전자는 마찰을 하면 한 물체에서 다른 물체로 이동할 수 있다. 전자가 음전하를 가지기 때문에 전자를 얻은 물체는 음전하를 띤다. 전자를 잃은 물체는 반대로 양전하를 띠게 된다. 그러므로 **물체의 전하는 전자를 얻거나 잃음으로써 생긴다**. 이 전하는 물체에 머물고 움직이지 않기 때문에 **정전하**(electrostatic charge)라고 부른다. 또는 이 전하를 **정전기**(static electricity)라고도 부른다. 정전기는 물체에 축적된 움직이지 않는 전하이다. 플라스틱 빗으로 머리를 빗으면 전자가 머리카락에서 빗으로 이동하여 빗이 음전하로 대전된다(그림 6.4). 전자를 얻어 생긴 빗의 음전하와 전자를 잃

그림 6.4 빗질하기 전(A)과 빗질 후 (B) 머리카락과 빗에 있는 양성자(+)와 전자(−)의 수. 빗질 마찰로 인해 전자가 머리카락으로부터 빗으로 이동한다. 그 결과 빗은 음전하를 띠고, 머리카락은 양전하를 띤다.

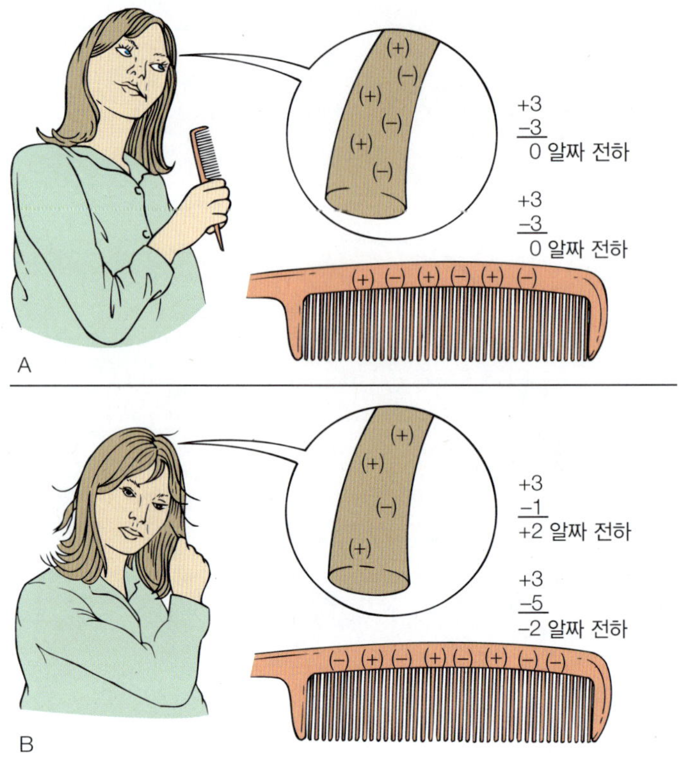

어 생긴 머리카락의 양전하는 잠시 정지해 있으므로 정전하이다.

플라스틱 빗 같은 물체가 마찰로 인해 대전되어도 곧 전자가 이동하여 중성인 상태로 되돌아간다. 이런 일은 습도가 높은 날에 더 빨리 일어난다. 왜냐하면 수증기가 대전 물체에서 전자의 이동을 돕기 때문이다. 그러므로 정전기는 습도가 높은 날보다 건조한 날 더 잘 경험할 수 있다.

대전 물체는 알짜 전하를 갖지 않은 두 번째 물체도 끌어당길 수 있다. 예를 들어 머리를 빗어 음전하로 대전된 플라스틱 빗이 있다고 하자. 이 빗을 전하가 없은 작은 종이조각에 가까이 하면 종이가 빗에 끌린다. 이것은 빗의 음전하가 종이조각의 전자를 밀쳐내 빗에 가까운 쪽에 양전하가 나타나기 때문이다(그림 6.5). 같은 부호의 전하 간 거리가 크기 때문에 부호가 다른 전하가 당기는 힘이 같은 부호의 전하가 밀치는 힘보다 커서 종이가 빗 쪽으로 끌린다.

그림 6.5 유도에 의한 대전. 마찰로 인해 빗에 전자가 많아져 음전하를 띤다. (A) 정상적인 경우 종이는 (+)와 (−) 전하들이 무작위적으로 분포한다. (B) 대전된 빗을 종이에 가까이 하면 같은 부호의 전하 사이에 밀치는 힘이 작용하여 전하가 재배열된다. 그 결과 알짜 양전하가 빗 가까운 쪽에 나타나고, 다른 부호의 전하는 끌어당기기 때문에 종이는 빗 쪽으로 끌린다.

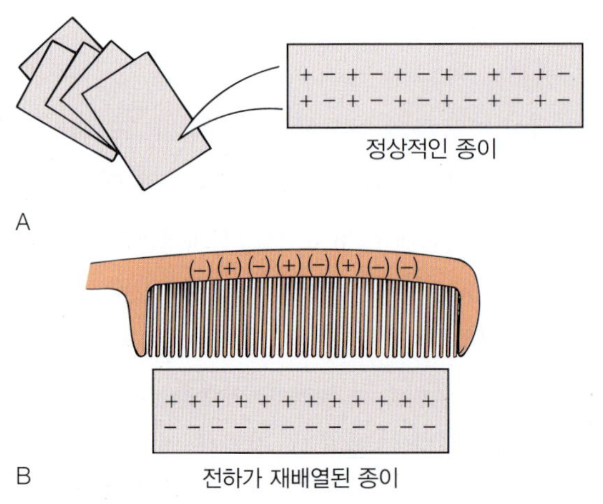

전하의 측정

카펫 위를 걸은 후 작은 정전기나 감전을 경험한 적이 있을 것이다. 더 많은 전하가 누적되면 충격이 더 커진다. 전하가 어떤 때는 적고 어떤 때는 많기 때문에 전하량이 다르고 이 양을 측정할 수 있다. 전하의 크기는 물체에서 이동한 전자의 수로 판별할 수 있다. 전하량(q)의 단위는 **쿨롱**(Coulomb)(C)이다. 쿨롱은 미터, 킬로그램과 초처럼 기본 국제단위이다.

모든 전자는 -1.60×10^{-19} C의 전하량을 가진다. 또 모든 양성자는 1.60×10^{-19} C의 전하량을 가진다. 1 C의 음전하를 얻으려면 60억 곱하기 10억(6×10^{18})개 이상의 전자가 축적되어야 한다.

전자(또는 양성자)의 전하량 1.60×10^{-19} C은 전하의 최소량이다(더 정확히 $1.6021892 \times 10^{-19}$ C). 이것이 전자($e^- = 1.60 \times 10^{-19}$ C)와 양성자($p^+ = 1.60 \times 10^{-19}$ C)의 **기본 전하**이다. 모든 대전 물체의 전하는 이 기본 전하의 배수값을 가진다. 보통의 물체는 대략 10^{-8}~10^{-6} C의 전하를 가진다.

전기력의 측정

같은 부호의 전하, (−)와 (−) 또는 (+)와 (+) 전하를 가진 두 물체는 밀치는 힘을 작용하고 다른 부호의 전하, (−)와 (+) 전하를 가진 두 물체는 끌어당기는 힘을 작용한다. 두 힘의 크기는 각 물체의 전하량과 물체 사이의 거리에 의존한다. 이 관계를 **쿨롱의 법칙**(Coulomb's law)이라 부르고 다음처럼 적는다.

$$F = k\frac{q_1 q_2}{d^2} \tag{6.1}$$

여기서 k는 9.00×10^9 N·m^2/C^{2}의 값을 가진다.

개념 적용

정전기

1. 습도가 낮은 날 이런 일이 잘 일어난다. 플라스틱 빨대와 몇 장의 티슈페이퍼를 준비하라. 티슈페이퍼 한 장을 잘게 잘라 책상 위에 놓고, 빨대를 한 장의 티슈페이퍼로 감싼 후 빨대를 티슈페이퍼 속에서 10번 정도 앞뒤로 움직인다. 빨대 끝을 책상 위 티슈페이퍼 조각에 접촉시키고 끌리는지 살펴보라. 끌린다면 접촉한 조각을 다른 조각에 접촉시키고 역시 끌리는지 확인하라. 습도에 따라 티슈페이퍼 조각들을 길게 끌어당길 수 있을 것이다.
2. 스카치테이프를 사용해 빨대를 책상 가장자리에 매단다. 플라스틱 볼펜, 검은 플라스틱 빗과 다른 물체를 면으로 된 천, 플란넬 천, 가죽과 다른 물체로 문지른다. 비빈 각 물체를 빨대 근처로 가져가 어떤 일이 일어나는지 지켜보라.
3. 정전기가 발생한 물체와 그렇지 않은 물체의 목록을 작성하라. 정전기와 물질에 대해 몇 가지 사실을 발견했는지 생각하라. 두 종류의 전하가 존재한다는 증거를 기술해보라.

2개의 대전 물체 사이의 힘은 q_1과 q_2가 같은 부호의 전하일 때 반발하고 다른 부호의 전하일 때 끌어당긴다(같은 부호의 전하는 반발하고 다른 부호의 전하는 끌어당긴다). 끌어당기는 힘이든 반발하는 힘이든 상관없이 뉴턴의 운동 제3법칙에 의해 두 물체가 느끼는 힘의 크기는 같다. 또 물체 사이의 거리가 멀수록 힘의 세기가 감소한다. (거리가 2배가 되면 힘은 원래 크기의 1/4이 된다.)

예제 6.1 (선택)

전자는 음전하를 가졌고 양전하의 양성자를 가진 원자핵 주위를 돈다. 전자는 끌어당기는 전기력 때문에 1.00×10^{-10} m의 통상 거리를 유지한다. 전자와 양성자 사이의 전기력은 얼마인가?

풀이

$$q_1 = 1.60 \times 10^{-19}\ \text{C}$$
$$q_2 = 1.60 \times 10^{-19}\ \text{C}$$
$$d = 1.00 \times 10^{-10}\ \text{m}$$
$$k = 9.00 \times 10^{9}\ \text{N·m}^2/\text{C}^2$$
$$F = ?$$

$$F = k\frac{q_1 q_2}{d^2} = \frac{\left(9.00 \times 10^9 \dfrac{\text{N·m}^2}{\text{C}^2}\right)(1.60 \times 10^{-19}\ \text{C})(1.60 \times 10^{-19}\ \text{C})}{(1.00 \times 10^{-10}\ \text{m})^2}$$

$$= \frac{(9.00 \times 10^9)(1.60 \times 10^{-19})(1.60 \times 10^{-19})}{1.00 \times 10^{-20}} \frac{\left(\dfrac{\text{N·m}^2}{\text{C}^2}\right)(\text{C}^2)}{\text{m}^2}$$

$$= \frac{2.30 \times 10^{-28}}{1.00 \times 10^{-20}} \frac{\text{N·}\cancel{\text{m}^2}}{\cancel{\text{C}^2}} \times \frac{\cancel{\text{C}^2}}{1} \times \frac{1}{\cancel{\text{m}^2}}$$

$$= \boxed{2.30 \times 10^{-8}\ \text{N}}$$

전자와 양성자 사이의 전기력은 2.30×10^{-8} N이다.

예제 6.2 (선택)

전자와 양성자 사이의 전기력이 5.50×10^{-8} N이라면 둘 사이의 거리는 얼마인가?
(답: 6.47×10^{-11} m)

장(field) 모형은 일정 거리 떨어진 다른 전하에 한 전하가 끌어당기거나 밀치는 힘을 이해하는 데 유용하다. 장 모형은 공간에서 한 물체가 다른 물체에 가하는 힘을 고려하지 않는다. 대신 장 모형은 전하 주위의 공간의 조건을 고려한다. 전하 주위의 공간의 조건은 전하의 존재에 의해 달라진다. 전하는 주위 공간에 **역장**(force field)을 만든다. 이 역장은 전하에 의해 만들어지기 때문에 **전기장**(electric field)이라고 부른다. 전하로부터 충분히 멀리 떨어져 있어 전기력을 느끼지 않는 '시험 전하'로 불리는 두 번째 전하를 상상해보자. 시험 전하를 전하에 점점 더 가까이하면 시험 전하가 전기장 속으로 들어가기 때문에 전기력이 증가한다. 시험 전하는 전하 주위 공간에 퍼져 있는 전기장을 판별하는 데 사용할 수 있다.

전기장은 장 지도를 만들어 가시화할 수 있다. 장은 이 장이 다른 전하의 장에 가하는 힘의 세기와 방향을 가리키는 전기장선으로 나타내진다. 장선은 항상 양전하 입자로부터 나와 음전하 입자로 들어간다. 장선의 간격은 장의 세기를 알려준다. 장선들이 가까이 있으면 장의 세기가 크고 장선들이 멀리 떨어져 있으면 장의 세기가 작다(그림 6.6).

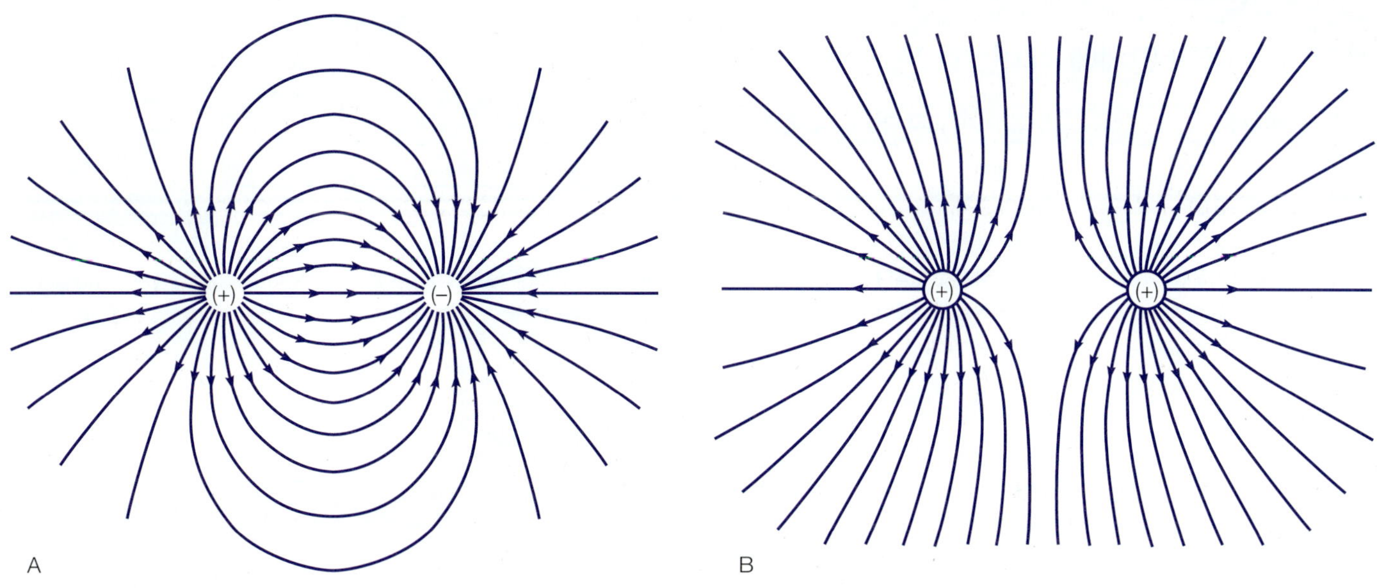

그림 6.6 시험 전하와 같은 세기를 가진 (A) 음전하와 (B) 양전하의 전기력선 도표

6.2 전류

'조류(water current)'가 바닷물의 흐름을 의미하듯이 **전류**(electric current)는 전하의 흐름을 의미한다. 전류는 전하의 흐름이며 이 흐름은 양 또는 음이 될 수 있다. 자동차의 전선은 보통 플라스틱으로 절연된 구리선이다. 이런 전선을 사용해 라디오를 작동시키면 자동차 배터리의 한 극에서 전자가 라디오로 이동했다가 다시 배터리로 돌아온다. CRT 컴퓨터 모니터에서는 전자가 화상관 내부에서 화면으로 가속이 되어 프로세서가 지시한 영상을 만든다. 마지막으로 컴퓨터 프린터를 가정용 전원에 꽂으면 절연 구리선을 통해 전자들이 앞뒤로 움직인다. 이 모든 사례에서 전류라고 부르는 전하의 운동이 일어난다.

전류의 종류는 다양하지만 모두 매초 이동하는 전하량으로 비교할 수 있다. 관계식은 다음과 같다.

$$\text{전류} = \frac{\text{전하량}}{\text{시간}}$$

$$I = \frac{q}{t} \tag{6.2}$$

전류의 단위는 C/초이며 이를 **암페어**(ampere)(A 또는 약자로 amp)라고 부른다. 도선에 흐르는 1 A의 전류는 이 도선을 따라 매초 1 C의 전하가 이동하는 것을 의미한다. 따라서 매초 2 C의 전하가 이동하면 2 A의 전류가 흐르는 셈이다(그림 6.7).

전하는 금속과 같은 물질을 통하여 쉽게 흐를 수 있다. 왜냐하면 금속은 느슨하게 묶인 많은 전자들을 가지고 있어 전자가 원자 사이에서 쉽게 이동할 수 있기 때문이다. 전하가 쉽게 흐를 수 있는 물질을 **도체**(conductor)라고 부른다. 플라스틱, 나무와 고무 같은 물질들은 전자가 단단하게 묶여있어 전하 흐름을 허용하지 않는다. 전하 흐름을 허용하지 않는 물질을

관련 내용

전류가 인체에 미치는 효과

전류(A)	효과(개인에 따라 다를 수 있다)
0.001~0.005	인지 한계
0.005~0.01	약간의 충격
0.01~0.02	도선을 놓을 수 없다
0.02~0.05	호흡을 하기가 힘들다
0.05~0.1	호흡과 심장이 멈춘다
0.1 이상	심한 화상, 사망

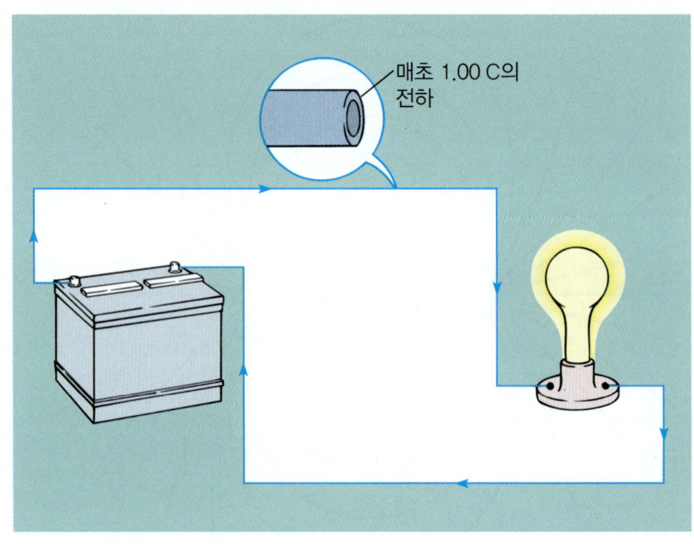

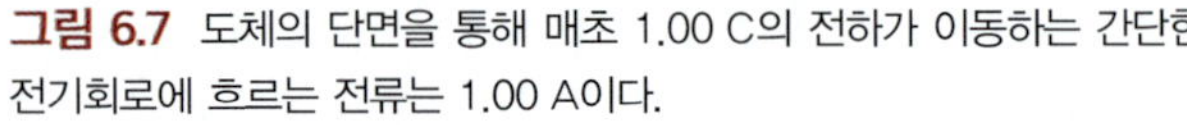

그림 6.7 도체의 단면을 통해 매초 1.00 C의 전하가 이동하는 간단한 전기회로에 흐르는 전류는 1.00 A이다.

표 6.1 도체와 절연체

도체	절연체
은	고무
구리	유리
금	탄소(다이아몬드)
알루미늄	플라스틱
탄소(흑연)	나무
텅스텐	
철	
납	
니크롬	

절연체(insulator)라고 부른다(표 6.1). 따라서 금속선은 한 장소에서 다른 장소로 전류를 흘리는 데 사용되고, 고무, 유리와 플라스틱은 전류가 흐르는 것을 막아주는 절연체로 사용된다.

실리콘과 게르마늄과 같은 세 번째 종류의 물질도 존재한다. 이들의 순도가 얼마인지에 따라 이들은 때로 전류를 흘리고 때로는 전류를 흐르지 않게 한다. 이런 물질을 **반도체**(semiconductor)라고 부르는데, 이들의 특별한 성질 때문에 컴퓨터, 정전기 복사기, 레이저 프린터, 태양전지 등의 많은 공학적 장치들이 탄생했다.

예제 6.3 (선택)

1.40 A의 전류가 스마트폰 충전기를 통해 11분 동안 흘렀다면 이 동안 이동한 전하량은 몇 C인가?

풀이

$$I = 1.40\ \mathrm{A}$$
$$q = ?$$
$$t = 11.0\ \mathrm{min} = 660\ \mathrm{s}$$

$$I = \frac{q}{t}$$

$$q = I \times t$$
$$= (1.40)(660)\ \frac{\mathrm{C}}{\mathrm{s}}\ \mathrm{s}$$
$$= \boxed{924\ \mathrm{C}}$$

예제 6.4 (선택)

2.40 A의 전류가 흐르는 컴퓨터 모니터에서 2000.0 C의 전하가 이동하려면 얼마의 시간이 걸리나?
(답: 833초)

저항

절연체는 **전기저항**(electric resistance)이라고 부르는 전류를 제한하는 속성을 갖고 있다. 좋은 전도체는 매우 작은 전기저항을 가지고 좋은 절연체는 매우 큰 전기저항을 가진다. 금속 도체의 전기저항의 실제 크기는 4가지 변수에 의해 결정된다(그림 6.8).

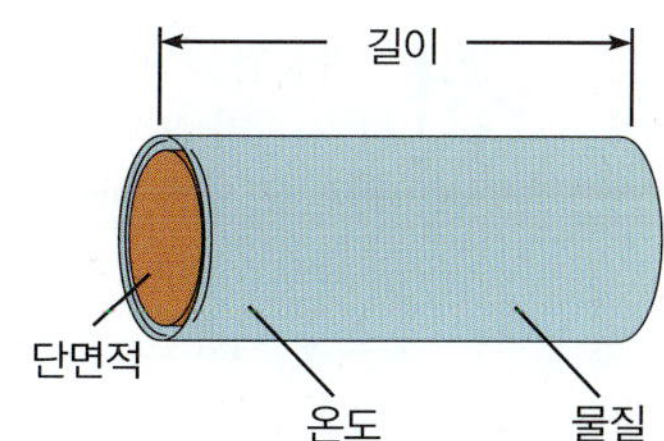

그림 6.8 도체의 전기저항에 영향을 미치는 4가지 요소는 도체를 구성하는 물질, 도체의 길이, 도체의 단면적과 온도이다.

1. **물질** 표 6.1에 있는 도체 목록에 보인 것처럼 물질마다 다른 전기저항을 가진다. 예를 들어 목록의 맨 위에 있는 은이 가장 작은 전기저항을 가지며, 구리, 금, 알루미늄 순으로 전기저항이 크다. 목록에 있는 물질 중 니크롬이 가장 큰 전기저항을 가진 도체이다. 정의에 따라 도체는 절연체보다 작은 전기저항을 가진다.
2. **길이** 도체의 전기저항은 길이에 따라 달라진다. 즉 길이가 긴 도선은 더 큰 전기저항을 가지며 길이가 짧은 도선은 작은 전기저항을 가진다. 도선의 길이가 길수록 전기저항이 커진다.
3. **직경** 전기저항은 도체의 단면적에 반비례한다. 두꺼운 도선의 단면적이 크기 때문에 가는 도선에 비해 전기저항이 작다. 도선이 가늘어질수록 전기저항이 증가한다.
4. **온도** 대부분 물질의 전기저항은 온도에 따라 증가한다. 이것은 고온에서 전자와 이온의 운동이 증가하여 서로 충돌하는 빈도가 커지기 때문이다. 매우 낮은 온도(100K 이하)에서 일부 물질의 전기저항이 0에 접근하는데 이런 물질을 **초전도체**(superconductor)라고 부른다.

과학 스케치

그림 6.8(또는 종이) 위에 그림과 같은 길이와 온도를 가졌지만 그림보다 더 큰 저항을 가진 도체를 그려보시오.

직류와 교류

전류의 본질과 관련된 또 다른 측면은 전하가 흐르는 방향이다. 자동차의 도선의 전류는 항상 한 방향으로 흐르며, 이것을 **직류**(DC, direct current)라고 부른다. 화학 배터리, 연료전지와 태양전지는 직류를 발생하며 전자 기구는 직류를 사용한다. 반면 전기용품이나 대부분의 전기 산업체에서는 **교류**(AC, alternating current)를 사용한다. 이름이 의미하듯이 교류는 전자를 교대로 한 방향, 그 후 다른 방향으로 움직인다. 가정용 전기회로는 교류를 사용하기 때문에 전기 콘센트에서 전자가 도선을 통해 이동하지 않는다. 대신 **전기장**이 광속에 가까운 속도로 도선을 따라 앞뒤로 움직여 전자가 이에 맞춰 진동하게 한다. 이 때문에 변하는 전기장에 따라 한 방향, 그 후 다른 방향으로 전류가 흐르게 된다. 60헤르츠의 교류에서 전류는 매초 120번 방향이 바뀐다.

자세한 관찰

수소와 연료전지

전기자동차를 구동시키는 방법은 여러 가지가 있다. 재충전이 가능한 납 배터리는 최고의 방법이 아니다. 전기자동차를 구동시키는 새롭게 개발된 기술로는 수소를 이용한 연료전지(fuel cell)가 있다. 저장 배터리, 건전지와 연료전지 모두 화학 반응을 이용해 전기를 발생시킨다. 연료전지가 다른 전지와 다른 점은 저장 배터리처럼 충전하거나 건전지처럼 교체할 필요가 없다는 것이다. 연료전지를 연속적으로 작동시키기 위해서는 연료가 필요하다. 이 때문에 "연료전지"라고 부른다.

연료전지는 전기자동차에서 직접 전기를 만들 수 있으므로 무거운 배터리가 불필요하다. 전기자동차의 문제인 짧은 주행거리와 배터리를 충전하는 데 걸리는 시간이 해결된다. 대신 전기를 움직이는 부품이 없는 장치에서 전기화학적으로 생산한다. 알고 있겠지만 물에서 수소와 산소 기체를 분리해내는 데 에너지가 필요하다. 따라서 예상하듯이 수소와 산소를 결합해 물을 만들 때 에너지가 발생한다. 연료전지는 이 에너지를 전류를 만드는 데 사용한다.

연료전지 디자인 중 하나는 2개의 전극, 즉 양극과 음극을 가진다. 전극에서 화학 반응이 일어나 전기를 만든다. 양성자 교환막(PEM, proton exchange membrane)이 전극을 분리하고 화학 반응을 촉진하기 위해 촉매가 사용된다. 일반적으로 말해, 연료전지의 양극에 들어온 수소 원자가 교환막을 지나면서 전자를 남긴다. 교환막을 지난 수소 이온은 산소와 결합하여 물을 만들고 이 물은 연료전지로부터 방출된다. 양극 쪽에 남은 전자의 수가 증가하면서 전위차(전기적 위치에너지 차이 혹은 전기적 퍼텐셜에너지 차이)가 만들어진다. 도선을 교환막의 양쪽에 연결하면 전자가 이동해 전류가 생겨 전기가 만들어진다. 수소와 산소를 공급하는 한 연료전지가 자동차를 구동할 전기를 생산한다.

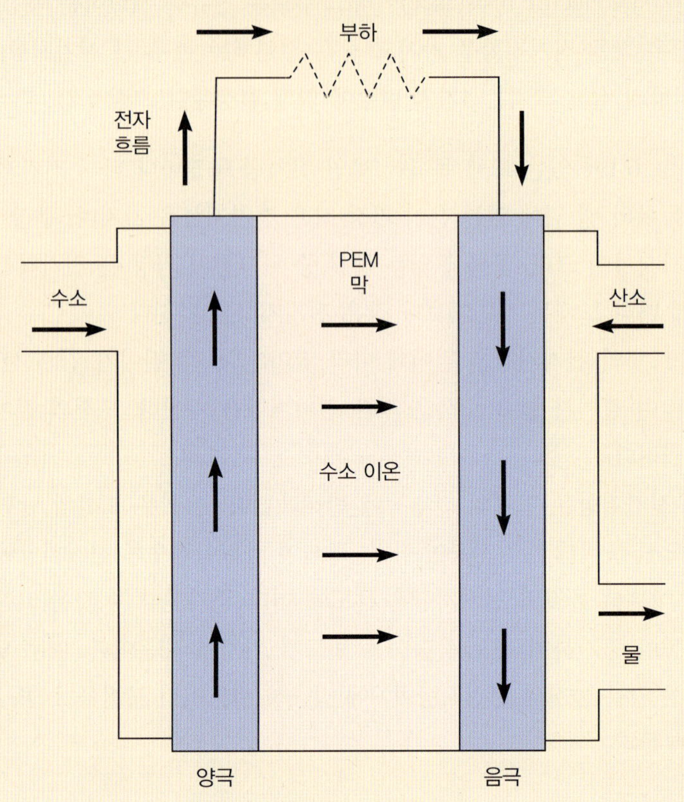

상자 그림 6.1 PEM 연료전지의 개요도

조용하고 공해를 만들지 않는 움직이는 부품이 없는 연료전지는 너무 좋아 사실이 아닐 것 같지만 기술적으로 가능하다. 하지만 지금까지 일상생활에서 사용하기에는 연료전지가 너무 비쌌다. 그러나 이제는 가격이 많이 낮아졌다. 연료전지를 사용한 전기자동차는 압축 수소 기체나 액체 수소를 사용해 작동할 수 있다. 그렇게 되면 배출하는 것은 수증기뿐이다. 또 수소를 직접 사용하기 때문에 효율이 높다. 휘발유를 사용하는 내연기관의 자동차가 대개 15~20%의 효율을 가진 반면 수소를 이용한 전기자동차는 50~60%의 효율을 가진다. 자동차에 연료를 수소로 변환하는 개조기를 붙이면 다른 연료를 사용해 구동할 수도 있다. 예를 들어 메타놀이나 천연가스를 사용해도 내연기관이 배출하는 CO_2, CO, HC와 NO_x 양보다 이들의 배출을 현저하게 줄일 수 있다. 메타놀을 사용할 때 또 다른 장점은 기존의 휘발유 연료 분배시스템(탱크, 펌프 등)을 액체 연료를 분배하는 데 사용할 수 있다는 것이다. 반면 액체 또는 압축 수소는 완전히 새로운 분배시스템을 필요로 한다.

연료전지로 구동하는 전기자동차는 연속적으로 충전해야 하는 배터리 문제를 가진 배터리 구동 전기자동차에 비해 배출 가스가 없다는 장점을 갖고 있다. 머지않아 주위에서 연료전지로 구동하는 전기자동차를 보게 될 것이다. 이것이 미래의 자동차이며 환경을 위해서 지금도 필요한 자동차이다.

6.3 전기회로

전기장이 도체에 있는 전하에 힘을 가하면 도체에 전류가 흐른다. 예를 들어 자동차 배터리가 전구 필라멘트를 통해 전자가 움직이도록 하는 전기장을 만들기 때문에 배터리가 전구에 불이 들어오게 한다. **전기회로**(electric circuit)는 배터리나 발전기와 같은 전기장치를 가지고 있다. 이 장치는 전하를 한 극에서 도선을 통해 다른 극으로 이동시키는 에너지원 구실을 한다(그림 6.9). 전하는 회로의 다른 부품들에 일을 하여 전구의 불을 키고 모터를 돌리며 열을 발생시킨다. 전하는 연속적인 경로를 제공하는 도선을 통해 흐르고 한 극에서 나온 전하량은 다른 극의 들어가는 전하량과 같다. 전기장은 회로를 통해 광속에 가까운 속도로 이동하여 전자가 회로를 따라 움직이도록 한다. 그러나 실제로 전자는 회로에서 매우 느리게 움직인다(그림 6.10).

3장에서 배운 것처럼 힘을 가해 물체를 움직이면 일이 행해진다. 회로에서 전기장을 만드는 장치(예를 들면 배터리)가 일을 한다. 이 장치가 전자에 힘을 가해 회로를 따라 움직이기 때문이다. 도선을 따라 움직이는 전하에 행한 아주 작은 일에 의한 손실을 무시하면 특정 장치(예를 들어 전구)에 한 일은 배터리가 한 일과 같다. 이 일의 양은 한 일과 이동한 전하량을 고려해 정량화할 수 있는데, 이 비를 **전압**(voltage)으로 정의한다. 전압은 한 일과 이동 중인 전하량의 비로 정의한다. 그러므로 다음 식을 얻는다.

$$\text{전압} = \frac{\text{일}}{\text{이동전하}}$$

$$V = \frac{W}{q} \qquad (6.3)$$

전압의 단위는 **볼트**(volt)로 1 C의 전하가 움직여 1 J의 일을 할 때 전압이다.

$$1\ \text{volt(V)} = \frac{1\ \text{joule (J)}}{1\ \text{coulomb (C)}}$$

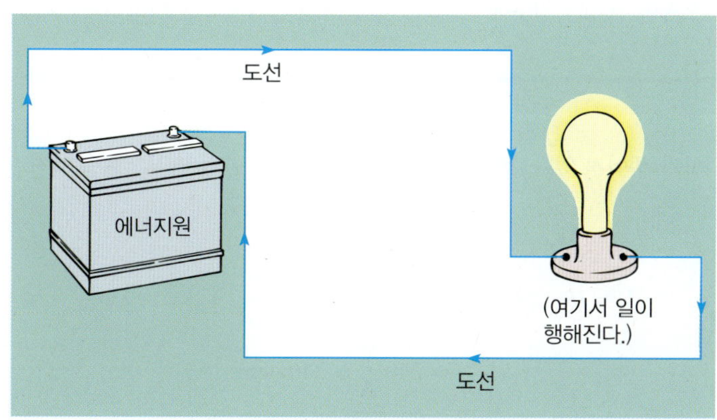

그림 6.9 에너지원(발전기나 배터리와 같은), 일이 행해지는 전기기구(전등이나 모터 같은)와 전류가 연속해 흐르도록 만드는 경로를 가진 간단한 전기회로.

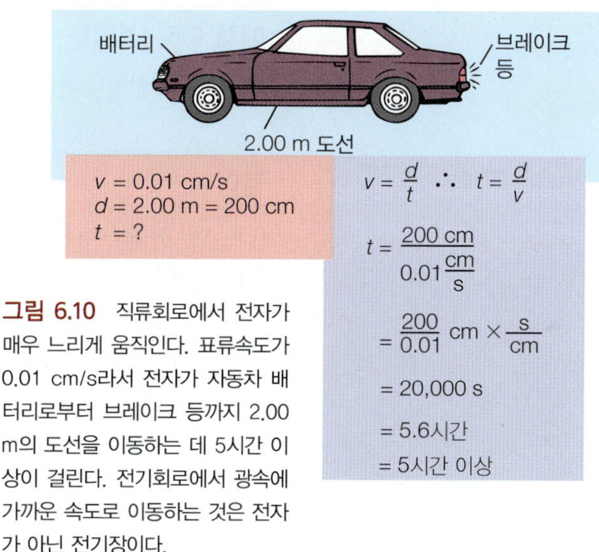

그림 6.10 직류회로에서 전자가 매우 느리게 움직인다. 표류속도가 0.01 cm/s라서 전자가 자동차 배터리로부터 브레이크 등까지 2.00 m의 도선을 이동하는 데 5시간 이상이 걸린다. 전기회로에서 광속에 가까운 속도로 이동하는 것은 전자가 아닌 전기장이다.

그러므로 전압은 쿨롱의 전하가 가진 퍼텐셜에너지를 의미한다. 전압을 전하를 움직이는 데 한 일 또는 전기장 내에서의 위치 때문에 이 전하가 할 수 있는 일로 측정할 수 있다. 이것은 어떤 물체에 중력 퍼텐셜에너지를 주기 위해 해야 할 일 또는 새로운 위치로 인해 물체가 잠재적으로 할 수 있는 일과 정확히 같은 개념이다. 그러므로 12 V의 배터리를 충전할 때 배터리 전극의 전기장에 거슬러 1 C의 전하를 외부 에너지원에서 이동시키려면 12 J의 일을 해주어야 한다. 12 V의 배터리를 사용하면 전기 시스템을 통해 배터리의 한 전극에서 다른 전극으로 1 C을 이동시키는 데 배터리가 12 J의 일을 해주게 된다. 가정용 회로는 보통 120 V 또는 240 V 사이의 전위차를 가진다. 120 V의 전압은 회로를 따라 1 C의 전하를 이동하는 데 120 J의 일을 한다는 것을 의미한다.

회로의 전류는 전류를 만드는 전압 외에 전기저항에 의존한다. 도체의 저항이 작으면 회로에 1 A의 전류를 얻는 데 더 작은 전압이 필요하다. 도체의 저항이 커지면 동일한 크기의 전류를 흘리는 데 더 큰 전압이 필요하다. 따라서 저항(R)은 전압(V)과 전류(I)의 비가 된다. 이 비를 식으로 표시하면

$$R = \frac{V}{I}$$

가 된다. 단위를 보면 이 비는

$$1\text{옴}(\Omega) = \frac{1\text{볼트}(\mathrm{V})}{1\text{암페어}(\mathrm{A})}$$

이다. 비 V/A는 저항의 단위 **옴**(ohm)(**Ω**)으로 이 관계식을 발견한 독일 물리학자 옴의 이름을 붙인 것이다.

전압, 전류와 저항 사이의 관계식을 표시하는 또 다른 방법은

$$V = IR \tag{6.4}$$

로 **옴의 법칙**이라고 부른다. 이것은 이 관계식을 적는 3가지 방법 중 하나지만(V에 대해 푸는) 이 방법이 다른 미지수를 가진 방정식을 푸는 데 있어 가장 편리하다.

예제 6.5 (선택)

120 V 회로에 있는 전구를 켜면 0.5 A의 전류가 전구에 흐른다. 이 전구의 전기저항은 얼마인가?

풀이

0.50 A의 전류(I)와 120 V의 전위차가 주어져 있다. 전기저항(R)과의 관계식이 옴의 법칙으로 주어져 있다[식 (6.4)].

$I = 0.50\ \mathrm{A}$
$V = 120\ \mathrm{V}$
$R = ?$

$$V = IR \quad \therefore R = \frac{V}{I} = \frac{120\ \mathrm{V}}{0.50\ \mathrm{A}} = 240\ \frac{\mathrm{V}}{\mathrm{A}} = 240\ \mathrm{ohm} = \boxed{240\ \Omega}$$

예제 6.6 (선택)

120 V의 전압이 걸리고 전기저항이 30 Ω인 작은 진공청소기에 흐르는 전류는 얼마인가?
(답: 4 A)

6.4 전력과 일

모든 전기회로는 공통으로 3개의 부품으로 구성되어 있다.

1. 전자에 일을 하기 위한 비전기적 에너지원을 사용하는 배터리나 발전기와 같은 전압원
2. 전기장이 일을 해주는 전구나 전기 모터와 같은 전기장치
3. 전기장치와 전압원 사이의 전류를 유지시키는 전선

전압원(배터리, 발전기)이 한 일은 전기장치(전구, 전기 모터)에서 전기장이 한 일 더하기 도선의 저항에서 잃은 에너지와 같다. 저항은 기계장치의 마찰과 유사하므로 에너지 손실을 줄이기 위해 작은 저항의 도선이 사용된다. 저항에 의한 손실을 무시하면 전기적인 일은 움직이는 전하에 전압원이 한 일로 측정할 수 있다.

전하를 움직이는 데 한 일을 시간으로 나누면 전압원의 **출력 전력**(power output)을 구할 수 있다. 전압과 전류로부터 구한 전력은 다음 관계식을 만족한다.

$$\text{전력} = \text{전압} \times \text{전류}$$

$$P = VI \tag{6.5}$$

전력의 단위는 전류(I = C/s)에 전압(V = J/C)을 곱한 것이다.

$$\frac{\text{쿨롱}}{\text{초}} \times \frac{\text{줄}}{\text{쿨롱}} = \frac{\text{줄}}{\text{초}}$$

줄/초는 전력의 단위인 **와트**(watt)이다. 그러므로 전력은 와트 단위로 측정한다. 출력 전력이 전류에 비례하는 것에 주목하라. 그러므로 공급 전류가 클수록 출력 전력도 커진다.

가정용 전기장치는 보통 120 또는 240 V의 특정 전압에서만 작동하도록 설계되어 있다. 그러므로 이 장치들은 설계 전력을 얻기 위해 특정한 전류를 흘리도록 되어 있다. 이런 정보는 전기장치의 어딘가에서 발견할 수 있다. 예를 들어 전구에는 100와트처럼 설계 전력이 적혀 있다. 다른 전기장치들에는 요구하는 전류와 전압이 적혀있을 수 있다. 식 (6.5)를 사용해 이 장치들이 필요로 하는 전력을 계산할 수 있다. 즉 암페어 × 볼트 = 와트(그림 6.11)이다. 기억해야 할 또 다른 손쉬운 변환식은 746와트가 1마력과 같다는 것이다.

예제 6.7 (선택)

1,100 W의 헤어드라이어가 120 V에서 작동한다. 이 드라이어에 흐르는 전류는 얼마인가?

관련 내용

건전지 내부

손전등에서 사용하는 보통의 건전지는 염화 암모늄과 아연 캔 사이의 화학 반응을 통해 전기에너지를 생산한다(상자 그림 6.2). 화학 반응을 통해 아연에 음전하가, 흑연 봉에는 양전하가 생긴다. 이산화 망간이 화학 반응의 부산물인 수소 기체를 흡수한다. 건전지는 크기와 관계없이 항상 1.5 V를 유지한다. 작은 건전지들을 연결하여 큰 전압의 진짜 '배터리'를 얻을 수 있다.

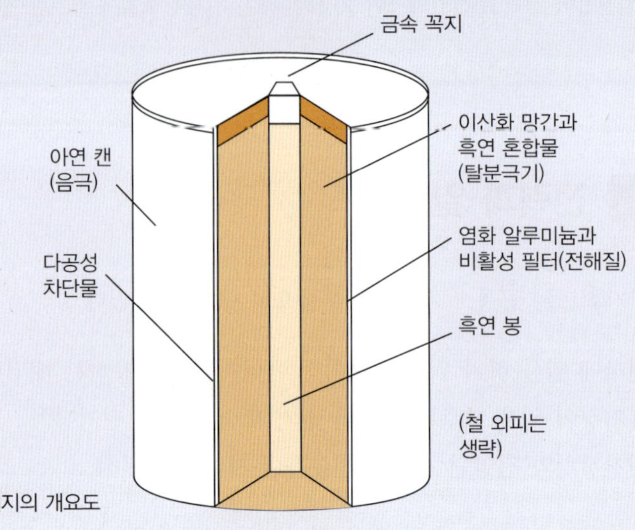

상자 그림 6.2 건전지의 개요도

A

B

C

그림 6.11 각각의 장치를 한 시간 동안 작동했을 때 얼마의 전기요금을 내야 할까? (A) 이 전구는 120 V 전위차에서 작동하고 100 W의 전력을 소비한다. (B) 이 연마기는 1.6 A × 120 V, 즉 192 W의 전력을 소비한다. (C) 이 제초기는 8 A × 120 V, 즉 960 W의 전력을 소비한다. ©Bill W. Tillery

풀이

전력(P)과 전위차 120 V가 주어져 있다. 전류, 전압과 전력의 관계식이 식 (6.5), $P = VI$로 주어져 있다.

$$P = 1{,}110\ \text{W} \qquad I = ?$$
$$V = 120\ \text{V}$$

$$P = VI \quad \therefore I = \frac{P}{V} = \frac{1{,}100\ \frac{\mathrm{J}}{\mathrm{s}}}{120\ \frac{\mathrm{J}}{\mathrm{C}}} = \frac{1{,}100}{120}\ \frac{\mathrm{J}}{\mathrm{s}} \times \frac{\mathrm{C}}{\mathrm{J}}$$

$$= 9.2\ \frac{\cancel{\mathrm{J}}\cdot \mathrm{C}}{\mathrm{s}\cdot \cancel{\mathrm{J}}} = 9.2\ \frac{\mathrm{C}}{\mathrm{s}}$$

$$= \boxed{9.2\ \mathrm{A}}$$

예제 6.8(선택)

120 V 회로에 있는 선풍기에 0.5 A의 전류가 흐른다. 이 선풍기의 소비전력은 얼마인가? (답: 60 W)

전기요금은 킬로와트-시간(kWh)당 원으로 계산된다(대략 kWh당 100원). 특정 전기기구를 사용할 때의 전기요금을 다음 식을 사용해 계산할 수 있다.

$$\text{전기요금} = \frac{(\text{와트})(\text{시간})(\text{요금})}{1{,}000\ \frac{\text{와트}}{\text{킬로와트}}} \tag{6.6}$$

와트 소비전력을 모른다면 전압에 전류를 곱해 얻을 수 있다. 식에서 시간의 단위는 시이므로 사용한 시간이 분이라면 60으로 나누어야 한다.

예제 6.9 (선택)

100 W 전구를 1.00 h 동안 켜면 전기요금이 얼마나 나올까? kWh당 100원의 전기요금이 부과된다고 가정하라.

풀이

소비전력 100 W가 주어져 있으므로 전압과 전류가 필요하지 않다. 따라서

$IV = P = 100\ \mathrm{W}$

$t = 1.00\ \mathrm{h}$

전기요금 = 100원/kWh

사용전기요금 = ?

$$\text{사용전기요금} = \frac{(\text{와트})(\text{시간})(\text{전기요금})}{1{,}000\ \frac{\text{와트}}{\text{킬로와트}}}$$

$$= \frac{(100\ \mathrm{W})(1.00\ \mathrm{h})(100\text{원}/\mathrm{kWh})}{1{,}000\ \frac{\text{와트}}{\text{킬로와트}}}$$

$$= \frac{(100)(1.00)(100)}{1{,}000}\ \frac{\cancel{\mathrm{W}}}{1} \times \frac{\cancel{\mathrm{h}}}{1} \times \frac{\text{원}}{\cancel{\mathrm{kW}}\ \cancel{\mathrm{h}}} \times \frac{\cancel{\mathrm{kW}}}{\cancel{\mathrm{W}}}$$

$$= \boxed{10\text{원}}$$

100 W 전구를 1시간 켜는 데 드는 비용은 10원이다.

예제 6.10 (선택)

120 V 회로에 있는 선풍기에 0.5 A의 전류가 흐른다. kWh당 100원의 전기요금이 부과된다고 가정하면, 이 선풍기의 시간당 전기요금은 얼마인가? (답: 6원)

관련 내용

자기장과 본능적인 행동

방향을 찾는 데 지구 자기장을 이용하는 동물이 있을까? 동물은 필요에 따라 장소를 이동해야 하므로 둥지, 물구덩이, 동굴이나 먹이가 풍부한 장소를 찾아갈 수 있으면 좋을 것이다. 그러려면 주변을 기억하는 것(머릿속 지도)이 필요하다. 종종 거리를 기억하는 것도 필요하다. 방향은 자기장, 식별할 수 있는 건물, 냄새나 태양이나 별의 참조와 같은 것으로 결정할 수 있다. 이동에 태양이나 별을 사용한다면 이들이 이동하기 때문에 시간에 대한 감각도 필요하다.

본능적인 행동은 자동적이고 프로그램되어 있으며 유전적으로 결정되어 있다. 단세포동물에서 복잡한 척추동물까지 이런 행동이 발견된다. 적당한 자극이 주어지면 본능적인 행동은 이전의 경험이 없이도 처음부터 올바르게 나타난다. 반응을 일으키는 외부나 내부 환경의 변화가 이런 자극을 제공한다. 자극에 대한 행동을 반응이라고 부른다.

생명체는 자극을 인식할 때만 반응한다. 예를 들어 우리 인간들은 개가 느끼는 세상이 어떤지 알 수 없다. 개는 냄새로 개인을 구별하지만 우리는 이 냄새를 맡기는커녕 구별할 수 없다. 개, 사슴, 쥐와 같은 동물은 색맹으로 단지 회색으로만 볼 수 있다. 꿀벌과 같은 것들은 우리가 볼 수 없는 자외선을 볼 수 있다. 일부 새들과 동물들은 지구 자기장을 감지한다.

새들이 머릿속 나침반을 이용해 이동한다는 증거가 있다. 이 나침반은 자기 북극을 탐지하는 것처럼 보인다. 미국 해군 테스트 팀이 철새의 자기장을 탐지하는 능력을 증명했다. 테스트 장소에서 방출한 약한 자기장이 이동 중인 철새의 비행 패턴을 바꿨지만, 철새 이동에 자기장을 사용한다는 것을 완전히 증명한 것은 아니다. 비둘기의 집을 찾아오는 능력은 잘 알려져 있다. 비둘기는 여러 단서를 사용하지만, 단서 중 하나가 자기장이라는 것이 알려져 있다. 머리 옆에 작은 자석을 붙인 새들은 방향을 잘 잡지 못한 반면, 자성이 없는 물체를 머리 옆에 단 새들은 올바른 방향으로 날아갔다.

헤어드라이어와 같은 전기기구를 사용할 때 전기기구의 전선이 뜨거워지는 것을 경험한 적이 있을 것이다. 이 열은 전선의 저항 때문에 생기며 이로 인해 전기에너지가 낭비된다. 열이 얼마나 발생하는지는 저항과 전류 크기에 의존한다. 전류가 증가하거나 저항이 증가하면 열도 증가한다. 큰 저항을 가진 도선에 큰 전류가 흐르면 도선이 매우 뜨거워져 도선을 감은 절연체가 녹아 불이 날 수 있다. 이 때문에 전류가 특정한 값 이상이 되면 회로를 '끊어주는' 퓨즈나 회로 차단기를 회로에 설치한다.

6.5 자기

적어도 기원전 600년 이전부터 천연 광석이 철을 끌어당긴다는 것을 알고 있었다. 이 광석은 터키에 있는 고대 도시 마그네시아(Magnesia) 근처에서 발견되었기 때문에 '마그네시아의 돌'이라 불렀다. 마그네시아의 돌이 철을 끌어당기는 성질을 응용하기까지 시간이 걸렸다. 기원후 100년경 중국인들은 이 돌로 철을 자화시키기 시작했다. 기원후 1000년 이전에 중국인들은 자화된 철이나 마그네시아의 돌을 사용해 방향 탐지기(나침반)를 만들었다. 철을 끌어당기는 돌은 현재 **자철광**(magnetite)이라고 부른다.

자철광은 철과 강철 이외에 코발트나 니켈도 강하게 끌어당기는 천연 자석이다. 자석에 끌리는 이런 물질은 **강자성**(ferromagnetic property) 또는 간단히 자성을 가졌다고 한다. 철, 코발트와 니켈은 자성을 가지고 있으며 대부분 물질은 자성을 안 가지고 있다. 그러나 비자성 물질의 대부분 강한 자석에 조금 끌리거나 조금 반발한다. 추가해서 특정 금속 산화물과 특정 희토류 원소는 강자성을 보인다.

모든 자석은 2개의 **자극**(magnetic pole) 또는 말단(end)을 가진다. 자극 주위에서 끌어당기

그림 6.12 모든 자석은 자성이 강한 자극을 가진다. 이 사진에서처럼 더 많은 철가루가 자극에 붙어 자극의 위치를 보여준다. ©Steve Cole/PhotoDisc/Getty Images

관련 내용 

발명가

흔히 마이클 패러데이(1791~1867)를 1800년대 최고의 실험과학자로 알고 있다. 많은 실험 연구를 통해 전기 모터, 발전기와 변압기를 발명하였고 전자기유도를 발견하였으며 전기분해에 관한 법칙을 정립하였다. 또 그는 **양극**, **음극**, **양이온**, **음이온**, **전극**과 **전해질**이란 용어를 만들어 새로운 발명품과 법칙을 설명하는 데 도움을 주었다.

패러데이는 가난한 대장장이의 아들로 태어나 어릴 때 교육을 거의 받지 못했고 수학 지식이 전무했다. 14세 때 책 제본공의 도제가 되면서 화학과 물리학 서적을 많이 읽게 되었다. 또 그는 과학협회의 대중 강연에 참석하기 시작하면서 과학과 과학 연구에 대해 배우게 되었다. 21세에 런던에 있는 왕립학회의 조수로 임명되어 전기와 자기를 연구하였다. 눈에 안 보이고 수학적으로 표현할 수 없는(그는 수학에 매우 약했다) 전기장과 자기장을 이해하기 위해 패러데이는 장선(존재하지 않지만 현상을 머리에 그리는 데 도움이 되는 선)이란 개념을 생각해냈다.

마이클 패러데이는 점잖았고 자신의 업적에 대한 보상을 바라지 않았다. 그는 기사 작위와 왕립학회 회장직을 거절하였다. 그럼에도 불구하고 그의 업적이 인정을 받았고 전기용량의 국제단위인 패럿은 그의 이름 패러데이를 기념하여 붙여진 것이다. 패럿은 전해질을 통해 어떤 물질의 표준량을 추출하는 데 필요한 전기량을 뜻한다.

는 힘이 특히 강하다. 예를 들어 철가루나 작은 철조각은 자극에 끌려 자극의 위치를 보여준다(그림 6.12). 줄에 매단 자석은 회전하여 남북 방향을 가리킨다. 북쪽을 향하는 자극을 자석의 **북극**(north pole) 또는 **N극**이라고 한다. 같은 식으로 남쪽을 향하는 자극을 자석의 **남극**(south pole) 또는 **S극**이라고 한다. 모든 자석은 북극과 남극을 가지며 하나의 극만 존재하지 않는다. 북극을 남극과 분리할 수 없다. 자석을 여러 조각으로 나누면 새 조각마다 북극과 남극을 가진다(그림 6.13).

두 자석이 서로에게 힘을 가하는 것을 잘 알고 있을 것이다. 예를 들어 한 자석의 북극을 다른 자석의 북극 주위로 가져가면 서로가 반발한다. 두 남극을 가까이 해도 역시 반발력이 작용한다. 그러나 한 자석의 북극을 다른 자석의 남극에 가까이 하면 끌어당기는 힘이 작용한다. **"같은 자극끼리 밀치고 다른 자극끼리 끌어당긴다"**는 규칙이 적용된다.

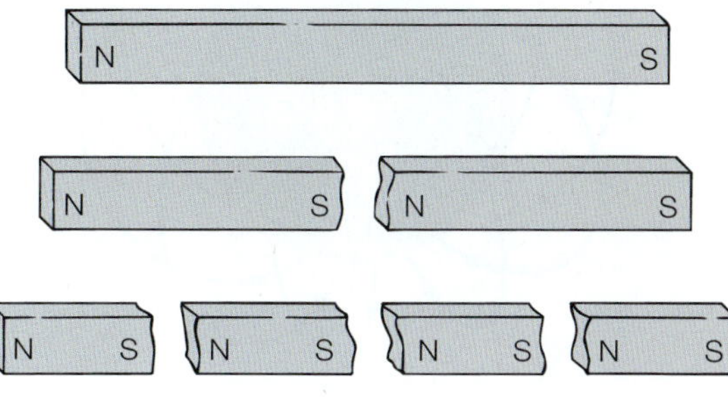

그림 6.13 막대자석을 절반으로 자르면 항상 북극과 남극을 함께 가진 완전한 자석이 새롭게 만들어진다. 자극은 항상 쌍으로 나타나며 홀극(monopole)이라 부르는 1개의 자극으로 분리하는 것은 불가능하다.

그림 6.14 막대자석 주위의 자기장 지도를 자기장선으로 보여준다. 나침반의 바늘은 자기장선을 따른다. 나침반의 북극은 자기장의 방향을 가리킨다.

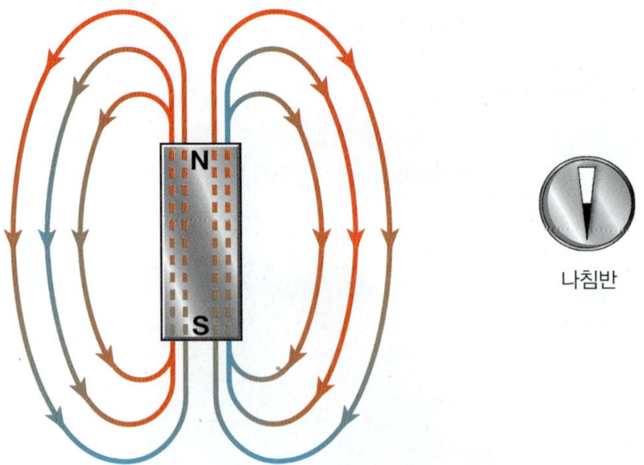

"같은 전하끼리 밀치고 다른 전하끼리 끌어당긴다"는 유사한 규칙이 정전하에 적용되었다. 그러므로 전하와 자극 사이에 유사성이 있다고 생각할 수도 있다. 그러나 둘 사이엔 관련이 없다가 답이다. 자석은 대전된 유리막대에 영향을 주지 않으며 대전된 유리막대 역시 자극에 영향을 주지 않는다.

한 자석을 두 번째 자석 근처로 이동시키면 두 번째 자석의 **자기장**(magnetic field)에 들어가기 때문에 자기력을 받는다. 자기장은 **자기장선**(magnetic field line)으로 표시할 수 있다. 통상적으로 자기장선은 작은 가상 자석이 자기장의 여러 곳에 놓여 있다고 할 때 이 자석들의 북극이 향하는 곳을 가리키도록 그린다. 화살촉 방향이 북극이 가리키는 방향이고 또한 자기장의 방향으로 정의한다. 자기장선이 밀집해 있으면 자기장의 세기가 크고 멀리 떨어져 있으면 약하다. 그림 6.14는 친숙한 막대자석의 자기장선을 보여준다.

나침반 바늘의 북극은 지구 자기장에 의해 북쪽을 가리킨다. 지구 내부에 거대한 막대자석이 있는 것처럼 지구 자기장의 모양과 방향이 주어진다(그림 6.15). 지리학적 북극은 지구의 자전축이며 이 축은 지도상의 진짜 북극 방향을 결정하는 데 사용한다. 나침반은 진짜 북극을 가리키지 않는다. 자기장 북극과 지리학적 북극의 위치가 다르기 때문이다. 이 차이를 **편각**(magnetic declination)이라고 부른다. 그림 6.16의 지도는 여러 장소에서 나침반 바늘의 북

그림 6.15 지구 자기장. 자기장의 북극과 지리학적 북극이 동일 장소가 아닌 것에 주목하라. 또 자기장의 북극이 지구 내부의 거대한 막대자석의 남극처럼 행동하는 것도 주목하라. 다른 자극끼리 끌리고 나침반의 북극이 지구 자기장 남극에 끌리기 때문에 지구의 막대자석 남극이 북쪽에 있어야 한다.

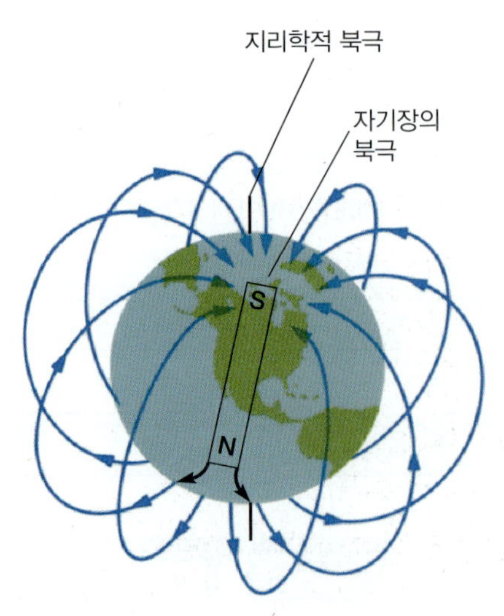

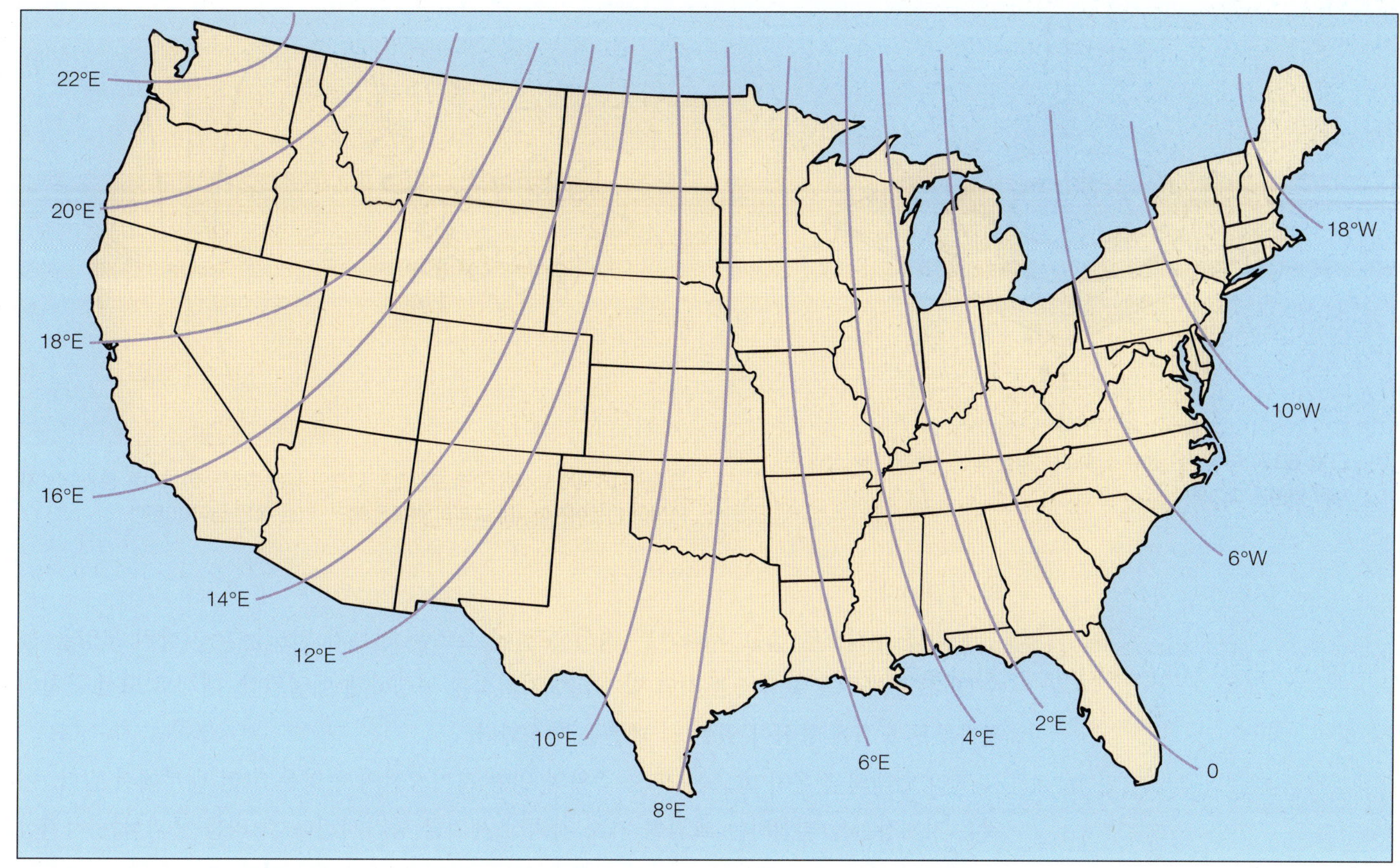

그림 6.16 이 편각 지도는 여러 장소에서 지리학적 진짜 북극과 나침반이 가리키는 북극 사이의 동쪽 또는 서쪽으로의 각도 차이를 보여준다.

극이 진짜 북극과 동쪽 또는 서쪽으로 얼마나 차이가 나는지 보여준다. 나침반으로 길을 찾아갈 때 편각을 고려해야 한다.

그림 6.15에서 지구 내부에 거대한 막대자석이 있고 자석의 남극이 지구의 지리학적 북극 근처에 있는 것에 주목하라. 그림에 오류가 있는 게 아니다. 자석의 북극은 다른 자석의 남극에 끌리고 나침반의 북극은 북쪽을 향한다. 따라서 지구 막대자석은 그림처럼 위치해야 한다. 자극의 이름을 자극이 '향하는' 방향으로 정의하면서 이런 분명한 모순이 생겼다.

운동 전하와 자기장

모든 전하는 전기장으로 둘러싸여 있음을 기억하라. 전하가 움직이면 **전기장**과 **자기장**으로 둘러싸인다. 자기장이 운동 전하 주위에 원형으로 형성된다. 직류 전류는 전기장에 반응하여 도체 속 많은 전하가 움직여 생긴다. 또 이들 운동 전하는 자기장을 만든다. 자기장은 전류가 흐르는 도선 주위에 원형으로 생긴다(그림 6.17). 이 관계는 전기와 자기가 운동 전하의 2가지 다른 현상임을 암시한다. 예를 들어 전하의 전기장은 입자의 기본 전하에 의해 고정되어 있다. 하지만 자기장은 운동 전하의 속도에 따라 변한다. 전하가 움직이지 않으면 자기장이 존재하지 않으며 자기장 세기는 전하 속도가 증가할수록 더 커진다. 자기장이 전하의 운동이나 전류에 의해 만들어지는 게 분명해 보인다. 그러므로 자기장은 운동 전하 주위 공간

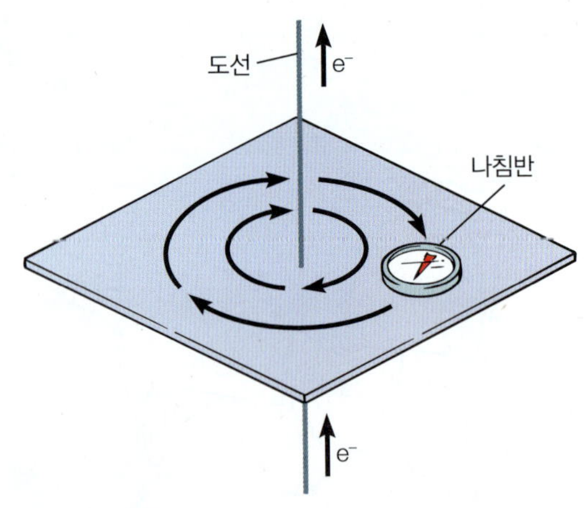

그림 6.17 나침반은 전류가 흐르는 직선 도선 주위의 자기장의 존재와 방향을 보여준다.

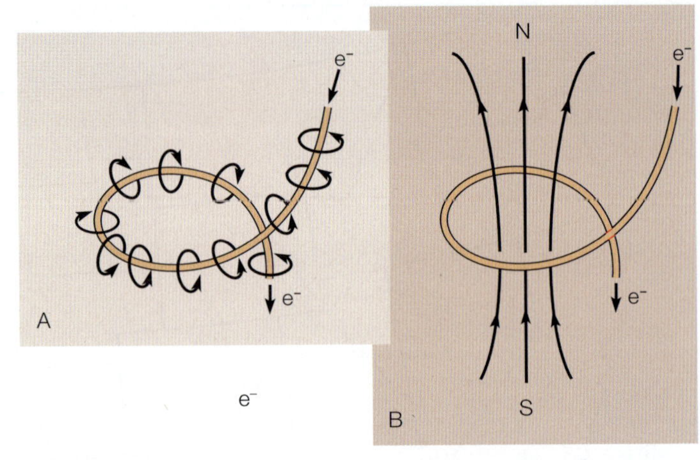

그림 6.18 (A) 도선을 고리 모양으로 감으면 같은 방향으로 고리를 통과하는 자기장이 만들어진다. (B) 고리의 한쪽은 북극, 다른 쪽은 남극이 된다.

의 성질이다.

종이를 수직으로 뚫고 지나가는 직선 도선에 흐르는 전류가 만드는 자기장의 모양을 볼 수 있다. 철가루를 종이에 뿌리면 철가루가 자기장과 평행하게 배열된다. 대체로 도선 근처의 철가루는 도선에 중심이 있는 원 패턴을 형성한다.

고리 형태의 전류가 흐르는 도선 주위의 원형 자기장선의 방향은 고리 내부에서 같다. 이것은 자기장선을 밀집하는 효과를 가져 자기장 세기를 증가시킨다. 고리를 통과하는 자기장선 방향이 모두 같기 때문에 고리의 한쪽은 북극, 반대쪽은 남극이 된다(그림 6.18).

여러 번 감은 고리 도선은 **솔레노이드**(solenoid)라고 부르는 원통형 코일이 된다. 솔레노이드의 각 고리에 전류가 흐르면 각 고리가 길이 방향으로 자기장에 기여한다(그림 6.19). 솔레노이드의 자기장은 막대자석의 자기장과 비슷하므로 **전자석**(electromagnet)이라고 부른다. 전자석에 전류를 흘렸다 끊었다 하면 자기장이 생겼다 없어졌다 한다. 이에 더해 전자석의 세기는 전류량과 고리의 감은 수에 의존한다. 또 코일 안에 연철(soft iron) 조각을 넣어 전자석의 세기를 증가시킬 수 있다.

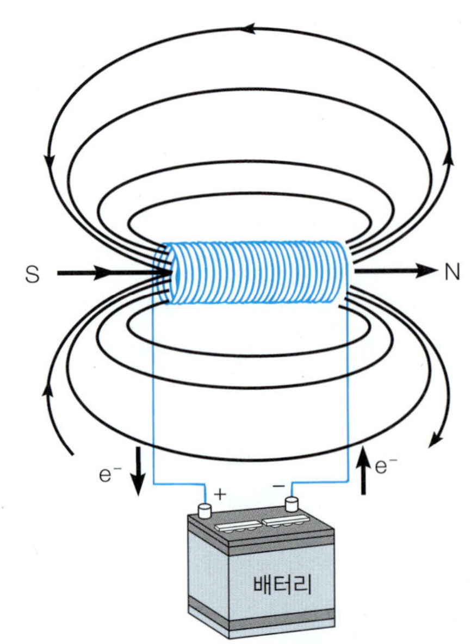

그림 6.19 전류가 원통형 코일인 솔레노이드에 흐르면 막대자석의 자기장과 유사한 자기장이 만들어진다.

솔레노이드는 전기 스위치나 전기 밸브 구실도 한다. 도선 코일 내부에 용수철이 달린 움직일 수 있는 철 부품을 설치해 물 밸브로 사용할 수도 있다. 이 코일에 전류가 흐르면 자기장으로 철 부품을 코일 쪽으로 끌어당겨, 예를 들어 세탁기, 식기세척기 같은 전기기구에 냉수나 온수를 공급할 수 있다. 또 솔레노이드는 VCR, 자동차 스타터와 초인종이나 부저 같은 신호장치의 기계 스위치로도 사용된다.

원자 내 전자는 원자핵 주위를 돌기 때문에 자기장을 만든다. 또 전자는 스핀과 관계된 자기장도 만든다. 물질 대부분에서 이런 자기장들은 서로 상쇄되어 알짜 자기장 효과는 없다. 철로 된 자석과 같은 다른 물질에서는 개별 자기장이 정렬되도록 전자가 배열된다. 본래 전자는 북극과 남극을 가진 작은 자석과 같다. 자화되지 않은 철 조각에서 각 자기장은 모든 방향으로 향하므로 서로 상쇄되어 알짜 자기장은 0이거나 거의 0에 가깝다.

자기장의 상호작용

정지한 전하는 자기장을 만들지 않으므로 정지 전하는 자석의 자기장과 상호작용하지 않는다. 운동 전하는 자기장을 만들고 이 자기장이 다른 자기장과 상호작용한다. 직류 전류는 도선을 따라 이동하는 많은 전하이므로 전류 도선 역시 다른 자기장과 상호작용하게 된다. 자기력은 전류의 세기와 방향 및 외부 자기장의 방향에 의존한다. 전류가 일정할 때 전류 방향이 다른 자기장과 수직을 이루면 자기력이 최대가 된다.

전기를 직접 측정할 수 없기 때문에 전기 효과를 간접적으로 측정해야 한다. 전류 도선 주위의 자기장 세기가 전류 세기에 비례한다는 것을 상기하라. 따라서 전류를 측정하는 한 가지 방법은 전류가 만드는 자기장을 측정하는 것이다. 자기장 세기로부터 전류의 세기를 측정하는 장치를 **갈바노미터**(galvanometer)라고 부른다(그림 6.20). 갈바노미터에는 영구자석의 자기장 내에서 회전축 주위로 회전하는 도선 코일이 있다. 코일에 전류가 흐르면 만들어진 자기장이 영구자석의 자기장에 의해 끌리거나 밀쳐진다. 전류가 클수록 힘도 커지고 코일의 회전도 커진다. 코일의 회전량은 코일에 흐르는 전류에 비례하고 지시기가 눈금에 이 크기를 보여준다. 조금 수정하면 이 장치를 전류 측정(전류계), 전압 측정(전압계)과 저항 측정(저항계)에 사용할 수 있다.

전기 모터는 자기장의 상호작용에 의해 생긴 자기력을 이용해 전기에너지를 역학적 에너

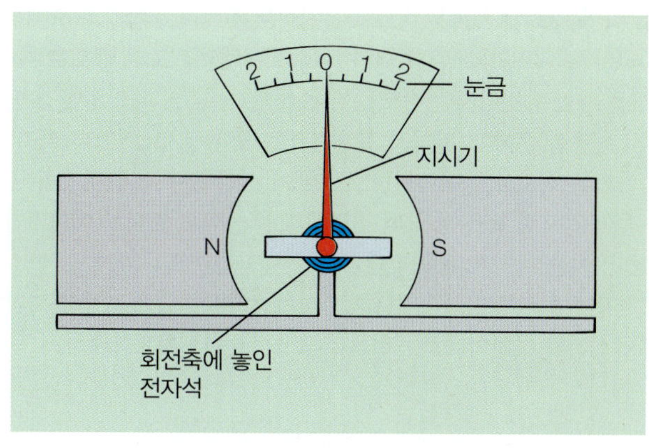

그림 6.20 갈바노미터로 전류가 만드는 자기장으로부터 전류의 방향과 상대적 세기를 측정한다. 철심 주위에 감은 도선 코일이 전자석이 되어 영구자석의 자기장 속에서 회전한다. 이 회전이 눈금 위 지시기를 움직인다.

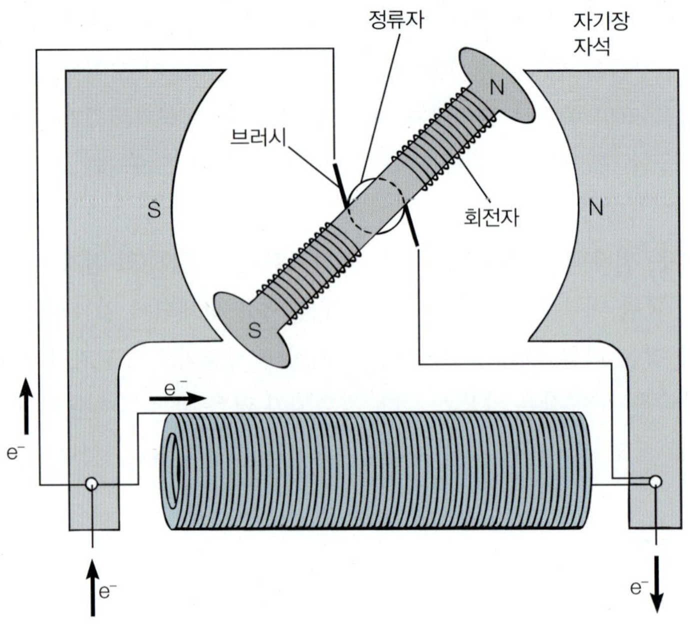

그림 6.21 전기 모터의 개요도

지로 변환할 수 있다. 기본적으로 모터는 2개의 부품을 가지고 있다. 정지 전자석과 운동 전자석이 그것이다. 운동 전자석은 정지 전자석의 자기장 속에서 회전한다. 모터는 선풍기 날개, 압축기, 드릴, 풀리나 역학적 일을 하는 다른 장치들을 회전하게 한다.

다른 디자인의 전기 모터가 여러 용도로 사용되지만 그림 6.21의 개요도로 기본 작동 원리를 설명할 수 있다. 정지 및 운동 전자석이 모두 한 전류원에 연결되어 있다. 전류가 흐르면 두 자기장의 다른 자극이 서로 끌려 운동 전자석을 반 바퀴 회전시킨다. 모터에는 이제 전류 방향을 반대로 하는 간단한 장치가 붙어있다. 이 장치가 운동 전자석의 자극을 반대로 하므로 서로 밀치며 반 바퀴 더 회전하게 된다. 장치가 다시 전류 방향을 바꾸면 운동이 한 방향으로 계속된다. 실제 모터는 충분한 힘을 얻기 위해 두 전자석 모두 여러 번 감은 고리를 사용하고 전류 방향을 자주 바꾼다. 이런 식으로 모터가 큰 회전력을 갖고 부드럽게 회전하도록 한다.

미신, 착각, 그리고 오해

전기란 무엇인가?

전기가 전자가 도선을 따라 광속에 가까운 속도로 움직이는 것이라고 착각과 오해를 하고 있다. 첫째 전자가 이처럼 빨리 움직인다면 전자가 모든 휘어진 곳에서 관성으로 도선 밖으로 튀어 나올 것이다. 직류 회로에서 전자는 도선을 따라 움직이지만 속도는 매우 느리다. 교류 회로에서 전자는 전혀 흐르지 않으며 거의 같은 장소에서 진동할 뿐이다. 따라서 전자는 회로에서 생겨나거나 사라지지 않는다.

회로에서 광속에 가까운 속도로 움직이거나 회로에서 사라지는 전기 현상이 존재한다. 전자기에너지가 그것이다. 예를 들어 전구로 책을 읽을 때 전구에 불을 들어오게 하는 에너지가 발전소에서 전구에 광속에 가깝게 전달된다. 이 에너지가 전구의 빛과 열로 변화한다.

전기는 회로에서 전자가 느리게 움직이거나 진동하는 것이다. 또 전기는 전자기에너지이고 운동 전자와 운동에너지 모두 "전기가 무엇이냐?"는 질문의 답을 주는 데 필요하다.

운동 자석이 만드는 전기장

지금까지 전하가 움직일 때 일어나는 일에 대해 배웠다. (1) 운동하는 전하나 전류가 흐르는 도선이 자기장을 만든다. (2) 자기장은 운동 전하에 자기력을 가하고 자기장의 상호작용으로 인해 전류 도선에 자기력이 작용한다. 운동 전하가 자기장을 만들기 때문에 자석이 움직이면 어떤 일이 생길까? 답은 **운동 자석**이 자석 궤적 주위에 원형의 **전기장**을 만든다는 것이다. 여기서 유사성을 깨닫게 된다. 운동 전하가 자기장을 만들고 운동 자석은 전기장을 만든다. 따라서 운동이 있을 때만 전기와 자기가 상호작용한다는 것을 알게 된다.

운동 자석은 자석 궤적 주위에 원형의 전기장을 만든다. 운동 자석 근처에 도선 코일을 놓으면 생성된 전기장이 코일의 전하와 상호작용하여 전류가 흐르게 한다. 운동 자기장에 의해 전류가 생성되는 과정을 **전자기유도**(electromagnetic induction)라고 부른다. 전자기유도를 일으키는 한 가지 방법은 막대자석을 코일 내부나 외부로 운동시키는 것이다(그림 6.22). 자석을 코일 안에 넣을 때 전류가 한 방향으로 흐르고 자석을 코일에서 뺄 때 반대 방향으로 흐르는 것을 갈바노미터로 알 수 있다. 코일을 정지 자석 앞뒤로 넣었다 뺐다 할 때도 동일한 현상이 일어난다. 추가해서 자기장과 코일이 움직이지 않으면 전류가 생기지 않는다. 따라서 전자기유도는 자기장과 코일의 상대 운동에 의존한다. 어느 쪽이 움직이는가와는 무관하지만 전자기유도가 일어나려면 다른 것에 대해 어느 하나가 움직이거나 변해야 한다.

전자기유도는 코일이 자기장선을 가로질러 움직이거나 자기장선이 코일을 가로질러 움직일 때 일어난다. 유도 전압의 세기는 (1) 자기장선을 통과하는 코일의 감은 수, (2) 자기장 세기와 (3) 자기장선이 코일을 통과하는 시간 변화율에 비례한다.

발전기(electric generator)는 역학적 에너지를 전기에너지로 변환하는 장치이다. 간단한 발전기는 전기 모터 만들기와 아주 비슷하다. 회전할 수 있는 여러 번 감은 코일과 회전축으로 구성된다. 코일은 화석 연료나 핵에너지로 만들어진 증기를 이용하는 수력 터빈이나 증기 터빈과 같은 역학적 에너지에 의해 회전한다. 코일이 자기장 속에서 회전할 때 전류가 코일에 유도된다.

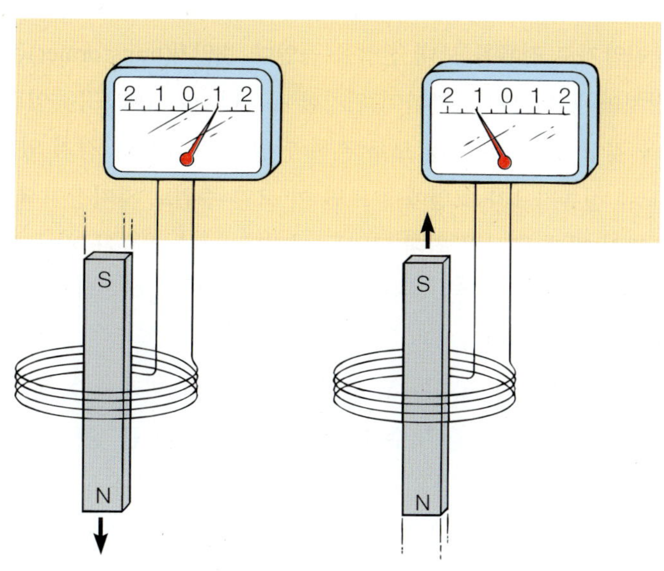

그림 6.22 자기장 속에서 움직이는 코일에 전류가 유도된다. 전류의 방향은 운동 방향에 의해 결정된다.

개념 적용

레몬 배터리

1. 작은 전류를 탐지할 수 있는 간단한 나침반 갈바노미터를 제작할 수 있다(상자 그림 6.3). 필요한 것이라고는 나침반과 가는 절연도선뿐이다(가늘수록 좋다).
2. 가는 절연도선을 나침반 주위에 평행하게 감는다. 감은 수는 자유지만 나침반의 양끝이 보일 수 있을 만큼 감는다. 연결을 위해 도선 양끝을 여유 있게 남긴다.
3. 갈바노미터로 사용하기 위해 나침반 바늘이 도선 감은 방향과 평행하도록 나침반을 위치시킨다. 코일에 전류를 흘릴 때 만들어진 자기장 때문에 나침반 바늘이 북-남 방향에서 회전하여 전류가 존재한다는 것을 보여준다. 전류 방향에 따라 바늘이 한 방향 또는 반대 방향으로 휜다.
4. '레몬 배터리'로 갈바노미터를 테스트하라. 탁자 위에서 레몬을 손바닥으로 누르며 굴린다. 레몬에 1 cm 간격으로 2개의 긴 홈을 낸다. (대략) 8 cm의 구리선을 한 홈에, 같은 길이의 직선으로 편 종이 클립을 다른 홈에 넣는다. 두 금속이 레몬 내부에서 닿지 않도록 조심하라. 갈바노미터를 두 금속과 연결한다. 다른 과일, 야채와 액체에 두 금속을 넣고 시험해보라. 어떤 패턴이 보이는가?

상자 그림 6.3 전류를 만들고 탐지하기 위해 그림과 같은 도구를 사용할 수 있다.

발전소에서는 변압기로 전류를 보내 전압을 높인다. **변압기**(transformer)는 교류 전압을 높이거나 낮추는 장치이다. 변압기는 가까이 위치한 두 부품 (1) 1차 또는 '입력' 코일과 (2) 2차 또는 '출력' 코일을 갖고 있다. 두 코일 모두 흔히 단일 철심 주위에 감겨 있지만 서로 완전히 절연되어 있다. 교류 전류가 1차 코일에 흐르면 이 코일 주위로 자기장이 최대로 증가하였다가 0이 되었다가 다시 반대 극성의 최대 크기를 가진다. 교류 전류가 60헤르츠로 진동한다면 이런 일이 매초 120번 일어난다. 증가하였다가 감소하는 자기장이 2차 코일의 도선을 통과하면서 2차 코일에 전압을 유도한다.

2차 코일에 유도되는 전압의 크기는 두 코일의 감은 수에 비례한다. 출력 코일의 각 고리에 유도되는 전압이 같기 때문에 감은 수가 큰 출력 코일에 더 큰 출력 전압이 유도된다. 출력 코일의 감은 수가 입력 코일의 감은 수와 같으면 2차 코일의 유도 전압이 1차 코일의 전압과 같아진다. 2차 코일의 감은 수가 1차 코일의 감은 수의 1/10이면 2차 코일의 유도 전압

개념 적용

진동 코일

운동 자석과 운동 전하 사이의 상호작용을 2개의 커다란 자석, 2개의 코일과 갈바노미터를 사용해 보여줄 수 있다.

1. 절연도선(#18 구리선)을 좁은 병 주위에 50번 감아 코일을 만든다. 코일이 풀리지 않도록 테이프로 고정하라.
2. 이 코일을 갈바노미터에 연결한다(“개념 적용: 레몬 배터리”를 보고 스스로 만들어보라).
3. 강한 막대자석을 정지한 코일에 넣다 빼었다 하면서 갈바노미터를 관찰하라. 자석을 넣다 빼었다 할 때의 자극, 운동 방향과 전류 방향에 주목하라.
4. 코일을 정지한 자석에 앞뒤로 움직여본다.
5. 이제 절연도선으로 두 번째 코일을 만들고 앞서처럼 테이프로 고정하라.
6. 이 코일을 탁자 위 고리가 있는 스탠드나 다른 것에 매단다. 코일이 공중에 떠 있어 큰 원을 그리며 움직일 수 있어야 한다. 커다란 자석이 코일 중심 근처에 위치하도록 지지대에 자석을 놓는다.
7. 동일한 코일, 고리가 있는 지지대나 다른 지지대와 자석을 다른 탁자에 설치하고, 두 코일을 연결한다.
8. 한 코일을 움직이고 두 번째 코일에 어떤 일이 생기는지 관찰하라. 두 번째 코일이 첫 번째 코일의 운동에 맞춰 움직여야 한다. (움직이지 않으면 더 강한 자석을 사용하라.)
9. 처음 코일과 두 번째 코일이 무슨 일이 일어났는지 설명하라.

이 1차 코일의 전압의 1/10이 된다. 2차 코일에서 전압이 줄었기 때문에 이것을 **감압 변압기**(step-down transformer)라고 부른다. 반면 2차 코일의 감은 수가 1차 코일의 감은 수의 10배면 전압이 10배 증가한다. 이것을 **승압 변압기**(step-up transformer)라고 부른다. 전압이 얼마나 커지는지 작아지는지는 1차 코일과 2차 코일의 감은 수의 비에 의존한다(그림 6.23).

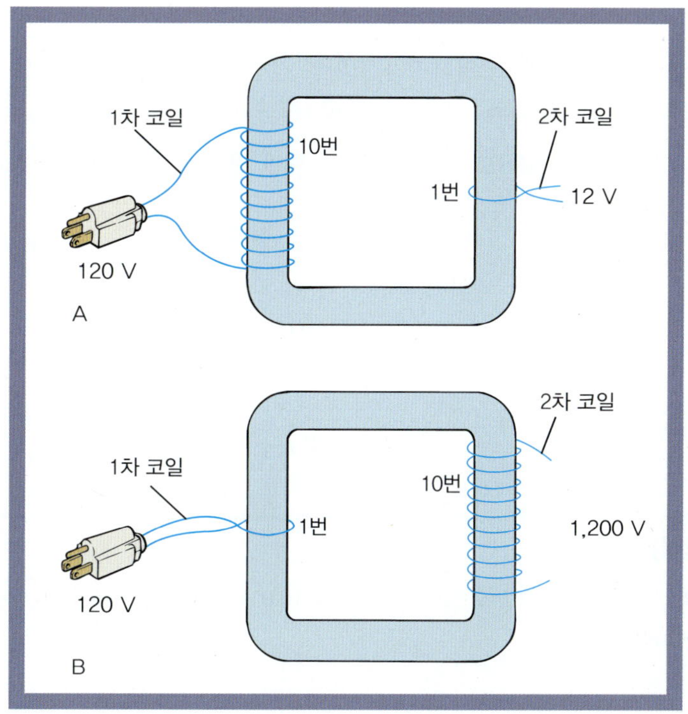

그림 6.23 (A) 감압 변압기의 1차 코일 감은 수가 2차 코일보다 10배 많으므로 120 V 전압을 12 V로 낮춘다. (B) 승압 변압기는 전압을 120 V에서 1,200 V로 증가시킨다. 왜냐하면 2차 코일 감은 수가 1차 코일보다 10배 많기 때문이다.

도선 고리당 전압은 각 코일에서 동일하다는 것에 주목하라. 그 관계식은 다음과 같다.

$$\frac{\text{전압}_{1\text{차}}}{(\text{감은 수})_{1\text{차}}} = \frac{\text{전압}_{2\text{차}}}{(\text{감은 수})_{2\text{차}}}$$

또는

$$\frac{V_p}{N_p} = \frac{V_s}{N_s} \tag{6.7}$$

예제 6.11 (선택)

1차 코일은 5번, 2차 코일은 20번 감긴 승압 변압기가 있다. 1차 코일에 120 V의 교류 전압을 걸어주면 2차 코일에 걸리는 전압은 얼마인가?

풀이

$N_p = 5$ loops
$N_s = 20$ loops
$V_p = 120$ V
$V_s = ?$

$$\frac{V_p}{N_p} = \frac{V_s}{N_s} \quad \therefore V_s = \frac{V_p N_s}{N_p}$$
$$= \frac{(120\text{ V})(20\text{ loops})}{5\text{ loops}}$$
$$= \frac{(120)(20)}{5}\ \frac{\text{V}\cdot\cancel{\text{loops}}}{\cancel{\text{loops}}}$$
$$= \boxed{480\text{ V}}$$

예제 6.12 (선택)

1차 코일은 10번, 2차 코일은 20번 감긴 승압 변압기가 있다. 2차 코일의 전압이 220 V이면 1차 코일의 전압은 얼마인가? (답: 110 V)

승압이나 감압 변압기는 1차 코일과 2차 코일의 감은 수의 비에 따라 교류 전류의 전압을 높이거나 낮춘다. 변압기에 손실이 없다고 가정하면 1차 코일의 **입력 전력**과 2차 코일의 **출력 전력**은 같아야 한다. $P = IV$이므로 전압이 증가하면 전류는 그에 따라 감소하게 된다. 즉

$$\text{입력 전력} = \text{출력 전력}$$
$$\text{입력 와트} = \text{출력 와트}$$
$$(\text{전류} \times \text{전압})_{\text{입력}} = (\text{전류} \times \text{전압})_{\text{출력}}$$

또는

$$V_p I_p = V_s I_s \tag{6.8}$$

예제 6.13 (선택)

예제 6.11의 승압 변압기의 1차 코일에 120 V의 전압과 10.0 A의 전류의 교류가 흐른다. 2차 코일에 흐르는 전류는 얼마인가?

관련 내용

전류 전쟁

토마스 에디슨은 자신이 발명한 오래 가는 전구를 판매하기 위해 최초로 발전기와 전력 분배시스템을 만들었다. 직류 발전기와 분배시스템이 뉴욕의 맨해튼에 설치되어 1882년 9월에 가동을 시작했다. 53명의 고객에게 110 V의 직류가 공급되었다. 에디슨은 교류와 직류 시스템을 연구하여 그 당시 장점이 많은 직류를 선택하였다. 배터리가 직류이고 배터리를 시스템의 백업용으로 사용했기 때문에 직류를 선택했다. 또한 전기 모터에 직류를 사용할 수 있었고 교류 모터는 아직 발명되지 않았기 때문이기도 했다.

조지 웨스팅하우스는 가스등에 가스를 공급하는 사업을 하고 있었고 전등이 곧 가스등을 대체할 것을 알고 있었다. 전기를 공부한 후 그는 에디슨의 저전압 시스템이 효율적이 아니라고 생각했다. 1885년 웨스팅하우스는 피츠버그에서 교류 발전기와 변압기를 가지고 실험을 하기 시작했다. 1886년 그는 매사추세츠 주 그레이트 배링턴에 500 V 교류 시스템을 설치하였다. 이 시스템으로 송전을 위해 전압을 3,000 V로 올렸다가 가정과 사업장에서 전구를 켜기 위해 다시 110 V, 60 Hz로 낮출 수 있었다.

웨스팅하우스의 교류 전기시스템은 에디슨의 직류 전기시스템과 직접적인 경쟁을 하게 되었다. 그 결과 '전류 전쟁'이 벌어졌고 에디슨은 이런 고전압이 위험하다고 주장하였다. 이 점을 강조하기 위해 에디슨은 죄수를 처형하기 위한 최선의 방법으로 전기의자에 고전압 교류를 흘리는 것을 권고하였다.

교류는 전압을 올려 낮은 비용으로 장거리 송전을 한 뒤 안전한 수준으로 전압을 낮출 수 있기 때문에 교류의 장점이 더 컸다. 결국 에디슨의 제너럴 일렉트릭사조차 교류 장비를 만들기 시작했다. 웨스팅하우스는 교류 전력을 얻기 위해 거대한 증기 터빈 생산에 관심을 기울였으며 곧 미국 전역에 교류 분배시스템을 설치하였다.

풀이

$V_p = 120\text{ V}$

$I_p = 10.0\text{ A}$

$V_s = 480\text{ V}$

$I_s = ?$

$$V_pI_p = V_sI_s \quad \therefore I_s = \frac{V_pI_p}{V_s}$$

$$= \frac{(120\text{ V})(10.0\text{ A})}{480\text{ V}}$$

$$= \frac{(120)(10.0)}{480}\,\frac{\text{V}\cdot\text{A}}{\text{V}}$$

$$= \boxed{2.5\text{ A}}$$

예제 6.14 (선택)

승압 변압기의 1차 전압이 220 V이고 2차 전압이 480 V라면 2차 전류가 2.0 A일 때 1차 코일의 전류는 얼마인가? (답: 4.4 A)

송전할 때 전압을 높여 에너지 손실을 줄인다. 전기저항이 에너지 손실을 초래하고 도선의 절대 온도가 증가한다는 것을 상기하라. 전류가 크면 도선의 운동 전자와 양이온 사이 충돌이 증가한다. 그 결과 큰 에너지 손실이 발생한다. 각각의 충돌은 전기장으로부터 에너지를 빼앗고 이 에너지를 양이온의 운동에너지를 증가하는 데 사용하므로 도체의 온도가 증가한다. 전류를 줄임으로써 저항에 의한 에너지 손실을 줄일 수 있으며 변압기가 전압을 높여 바로 이런 일을 한다. 그러므로 전력회사는 경제적인 송전을 위해 발생한 전력의 전압을 높인다. 예를 들어 발전소의 승압 변압기는 도시로 전송할 때 전압을 22,000~500,000 V로 높인다(그림 6.24A). 이런 전압 증가는 전류를 줄여 장거리 저항 손실을 4% 또는 5% 이상 줄인다. 도시 근처의 변전소에 있는 감압 변압기는 전압을 수천 V로 낮춰 도시에 공급한다. 추가적인 변압기가 이 전압을 120 V나 240 V로 낮춰 서너 가정에 공급한다(그림 6.24B).

자세한 관찰

태양전지

현대인은 계산기, 컴퓨터, 워드 프로세서, 디지털시계, VCR, 디지털 스테레오 및 캠코더 같은 많은 반도체 장치들에 친숙하다. 이 장치들을 반도체 장치라고 부르는 까닭은 전자 회로에 진공관 대신 실리콘과 같은 고체인 반도체를 사용하기 때문이다. 반도체 기술은 1950년대에 개발되어 얇은 실리콘 결정 조각을 전기 회로에 널리 사용하고 있다.

또 관련 기술은 실리콘 같은 반도체의 얇은 조각을 진공관 대신으로만 사용하지 않는다. 이 기술은 빛에 노출하면 전기를 생산하는 **태양전지**(solar cell)라고 부르는 광전 장치와도 관련이 있다(상자 그림 6.4). 태양전지는 운동 부품이나 화학 반응 없이도 전기를 직접 생산한다는 점에서 독특하고 매우 긴 수명을 갖고 있다. 이 글은 태양전지가 어떻게 전기를 만드는지 알려준다.

실리콘의 전도 특성을 **도핑**(doping)을 통해 바꿀 수 있다. 즉 인공적으로 다른 원자를 결정 구조에 강제로 삽입한다. 예를 들어 인 원자는 최외각에 5개의 전자를 갖고 있는 반면 실리콘은 4개 전자를 갖고 있다. 인 원자가 실리콘 결정 속 실리콘 원자를 대체하면 전자 결합에 구속되지 않은 여분의 전자들이 존재하게 된다. 이 여분의 전자들이 결정 구조 속에서 전하를 가지고 쉽게 이동할 수 있다. 인 원자를 도핑한 실리콘은 음전하를 운반하기 때문에 *n*형(*n*-type) 반도체라고 부른다. *n*은 음전하 운반자를 의미한다.

붕소 원자로 도핑한 실리콘 결정은 최외각에 3개 전자만 가진 원자를 가지고 있다. 그 결과 전자가 없는, 즉 전자 '구멍(hole)'이 생기고 이것이 양전하처럼 행동한다. 구멍이 움직이면 전자를 끌어당겨 또 다른 구멍이 다른 곳, 즉 구멍이 움직인 곳에 나타난다. 따라서 한 방향의 전자 흐름은 반대 방향의 구멍 흐름과 같다고 할 수 있다. 그러므로 구멍은 양전하처럼 행동한다. 붕소 원자를 도핑한 실리콘은 양전하를 운반하므로 *p*형(*p*-type) 반도체라고 부른다. *p*는 양전하 운반자를 의미한다.

A

B

상자 그림 6.4 (A) 항해 도우미와 (B) 통신 같은 원거리 사용의 경우 태양전지가 경제적이다. 두 예 모두에서 태양전지 패널은 남쪽을 향한다. ©Bill W. Tillery

실리콘 태양전지의 기본 크기는 물로 잘라낸 보통 폭이 8 cm, 두께 3×10^{-1} mm (대략 1인치의 1/100)의 실리콘 결정이다. p-실리콘으로 만들기 위해 이 웨이퍼의 한 면을 붕소로 도핑하고 반대면은 n-실리콘으로 만들기 위해 인으로 도핑한다. 둘 사이의 접촉면을 p-n 접합(junction)이라고 부르며 이 접합이 전지 장벽(cell barrier)을 만든다. n-실리콘의 전자가 p-실리콘의 구멍에 끌려 전지 장벽이 만들어진다. 이 과정에서 음으로 대전된 p-실리콘과 양으로 대전된 n-실리콘의 매우 얇은 지역이 만들어진다(상자 그림 6.5). 따라서 내부 전기장이 p-n 접합에 형성되고 이 전기장이 전지 장벽이 된다.

태양전지는 얇아 빛이 p-n 접합까지 투과할 수 있다. 빛이 p-실리콘에 부딪쳐 전자를 자유롭게 한다. 저에너지 자유 전자는 구멍과 결합하지만 고에너지 전자는 전지 장벽을 통과해 n-실리콘에 도달한다. 이 전자가 일부 에너지를 잃게 되면 장벽이 되돌아가 n-실리콘에 여분의 음전하가, p-실리콘에는 양전하가 생기는 것을 막는다. 이런 이유로 전류가 흐르도록 하는 전위차가 형성된다.

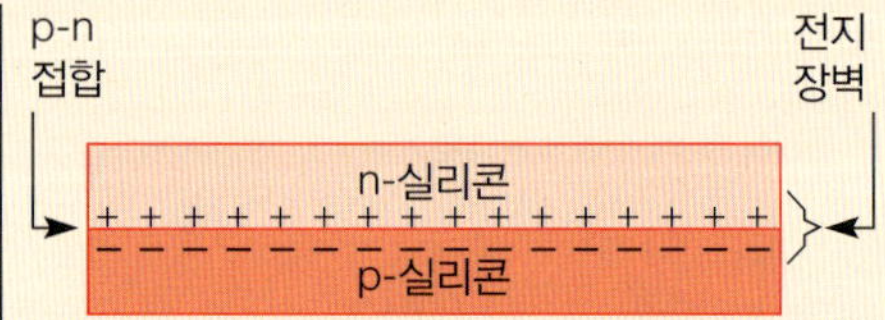

상자 그림 6.5 전지 장벽이 n-실리콘과 p-실리콘 사이의 p-n 접합에 형성된다. 장벽은 n-실리콘에 있는 음전하가 쌓여 만든 '한 방향' 문을 만든다.

오늘날 태양전지는 수공업으로 만들어지므로 원격 전력용(항해 도우미, 통신이나 관개용 펌프)과 특수 소비자용 물품(태양전지 시계와 계산기)에만 사용된다. 고효율, 고신뢰도를 갖고 가격이 저렴한 태양전지를 생산하는 방법을 찾는 연구가 지속되고 있다.

그림 6.24 전압을 증가시켜 송전 시 에너지 손실을 줄일 수 있으므로 생산 전력의 전압을 발전소에서 높인다. (A) 예를 들어 이 변압기로 전압을 수만~수십만 볼트로 높인다. 변전소에서 감압 변압기로 전압을 감소시킨 후 또 다른 변압기(B)가 서너 가정으로 전송할 전압을 120 V로 낮춘다.

과학과 사회

정전으로 알게 된 공해

2003년 8월 거대한 전기 그리드에 문제가 발생해 발전소들이 멈추면서 대규모 정전이 발생하여 5천만 명 이상이 피해를 입었다. 오하이오 계곡의 화력 발전소들이 멈춰있는 동안 메릴랜드 대학의 과학자들은 정전을 이용해 대기 오염 수준을 측정하였다. 정전이 발생한 지 24시간 후 경비행기로 대기 시료를 얻었는데 발전소가 운행 중이던 때에 비해 동일한 지역에서 이산화황이 90%, 오존은 50%, 빛산란 입자는 70% 줄어든 것을 확인하였다. 과학자들은 이 결과가 발전소나 미지의 대기 중 화학 반응에 의한 방출을 과소평가한 데서 온 것이라고 이야기했다.

질문과 토론

1. 이 발견에 영향을 줄 다른 대기 요소들이 존재하는가?
2. 이 발견에 영향을 줄 지상 요소들이 존재하는가?
3. 이 결과는 발전소가 오염에 큰 영향을 미친다는 것을 의미할까? 아니면 다른 것을 더 고려해야 할까?
4. 이 결과를 의심할 수 없도록 하려면 어떤 대기 오염 측정 실험을 해야 할까?

개념 적용

간단한 발전기

1. 절연 도선(#18 구리선)을 화장지 종이 튜브에 50번 감아 코일을 만든다. 코일을 테이프로 고정하여 떨어지지 않도록 하고 종이 튜브는 빼낸다.
2. 나침반과 가는 절연 도선(가늘수록 좋다)을 가지고 전류 탐지장치를 만든다. 가는 절연선을 나침반 주위에 평행하게 감는다. 감을 수 있을 만큼 감지만 나침반의 양끝이 보이도록 하라. 1번 과정에서 만든 코일에 이 도선의 끝을 연결한다.
3. 나침반의 바늘을 나침반 주위에 감은 도선과 평행하게 한다. 코일에 전류를 흘릴 때 만들어진 자기장이 바늘을 움직이게 하므로 전류가 존재하는지 알 수 있다.
4. 우선 막대자석을 정지한 코일에 넣었다 뺐다 하면서 나침반 바늘을 관찰하라. 다음으로 코일을 정지한 막대자석 앞뒤로 움직이면서 나침반 바늘을 관찰하라.
5. 더 큰 코일, 더 강한 또는 더 약한 막대자석, 그리고 코일을 여러 속도로 움직이면서 실험을 반복하라. 전자기유도와 관련된 사실을 알아본다.

요약

물질의 기본 단위는 **원자**다. 원자는 **양성자**, **전자**와 다른 입자로 구성되어 있다. 양성자와 전자는 **전하**라고 부르는 속성을 가진다. 전자는 음전하를, 양성자는 양전하를 갖고 있다. 전하는 상호작용한다. 같은 부호의 전하는 밀치고 다른 부호의 전하는 끌어당긴다.

전자는 이동할 수 있으며 **정전하** 또는 **정전기**는 전자가 많거나 부족할 때 나타난다.

전하량(q)은 **쿨롱**(C)의 단위로 측정한다. 1쿨롱은 전자와 같은 전하 입자가 6.24×10^{24}개 이동하는 것과 같다. 전자나 양성자의 기본 전하는 1.60×10^{-19}쿨롱이다. 두 대전체 사이의 **전기력**은 전하량과 두 대전체 사이의 거리의 관계식으로 계산할 수 있다. 이 관계식을 **쿨롱의 법칙**이라고 부른다.

전하의 흐름을 **전류**(I)라고 부른다. 전류(I)는 전하 흐름의 시간 미분, 즉 시간 간격(t) 동안 도체를 통과한 전하량(q)의 비로 측정한다. 쿨롱/초인 전류의 단위를 **암페어** 또는 amp(줄여서 A)라고 부른다.

전기회로는 도선을 통해 회로의 다른 부분이 일을 하도록 전하를 이동시키는 일을 하는 장치를 갖고 있다. 한 일과 이동한 전하의 크기로 **전압**을 정의한다. **볼트**(V)는 이동전하에 대한 일의 비, $V = W/q$이다. 회로에서 볼트/암페어의 비를 **옴**이라고 부르고 **저항**의 단위이다. **옴의 법칙**은 $V = IR$이다.

저항에 의한 에너지 손실을 무시하면 전원이 한 일은 회로 내 전기장치가 한 일과 같다. 일의 시간 미분은 **일률** 또는 단위 시간당 일, 즉 $P = W/t$이다. 전력은 $P = IV$의 식으로 계산할 수 있으며 전력의 단위는 **와트**이다.

과학의 배후에 있는 사람들

벤저민 프랭클린(Benjamin Franklin, 1706-1790)

벤저민 프랭클린은 미국 출신의 최초의 위대한 과학자이다. 그는 전하의 본질을 이해하고 **양전하**와 **음전하**라는 용어를 사용해 전하를 기술함으로써 물리학에 중요한 기여를 하였다. 또 고전적인 실험을 통해 번개의 본질이 전기라는 것을 밝혔고 이로부터 피뢰침을 발명하였다. 프랭클린은 과학자이자 발명가였을 뿐만 아니라 정치인으로도 잘 알려져 있다. 미국의 독립선언문과 헌법 초안을 만드는 데 핵심 역할을 하였다.

프랭클린은 1706년 1월 17일 매사추세츠주 보스턴에서 영국 정착민으로 태어났다. 그는 정식 교육을 거의 받지 못했고 10세가 되자 아버지를 도와 쇠기름과 비누를 팔았다. 얼마 지나지 않아 형 밑에서 인쇄를 배운 후 1724년 집을 떠나 필라델피아에서 인쇄소를 차렸다.

1746년 인쇄업이 잘 되자 프랭클린은 전기에 대해 생각하고 이후 7년 동안 일련의 놀라운 실험을 수행했다. 정식 교육을 받지 못했지만 독서를 통해 필요한 배경지식을 얻었다. 분석적이고 직관적인 접근 방식에 실용적인 재능이 결합해 전기에 관해 건전한 기초를 쌓게 되었다. 프랭클린은 호기심에서 시작한 전기 연구를 과학으로 만들었다는 이야기를 들었다.

1752년 프랭클린이 유명한 연 실험을 하였다. 폭풍우가 치는 날 연을 날림으로써 젖은 실 끝에 스파크가 나게 했다. 그는 실을 절연 비단천으로 잡고 있었다. 오늘날 전 세계에서 사용하는 피뢰침은 이 실험 덕분에 발명된 것이다. 더 나아가 프랭클린은 전기에 관한 마지막 연구에서 번개구름 대부분이 음전하로 대전되어 있고 소수만이 양전하로 대전되어 있음을 보였다. 이것은 현대에서 옳다는 것이 확인되었다.

끝으로 또 프랭클린은 최초의 공공 도서관, 이중초점 렌즈, 인구 조절, 흔들의자와 일광 절약 시간제 같은 여러 주제를 연구하느라 바쁜 일과를 보냈다.

벤저민 프랭클린은 과학 역사상 가장 흥미로운 인물임이 분명하다. 엄청나게 많은 것에 관심을 가졌고 미국의 독립에 중심 역할을 담당했으며 독특하게도 기꺼이 자신의 생명을 걸고 결정적인 실험을 하여 과학적 업적을 남겼다. 전기의 근본 성질을 알아내어 물질의 구조를 자세히 이해할 수 있도록 해주었다.

출처: Library of Congress Prints and Photographs Division [LC–USZ62–25564]

출처: Modified from the *Hutchinson Dictionary of Scientific Biography*. Abington, UK: Helicon, 2011.

자석은 끌림이 몰려있는 두 자극을 가진다. 자석이 자유로이 회전할 수 있다면 한 자극은 북쪽, 다른 자극은 남쪽을 가리킨다. 북쪽을 향하는 자극을 **N극**, 남쪽을 향하는 자극을 **S극**이라고 부른다. **같은 자극은 밀치고 다른 자극은 끌어당긴다.**

전류가 흐르는 도선은 닫힌 **동심원**의 자기장선을 가지며 도선의 길이에 수직하다. 자기장 **방향**은 전류 방향에 의해 결정된다. 여러 번 감은 도선 코일을 **솔레노이드** 또는 **전자석**이라고 부른다. 전자석은 전기계량기, 전자기 스위치와 전기 모터에 쓰이는 부품이다.

도선 고리가 자기장 속에서 이동하거나 자기장이 도선 고리를 지나 움직이면 도선 고리에 전압이 발생한다. 이 상호작용을 **전자기유도**라고 부른다. 발전기는 자기장 속에 있는 회전 도선 코일이다. 코일은 역학적 에너지에 의해 회전하며 전자기유도에 의해 코일에 전압이 발생한다. 즉 역학적 에너지가 전기에너지로 변환된다. **변압기**는 교류 전압을 높이거나 낮춘다. 입력 전압과 출력 전압의 비는 1차 코일과 2차 코일의 감은 수에 의해 결정된다. 전압이 증가하면 전류가 감소하여 전기에너지의 장거리 전송의 경제성을 높인다.

식 요약

6.1 $$\text{전기력} = (\text{상수}) \times \frac{\text{한 물체의 전하} \times \text{두 번째 물체의 전하}}{\text{물체 사이 거리의 제곱}}$$

$$F = k\frac{q_1 q_2}{r^2}$$

여기서 $k = 9.00 \times 10^9\ \mathrm{N \cdot m^2/C^2}$이다.

6.2 $$\text{전류} = \frac{\text{전하량}}{\text{시간}}$$

$$I = \frac{q}{t}$$

6.3 $$\text{전압} = \frac{\text{일}}{\text{이동전하}}$$

$$V = \frac{W}{q}$$

6.4 전압 = 전류 × 저항

$$V = IR$$

6.5 전력 = 전압 × 전류

$$P = VI$$

6.6 $전기요금 = \dfrac{(와트)(시간)(요금)}{1{,}000 \dfrac{와트}{킬로와트}}$

6.7 $\dfrac{전압_{1차}}{(감은\ 수)_{1차}} = \dfrac{전압_{2차}}{(감은\ 수)_{2차}}$

$$\frac{V_p}{N_p} = \frac{V_s}{N_s}$$

6.8 $(전류 \times 전압)_{입력} = (전류 \times 전압)_{출력}$

$$V_p I_p = V_s I_s$$

개념에 대한 질문

1. 마찰한 풍선이 벽에 잠시 들러붙는 이유를 설명하시오.
2. 카펫 위를 걸어간 후 금속으로 된 물체를 만질 때 정전기를 느끼는 이유를 설명하시오.
3. 왜 양전하나 음전하로 대전된 물체는 기본 전하의 정수배의 전하를 가지는가?
4. 회로에서 빠르게 이동하는 것이 전자가 아닌 전기장이라는 것을 어떻게 알 수 있는지 설명하시오.
5. kWh는 전력의 단위인가 일의 단위인가? 설명하시오.
6. 교류와 직류의 차이는 무엇인가?
7. 자극은 무엇인가? 자극의 이름은 어떻게 붙인 것인가?
8. 자화되지 않은 철조각은 자화된 철조각과 어떻게 다른가?
9. 전기회사가 장거리 전송을 할 때 왜 전압을 높이는지 설명하시오.
10. 발전기가 전류를 생산하는 방법을 기술하시오.
11. 같은 자극은 서로 밀치는데 왜 자석의 N극은 일반적으로 지리학적 북극을 가리키는가?
12. 도선이 자기장을 가로질러 움직일 때 무엇이 전자를 도선의 한 끝으로 이동하게 하는지 설명하시오.
13. 전자가 도선을 따라 이동한다는 전기 모형이 전류의 복잡한 본질을 오해한 지나치게 간략한 모형이라는 것을 설명하시오.
14. 교류와 직류 사이의 중요한 유사점과 차이점은 무엇인가? 특별한 응용에 있어 무엇이 '더 좋은' 방식인지를 결정하는가?
15. 변압기에는 보통 "위험-고전압"의 경고문이 붙어 있다. 사람에 해가 되는 것은 전류이지 전압이 아니기 때문에 이 경고문이 모순인지 아닌지 분석하시오.
16. 연료전지가 미래의 자동차 엔진이 될 수 있을까? 답을 지지해 줄 또는 반박할 사실, 믿음과 이론을 밝히시오.
17. 태양전지가 너무 비싸 에너지원으로 사용할 수 없다는 사실로부터 "태양에너지는 공짜다"라는 주장이 명백하게 모순임을 보이시오.
18. 전기장과 자기장 사이의 근본적인 유사점과 차이점은 무엇인가?

연습문제

그룹 A

1. 모직천으로 마찰한 고무풍선이 음전하로 대전되었고 측정한 전하량은 1.00×10^{-14} C이었다. 이 전하량에 의하면 이 풍선은 얼마나 많은 전자를 여분으로 갖고 있는가?
2. 도선에 흐르는 전류가 2.00초마다 6.00 C이다. 이 전류의 크기는 얼마인가?
3. 4.00 A의 전류가 120.0 V 회로에 연결한 토스터에 흐른다. 이 토스터의 저항은 얼마인가?
4. 60.0 Ω의 저항에 걸린 전위차가 120.0 V일 때 이 저항에 흐르는 전류는 얼마인가?
5. 10.0 Ω의 저항을 가진 전구에 배터리를 연결하면 1.20 A의 전류가 흐른다. (a) 이 배터리의 전압은 얼마인가? (b) 전구의 소비전력은 얼마인가?
6. 작은 라디오가 3.00 V에서 작동하고 저항은 15.0 Ω이다. 이 라디오가 소비하는 전력은 얼마인가?
7. 1,200 W 헤어드라이어를 120 V 회로에서 15분 동안 작동시킨다. 전기요금이 100원/kWh라면 이 헤어드라이어를 사용한 전기요금은 얼마인가?
8. 2.00마력을 낼 수 있는 자동차 스타터는 12.0 V 배터리에서 얼마의 전류를 끌어다 쓰는가?

9. 평균 크기의 가정용 냉장고는 내부 냉각코일로 공기를 불어넣기 위한 1/3마력의 팬 모터, 외부 콘덴서 코일에 공기를 불어넣는 1/3마력의 팬 모터와 3.70마력의 컴프레서 모터를 가지고 있다. (a) 세 모터 전체는 얼마의 전력을 소비하는가? (b) 전기요금이 100원/kWh라면 매시간 이 냉장고를 작동하는 데 드는 전기요금은 얼마인가? (c) 이 냉장고를 하루에 12시간씩 30일 동안 동작시킬 때의 전기요금은 얼마인가?

10. 15 Ω의 토스터를 이미 0.20마력의 모터, 3개의 100 W 전구와 600 W 전기다리미가 있는 회로에서 작동시킨다. 이때 15 A의 회로 차단기가 작동할까? 설명하시오.

11. 발전소 발전기가 1,200 V, 40 A의 교류를 생산한다. 이 전기를 전송하기 전에 승압 변압기로 보낸다. 변압기는 200 대 1의 감은 수의 비를 가진다. (a) 전송 전력의 전압은 얼마인가? (b) 전류는 얼마인가?

12. 120 V 선을 연결할 때 감압 변압기의 출력이 12 V, 0.5 A이다. 손실이 없다고 가정하라. (a) 2차 코일에 대한 1차 코일의 감은 수의 비는 얼마인가? (b) 이 변압기가 120 V 선에서 끌어 쓰는 전류는 얼마인가? (c) 이 변압기의 출력 전력은 얼마인가?

7 빛
Light

핵심 개념

빛은 물질과 상호작용하는 전자기 에너지이다.

장의 개요

물질과 상호작용하는 빛은 반사, 굴절, 흡수, 투과한다.
Pg. 163

한 투명한 물질에서 다른 투명한 물질로 이동하는 빛은 굴절이라고 부르는 방향 변화를 일으킨다.
Pg. 165

간섭과 편광은 빛이 파동이라는 증거가 된다.
Pg. 170

광전 효과와 에너지의 양자화는 빛이 입자라는 증거가 된다.
Pg. 173

이 광섬유 다발은 레이저에서 나온 빛 펄스를 전달하고 도선을 따라 움직이는 전자가 전달할 수 있는 것보다 훨씬 많은 디지털 정보를 전달한다. 매년 점점 더 많은 전기적 경로가 광섬유 케이블로 대체되고 있다.
©Jeffrey Hamilton/Photodisc/Getty Images RF

연관성

물리학

▶ 빛은 에너지의 한 형태이다(3장, 7장).

▶ 빛에너지는 전기로 변환될 수 있다(6장).

화학

▶ 전자가 낮은 오비탈에서 높은 오비탈로 전이할 때 원자가 빛을 방출한다(15장).

▶ 감마선은 전자기 복사이다(8장)

천문학

▶ 별빛은 별의 온도와 운동을 말해준다(9장).

생명과학

▶ 태양광은 생태계에 에너지 흐름을 제공한다(21장).

개요

우리는 주위 환경을 알기 위해 다른 기관보다 눈과 빛을 더 사용한다. 촉각, 후각, 청각, 미각과 같은 감각은 물질과 관련이 있지만 빛이 정보 대부분을 제공한다. 아직까지 빛이 물질보다 신비에 싸여 있다. 물질은 크기를 측정하거나 부수거나 한데 모아 직접 연구할 수 있다. 반면 빛은 빛의 행동만으로 간접적으로만 연구할 수 있다(그림 7.1). 빛의 행동을 이해하면 빛에 관한 모든 지식을 알 수 있다. 남은 것은 빛의 행동이 의미하는 바를 생각하는 것이다.

빛의 행동은 수백 년간 우리의 사고, 과학적 탐구를 자극하고 논쟁을 불러일으켰다. 빛을 직접 관측할 수 없기 때문에 탐구와 논쟁이 생겼고 빛의 정확한 본질을 알아내기가 몹시 힘들었다. 예를 들어 빛이 한 장소에서 다른 장소로 에너지를 전달한다는 것을 안다. 햇빛이 몸을 따뜻하게 할 때 빛의 에너지를 느낀다. 또 빛이 이 에너지를 수백만 킬로미터 떨어진 곳에서 빈 공간을 통해 전달한다는 것도 알고 있다. 이처럼 빛이 에너지를 전달하는 능력을 (1) 파동이 전달하는 에너지로 설명할 수 있다. 음파가 음원으로부터 에너지를 전달하는 것과 같다. 또는 (2) 운동 입자 흐름의 운동에너지가 표면에 부딪쳐 에너지를 잃는 것으로도 설명할 수 있다.

한 장소에서 다른 장소로 에너지가 이동하는 것을 빛의 파동 모형이나 빛의 입자 모형으로 잘 설명할 수 있다. 이처럼 과학에서 두 모형이 존재할 경우 한 가지 모형을 받아들이고 다른 모형을 배제하기 위한 실험을 디자인하여 측정을 한다. 그러나 빛은 모순된 결과를 보여주었다. 일부 실험은 빛이 운동 입자 흐름이 아닌 파동이라는 증거를 보여주었다. 반면 다른 실험은 빛이 파동이 아닌 입자 흐름이라는 반대 증거를 보여주었다. 어떤 실험을 하느냐에 따라 파동 모형 또는 입자 모형을 지지하는 증거를 보였다.

모형을 사용하는 목적은 이미 알고 있는 것으로 새로운 것을 이해하는 것이다. 빛의 새로운 성질을 이해하기 위해 각 성질을 가시화하는 몇 가지 모형이 유용하게 쓰인다. 따라서 빛이 광원에서 생성되는 것을 설명할 때 전자기파 모형을 사용할 것이다. 반사나 굴절, 빛의 휨 같은 빛의 성질을 설명할 때는 광선빔 모형을 사용할 것이다.

7.1 광원

태양과 별, 전구와 타는 물질 모두 빛을 방출한다. 빛을 방출하는 물체를 **발광체**라고 한다. 태양은 지구에 **자연광**을 제공하는 발광체이다. 작은 양의 빛이 별에서 오지만 달이 없는 날 사물을 보기에는 부족하다. 달과 행성은 빛을 반사하여 빛나며 자체적으로 빛을 만들지 못하므로 발광체가 아니다.

수천 년간 연소는 인공 광원을 제공하였다. 모닥불과 촛불은 고온으로 인해 발광한다. 고온의 물체가 발광할 때 **백열체**(incandescent object)라고 한다. 연소체의 불꽃, 보통의 전구와 태

그림 7.1 빛, 소리와 향기로 멋진 자연환경을 느낄 수 있지만 그중 빛이 대부분의 정보를 제공한다. 소리와 향기는 직접 느끼거나 연구할 수 있지만 빛은 간접적으로, 즉 빛의 행동을 통해서만 연구할 수 있다. 그 결과 빛의 행동은 수백 년간 우리의 사고, 과학적 탐구를 자극하고 논쟁을 불러일으켰다. 아마 빛과 빛의 행동에 대해 궁금할 것이다. 빛이란 무엇인가? ©bruno135/123RF RF

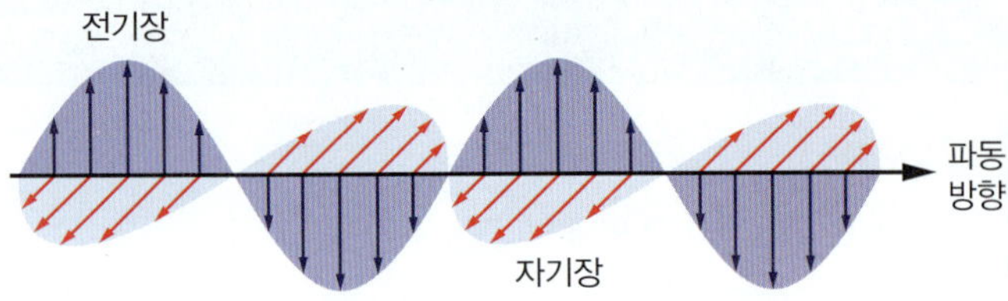

그림 7.2 전자기파의 전기장과 자기장이 함께 변한다. 여기서 장의 세기와 방향을 화살표로 표현했다. 장이 서로 수직하고 파동 방향에도 수직한 것에 주목하라.

양 모두 온도가 높기 때문에 백열 광원이다.

백열체는 어떻게 빛을 내는가? 전자기파 모형으로 설명할 수 있다. 이 모형은 전기, 자기와 빛 사이의 관계를 기술한다. 이 모형은 전하가 외부 힘에 의해 가속될 때마다 전자기파가 생긴다고 말한다. 가속에 의해 전하로부터 떨어져 나온 전기장과 자기장으로 구성된 파동이 만들어져 공간을 이동한다(그림 7.2). 전자기파가 공간에서 움직이면서 전기장과 자기장이 서로 에너지를 교환하며 물질에 흡수되어 에너지를 모두 잃을 때까지 이런 일이 지속된다.

전자기파의 진동수는 전하의 가속도에 의존한다. 가속도가 클수록 만들어진 전자기파의 진동수가 커진다. 진동수 전체 영역을 **전자기 스펙트럼**(electromagnetic spectrum)이라고 부른다(그림 7.3). 스펙트럼의 낮은 쪽 끝에 있는 라디오파부터 높은 쪽 끝에 있는 감마선까지의 영역을 가진다. 가시광선은 전체 스펙트럼 중간의 적은 부분을 차지하고 있다.

그림 7.3 전자기 스펙트럼. 모든 전자기파는 같은 기본 성질과 진공에서 같은 속도를 가진다. 그러나 이들 행동의 많은 부분은 진동수에 의존한다.

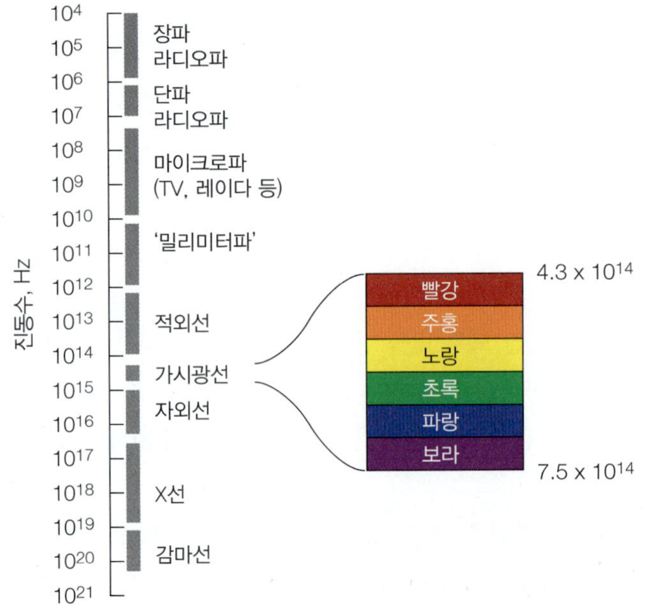

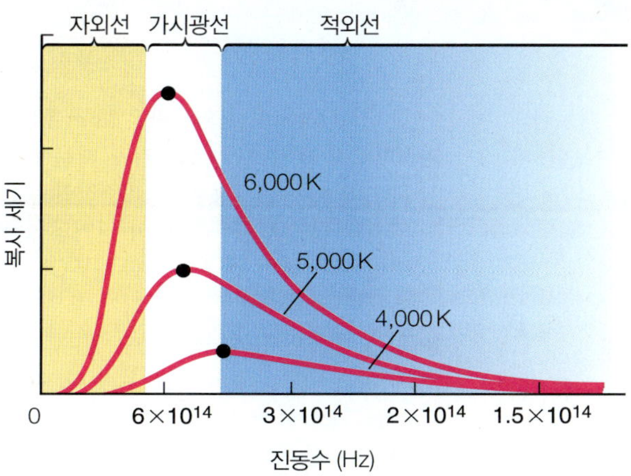

그림 7.4 여러 다른 온도에서 백열하는 물체가 방출하는 에너지 분포. 온도가 높을수록 곡선의 최고점의 진동수(점으로 표시)가 더 커진다.

가시광선은 고온의 백열 광원으로부터 방출되지만 실제로 전자기 에너지는 어떤 온도를 가진 물체에서도 방출된다. 이 에너지를 **흑체복사**(blackbody radiation)라고 부른다. 이 용어는 전자기 에너지를 완전히 흡수하거나 완전히 방출하는 이상적인 물체인 **흑체**에서 나온 것이다. 전자기파 모형에서 에너지는 물체 표면 근처의 가속 전하로부터 나온다. 흑체복사의 진동수는 가속 전하가 가진 에너지, 즉 물체 온도에 의해 결정된다. 절대온도 0도 근처에서는 가용 에너지가 거의 0이므로 에너지가 거의 방출되지 않는다. 물체 온도가 증가하면 더 많은 에너지를 갖게 되고 이 에너지가 여러 진동수로 분산되어 방출된다. 따라서 가용 에너지 범위에서 방출되는 진동수의 그래프는 종 모양을 갖는다. 이 곡선의 가파르기와 최고점의 위치는 온도에 의존한다(그림 7.4). 물체 온도가 증가할수록 방출하는 에너지 양도 증가하고 최고 에너지도 점차 더 높은 진동수 쪽으로 이동한다.

과학 스케치

그림 7.4(또는 종이) 위에 태양과 같은 온도 5,973K에서 흑체복사를 방출하는 물체에 대한 선그래프를 그리시오.

실온에서 물체가 방출하는 에너지는 사람의 눈에 보이지 않는 적외선 형태이다. 물체의 온도가 700°C가 되면 최고 에너지가 여전히 적외선 영역에 있지만 최고 에너지가 높은 진동수 쪽으로 상당히 이동하므로 약간의 가시광선이 방출되어 어두운 붉은색을 띤다. 물체 온도가 계속해서 증가하면 최고 에너지가 더 짧은 파장 쪽으로 이동한다. 따라서 물체가 밝게 빛나기 시작하고 색이 빨강에서 주홍, 노랑으로 변하다가 결국 흰색을 띠게 된다. 온도에 따른 색의 변화는 물체를 '밝은 빨강', '밝은 흰색' 등으로 기술하는 것과 관련이 있다.

촛불이나 모닥불은 불꽃의 탄소 입자가 흑체복사를 하여 생긴 것이다. 1,500°C의 흑체 온도에서 탄소 입자는 빨강에서 노랑까지의 진동수에서 가시광선을 방출한다. 백열전구의 텅스텐 필라멘트는 전류에 의해 대략 2,200°C로 가열된다. 이 온도에서는 빨강, 하양–노랑 영역에서 가시광선이 방출된다.

태양이 방출하는 에너지, 즉 햇빛은 온도가 대략 5,700°C인 태양 표면에서 나온다. 그림

관련 내용

자외선과 생명체

자외선(UV)은 생명체에 큰 영향을 미치는 전자기 스펙트럼의 특수 영역이다. 자외선은 파장에 따라 여러 부분으로 나눈다. 파장이 짧을수록 에너지가 더 크다. 자외선은 DNA에 흡수되어 변이를 일으킨다.

- 자외선은 피부에 비타민 D를 합성하는 데 중요하다. 피부의 콜레스테롤이 자외선과 만나면 일부 콜레스테롤이 비타민 D로 바뀐다. 그러므로 자외선에 약간 노출되는 것이 좋다. 그러나 많은 양의 자외선은 피부를 손상시키기 때문에 백인 피부의 정상적인 탄 흔적은 자외선에 의한 손상을 막아주는 반응이다. 피부가 더 탈수록 깊숙한 피부층이 손상되는 것을 막아준다.
- 선탠 장치는 주로 UV-A를, 그리고 약간의 UV-B를 발생시킨다. 선탠 장치의 자외선량은 보통 햇빛의 자외선량보다 높다.
- UV-C가 DNA를 손상시키기 때문에 의료기기, 마시는 물과 하수의 소독에 사용한다. 표준적인 수은증기등은 대부분 UV 영역의 빛을 방출하지만 이 영역의 빛이 나오지 않도록 등을 코팅한다. 특히 살균을 위한 UV-C를 얻기 위해 코팅하지 않은 전등과 자외선 투과 유리가 사용된다.
- 일부 동물은 자외선을 볼 수 있다. 특히 꿀벌은 빨간색을 보지 못하지만 자외선은 볼 수 있다. 자외선 투과 필터로 꽃 사진을 찍으면 꽃은 흔히 우리가 보는 것과 다른 모습을 보인다. 자외선 빛의 패턴은 꿀벌이 꽃 안에 있는 꿀을 찾는 데 도움을 준다.

종류	파장(나노미터)	특성	생물학적 효과
UV-A	320–400	대부분 오존층을 통과한다. 창문유리를 통과할 수 있다.	피부에 피해를 주고 피부암을 일으킨다.
UV-B	280–320	오존층에서 90%가 흡수된다. 한낮에 가장 강하다.	피부를 태우고 피해를 주며 피부암을 일으킨다.
UV-C	100–280	오존층에 거의 전부 흡수된다.	세균과 바이러스를 죽인다.

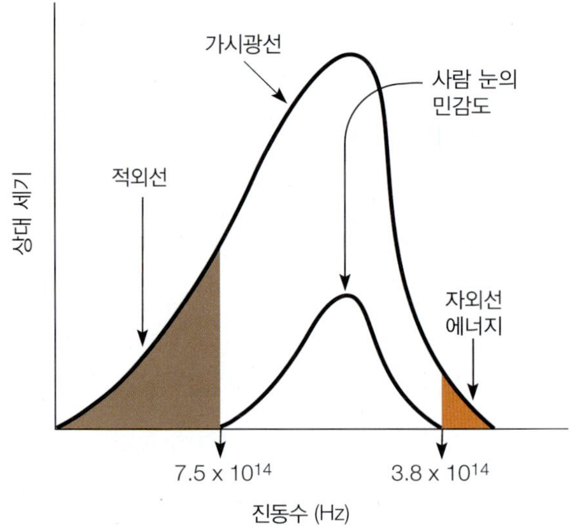

그림 7.5 햇빛은 지구 대기를 통과하기 전 대략 9%의 자외선 에너지, 40%의 가시광선과 51%의 적외선 에너지로 구성되어 있다.

7.5에 보인 것처럼 태양이 방출하는 에너지는 중앙이 노랑–초록 진동수 근처에 있는 넓은 스펙트럼을 갖고 있다. 우리 눈은 햇빛의 이 진동수에 가장 민감하다. 지구 대기를 통과하기 전 햇빛의 스펙트럼은 적외선(대략 51%), 가시광선(대략 40%), 자외선(대략 9%)으로 구성되어 있다. 태양의 핵(9장 참고)에서 핵반응을 일으켜 에너지를 방출할 때 햇빛이 만들어진다. 이 에너지가 태양 표면에 도달하는 데 백만 년이 걸린다. 표면에서 핵의 에너지가 대전 입자를 가속하고 이 입자들이 작은 안테나처럼 빛을 방출한다. 햇빛이 태양 표면에서 지구에 도달하는 데 대략 8분이 걸린다.

7.2 빛의 성질

발광체는 방출하는 빛 때문에 볼 수 있지만, 비발광체는 반사되는 빛 때문에 볼 수 있지만 빛의 경로는 보이지 않는다. 예를 들어 대기를 분필 가루나 연기로 채우지 않으면 손전등 빔을 볼 수 없다. 가루나 연기가 빛을 반사하여 빔의 경로를 보여준다. SF 영화 제작자들은 이런 사실을 무시하고 우주 공간에서 레이저빔의 궤적이 보이게 영화를 찍는다.

빛의 성질을 이해하려면 보이지 않는 빛의 궤적을 보여주는 방법이 필요하다. 이런 목적으로 오래 전부터 **광선 모형**(light ray model)이 사용되었다. 광선은 빛이 직선으로 이동하는 경로를 보여주는 선이다. 광선은 (거울에서의) 반사 법칙이나 (렌즈에서의) 굴절 법칙을 보여주기 위해 그리는 가상의 선이다. 빛의 다른 성질을 설명하는 데 광선 모형의 한계가 있지만 거울, 프리즘과 렌즈를 설명하는 데 광선 모형이 효과적이다.

빛은 물질과 상호작용한다

광선은 물체나 물질 입자를 만나기 전까지 광원에서 직선으로 움직인다(그림 7.6). 다음에 일어날 일은 (1) 표면의 평탄도, (2) 물질의 성질 및 (3) 광선이 표면과 이루는 각도에 의해 결정된다.

물질과 상호작용하는 빛은 투명한 물질을 만나면 반사, 흡수 또는 투과될 수 있다. 여러 조합의 상호작용이 일어날 수 있다. 물질의 특징은 보통 가장 큰 상호작용으로 결정되지만 이것이 다른 상호작용이 일어나지 않음을 의미하지 않는다. 예를 들어 창문은 보통 빛을 투과하는 특징을 갖지만 창문 유리는 대략 입사광의 4%를 반사한다. 밖이 밝으면 반사광을 의식하지 못하지만 어두워지면 창문 유리가 거울처럼 보이는 것을 알 수 있다. 거울은 보통 빛의 반사체로 알고 있지만 대부분 빛을 반사하는 은 박막층은 약간의 빛을 투과시킨다.

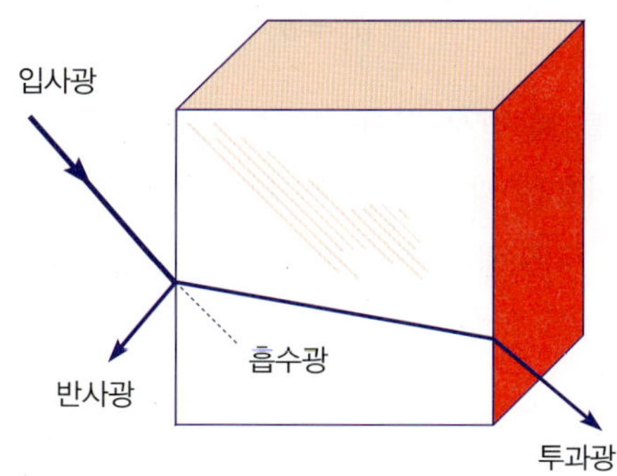

그림 7.6 물질과 상호작용하는 빛은 투명한 물질을 만나면 반사, 흡수 또는 투과될 수 있다. 여러 조합의 상호작용이 일어날 수 있지만 특수한 물질은 보통 어느 하나의 상호작용과 빛이 가장 크게 반응을 한다.

반사

대개의 물체는 빛을 여러 방향으로 반사한다. 예를 들어 밝은 날 나무와 같은 물체를 본다고 하자. 나무의 각 점이 모든 방향으로 빛을 반사하여 어느 방향에서나 나무를 볼 수 있다(그림 7.7). 광선 다발이 눈에 들어와 나무를 보는 모형을 생각해볼 수 있다.

그림 7.7 광선 다발이 나무의 모든 점에서 모든 방향으로 반사된다. 한 점에서 나오는 몇 개의 광선만이 이 그림에 그려져 있다. 눈에 들어오는 광선이 반사된 특정한 점을 보게 해준다.

거울처럼 매끈한 표면에서 반사된 광선은 특정한 각도로 반사된다. 거울 속 나무를 본다고 하자. 나무의 한 부분을 볼 수 있는 거울의 한 장소만 존재한다. 나무 전체에서 나온 빛이 거울에서 반사되지만 우리가 보는 장소에서 특정한 각도로 반사되어 우리 눈에 도달하는 광선만을 보게 된다. 나무에서 나온 광선과 이 광선이 거울에 반사되어 우리 눈에 도달하는 방향 사이의 관계를 3개의 직선을 그려 이해할 수 있다. (1) 나무에서 나오는 원래 광선으로 **입사광선**(incident ray)이라고 부른다. (2) **반사광선**(reflected ray)이라고 부르는 광선을 표현하는 직선, (3) 반사면에 수직한 기준선으로 입사광선이 거울면과 닿는 점에 위치한다. 이런 직선을 **수직선**이라고 부른다. 입사광선과 수직선 사이의 각도를 **입사각** θ_i라고 부르고 반사광선과 수직선 사이의 각도는 **반사각** θ_r이라고 부른다(그림 7.8). 고대 그리스 때부터 알고 있던 **반사 법칙은 입사각이 반사각과 같다.** 또는 다음과 같이 표현한다.

$$\theta_i = \theta_r \tag{7.1}$$

그림 7.9는 평면 거울을 볼 때 반사 법칙이 하는 일을 보여준다. 빛이 상자의 모든 점에서 반사되고, 물론 눈에 들어오는 광선만을 감지한다. 이 광선들은 반사 법칙에 따라 반사된다. 머리를 조금 움직이면 다른 광선 다발이 눈에 들어온다. 눈에 들어오는 모든 광선 다

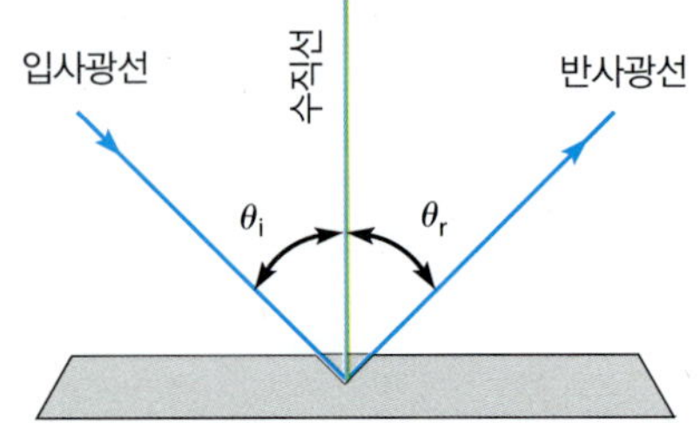

그림 7.8 입사각(θ_i)이 반사각(θ_r)과 같다는 것이 반사 법칙이다. 두 각도 모두 반사점에서 표면에 수직하게 그은 기준선인 수직선으로부터 측정한다.

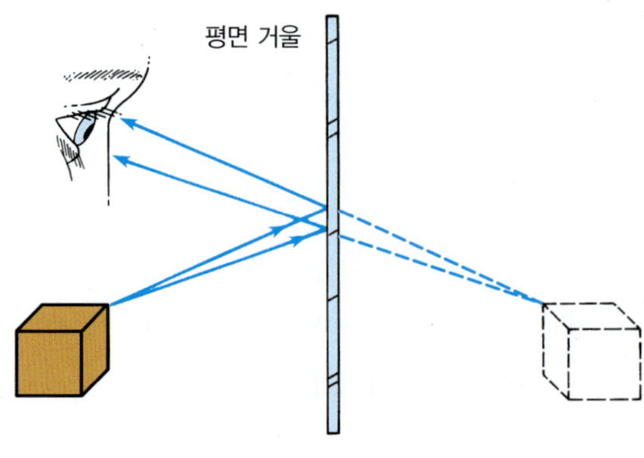

그림 7.9 상자의 한 점에서 출발한 광선이 반사 법칙에 따라 반사되고 눈에 들어온 광선을 보게 된다. 반사 후 광선은 계속해서 같은 속도로 퍼져나간다. 우리는 이것을 상자가 거울 뒤 같은 거리에 있다고 해석한다. 실제로 광선이 허상에서 나오지 않기 때문에 우리는 상자의 허상을 보게 된다.

발 가운데 두 광선만이 그림에 그려져 있다. 두 광선이 반사된 후 반사 전 퍼져나가는 속도와 같은 속도로 계속해서 퍼져나간다. 우리 눈과 뇌는 광선이 반사된 것을 모르며 발산되는 광선이 점선으로 표시한 거울 뒤에서 나오는 것처럼 보인다. 그러므로 상자가 거울 앞에 있는 거리와 같은 거울 뒤 거리에 상이 있는 것처럼 보인다. 따라서 광선이 시작한 곳에 거울상이 있는 것처럼 보인다. 이것을 **허상**(virtual image)이라고 부른다. 허상은 눈과 뇌의 산물이지 **실상**(real image)처럼 실제로 광선이 나와 만들어진 것이 아니다. 실상은 영화 스크린에 나타난 것과 같은 것으로 이 상에서 빛이 나온다. 허상은 머리가 만든 것이므로 스크린에 비출 수 없다.

굴절

일부는 공기 중에, 일부는 물속에 있는 물체가 공기와 물이 만나는 곳에서 부러진, 또는 휘어진 것처럼 보이는 것을 경험한 적이 있을 것이다. 광선이 물에서 공기로 이동하는 것처럼 한 투명한 물질에서 다른 물질로 이동할 때 두 물질의 경계면에서 광선의 진행 방향이 변한다. 경계면에서의 이런 광선의 방향 변화를 **굴절**(refraction)이라 한다. 반사의 경우에서처럼 방향 변화를 수직선에 대한 각도로 측정할 수 있다. 앞서처럼 들어오는 광선을 **입사광선**이라 부르고 새로운 진행 방향을 **굴절광선**이라고 부른다. 두 광선의 각도는 수직선으로부터 측정한다(그림 7.10).

굴절은 빛이 한 투명 물질에서 다른 물질로 이동할 때 **광속 변화**로 인해 생긴다. 진공에서의 광속은 3.00×10^8 m/s이지만 투명한 물질을 지날 때 광속이 작아진다. 예를 들어 물속에서의 광속은 2.30×10^8 m/s로 줄어든다. 광속은 여러 투명한 물질에 따라 다른 크기를 가진다.

빛이 한 투명 물질에서 광속이 **더 작은** 다른 투명 물질로 이동할 때 광선은 **수직선 쪽으로** 굴절된다(그림 7.11A). 예를 들어 빛은 물보다 공기에서 더 빠르게 이동한다. 공기에서 물로 이동하는 빛은 따라서 물로 진입할 때 수직선 쪽으로 굴절한다. 반면 새로운 물질에서 광속이 **더 크면** 빛이 **수직선으로부터 멀어지는 쪽으로** 굴절한다. 따라서 물에서 공기로 이동하는 빛은 공기로 진입할 때 수직선으로부터 멀어지는 쪽으로 굴절한다(그림 7.11B).

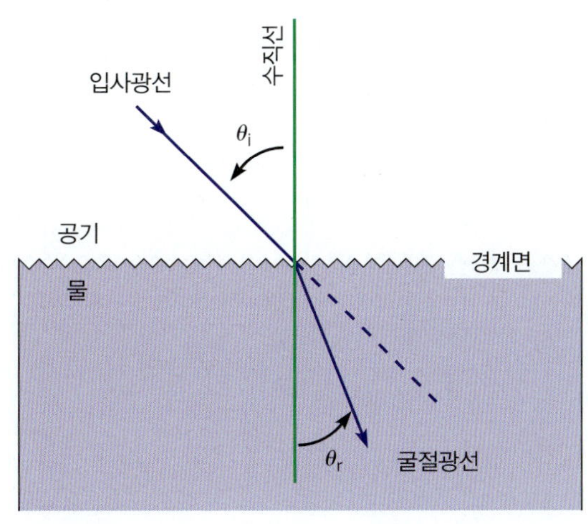

그림 7.10 광선이 공기로부터 물로 이동할 때 경계면에서 일어나는 굴절을 광선 도표가 보여준다. 굴절할 때 θ_i가 θ_r와 다른 것에 주목하라.

그림 7.11 (A) 더 느린 광속의 새로운 물질로 움직이는 광선은 수직선 쪽으로 굴절된다($\theta_i > \theta_r$). (B) 더 빠른 광속의 새로운 물질로 움직이는 광선은 수직선에서 먼 쪽으로 굴절된다($\theta_i < \theta_r$).

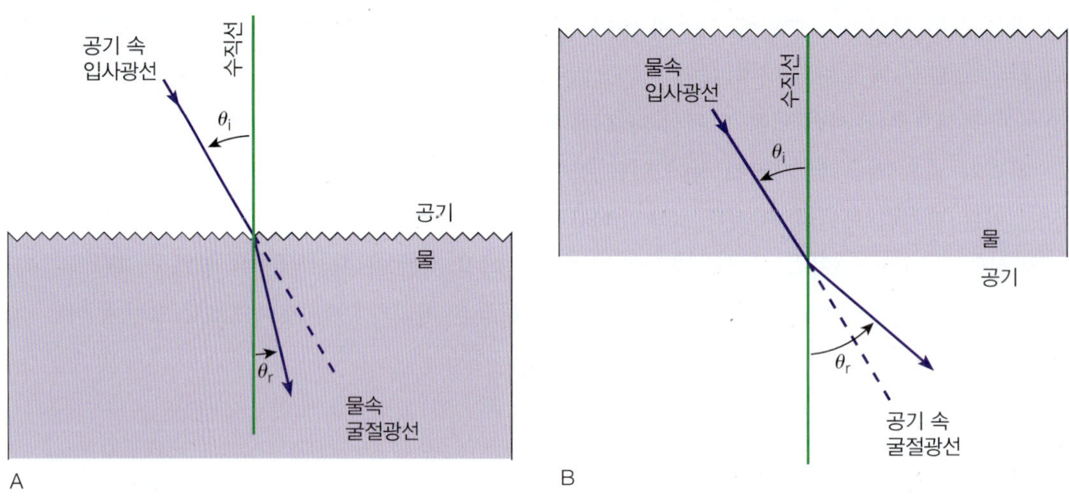

과학 스케치

순수한 물보다 밀도가 큰, 소금기가 있는 바닷물에서 어떻게 광선 도표가 달라지는지 그림 7.11A(또는 종이) 위에 그리시오.

개념 적용

구석

동전을 빈 컵에 놓는다. 동전이 컵 가장자리보다 낮은 곳에 있지만 시선을 조금 벗어나 있도록 컵의 위치를 정한다. 이 위치를 바꾸지 않고 조력자에게 천천히 물을 컵에 붓게 한다. 왜 동전이 보이면서 컵 속에서 떠오르는 것처럼 보이는지 설명하라. 그림 7.10과 같은 그림을 사용하면 설명하는 데 도움이 된다.

굴절각의 크기는 (1) 빛이 표면에 닿는 각도와 (2) 두 투명 물질의 광속의 비에 의존한다. 표면에 수직한(90°) 입사광선은 전혀 굴절되지 않는다. 입사각이 증가할수록 굴절각 역시 증가한다. 그러나 굴절각이 90°에 도달하는, 즉 수면과 같아지는 극한이 존재한다. 그림 7.12는 여러 각도에서 물에서 공기로 이동하는 광선을 보여준다. 입사각이 대략 49°일 때 굴절각이 90°가 되어 수면과 평행하다. 굴절각이 90°가 되는 입사각의 극한을 물-공기 표면의 **임계각**(critical angle)이라고 부른다(그림 7.12). 임계각보다 큰 어떠한 입사각에서도 광선은 물로부터 공기로 이동할 수 없고 흡사 표면에 거울이 있는 것처럼 반사된다. 이것을 **전반사**(total internal reflection)라고 부르며 임계각 이상이 되면 빛이 내부에 갇힌 것처럼 보인다. 다이

그림 7.12 굴절각이 90°가 되면 굴절광선이 수면을 따라 굴절한다. 굴절각이 90°가 되는 물질의 입사각을 임계각이라고 부른다. 입사각이 임계각 또는 그 이상이 되면 광선이 전반사한다. 물의 임계각은 대략 49°이고 다이아몬드의 임계각은 대략 25°이다.

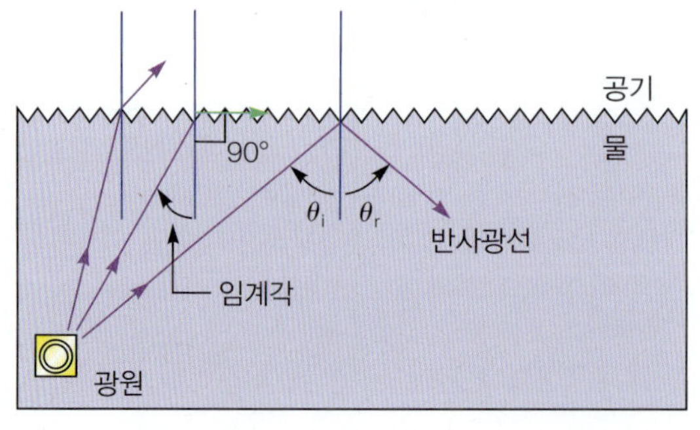

아몬드와 같은 여러 면으로 연마된 투명한 보석은 반짝이는데, 임계각이 작아 대부분의 빛이 전반사되기 때문이다. 또 전반사는 광섬유에서 중요하다.

예제 7.1 (선택)

다이아몬드에서의 광속은 얼마인가?

풀이

물질 속 광속(v), 진공 속 광속(c)과 굴절률의 관계가 식 (7.2)로 주어진다. 다이아몬드의 굴절률은 표 7.1에 주어져 있다($n = 2.42$).

$$n_{\text{다이아몬드}} = 2.42 \qquad n = \frac{c}{v} \quad \therefore\ v = \frac{c}{n}$$

$$c = 3.00 \times 10^8 \text{ m/s}$$

$$v = ?$$

$$= \frac{3.00 \times 10^8 \text{ m/s}}{2.42}$$

$$= \boxed{1.24 \times 10^8 \text{ m/s}}$$

예제 7.2 (선택)

부피 8.00 cm^3의 정육면체 투명 황금색 호박 보석 속 광속이 1.93×10^8 m/s이면 이 호박 보석의 굴절률은 얼마인가? (답: 1.55)

앞서 언급했듯이 굴절은 빛이 한 투명 물질에서 다른 투명 물질로 이동할 때 광속 변화로 인해 생긴다.

두 물질에서의 광속의 비가 주어진 입사각에 대한 굴절의 크기를 결정한다. 현재 이론에 의하면 빛이 진공 속을 통과할 때 광속이 최대가 된다. 진공 속 광속은 9자리 정확도로 알려져 있지만 보통 줄여서 3.00×10^8 m/s라고 한다. 진공 속 광속은 물리학에서 매우 중요한 상수이므로 c라는 자신만의 기호를 갖고 있다. c 대 투명 물질 속에서의 광속 v의 비를 이 물질의 **굴절률**(index of refraction) n이라고 부른다.

$$n = \frac{c}{v} \tag{7.2}$$

표 7.1에 일부 물질의 굴절률이 주어져 있다. 굴절률은 물리적 성질을 알려주는 상수로 물질을 확인하는 데 사용한다. 큰 굴절률은 주어진 입사각에 대해 굴절이 더 크다는 것을 의미한다. 열거한 물질 가운데 다이아몬드가 빛을 가장 잘 굴절하고 공기가 가장 덜 굴절한다. 공기의 굴절률은 거의 1이다. 이것은 빛이 공기 중에서 조금 느리게 이동한다는 것을 의미한다.

표 7.1에서 0°C의 차가운 공기의 굴절률이 30°C의 더운 공기의 굴절률보다 큰 것에 주목하라. 이것은 빛이 더운 공기에서 더 빨리 움직인다는 것을 의미한다. 이 차이로 인해 여름날 때로 멀리 있는 고속도로가 '젖은' 것처럼 보인다. 맑고 바람이 없는 날 도로 근처의 공기가 더 뜨겁다. 이런 더운 공기 속에서 눈에 들어오는 광선은 차가운 공기로 들어오면서 위로 굴절한다. 뇌는 이 굴절광선을 반사광선으로 해석하지만 반사는 일어나지 않는다. 다른 자동차로부터 아래로 이동하는 빛 역시 위로 굴절해 눈에 들어오고 뇌는 젖은 고속도로에 의해 자

표 7.1 굴절률

물질	$n = c/v$
유리	1.50
다이아몬드	2.42
얼음	1.31
물	1.33
벤젠	1.50
사염화탄소	1.46
에틸알코올	1.36
공기(0°C)	1.00029
공기(30°C)	1.00026

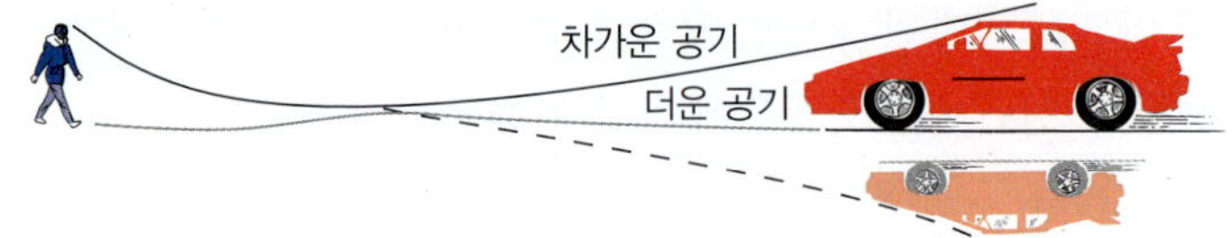

그림 7.13 신기루는 지면 근처의 더운 공기가 광선을 위로 굴절하거나 휘어지게 하여 멀리 있는 관찰자의 눈에 들어와 생긴다. 관찰자는 고속도로 위 물에 반사되어 상하가 뒤집힌 자동차의 상을 본다고 믿는다.

동차가 '반사'되었다고 생각한다(그림 7.13). '물'이 있다고 생각한 곳에 가보면 물은 사라지고 다시 먼 도로에 물이 나타난다.

분산과 색

전자기파는 여러 진동수와 파장의 파동으로 이루어진 전체 스펙트럼이 광속으로 진행한다. 전자기파의 속력(c)은 파장(λ), 진동수(f)와 다음의 관계를 가진다.

$$c = \lambda f \tag{7.3}$$

가시광선은 눈이 감지할 수 있는 전자기 스펙트럼의 한 부분으로 대략 7.90×10^{-7} m에서 3.90×10^{-7} m의 좁은 파장 영역에 있다. 일반적으로 이 영역의 가시광선은 색으로 인식하는 파장 영역으로 다시 나눌 수 있다(그림 7.14). 이것이 무지개의 색으로, 서로 섞이는 6개의 다른 색이 존재한다. **빨강, 주홍, 노랑, 초록, 파랑과 보라**가 그것이다. 이 색들의 파장과 진동수가 표 7.2에 주어져 있다.

일반적으로 햇빛 스펙트럼처럼 동일 비율로 이 색들이 혼합되면 빛을 희다고 인식한다. 햇빛이 이 색들로 이루어진 것을 처음으로 자세히 연구한 사람이 아이작 뉴턴이다. 대학생일 때 뉴턴은 렌즈 연마, 빛과 색에 흥미를 느꼈다. 23세 때 뉴턴은 동네 장터에 들려 삼각 유리 프리즘을 몇 개 사서 그의 방에서 햇빛에 관한 일련의 실험을 했다. 1672년 그는 프리즘과 색

그림 7.14 꽃이 7.9×10^{-7} m에서 6.2×10^{-7} m 파장 영역의 빛을 반사하기 때문에 붉게 보인다.
©Bill W. Tillery

표 7.2 가시광선 색의 파장 및 진동수 영역

색	파장(m)	진동수(Hz)
빨강	$7.9 \times 10^{-7} \sim 6.2 \times 10^{-7}$	$3.8 \times 10^{14} \sim 4.8 \times 10^{14}$
주홍	$6.2 \times 10^{-7} \sim 6.0 \times 10^{-7}$	$4.8 \times 10^{14} \sim 5.0 \times 10^{14}$
노랑	$6.0 \times 10^{-7} \sim 5.8 \times 10^{-7}$	$5.0 \times 10^{14} \sim 5.2 \times 10^{14}$
초록	$5.8 \times 10^{-7} \sim 4.9 \times 10^{-7}$	$5.2 \times 10^{14} \sim 6.1 \times 10^{14}$
파랑	$4.9 \times 10^{-7} \sim 4.6 \times 10^{-7}$	$6.1 \times 10^{14} \sim 6.6 \times 10^{14}$
보라	$4.6 \times 10^{-7} \sim 3.9 \times 10^{-7}$	$6.6 \times 10^{14} \sim 7.7 \times 10^{14}$

미신, 착각, 그리고 오해

광선검

영화 〈스타워즈〉에 등장하는 광선검은 불가능하다. 광선검이 레이저빔이라고 가정하면 한 레이저빔이 다른 레이저빔을 막을 수 없다는 것을 알 수 있다. 레이저빔은 서로 그냥 스쳐 지나갈 뿐이다. 더욱이 고정된 길이의 레이저는 빛을 산란시킬 렌즈 시스템 없이는 불가능하다. 추가해서 렌즈들은 광선검의 무게를 증가시킨다. 반사면에서 산란된 레이저 빛은 광선검을 사용하는 사람을 다치게 할 수 있다.

실험 결과를 보고하고 빛이 모든 색의 혼합물이라고 결론지었다. 뉴턴은 어두운 방에서 유리 프리즘에 비춘 햇빛이 그가 **스펙트럼**이라고 부른 색의 띠를 만드는 것을 발견하였다. 더 나아가 그는 두 번째 유리 프리즘이 분리된 색을 다시 합하여 흰 햇빛이 되는 것도 발견하였다. 뉴턴은 햇빛이 6개 색의 혼합물이라고 결론지었다.

유리 프리즘은 굴절률이 빛의 파장에 따라 다르기 때문에 햇빛을 색의 스펙트럼으로 나눈다. 투명 물질에서 광속을 줄이는 같은 과정이 긴 파장보다 짧은 파장에 더 큰 영향을 미친다. 그 결과 보라색이 가장 많이 굴절하고 빨간색이 가장 적게 굴절하며 다른 색들은 그 중간쯤 굴절한다. 이 때문에 흰빛이 굴절할 때 스펙트럼으로 분리 또는 분산된다. 굴절률이 파장에 따라 변하는 모든 투명 물질은 **분산**(dispersion)이라는 성질을 갖는다. 얼음 결정에 의한 분산은 때로 태양과 달 주위에 해무리나 달무리를 만든다.

예제 7.3 (선택)

색의 스펙트럼은 빛의 색을 기술하는 다른 방법들인 파장, 진동수나 에너지 단위로 측정할 수 있다. 사람의 눈은 노랑-초록색인 5.60×10^{-7} m의 파장에 가장 민감하다. 이 파장의 진동수는 얼마인가?

풀이

파장(λ), 진동수(f)와 진공 속 광속(c) 사이의 관계식은 식 (7.3)인 $c = \lambda f$이다.

$$\lambda = 5.60 \times 10^{-7}\ \text{m}$$
$$c = 3.00 \times 10^{8}\ \text{m/s}$$
$$f = ?$$

$$c = \lambda f \quad \therefore\ f = \frac{c}{\lambda} = \frac{3.00 \times 10^{8}\ \frac{\text{m}}{\text{s}}}{5.60 \times 10^{-7}\ \text{m}}$$
$$= \frac{3.00 \times 10^{8}}{5.60 \times 10^{-7}}\ \frac{\cancel{\text{m}}}{\text{s}} \times \frac{1}{\cancel{\text{m}}}$$
$$= 5.40 \times 10^{14}\ \frac{1}{\text{s}}$$
$$= \boxed{5.40 \times 10^{14}\ \text{Hz}}$$

예제 7.4 (선택)

960.0 kHz 진동수로 전송하는 AM 라디오 파장은 얼마인가? (답: 313 m)

7.3 빛의 파동성의 증거

뉴턴이 **빛의 입자 이론**을 출판하면서 1600년대 말 빛의 본질을 두고 논쟁이 벌어졌다. 뉴턴은 빛이 직선으로 이동하는 것을 광원으로부터 작은 물질 입자들이 엄청난 속도로 이동하는 것으로 생각하면 더 잘 설명할 수 있다고 믿었다. 뉴턴은 입자가 운동 법칙에 따라 직선으로 움직여야 한다고 생각했다. 반면 연못의 수면파가 원형으로 휘어져 움직이듯이 파동은 휘면서 이동해야 한다. 뉴턴이 빛의 입자 이론을 개발하던 거의 비슷한 시기에 크리스티안 호이겐스(Christian Huygens)는 빛이 입자 흐름이 아닌 종파라는 결론을 내렸다.

두 이론 모두 1700년대에 지지를 얻었지만 대다수는 뉴턴의 입자 이론을 선호했다. 1800년대가 시작되면서 파동 이론을 선호하는 새로운 증거가 발견되었다. 이 증거는 파동으로만 설명이 가능했다.

간섭

1801년 토마스 영은 빛의 파동 모형으로만 설명할 수 있는 증거를 출판했다. 영의 실험이 그림 7.15에 그려져 있다. 위상이 같은, 즉 광원으로부터 전파될 때 두 빔의 골과 마루가 일치하는 2개의 빔을 얻기 위해 단일 광원에서 나온 빛을 사용한다. 이 빛을 2개의 슬릿이 있는 판자에 비춘다. 각 슬릿의 폭은 1 mm 이하이다. 빛이 슬릿을 통과한 후 원호처럼 퍼진다. 판자 너머에서 한 슬릿에서 나온 빛이 다른 슬릿에서 나온 빛과 교차하면서 일련의 밝은 선을 스크린 위에 만든다. 영이 발견한 현상을 **간섭**(interference)이라 부르고 간섭은 파동으로만 설명할 수 있다!

영은 모든 실험 데이터가 빛의 파동 이론의 예측과 완전히 일치하는 것을 발견했다. 15년쯤 뒤에 A. J. 프레넬이 빛의 행동을 파동 이론으로 완전히 설명할 수 있음을 수학적으로 보여주었다. 1821년 프레넬은 빨간색의 파장이 대략 8×10^{-7} m이며 보라색의 파장은 대략 4×10^{-7} m이고 다른 색들의 파장은 이들의 중간인 것을 알아냈다. 영과 프레넬의 연구는 빛이 입자인지 파동인지에 대한 논쟁을 해결한 것 같았으며 빛이 파동이라는 것에 대부분 동의했다.

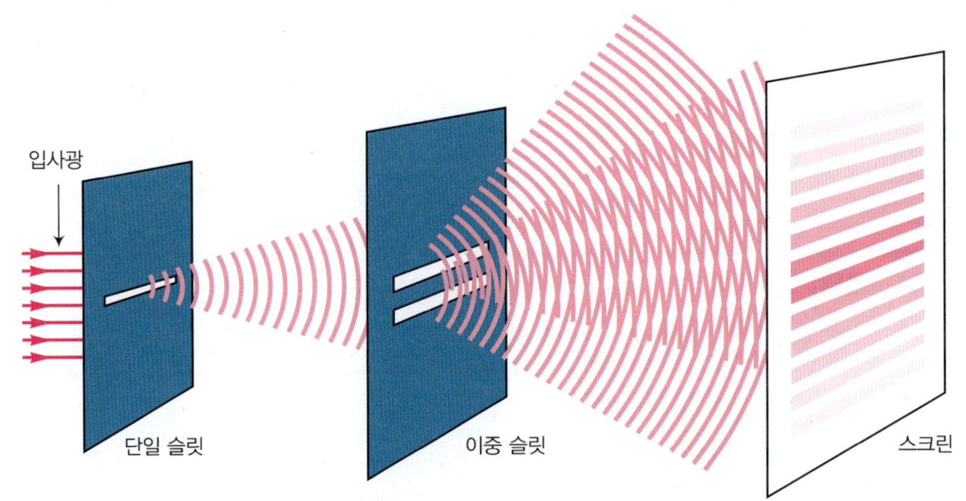

그림 7.15 영의 이중 슬릿 실험의 배치. 첫 번째 슬릿을 통과한 간섭성을 가진 햇빛이 서로 가까이 있는 2개의 슬릿에 닿는다. 2개의 슬릿을 통과한 빛은 스크린에 간섭무늬를 만든다.

편광

호이겐스의 파동 이론과 뉴턴의 입자 이론은 빛의 일부 행동을 만족할 만큼 설명할 수 있었다. 그러나 어느 이론으로도 설명할 수 있는 빛의 행동도 존재했다. 빛이 특정 투명 결정을 통과할 때 일어나는 일 같은 것을 두 이론으로도 설명할 수 없었다. 예를 들어 전기석 박편은 초록빛만을 조금 투과한다. 그러나 두 번째 전기석 박편을 첫 번째 박편 위에 놓고 회전하면 두 박편을 통과한 투과광이 어두워지기 시작한다. 두 번째 박편을 90° 회전하면 투과광이 0이 된다. 뉴턴은 이런 빛의 행동은 '측면' 또는 '구멍'과 관계가 있다고 주장하고 현재 빛의 편광(polarization)이라고 부르는 개념을 도입했다.

호이겐스의 파동 이론의 파동은 음파처럼 파면이 파동의 진행 방향으로 이동하는 종파였다. 종파로는 빛의 편광을 설명할 수 없다. 1817년 영은 호이겐스 이론에서 빛이 진행 방향과 수직으로 진동하는 **횡파**라고 수정했다. 이런 수정은 두 결정을 투과하는 빛의 편광 행동을 설명하는 데 도움을 주었으며 빛이 횡파라는 확실한 증거가 되었다. 그림 7.16A에 보인 것처럼 **비편광**(unpolarized) 빛은 모든 방향으로 진동하는 횡파들로 이루어져 있다고 가정한다. 전기석과 같이 편광을 일으키는 물질은 그림 7.16B에서처럼 한 방향으로만 진동하는 빛을 투과한다. 이런 파동을 **편광**(polarized) 또는 **면편광**(plane-polarized) 파동이라고 부른다. 단일 결정은 특정 방향과 평행하게 진동하는 파동만을 투과하는 반면 다른 방향으로 진동하는 파동은 흡수하여 편광 빛을 만든다. 눈으로는 편광 빛과 비편광 빛의 차이를 알 수 없으므로 단일 결정을 투과한 빛도 다른 빛과 같아 보인다. 두 번째 결정을 첫 번째 결정 위에 놓으면 투과광의 양이 두 결정의 배열에 의해 결정된다(그림 7.17). 두 결정의 배열이 일치하면 첫 번째 결정에서 나온 편광 빛이 두 번째 결정에서 흡수되지 않고 통과한다. 두 결정이 90°로 교차하면 첫 번째 결정을 투과한 빛이 두 번째 결정에서 거의 모두 흡수된다. 다른 각도에서는 첫 번째 결정에서 나온 편광 빛의 일부만 두 번째 결정을 투과한다.

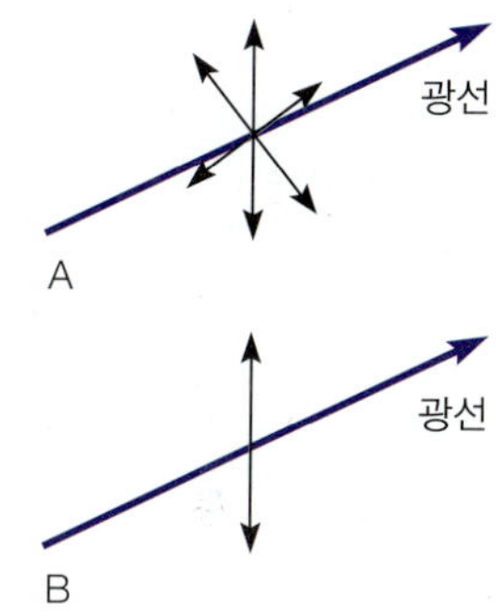

그림 7.16 (A) 비편광 빛은 진행 방향과 수직한 모든 방향으로 진동하는 횡파로 이루어져 있다. (B) 편광 빛은 한 평면에서만 진동한다. 이 그림에서 파동이 수직 방향으로만 진동한다.

선글라스가 편광 물질로 만들어진 것인지는 렌즈를 다른 선글라스 렌즈 위에서 회전시켜 알 수 있다. 렌즈의 배열이 같으면 빛을 투과하고 렌즈가 90°로 교차하면 빛이 투과하지 않는다.

일부 또는 완전 편광 빛을 얻는 몇 가지 방법으로 (1) 선택적 흡수, (2) 반사와 (3) 산란이 있다.

선택적 흡수는 전기석과 같은 특수한 결정에서 일어나는 현상이다. 즉 한 평면에 있는 빛은 투과하고 다른 평면에 있는 빛은 흡수된다. 입사각이 1~89° 사이인 **반사광**은 부분 편광 빛이

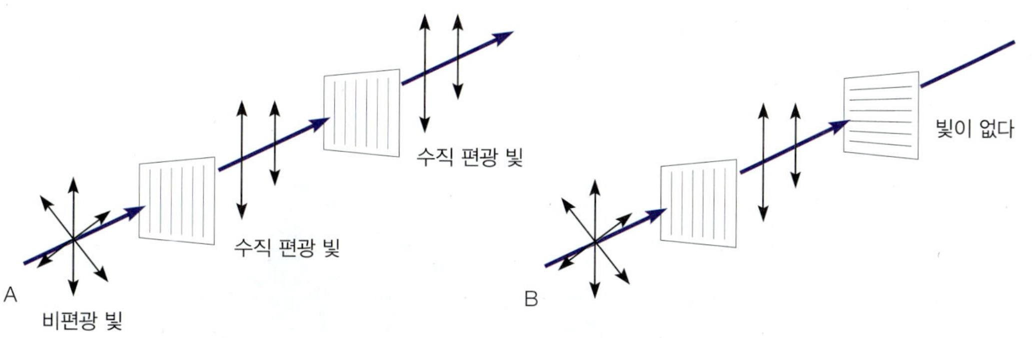

그림 7.17 (A) 같은 방향으로 배열된 두 결정은 수직 편광 빛을 투과한다. (B) 결정을 90°로 교차시키면 빛이 투과하지 못한다.

자세한 관찰

무지개

무지개는 황홀한 빛의 향연이며 무지개 끝에 황금 항아리가 묻혀있다는 전설이 전해진다. 무지개가 왜, 어떻게 생기는지 이해하려면 물방울 형성에 관한 지식과 빛이 어떻게 반사되고 굴절되는지에 관한 지식이 필요하다. 또 이 정보는 우리가 움직일 때 왜 무지개가 움직이는 것처럼 보이는지 설명해준다. 이 때문에 전설의 황금 항아리를 찾을 수 없다.

우선 무지개를 보기 위한 조건에 주목하라. 보통 하늘의 한쪽에서 태양이 낮게 비추고 반대쪽에는 비가 내릴 때 무지개가 나타난다. 태양을 등지고 빗방울이 있는 곳을 보면 빨주노초파남보의 색 띠가 나타난다. 이런 형태의 무지개가 생기려면 햇빛을 굴절하고 반사하는 표면이 필요한데 구형의 빗방울이 이 조건을 만족한다.

물 분자는 음전하와 양전하 지역이 있어 물 분자 사이에 강한 끌어당기는 힘이 생긴다. 이 힘 때문에 표면장력이 생겨 빗방울이 대기 속에서 떨어질 때 구형이 된다.

상자 그림 7.1은 햇빛의 광선이 단일 구형 빗방울의 꼭대기 근처에 닿을 때 일어나는 일을 보여준다. 이 점에서 일부 햇빛이 반사되고 일부는 빗방울 속으로 굴절된다. 굴절은 빛을 스펙트럼 색들로 분산시킨다. 보랏빛이 가장 많이 굴절하고 빨간빛이 가장 덜 굴절된다. 굴절광은 빗방울의 반대쪽까지 진행하여 일부는 다시 빗방울로 반사되어 빗방울의 앞쪽 표면에서 빗방울을 벗어난다. 벗어날 때 빛이 두 번째로 굴절된다. 굴절, 반사, 그리고 두 번째 굴절이 결합하여 무지개가 보여주는 색 띠가 만들어진다. 또 이것이 무지개를 태양의 반대편 하늘에서 보는 이유이기도 하다.

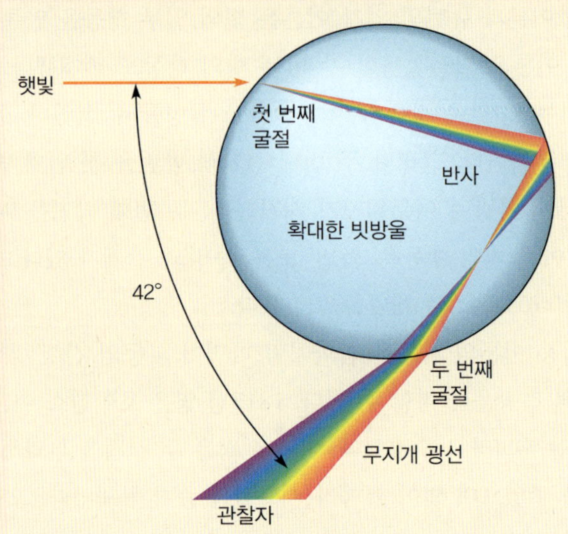

상자 그림 7.1 빛이 빗방울과 만날 때와 떠날 때 굴절된다. 수많은 빗방울에서 빗방울의 앞쪽 표면을 떠나는 빛이 광원이 되어 무지개가 만들어진다.

한 빗방울에서 나오는 빛의 색은 하나이며 색은 입사 햇빛과 굴절광 사이 각도가 특정한 값을 가진 원호에 있는 모든 빗방울로부터 나온다. 따라서 빨강 영역에 있는 빗방울은 빨간빛을 42° 각도로 눈에 들어오게 굴절하고 다른 색은 이런 빗방울에 의해 머리 위쪽으로 굴절한다. 보라 영역의 빗방울은 보랏빛을 40° 각도로 눈에 들어오게 굴절하고 빨강과 다른 색은 발 쪽으로 굴절한다. 따라서 한 빗방울에서 나온 빛은 한 색을 가지며 이 색을 보이는 모든 빗방울이 같은 원호에 있게 된다. 태양과 한 색의 굴절광 사이 각도가 각 구형 빗방울에 대해 모두 같기 때문에 원호가 형성된다.

때로 햇빛이 빗방울 아래쪽으로 들어와 두 번의 반사 후 위쪽으로 굴절할 때 희미하며 색 순서가 반대인 2차 무지개가 생기기도 한다. 이중 반사로 인해 색 순서가 반대이며 빨강이 50°, 보라가 54°의 각도를 가진다.

된다. 반사면과 평행한 파동이 다른 파동보다 더 잘 반사되기 때문이다. 표면과 평행한 모든 파동들로 이루어진 완전 편광은 특정한 입사각에서만 일어난다. 이 각도는 반사 물질의 본질과 같은 몇 가지 변수에 의존한다. 그림 7.18은 반사에 의한 편광을 보여준다. 편광 선글라스

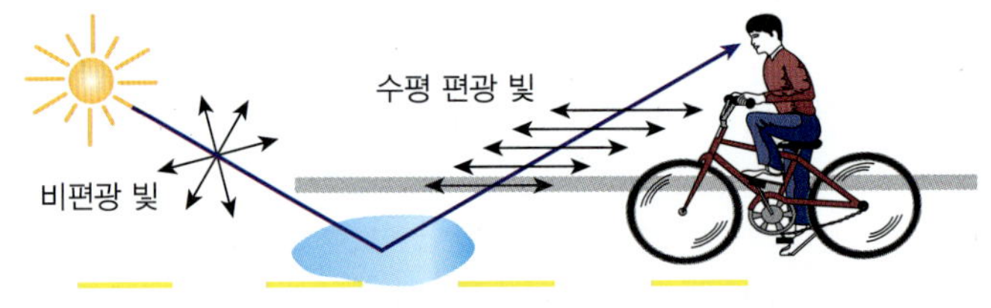

그림 7.18 반사된 빛이 입사각과 다른 변수들에 따라 수평 방향의 부분 또는 완전 편광 빛이 된다.

는 수직 배열의 투과축을 가지고 있기 때문에 반사광에 의한 눈부심을 줄여준다. 이것은 수평 방향의 반사광을 흡수한다. 반사광을 보면서 머리를 옆으로 흔들어 선글라스를 회전시키면 반사광의 세기가 변하는 것을 볼 수 있다. 이것은 반사광이 부분 편광되어 있음을 의미한다.

산란(scattering)은 빛이 대기를 구성하는 기체 분자 크기의 입자에 흡수되었다가 재방출할 때 일어난다. 햇빛은 처음에 비편광 빛이다. 햇빛이 분자를 만나면 전자가 가속되어 수평과 수직으로 진동한다. 진동하는 전하는 편광 빛을 방출한다. 따라서 편광 선글라스로 파란 하늘을 보면서 선글라스를 회전시키면 하늘에서 오는 빛이 편광된 것을 알 수 있다. 꿀벌은 하늘빛의 편광을 감지하며 이것을 이용해 비행 방향을 결정한다. 보라와 파란빛은 가시광선에서 파장이 가장 짧고 빨강과 주홍빛은 파장이 가장 길다. 햇빛의 보라와 파랑 광선은 가장 많이 산란된다. 해가 질 때 대기를 통과하는 햇빛의 경로가 태양이 머리 위에 있을 때보다 훨씬 길다. 해가 질 때 대기를 통과하는 경로가 길기 때문에 파랑과 보라의 대부분이 산란된다. 대기를 통과한 빛은 거의 빨강과 주홍이므로 해 질 때 주로 이 색들을 보게 된다.

7.4 빛의 입자성의 증거

1850년 J. L. 푸코는 빛이 대기 속에서의 속도에 비해 투명 물질 속에서 훨씬 느리게 이동하는 것을 증명할 수 있었다. 이것은 파동 이론과 완전히 일치하는 것이었고 입자 이론과는 완전히 반대되었다. 1800년대 말 제임스 맥스웰의 전기장과 자기장 개념은 빛의 개념을 역학적 파동으로부터 변화하는 전기장과 자기장의 파동으로 바꾸었다. 더 나아가 파동이 진행하기 위해 필요하다고 여긴 에테르가 불필요하다는 증거가 발견되었다. 이제 빛은 진공 속을 진행하는 전자기파라고 여겼다. 이때부터 진공 속 또는 물질 속을 진행하는 빛의 모든 행동을 파동으로 설명할 수 있게 되었다. 하지만 파동 이론으로 설명할 수 없는 어려운 문제도 존재했다. 일반적으로 이런 문제들은 물질이 흡수하거나 방출하는 빛과 관계가 있었다.

광전 효과

빛은 에너지의 한 형태이고 물질이 빛을 흡수하면 빛은 물질에 에너지를 잃는다. 보통 흡수광의 에너지는 온도 증가를 가져오고 흡수된 햇빛이 주는 따뜻함을 느낄 수 있다. 그러나 때로 흡수광의 에너지는 다른 효과를 일으킨다. 특정 물질에서는 전자가 이 에너지를 얻는데 이 에너지가 일부 전자에게는 물질로부터 튀어나올 수 있는 충분한 에너지를 공급한다. 빛에너지를 얻어 전자가 튀어나오는 것을 **광전 효과**(photoelectric effect)라고 부른다. 태양전지는 광전 효과를 직접 응용한 것으로 빛에너지를 전류로 바꾼다(그림 7.19).

빛에너지는 정확히 측정할 수 있다. 전자가 빛을 흡수한 후 전자의 운동에너지 역시 아주 정확히 측정할 수 있다. 광전 효과와 관계된 빛과 전자에 대한 측정을 통하여 예상치 못한 결과가 발견되었다. 하나의 고정된 진동수를 가진 빛, 즉 단색광이 광전 효과를 일으키는 데 사용되었다. 첫째, 낮은 세기, 즉 어두운 빛을 사용하고 튀어나오는 전자의 수와 에너지를 측정하였다. 다시 높은 세기의 빛을 사용하여 튀어나오는 전자의 수와 에너지를 측정하였다. 측

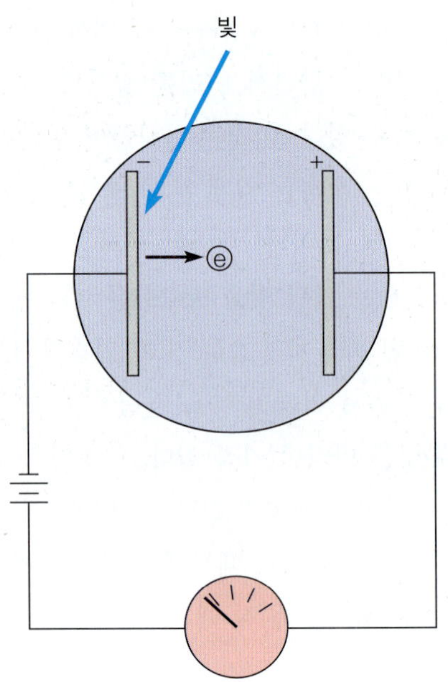

그림 7.19 광전 효과 관측 장치. 빛이 음으로 대전된 판에 닿으면 전자가 튀어나온다. 튀어나온 전자는 양으로 대전된 판으로 이동하여 회로에 전류가 흐르게 한다.

정 결과는 (1) 낮은 세기의 빛을 사용하면 튀어나온 전자 수가 줄고 높은 세기의 빛을 사용하면 전자 수가 증가하였다. (2) 튀어나온 모든 세기와 무관하게 같은 운동에너지를 가졌다. 놀랍게도 전자의 운동에너지가 빛의 세기와 관계가 없었다. 이것은 파동 이론의 예측과 모순이 되었다. 왜냐하면 강한 빛이란 더 많은 에너지를 가진 파동이고 이런 파동은 전자에게 더 많은 에너지를 준다는 것을 의미하기 때문이다. 파동 이론이 설명할 수 없는 빛의 행동이 발견된 것이다.

에너지의 양자화

광전 효과 문제에 추가하여 뜨거운 물체가 방출하는 에너지인 흑체복사의 문제도 있었다. 흑체복사를 통해 방출하는 빛을 실험으로 측정하면 파동 이론의 예측과 맞지 않았다. 1900년 독일의 물리학자 막스 플랑크는 빛을 방출하는 진동하는 분자가 **불연속적인**(discrete) 에너지 값만을 가진다고 가정하면 실험 결과와 이론 예측이 일치한다는 것을 발견하였다. 에너지가 연속적으로 존재하는 대신 플랑크는 진동하는 분자가 특정 값 또는 **양자**(quantum)(의미는 '불연속적인 양')의 에너지의 정수배의 에너지만을 가질 수 있다는 것을 발견하였다.

플랑크가 발견한 양자화된 에너지는 과격하고 혁명적인 개념이어서 플랑크를 포함한 대부분 과학자는 당시 이것을 믿지 않았다. 사실 플랑크는 자신의 발견이 오류임을 증명하기 위해 많은 시간과 노력을 기울였다. 하지만 이것이 양자 이론의 출발이 되었고 결국 물리학의 혁명을 가져왔다.

5년 후인 1905년 알베르트 아인슈타인이 플랑크의 양자 개념을 광전 효과 문제에 적용하였다. 아인슈타인은 빛 파동의 에너지를 **광자**(photon)라고 부르는 에너지 양자로 생각하였다. 각 광자는 에너지 E를 갖고 이 에너지는 빛의 진동수 f 및 플랑크 상수 h와 다음의 관계를 가진다.

$$E = hf \tag{7.4}$$

플랑크 상수의 값은 6.63×10^{-34} J·s이다. 이 관계식은 빛의 진동수가 높을수록(즉 6.50×10^{14} Hz의 파란빛) 낮은 진동수의 빛(즉 4.00×10^{14} Hz의 빨간빛)보다 더 많은 에너지를 가진다. 이런 높고 낮은 진동수의 빛의 에너지는 실험으로 측정할 수 있다.

또 광자 이론으로 광전 효과를 설명할 수 있다. 이 이론에 의하면 빛은 움직이는 광자의 흐름이다. 빛이 어두운가 밝은가를 결정하는 것은 광자의 수이다. 큰 세기의 빛은 아주 많은 광자를 가지고 있고 작은 세기의 빛은 소수의 광자만을 가진다. 특별한 진동수에서 모든 광자는 같은 에너지를 가진다. 광자 에너지가 진동수와 플랑크 상수의 곱(hf)이기 때문이다. 1개의 광자가 물질과 상호작용할 때 광자가 흡수되면서 모든 에너지를 물질에 준다. 광전 효과에서 이런 상호작용이 광자와 전자 사이에서 일어난다. 밝은 빛을 사용하면 더 많은 광자가 전자와 상호작용하므로 더 많은 전자가 튀어나온다. 각 광자가 준 에너지는 빛의 진동수의 함수이므로 고정된 진동수에서 각 광자의 에너지 hf는 동일하고 튀어나온 각 전자가 얻은 운동에너지도 동일하다. 따라서 광자 이론으로 광전 효과의 측정 결과를 설명할 수 있다.

빛을 연속적인 에너지를 가진 파동이 아닌 에너지 양자인 광자를 가지고 광전 효과를 설명한다. 광전 효과가 빛의 양자적 본질의 유일한 증거는 아니고 16장에서 증거를 더 제시할 것이다. 그러나 알다시피 딜레마에 빠진다. 전자기파 이론과 광자 이론은 양립할 수 없는 이론처럼 보인다. 일부 실험은 파동 이론으로 설명할 수 없고 광자 이론을 지지하는 것처럼 보인다. 다른 실험은 광자 이론이 거부하고 파동 이론을 지지하는 증거처럼 보이는 모순이 생긴다.

예제 7.5 (선택)

진동수가 4.00×10^{14} Hz인 빨간빛 광자의 에너지는 얼마인가?

풀이

광자 에너지(E)와 진동수(f)의 관계가 식 (7.4)로 주어진다. 플랑크 상수는 6.63×10^{-34} J·s이다.

$f = 4.00 \times 10^{14}$ Hz
$h = 6.63 \times 10^{-34}$ J·s
$E = ?$

$$\begin{aligned} E &= hf \\ &= (6.63 \times 10^{-34}\ \text{J·s})\left(4.00 \times 10^{14}\ \frac{1}{\text{s}}\right) \\ &= (6.63 \times 10^{-34})(4.00 \times 10^{14})\ \text{J·s} \times \frac{1}{\text{s}} \\ &= 2.65 \times 10^{-19}\ \frac{\text{J·s}}{\text{s}} \\ &= \boxed{2.65 \times 10^{-19}\ \text{J}} \end{aligned}$$

예제 7.6 (선택)

진동수가 7.00×10^{14} Hz인 보랏빛 광자의 에너지는 얼마인가? (답: 4.64×10^{-19} J)

7.5 빛의 본질에 관한 현재의 이론

현재 빛은 이중성을 갖고 있다고 생각한다. 어떤 때는 파동처럼 행동하고 어떤 때는 입자처럼 행동한다. 파동 모형은 빛이 공간을 진행하는 것과 굴절, 간섭과 회절 같은 행동을 설명하는 데 유용하다. 입자 모형은 물질이 빛을 방출하거나 흡수하여 흑체복사나 광전 효과를 보이는 것을 설명하는 데 유용하다. 두 모형 모두 빛의 단일 이론의 한 부분이다. 단일 이론은 빛을 입자성과 파동성 모두를 가진 존재로 생각한다. 관측된 행동을 설명하는 데 어떤 때는 일부 성질이 유용하고 다른 행동을 설명하는 데는 다른 성질이 더 유용하다.

진동수는 파동의 성질이고 광자의 에너지는 입자의 성질이다. 광자의 진동수와 에너지는 식 (7.4) $E = hf$로 연관되어 있다. 따라서 빛을 진동수(또는 파장)나 에너지로 기술할 수 있다. 따라서 전자기 스펙트럼의 어느 부분이나 진동수, 파장 또는 에너지 단위로 기술할 수 있고 이들이 빛을 기술하는 대체 수단이 된다. 스펙트럼의 라디오파 영역은 낮은 진동수, 저에너지와 긴 파장에 해당한다. 라디오파는 파동성이 강하고 거의 입자성을 가지지 않는다. 반면 감마선은 높은 진동수, 고에너지와 짧은 파장에 해당한다. 짧은 파장은 아주 큰 에너지를 가지므로 감마선은 입자성이 강하다. 더 친숙한 가시광선 스펙트럼은 두 극단 사이에 위치하여 입자성과 파동성을 모두 보이지만 빛은 절대 같은 실험에서 동시에 두 성질을 보여주지 않는 것 같다.

빛의 정확한 본질에 대한 개념이나 머릿속 그림을 그리는 데 어려움을 느끼는 것은 우리의 기존 지식으로 이 본질을 이해하기 어렵다는 것에 일부 기인한다. 기존의 지식은 입자나 물체나 파동으로 관측된 것들에 관한 것이다. 야구공이나 축구공처럼 대기 속에서 움직이는 물체를 볼 수 있고 파도나 수조 속 물이 만드는 파동을 볼 수 있다. 어떤 상황에서는 운동하는 물체처럼, 다른 상황에서는 파동처럼 행동하는 대상은 없다. 물체는 파동이 될 수 없고 파동 역시 물체가 될 수 없다. 이런 이중성이 존재한다면 아주 이상할 것이다. 예를 들어 호수의 특정 높이에서 책을 잡고 있다(그림 7.20). 높이를 측정하여 책이 호수에 닿을 때의 운동에너지를 계산할 수 있다. 책이 물에 닿으면 책이 사라지고 수면파가 충격지점으로부터 특정한 패턴을 그리며 퍼져나간다. 수면파가 호수 맞은편에 있는 사람에 다다르면 수면파가 사라지고 떨어뜨린 책과 같은 책이 호수에서 떠오른다. 수면을 떠날 때 이 책은 앞서 책이 수면에 닿을 때와 같은 운동에너지를 가진다. 호수 맞은편에 있는 두 사람은 책을 측정하거나 수면

그림 7.20 호수에 빠뜨린 책이 같은 운동에너지를 갖고 호수에서 떠오른다면 아주 이상할 것이다. 빛은 때때로 이처럼 행동하는 것으로 보인다.

파를 측정할 수 있지만 2가지를 동시에 측정할 수는 없다. 우리는 이런 일이 이상할 뿐만 아니라 불가능하다고 말한다. 이것은 빛의 행동을 관찰한 것과 유사하다.

앞서 이야기했듯이 빛은 이중성을 가지며 때로는 파동성을, 때로는 입자성을 보이지만 절대 두 성질을 동시에 보이지 않는다. 오늘날 파동과 입자적인 본질 모두 한 모형의 일부라고 받아들이고 있다. 빛의 정확한 본질은 일상적 크기의 세계에 존재하는 어떤 것으로도 기술할 수 없다고 이해를 해야 한다. 빛은 극단적으로 작은 스케일에서 일어나는 현상으로 일상 경험과 다르며 따라서 입자와 파동을 명확히 구분할 수 없다. 극단적으로 작은 스케일에서 일어나는 현상의 이상하다는 증거가 15장에서는 물질의 양자론을 소개하는 근거가 된다.

7.6 상대성이론

특수상대성이론

특수상대성이론(special theory of relativity)은 다른 관점 또는 다른 '기준틀'에서 본 사건들과 관련이 있다. 한 가지 예를 들어보자. 100 km/h의 등속으로 고속도로를 직선으로 달리는 버스에 타고 있다고 하자. 곤충이 버스에서 5 km/h로 앞뒤로 날고 있는 것이 보인다. 즉 버스에 대해 이 곤충은 5 km/h로 날고 있다. 하지만 지상에 있는 사람이 볼 때 곤충의 속력은 100 km/h에 5 km/h를 더한 105 km/h이다. 곤충이 버스 뒤쪽으로 움직인다면 지구에 대한 곤충의 속력은 100 km/h에서 5 km/h를 뺀 95 km/h이다. 일반적으로 지구를 기준틀로 생각하지만 항상 그렇지는 않다. 따라서 속력이나 속도를 이야기할 때는 기준틀을 명시해야 한다.

아인슈타인의 특수상대성이론은 두 원리에 기초를 두고 있다. 첫 번째 원리는 기준틀 및 모든 운동이 선택한 기준틀에 따라 상대적이라는 사실과 관계가 있다. 이 원리를 **일관된 법칙의 원리**(consistent law principle)라고 부른다.

물리학 법칙은 서로에 대해 등속으로 움직이는 모든 기준틀에서 동일하다.

진동을 무시하고 창문이 없는 버스에 타고 있다고 가정하면 버스가 움직이는지 정지해 있는지 알 수가 없다. 어떤 것, 말하자면 열쇠를 움직이는 버스 안에서 떨어뜨리면 정지한 버스에서 떨어뜨릴 때처럼 수직으로 떨어질 것이다. 두 경우 모두 열쇠가 수직으로 떨어진다. 다른 기준틀에 있는 버스 밖 관찰자에게 열쇠는 초기 속력을 갖고 있기 때문에 곡선 궤적을 그린다. 운동 물체는 등속 운동하는 버스에서나 다른 등속 운동하는 기준틀에서나 모두 동일한 법칙을 따른다(그림 7.21).

두 번째 원리는 광속과 관계가 있으며 **등속의 원리**(constancy of speed principle)라고 부른다.

진공에서의 광속은 관찰자의 속도와 관계없이 동일한 값을 가진다.

진공에서의 광속은 3.00×10^8 m/s이다. 광원을 향해 접근하는 관찰자가 측정한 광속은

자세한 관찰

디지털 비디오 디스크(DVD)

디지털 비디오 디스크—때로 디지털 범용 디스크라고 부른다—는 레이저로 읽는 데이터 저장 장치이다. 오늘날 음악 CD, DVD 영화, 블루레이 DVD, 컴퓨터의 데이터를 저장하는 메모리 디스크와 같이 수많은 포맷이 존재한다. 모두 아래에 기술한 일반 작동 원리를 가진다. 그러나 일부는 조금 수정된 원리를 사용한다. 예를 들어 일부는 더 작은 기록 트랙을 활용해 디스크에 훨씬 더 많은 데이터를 담을 수 있다.

DVD 디스크는 분당 570~1600 회전을 한다(예전 CD에 비해 3배 빠른 속도). 트랙을 따라 일정한 선속도로 헤드를 이동시키기 위해 드라이브의 속도를 변화시킨다. 따라서 디스크 안쪽에서는 회전을 빨리 하고 바깥쪽에서는 속도를 느리게 한다. 덧붙여 드라이브는 안쪽에서 바깥쪽으로 데이터를 읽기 때문에 디스크의 속도가 점점 더 느려진다.

예전 CD처럼 대부분의 DVD 디스크는 직경이 12 cm, 두께가 1.3 mm의 경화 플라스틱, 금속 알루미늄 거울 층과 알루미늄 박막을 보호하는 단단하고 투명한 플라스틱 코팅으로 된 샌드위치 모양을 하고 있다. 디스크는 음악, 비디오나 컴퓨터 데이터를 이진수로 변환한 디지털 데이터를 기록한다. 우선 마스터 디스크를 만든다. 이진수가 일련의 펄스로 바뀌어 레이저에 전송된다. 회전하는 마스터 디스크의 감광성 물질에 레이저를 쏜다. 신호에 펄스가 있을 때마다 레이저가 표면에 작은 타원형 홈을 만들어 홈과 튀어나온 부분의 패턴이 마스터 디스크의 트랙에 만들어진다. 레이저빔이 엄청나게 작기 때문에 직경이 마이크론 정도인 자국이 남는다. 마이크론은 백만분의 1 m이므로 DVD에 엄청난 수의 데이터 트랙을 만들 수 있다. 각 트랙은 0.74마이크론 떨어져 있다. 다음으로 상업용 디스크는 마스터 디스크를 사용해 찍어낸다. 진공 장치 속에서 부드러운 플라스틱을 마스터 디스크에 압착시키면 작은 물리적 자국 레이저가 만든 홈과 튀어나온 부분이 플라스틱에 찍힌다. 강하지만 작은 레이저빔이 마스터 디스크에 만든 이진수 기록이 디스크에 만들어진다. 재생을 할 때는 저출력의 레이저빔을 트랙에 반사시켜 이진수 기록을 읽는다. 광학 센서 헤드는 작은 다이오드 레이저, 렌즈, 거울과 헤드를 3 방향으로 움직일 수 있는 추적 장치를 갖고 있다. 헤드를 옆으로 움직여 헤드가 단일 트랙 위에 있도록 한다(0.74마이크론 이내). 또 헤드를 위아래로 움직여 초점을 맞추고 앞뒤로 움직여 일정한 선속도를 유지하기 위한 미세 조정을 한다.

그림 7.21 모든 운동은 선택한 기준틀에 따라 상대적이다. 여기서 사진작가는 특정 자전거 선수의 얼굴을 찍기 위해 카메라를 회전하였다. 이 선수에 비해 도로와 다른 선수들은 움직이고 있다. 자연에 고정된 기준틀은 없으므로 '절대 운동'과 같은 것은 없다. 모든 운동은 상대적이다.

©Brock May/Photo Researchers

3.00×10^8 m/s이다. 광원에 대해 정지한 관찰자 역시 같은 광속 값을 얻는다. 이것은 곤충이 버스 안에서 움직일 때와 다르다. 광속에서 광원의 속도를 더하거나 빼지 않는다. 관찰자의 속도와 관계없이 또 광원의 속도와 관계없이 광속은 모든 관찰자에게 항상 3.00×10^8 m/s이다. 빛은 일상적으로 경험하는 어떤 것과도 다르게 행동한다.

특수상대성이론은 오직 일관된 법칙의 원리와 등속의 원리에 기초를 둔다. 두 원리를 모두 적용하여 길이, 시간과 아주 빨리 움직이는 비행기에 탄 관찰자가 측정한 비행기의 질량에 근거하여 측정을 비교할 때 매우 흥미로운 결과가 나타난다. 지상에 있는 관찰자는 다음과 같은 사실을 발견하게 될 것이다.

- 물체가 움직일 때 물체의 길이가 줄어든다.
- 움직이는 시계가 느리게 간다.
- 움직이는 물체의 질량이 증가한다.

특수상대성이론은 길이, 시간과 질량의 측정이 다른 움직이는 기준틀에서 다르다는 것을 보여준다. 아인슈타인은 위에 기술한 각각의 변화를 기술할 방정식을 개발하였다. 이런 변화가 사실임을 소립자물리학 실험에서 수없이 많이 확인하였으며 실험 데이터는 항상 아인슈타인의 방정식이 예측한 결과와 일치하였다.

일반상대성이론

아인슈타인의 **일반상대성이론**(general theory of relativity)은 또한 아인슈타인의 중력의 기하학 이론이라고도 부른다. 아인슈타인에 의하면 중력 상호작용은 중력이라고 부르는 신비한 힘에 의한 것이 아니다. 대신 이 상호작용은 질량과 질량이 위치한 공간과 시간의 기하학에 의해 생긴다. 공간과 시간이 결합하여 4차원 '시공간(spacetime)' 구조가 된다. 질량이 시공간과 상호작용하여 시공간이 어떻게 휘어야 할지 알려준다고 생각할 수 있다. 또 시공간은 질량과 상호작용하여 질량이 어떻게 움직일지 알려준다. 중력 상호작용은 휜 시공간에서 측지선(geodesic)(곡면에서 두 점 사이의 최단 거리)을 따라 질량이 움직이는 국소적 사건으로 생각할 수 있다(그림 7.22). 이런 관점을 가지면 더욱 더 정확한 측정을 할 수 있고 천문학의 많은 사건들을 통해 검증되었다.

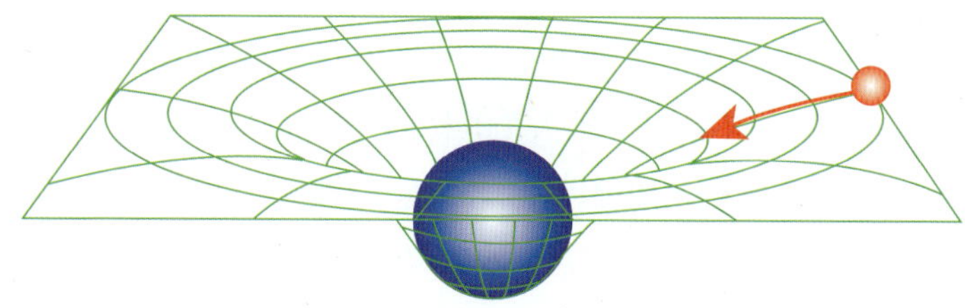

그림 7.22 일반상대성이론은 중력을 물체에 의해 시간과 공간의 구조가 휘어지는 것으로 묘사한다. 휘어진 시공간 때문에 주위의 물체는 끌리는 힘을 받는다. 흡사 구슬이 깔때기 모양의 바닥으로 굴러 들어가는 것과 같다.

상대성이론의 응용

스마트폰으로 위치를 찾거나 자동차 네비게이터로 경로를 추적할 때 범지구위치결정시스템(GPS)을 사용한다. GPS는 24개 인공위성으로 구성된 범지구적 네트워크로 구성되며, 각 위성에는 3나노초(0.000000003초)의 정확성을 가진 원자시계가 탑재되어 있다. 이 위성들은 라디오파로 위치와 시간을 전송한다. 예를 들어 네비게이터 같은 지표면에 있는 수신기가 인공위성 신호를 받아 위치, 속도와 시간을 결정한다. 수신기의 컴퓨터 칩은 이런 인공위성 데이터로부터 위도와 경도를 계산하여 정보를 알아낸다.

GPS 위성은 지표면 위 높은 고도에서 고속으로 움직인다. 그 결과 위성의 속도에 의한 오

과학의 배후에 있는 사람들

제임스 클럭 맥스웰(James Clerk Maxwell, 1831-1879)

제임스 맥스웰은 빛이 전자기파로 구성되어 있음을 발견하고 기체의 운동학 이론을 확립한 영국의 물리학자이다. 또 그는 토성의 고리의 본질을 증명하였고 색에 관한 시각 원리를 보여주었다.

맥스웰이 빛의 전자기 이론을 개발하는 데 여러 해가 걸렸다. 연구는 〈패러데이의 역선에 관하여〉(On Faraday's Lines of Force)라는 논문으로 시작되었다. 여기서 맥스웰은 전기 및 자기 효과가 도체와 자석 주위의 힘의 장선에 의해 생긴다는 패러데이(1791~1867)의 견해에 기반을 두고 있었다. 맥스웰은 역선의 행동과 비압축성 액체의 흐름이 유사하다고 결론을 내리고 알려진 전기 및 자기 효과를 표현할 방정식을 유도하였다. 전자기 이론을 향한 다음 단계가 〈물리적 역선에 관하여〉(On Physical Lines of Force)(1861~1862)라는 논문의 출판이었다. 이 논문에서 맥스웰은 전기와 자기 효과가 일어나는 매질에 대한 모형을 개발하였다. 〈전자기장의 동역학 이론〉(A Dynamical Theory of the Electromagnetic Field)(1864)에서 맥스웰은 전자기장을 기술할

©Pixtal/age Fotostock RF

기본 방정식을 개발하였다. 이 논문에서 빛이 2가지 파동, 하나는 자기적 파동, 다른 하나는 전기적 파동으로 서로 수직하게 진동하며 전파 방향과 수직하게 전파된다는 것을 보였다. 이 사실을 맥스웰은 〈빛의 전자기 이론에 관한 노트〉(Note on the Electromagnetic Theory of Light)(1868)에서 확인하였다. 여기서는 동역학 이론보다 전기적 유도이론을 사용하였으며 맥스웰은 전체 업적을 1873년 출판된 〈전기와 자기에 관한 논문〉(Treatise on Electricity and Magnetism)에 담았다.

또 이 논문은 빛이 복사 압력을 가진다는 것을 확립하였고 전자기 복사의 전체 계열이 존재해야 하며 빛이 이 가운데 하나라는 제안을 하였다. 1888년 하인리히 헤르츠(1857~1894)가 라디오파를 발견하면서 이 제안이 확인되었다. 불행하게도 맥스웰은 그의 연구가 거둔 엄청난 성공을 보지 못하고 사망했다.

선배인 패러데이가 1800년대 가장 위대한 실험물리학자로 여겨지는 것처럼 맥스웰은 일반적으로 1800년대 가장 위대한 이론물리학자로 여겨진다. 그의 엄밀하고 수학적 능력이 위대한 직관력과 결합해 그 당시 물리학의 가장 중요한 2개 영역의 지식을 훌륭하게 종합할 수 있었다. 빛의 전자기적 본질을 발견한 패러데이의 연구에 기반해 맥스웰은 전자기학을 설명했을 뿐만 아니라 현대 물리학을 규정짓는 전자기 복사의 전체 스펙트럼을 발견하고 응용하는 기초를 놓았다.

출처: Modified from the *Hutchinson Dictionary of Scientific Biography*. Abington, UK: Helicon, 2011.

차(특수상대성이론 오차)와 지구 중력장의 높은 고도에 의한 오차(일반상대성이론 오차)가 발생한다. 고속으로 움직이는 시계는 지표면에 있는 동일한 시계에 비해 느리게 간다. 14,000 km/h로 움직이는 인공위성의 경우 하루에 7,200나노초만큼 느려진다.

더 높은 고도에 있는 시계는 지표면에 있는 동일한 시계보다 빨리 간다. 26,000 km에 있는 인공위성의 경우 하루에 45,900나노초만큼 빨리 간다. 특수 및 일반상대성이론 오차를 합하면 고속으로 움직이는 GPS 시계는 하루에 38,700나노초 빨리 간다. 이것은 하루에 10 km의 위치 오차를 가져온다. 고속, 높은 고도에서 움직이는 GPS 인공위성 시계가 지표면에 있는 동일한 시계와 같이 가도록 인공위성 시계에 상대성이론 오차를 보정한다.

요약

절대온도가 0이 아닌 물체는 모두 전자기 에너지를 방출한다. 온도가 증가하면 더 많은 에너지 또는 더 짧은 파장의 전자기파를 방출한다. 가시광선은 대략 700°C 이상의 물체가 방출하며 이 물질을 **백열체**라고 부른다. 태양, 불꽃과 보통의 전구는 백열체이다.

빛의 행동은 빛의 직선 경로를 보여주기 위해 직선을 사용하는 광선 모형으로 보여준다. 물질과 상호작용하는 빛은 점에서 **반사**되거나 **흡수**되어 물체 온도가 증가한다. 빛을 반사하면 물체가 **불투명**하고 빛을 투과하면 **투명**하다.

반사할 경우 반사점에 수직한 방향, 즉 **수직선**에서 측정할 때 입사광 또는 **입사광선**은 **반사광선**과 같은 각도를 가진다. 이 두 각도가

같은 것을 반사 **법칙**이라고 부른다.

빛은 한 투명한 매질에서 다른 매질로 들어갈 때 경계면에서 휘거나 **굴절**한다. 굴절의 정도는 **입사각**과 매질 속에서의 광속 대 진공 속에서의 광속의 비인 **굴절률**에 의존한다. 굴절각이 90° 이상일 때 **전반사**가 일어난다. 이런 이유로 **임계각**이라고 부르는 입사각의 한계값이 존재하고 입사각이 임계각과 같거나 큰 광선은 모두 전반사를 한다.

빛의 각각의 색은 빨강부터 보라까지의 **스펙트럼**을 형성하는 파장 영역을 가진다. 유리 프리즘은 **분산**이라는 성질을 가져 흰색 빛을 스펙트럼으로 나눈다. 분산은 굴절률이 각 색에 대해 달라 생긴다. 짧은 파장의 빛은 긴 파장의 빛보다 더 많이 굴절한다.

빛이 파동이라는 강력한 증거인 회절, 간섭과 편광을 설명하기 위해 빛의 파동 모형을 사용한다. **간섭**은 빛이 2개의 작은 슬릿이나 구멍을 지날 때 일어나며 밝은 선과 어두운 지역의 **간섭무늬**를 만든다. **편광 빛**은 평면에서 한 방향으로만 진동한다. 특정 물질이나 반사, 산란에 의해 편광이 일어난다.

파동 모형은 **광전 효과**와 **흑체복사** 때의 빛의 행동을 설명하는데 실패했다. 플랑크는 파동 이론을 수정해 흑체복사를 설명할 수 있음을 발견했다. 진동하는 분자의 에너지는 특정한 양, 즉 **양자**만을 가진다고 가정하고 이 양자 에너지가 진동수와 지금 **플랑크 상수**로 불리는 상수와 관계가 있음을 알아냈다. 아인슈타인은 플랑크의 양자 개념을 적용해 광전 효과를 설명했고 광파를 **광자**라 불리는 에너지 양자를 사용해 기술하였다. 각 광자는 진동수 및 플랑크 상수와 관계된 에너지를 가진다.

현재 빛의 성질은 파동과 입자적 본질을 모두 가진 모형으로 설명한다. 빛은 파동성과 입자성 모두를 가진다고 알려져 있으며 일상적 크기의 세계에서 알고 있는 어떤 것으로도 설명되지 않는다.

특수상대성이론은 관찰자와 측정하는 대상 사이의 운동이 어떻게 공간과 시간에 영향을 미치는지 분석한 것이다. **일반상대성이론**은 중력을 공간과 시간의 구조와 연관시킨다.

식 요약

7.1 입사각 = 반사각

$$\theta_i = \theta_r$$

7.2 굴절률 = $\dfrac{\text{진공에서의 광속}}{\text{매질에서의 광속}}$

$$n = \frac{c}{v}$$

7.3 진공에서의 광속 = (파장)(진동수)

$$c = \lambda f$$

7.4 광자 에너지 = (플랑크 상수)(진동수)

$$E = hf$$

개념에 대한 질문

1. 물체가 방출하는 전자기파가 가시광선 파동인지 적외선 빛인지 무엇이 결정하는가?

2. 어느 모형이 빛의 편광을 지지하는가?

3. 빨간빛과 파란빛 어느 것이 더 많은 에너지를 갖고 있는가? 이것은 경고등이나 정지 신호등에 더 적합한 빛이 있다는 것을 의미하는가? 설명하시오.

4. 어느 모형이 광전 효과를 지지하는가? 설명하시오.

5. 물질에 흡수된 빛에 어떤 일이 일어나는가?

6. 어떤 별은 빨갛고 어떤 별은 파랗다. 두 별의 상대 온도에 대해 알 수 있을까? 설명하시오.

7. 언제 전반사가 일어나는가? 왜 다른 보석보다 다이아몬드에서 전반사가 더 잘 일어나는가?

8. 왜 더운 여름날 고속도로가 젖어있지 않은데도 젖어있는 것처럼 보이는가?

9. 두 선글라스가 편광 선글라스인지 아닌지 어떻게 알 수 있는가?

10. 편광 선글라스를 끼고 있으면서 머리를 옆으로 기울일 때 반사광의 세기가 변하는 것처럼 보이는 이유를 설명하시오.

11. 흑체복사에 관한 플랑크의 발견이 이상한 것은 왜인가? 왜 이 발견을 혁명적이라고 여기는가?

12. 왜 오늘날 광자 모형과 전자기파 모형 모두 단일 이론으로 인정을 받는 것인가? 왜 이것을 사람들이 즉시 받아들이기 어려워하는가?

13. 각각 명확한 예를 들어 빛의 반사와 빛의 굴절의 차이를 설명하시오.

14. 질문만을 사용해 뜨거운 보도 위에 나타나는 아지랑이가 열이 아님을 이해하는 방법을 기술하시오.

15. 가시광선이 파동, 입자 또는 둘 모두라는 증거를 큰 소리로 말해보시오.

16. 방정식 $E = hf$가 가시광선이 동시에 입자면서 파동이라는 것을 의미하는지 설명하시오.

17. 가시광선과 라디오파는 어떻게 다른가? 같은 점은 무엇인가?

연습문제

그룹 A

1. (a) 물과 (b) 얼음 속을 지날 때 광속은 얼마인가?

2. 태양과 지구 사이 거리가 1.50×10^8 km이면 햇빛이 지구에 도달하는 데 몇 분 걸리는가?

3. 지구로부터 6.00×10^9 km 떨어진 명왕성 근처에서 우주탐사선이 보낸 라디오 신호가 지구에 도달하는 데 몇 시간이 걸리는가?

4. 광선이 수직선에 대해 10° 각도로 거울에서 반사된다. 입사각은 얼마인가?

5. 빛이 2.20×10^8 m/s 속도로 투명한 물질을 통과한다. 이 물질은 무엇인가?

6. 단색광원의 파장을 실험에서 측정하니 6.00×10^{-7} m이었다. 이 빛의 (a) 진동수는 무엇인가? (b) 광자 에너지는 무엇인가?

7. 특별한 위치와 시간에 1 m^2의 태양 집열판에서 측정한 햇빛의 출력이 1,000.0 W였다. 5.60×10^{-7} m 파장에서 햇빛이 최고 세기를 보였다면 매초 얼마나 많은 광자가 도달하는가?

8. 광파의 진동수가 4.90×10^{14} Hz이다. (a) 파장은 얼마인가? (b) 어떤 색을 보게 되겠는가(표 7.2 참고)?

9. 진동수 5.00×10^{20} Hz인 감마선 광자의 에너지는 얼마인가?

10. 파장이 1.00 mm인 마이크로파 광자의 에너지는 얼마인가?

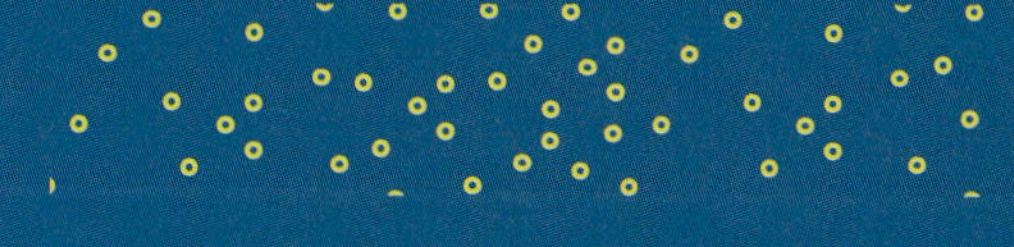

8 핵반응

Nuclear Reactions

물을 증기로 바꿔 발전기 터빈을 회전시키기 위해 핵에너지를 사용하는 원자로의 중심부의 모습

핵심 개념

원자핵 속의 변화로 인해 핵반응이 일어난다.

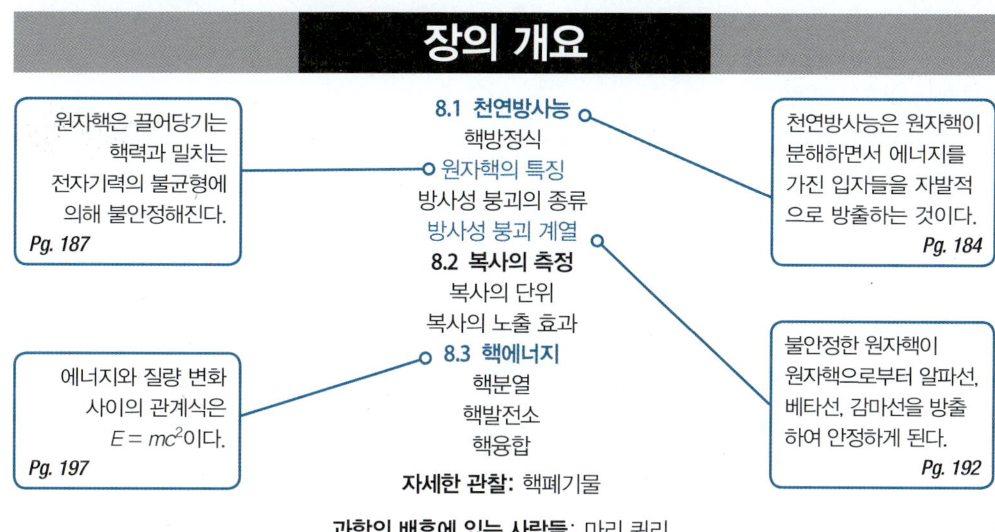

연관성

천문학

▶ 핵융합은 별에 에너지를 공급한다(9장).

지구과학

▶ 방사능 연대측정은 지구과학에서 사용하는 강력한 도구이다(21장).

개요

이 이야기는 세대로부터 세대로 전해오는 어느 이야기 못지않게 오래된 이야기다. 납을 금으로 변화시키는 것을 꿈꾸던 고대 연금술사가 있었다. 이 연금술사는 결코 성공할 수 없었는데 이런 변화를 일으키려고 마법이나 화학 반응을 시도했기 때문이다. 화학 반응은 단지 원자 속 전자에만 관계된 반응이다.

화학 반응에서는 전자를 공유하거나 전달할 뿐 원자 내부 원자핵은 변하지 않는다. 따라서 원소들은 전자를 공유하거나 전달할 때 자기의 정체성을 유지한다. 이 장은 원자핵(nucleus)과 관련된 반응에 관한 것이다. 핵반응에서는 흔히 원자핵이 변하여 원소의 정체성이 바뀐다. 한 원소를 다른 원소로 바꾸려는 고대 연금술사의 꿈은 실제로 핵 변화, 즉 핵반응을 이루려는 꿈이었다.

핵반응을 이해하는 것은 중요하다. 왜냐하면 오늘날 화석 연료가 주요 에너지원이지만 (1) 화석 연료 연소에 의한 대기 오염, (2) 지구 온난화의 주범인 화석 연료 연소에 의한 CO_2 수준의 증가(온실 효과)와 (3) 영원히 지속할 수 없는 화석 연료 공급의 감소에 대한 우려가 증가하기 때문이다. 에너지 전문가들은 핵에너지가 증가하는 에너지 수요에 대한 환경적으로 받아들일 수 있는 대안이라고 생각한다. 하지만 핵에너지는 논쟁의 대상이고 이에 대한 논의는 강한 반감을 불러일으키기도 한다. 핵에너지를 사용할지에 대한 결정을 내리려면 핵반응과 방사능 및 방사능 물질에 대한 이해가 필요하다(그림 8.1). 이 장의 주제가 이런 이해를 제공한다.

8.1 천연방사능

천연 **방사능**(radioactivity)은 원자핵이 붕괴하면서 입자나 에너지를 자발적으로 방출하는 현상이다. 1896년 당시 발견된 X선에 큰 관심을 가졌던 프랑스 물리학자 앙리 베크렐에 의해 발견되었다. 베크렐은 햇빛에 노출시키면 가시광선을 방출하는 형광 광석을 가지고 실험을 하던 중이었다. 그는 형광 광석이 가시광선 외에 X선도 방출하는지 궁금했다. X선에 관한 이전 실험에서 베크렐은 X선이 빛이 들어오지 않도록 종이로 감싼 사진 건판을 투과하며 가시광선이 건판을 감광시키듯이 X선도 건판을 감광시킨다는 것을 알고 있었다. 따라서 베크렐은 형광 우라늄 광석을 햇빛에 노출시킨 후 감싼 사진 건판 위에 놓기로 하였다. 건판을 현상하자 광물의 이미지가 건판에서 나타났다. 우라늄 광석이 X선을 방출한다고 믿은 베크렐은 구름이 많은 흐린 날을 기다려 실험했다. 날씨가 흐려있는 동안 감싸 보호한 사진 건판과 우라늄 광석을 함께 놓아둔 후 광석이 있는 곳으로 되돌아가 건판을 현상하자 또 다시 광석의 상이 나타났다. 베크렐은 햇빛이 만든 것이 아닌 '눈에 보이지 않는 복사'를 광석이 방출한다고 결론지었다. 나중에 이 눈에 보이지 않는 복사를 **방사능**이라고 불렀다. 방사능을 지닌 물질을 **방사능 물질**이라고 부른다.

그림 8.1 핵에너지를 사용할지 결정하려면 핵반응과 방사능의 본질을 이해해야 한다. 이 사진은 미국 애리조나주에 있는 팔로 베르데 핵발전소의 3기 중 하나를 보여준다. 3기를 모두 가동하면 거의 4백만 명이 필요로 하는 전기를 얻을 수 있다.

베크렐의 발견은 현대 원자 이론의 등장과 새로운 원소의 발견으로 이어졌다. 어니스트 러더퍼드는 방사능의 본질을 연구하고 3종류가 있음을 알아냈다. 현재 그리스 알파벳의 처음 3개를 따서 알파(α)입자, 베타(β)입자, 감마(γ)선으로 부른다. 오늘날 **알파입자**(또는 알파선으로도 부른다)는 헬륨 원자핵으로 알려져 있으며 2개의 양성자와 2개의 중성자로 이루어져 있다. **베타입자**(또는 베타선)는 고에너지 전자이다. **감마선**은 빛과 같은 전자기 복사이지만 매우 짧은 파장을 가졌다(그림 8.2).

알파입자를 사용한 러더퍼드의 연구를 통해 원자핵과 양성자가 발견되었다(15장 참고). 베크렐의 제안에 따라 마리 퀴리가 다른 방사능 물질을 찾기 시작했고 그 과정에서 2개의 새로운 원소인 폴로늄과 라듐을 발견하였다. 이후 더 많은 방사능 원소가 발견되었으며 사실 원자번호가 83(비스무트) 이상인 모든 원소의 동위원소는 모두 방사능 원소였다. 방사성 붕괴로 인해 원자핵은 흔히 정체성의 변화를 겪으며 단순한 원자핵이 된다. 또 자발적인 원자핵 붕괴를 **방사성 붕괴**(radioactive decay)라고 부르기도 한다. 어떤 원자핵이 언제 방사성 붕괴를 할지 알 수 없지만 주어진 방사능 물질의 **붕괴율**은 정확히 계산할 수 있다.

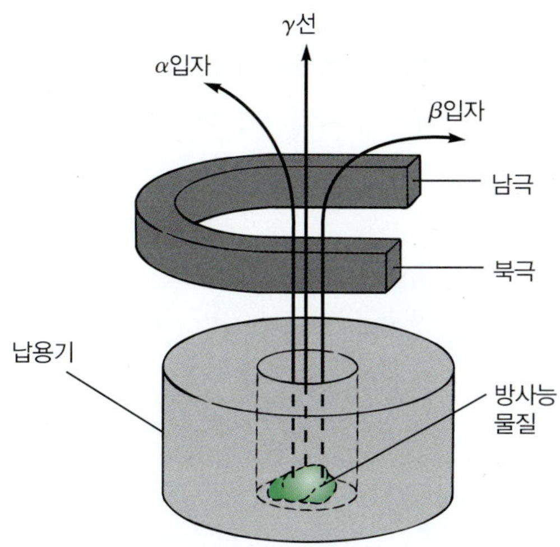

그림 8.2 방사능을 자기장에 통과시키면 무겁고 양전하를 띤 알파입자는 한 방향으로 휘고, 덜 무거운 음전하를 띤 베타입자는 반대 방향으로 더 크게 휜다. 감마선은 빛처럼 휘어지지 않는다.

핵방정식

원자핵에는 원자보다 작은 2개의 주요 입자들, 양성자와 중성자가 존재한다. 양성자와 중성자를 **핵자**(nucleon)라고 부른다. 양성자의 수, 즉 **원자번호**는 원자가 어떤 원소인지를 결정하며 주어진 원소의 모든 원자는 같은 수의 양성자를 가지고 있다는 것을 상기하라. **동위원소**(isotope)에 따라 중성자의 수가 달라진다. 동위원소는 원자번호는 같지만 중성자 수가 다른 원자이다(그림 8.3). 양성자와 중성자의 수가 **질량수**를 결정한다. 따라서 같은 원소의 다른 동위원소를 질량수로 구별할 수 있다. 2개의 가장 흔한 천연 우라늄 동위원소는 우라늄-238과 우라늄-235이다. 238과 235는 우라늄 동위원소의 질량수를 나타낸다. 또한 동위원소는 다음 기호로 표시할 수 있다.

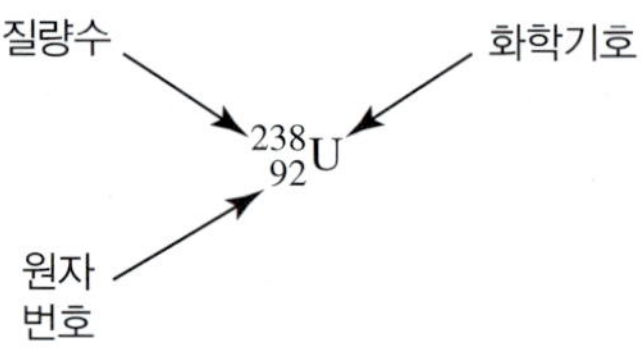

핵반응과 관련된 원자보다 작은 입자들은 다음과 같은 형태의 기호로 표시한다.

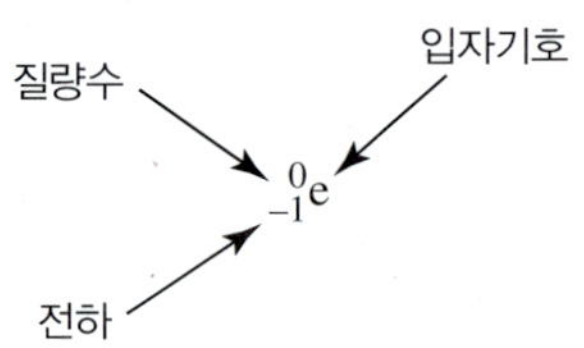

핵반응 방정식에 이 기호를 사용하면 반응물과 생성물을 적은 화학 반응의 방정식과 유사해진다. 예를 들어 우라늄-238 원자핵이 알파입자($^{4}_{2}He$)를 방출하면 2개의 양성자와 2개의 중성자를 잃는다. 핵반응을 방정식 형태로 적으면

$$^{238}_{92}U \longrightarrow ^{234}_{90}Th + ^{4}_{2}He$$

이 된다.

우라늄-238 원자핵 붕괴가 일어나는 핵반응의 **생성물**(product)은 (1) 밖으로 튀어나오는 알파입자($^{4}_{2}He$)와 (2) 원래 원자핵에서 알파입자가 튀어나간 후 남는 원자핵이다. 모든 핵방

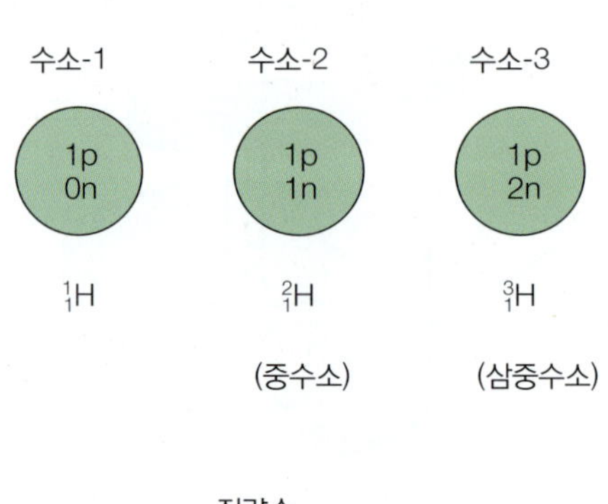

그림 8.3 수소의 3개 동위원소는 같은 수의 양성자를 가졌지만 중성자 수가 다르다. 수소-1이 가장 흔한 동위원소이다. 중성자가 하나 더 많은 수소-2는 중수소로 불리고 수소-3은 삼중수소라고 불린다.

표 8.1 핵방정식에 나오는 원자보다 작은 입자의 이름, 기호와 성질

이름	기호	질량수	전하
양성자	${}^{1}_{1}H$ (또는 ${}^{1}_{1}p$)	1	1+
전자	${}^{0}_{-1}e$ (또는 ${}^{0}_{-1}\beta$)	0	1−
중성자	${}^{1}_{0}n$	1	0
감마 광자	${}^{0}_{0}\gamma$	0	0

정식에서 전하와 핵자의 전체 수가 보존되어야 하기 때문에 남는 것이 무엇인지는 쉽게 결정할 수 있다. 그러므로 (1) 양성자(양전하)의 수가 같아야 하고 반응물의 아래첨자(원자번호 또는 양성자의 수)의 합이 생성물의 아래첨자의 합과 같아야 한다. 또 (2) 핵자의 전체 수가 동일해야 하며 반응물의 위첨자(질량수 또는 양성자에 중성자 수를 더한 값)의 합이 생성물의 위첨자의 합과 같아야 한다. 따라서 알파입자의 방출 후 남은 원자핵은 90(92 − 2 = 90)의 원자번호를 가져야 한다. 이 책 뒤표지 안쪽에 있는 원자번호 표를 보면 이 새 원자핵은 토륨(Th)이다. 이 토륨 동위원소의 질량은 238 − 4인 234이다. 따라서 알파입자를 방출하면 양성자 수가 2 감소하고 질량수는 4 감소한다. 아래첨자로부터 전체 전하가 보존되는 것을 알 수 있다(92 = 90 + 2). 위첨자로부터 전체 핵자의 수가 보존되는 것 역시 알 수 있다(238 = 234 + 4). 올바르게 적은 핵방정식에서는 질량수(위첨자)와 원자번호(아래첨자)는 균형을 이룬다. 이런 핵방정식은 화학 반응이나 화학적 형태와는 무관하다. 원자가 순수한 원소이든 이들의 조합이든 상관없이 핵반응은 화학 반응과 무관하고 분리되어 있다. 핵반응에 관여된 각 입자는 자신만의 기호를 가지며 위첨자는 질량수, 아래첨자는 전하를 가리킨다. 이런 기호, 이름과 수가 표 8.1에 주어져 있다.

과학 스케치

표 8.1 위(또는 종이 위)에 5번째 열을 추가하고 원자보다 작은 어느 입자들이 알파입자, 베타입자, 감마선인지 적으시오.

원자핵의 특징

현대 원자이론은 원자핵을 정지한 양성자와 중성자들이 일종의 '원자핵 풀'로 붙어있는 것으로 생각하지 않는다. 양성자와 중성자는 10^{-15} m 이하의 아주 짧은 거리에서만 작용하는 강한 끌어당기는 기본 힘인 **핵력**에 의해 붙어있다고 본다. 10^{-15} m 이상의 거리에서 핵력은 무시되며 같은 부호의 전하 사이에 작용하는 밀치는 힘인 더 약한 **전자기력**이 주된 힘이 된다. 따라서 같은 부호의 전하를 가진 양성자들이 10^{-15} m 이상 떨어져 있다면 밀치는 힘을 받는다. 10^{-15} m 이하로 접근하면 단거리의 더 강한 핵력이 우세해져 양성자는 강한 끌어당기는 힘을 받는다. 이것이 원자핵 속 같은 전하의 양성자들이 같은 전하를 갖고 있음에도 서로 밀

개념 적용

플루토늄 붕괴 방정식

플루토늄-242 원자핵은 알파입자를 방출하는 방사성 붕괴를 한다. 이 핵반응의 핵방정식을 적으시오.

단계 1: 이 책 뒤표지 안쪽에 있는 원자 무게 표에서 플루토늄의 원자번호가 94이다. 따라서 플루토늄-242는 기호로 $^{242}_{94}Pu$이다. 알파입자의 기호는 $^{4}_{2}He$이므로 핵방정식은

$$^{242}_{94}Pu \longrightarrow {}^{4}_{2}He + ?$$

이 된다.

단계 2: 아래첨자가 94 = 2 + 92가 되어야 하는 것을 알 수 있다. 따라서 새 원자핵의 원자번호는 92이다. 원자 무게 표에서 92번 원소는 원소 기호가 U인 우라늄이다.

단계 3: 위첨자를 생각하면 우라늄 동위원소의 질량수가 242 − 4 = 238임을 알 수 있다. 그러므로 생성된 원자핵은 $^{238}_{92}U$가 되고 완전한 핵방정식은

$$^{242}_{94}Pu \longrightarrow {}^{4}_{2}He + {}^{238}_{92}U$$

가 된다.

단계 4: 아래첨자(94 = 2 + 92)와 위첨자(242 = 4 + 238)를 확인하면 이 핵방정식이 옳다는 것을 알 수 있다.

라듐이 알파입자를 방출할 때 생성되는 원자핵은 무엇인가? (답: 라돈-222. 화학적으로 불활성인 방사능 기체이다.)

어내지 않는 이유이다.

방사성 붕괴 시 반응물과 생성물을 관찰하거나 원자핵 안정성의 실험을 통해 원자핵의 껍질 모형(shell model of the nucleus)을 얻는다. 원자의 가장 바깥쪽에 전자가 위치한 오비탈 구조와 유사하게 이 모형에서 양성자와 중성자는 원자핵의 에너지 준위에서 움직인다. 전자 오비탈처럼 안정성이 큰 특정한 형태의 핵껍질이 존재한다. 전자를 생각해보면 채워진 또는 반만 채워진 오비탈이 다른 오비탈보다 더 안정하며 2, 10, 18, 36, 54, 86개의 전자를 가진 비활성 기체가 최대 안정성을 가진다. 원자핵의 경우 2, 8, 20, 28, 50, 82, 126개의 양성자 또는 중성자를 가진 원자가 최대 원자핵 안정성을 가진다. 핵력과 전자기력의 차이 때문에 전자와 핵자에 대한 안정한 개수가 다르다.

다른 동위원소들은 물론 우라늄, 라듐과 플루토늄의 동위원소들은 방사성 붕괴 시 알파입자를 방출하고 더 단순한 원자핵이 된다. 알파입자는 헬륨 원자핵($^{4}_{2}He$)이다. 2개의 양성자와 2개의 중성자를 가진 알파입자의 핵자 수는 안정한 핵자 수 가운데 하나이므로 헬륨 원자핵(또는 알파입자)이 안정한 원자핵임을 예상할 수 있고 실제로도 그렇다. 안정하다는 의미는 방사성 붕괴를 하지 않는다는 것이다. 분자 안에서 전자 쌍이 그러는 것처럼 양성자 쌍과 중성자 쌍은 안정성을 증가시킨다. 그 결과 양성자와 중성자 수 모두 짝수인 원자핵은 일반적으로 홀수의 양성자와 중성자를 가진 원자핵보다 안정하다. 짝수 개의 양성자와 짝수 개의 중성자를 가진 안정한 동위원소의 수는 150개 정도이다. 그러나 각각이 홀수 개인 동위원소는 4개에 불과하다. 전자의 경우처럼 핵자 수가 커져 원자핵이 점점 더 커지면 다른 요소들이 관여한다.

이런 요소 가운데 일부가 그림 8.4에 나와 있다. 그림 8.4는 원자핵 속의 중성자 수 대 양

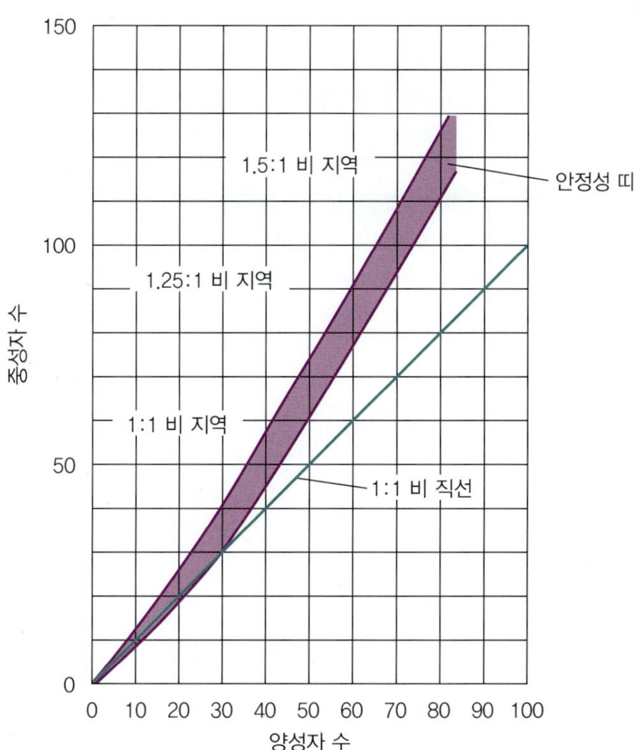

그림 8.4 색칠한 지역은 중성자 대 양성자 비에 따라 안정성 띠 안에 몰려있는 안정한 원자핵들을 가리킨다. 원자핵의 크기가 증가할수록 안정성을 나타내는 중성자 대 양성자 비도 증가한다. 안정성 띠 바깥의 원자핵은 방사능 원자핵이다.

성자 수의 그래프이다. 양성자 수가 증가함에 따라 **안정한 원자핵**의 중성자 대 양성자 비 역시 **안정성 띠**(band of stability) 안에서 증가한다. 이 띠 안에서 중성자 대 양성자 비가 왼쪽 아래 1:1에서 오른쪽 위 1.5:1 정도로 증가한다. 양성자 수가 증가함에 따라 안정한 원자핵이 되기 위해서는 중성자 수의 증가가 필요하다. 중성자는 끌어당기는 **핵력**(전자기력이 아니다)을 추가로 제공하여 더 많은 수의 양전하 양성자들에 의한 밀어내는 힘의 증가를 상쇄한다. 따라서 큰 원자핵이 안정하기 위해서 더 많은 중성자가 필요하다. 그러나 더욱 더 많은 중성자가 제공할 수 있는 추가적인 끌어당기는 힘에는 한계가 있어 83개 이상의 양성자를 가진 모든 원소의 모든 동위원소는 불안정하여 방사성 붕괴를 한다.

핵안정성에 대한 일반적 사실로부터 특정 원자핵이 방사능 원자핵인지 예측할 수 있다. 일반적 사실이란 다음과 같다.

1. 원자번호가 83 이상인 모든 동위원소의 원자핵은 불안정하다.
2. 원자핵 속에 2, 8, 20, 28, 50, 82, 126개의 양성자나 중성자를 가진 동위원소가 다른 수의 양성자나 중성자를 가진 동위원소에 비해 더 안정하다.
3. 양성자 쌍과 중성자 쌍은 안정성을 증가시켜 양성자와 중성자 모두 짝수 개인 원자핵을 가진 동위원소가 일반적으로 양성자와 중성자 모두 홀수 개인 원자핵보다 안정하다.
4. 원자번호가 83 이하인 동위원소는 동위원소의 양성자 수가 20개 이내인 경우 원자핵 속 중성자 대 양성자 비가 대략 1:1일 때 안정하지만 안정성 띠에 있는 더 큰 원자핵에서는 비가 증가한다(그림 8.4). 비가 이 띠의 왼쪽이나 오른쪽에 있는 동위원소들은 불안정하여 방사성 붕괴를 한다.

예제 8.1 (선택)

라돈-222 동위원소($^{222}_{86}Rn$)가 방사능 원소인지 안정한 원소인지 예측할 수 있는가?

풀이

라돈의 원자번호는 86이고 원자번호가 83 이상인 모든 원소의 모든 동위원소가 방사능 원소이다. 그러므로 라돈-222 역시 방사능 원소이다.

예제 8.2 (선택)

칼슘-40 동위원소($^{40}_{20}Ca$)가 방사능 원소인지 안정한 원소인지 예측할 수 있는가? (답: 안정한 원소)

방사성 붕괴의 종류

방사성 붕괴 과정을 통해 불안정한 원자핵이 에너지가 작은 더욱 안정한 원자핵이 된다. 앞서 소개한 3종류의 친숙한 복사인 알파, 베타, 그리고 감마가 방출된다.

1. **알파 방출** 알파(α) 방출은 불안정한 분해되는 원자핵에서 알파입자($^{4}_{2}He$)가 방출되는 것이다. 헬륨 원자핵인 알파입자는 방사능 물질에서 방출할 때의 에너지에 따라 대기 중에서 2~12 cm를 이동한다. 알파입자는 원자핵 가까이에 있는 종이 한 장으로도 쉽게 멈출 수 있다. 알파 방출의 예로 라돈-222의 붕괴를 생각해보자.

$$^{222}_{86}Rn \longrightarrow {}^{218}_{84}Po + {}^{4}_{2}He$$

   튀어나온 알파입자는 결국 2개의 전자를 얻어 통상적인 헬륨 원자가 된다.

2. **베타 방출** 베타(β^-) 방출은 불안정한 분해되는 원자핵에서 베타입자를 방출하는 것이다. 베타입자는 고속으로 원자핵에서 방출되는 전자($^{0}_{-1}e$)이다. 베타입자를 방출하면 원자핵 안의 양성자 수가 증가한다. 이것은 중성자가 전자를 방출하고 양성자로 바뀌는 것과 같다. 즉

$$^{1}_{0}n \longrightarrow {}^{1}_{1}p + {}^{0}_{-1}e$$

   이다. 탄소-14는 탄소 동위원소로 베타 방출을 통해 붕괴한다.

$$^{14}_{6}C \longrightarrow {}^{14}_{7}N + {}^{0}_{-1}e$$

   양성자 수가 6에서 7로 증가하지만 질량수가 같다는 것에 주목하라. 방출된 전자(베타입자)의 질량이 무시할 정도로 작기 때문에 질량수가 불변한다.

   베타입자는 알파입자에 비해 투과력이 높아 대기 중에서 수백 cm를 이동한다. 베타입자는 원자핵 근처에 1 mm 두께의 알루미늄 조각과 같은 금속 박막을 놓아 정지시킬 수 있다. 튀어나온 베타입자는 결국 이온과 결합해 원자의 일부분이 되거나 자유 전자로 남는다.

3. **감마 방출** 감마(γ) 방출은 흥분한 원자핵에서 고에너지 전자기 복사가 일어나는 것이다. 이것은 눈으로 감지할 수 없는 아주 짧은 파장의 빛(광자)을 방출하는 것이다. 알파

방출이나 베타 방출과 같은 다른 복사는 때로 흥분 상태(excited state)라 부르는 적지 않은 에너지를 가진 원자핵을 남기기도 한다. 흥분 상태의 전자처럼 이 원자핵은 전자기 복사를 방출하고 더 낮은 에너지 상태로 되돌아간다. 원자핵의 경우 이 복사는 전자기 스펙트럼의 고에너지 부분에 속한다. 감마 방출은 3종류의 복사 가운데 가장 투과력이 강하다. X선처럼 감마선도 인체를 완전히 관통하지만 모든 감마 복사는 원자핵 근처에 5 cm 두께의 납 조각을 놓아 정지시킬 수 있다. 다른 종류의 전자기 복사처럼 감마 복사는 물질에 흡수되고 에너지를 물질에 전달할 수 있다. 생성된 원자핵이 흥분 상태로부터 낮은 에너지 상태로 변했기 때문에 핵자 수의 변화는 없다. 예를 들어 라돈-222는 감마 복사를 방출하는 동위원소이다.

$$^{222}_{86}\mathrm{Rn}^{*} \longrightarrow {}^{222}_{86}\mathrm{Rn} + {}^{0}_{0}\gamma$$

(*는 흥분 상태를 의미한다.)

알파, 베타, 감마 방출에 의한 방사성 붕괴를 표 8.2에 요약했다. 또 이 표에는 특정 종류의 방출을 하게 하는 불안정한 원자핵 조건이 열거되어 있다. 전자가 더 안정된 상태를 찾아가는 것처럼 원자핵도 끌어당기는 핵력, 밀치는 전자기력과 핵껍질 에너지의 낮은 양자 사이의 균형을 맞추기 위해 방사성 붕괴를 한다. 일어날 핵반응의 종류를 이해하는 핵심 요소를 그림 8.4에 보인 안정한 원자핵 띠에서 발견할 수 있다. 이 띠 안에 있는 동위원소들은 안정 상태에 있고 띠의 위, 아래 또는 벗어나 있는 동위원소들은 불안정하여 방사능을 띤다.

중성자 대 양성자 비가 띠의 오른쪽 위를 벗어난 원자핵들은 양성자-양성자 전자기력의 반발과 양성자와 중성자 핵력의 끌림 사이에 불균형이 일어나 불안정하다. 큰 원자핵의 경우 중성자 대 양성자 비가 1:1에서 1.5:1 정도로 증가한 것을 상기하라. 늘어난 중성자는 원자핵이 묶여 있도록 핵력의 끌림을 증가시킨다. 그러나 원자번호가 83이 넘으면 이런 균형을 맞추는 일이 불가능하다. 따라서 원자번호가 83보다 큰 모든 원자핵은 안정성 띠의 오른쪽 위 한계 밖에 있다. 알파입자의 방출은 양성자 수를 2 낮추고 중성자 수도 2 낮춰 원자핵이 안정성 띠 안에 들어가게 한다. 따라서 안정성 띠의 오른쪽 위 한계 밖에 있는 원자핵이 알파 방출을 한다고 예상할 수 있다(그림 8.5).

중성자 대 양성자 비가 너무 큰 원자핵은 안정성 띠의 왼쪽에 있다. 베타입자를 방출하여 중성자 수를 줄이고 양성자 수를 늘린다. 그러면 베타 방출로 인해 중성자 대 양성자 비가 작아진다. 따라서 큰 중성자 대 양성자 비를 가진 원자핵, 즉 안정성 띠의 왼쪽에 있는 원자핵은 베타입자를 방출한다고 예상할 수 있다.

표 8.2 방사성 붕괴

불안정 조건	붕괴 종류	방출	생성물 원자핵
83개 이상의 양성자	알파 방출	$^{4}_{2}\mathrm{He}$	2개 양성자와 2개 중성자를 잃음
중성자 대 양성자 비가 너무 크다	베타 방출	$^{0}_{-1}\mathrm{e}$	1개 양성자를 얻고 질량 변화 없음
흥분 상태의 원자핵	감마 방출	$^{0}_{0}\gamma$	변화 없음
중성자 대 양성자 비가 너무 작다	다른 방출	$^{0}_{1}\mathrm{e}$	1개 양성자를 잃고 질량 변화 없음

복사와 음식물 저장

우유에 열을 가해 살균하는 것처럼 음식물이 부패하는 것을 지연시키고 세균이나 다른 병원균을 죽여 음식물을 보전하는 데 복사를 사용할 수 있다. 밀, 밀가루, 과일, 야채, 돼지고기, 닭고기, 칠면조 고기, 간 고기와 다른 요리하지 않은 고기와 같은 음식물을 코발트-60이나 세슘-137에서 나오는 감마 복사, X선과 전자빔에 노출시킨다. 그러면 곤충, 선모충과 조충류와 같은 기생충, 대장균, 리스테리아균, 살모넬라균, 포도상구균과 같은 세균을 죽일 수 있다. 그 결과 많은 음식물로 인해 사람이 걸리는 병을 없앨 수 있으며 음식물을 더 오래 보관할 수 있다.

날 음식물, 처리를 거친 음식물이나 얼린 상태의 음식물을 복사를 방출하는 기계에 통과시킨다. 음식물이 방사능 물질과 접촉하지 않기 때문에 이 과정에서 음식물이 방사능을 띠지는 않는다. 덧붙여 이 과정에서 사용되는 복사는 음식물 분자 속 원자의 원자핵을 붕괴시킬 정도로 강하지 않기 때문에 방사능을 만들지도 않는다.

이 과정에서 기생충과 세균을 죽이는 동안 영양소의 손실이 있을 수 있지만 통조림 작업을 할 때와 같거나 작다. 복사에 노출하여 새로운 화학 부산물이 생길 수 있지만 여러 나라에서 연구한 결과 이런 부산물에 의한 건강이나 질병 문제는 발생하지 않았다.

일부 음식물의 경우 복사 처리가 효과가 더 좋았다. 낙농제품은 원치 않는 향의 변화가 생겼고 복숭아와 같은 일부 과일에서는 물러지는 문제가 생겼다. 반면 복사 처리한 딸기는 냉장고에서 수일간 저장 가능했던 것이 수주간 저장이 가능했다. 복사량을 늘려 살균 처리한 음식물은 냉장 없이도 열로 살균 처리해서 캔에 담은 음식물처럼 수년간 저장할 수 있었다.

미국의 식품안전관리청은 어느 음식물을 복사 처리할 수 있는지와 복사량에 대해 규제를 하고 있다. 미국 농림부는 복사 처리한 고기와 가금류 제품의 검사를 담당한다. 복사 처리를 거친 모든 음식물은 이런 처리를 했다는 국제 공용의 표지와 안내문을 붙여야 한다. 라두라(radura)라고 부르는 이런 표지는 윗부분에 5개의 틈이 있는 원 안에 그려진 꽃 모양을 하고 있다(상자 그림 8.1).

상자 그림 8.1
출처: Radura/USDA

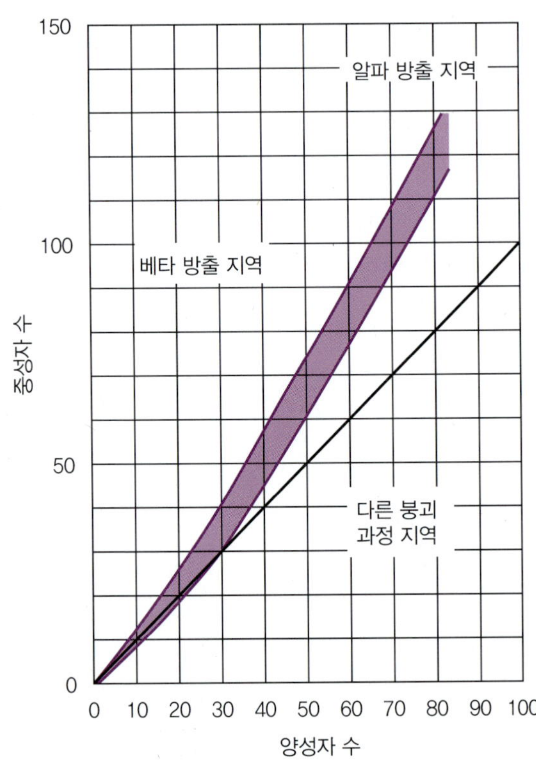

그림 8.5 불안정한 원자핵이 다른 종류의 방사성 붕괴를 하여 더욱 안정한 원자핵이 된다. 붕괴의 종류는 일반적으로 중성자 대 양성자 비에 달려있다.

중성자 대 양성자 비가 너무 작은 원자핵은 안정성 띠의 오른쪽에 있다. 이 원자핵들은 다른 종류의 방사성 붕괴를 통해 원자핵 안의 중성자 수를 줄이고 양성자 수를 늘린다. 일반화하려 할 때 늘 그랬듯이 중성자 대 양성자 비와 방사성 붕괴 사이의 관계를 요약한 것에도 예외가 존재한다.

방사성 붕괴 계열

방사성 붕괴 반응은 반응 원자핵보다 간단하고 안정한 원자핵을 만든다. 앞 절에서 이야기한 것처럼 원자번호가 83보다 큰 무거운 원자핵은 알파 방출을 통해 붕괴하여 2개의 양성자와 2개의 중성자를 알파입자로 방출한다. 그러나 원자번호가 86보다 큰 원자핵은 알파입자를 방출해도 여전히 원자번호가 83보다 크다. 이것은 생성된 원자핵 역시 방사능 원자핵이라는 것을 의미한다. 이 원자핵도 방사성 붕괴를 하며 안정된 원자핵에 도달할 때까지 이 과정이 일련의 붕괴 반응을 통해 지속된다. (1) 1개의 방사능 동위원소에서 출발해 (2) 두 번째 원자핵으로 붕괴하고 (3) 이 원자핵이 다시 세 번째 원자핵 등등으로 붕괴하는 이런 일련의 붕괴 반응을 **방사성 붕괴 계열**(radioactive decay series)이라고 부른다. 자연적으로 일어나는 3개의 방사성 붕괴 계열이 존재한다. 한 계열은 토륨-232에서 시작해 납-208에서 끝난다. 또 다른

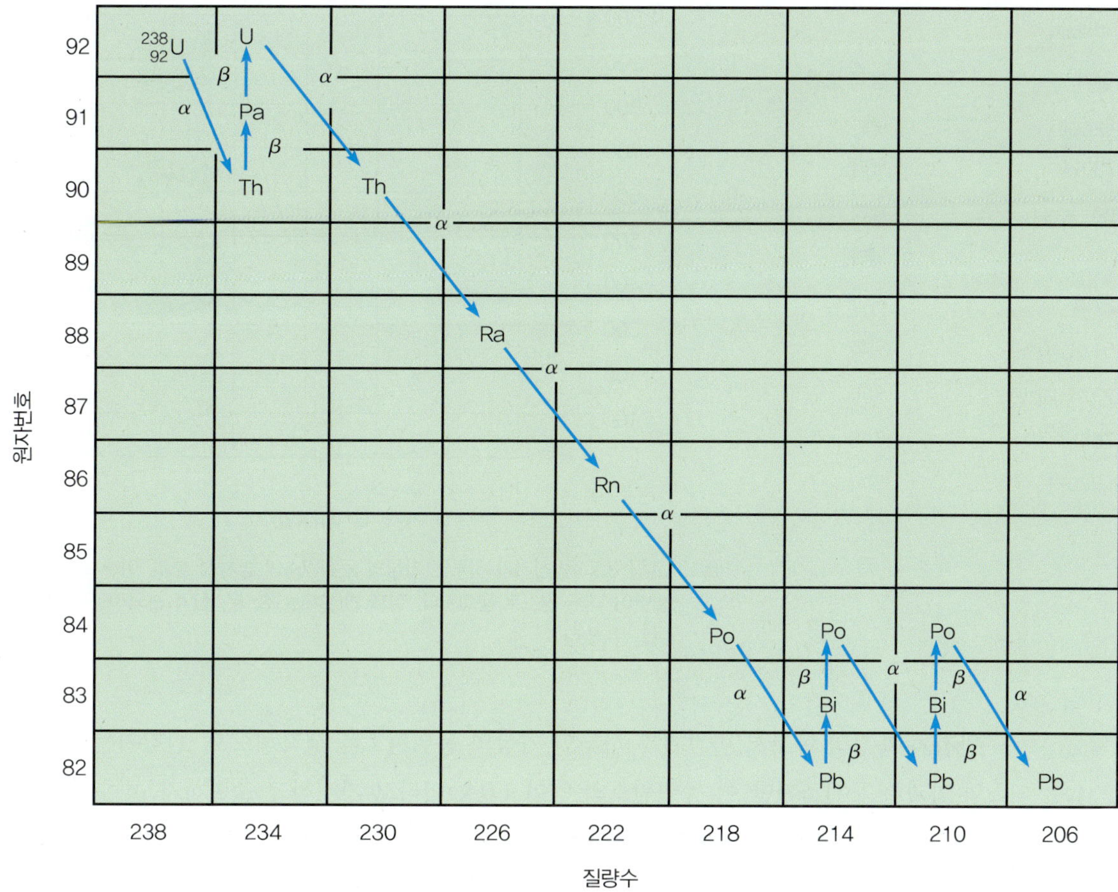

그림 8.6 우라늄-238의 방사성 붕괴 계열. 이것은 자연적으로 일어나는 3개 계열 중 하나이다.

계열은 우라늄-235에서 시작해 납-207에서 끝난다. 세 번째 계열은 우라늄-238에서 시작해 납-206에서 끝난다. 그림 8.6은 우라늄-238의 방사성 붕괴 계열을 보여준다.

그림 8.6이 보여주는 것처럼 우라늄-238 계열은 우라늄-238에서 시작해 알파 방출로 토륨-234로 붕괴한다. 토륨은 새 원자번호와 새 질량수를 가지기 때문에 그래프 상에서 새 위치에 있다. 토륨-234가 불안정하여 베타 방출을 통해 프로탁티늄-234로 붕괴한다. 이 역시 불안정하여 베타 방출을 통해 우라늄-234로 붕괴한다. 이 과정은 5번 연속으로 알파 방출을 계속한 후 두 번의 베타-베타-알파 붕괴를 거쳐 안정한 납-206 원자핵에서 계열이 끝난다.

방사성 붕괴율은 보통 **반감기**(half-life)로 기술한다. **반감기**는 불안정한 원자핵의 절반이 붕괴하는 데 걸리는 시간이다. 각 동위원소마다 특정한 붕괴 상수를 가지므로 각 동위원소는 특정한 반감기를 가진다. 아주 불안정한 일부 동위원소의 반감기는 1초보다 짧지만 다른 동위원소의 반감기는 초, 분, 시간, 달, 년 또는 십억 년 단위로 측정된다. 표 8.3은 일부 동위원소들의 반감기 목록이고 이 과정이 그림 8.7에 나와 있다.

과학 스케치

그림 8.7(또는 종이) 위에 새로이 12시간의 반감기를 가진 가상의 동위원소의 방사성 붕괴를 보여주는 선을 그리시오.

동위원소	반감기	붕괴 종류
$^{3}_{1}H$ (삼중수소)	12.26년	베타
$^{14}_{6}C$	5,730년	베타
$^{90}_{38}Sr$	28년	베타
$^{131}_{53}I$	8일	베타
$^{133}_{54}Xe$	5.27일	베타
$^{238}_{92}U$	4.51×10^9년	알파
$^{242}_{94}Pu$	3.79×10^5년	알파
$^{240}_{94}Pu$	6,760년	알파
$^{239}_{94}Pu$	24,360년	알파

표 8.3 방사능 동위원소의 반감기

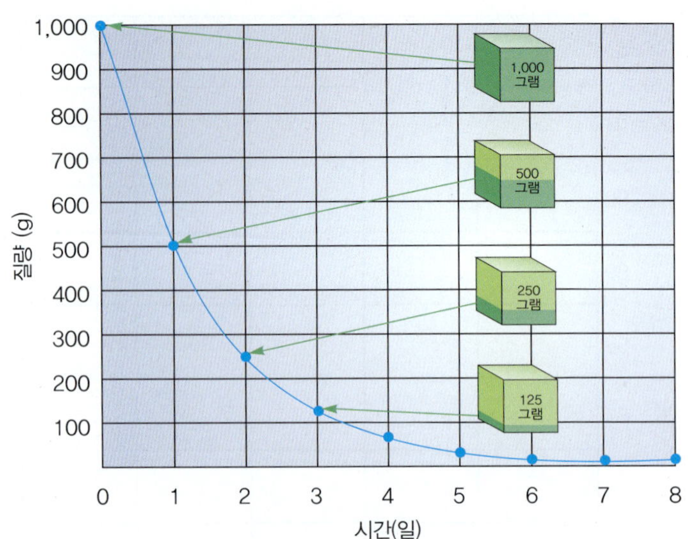

그림 8.7 반감기가 하루인 가상의 동위원소의 방사성 붕괴. 이 시료는 매일 절반이 다른 원소로 붕괴한다. 실제 반감기는 초, 분, 십억 년의 어떤 시간 단위일 수 있다.

반감기 측정의 예로서 반감기가 하루인 가상의 동위원소를 생각해보자. 반감기는 동위원소의 양과는 무관하지만 이 동위원소의 양이 1.0 kg이라고 가정하고 출발하자. 하루가 지난 후 원래 질량의 절반, 즉 500 g이 남는다. 다른 절반은 사라진 것이 아니고 붕괴 산물, 즉 새로운 원소가 되었다. 다음 하루 동안 남은 원자핵의 절반이 붕괴하여 초기 질량 가운데 250 g만이 여전히 원래 원소이다. 원래 원소가 남아있지 않을 때까지 남은 질량의 절반이 매일 붕괴한다.

예제 8.3 (선택)

그림 8.5를 참고하여 불안정한 원자핵 $^{131}_{53}I$의 방사성 붕괴 종류를 예측해보시오.

풀이

요오드-131은 53개의 양성자와 131 − 53 = 78개의 중성자가 있는 원자핵을 가지고 있다. 그러므로 중성자 대 양성자 비가 1.471 : 1이다. 이 때문에 요오드-131은 큰 중성자 대 양성자 비를 가진 안정성 띠의 왼쪽에 있어 베타 방출을 통해 이 비를 줄일 수 있다. 핵방정식은

$$^{131}_{53}I \longrightarrow {}^{131}_{54}Xe + {}^{0}_{-1}e$$

이 된다.

예제 8.4 (선택)

그림 8.5를 참고하여 불안정한 원자핵 $^{241}_{94}Pu$의 방사성 붕괴 종류를 예측해보시오. (답: 알파 방출을 통해 안정한 원자핵 쪽으로 이동한다. 핵방정식은

$$^{241}_{94}Pu \longrightarrow {}^{237}_{92}U + {}^{4}_{2}He$$

이다.)

8.2 복사의 측정

복사의 측정은 방사성 동위원소의 반감기를 결정하는 데 중요하다. 또한 복사의 측정은 복사의 생물학적 효과를 고려하는 데 있어서도 중요하다. 전기에서처럼 전자와 원자핵은 작아 대상을 직접 측정하는 것은 불가능하다. 그러나 복사 효과를 고려한 간접적인 측정이 가능하다.

복사의 단위

방사능이 불안정하고 붕괴하는 원자핵을 가진 동위원소의 성질이며 **복사**는 입자(알파 또는 베타)를 방출하거나 광자 형태로 진행하는 에너지(감마)임을 이미 배웠다. 복사는 (1) 방사능의 발생원에서나 (2) 복사를 흡수하는 곳에서 측정할 수 있다.

방사능의 발생원의 **활성도**(activity)는 단위시간당 핵붕괴의 수를 말한다. 발생원에서의 이 활성도의 단위가 **퀴리**(Ci)이다. 1퀴리는 매초 3.70×10^{10}번 핵붕괴를 하는 것으로 정의한다. 활성도는 보통 1퀴리보다 작다. 예를 들어 1**피코퀴리**(pCi)는 1조분의 1퀴리이다. 때로 활성도는 리터당 피코퀴리(pCi/L)로 표현하기도 한다.

방사능의 국제(SI)단위는 **베크렐**(Bq)로 매초 1번 원자핵 붕괴를 하는 것으로 정의한다. 미국에서 복사를 보고하는 단위는 퀴리지만 국제적으로 공인된 단위는 베크렐이다. 표 8.4는 방사능 단위의 이름, 기호와 변환인자를 보여준다.

방사능 발생원으로부터 복사가 퍼져나가 물질과 충돌하면서 물질에 에너지를 전달한다. 생체 조직과 충돌하는 복사가 전달하는 에너지의 양은 보통 아주 적지만 생물학적 손상을 줄 수 있다. 왜냐하면 복사에 의해 화학 결합이 깨지고 자유 다원자 이온들이 생성되기 때문이다.

인간이 받는 복사량은 방사선 조사량으로 표현한다. 복사 조사량은 보통 **렘**(rem)이라는 단위로 적는다. 렘은 다른 종류의 복사가 입히는 생물학적 손상을 고려한 단위이다. 보통 조사량은 예를 들면 1/1,000렘인 **밀리렘**(mrem) 같은 렘보다 작은 단위로 표시된다. 밀리렘은 낮은 수준의 복사를 이야기할 때 사용하는 단위이다. 복사 조사량의 국제 단위는 **밀리시버트**(mSv)이다. 밀리렘과 밀리시버트 모두 이온화시키는 복사와 인체에 대한 생물학적 효과와 관계된다. 사람들이 자연에서 하루 동안 받는 천연 복사량은 1밀리렘 이하(0.01밀리시버트)

표 8.4 방사능의 이름, 기호와 변환인자

이름	기호	변환할 단위	변환인자
베크렐	Bq	퀴리	2.7×10^{-11}
그레이	Gy	라드	100
시버트	Sv	렘	100
퀴리	Ci	베크렐	3.7×10^{10}
렘	rem	시버트	0.01
밀리렘	millirem	렘	0.001
렘	rem	밀리렘	1,000

표 8.5 대략적인 한 번의 노출량, 복사에 노출되었을 때의 전신 효과

수준	효과
0.240렘	천연 배경복사에 평균적으로 매년 노출되는 양
0.500렘	대중들에게 허용된 연간 최대 조사량
25.0렘	적혈구 수 변화와 같은 관측 가능한 효과가 나타나는 한계치
100.0렘	피로와 복사병의 다른 증세
200.0렘	명확한 복사병, 골수 손상, 백혈병 발병 가능성
500.0렘	50%의 개인에게 치명적인 조사량
1,000.0렘	치명적인 조사량

이다. 100,000~200,000밀리렘(1,000~2,000밀리시버트)을 한 번에 쪼이게 되면 인체에 복사병이 나타나게 된다(표 8.5). 한 번 조사량이 500,000밀리렘(5,000밀리시버트)가 넘게 되면 50%가 사망에 이른다.

물질이 받은 복사를 측정하는 또 다른 단위는 **라드**(rad)이다. 라드는 복사 흡수 조사량(radiation absorbed dose)에서 유래했다. 물질이 받은 복사의 국제 단위는 **그레이**(Gy)이다. 1그레이는 100라드에 노출된 것과 같다.

복사의 노출 효과

천연 방사능은 환경의 일부로 우리는 매년 천연 방사능 물질로부터 100~500밀리렘의 복사를 받는다. 천연 방사능 물질로부터 받는 이런 복사를 **배경복사**(background radiation)라고 부른다. 배경복사는 우주선 형태로 우주공간이나 지면, 건물과 음식물에 들어있는 불안정한 동위원소로부터 나온다. 활동을 많이 하거나 상황에 따라 연간 복사 노출량이 증가할 수 있다. 예를 들어 대기가 우주공간에서 오는 우주선의 일부를 흡수하기 때문에 대기가 희박할수록 더 많은 복사를 받게 된다. 해수면 위로 30 m 올라갈 때마다 매년 1밀리렘의 복사에 더 노출된다. 비행을 할 때 대략 시간당 0.3밀리렘을 받게 된다. 비행기 승무원은 매년 추가적으로 300~400밀리렘을 더 쪼이게 된다. 왜냐하면 이들이 고공에서 더 많은 시간을 보내기 때문이다. X선 촬영과 TV 시청을 해도 복사에 더 노출된다. 일반적으로 평균적인 사람이 쪼이는 세계적인 평균 배경복사의 양은 대략 매년 240밀리렘이다.

복사에 노출되었을 때 나타나는 결과는 무엇인가? 복사가 이동하는 동안 이온화를 일으키기 때문에 복사는 생물에 해가 된다. 이온화는 (1) DNA와 같은 필수적인 거대분자의 화학결합을 깨뜨리고 (2) 자유 다원자 이온인 분자 조각을 만든다. 이 이온들이 효소 작용과 다른 필수적인 세포 작동을 교란시킨다. 조혈 조직처럼 매우 활동적인 세포로 이루어진 조직은 복사에 더 손상을 입기 쉽다. 따라서 복사에 과도하게 노출되었을 때 나타나는 증세의 하나가 적혈구 수의 감소이다. 표 8.5는 여러 수준의 복사에 노출되었을 때 나타나는 증세를 보여준다.

복사는 인체에 해를 끼치는 신비스럽고 독특한 위험 요소는 아니다. 복사의 위험성을 이해해야 하고 이를 무시하거나 과장해서는 안 된다. 화학물질, 전기나 심지어 햇빛과 같은 다른 위험에 과도하게 노출되는 것을 피해야 하듯 복사에 과도하게 노출되는 것을 피해야 한다.

8.3 핵에너지

일부 원자핵은 너무 크거나 불안정한 중성자 대 양성자 비를 가졌기 때문에 원자핵이 불안정하다. 이런 불안정한 원자핵은 방사성 붕괴를 하고 결국 더 큰 안정성을 가진 생성물을 형성한다. 이런 방사성 붕괴의 예가 우라늄-238에서 토륨-234로의 알파 방출이다.

$$^{238}_{92}U \longrightarrow {}^{234}_{90}Th + {}^{4}_{2}He$$

$$238.0003\ u \rightarrow 233.9942\ u + 4.00150\ u$$

핵방정식 아래 있는 숫자는 반응물과 생성물의 **원자핵** 질량(u)이다. 알 수 있겠지만 반응 시 질량 손실이 있는 것처럼 보인다.

$$233.9942 + 4.00150 - 238.0003 = -0.0046\ u$$

아인슈타인이 1905년 발견한 관계식에 따라 이런 질량 변화는 에너지 변화와 관계가 있다. 그 관계식은

$$E = mc^2 \tag{8.1}$$

이다. 여기서 E는 에너지, m은 질량이고 c는 진공 속 광속으로 3.00×10^8 m/s이다. 이 관계식을 따르면 물질과 에너지는 같은 것이고 에너지가 물질로, 그 반대로도 변화될 수 있다.

질량과 물질 사이의 관계식은 원자핵의 질량이 항상 원자핵을 구성하고 있는 개별 입자들의 질량의 합보다 작은 이유를 설명해준다.

원자핵을 구성하고 있는 개별 핵자들의 질량과 원자핵의 실제 질량 사이의 차이를 원자핵의 **질량 결손**(mass defect)이라고 부른다. 질량 결손 역시 $E = mc^2$으로 설명할 수 있다. 핵자들이 결합해 원자핵이 될 때 더 안정한 원자핵을 만들기 위해 에너지를 방출한다.

원자핵이 형성될 때 방출되는 에너지 등가량은 **결합 에너지**(binding energy)와 같다. 결합 에너지는 원자핵을 개별 양성자와 중성자로 분해하기 위해 필요한 에너지이다. 모든 동위원소의 원자핵의 결합 에너지를 원자핵의 질량 결손으로부터 계산할 수 있다.

핵자 수에 대한 결합 에너지의 비는 원자핵의 안정성을 나타낸다(그림 8.8). 핵자당 결합 에너지의 최댓값이 질량수 56 근처에서 나타나고 더 무겁거나 더 가벼운 원자핵에서 이 값이 감소한다. 이것은 더 무거운 원자핵이 에너지를 방출하면서 더 작은 원자핵으로 갈라질 때 안정성이 커진다는 것을 의미한다. 또 덜 무거운 원자핵도 에너지를 방출하면서 결합할 때 안정성이 커진다는 것을 의미한다. 기울기 역시 원자핵이 갈라질 때보다 합칠 때 더 많은 에너지가 방출된다는 것을 보여준다.

미신, 착각, 그리고 오해

반복사 알약?

이온화 복사로부터 우리 몸을 보호해줄 반복사 알약이 있다는 것은 미신이다. 요오드 보충제 알약이 있긴 하다. 이 알약은 방사능을 띠지 않은 요오드 동위원소로 갑상선을 포화시킨다. 갑상선이 포화되면 갑상선이 방사능 동위원소를 흡수할 수 없어 위험을 막을 수 있다.

그림 8.8 핵자당 결합 에너지의 최댓값이 질량수 56 근처에서 나타났다가 양쪽에서 감소한다. 그 결과 무거운 원자핵은 핵분열을, 가벼운 원자핵은 핵융합을 하면서 에너지를 방출한다.

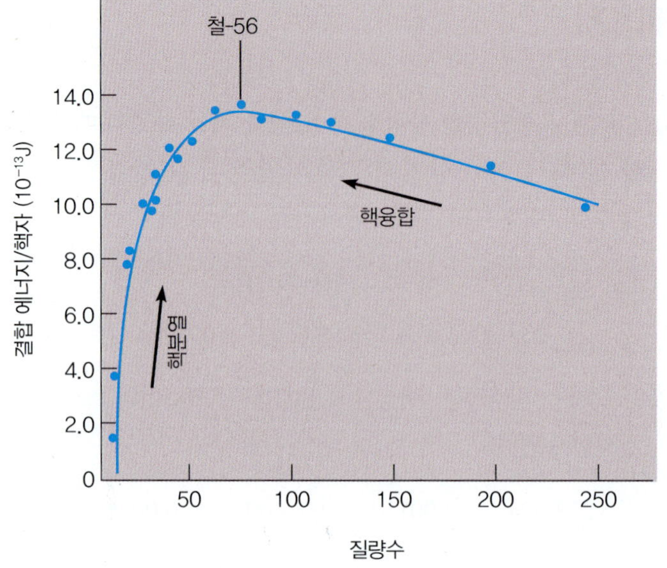

에너지를 방출하면서 무거운 원자핵을 더 안정하고 덜 무거운 원자핵으로 쪼개는 핵반응이 **핵분열**(nuclear fission)이다(그림 8.9). 핵분열은 원자폭탄 폭발 시 빠르게 일어나며 핵반응로에서는 비교적 느리게 일어난다. 덜 무거운 원자핵들이 결합해 에너지를 방출하면서 더 안정된 무거운 원자핵이 되는 핵반응이 **핵융합**(nuclear fusion)이다. 핵융합은 수소폭탄 폭발에서 빠르게 일어나고 태양에서는 연속적으로 일어나 지구상 생명체가 살아가는 데 절대 필요한 에너지를 방출한다.

그림 8.9 우라늄-235 원자핵이 중성자 하나를 흡수할 때 핵분열이 일어난다. 변형된 원자핵이 다양한 방식으로 더 가벼운 원자핵들로 쪼개지며 이 과정에서 중성자들이 방출된다.

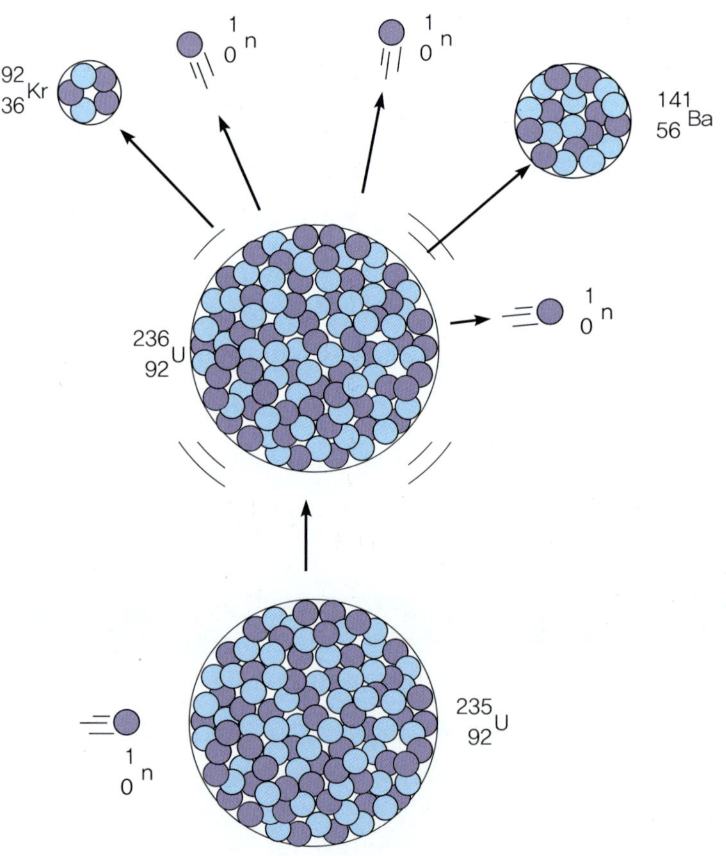

핵분열

1930년대 말 처음으로 핵분열에 성공하였다. 과학자들은 무거운 원자핵에 중성자를 쏘아 동위원소를 만들려고 하였다. 1938년 두 명의 독일 과학자, 오토 한과 프리츠 슈트라스만은 중성자를 쏜 우라늄 시료에서 바륨 원소가 생긴 것을 확인하였다. 그 당시 바륨이 어디서 나온 것인지 알지 못했지만 조수 리제 마이트너는 곧바로 우라늄 원자핵이 갈라져 바륨이 만들어졌다고 생각했다. 이 반응은

$$ {}^{1}_{0}\mathrm{n} + {}^{235}_{92}\mathrm{U} \longrightarrow {}^{141}_{56}\mathrm{Ba} + {}^{92}_{36}\mathrm{Kr} + 3\,{}^{1}_{0}\mathrm{n} $$

이었을 것이다. "이었을 것이다"라는 표현은 무거운 원자핵이 여러 다른 방식으로 쪼개져 다른 생산물을 만들 수 있기 때문이다. 대략 35가지의 다른, 덜 무거운 원소들이 우라늄-235의 핵분열에서 만들어지는 것을 확인하였다. 이들 가운데 일부는 핵분열 조각들이고 일부는 방사성 붕괴를 거치는 불안정한 조각들에 의해 만들어진 것들이다. 생성되는 일부 동위원소는 핵폐기물로서 사회적 관심의 대상이 된다.

우라늄-235 원자핵의 핵분열은 2개나 3개의 중성자가 다른 생산물과 함께 만들어진다. 이 중성자들은 다른 우라늄-235 원자핵들과 충돌할 수 있다. 중성자를 흡수한 원자핵들은 다시 핵분열을 일으켜 더 많은 중성자를 방출하고 이 중성자들이 다른 원자핵과 충돌하는 일이 계속된다. 생산물이 더 많은 반응을 스스로 유지하면서 지속하는 것을 **연쇄반응**(chain reaction)이라고 부른다. 연쇄반응은 모든 우라늄-235 원자핵이 핵분열을 하거나 중성자들이 우라늄-235 원자핵을 때리는 데 실패할 때까지 자기 스스로 지속한다(그림 8.10).

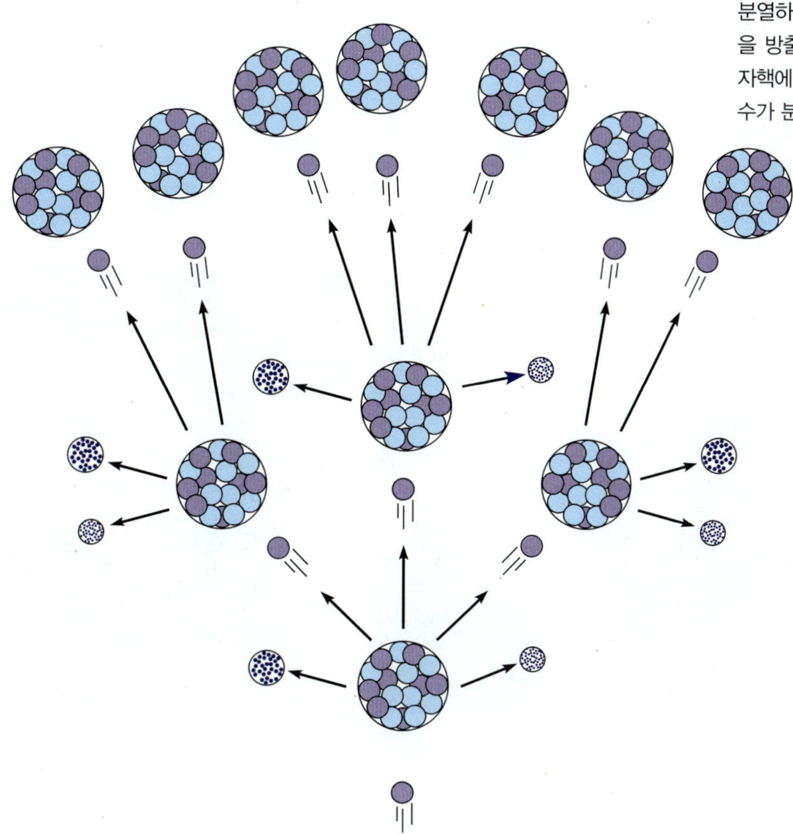

그림 8.10 연쇄반응의 개략도. 핵분열하는 각각의 원자핵이 중성자들을 방출하고 이 중성자들이 다른 원자핵에 핵분열을 일으킨다. 중성자 수가 분열마다 급격히 증가한다.

왜 우주에 있는 모든 우라늄이 연쇄반응으로 핵분열하지 않는지 궁금할 것이다. 천연 우라늄은 대부분 우라늄-238로 쉽게 핵분열을 하지 않는 동위원소이다. 천연 우라늄의 0.7%만이 핵분열을 아주 잘 하는 우라늄-235이다. 핵분열이 가능한 우라늄-235 원자핵이 이런 낮은 비율로 존재하기 때문에 돌아다니는 중성자가 연쇄반응을 일으키기가 거의 불가능하다.

연쇄반응을 일으키려면 (1) 충분한 질량의 (2) 충분한 농도를 가진 핵분열하는 원자핵이 있어야 한다. 연쇄반응을 지속하기에 질량과 농도가 충분할 때 이 양을 **임계 질량**(critical mass)이라고 한다. 비슷한 개념으로 너무 작아 연쇄반응을 지속할 수 없는 질량을 **임계 미만 질량**(subcritical mass)이라고 부른다. 빠르게 가속적으로 연쇄반응을 일으키기에 충분할 정도의 충분히 순수한 우라늄-235(또는 플루토늄-239)의 질량을 **임계 이상 질량**(supercritical mass)이라고 부른다. 원자폭탄은 작은 통상적인 폭발제를 사용해 임계 미만 질량의 핵분열하는 물질을 밀어 임계 이상 질량이 되도록 하는 단순한 장치이다. 핵분열이 임계 이상 질량에서 거의 순간적으로 일어나면서 엄청난 에너지가 격렬한 폭발과 함께 방출된다.

제어봉
냉매 출구
냉매 입구
반응로 심
물
압력용기

그림 8.11 핵반응로의 기본 부품들의 개략도. 상업용 핵발전소의 최대 반응로는 두께가 23~28 cm인 스테인리스 스틸로 보강한 철제 용기이다. 대략 높이가 12 m, 직경이 5 m이다. 이런 반응로는 4개의 펌프를 가지고 있으며 1차 순환회로를 통해 매분 1,665,581리터의 물을 순환시킨다.

핵발전소

핵발전소의 원자핵 부분이 **핵반응로**(nuclear reactor)이다. 핵반응로에서 핵분열하는 물질의 연쇄반응을 조절해 에너지를 방출한다(그림 8.11). 가압 경수로라고 불리는 가장 흔한 설계에서 핵분열 물질은 작은 세라믹 펠릿 형태(그림 8.12A)로 가공한 3% 농축 우라늄-235와 97% 우라늄-238이다. 펠릿은 **연료봉**이라고 부르는 긴 지르코늄 합금 튜브 속에 넣는다. 연료봉은 다시 이음고리를 잠가 **연료봉 장치**에 갇히게 되고 가압수가 각 연료봉에 흐를 수 있게 되어 있다(그림 8.12B). 또 연료봉 사이에 **제어봉**을 넣을 수 있다. 제어봉은 중성자를 흡수하는 카드뮴과 같은 물질로 이루어져 있다. 연료봉 장치 내에서 제어봉을 낮추거나 높이면 흡수되는 중성자 양을 변화시켜 연쇄반응을 늦추거나 증가시킬 수 있다. 제어봉을 장치에 완전히 넣으면 중성자를 충분히 흡수하여 연쇄반응이 중지된다.

저농도 연료 펠릿으로는 임계 이상 질량이 되기가 물리적으로 불가능하다. 핵발전소의 핵

A

B

그림 8.12 (A) 이것이 연료봉 내부에 들어갈 산화우라늄 연료 펠릿이다. 연료 펠릿을 장착한 연료봉은 연료봉 장치에 고정된다. (B) 연료봉 장치. 연료봉 장치를 핵반응로에 넣는 것을 보여주는 그림 8.15도 보라. (a): ©SPUTNIK/Alamy Stock Photo; (b): ©Mark Williamson/Science Source

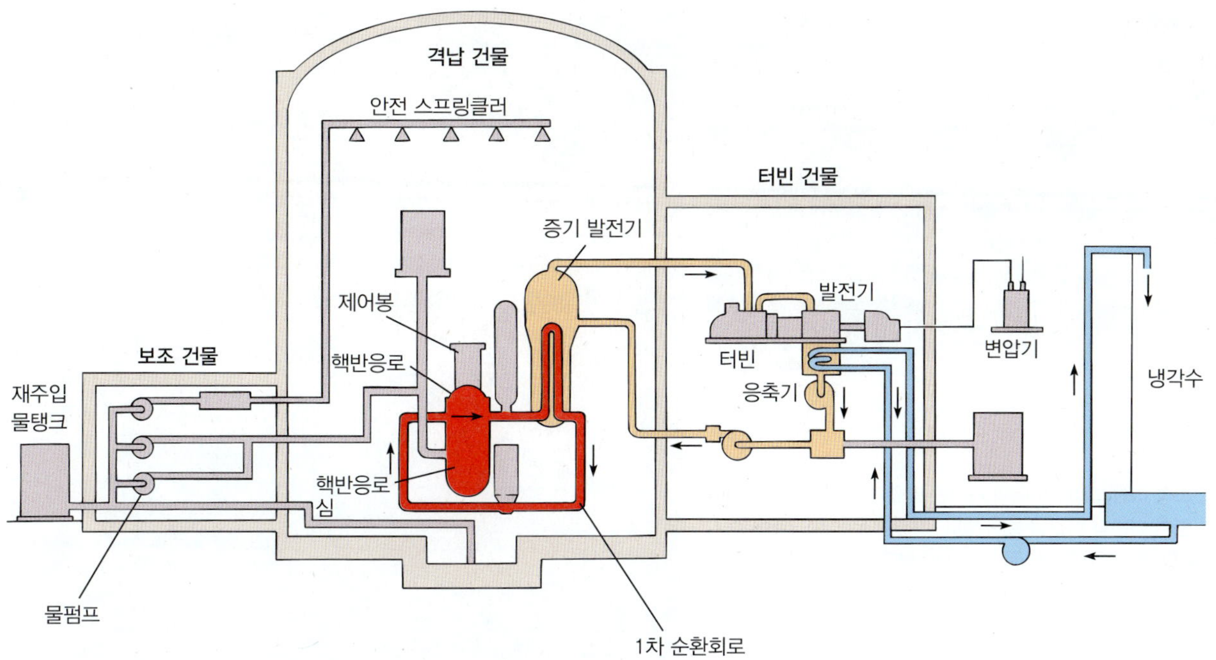

그림 8.13 가압수를 사용하는 핵발전소의 일반적인 시스템 개략도. 비례가 맞지 않게 그려져 있다. 격납 건물은 414킬로파스칼에서 149°C의 고온을 견디며 밀봉이 유지되도록 설계한다.

반응로는 비교적 느리게 에너지를 방출할 뿐이며 핵발전소가 핵폭발을 일으키기는 불가능하다. 가압경수 핵반응로에서 방출되는 에너지는 **1차 순환회로**(primary loop)라고 부르는 닫힌 파이프에 담긴 가압수로 전달된다(그림 8.13). 물의 온도가 350°C 정도로 높아질 수 있으므로 물이 끓는 것을 막기 위해 물의 압력을 대략 150대기압으로 높인다.

가압경수(보통의 물) 반응로에서 순환하는 가압수는 냉각수 작용을 하여 핵반응로의 열을 식힌다. 또 물은 중성자의 속도를 늦춰 우라늄-235 원자핵이 잘 흡수하도록 하는 물질인 **감속재**(moderator)로도 작용한다. 다른 설계의 핵반응로에서는 중수(중수소 물)나 흑연을 감속재로 사용한다.

닫힌 1차 순환회로에서 나온 물은 **증기 발전기**라고 부르는 열교환기를 거쳐 순환된다(그림 8.13). 핵반응로에서 나온 고온의 가압수는 발전기 내부에 있는 수백 개의 작은 튜브를 거쳐 이동한다. 이때 **2차 순환회로**에서 **공급수**가 튜브 위로 흐른다. 1차 순환회로 속 물이 증기 발전기 안의 공급수를 가열하였다가 핵반응로로 되돌아가 다시 가열된다. 공급수는 가열되어 대략 235°C, 68대기압의 압력의 증기가 된다. 이 증기를 파이프를 통해 터빈에 보내 발전기를 돌린다(그림 8.14).

증기가 터빈을 떠난 후 냉각탑에서 물을 공급받는 두 번째 열교환기에서 사용한 증기가 응축해 액체 물이 된다. 다시 냉각수는 닫힌 2차 순환회로의 물과 섞이지 않는다. 냉각탑의 물이 대략 32°C의 온도로 응축 열교환기로 들어와 대략 50°C의 온도로 열교환기에서 나가 냉각탑에 회수되고 여기서 증발에 의해 냉각된다. 공급수는 예열되어 이 과정을 반복하기 위해 증기 발전기로 재순환된다. 증기를 펌프하고 재가열하기 어렵기 때문에 증기가 다시 액체 물로 응축된다.

시간이 흐르면 연료봉에서 핵분열 생산물이 생겨 효율적인 중성자 전송에 방해가 되기 시

그림 8.14 핵발전소의 터빈 설비. 한 대의 거대한 발전기가 핵발전소의 비핵 부분에 있는 4대의 증기 터빈과 나란히 놓여 있다. 거대한 은색 탱크들은 증기가 고압 터빈을 통과한 후 저압 터빈으로 다시 재순환되기 전 증기로부터 물을 제거하는 분리기이다.

그림 8.15 연료 재공급을 하는 동안 소비 연료봉 장치가 제거되고 새로운 장치를 핵반응로 머리에 추가한다. 이 사진은 초기에 핵반응로에 연료를 장전하는 것을 보여준다. 연료를 장전하기 위해 핵반응로의 위 부분을 열어 옆에 두었다.

작하므로 재연료 공급을 위해 매년 핵반응로를 중지시켜야 한다. 재연료 공급을 하는 동안 핵반응로에서 가장 오랫동안 노출된 대략 1/3의 연료를 '소비' 연료로 제거한다. 제거한 부분을 대신해 새로운 연료봉 장치를 삽입한다(그림 8.15). 그러나 대략 '소비' 연료의 4%만이 사용할 수 없는 폐기물이고 대략 94%는 우라늄-238, 0.8%는 우라늄-235, 0.9%는 플루토늄이다(그림 8.16). 따라서 '소비' 연료봉에는 상당한 양의 사용가능한 우라늄과 플루토늄이 담겨있다. 현재 소비 핵반응로 연료봉은 대개 핵발전소 부지에 있는 냉각풀에 보관한다. 미래에 소비 연료를 재처리하여 화학 공정을 통해 우라늄과 플루토늄을 회수할지 아니면 연료를 영구 보관할지 결정해야 할 것이다. 재처리에 관해 관심을 갖는 것은 플루토늄-239와 우라

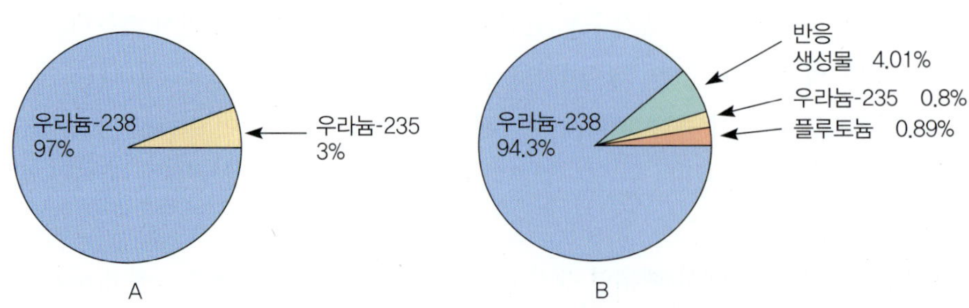

그림 8.16 연료봉 안의 핵연료 조성. 핵반응로에서 3년 이상 사용하기 (A) 전과 (B) 후

늄-235가 핵분열이 가능한 물질이고 테러리스트 집단이 핵폭탄을 만드는 데 사용할 수 있기 때문이다. 그러나 6개 국가가 재처리 공장을 갖고 있으며 소비 연료봉은 중요한 에너지원이 된다. 일부 에너지 전문가들은 이런 에너지원을 버리는 것이 부적절하다고 생각한다.

연료봉을 폐기하는 기술이 존재한다. 긴 반감기를 가진 핵폐기물은 대개 알파입자 방출원이다. 이 금속들을 산화물로 변환해 유리(또는 세라믹) 가루와 섞어 녹인 후 스테인리스 스틸 용기에 넣는다. 고체가 된 금속통을 지질학적으로 안정한 저장고에 파묻는다. 유리 기술은 프랑스에서 고준위 핵폐기물을 폐기하는 데 사용하였다. 깊이 610~914 m의 고체 화강암에 파묻으면 스테인리스 스틸 용기, 유리와 폐기 생성물을 녹여 다시 지면에 나타나게 하는 지하수를 통해서만 방사능 폐기물이 영향을 미친다. 많은 전문가는 이런 지하수 용해 현상이 일어나는 데 수천 년이 걸릴 것이라고 믿고 있다. 따라서 이들이 지면에 도달할 때면 방사능 동위원소가 천연 방사성 붕괴를 할 것이다. 그럼에도 불구하고 핵폐기물과 폐기에 관한 연구가 지속되고 있다. 한편 연료봉을 재처리하는 것이 최선인지 아니면 영구 저장을 하는 것이 최선인지 아직 답을 내놓지 못하고 있다.

의문시되는 핵폐기물의 양은 얼마인가? 가동 중인 모든 상업용 핵발전소에 쌓여있는 연료봉들을 재처리하고 유리와 섞는다면 핵폐기물의 총량은 축구장 하나의 면적에 대략 4 m 높이로 쌓은 양이 될 것이다.

핵융합

핵자당 핵결합 에너지 대 질량수 그래프(그림 8.8 참고)가 보여주듯이 (a) 우라늄-235와 같은 무거운 원자핵들이 핵분열하거나 (2) 덜 무거운 원자핵들이 만나 핵융합을 통해 더 무거운 원자핵을 형성할 때 핵에너지가 방출된다. 핵융합은 태양과 다른 별에서 방출되는 에너지와 관련이 있다. 현재 태양은 생의 절반에 와 있고 앞으로 대략 50억 년 더 산다. 태양의 중심은 현재 35% 수소와 65% 헬륨으로 이루어져 있다. 핵융합을 통해 태양은 매초 대략 6억 5000만 톤의 수소를 6억4500만 톤의 헬륨으로 바꾼다. 대충 5백만 톤의 물질이 에너지로 바뀐다. 이런 비율이라 해도 태양은 이 과정을 어림잡아 50억 년 지속하기에 충분한 수소를 갖고 있다. 수소와 헬륨 사이에서 다음과 같은 몇 가지 핵융합 과정이 일어난다.

$$^{1}_{1}\mathrm{H} + {}^{1}_{1}\mathrm{H} \longrightarrow {}^{2}_{1}\mathrm{H} + {}^{0}_{1}\mathrm{e}$$
$$^{2}_{1}\mathrm{H} + {}^{2}_{1}\mathrm{H} \longrightarrow {}^{3}_{2}\mathrm{He} + {}^{1}_{0}\mathrm{n}$$
$$^{3}_{2}\mathrm{He} + {}^{3}_{2}\mathrm{He} \longrightarrow {}^{4}_{2}\mathrm{He} + 2\,{}^{1}_{1}\mathrm{H}$$

핵융합 과정은 바람직한 지구의 에너지원이 될 것 같다. 왜냐하면 (1) 2개의 수소 동위원소, 중수소($^{2}_{1}$H)와 삼중수소($^{3}_{1}$H)가 비교적 낮은 온도에서 핵융합을 하고 (2) 실제적으로 중수소가 거의 무한정 존재하기 때문이다. 4리터의 해수에는 한 숟갈 정도의 중수소가 들어있다. 그리고 (3) 방사능 생성물이 생기지 않고 엄청난 양의 에너지가 방출되기 때문이다.

바다는 수백만 년 동안 전 세계가 소비할 전기를 생산할 수 있는 중수소를 갖고 있고 삼중수소는 핵융합 장비로 계속해서 만들어낼 수 있다. 연구자들은 이런 엄청난 에너지원을 얻기 위해 무슨 일을 해야 할지 알고 있다. 문제는 어떻게 경제적, 지속적으로 에너지를 생산하는

자세한 관찰

핵폐기물

핵폐기물에는 두 부류가 있다. (1) 저준위 핵폐기물과 (2) 고준위 핵폐기물이 그것이다. **저준위 핵폐기물**은 핵반응로의 정상적인 작동에서 만들어진다. 때로 방사능 동위원소들이 핵반응로와 소비 연료 저장풀에 있는 연료봉에서 빠져나온다. 이온 교환 수지를 사용해 물에서, 또 필터를 사용해 공기 중에서 이런 동위원소들을 제거한다. 사용한 수지와 필터에 방사능 동위원소가 들어있어 이들이 저준위 핵폐기물이 된다. 추가해서 모든 오염 방지복, 도구와 버린 장비 역시 저준위 핵폐기물이 된다.

저준위 액체 핵폐기물은 증발시킨 후 시멘트와 섞어 200리터 철제통에 붓는다. 고체 핵폐기물은 압축하여 같은 철제통에 넣는다. 통은 정부 허가를 받은 시설에 파묻는다. 일반적으로 저준위 핵폐기물의 방사능은 1 m^3당 37퀴리보다 작다. 저준위 핵폐기물은 한 사람에게 시간당 20밀리렘 이하의 방사능을 방출한다.

핵발전소에 나온 **고준위 핵폐기물**은 소비 핵연료봉들이다. 현재 상업용 핵발전소의 대부분은 발전소 부지 내 임시 저장소에 이런 연료봉을 보관하고 있다. 이 연료봉들은 방사능 면에서 "뜨겁다". 즉 1 m^3당 3,700,000퀴리 정도의 방사능을 방출한다. 또한 연료봉의 온도도 높아 핵반응로에서 제거된 후에도 몇 달 동안 열을 방출한다. 저장풀과 연결된 열교환기로 연료봉을 식힌다. 그렇지 않으면 수십 년간 연료봉 내부온도가 800°C에 이른다. 미래에 이런 소비 연료봉을 재처리하거나 최종 저장고에 보관하게 될 것이다.

미국 정부기관은 또한 핵무기와 핵연구 프로그램에서 나온 수백만 리터의 고준위 핵폐기물을 갖고 있다. 이들 액체 핵폐기물은 콘크리트로 둘러싸인 수백만 리터 부피의 스테인리스 스틸 용기에 보관되어 있다. 미래에 이런 엄청난 양의 고준위 핵폐기물은 증발시켜 고체 형태로 만들거나 유리 또는 세라믹 틀과 섞어 녹인 후 스테인리스 스틸 용기에 부을 것이다. 이런 용기는 지질학적으로 안정한 저장고 속 단단한 화강암 바위에 파묻는다. 이런 고준위 핵폐기물은 천연 방사능 붕괴를 거치도록 수천 년간 보관해야 한다(상자 그림 8.2). 단단한 화강암 속 깊이 610~914 m에 파묻으면 폭발, 운석 충돌이나 침식에 의한 노출을 막을 수 있다. 이 계획의 주요 문제 가운데 하나는 수백 세대가 지난 후 사람들이 핵쓰레기 더미에 무엇을 묻었는지 모를 수 있다는 것이다.

상자 그림 8.2 이것은 방사능 위험에 대한 표준 경고 표지판이다. 이런 경고 표지판을 핵폐기물 저장고 주위에 수천 년간 붙여야 한다.
©Bill W. Tillery

핵융합 반응로를 만드는가 하는 것이다. 이전에 시도한 가장 어려운 공학적 과제는 3가지 핵융합 반응의 요구조건 (1) 온도, (2) 밀도와 (3) 시간을 만족하는 것이다(그림 8.17).

1. **온도** 원자핵에는 양성자가 들어있고 양전하로 대전되어 있다. 따라서 같은 전하의 원자핵들은 밀치는 전자기력을 받는다. 핵융합이 일어나도록 원자핵들을 충분히 가까이 움직이려면 원자핵에 충분한 운동에너지를 공급하이 밀치는 힘을 극복해야 한다. 지금

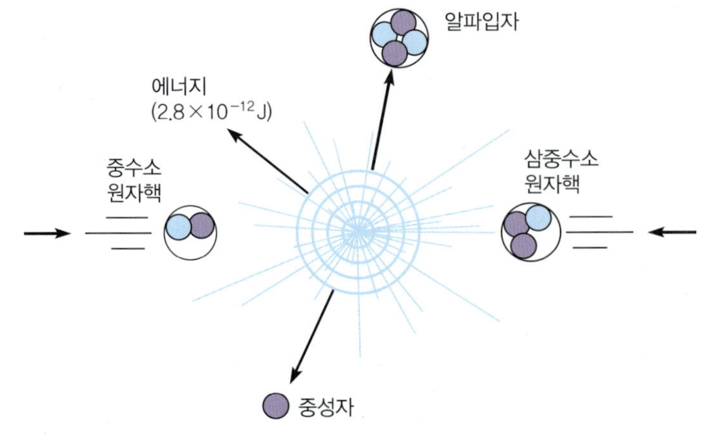

그림 8.17 삼중수소 원자핵과 중수소 원자핵 사이의 핵융합 반응은 반응이 일어나기 위해 특정한 온도, 밀도와 가둠 시간이 필요하다.

과학의 배후에 있는 사람들

마리 퀴리(Marie Curie, 1867–1934)

마리 퀴리는 폴란드 출신 프랑스 과학자이다. 그녀는 남편 피에르 퀴리(1859–1906)와 함께 일찍부터 방사능을 연구하였다. 우라늄염으로부터 처음으로 방사능을 발견한 베크렐의 결과에 근거하여 1896년부터 퀴리 부부는 함께 연구하였다. 마리 퀴리는 토륨 역시 복사를 방출하는 것을 발견하였고 피치블렌드 광석이 우라늄과 토륨의 양으로 설명할 수 있는 것보다 더 강한 방사능을 가지는 것을 알았다. 이후 퀴리 부부는 끈질긴 조사를 통해 1898년 7월 폴로늄의 발견을 알렸으며 그해 12월에는 라듐을 발견하였다. 퀴리 부부는 1903년 방사능의 발견으로 베크렐과 함께 노벨물리학상을 수상했다. 퀴리 부부는 베크렐의 발견에는 참여하지 않았지만 방사능을 탐구하고 방사능이란 이름을 붙였다. 마리 퀴리는 계속해서 라듐의 화학과 의학적 응용을 연구해 1911년 순수 금속을 분리해낸 공로로 노벨화학상을 받았다.

1914년 제1차 세계대전이 일어나자 마리 퀴리는 앰뷸런스에 X선 장비를 장착하는 것을 도왔고 최전선까지 운전을 했다. 국제적십자사는 마리 퀴리를 방사선 서비스의 총재로 임명했다. 그녀는 새로운 기술을 사용하는 방법을 간호병과 의사들에게 가르쳤다. 1920년대 말이 되자 마리 퀴리의 건강이 악화되었다. 고에너지 복사에 끊임없이 노출되어 백혈병에 걸렸다. 그녀는 요양소에 들어가 1934년 7월 4일 사망했다.

출처: Library of Congress Prints and Photographs Division [LC-DIG-ggbain-32313]

마리 퀴리는 일생의 대부분을 가난하게 지냈으며 원시적인 환경에서 라듐을 추출하는 고된 일을 했다. 퀴리 부부는 자신들의 발견에 대한 특허 내기를 거절했고 모든 사람이 자유롭게 활용하기를 원했다. 부부는 노벨상 상금과 다른 경제적 보상금을 연구비로 내놓았다. 퀴리 부부의 연구 결과 응용 가운데 대표적인 것이 복사를 암 치료에 활용하는 것이다. 마리 퀴리가 자신의 목숨의 대가로 얻은 것이다.

출처: Modified from the *Hutchinson Dictionary of Scientific Biography*. Abington, UK: Helicon, 2011.

까지 알려진 핵융합 반응 가운데 가장 낮은 온도가 필요한 중수소와 삼중수소의 핵융합 반응조차 섭씨 1억도 정도의 온도가 필요하다.

2. **밀도** 무거운 수소 원자핵들은 $10^{14}/cm^3$ 정도의 고밀도를 가져야 한다. 그래야 짧은 시간에 많은 핵융합 반응이 일어난다.
3. **시간** 충분한 수의 핵융합 반응이 일어나기 위해서는 적어도 10대기압의 압력에서 적절한 밀도로 1초나 그 이상 원자핵들을 가둬야 한다.

핵융합 반응이 요구하는 온도, 밀도와 시간은 서로 관련이 있다. 예를 들어 짧은 가둠 시간은 높은 밀도를 요구하고 긴 가둠 시간은 낮은 밀도를 요구한다. 핵융합 연구에서 가장 큰 문제는 고온 및 가둠을 요구하는 것이다. 세상에 섭씨 1억도의 온도를 견딜 수 있는 물질은 존재하지 않으며 물질로 만든 용기는 순식간에 증발할 것이다. 따라서 물질로 된 용기 없이 핵융합 반응의 요구를 만족하는 데 연구가 집중되어 있다. **자기 가둠**(magnetic confinement)과 **관성 가둠**(inertial confinement)의 2가지 방식이 시험을 거쳤다.

자기 가둠은 매우 뜨거운 **플라즈마**(plasma)를 이용한다. 플라즈마는 높은 운동에너지로 인해 전자가 떨어져 나간 원자들로 구성되어 있다. 전기력과 자기력과 관련이 있는 이 양전하와 음전하 입자들로 인해 연구자들이 '자기병(magnetic bottle)'을 개발할 수 있었다. 플라즈마를 가두고 물질 용기의 증발 문제를 피할 수 있는 자기장을 만들 수 있었다. 자기적으로 가둔 플라즈마는 매우 불안정하지만 연구자들은 이 문제를 젤로 덩어리를 고무줄 쌍에 놓는 문제에 비유하였다. 뜨겁고 진동하는 플라즈마를 안정화하기 위한 시도로 여러 자기장 기하학과 자기 '거울'을 연구하고 있다. 빠른 이온의 주입에 의한 전류와 라디오 진동수(마이크로파) 가열 방식 역시 연구되고 있다.

관성 가둠은 작은 얼린 중수소와 삼중수소 펠릿을 에너지가 큰 레이저빔이나 입자빔으로 가열하고 압축하여 핵융합을 이루려는 시도이다. 이 연구는 새롭고 강력한 레이저, 빛 이온과 무거운 이온빔에 초점을 맞추고 있다. 성공한다면 자기 가둠이나 관성 가둠이 장기적으로 미래 에너지 요구를 해결할 것이다.

요약

방사능은 불안정한 원자핵이 입자나 에너지를 자발적으로 방출하는 것이다. 현대 원자 이론은 원자핵이 양성자와 중성자가 단거리 **핵력**에 의해 결합하여 만들어지며 전자의 껍질 구조와 유사한 원자핵의 **에너지 껍질** 속에서 **핵자**(양성자와 중성자)들이 움직인다고 보고 있다. 원자핵 안의 중성자 수 대 양성자 수의 비가 안정한 원자핵들에서는 **안정성** 띠 안에 들어온다. 안정성 띠의 위나 아래에 있는 원자핵이나 원자번호가 83 이상인 원자핵은 방사능을 띠며 **방사성 붕괴**를 한다.

방사성 붕괴의 일반적인 예는 **알파입자**, **베타입자**와 **감마선**의 방출과 관련이 있다. 알파입자는 헬륨 원자핵으로 2개의 양성자와 2개의 중성자로 구성되어 있다. 베타입자는 원자핵 내부에서 튀어나온 고속의 전자다. 감마선은 흥분한 원자핵에서 나온 짧은 파장의 전자기 복사이다. 일반적으로 원자번호가 83 또는 그 이상인 원자핵은 알파 방출을 통해 안정하게 된다. 중성자 대 양성자 비가 너무 큰 원자핵은 베타 방출을 통해 안정하게 된다. 알파나 베타 방출을 하고도 높은 에너지 상태에 있는 원자핵에서 감마선 방출이 일어난다.

각 방사능 동위원소는 자신만의 특정한 **방사성 붕괴율**을 가진다. 이 붕괴율을 보통 **반감기**로 기술한다. 반감기는 불안정한 원자핵이 절반으로 붕괴하는 데 걸리는 시간이다.

복사는 발생원에서 **퀴리** 단위로 측정한다. 1퀴리는 매초 3.70×10^{10}번 핵붕괴를 하는 것을 말한다. 복사를 받은 곳에서는 **라드** 단위로 측정한다. 렘은 여러 종류의 복사 손상에 대한 생물학적 효과를 고려한 복사의 측정 단위이다. 일반적으로 사람들은 매년 100~500밀리렘의 복사를 자연으로부터 쪼이며 이것을 **배경복사**라고 부른다. 삶의 방식과 장소가 배경복사의 양에 영향을 주지만 세계적인 평균값은 연간 240밀리렘이다.

에너지와 질량은 아인슈타인의 유명한 방정식 $E = mc^2$의 관계를 가진다. 이것은 **질량이 에너지로, 또 에너지가 질량으로 변환**될 수 있음을 의미한다. 원자핵의 질량은 항상 원자핵을 구성하는 개별 입자들의 질량의 합보다 작다. 이런 원자핵의 **질량 결손**은 $E = mc^2$에 따라 원자핵이 형성될 때 방출하는 에너지와 같다. 또 이것이 원자핵을 핵자들로 떼어내는 데 필요한 에너지인 **결합 에너지**이다.

결합 에너지를 질량수에 대해 그래프로 그리면 핵자당 최대 결합 에너지가 철 근처의 원자번호에서 나타난다. 따라서 더 무거운 원자핵은 핵분열 또는 더 안정한 원자핵들로 쪼개지면서 에너지를 방출한다. 덜 무거운 원자핵은 가벼운 원자핵들이 결합해 안정하고 더 무거운 원자핵이 되는 핵융합을 통해 에너지를 방출한다. 핵분열은 원자폭탄과 핵발전소의 에너지를 제공한다. 핵융합은 태양과 별들의 에너지원이며 인간의 미래 에너지원으로 기대되기도 한다.

식 요약

8.1 에너지 = 질량 × 광속의 제곱

$$E = mc^2$$

개념에 대한 질문

1. 방사능 물질은 비방사능 물질과 어떻게 다른가?
2. 방사성 붕괴는 무엇인가? 방사성 붕괴가 가능하다면 어떻게 방사성 붕괴율이 변할 수 있는지 기술하시오.
3. 방사능 물질이 방출하는 3종류의 복사를 기술하시오. 복사가 방출된 후 각 종류의 복사에 결국 어떤 일이 생기는지 기술하시오.
4. 어떻게 양전하 양성자가 같은 전하 사이에 밀치는 힘이 존재함에도 불구하고 한데 모여 있을 수 있는가?

5. 반감기는 무엇인가? 동위원소의 반감기를 반감기가 5번 지난 후의 시간과 남은 양을 기술하여 설명해보시오.

6. 긴 반감기를 가진 동위원소가 짧은 반감기를 가진 동위원소에 비해 더 센, 같은, 아니면 더 약한 방사능을 갖는가? 설명하시오.

7. 배경복사는 무엇인가? 배경복사를 통해 일반인이 쪼이는 복사량은 얼마인가?

8. 질량 결손은 무엇인가? 원자핵의 결합 에너지와는 어떤 관계가 있는가? 2가지 모두 어떻게 계산할 수 있는가?

9. 핵분열과 핵융합의 같은 점과 차이점을 설명하시오.

10. 방사능 동위원소와 비방사능 동위원소의 가장 중요한 차이는 무엇인가?

11. 각각의 방사성 붕괴가 어떻게 생물에 위험이 되는지 설명하시오.

12. 일부 동위원소의 반감기는 수초인데 반해 다른 동위원소들의 반감기는 수십억 년인지 그럴듯한 설명을 해보시오.

13. 무거운 원소의 핵분열과 가벼운 원소의 핵융합 모두 어떻게 에너지를 방출하는지 설명하시오.

14. 핵연료봉을 핵폐기물로 땅에 묻기보다 재처리해야 하는 이유를 적어 국회의원에게 보내는 편지를 쓰시오.

15. 핵분열 발전소와 핵융합 발전소의 유사점과 차이점은 무엇인가?

연습문제

참고: 이 책의 뒤표지 안쪽에 있는 원자 무게의 표가 필요하다.

그룹 A

1. 다음 동위원소의 원자핵에 들어있는 양성자 수와 중성자 수를 적으시오.
   - **a.** 코발트-60
   - **b.** 칼륨-40
   - **c.** 네온-24
   - **d.** 납-208

2. 연습문제 1에 있는 각 원자핵의 기호를 적으시오.

3. 연습문제 1에 있는 원자핵들이 방사능 원자핵인지 안정한 원자핵인지 예측하시오. 이런 예측을 한 근거를 설명하시오.

4. 다음 원자핵들이 베타입자를 방출한다고 할 때 이 붕괴에 대한 핵방정식을 적으시오.
   - **a.** $^{56}_{26}Fe$
   - **b.** $^{7}_{4}Be$
   - **c.** $^{64}_{29}Cu$
   - **d.** $^{24}_{11}Na$
   - **e.** $^{214}_{82}Pb$
   - **f.** $^{32}_{15}P$

5. 다음 원자핵들이 알파입자를 방출한다고 할 때 이 붕괴에 대한 핵방정식을 적으시오.
   - **a.** $^{235}_{92}U$
   - **b.** $^{226}_{88}Ra$
   - **c.** $^{239}_{94}Pu$
   - **d.** $^{214}_{83}Bi$
   - **e.** $^{230}_{90}Th$
   - **f.** $^{210}_{84}Po$

6. 요오드-131의 반감기가 8일이다. 1온스(28.3 g)의 요오드-131 시료가 32일 후에 몇 온스 남아있는가?

7. 1개의 철-56 원자핵을 양성자와 중성자로 분리하려면 얼마의 에너지가 필요한가? (철-56 원자핵의 질량은 55.9206 u이고 양성자 1개의 질량은 1.00728 u, 중성자 1개의 질량은 1.00867 u이다.)

9

우주
The Universe

지구 대기 위를 돌고 있는 허블 우주망원경은 대략 130억 년의 나이를 가진 우주에서 가장 오래된, 우리 은하의 외곽에 있는 별들을 관측하고 있다. 이 별들은 중력의 끌림에 의해 서로 가까이 있다.
출처: NASA and H. Richer (University of British Columbia)

핵심 개념

밤하늘에는 수십억 개의 별이 있으며 태양은 평균적인 밝기를 가진 평범한 별이다.

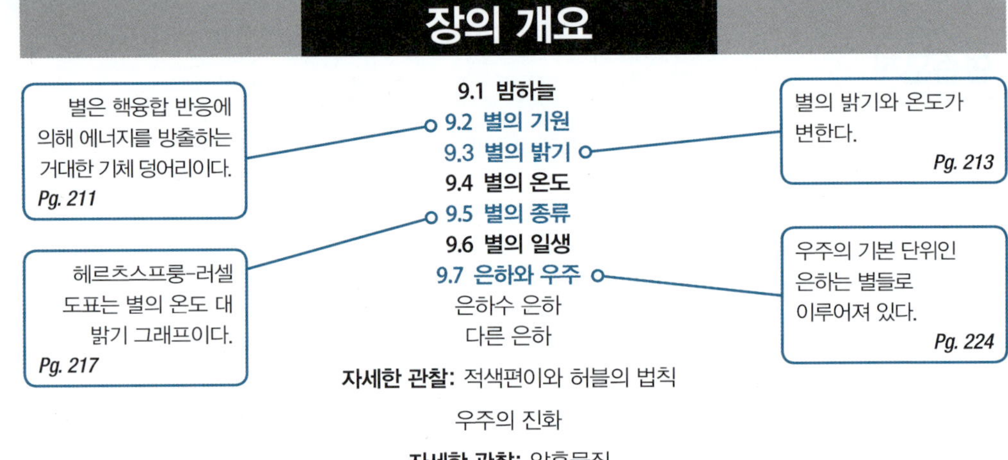

자세한 관찰: 암흑물질

과학의 배후에 있는 사람들: 조슬린(수잔) 벨 버넬

개요

천문학은 역사가 기록된 이후 인간을 매혹해 온 흥미로운 과학 분야이다. 고대 문명은 하늘을 경이의 눈으로 탐구하였고 그들이 본 것을 점토판에 기록하였다. 많은 종교적, 철학적 믿음은 원래 고대 관측 사실에 기초를 두고 있다. 우리는 지금도 우주를 경외하지만 우주여행, 블랙홀과 외계 생명체의 탐사에 매혹되어 있다. 역사상 인간은 우주와 우주 공간에서의 인간의 위치에 대해 심사숙고해왔으며 머리 위 하늘의 운동을 관찰하고 경이롭게 생각했다(그림 9.1). 우주에는 무엇이 있고 우주의 의미는 무엇일까? 다른 행성에 다른 생명체가 있을까? 이들도 하늘에서 우리 태양을 바라보면서 우리가 존재하는지 궁금해할까?

30년 전까지만 해도 천문학의 발전은 관찰할 수 있는 것과 사진에만 의존했다. 기술이 개발되면서 지구로부터 멀리 떨어진 더 큰 우주 공간에서 무슨 일이 일어나는지 자세히 알 수 있게 되었다. 적외선, 라디오파와 X선 망원경, 그리고 허블 우주망원경에서 얻은 새로운 데이터가 이에 속한다. 새로운 데이터와 펄서, 중성자별과 블랙홀의 발견으로 퍼즐 조각이 맞춰지듯이 서로 맞아떨어지기 시작하였다. 별, 은하와 우주가 어떻게 진화했는지 설명하는 이론 모형이 등장하였다. 이 장에서는 이런 주제와 별이 우주 공간에 배열하는 방법을 배운다. 또 우주의 시초와 이후 어떤 일이 일어났는지에 관한 이론 모형도 다룬다.

9.1 밤하늘

도시 불빛, 먼지와 대기 오염이 없던 초기 문명 때는 밤하늘을 훨씬 잘 볼 수 있었다. 오늘날 옛 사람들이 보았던 맑은 밤하늘을 보려면 도시에서 멀리 떨어진 오지 산간 지역에 가야 한다. 그때는 사람들이 순환을 하는 달과 별의 움직임을 매일 밤마다 잘 볼 수 있었을 것이다. 이런 순환을 특정한 사건과 연관시키면서 순환이 중요하게 되었다. 따라서 태양, 달과 별의 움직임을 관측하는 것이 언제 곡물을 심고 추수를 하며 언제 다른 사건을 준비해야 할지를 정하는 방법이 되었다. 하늘을 관찰하는 것이 중요한 활동이 되었고 많은 초기 문명은 천문학적 사건들을 추적하고 기록하는 관측 기기를 가진 천문대를 건설하였다.

별과 행성에서 오는 빛이 우리에게 도달하려면 지구 대기를 통과해야 한다. 그리고 대기가 빛에 영향을 준다. 별은 빛을 내는 **점광원**처럼 보이며 각 별은 자신만의 빛을 만든다. 별이 반짝거리는 것은 대기가 움직일 때 대기의 밀도 차이에 의해 별빛을 내는 점이 한 방향으로, 다음에는 다른 방향으로 굴절되기 때문이다. 점인 별빛은 바람이 없는 밤이나 별빛이 통과할 대기가 적은 산의 정상에서 보면 훨씬 덜 깜빡인다. 대기 밖의 우주인들은 깜빡임을 볼 수 없으며 별이 일정한 밝기의 점광원처럼 보인다.

대기가 있는 지상에서 보면 행성에서 **반사된** 빛은 깜빡이지 않는다. 행성은 점광원이 아닌 원판 광원처럼 보이기 때문에 밀도가 다른 움직이는 대기에 의한 굴절이 상에 큰 영향을 주지 않는다. 대기의 움직임이 충분히 크면 행성이 가물거리는 것처럼 보이게 한다. 이것은 뜨거운 여름날 도로가 가물거리는 것과 같다.

별들은 얼마나 멀리 있을까? 하늘을 보면 모든 별이 같은 거리에 있는 것처럼 보인다. 특정 별까지의 실제 거리가 얼마인지 알 수 없어 보인다. 킬로미터나 마일과 같은 거리의 표준 참조 단위가 천문학에서는 무의미하다. 왜냐하면 비교할 기준점이 없기 때문이다. 기준점이

그림 9.1 고대 문명에서는 천체의 순환을 시계와 달력으로 사용하였다. (A) 이 사진은 북극성 주위의 별들의 경로를 보여준다. (B) 북두칠성이 북극성 주위로 24시간 회전하는 동안 북두칠성의 위치를 찍은 '스냅사진'. 이 그림은 시간을 추적하는 데 북두칠성을 사용할 수 있음을 보여준다.
(a): ©Procy/Shutterstock.com RF

A

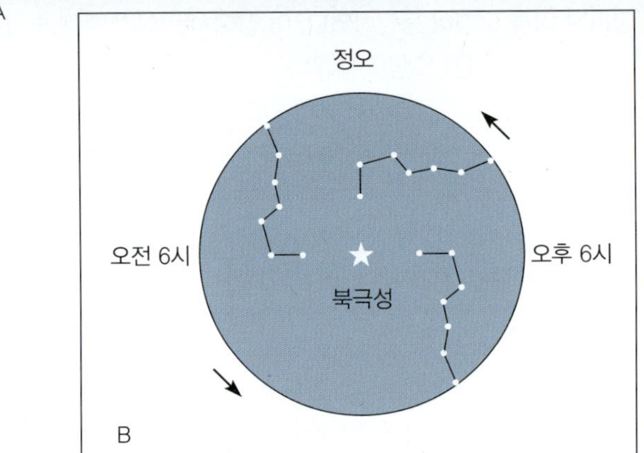

없는 거리를 각도나 시간으로 측정할 수 있다. 시간을 사용하는 천문학적 거리의 단위는 **광년**(light-year)(ly)이다. 1광년은 빛이 1년 동안 이동한 거리로 대략 9.5×10^{12} km이다.

예제 9.1 (선택)

빛이 공간을 대략 9.5×10^{12} km/yr로 전파한다면 지구에서 2.4×10^{19} km 떨어진 안드로메다 은하에서 나온 별빛이 지구에 도달하는 데 대략 몇 년의 시간이 걸리는가?

풀이

식 (2.1)을 이용하자.

$$\bar{v} = 9.5 \times 10^{12}\,\frac{\text{km}}{\text{yr}} \qquad \bar{v} = \frac{d}{t} \Rightarrow t = \frac{d}{\bar{v}}$$

$$d = 2.4 \times 10^{19}\ \text{km}$$

$$t = ?$$

$$t = \frac{2.4 \times 10^{19}\ \text{km}}{9.5 \times 10^{12}\ \text{km/yr}}$$

$$t = \frac{2.4 \times 10^{19}}{9.5 \times 10^{12}}\ \frac{\cancel{\text{km}}}{\cancel{\text{km}}/\text{yr}}$$

$$t = \boxed{2.5 \times 10^{6}\text{년}}$$

25억 년이나 걸린다.

예제 9.2 (선택)

은하수 은하의 폭이 100,000(1.0×10^5)광년이라면 한쪽 끝에서 반대쪽 끝까지 몇 km나 되는가?
(답: 9.5×10^{17} km)

우주선으로 지구로부터 수백 광년을 여행한다면 태양이 밝은 점광원으로 줄어들어 수십억의 수십억 개 별 가운데 하나가 되는 것을 보게 될 것이다. 태양은 평균 밝기를 가진 통상적인 별에 지나지 않는다. 다른 별들처럼 태양은 무겁고 밀도가 큰 기체 공이다. 내부 깊은 곳에서 일어나는 핵융합에 의해 방출된 에너지가 그 표면을 백열 발광할 정도로 가열한다. 태양이 평균적인 별이기 때문에 모든 별을 이해하기 위한 기준으로 사용할 수 있다.

9.2 별의 기원

이론적으로 별은 별 사이의 깊은 공간에 있는 수소 기체의 소용돌이치는 구름에서 탄생한다. 그림 9.2에 있는 것 같은 이런 성간 구름을 **성운**(nebula)이라고 부른다. 이런 구름은 무작위하고 소용돌이치는 기체 원자들로 구성되어 있으며 이들의 질량이 매우 작아 서로에게 중력에 의한 끌림을 거의 작용하지 않는다. 그러나 별의 복잡한 운동은 입자들을 서로 가깝게 하는 충격파를 발생시킬 수 있다. 이로 인해 국지적인 압축이 일어난다. 그런 뒤 중력에 의한 끌림이 서로를 끌어당겨 성단(cluster)이 만들어진다. 더 많은 원자들이 모여 성단이 성장하여 질량이 증가하고 중력에 의한 끌림도 증가하면서 먼 곳에서 더 많은 원자가 모인다. 이론 계산을 통해 이러한 끌림은 1×10^{57}개 정도의 원자가 필요하고 모두 3조 km 이내의 거리에 있어야 한다. 이런 조건을 만족하면 기체 원자의 구름이 중력 끌림에 의해 응축하기 시작하여 별이 될 기체 덩어리인 **원시별**(protostar)이 된다.

중력 끌림이 직경이 수조 km인 구름으로부터 평균적인 원시별을 끌어당겨 직경이 250만 km 정도로 줄어든 큰 밀도의 구가 된다. 중력 끌림이 원자들을 중심을 향해 가속하여 운동에너지가 증가하고 내부 온도 역시 증가한다. 1천만 년 이상 축소와 가열이 일어나면서 원시별 중심의 온도와 밀도가 핵융합 반응을 시작할 조건을 만족한다. 뜨거운 기체의 압력과 핵융합 반응 증가에 따른 에너지에 의해 다음 1700만 년 동안 중력 끌림과 균형을 이루게 되고 새로 탄생한 평균적인 별은 안정한 삶을 시작하며 이 삶이 다음 100억 년 동안 지속된다.

그림 9.2 기체와 먼지 구름의 붕괴로 인해 탄생한, 스피처 우주망원경으로 본 수백 개의 새로운 별이 형성되는 활성 지역
출처: NASA/JPL-Caltech/G. Melnick (Harvard-Smithsonian CfA)

그림 9.3 에너지를 만드는 핵반응은 태양 반경의 내부 25%에서만 일어난다. 이 반응에서 만들어진 에너지가 광자에 의해 태양 반경의 70% 지역으로 전달된다. 이 거리 밖에서는 대류에 의해 태양 에너지 대부분이 전달된다.

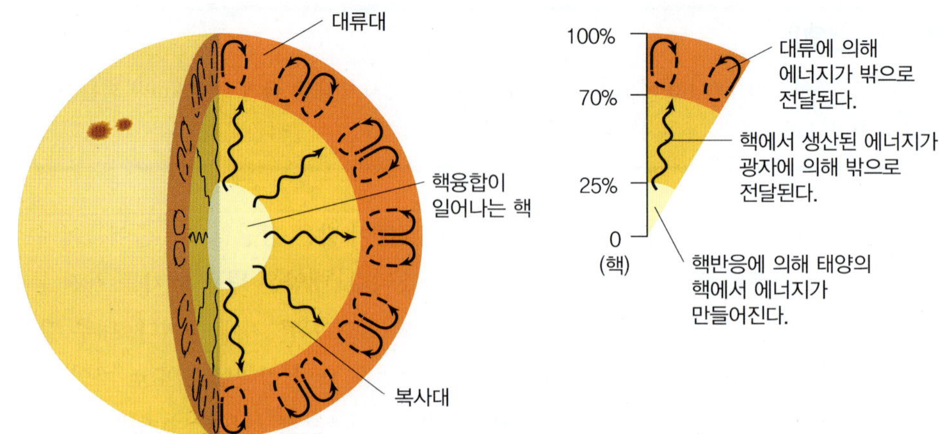

태양과 같은 평균적인 별의 내부 모형은 표면에서 나오는 에너지와 빛의 관측 데이터로부터 얻은 이론적인 압력, 온도와 밀도 조건으로부터 구할 수 있다. 이 모형은 별의 내부를 3개의 구껍질로 나눈다. (1) 핵, (2) 복사대와 (3) 대류대가 그것이다(그림 9.3)

이 모형은 **핵**(core)을 핵융합 반응에 의해 감마선과 X선을 방출하는, 밀도가 크고 매우 뜨거운 지역으로 기술한다. 핵의 밀도는 대략 고체 납의 12배이다. 하지만 엄청나게 높은 온도로 인해 핵은 이런 밀도에서도 플라즈마 상태에 있다.

모형은 **복사대**(radiation zone)의 밀도가 핵 밀도보다는 작아 대략적으로 물의 밀도와 같다고 기술한다. 핵에서 나온 감마선과 X선 형태의 에너지를 흡수하여 이곳에 있는 원자들과 충돌에 의해 재방출한다. 지구와 달 사이의 거리에 견줄만한 거리에서 일어나는 수많은 충돌에 의해 복사가 느리게 밖으로 퍼져나간다. 최종적으로 이 복사가 복사대를 빠져나가는 데 수백만 년이 걸린다.

모형에서 **대류대**(convection zone)는 표면까지의 거리의 대략 7/10에서 시작된다. 여기서 플라즈마 밀도는 대략 물의 밀도의 1% 정도이다. 대류대 바닥에 있는 플라즈마가 아래 복사대가 방출하는 복사에 의해 가열되어 팽창하여 대류에 의해 표면으로 올라간다. 표면에서 플라즈마가 가시광선, 자외선과 적외선 형태로 에너지를 방출하고 이 복사는 우주 공간으로 나간다. 플라즈마가 에너지를 잃고 부피가 줄면서 다시 복사대로 가라앉아 다시 가열되어 복사대로부터 대류대의 표면으로 계속해서 에너지를 전달한다. 표면이 공간으로 에너지를 방출할

개념 적용

밤하늘

우선 북두칠성을 찾아 밤하늘을 익히도록 한다. 가을에 북두칠성은 컵의 열린 부분이 위로 향한 채 위북쪽 지평선 근처에 위치한다. 동쪽에 있는 컵의 끝쪽 별들을 지시별이라고 부른다. 이 두 별을 잇는 가상의 선을 따라 위로 가보면 작은 곰자리(소북두칠성)를 찾을 수 있다. 작은 곰자리 손잡이 끝에 있는 밝은 별이 북극성이라고 알려진 폴라리스(polaris)이다. 북극성 주위의 별들의 겉보기 운동을 기술할 수 있을 때까지 별의 운동을 관측하라. 별들의 밝기와 색깔을 비교하라. 색깔이 다른 별들을 볼 수 있는가?

노출 시간을 조절할 수 있는 카메라와 삼각대를 갖고 있다면 그림 9.1에 보인 것처럼 북극성과 주위 별에 초점을 맞추고 20분간 노출하라. 겉보기 운동의 방향을 구하기 위해 15분 노출한 후 5분간 렌즈를 닫았다가 렌즈를 열고 다시 2분간 노출하라.

때도 표면은 대류에 의해 계속해서 가열되어 대략 5,800K의 온도를 유지한다.

평균적인 별인 태양은 수소 원자핵이 핵융합하여 헬륨을 만들면서 매년 대략 1.4×10^{17} kg의 물질을 에너지로 전환한다. 태양은 대략 50억 년 전에 탄생했으며 앞으로 40~50억 년 동안 빛을 낼 정도의 충분한 수소를 핵에 가지고 있다. 그러나 다른 별들은 태양 질량보다 훨씬 크거나 훨씬 작은 질량을 갖고 있어 수명이 다르다. 더 무거운 별은 큰 질량에 의해 중력 수축이 더 크기 때문에 핵의 온도가 더 높다. 온도가 높으면 운동에너지가 증가하고 이로 인해 수소 원자핵 사이의 충돌이 빈번해져 핵융합 반응 역시 증가한다. 따라서 더 무거운 별은 가벼운 별에 비해 수소를 더 빨리 소모한다. 반면 태양보다 질량이 작은 별은 수소를 느리게 소모하므로 수명이 길어진다. 별의 수명은 크고 무거운 별의 수백만 년에서 태양과 같은 평균적인 별의 100억 년, 작고 덜 무거운 별의 수조 년까지 다양하다.

9.3 별의 밝기

별은 스스로 빛을 내지만 밤하늘의 일부 별들은 다른 별들보다 밝다. 상상하듯이 이런 밝기 차이는 (1) 별이 만드는 빛의 양, (2) 별의 크기나 (3) 별까지의 거리와 관계가 있다. 이 요소들의 조합에 의해 밤하늘에서 보는 별의 밝기가 결정된다. 우리가 보는 여러 수준의 밝기를 분류하는 방법을 **겉보기 밝기**(apparent magnitude)라고 부른다(표 9.1).

겉보기 밝기 눈금은 2000년 전 그리스 천문학자 히파르코스가 확립한 체계에 기초한 것이다. 히파르코스는 그가 볼 수 있는 별들의 목록을 만들고 각 별의 상대적 밝기를 확인할 수 있는 수치값을 부여하였다. 밝기값은 1~6까지로 가장 밝은 별에 1을, 가장 희미한 별에 6을 부여하였다. 나중에 겉보기 밝기가 +1인 별보다 더 밝은 별들이 발견되면서 눈금을 음수까지 확대하였다. 예를 들어 밤하늘에서 가장 밝은 별은 시리우스이며 겉보기 밝기가 −1.42이다(표 9.1 참고).

한 별의 겉보기 밝기는 별의 차이에 추가해 별이 얼마나 멀리 있느냐에도 의존한다. 다른 광원들의 경우처럼 더 멀리 있는 별일수록 더 희미하게 보이고 가까울수록 더 밝게 보인다. 거리 차이를 보상하기 위해 천문학자들은 별이 정의된 표준 거리(32.6광년)에 있을 때의 밝기를 계산하였다. 이 거리에서의 별의 밝기를 **절대 밝기**(absolute magnitude)라고 부른다. 예를 들어 태양은 가장 가까운 별로 지구로부터 평균 거리 떨어진 곳에서 −26.7의 겉보기 밝기를 가진다. 태양을 표준 거리에서 보면 절대 밝기가 +4.8로 희미한 별의 밝기에 지나지 않는다.

예제 9.3 (선택)

희미한 별의 겉보기 밝기가 +5이지만 절대 밝기는 +2이다. 이 별은 32.6광년의 표준 거리보다 멀리 있는가, 아니면 가까이 있는가?

풀이

이 별이 32.6광년의 거리에 있다면 겉보기 밝기가 아주 밝은 +2일 것이다. 그러나 이 별은 훨씬 희미한 겉보기 밝기 +5를 갖고 있다. 따라서 이 별은 32.6광년보다 훨씬 더 먼 곳에 있음이 분명하다.

표 9.1 몇몇 친숙한 물체와 몇몇 관측 가능한 한계를 비교한 겉보기 밝기 눈금

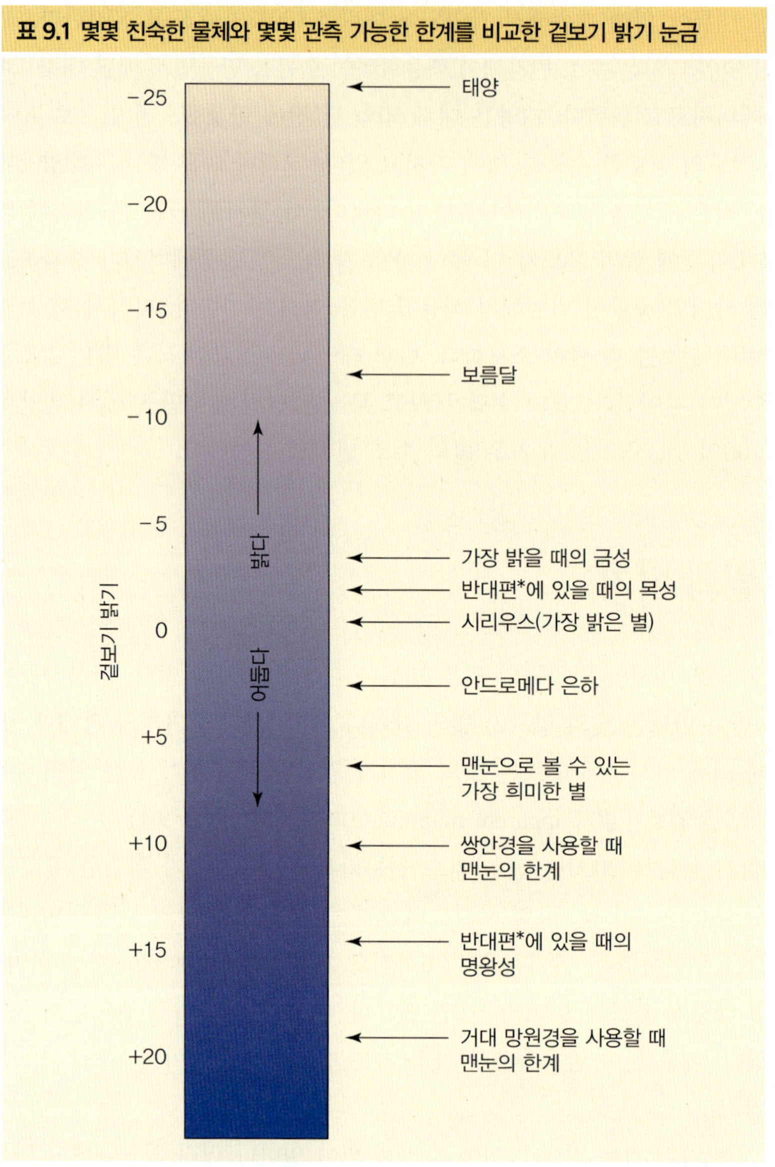

* 행성이 하늘에서 태양의 맞은편에 있을 때

예제 9.4 (선택)

밝은 별인 견우성의 겉보기 밝기가 대략 +1이고 절대 밝기는 대략 +2이다. 견우성은 표준 거리 32.6광년보다 가까이 있는가 아니면 멀리 있는가? (답: 가까이 있다.)

19세기에 기술이 발전하면서 별의 밝기를 측정할 수 있게 되어 히파르코스의 밝기값 체계가 정확한 정량적인 의미를 갖게 되었다. 오늘날 밝기 1등급의 별은 6등급 별보다 100배 더 밝으며 1등급에서 6등급까지 5개의 균일한 배수로 밝기가 감소한다. 각 밝기는 앞 밝기보다 2.51배 더 밝은 것을 의미한다. 이것은 1등급 밝기의 별이 2등급 밝기의 별보다 2.51배 더 밝고 3등급 별보다는 6.3배 더 밝다는 것을 의미한다. 밝기 차이를 다음 식을 사용해 계산할 수 있다.

$$2.51^{x} = b_2/b_1 \quad (9.1)$$

여기서 x는 두 별 사이의 등급 차이를 의미하고 b_2/b_1은 두 별의 밝기의 비를 의미한다.

예제 9.5 (선택)

지구 밤하늘에서 가장 밝은 별은 시리우스이다. 시리우스의 절대 밝기는 +1.4이고 이것은 시리우스가 태양보다 더 많은 빛을 방출한다는 것을 의미한다. 시리우스는 태양보다 몇 배 더 밝은가?

풀이

$$\text{밝기}_{\text{시리우스}} = +1.4 \qquad 2.51^{x} = b_2/b_1$$

$$\text{밝기}_{\text{태양}} = +4.8 \qquad 2.51^{(4.8-1.4)} = 2.51^{3.4}$$

$$b_2/b_1 = ? \qquad = \boxed{23}$$

예제 9.6 (선택)

별 A와 별 B가 지구로부터 같은 거리만큼 떨어져 있다. 별 A의 밝기는 −1이고 별 B보다 100배 더 밝다. 별 B의 절대 밝기는 얼마인가? (답: +4)

9.4 별의 온도

맑은 날 별을 관찰하면 특정 별들이 더 밝은 것과 색깔이 다른 것을 알 수 있다. 어떤 별은 적색이고 어떤 별은 청백색이고 또 어떤 별은 황색이다. 이런 색깔 차이는 백열하는 물체의 온도와 색깔의 관계로부터 이해할 수 있다. 여러 별의 색깔은 별의 온도에 의해 나타나는 결과이다(그림 9.4). 차가운 별은 적색으로, 상대적으로 뜨거운 별은 청백색으로 보인다. 태양처럼 그 사이의 온도를 가진 별들은 황색으로 보인다.

천문학자들은 별의 온도와 스펙트럼에 대한 정보를 별의 분류법의 기초로 삼는다. 원래 이

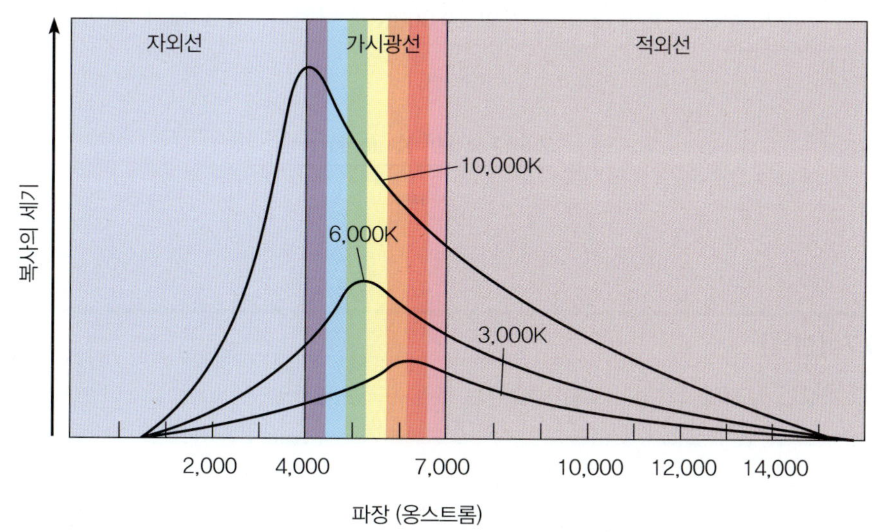

그림 9.4 복사 에너지의 분포는 별의 표면 온도에 따라 다르다. 차가운 별의 복사 최고점이 스펙트럼의 적색 부분에 가깝고 뜨거운 별의 복사 최고점은 스펙트럼의 청색 부분에 가깝다.

표 9.2 주요 별의 종류와 온도

종류	색깔	온도(K)	비고
O	청색	30,000~80,000	주로 헬륨과 수소 이온 및 약간의 다른 원소의 스펙트럼. 수명이 짧고 희귀한 별.
B	청색	10,000~30,000	중성 헬륨의 스펙트럼. 이온화되지 않음.
A	청색	7,500~10,000	헬륨은 없고 수소가 가장 강하고 마그네슘과 칼슘이 일부 있는 스펙트럼.
F	백색	6,000~7,500	칼슘, 마그네슘 이온, 중성 철 원자의 스펙트럼.
G	황색	5,000~6,000	태양과 같은 종류의 스펙트럼. 스펙트럼은 태양에 67개의 원소가 있음을 보여줌.
K	주홍색	3,500~5,000	중성 금속의 선이 있는 스펙트럼.
M	적색	2,000~3,500	산화티타늄 같은 분자들의 띠스펙트럼. 다른 연관된 종류의 스펙트럼(R, N, S)은 각 종류의 스펙트럼에 존재하는 다른 분자들에 의한 것임.

분류법은 수소 선스펙트럼의 세기에 따른 16개 범주에 근거를 두고 있다(15장에 있는 선스펙트럼 참고). 알파벳 A 그룹에 수소 선스펙트럼이 가장 강한 별들을, B 그룹에 조금 약한 선을 가진 별들을, 마지막 그룹은 가장 희미한 선을 가진 별들을 배치한다. 나중에 천문학자들은 별의 온도가 중요한 변수이므로 온도가 감소하는 순서로 그룹을 다시 재배치했다. 알파벳 문자를 사용하는 원래 방법은 유지하고 있으나 O B A F G K M 순으로 가장 뜨거운 별을 처음에, 가장 차가운 별을 나중에 배열했다. 표 9.2는 별의 스펙트럼 분류법에 따른 색깔, 온도 영역과 다른 속성들을 비교해 보여준다.

아주 멀리 있는 별들의 온도를 어떻게 알 수 있는지 묻는 것이 순서일 것이다. 실험실 실험을 통해 별을 포함한 기체 덩어리의 온도를 이 물체가 방출하는 빛의 최고 세기 파장으로부터 결정할 수 있음을 알게 되었다. (절대) 온도는 최고 세기 파장에 반비례한다. 예를 들어 태양과 유사한 황색 별은 여러 다른 파장에서 에너지를 방출하지만 5,000옹스트롬 근처에서 가장 많은 에너지를 방출한다. 계산 결과 이런 별들의 표면 온도는 거의 6,000K이다. 더 큰 에너지의 별들은 더 짧은 파장의 빛을 방출한다. 에너지가 큰 청색 별은 4,000옹스트롬에서 최고로 빛을 방출하고 표면 온도는 거의 10,000K에 달한다. 최고 세기 파장과 온도 사이의 관계식은

$$T = \frac{2.897 \times 10^7\ \mathrm{K \cdot angstroms}}{\lambda_{\mathrm{peak}}} \tag{9.2}$$

이다.

예제 9.7 (선택)

최고 세기 파장이 3,500옹스트롬인 빛을 방출하는 별의 온도는 얼마인가?

풀이

$\lambda_{peak} = 3{,}500$ angstroms
$T = ?$

$$T = \frac{2.897 \times 10^7 \text{ K} \cdot \text{angstroms}}{\lambda_{peak}}$$
$$= \frac{2.897 \times 10^7 \text{ K} \cdot \text{angstroms}}{3{,}500 \text{ angstroms}}$$
$$= \frac{2.897 \times 10^7}{3{,}500} \frac{\text{K} \cdot \cancel{\text{angstroms}}}{\cancel{\text{angstroms}}}$$
$$= \boxed{8.3 \times 10^3 \text{ K}}$$

예제 9.8 (선택)

한 별이 최고 세기 파장이 8,500옹스트롬인 빛을 방출한다. 이 별의 온도, 색깔과 종류는 무엇인가? (답: 3.4×10^3 K, 적색, M형)

9.5 별의 종류

1910년 미국의 헨리 러셀과 덴마크의 아이나르 헤르츠스프룽은 독립적으로 별을 온도-광도 그래프로 분류하는 방법을 개발하였다. 이 그래프를 **헤르츠스프룽-러셀 도표**(Hertzsprung-Russell diagram) 또는 줄여서 **H-R 도표**라고 부른다. 이 도표는 스펙트럼 종류가 가리키는 온도와 절대 밝기가 가리키는 진짜 밝기를 그린 것이다. 그림 9.5에 있는 이 도표는 O에서 M형 순의 스펙트럼 종류로 온도를 표시하고 있어 온도가 왼쪽에서 오른쪽으로 감소한다. 따라서 가장 뜨겁고 밝은 별은 이 도표의 왼편 위쪽에 위치하고 가장 차가운 희미한 별은 오른편 아래쪽에 위치한다.

각 점은 특정한 별의 표면 온도와 밝기를 표시하는 데이터 점이다. 예를 들어 태양은 절대 밝기가 대략 +5인 G형의 별로 태양의 데이터 점은 이 도표의 거의 중앙에 위치한다. 이것은 표면 온도와 진짜 밝기 측면에서 볼 때 태양이 통상적인 평균 별이라는 것을 의미한다.

H-R 도표에 그려진 대부분의 별은 왼편 위쪽에서 오른편 아래쪽에 걸쳐진 좁은 띠 안에 위치하거나 근처에 있다. 이 띠는 **주계열 별들**(main sequence stars)로 구성되어 있다. 주계열 띠에 있는 별들은 일정한 비율로 핵연료를 사용하는 성숙한 보통 별들이다. 주계열 띠의 왼편 위쪽에 있는 별들은 이 계열 중 가장 밝고 푸르며 가장 무거운 별들이다. 주계열 띠의 오

개념 적용

스펙트럼 보기

플라스틱 필름의 덜 비싼 회절격자를 과학용품점에서 쉽게 구입할 수 있다. 구입한 후 기체 방전관에서 나온 빛을 회절격자를 통해 보면 밝은 선스펙트럼을 볼 수 있다. 여러 전력의 백열전구, 형광등, 여러 색깔의 '네온' 사인과 가로등의 빛도 회절격자로 보라. 각 광원이 만드는 스펙트럼 종류를 기술하라. 스펙트럼 선을 볼 수 있다면 어떤 원소가 들어있는지 확인해보라.

그림 9.5 헤르츠스프룽-러셀 도표. 대부분의 별이 주계열과 거성 영역에 들어 있다. 반면 덜 밝은 별인 백색왜성이 주계열의 왼편 아래에 있다.

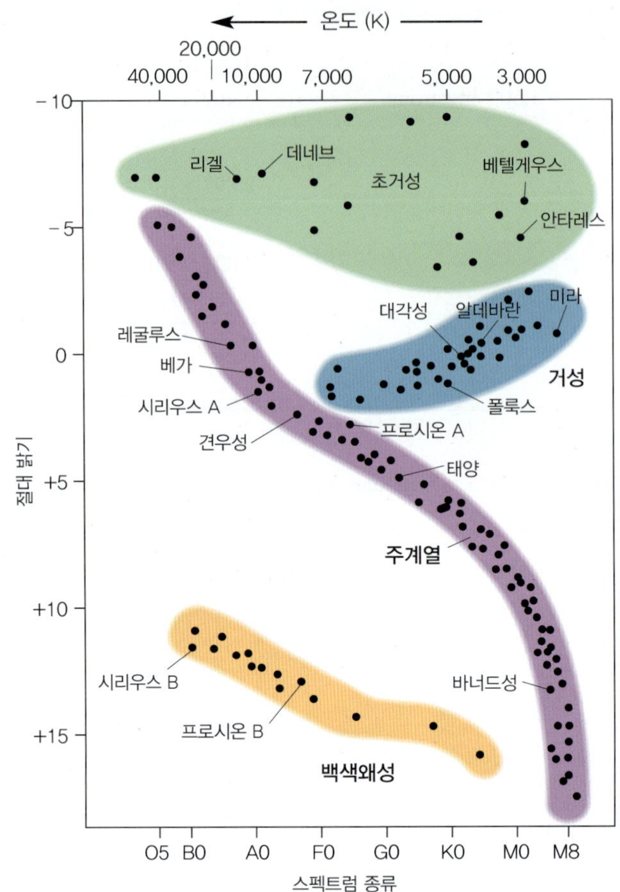

른편 아래쪽 별들은 가장 희미하고 붉은, 가장 가벼운 별들이다. 일반적으로 주계열 띠 별들 대부분은 태양 질량의 10배(왼편 위쪽)로부터 1/10배(오른편 아래쪽)까지의 질량을 가진다. 주계열 띠의 극한, 즉 끝은 태양 질량의 60배에서 1/25배까지의 질량을 가진다. H-R 도표에서 별의 밝기, 온도와 위치를 결정하는 것은 별의 **질량**이다. 주계열 띠에서 질량이 큰 별은 질량이 작은 별보다 더 밝고, 뜨겁고 수명이 더 짧다. 이 관계가 H-R 도표에 있는 다른 종류의 별에는 해당되지 않는다.

주계열 띠의 별들과는 다른 성질을 가진 별 집단들이 존재한다. **적색거성**(red giant star)은 밝지만 온도가 낮은 별이다. 이 붉은별은 온도에 비해 엄청나게 밝은데 이들이 매우 거대하여 빛을 방출하는 엄청난 표면적을 갖고 있기 때문이다. 적색거성은 태양보다 100배나 크지만 질량은 같다. 이런 낮은 밀도의 적색거성들은 H-R 도표의 오른편 위쪽에 위치한다.

반면 **백색왜성**(white dwarf star)은 희미하고 백색의 뜨거운 별이기 때문에 H-R 도표의 왼편 아래쪽에 위치한다. 백색왜성이 희미한 것은 지구 크기의 2배 정도로 작기 때문이다. 또 백색왜성의 질량은 태양 질량 정도라서 밀도가 아주 높다. 일생 동안 별은 변화하기 때문에 H-R 도표의 다른 위치에서 발견될 수 있다. 적색거성과 백색왜성은 늙은 별이 겪게 될 진화 단계에 있다고 알려져 있고 별이 H-R 도표에서 따라갈 경로를 진화 경로라고 부른다. 태양의 일생 동안 태양은 주계열에 있다가 적색거성을 거쳐 백색왜성이 된다.

태양과 같은 별들은 중력에 의한 수축과 에너지를 외부로 방출하여 생기는 팽창이 균형을 이루기 때문에 꾸준히 빛을 방출한다. 반면 **변광성**(variable star)은 오랜 주기 동안 밝기가 변하는 별이다. **세페이드 변광성**(Cepheid variable)은 거리 측정에 사용되는 밝은 변광성이다. 이 변광성은 주기와 밝기 사이에 일반적인 관계식이 존재한다. 펄스 하나에 필요한 시간이 길수록 이 별의 겉보기 밝기는 더 커진다. 거리에 대한 주기-밝기 관계식은 알려진 주기와 거리를 가진 세페이드 변광성의 겉보기 밝기를 절대 밝기(진짜 밝기)와 비교하여 교정하였다. 여러 거리에서 이 별의 밝기가 얼마일지를 예측하기 위해 주기를 사용하면 주어진 겉보기 밝기를 가진 세페이드 변광성까지의 거리를 계산할 수 있다.

과학 스케치

맥동하는 세페이드 변광성이 방출하는 에너지 변화를 보여주는 밝기 대 시간의 그래프를 그려보시오. 이 변광성의 밝았다-어두워졌다-밝아지는 주기는 5일이고, 그래프의 시간은 적어도 3번의 주기보다 길어야 한다.

에드윈 허블은 세페이드 변광성의 주기-밝기 관계식을 사용해 다른 은하까지의 거리를 알아내었고 이로부터 은하가 더 멀리 떨어져 있을수록 스펙트럼 선이 더 스펙트럼의 적색 쪽으로 이동(적색편이)한다는 또 다른 관계식을 발견하였다. 이 관계식을 허블의 법칙이라 부르며 이 법칙은 팽창 우주를 이해하는 기초가 되었다. 적색편이를 측정하는 것은 다른 더 먼 은하들까지의 거리를 알아내는 또 다른 수단이 된다.

9.6 별의 일생

성간 공간에 있는 거대한 기체와 먼지 구름에서 별이 탄생한다. 그러고 나서 이 별은 핵에서 수소 원자핵들이 핵융합하는 수십억 년 동안 조용히 빛난다. 핵에서 수소를 소모하는 동안 별이 얼마나 오래 빛을 낼지, 또 별에서 어떤 일이 생길지는 별의 질량과 관계가 있다. 물론 수십억 년 동안 별의 일생을 관찰한 사람은 없다. 별의 일생은 핵융합 지식으로부터 얻은 이론적 결과이다. 예측 결과가 H-R 도표에 있는 여러 그룹의 별에 대한 현재의 관측 결과와 일치하는 것처럼 보인다. 따라서 도표에 있는 별의 그룹들, 예를 들면 주계열, 적색거성과 백색왜성은 일생 가운데 여러 단계에 있는 별들이라고 이해할 수 있다.

원시별 단계 원시별이 형성되는 것이 이론 모형에서 별의 일생의 첫 단계이다. 중력이 원시별의 기체를 서로 끌어당기면서 밀도, 압력과 온도가 표면으로부터 중심으로 증가한다. 마침내 온도가 1천만K에 도달하여 핵에서 핵융합 반응이 일어나기 좋은 조건에 이른다. 초기 핵융합 반응은 4개의 수소 원자핵이 결합하여 많은 에너지를 방출하면서 헬륨 원자핵이 되는 것이다. 이 에너지가 핵을 중력 수축에 의한 온도를 초과하여 1600만K가 된다. 별이 플라즈마 상태에 있으므로 온도 증가에 의해 별의 부피가 증가한다. 팽창에 의한 밖으로 미는 압력이 중력 붕괴에 의해 안으로 향하는 압력과 균형을 이루어 별은 핵 안에서 조용히 수소를 헬륨으로 바꾸는 균형 상태에 이르게 되며 우주 공간으로 에너지를 방출한다(그림 9.6). 초기 원시별이 형성된 후 붕괴하여 주계열에 이르는 시간은 태양 질량의 별의 경우 이론적으로 대

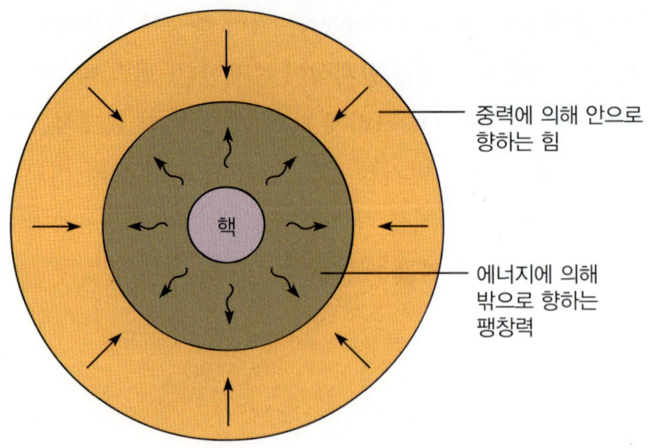

그림 9.6 핵융합 반응에서 방출되는 에너지에 의해 밖으로 향하는 팽창력과 중력에 의해 내부로 향하는 힘이 균형을 이룰 때 별이 안정하게 된다.

략 5000만 년이다.

주계열 단계 별이 주계열의 어디에 위치할지, 또 다음에 어떤 일이 벌어질지는 별이 얼마나 무거운가에 달려있다. 무거울수록 별의 핵의 온도가 높고 수소를 더 빨리 소모하여 높은 표면 온도를 가진 별로 되어 빛을 낸다(O형). 덜 무거운 별은 수소를 천천히 소모하기 때문에 낮은 표면 온도에서 빛을 낸다(M형). 주계열의 전체적인 수명은 O형 별의 경우 수백만 년에서 M형 별의 경우 수조 년까지 다양하다. 평균적인 태양 질량의 별은 대략 100억 년 지속한다.

적색거성 단계 별의 일생의 다음 단계는 핵 안의 수소 대부분이 핵융합하여 헬륨이 되었을 때 시작된다. 수소 핵융합이 끝나가면서 에너지가 덜 방출되고 밖으로 향하는 압력이 줄어들면서 별이 붕괴하기 시작한다. 붕괴가 거의 헬륨으로 이루어진 별의 핵과 여전히 수소가 남아있는 핵을 둘러싼 껍질을 가열한다.

온도 증가로 인해 껍질에 남은 수소가 핵융합을 하고 에너지 방출이 증가함에 따라 별의 외곽층이 팽창한다. 표면적이 증가하면서 단위 면적당 방출하는 복사량은 줄어들어 별은 밝은 적색거성의 성질을 갖는다. 이제 별이 다른 밝기와 온도를 갖게 되어 H-R 도표에서의 위치가 달라진다. (이 별은 물리적으로 움직이지 않았다. 단지 변한 성질 때문에 별이 아닌 온도-밝기 데이터 점이 새로운 위치로 이동한다.)

다시 주계열로 향함 적색거성으로 대략 5억 년을 지낸 후 표면 온도가 대략 4,000K가 된다. 이는 주계열 별의 표면 온도인 6,000K보다 낮다. 이제 적색거성의 반경이 1000배 이상 커졌고 만약 태양이 이 단계에 이르고 지구와 태양 사이의 거리가 현재와 같다면 지구를 삼키게 된다. 팽창 때문에 표면 온도가 감소함에도 불구하고 헬륨 핵이 계속해서 가열되어 헬륨 핵이 핵융합하여 탄소를 만드는 임계 온도인 1억K에 이르게 된다. 이제 적색거성은 핵 안에서 헬륨 핵융합이, 핵을 둘러싼 껍질에서는 수소 핵융합이 일어난다. 이 때문에 반경, 표면 온도와 밝기가 변하며 이 결과는 별의 구성비에 달려있다. 일반적으로 이 단계에 이르면 별의 반경과 밝기가 감소하여 주계열 띠로 돌아간다(그림 9.7).

덜 무거운 별들의 종말의 시작 헬륨 핵융합 반응이 일어나고 수백만 년이 지난 후 별의 핵이 점

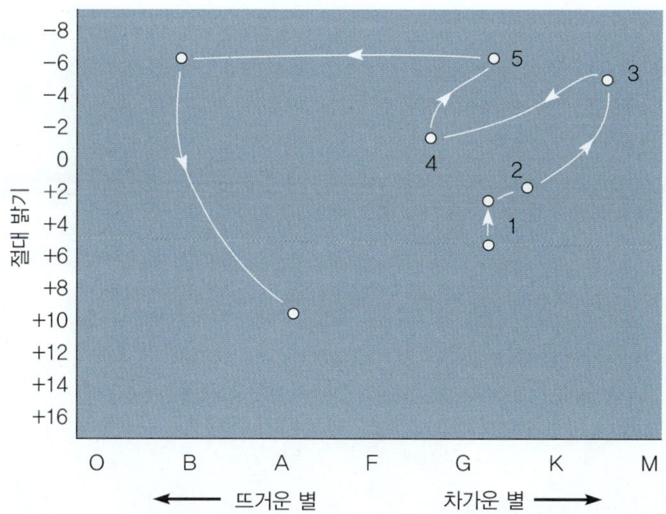

그림 9.7 태양 질량의 별의 진화. (1) 핵에서 수소가 소진된다. (2–3) 껍질에 있는 수소를 핵융합하여 적색거성이 된다. (3–4) 핵에서 헬륨 핵융합을 하기 충분치 않게 된다. (4–5) 헬륨과 수소 핵융합 반응이 껍질에서 일어나면서 다시 적색거성으로 팽창한다. 마침내 불안정해져 별의 바깥 껍질이 날아가 버리며 백색왜성이 된다.

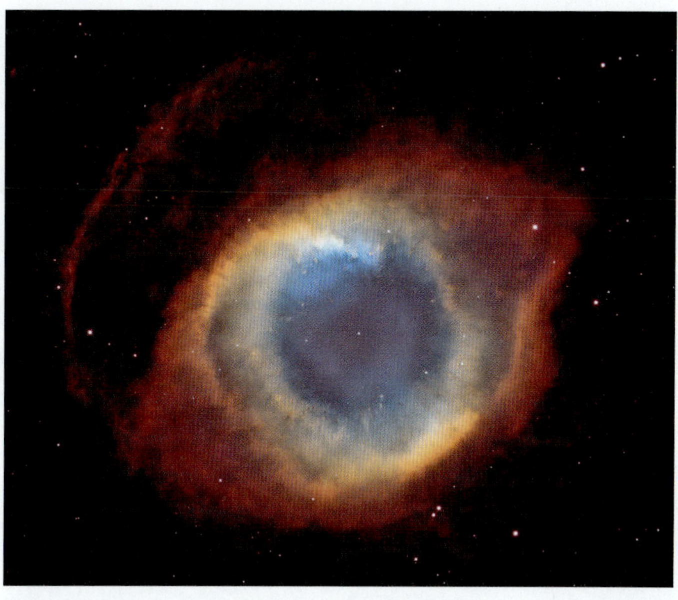

그림 9.8 별에서 날아가 버린 외곽층이 행성형 성운이라고 부르는 고리 모양 구조를 형성한다.

차 탄소 핵으로 바뀌고 헬륨 핵융합이 핵을 둘러싼 껍질에서 일어난다. 이제 별은 수소 핵융합이 일어나는 두 번째 껍질로 둘러싸인 헬륨 핵융합하는 껍질을 갖게 되면서 중심핵의 핵융합은 감소한다. 이로 인해 두 번째 껍질은 에너지가 더 방출되고 별은 다시 팽창하여 두 번째로 적색거성이 된다. 태양 크기 또는 태양보다 가벼운 별은 이때 충분히 차가워 표면에 있는 원자핵들이 플라즈마가 아닌 중성 원자가 된다. 중성 원자들은 별 내부에서 나오는 복사 에너지를 흡수하여 외곽층을 가열한다. 온도 변화가 압력 변화를 일으키고 다시 온도, 압력과 내부 에너지 발생률의 균형을 변화시킨다. 별이 가열로 인해 바깥으로 팽창하기 시작한다. 팽창한 기체가 팽창 과정에서 차가워지지만 중력에 의해 다시 안쪽으로 끌리면서 가열되었다가 다시 팽창한다. 달리 말하자면 별의 외곽층이 안팎으로 맥동하기 시작한다. 마침내 격렬한 팽창이 일어나 별의 외곽층이 날아가고 뜨거운 핵만 남는다. 이런 날아간 별의 외곽층이 원형 성운인 **행성형 성운**(planetary nebula)을 형성한다(그림 9.8). 이 성운은 계속해서 핵으로부터 멀어져 결국 별 사이의 먼지와 기체가 된다. 남은 탄소 핵과 헬륨 핵융합 껍질이 점차 수축하여 작고 밀도가 높은 **백색왜성**이 된다. 태양 질량이나 태양 질량보다 가벼운 별은 식어 백색에서 적색으로, 그 후 검은 탄소 덩어리가 된다(그림 9.9).

무거운 별들의 종말의 시작 더 무거운 별은 느리게 식는 백색왜성과는 다른 최후를 맞는다. 무거운 별은 덜 무거운 별처럼 외곽층이 날아간 후 수축한다. 하지만 더 무서운 별에서는 수축으로 발생한 열이 6억K의 임계 온도에 이르게 되어 탄소 핵융합이 시작된다. 따라서 더 무거운 별은 철 원소가 만들어질 때까지 새로운 원소들을 계속해서 만드는 탄소 핵융합 단계와 다른 핵융합 단계를 거치게 된다(그림 9.10 참고). 철 이후 별은 에너지원을 모두 소모하여 핵융합 과정에 의해 더 이상 에너지가 방출되지 않는다. 에너지원이 없어 별은 더 이상 내부 온도를 유지할 수 없게 된다. 별은 고온에 의한 밖으로 향하는 팽창 압력이 사라져 안으로 향

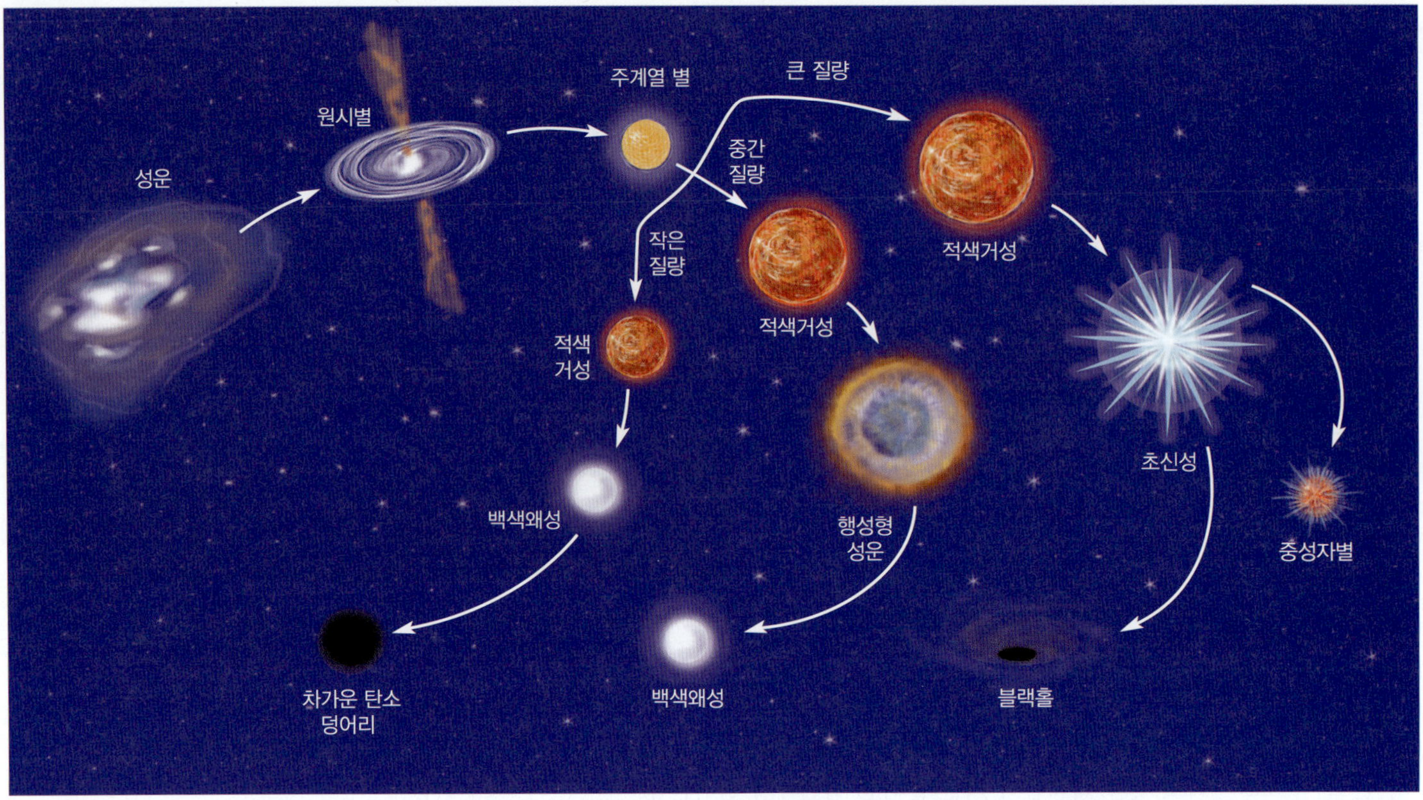

그림 9.9 이 그림은 별의 탄생과 삶의 단계들을 보여준다. 별의 질량이 차이를 결정한다.

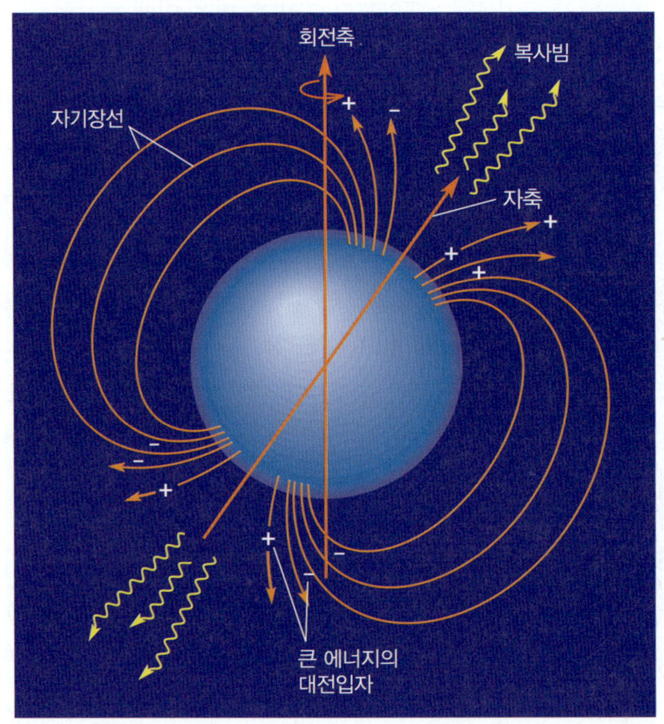

그림 9.10 펄서의 자축이 회전축에 대해 기울어있다. 자극 근처에 있는 빠르게 움직이는 전자가 바깥으로 향하는 복사빔을 방출한다. 이 빔이 지구를 지나갈 때 펄스가 감지된다.

하는 중력 끌림과의 균형이 깨진다. 따라서 별은 붕괴한 후 압축한 용수철처럼 다시 팽창하여 **초신성**(supernova)이라 부르는 파국적 폭발을 일으킨다. 초신성은 여러 달 동안 하늘에서 밝은 빛을 비추다가 새로 만들어진 원소들이 공간으로 확산되면서 희미해진다. 우주 공간에 퍼지는 원소들로는 이 별의 일생에서 핵융합으로 만든 철까지의 모든 원소와 폭발 순간에 만들어진 더 무거운 원소를 포함한다. 철보다 무거운 원소는 폭발할 때 분해된 덜 무거운 원자핵이 서로 합치거나 더 가벼운 원자핵과 합쳐져서 철에서 우라늄까지의 원소의 원자핵이 만들어진다. 이런 새롭게 탄생하여 공간에 퍼진 원소들은 나중에 태양과 지구 같은 새로운 별과 행성을 구성하는 기본 물질이 된다.

초신성이 된 후 별의 압축된 핵의 잔해는 남은 핵의 질량이 태양 질량의 1.4배 이상이면 또 다른 운명을 맞게 된다. 초신성 폭발에 의한 압축력과 함께 남은 물질에 작용하는 중력이 원자핵 붕괴를 일으킬 만큼 커서 양성자와 전자가 중성자가 되어 **중성자별**(neutron star)의 핵이 된다. 중성자별은 아주 작고(직경이 10~20 km) 초밀도(10^{11} kg/cm^3 이상)를 가진, 중심핵이 순수 중성자로 이루어진 초신성의 잔해이다.

중성자별은 초밀도 물질이므로 펄서가 될 수 있는 아주 강력한 자기장을 가진다. **펄서**(pulsar)는 아주 강하게 자화된 중성자별로서 시간상 등간격 전자기 펄스를 연속해서 방출한다. 회전하는 중성자별의 자기장이 중성자별을 강력한 발전기로 만들어 가속 대전입자들의 에너지를 아주 크게 하는 것이 분명하다. 이 가속 전하들에 의해 공간에 놀랄 만큼 규칙적으로 전자기 복사빔을 방출한다(그림 9.10). 펄서에서 나오는 맥동 라디오 신호는 펄서가 처음 발견되었을 때 큰 미스테리였다. 한동안 외계인이 이 신호를 보낸다고 생각했다. 따라서 농담으로 펄서를 LGM['작은 초록 인간(little green men)']이라 불렀다. 300개 이상의 펄서가 발견되었고 대부분은 라디오파 형태로 복사를 방출한다. 그러나 2개의 펄서는 가시광선을, 두 펄서는 감마선 빔을, 한 펄서는 X선 펄스를 방출한다.

남은 핵이 태양 질량의 3배 이상이면 또 다른 이론적 극한에 이른다. 이 극한에서는 중력이 같은 전하 사이의 밀치는 힘을 포함한 **모든** 핵자 사이의 힘을 능가한다. 이런 이론적 극한에 이르면 붕괴를 막을 수가 없으며 붕괴된 별의 밀도가 너무 커서 빛조차 빠져 나갈 수 없다. 이 별이 바로 공간에 있는 **블랙홀**(black hole)이다. 아무것도 별의 붕괴를 막을 수 없기 때문에 이론적으로 블랙홀은 점이 될 때까지 계속해서 붕괴하여 반경이 0인 **특이점**(singularity)이 된다. 이 사건은 물리적인 우주에서 직접 관찰한 것과 모순이 되는 것처럼 보이지만 일반상대성이론과 이런 큰 밀도를 가진 물체에 의한 휜 공간의 개념에도 들어맞는다. 블랙홀은 이론적 대상이며 블랙홀이 모든 파장의 복사를 빨아들이고 아무것도 방출하지 않기 때문에 물론 아직 본 사람이 없다. 블랙홀이 존재한다는 증거는 물질이 블랙홀로 가속되면서 방출하는 X선을 연구해 찾는다.

현재 블랙홀 존재의 또 다른 증거를 허블 우주망원경이 제공하였다. 허블 망원경은 은하(M87)의 중심에서 대략 60광년 떨어진 곳에서 160만 km/h 이상의 속력으로 움직이는 기체원반의 사진을 찍었다. 이런 거대한 기체원반이 그런 관측 거리에서 그런 속도로 움직이는 것을 설명하는 유일한 방법은 태양 질량의 10~20억 배나 되는 질량을 가진 블랙홀이 존재한다고 가정하는 것이다. 이 기체원반은 허블 망원경으로만 볼 수 있기 때문에 이 망원경의 관찰이 최초 블랙홀의 증거를 제공하였다고 할 수 있다.

그림 9.11 은하수 은하의 중심을 찍은 광각 사진. 은하 속 기체와 먼지구름에 의해 백색의 우유 같은 띠가 흐려져 보인다. 백색선은 운석에 의한 것이다.
©Stock Trek/Getty Images RF

9.7 은하와 우주

별은 많은 종류의 다른 별들과 연관되어 있다. 공통의 질량 중심 주위로 궤도 운동하는 이중성부터 중력과 같은 원인에 의해 수십에서 수백 개의 별이 모인 그룹과 수십억의 수십억 개의 별들이 모여 우주의 기본 단위가 된 **은하**(galaxy)까지 다양하다. 태양은 중력 끌림에 의해 은하수 은하(그림 9.11)에 모인 4천억 개 정도의 별 가운데 하나에 지나지 않는다. 은하수 은하의 별의 수와 광대함은 상상을 초월하지만 그 이상의 것이 있다. 은하수 은하는 성단 속 다른 은하와 연관된 수십억 개의 은하 가운데 하나이다. 그리고 이 성단들이 서로 연관되어 초

성단을 이룬다. 거대한 망원경으로 보면 어느 방향으로나 별보다 은하를 더 많이 볼 수 있고 각 은하는 수십억 개의 별로 이루어진 자신만의 구조를 갖고 있다. 공통의 기원을 알려주는 유사성이 존재한다. 별, 기체와 먼지로 이루어진 거대하고 평평한 나선형 팔을 가진 은하수 은하와 함께 이 절에서 별이 가진 일부 유사성과 연관성을 소개한다.

은하수 은하

도시 불빛에서 멀어지면 달이 없는 밤에 은하수 은하의 희미한 빛의 띠를 볼 수 있다. 망원경이나 좋은 쌍안경으로 보면 빛이 나는 띠가 수없이 많은 별로 이루어진 것을 알 수 있다. 또 기체와 먼지가 밀집한 성운이 희미하게 빛나는 것도 볼 수 있다. 은하수에는 어두운 지역이 있어 별빛을 가리는 먼지와 같은 무언가가 있다는 인상을 준다. 또 **은하단**(galactic cluster)이라고 부르는 별들의 작은 집단도 볼 수 있다. 은하단은 중력에 의해 묶인, 은하수 안에서 함께 움직이는 수천 개의 별로 이루어진 소그룹이다. 어떤 성단들은 백만 개의 별이 들어있는 더 대칭적이고 강하게 밀집되어 있는데 이런 성단을 **구상성단**(globular cluster)이라고 부른다.

먼 우주 공간에서 보면 은하수 은하는 중심에서 뻗어 나온 거대한 평평한 나선형 팔을 가진 구름처럼 보인다. 은하수 은하는 크게 (1) **은하핵**(galactic nucleus)이라고 부르는 원반 중앙에 위치한 구형의 별들의 집단, (2) 대부분의 먼지와 기체와 함께 밝은 청색별 대부분이 속한 회전하는 **은하원반**(galactic disk), (3) 은하원반 바깥쪽에 위치한 150개 정도의 구상성단이 속한 구형 **은하헤일로**(galactic halo)의 3부분으로 나눌 수 있다(그림 9.12). 태양은 중심으로부터 25,000~30,000광년 떨어진 은하원반의 팔들 가운데 하나에 위치한다. 은하원반은 회전하며 태양은 2억 년마다 한 번 회전한다.

은하원반의 직경은 대략 100,000광년이다. 현재 은하수 은하에 4천억 개의 별이 속해있다고 추정하지만 대부분 공간은 거의 비어 있다. 비유를 들어보자. 은하수 은하원반의 크기를 줄여 태양과 같은 별의 크기가 테니스공만큼 준다고 상상해보자. 2개의 테니스공 크기의 별 사이의 거리가 이제 텍사스주를 횡단하는 거리와 비슷해진다. 별 사이의 공간에는 기체, 먼지와 화합물의 분자들이 낮은 밀도로 퍼져 있으므로 실제로는 공간이 비어 있지 않다. 기체 입자가 먼지 입자보다 10^{12} 대 1로 우세하다. 기체는 주로 수소이고 먼지는 주로 고체의 철, 탄소와 실리콘 화합물이다. 많은 유기분자를 포함해 40종 이상의 화합물 분자들이 별 사이의

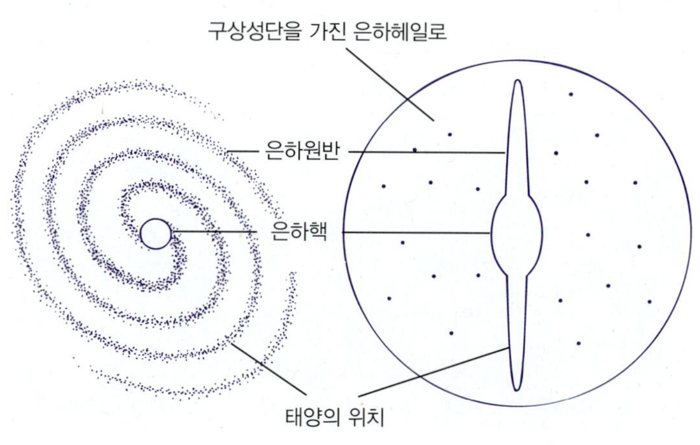

그림 9.12 은하수 은하의 구조

공간에서 발견되었다. 일부 성운은 최대 밀도가 대략 10^6 분자/cm^3인 분자 구름으로 이루어져 있다. 기체, 먼지와 화합물은 은하원반 질량의 일부를 담당하고 별들이 나머지를 담당한다. 기체는 새로운 별의 형성에서 중요한 역할을 담당하며 먼지와 화합물은 행성의 형성에서 중요한 역할을 담당한다.

다른 은하

은하수 은하 밖에는 거대한 빈 공간이 있으며 심지어는 은하핵 주위로도 몇 개의 기체와 먼지만이 퍼져 있다. 멀리 떨어진 은하의 빛만을 볼 수 있고 이 빛이 거대한 진공의 은하 간 공간을 지나는 데 오랜 시간이 걸린다. 가장 가까운 은하는 얼마나 멀리 떨어져 있을까? 은하수 은하가 너무 커서 빛이 이 은하를 통과하는 데 100,000광년이나 걸린다는 것을 상기하라.

은하수 은하에 가장 가까운 이웃 은하는 태양계로부터 단지 80,000광년 떨어진 난쟁이 구형 은하이다. 난쟁이라고 부르는 이유는 직경이 대략 1,000광년 밖에 되지 않기 때문이다. 이 은하는 현재 11개의 위성 은하를 가졌다고 알려진 은하수 은하의 중력 끌림에 의해 분해되는 과정에 있는 것처럼 보인다.

은하수 은하와 비슷한 가장 가까운 이웃 은하는 대략 2백만 광년 떨어진 안드로메다 은하이다. 안드로메다 은하는 크기와 모양이 은하수 은하와 비슷하며 대략 4천억 개의 별, 기체와 먼지가 모여 거대한 나선형 팔랑개비를 이루고 있다(그림 9.13). 다른 은하들은 다른 모양과 다른 특성을 갖고 있다. 미국 천문학자 허블은 600여 개 은하에 관한 그의 1926년 연구에

그림 9.13 안드로메다 은하. 크기, 모양과 구조가 은하수 은하와 비슷하다고 알려져 있다.
출처: NASA/JPL

자세한 관찰

적색편이와 허블의 법칙

5장에서 기술한 것처럼 도플러 효과는 파동의 진동수가 음원과 관측자의 상대 운동에 의존한다는 것이다. 음원과 관측자가 서로를 향해 움직이면 진동수가 높아진다. 음원과 관측자가 서로 멀어지면 진동수가 낮아진다.

별이나 은하에서 나오는 빛도 도플러 효과에 의해 변한다. 관측된 스펙트럼 선의 진동수가 상대 운동에 의존한다. 도플러 효과는 별이나 은하가 관측자에 대해 정지하고 있을 때의 진동수를 변화시킨다. 별이나 은하가 관측자를 향해 움직이면 스펙트럼 선이 더 높은 진동수 쪽으로 이동한다(청색편이). 별이나 은하가 관측자로부터 멀어지면 스펙트럼 선이 더 낮은 진동수 쪽으로 이동한다(적색편이). 따라서 스펙트럼 선의 적색편이나 청색편이는 별이나 은하가 우리를 향해 다가오는지 아니면 멀어지는지 알려준다.

허블은 캘리포니아주에 있는 윌슨산 천문대에서 다른 은하까지의 거리를 최초로 측정하였다. 허블은 관측한 적색편이를 거리 사진과 비교하고 멀어지는 속도가 거리에 비례하는 것을 발견하였다. 먼 은하들이 은하수 은하로부터 멀어지지만 멀리 있는 은하가 가까운 은하보다 더 빨리 멀어졌다. 은하 속력과 거리 사이의 이런 비례 관계가 1929년 허블에 의해 발견되었고 오늘날 이를 **허블의 법칙**이라고 부른다. 결론은 모든 은하가 서로 멀어져 가며 어떤 은하에 관측자가 있든지 모든 은하가 모든 방향에서 멀어진다는 인상을 받게 된다는 것이다. 달리 말하자면 우주가 팽창하므로 구성원인 은하들도 서로 멀어져 간다.

기초해 은하 구조의 분류법을 개발하였다. 그는 은하의 기본 구조가 타원형, 나선형, 막대형과 무정형임을 확인하였다.

과학 스케치

그림 9.13의 안드로메다 은하는 우리 은하수 은하와 크기와 모양이 거의 같다. 우리 태양계는 은하 중심으로부터 2/3 지점에 위치한다. 우연히 안드로메다 은하에도 동일한 태양계가 있다고 가정하고 그림 9.13(또는 종이) 위에 태양계의 대략적인 위치를 표시하시오.

우주의 진화

은하가 어떻게 현재 우리가 보는 은하로 진화했는지에 관한 현재 모형은 우주 탄생에 관한 **빅뱅 이론**(Big Bang theory)에 기초를 두고 있다. 빅뱅 이론은 우주가 폭발적인 출발을 거쳤다고 주장한다. 이 이론에 따르면 우주의 모든 물질이 아주 밀도가 높은 상태에 있다가 팽창하기 시작했으며 이 팽창이 지금도 계속되고 있다. 빅뱅 이론을 지지하는 증거로는 아인슈타인의 일반상대성이론과 3가지 물리 관측 결과를 들 수 있다.

1. **우주 팽창** 빅뱅 이론의 초기 증거는 허블과 그의 은하에 관한 연구로부터 나왔다. 허블은 은하까지의 거리와 은하가 멀어져 가는 속력 사이의 관계를 발견하였다. 그는 속력이 거리에 비례하는 것을 발견하였다. 즉 은하까지의 거리가 멀면 멀수록 속력이 더 커진다. 이것은 은하수 은하로부터 2배 더 멀리 있는 은하는 은하수 은하로부터 2배 속력으로 더 빨리 멀어진다는 것을 의미한다. 이 관계가 모든 방향에서 관찰되므로 이것은 우주가 균일하게 팽창한다는 것을 의미한다. 같은 효과가 모든 은하에서 관찰될 것이다. 즉 모든 다른 은하는 이 은하의 거리에 비례하는 속력으로 멀어진다. 이것은 공통의

자세한 관찰

암흑물질

우주가 영원히 팽창할 것인가 아니면 다시 모여 빅크런치(big crunch)가 일어날 것인가? 우주가 계속 팽창할지, 중력에 의해 한데 모일지는 우주의 **임계 밀도**에 달려있다. 물질이 충분히 많아 우주의 실제 밀도가 임계 밀도보다 크면 중력이 현재의 팽창을 멈추게 하고 모든 것을 다시 모이게 한다. 반면 우주의 실제 밀도가 임계 밀도보다 작거나 같으면 우주가 중력을 피해 계속 팽창한다. 실제 우주 밀도가 팽창을 계속할 정도로 작을까?

천문학자들의 모든 자세한 계산 결과는 실제 밀도가 임계 밀도보다 **작다**는 것을 가리킨다. 따라서 우주가 영원히 팽창할 것이다. 그러나 이 계산 결과들은 또한 별과 은하를 설명할 수 있는 물질보다 더 많은 물질이 우주에 있다는 것을 보여준다. 이것은 눈에 보이지 않거나 적어도 빛을 내지 않는, 따라서 우리가 볼 수 없는 물질이 우주에 존재한다는 것을 의미한다. 천문학자들이 눈에 보이는 것보다 더 많은 물질이 존재한다고 믿는 3가지 예를 제시한다.

1. 별이 방출하는 빛과 별의 질량 사이의 관계식이 존재한다. 따라서 우리는 간접적으로 은하가 방출하는 빛을 측정하여 은하 속 물질의 양을 측정할 수 있다. 은하의 성단이 움직이는 것을 관찰하니 성단 내 은하의 운동이 빛 정보로부터 얻은 물질과 일치하지 않았다. 이 운동은 은하가 은하의 빛을 설명할 물질의 양보다 10배나 많은 물질의 중력에 의해 끌리는 것을 의미했다.
2. 개별 은하 속 별들의 운동에도 신비한 변동이 존재한다. 은하의 회전 중심에 대한 별의 회전율은 은하 내 물질의 분포와 관계가 있다. 외곽의 별은 은하에서 눈에 보이는 물질의 양에 비해 너무 빨리 회전한다. 다시 측정 결과는 각 은하에 은하로부터 나오는 빛을 설명할 물질의 양보다 10배 정도 많은 물질이 존재한다는 것을 의미한다.
3. 마지막으로 보통 수소에 대한 중수소, 헬륨-3에 대한 리튬-7, 수소에 대한 헬륨 같은 구성비로부터 우주의 전체 물질의 양을 추정할 수 있다. 일반적으로 이론 계산값은 우주 속 모든 물질의 10%에 불과하다.

여러 데이터에 근거한 계산 결과는 모두 우주를 구성하는 90% 이상의 물질을 아직 발견하지 못했다는 데 의견이 일치한다. 이 사라진 물질과 은하와 별의 궤도 운동의 신비한 변동을 **암흑물질**(dark matter)을 가정해 설명할 수 있다. 암흑물질은 눈에 보이지 않고 관측된 적도 없다. 암흑물질의 정체는 무엇일까? 암흑물질이 단순히 지금까지 간과했던 암흑은하, 갈색왜성이나 바위, 먼지 등의 행성형 물질과 같은 보통 물질이라고 생각할 수 있다. 또 암흑물질이 너무 작아 보이지 않는 아원자 입자 형태를 가져서 어둡다고 생각할 수도 있다. 알 수 있듯이 과학자들은 암흑물질의 존재를 믿는 이유를 알고 있지만 정체에 대해서는 짐작만 할 뿐이다.

암흑물질의 정체는 오늘날 천문학의 주요한 미해결문제 가운데 하나이다. 실제로 2가지 암흑물질 문제가 있다. (1) 암흑물질의 정체와 (2) 암흑물질이 얼마나 우주의 실제 밀도에 기여하는가 하는 것이다. 모두가 암흑물질이 단순히 지금까지 간과한 보통 물질이라고 믿는 것은 아니다. 암흑물질의 정체와 연구 초점이 무엇이 되어야 할지에 관한 적어도 2개의 학파가 존재한다. 한 학파는 **입자물리학**에 초점을 맞추고 암흑물질이 주로 발견되지 않은 특이한 입자거나 뉴트리노 같은 알려진 입자라고 주장한다. 뉴트리노는 전기적으로 중성이고 안정한 아원자 입자이다. 이 학파는 WIMP(*w*eakly *i*nteracting *m*assive *p*article)라고 부르는 암흑물질 형태에 관심을 가진다. 이름에도 불구하고 연구 중인 입자들의 질량이 항상 크지는 않다. 일부 질량이 작은 뉴트리노 종류 또는 일부 미확인 WIMP들이 실험적으로 발견되고 암흑물질을 설명하는 데 필요한 질량을 가지고 있어 닫힌 우주를 만드는 것이 가능할 수도 있다.

암흑물질에 관한 다른 학파는 **천문학**에 초점을 맞추고 암흑물질이 갈색왜성, 태양계 밖 보이지 않는 행성과 은하헤일로의 형태를 가진 보통 물질이라는 의견에 반대한다. 이 학파는 MACHO(*m*assive *a*strophysical *c*ompact *h*alo *o*bject)라고 부르는 암흑물질 형태에 관심을 가진다. 이 논리에 의하면 암흑물질은 무거운 물체지만 보통 물질(양성자와 중성자) 역시 은하헤일로를 구성하는 물질이라고 생각한다. 양성자와 중성자는 **바리온**(baryon)이라고 부르는 아원자 입자군에 속하기 때문에 때로 이들을 **바리온 암흑물질**이라고도 부른다. 일부 천문학자들은 바리온 암흑물질이 헤일로 암흑물질의 가장 유력한 후보라고 생각한다.

일반적으로 천문학들은 우주에 있는 WIMP의 양을 계산할 수 있지만 WIMP가 존재한다는 증거가 없다. 대조적으로 MACHO 암흑물질 후보는 존재한다는 것이 알려져 있지만 그 양을 계산할 방법이 없다. MACHO 천문학자들은 헤일로 암흑물질과 모든 암흑물질이 바리온 암흑물질이라고 주장한다. WIMP나 MACHO가 우주의 미래에 대한 답을 주리라고 생각하는가? 암흑물질의 정체는 무엇이고 얼마나 많은 암흑물질이 존재하며 우주의 미래는 무엇일까? 이런 문제와 더 많은 문제에 대한 답을 알려면 더 많은 연구가 필요하다.

출발점, 즉 우주의 모든 물질이 한데 모여 있던 시간의 존재를 가리킨다.

2. **배경복사** 일부 불안정한 형태의 에너지가 팽창하고 차가워져 물질과 공간이 탄생하면서 빅뱅이 일어났다. 초기 온도가 100억K 또는 그 이상이었고 우주가 팽창하면서 온도가 내려가기 시작했다. 빅뱅이 남긴 잔광을 우주배경복사라고 부른다. 오늘날 우주배경복사의 측정 결과는 우주 팽창 모형이 예측한 복사와 일치한다.

암흑에너지

암흑에너지의 최초의 증거는 팽창 우주가 얼마나 빨리 느려지는지 측정하려던 천문학자들로부터 나왔다. 당시 일반적으로 받아들여진 우주 모형은 우주가 계속 팽창하지만 빅뱅 이후의 중력 끌림에 의해 팽창이 느려진다는 것이었다. 천문학자들은 우주 속 물질의 평균 밀도를 결정하기 위해 느려지는 비율을 측정하여 암흑물질의 양에 대한 단서를 제공하려고 했다. 이들의 생각은 먼 우주에 있는 초신성에서 온 빛을 훨씬 더 가까운 초신성에서 온 빛과 비교하는 것이었다. 우주가 아주 어렸을 때 빛이 방출되었기 때문에 먼 우주에서 온 빛은 이제 겨우 지구에 도달한다. 오래된 초신성과 젊은 초신성의 밝기는 거리에 대한 정보를 제공할 것이고 팽창에 의한 적색편이 데이터는 팽창 속력에 대한 정보를 제공할 것이다. 이런 두 광원을 비교함으로써 천문학자들은 현재와 먼 과거의 팽창률을 계산할 수 있을 것이다.

놀랍게도 천문학자들은 팽창률이 감소하는 것을 발견하지 못했다. 오히려 팽창률이 증가하는 것을 발견하였다. 어떤 미지의 반중력이 존재한다고 가정하지 않고서는 가속 팽창을 설명할 수 없었다. 중력이 서로를 끌어당길 때에 이 미지의 힘은 은하를 멀어지게 하는 것이 분명하다. 이 미지의 밀치는 힘을 '암흑에너지'라고 부른다.

미지의 밀치는 힘의 아이디어는 새로운 것이 아니다. 아인슈타인이 일반상대성이론의 방정식에 '우주 상수'를 추가했을 때는 새로운 아이디어였다. 우주 상수는 중력과 반대인 힘을 나타내며 이 힘은 공간의 함수로 증가한다. 이것은 우주가 작을 때는 암흑에너지가 많지 않아 중력이 팽창을 느리게 한다. 은하 사이의 거리가 증가하면 암흑에너지가 증가하여 가속 팽창이 일어난다. 허블이 우주가 팽창하고 있다는 증거를 보고하자 아인슈타인은 우주 상수를 제거하였다. 우주 상수를 제거한 것은 실수였다. 초기 우주에서 일어난 일을 이해하는 데 있어서 문제들 중 하나는 현재의 먼 우주로 대표되는 먼 과거에 대한 정보의 부족이었다. 오늘날 천문학자들이 먼 우주를 연구하는 데 더 많은 새로운 기술의 도움을 받듯이 이런 상황도 변하고 있다. 천문학자들이 암흑에너지의 의미를 알아낼 수 있을까? 암흑에너지는 무엇일까? 아무도 답을 모른다. 이 이야기가 계속되므로 관심을 갖고 지켜보라.

3. **원소의 구성비** 우주 팽창 모형에 의하면 우주 속 헬륨의 구성비는 대략 24%가 되어야 한다. 헬륨 구성비의 측정값이 빅뱅 이론이 예측한 값을 증명하였다.

우주배경탐사호(COBE, Cosmic Background Explorer)가 물질이 우주에 어떻게 분포되어 있는지, 우주가 균일하게 팽창하고 있는지, 그리고 은하가 처음에 어떻게 또 언제 형성되었는지 답하기 위해 우주배경복사를 연구하였다.

NASA의 윌킨슨 마이크로파 비등방성 탐색기(WMAP, Wilkinson Microwave Anisotropy Probe)의 2003년 결과로부터 빅뱅에서 남은 우주배경복사의 정확한 지도를 얻었다. WMAP는 1년간 하늘 전체를 COBE보다 40배 이상 늘어난 분해능을 가지고 탐사하였다. WMAP 데이터의 분석 결과 우주 나이가 137억 년으로 판명되었다. 오차는 1% 정도였다. WMAP 데이터는 빅뱅 이론과 팽창우주론을 강하게 지지하는 것으로 밝혀졌다. 데이터는 또한 우주가 4%의 보통 물질, 23%의 미지의 암흑물질과 73%의 신비한 암흑에너지로 구성되어 있음을 밝혔다.

우주의 나이는 무엇인가? 앞서 언급했듯이 천문학적 '시계'와 물리적 '시계'는 우주가 137억 년 전 '빅뱅'에서 탄생한 후 100억K의 엄청 뜨겁고 밝은 불덩어리가 팽창하여 만들어졌다. 이런 나이의 예상값은 빅뱅 이후 팽창하면서 은하들이 서로 멀어져 가는 속력의 정확한 측정에 기초를 두고 있다. 천문학자들은 팽창 데이터를 사용해 영화를 거꾸로 상영하는 것처럼 나이를 역으로 계산하여 추정치를 얻었다. 처음에 이 기술을 사용해 우주의 나이로 대략 180~200억 년을 얻었다. 그 후 천문학자들은 우주가 일정한 비율로 팽창하지 않는 것을 알게 되었다. 대신 **암흑에너지**(dark energy)라고 부르는 신비한 힘이 밀기 때문에 은하의 거리가 실제로는 가속하고 있다. 계산에 이런 잘 알려져 있지 않은 힘을 포함하여 130~140억 년

과학과 사회

시비용을 지불할 가치가 있을까?

사람들은 우주에 관한 새로운 발견이나 우주의 형성은 물론 우주여행에 대해 매력을 느낀다. 그 결과 무인 우주선, 새로운 도구와 새로운 망원경이 등장하여 새로운 정보를 제공한다. 지구의 존재에 대한 것은 물론 지구로부터 떨어진 우주 공간에서 어떤 일이 벌어지는지 배우는 중이다.

우주 프로그램이 가치 있는 정보를 제공한다는 것을 부정하는 사람은 거의 없다. 하지만 일부 사람들은 비용을 지불할 가치가 있는지 의문을 던진다. 이들은 지구에도 에너지와 물의 소비 증가, 대기 오염과 건강 문제와 같은 많은 문제가 있다는 점을 지적한다. 이들은 우주 탐사에 드는 비용을 지구 문제를 해결하는 데 더 잘 사용할 수 있다고 주장한다.

우주 프로그램을 통해 얻는 새로운 정보와 이해에 추가해서 우주 탐사를 지지하는 사람들은 지구에 사는 사람들을 돕는 새로운 기술을 지적한다. 현재 인공위성은 토지 이용과 기상 관측과 같은 농업에 필요한 가치 있는 정보를 제공하고 있다. 파악되지 않는 숫자의 생명이 기상위성이 제공한 태풍 경고로 인해 구해졌다. 우주 프로그램으로부터 통신 시스템 개선과 관련된 많은 신생 기업들이 출현하였다.

질문과 토론

다음 질문에 대해 어떻게 생각하는가? 지식 획득과 신생 기업의 출현이 우주 프로그램 비용을 능가하는가? 이 비용을 다른 문제를 해결하는 데 쓰는 것이 좋은가?

의 우주 나이를 얻었다.

나이를 추정하는 다른 방법도 앞서 나이에 동의한다. 예를 들어 백색왜성 연구를 통해 냉각률을 알아냈다. 이 장의 처음 사진에 있는 것과 같은 아주 희미하고 오래된 백색왜성을 허블 우주망원경으로 관측하여 천문학자들은 냉각률을 사용해 우주의 나이를 추정할 수 있었다. 그 결과 가장 어두운 백색왜성의 나이가 대략 13억 년±5억 년임을 알아냈다. 더 최근에는 WMAP 궤도 우주선의 데이터로부터 우주배경복사의 정확한 지도를 만들었고 이로부터 우주 나이가 137억 년임을 알게 되었다. 137억 년이라는 나이가 우주 나이에 대한 최종적인 답은 아닐 수 있지만 3개의 독립적인 측정 기술이 잘 일치하고 있어 이 답은 믿을 만하다.

빅뱅 이후의 은하 운동에 관해 자주 사용하는 비유는 건포도 빵 덩어리가 부푸는 것이다. 은하를 부풀어 오르는 빵 덩어리 속에 박힌 건포도라고 생각하자(그림 9.14). 빵이 팽창하여 크기가 커지면 건포도도 같이 움직여 건포도 사이의 거리가 점점 더 멀어진다. 우리가 한 건포도 위에 있다면 다른 모든 건포도가 우리로부터 멀어져 가고 운동 속력이 떨어진 거리에 직접 비례하는 것을 보게 될 것이다. 모든 건포도가 서로 멀어지는 것처럼 보이기 때문에 우

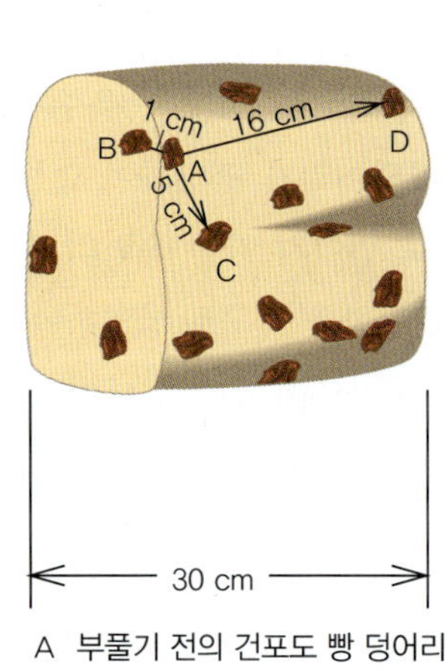

A 부풀기 전의 건포도 빵 덩어리

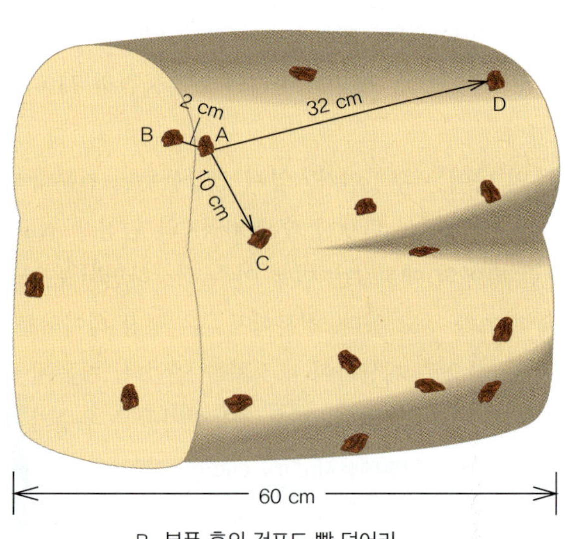

B 부푼 후의 건포도 빵 덩어리

그림 9.14 우주(여기서는 건포도 빵 덩어리로 표현)가 팽창함에 따라 은하들이 서로 멀어지고 그 속력은 서로의 거리에 비례한다. 이것은 천문학자가 어떤 은하 내부에 머물든지 상관이 없다. 모든 은하가 멀어지는 것처럼 보인다.

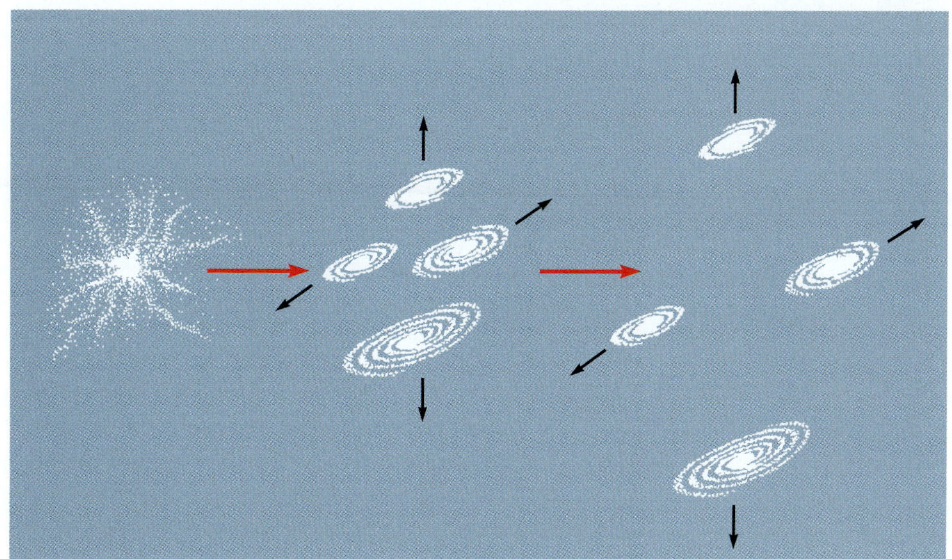

그림 9.15 은하의 먼지와 기체가 백색왜성, 중성자별과 블랙홀 안에 묶이게 되어도 우주가 계속 팽창할까?

리가 어느 건포도에 있든지 문제가 되지 않는다. 달리 말하자면 이미 존재하고 있던 공간에서 은하들이 팽창하는 것이 아니다. 팽창하는 것은 공간 자신이며 은하는 팽창하는 공간에서 움직인다(그림 9.15).

우주의 최후의 운명은 우주의 질량과 팽창이 느려지는지 계속되는지와 밀접한 관계가 있다. 모든 증거는 우리에게 우주가 빅뱅에 의한 팽창으로부터 시작하였음을 말해준다. 계속 팽창하여 엄청나게 차가워져 사라질까? 팽창이 느려지다가 멈춘 뒤 수축하여 빅크런치의 장엄한 최후를 맞이할까(그림 9.16)? 연구자들은 실험 데이터와 이론 모형을 가지고 데이터와 모형이 일치하는 단서를 찾아서 답을 얻기 위해 노력하고 있다.

비교적 가까운 은하들은 중력에 의해 상호작용하여 서로 멀어지지 않을 수 있다는 것에 주목하는 게 중요하다. 중력에 의해 상호작용하지 않는 은하의 경우 **허블의 법칙**을 사용해 멀어지는 속력을 추정할 수 있다. 허블의 법칙은 속력이 은하 사이의 거리에 허블 상수 21.5 km/s/Mly를 곱한 것과 같다는 것이다.

$$v = H_0\, d \tag{9.3}$$

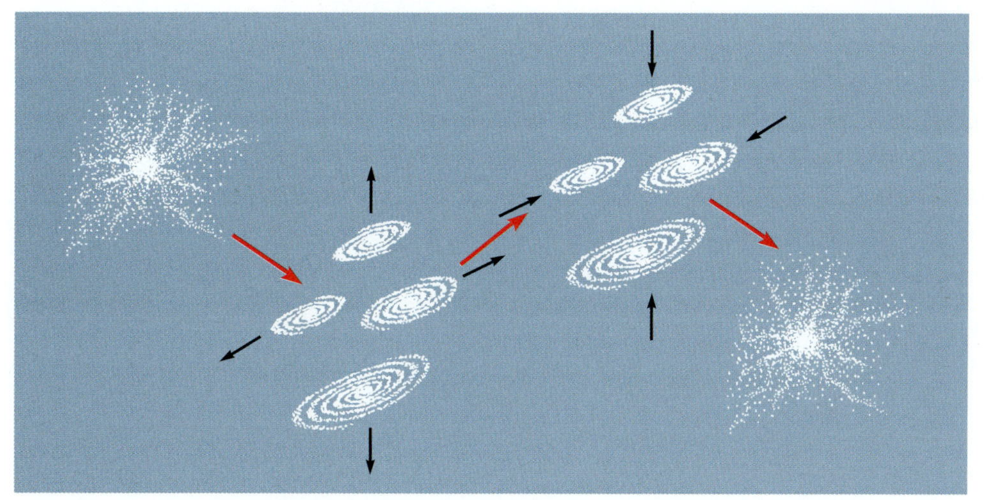

그림 9.16 우주의 한 가지 이론은 빅뱅 이론에서 그랬던 것처럼 은하 사이의 공간이 팽창한다고 가정한다. 그러나 은하가 점차 가까워지면서 또 다른 빅뱅이 시작된다.

과학의 배후에 있는 사람들

조슬린(수잔) 벨 버넬(Jocelyn(Susan) Bell Burnell, 1943-)

조슬린 벨은 1960년대 중요한 천문학적 발견인 맥동 라디오별—펄서—를 발견한 영국 천문학자이다.

벨은 케임브리지 대학에서 그녀의 박사학위 논문 주제인 준항성(quasar)을 추적하기 위해 특수 설계된 라디오 망원경을 제작하는 데 2년의 시간을 보냈다. 그녀와 그녀의 팀이 제작한 망원경은 신호의 빠른 변화를 기록할 수 있는 능력을 가졌다. 또 이 망원경은 면적이 거의 2헥타르였다. 망원경 접시의 직경이 150 m이어서 이 망원경은 아주 민감한 장치였다.

1967년 망원경이 완성되어 하늘 탐사가 시작되었고 벨은 수신 신호를 분석하는 임무를 맡았다. 어느 날 기록된 신호 차트를 보던 중 조금 이상한 라디오파원에 주목하게 되었다. 밤중에 태양의 맞은편 하늘의 한 곳에서 신호가 발생하였다. 준항성에서 오는 신호의 큰 변화는 태양풍에 의해 생기며 보통 밤에는 약해지기 때문에 이 신호에 호기심이 생겼다. 그녀는 처음에 이 신호가 국지적 간섭에 의한 것이라고 생각했다. 한 달 이상 관측을 한 후 이상한 신호의 진원지가 고정되어 있음이 분명해졌고 이것은 지상이나 태양에 의한 것이 아님을 가리키고 있었다. 이 신호를 더 자세히 조사하여 신호가 사실은 정확히 1.337초마다 한 번씩의 빠른 펄스들로 이루어져 있음을 알게 되었다. 이 펄스 신호는 지구상의 보통 시계처럼 규칙적이었다.

이런 이상한 현상을 설명하는 한 가지 방법은 다른 별에 있는 외계 생명체가 보내는 성간 등대불이라고 생각하는 것이다. 이 때문에 초기에 이 신호의 별명이 LGM, 즉 '작은 초록 인간(little green men)'이었다. 그러나 이 신호를 알게 된 지 몇 달이 지나지 않아 벨은 3개의 다른 비슷한 라디오파원을 발견하였다. 모두 아주 정확한 시간 간격으로 펄스를 방출하였지만 주기는 수십분의 1초 정도 달랐으며 이들 모두 우리 은하의 여러 곳에 넓게 퍼져 있었다. 따라서 이들이 특수한 종류의 별—펄서—에서 방출된다는 설명에 이르게 되었다.

이런 놀라운 발견이 발표되자 다른 천문대에서도 하늘에서 새로운 펄서를 찾기 시작했다. 현재 300개 정도의 펄서가 알려져 있으며 주기는 수백분의 1초에서 4초까지 다양하다. 중성자별이 이 신호와 관련이 있다고 믿고 있다. 이들은 직경이 7 km 정도의 작은 별이지만 놀랄 정도로 무겁다. 별 전체와 별의 자기장이 빠르게 회전하고 이 회전에 의해 펄스 신호가 발생한다.

출처: Modified from the *Hutchinson Dictionary of Scientific Biography*. Abington, UK: Helicon, 2011.

예제 9.9 (선택)

은하 NGC 7814는 은하수 은하로부터 대략 5천만 광년(50 Mly) 떨어져 있다. NGC 7814는 얼마나 빨리 우리로부터 멀어지는가?

풀이

$H_0 = 21.5$ km/s/Mly

$d = 50$ Mly

$v = ?$

$$v = H_0 d$$

$$= \left(\frac{21.5 \text{ km/s}}{\text{Mly}}\right)\left(\frac{50 \text{ Mly}}{1}\right)$$

$$= \boxed{1{,}075 \text{ km/s}}$$

예제 9.10 (선택)

천문학자들은 어떤 은하가 은하수 은하로부터 15,000 km/s의 속력으로 멀어진다는 것을 결정하기 위해 이 은하의 스펙트럼을 사용한다. 허블의 법칙을 사용하면 이 은하까지의 거리는 얼마인가? (답: 7억 광년)

요약

이론상 별은 다른 별들 사이 공간에 있는 수소 기체와 먼지구름에서 탄생한다. 중력이 수소 기체의 거대한 질량을 끌어당겨 장차 별이 될 기체 덩어리인 **원시별**이 된다. 원시별이 수축하면서 중심부가 뜨거워지고 결국 수소 원자 사이에서 **핵융합 반응**이 일어날 만큼 온도가 충분히 높아진다. 뜨거운 기체 압력이 중력 수축과 균형을 이루고 새로 탄생한 평균적인 별이 수십억 년간 조용히 빛을 방출한다. 평균적인 별은 핵융합이 일어나 복사를 방출하는 높은 밀도와 높은 온도의 **핵**과 핵보다 밀도가 낮고 복사를 외부로 이동하는 **복사대**, 그리고 아래쪽 복사로 인해 가열되었다가 빛을 우주 공간으로 보내기 위해 표면으로 이동하는 얇은 **대류대**를 가지고 있다.

별의 밝기는 별이 만드는 에너지와 빛의 양, 별의 크기, 별까지의 거리와 관계가 있다. **겉보기 밝기**는 우리가 보는 별의 밝기이다. 거리에 따른 밝기 차이를 보정하기 위해 천문학자들은 표준 거리에서의 별의 밝기를 계산한다. 이 표준 거리 밝기를 **절대 밝기**라고 부른다.

별은 다른 표면 온도를 가지므로 다른 색깔을 가진 것처럼 보인다. 스펙트럼 종류와 절대 밝기의 그래프를 **헤르츠스프룽–러셀 도표**, 줄여서 H-R 도표라고 부른다. 이런 그래프는 통상적인 성숙한 별들이 별의 **주계열**이라고 부르는 좁은 띠 안에 위치하는 것을 보여준다. 별별의 밝기와 온도가 이 주계열의 어디에 위치하는지 결정하며 이는 결국 별의 질량이 결정하는 것을 의미한다. H-R 도표에 있는 다른 그룹의 별들은 이들이 진화 과정의 어디에 있느냐에 따라 다른 성질을 가진다.

별의 일생은 몇 단계로 나눌 수 있다. 이 중 가장 긴 단계가 비교적 짧은 **원시별** 단계 다음에 오는 **주계열** 단계이다. 핵에서 수소를 모두 소비한 후 평균 질량을 가진 별이 팽창하여 **적색거성**이 되었다가 외곽이 폭발하여 날아가 **백색왜성**이 된 후 온도가 서서히 식어 검은 탄소 덩어리가 된다. 날아간 외곽은 **행성형 성운**을 형성하고 이들은 오랜 시간이 지나 성간 기체나 먼지가 된다. 더 무거운 별들은 격렬한 **초신성** 폭발 후에 **중성자별**이나 **블랙홀**로 붕괴한다.

은하는 우주의 기본 구성단위이다. 은하수 은하는 3부분으로 되어 있다. (1) **은하핵**, (2) 회전하는 **은하원반**과 (3) **은하헤일로**. 은하원반에는 **은하단**을 이루어 함께 움직이는 딸림 그룹들이 있다. 헤일로에는 **구상성단**이라고 부르는 수백만 개의 별이 대칭적으로 밀집한 성단들이 있다.

은하들은 137억 년 전에 형성되었으며 이후 **빅뱅**이라는 공통의 기원에서 계속 팽창하고 있음을 알려주는 천문학적, 물리적 '시계' 증거가 있다. **빅뱅 이론**은 우주가 팽창에 의해 어떻게 생겼는지를 기술한다.

식 요약

9.1 $2.51^x = b_2/b_1$

9.2 $T = \dfrac{2.897 \times 10^7 \text{ K} \cdot \text{angstroms}}{\lambda_{\text{peak}}}$

9.3 $v = H_0 d$

개념에 대한 질문

1. 광년이란 무엇이며 어떻게 정의하는가?
2. 왜 천문학적 거리를 표준 길이 단위인 킬로미터나 마일로 표시하지 않는가?
3. 원시별이 중력에 의해 수축할 때 내부가 가열되지 않는 이유를 설명하시오.
4. 헤르츠스프룽–러셀 도표는 무엇인가?
5. 태양과 같은 평균적인 별의 일반적인 구조, 내부의 밀도, 압력과 온도의 조건을 기술하시오.
6. 태양과 같은 평균적인 질량을 가진 별의 일반적인 일생을 기술하시오.
7. 신성은 무엇인가? 초신성은 무엇인가?
8. (a) 적색왜성, (b) 적색거성, (c) 중성자별, (d) 블랙홀과 (e) 초신성이 탄생하는 이론물리학적 환경을 기술하시오.
9. H-R 도표의 주계열은 무엇을 의미하는가? 특정한 별이 주계열의 어디에 그려지는지 결정되는 한 가지 요소는 무엇인가?
10. 태양 질량의 60배, 1배, 1/25배인 별 가운데 어느 별의 수명이 가장 긴가? 이유를 설명하시오.
11. 겉보기 밝기와 절대 밝기의 차이는 무엇인가?
12. 별의 색깔은 별의 표면 온도에 대해 무엇을 말해주는가? 별의 온도와 별의 스펙트럼 사이의 관계는 무엇인가? 온도와 별의 스펙트럼에 근거해 스펙트럼을 분류하는 일반적인 방법을 기술하시오.
13. 주계열에 있는 별이 균형 잡히고 안정한 상태를 유지하게 해주는 2가지 힘을 기술하시오. 이 힘들이 어떻게 별을 수십억 년 이상 안정하도록 해주는지 설명하시오.
14. 헬륨보다 무겁고 철보다 가벼운 모든 원소가 우주에 존재하는 원인은 무엇인가? 철보다 무거운 모든 원소가 우주에 존재하는 원인은 무엇인가?

15. 왜 별의 내부 온도가 수소 핵융합 반응보다 헬륨 핵융합 반응의 경우 더 뜨거워야 하는가?

16. 원시별은 언제 별이 되는가? 설명하시오.

17. 적색거성은 무엇인가? 적색거성이 생기는 조건을 설명하시오. 어떻게 적색거성이 더 낮은 표면 온도를 가지고 있음에도 불구하고 주계열 별로 있을 때보다 더 밝아지는가?

18. 왜 태양 같은 평균적인 별은 중심에서 탄소 핵융합 반응이 일어나지 않는가?

19. 우주가 팽창한다면 은하 크기가 더 커지는가? 설명하시오.

20. 우주의 빅뱅 이론을 지지하는 증거는 무엇인가?

21. 한 별이 지구에서 520광년 떨어져 있다. 역사상 어느 사건이 일어났을 때 그 별에서 출발해야 지금 지구에 도달하겠는가?

22. 무거운 별의 수명과 태양처럼 평균적인 크기를 가진 별의 수명 사이의 결정적인 차이는 무엇인가?

23. 언제 겉보기 밝기가 별의 밝기를 알려주는 좋은 지표가 되는지, 또 언제 절대 밝기가 별의 밝기를 알려주는 좋은 지표가 되는지 분석하시오.

24. 헤르츠스프룽-러셀 도표는 왜 중요한가?

25. 은하수 은하는 중심에서 밖으로 뻗어나간 나선형 팔을 가진 거대하고 평평한 구름이다. 이런 모양을 갖고 있는 이유를 설명할 몇 가지 아이디어를 제안하시오. 제일 마음에 드는 아이디어를 고르고 그 이유를 설명하시오.

연습문제

그룹 A

1. 베가 별은 지구에서 2.4×10^{14} km 떨어져 있다. 이 거리는 몇 광년(ly)인가?

2. 겉보기 밝기(m)가 −1.6인 별의 밝기를 겉보기 밝기가 +3.4인 별의 밝기와 비교하시오.

3. 겉보기 밝기(m)가 −4.6인 금성의 밝기를 겉보기 밝기가 −12.7인 보름달의 밝기와 비교하시오.

4. 별의 수명을 태양 질량의 2.5제곱의 역수인 '태양 수명' 단위($T = 1/M^{2.5}$)로 추산할 수 있다. 여기서 질량 M은 태양 질량이다. 태양 질량의 2배 질량을 가진 별의 예상 수명은 얼마인가?

5. 오리온 성운은 폭이 대략 20광년(20×10^{18} cm)이고 부피가 4.19×10^{57} cm^3인 구를 감싸고 있다. 이런 성운에 들어있을 태양 질량의 10배인 별들의 수를 계산하시오.

6. 노란색 별의 대표적인 온도는 얼마인가?

7. 6,550옹스트롬의 파장에서 최대로 빛을 방출하는 별의 온도는 얼마인가?

8. 최고점 파장이 6,050옹스트롬에 있는 빛을 방출하는 별이 있다. 이 별의 종류는 무엇이고 별의 색깔은 무엇인가?

9. 온도 7,000K인 F형의 별이 방출하는 빛의 최고점 파장은 옹스트롬 단위로 얼마인가?

10. 1987년 별이 폭발하여 초신성이 되었다. 지구를 도는 우주 관측소가 관측한 영상을 보니 폭발한 기체 구름의 직경이 1999년에는 8.8×10^{12} km이었고 2008년에는 1.4×10^{13} km이었다. 이 초신성 기체 구름의 팽창률은 매년 몇 km인가?

11. 두 은하가 서로 멀어지는 비율을 허블의 법칙으로부터 구할 수 있다. 은하 사이의 거리에 20 km/s/Mly의 허블 상수를 곱하여 이 속력을 구할 수 있다. 공식은 $v = H_0 d$이고 H_0는 허블 상수, d는 은하 사이의 거리이다. 우리 은하로부터 2 Mly 떨어진 은하가 있다. 이 은하는 얼마나 빨리 우리 은하로부터 멀어지는가? km/s 단위로 답하시오.

10 우주에서의 지구

Earth in Space

밤에 우주에서 본 북반구의 사진. 우리가 사는 곳에서 가장 가까운 도시를 찾을 수 있는가?
출처: NASA's Earth Observatory/NOAA/DoD

핵심 개념

우주에서 지구가 움직이는 방법을 기반으로 우리는 시간을 정의한다.

개요

지구는 태양계에 있는 천체로, 거의 원의 궤도로 일 년에 한 번 태양 주위를 도는 8개의 행성 중 하나이다. 지구는 태양에서 3번째로 가까운 행성으로 질량과 직경이 5번째이며, 모든 행성 중에서 가장 높은 밀도를 가지고 있다(그림 10.1). 지구는 풍부한 액체 상태의 물, 강한 자기장, 그리고 특정한 대기 구성의 조합으로 특별하고 유일무이한 행성이 된다. 이러한 물리적 특성 이외에도, 지구는 인간이 시간을 정의하고 그들의 삶에서의 사건들을 확인하기 위한 기준으로 수천 년 동안 사용해온 독특한 자연적인 움직임을 가지고 있다. 지구의 움직임에 대한 이러한 기준은 일, 월, 년이라고 한다.

약 300년 전에, 사람들은 그들의 시간에 대한 기준이 태양 주위를 돌면서 자전하는 지구에서 왔다는 것을 이해하기 시작했다. 하지만 그들이 우주에서 지구의 위치를 이해하는 것은 여전히 어려웠다. 움직이는 회전목마를 타고 다니는 사람이 수레에 끌려가면서 거리가 먼 물체의 움직임을 파악하려는 것과 다르지 않았다. 사실, 지구의 움직임은 수레를 끌고 다니는 단순한 회전목마보다 훨씬 복잡하다. 다음과 같은 지구의 눈에 띄는 움직임을 겪으면서, 먼 물체의 움직임을 이해하려 한다고 상상해보자.

1. 적도에서 1,670 km/h의 속도로 자전축을 중심으로 한 하루 동안의 회전
2. 약 50 km/h의 속도로 움직이는 지구와 달의 무게중심을 둘러싼 지구의 월별 궤도
3. 평균 약 106,000 km/h의 속도로 태양 주위를 도는 연간 궤도
4. 약 370,000 km/h의 속도로 은하계 중심 근처에서의 태양계의 움직임
5. 약 1,000,000 km/h의 속도로 다른 성단과 비교하여 태양을 포함한 성단의 움직임
6. 약 580,000 km/h의 속도로 다른 먼 은하계에 대해 상대적인 우리 은하계의 움직임
7. 지구 공전 궤도의 크기와 형태 변화, 지구 자전축의 기울기 변화 같은 작은 움직임. 이러한 변화 외에도, 지구의 자전 속도가 점점 느려지고 있다.

이 장에서는 지구와 달의 더 기본적이거나 근본적인 움직임을 다룬다. 움직임에 대한 개념적 이해와 증거 이외에도, 움직임에 대한 인간이 사용하는 몇몇 실용적인 것을 논의할 것이다.

10.1 지구의 모양과 크기

태양계가 어떻게 형성되었는지에 대해 가장 널리 받아들여지는 이론에 따르면, 원반 모양의 성운이 돌고 도는 움직임으로 인해 행성들이 형성되는 것으로 추론한다. 행성들은 이 원반 모양 안에 물질의 축적으로 형성되고, 각 행성의 공전 궤도가 형성되면서 자전 속도도 함께 형성되었다. 따라서 모든 행성들은 거의 원형인 타원 궤도에서 같은 방향으로 태양 주위를 돈다. 이로 인해 태양계는 평평하게 만들어지면서, 지구의 공전 궤도면과 비슷하게 관측 가능한 행성의 공전하는 면이 나타난다.

지구에서 보았을 때, 행성은 공전 궤도의 평면에서 움직이면서, 하늘을 가로지르는 좁은 띠 안에서만 움직이는 것처럼 보인다(그림 10.2). 태양도 또한 이 띠의 중심에서 움직이는 것처럼 보이는데, 이것을 **황도**(ecliptic)라고 한다. 지구에서 보았을 때, 태양은 별을 배경으로 하여 매년 황도 주변을 완전히 도는 것처럼 보인다.

오늘날, 거의 모든 사람들이 우주에서 찍은 지구 사진을 본 적이 있고, 지구가 둥근 모양을 하고 있다는 것을 부정하기는 어렵다(그림 10.3). 기원전 5, 6세기 동안 고대 그리스인들은

그림 10.1 태양계 내의 8개 행성에 대한 그림

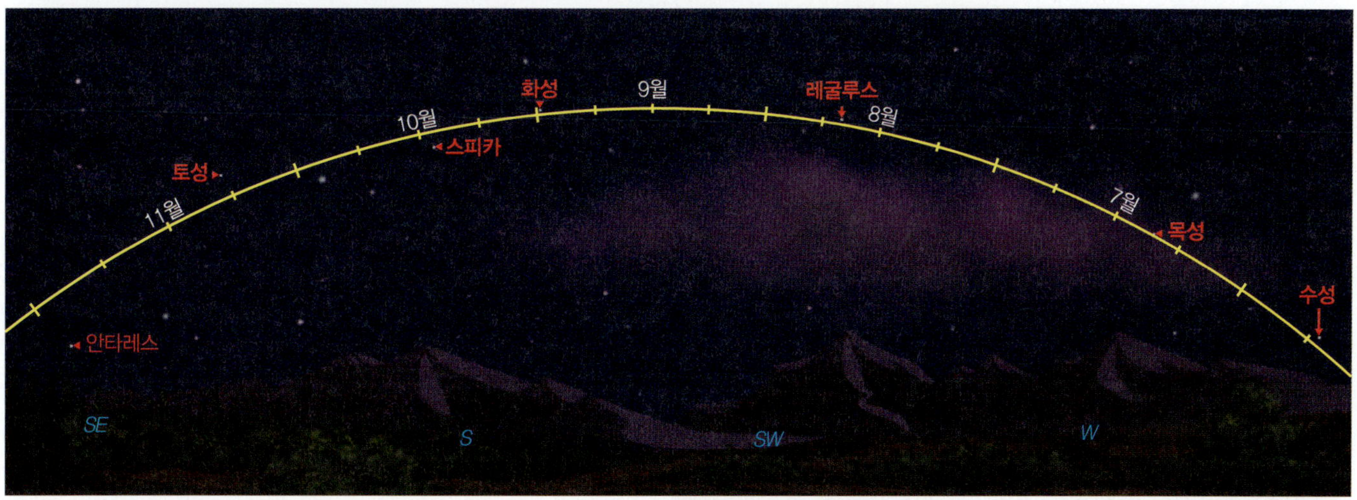

그림 10.2 모든 행성들이 거의 같은 평면에서 태양을 공전하기 때문에 이 행성들은 하늘의 황도면을 따라 나타난다.

(1) 철학적으로 구를 완벽한 모양이라고 생각하고, 지구는 완벽하다고 생각했고, (2) 월식 중에 달에 지구의 둥근 그림자를 드리우는 것이 관측되었고, (3) 먼 거리를 항해할 때, 배가 지평선 아래로 서서히 사라지는 것을 관찰했기 때문에 지구는 구 모양이어야 한다고 생각했다. 둥근 지구에 대한 증거는 수평선 위의 북극성의 고도가 사람이 북쪽으로 이동함에 따라 증가하는 것처럼 보이는 관찰 결과로부터 나왔다. 이것은 지구 표면이 적어도 다른 증거에서 보인 것과 마찬가지로 곡선을 이루고 있다는 것을 입증했다.

수천 년 후, 지구의 모양과 크기는 지구를 도는 인공위성에 의해 정밀하게 측정되었다. 이러한 측정을 통해 지구가 고대 그리스인들이 믿었던 것과는 달리 완벽하게 둥근 구는 아니라

자세한 관찰

천구(The Celestial Sphere)

하늘에 있는 황도, 행성, 또는 그 밖의 천체들을 찾으려면, 천체들이 위치하고 있는 가상의 구가 필요하다. 이 가상의 구는 고대 그리스인들이 그랬던 것처럼 하늘이 천구라 불리는 하나의 구로 이루어졌다고 상상함으로써 쉽게 이해할 수 있다. 선으로 이루어진 좌표계를 이 구에 시각화할 수 있다. 표면이 천구에 닿을 때까지 지구를 부풀릴 수 있다고 상상해보자. 지금 천구로 선을 옮기면 하늘 좌표계가 생긴다. 지구 표면에서 보면, **천구의 적도**(celestial equator)는 지구의 적도 바로 위에 있는 천구 상의 선이며, **천구의 북극**(north celestial pole)은 지구의 북극 바로 위에 있는 지점임을 알 수 있다. 마찬가지로 **천구의 남극**(south celestial pole)도 지구의 남극 바로 위의 지점이다.

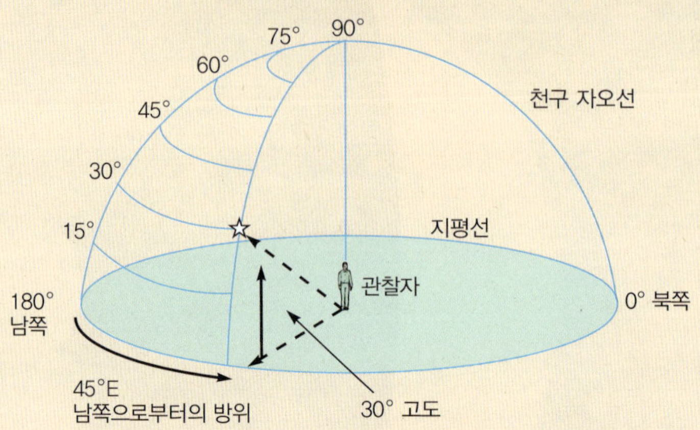

상자 그림 10.1 천구의 적도, 천구의 북극, 천구의 남극, 천구 자오선을 정했으면 2개의 좌표를 사용하여 하늘에서 천체의 위치를 찾을 수 있다. 2개의 좌표는 각각 지평선에서 천구에 있는 천체까지의 고도각(°단위)과 천구 자오선이 지평선과 만나는 곳을 남쪽으로 하고 천구에 있는 천체까지의 동쪽 또는 서쪽의 방위각(°단위)이다. 그림에서 천체의 위치는 고도각 30°, 방위각은 남쪽으로부터 동쪽 45°이다.

우리는 지구 표면의 어떤 한 장소에서 전체 천구의 절반만 볼 수 있다. 우리가 위치한 바로 위 천구 위의 점을 상상해보자. 이 지점을 통과했다가 천구의 북극을 통해 북쪽으로 지나며, 천구의 남극을 통과하여 다시 바로 원래 지점까지 계속 이어지는 상상의 선은 **천구 자오선**(celestial meridian)이라는 큰 원을 만든다(상자 그림 10.1). 천구 자오선의 위치는 지구상에서 우리가 있는 위치에 따라 결정된다는 점에 유의하자. 반면에 천체의 적도, 천구의 북극, 천구의 남극은 우리가 어디에 있든지 항상 같은 곳에 있다.

전체적으로 천구는 천구의 북극과 남극을 통과하는 축으로 회전하는 것으로 보인다. 카메라로 천구의 북극을 가리키고 셔터를 몇 시간 동안 열어 놓아 만든 사진은 천구에서의 별의 겉보기 운동을 보여준다(그림 9.1A 참조). 별이 움직이고 있는 중심 근처에 적당히 밝은 별은 북극성이다. 북극성은 거의 정확하게는 아니지만 천구의 북극에 있다. 밤마다 천구를 관찰하면, 별들이 북극성 주위를 반시계 방향으로 돌면서 서로 상대적인 위치를 유지하는 것을 볼 수 있을 것이다. 북극성 근처의 별들은 북극성을 중심으로 회전하며 '주극성'이라고 불린다. 저 멀리 있는 별들은 동쪽에서 뜨고 호 모양으로 움직이고 다음 서쪽에서 진다.

그림 10.3 우주에서 본 지구

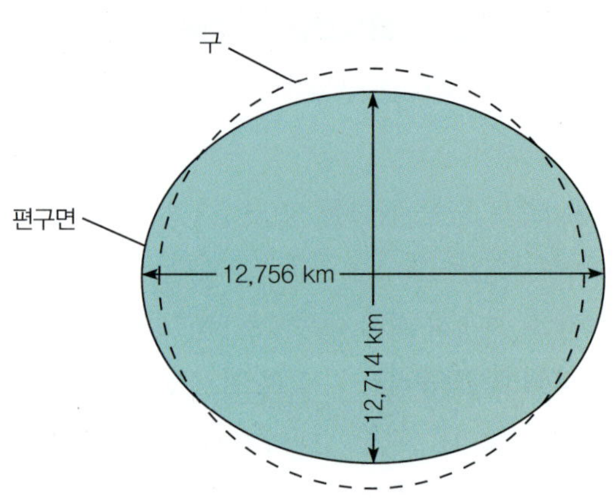

그림 10.4 지구는 불규칙하고 약간 한쪽으로 치우친 배 모양의 형태를 가지고 있다. 여기에 나타낸 것과 같이 완전한 구와는 다르게, 극이 납작한 타원체인 편구면의 형태를 가지고 있다고 여겨진다.

는 것이 발견되었다. 다른 행성들처럼, 극지방에서 평평해지고 적도에서 툭 튀어나왔다. 사실, 망원경을 통해 목성과 토성 둘 다 극지방에서 상당히 평평하다는 것을 관찰할 수 있다. 극에서 평평한 모양은 극을 통과하는 것보다 적도를 통과할 때 더 큰 거리를 가지고 있고, 이를 상하 양극을 편평하게 만든 **편원**(oblate) 모양이라고 말한다. 물이 가득 채워진 채 탁자 위에 올려져 있는 둥근 풍선 같은 지구는 편원 모양이다. 하지만 북극은 평균 지표면보다 약간 높고 남극은 약간 낮기 때문에 완벽하게 대칭적인 편원은 아니다. 게다가, 태평양에서 튀어나와 있고 인도양에서 파여 있는 것처럼, 적도를 중심으로도 완벽하게 둥글지 않다. 지구의 모양은 배 모양이고, 한쪽으로 약간 치우진 **편구면**(oblate spheroid)이다. 그러나 모든 고저 변동이 85 m 미만인 것은 지구의 크기(그림 10.3)에 비하면 사실상 무시할만하다. 따라서 지구는 편구면에 매우 가깝지만, 꼭 그렇지는 않다. 이 형태의 중요성은 다음에 지구의 움직임이 논의될 때 분명해진다(그림 10.4).

10.2 지구의 운동

고대 사람들은 지구의 크기와 모양을 상당히 정확하게 이해했지만, 적어도 다음의 2가지 이유로 지구가 움직인다는 생각을 받아들이기 어려웠다. (1) 그들은 지구의 어떤 움직임도 감지할 수 없었고, (2) 우주가 그들 자신들을 위해 창조되었고 자신들이 우주의 중심에 있다는 생각을 가지고 있었다. 1700년대에 이르러서야 움직이는 지구의 개념이 일반적으로 받아들여졌다. 오늘날, 지구는 여러 가지 다른 방법으로 움직이고 있다고 이해되고 있는데, 이 중 7가지는 이번 장의 도입부에서 이미 언급되었다. 이러한 움직임 중 3가지는 태양과 은하계의 움직임과는 독립적이다. 이것들은 (1) 태양 주위를 도는 연간 공전 궤도, (2) 자전축에서의 일별 자전, (3) 자전축이 시계 방향으로 천천히 도는 것이다.

공전

지구는 평균 일 년에 한 바퀴씩 타원형의 경로로 끊임없이 태양 주위를 돈다. 태양 주위의 이러한 지구의 움직임을 **공전**(orbit)이라고 하고, 지구의 공전의 모든 지점은 황도 상에 위치하고 있다. 지구와 태양 사이의 평균 거리는 약 1억 5,000만 km이다.

지구의 궤도는 약간 타원형이기 때문에 공전하는 동안 속도가 변한다. 1월에 태양에 가장 가까울 때에는 가장 빨리 움직이고 7월 초에 태양으로부터 가장 멀리 떨어져 있을 때는 가장 느리게 움직인다. 지구는 1월에 태양에서 평균 거리보다 약 250만 km 가까이 있으며, 7월에는 그 거리만큼 멀리 있다. 이러한 약 500만 km의 차이로 1월에 태양의 겉보기 직경은 7월 태양보다 3% 더 크고, 지구 전체는 1월에 약 6%의 태양에너지를 더 받는다. 지구에서의 계절을 결정하는 데에는 태양과의 거리보다는 다른 요인이 더 중요하다. 태양이 지구에 가장 가까이 있을 때, 북반구에서 겨울이 나타난다. 마찬가지로, 태양이 지구에서 가장 멀리 떨어져 있을 때 북반구에서 여름이 나타난다(그림 10.5).

태양으로부터 지구의 거리의 영향보다 더 중요한 요인은 지구의 **자전축**(axis)이라고 하는

그림 10.5 지구가 공전할 때, 자전축의 기울기와 방향이 계절의 원인이다. 북극은 하지에는 태양을 향하고 있고, 동지에는 태양을 등지고 있다.

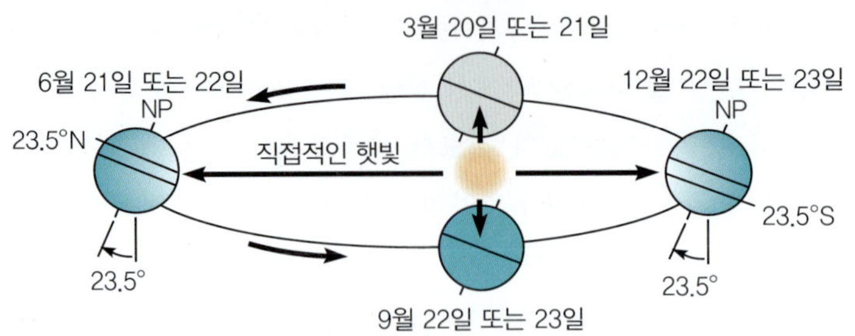

북극과 남극을 관통하는 가상의 선 주위를 도는 지구의 **자전**(rotation)과 관련하여 황도면에 대해 기울어진 지구의 자전축과 자전축이 향하는 방향이다. 황도면에 대한 **지구 자전축의 기울기**는 약 66.5°(또는 황도면에 수직인 선으로부터 23.5°)이다. 자전축의 기울기는 지구가 공전하는 동안 일 년 내내 같다.

비슷하게, 태양에 대한 **지구 자전축의 방향**도 지구가 공전을 하는 동안 일 년 내내 같다. 따라서 일반적으로 자전축은 동일한 각도와 방향으로 일 년 중 어느 날에도 그 위치에 근본적으로 평행하게 유지된다. 자전축의 일정한 방향과 기울기로 인해 지구가 공전 궤도의 특정 부분에 있을 때 자전축이 태양을 향하고, 6개월 후에는 태양을 등지게 된다. 자전축의 일정한 기울기와 방향은 지구의 자전, 공전과 함께 (1) 낮과 밤의 길이 변화, (2) 계절 변화, (3) 위도에 따라 변하는 기후의 3가지 관련된 효과를 만들어낸다.

그림 10.5는 북극이 6월 21일이나 22일에 태양을 향하다가 자전축의 방향이 일정하게 유지되기 때문에 12월 22일이나 23일에는 태양을 등지는 것을 보여준다. 북극이 태양을 향할 때, 24시간 동안 햇빛을 받고, 남극은 24시간 내내 햇빛을 받지 못한다. 이때가 북반구에서 가장 긴 낮의 길이와 정오 때 태양이 가장 높게 떠 있는 여름이다. 6개월 후인 12월 22일이나 23일에는 북반구에서 가장 짧은 낮의 길이와 정오 때 태양이 가장 낮게 떠 있는 겨울이다.

과학 스케치

행성의 공전과 자전 사이의 차이점을 보여주는 그림을 그려보자.

계절의 시작은 (1) 낮의 길이, (2) 정오 때 하늘에서의 태양의 고도, (3) 정오 때 수직으로 세워진 막대기의 그림자 길이의 3가지의 현상 중 하나로 알 수 있다. 이러한 3가지 현상은 태양에 대한 지구 자전축의 방향의 변화와 함께 변한다. 6월 21일 또는 22일에, 북극은 직접 태양을 향하고 있어 정오 때 태양의 고도가 최대에 다다르고 이후에 점점 고도가 내려간다. 반대로 12월 22일 또는 23일에, 북극은 태양을 등지고 있어 정오 때 태양의 고도가 최소에 이르고 이후에 다시 올라가기 시작한다. 따라서 이 두 시기에 태양은 정오 때 하늘에서 고도가 증가하거나 감소하는 것을 멈추면서, 반대로 고도 변화가 나타난다. 이러한 시기를 "태양이 가만히 서 있다."를 뜻하는 라틴어 **지점**(solstice)이라고 한다.

북반구의 **하지**(summer solstice)는 6월 22일경에 발생하며 여름의 시작을 나타낸다. 하지에는 정오에 태양이 가장 높은 고도로 떠 있고, 수직 막대의 그림자가 일 년 중 어느 날보다 짧다. 북반구의 **동지**(winter solstice)는 12월 22일경에 발생하고 겨울의 시작을 나타낸다. 동

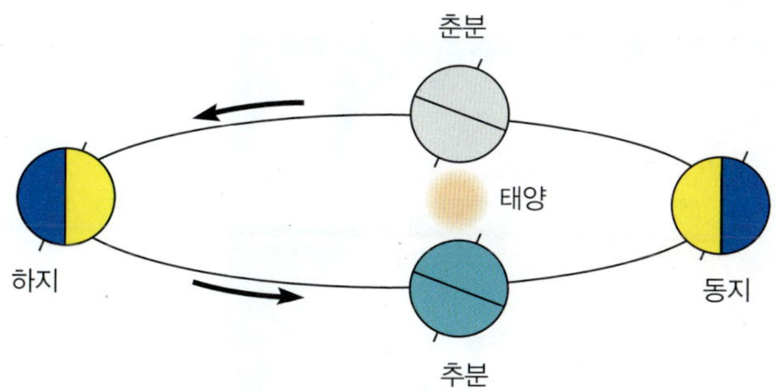

그림 10.6 각 계절 동안 낮의 길이는 지구의 그림자와 자전축의 기울기 사이의 관계에 의해 결정된다. 춘분과 추분일 때, 그림자가 위도에 수직이고, 낮과 밤의 길이가 어느 곳에서나 같다. 하지일 때는 북극은 태양을 가리키며 북극에서 24시간 동안 완전히 그림자에서 벗어난다. 동지일 때는 북극이 24시간 그림자 속에 있다. 남극에서는 반대의 상황이 일어난다.

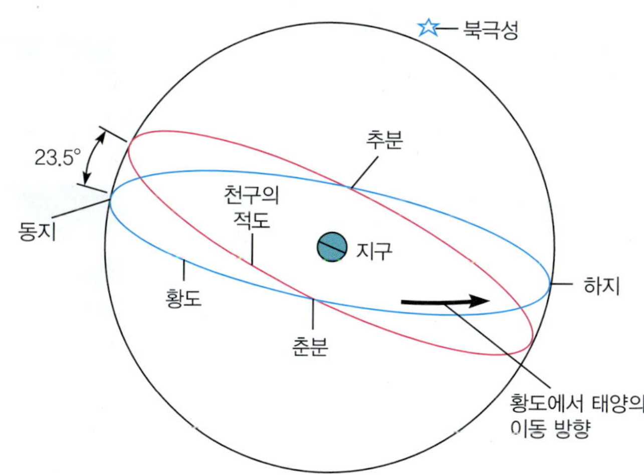

그림 10.7 지점(하지, 동지)과 분점(춘분, 추분)에서 천구에서의 태양의 위치

지에는 정오에 태양이 가장 낮은 고도로 떠 있고, 수직 막대의 그림자가 일 년 중 어느 날보다 길다(그림 10.6).

6월 22일경 북극이 태양을 향하는 것과 12월 22일경 북극이 태양을 등지는 것 사이에서 지구가 공전할 때, 지구가 그 두 시기의 중간에 있는 시점이 두 번 있다. 이 시기에, 지구의 자전축은 태양과 지구를 잇는 가성의 선에 수직이며, 낮과 밤의 길이가 똑같다. 이 시기를 라틴어에서 '똑같은 밤'을 의미하는 **분점**(equinoxe)이라고 한다. **춘분**(spring equinox 또는 vernal equinox)은 3월 21일경에 발생하고 북반구에서 봄의 시작을 나타낸다. **추분**(autumnal equinox)은 9월 23일경에 발생하고 북반구에서 가을의 시작을 나타낸다. 물론 이러한 계절적 변화는 북반구와 남반구에서 정반대여서, 일부 과학자들은 봄과 가을을 뜻하는 춘분과 추분 대신 **3월 분점**(March equinox)과 **9월 분점**(September equinox)을 사용하기도 한다.

그림 10.7은 천구에서의 태양의 겉보기 경로와 계절 사이의 관계를 보여준다. 천구의 적도는 지구의 적도 바로 위에 있는 천구에서의 선이다. 분점은 황도와 천구의 적도가 만나는 천구에서의 지점이다. 또 하지에는 황도가 천구의 적도보다 23.5°만큼 북쪽에 있을 때 발생하고, 동지에는 황도가 천구의 적도보다 23.5°만큼 남쪽에 있을 때 발생한다.

자전

하루에 한 번씩 천구의 겉보기 회전을 관찰할 수 있고, 태양, 달, 별이 동서로 움직이는 것을 보면 확실히 움직이는 것은 지구가 아니라 하늘에 있는 천체들인 것 같다. 우리는 어떠한 움직임도 감지할 수 없고, 지구가 움직인다는 겉보기 증거도 거의 없다. 지구가 움직이는 증거는 적어도 다음의 3가지 다른 관측에서 나온다. 이 3가지 관측은 (1) 다른 행성과 태양의 자전에 대한 관측, (2) 지구상의 다른 위도에서 길고 무거운 진자가 변화하는 것에 대한 관측, (3) 로켓과 같은 지구 표면을 가로질러 움직이는 물체의 이동 방향에 대한 관측이다. 여기서 지구가 움직인다는 것은 자전을 의미한다는 것을 명심하자.

목성 같은 다른 행성들과 태양은 목성의 대적점과 태양의 흑점 같은 표면의 특징을 추적

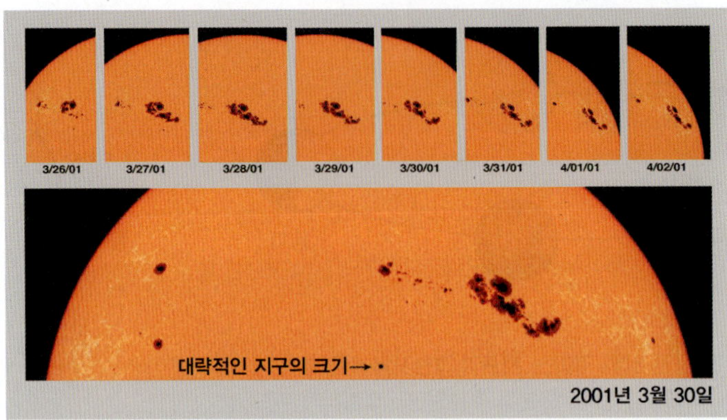

그림 10.8 태양의 자전은 태양 흑점의 변화하는 위치를 주의 깊게 관찰함으로써 측정할 수 있다. 이 태양 흑점들 중 많은 것들이 지구보다 몇 배 더 크다는 것을 주목하자.
출처: SOHO/NASA/ESA

개념 적용

일출과 일몰

한 달 동안의 일출과 일몰의 시간을 보여주는 도표를 만들어보자. 낮의 길이와 밤의 길이를 계산해보자. 일출은 일몰과 보조를 맞추며 변화하는가, 아니면 서로 독립적으로 변화하는가?

함으로써 회전하는 것을 알 수 있다(그림 10.8). 이러한 관측은 지구도 또한 자전한다는 직접적인 증거는 아니지만, 태양계의 다른 구성원들이 자전축으로 회전한다는 것을 보여준다. 앞에서 설명한 것처럼, 목성은 극이 평평하고 적도가 불룩한 모양을 가지고 있다. 지구 또한 그런 모양이기 때문에, 이것은 지구가 자전한다는 간접적인 증거가 될 수 있다.

지구의 자전과 관련해서 가장 쉽게 얻을 수 있고 설득력 있는 증거는 긴 줄에 매달려 흔들리는 무거운 물체인 **푸코 진자**(Foucault pendulum)로부터 나온다. 이 진자는 1851년 지구가 자전한다는 것을 증명하기 위해 긴 진자를 처음 사용한 프랑스의 물리학자 장 푸코(Jean Foucault)의 이름을 따서 지어졌다. 푸코는 길고 무거운 진자를 움직이기 시작하여, 바닥에 평면을 설치하고 앞뒤로 움직이는 진자의 경로를 표시했다. 어느 정도 시간이 흐르면서 진자는 천천히 위치를 바꾸는 것처럼 보였고, 회전면도 부드럽게 움직였다. 푸코는 진자 아래의 바닥 평면이 반시계 방향으로 회전하는 동안 진자는 실제로 우주에서 진자의 이동면을 유지한다는 것을 증명했다. 진자 밑에서 회전하여 진자의 이동면을 바꾸는 것처럼 보이게 하는 것은 지구라고 할 수 있다.

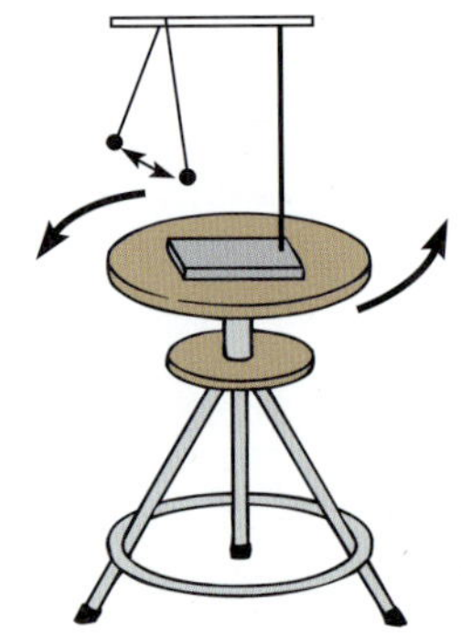

그림 10.9 푸코 진자는 아래에 있는 의자가 회전하는 동안 같은 평면에서 앞뒤로 흔들린다. 마찬가지로, 지구 표면 위에 있는 푸코 진자는 같은 평면에서 앞뒤로 흔들리며, 진자 아래로 지구가 회전한다. 회전하는 정도는 진자가 위치한 위도에 따라 달라진다.

그림 10.9는 푸코 진자의 개념을 보여준다. 진자는 자유롭게 회전할 수 있는 의자의 받침대에 부착되어 있다. 진자가 흔들리는 동안 의자를 천천히 돌리면, 진자 아래에서 의자가 회전하는 동안 진자가 흔들리는 면을 유지한다는 것을 관찰할 수 있을 것이다. 만약 우리가 훨씬 더 작고 진자 밑에서 바라본다면, 그것은 우리가 회전하는 의자와 함께 회전하는 것처럼 보일 것이다. 이것이 지구에 일어나는 일이다. 북극에서 이러한 진자는 약 24시간 안에 완전히 회전할 것이다. 북극에서 남쪽으로 이동하여 적도까지 온다면, 적도에서는 진자가 전혀 회전하지 않는 것처럼 보일 것이다. 위도가 적당히 높은 곳에서는 진자의 평면이 북반구에서는 시계 방향으로, 남반구에서는 반시계 방향으로 움직이는 것처럼 보인다.

세차

만약 지구가 완벽한 구 모양의 공이라면, 지구의 자전축은 항성들 사이에서 항상 같은 곳을 가리킬 것이다. 하지만 지구의 적도 부분에 툭 튀어나온 부분이 달과 태양의 중력 때문에 잡아당겨지고, 이로 인해 지구의 자전축은 돌면서 천천히 흔들리게 된다. **세차**(precession)라고 하는 이 지구 자전축의 느린 흔들림은 자전축이 회전하는 팽이처럼 천천히 원을 그리며 돌게 만든다(그림 10.10). 지구의 자전축이 한 바퀴를 도는 데 약 2만 6천 년이 걸린다. 오늘날 이 축은 북극성을 가리키지만 서서히 멀어지면서 다른 곳을 가리키려고 하고 있다. 약 만 2천 년 후, 별 베가는 북극 위에 위치해 있는 것처럼 보이고, 새로운 북극성이 될 것이다(그림 10.11).

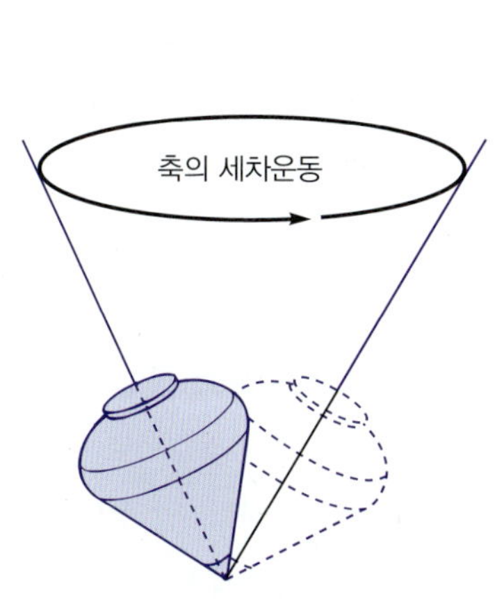

그림 10.10 회전하는 팽이는 회전하면서 흔들리며, 팽이의 축은 작은 원을 그린다. 이러한 축의 흔들림을 세차운동이라고 한다.

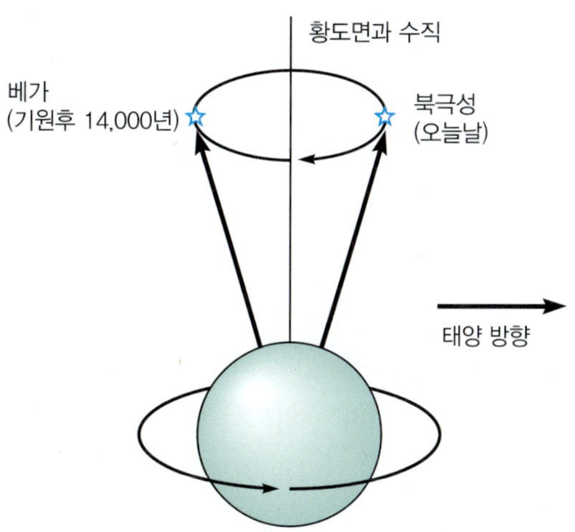

그림 10.11 지구 자전축의 느리고 지속적인 세차운동은 북극이 약 2만 6천 년의 기간에 걸쳐 작은 원을 그리는 결과를 낳는다.

10.3 장소와 시간

지구의 지속적인 자전과 공전으로 지구상에서의 객관적인 방향, 위치, 시간이 결정된다. 지구의 자전은 전체 지구 표면에서의 방향과 위치를 결정하는 기준점 역할을 하는 회전축을 정의한다. 지구의 자전과 공전은 시간의 기준을 정의하는 회전을 말한다. 다음은 어떻게 지구의 움직임이 장소와 시간을 알아보는 데 사용되는지 설명한다.

장소 정하기

평평한 2차원의 표면에서, 점 또는 위치를 정하기 위해 2개의 직선 시스템이 이용될 수 있다. 예를 들어, 그림 10.12에서 X의 위치는 첫 번째 직선으로 상단에서 일정한 거리를, 두 번째 직선으로 왼쪽에서 일정한 거리를 측정하여 정할 수 있다. 두 직선이 교차하는 경우, 다른 사람에게 기록하거나 전달할 수 있는 X의 위치를 정할 수 있다.

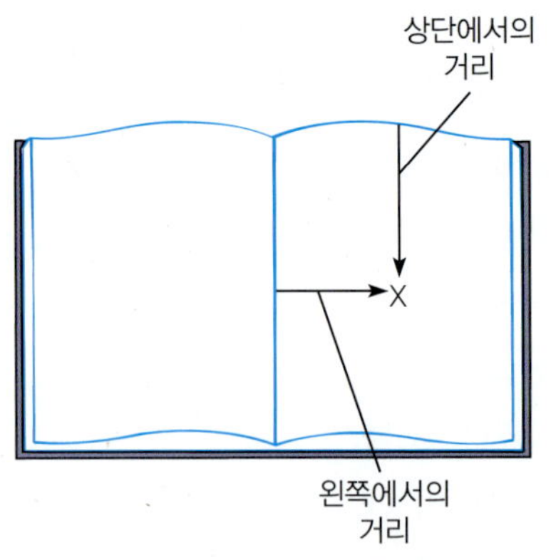

그림 10.12 평평한 2차원 표면의 모든 위치는 두 가장자리에서 시작되는 2개의 직선을 사용하여 쉽게 정할 수 있다.

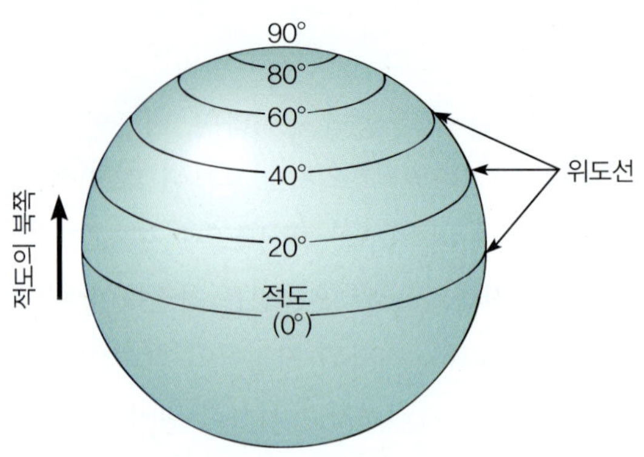

그림 10.13 적도에 평행한 원은 적도의 북쪽 또는 남쪽 방향의 위치를 정하는 데 사용된다. 몇 가지 예가 여기에 설명되어 있다.

2개의 직선 시스템을 이용하여 구에서 점 또는 위치를 식별할 수 있고 이때 직선은 원이 된다. 그러나 구는 상단이나 측면 가장자리가 없기 때문에, 구의 기준점은 평평한 2차원의 경우처럼 단순하지 않다. 지구의 자전축은 남북 기준점을 제공한다. 적도는 자전축의 양끝, 즉 극과 극의 정확히 중간에 있는 지구 주위의 큰 원이다. 그림 10.13과 같이 무한히 많은 가상의 원들이 적도와 평행하게 지구 주변을 둘러싸고 있다고 가정할 수 있다. 이러한 동서로 평행한 원을 **위도선**(parallel)이라고 한다. 각각의 위도선은 지구 주위에서 적도와 양극 사이에 동일한 거리에 있다. 적도와 위도선까지의 거리를 그 지점의 **위도**(latitude)라고 한다. 위도는 지점이 위치하는 위도선을 알려줌으로써, 적도에서 얼마나 북쪽 또는 남쪽으로 떨어져 있는지 알려준다. 거리는 적도(0°)에서 북극(90°N)을 향해 북쪽으로의 거리를, 남극(90°S)을 향해 남쪽으로의 거리를 측정한다(그림 10.14). 우리가 35°N 위도의 어딘가에 있다면, 적도로부터 북쪽으로 35°만큼 떨어진 위도 어딘가에 있을 것이다.

위도선은 원이기 때문에, 40°N의 위치는 지구를 둘러싼 원 어딘가에 있을 수 있다. 위치를 정하려면 극에서 극까지 이어진 위도선에 수직인 다른 선이 필요하다. 양극에서 교차하는 남북을 가로지르는 호를 **자오선**(meridian)이라고 한다(그림 10.15). 적도와 같은 기준으로 사용될 수 있는 자연 발생적이고 식별 가능한 자오선이 없기에, 국제 협정에 의한 인위적인 기준

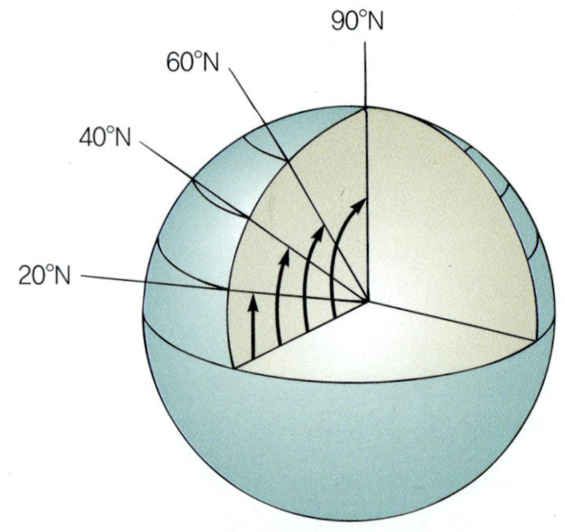

그림 10.14 만약 지구의 내부를 볼 수 있다면 위도가 적도의 0°에서 북쪽으로 북극의 90°N(또는 남쪽으로 남극의 90°S)까지인 것을 볼 수 있을 것이다.

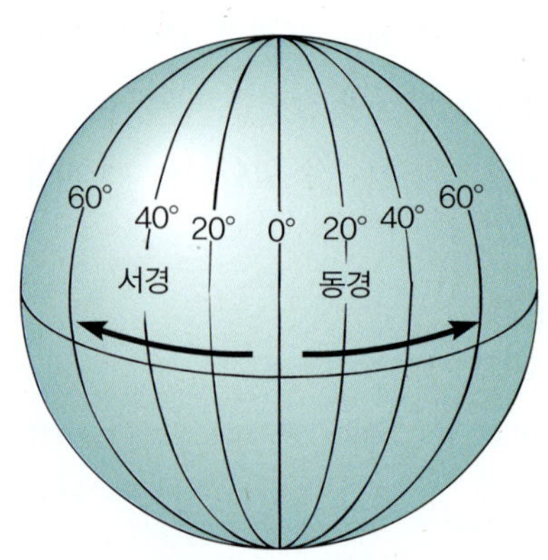

그림 10.15 자오선들은 위도선에 수직인 극과 극으로 연결되어 있으며 동쪽과 서쪽의 방향을 지정하기 위한 기준점을 제공한다.

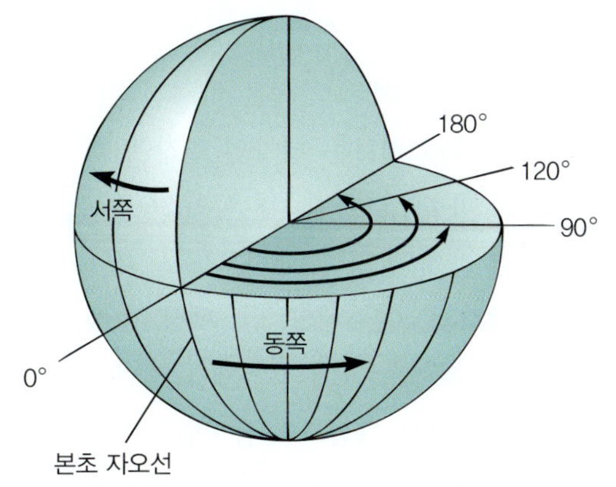

그림 10.16 만약 지구 내부를 볼 수 있다면, 적도를 중심으로 360°, 그리고 본초 자오선의 동서로 경도의 180°를 볼 수 있을 것이다.

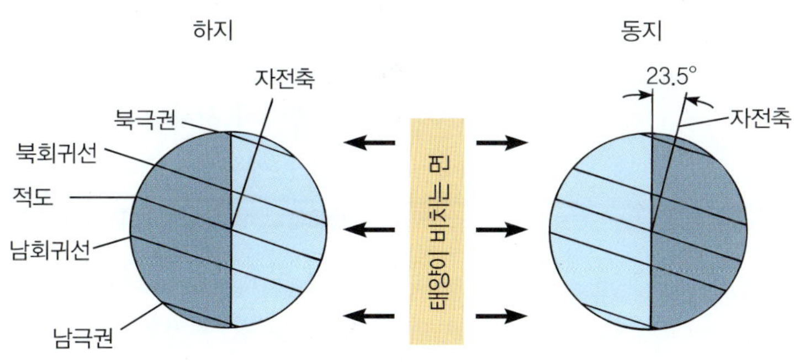

그림 10.17 하지 때, 정오의 태양은 북회귀선(23.5°N)에서 바로 머리 위에 나타나며, 24시간의 낮(백야)은 북극권(66.5°N) 북쪽에서 발생한다. 동지 때는, 정오의 태양이 남회귀선(23.5°S)에서 바로 머리 위에 나타나고, 24시간의 낮이 남극권(66.5°S) 남쪽에서 발생한다.

이 필요하다. 기준이 되는 자오선은 영국 런던 근교의 그리니치 천문대를 지나는 자오선으로, 이 자오선을 **본초 자오선**(prime meridian)이라고 한다. 본초 자오선으로부터 동쪽 또는 서쪽으로의 거리를 **경도**(longitude)라고 한다. 경도는 본초 자오선으로부터 위도선 상을 따라 최대 180°까지 동쪽 또는 서쪽 방향으로 도(°) 단위로 측정된다(그림 10.16). 예를 들어 루이지애나주, 뉴올리언스의 위도는 적도로부터 북쪽으로 약 30°N이고 경도는 본초 자오선으로부터 서쪽으로 약 90°W이다. 따라서 뉴올리언스의 위치는 30°N, 90°W로 표시된다.

적도의 북쪽 또는 남쪽 위도, 본초 자오선의 동쪽 또는 서쪽 경도로 정해지는 위치는 각 도(°)를 도당 60분(60′)으로 나누고 각 분을 60초(60″)로 나누어 더 정확하게 정할 수 있다. 적도 부근의 위도를 일반적으로 **저위도**(low latitude)라고 하고 극지방 근처의 위도를 **고위도**(high latitude)라고 한다.

적도(0°)와 극(90°) 외에, 23.5°N와 23.5°S의 위도선은 기후에 있어서 중요한 위도이다. 위도선 23.5°N는 **북회귀선**(tropic of Cancer), 위도선 23.5°S는 **남회귀선**(tropic of Capricorn)으로 불린다. 이 2개의 위도선은 일 년의 특정 시기에 태양이 바로 머리 위에 위치하는 지역을 나타낸다(그림 10.17). 66.5°N는 **북극권**(Arctic Circle)이라고 하며, 66.5°S는 **남극권**(Antarctic Circle)이라고 한다. 이 2개의 위도선은 여름 동안 태양이 하루 종일 수평선 위에 있는 지역을 나타낸다(그림 10.17).

시간 측정

시간의 기준은 규칙적인 방법으로 반복되는 두 연속적인 사건 사이의 간격에 의해 결정된다. 고대 문명 이후, 시간을 표시하기 위해 사용된 많은 반복적인 사건들은 자전축으로 도는 지구의 자전과 태양 주변을 도는 지구의 공전과 관련된 반복적인 순환으로 나타난다. 따라서 일, 월, 계절, 년은 모두 지구의 반복적인 자연적 움직임에 근거한 시간 측정 단위들이다. 각각의 시간 단위는 다른 현상이나 현상의 정의에 근거하여 정해진다. 그러나 일, 월, 년을 설명하는 몇 가지 다른 방법들이 있으며, 각각은 다른 일련의 현상에 따라 나타난다. 이 현상들은 다음에 설명되어 있다.

일

시간을 효율적으로 사용하기 위해 천문학적 현상을 사용하는 기술은 약 4천 년 전 바빌로니아 문명에서 시작되었다. 바빌로니아인들은 별을 가로지르는 태양의 연간 변화를 표시하고, 이를 12개월로 나누었다. 이 시스템을 바탕으로 바빌로니아의 1년은 총 360일로, 이는 다시 12개월로 나누어졌다. 게다가 바빌로니아인들은 주를 발명하고, 하루를 시, 분, 초로 나누었다. 이 일주일은 7일의 그룹으로 정의되는데, 각각의 일은 태양, 달, 화성, 수성, 목성, 금성, 토성 등 당시 거의 모든 사람들이 쉽게 관측할 수 있는 7개의 천체를 기반으로 하였다(표 10.1). 하루의 시, 분, 초는 곧은 수직 막대가 드리우는 그림자의 움직임으로 결정되었다.

북극 위의 우주 공간에서 본다면, 지구는 반시계 방향으로 서에서 동으로 향해 회전한다. 지구에서 이 운동은 태양이 동쪽에서 뜨고, 하늘을 가로질러 이동하고, 서쪽으로 지는 것처럼 보이게 한다. 지구 자전축의 기울기와 태양 사이의 각도 변화는 여름에는 좀 더 높게, 겨울에는 좀 더 낮게 태양이 하늘을 가로지르도록 한다. 하늘을 가로지르는 태양의 겉보기 움직임은 고대인뿐만 아니라 오늘날 현대적인 시간의 기준이기도 하다.

오늘날 지구가 태양 주위를 돌면서 자전한다는 것은 누구나 알고 있지만, 고대 그리스인들이 그랬던 것처럼 천구가 지구를 도는 것으로 우주와 천문학적 움직임을 간주하는 것이 종종 편할 때가 있다. 천구 자오선은 우리가 있는 곳 바로 머리 위를 지나 2개의 천구의 극을 통해 지구 주위를 도는 천구 위의 큰 원이라는 것을 생각해보자. 태양이 하늘에서 이동하다가 천구 자오선을 가로지르는 그 시점을 **정오**(noon)라고 한다. 어떤 특정한 경도에서 그 지역의 정오는 하늘에서 태양의 겉보기 위치로 정해지기 때문에, 그 지역에서 정오가 되는 그 시점을 **지방 시정오**(local apparent noon)라고 한다. 태양이 자오선을 가로지르기 전의 아침 시간은 '자오선 전'의 라틴어인 *ante meridiem*(A.M.) 시간으로 정의된다. 정오 이후의 오후 시간은 *post meridiem*(P.M.) 시간으로 정의되며, 이는 라틴어로 '자오선 후'라는 의미이다.

하늘을 가로지르는 태양의 움직임을 측정하는 방법에는 여러 가지가 있다. 예를 들어 고대 바빌로니아인들은 **뇨몬**(gnomon)이라 하는 수직 막대를 사용하여 태양의 위치 변화로 인해 움직이는 그림자를 측정했다. 수직 또는 비스듬한 뇨몬 아래에 수평판을 설치하고 그 판에 시간을 표시하면서 이 뇨몬은 **해시계**(sundial)로 진화했다. 뇨몬으로부터의 그림자는 하늘에 있는 태양의 위치에 근거하여 특정 장소에서 특정 순간의 **지방 시태양시**(local apparent solar time)를 나타낸다. 해시계로부터 시간을 읽어본 적이 있다면, 보통 우리가 갖고 있는 시계와 같은 시간을 보여주지 않는다는 것을 알고 있을 것이다(그림 10.18). 또한 이러한 해시계는 일정한 시간을 보여주지 않고, 일 년 내내 변동하며, 때로는 시계의 시간보다 빠르기도

표 10.1 요일과 각 요일에 해당하는 천체

	태양	달	화성	수성	목성	금성	토성
영어	Sunday	Monday	Tuesday	Wednesday	Thursday	Friday	Saturday
필리핀어	Dominggo	Lunes	Martes	Miyerkules	Huwebes	Biyernes	Sábado
프랑스어	Dimanche	Lundi	Mardi	Mercredi	Jeudi	Vendredi	Samedi
이탈리아어	Domenica	Lunedì	Martedì	Mercoledì	Giovedì	Venerdì	Sabato
포르투갈어	Domingo	Lues	Martes	Mércores	Joves	Vernes	Sábado
스페인어	Domingo	Lunes	Martes	Miércoles	Jueves	Viernes	Sábado

그림 10.18 해시계는 특정 위치에서 특정 순간에 나타나는 지방 시태양시를 나타낸다. 보통 해시계의 시간은 평균 태양시를 근거로 만들어진 시계에서의 시간과 다르다. ©Bill W. Tillery

느리기도 하다.

해시계는 지방 시태양시를 보여주지만, 시계는 **평균 태양시**(mean solar time)에 기초하여 일정한 표준 시간을 측정하도록 설정되어 있다. 평균 태양시는 일정하지 않고 변하는 시태양시를 평균해서 만든 변화가 없는 일정한 시간이다. (1) 지구는 태양 주위를 타원 모양의 공전 궤도에서 때로는 빠르게 때로는 느리게 움직이고, (2) 지구의 적도는 황도에 기울어져 있기 때문에 시태양시는 일정하지 않고 변동한다. 이 두 효과의 결합으로 시계의 시간인 일정한 평균 태양시와 비교하여, 해시계의 시간, 즉 시태양시는 가변적이고 일정하지 않다.

하루는 지구가 한 바퀴 자전하는 데 필요한 시간의 길이로 정의된다. 그러나 이 한 바퀴의 자전을 측정하는 방법이 다르기 때문에 '일'의 정의가 달라진다. **항성일**(sidereal day)은 천구에 위치한 특정 별(항성이 '별'을 의미한다)이 천구 자오선을 만나고 천구를 한 바퀴 돌아 다시 천구 자오선을 만날 때까지의 시간의 간격이다. 이 시간 간격은 지구가 자전축으로 360° 회전하는 데 걸리는 시간에만 의존한다. 지구의 자전 속도는 일정하기 때문에 1항성일은 다른 별로 정의된 다른 1항성일과 항상 길이가 같다.

시태양일(apparent solar day)은 천구에 있는 태양이 천구 자오선을 만나고 천구를 한 바퀴 돌아 다시 천구 자오선을 만날 때까지의 시간의 간격이다. 예를 들어, 한 지역의 정오의 태양에서 다음 정오의 태양까지의 시간 간격이다. 지구는 태양 주위를 공전하고 있기 때문에, 공전으로 이동한 거리만큼 조금 더 자전을 해야 태양이 정오의 위치로 되돌아올 수 있다(그림 10.19). 그 결과, 시태양일은 항성일보다 약 4분 더 길다. 이 추가 시간은 매일 밤, 별과 별자리가 약 4분 일찍 떠서, 전날과 같은 시계의 시간에는 좀 더 높게 위치한다. 항성일은 23시간

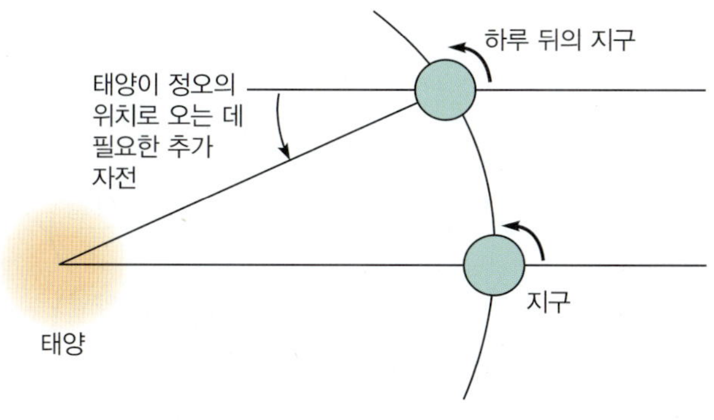

그림 10.19 지구가 태양 주위를 공전하고 있기 때문에, 정오의 태양이 천구 자오선을 가로질러 이동하여 다시 정오의 위치로 돌아오는 데 약 4분 동안의 거리에 해당하는 지구의 추가 자전이 필요하다. 이것은 왜 별과 별자리가 매일 밤 약 4분씩 먼저 뜨는지를 설명해준다.

56분 4초이다. **평균 태양일**(msd, mean solar day)은 매일매일 변하는 시태양일을 평균하여 변하지 않는 하루의 길이를 만들고, 이를 24시간으로 정의하였다.

예제 10.1 (선택)

1년에 얼마나 많은 항성일이 있는가? 20세의 사람의 나이는 평균 태양일로 며칠인가? 항성일로는 며칠인가?

풀이

평균 태양일과 항성일 사이의 시간 비율을 결정하고 1년 동안의 평균 태양 일수를 곱해보자.

$$\text{하루의 길이}_{\text{항성일}} = 23\text{시간 } 56\text{분 } 4\text{초}$$
$$\text{하루의 길이}_{\text{평균 태양일}} = 24\text{시간}$$
$$\text{1년의 길이} = 365.24220 \text{ 평균 태양일(msd)}$$
$$\text{항성일로는?}$$

항성일을 시로 변환하자.

$$\begin{aligned}
\text{하루의 길이}_{\text{항성일}} &= 23\text{ h} + 56\text{ min}\left(\frac{1\text{ h}}{60\text{ min}}\right) + 4\text{ s}\left(\frac{1\text{ h}}{60\text{ min}}\right)\left(\frac{1\text{ min}}{60\text{ s}}\right) \\
&= 23\text{ h} + \frac{56}{60}\cancel{\text{min}}\left(\frac{\text{h}}{\cancel{\text{min}}}\right) + \frac{4}{60^2}\cancel{\text{s}}\left(\frac{\text{h}}{\cancel{\text{min}}}\right)\left(\frac{\cancel{\text{min}}}{\cancel{\text{s}}}\right) \\
&= 23\text{ h} + 0.9333\text{ h} + 0.0011\text{ h} \\
&= 23.9344\text{ 시간}
\end{aligned}$$

$$\begin{aligned}
\text{항성일} &= \text{1년의 길이}\left(\frac{\text{하루의 길이}_{\text{평균 태양일}}}{\text{하루의 길이}_{\text{항성일}}}\right) \\
&= 365.24220\text{ msd}\left(\frac{24\,\frac{\text{h}}{\text{msd}}}{23.9344\,\frac{\text{h}}{\text{일}_{\text{항성일}}}}\right) \\
&= 365.24220\left(\frac{24}{23.9344}\right)\cancel{\text{msd}}\left(\frac{\frac{\cancel{\text{h}}}{\cancel{\text{msd}}}}{\frac{\cancel{\text{h}}}{\text{일}_{\text{항성일}}}}\right) \\
&= 365.24220(1.00274)\text{ 일}_{\text{항성일}} \\
&= \boxed{366.243\text{ 일}_{\text{항성일}}}
\end{aligned}$$

$$\text{나이} = 20\text{세}$$
$$\text{1년} = 365.24220\text{ 평균 태양일}$$
$$\text{1년} = 366.243\text{ 일}_{\text{항성일}}$$
$$\text{나이}_{\text{일}} = ?$$

$$\begin{aligned}
\text{나이}_{\text{평균 태양일}} &= \text{나이} \times \text{1년의 길이} \\
&= 20\text{년} \times \left(365.24220\,\frac{\text{평균 태양일}}{\text{년}}\right) \\
&= 20(365.24220)\cancel{\text{년}}\left(\frac{\text{평균 태양일}}{\cancel{\text{년}}}\right) \\
&= 7{,}305\text{ 평균 태양일}
\end{aligned}$$

$$\begin{aligned}
\text{나이}_{\text{항성일}} &= \text{나이} \times \text{일년의 길이} \\
&= 20\text{년} \times \left(366.243\ \frac{\text{일}_{\text{항성일}}}{\text{년}}\right) \\
&= 20(366.243)\cancel{\text{년}}\left(\frac{\text{일}_{\text{항성일}}}{\cancel{\text{년}}}\right) \\
&= \boxed{7{,}325\ \text{일}_{\text{항성일}}}
\end{aligned}$$

예제 10.2 (선택)

얼마나 많은 항성일이 1항성년에 있는가? 항성년의 길이는 다음의 '연' 소절에 있다. (답: 367.247항성일)

지붕에 뚫린 구멍은 태양시계로 쓸 수 있지만, 바닥에 비치는 햇빛의 의미를 규명하는 데는 꼬박 1년이 걸릴 것이다. 작은 구멍을 통과하는 햇빛이 바닥에 작은 빛의 점을 만든다고 상상해보자. 1년 동안, 시계가 정오를 가리킬 때 바닥에 있는 빛의 점의 위치를 표시해보자. 작은 끝이 남쪽을 가리키고 큰 끝이 북쪽을 가리키고 있는 길게 늘어진 숫자 8 모양을 볼 수 있을 것이다(그림 10.20A). 그림 10.20B에 표시된 월별 표시에 따르면, 숫자 8 모양은 실제로 태양이 6월과 12월에 하늘에서 뚜렷하게 위치를 바꿀 때 2개의 S 형상을 만드는 햇빛의 지점에 의해 만들어진다. 즉, 2개의 S자형이 합쳐져서 숫자 8 모양을 만든다.

왜 햇빛은 1년에 걸쳐 숫자 8개 모양을 만들어냈을까? 이 숫자 8에서 2개의 가장 남쪽과 북쪽 위치는 이해하기 쉽다. 12월이 되면 지구는 북극이 태양에서 가장 멀어진 공전 궤도에 있기 때문에, 이때 태양의 직사광선은 남회귀선(적도에서 남쪽으로 23.5°)으로 가고, 태양은 북반구에서 하늘에 가장 낮게 떠 있다. 그러므로 이 날에, 즉 동지에는 한 줄기 햇빛이 구멍 아래의 가장 북쪽 위치에 있는 바닥에 닿는다. 6월까지 지구는 궤도의 반 바퀴를 돌았고, 북극은 이제 태양 쪽으로 기울어져 있다. 태양의 직사광선은 현재 북회귀선(적도에서 북쪽으로 23.5°)으로 가고, 태양은 북반구에서 하늘에 가장 높게 떠 있다(그림 10.21). 그러므로 이 날에, 즉 하지에는 한 줄기 햇빛이 구멍 아래의 가장 남쪽 위치에 있는 바닥에 닿는다.

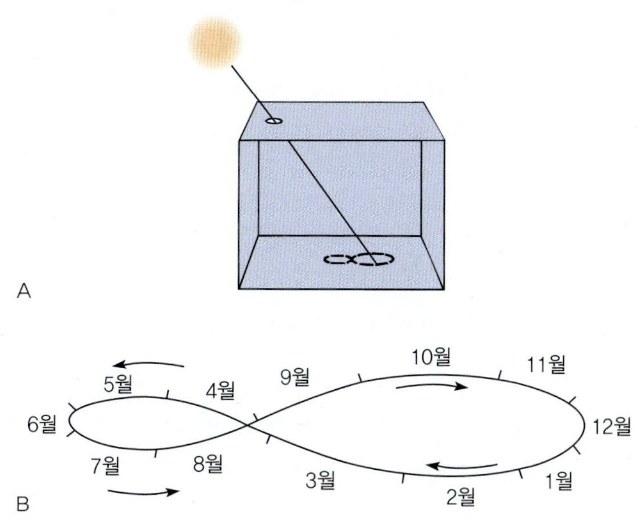

그림 10.20 (A) 1년 동안, 매일 정오에 빛의 위치가 표시되면, 햇빛은 바닥에 한쪽으로 치우친 숫자 8 모양을 만들어낸다. (B) 숫자 8 모양 위에 나타낸 매월의 위치

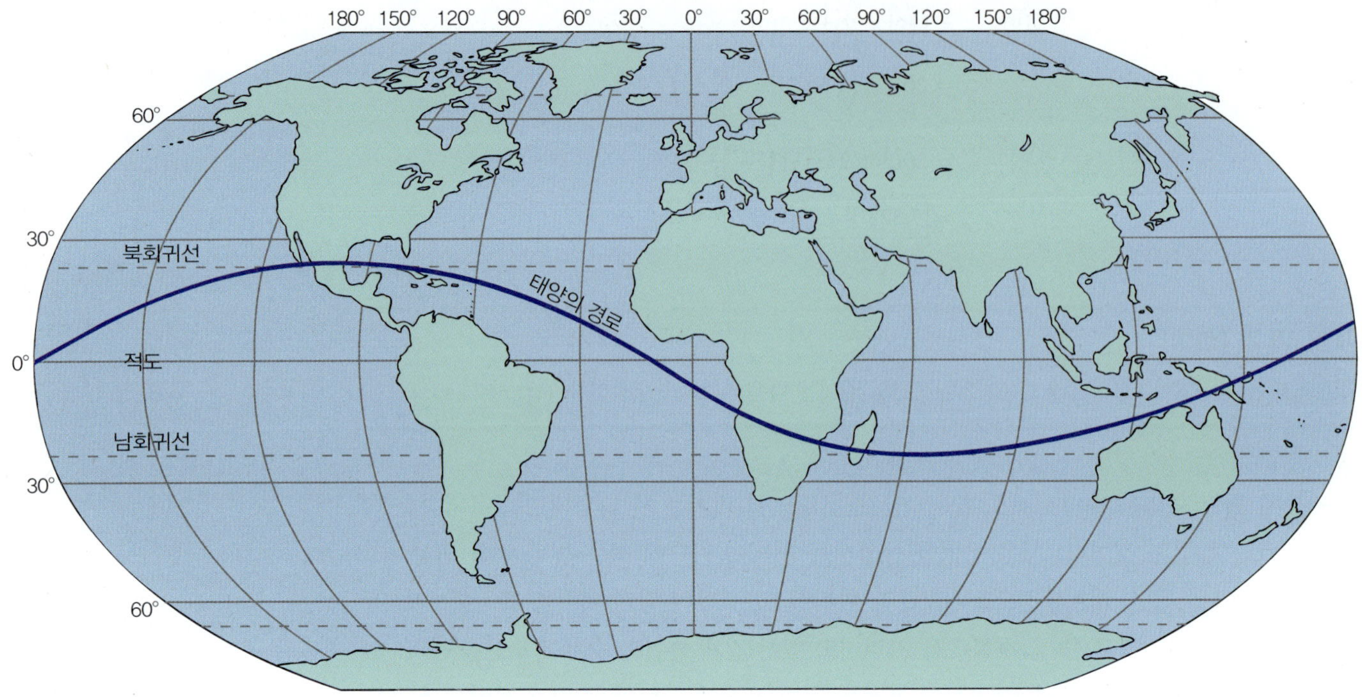

그림 10.21 1년 동안 태양의 직사광선의 경로. 태양은 하지에 북회귀선 위에 있고 북반구 하늘에 높게 떠 있다. 동지에는 태양이 바로 남회귀선 위에 있고 북반구 하늘에 낮게 떠 있다.

과학 스케치

1AU의 거리에서 태양 주위를 공전하는 행성의 자전축이 기울어지지 않았다면 어떠한 형태로 나타날지 그림 10.20B(또는 종이)에 그려보자.

만약 지구의 자전축이 기울어진 것 외에 모든 것이 일정하다면, 햇빛이 닿은 지점의 경로는 구멍 아래의 최북단 위치와 최남단 위치 사이의 직선이 될 것이다. 그러나 바닥에서 직선 대신 동서 방향으로 변화가 있는 숫자 8 모양을 만든다는 것은 빛이 동서로 움직인다는 뜻이다. 이는 태양이 1년 중 특정 시기에는 이른 시간에 천구 자오선을 가로지른다(이른 정오)는 것을 의미하고, 또 다른 특정 시기에는 늦은 시간에 가로지른다(늦은 정오)는 것을 의미한다. 이러한 이른 정오와 늦은 정오는 지구가 공전 궤도에서 시기에 따라 다른 속도로 움직이는 것에 의해 설명된다.

만약 시기에 따른 공전 궤도 속도의 변화가 태양이 1년 동안 같은 속도로 하늘을 가로지르지 않는 유일한 이유라면, 바닥에 있는 햇빛의 지점은 숫자 8 모양이 아니라 타원 모양으로 나타날 것이다. 그러나 황도의 평면은 지구의 적도면과 일치하지 않기 때문에 태양은 하늘에 다른 각도로 나타나며, 이것은 1년 중 시기에 따라 속도를 변화시키는 것처럼 보이게 한다. 이 효과는 춘분, 하지, 추분, 동지 사이에서 1년에 네 번 평균 태양일보다 시태양일이 늦거나 빠르게 만들어서, 시기에 따라 다른 시태양일을 만든다.

이러한 2가지 효과는 겉보기 지방 시태양시(해시계의 시간)와 평균 태양시(시계의 시간)

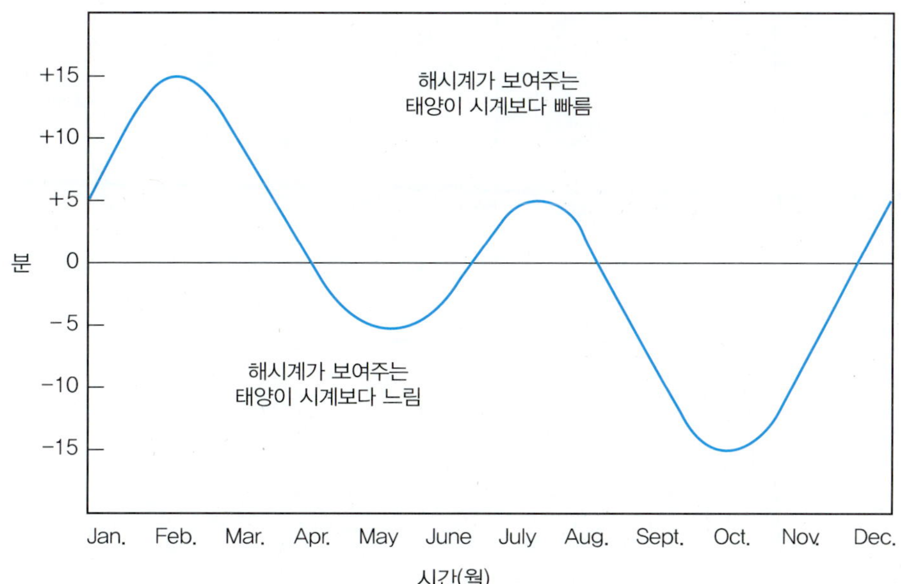

그림 10.22 1년 중 다른 달 동안 해시계의 시간이 시계의 시간보다 얼마나 빠르거나 느린지 보여주는 균시차

사이의 차이를 만들어낸다(그림 10.22). 이러한 시간 차이를 **균시차**(equation of time)라고 하며, 이것은 1년 중 시기에 따라 해시계의 시간이 시계의 시간보다 몇 분이나 빠르거나 느린지를 보여준다. 균시차로 인해 태양의 위치가 숫자 8 모양으로 나타나는 현상을 **아날렘마**(analemma)라고 하며, 이는 1년 중 어느 날의 직접적인 태양의 위도를 결정하는 데도 사용할 수 있다.

지역에서의 시간은 경도에 따라 다르기 때문에, 지구 주변의 동서 방향의 선에 있는 모든 장소에서 아무리 가까운 지역이더라도 동서 방향으로 놓인 지역에서 시계의 시간이 다르게 된다. 지역별 평균 태양시로 설정된 많은 시계에서 발생하는 혼동을 피하기 위해, 지구의 표면을 임의로 1시간 간격의 **표준 시간대**(standard time zone)로 나누었다(그림 10.23). 하루 동안에는 지구를 둘러싼 360°와 24시간이 있기 때문에, 각 시간대는 360°를 24로 나누어 15° 간격으로 정의된다. 이 15° 간격의 시간대는 전체 주를 같은 시간대에 넣고 싶거나 또는 다른 정치적 이유로 조정되기도 한다. 각 시간대의 시간은 각 시간대의 중간에 있는 평균 태양시로 정의된다. 두 시간대 사이의 경계를 넘을 때, 동쪽으로 넘을 때는 시계가 한 시간 앞서 있고 서쪽으로 넘을 때는 한 시간 뒤로 설정되어 있다. 미국의 대부분의 주에서는 여름에 **일광 절약 시간** 또는 **서머타임**(daylight saving time)을 적용하여 봄에는 시계를 한 시간 앞당기고 가을에는 다시 원래대로 한 시간 늦춘다. 일광 절약 시간으로 여름 저녁 시간 동안 한 시간의 여분의 낮이 나타난다.

180°의 경도선은 임의로 **날짜변경선**(international date line)이라고 하며, 누적 시간대의 변화를 보상하기 위해 설정된 가상의 선이다(그림 10.24). 날짜변경선을 넘는 여행자는 시간대의 경계를 넘을 때 한 시간이 더해지거나 빼지는 것처럼 하루가 더해지거나 빼진다. 서쪽을 여행하면서 선을 넘는 사람은 하루가 더해진다. 예를 들어, 6월 2일 다음 날은 6월 4일이 될 것이다. 동쪽으로 여행하면서 선을 넘는 사람은 하루가 빼져서 반복된다. 예를 들어, 6월 6일 다음 날이 6월 6일이다. 날짜선은 국지적 혼동을 피하기 위해 나라의 국경 둘레에 선을 그은 것에 유의하자.

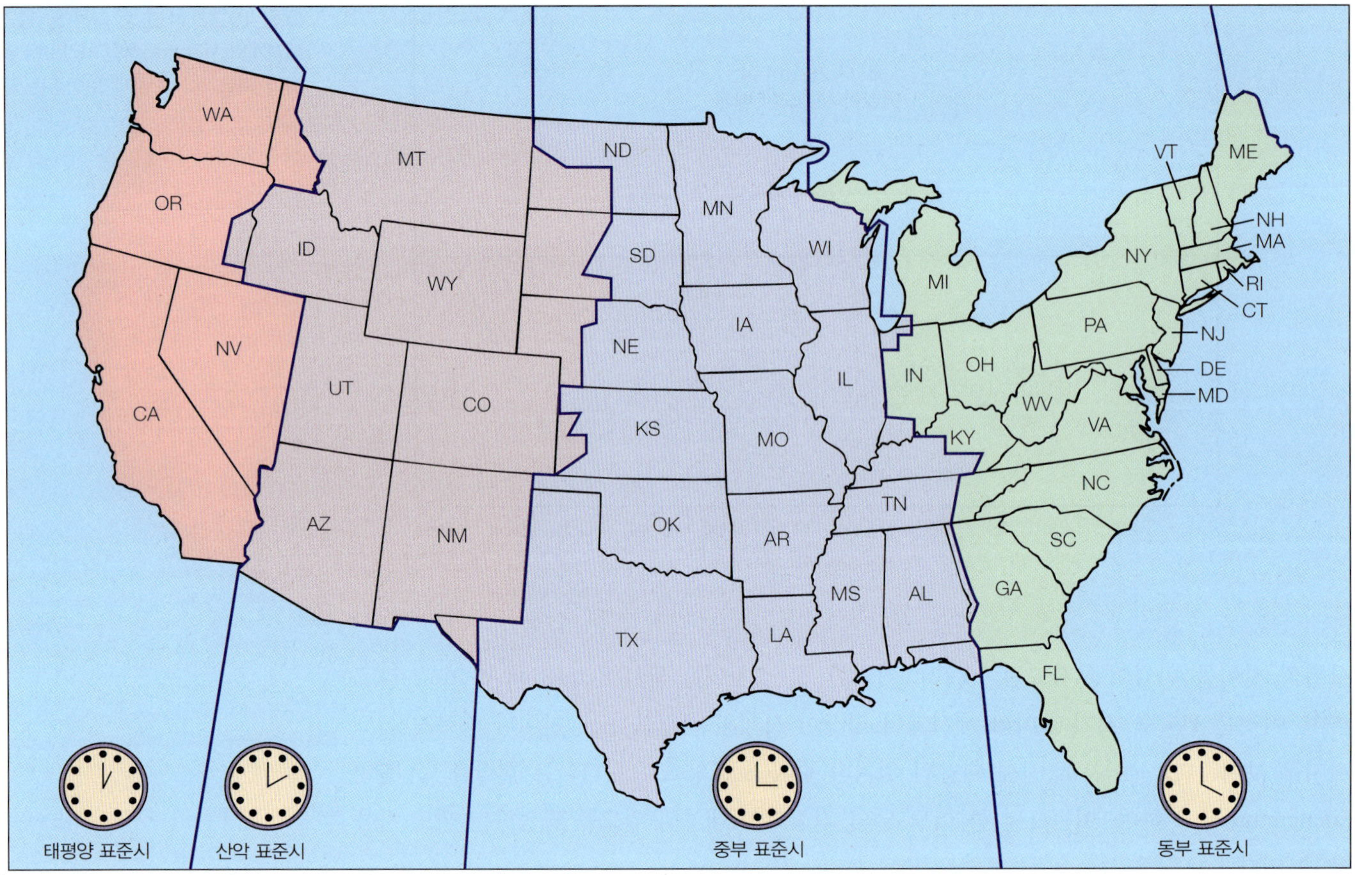

WA
OR
CA
NV
ID
MT
WY
UT
CO
AZ
NM
ND
SD
NE
KS
OK
TX
MN
IA
MO
AR
LA
WI
IL
MS
AL
TN
MI
IN
OH
KY
WV
VA
NC
SC
GA
FL
PA
NY
VT
ME
NH
MA
RI
CT
NJ
DE
MD
태평양 표준시
산악 표준시
중부 표준시
동부 표준시

그림 10.23 표준 시간대

0°
30°
60°
90°
120°
150°
180°
150°
120°
90°
60°
30°
동경
서경
60°
30°
0°
30°
날짜
변경선
180°
경도선

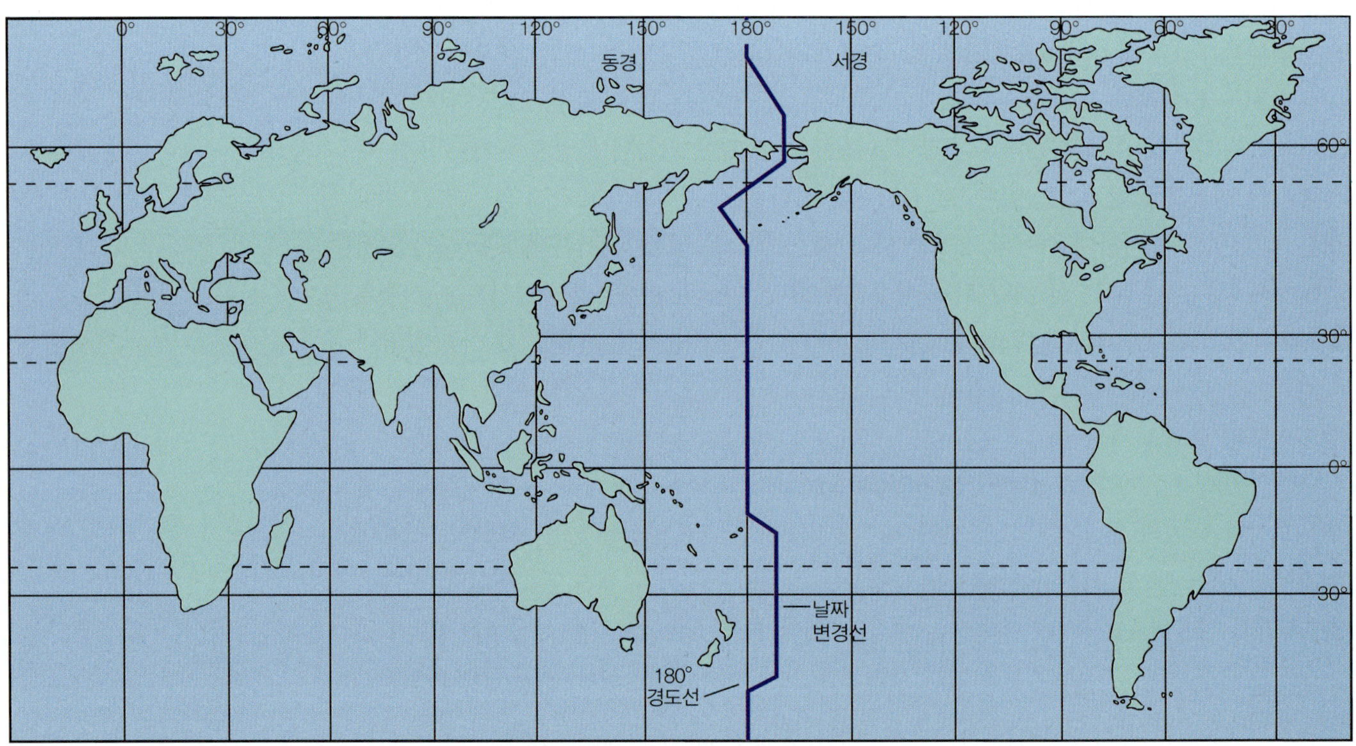

그림 10.24 날짜변경선은 180° 경도선을 따르지만 육지와 제도가 같은 날짜를 갖도록 재배열되어 있다.

연

1년(year)은 일반적으로 지구가 공전 궤도를 완전히 한 바퀴 도는 데 필요한 시간 간격을 말한다. 하루의 정의와 마찬가지로, 1년에 대한 여러 정의들이 있다. 1년의 가장 일반적인 정의는 **태양년**(tropical year)으로, 두 번의 연속된 춘분 사이의 시간 간격이다. 태양년에서의 1년은 365일 5시간 48분 46초, 또는 365.24220 평균 태양일이다.

항성년(sidereal year)은 지구가 공전 궤도를 도는 동안 태양이 별을 기준으로 천구 상에 같은 위치로 다시 왔을 때까지 필요한 시간 간격으로 정의된다. 지구가 한 바퀴 공전하는 동안 365.25회 이상 자전하기 때문에 항성년은 태양년보다 약간 길다. 따라서 항성년은 365.25636 평균 태양일로 태양년보다 약 20분 정도 길다.

지구의 축이 일정한 방향을 가리킨다면 태양년과 항성년은 같은 시간 간격일 것이다. 그러나 세차운동 때문에 축의 진행은 시간이 흐를수록 축이 약간 다른 방향을 가리키게 된다. 1년에 걸친 이러한 방향의 이동은 춘분점 위치를 서쪽으로 이동시키고, 춘, 추분점은 별을 기준으로 했을 때 공전 궤도로 완전히 돌기 약간 전에 관찰된다. 약 26,000년의 세차운동의 주기를 고려했을 때, 매년 약 20분 전에 춘, 추분점이 관찰된다.

달력 연도를 결정하기 위한 표준 시간 간격으로 **태양년**이 사용된다. 지구는 태양 주위를 한 바퀴 공전하는 동안 1일 단위의 정확한 자전 횟수를 완성하지 못하므로 달력을 조정해서 계절이 어긋나는 것을 막을 필요가 있다. 계절과 보조를 맞추어 처음 사용된 달력 체계는 고대 로마인들이 고안한 것이다. 율리우스 카이사르(Julius Caesar)는 기원전 46년부터 4년마다 366일(윤년)이 있는 365일의 달력을 사용하도록 하였다. 365.24220 평균 태양일의 태양년은 365.25일과 거의 같기 때문에, **율리우스력**(Julian calendar)이라고 하는 이 시스템은 4년마다 달력에 하루를 더하여 0.25일을 계산했다. 율리우스력은 춘분인 3월에 연이 시작하는 것을 제외하고는 현재 사용되는 달력과 매우 비슷했다. 7월은 율리우스 카이사르를 기리기 위해 명명되었고, 그 다음 달은 후에 후계자인 아우구스투스(Augustus)의 이름을 따서 명명되었다.

율리우스력은 365.25 빼기 365.24220, 즉 1년에 0.0078일 정도 태양년보다 길기 때문에 약간의 문제가 있었다. 이 작은 차이(11분 14초)는 1년 동안에는 의미 없을 정도로 작아 보인다. 그러나 세월이 흐르면서 분, 초의 오차가 며칠의 오차로 커졌다. 1582년 교황 그레고리 13세(Pope Gregory XIII)가 달력을 개정했을 때 오차는 13일로 늘어났으나 10일의 오차는 수정되었다. 이 개정은 그레고리력으로 귀결되었는데, 오늘날 사용되는 달력 시스템이다. 연간 0.0078일의 누적 오차는 100년간 0.75일과 비슷하기 때문에, 4세기에는 0.75일의 4배, 즉 3일의 추가 일수를 갖게 될 것이다. 추가된 3일의 오류를 없애기 위해 **그레고리력**(Gregorian calendar)은 4세기마다 3세기에는 윤년을 빼서 추가된 3일의 오류를 수정한다. 따라서 2000년은 366일을 가진 윤년이었지만 2100년, 2200년, 2300년은 4의 배수지만 윤년이 되지 않을 것이다. 이 근사치가 여전히 세기당 0.0003일의 오차를 남기기 때문에, 계절이 어긋나지 않게 하려면 몇천 년 후에 또 다른 달력 개정이 필요할 수도 있다.

월

고대에는, 사람들은 종종 하루보다는 길고 1년보다 짧은 시간 간격을 측정하기 위해 달을 사용했다. **월**(month)이라는 단어는 사실 **달**(moon)이라는 단어와 그 공전에 기원을 둔다. 달은

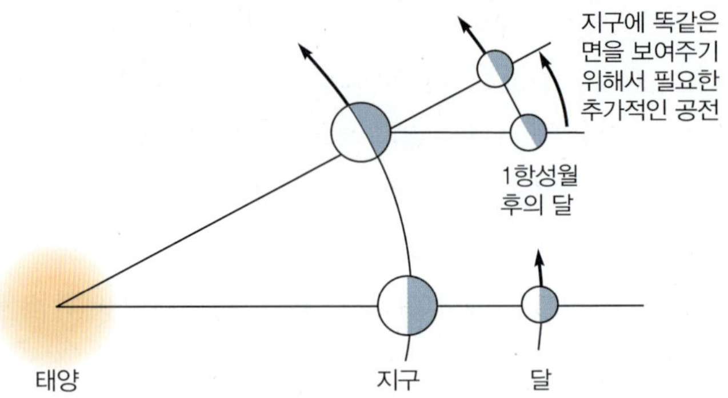

그림 10.25 달은 지구 주변을 공전할 때, 달의 같은 부분이 지구로 향하게 하기 위해 더 먼 거리를 공전해야 한다. 추가 공전에는 약 2.2일이 소요되어 이 시간만큼 삭망월이 항성월보다 길다.

지구의 공전면, 즉 황도면과 약 5° 기울어진 궤도에서 지구 주위를 공전한다. 천구 상의 별을 기준으로 달이 공전하여 별의 상대적인 위치가 같은 곳으로 다시 올 때까지의 시간 간격을 **항성월**(sidereal month)이라고 하며, 1항성월은 약 27.32일이다. 달은 공전 주기와 같은 주기로 자전하므로, 항성월은 또한 달이 한 바퀴 자전하는 데 걸리는 시간이다. 자전과 공전 주기가 같기 때문에 지구에서는 항상 달의 같은 면만 볼 수 있다.

한 달의 고대에서의 개념은 삭에서 삭까지의 시간 간격(또는 2개의 동일한 상)인 **삭망월**(synodic month)에 기초하였다. 삭망월은 약 29.53일로 항성월보다 길다. 달의 위상(10.4절의 '달의 위상' 소절 참조)은 지구, 달, 태양의 상대적 위치에 의해 결정된다. 그림 10.25에서 보여주듯이, 달은 지구와 함께 태양 주위를 돈다. 지구에서 똑같은 달의 위상을 보려면, 달은 항성월의 시간보다 조금 더 먼 거리를 이동해야 하며, 이 추가의 거리를 이동하는 데에 약 2.2일이 걸린다. 이로써 삭망월은 현재 달력에서 '달'로 사용하는 1년의 1/12보다 약간 짧은 약 29.53일이다.

10.4 지구와 달 시스템

지구와 달은 달의 크기 때문에 태양계에서 독특하다. 달은 가장 큰 위성은 아니지만, 지구의 질량 대비 달의 질량의 비율은 다른 행성에 대한 그 행성의 위성의 질량 비율보다 크다. 달은 직경이 3,476 km로 지구 직경의 약 1/4이고 질량은 지구 질량의 약 1/81이다. 이것은 지구 질량에 비하면 작지만, 태양 주위를 공전하면서 지구의 운동에 영향을 미치기에 충분하다.

만약 달이 무시할 수 있을 정도로 질량이 작다면, 달은 지구의 중심에 위치한 회전 중심(질량의 중심)으로 지구를 공전하고 지구는 질량 중심으로 움직임이 발생하지 않는다. 이런 상황에서 지구는 태양 주위를 매끄럽게 회전할 것이다(그림 10.26A). 그러나 달의 질량은 회전 중심을 지구의 중심에서 달 쪽으로 옮기기에 충분히 크다. 그 결과 두 천체는 질량 중심 주위를 움직이는 하나의 시스템으로써 같이 움직이게 된다. 지구와 달 사이의 질량 중심은 태양 주위를 도는 매끄러운 궤도를 따른다. 지구는 질량의 공통 중심 주위를 천천히 돌면서 태양 주위를 약간 물결치면서 공전을 한다(그림 10.26B).

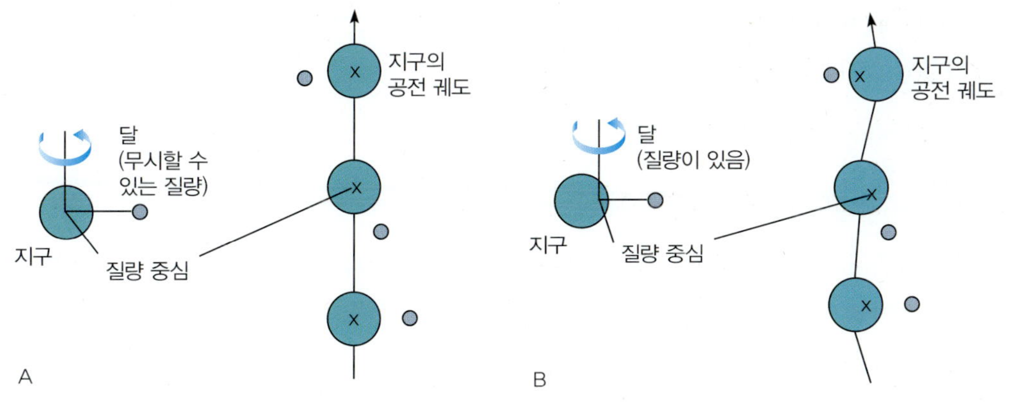

그림 10.26 (A) 달이 무시할 수 있을 정도로 작은 질량을 가지고 있다면, 달과 지구 사이의 무게 중심은 지구의 중심일 것이고, 지구는 태양을 중심으로 한 매끄러운 궤도로 공전할 것이다. (B) 지구와 달 사이의 질량 중심의 실제 위치는 태양 주위를 약간 들락거리거나 물결치는 공전 궤도를 만들어낸다.

달의 위상

달의 위상은 지구–달 시스템이 태양 주위를 돌면서 지구, 달, 그리고 태양의 상대적 위치 변화로 나타난다. 햇빛은 항상 달의 절반을 비추고, 나머지 반은 항상 그늘에 있다. 달의 경로가 지구와 태양 사이를 지나 지구의 어두운 쪽으로 이동함에 따라 **위상**이라고 하는 햇빛이 비춰진 부분을 볼 수 있다(그림 10.27). 달이 지구의 어두운 면에 있을 때, **망**(full moon)이라고 하는 달 전체가 비춰진 것을 볼 수 있다. 공전 궤도를 반쯤 돌면, 이제 달에 햇빛이 비춰진 쪽은 지구를 등지고, 햇빛이 비추지 않은 쪽은 지구를 향한다. 이 어둡게 보이는 위상을 **삭**(new moon)이라고 한다. 삭일 때, 달은 지구와 태양 사이에 완전히 겹쳐 있지 않으므로 이 경우 일식이 나타나지 않는다(다음 소절 '일식과 월식' 참조).

달이 삭부터 지구 주변의 공전 궤도를 돌아 움직이면, **상현**(first quarter)으로 알려진, 절반에 빛이 비춰지는 것을 보게 될 것이다. 종종 달의 어두운 부분에 지구에서 반사된 햇빛이 희미하게 보이는 경우가 있는데, 이를 **지구광**(earthshine)이라고 한다. 달 표면의 밝은 부분과 어두운 부분 사이의 구분은 호 모양으로 구부러져 있다. 호의 끝을 연결하는 직선은 태양의 방향에 대해 수직이다(그림 10.28). 상현 이후, 달은 망으로 변해가고, 그 이후에는 **하현**(last

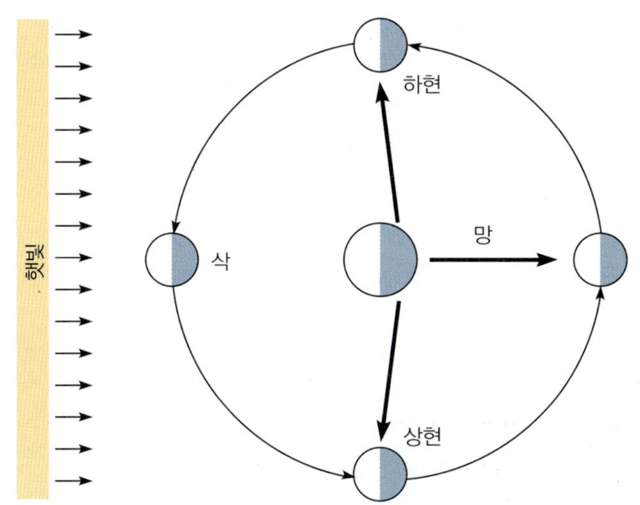

그림 10.27 달의 절반은 항상 태양에 의해 밝게 빛나고, 절반은 항상 그림자 속에 있다. 달의 위상은 달이 지구를 공전할 때 밝은 부분과 어두운 부분 때문에 생긴다.

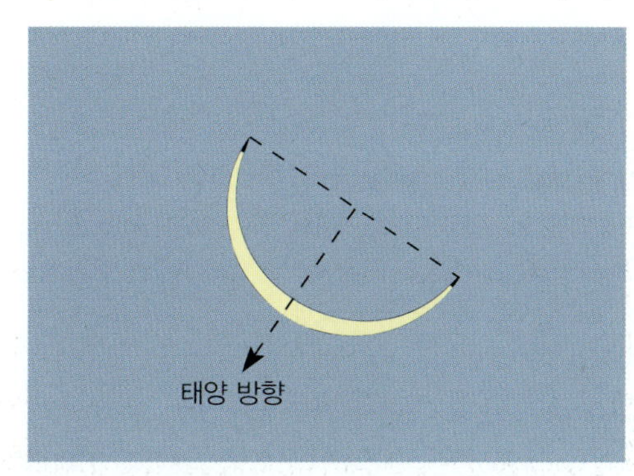

그림 10.28 달의 밝은 부분으로 나타나는 호 모양은 항상 태양을 가리킨다. 호의 한쪽 끝에서 다른 쪽 끝에 이르는 직선은 달과 태양 사이의 직선에 수직이다.

quarter)으로 변해간다(그림 10.27). 삭에서 삭까지와 같은 2개의 연속적인 위상 사이의 기간은 삭망월, 즉 약 29.5일이다.

일식과 월식

지구의 한쪽과 달의 한쪽은 햇빛을 반사하기 때문에 항상 보인다. 지구나 달의 그림자는 그 그림자가 다른 천체의 밝은 표면에 드리워질 때에만 눈에 띈다. 지구나 달의 그림자가 다른 천체 위에 드리워지는 이 현상을 **일식**(eclipse)이라고 한다(표 10.2). 달의 공전 궤도면이 지구의 공전 궤도면과 약 5° 정도 기울어져 있기 때문에 대부분의 경우 식은 잘 일어나지 않는다(그림 10.29). 결과적으로, 달의 그림자나 지구의 그림자는 보통 다른 천체의 위나 아래로 너무 높거나 낮게 드리워져 식을 일으키지 못한다. 식은 태양, 달, 지구가 같은 평면에서 서로 일렬로 있을 때에만 일어난다.

지구의 그림자와 달의 그림자는 꼭짓점이 태양으로부터 멀어지는 방향을 향하는 긴 원뿔형 모양으로 만들어진다. 지구와 달의 원뿔형 그림자는 두 부분으로 나뉘는데, **본영**(umbra)이라 하는 완전하게 그림자가 드리우는 내부의 원뿔과 **반영**(penumbra)이라고 하는 그림자가 부분적으로 드리우는 외부 원뿔이다. 달 그림자의 본영이 지구에 드리울 때와 장소에서 사람들은 **개기 일식**(total solar eclipse)을 보게 된다. 개기 일식 동안, 달은 태양을 완전히 가린다. 개

표 10.2

2017년부터 2025년까지의 미국에서의 식*

개기 일식	
2017년 8월 21일	경로: 오리건주에서 사우스캐롤라이나주
2024년 4월 8일	경로: 텍사스주에서 메인주
개기 월식	
2018년 1월 31일	달이 질 때만 볼 수 있다.
2019년 1월 21일	밤 내내 볼 수 있다.
2021년 5월 26일	달이 질 때만 볼 수 있다.
2022년 5월 16일	서부 지역에서는 달이 뜰 때, 동부 지역에서는 밤 내내 볼 수 있다.
2025년 3월 14일	밤 내내 볼 수 있다.

* 출처: Eclipse predictions by Fred Espenak, NASA/GSFC

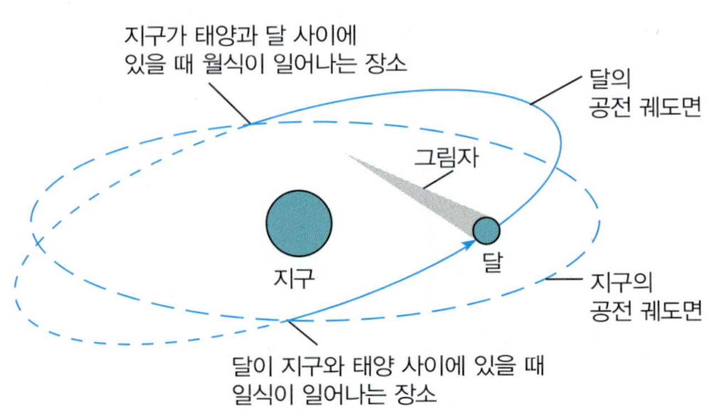

그림 10.29 달의 공전 궤도면은 지구의 공전 궤도면에 약 5° 기울어져 있다. 일식은 두 평면이 교차하고 지구, 달, 태양이 일렬로 있는 곳에서만 일어난다.

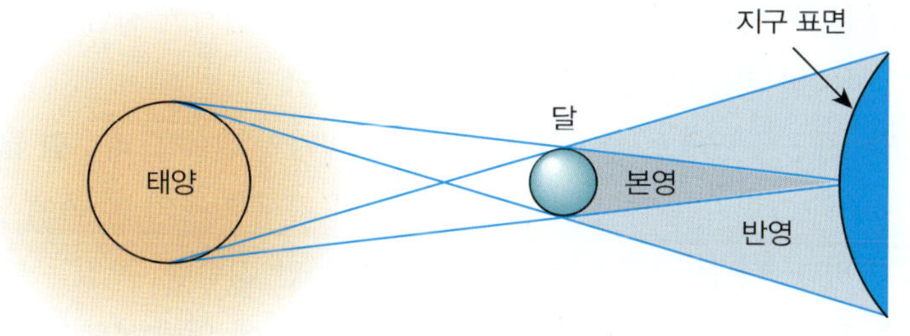

그림 10.30 본영이 지구 표면에 드리우는 곳에 있는 사람들은 개기 일식을 본다. 지구 표면에 반영이 드리운 곳에 있는 사람들은 부분 일식을 본다.

A

B

그림 10.31 (A)는 햇빛이 지구에 도달하지 못하도록 달이 막고 있는 일식이다. (B)는 지구가 대부분의 햇빛이 다른 식으로 밝게 반사되는 망에 도달하지 못하도록 막고 있는 곳이다. (a): ©Timothy F. Slater; (b): ©Getty Images/Stocktrek Images RF

기 일식이 먼저 일어나고 부분 일식이 뒤따라 일어나는데, 관찰자가 반영에 있을 때 부분 일식이 나타난다. 만약 관찰자가 반영만 통과하는 위치에 있으면 그곳에서는 부분 일식만 일어난다(그림 10.30과 그림 10.31). 반영이 더 넓은 지역을 덮기 때문에 개기 일식보다는 부분 일식을 더 많이 볼 수 있다. 개기 일식의 발생은 특정 장소에서 수백 년에 한 번씩 발생하고 발생하더라도 7분 이내로 짧게 지속되는 드문 현상이다.

달의 원뿔 모양의 그림자는 평균 길이 375,000 km로 지구와 달의 평균 거리보다 짧다. 달의 타원 궤도는 때때로 달의 그림자가 지구에 때로는 가깝고 때로는 멀리 있게 한다. 개기 일식은 달이 지구에 충분히 가까워서 적어도 본영의 끝이 지구 표면에 닿을 때에만 일어난다. 달의 본영이 지구에 도달하지 못하면 **금환식**(annular eclipse)이 일어난다. 금환은 '반지 모양'을 의미하며, 금환식 동안 태양의 가장자리가 달을 둘러싸고 밝은 반지 모양을 형성하는 것

미신, 착각, 그리고 오해

달에 대한 오해

(1) 달의 위상을 만드는 것은 지구의 그림자라는 것은 흔한 오해다. 사실, 달의 위상은 햇빛에 의해 밝은 부분이 생기고, 햇빛이 닿지 않는 어두운 부분이 생기면서 만들어진다.

(2) '푸른 달'이라는 말은 달의 색을 가리키는 말이 아니다. 대신 네 번의 망이 일어나는 계절에서 세 번째 망을 가리키는 말이다. 이런 일은 자주 일어나지 않으며, "푸른 달이 한 번 있다"는 말은 매우 긴 시간을 의미한다.

(3) 많이 알려진 미신은 망이 있는 동안 더 많은 사고가 일어난다는 것이다. 그러나 연구들은 사고율과 달의 위상 사이의 통계적으로 유의미한 관계를 발견하지 못했다. 이러한 미신은 아마도 사람들이 사고가 일어났을 때 망은 기억하지만, 다른 달의 위상은 잘 기억하지 못하기 때문에 나타난 것이다.

을 볼 수 있다. 이전과 마찬가지로, 반영이 드리운 지역에 위치한 사람들은 부분적인 일식을 보게 될 것이다. 금환식은 개기 일식보다 더 자주 일어난다.

망과 태양, 달, 지구가 일렬로 늘어서서 지구의 그림자가 달에 드리우면 **월식**(lunar eclipse)이 일어난다. 지구의 그림자는 달의 직경보다 훨씬 더 커서 지구의 밤 쪽에 있는 모든 사람들은 월식을 볼 수 있다. 더 큰 그림자는 또한 몇 시간 동안 지속될 수 있는 더 긴 월식을 의미한다. 본영이 달 위를 움직일 때, 어두운 부분은 지구 대기에 의해 본영으로 들어가는 굴절과 산란된 빛 때문에 불그스름하고 약간 구리빛을 띠게 된다. 이 빛은 식이 일어나고 있는 달로 가는 길에 있는 지구 대기를 통과하여, 지구 대기에 의해 산란되어 푸른빛의 많은 부분이 제거된다. 이 결과로 일몰 때 태양이 붉게 물든 것과 같은 이유로 붉은빛을 띤다.

조석

만약 바다의 해안 지역에 살거나 방문한 적이 있다면, **조석**(tide)으로 알려진 해수면의 주기적인 상승과 하락에 익숙할 것이다. 달의 움직임과 조석의 크기와 시기 사이의 관계는 아주 초기부터 알려지고 연구되어 왔다. 이러한 관계로 (1) 최대 조석간만의 차는 망과 삭일 때 발생하고, (2) 최소 조석간만의 차는 상현과 하현에서 발생하며, (3) 대부분의 바다에서는 2개의 높은 조석(밀물) 또는 2개의 낮은 조석(썰물) 사이의 시간이 평균 12시간 25분이라는 결과가 나타난다. 12시간 25분의 기간은 천구에 있는 달이 천구 자오선을 만나고 천구를 한 바퀴 돌아 다시 한번 천구 자오선을 만날 때까지의 평균 시간 간격의 절반이다. 달이 자오선을 넘을 때, 지구 표면의 위치는 달 바로 아래에 있고, 평균 12시간 25분 후에는 정확히 지구 반대편에 있다. 달이 지구를 공전하는 동안 달을 따라서 움직이는 2개의 **조석 부풀음**이 있는데, 하나는 달을 향하고 있고 나머지 하나는 반대편에 있다. 일반적으로, 조석은 이러한 부풀음이 지구 주위를 돌면서 생기는 결과물이다.

두 조석 부풀음의 간략한 설명은 지구와 달의 인력과 지구–달 시스템의 움직임의 2가지 기본적 요인과 관련되어 있다(그림 10.32). 지구 표면의 물은 자유롭게 움직일 수 있고, 달의 인력은 달을 향하고 있는 지구 표면의 물을 끌어당겨 조석 부풀음을 만든다. 달을 향하고 있는 지구 표면에 작용하는 기조력(조석을 일으키는 힘)은 바다에서 약 0.75 m의 물을 부풀어 오르게 만들지만, 기조력은 또한 육지를 부풀어 오르게 해서 육지 조석을 만들어낸다. 지구의 육지는 물보다 훨씬 단단하기 때문에, 육지 조석의 크기는 약 12 cm로 훨씬 작다. 땅의 모

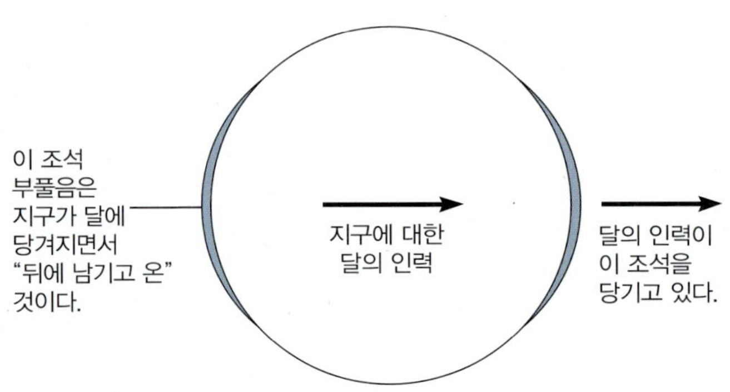

그림 10.32 인력은 달과 마주 보고 있는 지구 쪽의 물을 끌어당겨 조석이 부풀게 한다. 달 맞은편 지구 쪽에서 조석이 불어나는 것은 달에 더 가까운 지구가 달에 당겨지면서 물을 뒤에 두고 오면서 생성된다.

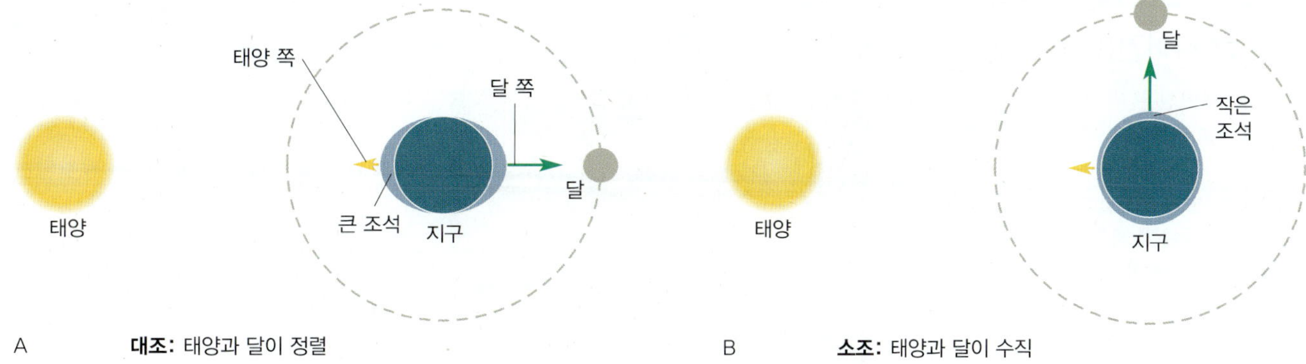

그림 10.33 (A) 태양과 달이 지구를 기준으로 같은 방향 또는 반대 방향으로 놓여 있을 때, 태양과 달이 야기하는 조석은 일치하여 강한 조석인 대조를 만들어낸다. (B) 태양과 달이 지구를 기준으로 수직 방향에 놓여 있을 때, 태양과 달의 조석은 서로 상쇄되어 약한 조석인 소조를 만들어낸다.

든 부분이 함께 불룩해지기 때문에, 민감한 기구들에 의한 측정 없이는 이러한 움직임이 뚜렷하게 보이지 않는다.

달 맞은편 지구 쪽에서 부풀어 오른 조석은 지구와 달의 중력 상호작용에 의해 지구가 바다로부터 멀어지는 것으로 생각할 수 있다. 과학적으로 더 정확히 말하면, 공전 궤도를 돌고 있는 지구가 물을 뒤에 남겨둔 채 물에서 멀어지고 달 쪽으로 이동한다. 이 2개의 조석은 달을 따라 동쪽으로 천천히 이동하며, 지구상의 많은 해안 지대에서 관찰할 수 있다.

조석은 실제로는 지구 주위를 움직이면서 단순하게 부풀음이 나타나지는 않는다. 주어진 위치와 주어진 시간에 조석의 시기와 크기를 결정하는 복잡한 상호작용에서 물의 부풀음의 생성과 이동에 영향을 미치는 많은 요인들이 있기 때문이다. 이러한 요인으로는 (1) 지구, 달, 태양의 상대적 위치, (2) 때로는 지구로 더 가까이 오는 달의 타원형 궤도, (3) 물을 머금고 있는 분지의 크기, 모양, 깊이 등이 있다.

달뿐만 아니라 태양도 기조력을 가지고 있기 때문에, 지구, 달, 태양의 상대적 위치는 조석의 크기를 결정할 수 있다. 태양은 달보다 훨씬 더 거대하지만, 너무 멀리 떨어져 있어서 태양의 기조력은 달의 절반 정도 된다. 따라서 태양은 기본적으로 태양만의 뚜렷한 조석을 만들어내기보다는 달의 조석을 변형시키는 역할을 하고 있다. 예를 들어, 지구, 달, 태양은 망과 삭 위상에서 거의 일렬로 서 있다. 이때, 달과 태양의 기조력은 함께 작용하여 특별히 높은 밀물과 특별히 낮은 썰물의 조차가 큰 조석을 만들어낸다. 이러한 특별히 높은 조석과 낮은 조석을 **대조**(spring tide)라고 한다(그림 10.33A). 대조는 2주마다 일어나며 단어에 사용된 봄(spring) 하고는 아무런 관계가 없다. 달이 상현 또는 하현의 위상에 있을 때, 태양과 달은 서로 직각을 이루며, 달의 기조력을 태양의 기조력이 상쇄하여 **소조**(neap tide)라고 하는 낮은 밀물과 높은 썰물의 조차가 작은 조석이 나타난다(그림 10.33B). 소조도 2주에 한 번씩 일어난다.

지구로부터 달의 거리가 변함에 따라 달로 만들어지는 조석의 크기가 달라진다. 달의 타원 궤도는 달이 **근지점**(perigee)이라고 하는 곳에서 지구와 가깝게, **원지점**(apogee)이라고 하는 곳에서 지구와 멀게 만든다. 근지점에서 달은 원지점보다 약 44,800 km 정도 지구에 더 가까워서 인력이 훨씬 크다. 근지점이 삭이나 망과 일치할 때, 특히 높은 대조가 발생한다.

과학의 배후에 있는 사람들

칼 세이건(Carl Edward Sagan, 1934-1996)

칼 세이건은 원시 지구를 포함한 행성 대기에 관해 주로 연구한 천문학자이자 천문학의 대중화를 이끈 사람이다. 그의 가장 주목할 만한 업적은 천체생물학의 분야에서 지구상의 생명체의 기원의 규명에 큰 기여를 했다는 것이다.

1960년대 초, 세이건의 첫 번째 주요 연구는 금성의 표면과 대기에 관한 것이었다. 당시에는, 많은 양의 방사선 방출이 금성의 어두운 면의 온도가 거의 600K에 달할 것임을 보였지만, 상대적으로 서늘한 상태로 유지되는 표면 때문에 금성에 생명체가 존재할 가능성이 있다고 생각되었다. 관측된 강한 방사성 배출량을 설명하기 위해 다양한 가설이 제시되었다. 아마도 방사성 배출은 금성의 밀도가 높은 상층 대기에서 전하를 띤 입자 사이의 상호작용 때문이라는 가설이 있었다. 그리고 방사성 배출은 대기 중 양전하와 음전하 사이의 글로 방전 때문이라는 가설도 있었고, 밴앨런대에 잡혀있던 방전된 입자들로부터의 방사선 때문이라는 가설도 있었다. 세이건은 이러한 가설들이 다른 관측된 특성과 맞지 않다는 것을 보였다. 세이건의 제안에서 긍정적인 부분은 모든 관측된 특성이 금성 표면이 매우 뜨겁다는 직설적인 가설과 맞다는 것을 보여준 점이다. 레이다와 광학 관측에 기초하여, 금성 표면과 구름 사이의 거리는 44~65 km 사이로 계산되었다. 구름 위 온도와 대기 중의 '온실효과'에 대한 세이건의 예상치를 감안할 때, 금성의 표면 온도는 500K(227°C/440°F)에서 800K(527°C/980°F) 사이로 계산되었다.

출처: NASA/JPL

그 이후 세이건은 생명의 기원과 관련하여 지구의 초기 대기로 관심을 돌렸다. 생명체가 어떻게 시작되었는지 이해하는 한 가지 방법은 원시 대기와 유사한 조건에서 생명체에 필수적인 화합물을 형성하려고 시도해보는 것이다. 세이건 이전에, 스탠리 밀러와 해럴드 유리는 번개의 효과를 시뮬레이션한 코로나 방전으로 촉발된 메탄, 암모니아, 수증기, 수소의 혼합물을 사용해 생명체 형성과정에 발견되는 아미노산과 수산화물을 만들어냈다. 이후의 실험은 자외선과 열을 에너지원으로 사용했고, 이것들조차도 지구의 원시 상태에서 이용할 수 있었던 에너지보다 적은 에너지를 가지고 있었다. 세이건은 비슷한 방법을 따랐고, 메탄, 암모니아, 물, 황화수소의 혼합물에 방사성 처리를 하여 아미노산뿐만 아니라 포도당, 과당, 핵산을 생산할 수 있었다. 당은 알칼리성 조건과 무기 촉매 존재 시 포름알데히드로 만들 수 있었다. 이러한 당류는 5개의 탄소 당류를 포함하고 있는데, 이것은 핵산, 포도당, 과당의 형성에 필수적인 것으로, 현재의 생명체 형태의 성분으로 발견되는 모든 일반적인 신진대사에 필요한 물질이었다. 세이건의 시뮬레이션된 원시 대기에는 이러한 신진대사의 필요 물질뿐만 아니라 살아있는 세포가 에너지를 저장하는 데 사용하는 가장 중요한 물질인 아데노신 삼인산염(ATP)도 포함하고 있었다.

출처: Modified from the *Hutchinson Dictionary of Scientific Biography*. Abington, UK: Helicon, 2011.

예제 10.3 (선택)

지구로부터 반사된 빛이 384,500 km의 거리에 있는 달까지 이동했다가 다시 돌아오는 데 얼마나 걸리는가?

풀이

$d = 384{,}500$ km　　　$d = vt$

$v = 3 \times 10^5$ km/s　　　$t = d/v$

$\text{시간}_{\text{편도}} = ?$　　　$\text{시간}_{\text{편도}} = 384{,}500 \text{ km} / 3 \times 10^5 \text{ km/s}$

$\text{시간}_{\text{왕복}} = 2 \times \text{시간}_{\text{편도}}$　　　$\text{시간}_{\text{편도}} = 1.28 \text{ s}$

$\text{시간}_{\text{왕복}} = 2.56 \text{ s}$

예제 10.4 (선택)

반사된 빛이 지구에서 달까지 왕복하는 데 2.650초가 걸린다면 달은 얼마나 멀리 떨어져 있는가?
(답: 397,500 km)

외해, 근해, 만 등의 바다는 모두 연결되어 있지만 모양과 크기가 다르기 때문에 각 바다의 물은 기조력에 다르게 반응한다. 탁 트인 바다와 접하는 해안 지역은 약 1~3 m의 조석이 나타날 수 있지만, 멕시코만과 같이 대부분 열려 있지 않은 지역은 약 1/3 m 미만의 조석이 나타난다. 멕시코만은 그 크기와 깊이, 그리고 개방된 바다와의 제한된 연결로 인해 더 강한 기조력에만 반응하며 하루에 1번의 밀물과 썰물만 일어난다. 호수나 연못도 기조력에 반응하지만 그 결과가 너무 작아서 눈에 띄지 않는다. 노바스코샤주에 있는 펀디만 같은 다른 지역은 깔때기 모양으로 생겼고, 그로 인해 조석간만의 차가 유난히 높다. 펀디만은 15 m의 조석이 나타난다.

요약

지구는 (1) 태양 주위를 도는 **공전 궤도**, (2) 축에 의한 **자전**, (3) 세차라고 하는 축의 느린 흔들림의 3가지 기초적 움직임을 갖는 극이 **납작한 회전타원체**이다.

지구는 매년 태양 주위를 **공전**하면서, **황도면**에 대해 66.5° 또는 황도면에 수직인 선에 대해 23.5°의 **일정한 축의 기울기**를 유지하고 있다. 또 지구는 항성들에 대한 **자전축의 방향**을 대체로 일정하게 유지하는데, 이 방향은 항상 같은 방향을 가리킨다. 자전축의 일정한 기울기와 방향은 지구의 자전 및 공전과 함께 (1) 길이가 다른 낮과 밤, (2) 1년 중 계절의 변화, (3) 위도에 따라 다양한 기후의 3가지 효과를 야기한다. 지구가 공전 중에 축이 태양을 향할 때, 북반구에는 가장 긴 낮과 여름이 나타난다. 이것은 6월 21일이나 22일에 시작되는데, 이것을 **하지**라고 한다. 6개월 후, 축은 태양을 등지고 북반구에는 가장 짧은 낮과 겨울이 나타난다. 이것은 12월 22일이나 23일에 시작되며 **동지**라고 한다. 3월 20일이나 21일에 지구는 하지와 동지 사이의 중간 지점에 있으며, 낮과 밤의 길이가 같고, 이를 **춘분**이라고 한다. 9월 22일이나 23일, 또 낮과 밤의 길이가 같은 시기인 **추분**은 가을의 시작을 나타낸다.

세차운동은 지구가 자전할 때, 자전축이 천천히 흔들리는 것이다. 세차운동은 지구의 튀어나온 적도에 가해지는 태양과 달의 중력에 의해 생성된다.

적도에 평행한 지구 주위의 선은 **위도선**이라 하는 원이다. 적도에서 평행한 지점까지의 거리를 그 지점의 **위도**라고 한다. 북극과 남극을 지나는 한 바퀴의 원을 **자오선**이라고 한다. 그리니치 천문대를 통과하는 자오선은 **본초 자오선**이라 하는 기준선이다. 본초 자오선의 동쪽 또는 서쪽에 있는 지점까지의 거리를 그 지점의 **경도**라고 한다.

정오라고 하는 시간은 태양이 천구 자오선을 가로지르는 순간이다. 특정 장소에서의 정오를 **지방 시정오**라고 한다. 해시계에 의해 결정되는 주어진 장소에서의 시간을 **지방 시태양시**라고 한다. 이것은 **평균 태양시**라고 하는 평균된 균일한 기준 시간의 기초가 된다. 평균 태양시는 시계를 맞추는 데 사용되는 시간이다.

항성일은 별이 천구 자오선을 가로지른 후 그 다음으로 가로지를 때까지의 시간 간격이다. **시태양일**은 태양이 천구 자오선을 두 번 연속으로 가로지르는 시간 간격으로서, 하나의 정오에서 다음 정오까지의 시간이다. **평균 태양일**은 평균 태양시로부터 결정되는 24시간이다. **균시차**는 지방 태양시가 어떻게 1년 중 다른 날들의 시계 시간보다 얼마나 더 빠르거나 느린지를 보여준다.

지구 표면은 자오선의 15° 정도의 1시간 **표준 시간대**로 나뉜다. **날짜변경선**은 180° 자오선이다. 서쪽으로 여행하면서 이 선을 넘으면 하루가 더해지고 동쪽으로 여행할 때는 하루가 반복된다.

태양년은 2개의 연속되는 춘분 사이의 간격이다. **항성년**은 지구가 공전 궤도를 도는 동안 태양이 별을 기준으로 천구 상에 같은 위치로 다시 왔을 때까지 필요한 시간 간격으로 정의된다. 달력의 표준 시간으로 사용되는 것은 태양년이다. **항성월**이란 천구 상의 별을 기준으로 달이 공전하여 별의 상대적인 위치가 같은 곳까지 다시 올 때까지의 시간 간격을 말한다. **삭망월**은 삭에서 다음 삭까지의 시간 간격이다. 삭망월은 약 29.53일이며, 1년의 1/12일이다.

지구와 달은 지구 표면 아래에 위치한 질량의 공통 중심 주위를 공전하면서 하나의 시스템으로 작용한다. 태양 주위를 도는 지구와 달의 결합운동은 다음의 3가지 현상을 만들어낸다. (1) 지구-달 시스템이 태양 주위를 공전할 때, **위상**이라고 하는 달 표면의 밝은 부분이 지구에서 보인다. (2) 달의 그림자가 지구에 드리우는 곳에서 **일식**이 관측되고, 지구의 그림자가 달에 드리우는 곳에서 **월식**이 관측된다. (3) 해수면의 주기적인 상승과 하강인 **조석**은 달과 태양의 인력, 그리고 지구-달 시스템의 움직임에 의해 생성된다.

개념에 대한 질문

1. 지구 자전축의 일정한 기울기와 일정한 방향이 어떻게 (a) 다양한 낮의 길이와 (b) 1년 동안의 계절변화를 만들어내는지 간략히 설명하시오.
2. 9월 23일, 겉보기 지방 정오에 다음과 같은 것을 관찰했다면 우리는 어디에 있는 것인가? (a) 수직 막대의 그림자는 북쪽을 가리키고 있다. (b) 맑은 날에 그림자가 없다. (c) 수직 막대의 그림자가 남쪽을 가리키고 있다.
3. 하지와 동지라는 말의 의미는 무엇인가? 원인은 무엇인가? 언제 발생하는가?
4. 춘분과 추분의 의미는 무엇인가? 원인이 무엇인가? 언제 발생하는가?
5. 지구 표면에서의 위치를 정하는 시스템의 기준으로 지구의 자전축을 사용하는 방법을 간략하게 기술하시오.
6. 지도나 구를 사용하여 현재 위치의 위도와 경도를 찾아보시오.
7. 북회귀선, 남회귀선, 북극권, 남극권 등은 특정 명칭으로 정해진 평행선이다. 그 이름들은 어떤 위도들을 나타내는가? 각각의 의미는 무엇인가?
8. (a) 정오, (b) 오전, (c) 오후의 의미는 무엇인가?
9. 표준 시간대를 사용하는 이유를 설명하시오. 경도의 관점에서 표준 시간대가 얼마나 넓은가? 이 정도 크기의 너비가 왜 사용되었는가?
10. 텍사스주가 12시 정오일 때, (a) 플로리다 잭슨빌, (b) 캘리포니아의 베이커스필드, (c) 북극은 몇 시인가?
11. 월식이 한 달에 한 번씩 관찰되지 않는 이유를 설명하시오.
12. 각각의 주요 달의 위상 동안 지구, 달, 태양의 위치를 간략하게 기술하시오.
13. 만약 우리가 지구상의 사람들이 망을 관측했을 때 달에 있었다면, 우리는 어떤 위상에서 지구를 관찰할 수 있겠는가?
14. 달에서 관측할 수 있는 모든 분화구는 무엇 때문에 생긴 것인가? 언제 이 일이 발생했을까?
15. 해질녘에 달이 뜨면 어떤 위상 단계에 있는가? 답에 대한 이유를 설명하시오.
16. 달이 지구와 태양 사이에 있는데 왜 일식은 삭에서 일어나지 않는가?
17. 일식은 어떤 특정한 달의 위상 단계에서 일어나는가? 설명하시오.
18. (a) 대조와 (b) 소조일 때의 달의 위상을 설명하시오.
19. 지구에 왜 2개의 조석 부풀음이 생기는지 설명하시오.
20. 하지, 동지와 춘분, 추분의 유사점과 차이점은 무엇인가?
21. 지구는 언제 태양에서 가장 가까운가? 이 시기에 북반구는 어떤 계절이 발생하고 있는가?
22. 달이 지구와 태양 사이에 있을 때 각각의 삭에서 일식이 일어나지 않는 이유를 설명하시오.
23. 왜 해시계가 보여주는 시간과 시계가 다른지 설명하시오.
24. 2회 연속 조석간만의 시간 간격이 12시간이 아니라 12시간 25분인 이유를 분석하시오. 상상하는 많은 다른 설명들을 탐구한 다음, 가장 좋은 것을 선택하고 그것이 어떻게 테스트될 수 있는지 설명하시오.

연습문제

그룹 A

1. 식 (2.1)을 사용하여 펜실베이니아주 필라델피아의 자전 속도를 km/h 단위로 나타내면 얼마인가? (항성일을 가정하고 필라델피아 위도에서 지구의 둘레를 3.072×10^4 km라고 가정하자.)
2. 알래스카 앵커리지의 자전 속도는 km/min 단위로 나타내면 얼마인가? (항성일을 가정하고 앵커리지 위도에서 지구의 둘레는 1.928×10^4 km라고 가정하자.)
3. 18세 된 사람에게 망이 몇 번이나 일어났는가?
4. 25세의 사람의 나이가 평균 태양일과 항성일로는 며칠인가?
5. 5월 중순에 정원사가 해시계에서 오후 2시를 보았다. 정원사의 손목시계로는 몇 시인가?
6. 한 항공사 승객이 오전 11시 45분에 뉴욕을 출발해 5.5시간의 비행을 한 후 캘리포니아주 로스앤젤레스에 착륙했다. 도착 후 현지 시간은 몇 시인가?
7. 반사된 빛의 광선이 지구에서 달까지 왕복하는 데 2.42초가 걸리면 지구에서 달까지의 거리는 얼마인가?

11

지구

Earth

이 장밋빛의 능망간석 결정은 자연적으로 발생하는 탄산 망간의 한 형태이다. 능망간석은 지구 지각의 고체 물질을 구성하는 약 2,500개의 광물 중 하나이다.
©Dr. Parvinder Sethi RF

핵심 개념

지구에서 지표면과 지구 내부 사이의 광물들이 역동적으로 순환하고 있다.

장의 개요

지구 표면의 대부분은 산소와 규소로 이루어진 광물로 구성되어 있다.
Pg. 265

화성암, 퇴적암, 변성암은 끊임없이 특정 암석에 다른 암석으로 변화하며 순환하고 있다.
Pg. 273

지구의 표면은 움직이는 많은 단단한 판들로 구성되어 있다.
Pg. 280

연관성

생명과학

▶ 지구 표면의 변화는 새로운 종의 발달을 이끄는 종의 장벽을 만들어낸다(20장).

지구과학

▶ 자기장의 변화는 과거 지질학적 현상을 알아내는 데 사용된다(11장).

▶ 퇴적물에 갇힌 유기체는 퇴적암에서 화석으로 나타난다(21장).

개요

편의를 위해 지구과학은 전통적으로 지질학, 해양학, 기상학의 독립적인 학문으로 나뉜다. 이를 통해 거대하고 복잡한 지구를 이해하기가 쉬워졌다. 과거에는 지질학, 해양학, 기상학의 과학자들이 각 분야별로 상호작용하는 지구를 고려하지 않고 각각의 분야를 따로 연구하였다. 오늘날에는 지구과학 분야의 대부분의 과학자들은 지구에서 일어나는 변화를 각 분야를 넘어 전체적인 하나의 시스템으로 고려하고 있다. 지구 내부, 지표면의 암석, 해양, 대기, 환경의 각 분야가 복잡하고, 상호작용하며 각 분야 간 순환이 일어나는 하나의 시스템으로 이해되고 있다.

여러 물질들이 지구 내부에서 지표면과 대기로 나가고 다시 들어오는 과정을 통해 어떻게 순환하고 있을까? 이에 대한 대답은 지구에 존재하는 유체의 특별한 조합을 찾는 데에 있다. 지금까지 발견된 어떠한 행성도 (1) 대부분 질소와 산소로 구성된 대기, (2) 물로 덮여 있는 표면, (3) 부분적으로 유체, 반유동식 유체, 고체로 구성된 내부를 가진 지구처럼 특이한 유체의 조합을 가지고 있지 않다. 지구의 대기는 구성과 표면의 물과의 상호작용의 관점에서 매우 특별하다(그림 11.1). 이러한 상호작용을 통해 이산화탄소 같은 물질의 대기로부터 지면과 해양으로의 순환이 일어난다. 반면에 지구 내부에서의 물질의 흐름은 지구 대륙의 이동과 지진, 화산과 같은 현상을 일으킨다. 화산활동을 통해 이산화탄소는 대기로 다시 돌아가고 지구 내부와 지표면 사이의 여러 가지 물질의 순환이 일어난다. 이 모든 현상들은 오직 지구에서만 나타나는 역동적인 순환 시스템을 구성하고 있다.

지구는 또한 다른 행성에서는 볼 수 없는 다양한 생명체들이 있다는 점에서도 특별하다. 대기의 기체와 수증기, 표면의 물, 내부 물질의 흐름의 순환을 통해 지구에서의 생명체의 다양성이 유지되고 있다. 지구에는 수백 만 종의 식물, 동물, 그리고 유기체들이 존재한다. 아직까지 지구 바깥에서 존재하는 생명체는 발견된 바가 없다. 따라서 지구에서의 생명체의 존재는 지구의 특별하고, 역동적인 유체의 상호작용하는 시스템과 관련이 있음에 틀림없다. 이번 장에서는 지구를 구성하고 물질, 지구 내부의 구조, 지구의 표면 위에서의 땅덩어리의 이동, 그리고 지구 물질이 어떻게 순환되고 있는지를 다룰 것이다.

그림 11.1 태양계의 다른 행성에는 지구와 같은 유체의 특별한 조합이 없다. 지구는 물로 덮여 있는 표면, 대기 중의 수증기, 육지 위에 얼음과 물을 가지고 있다. ©Bill W. Tillery

11.1 지구의 구성 물질

우주에 존재하는 다른 고체 물질과 마찬가지로 지구도 화학 원소들로 구성되어 있다. 각 원소들이 지구에 동등하게 분포하지도 않고 또한 다 풍부한 것도 아니다. 지구 표면의 수천 가지 암석의 분석을 통해 오직 8개의 원소가 지각의 98.6%를 차지하고 있다는 것을 발견하였다. 그 밖의 나머지 모든 원소는 지각의 남아 있는 1.4%만을 구성하고 있다. 산소는 가장 많은 원소로 지각의 약 50%를 차지하고 있다. 규소는 25% 정도를 차지하고 있어, 산소와 규소가 지구의 고체 표면의 약 75%를 구성하고 있다. 그림 11.2는 원소로써 또는 화학적 혼합물로써 지구 지각을 구성하고 있는 가장 많은 8개의 원소들을 보여준다. 원소들의 분포에 근거하여 보면, 지구는 진화의 초기 단계에서 용융 상태에 있었음을 알 수 있다. 용융 단계에서 철이나 니켈 같이 무거운 원소는 지구 내부의 깊은 곳으로 가라앉게 되고, 표면의 가볍고 얇은 원소의 층이 남게 된다. 이러한 상대적으로 얇은 층을 **지각**(crust)이라고 한다. 지표면과 깊은 광산, 지표에 뚫린 구멍 등에서 볼 수 있는 암석과 암석의 구성 물질은 모두 지구 지각의 물질이다. 지구 질량의 대부분은 지각 아래에 있으며 직접적으로 그 물질을 얻을 수는 없다.

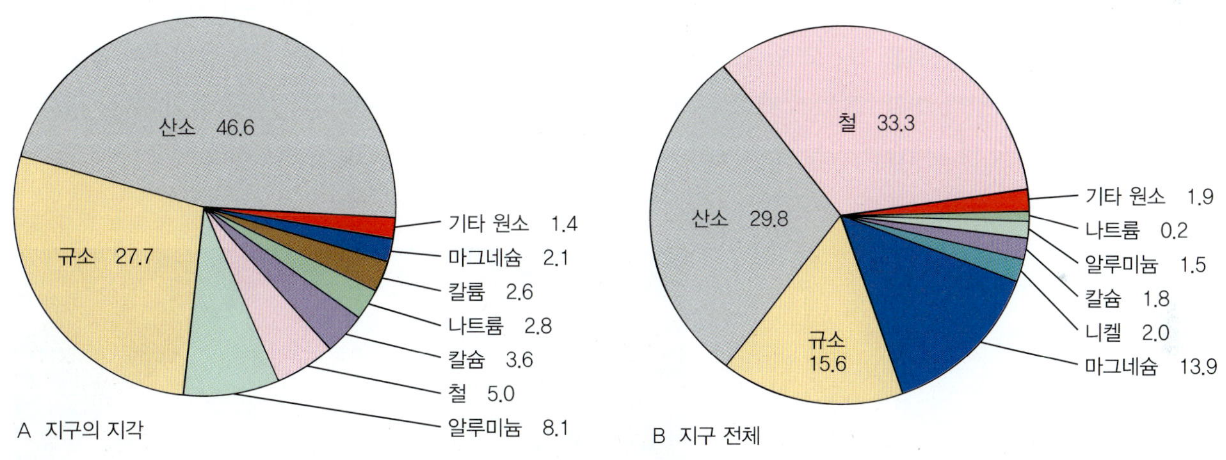

그림 11.2 (A) 지구 지각을 구성하고 있는 원소의 무게 백분율 (B) 지구 전체를 구성하고 있는 원소의 무게 백분율

광물

미네랄(mineral)이라는 단어는 여러 가지 다른 의미를 가지고 있다. 그것은 우리 몸이 꼭 가지고 있어야 하는 것들(비타민 또는 미네랄), 식물을 키우기 위해 사용되는 비료 같은 것들(질소, 칼륨, 인), 모래, 암석, 석탄 같이 지구에서 나오는 것들(광물 자원) 등을 의미한다. 지구과학에서 **광물**(mineral)은 결정 구조의 일정한 화학적 성분을 가지고 자연적으로 만들어지는 무기물의 원소 또는 화합물로 정의된다(그림 11.3). 이러한 정의는 원소 또는 화합물이 인공적이면 안 되고 자연적으로 형성되어야만 하고, 유기물이면 안 되며(18장 참고), 원자들이 일정하고 반복적인 패턴으로 배열되어야 한다(결정 구조). 광물의 결정 구조는 미시적인 규모에서 관찰될 수 있고, 꼭 육안으로 보일 필요는 없다. 그러나 육안으로 관측될 수 있는 결정도 있다(그림 11.4).

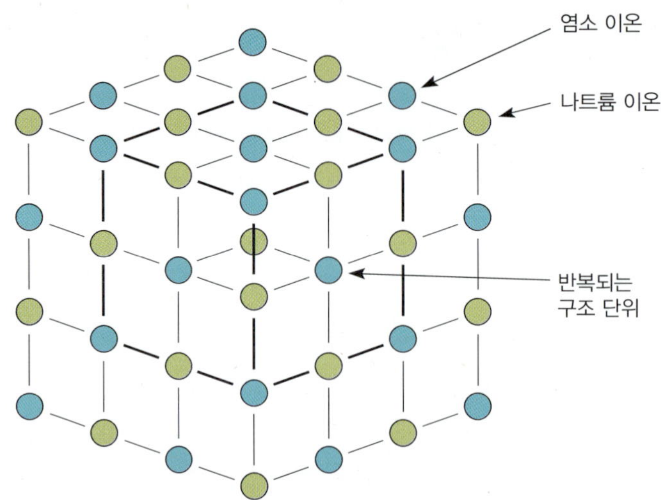

그림 11.3 결정은 3차원에서 반복되는 구조적 단위로 되어 있다. 이것은 염화나트륨으로 이루어진 암염의 결정 구조이다.

광물의 결정 구조는 1개 또는 그 이상의 원소가 포함된 원자들로 구성되어 있다. 예를 들면, 다이아몬드는 강한 결정 구조를 가진 탄소 원자들로만 이루어진 광물이다. 반면에, 석영은 다른 결정 구조를 가진 산소와 규소의 원자들로 이루어진 광물이다(그림 11.5). 얼마나 많은 종류의 원자가 있는지는 상관없이, 각각의 광물은 고유의 화학적 구성 성분 또는 구성 성분의 범위를 가지고 있다. 몇몇 광물은 화학적으로 유사한 원소들이 서로 바뀌서 들어가면 약간씩 변할 수 있기 때문에 화학적 구성 성분의 범위가 나타난다. 예를 들면, 특정 광물에서 마그네슘 원자들 중 일부가 화학적으로 비슷한 칼슘 원자들로 바뀌서 들어갈 수 있다. 이

그림 11.4 식탁용 소금, 염화나트륨 결정의 구조는 각각의 알갱이에서 볼 수 있듯이 정육면체이다. ©Comstock Images/Jupiterimages RF

그림 11.5 이 석영 결정은 육방 기둥이다. ©Bill W. Tillery

표 11.1 주요 광물의 분류 체계도

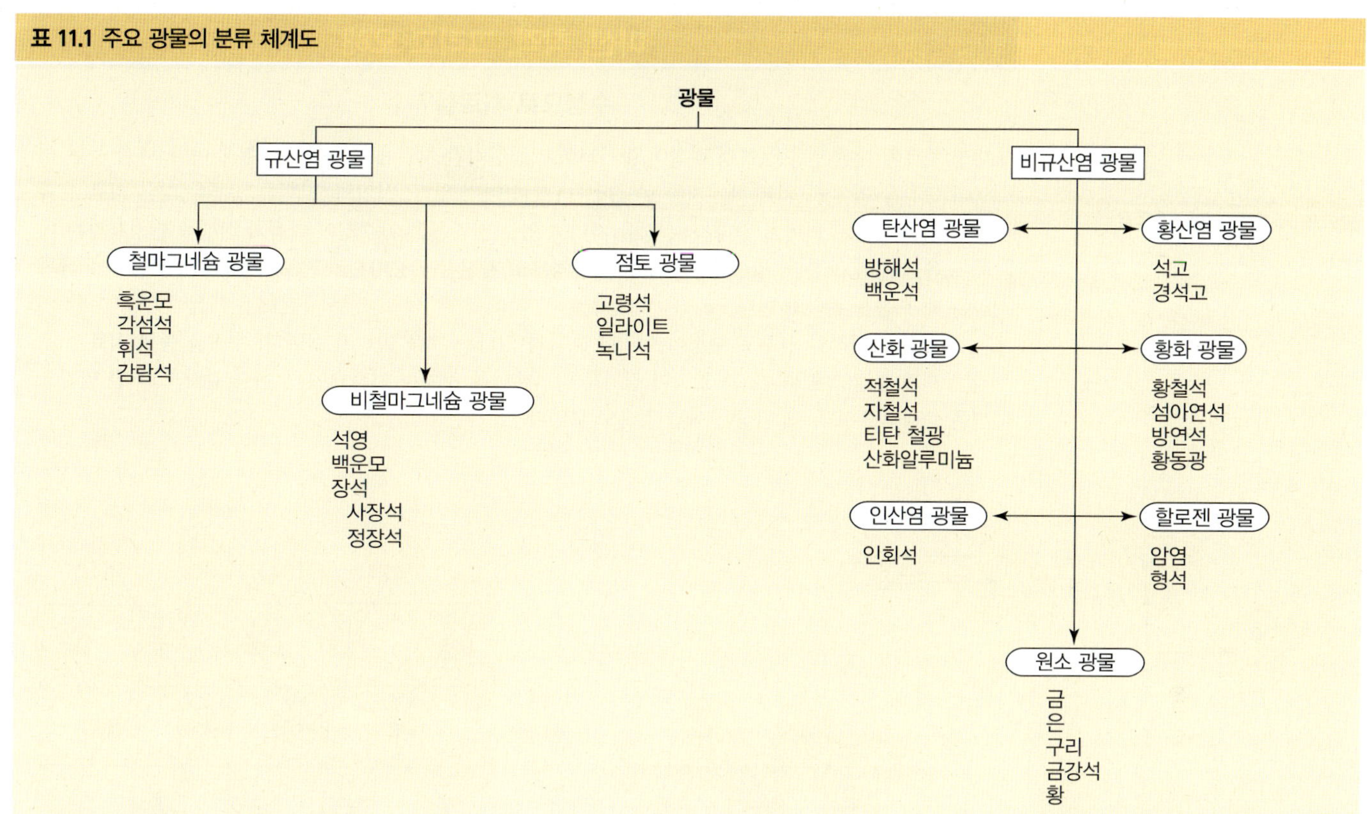

렇게 다른 원자가 바뀌서 들어감에 따라 성질이 약간 달라질 수 있지만, 다른 광물이 될 만큼 충분하게 달라지기 않기 때문에 화학적 구성 성분의 범위가 있는 광물이 된다.

산소와 규소는 지구의 지각에서 가장 많이 존재하는 원소이다. 따라서 대부분의 흔한 광물에는 이 두 원소가 포함되어 있다. 모든 광물은 이 두 원소의 포함 여부에 따라 분류되어 **규산염 광물**(silicate)과 **비규산염 광물**(nonsilicate)의 두 그룹으로 나뉜다(표 11.1). 그러나 규산염 광물도 산소와 규소 외에 다른 원소를 포함할 수 있다는 것을 명심해야 한다. 규산염 광물이 훨씬 많아서 지구 지각의 약 92%를 구성하고 있다. 1개의 규소 이온(Si^{-4})이 4개의 산소 이온(O^{-2})과 결합하여 $(SiO_4)^{-4}$ 사면체가 만들어진다(그림 11.6). 모든 **규산염 광물**(silicate)은 결정 구조 안에서 $(SiO_4)^{-4}$ 사면체가 단독으로 존재하거나 또는 서로 결합되어 있다. 이 구조는 철이나 마그네슘 같은 금속 이온과 결합할 수 있는 산소 원자 주변에 4개의 전자를 가지고 있다. 이 산소 주변의 전자는 다른 사면체 구조의 규소와 결합할 수도 있다. 따라서 몇몇 규산염 광물은 금속 이온과 결합된 하나의 사면체로 구성되며, 다른 규산염 광물은 여러 개의 사면체들이 단일 사슬, 이중 사슬, 연쇄 사슬, 층상의 형태로 결합되어 있다(그림 11.7).

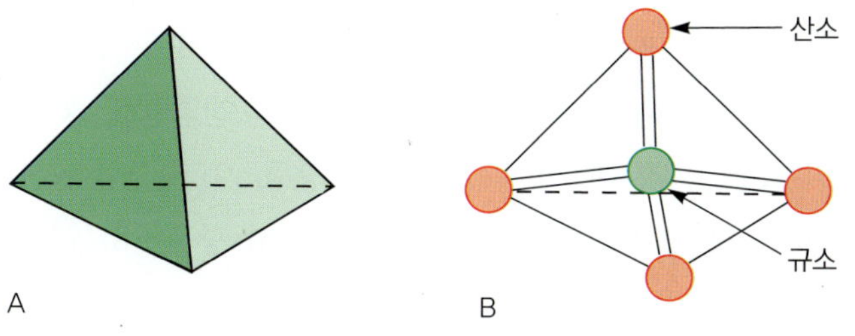

그림 11.6 (A) 사면체의 기하학적 형태. (B) 하나의 규소와 4개의 산소 원자가 규소를 가운데 두고 사면체의 형태를 이루고 있다. 이것이 모든 규산염 광물의 기본적인 구조이다.

미신, 착각, 그리고 오해

수정으로 치료를?

수정 치료에 대한 믿음은 특정 수정이 물리적이고 정신적인 치료에 도움이 된다는 것이다. 예를 들면 석영이 고통을 없애고, 치료 에너지를 만들어낸다고 믿어져 왔다. 석영의 또 다른 종류는 다른 치료 효과를 가지고 있다고 믿어져 왔다. 자수정을 지니고 있는 사람들은 자수정이 마음과 신경을 안정시키는 데에 도움이 된다고 한다. 황수정은 자부심의 결정으로 자신감을 증가시키고 두려움, 걱정, 우울함을 극복하는 데 도움을 준다고 한다.

어떠한 과학적인 연구도 수정이 이러한 효과가 있다는 것을 밝히지 못했다. 수정을 통한 치료는 구리 팔찌가 관절염에 좋다던가 호박이 감기를 막아준다는 것처럼 민간요법 중 하나 같다. 그러한 민간요법은 플라시보 효과 그 이상은 아닌 것으로 보인다.

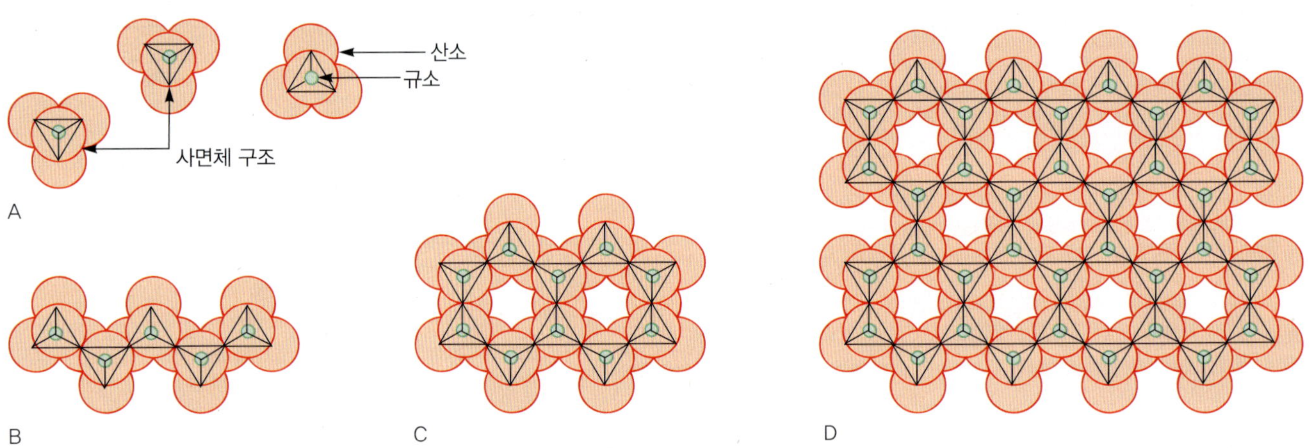

그림 11.7 (A) 독립된 규소-산소 사면체는 산소를 공유하고 있지 않다. 이 구조는 감람석에서 나타난다. (B) 사면체의 단일 사슬 구조에서는 각각의 규소 이온이 2개의 산소를 가지고 있고, 동시에 또 다른 2개의 산소는 다른 규소 이온과 공유하고 있다. 이 구조는 휘석에서 나타난다. (C) 사면체의 이중 사슬 구조에서는 절반의 사면체는 2개의 산소를 서로 공유하고, 나머지 절반의 사면체는 3개의 산소를 공유하고 있다. 이 구조는 각섬석에서 나타난다. (D) 층상 구조에서는 각 규소 이온이 3개의 산소를 공유하고 있어 층별로 쉽게 떨어진다. 이 구조는 운모류에서 나타난다.

규산염 광물은 철과 마그네슘의 포함 여부에 따라 **철마그네슘 규산염**(ferromagnesian silicate), **비철마그네슘 규산염**(non-ferromagnesian silicate)으로 나뉘고, 이와는 별개로 **점토 광물**(clay mineral)도 규산염 광물에 포함된다. 철마그네슘 규산염에서 사면체 구조가 철, 마그네슘, 칼슘 등의 이온과 결합되어 있다. 이 광물의 예로는 **감람석**(olivine), **휘석**(augite), **각섬석**(hornblende), **흑운모**(biotite) 등이 있다(그림 11.8). 이 광물은 금속 이온 때문에 다른 규산염 광물에 비해 무겁고 색깔이 어둡다. 휘석, 각섬석, 흑운모는 매우 어두우며 일반적으로 검정색이고, 감람석은 밝은 녹색이다.

비철마그네슘 규산염은 철마그네슘 규산염에 비해 밝은색을 가지고 있으며 가볍다. 이 광물의 예로는 **백운모**(muscovite), **장석**(feldspar), **석영**(quartz) 등이 있다(그림 11.9).

규산염 광물을 제외한 지구 지각의 남아 있는 8%를 구성하는 광물은 결정 구조 안에 규소-산소의 사면체 구조를 포함하고 있지 않기 때문에 **비규산염 광물**이라고 한다. 비규산염 광물에는 8개의 하위 그룹이 있는데, 이는 (1) 탄산염 광물, (2) 황산염 광물, (3) 산화 광물, (4) 황화 광물, (5) 할로젠 광물, (6) 인산염 광물, (7) 수산화 광물, (8) 원소 광물이다(표 11.1). 탄산염 광물이 비규산염 광물 중에 가장 많다.

석면

석면은 녹거나 불에 타지 않는 내연성의 섬유로 분류되는 몇몇 광물을 일컫는 말이다. 석면은 내연성의 옷, 직접적으로 불에 타지 않는 절연 물질, 또는 석고 등과 섞어서 사용된다. 사람들은 석면이 인체에 해롭다고 생각하기 때문에 모든 석면에 대해 두려움을 가지고 있다(상자 그림 11.1). 그러나 약 6개의 상업적으로 사용되는 석면의 종류가 있다. 이 중 5개는 각섬석 광물로 만들어지고 이는 '갈석면'과 '청석면'으로 불린다. 다른 종류는 **사문석**(serpentine) 광물 중 하나인 **온석면**(chrysotile)으로 만들어지고 이는 '백석면'으로 불린다. 백석면은 가장 많이 사용되는 석면이다. 각섬석 석면(갈석면과 청석면)은 짧은 시간의 노출에도 암과 관련되어 있는 석면이다. 그러나 백석면에 대한 노출이 인체에 유해하다는 증거는 없다. 모든 건물에서 각섬석 석면을 제거하고 금지하는 것은 타당해 보인다. 그러나 인체에 유해하다고 증명이 되지 않은 사문석 석면(백석면)도 금지하거나 제거하는 것은 타당해 보이지 않는다.

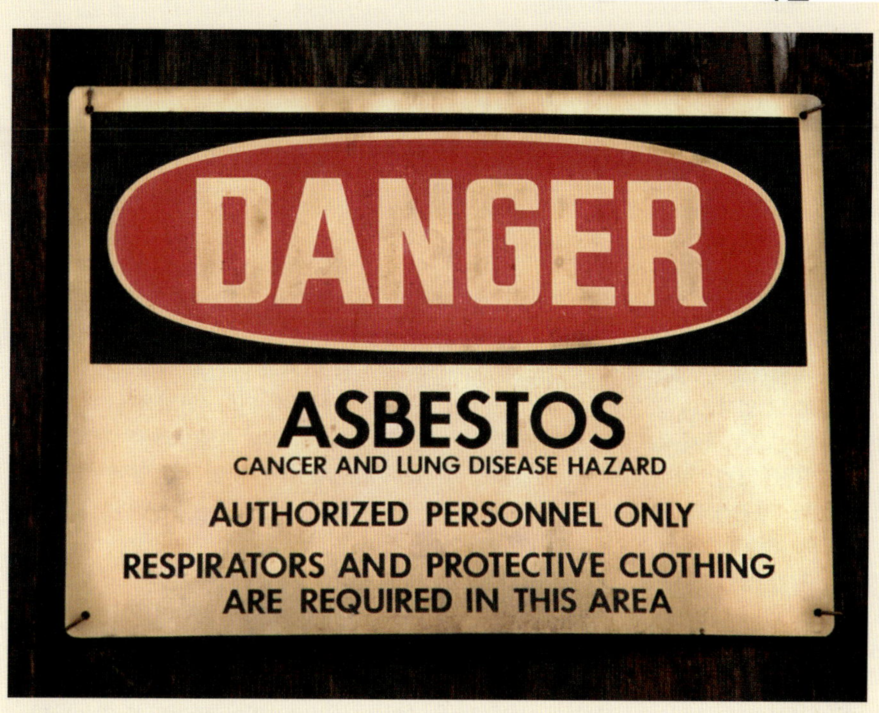

상자 그림 11.1 석면에도 여러 종류가 있다는 것을 알고 있었는가? 모든 종류의 석면이 인체에 해로운가? ©Alex L. Fradkin/Getty Images RF

그림 11.8 철마그네슘 규산염 광물 휘석(오른쪽), 각섬석(왼쪽), 흑운모(가운데)의 어두운 색을 그림 11.9의 밝은 비철마그네슘 규산염 광물과 비교해보자. ©Bill W. Tillery

그림 11.9 비철마그네슘 규산염 광물 운모(가운데 앞), 정장석(가운데 위), 석영(왼쪽 가운데)의 밝은색을 그림 11.8의 어두운 철마그네슘 규산염 광물과 비교해보자. ©Bill W. Tillery

과학과 사회

광물 자원의 사용

대부분의 사람들은 광물 자원이 한정적이고 우리가 그것을 쓸 때 점점 줄어든다는 것을 이해하고 있다. 물론 몇몇 광물 자원은 재활용할 수 있기 때문에, 더 많은 광물을 캘 필요는 줄어들 수도 있다. 예를 들면, 알루미늄은 재활용할 수 있어 반복해서 재사용할 수 있다. 유리, 구리, 철 등도 유사하게 반복해서 재활용할 수 있다. 그러나 몇몇 중요한 광물은 재활용할 수 없으며 다른 것으로 대체할 수도 없다. 예를 들면, 원유는 줄어드는 자원으로 최종적으로는 없어질 것이다. 기름은 일단 한 번 태우면 재활용할 수 없다. 지구가 기름으로 가득한 통 같을지라도 최종적으로는 고갈될 것이며, 아마 우리가 생각하는 것보다 더 빨리 고갈될 수도 있다.

우리에게 필수적인 광물 자원이지만 곧 고갈될 것 같은 광물이 또 있다. 그것은 인산염 광물에 나오는 인이다. 인은 식물 성장에 필수적인 영양소이며, 토양에서 인의 농도가 너무 작다면 식물이 잘 성장하지 못한다. 대부분의 경작용 토양은 인공적으로 인을 비료로 준다. 이러한 과정이 없다면 생산량은 급감할 것이다.

인산염은 인회석 광물에서 자연적으로 나타난다. 인회석은 해류가 인산염 이온이 충분이 녹은 차갑고 깊은 물을 대륙사면과 대륙붕으로 운반하는 곳에서 형성된다. 여기서 인산염 이온이 석회암 안에 있는 탄산염 이온과 바뀌게 되고 인회석 광물이 만들어지게 된다. 인회석은 또한 많은 화성암, 퇴적암, 변성암의 준부성분 광물로써 나타난다. 몇몇 화성암에서 인산염이 나오기는 하지만, 대부분의 인산염은 플로리다처럼 예전에 수몰된 석회암 해안 지역에서 채굴된다.

지난 40년 동안의 인산염 생산과 사용 경향은 전 세계 인회암 매장량이 앞으로 수십 년 안에 고갈될 것이라는 것을 보여준다. 새로운 자원이 발견되지 않는다면 인회암은 고갈되고 더 이상 사용할 수 없게 된다. 이런 일이 일어난다면, 식량 공급에 차질이 생길 것이다. 현재 존재하고 있는 육지에서의 식량은 고작 20억 명의 사람에게만 공급할 수 있는 양밖에 없다. 인산염은 지구의 생명체에 필수적인 원소이며, 다른 어떤 원소도 이를 대체하는 기능을 갖지 못하고 있다.

질문과 토론

광물 자원 사용에 대한 다음의 질문을 토의해보자.

1. 광업이 중요한 광물 자원을 채굴하기 위해 허가를 받아야 하는가? 답의 이유를 설명하시오.
2. 광업을 통제하는 것에 대한 장점과 단점은 무엇인가?
3. 인산염 광물 공급이 고갈된다면, 새로운 공급 또는 대체 자원에 대해 누가 책임을 져야 하는가? 광업인가 아니면 정부인가?

암석

원소들이 화학적으로 결합하여 광물을 만든다. 광물은 물리적으로 결합하여 암석을 만든다. **암석**(rock)은 한 종류 이상의 광물이 결합된 것으로 정의된다. 암석을 구성하는 광물은 흑요석도 포함하는데, 이 흑요석은 결정 구조가 부족하기 때문에 광물로 고려되지 않았다. 대부분의 광물이 규산염 광물이기 때문에, 대부분의 암석도 규산염 광물로 구성되어 있다.

암석이 형성되는 과정에 따라 크게 3가지 종류로 분류된다. 이 3가지 종류로 (1) 마그마가 굳어서 만들어진 **화성암**(igneous rock), (2) 기존에 존재하던 암석의 입자 또는 암석이 부서진 물질이 퇴적되어서 만들어진 **퇴적암**(sedimentary rock), (3) 높은 온도와 압력에 의해 기존의 암석이 변형되고 재결정화되어 만들어진 **변성암**(metamorphic rock)이 있다.

화성암

화성(igneous)이라는 단어는 '불'을 뜻하는 라틴어 ignis에서 왔다. **화성암**(igneous rock)은 뜨겁고 용융 상태의 암석 물질 덩어리로부터 만들어지기 때문에 이러한 이름은 적절하다. 화성암이 형성되는 첫 번째 단계에서 암석을 녹일 정도로 충분히 뜨거운 매우 높은 온도가 필요하다. 녹아 있는 암석 물질 덩어리를 **마그마**(magma)라고 한다. 마그마는 지구 표면 근처로 올라올 때 냉각되고 결정화되어 고체의 화성암이 만들어진다. 지구의 탄생 초기에는 높은 온도로 녹아 있던 물질만 있었고, 이 물질이 냉각되면서 처음에 지구의 모든 암석은 화성암이었

그림 11.10 칼륨장석, 석영, 흑운모, 사장석 광물의 결정이 명확히 보이는 화강암
©Doug Sherman/Geofile RF

다. 오늘날, 지각의 약 2/3는 화성암으로 구성되어 있다. 지표면은 다양한 종류의 암석과 암석 물질(모래, 흙 등)로 덮여 있기 때문에 많은 지역에서 화성암이 밖으로 드러나 있지는 않다. 화성암이 발견될 때 보통 화강암이나 현무암이 많다. **화강암**(granite)은 밝은색의 화성암이며 주로 석영, 운모, 장석의 3가지 규산염 광물로 구성되어 있다. 이 광물의 알갱이는 커서 화강암의 부서진 단면에서 이 3가지 광물의 알갱이를 쉽게 관찰할 수 있다(그림 11.10). **현무암**(basalt)은 어둡고 무거운 화성암으로 광물 알갱이가 너무 작아 쉽게 관찰할 수 없다. 현무암은 지구 표면에서 발견되는 가장 흔한 화산에 의한 암석이다.

퇴적암

퇴적암(sedimentary rock)은 기존에 존재하던 암석의 입자 또는 암석이 부서진 물질로부터 만들어진 암석이다. 공기 또는 물과의 물리적 또는 화학적 반응은 존재하던 암석을 부수고 용해시키는 경향이 있다. 이러한 입자들은 보통 움직이는 물에 따라 수송되고 퇴적물로써 침적된다. **퇴적물**(sediment)은 실트, 점토, 모래, 또는 풍화된 물질의 축적으로 만들어진다. 풍화된 암석 조각과 용해된 암석 물질은 둘 다 퇴적물 침적에 기여한다(표 11.2).

표 11.2 퇴적암의 분류

퇴적물 형태	입자 또는 구성	퇴적암
쇄설성	자갈	역암 또는 각력암
쇄설성	모래	사암
쇄설성	잔모래(실트)와 점토	실트암, 점토암 또는 셰일
화학적	방해석	석회암
화학적	백운석	백운암
화학적	석고	석고
화학적	암염(염화나트륨)	암염

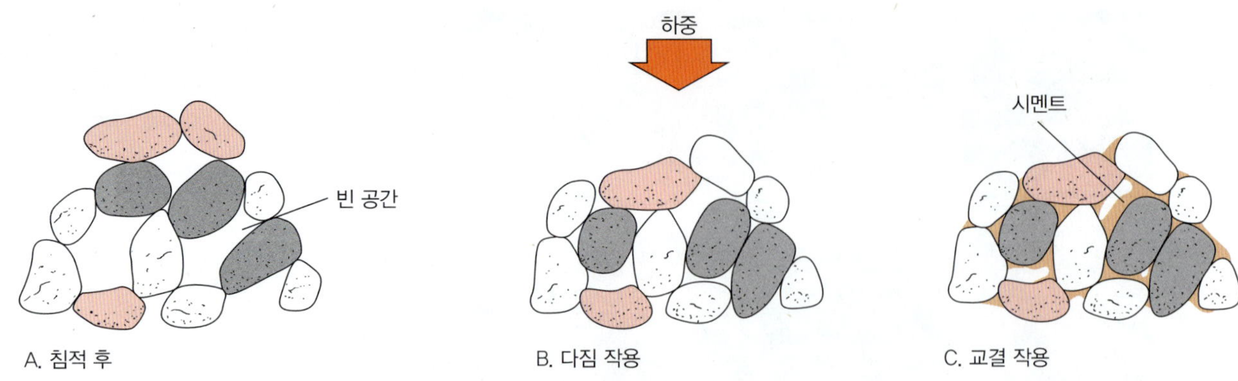

그림 11.11 모래 알갱이가 사암이 되는 과정. (A) 모래 알갱이가 알갱이 사이의 공간을 가지고 느슨하게 쌓이고 있다. (B) 쌓이는 모래로 인한 다짐 작용으로 빈 공간이 줄어든다. (C) 빈 공간을 채운 물이 시멘트처럼 작용하는 교결 작용으로 모래를 단단히 접합시키고 쇄설성 구조를 가진 사암이 만들어진다.

대부분의 퇴적물은 처음에 분리된 입자로써 그 입자 사이의 공간이 있고 느슨하게 축적된다. 암석 조각, 화학적 침적물, 또는 동물 껍질 등의 축적은 고체로 굳어지면서 퇴적암이 만들어진다. 이러한 암석이 만들어지는 과정, 즉 **고화 작용**(lithification)은 (1) 다짐 작용과 (2) 교결 작용의 두 단계에 의해 일어난다(그림 11.11).

퇴적물이 쌓일수록 위에 놓인 퇴적물의 무게가 증가하고 이는 밑에 놓인 퇴적물에 대한 높은 압력의 원인이 된다. 이러한 압력은 깊은 곳의 퇴적물을 쥐어짜고, 점진적으로 입자나 알갱이 사이의 공간이 줄어들도록 한다. 이 **다짐 작용**(compaction)은 쌓인 퇴적물의 두께가 줄어들도록 하고 쥐어짜서 물을 밖으로 빼내서 알갱이들이 더 단단하게 서로 묶여지도록 한다. 다짐 작용만으로는 보통 느슨한 퇴적물이 고체 암석이 될 정도로 만들지는 못한다. 압축된 알갱이들이 서로 붙어있도록 하기 위해는 교결 작용이 필요하다.

교결 작용(cementation)에서, 퇴적물 입자 사이의 남아 있던 공간은 화학적 퇴적물로 채워진다. 화학적 퇴적물은 입자들이 더 단단하고 결합되어 있는 퇴적암 덩어리로 묶는다. 많은 수용성 광물들이 교결 물질의 역할을 하고, 방해석(탄산칼슘)과 실리카(이산화규소)가 보통 이 역할을 많이 한다.

퇴적물은 암석이 부서지는 다양한 환경에서 쌓이기 때문에, 퇴적물 입자의 크기는 환경에 따라 매우 다르다. 입자의 크기와 형태는 퇴적암의 이름을 정의하는 기준으로 사용된다(표 11.3).

개념 적용

모아보자

우리가 살고 있는 지역에서의 암석과 광물의 컬렉션(이름과 위치를 포함)을 만들어보자. 광물과 암석의 총 개수와 특별한 지역에서만 수집되는 것이 가능하도록 하는 것은 무엇이 결정하는가?

변성암

암석의 세 번째 종류는 변성암이다. **변성암**(metamorphic rock)은 기존에 존재하던 암석이 열과 압력에 의해 변한 기존과는 구분된 다른 암석이다. 암석의 변화를 일으키는 열과 압력은

표 11.3 퇴적물에 따른 퇴적암의 분류

퇴적물	크기	퇴적암
바위	256 mm 이상	
자갈	2~256 mm	역암 또는 각력암*
모래	1/16~2 mm	사암
잔모래(실트)	1/256~1/16 mm	실트암**
점토(진흙)	1/256 mm 이하	점토암**

*역암은 둥글고, 각력암은 모가 난 암석이다.
**둘 다 이암 또는 셰일이라고 하며, 쪼개짐이 있는 경우 셰일, 쪼개짐이 없는 경우 이암이다.

(1) 지각의 이동(12장에서 이에 대해 다룰 것이다), (2) 마그마로부터의 열 등의 지질학적 현상과 관련되어 있다. 지각의 이동과 관련된 압력은 광물 알갱이의 평탄화, 변형, 재배열을 통해 암석 조직을 변화시킬 수 있다. 마그마로부터의 열과 관련하여 기존 암석의 결정 조직에 큰 영향을 줄 정도의 온도는 재결정화의 원인이 될 정도로 높기는 하지만, 암석을 녹여서 화성암을 만들 정도로 아주 높지는 않다(그림 11.12).

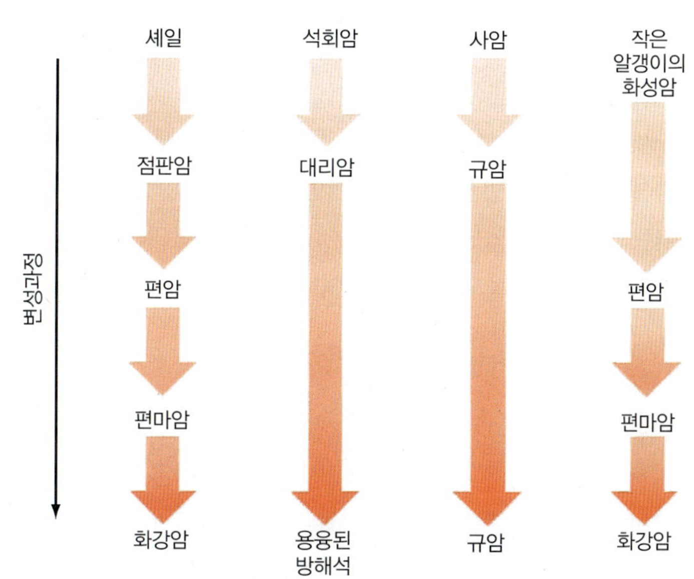

그림 11.12 온도와 압력 증가에 따른 변성과정. 용융점에 도달한다면, 더 이상 변성이 일어나지 않고 화성암이 만들어진다.

개념 적용

모래를 모아보자

여러 장소에서 마른 모래를 모아보자. 돋보기를 사용하여 각 모래 안에 있는 광물을 찾아보자.

암석의 순환

지구는 끊임없이 변화하는 표면과 내부를 가진 역동적인 행성이다. 지구 내부의 변화는 대륙의 이동을 통해 지구 표면을 변화시킨다. 산이 만들어지기도 하고 풍화와 침식에 의해 닳아 없어지기도 한다. 바다는 육지 쪽으로 전진하기도 하고 육지로부터 멀리 후퇴하기도 하면서

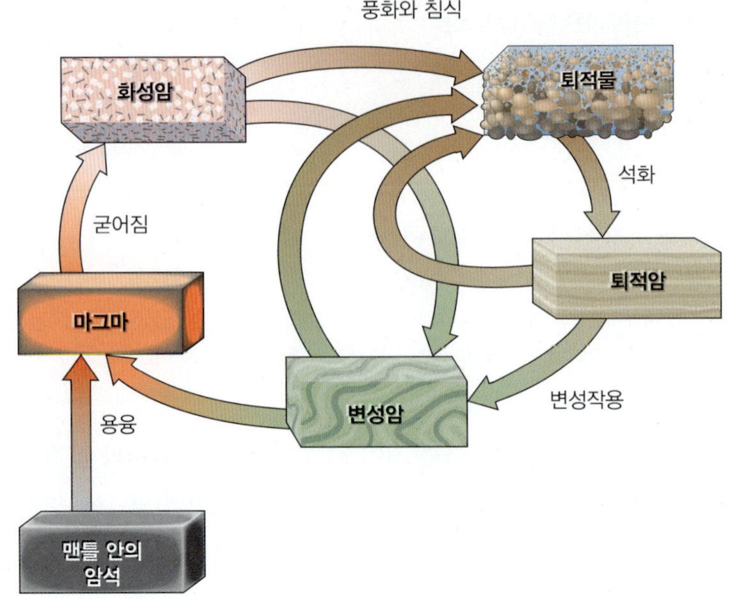

그림 11.13 암석의 순환

많은 물질들이 대기에서 육지로, 지표면에서 지구 내부로, 그리고 다시 반대로 이동하면서 순환한다. 암석은 이러한 끊임없는 변화를 통해 한 형태에서 다른 형태로 계속해서 변화한다. 지구가 오랜 역사를 거치는 동안 변함없이 남아 있는 암석은 없다. 암석이 시간에 따라 끊임없이 변화한다는 것을 **암석의 순환**(rock cycle)이라고 한다(그림 11.13). 암석의 순환은 현재 존재하고 있는 화성암, 퇴적암, 변성암은 일시적인 것이며 계속해서 다른 형태로 암석의 변화가 일어나고 있다는 것이다. 오늘날의 암석은 지구의 46억 년의 역사 동안 끊임없이 변화를 겪어 왔고, 이러한 변화는 앞으로도 계속될 것이다.

11.2 지구의 내부

지구는 고체의 안정한 구가 아니다. 모든 암석과 암석 물질은 따뜻한 왁스나 밀랍, 점토처럼 흐를 수 있게 만들어져 있다. 지표면 아래로 수 km 깊이에서의 압력과 온도는 암석이 천천히 흐를 수 있도록 만들 정도로 매우 높다. 지구 안쪽 깊은 곳에서 뜨겁고 부력이 있는 유동성 있는 암석이 상대적으로 차가운 지표면 쪽으로 천천히 올라간다. 다른 지역에서는 차갑고 무거운 암석이 아래로 이동한다.

지구 내부의 열과 암석의 이동은 대륙의 이동, 지진, 화산활동과 같은 지표면에서 일어나는 현상과 관련이 있다. 이러한 현상이 어떻게 일어나는지를 알아보기 전에, 먼저 지구 내부의 구조를 알아볼 것이다. 지구 내부에 대한 정보는 지구 내부를 이동하는 지진파를 연구하여 그로부터 추론되었다. 지진파는 지구 내부를 볼 수 있도록 해주는 일종의 'X-ray' 기계와 비슷하다고 볼 수 있다.

암석의 매우 거대한 부분의 갑작스런 이동은 전 지구를 거쳐 파동이 나타나는 진동을 만들어낼 수 있다. 이러한 진동을 **지진파**(seismic wave)라고 한다. 강한 지진파는 지진이 일어나는 동안 사람들이 흔들리는 것을 느낄 수 있게 한다. 지진파는 암석의 거대한 덩어리가 부서지거나 다른 지역을 미끄러져 이동할 때 발생한다.

지구 내부 깊은 곳까지 직접 파고 들어가는 것은 불가능하기 때문에, 지구 내부의 층상 구조에 대해 과학자들은 지구의 진동을 측정하는 것으로부터 간접적으로 추정하였다. 핵폭발이나 강한 지진 같은 거대한 진동은 전 지구를 관통하는 지진파를 만들어낼 수 있다. 지질학자들은 에너지가 어떻게 지구를 통과하는지를 연구하여 지구의 깊고 직접 볼 수 없는 내부를 추정하였다.

폭발 후의 음파와 같이 지진으로부터 방출된 지진파는 고체 지구의 내부를 통해 전 방향으로 퍼져나간다. 기본적으로 지진파에는 3가지 종류가 있다.

1. P파(P-wave)라고 하는 종파(압축파). P파는 가장 빠르고 지표면의 암석과 지구 내부의 고체와 액체 물질을 모두 통과하여 이동한다.
2. S파(S-wave)라고 하는 횡파(왜파). S파는 P파 다음으로 두 번째로 빠르다. 액체는 형태의 변화가 일어나도 원래의 모습으로 되돌아가지 못하기 때문에 형태 변화를 일으키는 S파는 액체를 통과하지 못하고 오로지 고체만을 통과한다.
3. 표면파(surface wave). 표면파는 지구의 고체 표면을 가로질러 이동한다. 표면파는 가장 느리기 때문에 P파와 S파가 도달한 후에 도착한다. 표면파에는 러브파(Love wave)와 레일리파(Rayleigh wave)의 2가지 종류가 있다. 러브파는 진행 방향의 좌우로 움직이는 수평 방향의 S파와 움직임이 유사하다. 이러한 움직임은 건물의 기반에 충격을 주고 다리나 고가도로를 파괴할 수 있다. 레일리파는 물 위의 파도가 구르는 것과 같은 움직임을 보여준다. 레일리파는 더 오랜 시간 동안 더 많은 상하좌우의 움직임을 만들어내기 때문에 더 파괴적이다.

지진파의 자료를 이용하여, 과학자들은 지구 내부를 세 부분으로 나눌 수 있다는 것을 알아냈다(그림 11.14). 지각(crust)은 지구를 둘러싼 얇은 껍질 같은 가장 바깥쪽의 암석층이다.

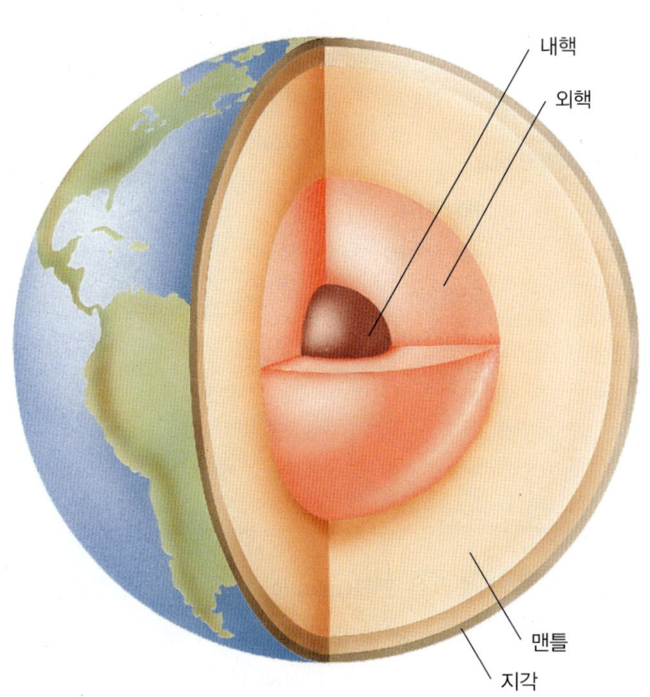

그림 11.14 지구 내부의 구조

지각 아래에는 지각보다 두꺼운 **맨틀**(mantle)이 있다. 맨틀 아래에는 **핵**(core)이라 하는 지구의 중심부가 있다. 이제 지구의 표면인 지각부터 시작하여, 지구 깊은 곳으로 파고 들어갈 것이다.

지각

지구의 **지각**(crust)은 지구 전체를 덮고 있는 얇은 층으로 대륙을 구성하고 있으며 해양 아래에 존재한다. 지진파에 따르면, 대륙을 구성하고 있는 지각과 해양 밑에 있는 지각에는 차이점이 있다(표 11.4). (1) 해양 지각이 대륙 지각보다 훨씬 얇고, (2) 해양 지각을 지나는 지진파가 대륙 지각을 지나는 지진파보다 빠르다. 구성 암석이 다르기 때문에 해양 지각과 대륙 지각의 성질이 다르게 나타난다.

지진파가 지각에서 맨틀로 들어갈 때 속도가 갑자기 증가한다. 이를 근거로 지각과 맨틀 사이의 경계를 정의하였고, 이 경계면을 **모호로비치치 불연속면**(Mohorovicic discontinuity), 줄여서 '모호면(Moho)'이라고 한다. 그 경계선에서 지각과 맨틀의 구성 물질의 갑작스런 변화 때문에 P파의 속도가 증가한다. 맨틀이 지각에 비해 철마그네슘 광물을 많이 가지고 있고, 규소를 적게 가지고 있다.

모호면에 대한 연구를 통해 지각의 두께가 대륙이 해양보다 더 두껍다는 것을 알게 되었다.

대륙에서 채취한 암석의 나이를 해양 조사선이 해저에서 채취한 암석의 나이와 비교했을 때, 대륙 지각이 더 오래되었다는 것을 알게 되었다. 대륙 지각은 38억 년의 나이를 갖는 암석이 있는 반면에, 해양 지각에서 가장 오래된 암석은 고작 2억 년 밖에 되지 않았다.

대륙 지각은 약 2.7 g/m^{3}의 밀도를 가진 화강암 형태의 암석으로 구성되어 있고, 해양 지각은 약 3.0 g/m^{3}의 밀도를 가진 현무암 형태의 암석으로 구성되어 있다. 가벼운 지각은 물 위에 얼음이 떠 있는 것처럼 맨틀 위에 떠다니고 있다. 그러나 두껍고 가벼운 대륙 지각은 해수면보다 위에서 떠 있고, 얇고 무거운 해양 지각은 해수면보다 아래에서 떠 있다고 볼 수 있다(그림 11.15).

표 11.4 해양 지각과 대륙 지각의 비교

	해양 지각	대륙 지각
나이	2억 년 이하	최대 38억 년
두께	5~8 km	10~70 km
밀도	3.0 g/cm^3	2.7 g/cm^3
구성	현무암	화강암, 편암, 편마암

맨틀

핵과 지각 사이의 지구 내부의 중간은 **맨틀**(mantle)이라 한다. 맨틀은 지구 전체 부피의 약 80%를, 전체 질량의 2/3를 차지한다. 맨틀의 구성 성분과 성질에 대한 정보는 (1) 지진학의 자료, (2) 운석의 성질에 대한 연구, (3) 화산에 의해 맨틀에서 지구 표면으로 나오는 물질에

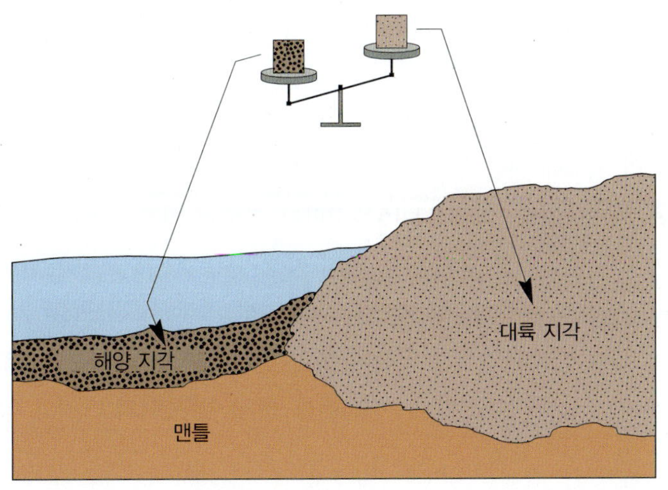

그림 11.15 대륙 지각은 상대적으로 가벼운 화강암질 암석이고, 해양 지각은 무거운 현무암질 암석이다. 대륙 지각과 해양 지각 모두 더 무거운 맨틀 위에 떠 있다.

대한 연구로부터 얻는다. 이러한 각각의 분리된 연구 결과는 모두 맨틀이 철마그네슘 규산염인 감람석으로 주로 구성되어 있다는 것을 보여준다.

지각이 맨틀 위에 떠 있는 위치는 지각의 두께와 지각과 맨틀의 상대적인 밀도로부터 추정할 수 있다. 맨틀 위에 있는 지각의 높이는 지각의 두께에서 밀도의 비가 곱해진 두께를 뺌으로써 구할 수 있다$\left[h = z_{지각} - z_{지각}\left(\frac{\rho_{지각}}{\rho_{맨틀}}\right)\right]$.

예제 11.1 (선택)

맨틀 위에 떠 있는 해양 지각의 높이는 얼마인가? (평균 해양 지각의 두께는 7.0 km로 가정하자.)

풀이

맨틀 위에 떠 있는 해양 지각의 높이는 지각의 두께에서 밀도의 비가 곱해진 두께를 뺀 것과 같다.

$$z_{지각} = 7.0 \text{ km}$$
$$\rho_{맨틀} = 3.3 \frac{\text{g}}{\text{cm}^3}$$
$$\rho_{지각} = 3.0 \frac{\text{g}}{\text{cm}^3}$$
$$h = ?$$

$$\begin{aligned} h &= z_{지각} - z_{지각}\left(\frac{\rho_{지각}}{\rho_{맨틀}}\right) \\ &= 7.0 \text{ km} - 7.0 \text{ km}\left(\frac{3.0 \frac{\text{g}}{\text{cm}^3}}{3.3 \frac{\text{g}}{\text{cm}^3}}\right) \\ &= 7.0 - 7.0\left(\frac{3.0}{3.3}\right) \text{km} \frac{\cancel{\frac{\text{g}}{\text{cm}^3}}}{\cancel{\frac{\text{g}}{\text{cm}^3}}} \\ &= 7.0 - 7.0(0.91) \text{ km} \\ &= 7.0 - 6.4 \text{ km} \\ &= \boxed{0.6 \text{ km}} \end{aligned}$$

예제 11.2 (선택)

맨틀 위에 떠 있는 대륙 지각과 해양 지각의 높이는 얼마인가? ($z_{지각} = 35$ km로 가정하자.)
(답: 6.3 km, 5.7 km)

핵

지구의 중심에 있는 **핵**(core)의 특징에 대한 정보는 다양한 방법으로 얻을 수 있다. 지진학의 자료는 지구의 핵의 구조에 대한 주요한 증거를 제공해준다. P파는 큰 지진이 일어난 지역에서부터 전 지구로 퍼져나간다. 그림 11.16은 P파가 어떻게 퍼져나가서 전 세계에 있는 지진파 측정 관측소에 도달하는지를 보여준다. 지진 발생지로부터 호 모양의 103°와 142° 사이의 지역에는 P파가 도달하지 못한다. 이 지역을 P파 **음영대**(P-wave shadow zone)라고 한다. P파 음영대는 핵에 의해 반사되면서 도달하지 못하는 지역이 나타나는 것으로 설명된다. P파의 경로는 정확하게 계산될 수 있기 때문에, 이를 통해 지구 핵의 크기와 형태도 또한 정확하게 계산되었다.

지구에 있는 지진파 관측소에 도달하는 S파의 형태는 P파와는 다른 형태가 나타난다. S파는 고체 물질을 통과할 수 있다. 그래서 S파 **음영대**(S-wave shadow zone)는 P파 음영대보다 더 크게 나타난다(그림 11.17). S파는 진원지로부터 103° 이상 떨어진 모든 지역에서 기록되지 않는다. S파 음영대는 S파가 핵을 통과하지 못하는 것을 보여준다. 이것이 사실이라면 지구의 핵은 액체이거나 또는 적어도 액체와 같은 역할을 한다고 볼 수 있다.

P파 자료의 분석은 핵이 **액체의 외핵**(liquid outer core)과 **고체의 내핵**(solid inner core)의 두 부분을 가지고 있다는 것을 보여준다. P파와 S파 둘 다 이 결론을 뒷받침해준다. 전체적으로 핵은 지구 전체 부피의 15%를, 질량의 1/3을 차지한다.

운석으로부터의 증거는 지구의 핵이 거의 철로 이뤄져 있다는 것을 보여준다. 지구는 강한 자기장을 가지고 있는데, 이는 핵 안의 액체 부분의 강한 흐름에 기원한다. 그러한 자기장을 만들어내기 위해서는 핵의 물질이 전기적인 전도체, 즉 철과 같은 금속이어야 한다. 지구에 떨어지는 운석에는 (1) 규산염 광물로 이루어진 석질 운석과 (2) 철 또는 철-니켈 합금으

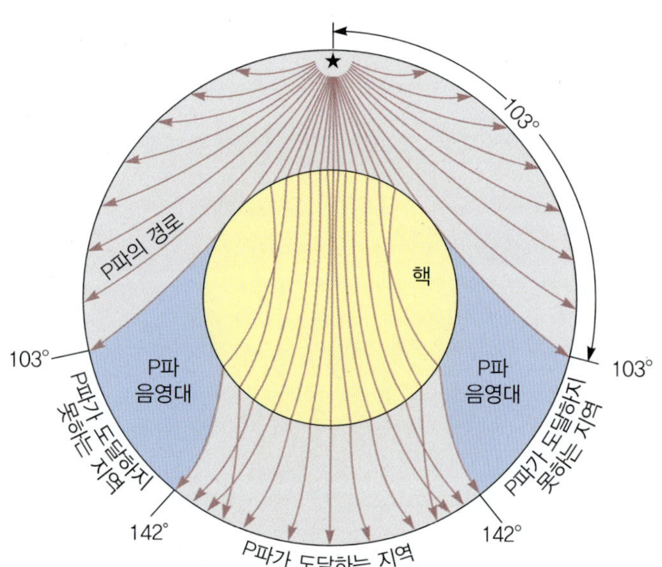

그림 11.16 지구 핵 안의 P파의 굴절로 만들어진 P파 음영대

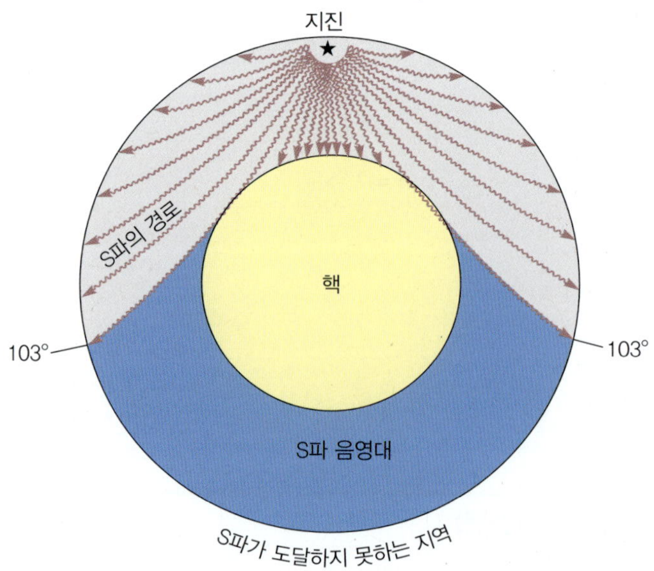

그림 11.17 S파 음영대. S파는 액체를 통과하지 못하기 때문에, 액체로 이루어진 핵의 부분 또는 액체와 같은 물리적 성질을 가진 부분을 지나가지 못한다.

로 이루어진 철질 운석의 두 종류가 있다. 지구는 규산염이 많은 지각과 맨틀을 가지고 있고, 유추에 의해 지구의 핵은 철 또는 철-니켈 합금으로 구성되어야 한다.

구체적인 구조

지구가 핵, 맨틀, 지각의 층 구조를 가지고 있다는 것은 명백하다. 이러한 구조에 대해 설명하는 것은 지구가 어떻게 시간에 따라 진화해 왔는지를 이해하는 데 있어서 중요하다. 하지만 좀 더 구조를 구체적으로 설명해야 할 필요가 있다. 이 구조는 지진과 화산 현상을 포함하여 지구 표면의 진화뿐만 아니라 현재 모습을 이해하는 데 있어서 중요하다.

맨틀 안에는 지진파의 속도가 갑자기 감소하는 얇은 층이 있다(그림 11.18). 이 층은 전 지구에 걸쳐 있으며 뜨겁고 유동성 있는 반액체 상태이다. 이 층을 그리스어로 '약한 껍질'을 뜻하는 **연약권**(asthenosphere)이라고 한다. 연약권은 형태가 변하기 쉽고 움직이기 때문에 약하다고 볼 수 있다. 몇몇 지역에서 연약권은 마그마를 포함하기도 한다.

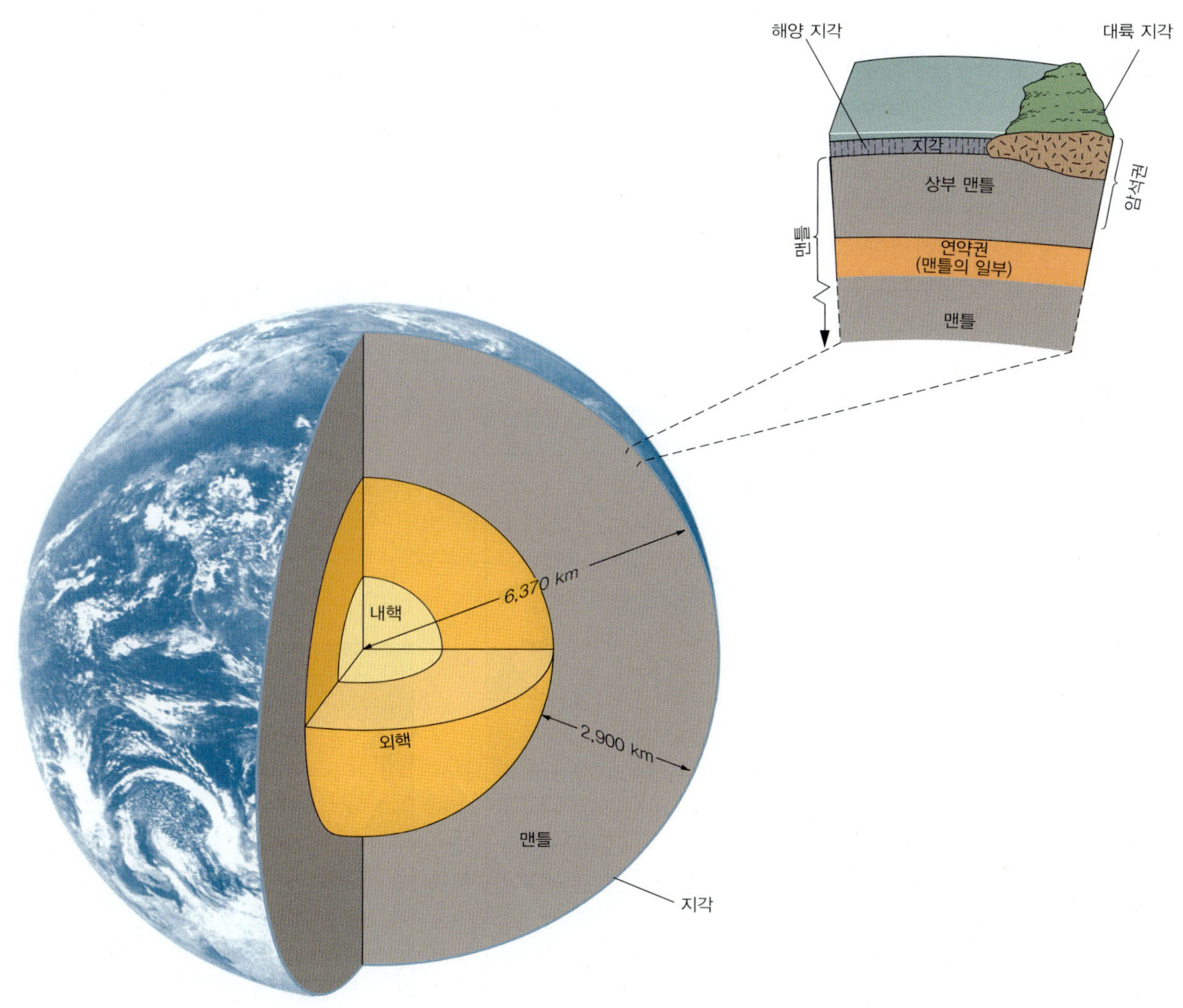

그림 11.18 연약권이라고 하는 지구 내부의 약하고 부드러운 층. 연약권 위의 단단한 고체의 층은 암석권이라고 한다. 암석권은 물 위에 떠 있는 빙하처럼 상부 맨틀 위를 움직이고 있는 판들로 나뉜다. 이것이 지진, 화산, 산맥의 형성 같은 지구 표면에서 일어나는 많은 변화를 설명할 수 있게 하는 판구조론이다.

연약권 위와 아래의 암석은 단단한 고체의 층이다. 연약권 위의 고체층은 그리스어로 '강한 껍질'을 뜻하는 **암석권**(lithosphere)이라고 한다. 이 암석권은 연약권의 '약한 층'에 대비되어 '강한 층'으로 알려져 있다. 암석권은 지각 전체, 모호면, 그리고 맨틀 상부를 포함한다. 연약권은 지구 표면에 도달하는 마그마의 중요한 원천 중 하나이다. 또한 연약권은 지각의 움직임과 관련된 기작의 중요한 부분이다. 암석권은 바다 위에 떠다니는 얼음 덩어리처럼 상부 맨틀에서 떠다니는 단단한 판으로 구성되어 있다. 이에 대해서는 다음 절인 '판구조론'에서 다루도록 하겠다.

11.3 판구조론

세계 지도에서 대륙의 형태를 관찰한다면, 대륙의 몇몇 지역은 퍼즐처럼 모양이 맞는 것을 볼 수 있을 것이다. 특히 북아메리카와 남아메리카 동쪽 해안과 유럽과 아프리카의 서쪽 해안이 맞는 것처럼 보인다. 이렇게 대륙 사이의 형태가 유사한 것은 과거 그 대륙들이 하나로 붙어있었고, 분리된 후 이동하여 현재의 상태가 된 것이라고 생각할 수 있다(그림 11.19)

1900년대 초에, 독일의 과학자 알프레드 베게너(Afred Wegner)는 대륙이 움직인다고 주장하였고, 거의 20년 동안 이 주제를 연구하여 논문으로 발표하였다. 베게너는 오래 전에 그리스어로 '모든 땅'을 뜻하는 '판게아(Pangaea)'라고 하는 거대한 하나의 대륙이 있었다고 생각하였다. 그는 오늘날 대서양의 서쪽과 동쪽의 육지에서 유사한 화석들이 발견되었고, 이는 판게아에서 살았던 동물과 식물로부터 온 것이며, 이 판게아가 후에 여러 대륙으로 분리된

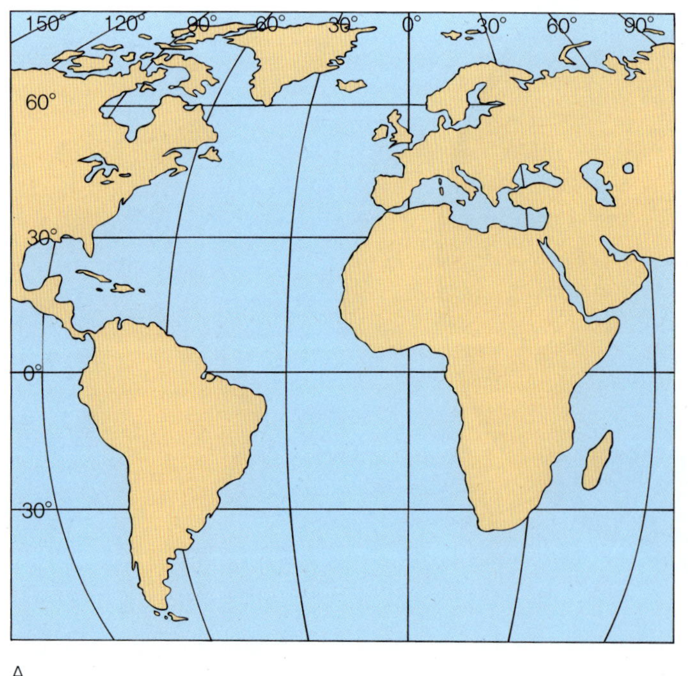

A

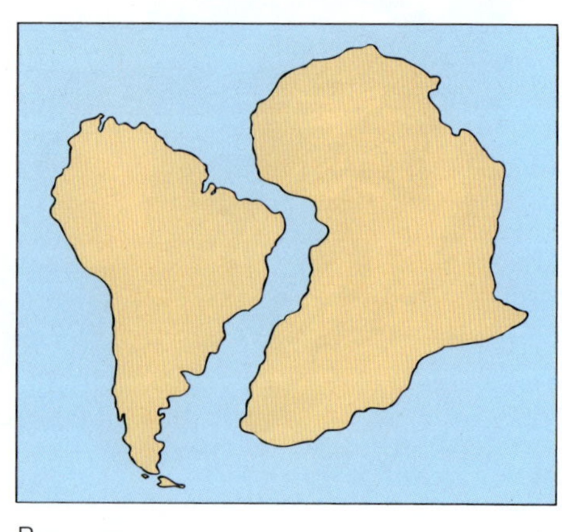
B

그림 11.19 (A) 현재의 세계 지도에서의 대륙의 위치. (B) 남아메리카와 아프리카가 예전에는 하나였다가 대륙이동설에 의해 이동하여 분리되었다는 것을 보여주는 증거이다.

것이라 주장했다. 베게너의 이러한 이론은 **대륙이동설**(continental drift)로 불리며, 이는 모든 대륙이 지구 표면 위에서 이동하고 있다는 이론이다. 몇몇 사람들은 이 대륙이동설이 그럴듯하다고 생각했지만, 대부분의 사람들은 거대한 대륙이 지구 표면 위를 이동한다는 것을 상상하기 힘들어 했다. 베게너가 대륙이 왜 그리고 어떻게 이동하는지에 대해 더 이상 설명하지 못했기 때문에, 많은 과학자들은 이 이론을 받아들이지 않았다. 대륙이동설은 흥미롭지만 이상한 이론으로 무시되었다. 그 후에 새로운 증거들은 대륙이 이동한다는 것을 확실히 보여주었다. 이러한 증거 중 첫 번째는 해양의 바닥에서 나왔고, 이것은 지구 지각의 이동에 대한 새로운 이론으로 받아들여졌다.

지구 자기장으로부터의 증거

지구의 자기장은 핵의 액체 부분의 느린 순환에 의한 전기적 흐름으로 만들어진다. 그러나 지구 자기장의 극(자극)은 고정되어 있지 않다. 지구물리학자들은 자극이 지리적인 극 주변을 천천히 움직이고 있다는 것을 발견했다. 여러 연구들은 또한 지구 자기장이 가끔씩 지자기 역전을 겪는다는 것을 보였다. 지자기 역전은 지구 자기장의 극성이 뒤집어지는 것을 의미한다. 지자기 역전 동안, 자기장의 북극(자북)과 남극(자남)의 위치가 서로 바뀌게 된다. 현재 자기장의 방향은 과거 700,000년 동안 유지되어 오고 있으며, 여러 증거에 따르면, 현재는 새로운 지자기 역전을 준비하고 있는 단계라고 한다. 고대 로마의 도자기 공예품에서 발견된 자력을 가진 철 입자 같은 증거들은 자기장이 현재보다 2,000년 전에 40% 정도 강했다는 것을 보여준다. 현재의 자기장이 약해지고 있는 추세가 계속된다면, 지구의 자기장은 약 2,000년 후에는 거의 0에 가까워질 것이다. 계속해서 자기장이 약해지면 자기장의 방향이 바뀌게 되고, 반대 방향으로 다시 자기장이 강해지게 된다.

많은 화성암은 그 암석이 만들어진 당시의 지구 자기장의 강도와 방향의 기록을 포함하고 있다. 자철석(Fe_3O_4) 같은 철 광물은 마그마가 냉각될 때 결정화되면서 아주 작은 나침반처럼 암석이 형성되던 당시의 지구 자기장에 따라 자화된다. 그러므로 자화된 암석은 아주 오래된 지구 자극에 대한 방향과 거리의 정보를 제공한다. 오래된 자성에 대한 연구는 **고지자기**(paleomagnetic)라고 하며, 이를 통해 과거 450만 년 동안의 22번 지자기 역전을 겪은 지구 자기장의 정보를 알 수 있다(그림 11.20).

기록들은 극이 지자기 역전 사이의 시간이 일정하지 않고 때때로 1,000년보다 짧은 시간 간격에서 역전이 일어나기도 하고, 2,500만 년만큼 긴 시간 간격에서 역전이 일어나기도 하는 것을 보여준다. 그러나 일단 지자기 역전이 시작되면, 그 과정이 마무리되는 데 약 5,000년 정도의 시간이 걸린다.

해양으로부터의 증거

대륙의 이동을 고려한 첫 번째 중요한 연구는 해양 분지, 즉 해양 바닥에 대한 연구에서 왔다. 해양 분지는 4~6 km 깊이의 물로 덮여 있어, 베게너의 시대에서는 쉽게 관측할 수 없었다. 수중 음파 탐지기와 다른 과학 기술이 발전된 이후에 비로소 과학자들은 해양 분지의 특징에

그림 11.20 자철석 광물 알갱이는 지구의 자기장에 따라 배열되고 마그마가 굳을 때 배열도 그대로 굳는다. 이 자기장 기록은 지구 자기장이 과거에 역전되었다는 것을 보여준다.

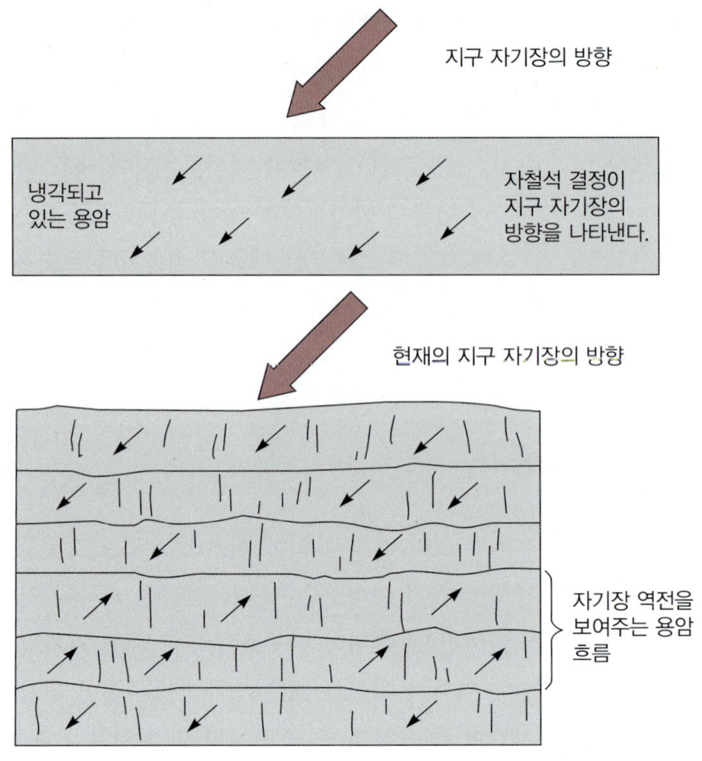

대해 알 수 있었다. 과학자들은 많은 사람들이 상상했듯이 해양 분지가 평평하고 특색 없는 평지가 아니라는 것을 발견했다. 계곡, 언덕, 산, 산맥 등이 해양 분지에 존재하였다. 길고 높고 연속적으로 연결된 산이 발견되었고, 이는 **해령**(oceanic ridge)이라고 한다. 한 예로 대서양 분지에 위치하고 있는 해령인 **대서양 중앙해령**(Mid-Atlantic Ridge)이 있다. 대서양 중앙해령은 대서양을 거의 반으로 나누고 있다. 대서양 중앙해령의 가장 높이 솟는 곳은 해수면에 도달할 정도로 충분히 높아서 그것은 아이슬란드 같은 섬을 만든다(그림 11.21). 해양 분지는

그림 11.21 대서양 중앙해령은 대서양을 거의 똑같이 반으로 나누고 있다. 해령이 해수면까지 도달한 곳은 아이슬란드 같은 섬이 만들어진다.

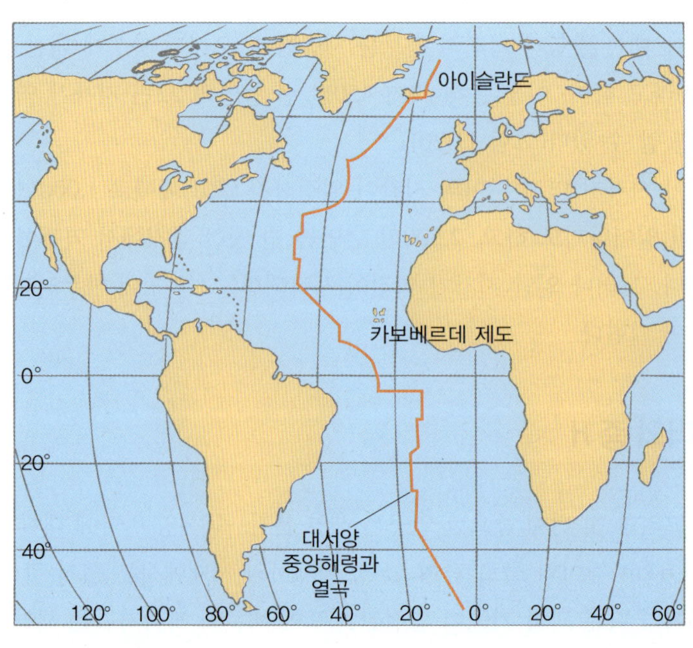

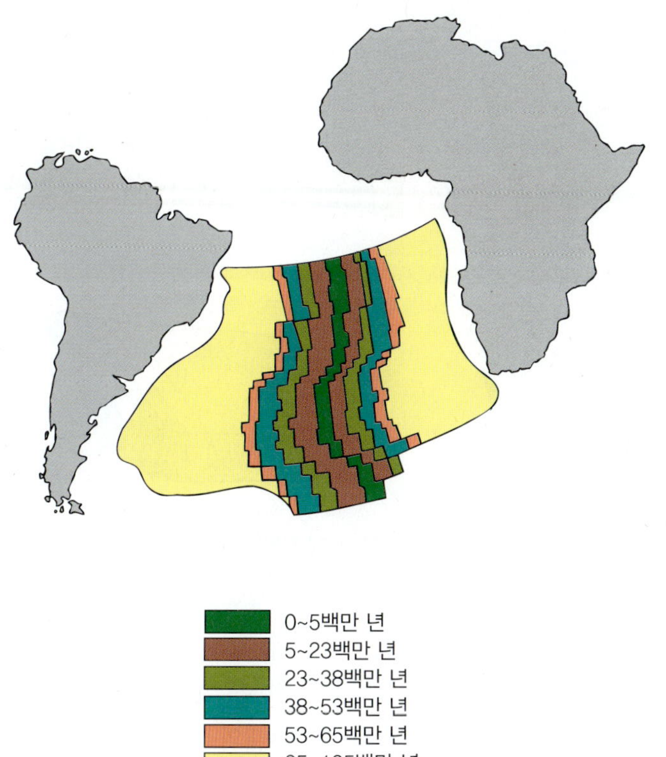

그림 11.22 대서양 중앙해령 양쪽의 해저의 나이 형태는 해저가 확장하고 있다는 것을 보여준다. 최근 생성된 암석일수록 해령 가까운 곳에서 나타난다.

또한 **해구**(oceanic trench)를 포함한다. 이 해구는 급경사면을 가진 길고 좁고 깊은 곳을 말한다. 해구는 항상 대륙의 가장자리와 평행하게 나타난다.

대서양 중앙해령에 대한 연구를 통해 다음과 같은 사실을 알게 되었다. (1) 해저 지진이 관측되었는데, 대부분의 지진은 해령 아래에 있는 좁은 띠를 따라서 발생하였다. (2) 길고 계속되는 **열곡**(rift)이 해령의 길이만큼 해령을 따라 존재하고 있는 것이 발견되었다. (3) 많은 양의 열이 열곡에서 나오고 있었다. 이 3가지 결과를 통해 열곡은 지구 지각의 갈라진 틈이며, 이 틈으로 해령이 만들어지면서 열이 흘러나온다는 것을 알 수 있다. 해령의 존재와 해령을 따라 나타나는 열의 흐름과 지진은 **해저확장설**(seafloor spreading)을 뒷받침하고 있다. 해저확장설에 따르면, 뜨거운 용융 암석이 지구 내부로부터 위로 이동하여 열곡을 따라 나오게 되고 양쪽 방향으로 흘러 해령을 따라 새로운 암석을 만든다. 이와 같은 새로운 암석의 생성은 해저를 양방향으로 확장하게 만들기 때문에 이론에 이러한 이름이 붙여졌다. 해령을 따라 만들어진 해저의 나이와 자성에 대한 연구는 이 이론을 확고히 하였다(그림 11.22).

해저의 각 부분의 나이에 대한 정보는 해양 조사선의 시추탐광(drilling)을 통해 알게 되었다. 시추탐광으로부터 과학자들은 대서양 중앙해령으로부터 계속해서 멀어지는 지역에서의 화석과 퇴적물의 표본을 얻게 되었다. 해저가 확장함에 따라 오래된 층은 틈에서 점점 멀어지고, 새로운 층이 계속해서 생성되기 때문에, 해령에서 거리가 멀어짐에 따라 더 오래된 화석과 퇴적물이 발견된다. 1억 5,000만 년 된 가장 오래된 층은 거의 대륙 근처에 있었다. 이것은 대서양이 1억 5,000만 년 전에는 존재하지 않았다는 것을 알려준다.

해저확장설을 뒷받침하는 더 명백한 증거는 해저 암석에서 나타나는 줄무늬 형태의 자성 형태의 고지자기이다. 지구의 자기장은 지난 1억 5,000만 년 동안 많은 역전이 있었다. 각 역

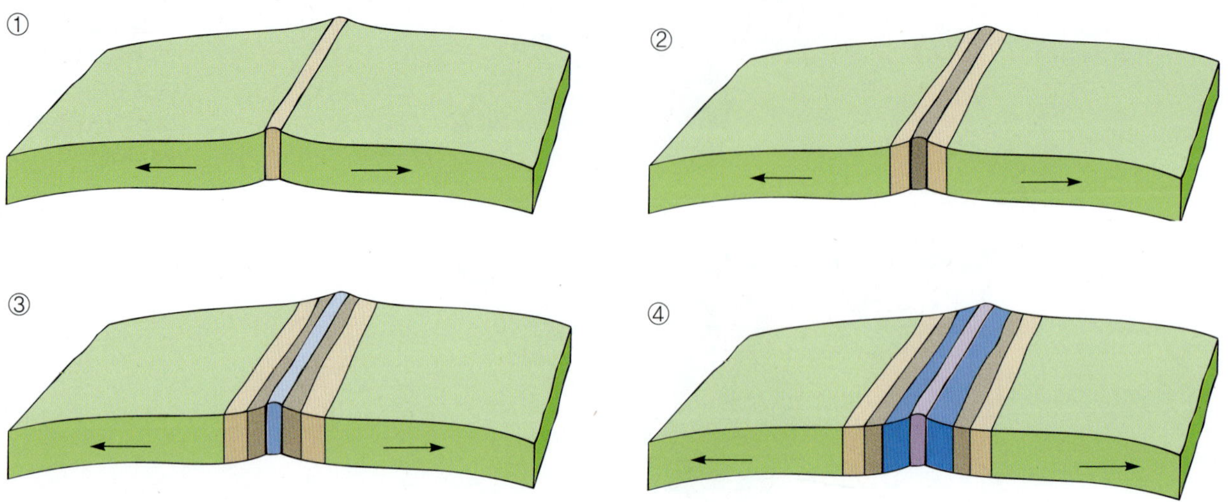

그림 11.23 해저에서의 자기장 띠의 형성. 해저의 각 부분이 해령에서 만들어질 때, 철 광물은 그 당시의 지구 자기장의 방향에 따라 자화된다. 이것은 지구 자기장 역전에 대한 영구적인 기록이다.

전 사이의 기간은 수천 년부터 수백만 년까지 일정하지 않다. 용융된 현무암에서 철 광물이 형성될 때 자성을 띠게 되고, 암석이 냉각될 때 그 때의 지구 자기장의 방향에 따라 고정된 방향으로 자화가 일어나게 된다(그림 11.23). 대서양 중앙해령을 따라 양쪽 방향으로 만들어진 암석의 지자기 형태를 통해 열곡으로부터 멀어지면서 나타나는 암석의 나이를 알 수 있게 된다. 이것은 해양 지각이 해령으로부터 양쪽 방향으로 움직이는 거대한 컨베이어 벨트와 같다는 것을 보여준다. 해양 지각이 움직이는 속도는 1년 동안 평균 5 cm로 손톱이 자라는 속도와 비슷하다. 이것은 50년이면 해저가 2.5 m 이동한다는 것을 의미한다. 이렇게 속도가 느리기 때문에 대부분의 사람들은 해저와 대륙이 움직이는 것을 인식하지 못한다.

암석판과 경계

해저 확장의 확실한 증거는 **판구조론**(plate tectonics)이라 하는 새로운 이론의 출현의 결정적인 계기가 되었다. 판구조론에 따르면, 암석권은 연약권 위에서 움직이는 단단한 여러 개의 판으로 나뉘어 있다. 그림 11.24에서 보여주듯이, 몇몇 판은 대륙과 해양 분지의 일부를 포함하고 있고, 몇몇 판은 해양 분지만을 포함하고 있다. 이 판들은 움직이며, 판의 움직임을 통해 산이 왜 만들어지는지, 지진과 화산이 왜 발생하는지 등을 포함한 지구 표면의 전체적인 변화를 설명할 수 있게 된다.

지진, 화산, 그리고 지구 지각의 급격한 변화는 **판의 경계**(plate boundary)에서 일어난다. 판의 경계에는 하나의 판이 다른 판에 비해 상대적으로 어떻게 움직이는가에 따라 발산, 수렴, 보존 경계의 3종류가 있다.

발산 경계(divergent boundary)는 두 판이 서로 멀어지는 곳을 말한다. 마그마는 판이 분리되고 맨틀 위의 압력이 줄어들 때 만들어진다. 연약권으로부터의 이 용융된 물질은 상승하고 냉각하여 분리되고 있는 판의 가장자리에 새로운 지각으로 추가된다. 새로운 지각은 발산 경계의 양쪽 방향으로 이동하고 해령을 만든다. 따라서 발산 경계는 **새로운 지각을 만드는 지역**이

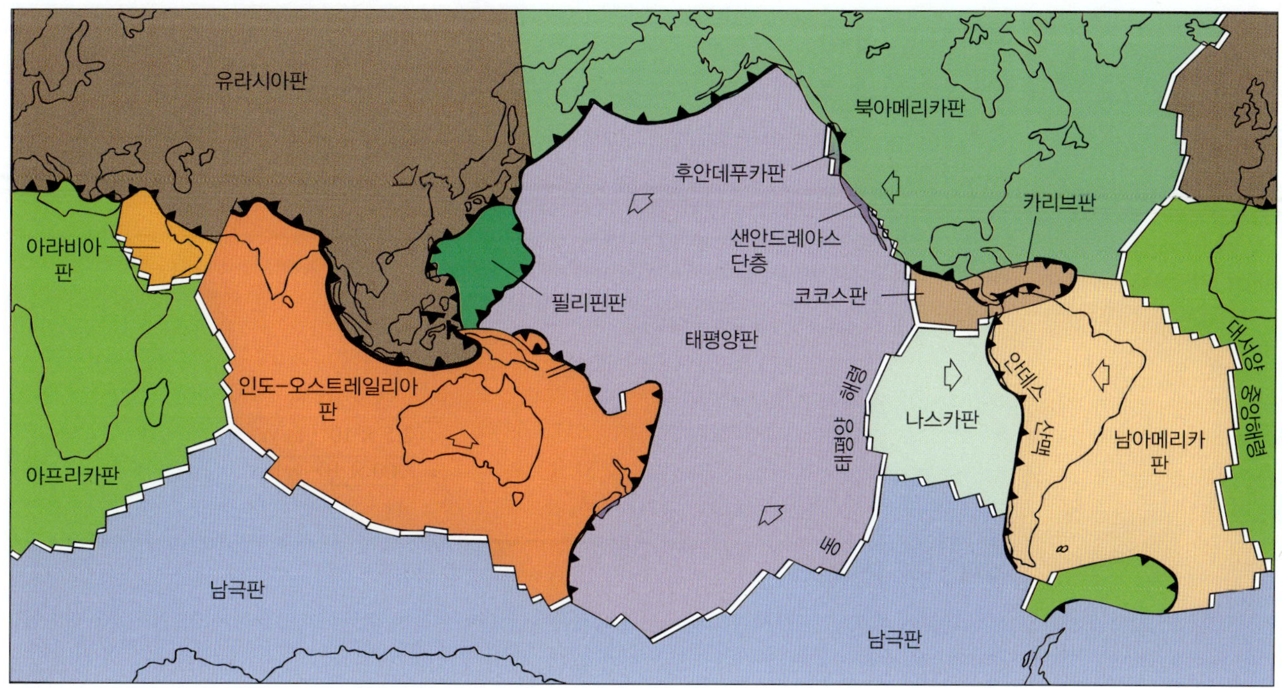

그림 11.24 연약권 위에서 움직이는 암석권의 주요한 판들

라고 할 수 있다. 새로운 지각을 만드는 지역은 대부분 해저에 있으며 해저 확장이 일어난다(그림 11.25)

대서양 중앙해령은 남아메리카판과 아프리카판 사이의 발산 경계, 그리고 북쪽으로는 북아메리카판과 유라시아판 사이의 발산 경계에 있다(그림 11.24). 발산하는 판의 이동의 결과로 아이슬란드가 만들어졌고, 아이슬란드의 북쪽 지역에는 땅의 균열이 넓어지고 있으며 화산활동이 많이 일어난다. 1975년부터 1984년 사이에 이러한 균열이 집중적으로 나타났으며, 총 7 m 정도 땅이 분리가 되었다.

대서양 중앙해령을 따라 확장되는 비율은 1년에 1~6 cm 정도이다. 이것은 매우 느려 보이지만, 아주 오랜 시간 동안 진행되어 유럽, 아프리카와 아메리카 사이의 작은 틈에 있는 물줄기의 원인이 되고 이것이 성장하여 현재의 거대한 대서양이 되었다.

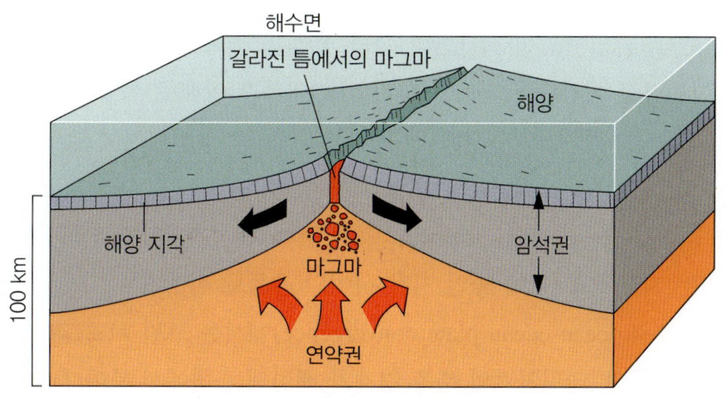

그림 11.25 중앙해령에서의 발산 경계. 뜨거운 연약권에 있는 마그마가 갈라진 틈으로 분출되어 해령 밑에서 올라오고 있다. 녹지 않은 고체 물질은 암석권의 아래쪽 부분인 맨틀에 남아 있다. 암석권이 그 틈으로부터 멀어지면 냉각되고 무거워져서 가라앉는다.

예제 11.3 (선택)

현재 브라질 가장 동쪽에 있는 나팔과 중앙아프리카 서쪽의 카메룬산 사이의 거리가 5,000 km이고, 해저 확장이 2.5 cm/yr의 속도로 진행되어 왔다면, 과거 남아메리카와 아프리카 대륙이 붙어있었던 것은 몇 년 전인가?

풀이

$$d = 5 \times 10^6 \text{ m} \qquad d = vt$$

$$v = 2.5 \times 10^{-2} \text{ m/yr} \qquad t = d/v$$

$$t = ? \qquad = \frac{5 \times 10^6 \text{ m}}{2.5 \times 10^{-2} \text{ m/yr}}$$

$$= \boxed{200 \times 10^6 \text{ yr}}$$

예제 11.4 (선택)

현재 아르헨티나 남동쪽 해안의 푸에르토데세아도와 남아프리카의 케이프타운 사이의 거리가 6,900 km이고, 해저 확장이 3.25 cm/yr의 속도로 진행되어 왔다면, 과거 남아메리카와 아프리카 대륙이 붙어있었던 것은 몇 년 전인가? (답: 2.12×10^8 yr)

수렴 경계(convergent boundary)는 두 판이 서로를 향해서 이동하는 곳을 말한다. 발산 경계에서의 새로운 지각의 형성은 어딘가에서는 오래된 지각이 같은 비율로 파괴되고 있다는 것을 의미한다. 만약 그렇지 않다면, 지구는 계속해서 팽창해서 커지게 될 것이다. 오래된 지각은 수렴 경계에서 연약권으로 돌아가면서 파괴된다. 두 판의 충돌은 **섭입대**(subduction zone)라고 하는 길게 늘어지고 아래로 휘어진 지역을 만들어낸다. 지각을 포함하고 있는 하나의 판은 다른 판 아래로 섭입하고 녹아서 맨틀의 일부분이 된다. 좀 더 무거운 성분은 맨틀 안에 남아 있는 화성 물질이 되고, 이 물질 중 일부는 최종적으로 확장하는 해저로 이동하여 다시 새로운 지각을 만든다. 상대적으로 가벼운 성분은 용암의 형태로 지표면으로 돌아가서 화산이 되거나 또는 냉각되어 화강암이 된다. 그러므로 해저 지각은 이 과정을 통해 순환하게 되고, 이 때문에 해저에 아주 오래된 암석이 존재하지 않게 된다. 수렴 경계는 수렴하는 판의 종류에 따라 (1) 대륙판과 해양판의 수렴, (2) 해양판끼리의 수렴, (3) 대륙판끼리의 수렴의 3가지 지질학적 형태를 보인다.

해양판-대륙판 수렴(ocean-continent plate convergence)의 예로, 남아메리카 대륙을 포함한 판(남아메리카판)과 해양판인 나스카판의 수렴 경계가 있다. 해양판과 대륙판의 수렴 경계에서는 무거운 현무암질 해양판이 가벼운 화강암질 대륙판 아래로 섭입되는 특징이 있다(그림 11.26). 그 섭입대에서 해구(페루-칠레 해구)가 나타나고, 심발지진이 발생하며 대륙(안데스 산맥)에서는 화산이 만들어진다. 해구는 섭입과 관련되어 아래로 휘어지면서 만들어지고 위에 놓인 판을 통해 지표면 쪽으로 섭입되고 용융된 지각이 올라가면서 화산활동이 일어난다. 지진은 섭입되는 지각과 그 위에 놓인 지각 사이의 충돌로 발생한다.

해양판-해양판 수렴(ocean-ocean plate convergence)에서는 그림 11.27과 같은 지질학적 특징을 보인다. 예를 들면, 태평양판의 북쪽 경계가 베링해 근처에서 북아메리카판의 해양 부분

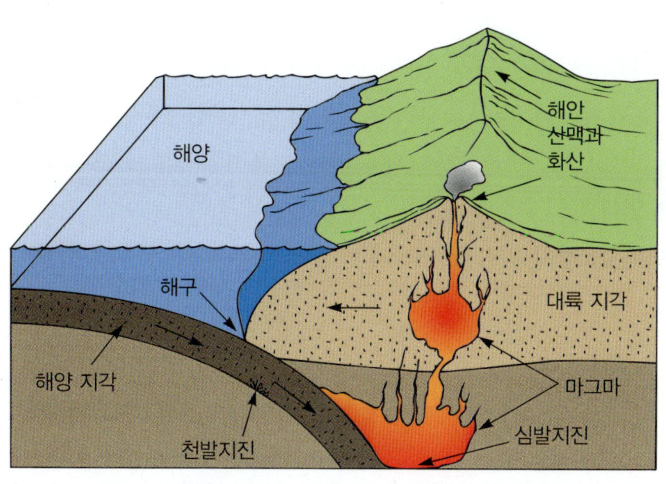

그림 11.26 해양판-대륙판 수렴. 이러한 판의 경계에서 해안선을 따라 천발지진과 심발지진, 해구, 화산활동, 산맥 형성 등이 일어난다.

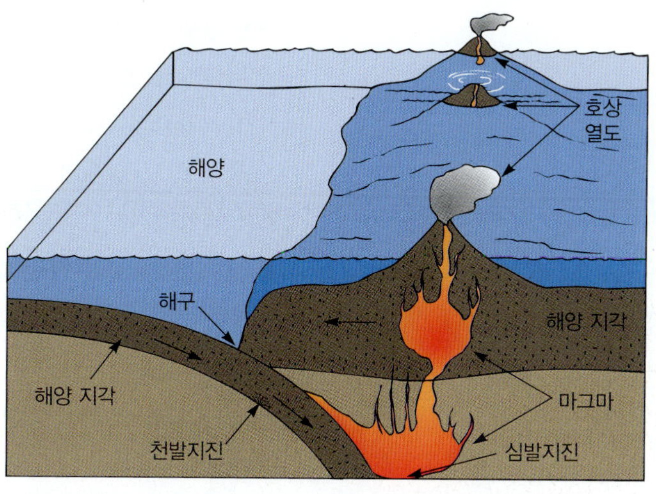

그림 11.27 해양판-해양판 수렴. 이러한 판의 경계에서 섭입되는 판을 따라 천발지진과 심발지진, 해구, 호상열도 형성 등이 일어난다.

개념 적용

새로운 지진과 화산

판구조론에 근거하여 세계 지도에서 암석권의 주요한 판을 표시하자. 모든 종류의 경계와 관련된 화산과 지진을 표시해보자.

과 수렴하고 있다. 태평양판이 섭입되면서 알류샨 해구를 만들고 해구 근처에서 천발지진을 유발하고 더 깊이 들어가서 심발지진도 일으킨다. 심발지진은 맨틀로 더 깊게 섭입되는 지각의 이동과 관련되어 있다. 알류샨 열도는 전형적인 **호상열도**(island arc)로, 심발지진대 위로 형성된 화산섬들의 휘어진 곡선 형태를 띠고 있다. 이러한 섬들은 용융되어 섭입된 물질이 위에 있는 판을 통과해 해수면 위로 올라가는 곳에 만들어진다. 일본, 마리아나 제도, 인도네시아가 해양판과 해양판의 수렴 경계에 있는 호상열도의 대표적인 예이다.

대륙판-대륙판 수렴(continent-continent plate convergence)에서는 두 판 모두 가벼운 화강암질이기 때문에 섭입이 일어나지 않는다(그림 11.28). 게다가 충돌하고 있는 판은 변형되고 두꺼운 지각으로 쌓이게 되어, 티베트 고원과 히말라야 산맥 같은 두껍고 높은 지각이 만들어진다.

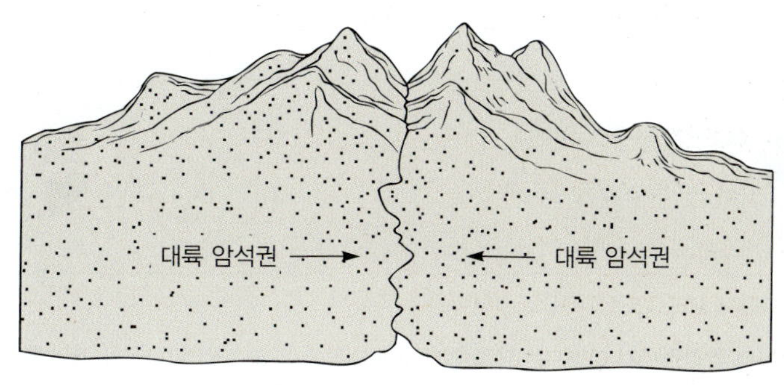

그림 11.28 대륙판-대륙판 수렴. 암석이 변형되고 지각이 두꺼워진다. 두 판 모두 섭입되지 않는다.

보존 경계(transform boundary)는 두 판이 충돌하지 않고 서로 미끄러지듯이 이동하는 곳에서 나타난다. 한 판이 수평으로 다른 판을 지나가기 때문에 보존 경계에서는 지각이 만들어지거나 파괴되지 않는다. 그러나 판의 이동이 부드럽거나 똑같지 않기 때문에 판의 갑작스런 이동으로 그 경계면에 단층이 나타난다. 예를 들면, 태평양판은 북서쪽으로 천천히 움직이면서 북아메리카판을 지나가고 있다. 그 결과 두 판 사이의 경계에서 샌안드레아스 단층이 캘리포니아 해안선을 따라 만들어진다. 경계를 따라 움직이는 판에 의한 진동은 유명한 캘리포니아 지진을 유발하기도 한다.

현재의 이해

1960년대 말과 1970년대 초에 판구조론이 나타난 이래로 관측이 계속 진행되고 있으며, 증거들도 수집되고 검증되고 있으며 정확한 판의 개수와 경계에 대해서도 많이 연구되고 있다. 하지만 아직까지 남아 있는 문제는 무엇이 판을 움직이게 하냐는 것이다. 한 가지 가능한 설명은 연약권 안에 있는 천천히 움직이는 **대류 세포**(convective cell)가 판을 움직이게 한다는 것이다(그림 11.29). 이 이론에 따르면, 뜨거운 유체 물질이 발산하는 경계에서 상승하고 있다. 상승하는 물질 중 일부는 연약권 밖으로 나가 새로운 지각을 만들지만 대부분은 연약권

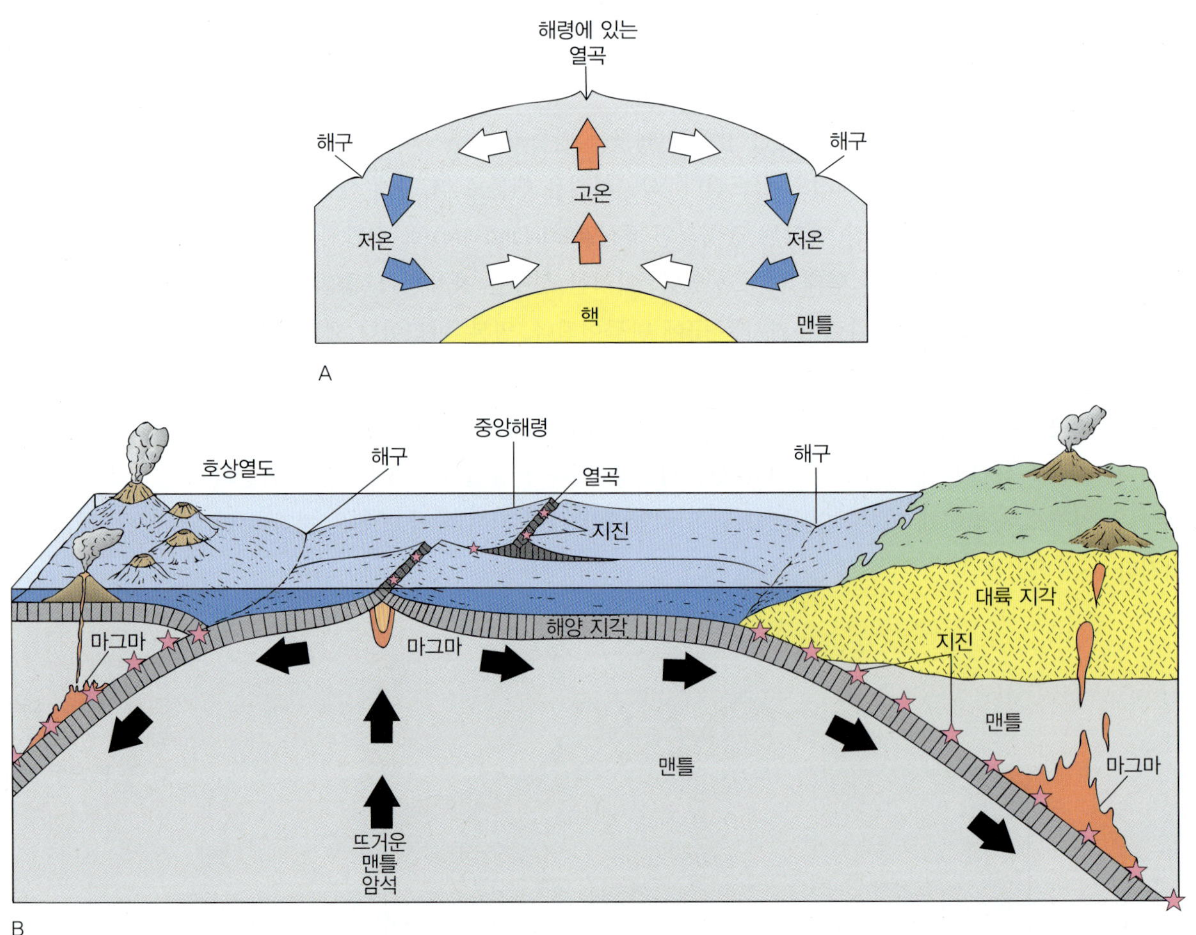

그림 11.29 비대칭(실제 비율과 맞지 않음). 핵부터 암석권까지 이어지는 맨틀 안에서의 대류가 위에 놓인 암석권을 해구 쪽으로 끌고 가고 있다.

자세한 관찰

판의 이동의 측정

판구조론에 따르면, 지구의 바깥 껍질은 움직이는 판으로 구성되어 있다. 대륙을 구성하고 있는 판은 약 100 km의 두께이며 매년 0.5~10 cm의 속도로 떠다니고 있다. 이 글은 과학자들이 지구의 판이 어떻게 움직이지 측정했던 방법을 다룬다.

인간이 처음으로 달에 착륙하는 미션은 1969년 7월에 수행되었다. 우주비행사 닐 암스트롱은 처음으로 달 표면에 발을 내딛으면서 "이것은 한 인간에게는 작은 한걸음이지만, 인류에게는 위대한 도약이다."이라고 말했다. 달에 착륙하는 꿈을 성취한 것에 더하여, 아폴로 프로젝트는 여러 과학 실험들을 수행하였다. 아폴로 11호의 우주비행사들은 고요의 바다에 있는 달 표면에서 많은 실험을 수행했다. 많은 실험 중 지구와 달 사이의 거리를 측정하기 위한 레이저 거리측정 반사장치 실험이 있었다. 이는 지구로부터 출발한 레이저가 달의 반사경에 반사되어 되돌아오도록 설계되었다. 후에, 3개의 반사장치가 달 표면에 설치되었는데, 2개는 아폴로 우주비행사들에 의해, 1개는 소련의 자동 무인월면차인 루노호트 2호(Lunokhod 2)에 의해 설치되었다.

텍사스에 있는 맥도널드 천문대, 하와이 마우이 섬의 천문대, 프랑스 남부 지역의 천문대는 정기적으로 반사장치를 향해 레이저빔을 보냈다. 천문대에서는 민감한 장치를 이용하여 육안으로는 볼 수 없을 정도로 약한 되돌아오는 신호를 탐지하고 측정하였다. NASA 기록에 따르면, 이 측정의 정확도는 미국의 서쪽 지점과 동쪽 지점의 거리를 0.5 mm의 정확도로 결정할 수 있을 정도라고 한다.

레이저 반사장치 실험은 달이 지구로부터 약 4 cm/yr의 속도로 멀어지고 있으며, 지구의 형태가 천천히 변하고 있고, 지난 빙하시대 동안 빙하의 압박에 의해 지각 균형이 일어나고 있었으며, 하와이의 천문대가 텍사스의 천문대로부터 천천히 멀어지고 있다는 것을 보여주었다. 이것은 2개의 지구판의 상대적인 이동을 의미한다. 이로부터 지구 표면에서의 변화가 달에서의 실험을 통해 이루어졌다고 할 수 있다. 거리측정 반사장치 실험에 더하여 지구 주변의 궤도를 도는 인공위성으로부터의 결과는 역동적인 지구 표면에서 작지만 지속적으로 움직이고 있는 판을 보여준다.

과학 스케치

연약권 안에 있는 대류 세포가 어떻게 판이 이동할 수 있게 하는지 그려보자.

안에서 퍼지고 있다. 연약권 안에서 움직일 때, 그 위의 판을 끌면서 움직이게 된다. 최종적으로 냉각되고 가라앉아 섭입대 아래로 돌아가게 된다.

연약권 안에서의 대류 세포의 존재와 그 역할에 대해서는 명백한 증거가 부족하기 때문에 아직 불확실성이 크다. 지진 자료는 연약권에서의 대류 세포의 움직임을 충분히 잘 보여주지 못하고 있다. 게다가 심발지진은 약 700 km의 깊이에서 일어나는데, 대류 세포는 지표면 밑의 핵과 맨틀의 경계인 깊이 약 2,900 km까지 작동한다. 이것은 하부 맨틀에 대해 거의 알지 못하고 또한 하부 맨틀이 상부 맨틀과 어떻게 상호작용하는지 알기 어렵다는 것을 보여준다.

판구조론에 대해 일반적으로 받아들여지고 있는 것은 지구의 고체 물질이 끊임없이 순환하고 있다는 것이다. 해양 지각이 섭입되고, 용융되면서 일부는 호상열도와 대륙판 경계를 따라 화성암 형태로 다시 지각으로 돌아간다. 섭입된 지각 중 일부는 상부 맨틀과 섞이면서 발산 경계에서 다시 새로운 지각을 만들어내는 곳으로 돌아간다. 그러므로 지각과 맨틀의 물질은 계속해서 순환하고 있으며 물론 이 순환에는 깊은 곳의 맨틀과 핵도 포함되어 있다. 끊임없는 변화를 겪고 있는 역동적인 지구의 이야기는 다음의 12, 13, 14장에서 다른 물질의 순환을 고려하여 계속하겠다.

과학의 배후에 있는 사람들

프레더릭 바인(Frederick John Vine, 1939-1988)

프레더릭 바인은 영국의 지질학자로 그의 연구는 판구조론의 발전에 중요한 기여를 했다.

바인은 영국 브렌트퍼드에서 태어났고, 런던의 Latymer Upper School과 케임브리지의 St. John's College에서 교육을 받았다. 1967년부터 1970년까지, 프린스턴대학교의 지구물리과학과의 조교수로 일했고, 이후 영국의 이스트앵글리아 대학교의 환경과학과로 돌아와 1974년에 교수가 되었다.

1963년에 케임브리지에서 바인은 그의 지도교수인 드러먼드 매슈스(1931~)와 함께 〈해령에서의 자기 이상〉(Magnetic Anomalies over Ocean Ridges)이라는 논문을 썼고, 이 논문은 헤리 헤스(1962)의 해저확장설에 추가적인 증거를 제공하였다. 알프레드 베게너가 1912년에 발표한 대륙이동설은 대륙이 왜 이동하는지 설명하지 못했기 때문에 그 당시에는 받아들여지지 않았다. 하지만 헤스가 그의 연구를 이어서 계속 진행하여 해저확장설을 통해 대륙이 움직인다는 것을 증명하였다.

1920년대의 바인과 매슈스는 해령으로부터 나타나는 새로운 암석이 간헐적으로 기존의 오래된 암석과는 다른 자기 극성의 광물을 포함하고 있을 것을 예상했다. 그들은 고지자기 연구를 북대서양의 해령에 적용하여 해령의 한쪽 면에서 나타나는 다른 자기 극성들의 벨트를 보였다. 이 결과는 헤스의 해저확장설을 뒷받침하는 확실한 증거였다. 다른 해양의 해령에 대한 연구도 또한 이러한 자기 특징을 보였다. 바인과 매슈스의 이론은 1966년 널리 받아들여지고 헤스의 연구를 확실히 하는 데 도움이 되었다. 그들의 연구는 지구과학에서 혁명으로 일컬어지고 있는 판구조론의 발전에 결정적인 역할을 했다.

출처: Modified from the *Hutchinson Dictionary of Scientific Biography*. Abington, UK: Helicon, 2011.

요약

규소와 산소는 지구 **지각**의 모든 원소 중 75%를 구성하고 있다. 원소들은 광물이라 하는 결정 같은 화학적 화합물을 만든다. **광물**은 결정 구조를 가진 자연적으로 형성된 무기체의 고체 원소 또는 화합물이다.

지구 지각의 광물의 92%는 규소와 산소의 화합물로 이를 **규산염 광물**이라 한다. 규산염 광물의 기본 구조는 **사면체 구조**로 이 구조가 양의 금속 이온 또는 다른 사면체 구조와 단일 사슬, 이중 사슬, 연쇄 사슬, 층상의 형태로 결합된다. **철마그네슘 규산염**은 사면체 구조가 철, 마그네슘, 칼슘 등의 원소와 결합된 것을 말한다. 철마그네슘 규산염은 다른 규산염 광물에 비해 어둡고 무겁다. **비철마그네슘 규산염**은 철 또는 마그네슘을 가지고 있지 않고, 철마그네슘 규산염에 비해 밝은색을 띠며 가볍다. 규소-산소의 사면체 구조를 가지고 있지 않은 탄산염 광물, 황산염 광물, 산화 광물, 황화 광물, 할로젠 광물, 인산염 광물, 수산화 광물, 원소 광물은 **비규산염 광물**에 포함된다.

암석은 한 종류 이상의 광물이 결합된 것으로 정의된다. **화성암**은 뜨겁고 용융된 **마그마**가 냉각되고 결정화되어 단단한 암석으로 굳어진 것을 말한다. **퇴적암**은 **퇴적물**이 쌓이고 굳어져서 만들어진다. 퇴적물은 **다짐 작용**과 **교결 작용**을 통해 굳어지면서 단단한 퇴적암이 된다. **변성암**은 기존에 존재했던 암석이 용융되지 않으면서 열과 압력을 받아 다른 종류의 암석이 되면서 만들어진다. **암석의 순환**은 화성암, 퇴적암, 변성암이 끊임없이 다른 암석으로 변화하고 있다는 개념이다.

지구는 층으로 나뉘어진 내부 구조를 가진다. 지구의 중심부 또는 **핵**은 철이 가장 많이 있으며 고체의 내핵과 액체의 외핵으로 이루어져 있다. 핵은 지구 전체 부피의 15%, 질량의 1/3을 차지한다. **맨틀**은 지구 내부의 중간층이며, 지구 전체 부피의 80%, 질량의 2/3를 차지한다. **모호로비치치 불연속면**은 맨틀과 지구 제일 바깥층인 **지각**을 나누는 면이다. **대륙 지각**은 주로 가벼운 화강암 형태의 암석으로 구성되어 있는 반면 해양 지각에는 무거운 현무암 형태의 암석이 많다.

지구 내부의 구조를 나누는 또 다른 방법은 상부 맨틀에 있는 약한 층인 **연약권**과 연약권 위의 단단한 고체의 **암석권**으로 나누는 방법이다. 암석권은 전체 지각, 모호면, 맨틀의 위쪽 부분을 포함한다.

해양 바닥으로부터의 증거는 대륙이 움직일 수 있다는 생각에 대한 관심을 다시 불러일으켰다. **해저확장설**에 대한 증거는 해령과 해령 바깥쪽에 있는 화석과 퇴적물, 해저 암석에 기록된 지자기 형태이다. 해저확장설은 **판구조론**으로 이어졌다. 판구조론에 따르면, 새로운 현무암질 지각은 판의 **발산 경계**에서 나타나고, 오래된 지각은 **수렴 경계**에서 섭입된다. 산의 형성, 화산, 그리고 지진은 판의 이동에 나타나는 **지질학적 현상**이다. 판의 이동의 원인은 아직 불확실하기는 하지만, 깊은 맨틀에서 **대류**가 관여하고 있을 것으로 생각된다.

개념에 대한 질문

1. 암석이란 무엇인가?
2. 암석의 순환에 대해 설명하시오,
3. 암석의 3가지 종류의 차이점을 암석이 생성된 과정에 근거하여 간단히 설명하시오.
4. 암석이 생성된 과정에 근거하여 어느 암석이 지구 지각에 가장 많을 것으로 생각되는가? 설명하시오.
5. 마그마와 용암의 차이는 무엇인가?
6. 화성암의 '조직'의 의미는 무엇인가? 냉각 과정에 근거하여 조직의 의미를 설명하시오.
7. 지구 지각에서 가장 많은 화성암인 화강암과 현무암의 기본적인 차이점은 무엇인가? 지구 지각의 어느 부분에서 화강암과 현무암이 각각이 많이 존재하는가? 설명하시오.
8. 현무암은 항상 입자의 크기가 매우 작은가? 설명하시오.
9. 퇴적물이 고체의 암석이 되는 과정을 간단히 설명하시오.
10. 변성암은 무엇인가? 변성이 가능한 최대 온도가 무엇을 의미하는가? 설명하시오.
11. 지구 핵의 성질에 대한 정보는 어떠한 근거로 알 수 있는가?
12. 연약권은 무엇인가?
13. 해령에 있는 암석에서 나타나는 지자기 형태의 근원에 대해 설명하시오.
14. 왜 오래된 암석이 해저에서 발견되지 않는가?
15. 판 경계의 주요한 3가지 종류와 각각에서 어떠한 일이 발생하는지 설명하시오.
16. 판구조론에 대해 간략히 설명하고 판구조론이 여러 지질학적 현상에 어떠한 기여를 하는지도 설명하시오.
17. 해구는 무엇인가? 해구가 판 경계와 어떠한 관련이 있는지 설명하시오.
18. 캘리포니아 남부 지역에서 일어나는 모든 시진에 대한 가능한 원인을 설명하시오.
19. 미국의 북서쪽 해안에는 해안을 따라 화산대가 있다. 판구조론에 근거하여 그 이유를 설명하시오. 북서쪽 해안의 해저에는 어떠한 지질학적 현상이 있을 것으로 생각되는가?
20. 지구의 지각이 어떻게 역동적이고 끊임없는 재순환 과정과 관련되어 있는지 설명하시오.
21. 얼음은 광물인가? 얼음이 광물인지 아닌지 그 이유를 설명하시오.
22. 화성암, 퇴적암, 변성암의 공통점과 차이점은 무엇인가?
23. 미국과 캐나다의 동쪽에는 활동하고 있는 화산이 없는 이유를 설명하시오. 미래에도 없을지 아니면 화산활동이 생길지 그 이유를 설명하시오.
24. 지구 표면에서 일어나고 있는 순환과 표면과 내부 사이에서 일어나고 있는 순환에 대해 설명하시오. 이러한 순환이 다른 태양계의 행성에는 없는지 설명하시오.
25. 암석의 순환은 화성암, 퇴적암, 변성암이 어떻게 다른 암석으로 변하는지를 설명하고 있다. 이를 근거로 지구 표면에 있는 암석의 대부분이 퇴적암인 이유를 설명하시오.
26. 얼음이 광물이라면, 빙하는 암석인가? 암석의 정의에 근거하여 빙하를 암석이라고 할 수 있는지 또는 없는지 그 이유를 설명하시오.
27. 판구조론이 지구에서 일어나고 다른 행성에서는 일어나지 않는지 그 이유를 설명할 수 있는 근거에 대해 토의하시오.

연습문제

그룹 A

1. 미국 동부에 있는 사우스캐롤라이나의 찰스톤과 아프리카 북서쪽의 모로코 사이의 거리가 6,700 km이고, 해저 확장이 2.85 cm/yr의 속도로 진행되어 왔다면, 과거 북아메리카와 아프리카 대륙이 붙어있었던 것은 몇 년 전인가?
2. 샌안드레아스 단층의 캘리포니아 서쪽 부분은 약 45 mm/yr의 속도로 북서쪽으로 움직이고 있다. 2,000만 년 후에는 어디에 위치하겠는가?
3. 물 위에 얼음이 떠 있는 것으로부터, 지각의 두께와 지각과 맨틀의 상대적인 밀도를 사용하여 맨틀 위에 떠 있는 지각의 높이를 추정할 수 있다. 5 cm 두께의 얼음을 물에 넣었을 때, 얼음의 얼마만큼이 물 위로 나오는지 계산하시오($\rho_{얼음} = 0.92\ g/cm^3$).
4. 선생님이 나무 블록과 샐러드 오일 한 통을 사용하여 맨틀 위에 떠 있는 대륙 지각과 해양 지각을 설명하였다. 대륙 지각이 어떻게 맨틀 위에 떠 있는지에 대한 모형에 필요한 나무의 밀도는 얼마인가? 해양 지각에 대한 모형에 필요한 나무의 밀도는 얼마인가? ($\rho_{오일} = 0.91\ g/cm^3$)

12 지구의 표면
Earth's Surface

습곡, 단층, 용암류 등은 지구의 표면을 만들어내고 들어 올리려고 한다.

핵심 개념

지구의 표면은 파괴와 재생의 계속되는 순환과 관련되어 있다.

장의 개요

암석은 판구조론과 관련된 힘과 그 밖의 다른 힘들로 만들어진다.
Pg. 295

화석은 과거 생물에 대한 증거를 제공하여 지구에서의 생물의 삶이 어떻게 변해왔는지 보여준다.
Pg. 309

연관성

지구과학

- ▶ 지구 표면은 움직이는 많은 단단한 판들로 구성되어 있다(11장).
- ▶ 다른 형태의 암석은 화석의 형성에 영향을 미치는 환경에서 만들어진다(11장).
- ▶ 판구조론은 대륙의 이동을 설명하고 진화에 영향을 미친다(11장).

생명과학

- ▶ 퇴적물은 유기체를 붙잡고 화석을 만들어낸다(21장).
- ▶ 퇴적암의 층은 지구에서의 생명체의 역사를 알려준다(21장).

개요

판구조론의 핵심은 지구의 표면이 천천히 움직이는 단단한 판으로 구성되어 있다는 것이다. 판과 판 위에 올려져 있는 대륙은 끊임없이 움직이고 있기 때문에, 어느 시점의 세계 지도는 단지 상대적인 위치를 나타내는 스냅사진일 뿐이다. 먼 과거에는 대륙이 다른 위치에 있었다. 물론 먼 미래에도 다른 위치에 있을 것이다. 움직이지 않는 것처럼 보이는 지구의 표면은 사실 이동하고 있다.

판구조론은 지구의 표면이 고체이며, 움직이지 않는 성질을 가지고 있으며 또한 영구적인 성질을 가지고 있다는 기존의 생각을 완전히 바꾸게 만들었다. 지구의 표면은 더 이상 영구적인 성질을 가지고 있는 것으로 생각되지 않았고 파괴와 재생산의 계속 진행 중인 순환 중에 있다고 생각되었다. 오래된 지각은 섭입을 통해 맨틀로 들어가 맨틀과 섞일 때 파괴된다. 새로운 지각은 용융 물질이 맨틀로부터 나와 해저 확장을 통해서 움직이면서 만들어진다. 시간이 흐르면서, 지각은 맨틀에서 나오고 들어가면서 순환하고 있다.

판의 이동, 지각–맨틀의 순환, 암석의 순환은 끊임없이 변화하는 지구의 표면을 만들면서 서로 연결되어 있다. 지구 표면의 변화는 지구 내부로부터 기원하여 변화하며, 이 변화는 지표면을 만든다(그림 12.1). 이번 장은 육지에서의 변화에 대해 다룬다. 이번 장의 주요 내용은 산맥, 습곡에 의한 언덕, 섬과 같은 특정 현상의 '존재'와 지진, 화산, 단층 같은 특정 현상의 '발생'을 포함한다. 이러한 존재하는 현상과 발생하는 현상은 지구의 과거에 대한 흥미로운 이야기를 가지고 있고, 현재와 미래에 대해서도 의미 있는 이야기를 제공해줄 수 있다.

12.1 지구 표면에 대한 해석

많은 지질학적 변화는 천천히 일어나기 때문에, 인간들이 산맥, 협곡, 해안선 등의 변화가 일어나는 것을 알아채기는 힘들다. 사람들이 일생을 사는 동안, 산맥이나 협곡이 '항상' 그 자리에 있어 왔다고 믿고 있다. "산처럼 변하지 않는" 또는 "산처럼 아주 오래된"이라는 말은 지질학적 시간의 변화를 잘 받아들지 못한다는 것을 의미한다. 어떤 사람들은 그러한 산맥이나 협곡의 지질학적 현상이 항상 그 자리에 있어온 것이 아니라 갑작스런 대격변에 의해 만들어졌다고 믿는다(그림 12.2). 대격변은 지구의 표면을 한 번에 만들어낸다. 예를 들어, 그랜드 캐니언은 굉장히 느린 강의 침식의 결과가 아니라 지표면에서 나타난 거대한 땅의 갈라짐의 결과라고 해석되기도 한다. 오늘날 우리가 보는 그 협곡은 지구가 갈라져 열리고 콜로라도 강이 그곳으로 흘러 들어가면서 형성되었다고 해석되어 왔다. 이러한 갑작스런 변화에 대한 해석은 인간의 수명 동안 일어나는 변화에 근거한 주요 지질학적 현상의 발생을 설

그림 12.1 지난 100년 동안 미국 본토의 48개 주에서 유일한 화산 폭발이 있었던 세인트헬렌스 산의 풍경. ©Corey Ford/Stocktrek Images/Getty Images RF

그림 12.2 이 바위섬이 '항상' 같은 자리에 존재한다고 믿는가? 이 바위섬이 갑작스런 한 사건에 의해 만들어졌다고 믿는가? 이 바위섬이 남부 캘리포니아의 일부로써 시작하여 천천히 1년에 수센티미터의 속도로 움직여 현재의 알래스카 해안 근처로 왔다는 것을 어떤 증거로 믿게 할 수 있는가? ©Bill W. Tillery

명하는 데에 사용된다.

약 200년 전에, 지구 풍경은 변하지 않고 갑작스럽게 대격변에 의해 형성된다는 생각은 스코틀랜드 물리학자 제임스 허턴에 의해 반박되었다. 오늘날 현재 지질학의 창시자로 알려진 허턴은 영국의 섬 전역을 여행했다. 허턴은 암석, 암석의 구조, 그리고 주변 환경의 여러 특징을 면밀히 관찰하였다. 예를 들면, 그는 사암이 (1) 강에 의해 운반된 모래 또는 (2) 바다 옆의 해변의 모래와 유사해 보이는 암석 조각으로 구성되어 있다는 것을 알아챘다. 그는 또한 육지 위의 사암 안에 바다 생물의 화석이 있다는 것을 발견했고, 같은 종의 살아 있는 바다 생물은 얕은 바다에서 발견된다는 것을 알았다. 이를 통해 허턴은 암석이 조각으로 부서지고, 바다 쪽으로 강에 의해 운반된다는 것을 깨닫게 되었다. 그는 이러한 조각들이 암석으로 재형성되고 그 후에 육지의 언덕이나 산으로 올려져 모양이 만들어진 것이라고 추측했다. 그는 이러한 것을 오로지 시간과 물의 끊임없는 작용, 그리고 퇴적물을 다시 암석으로 만드는 힘을 필요로 하는 조용한 변화라고 보았다. 허턴의 논리적인 결론과 함께, 지구의 역사는 현재에서 과거로 거슬러 올라가면서 해석될 수 있다는 이론이 나왔다. 이러한 이론은 과거에 제시되었던 대격변 같은 갑작스런 변화가 아니라 천천히, 그리고 균일적인 변화가 있다는 것을 의미한다. 이러한 균일적인 변화에 대한 이론을 **동일과정설**(principle of uniformity) 또는 **균일설**(uniformitarianism)이라고 한다. 동일과정설은 종종 "현재는 과거에 대한 열쇠다."라는 말로 표현되기도 한다. 이 말은 오늘날 우리가 보고 있는 암석의 변화와 관련된 지질학적 과정은 아주 오래 전 암석이 변하는 데에 관여했던 과정과 같다는 것이다. 동일과정설은 지구 표면에서의 대격변과 같은 갑작스런 현상의 발생을 배제하는 것은 아니다. 예를 들면, 격렬한 화산 폭발은 지구 표면을 가장 확실하게 바꾸는 대격변 중 하나이다. 동일과정설이 말하는 것은 오늘날 우리가 볼 수 있는 물리적, 화학적 법칙이 과거에도 똑같이 작용했다는 것이다. 작용하는 정도는 같을 수도 있고 다를 수도 있지만, 오늘날 우리가 보고 있는 현상은 과거에도 똑같이 일어났다. 시간이 충분히 주어지면, 알려진 현상과 개념을 사용해서 지구 표면의 구조가 형성되는 것을 설명할 수 있다.

동일과정설은 허턴의 시대 이후 지지학자들에 의해 사용되어 왔다. 끊임없는 변화가 일어나는 방법에 대한 개념은 판구조론의 발달과 함께 진화했지만 기본적인 틀은 같다. 깊이 묻혀 있는 암석과 암석층에 일어날 수 있는 현상을 먼저 고려해보면 동일과정설이 어떻게 적용되는지 알 수 있을 것이다.

12.2 지표면을 만드는 과정

판들의 수렴과 발산 등의 지구에 있는 판들의 모든 가능한 이동과 지구의 표면을 변형시키는 과정들은 **지각변동**(diastrophism)이라는 개념에 포함된다. 지각변동은 지구의 표면을 변형시키는 과정이다. 이것은 지구의 표면에서 보고 있는 고원, 산맥, 습곡 같은 많은 기본적인 구조를 만들어낸다. 마그마의 이동은 **화산활동**(volcanism)이라고 한다. 지각변동, 화산활동, 지진은 서로 밀접하게 관련되어 있으며, 이들의 발생은 보통 판구조론으로 설명된다. 응력과 변형, 습곡, 단층 등의 지각변동을 이번 절에서 다룰 것이며, 다음 절에서는 지진, 화산, 산맥 형성에 대해서 알아볼 것이다.

응력과 변형

모든 고체 물질은 표면적에 작용하는 힘(압력), 물질의 성질, 그리고 온도와 같은 변수 등에 반응한다. 예를 들어, 볼펜으로 음료수(알루미늄) 캔의 옆면을 누르는 경우를 생각해보자. 누르는 힘을 점점 강하게 했을 때, 적어도 다음의 4가지 현상이 일어나는 것을 볼 수 있을 것이다.

1. 가장 먼저, 누르는 힘이 약할 때, 금속은 약한 압력에 성공적으로 대항하여 **아무 일도 일어나지 않는다**.
2. 누르는 힘이 약간 세졌을 때, 금속이 오목하게 변형되거나 휘는 것을 볼 수 있을 것이다. 그러나 압력이 없어지면, 금속은 원래 형태로 돌아올 것이다. 이것을 **탄성 변형**(elastic deformation)이라고 하며, 금속은 용수철처럼 원래 모양으로 돌아올 수 있다.
3. 더 큰 힘이 가해졌을 때, 금속이 오목하게 휘어지지만, 이 경우에는 금속이 원래 모양으로 돌아가지 않는다. 이것은 금속의 **탄성 한계**(elastic limit)를 초과하여 **소성 변형**(plastic deformation)이 일어났다는 것을 의미한다. 소성 변형은 영구히 물질의 형태를 변화시킨다.
4. 마지막으로, 특정 압력에 도달했을 때, 금속은 파열되어 **부서질** 것이다.

암석을 포함한 모든 물질은 (1) 변화 없음, (2) 회복 가능한 탄성 변형, (3) 회복 불가능한 소성 변형, (4) 파괴의 과정으로 증가하는 압력에 반응한다.

응력(stress)은 암석을 압축하거나 분리하거나 또는 변형시키려고 하는 힘이다. 지구의 고체 지각에 있는 암석은 지구의 판들이 모이거나, 멀어지거나, 나란히 움직이거나와 같은 판의 상호작용에 따른 힘을 받는다. 암석에 작용하는 판의 상호작용은 다음 3가지 형태로 나눌 수 있다.

1. **압축 응력**(compressional stress)은 두 판이 서로 모이거나 한 판이 움직이지 않는 다른 판을 밀 때 발생한다.
2. **인장 응력**(tensional stress)은 압축 응력의 반대 힘이다. 이것은 두 판이 멀어질 때 발생한다.
3. **전단 응력**(shear stress)은 두 판이 서로 미끄러지면서 지나가거나 움직이지 않는 판 옆을 다른 판이 미끄러지면서 지나갈 때 발생한다.

음료수 캔의 금속과 같이, 암석은 응력의 한도까지 버틸 수 있다. 그리고 점점 더 강해지는 압력에 따라 탄성 변형, 소성 변형, 파괴가 나타난다. 응력에 대한 반응을 **변형**(strain)이라고 한다. 암석은 부피의 변화, 형태의 변화, 파괴로 응력에 대해 반응한다. 변형은 탄성, 소성, 균열의 3가지 형태가 있다.

1. **탄성 변형**(elastic strain)에서, 응력이 없어진 후 암석은 원래 형태로 돌아간다.
2. **소성 변형**(plastic strain)에서, 암석은 응력에 의해 녹거나 휘게 되고, 응력이 없어진 후에도 원래 형태로 돌아가지 않는다.
3. **파괴 변형**(fracture strain)에서, 암석은 금이 가거나 부서진다.

응력과 변형 사이의 관계, 즉 암석이 어떻게 반응하는지는 적어도 4가지 변수에 의존한다. 그 변수들은 (1) 암석의 성질, (2) 암석의 온도, (3) 응력이 얼마나 느리게 또는 빠르게 작용했는지, (4) 암석에 가해지는 압력(지압력 또는 구속압력)이다. 온도와 압력은 일반적으로 암석이 얼마나 깊이 묻혀 있는지에 따른 함수이다. 일반적으로 암석은 인장 응력보다는 압축 응력을 더 잘 견딘다. 차가운 암석은 따뜻한 암석보다 쉽게 부서지는 경향이 있다. 게다가 오랜 시간(아마도 수천 년) 동안 천천히 작용하는 응력에 대해서는 소성 변형이 일어나는 반면에, 빠르게 작용하는 응력은 암석을 부수는 경향이 있다.

일반적으로, 깊은 곳에 있는 암석은 높은 온도의 강한 압력의 영향 아래에 있다. 이러한 암석은 소성 변형이 일어나려고 하고, 그 이후에 소성 유동이 일어나서 광범위하게 휘어지고 변형이 일어난다. 지표면에 가까운 암석도 또한 휘어지지만, 상대적으로 낮은 탄성 한계를 가지고 있어 쉽게 부서진다(그림 12.3). 암석 변형은 종종 습곡, 단층과 같이 지표면에서 쉽게 볼 수 있는 형태로 나타나기도 한다.

과학 스케치

응력이 없는 경우, 탄성 변형, 소성 변형, 파열의 조건에 대한 개념을 나타내는 암석의 4개 패널 만화를 그려보자.

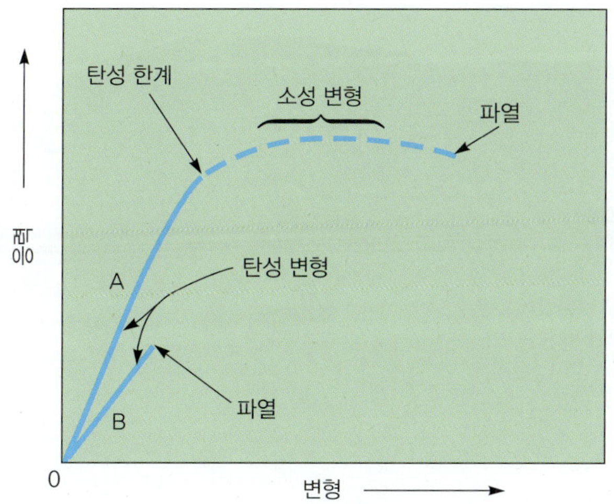

그림 12.3 (A) 깊이 묻힌 높은 압력의 따뜻한 암석과 (B) 지표면 근처의 차가운 암석에 대한 응력과 변형의 관계. 암석은 응력이 파열 강도를 초과할 때 부서진다.

습곡

대부분의 퇴적암을 구성하고 있는 퇴적물은 물의 바닥에 거의 수평으로 쌓인다. 시간이 지남에 따라 다양한 종류의 퇴적물이 쌓이게 되어 여러 두께의 구분된 퇴적층이 만들어진다. 그러므로 대부분의 퇴적암은 자연적으로 수평층의 구조를 가지고 있다(그림 12.4).

수평 암석의 매립층에 대한 응력은 소성 변형을 초래할 수 있고, 이는 층이 주름지게 되는 습곡을 만들어낸다. **습곡**(fold)은 층층이 쌓인 암석이 구부러지는 것이다(그림 12.5). 모든 형태와 크기의 층층이 쌓인 암석에서의 습곡은 응력과 기타 요인의 지역적 또는 국지적 특성에 따른 소성 변형 때문에 발생한다. 물론 습곡이 일어났을 때, 암석은 소성 변형 상태에 있고, 깊이 매장되어 상당한 압력을 받았을지도 모른다. 그러나 우리는 암석이 지표면에서 매우 다른 상태에 있을 때의 습곡의 결과를 보게 된다.

A

B

그림 12.4 (A) 그랜드 캐니언의 웅장한 규모의 암반. (B) 이 사진에서 더 가까운 암반의 예를 볼 수 있다.
(a): ©Jeremy Red/Shutterstock.com RF; (b): ©Bill W. Tillery

그림 12.5 영국 도싯(Dorset) 근처에 있는 습곡 암석층. 평평한 암석층을 접는 데 어떠한 일이 일어났는지 상상해볼 수 있는가? ©Alan Morgan RF

소성 변형으로부터 나타난 가장 일반적인 구조의 습곡은 아치 형태와 골 형태의 습곡이다, 일반적으로, 아치 형태의 습곡은 **배사**(anticline)라고 한다(그림 12.6). 반면에 골 형태의 습곡은 **향사**(syncline)라고 한다(그림 12.7). 배사와 향사는 종종 물 위의 파도처럼 육지로 가로질러 번갈아가며 나타난다. 엄청난 압축 응력이 이처럼 거대한 지역이 주름지도록 만들었다는 것을 상상해볼 수 있다.

배사, 향사, 그리고 다른 형태의 습곡을 항상 지구 표면에서 이렇게 볼 수 있는 것은 아니다. 배사의 능은 끊임없이 풍화되어 깎여서 퇴적물이 된다. 그 퇴적물은 향사의 골로 모이고, 골을 채운다. 애팔래치아 산맥은 풍화를 받고 있는 암석의 능들이 많이 있어, 이것이 언덕과 산을 이루고 있다. 반면에 캘리포니아에 있는 산 조아킨 밸리는 매우 큰 향사이다.

어떤 종류의 암석도 습곡이 될 수 있다는 것을 명심하자. 그러나 암석층의 접힌 구조가 쉽게 관찰되기 때문에 퇴적암이 습곡의 좋은 예시가 될 수 있다. 화성암과 변성암은 층상 구조 없이 광물이 뒤섞여 있기 때문에 습곡을 알아보기가 힘들다.

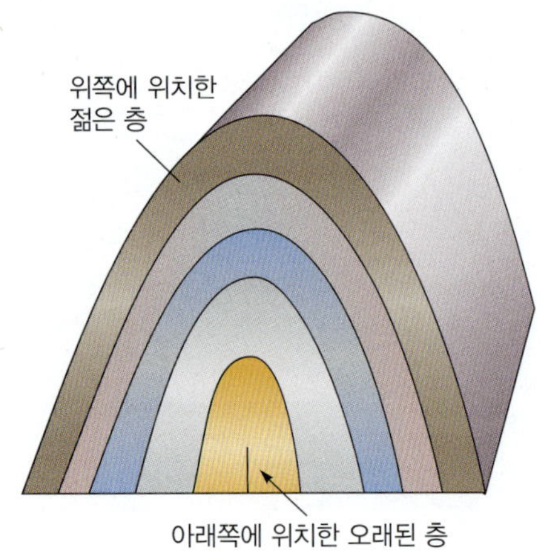

그림 12.6 층층이 쌓인 퇴적물에서의 배사 구조. 가장 오래된 층이 중앙에 위치한다.

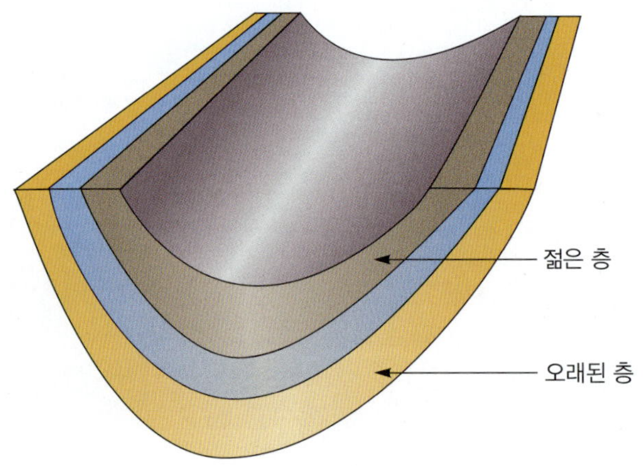

그림 12.7 향사 구조. 가장 젊은 층이 중앙에 위치한다.

단층

암석층이 항상 습곡에 의한 응력에만 반응하는 것은 아니다. 지표면 근처의 암석은 상대적으로 차갑고, 적은 압력을 받고 있어, 부서지기 쉬운 경향이 있다. 이러한 암석에 대한 갑작스런 응력은 파열점에 이르게 되어, 암석 구조가 균열되거나 부서질 수 있다. 균열의 각 면에 있는 암석 사이의 상대적인 움직임이 있을 때, 그 균열을 **단층**(fault)이라고 한다. 단층이 일어날 때, 한쪽 암석이 단층이 일어나고 있는 면을 따라 반대쪽 암석과 다르게 움직이는데, 이 때의 면을 **단층면**(fault plane)이라고 한다. 단층은 일반적으로 (1) 단층면의 경사도, 즉 단층면과 수평면 사이의 각도, (2) 상대적인 움직임의 방향에 따라 특징이 나타난다. 단층의 양쪽 면에 있는 암석이 움직이는 방법은 기본적으로 (1) 위와 아래 이동('경사 단층'이라고 함), (2) 수평 이동('주향이동 단층'이라고 함), (3) (1)과 (2)가 복합적으로 나타나는 이동('사교이동 단층'이라고 함)의 3가지가 있다.

단층에 대한 한 가지 분류 체계는 광산업으로부터 빌려온 개념에 근거하고 있나(많은 광맥들이 단층면과 관련되어 있다). 수평축을 가로지르는 단층면을 가진 광산을 상상해보자. 단층면이 완전히 수직이 아니라면, 광부는 단층면 아래에 있는 암석 덩어리 위에 서 있을 것이고, 위에 있는 암석 덩어리를 올려다볼 것이다. 그러므로 아래에 있는 암석 덩어리를 하반(footwall), 위에 있는 암석 덩어리를 상반(hanging wall)이라고 할 수 있다(그림 12.8). 하반과 상반이 상대적으로 어떻게 움직이는지에 따라 단층은 (1) 정단층, (2) 역단층, (3) 층상단층의 3가지 종류로 나뉜다. **정단층**(normal fault)은 상반이 하반에 비해 아래로 내려간 단층을 말한다. 이것은 위에 있는 암괴가 경사면을 따라 아래에 있는 암괴 아래로 미끄러져 내려가는 것이 '정상적인 것'으로 보이기 때문에 붙여진 이름이다(그림 12.9A). 가끔 정단층에 의해 나뉜 거대한 암괴가 아래로 떨어질 때, 지구(graben)를 만들어낸다(그림 12.9B). 지구의 반대쪽은 지루(horst)이고, 이것은 정단층에 의해 들어 올려진 거대한 암괴이다(그림 12.9C). 충분히

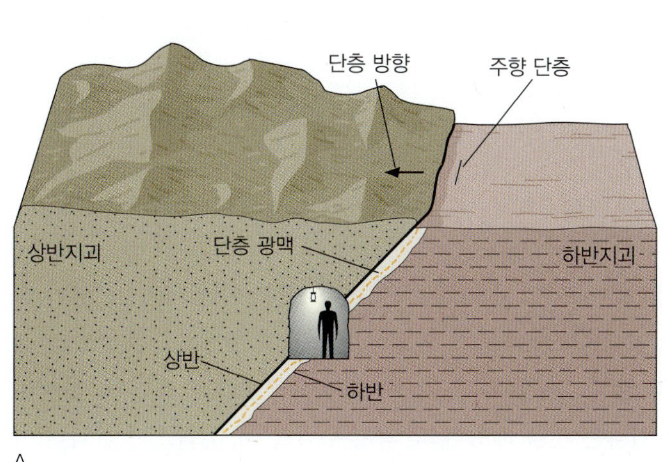

A

B

그림 12.8 (A) 단층의 상반과 하반의 관계. (B) 상반과 하반이 어긋나 있는 모습을 보여주는 애리조나주 킹맨 근처의 단층 사진.

(b): ©Stephen Reynolds RF

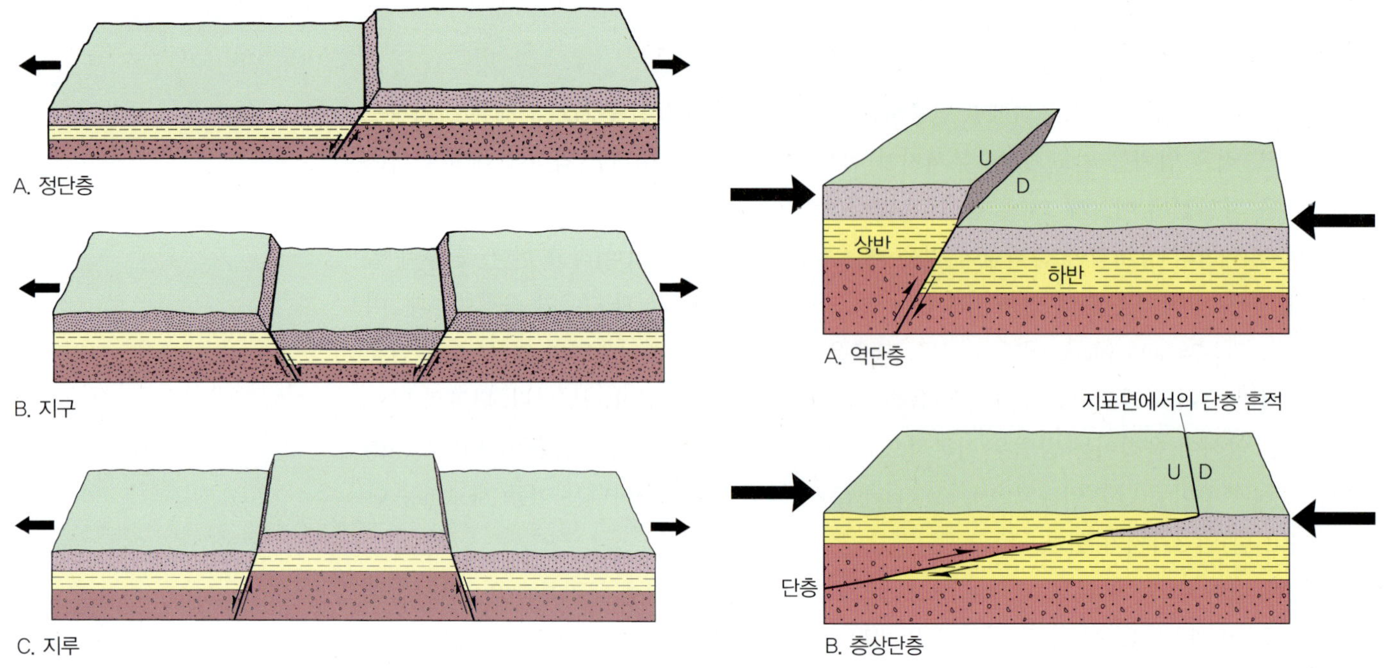

그림 12.9 양쪽에서 잡아당기는 장력이 (A) 정단층, (B) 지구, (C) 지루를 만드는 방법

그림 12.10 압축 응력이 (A) 역단층과 (B) 충상단층을 만드는 방법

들어 올려진 거대한 암괴는 단층 지괴 산지가 된다. 미국 서부의 많은 지역은 인접 계곡에 의해 갈라진 많은 단층 지괴 산지들로 특징지어진다.

역단층(reverse fault)에서는, 상반이 하반에 비해 위로 올라간다. 그림 12.10A에서 보여주는 것처럼, 역단층은 수평적인 압축 응력에 의해 만들어진다.

낮은 각도의 단층면을 가진 역단층을 **충상단층**(thrust fault)이라고 한다(그림 12.10B). 몇몇 충상단층에서는, 상반이 하반을 완전히 올라탄 경우가 있다. 이러한 충상단층을 '오버트러스트 단층(overthrust fault)'이라고 한다.

그림 12.9와 12.10에서 보여주는 것처럼, 단층면을 따른 암괴의 상대적인 이동은 그 이동을 만들어낸 응력에 대한 정보를 알려준다. 역단층과 충상단층은 암괴가 서로 모이도록 하는 압축 응력이 작용했음을 보여준다. 반면에 정단층은 발산하는 판과 관련하여 암괴가 서로 멀어지도록 하는 인장 응력이 작용했음을 보여준다.

12.3 지진

지진은 무엇인가? **지진**(earthquake)은 지반이 흔들리거나, 진동하거나 격변하는 것이다. 지진은 지구 표면 아래에 있는 암석에 가해지는 **응력**으로 생성된 에너지의 갑작스런 방출의 결과이다. 12.2절의 '습곡' 소절에서, 암석이 응력에 반응하여 휘거나 변형될 수 있으며, 부서지기 전의 한계치까지 응력을 받고 있다는 것을 배웠다. 암석이 부서질 때, 갑작스런 암괴의 이동은 지구 전체에 파동과 같이 움직이는 진동을 만들어낸다. 이러한 진동을 **지진파**(seismic wave)라고 한다. 강한 지진파는 지진이 일어나는 동안 사람들이 흔들리고 진동하는 것을 느

그림 12.11 샌안드레아스 단층은 남북으로 캘리포니아를 통과하여 약 1,300 km에 걸쳐 있다.

끼게 한다.

지진파는 거대한 암석 덩어리가 부서지고 다른 위치로 미끄러질 때 발생한다. 습곡에 대한 내용을 배울 때, 서로 움직이고 있는 2개의 암석 덩어리 사이의 면을 **단층**이라고 한다는 것도 배웠다. 주요한 지진들은 이미 존재하는 단층면, 또는 새로운 단층이 형성될 때 발생한다. 어떤 경우이든, 대부분의 지진은 단층면을 따라 발생한다.

대부분의 지진은 지구 표면 근처의 단층면을 따라 발생한다. 천발지진은 태평양판과 북아메리카판의 경계에서 발생하는 지진의 전형적인 형태이다. 캘리포니아에서 이 두 판 사이의 경계는 **샌안드레아스 단층**으로 알려져 있다(그림 12.11). 샌안드레아스 단층은 남북으로 캘리포니아를 통과하며, 태평양판과 북아메리카판이 서로 다른 방향으로 수평적으로 움직이고 있다. 그 두 판은 서로 팽팽하게 눌려 있고, 단층을 따라 있는 암석 사이의 마찰이 그 판들을 쉽게 움직이지 못하게 하고 있다. 한 판이 다른 판을 따라 움직이려고 할 때 전체 단층을 따라 응력이 계속 누적된다. 처음에는 응력 때문에 탄성 변형이 발생하지만, 최종적으로 암석이 견딜 수 있는 파열 강도를 넘어서게 된다. 탄성 변형을 넘어설 정도로 응력이 누적된 암석은 갑자기 뚝 부러지면서 새로운 위치로 움직이게 되고, 이러한 현상을 **탄성반발**(elastic rebound)이라고 한다(그림 12.12). 단층의 양쪽 면에 있는 암석은 새로운 위치로 갑자기 움직이고, 이러한 움직임으로부터 나온 진동이 지진으로 느껴지게 된다. 탄성반발과 암석의 움직임은 전체 단층의 긴 길이를 따라 발생하기보다는 단층의 짧은 부분에서 발생하는 경향이 있다. 그러므로 그 결과로 발생한 지진은 특정 지역에 집중된 국지적인 현상인 경우가 많다.

대부분의 지진은 판 경계 근처에서 발생한다. 물론 다른 곳에서도 발생하지만 그 경우는 드물다. 지표면 아래에 실제로 지진이 발생하여 지진파가 나온 지역을 **진원**(focus)이라고 한다. 진원은 지진의 중심이며, 단층에서의 초기 암석 이동 장소로 간주된다. 진원 바로 위에 있

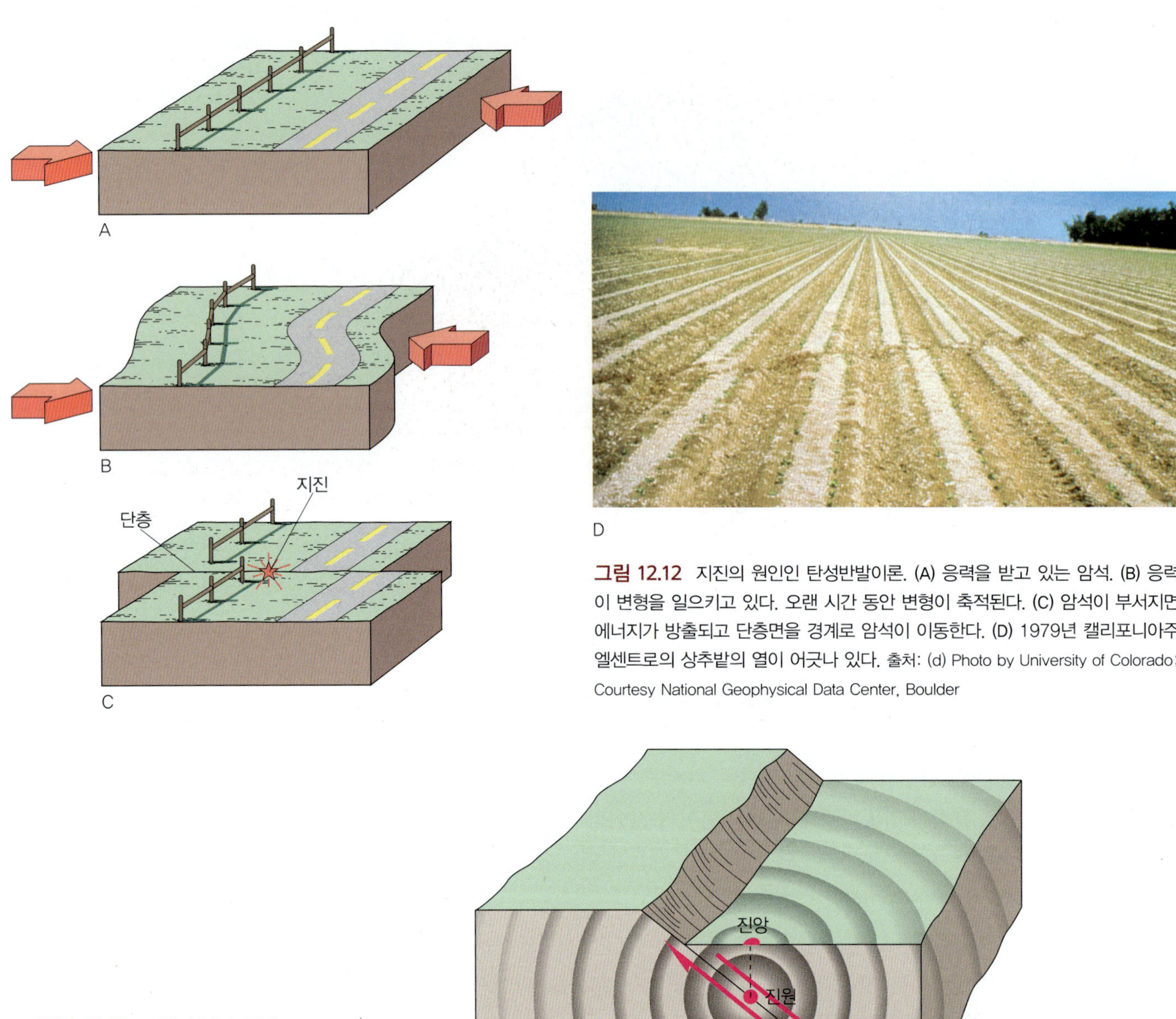

그림 12.12 지진의 원인인 탄성반발이론. (A) 응력을 받고 있는 암석. (B) 응력이 변형을 일으키고 있다. 오랜 시간 동안 변형이 축적된다. (C) 암석이 부서지면 에너지가 방출되고 단층면을 경계로 암석이 이동한다. (D) 1979년 캘리포니아주 엘센트로의 상추밭의 열이 어긋나 있다. 출처: (d) Photo by University of Colorado; Courtesy National Geophysical Data Center, Boulder

그림 12.13 구성 성분과 관련된 지진 용어를 보여주는 단순화된 단층 모형

는 지표면의 지점은 진앙(epicenter)이라고 한다(그림 12.13).

지진파는 진원으로부터 나와, 폭발 후의 음파처럼 고체 지구 내부를 통해 전 방향으로 퍼져나간다. 11장에서 설명했듯이, 지진파에는 P파, S파, 표면파의 3가지 종류가 있다. **지진계**(seismometer)는 지진파를 측정할 때 사용하는 기구다. P파와 S파에 대한 정보뿐만 아니라 지진의 규모도 지진계의 기록에서 확인할 수 있다. P파와 S파는 지진의 위치와 규모에 대한 정보와 함께 지구 내부에 대한 정보도 제공한다.

P파와 S파는 동시에 진원에서 출발한다. 하지만 P파가 S파보다 빠르기 때문에 두 지진파가 진원지에서 멀어짐에 따라 점진적으로 서로 분리되고 특정 지역에 P파가 먼저 도착한다. 진앙의 위치를 찾기 위해서는 적어도 3개의 지진 관측소에서 먼저 도달한 P파와 늦게 도달한 S파 사이의 시간 차이를 측정해야 한다. 두 지진파 사이의 속도 차이는 일정하다. 그러므로 지진파가 멀리서 올수록 시간 차이는 커지게 된다(그림 12.14A).

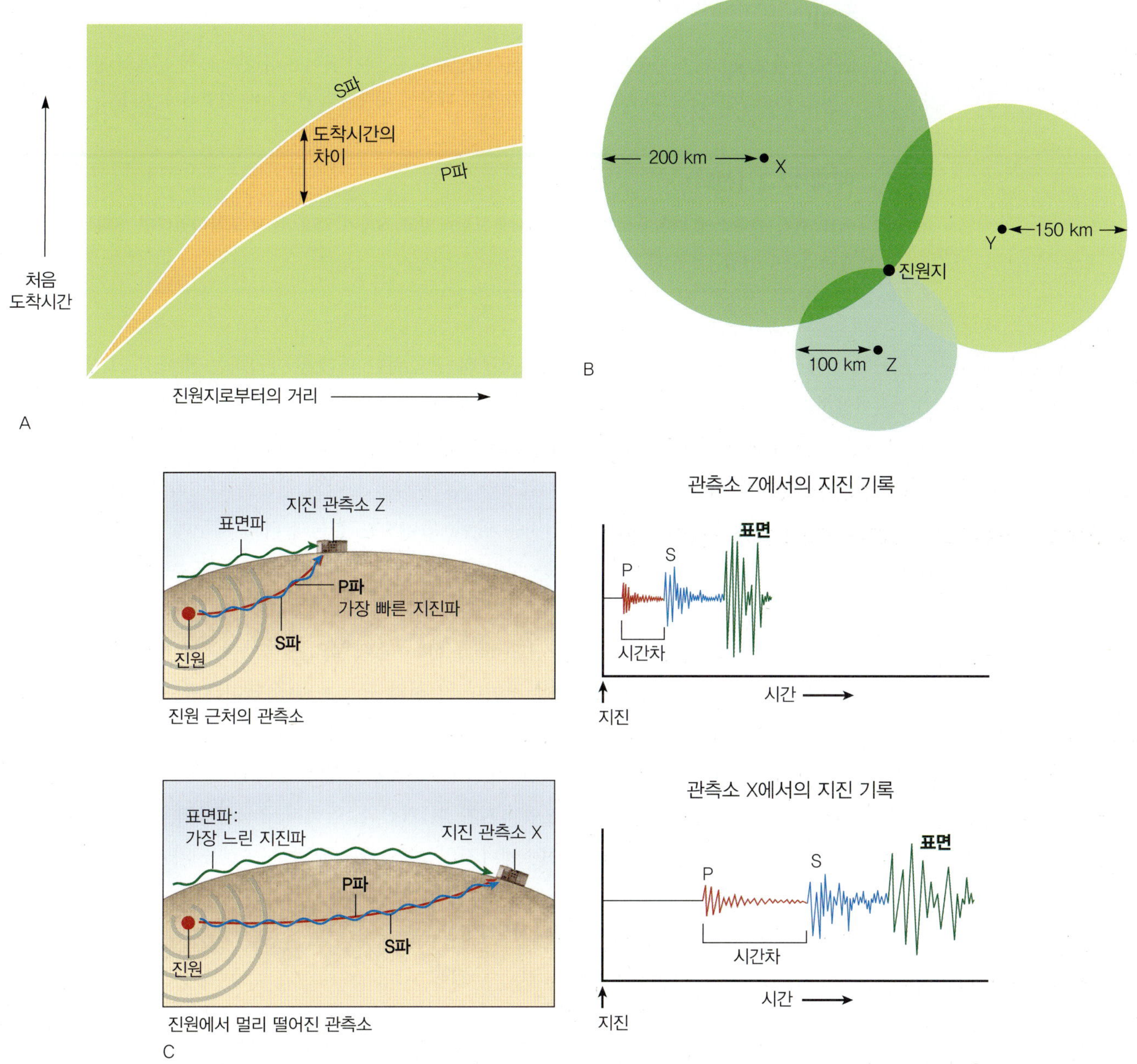

그림 12.14 지진파를 이용한 지진의 위치 찾기. (A) P파와 S파의 도착시간의 차이는 지진 발생으로부터의 거리의 함수이다. (B) 지진 관측소의 자료를 사용한 삼각측량으로 지진 발생지를 찾을 수 있다. (C) 근처의 관측소 Z와 멀리 떨어진 관측소 X로의 지진파 전파. 출처: (C) Adapted from Charles (Carlos) Plummer, *Physical Geology* 15e © 2016.

두 지진파의 속도와 측정한 시간 차이를 고려하여 진원으로부터의 거리를 계산할 수 있다. 그러나 거리만 계산할 수 있을 뿐 진원의 위치나 방향은 알 수 없다. 위치는 먼저 계산된 거리를 반경으로 하여 지도에 그려진 원을 사용하여 찾아낼 수 있다. 3개의 지진 관측소로부터 만들어진 원이 교차하는 곳이 지진파가 발생한 곳이다(그림 12.14B와 그림 12.14C).

예제 12.1 (선택)

네바다의 지진 관측소로 P파는 오전 4:30:15에, S파는 오전 4:40:35에 도달하였고, 캘리포니아 지진 관측소로 P파는 오전 4:29:59에, S파는 오전 4:30:15에 도달하였다면, 어느 관측소가 진앙에서 가까운가?

풀이

S파가 P파보다 느리기 때문에 멀리 있는 관측소일수록 큰 시간 차이가 나타난다. 이 문제의 경우, 캘리포니아는 16초, 네바다는 20초의 시간 차이가 있기 때문에 네바다의 관측소가 진앙에서 멀다.

예제 12.2 (선택)

어느 지진 관측소에 P파가 오전 11:51:51에 도달하였고, S파가 75초 늦게 도착하였다면, S파는 언제 도착하였는가? (답: 오전 11 : 53 : 06)

지진은 거의 감지할 수 없는 것에서부터 광범위한 피해를 야기하는 것까지 그 범위가 다양하다. 지진의 강도인 **진도**(intensity)는 사람과 건물에 미치는 영향을 수치화한 것이다. 파괴는 지진파에 의해 발생하는데, 이로 인해 땅과 건물이 진동하거나 흔들린다. 작은 지진 동안의 진동은 창문과 벽을 깨뜨릴 수 있지만, 강한 지진 동안의 진동은 다리와 건물을 무너뜨릴 수 있다. 부상과 사망은 보통 떨어지는 파편, 무너지는 건물과 다리 때문에 발생한다.

'큰 지진' 또는 '작은 지진'이라는 것처럼 지진의 크기는 진동, 피해, 또는 방출된 에너지의 관점에서 정의될 수 있다. 지진이 강하면 강할수록 강한 지진파가 지진계에 기록된다. 이러한 기록된 지진파로부터 과학자들은 **규모**(magnitude)라고 불리는 숫자를 정의하였다. 규모는 지진 동안 방출된 에너지를 수치화한 것이다. 지진의 규모는 종종 **리히터 규모**(Richter scale)를 사용하여 보고된다(표 12.1). 리히터 규모는 1930년 초 캘리포니아 공과 대학의 지진학자 찰스 리히터에 의해 개발되었다. 리히터 규모로 측정한 지진의 규모가 클수록 (1) 땅을 흔드는 진동의 심각성과 (2) 지진의 방출 에너지가 더 커진다. 리히터 규모의 1이 증가하는 것은 땅이 움직이는 정도가 10배, 방출되는 에너지의 양이 30배에 달하는 것을 의미한다.

표 12.1 다양한 규모의 지진의 영향

리히터 규모	영향
0-2	기록되는 가장 약한 지진
2-3	기록되지만 일반적으로 느끼지 못함
3-4	약한 지진으로 느껴지지만 피해가 없음
4-5	국지적인 피해가 있는 약한 지진
5-6	구조적인 피해를 입히는 지진
6-7	파괴를 유발하는 강한 지진
7-8	광범위하고 심한 파괴를 유발하는 큰 지진
8-9	완전히 파괴하는 거대한 지진

예제 12.3 (선택)

리히터 규모의 1이 30배 더 많은 에너지를 의미한다면, 리히터 규모 7.2와 5.2의 에너지를 비교하시오.

풀이

먼저 규모 차이를 찾은 다음 이 차이를 이용하여 에너지 차이 계수 30을 몇 번 곱할지 결정한다.

$$리히터\ 규모_1 = 7.2$$
$$리히터\ 규모_2 = 5.2$$
$$에너지\ 차이 = ?$$

$$
\begin{aligned}
규모\ 차이 &= 리히터\ 규모_1 - 리히터\ 규모_2 \\
&= 7.2 - 5.2 \\
&= 2
\end{aligned}
$$

$$에너지\ 차이 = (30)(30) = 900$$

예제 12.4 (선택)

리히터 규모의 1이 10배 더 큰 땅의 움직임을 의미한다면, 예제 12.3의 두 지진을 비교하시오. (답: 100배 차이)

규모 3 이하의 지진은 보통 진앙 주변 사람들에게도 느껴지지 않는다. 지금까지 기록된 가장 큰 지진은 규모 9를 넘었지만, 실제로는 규모에 대한 상한은 없다. 오늘날 전문적인 지진학자들은 다양한 방법으로 지진의 강도를 측정하고 있지만, 각각의 방법은 리히터 규모와 비슷한 결과를 보인다.

과학 스케치

리히터 규모 2, 5, 8의 지진으로 인한 피해를 나타내는 3개의 패널 만화를 그려보자.

쓰나미(Tsunami)는 지진 또는 화산 폭발에 의해 만들어지는 거대한 바다의 파도를 일컫는 일본 단어다. 그러한 거대한 파도를 이전에는 '해일(tidal wave)'이라고 불렀다. 그 거대하고 빠른 파도가 실제로는 조수(tide) 또는 기조력(tidal force)과 관련이 없기 때문에, 쓰나미 또는 **지진해일**(seismic sea wave)이라는 단어가 더 많이 사용된다.

대부분의 일반적인 파도는 바람에 의해 생성되고, 90 km/h의 속도로 이동하다가 해안가에서 부서질 때, 0.6~3 m의 파고를 만들어낸다. 반면에, 쓰나미는 해저에서 강한 힘에 의해 생성되고, 725 km/h의 속도로 이동하다가 해안가에서 부서질 때, 8 m 이상의 파고를 만들어낸다. 일반적인 바람에 의한 파도의 파장은 400 m인 반면에, 쓰나미는 200 km 이상의 긴 파장을 가지고 있다. 쓰나미의 긴 파장 때문에, 쓰나미는 단지 해안에서 부서지는 것이 아니라

미신, 착각, 그리고 오해

지진이 사람을 삼킨다?

지진이 일어나는 동안 지표면이 열리고, 사람을 삼키고, 다시 닫힌다는 미신이 있다. 지진이 일어나는 동안 형성되는 얕은 틈이 있을 수 있지만, 지진 중에 단층이 열리고 닫히지는 않는다. 단층이 열린다면, 단층면을 경계로 마찰이 일어나지 않기 때문에 지진이 일어나지 않을 것이다.

해안에서 물러나는 것이다. 해저 지형에 따라 다르지만, 쓰나미로 인한 물이 5~10분간 해수면을 계속 상승시켜 쓰나미가 물러나기 전에 해안 지역을 범람시킬 수도 있다. 완만하게 경사져 있는 해저와 깔때기 모양의 만은 해안에 도착할 때 쓰나미를 아주 높은 곳까지 올라가도록 할 수 있다. 쓰나미의 크기는 해저가 어떻게 힘을 받았는지에 달렸다. 일반적으로, 해저가 갑자기 상승 또는 하강하도록 하는 지진이 대형 쓰나미 발생의 주원인이다.

세계에서 가장 큰 지진들은 모두 한 지각판이 다른 지각판 아래로 섭입되는 곳에서 발생하였다. 1960년 규모 9.5의 칠레 지진, 1964년 규모 9.2의 알래스카의 프린스 윌리암 사운드 지진, 1957년 규모 9.1의 알래스카의 안드레아노프 제도 지진, 1952년 규모 9.0의 캄차카 지진, 2011년 규모 9.0의 일본 지진 등이 이러한 지진들에 포함된다. 이 지진들은 거대한 쓰나미를 발생시켜 넓은 범위에서 사망자과 기록적인 파괴를 초래했다.

예제 12.5 (선택)

쓰나미가 알래스카에서 하와이까지 4.5시간 만에 3,500 km를 이동했다면 평균 속도는 얼마인가?

풀이

2.2절의 식 (2.1)을 사용하여,

$t = 4.5$ hrs
$d = 3{,}500$ km
$\bar{v} = ?$

$$\bar{v} = \frac{d}{t}$$

$$= \frac{3{,}500 \text{ km}}{4.5 \text{ hr}} = \frac{3{,}500}{4.5}\,\frac{\text{km}}{\text{hr}}$$

$$= \boxed{780\,\frac{\text{km}}{\text{hr}}}$$

예제 12.6 (선택)

하와이에서 11,000 km 떨어진 인도네시아 근방의 지진으로 발생한 쓰나미가 780 km/hr의 속도로 이동하고 있다면, 이 쓰나미가 하와이에 도달하는 데에 얼마나 걸리겠는가? (답: 14시간)

12.4 지질연대

지각의 암석으로부터 지구의 역사를 찾는 일은 지질연대의 방대함을 느끼고 이와 함께 지질학적 과정의 이해를 필요로 한다. '지질연대'로부터 지구의 역사를 넘어 지구의 나이를 알 수 있다. 지구의 나이를 찾아가는 과정은 매우 어렵다. 인간의 역사는 수백 년 또는 수천 년의 단위에서 추정이 되며, 이러한 수천 년 전에 일어난 일을 상상하는 것도 쉽지 않다. 하지만 지질연대는 수백만 년에서 수십억 년의 단위에서 추정된다.

지질학적 과정을 이해하는 것은 나이를 측정하는 다양한 방법을 개발하고 지질학 시스템에서 추정기간을 늘려가는 것을 통해 가능해진다. 지질연대의 이해는 지질학적 과정의 이해로 이어지고, 더 나아가 과거에 존재했던 환경에 대한 이해로 이어진다. 그러므로 암석의 광물학적 구성, 질감, 퇴적 구성은 지구의 지질학적, 생물학적 역사를 구성하고 있는 과거의 현상에 대한 증거가 된다.

지구의 나이를 찾기 위한 초기 시도

현대지질학의 아버지인 스코틀랜드의 제임스 허턴(James Hutton, 1726~1797)은 오늘날 우리가 볼 수 있는 지질학적 과정이 지구가 탄생한 이래로 계속되어 왔다는 개념을 제시하였다. 이것은 **동일과정설**로 알려져 있으며, 침식 및 퇴적과 같은 과정은 느리기 때문에, 이로부터 사람들은 아주 오래된 지구를 가정하기 시작했다. 동일과정설은 지질학적 변화가 느리다는 것을 가정하기 때문에, 지질학적 과정의 이러한 관점은 수세기 동안 지배적인 관점이었던 천변지이설에 대비되는 점진주의로 생각되었다. [허턴의 이론의 많은 부분은 찰스 라이엘(Charles Lyell)에 의해 재정립되고 대중화되었고, 찰스 리이엘의 저서는 찰스 다윈(Charles Darwin)에 많은 영향을 미쳤다.] 이러한 관점에서 중요한 것은 지구의 나이를 측정하는 지질학적 시계로써 사용될 수 있는 몇몇 동일한 변화 또는 과정을 찾아내는 것이었다. 지질학적 시계로써 그러한 과정 또는 변화는 다음의 3가지 조건 (1) 지구가 탄생한 이래로 계속되는 과정이어야 하고, (2) 동일하거나 또는 적어도 일반적인 과정이어야 하고, (3) 측정 가능한 과정이어야 한다는 것을 필요로 한다.

19세기 동안, 지질학적 시계의 역할을 할 수 있도록 위의 조건을 만족하는 지구의 과정을 찾기 위한 많은 시도가 있었다. 그 중에서도 (1) 바다에 추가되는 소금의 비율, (2) 퇴적물이 침적되는 비율, (3) 지구가 냉각되는 비율을 지질학적 시계로 사용하려는 시도가 있었다. 바다가 초기에는 순수한 물이었다고 가정하고, 모든 강에 의해 바다로 이동되는 소금의 양을 고려하면, 바다가 현재의 염분이 되기까지 약 1억 년의 시간이 필요하다는 것을 계산해냈다. 그러나 계산에서 생명체와 화학적 침전에 의해 바다에서 제거되는 양을 고려하지 않았기 때문에 이러한 접근 방법은 받아들여지지 않았다. 제거되는 양을 고려했다 하더라도 이 방법은 실제로 지구의 나이가 아니라 바다의 나이를 알려줄 뿐이었다.

독립적인 많은 시도들이 퇴적물이 침적되는 비율을 측정하고자 하였고, 이 비율을 지구에서 발견되는 퇴적암의 두께와 비교하였다. 총 두께를 침적되는 비율로 나눔으로써 2천만 년에서 15억 년의 범위의 지구 나이를 추정할 수 있었다. 엄청난 범위가 나타난 것은 많은 퇴적암들 사이에 퇴적암이 침식되고, 다른 장소에서 다시 퇴적되기까지 시간에 대한 공백이 있었기 때문이다. 이러한 방법도 너무 많은 불확실한 요소들이 있어 받아들여지기 않았다.

지질학적 시계로써 지구가 냉각되는 비율을 측정한다는 접근방법은 지구가 초기에 용융 상태였다가 그 이후로 계속해서 냉각하고 있다는 가정이 필요하다. 용융 상태의 지구가 냉각되어 현재의 온도가 되는 것을 추정하여 지구의 나이를 계산하였다. 이 방법을 통해 지구의 나이는 2천만 년에서 4천만 년으로 추정되었다. 그러나 자연방사능이 지구 내부에 열을 추가하기 때문에, 현재 온도로 냉각되기까지는 훨씬 더 많은 시간이 필요하다.

지구의 나이를 찾기 위한 현대 기술

20세기가 시작되자마자, 광물과 암석에 있는 원소들의 방사성 붕괴 과정의 발견은 새롭고 정확한 지질학적 시계의 개발을 이끌었다. 이는 불안정한 방사성 동위원소가 얼마나 많이 붕괴되는지를 측정하여 연 단위로 암석의 **방사성 연대**(radiometric age)를 찾는 방법이다. 각각의 방사성 동위원소의 방사성 붕괴는 일정하고 알려진 비율로 일어나기 때문에, 현재 붕괴 생성물의 양에 대한 남아 있는 방사성 원소의 양의 비율은 방사성 붕괴가 일어난 시간을 계산하는 데 사용될 수 있다(8장 참고). 칼륨, 우라늄, 토륨의 방사성 동위원소는 암석에 종종 포함되어 있어 '방사성 시계'로써 자주 사용된다. 이러한 방사성 연대 측정방법을 통해 약 45억 년이라는 일반적으로 받아들여지고 있는 지구의 나이를 알 수 있게 되었다. 퇴적암은 풍화와 다른 광물의 퇴적에 영향을 받기 때문에, 이러한 방사성 연대 측정방법은 화성암에서만 사용될 수 있다.

표 12.2는 여러 방사성 동위원소와 그 산출물, 그리고 반감기를 보여준다. 보통 2개 이상의 동위원소가 암석의 나이를 결정하는 데에 사용된다. 여러 동위원소 사이의 일치는 암석의 나이를 추정하는 데 있어서 과학자들의 신뢰도를 증가시킨다. 각 동위원소의 반감기에는 매우 큰 차이가 있기 때문에, 몇몇은 수십억 년 전에 만들어진 것을 찾는 데 유용하고, 탄소-14 같은 동위원소는 50,000년 정도의 시간을 추정하는 데에 유용하다. 탄소-14는 암석의 나이를 찾는 데 사용되지 않고 탄소가 생명체의 중요한 부분이기 때문에 상대적으로 최근의 생물학적 기원을 찾는 데에 주로 사용된다. 또 약간 다른 방법이 방사성 탄소 연대 측정을 결정하는 데에 사용된다.

최근에 개발된 지질학적 시계는 자성광물의 자기장 방향에 기반한다. 자성광물은 화성암이 결정으로 만들어질 때 지구의 자기장에 따라 배열하게 되고, 이것은 그 생성 시기의 자기장 정보를 만들게 된다. 지구에서는 과거에 많은 자기장 역전이 일어났다. 과거 600만 년 동안 일어났던 자기장 역전의 횟수와 지속기간으로 **지자기 시간 비율**(geomagnetic time scale)이라는 개념이 만들어졌다. 방사성 연대 측정과 결합하여, 지자기 시간 비율은 국지적인 연대기를 결정하는 데 사용될 수 있는 전 세계적인 지질학적 시계를 만드는 데 기여하였다.

표 12.2 방사성 동위원소와 반감기

방사성 동위원소	안정한 딸핵종	반감기
사마륨-147	네오디뮴-143	1060억 년
루비듐-87	스트론튬-87	488억 년
토륨-232	납-208	140억 년
우라늄-238	납-206	45억 년
칼륨-40	아르곤-40	12.5억 년
우라늄-235	납-207	7억 4백만 년
탄소-14	질소-14	5,730년

지질학적 기록의 해석

지질학은 과거에 어떠한 일이 일어났는지 우리가 알 수 있도록 많은 증거를 제공한다. 그래서 지질학의 기본적인 원리를 잘 이해하는 것이 중요하다. 다음은 암석으로부터 지질학적 현상을 찾아내도록 도와주는 기본적인 원리를 요약한 것이다.

동일과정설은 지질연대에 대한 가장 기본적인 원리이다. 12.1절에서 설명한 바와 같이, 이 원리는 "현재는 과거의 열쇠이다."라는 말로도 표현된다. 이것은 오늘날 우리가 보고 있는 지질학적 현상은 오늘날 관측되고 있는 지각 운동, 침식, 퇴적 등의 똑같은 과정에 의해 과거에 형성되었다는 것을 의미한다. 현재의 지구를 만들어내고 있는 과정을 연구하는 것을 통해, 지구가 과거에 어떻게 진화하였는지를 이해할 수 있다. 이러한 원리는 지구의 표면은 지질연대의 엄청난 시간 동안 끊임없이 점진적으로 변화하고 있다는 것을 이해하도록 만들어준다.

지층 수평의 원리(principle of original horizontality)는 퇴적암에 적용되는 기본적인 원리이다(화성암, 퇴적암, 변성암의 자세한 내용은 11장 참고). 이 원리는 큰 규모에서 퇴적은 수평 방향으로 일어난다는 것에 근거한다. 오래된 암석은 지각 이동, 침식, 퇴적 등의 과정을 통해 끊임없이 새로운 것으로 변화하고 있다. 퇴적물이 호수나 바다 같은 곳에서 퇴적이 일어날 때, 기본적으로 수평 방향으로 쌓인다(그림 12.15). 그러므로 수평으로 나타나지 않는 퇴적암의 층은 지구의 표면을 변형시키는 힘을 받았다는 것을 의미한다.

누중의 법칙(principle of superposition)은 퇴적암에 적용되는 또 다른 기본적이고 명확한 원리이다. 퇴적물의 층은 보통 수평 방향으로 계속하여 쌓이고 압축되면서 굳어진다. 수평층의 연속적인 배열은 아래쪽의 가장 오래된 층부터 시간 연대순으로 나타난다. 위에 있는 층일수록 최근에 쌓인 층이다(그림 12.16). 퇴적층이 강한 힘에 의한 변형이 일어나 뒤집어지지 않았다면, 이것은 물론 당연한 사실이다.

관입의 법칙(principle of crosscutting relationships)은 퇴적암뿐만 아니라 화성암과 변성암

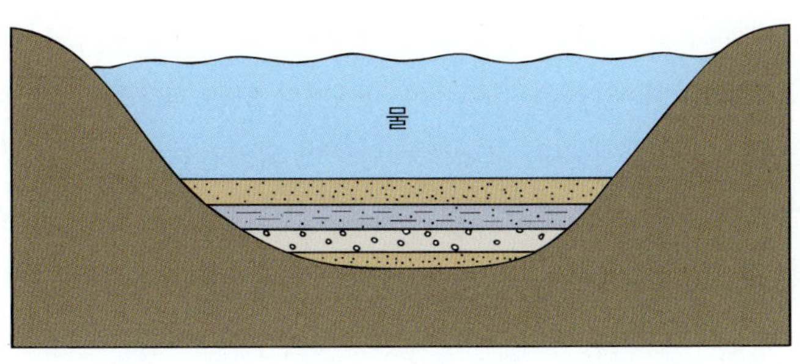

A

물

불규칙적인 바닥

B

그림 12.15 (A) 지층 수평의 원리는 퇴적물이 수평으로 쌓인다는 것을 의미한다. (B) 퇴적물이 불규칙적인 표면 위에 쌓이더라도 퇴적물은 수평으로 퇴적되려고 한다.

그림 12.16 애리조나주의 그랜드 캐니언은 수평으로 쌓인 퇴적암의 장엄한 단면적을 보여준다. 누중의 법칙에 따르면, 그랜드 캐니언 아래쪽으로 내려가면 내려갈수록 더 오래된 암석이 있다는 것을 의미한다. ©Image Source/Getty Images RF

그림 12.17 (A) 관입의 법칙에 따라 화강암이 관입하여 퇴적암을 가로지르며 자르고 있고, 이때 관입한 화강암은 주변의 퇴적암보다 최근에 만들어진 암석이다. (B) 이 사진은 관입과 단층의 예를 보여준다. 어두운 암석이 먼저 형성되었고, 그 후에 밝은 층이 어두운 암석으로 관입하였다. 마지막으로 단층면이 밝은 관입층을 가로질러 나타났다. 그러므로 단층은 관입보다 나중에 일어났다고 볼 수 있다. (b): ©Dr. Parvinder Sethi RF

에서도 고려되는 원리이다. 암석을 가로질러 자르거나 또는 파고들어 간 지질학적 현상은 암석에 비해 나중에 만들어진 것이다. 그러므로 단층이 퇴적암층을 가로질러 잘랐다면, 그 단층이 나중에 일어난 현상이 된다. 단층, 습곡, 화성암의 관입은 항상 그 현상이 일어난 암석보다 어리다. 종종 변성암의 존재는 일어난 현상의 순서를 바로 잡아주는 더 확실한 증거를 제공한다. 뜨거운 화성암이 특정 암석으로 관입할 때, 뜨거운 화성암 주변의 암석은 "구워지거나" 또는 변성된다. 그러므로 변성암을 포함하는 암석은 화성암보다 먼저 존재했다고 볼 수 있다(그림 12.17).

부정합의 법칙(shifting sites of erosion and deposition): 동일과정설은 오늘날 지구에서 볼 수 있는 과정이 과거부터 계속 일어나고 있다는 것을 의미한다. 하지만 이것이 항상 같은 장소에서 일어난다는 것을 의미하지는 않는다. 침식이 특정 위치에 있는 암석층에서 일어나고 있을 때, 퇴적물은 다른 장소에서 퇴적되고 있다. 침식과 퇴적의 위치가 다른 곳으로 바뀔 수도 있고, 침식이 일어난 장소 위쪽에 퇴적물이 퇴적될 수도 있다. 침식이 일어난 퇴적암 위에 새로운 퇴적층이 형성되었을 때, 그 침식층과 퇴적층 사이에는 시간 간격이 있을 것이다. 암

과학의 배후에 있는 사람들

제임스 허턴(James Hutton, 1726-1797)

제임스 허턴은 동일과정설을 주창한 스코틀랜드의 지질학자였다. 에든버러 상인의 아들인 허턴은 법학 교육을 먼저 받았지만, 1749년 의학 박사학위를 받았다(실습한 적은 없었다). 그 후 20년을 스코틀랜드의 남동부를 여행하고 농사를 지으며 지냈다. 이 시간 동안, 과학과 철학에 대한 애정을 키우며, 특히 지질학에 대한 특별한 능력을 키웠다. 1768년 경에 그의 고향 에든버러로 돌아왔다. 허턴은 과학과 문화계의 선도적인 구성원으로 빛났으며, 에든버러 왕립학회와 스코틀랜드 계몽주의 초기 역사에서 큰 역할을 했다.

허턴은 화학을 포함한 자연과학의 많은 분야에서 폭넓게 논문을 썼지만, 지질학에서의 〈지구의 이론〉(Theory of the Earth)이라는 논문으로 가장 잘 알려져 있으며, 이 논문의 짧은 버전은 1788년에 처음 등장하였고, 뒤이어 결정적인 확장 버전이 1795년에 나왔다. 그 연구에서, 지구가 항상 현재와 같은 종류의 점진적인 변화를 과거에서부터 지속되어 왔다는 것을 증명하려고 하였다(이 원리는 후에 동일과정설로 알려지게 된다). 그의 이론에 따르면, 지구에서는 감지할 수 없는 육지의 생성과 파괴가 계속되고 있으며, 어느 시점이 시작이고 어느 시점이 끝인지 알 수 없는 상황 속에 있었다. 그리고 대륙은 강과 날씨에 의해 점진적으로 계속해서 침식되고 있었다. 지구에서의 모든 과정은 유달리 느긋하고 여유로웠고, 그러므로 지구는 헤아릴 수 없을 정도로 오래되었을 것이다.

제임스 홀 경의 실험적인 발견에 의한 뒷받침에도 불구하고, 허턴의 이론은 그가 살던 시대에서는 맹렬히 공격받았고 이는 그의 이론이 영원한 지구와 무신론을 가리키는 것으로 보였기 때문이었다. 허턴의 이론은 그의 친구인 존 플레이페어, 그리고 후에 찰스 라이엘에 의해 대중화되면서 더 많은 호응을 얻게 되었다. 동일과정설이라는 개념은 여전히 많은 지질학적 추론의 토대를 이루고 있다.

출처: Modified from the *Hutchinson Dictionary of Scientific Biography*. Abington, UK: Helicon, 2011.

석 안에서의 이러한 시간 간격을 **부정합**(unconformity)이라고 한다. 부정합은 보통 활발한 침식이 특정 기간 동안 일어난 면과 새로운 퇴적층이 형성된 면 사이에서 나타난다. 부정합은 침식으로 나뉜 같은 퇴적층 사이에서 나타나기도 하지만, 다른 종류의 암석에서도 나타난다. 가장 뚜렷하게 나타나는 부정합 중의 하나는 **경사부정합**(angular unconformity)이다. 그림 12.18에서 보여주는 것처럼, 경사부정합은 부정합면 위와 아래의 층이 서로 평행하지 않다. 경사부정합은 보통 지층의 기울어짐 또는 습곡이 일어나고 침식이 발생한 후, 다시 일정 기간 퇴적이 일어난 것을 의미한다(그림 12.19).

과학 스케치

그림 12.17에서 보여주는 것과 유사하게 지도의 가운데를 통해 수직으로 최근 단층이 일어났다면, 단면적이 어떻게 나타날지 그림 12.18(또는 종이)에 4개의 패널을 추가하시오.

누중의 법칙, 관입의 법칙, 부정합의 법칙은 지질학적 현상이 일어난 순서를 알 수 있도록 도움을 준다. 이러한 순서는 그림 12.20에서 보여주는 것처럼 복잡한 현상을 쉽게 풀어주는 데 사용될 수 있다.

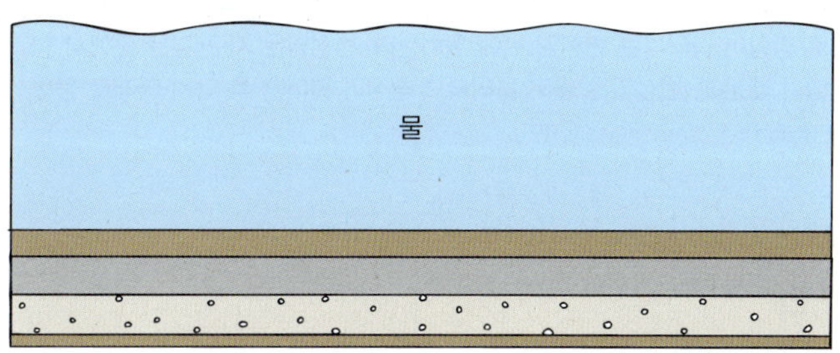

1. 퇴적

2. 암석이 기울어지고 침식됨

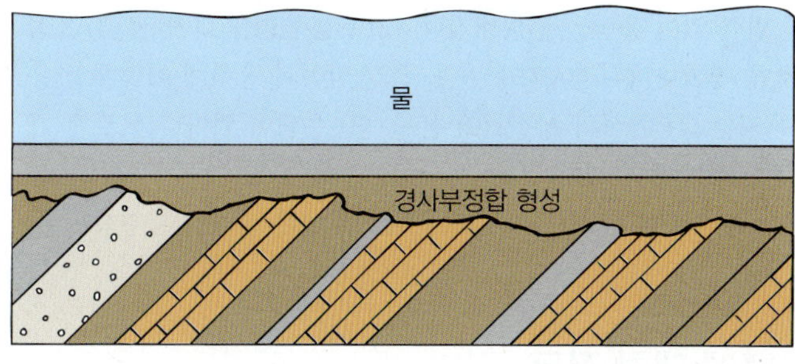

3. 퇴적이 다시 진행

그림 12.18 순차적으로 위의 그림이 보여주는 것처럼 부정합은 (1) 퇴적으로 만들어진 암석이 (2) 기울어진 후 침식되고, (3) 침식층 위에 퇴적물이 퇴적될 때 형성되기 때문에 지질학적 현상 간 시간 간격이 나타난다. 경사부정합은 깊이 있는 암석이 표면 위의 암석과 평행하지 않기 때문에 쉽게 구분할 수 있다.

그림 12.19 이 사진은 경사부정합을 보여준다. 수평의 퇴적암이 거의 수직으로 방향이 나타나는 변성암 위에 위치한다. 변성암은 지구 깊은 곳에서 형성되기 때문에, 변성암은 들어 올려지고 침식이 일어난 후 다시 아래로 묻혔다. ©John A. Karachewski RF

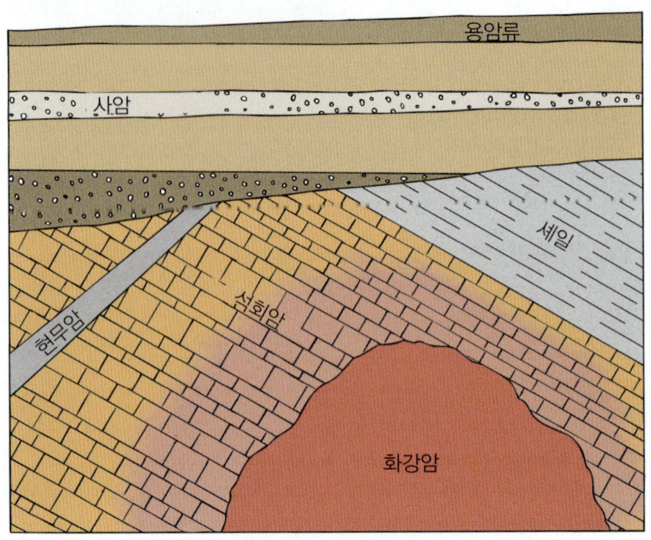

그림 12.20 연속적인 복잡한 암석은 지질학적 원리(지사학의 원리)를 사용하여 해석할 수 있다. 석회암이 가장 오래되었고(누중의 법칙), 셰일이 그 다음에 만들어졌다. 화강암과 현무암은 둘 다 관입하였기 때문에 석회암보다 나중에 형성되었다(화강암 주변의 변성 지역을 주목하라). 화성암(화강암과 현무암)이 셰일보다 먼저인지 나중인지는 알 수 없다. 또한 퇴적암의 기울어짐이 화성암의 관입 전에 일어났는지 나중에 일어났는지도 알 수 없다. 석회암과 셰일이 기울어진 후에 침식이 일어났고, 그 다음에 사암이 그 위에 퇴적되었다. 마지막으로, 용암류가 전체적인 일련의 형성 과정 다음에 만들어졌다.

요약

동일과정설은 오늘날 우리가 보고 있는 변화하고 있는 암석에 대한 지질학적 과정이 과거에 암석을 변화시켰던 것과 같다는 것이다.

지각변동은 지구의 표면을 바꾸는 변형의 과정이며, 마그마의 이동은 **화산활동**이라고 한다. 지각변동, 화산활동, 지진은 서로 밀접하게 관련되어 있으며, 이들의 발생은 보통 **판구조론**으로 설명된다.

응력은 암석을 압축하거나 떼어내거나 변형시키는 힘이며, 응력에 따라 암석이 변하는 것을 **변형**이라고 한다. 암석은 응력에 대해 (1) 변화 없이 응력을 견디내거나, (2) **탄성 변형**을 겪거나, (3) **소성 변형**을 겪거나, (4) **부서지게** 된다. 특정 암석이 응력에 어떻게 반응하는지는 (1) 암석의 성질, (2) 온도, (3) 응력이 얼마나 빠르게 가해졌는지에 달려 있다.

높은 온도의 깊이 묻힌 암석은 **소성 변형**이 나타나는 경향이 있어, 이로 인해 층이 주름지는 **습곡**이 발생한다. 아치 형태의 습곡은 **배사**라고 하고, 아래로 파인 형태의 습곡은 **향사**라고 한다. 배사와 향사는 층으로 구성되어 있는 퇴적암에서 쉽게 관찰된다.

지표면 근처의 암석은 갑작스런 응력으로 부서지는 경향이 있다. 특정 면을 경계로 양쪽이 다르게 움직이면서 부서지는 것을 **단층**이라고 한다. 암석이 이동하면서 나오는 파동으로 인한 진동을 **지진**이라고 한다. 지진이 실제로 일어난 지구 내부의 장소를 **진원**이라고 한다. 진원 바로 위의 지표면에서의 위치는 **진앙**이라고 한다. 진원으로부터 나오는 파동에는 P파, S파, 표면파의 3가지 종류가 있다. 지진파의 크기는 **리히터 규모**로 측정된다.

지질연대는 암석의 방사성 연대를 결정하는 동위원소의 방사성 붕괴과정을 통해 측정된다.

개념에 대한 질문

1. 동일과정설은 무엇인가? 이 원리는 무엇을 가정하고 있는가?
2. 암석에 가해지는 압축 응력이 (a) 깊이 묻힌 따뜻한 암석에 대해 천천히 증가할 때, (b) 차가운 암석에 대해 천천히 증가할 때, (c) 온도와 상관없이 암석에 대해 갑자기 증가할 때, 암석이 어떻게 반응하는지 설명하시오.

3. 배사와 향사의 차이점을 가능하면 그림을 사용하여 설명하시오.

4. 퇴적암층의 습곡이 존재한다는 것이 한 지역의 지질학적 역사에 대해 무엇을 의미하는가?

5. 암석층에서 습곡과 단층이 일어날 수 있는 조건을 설명하시오.

6. 판구조론을 이용하여 정단층과 역단층의 발생에 대해 설명하시오.

7. 지진은 무엇인가? 무엇이 지진을 발생시키는가?

8. 판구조론에서 지진이 일어날 것으로 예측되는 곳은 어디인가?

9. 지진의 진앙을 찾는 방법을 설명하시오.

10. 화강암은 대륙에서 발견되는 가장 흔한 암석이다. 화강암이 완전히 풍화된 최종 산물은 무엇인가?

11. "현재는 과거의 열쇠다."라는 문구는 동일과정설을 나타낸다고 한다. 어떤 증거가 이를 뒷받침할 수 있는가?

12. 판구조론은 동일과정설을 뒷받침하는가, 그렇지 않은가? 대답을 뒷받침하는 증거를 제시하시오.

13. 탄성 변형과 소성 변형의 유사점과 차이점은 무엇인가?

14. 단층보다는 습곡이 나타날 수 있는 조건을 설명하시오.

15. 대부분의 지진은 판 경계 근처에서 국지적이고 얕은 깊이에서 발생하는 것으로 예상되는지 그 이유를 분석하시오.

16. 왜 암석 기록은 38억 년 동안 존재해 왔는가?

17. 화석 기록에 따라 고생대와 중생대 말에는 어떠한 주요 현상이 있었는가? 이것을 설명하기 위해 제안될 수 있는 이론을 설명하시오.

연습문제

그룹 A

1. 소형 원자폭탄(규모 4.0)이 방출하는 에너지를 규모 9.1의 지진과 비교하시오.

2. 지진은 느껴지지만 피해를 일으키지 않는 지진(규모 3.5)과 강한 파괴를 일으키는 지진(규모 6.5)과 관련된 땅의 움직임을 비교하시오.

3. 지진이 오전 6:05:00에 일어났고 다음의 표에 나타낸 것처럼 지진 관측소에서 P파와 S파의 도착시간을 측정하였다.

관측소	P파 도착시간	S파 도착시간
A	06:05:19 A.M.	06:05:29 A.M.
B	06:05:50 A.M.	06:06:18 A.M.
C	06:06:01 A.M.	06:06:35 A.M.
D	06:06:32 A.M.	06:07:24 A.M.
E	06:05:39 A.M.	06:06:00 A.M.

각 관측소에서 P파와 S파의 도착시간의 차이가 의미하는 것은 무엇인가? 어느 관측소가 지진으로부터 가장 멀리 떨어져 있는가?

4. 칠레 연안의 안데스 해구를 따라 발생한 지진으로부터 기원한 쓰나미가 하와이에 도달하는 데에 얼마나 걸리겠는가? (쓰나미가 725 km/h의 속도로 이동하고 있으며 이동거리는 10,650 km이다.)

5. 화산에서 분출하여 대기로 들어간 암석이 지면에 350 m/s의 속도로 떨어졌을 때, 이 암석은 얼마나 높이 올라갔겠는가? [공기 저항은 무시하고, 식 (3.3)과 (3.4)를 결합하여 계산하라.]

6. 복합화산이 분출하여 화산분출물이 대기 상공 1.1×10^4 m 높이까지 올라갔다. 화산 분출물이 화산을 떠난 속도는 m/s와 km/h의 단위로 얼마였는가? (공기의 저항은 무시하라.)

7. 맨틀에 떠 있는 지각의 높이 h는 다음 식과 같다.

$$h = z_{\text{지각}} - z_{\text{지각}}(\rho_{\text{지각}})/\rho_{\text{맨틀}}$$

대륙판-대륙판 수렴 경계에서의 압축하는 힘이 대륙 지각의 두께를 평균보다 70.0 km 두꺼워지게 만들었다. 맨틀 위에 떠 있는 대륙 지각의 높이는 얼마나 변하겠는가? (평균 $z_{\text{지각}}$ = 35.0 km로 가정하라.)

13 지구의 날씨

Earth's Weather

지구의 대기는 지구를 둘러싼 얇은 껍질 같으며, 질량의 99%는 32 km의 높이 안에 있다. 이 얇은 막 안에서 물이 상변화를 통해 하루하루의 날씨 변화와 긴 기간 동안의 기후 변화의 원인이 되고 있다.
©Getty Images/Cultura RF

핵심 개념

태양으로부터의 에너지가 지구 대기의 원동력이 되고 있으며, 날씨와 기후를 결정한다.

장의 개요

수증기 형태로 대기로 들어가고 응결과 강수 형태로 대기에서 나오는 물 순환 *Pg. 328*

균일한 성질을 가진 공기 덩어리를 기단이라고 한다. *Pg. 339*

기단의 이동이 날씨의 급격한 변화를 가져온다. *Pg. 340*

연관성

물리학

▶ 햇빛은 복사에너지이다(3장).

▶ 열은 에너지의 이동이다(4장).

개요

지구의 대기는 물질의 순환과 관련된 특별한 구성을 가지고 있다. 이러한 순환 중 일부는 대기로 들어가고 나오는 물질의 이동과 관련되어 있다. 예를 들면, 이산화탄소는 대기의 아주 작은 일부분으로, 지난 약 5억7천만 년 동안 대기로 들어가고 나오면서 일정한 균형을 이루어왔다.

물도 또한 대기와 지구 표면 사이의 전 지구적인 순환과 관련되어 있다. 지표면에서의 물은 대부분 바다 안에 있고, 상대적으로 적은 양이 호수, 강, 지하 등에 있다. 특정 시간에 대기에 존재하는 물의 양은 적지만, 수십억 톤의 물이 매년 증발을 통해 대기로 들어가고 강수를 통해 다시 나오면서 순환하고 있다.

대기로 들어가고 나오는 이산화탄소와 물의 순환은 태양이 주 에너지원이다. 태양복사에너지가 지구를 가열하고, 이를 통해 바람, 온도 변화, 비, 눈 등의 날씨라고 하는 현상이 일어난다.

날씨를 이해하고 예측하는 것이 기상학의 주요한 내용이다. 기상학은 매일의 눈과 비를 이해하고 자주 일어나지는 않지만 폭풍우나 토네이도를 예측하는 것으로부터 대기와 날씨를 연구하는 학문이다(그림 13.1). 날씨 현상을 이해하는 것은 대기와 태양 주변을 공전하면서 또한 자전하고 있는 지구에서의 복사에너지를 얼마나 잘 알고 있는가에 달려 있다. 이번 장은 지구의 대기와 관련된 순환, 지구에서의 복사에너지의 영향에 대해 이해하는 것을 목표로 한다.

13.1 대기

대기는 고체 지구를 둘러싼 기체의 얇은 껍질이다. 만약 대기를 구성하고 있는 분자들을 볼 수 있다면, 셀 수 없을 정도로 많은 입자들이 굉장히 빠르게 움직이고 매초 수십조의 충돌이 일어나는 것을 볼 수 있을 것이다. 이러한 입자들은 중력에 의해 지구로 당겨지고 있기 때문에 높은 고도보다는 지구 표면 근처에 훨씬 많이 존재한다. 그러므로 대기는 높은 고도로 올라갈수록 급격하게 엷어지며 계속 올라간다면 점진적으로 우주로 연결되는 것이다.

고도가 증가함에 따라 대기가 얼마나 급격하게 엷어지는지 이해하기 위해 여러 높이에서 공기가 들어있는 상자를 상상해보자. 아래에 있는 상자에 비해 높은 곳에 있는 상자는 상대적으로 충돌이 일어나는 분자들의 개수가 적다. 가장 밑에 있는 지표면의 상자에 있는 분자들은 다른 분자와 충돌이 일어나기 전까지 자유롭게 움직일 수 있는 거리가 고작 1×10^{-8} m 밖에 되지 않는다. 고도 80 km에 있는 상자에서는 분자 간 거리가 10^{-2} m이다. 고도 160 km에서는 상자 안에서 분자 간 거리가 2 m로 멀어진다. 이로부터 분자 간 거리는 고도가 증가함에 따라 급격하게 멀어지는 것을 알 수 있다. 공기의 밀도는 단위부피당 분자들의 개수로

그림 13.1 폭풍우의 발생가능성이 예측되었지만, 아무도 그 폭풍우를 느리게 하거나 멈추게 할 수 없다. 대기를 이해하는 것은 날씨 변화를 예측하는 데에 도움이 되지만, 날씨가 조절이 된다는 것에는 의문이 많다. ©Bill W. Tillery

그림 13.2 높은 고도로 올라갈수록 대기를 구성하고 있는 분자의 수가 적어진다. 이것은 공기의 밀도가 고도 증가에 따라 감소한다는 것을 의미한다.

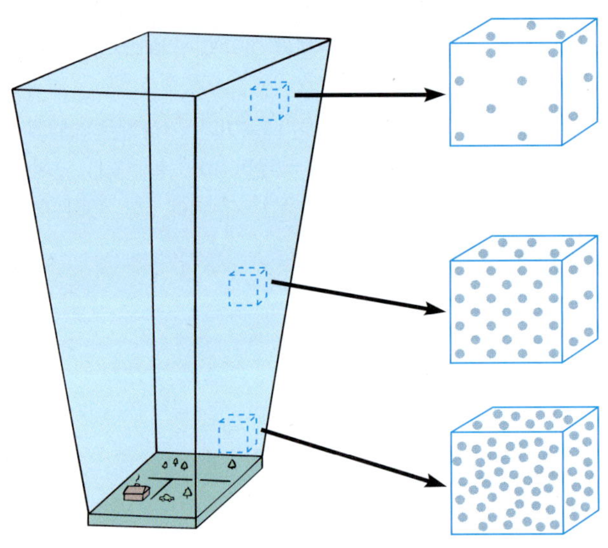

정의되기 때문에 대기의 밀도는 고도가 증가함에 따라 급격하게 감소한다(그림 13.2).

대기는 보이지 않기 때문에 고도에 따른 공기의 양을 상상하는 것은 어렵다. 앞의 예에서 사용한 상자를 다시 가져오자. 이 상자가 지표면부터 대기의 꼭대기까지 닿을 정도로 매우 크다고 상상해보자. 그리고 이 굉장히 키가 큰 상자가 수평으로 확장되어 지구 표면을 다 덮는다고 상상해보자. 상자의 바닥에서부터 5.6 km의 높이까지는 지구 대기 질량의 약 50%가 들어 있다. 12 km까지 올라간다면 75%의 대기가 들어가고, 16 km의 고도까지는 90%의 대기가 포함된다. 지표면에서부터 32 km까지의 상자에는 전체 지구 대기의 99%가 들어간다. 이 높이에 따른 대기 질량의 변화는 친숙한 예를 사용해서 생각해본다면 쉽게 이해할 수 있다. 예를 들면 대학에서부터 16 km 떨어진 상점까지 이동하는 동안 대기의 90%를 지나간다고 생각하면 된다.

고체 지구의 평균 반경은 약 6,373 km이기 때문에 99%의 질량을 가지고 있는 32 km의

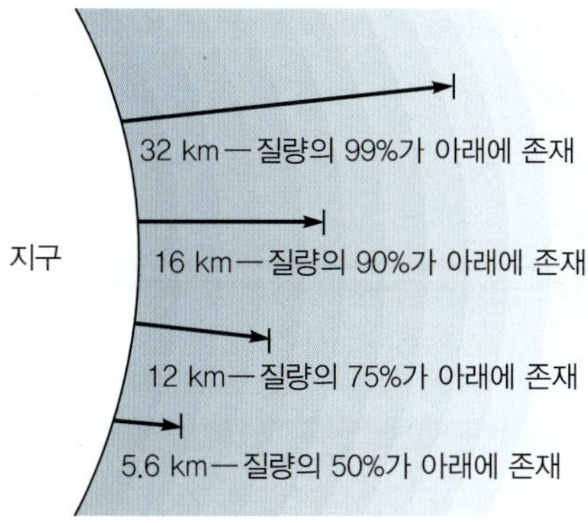

그림 13.3 지구의 대기는 고도가 증가할수록 급격하게 옅어지며 사람들이 생각하는 것 이상으로 지구 표면에 대기가 많이 존재한다.

대기는 굉장히 얇다고 볼 수 있다. 대기 바깥쪽의 경계는 대부분의 사람들이 생각하는 것보다 상당히 지구에 가깝다(그림 13.3).

대기의 구성

순수한 건조 공기는 무색, 무취의 기체로 대부분 질소(N_2), 산소(O_2), 아르곤(Ar)으로 구성되어 있다. 질소가 가장 많고(전체 부피의 약 78%), 산소(약 21%), 아르곤(약 1%) 순이다. 세 기체의 분자는 잘 섞여 있고, 이러한 구성 성분과 비는 지구의 표면 근처 어디서든 거의 일정하다(그림 13.4).

질소는 화학 반응이 잘 일어나지 않아 대기 중에 축적된다. 질소 중 일부는 흙에 있는 세균과 번개에 의해 대기에서 제거된다. 질소는 식물에 흡수되고 지속적으로 먹이사슬에 활용된다. 최종적으로 질소는 죽은 식물과 동물의 부패를 통해 다시 대기로 들어간다. 대기에서 질소가 제거되거나 추가되는 이러한 과정은 서로 균형을 이루고 있어 대기에서의 질소의 양은 시간에 따라 변하지 않고 일정하다.

산소도 또한 제거와 추가가 균형을 이룬 과정을 통해 대기에서 순환하고 있다. 산소는 (1) 생물에 의해 이산화탄소와 물로 산화되는 과정, (2) 산화물을 형성하는 화학적 풍화과정을 통해 대기에서 제거된다. 산소는 녹색 식물의 광합성에 의해 대기로 추가되며, 이렇게 추가된 산소의 양은 생물과 풍화 작용에 의해 제거되는 양과 균형을 이룬다. 그래서 질소와 마찬가

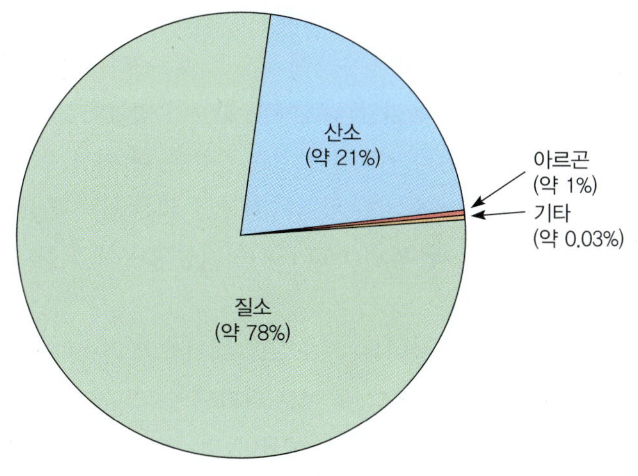

그림 13.4 태양계의 다른 행성들과 비교했을 때, 지구의 대기는 고유한 기체 구성을 가지고 있다.

지로 산소는 균형을 이룬 화학 반응을 통해 일정한 양을 유지한다.

대기에서 세 번째로 많은 기체인 아르곤은 비활성 기체이기 때문에 화학 반응 또는 순환으로 대기로 들어가지 않는다. 아르곤은 방사성 붕괴로 생성되고 한 번 대기로 들어가면 비활성된 상태로 대기에 남아 있다.

질소, 산소, 아르곤이 섞여 있는 일정한 양의 기체 외에, 대기는 변화하는 양의 수증기를 포함한다. 수증기는 눈에 보이는 않는 기체 상태의 물 분자로, 이를 안개 또는 구름과 혼동해서는 안 된다. 안개와 구름은 아주 작은 액체 상태의 물방울들이며, 수증기를 구성하고 있는 단일 분자 상태의 물이 아니다. 대기에서의 수증기량은 차갑고 건조한 공기에서 1% 정도를 차지하고, 따뜻하고 습한 공기에서는 4% 정도까지 차지한다. 이러한 적은 양, 그러나 변하는 수증기는 지구의 생명체를 유지하는 데 필수적이다. 수증기는 대부분의 양이 바다로부터 증발에 의해 대기로 들어가고 비나 눈으로 대기에서 제거된다.

수증기를 제외하고 질소, 산소, 아르곤의 고정된 양은 건조 공기의 99.97%를 차지한다. 나머지는 대부분 이산화탄소(CO_2)와 미량의 비활성 기체가 차지한다. 이산화탄소는 대기의 고작 0.03%를 구성하고 있지만, 생명체에 있어서 매우 중요하며 광합성과 호흡 과정으로 통해 끊임없이 순환한다.

대기압

지구의 표면(해수면 고도)에서 대기는 10.0 N/cm^{2}의 힘을 가하고 있다. 높은 고도로 올라갈수록 기압은 급격하게 줄어든다. 약 5.6 km의 고도에서 기압은 해수면 고도에서의 반인 약 5.0 N/cm^{2}가 된다. 12 km에서의 기압은 2.5 N/cm^{2}이다. 높이 증가에 따른 기압의 감소를 그림 13.3과 비교해보자. 대기의 대부분이 지구 표면 근처에 있기 때문에 고도 증가에 따라 대기는 급격하게 엷어진다. 약간만 높이 올라가더라도 고막에 가해지는 기압은 매우 많이 감소한다. 입을 벌려서 고막 안팎의 기압이 똑같아지도록 할 수 있는데, 이때 고막 안쪽에 있던 높은 기압 하의 공기가 유스타키오관을 통해 이동한다. 이것은 기압이 변할 때, 많은 사람들이 듣는 "펑" 소리를 만들어낸다.

대기압은 **기압계**(barometer)를 이용하여 측정할 수 있다. 수은 기압계는 이탈리아인 토리첼리(Torricelli)에 의해 1643년에 발명되었다. 그는 한쪽이 막힌 유리관을 수은으로 채우고, 수은이 흘러나오지 않도록 남은 한쪽을 손가락으로 막고 유리관을 세웠다. 유리관을 막은 손가락을 치우고 세운 유리관을 수은이 담긴 수조에 넣었을 때, 유리관 안의 수은 중 일부는 수조로 들어가고 수은이 들어간 만큼 유리관 위쪽에는 진공이 만들어진다. 수은이 담긴 수조의 표면을 누르는 대기압에 의해 유리관에 남아 있는 수은은 더 이상 수조로 들어가지 않는다. 유리관에 남아 있는 수은의 무게에 의한 압력이 대기에 의한 압력과 균형을 이룬다. 해수면 고도에서 토리첼리는 대기압이 약 76.00 cm의 수은 기둥의 무게와 같다는 것을 발견했다(그림 13.5).

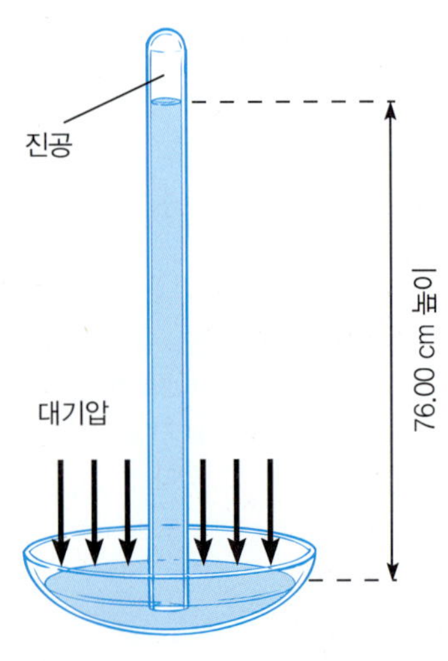

그림 13.5 수은 기압계는 관 안에 있는 수은의 무게에 의한 압력과 대기의 압력 사이의 균형으로부터 기압을 측정한다. 기압이 높아지면 수은 기둥의 높이는 올라가고, 기압이 낮아지면 수은 기둥의 높이는 낮아진다.

대기압이 증가하면 수은 기둥의 높이는 올라가고, 대기압이 감소하면 수은 기둥의 높이는 내려간다. 따라서 대기압은 수은 기둥의 높이로 나타낼 수 있다. 일반적인 날씨 보고에서 기압을 수은 기둥의 높이로 알려줄 때도 있다. 예를 들면, "기압이 현재 76 cm이며, 올라가고 있습니다."라고 보고한다. 해수면 고도에서의 기압을 장기간 동안 관측하고 평균한다면 76.00 cm의 수은 기둥 높이를 얻을 수 있다. 이러한 평균값을 **표준기압**(standard atmospheric pressure)이라고 하며, 때때로 **정상기압**(normal pressure)이라고 한다. 이 값은 또한 1대기압(one atmosphere of pressure)이라고도 한다.

지구의 보이지 않은 기압은 특정 물체가 부풀어 오를 때 확인할 수 있다. 예를 들면, 헬륨 풍선이 하늘로 올라갈 때, 기압이 감소하기 때문에 풍선은 팽창한다. 부풀어 오르는 물체의 부피와 주변의 기압은 직접적인 관계가 있다. 특정 기압에서 풍선의 부피는 다음과 같은 부피와 기압의 식 $P_1V_1 = P_2V_2$로부터 계산할 수 있다.

예제 13.1 (선택)

해수면 고도에서 공기를 가득 채웠을 때 500.0 cm^{3}의 부피를 가진 풍선을 5.6 km 고도로 올렸을 때의 부피를 cm^{3}의 단위로 구하시오. (풍선 자체가 공기에 영향을 주지 않는다고 가정하자.)

풀이

해수면 고도에서의 기압은 10.0 N/m^{2}이고, 5.6 km 고도에서의 기압은 5.0 N/m^{2}이다(본문 참조). 5.6 km 고도에서의 부피를 구하기 위해 압력과 부피의 관계식을 다음과 같이 정리해보자.

$$P_1 = 10.0\,\frac{\text{N}}{\text{m}^2} \qquad P_1V_1 = P_2V_2 \quad \therefore\; V_2 = \frac{P_1V_1}{P_2}$$

$$V_1 = 500\text{ cm}^3$$

$$P_2 = 5.0\,\frac{\text{N}}{\text{m}^2} \qquad V_2 = \frac{\left(10.0\,\frac{\text{N}}{\text{m}_2}\right)(500.0\text{ cm}^3)}{\left(5.0\,\frac{\text{N}}{\text{m}^2}\right)} = \frac{(10.0)(500.0)}{(5.0)}\,\frac{\left(\frac{\text{N}}{\text{m}^2}\right)(\text{cm}^3)}{\left(\frac{\text{N}}{\text{m}^2}\right)}$$

$$V_2 = ?$$

$$= \boxed{1{,}000\text{ cm}^3}$$

예제 13.2 (선택)

해수면 고도에서 헬륨 풍선이 공기로 가득 채워졌을 때 825.0 cm^{3}의 부피를 가지고 있다. 해수면 고도에서 기압계로 측정된 기압은 1,013 mb이다. 풍선이 850 mb의 기압을 가진 고도로 올라갔을 때의 부피를 cm^{3}의 단위로 구하시오. (풍선 자체가 공기에 영향을 주지 않는다고 가정하자.) (답: 983 cm^3)

대기의 가열

태양으로부터 온 에너지는 지구의 표면에 닿기 전에 대기를 통과해야만 한다. 그림 13.6에서 보여주는 것처럼 대기는 들어오는 태양에너지를 거르거나 흡수하거나 반사시킨다. 평균적으로 지구는 들어온 에너지의 30%를 반사한다. 반사되는 양은 구름이 덮인 면적, 대기 중 먼지의 양, 지표면에서의 눈과 식생의 면적 등과 관련되어 있다. 이러한 반사와 관련된 요소들의 변화는 반사도를 증가시키거나 감소시킬 수 있으며, 그 결과로 대기를 가열하거나 냉각시킬 수 있다.

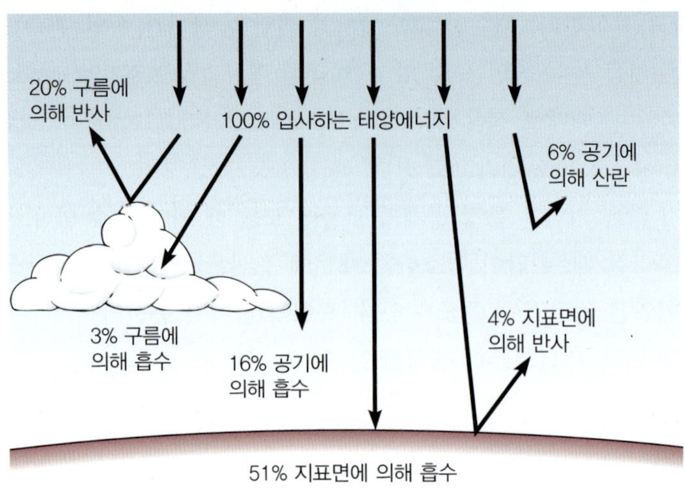

그림 13.6 평균적으로 태양으로부터 온 에너지가 걸러지고, 흡수되고, 반사된 후에, 지구의 지표면은 전체 태양에너지의 51%만을 흡수한다.

그림 13.6에서 보여주는 바와 같이, 들어오는 태양에너지의 반 정도가 지구 표면에 도달한다. 대기에 의한 반사와 선택적 통과로 약 240 W/m^2의 전구 평균값에 해당하는 에너지가 지구 표면에 도달한다. 지구 표면에 도달하는 에너지는 위도와 계절에 따라 크게 변한다.

지구 표면에 도달한 태양에너지는 흡수되고, 그로 인해 바위, 땅, 흙, 물의 온도가 올라간다. 이러한 물질들은 흡수한 태양에너지를 전자기 스펙트럼에서 가시영역보다 파장이 긴 적외에너지 형태로 방출한다. 긴 파장의 적외에너지는 이산화탄소와 수증기 분자의 자연적인 진동 주기와 일치하는 주기를 가지고 있다. 이것은 이산화탄소와 수증기 분자가 지구 표면으로부터 방출되는 적외에너지를 쉽게 흡수할 수 있다는 것을 의미한다. 흡수된 적외에너지는 분자의 운동에너지를 증가시키고 이를 통해 온도가 올라간다. 대기의 이산화탄소와 수증기 분자는 항상 모든 방향으로 적외에너지를 방출한다. 이렇게 재방출된 적외에너지 중 일부는 다시 대기에 있는 다른 분자에 흡수되고, 일부는 우주로 나가고, 일부는 지구 표면에 흡수되어 앞선 과정을 다시 또 반복하게 된다. 지표면으로 다시 보내지는 과정을 통해서 지표면 온도는 올라간다.

대기 중에 이산화탄소가 많이 있으면 있을수록 더 많은 에너지가 지표면으로 다시 보내지고 지표면 온도를 더 높아지게 만든다. 적외에너지의 재방출을 통해 대기가 가열되는 과정을 **온실효과**(greenhouse effect)라고 한다. 온실효과는 온실기체가 태양에너지의 짧은 파장은 통과시켜 온실로 들어가게 만들고 긴 파장의 적외에너지는 온실 밖으로 나가지 못하게 가두기 때문에 지어진 이름이다. 하지만 이러한 해석은 오해의 소지가 있다. 왜냐하면 이산화탄소와 수증기 분자는 적외에너지를 '가두는' 것이 아니라, 역학적으로 흡수하고 지표면 쪽으로 재방출하는 과정이기 때문이다. 이산화탄소가 많을수록 지구로 되돌려지는 적외에너지가 많아지고 이로 인해 온도가 증가하는 것이다.

대기의 구조

대류와 온실효과의 반복되는 흡수와 재방출 과정은 땅에 가까운 아래쪽부터 대기를 가열하는 경향이 있다. 게다가 높은 고도에 있는 기체는 낮은 고도에 있는 기체보다 더 쉽게 우주로

오존층에 구멍이?

오존은 삼원자 산소(O_3)로 주로 성층권 중상부에 집중되어 존재한다. 산소의 이원자 분자(O_2)는 주로 대류권에 많이 존재하고, 단원자 산소(O)는 대기의 바깥쪽 가장자리에서 발견된다. 성층권에 존재하는 오존의 양이 그렇게 많지는 않지만, 오존의 존재는 지구의 생물에 있어서 필수적이다. 자외선(UV)은 유기체 DNA의 돌연변이의 원인이 된다. 성층권 오존이 없다면, 더 많은 자외선이 지구의 표면에 도달할 것이고, 이는 유기체 모든 종류의 돌연변이의 원인이 될 것이다. 인간에게 있어서는, 자외선은 피부암의 원인이 되고 눈의 각막에 피해를 주는 것으로 알려져 있다. 오존에 의한 보호가 없다면 피부암의 발생이 극적으로 많아질 것이다.

여기서 성층권 오존이 자외선으로부터 지구를 어떻게 보호하는지 설명할 것이다. 오존은 끊임없이 생성과 파괴가 계속되기 때문에 오존의 농도는 정적이지 않다. 오존 형성을 위해서는, 이원자 산소(O_2)가 먼저 단원자 산소(O)로 분해되어야 한다. 짧은 파장의 자외선은 이원자 산소에 흡수되면서, 이원자 산소를 단원자 산소로 분해시킨다. 이러한 반응은 (1) 햇빛으로부터 제거되는 고에너지의 자외선과 (2) 이원자 산소와 결합하여 더 많은 자외선을 흡수하는 오존 생성을 위한 단원자 산소 때문에 매우 중요하다. 이 초기 반응은 다음과 같다.

$$O_2 + UV \longrightarrow O + O$$

O 분자가 O_2 분자, 제3의 중성분자(NM)와 충돌할 때, 다음의 반응이 일어난다.

$$O_2 + O + NM \longrightarrow O_3 + NM$$

O_3가 자외선에 노출될 때, 오존은 그 자외선을 흡수하고 다음과 같은 이원자 산소와 단원자 산소로 분해된다.

$$O_3 + UV \longrightarrow O_2 + O$$

단원자 산소는 오존과 결합하여 2개의 이원자 산소를 만들어낸다.

$$O + O_3 \longrightarrow 2O_2$$

이 과정은 다시 처음으로 돌아가서 반복된다.

많은 문제는 프레온(CF_2Cl_2)과 다른 유사한 화학물질이 성층권으로 들어가면서 발생한다. 이러한 물질은 자외선에 의해 분해되어 염소(Cl)를 만들어내고 이 염소가 오존과 반응한다. 일어나는 반응은 다음과 같다.

$$CF_2Cl_2 + UV \longrightarrow CF_2Cl-^{*} + Cl-^{*}$$
$$Cl-^{*} + O_3 \longrightarrow {}^{*}-ClO + O_2$$
$${}^{*}-ClO + O \longrightarrow O_2 + Cl-^{*}$$

– *는 묶여 있지 않은 결합을 의미한다.

오존은 두 번째 과정에서 분해되면서 자외선 흡수 과정에서 제거된다. 게다가 두 번째 과정과 세 번째 과정을 거치면서 염소는 없어지지 않기 때문에 이 과정이 반복되면서 프레온 분자 1개는 매우 많은 오존 분자를 파괴시킬 수 있다.

성층권에서 오존 감소가 나타나는 지역을 '오존홀'이라고 말하며, 그 지역에서는 많은 고에너지의 자외선이 지표면에 도달한다. 프레온과 같은 염소를 포함한 화학물질에 대한 문제는 몬트리올 의정서에서 국제적인 합의를 이끌어냈다. 이 합의를 통해, 프레온과 유사한 물질의 사용이 전 세계 대부분에서 금지되었다. 그 결과 '오존홀'의 크기는 점점 작아지고 있다.

에너지를 잃게 된다. 그러므로 대기의 가장 아래쪽이 더 따뜻하고 높이 올라갈수록 온도가 내려간다. 평균적으로, 온도는 1 km 고도 상승당 6.5°C씩 감소한다. 이러한 고도에 따른 온도의 변화를 **기온감률**(observed lapse rate)이라고 한다. 기온감률은 상승하거나 하강하지 않는 공기에 대해서만 적용되며 고도에 따른 실제 변화는 이 평균값과 매우 다르다. 예를 들면, 매우 차가운 공기는 가라앉으려고 하기 때문에 지표면 근처의 온도는 그 위의 공기층의 온도보다 낮게 된다. 이렇게 고도에 따라 온도가 증가하는 층을 **역전층**(inversion)이라고 한다(그림 13.7). 역전층은 종종 한랭전선이 도달한 후의 고요한 겨울 낮에 발생한다. 역전층은 또한 고요하고(calm), 맑고(clear), 차가운(cool) 밤("C" night)에 지표면이 복사에너지를 우주로 쉽게 잃을 때 잘 발생한다. 어느 경우에나 차갑고 무거운 공기가 따뜻한 공기 아래에 위치한다. 역전층은 오염물질이 확산되는 것을 막기 때문에 대기 오염이 증가할 수 있다.

기온감률만큼 고도 증가에 따라 온도가 감소하는 것은 평균 고도 약 11 km까지 나타난다. 이 고도에서는 고도에 따른 온도 변화가 멈추기 시작한다. 지표면부터 온도 변화가 멈추기 시작하는 고도 11 km까지의 대기의 층을 **대류권**(troposphere)이라고 하며 이 대류권이라는 단어는 '돌아가는 층(turning layer)'을 뜻하는 그리스어에서 왔다. 대부분의 날씨 현상은 이 대류권 안에서 일어난다.

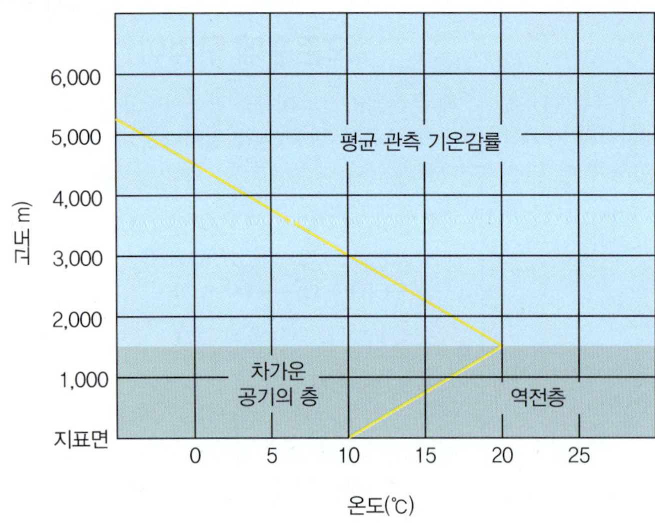

그림 13.7 평균적으로, 온도는 6.5℃/km로 감소하고, 이 값은 기온감률로 알려져 있다. 역전층은 고도가 증가함에 따라 온도도 같이 증가하는 층을 말한다.

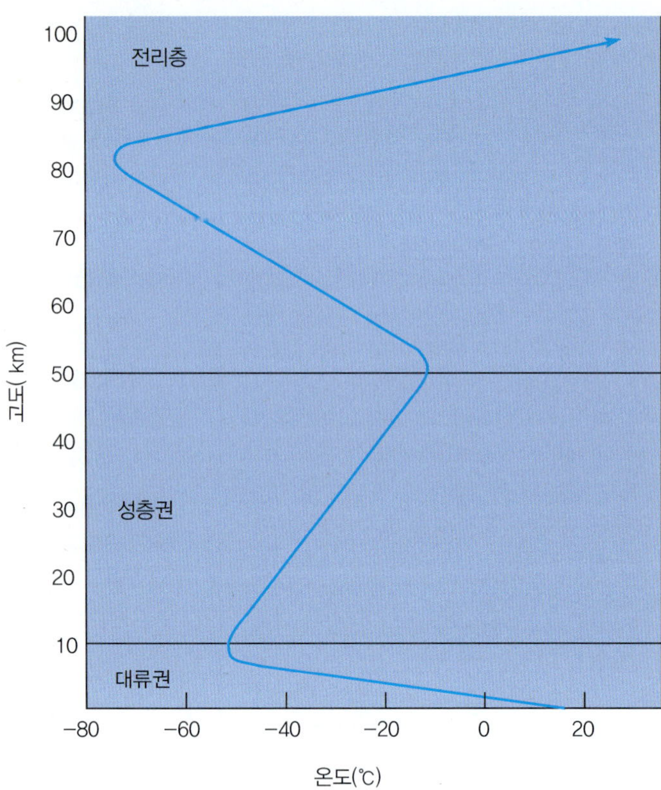

그림 13.8 온도 변화에 근거한 대기의 구조

대류권 위에는 성층권(stratosphere)이라 하는 대기의 두 번째 층이 있다. 이 층은 '계층화된 층(stratified layer)'을 뜻하는 그리스어에서 기원한다. 온도가 고도 증가에 따라 증가하기 때문에 계층화되어 있다고 할 수 있다. 성층권은 차갑고 무거운 공기가 아래쪽에 있고 상대적으로 따뜻하고 가벼운 공기가 위에 있기 때문에 대류가 발생하지 않는 안정한 층이다. 성층권은 습기와 먼지가 거의 없고, 안정하기 때문에 난기류가 발생하지 않아 항공기가 날기에 적합한 고도를 포함한다. 성층권에서는 약 48 km의 고도까지 고도 증가에 따라 온도가 점진적으로 증가한다(그림 13.8).

가장 바깥쪽의 대기층에서는 분자들이 확산하면서 진공의 우주로 합쳐진다. 이 층에서의 분자들은 충분한 운동에너지를 가지고 있어 쉽게 우주로 이동해서 탈출할 수 있다. 이러한 층에서는 자유 전자와 이온이 존재하기 때문에 전리층(ionosphere)이라고 한다. 전리층에서의 전자와 이온은 지구 근처에서의 라디오파의 반사와 오로라의 원인이 된다.

과학 스케치

일반적으로 구름이 발견되는 높이(6 km), 여객기가 날아가는 높이(12 km), 유인 열기구가 도달한 세계 최고 높이(21 km), 평균적인 기상 관측 높이(24 km), 우주선이 성공적으로 궤도에 도달할 수 있는 높이(160 km)를 그림 13.8(또는 종이)에 표시해보자.

13.2 바람

대류권은 햇빛을 흡수한 지구 표면부터 가열된다. 불균등한 지구 표면의 가열은 **대류**(convection)를 만들어낸다. 가열된 공기는 팽창하고 밀도가 감소하여 가벼워진다. 가벼워진 공기는 상승한다. 이것은 (1) 더 많이 가열된 지역 위의 공기의 상승 운동, (2) 상대적으로 차가운 지역 위의 공기의 하강 운동, (3) 차가운 지역과 따뜻한 지역 사이의 수평적 공기의 이동의 3가지 공기의 움직임을 유도한다. 여기서 수평적 공기의 이동을 일반적으로 **바람**(wind)이라고 하고, 바람의 방향인 풍향은 바람이 불어온 방향으로 정의한다.

대류권에서 공기는 상승하고, 바람이 되어 수평으로 움직이고, 가라앉는다. 이러한 3가지 공기의 움직임은 모두 서로 관련되어 있으며, 동시에 발생한다. 약한 바람이 부는 낮에 볼 수 있는 개별의 솜털 같은 구름은 공기가 상승하고 있는 지역에서 만들어진다. 구름 사이의 맑은 하늘은 공기가 하강하고 있는 지역에서 나타난다. 좀 더 작은 규모에서 보면, 맑고 햇빛이 내리쬐는 낮에 상대적으로 차가운 풀밭에서 아스팔트 주차장으로 공기가 이동한다. 비눗방울 또는 연기는 종종 이러한 국지적인 공기의 이동을 보여준다.

국지적 바람 형태

평균적인 상태를 고려할 때, 국지적 바람 형태에 대한 이해를 돕기 위한 일반화된 모형에는 중요한 2가지 요소가 있다. 2가지 요소는 (1) 공기 온도와 공기 밀도 사이의 관계, (2) 기압과 공기의 이동 사이의 관계이다.

일반화된 모형에서 공기의 상승 운동은 지표면에서 '들어 올리는' 효과를 만들어내고, 이는 낮은 기압을 야기한다. 공기의 하강 운동은 지표면에서 '쌓이는' 효과를 만들어내고, 이는 높은 기압을 야기한다. 지표면에서 공기는 높은 기압의 '쌓이는' 지역에서 낮은 기압의 '들어 올려지는' 지역으로 이동한다(그림 13.9). 다시 말하면, 공기는 높은 기압에서 낮은 기압으로 이동한다. 공기의 이동과 기압차는 어느 하나가 나머지의 원인이 아니며 동시에 일어난다. 이것은 아스팔트 주차장과 풀밭 같은 작은 규모에서 나타나는 공기의 이동에 있어서 매우 중요한

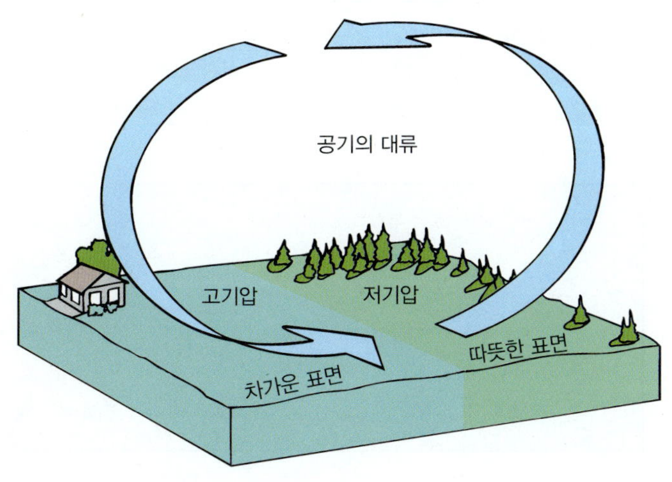

그림 13.9 대류 순환에서의 불균등 가열, 공기의 이동, 기압차에 관한 모형. 차가운 공기는 가볍고 따뜻한 공기를 위로 올리고, 지면 기압을 감소시킨다. 차가운 공기는 무거워져 가라앉고, 지면 기압을 증가시킨다.

관계이다. 이것은 또한 국지적 바람 형태와 더 나아가 전구적인 바람 형태에서도 나타난다.

다른 가열 또는 냉각 비율 때문에 지표면의 근접한 지역에서 다른 온도가 나타날 수 있다. 이러한 온도차는 육지와 물이 근접한 지역에서 더욱 크게 나타난다. 태양으로부터 에너지가 일정한 상황 하에서, 물에서 나타나는 온도의 변화는 근접한 육지에서의 온도 변화보다 훨씬 작다. 이러한 차이가 나타나는 데에는 다음과 같은 3가지 이유가 있다. (1) 물의 비열이 흙의 비열의 약 2배이다. 이것은 흙에 비해 물이 온도를 올리는 데에 더 많은 에너지가 필요하다는 것을 의미한다. 똑같은 양의 흙과 물이 햇빛에 노출되어 똑같은 양의 태양에너지를 흡수했을 때, 물을 0.5°C 데우는 동안 흙은 약 1°C 데워진다. (2) 물은 쉽게 섞이는 투명한 유체이기 때문에 물로 들어가는 태양에너지는 물 전체를 따뜻하게 만들고, 에너지는 물 안으로 쉽게 퍼진다. 반면에 육지에 들어온 태양에너지는 상대적으로 얇은 육지를 데우고, 에너지는 육지의 최상층에 집중된다. (3) 물은 증발에 의해 냉각될 수 있어 근접한 육지보다 물이 쉽게 낮은 온도를 유지할 수 있다.

국지적 바람 형태는 근접한 육지와 물 사이의 온도 차이로 발생한다. 여름에 해변가에서 오랜 시간을 보낸다면, 시원하고 신선한 약한 바람이 바다에서 육지로 불어오는 것을 느낄 수 있을 것이다. 낮 동안에는 육지의 온도가 물의 온도보다 급격하게 증가한다. 육지 위의 공기는 더 많이 가열되고 팽창하여 가볍게 된다. 상대적으로 차갑고 무거운 물 위의 공기가 육지 쪽으로 이동하고 그 다음으로 부력을 받아 다시 상승한다. 바다로부터 육지로의 공기의 흐름을 **해풍**(see breeze)이라고 한다. 여름의 하루 중 가장 더운 지역에서는 해안가에서 불기 시작한 해풍이 수십 km 정도의 깊은 육지까지 들어오기도 한다. 밤에는 육지가 물보다 빠르게 냉각되기 때문에 육지에서 바다로 바람이 분다(그림 13.10)

국지적 바람의 다른 형태는 산에서 나타난다. 여름에 산에 올라가면, 오후에 산비탈을 따라 불어 올라오는 바람을 경험해볼 수 있을 것이다. 이러한 바람의 형태는 산비탈의 공기가 계곡에 있는 공기보다 더 잘 가열되기 때문에 만들어진다. 그림 13.11에서 보여주는 것처럼,

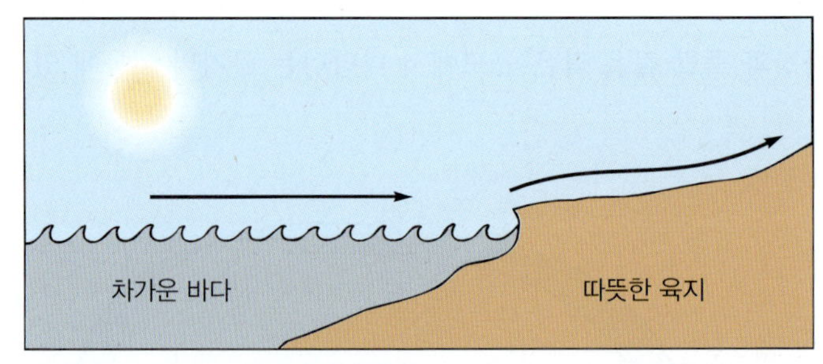

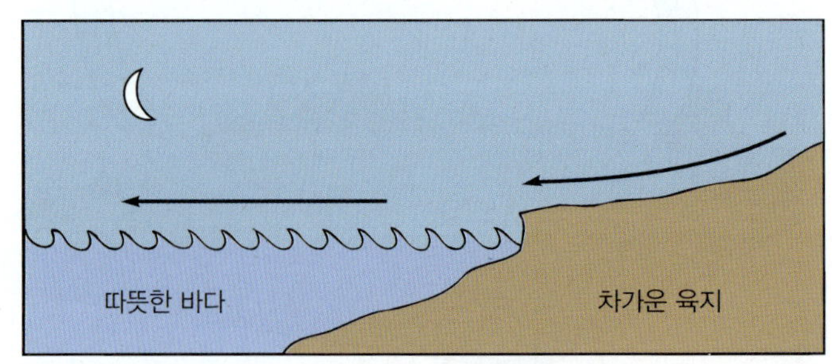

그림 13.10 육지는 물이 근처에 있는 지역보다 쉽게 가열되고 냉각된다. 낮에는 육지가 더 따뜻해서 육지 위의 공기는 팽창하고, 물에서 온 차갑고 무거운 공기에 의해 들어 올려진다. 밤에는 육지가 물보다 더 빨리 냉각되어, 낮과는 반대의 바람이 분다.

바람 냉각 지수

바람 냉각(wind chill)이라는 단어는 남극 탐험가 폴 사이플(Paul A. Siple)이 처음 사용하였다. 사이플과 찰스 파셀(Charles F. Passel)은 지상 10 m의 높이(일반적인 풍속계의 높이)에서 다양한 온도와 풍속 하에 물이 담긴 캔이 어는 데에 얼마나 시간이 걸리는지 실험을 수행하였다. 그들은 어는 데 걸리는 시간은 온도와 풍속과 관련되어 있다는 것을 발견했다. 그들의 자료로부터, 인간을 위한 **바람 냉각 지수**(wind chill factor) 계산식이 개발되었다.

2001년에, 국립기상국은 바람 냉각 온도를 새로운 방법으로 바꿨다. 새로운 바람 냉각 공식은 미국 정부, 캐나다 정부, 대학 과학자들의 1년에 걸친 공동 연구를 통해 개발되었다. 새로운 기준은 지표면 위 1.5 m의 평균 높이에서의 풍속에 근거하였다. 이 높이는 풍속계의 높이보다 인간의 얼굴 높이에 가깝다. 새로운 표는 동상의 위험에 대해서도 강조하였다.

바람 냉각 지수가 중요한 이유가 있다. 인간의 몸은 온도를 유지시키기 위해 지속적으로 열을 만들어내고 이 열 중 일부는 주변으로 방출한다. 바람이 불지 않을 때(그리고 우리가 움직이지 않을 때), 우리 몸의 열은 몸 바로 옆의 공기의 일부분을 따뜻하게 할 수 있다. 이러한 따뜻한 공기의 이불은 단열재 역할을 해서 차가운 공기로부터 우리의 피부를 보호해준다. 그러나 바람이 불면, 바람은 이 따뜻한 공기의 이불을 멀리 날려 보내고 우리는 더 춥게 느낄 것이다. 얼마나 추워지는지는 바람이 얼마나 세게 부는지와 바깥의 온도에 달려 있다. 이것이 바람 냉각 지수가 의미하는 것이다. 그러므로 바람 냉각은 인간에게 있어서 낮은 온도와 바람의 효과적인 결합을 잴 수 있다(상자 그림 13.1). 이것은 겨울철 편안함에 영향을 미치는 많은 요소 중 하나이다. 다른 요소들은 옷의 형태, 신체 운동의 정도, 햇빛의 양, 습도, 나이, 몸의 상태 등이다.

미국 국립기상국의 웹사이트(http://www.nws.noaa.gov/om/cold/wind_chill.shtml)에 바람 냉각 지수 계산식이 있다. 계산에 필요한 것은 온도(°F)와 풍속(mi/h)이며 계산식은 예전 공식과 새로운 공식 모두 사용하여 바람 냉각 지수를 계산해준다.

바람 (mph)	온도(°F)																	
	40	35	30	25	20	15	10	5	0	−5	−10	−15	−20	−25	−30	−35	−40	−45
5	36	31	25	19	13	7	1	−5	−11	−16	−22	−28	−34	−40	−46	−52	−57	−63
10	34	27	21	15	9	3	−4	−10	−16	−22	−28	−35	−41	−47	−53	−59	−66	−72
15	32	25	19	13	6	0	−7	−13	−19	−26	−32	−39	−45	−51	−58	−64	−71	−77
20	30	24	17	11	4	−2	−9	−15	−22	−29	−35	−42	−48	−55	−61	−68	−74	−81
25	29	23	16	9	3	−4	−11	−17	−24	−31	−37	−44	−51	−58	−64	−71	−78	−84
30	28	22	15	8	1	−5	−12	−19	−26	−33	−39	−46	−53	−60	−67	−73	−80	−87
35	28	21	14	7	0	−7	−14	−21	−27	−34	−41	−48	−55	−62	−69	−76	−82	−89
40	27	20	13	6	−1	−8	−15	−22	−29	−36	−43	−50	−57	−64	−71	−78	−84	−91
45	26	19	12	5	−2	−9	−16	−23	−30	−37	−44	−51	−58	−65	−72	−79	−86	−93
50	26	19	12	4	−3	−10	−17	−24	−31	−38	−45	−52	−60	−67	−74	−81	−88	−95
55	25	18	11	4	−3	−11	−18	−25	−32	−39	−46	−54	−61	−68	−75	−82	−89	−97
60	25	17	10	3	−4	−11	−19	−26	−33	−40	−48	−55	−62	−69	−76	−84	−91	−98

동상에 걸리는 시간 30분 10분 5분

상자 그림 13.1 바람 냉각 지수

산비탈에 있는 공기는 계곡에 있는 공기보다 직접적인 태양에너지를 받기 때문에 더 많이 따뜻해진다. 낮 동안 산 정상에 만들어진 구름을 제외하고는 종종 이러한 공기의 이동은 알기 어려울 정도로 매우 조용히 일어난다. 밤에는 산비탈이 복사에너지를 더 쉽게 잃어 산비탈의 공기가 더 많이 냉각된다. 공기가 냉각됨에 따라 공기는 무거워지고 내리막을 따라 계곡 쪽으로 이동하여 낮과는 반대의 바람 형태가 나타난다.

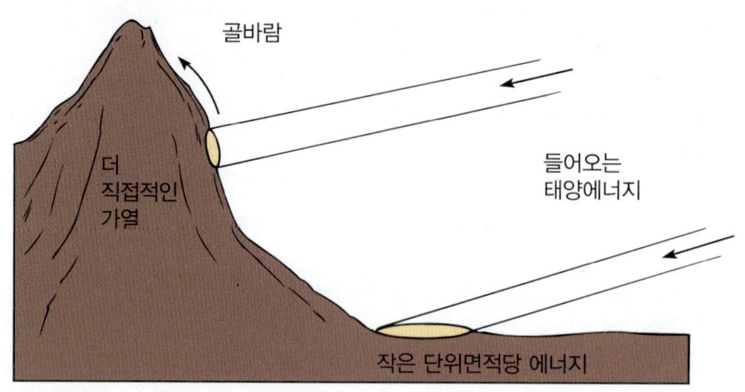

그림 13.11 들어오는 태양에너지가 산비탈에서는 거의 직접적으로 들어오기 때문에 불균등 가열이 발생한다. 이 그림에서 보듯이 계곡 바닥에는 같은 양의 햇빛이 더 넓은 면적에 퍼져서 들어온다. 이러한 불균등 가열은 낮 동안에 산 정상을 향하는 골바람을 만들어낸다. 밤에는 차갑고 무거워진 공기가 내리막을 따라 내려가면서 낮과는 반대의 바람이 분다.

전구적 바람 형태

국지적 바람은 동시에 불고 있는 전구적 바람이 잘 보이지 않도록 가리는 경향이 있다. 특정일, 특정주, 특정월에 관측한다면 전구적 바람 형태는 잘 나타나지 않는다. 전구적 바람 형태는 오랜 기간 동안 평균했을 때 잘 나타난다. 전구적 바람 형태로부터 지구는 위도에 따라 변하는 대규모의 대기 순환을 가지고 있다는 것을 알 수 있다. 위도에 따라 고기압이 나타나는 벨트, 저기압이 나타나는 벨트, 둘 사이의 바람 벨트가 나타난다. 이것은 일반화된 대기 순환의 형태를 만들어낸다.

국지적 바람 형태와 마찬가지로 온도의 불균형이 대기의 전구적인 순환을 야기한다. 적도 지역은 고위도 지역에 비해 태양으로부터 에너지를 직접적으로 받고 있다(그림 13.12). 결과적으로, 하층 대류권의 온도는 일반적으로 적도 지역에서 가장 높고, 북극과 남극 쪽으로 위도가 증가함에 따라 감소한다. 적도 주변의 남위 10°부터 북위 10° 사이의 대류권이 가열되면, 그 지역의 공기는 팽창하고 가벼워진다. 따뜻한 공기는 적도 근처의 벨트 안에서 상승하며, 이것은 **적도수렴대**(intertropical convergence zone)로 알려져 있다. 상승한 공기는 상승함

그림 13.12 연평균으로 고려할 때, 지구 적도 지역은 고위도 지역보다 더 많은 태양에너지를 받아 평균 온도가 적도 지역에서 높고, 양극으로 갈수록 온도가 낮아진다. 이 때문에 탁월풍, 고기압과 저기압 지역, 기후의 전 세계적인 형태가 나타난다.

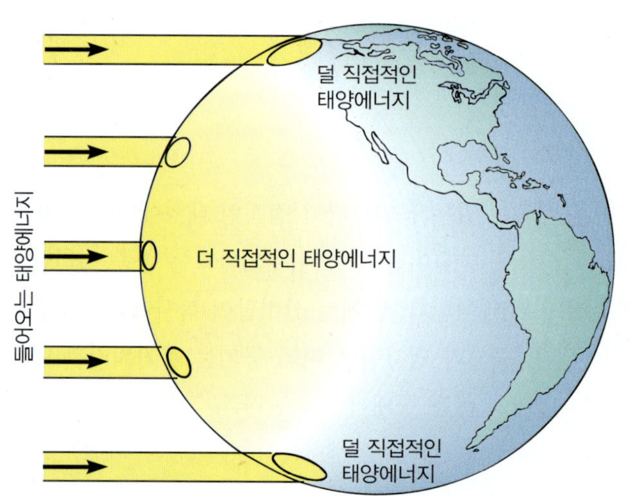

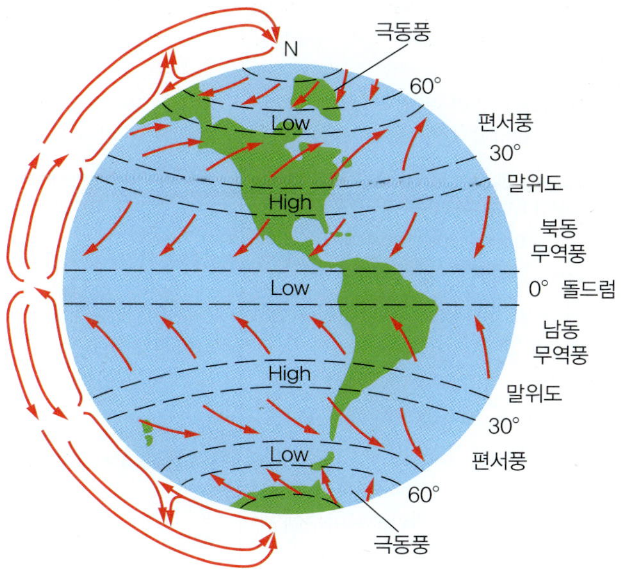

그림 13.13 실제 대기에서의 수평과 연직 순환의 단순화된 모형. 고기압과 저기압 지역을 표시하였다.

에 따라 팽창하기 때문에 냉각되고, 이것은 많은 강수량을 만들어낼 수 있다. 지구의 열대우림은 높은 온도와 많은 강수량의 적도수렴대 안에 위치한다. 상승한 공기는 대류권의 상층에 도달하고 그 이후에 북쪽과 남쪽으로 퍼져나가기 시작하며 다시 지표면으로 가라앉는다(그림 13.13). 하강하는 공기는 지표면에 도달하여 고기압 벨트를 형성하는데, 이 고기압 벨트는 북위 30°와 남위 30°에 위치한다. 이 고기압으로부터 나와 지표면을 따라 움직이는 공기는 북반구(남반구)에서 탁월한 북동(남동) 무역풍과 편서풍을 만들어낸다. 지구의 대표적인 사막들은 하강하는 공기가 있는 고기압 벨트에 위치한다.

고기압 벨트의 극 쪽에는 **제트류**(jet stream)라고 하는 대류권 꼭대기 근처의 굉장히 강한 바람의 벨트가 있다. 제트류는 북반구와 남반구 모두에서 160 km/h 이상의 풍속으로 서쪽에서 동쪽으로 전 지구를 도는 고리 형태의 바람이다. 제트류는 지구 전체를 둘러싼 하나의 고리 형태의 벨트로 발생하기도 하지만, 종종 둘 또는 그 이상으로 나뉘어지기도 한다. 제트류는 매우 긴 로프에서 만들어지는 것과 같이 북쪽과 남쪽의 파동을 만들어낸다. 이러한 파동은 다양한 크기를 가지며, 종종 같은 물결처럼 시작되어 천천히 성장하여 동쪽으로 이동하기도 한다. 제트류에서 만들어진 파동은 극 쪽으로 튀어나온 마루와 적도 쪽으로 튀어나온 골로 구성된다. 파동이 이동함에 따라 파동의 마루와 골 주변에서 따뜻한 공기와 차가운 공기가 같이 움직인다. 제트류에서 파동의 발달은 따뜻한 공기와 차가운 공기의 이동에 영향을 주는 요소들과 관련되어 있으며, 이는 지표면에서의 날씨 변화와도 밀접하게 관련되어 있다.

적도수렴대, 30° 근방의 고기압 벨트, 제트류는 계절에 따라 남북으로 움직여 적도에서 멀어지기도 하고 가까워지기도 한다. 제트류의 골은 탁월한 편서풍 벨트에서 차가운 공기와 따뜻한 공기의 이동에 영향을 주고, 이는 폭풍우와 같은 안 좋은 날씨를 만들어내는 데 원인이 된다. 1년 동안 평균적인 남북 방향 이동은 약 6° 정도의 위도 변화이며, 이는 특정 지역에서 기후를 조절할 수 있을 정도이다. 지구 대기 순환의 이러한 남북 이동은 빈번한 날씨 변화에서 물과 공기의 역할을 먼저 고려한 후에 기후적인 영향 요소로 고려될 수 있다.

과학과 사회

풍력 에너지의 사용?

수백만 개의 풍차가 1800년대 말부터 1940년대 말 사이에 미국에서 설치되었다. 이러한 풍차들은 물을 끌어올리고, 곡식을 빻고, 전기를 생산하기 위해 풍력 에너지를 사용하였다. 몇몇이 오늘날에도 남아 있기는 하지만, 값싼 전력 발전소가 일반적으로 사용되면서 풍차는 거의 없어졌다.

1970년대에, 풍력 에너지가 화석 연료의 대체로써 깨끗하고, 재사용이 가능한 에너지로 다시 주목받기 시작했다. 과거의 풍차들이 오늘날의 풍력 터빈으로 교체되었다. 바람에 의해 회전하는 날을 가진 풍력 터빈은 주로 탑 위에 설치된다. 날의 회전하는 운동이 전기를 생산하는 발전기를 가동시킨다. 위치는 연평균 바람이 최소한 19 km/h 이상 되어야 터빈을 위한 충분한 풍력 에너지를 제공할 수 있으며, 바람이 강하다는 것은 더 많은 에너지를 만들어낼 수 있다는 것을 의미한다. 이러한 지역에서 농장, 집, 회사는 일반적으로 50 kW 이하의 전기를 생산하는 작은 터빈을 사용한다. 500 kW 이상의 큰 터빈은 서로 연결된 풍력 터빈의 거대한 무리가 전력망과 연결된 '풍력 발전 단지'에 사용된다.

타넷(Thanet) 풍력 발전 단지는 현재 세계 최대의 해안가 풍력 발전 단지이다. 영국의 남동쪽 해안으로부터 11 km 안쪽에 100개의 116 m 크기의 터빈이 설치되어 있다. 최대용량으로 이 풍력 발전 단지는 300 MW의 전기를 생산할 수 있으면, 이 에너지는 약 90,000가구에 전기를 공급하기에 충분할 정도이다.

미국의 많은 지역은 풍력 사용의 높은 잠재력이 있다. 노스다코타주, 사우스다코타주, 그리고 텍사스주는 미국 전역에 전기를 제공할 수 있을 정도로 충분한 바람 자원이 있다. 오늘날, 캘리포니아주에만 집중적으로 풍력 발전 단지가 설치되어 있는데, 알타몬트 패스(샌프란시스코 동쪽), 테하차피(베이커스필드의 남동쪽), 샌고르고니오(팜스프링스 부근)의 세 지역에 13,000개 이상의 풍력 터빈이 설치되어 있다. 캘리포니아주의 풍력 발전 단지에서 생산 가능한 전기용량은 2,361 MW로, 이는 샌프란시스코 크기의 도시 전기 요구량보다 많은 전기량이다. 캘리포니아주의 풍력 발전 단지는 오염 없이 그리고 재사용이 가능한 에너지의 제한 없이 2개의 큰 석탄 발전소에서 생산하는 전기량과 비슷하다. 풍력 에너지는 경제적인 면과 환경적인 면에서 장점을 가지고 있어 미네소타주, 오리건주, 와이오밍주에서 새로운 풍력 발전 단지가 개발되고 있다. 캔자스주, 몬태나주, 네브래스카주, 오클라호마주, 아이오와주, 콜로라도주, 미시간주, 뉴욕주 등의 주는 강한 풍력의 가능성이 높은 주이다. 실제로, 이 주들은 모두 캘리포니아주보다 더 큰 풍력 에너지의 잠재력을 가지고 있다.

질문과 토론

풍력 에너지에 대한 다음의 질문을 토의해보자.

1. 왜 전기 공급 사업은 에너지 자원으로써 풍력을 많이 사용하지 않았는가?
2. 정부는 풍력을 사용하는 사람들에게 세금 우대를 제공해야 하는가?
3. 화석 연료를 사용하는 지역에 풍력을 사용하는 장점과 단점은 무엇인가?
4. 전 미주에 전기를 제공하기 위해 노스다코타주, 사우스다코타주, 텍사스주에 거대한 풍력 발전 단지를 건설하는 것에 대한 장점과 단점은 무엇인가?

13.3 물과 대기

물은 지구에서 다음과 같은 3가지 상태로 존재한다. (1) 온도가 0°C의 어는점 이상일 때 액체로, (2) 온도가 어는점보다 낮을 때 얼음, 눈, 또는 우박의 형태인 고체로, (3) **수증기**라고 하는 기체 상태의 보이지 않은 물 분자 형태로 존재한다.

지구에 있는 물의 98% 이상은 액체 상태로 존재하며, 대부분 바다에 있다. 대기에 있는 수증기는 그 양이 적으며 시간에 따라 양이 크게 변한다. 많은 양의 물이 비 또는 눈으로 떨어지기 때문에 전체적인 대기는 실제로 많은 수증기를 포함하지 않다. 대기에 있는 수증기량이 액체 형태로 응결된다면, 구름 안에 있는 수증기와 물방울은 단지 3 cm 두께의 지구를 둘러싼 층을 만들 수 있을 뿐이다. 그럼에도 불구하고, 이러한 수증기는 (1) 지구를 따뜻하게 만드는 온실효과에 기여하고, (2) 흙을 만들어내고 풍경을 조각하는 풍화와 침식의 주요한 요소로 작용하며, (3) 물 없이 살 수 없는 모든 생명체(세균, 원생동물, 해조류, 균류, 식물, 동물)의 삶을 유지하는 데에 중요한 역할을 한다. 계속 진행 중인 수증기의 순환은 이러한 가능한 모든 것들을 만들어낸다. 물 순환 과정과 관련된 에너지 교환을 이해하는 것은 지구의 날씨 형태를 이해하는 것과 밀접하게 관련되어 있다.

증발과 응결

물은 어떤 온도에서도 액체에서 기체로 또는 기체에서 액체로의 상변화가 일어날 수 있다. 즉, 이러한 상변화는 어떤 온도에서도 어떤 방향으로도 일어난다.

증발(evaporation)이 일어날 때, 액체 상태로 돌아오는 분자보다 액체 상태를 떠나 기체 상태가 되는 분자가 더 많다. 반대로 응결(condensation)이 일어날 때, 액체 상태를 떠나는 분자보다 기체 상태에서 액체 상태로 돌아오는 분자가 더 많다(그림 13.14). 만약 공기가 많이 건조하다면, 액체 상태를 떠나는(증발하는) 분자가 액체 상태로 돌아오는(응결되는) 분자보다 많을 것이다. 최종적으로 단위시간당 액체 상태를 떠나는 분자수와 액체 상태로 돌아오는 분자수가 똑같다면 평형이 이뤄진다. 증발과 응결 사이의 평형은 **포화된 공기**(saturated air)에서 일어난다. 포화된 공기에서 증발과 응결은 서로 균형을 이룬다.

공기는 (1) 일정한 온도 또는 (2) 증발과 응결이 균형을 이루고 있을 때 포화된 채로 유지된다. 온도는 수증기 분자의 운동에너지와 관련이 있기 때문에 온도는 포화된 공기의 평형 상태에도 영향을 미친다. 수증기 분자 사이의 인력은 분자들을 액체 상태로 끌어들이기 때문에 수증기 분자는 일반적으로 응결을 하려고 하는 경향이 있다. 낮은 온도는 낮은 운동에너지를 의미하기 때문에 낮은 온도 하에서 천천히 움직이는 수증기 분자는 다른 수증기 분자 또는 물 표면 가까이 많은 시간 존재한다. 이것은 분자 간 인력이 작용할 가능성이 높다는 것을 의미한다. 반면에 높은 온도는 높은 운동에너지를 의미하기 때문에 높은 운동에너지를 가진 분자는 쉽게 인력에 의해 끌려가지 않는다. 따라서 온도가 증가하면 물 분자는 액체 상태로 돌아가려고 하지 않는다. 만약 평형 상태에서 온도가 증가한다면, 포화 상태를 유지하기 위해 더 많은 수증기가 공기 중으로 추가되어야 한다. 그러므로 따뜻한 공기는 차가운 공기보다 더 많은 수증기를 함유할 수 있다. 전형적인 여름 낮의 따뜻한 공기는 겨울 저녁의 차가운 공기보다 5배 정도 많은 수증기를 함유할 수 있다.

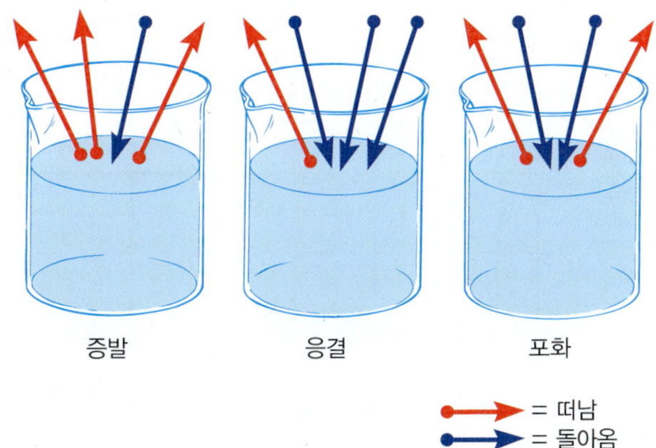

그림 13.14 증발과 응결은 항상 일어난다. 액체 상태를 떠나는 분자수가 액체로 돌아오는 분자수보다 많다면, 물은 증발한다. 액체 상태로 돌아오는 분자수가 액체를 떠나는 분자수보다 많다면, 물은 응결한다. 둘의 비율이 똑같다면, 공기는 포화되고, 이때의 상대습도는 100%이다.

습도

공기에 들어 있는 수증기량을 일반적으로 **습도**(humidity)라고 한다. 축축하고 습기가 많은 공기는 증발보다 응결이 잘 일어나며 이때의 공기를 높은 습도의 공기라고 한다. 반면에 건조한 공기는 응결보다 증발이 잘 일어나며 이때의 공기를 낮은 습도의 공기라고 한다. 특정 시간 동안 측정된 공기 중에 있는 수증기량을 **절대습도**(absolute humidity)라고 한다(그림 13.15). 예를 들어, 상온에서 습한 공기가 단위 m^3의 공기 안에 15 g의 수증기가 있다고 하자. 같은 온도에서 낮은 습도의 공기는 단위 m^3의 공기 안에 고작 2 g의 수증기만 있을 뿐이다. 절대습도의 최솟값은 0이며, 최댓값은 온도에 따라 결정된다. 공기 안에 있는 수증기의 온도는 공기의 온도와 같기 때문에, 최대 절대습도는 보통 공기의 온도에 따라 결정된다. 이것이 의미하는 것은 최대 절대습도는 수증기의 평균 운동에너지에 따라 결정된다는 것이다.

특정 온도에서 현재의 절대습도와 그 온도에서 나타날 수 있는 최대 절대습도 사이의 관계는 **상대습도**(relative humidity)로 나타내어진다. 상대습도는 (1) 공기 중의 수증기량과 (2) 주어진 온도에서 포화된 공기에 들어 있는 수증기량의 비이다. 그 관계식은 다음과 같다.

$$\text{상대습도} = \frac{\text{현재 온도에서의 절대습도}}{\text{현재 온도에서의 최대 절대습도}} \times 100\%$$

예를 들면, 10°C의 공기에서 수증기의 절대습도가 5.0 g/m^3라고 가정하자. 그림 13.15에 따르면, 온도가 10°C일 때, 공기가 가질 수 있는 최대 수증기량은 약 10 g/m^3이다. 이때의 상대습도는 다음과 같이 계산되어 50%가 된다.

$$\frac{5.0\ \text{g/m}^3}{10\ \text{g/m}^3} \times 100\% = 50\%$$

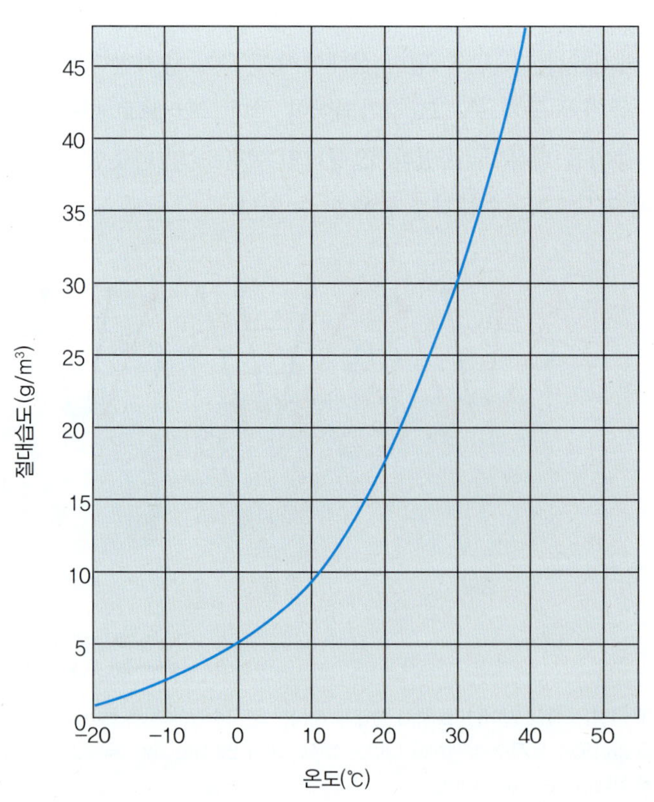

그림 13.15 온도에 따른 공기가 가질 수 있는 최대 수증기량. 특정 온도에서 공기 안에 있는 수증기량을 절대습도라고 한다.

예제 13.3 (선택)

겨울에 22.0°C의 방안에서 최대 절대습도는 20.0 g/m^{3}이고, 실제 절대습도는 4.00 g/m^{3}일 때, 상대습도는 얼마인지 계산하시오.

풀이

$$\text{절대습도} = 4.00\ \text{g/m}^3$$
$$\text{최대 절대습도} = 20.0\ \text{g/m}^3$$
$$\text{상대습도} = ?$$

$$\text{상대습도} = \frac{\text{현재 온도에서의 절대습도}}{\text{현재 온도에서의 최대 절대습도}} \times 100\%$$

$$= \frac{4.00\ \text{g/cm}^3}{20.0\ \text{g/cm}^3} \times 100\% = \left(\frac{4.00}{20.0}\right)\left(\frac{\cancel{\text{g/cm}^3}}{\cancel{\text{g/cm}^3}}\right) \times 100\%$$

$$= \boxed{20\%}$$

예제 13.4 (선택)

열대폭풍우가 오기 직전에 상대습도는 80%였다. 주어진 온도에서 최대 절대습도가 37.5 g/m^{3}라면, 절대습도는 얼마인가? (답: 30 g/m^3)

개념 적용

습도 요소

교실 안, 잔디 위, 포장된 주차장 위, 이 밖에 가본 적 있는 장소에서의 상대습도를 비교해보자. 무엇을 알 수 있는가?

절대습도가 10 g/m^{3}일 때, 공기가 가질 수 있는 수증기를 최대로 가지고 있다고 한다면 상대습도는 100%이다. 100%의 습도는 공기가 현재 온도에서 포화되어 있다는 의미이다.

상대습도를 이해하는 데 있어서 중요한 것은 온도에 따라 변하는 공기 중 수증기 함량이다. 차가운 공기는 많은 수증기를 가질 수 없지만, 공기를 가열하면 가질 수 있는 용량은 늘어날 것이다. 그 용량이 늘어남과 함께, 더 많은 수증기를 추가할 수 있기 때문에 상대습도는 낮아진다. 예를 들면, 공기를 가열하면 상대습도가 50%에서 3%로 낮아질 수 있다. 공기의 가열이 함유할 수 있는 수증기량을 늘리기 때문에 상대습도가 낮아진다. 이것은 난방 중인 겨울철 집 안을 습하게 만들 필요가 있다는 것을 의미한다. 증발은 습도가 낮을 때 매우 잘 일어난다. 증발이 일어날 때 높은 운동에너지의 분자들이 탈출하기 때문에 증발함에 따라 남아 있는 물의 평균 운동에너지는 작아진다. 이는 증발이 냉각시키는 과정임을 의미한다. 그러므로 건조한 공기는 온도가 높더라도 증발을 통해 추위를 느끼게 할 수도 있다. 반대로 공기에 수증기를 추가하는 것은 따뜻함을 느끼게 할 수 있다.

공기가 가질 수 있는 최대 수증기량과 온도 사이의 관계는 해가 진 후 저녁에 상대습도가 왜 증가하는지를 설명해준다. 해가 진 후 낮아진 온도로 공기가 가질 수 있는 최대 수증기량이 적어지기 때문에 공기 중에 같은 양의 수증기가 있다면 상대습도는 증가한다.

응결 과정

응결은 (1) 상대습도와 (2) 공기의 온도에 의존한다. 응결이 일어나는 동안 수증기 분자들은 서로 합쳐지고 지표면에서 이슬 또는 대기에서 안개와 구름을 만들어낸다. 물 분자는 또한 서로 합쳐지고 서리나 눈을 만들어내기도 한다. 그러나 응결이 일어나기 전에 공기는 포화되어야만 하고 이것은 상대습도가 100%가 되어야 한다는 것을 의미한다. 공기는 (1) 증발로 인한 수증기의 추가, (2) 냉각으로 인한 상대습도의 증가, (3) 냉각과 수증기 추가의 조합의 결과로 포화될 수 있다.

수증기가 응결되는 과정은 우리 주변에서 아주 쉽게 볼 수 있다. 예를 들면, 매우 추운 날 내쉬는 숨에 있는 풍부한 수분은 주변의 차가운 공기에 의해 작은 물방울로 응결되기 때문에 이것은 '우리가 숨을 쉬는 것을 볼 수 있게' 한다. 우리 입에서 나온 물방울의 작은 안개는 수분이 상대적으로 적은 주변으로 퍼지면 증발하면서 눈에 안 보이게 된다. 하늘의 비행기 뒤에 만들어지는 하얀 구름 같은 흔적도 또한 수증기 응결의 결과이다. 수증기는 연소로 발생하고 이 수증기가 차가운 상층 대기에서 응결되면서 작은 물방울의 흔적을 만들어낸다. 그 물방울의 흔적은 '응결 흔적(condensation trail)'을 줄인 **비행운**(contrail)이라고 한다. 또 다른 예로 차가운 음료수 병은 마치 '땀을 흘리는 것(sweat)'처럼 보인다. 이는 차가운 음료수 병 바깥면에 수증기 분자가 냉각되고 천천히 움직이면서 분자들이 서로 가까워지는 데 더 많은 시간이 걸리게 되고 분자들이 서로 당기면서 합쳐지고 음료수 병 바깥에 얇은 물의 층을 만들어내는 것이다. 이것은 자동차 또는 집에 있는 에어컨에 물방울이 맺히는 것과 같다.

공기가 계속해서 냉각되는 동안 가질 수 있는 최대 수증기량은 계속해서 적어진다. 수증기가 추가되지 않는다면, 온도는 최종적으로 포화되는 지점까지 내려가고 상대습도는 100%가 된다. 이때의 온도 아래로 계속 냉각된다면 수증기의 응결이 시작된다. 응결이 시작되는 온도를 **이슬점**(dew point temperature)이라고 한다. 이슬점이 0°C보다 높다면, 수증기는 응결되어 **이슬**(dew)이 되고, 응결이 되는 온도가 0°C보다 낮다면, **서리**(frost)가 만들어진다. 이슬과 서리는 특정 물체의 표면에서 만들어진다는 것을 명심해야 한다. 이슬과 서리는 공기에서 '떨어지는 것(fall out)'이 아니라 물체 주변에 직접 응결되는 것이다. 또한 이슬이 형성되는지 서리가 형성되는지는 응결이 일어나는 물체의 온도에 달려 있다는 것도 명심해야 할 것이다.

이슬과 서리가 만들어지는 장소와 시간에 대해 흥미롭게 생각해볼 만한 것들이 있다. 예를 들면, 이슬과 서리는 **맑고**(clear), **고요하고**(calm), **차가운**(cool) 3가지의 'C'의 밤에 만들어진다. 이슬과 서리는 또한 (1) 나무나 피난처보다는 탁 트인 장소에서, (2) 평평한 맨 땅보다는 풀 같은 물체 위에서, (3) 언덕의 비탈보다는 저지대에서 잘 만들어진다. 과연 이것은 무엇을 의미할까?

이슬과 서리는 맑은 밤과 탁 트인 장소에서 잘 만들어진다. 맑은 밤과 탁 트인 장소는 적외선을 통한 에너지의 손실에 가장 적합하기 때문이다. 적외선이 풀, 건물, 거리와 그 밖의 지역에서 방출됨에 따라 지표면 근처의 공기는 냉각될 수 있다. 구름은 담요와 같은 역할을 하여 지구 대기로부터 우주로 이러한 에너지가 쉽게 나가지 못하도록 막는다. 그래서 맑은 날에 더 에너지 손실이 잘 일어나고 잘 냉각된다. 좀 더 같은 규모에서, 나무도 구름과 같은 역할을 하기 때문에 에너지를 붙잡아 두고 냉각되는 효과를 지연시킨다. 그러므로 맑고 고요한 밤, 탁 트인 장소가 구름이 낀 밤 또는 나무 아래보다 지표면 근처에 더 차가운 공기를 가질 수 있다.

이슬과 서리가 평평한 맨 땅보다 풀 위에서 더 잘 형성되는 것도 적외에너지의 손실과 관련되어 있다. 풀은 평평한 맨 땅보다 더 넓은 표면적이 노출되어 있다. 더 넓은 표면적은 적외에너지 밖으로 나갈 수 있는 면적이 넓다는 것을 의미한다. 그래서 풀잎이 평평한 맨 땅보다 더 쉽게 냉각된다. 비열과 같은 다른 요소들도 관련되어 있기는 하지만, 전체적으로 이슬과 서리는 평평한 맨 땅보다는 풀 또는 저지대의 관목에서 잘 만들어지는 경향이 있다.

이슬과 서리는 차가운 공기와 따뜻한 공기의 밀도 차이 때문에 언덕의 비탈이 시작되기 전인 저지대에서 잘 만들어진다. 차가운 공기는 따뜻한 공기보다 무겁기 때문에 중력에 의해 언덕 아래로 내려가고 저지대에 모인다. 맑고 고요하고 추운 저녁에 언덕을 지나 계곡으로 차를 타고 가다 보면 저지대의 온도가 다르다는 것을 알 수 있을 것이다. 차가운 공기가 계곡으로 모이는 것 때문에 과수원이 계곡 바닥보다는 언덕의 비탈에 종종 위치한다.

지표면 근처의 공기는 지표면이 에너지를 잃기 때문에 먼저 차가워진다. 바람은 지표면 근처의 차가운 공기와 그 위의 따뜻한 공기를 섞어 주기 때문에 바람이 불지 않는 고요한 밤에 이슬과 서리가 잘 만들어진다. 과수원 근처를 지나간다면, 거대한 선풍기가 과수원 전체에 걸쳐 위치하고 있는 것을 볼 수 있을 것이다. 이러한 선풍기는 'C'의 밤에 서리가 만들어질 때 과수원 안의 차가운 공기를 위에 있는 따뜻한 공기와 섞어 서리가 없어지도록 만들기 위해 사용된다(그림 13.16).

온도가 이슬점에 도달했을 때 이슬 또는 서리의 표면에서 응결이 일어난다. 그러면 공기 중에서는 언제 응결이 일어날까? 공기 중의 수증기 분자는 서로 끊임없이 부딪히고 있지만, 공기가 포화되었을 때조차 물방울이 되기 위해 쉽게 합쳐지지 않는다. 실제로 수증기가 합

그림 13.16 이와 같은 선풍기는 밤에 서리를 만들어내는 과수원의 차가운 공기와 좀 더 따뜻한 위쪽의 공기를 섞어 준다. ©Bill W. Tillery

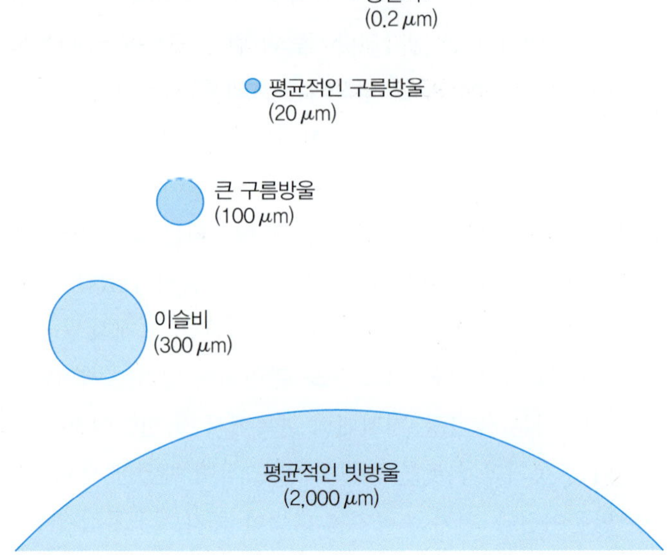

그림 13.17 응결핵과 다른 응결 방울들의 크기를 비교한 그림. 1 μm는 1/1,000 mm이다.

쳐져서 응결하기 위해서는 추가로 무엇인가가 필요하다. 안개와 구름방울 안의 수증기의 응결은 공기 안에 존재하는 아주 작은 입자들 위에서 일어난다. 이러한 작은 입자들은 **응결핵**(condensation nuclei)이라고 한다. 응결핵으로 작용될 수 있는 아주 많은 작은 먼지, 연기, 숯, 염정 등이 공기에 떠다닌다. 작은 염정은 물 분자를 잘 끌어들이기 때문에 염정은 특별히 효과적인 응결핵이다. 소금 통 안의 소금이 습한 날 쉽게 촉촉해지는 것을 볼 수 있을 것이다. 공기 안에 있는 작은 염정은 같은 방법으로 수증기를 끌어들여 물방울로 성장하게 만드는 응결핵의 역할을 한다.

물 분자가 응결핵 위에서 응결되기 시작한 후에, 다른 물 분자들도 그 물방울에 붙기 시작하며 물방울은 점점 커진다. 구름을 이루는 물방울은 응결핵보다 약 1,500배 정도 더 크고 이러한 물방울은 단시간에 성장할 수 있다. 하지만 크기가 커짐에 따라 성장 과정은 느려지고 더 큰 물방울이 돼서 떨어지기까지 수 시간 또는 수일이 걸린다. 인간의 머리카락이 평균적으로 약 100 μm의 직경인 것을 고려하여 그림 13.17에서 보여주는 응결핵, 구름방울, 빗방울의 크기를 가늠해보자. 인간의 머리카락은 큰 구름방울과 크기가 비슷하다. 고작 한두 시간 전에 구름으로 형성된 물방울이 갑자기 빗방울로 성장하여 비가 되어 내리는 것을 종종 볼 수 있다. 이것은 강수를 형성하는 데 있어서 직접적인 응결로 인한 성장 과정 외에 다른 과정이 더 있다는 것을 의미한다. 이 과정은 강수를 설명할 때 다루도록 하겠다.

안개와 구름

안개와 구름은 둘 다 공기 안에서 응결된 작은 물방울이 축적된 것이다. 물방울은 작기 때문에 공기의 상승 기류가 약하더라도 그 물방울이 떨어지지 못하도록 한다. 만약 작은 물방울이 떨어진다면, 보통 증발해버린다. 안개는 종종 지표 근처에서 형성된 구름이라고 한다. 안개는 구름과 마찬가지로 수증기와 응결핵을 포함한 공기가 이슬점까지 냉각될 때 만들어진다. 안개의 몇몇 형태는 이슬과 서리가 형성되기 위한 조건인 맑고 고요하고 추운 'C'의 밤

A

B

그림 13.18 (A) 맑고 고요한 밤에 차갑고 습한 땅 근처에서 만들어진 안개의 모습. (B) 습한 공기가 따뜻한 표면 위를 지날 때 안개가 만들어진다.
(a): ©Ingram Publishing RF; (b): ©Getty Images/Prakash Braggs/EyeEm RF

일 때 상대습도가 높아지면서 만들어진다. 가끔 이러한 형태의 안개는 차가운 공기가 축적되는 계곡 또는 저지대에서 만들어진다(그림 13.18). 이 안개는 바다에서 멀리 떨어진 내륙에 만들어지는 것이 전형적이다. 또 다른 형태의 안개는 바다 위의 습한 공기 안에서 만들어지고 육지로 이동한다. 해안가를 따라 만들어진 안개는 보통 바다 위에서 형성되고 바람에 의해 육지로 이동한다. 세 번째 형태의 안개는 길 위의 녹은 눈, 또는 물 위에서부터 차가운 공기로 들어가는 증기 형태의 안개이다. 이것은 많은 양의 수증기가 차가운 공기로 들어가면서 형성되는 안개의 예시이다. 이 안개는 증기처럼 보이지만 실제로 뜨겁지 않고 다른 안개처럼 차갑다.

가끔 뉴스 기사에서 태양이 안개를 '태운다(burning off)'는 말을 들어본 적이 있을 것이다. 물론 안개는 물방울로 만들어졌기 때문에 탈 수 없다. 그 뉴스 기사가 진짜로 의미하는 것은 태양으로부터 오는 에너지가 온도를 올려서 공기가 최대로 함유할 수 있는 수증기량이 증가하고 상대습도가 낮아지면서 안개가 증발하고 소멸되는 것이다.

안개처럼 구름도 공기 안에서 응결되는 물방울로 구성되어 있다. 영국의 기상 관측자인 루크 하워드(Luke Howard)는 1803년에 처음으로 구름 분류 체계도를 만들었다. 그는 구름의 기본적인 형태를 고려하여 **권운**(cirrus), **적운**(cumulus), **층운**(stratus)이라는 라틴어를 사용했다(그림 13.19). 구름은 보통 이러한 기본적인 형태로 다 발생하지는 않지만, 많은 경우 이 형태들의 조합으로 구름의 형태를 만들 수 있다. 후에 하워드의 구름 분류는 수정, 보완되어 구름의 형태와 고도에 따라 10개의 종류로 확장되었다. 구름은 다가오는 날씨에 대한 기본적인 정보를 준다. 다른 구름 형태와 대기 상태의 관계와 구름이 다가오는 날씨에 대해 어떠한 의미를 가지고 있는지는 강수를 설명할 때 자세히 다루도록 하겠다.

구름은 상공에 있는 공기 덩어리가 이슬점 온도보다 낮을 때 냉각되면서 만들어진다. 일반적으로 공기 덩어리는 상승 기류에 의해 대기 중 높은 고도로 올라가면서 냉각된다. 상승기류가 만들어지는 데에는 다음과 같은 주요한 3가지 원인이 있다. (1) 불균등 가열에 대한 대류(convection), (2) 공기 덩어리의 이동에 **장벽**(barrier)으로 작용하는 산맥, (3) 차갑고 무거

그림 13.19 (A) 적운. (B) 층운과 층적운. 3개의 작은 섬 위에 대류로 인해 작은 층적운이 형성되어 있다. (C) 권운과 권층운 아래에 있는 드문드문 만들어진 적운의 모습. (D) 고적운. (E) 적란운 밑에서 비가 오는 모습. 모두: (F) 층적운. 모두: ©Bill W. Tillery

운 공기가 따뜻하고 가벼운 공기를 만나는 것과 같은 다른 밀도를 가진 **움직이는 공기 덩어리(moving air masses)**의 만남이 주요 원인이다.

공기를 상승시키는 3가지 주요한 원인은 종종 구름을 만들어내지만, 항상 구름이 만들어지는 것은 아니다. 구름이 만들어지는지 여부는 만들어지는 시기의 대기 상태에 달렸다. 공기 덩어리가 상승하게 되면 팽창하면서 냉각된다. 유사하게, 압축되는 공기는 가열된다. 그러므로 상승하는 공기는 냉각되고 하강하는 공기는 가열된다.

공기 덩어리가 상승하는지 여부는 공기 덩어리와 주변 공기 사이의 밀도 차이와 관련이 있다. 공기의 밀도는 온도에 의해 결정되기 때문에 공기의 온도는 밀도가 어떠한지 알려준다. 기상 관측용 풍선에 부착된 기구를 이용하여 고도에 따른 온도의 변화를 측정할 수 있다. 공기 팽창에 의한 냉각 정도와 이 고도에 따른 온도 변화를 비교하여 대기안정도의 상태를 알 수 있다. 대기안정도의 상태에는 많은 종류가 있지만, 다음은 그 중 건조 공기만을 고려하여 단순화시킨 몇몇 가능한 대기안정도의 상태이다.

강제로 올려진 공기가 주변 공기보다 차갑다면 대기는 **안정(stability)** 상태에 있다. 공기가 더 차갑다는 것은 주변보다 더 무겁다는 뜻이다. 안정한 대기에서 공기를 높은 곳으로 올려놓는다면 그 공기는 내려가서 원래의 높이로 돌아갈 것이다. 대기가 안정할 때 올려진 공기 덩어리는 항상 원래 위치로 돌아가려고 한다. 안정된 대기에 만들어진 구름은 수평으로 펼쳐진 층운형의 구름이 된다.

강제로 올려진 공기가 주변 공기보다 따뜻하다면 대기는 **불안정(instability)** 상태에 있다. 공기가 더 따뜻하다는 것은 주변보다 더 가볍다는 뜻이다. 공기는 높은 고도로 올려진 후에 강제적인 힘을 제거하더라도 계속해서 올라가려고 할 것이다. 불안정한 대기에서 만들어진 구름은 보통 적운형의 구름이 되고, 상승하고 있는 공기 덩어리는 열저기압이라고 한다.

여기까지, 건조 공기만을 고려하였다. 공기가 상승하고 팽창하기 때문에 냉각된다면, 점점 이슬점에 가까워지고 포화 상태가 되려고 한다. 상승하는 공기 안의 수증기 중 일부는 물방울 위에서 응결하고, 응결되면서 잠열을 방출한다. 이러한 잠열 방출 때문에 상승하는 공기 덩어리의 냉각 정도가 감소한다. 잠열 방출은 공기 덩어리를 가열하고 밀도를 감소시켜 상승을 가속시킨다. 이것은 응결과 수직으로 발달된 적운형 구름의 형성을 돕고, 종종 비가 내리기도 한다.

강수

상공에서 지구 표면으로 되돌아오는 물은 액체 형태든 고체 형태든 **강수(precipitation)**라고 한다(그림 13.20). 이슬과 서리는 하늘에서 떨어지는 것이 아니라 지표면에서 직접 형성되기 때문에 강수로 분류되지 않는다. 강수는 (1) 구름방울의 **병합(coalescence)** 또는 (2) **빙정의 성장(growth of ice crystals)** 2가지 과정 중 하나로 인해 구름 안에서 만들어진다. 구름 안에서의 공기의 이동은 구름방울이 모두 같은 방향으로 이동하게끔 하므로 구름방울이 다른 구름방울과 부딪히고 합쳐지기 어려워 보인다. 하지만 다양한 크기의 응결핵이 있어 응결핵 위에 만들어진 구름방울도 다양한 크기를 가진다. 큰 구름방울은 작은 구름방울보다 빠르게 떨어지기 때문에 떨어지면서 작은 구름방울과 충돌하고 그 작은 구름방울이 큰 구름방울에 병합

그림 13.20 강수는 지구 표면으로 다시 돌아오는 액체 또는 고체 형태의 물이다. 여기서 볼 수 있는 강수는 물이며, 각각의 빗방울은 구름을 구성하고 있는 수없이 많은 작은 구름방울로부터 만들어진다. 그 작은 구름방울은 빙정의 성장에 의해 더 큰 물방울로 합쳐지고 떨어지면서 녹아 강수가 된다. ©anuchit kamsongmueang/Getty Images RF

된다. 구름으로부터 성장하여 빗방울이 되어 떨어지기까지 큰 구름방울은 백만 개의 작은 구름방울과 충돌하고 합쳐지기도 한다. 이러한 강수 형성을 위한 **병합과정**(coalescence process)은 열대 지방의 바다 위에서 만들어진 따듯한 적운형 구름 안에서 잘 일어난다. 이러한 구름은 커다란 소금 응결핵을 포함하고 있어 구름이 만들어진 후 약 20분 안에 비를 만들어내기도 한다.

바다에서 멀리 떨어진 중위도의 구름도 또한 강수를 만들어낼 수 있지만 이러한 구름 안에서 강수는 두 번째 방법에 의해 만들어진다. 강수 형성을 위한 **빙정과정**(ice-crystal process)은 구름이 높은 곳에 있어서 온도가 어는점 이하일 정도로 충분히 차가운 경우에 중요하다. 물 분자는 액체 형태의 빙정 안에서 더 강하게 서로 묶여 있다. 그러므로 빙정이 물방울을 더 많이 잡을 수 있고, 주변에 있는 액체 물방울이 증발하는 동안 빙정은 점점 성장한다. 빙정이 점점 커지면서 지표면 쪽으로 떨어지기 시작하고 다른 빙정 또는 물방울과 병합하여 더욱 더 성장하여 비가 되어 떨어진다. 여름에는 따뜻한 공기를 통과하면서 녹아 비가 되어 내린다. 반면에 겨울에는 차가운 공기를 통과하기 때문에 눈 형태로 지표면에 떨어진다.

작은 물방울은 쉽게 얼지 않는다. 많은 물방울이 온도가 −40°C 아래로 내려갈 때까지 얼지 않은 경우도 있다. 온도가 어는점 이하일 때 여전히 액체 상태로 물이 존재하는 것을 **과냉각**(supercooled)이라고 한다. 종종 상층 대기에 나타나는 −40~0°C 사이의 온도에서는 물방울의 과냉각된 구름이 일반적이다. 이러한 온도에서 액체 물방울은 얼기 위해서 **빙정핵**(ice-forming nuclei)을 필요로 한다. 일반적으로, 땅에서부터 온 먼지가 강수 형성을 위한 빙정과정이 시작되도록 하는 빙정핵의 역할을 한다. 인공 강수는 (1) 과냉각된 구름 꼭대기에 드라이아이스 조각을 떨어뜨리는 방법과 (2) 과냉각 구름 안에 빙정핵의 '씨(seed)'를 뿌리는 방법을 통해 만들어진다. 요오드화은으로 만든 결정이 −4.0°C의 높은 온도에서도 빙정을 만들 수 있을 정도로 효과적인 빙정핵이다. 미국 서부의 산에서 요오드화은을 사용한 구름 씨뿌리기(cloud seeding)는 15% 더 많은 눈을 발생시킨다고 한다.

일반적으로 구름의 기본적인 형태는 지금 내리고 있는 강수뿐만 아니라 앞으로 내릴 강수의 형태와도 관련이 있다. 적운형 구름은 보통 짧은 시간 동안 유지되는 소나기나 뇌우를 만들어낸다. 긴 시간 동안의 이슬비, 눈은 보통 층운형 구름에서 나타난다. 권운은 어떠한 종류의 강수도 만들어내지 못하지만, 앞으로 올 날씨는 설명해줄 수 있다.

13.4 날씨를 만드는 요소

일반적인 대기 순환의 이상적인 모형은 적도 지역으로부터 기원하는 따뜻한 공기의 극 쪽으로의 이동으로 시작된다. 적도 근처의 10°S와 10°N 시이의 지역에는 평균적으로 지구의 다른 지역에 비해 가장 많은 태양에너지가 들어온다. 이 지역의 공기는 더 많이 가열되고 팽창되고 가벼워진다. 가벼워진 공기는 20 km의 높이까지 대류에 의해 상승할 수 있다. 공기가 상승함에 따라 에너지를 방출하고 −73°C보다 낮은 온도로 냉각된다. 차갑고 건조한 공기는 양극을 향해 북쪽과 남쪽으로 퍼지고(그림 13.13 참고), 약 30°S와 30°N에서 지표면을 향해 가라앉는다. 하강하는 공기는 압축에 의해 가열되고 지표면에 도달할 때까지 가열되고 건조해진다. 가라앉는 공기의 일부는 지표면을 따라 다시 적도 쪽으로 이동하고, 이것은 하나의 커다란 대류 순환을 이룬다. 이러한 거대한 순환은 적도에 저기압 벨트를, 30°S와 30°N 근방의 아열대 지역에 고기압 벨트를 가지고 있다. 가라앉는 공기의 나머지 부분은 지표면을 따라 극 쪽으로 이동하고 북반구와 남반구의 위도 60° 근처에 편서풍 벨트를 만들어낸다.

압력과 바람의 전체적인 형태는 계절에 따라 북쪽과 남쪽으로 이동하여 각 지역에서 나타나는 날씨의 형태에서 계절적인 변화를 만들어낸다. 이러한 날씨의 변화는 다음의 3가지 날씨를 만드는 요소들과 관련되어 있다. 이는 (1) 만들어진 장소에서의 온도와 습도의 특성을 가진 **기단**(air mass)이라고 하는 거대한 공기 덩어리의 이동, (2) 기단이 움직이면서 만들어지는 **전선**(front), (3) 기단, 전선과 관련되어 있는 지역적 **고기압**, **저기압**의 형태이다. 이러한 3가지 요소는 일기도에서 잘 나타나고 있으며, 이것이 이번 절의 주제이다.

기단

기단(air mass)은 거의 같은 온도와 습도를 가진 거대하고 균일한 공기 덩어리로 정의된다. 기단은 수백만 km^{2}의 면적을 덮고 있는 큰 공기 덩어리가 오랜 시간 동안 육지 또는 바다 위에서 유지될 때 만들어진다. 기단이 제자리에서 머무는 동안, 전도, 대류, 복사 과정의 열전달과 증발 및 응결 과정의 습기 전달을 통해 육지 또는 바다의 온도와 습도의 성질을 얻는다. 예를 들면, 특정 시간 동안 차갑고, 건조하고, 눈으로 뒤덮인 시베리아 지역에서 머무르는 커다란 공기 덩어리는 차갑고 건조한 성질을 갖는다. 반면에 따뜻하고 습한 적도 바다 위에서 머무르는 커다란 공기 덩어리는 따뜻하고 습한 성질을 갖는다. 기단은 발원지를 벗어나 먼 거리를 이동할 때 갖고 있는 온도와 습도의 성질을 유지하려는 경향이 있기 때문에 기단의 성질에 대해 아는 것은 중요하다. 시베리아에서 만들어진 기단은 차갑고 건조한 공기를 가져오고, 열대 해양에서 만들어진 기단은 따뜻하고 습한 공기를 가져온다.

기단은 기단이 발생한 지역의 온도와 습도에 따라 분류된다. 온도에 따라 차가운 지역에서 만들어진 **한대 기단**(polar air mass)과 따뜻한 지역에서 만들어진 **열대 기단**(tropical air mass)의 2가지 기단이 있다. 습도에 따라서도 바다 위에서 만들어진 습한 **해양성 기단**(maritime air mass)과 육지 위에서 만들어진 건조한 **대륙성 기단**(continental air mass)의 2가지 기단이 있다. 그러므로 날씨에 영향을 미칠 수 있는 기단은 다음의 (1) 대륙성 한대 기단, (2) 해양성 한

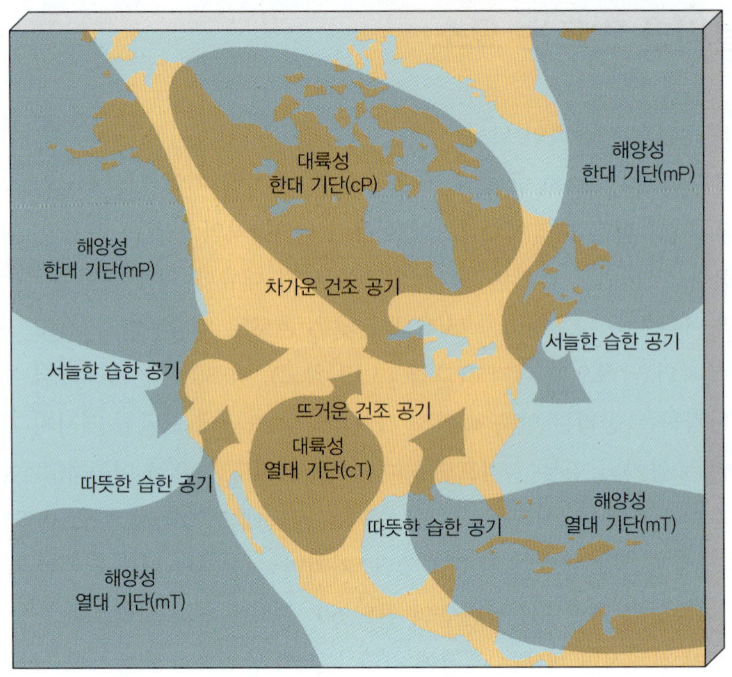

그림 13.21 북미에서 날씨에 영향을 미치고 있는 기단들. 다양한 기단의 중요성은 계절마다 다르다. 예를 들면, 겨울에는 대륙성 열대 기단이 사라지고 대륙성 한대 기단이 큰 영향을 미친다.

대 기단, (3) 대륙성 열대 기단, (4) 해양성 열대 기단의 4가지 형태가 있다. 그림 13.21은 미국에서 이러한 기단들이 움직이는 방향을 보여준다.

기단이 발원지를 떠난 후에 발원지에서의 온도와 습도의 성질을 유지한 채 하루에 최대 800 km의 속도로 이동할 수 있다(그림 13.22). 그러나 기단이 새로운 지역에서 느려지고 움직임이 지체된다면, 기단은 아마 새로운 온도와 습도의 성질을 얻게 될 수도 있다. 특정 지역이 기단의 영향 아래에 들게 되었을 때, 그 지역은 **기단 날씨**(air mass weather)의 기간에 들어갔다고 할 수 있다. 이것은 날씨가 일반적으로 매일매일 매우 느리게 점진적인 변화를 보이면서 거의 비슷한 날씨로 유지된다는 것을 의미한다. 기단 날씨는 새로운 기단이 오거나 또는 기단이 새로운 지역의 온도와 습도 성질을 얻을 때까지 지속된다. 이 과정은 수일 또는 수 주일 동안 계속되며, 이 기간 동안 날씨 상태는 기단의 상태와 새로운 지역의 날씨에 따라 결정된다.

전선

다른 온도를 가진 기단 사이의 경계를 **전선**(front)이라고 한다. 전선은 실제로 약 5~30 km 너비의 두 기단이 접한 지역이며, 기단은 좁은 지역에서 서로 섞이지 않는다. 따뜻하고 가벼운 기단이 아래로 파고드는 차갑고 무거운 기단에 의해 올려지기 때문에 이러한 두 기단 사이의 밀도 차이는 공기가 섞이지 않도록 막는다. 일기도에서 차가운 기단이 움직이는 방향으로 전선을 나타내는 선이 튀어나온 것을 볼 수 있다(그림 13.23). 차가운 기단은 땅을 가로질러 움직이는 거대하고 평평한 공기 덩어리 같아 보인다(그림 13.24). 일기도에서의 선은 이러한 거대하고 평평한 공기 덩어리의 가장자리가 지구 표면에 닿아 있는 장소를 나타낸다.

한랭전선(cold front)은 차가운 공기가 따뜻한 공기 쪽으로 이동하며 따뜻한 공기를 밀어내

그림 13.22 이 인공위성 사진은 미국 남부 지역으로 한대 기단이 남동진하여 이동하는 모습을 보여준다. 멕시코만과 대서양의 따뜻한 물 위에 구름이 형성되고 있고, 이는 온도 차이에 의한 대기안정도의 상태를 보여준다. 출처: Rob Gutro/NASA Images

면서 만들어진다. 한랭전선은 보통 기울기가 가파르기 때문에 차가운 공기가 따뜻한 공기 쪽으로 이동할 때 따뜻한 공기를 빠르게 위로 올라가게 만든다. 따뜻한 공기가 습하다면, 공기는 빠르게 이슬점까지 냉각되고 이는 전선을 따라 커다랗고 수직으로 발달된 적운형 구름과 뇌우를 만들어낸다(그림 13.25). 전진하고 있는 한랭전선에서 만들어진 뇌우가 전선을 따라 일기도 상에서의 선에서 만들어지는 것을 볼 수 있을 것이다. 이러한 뇌우는 강하기는 하지만 급격한 온도 하강과 함께 빠르게 지나간다. 한랭전선이 지나가는 길에는 또한 급격한 풍향의 변화와 기압의 상승이 일어난다. 한랭전선이 도달하기 전에 따뜻하고 가벼운 공기가 차갑고 무거운 공기에 의해 들어 올려지고 있을 때, 바람은 보통 전선을 향해 불고 있다. 전선에서 최저기압은 따뜻한 공기가 들어 올려지는 것과 관련이 있다. 전선이 지나간 후에, 추워지고 무거워진 공기는 가라앉는다. 그래서 기압은 증가하고 바람은 차가운 기단의 이동과 함

그림 13.23 일기도는 2개의 고기압과 2개의 저기압을 보여준다.

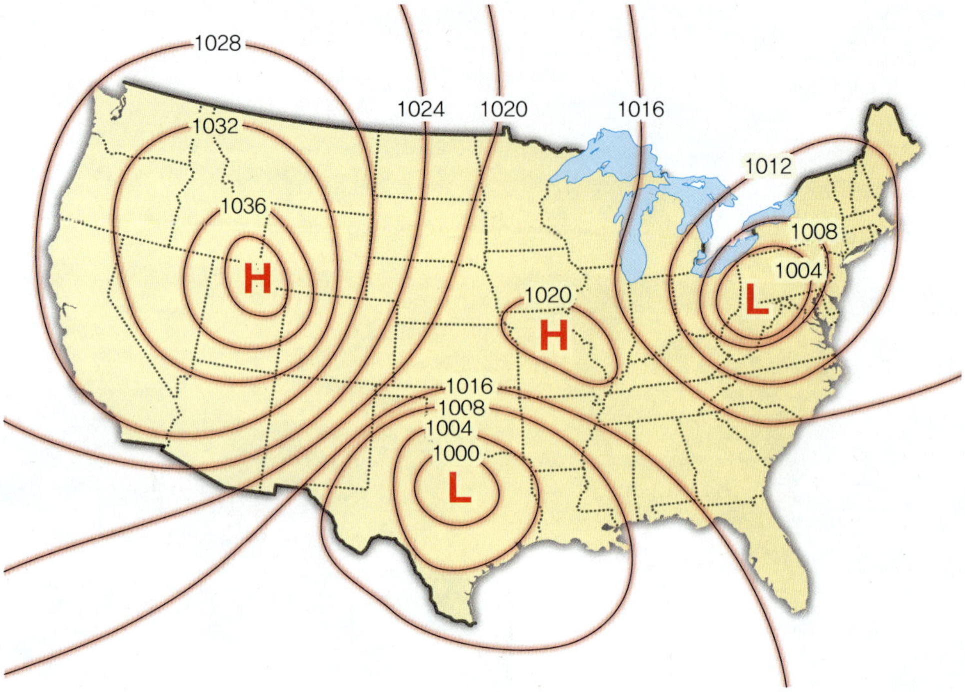

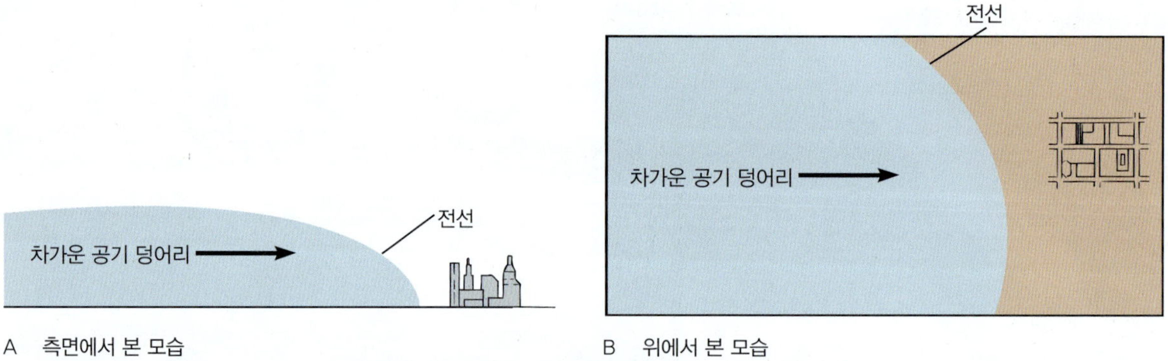

A 측면에서 본 모습

B 위에서 본 모습

그림 13.24 (A) 차가운 기단은 육지를 가로질러 이동하는 차가운 공기의 거대하고 평평한 덩어리와 유사하다. 전선은 두 기단 사이의 경계이다. (B) 전선은 일기도에서 선으로 표시되고, 이것은 지상에서의 전선의 위치를 나타낸다.

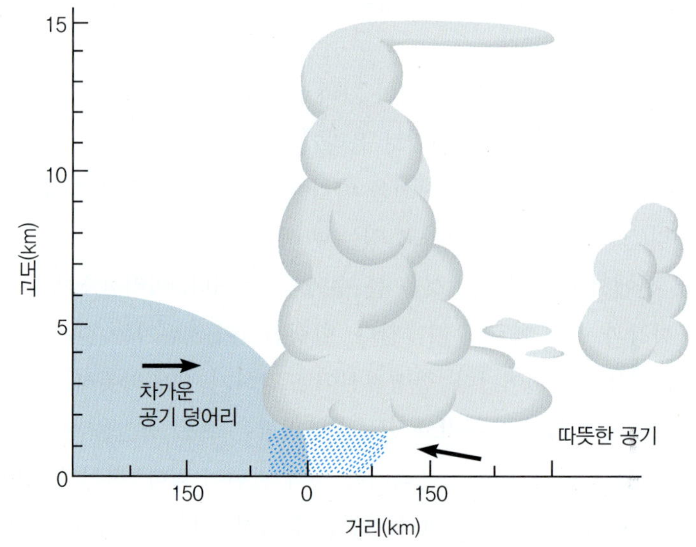

그림 13.25 한랭전선에서 불안정한 차가운 기단이 불안정한 따뜻한 기단을 밀어 올리면서 만들어지는 구름의 형태를 보여준다. 안정한 공기는 적운보다는 층운을 더 많이 만든다.

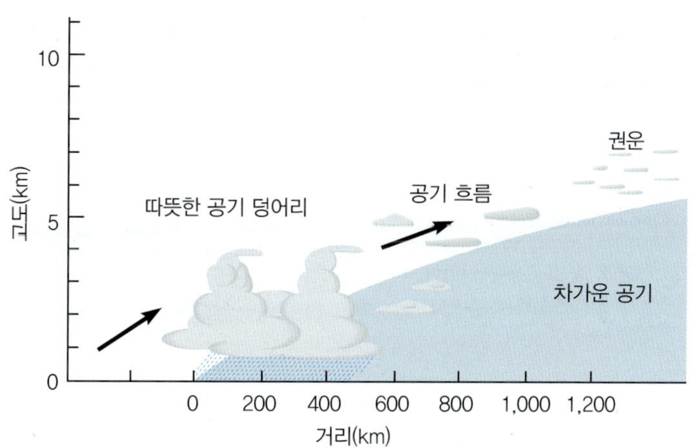

그림 13.26 온난전선에서는 따뜻한 공기가 차가운 공기 위를 올라타면서 전선을 밀고 있다. 올라탄 따뜻한 공기는 다가오는 전선을 멀리서부터 미리 예측가능하게 하는 연속된 구름을 만들어낸다.

께 방향이 바뀐다.

온난전선(warm front)은 따뜻한 기단이 차가운 기단 위로 다가갈 때 발생한다. 차가운 공기 쪽으로 다가가고 있는 따뜻한 공기는 가볍기 때문에 차가운 공기 위로 올라타고 길고 완만한 기울기의 전선이 만들어진다. 이 때문에 올라탄 따뜻한 공기는 지표면에 닿은 전선으로부터 멀리까지 구름을 만들어낸다(그림 13.26). 전선에서 멀리 떨어진 곳에서는 권운이 생기고, 전선 쪽으로 가까워지면 두껍고 낮은 층운형 구름이 형성된다. 보통 이러한 구름은 층운과 관련하여 이슬비와 안개, 약한 비가 넓게 펴져서 발생한다. 이러한 약한 비(겨울에는 눈)는 온난전선이 지나갈 때까지 수일 동안 지속되기도 한다.

가끔 차가운 기단과 따뜻한 기단의 이동에 영향을 미치는 힘이 서로 균형을 이루는 경우가 있는데, 이때 전선은 움직이지 않고 멈춘다. 이 경우 차가운 공기의 흐름은 전선의 북쪽 면을 따라 움직이고, 따뜻한 공기의 흐름은 전선의 남쪽 면을 따라 움직이며 움직이는 방향은 서로 반대로 나타난다(그림 13.27A). 전선이 움직이지 않기 때문에 이것은 **정체전선**(stationary front)이라고 한다. 정체전선이라는 단어는 움직이지 않기 때문에 온화하고 포근한 날씨를 가져오는 것처럼 들릴지도 모른다. 하지만 실제로 정체전선은 주요한 대기 폭풍우를 가져올 수 있는 불안정한 상황을 보인다. 이러한 폭풍우에 대한 것은 '파동과 사이클론'을 다루는 다음 소절에서 자세히 보기로 하자.

파동과 사이클론

천천히 움직이는 한랭전선과 정체전선은 반대 방향으로 움직이고 있는 차가운 공기와 따뜻한 공기의 경계에 불룩 튀어나온 **파동**(wave)을 만들어낸다(그림 13.27B). 파동은 움직이는 공기가 방향을 바꿀 때 성장하며, 이 과정에서 오른쪽 면에서 북쪽으로 움직이는 온난전선과 왼쪽 면에서 남쪽으로 움직이는 한랭전선이 만들어진다. 빠르게 움직이는 차가운 공기가 느리게 움직이는 따뜻한 공기를 따라잡을 때, 차가운 공기는 따뜻한 공기 아래로 들어가면서 따뜻한 공기를 들어 올린다. 이러한 들어 올리는 작용은 두 전선이 함께 있는 곳에 저기압을 만들어낸다(그림 13.27C). 들어 올려진 공기는 팽창하여 냉각되고 이슬점에 도달하면서 구름이 형성되고 비가 오기 시작한다. 파동이 처음 나타나고 며칠 후에, 한랭전선은 온난

그림 13.27 이 그림에서 보여주듯이 저기압 중심 또는 사이클론 폭풍우는 정체전선을 따라 발달한다. (A) 북쪽의 차가운 공기와 남쪽의 따뜻한 공기로 만들어진 정체전선. (B) 파동이 발달하면서 오른쪽에 북쪽으로 이동하는 온난전선과 왼쪽에 남쪽으로 이동하는 한랭전선을 만들어낸다. (C) 한랭전선이 온난전선을 들어 올리면서 저기압 중심을 만들어낸다. (D) 온난전선이 완전히 들어 올려지면서 폐색전선이 형성된다. (E) 사이클론 폭풍우가 저기압 중심에 완전히 발달한다.

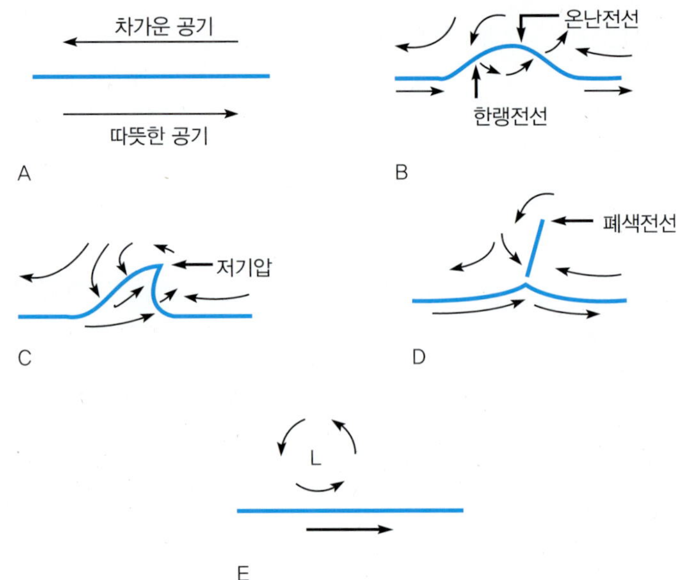

전선을 완전히 덮치고 폐색이 일어난다(그림 13.27D). **폐색전선**(occluded front)은 땅을 벗어나 대기로 완전히 들어 올려진 현상이다. 파동으로부터 전선이 만들어지는 과정에서 저기압으로 발달하는 **사이클론성 폭풍우**(cyclonic storm)가 만들어진다(그림 13.27E). 저기압의 사이클론성 폭풍우는 일반적으로 동쪽으로 움직이며 험악한 날씨를 발생시킨다. 사이클론성 폭풍우는 전선의 전형적인 경로를 따라 움직이기 때문에, 폭풍우가 다음에 어디로 움직일지 예측이 가능하다.

사이클론(cyclone)은 바람이 수렴하고 상승하는 저기압의 중심으로 정의된다. 공기가 저기압 중심으로 움직일 때, 전향력과 지표면과의 마찰력 때문에 움직이는 공기의 방향이 바뀐다. 북반구에서 이것은 저기압 주변에서 바람의 반시계 방향 회전을 만들어낸다(그림 13.28). 사이클론의 저기압 중심과 관련된 상승기류는 공기를 냉각시키고, 구름과 비를 만든다.

공기는 고기압 중심에서 가라앉는다. 이는 바깥으로 불어나가는 바람을 만들어낸다. 북반구에서 전향력과 마찰력은 바람이 오른쪽으로 휘게 만들고, 결과적으로 고기압 주변에 바람의 시계 방향 회전을 만든다(그림 13.28). 고기압 중심은 **안티사이클론**(anticyclone) 또는 단순히 **고기압**이라고 한다. 고기압 지역에서 공기는 가라앉기 때문에, 공기는 가열되고 상대습도

그림 13.28 공기는 고기압 중심에서 가라앉고 북반구에서 시계 방향으로 지표면에서 퍼져나간다. 지표면 위의 공기는 북반구에서 반시계 방향으로 저기압 중심으로 이동한다.

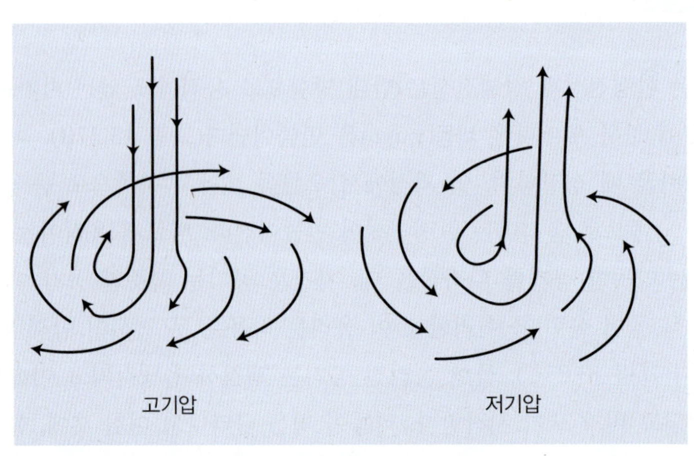

는 낮아진다. 그러므로 맑은 날씨가 보통 고기압과 관련되어 있다. 기압의 관측을 통해, 기압의 하강을 주의 깊게 살펴본다면, 사이클론과 관련된 험악한 날씨가 다가오는 것을 알 수 있다. 또한 기압의 상승을 지켜본다면, 고기압과 맑은 날씨가 다가오는 것을 알 수 있다. 일기도를 참고하는 것은 이러한 일을 좀 더 쉽게 만든다.

주요 폭풍우

전선은 새로운 기단과 원래 있던 기단 사이의 온도, 습도, 안정도, 그 밖의 대기 상태의 급격한 변화를 가져오기 때문에 날씨의 급격한 변화는 전선이 지나가면서 발생한다. 몇몇 전선이 동반하는 그러한 변화는 전선이 강하지 않을 때 다소 약할 수도 있다. 하지만 몇몇 특별한 전선은 **폭풍우**(storm)라고 하는 급격하고 격렬한 날씨 변화를 동반하기도 한다. 가장 급격하고 격렬한 날씨 변화는 (1) 뇌우, (2) 토네이도, (3) 태풍의 3가지 주요한 폭풍우와 함께 발생한다.

뇌우

뇌우(thunderstorm)는 비와 천둥, 번개, 돌풍, 강한 바람, 우박 등을 동반한 아주 강한 폭풍우이다. 뇌우는 보통 따뜻하고 매우 습하며 불안정한 대기에서 발달한다. 이러한 대기는 공기 덩어리를 들어 올리고 상승기류가 발생할 수 있는 뇌우 발생을 위한 단계를 제공한다. 다음의 적운을 만들 수 있는 3가지 원인이 이와 관련되어 있다. 3가지 원인은 (1) 불균등 가열에 의한 상승, (2) 산을 따라 상승, (3) 폐색전선 또는 한랭전선을 따라 상승이다. 불균등 가열과 관련된 뇌우는 보통 태양이 대류 열저기압을 만들기 위해 충분히 가열을 한 따뜻하고 습한 오후에 만들어진다. 북반구에서 이러한 대류성 뇌우의 대부분은 7월에 나타난다. 반면에 전선과 관련된 뇌우는 계절과 시간에 상관없이 전선이 따뜻하고 습하고 불안정한 대기를 지나갈 때 발생한다.

전선성 뇌우는 보통 뇌우를 만들어낸 전선과 같이 움직인다. 산 또는 불균등 가열을 통한 평평한 육지에서 만들어진 뇌우는 만들어진 곳에서 수 마일을 이동할 수 있고, 가끔씩 육지 위를 특별한 방향성 없이 떠돌아다니기도 한다. 이러한 뇌우는 하나의 커다란 비구름이 아니라 한 시간보다 짧은 시간 동안 발생 단계, 성숙 단계, 소멸 단계가 다 나타나는 여러 개의 비구름으로 구성되어 있다. 그러나 뇌우가 소멸되기 전에 새로운 뇌우가 다시 만들어지는 경우 뇌우가 한 시간 이상 지속되기도 한다. 각각의 뇌우 단계는 직경이 2~8 km 정도이며, 뇌우의 생애 동안 (1) 적운, (2) 성숙, (3) 최종의 3단계를 거친다(그림 13.29).

뇌우에 의한 피해는 보통 번개, 강풍, 우박이 원인이다. 그림 13.29에서 보는 것처럼, 뇌우의 첫 번째 단계는 불안정한 대기에서 대류, 산, 또는 차가운 공기에 의해 따뜻한 공기가 들어 올려지면서 시작한다. 들어 올려진 공기는 팽창하고 이슬점까지 냉각되어 적운이 만들어진다. 응결 과정에 의해 방출된 잠열이 상승하는 공기의 이동을 가속화시키는데, 이를 **상승기류**(updraft)라고 하며, 적운이 성장하여 수직으로 발달한다. 곧 위로 움직이는 포화된 공기는 어는점에 다다르고 빙정과 눈송이가 만들어지기 시작한다. 빙정과 눈이 너무 커져서 상승기류가 더 이상 들어 올리지 못하면 지표면을 향해 떨어지기 시작하고 따뜻한 공기를 통과하

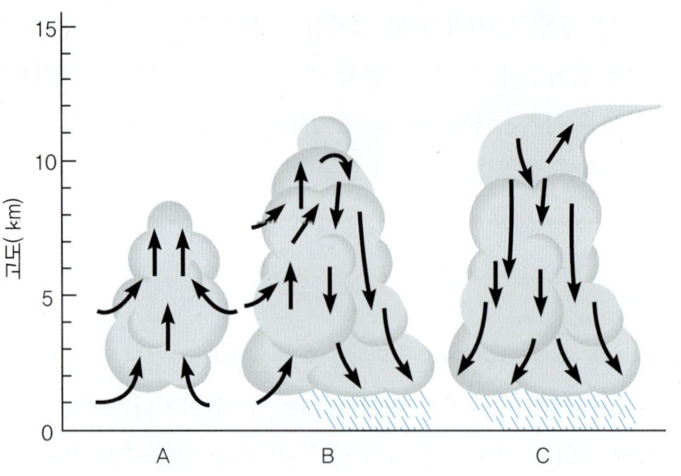

그림 13.29 뇌우의 생애에 대한 3단계. (A) 적운 단계는 따뜻하고 습한 공기가 불안정한 대기에서 들어 올려지면서 시작된다. 이 단계에서는 모든 공기가 상승한다. (B) 성숙 단계는 강수가 지표면에 도달하면서 시작된다. 이 단계는 상승기류와 하강기류가 같이 존재하며, 이는 격렬한 난류를 만들어낸다. (C) 최종 단계는 모든 상승기류가 사라지면서 오로지 하강기류만 존재할 때 시작된다. 이는 수증기의 공급이 없어지고 뇌우가 소멸되면서 강수가 줄어든다. 모루 형태의 꼭대기가 이 단계의 특징이다.

면 녹아서 비가 된다. 비가 지표면에 도달했을 때, 이것은 성숙 단계의 시작을 의미한다. 빗방울이 공기를 통과할 때, 떨어지는 빗방울과 차가운 공기 사이의 마찰력은 비가 내리는 지역에 하강기류를 만들어낸다. 차가운 공기는 90 km/h의 속도로 지표면을 향해 가속되고 지표면에 닿았을 때 땅 위에서 옆으로 퍼진다. 바람에 의해 공기가 들어 올려지고 있는 지역에서 옆으로 퍼진 차가운 공기에 의해 뇌우의 가장자리에 작은 한랭전선이 만들어진다. 작은 한랭전선은 뇌우 안에 있는 다른 따뜻하고 습한 공기 덩어리를 들어 올리는 역할을 하고, 이로 인해 새로운 비구름의 발달을 유도한다. 뇌우의 생애에서 이 단계가 가장 강해서 많은 비와 강풍, 우박이 나타난다. 하강기류가 강해져서 구름 전체에서 나타나게 되면, 상승기류로부터의 새로운 습기의 공급이 차단되어 뇌우는 최종 단계인 소멸 단계로 들어가게 된다. 적운 단계부터 최종 단계까지의 전체 단계는 뇌우가 지표면을 이동하면서 약 한 시간 정도 유지된다. 강한 상승기류의 성숙 단계 동안, 뇌우의 꼭대기는 대류권 꼭대기까지 다다르기도 하며 이때 만들어진 높은 고도에서의 권운은 강한 바람에 의해 옆으로 퍼지면서 모루 형태를 띠게 된다.

상승기류, 하강기류, 떨어지는 강수는 번개구름 안에서 축적된 엄청난 양의 전하를 분리시킨다. 큰 물방울은 음의 전하를 운반하려는 경향이 있으며, 상대적으로 작은 구름방울은 양의 전하를 띠게 된다. 구름방울이 상승기류로 올라가기 때문에 뇌우의 상층부는 양전하의 축적이 일어나고, 구름의 중간 부분에서는 떨어지는 빗방울에 의한 음전하가 축적된다. 이러한 전하들의 축적에 의해 충전된 전압은 절연체로써의 공기의 허용치를 넘어서게 되고 **번개**(lightning)라 하는 거대한 전기의 방전이 일어난다(그림 13.30). 번개 방전은 구름으로부터 땅으로, 땅으로부터 구름으로, 같은 구름 내에서, 다른 구름 사이에서 발생한다. 방전은 순식간에 일어나고 하나의 커다란 방전보다는 수많은 스트로크(stroke)로 이뤄진다. 번개는 지나가는 경로에서 굉장히 높은 온도를 만들어낸다. 그 경로를 지나는 공기는 빠르게 가열되고 갑작스럽게 폭발적으로 팽창하면서 **천둥**(thunder)이라 하는 큰 소리가 난다. 1개의 번개 줄기가 하나의 커다란 균열음을 만든다. 멀리 떨어져서 분리된 번개로부터의 소리는 거리에 따라 분리되면서 이렇게 멀리 떨어진 번개들은 '우르르 쾅' 같은 소리를 만들어낸다. 멀리 떨어져서 만들어진 천둥 소리의 메아리 때문에 '우르르' 소리가 추가되어 들린다. 번개는 뇌우가 있는 동안 탁 트여 있거나 물 근처, 또는 하나의 독립된 나무 아래에 있는 사람에게 내리칠 위험이 크다. 뇌우가 있는 동안 가장 안전한 장소는 금속으로 만들어진 차 안이나 건물 안이다.

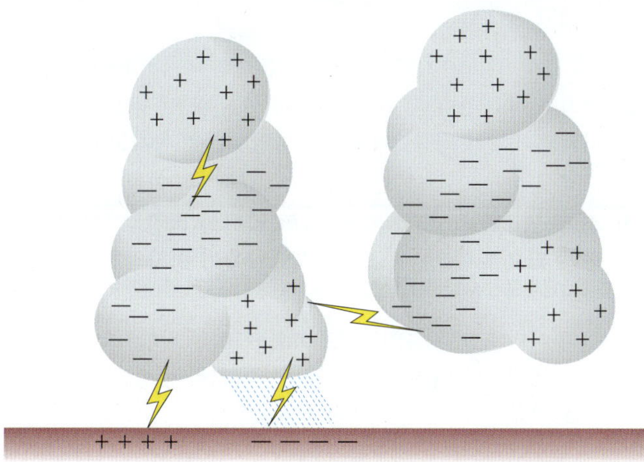

그림 13.30 뇌우 구름의 여러 부분이 전하를 띠게 된다. 번개는 축적된 전하가 방전되는 거대한 전기 불꽃이다.

그림 13.31 뇌우에서 떨어진 이 우박은 아이오와주에서 자동차, 구조물, 작물 등에 피해를 줬다. ©Luis Diaz Devesa/Moment/Getty Images RF

상승기류는 강수가 얼어서 얼어 있는 형태인 **우박**(hail)을 만들어내기도 한다. 우박은 작물, 자동차, 그 밖의 물건들을 파괴할 수 있다. 한 알의 우박은 불규칙적, 구 형태, 또는 평평한 형태의 얼음으로 BB탄 크기부터 소프트볼 크기까지 나타난다(그림 13.31). 그러나 한 알의 우박은 대부분 직경이 2 cm보다 작다. 좀 더 커다란 우박은 깨끗하고, 불투명하고, 회색빛의 여러 층상 구조를 갖는다. 이러한 층상 구조는 우박이 상승하고 떨어지는 과정에서 성장하면서 뇌우 안에서 다양한 환경에서 만들어졌다는 것을 의미한다. 깨끗한 층상 구조는 과냉각된 물방울의 두꺼운 층에서 우박이 이동했다는 것을 의미하는데, 이는 우박이 빠르게 성장하지만 잠열 방출에 의해 천천히 얼기 때문이다. 회색빛의 층상 구조는 눈 결정이 축적되거나 또는 과냉각된 물방울이 많지 않은 구름 안을 이동하면서 우박이 만들어진 경우에 만들어진다. 앞의 어떤 경우든, 급격한 결빙은 공기 방울이 함께 갇히기 때문에 불투명한 층상 구조가 만들어진다. 우박을 동반한 뇌우는 미국의 콜로라도주, 캔자스주, 네브래스카주의 5월에 가장 많이 나타난다.

토네이도

토네이도(tornado)는 지구에서 일어나는 작지만 가장 격렬한 날씨 현상 중 하나이다(그림 13.32). 토네이도는 뇌우와 함께 발생하며 뇌우로부터 아래쪽으로 떨어지는 길고 좁은 깔때기 또는 밧줄 같이 생겼다. 토네이도는 직경이 보통 100~400 m 정도 밖에 되지 않는 빠르게 회전하는 공기 기둥이기 때문에 밧줄 같아 보인다. 평균적으로 토네이도는 6~8 km의 거리를 보통 땅 위에서 이동하지만, 가끔 공기로 올라갔다가 다시 내려오는 경우도 있다. 땅 위에서 움직이는 속도는 평균적으로 약 50 km/h 정도 된다. 회전하는 공기 기둥의 속도는 약 480 km/h의 속도까지 나타난 적이 있지만, 대부분의 토네이도는 180 km/h 이하의 바람을 가지고 있다. 토네이도의 파괴력은 강력한 바람과 깔때기의 중심에서 나타나는 갑작스런 기압의 감소, 발사체처럼 공기를 통해 던져진 잔해 때문에 나타난다. 지나가고 있는 토네이도에 의해 잔해들이 충돌하면서 나는 균열음과 '쉬익' 하는 소리, 천둥 같은 소리를 포함하여 매우 큰 소리가 난다.

관련 내용

토네이도 피해

토네이도는 풍속과 피해에 근거하여 등급이 정해진다. 다음은 등급별 대략적인 풍속을 나타낸다.

0: 약한 피해, 120 km/h 이하의 바람. 나뭇가지가 부러지고, 작은 나무가 흔들리고 간판이 피해를 입음.

1: 보통 피해, 121~180 km/h 사이의 바람. 지붕이 피해를 입고, 이동식 집이나 자동차가 밀림.

2: 우려가 되는 피해, 181~250 km/h 사이의 바람. 지붕이 벗겨지고 이동식 집이 무너지고 자동차가 뒤집어지고, 커다란 나무가 뿌리 채 뽑히고, 가로등이 날아다님.

3: 극심한 피해, 251~330 km/h 사이의 바람. 지붕과 벽이 무너지고 기차가 뒤집어지며 대부분의 나무가 뽑히고 차가 날아감.

4. 피멸적인 피해, 331~418 km/h 사이의 바람. 집이 평평하게 되고 차가 멀리 날아가고 물체들이 미사일처럼 날아다님.

5: 믿기 어려운 피해, 419~512 km/h 사이의 바람. 집이 완전히 파괴되고 쓸려 날아가고 자동차 크기의 물체는 90 m 이상 날아감.

그림 13.32 토네이도는 작지만 지구에서 발생하는 현상 중 가장 격렬한 폭풍우이다. 4등급의 토네이도가 캔자스주의 살리나에서 촬영되었다. ©Thomas Augustine RF

평균적으로, 수백 개의 토네이도가 매년 미국에서 보고된다. 토네이도는 대부분 봄과 초여름 오후에 미국의 대초원 지대(the Great Plains)에서 발생한다. 텍사스주, 오클라호마주, 캔자스주, 아이오와주에서 토네이도가 가장 많이 발생하고 이 지역을 '토네이도 통로(tornado alley)'라고 한다. 봄과 초여름 동안 이 지역들은 멕시코만에서 해양성 열대 공기가 들어온다. 이러한 따뜻하고 습한 공기 위에 제트류를 따라 빠르게 로키산맥을 가로질러온 건조하고 불안정한 공기층이 위치하게 된다. 차가운 공기가 따뜻하고 습한 공기를 강하게 위쪽으로 밀어 올리면서 토네이도를 동반한 강한 뇌우를 만들어낸다.

태풍

열대성 저기압, 열대성 폭풍우, 태풍 사이의 차이점은 무엇일까? 일반적으로, 이들은 모두 강한 상승기류와 지표면의 저기압성 순환을 가진 폭풍우이며(그림 13.33), 열대 또는 아열대 바다에서 만들어졌으며 전선과는 관련이 없다. 폭풍 강도의 다양성은 지표에서 유지되는 최대 **풍속**에 따라 분류된다.

열대성 저기압(tropical depression)은 주변 풍속이 55 km/h 이하인 저기압 지역을 의미한다. 열대성 저기압은 소멸되거나 또는 더 강한 현상으로 발달할 수 있다. **열대성 폭풍우**(tropical storm)는 56~120 km/h의 풍속을 가진 좀 더 강해진 저기압이다. **태풍**(hurricane, typhoon)은 가장 저기압으로 120 km/h 이상의 풍속이 나타난다. 이러한 가장 강한 폭풍우는 날짜변경선 동쪽의 태평양 또는 대서양에서 발생할 때는 허리케인이라고 하고, 날짜변경선 서쪽의 북서태평양에서 발

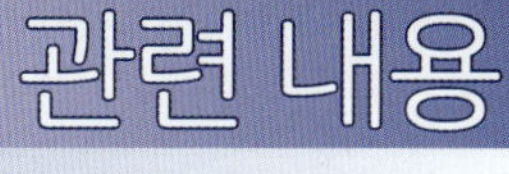

관련 내용

태풍 피해

태풍은 예상되는 피해에 따라 등급이 분류된다. 다음은 분류 기준을 나타낸다.

등급	피해	풍속
1	미미함	120~153 km/h
2	보통	154~177 km/h
3	심함	178~210 km/h
4	극심함	211~250 km/h
5	재앙	251 km/h 이상

그림 13.33 이것은 태풍 린다가 멕시코 서쪽 해안에 다가가고 있는 모습에 대한 인공위성 사진이다. 태풍의 눈과 반시계 방향의 움직임이 잘 나타나 있다.

생할 때는 태풍이라고 한다.

북반구에서 반시계 방향 순환의 저기압 중심을 가지고 있다는 점에서 열대저기압(tropical cyclone)은 중위도의 파동저기압(wave cyclone)과 유사하다. 그러나 파동저기압은 보통 2,500 km의 너비를 가지고 있고, 바람이 다소 약하며, 두 기단 사이의 온도 차이로부터 에너지를 얻는다는 점에서 열대저기압과 다르다. 열대저기압은 200 km 이하의 너비를 가지고 있고, 바람이 매우 강하며, 응결에 의한 잠열 방출로 에너지를 얻는다.

완전히 발달된 태풍은 상대적으로 맑고 고요한 눈 주변을 빠르게 돌고 있는 구름, 소나기, 뇌우의 띠를 가지고 있다(그림 13.34). 태풍이 다가올 때, 구름이 별로 없으며 대기는 잠잠하

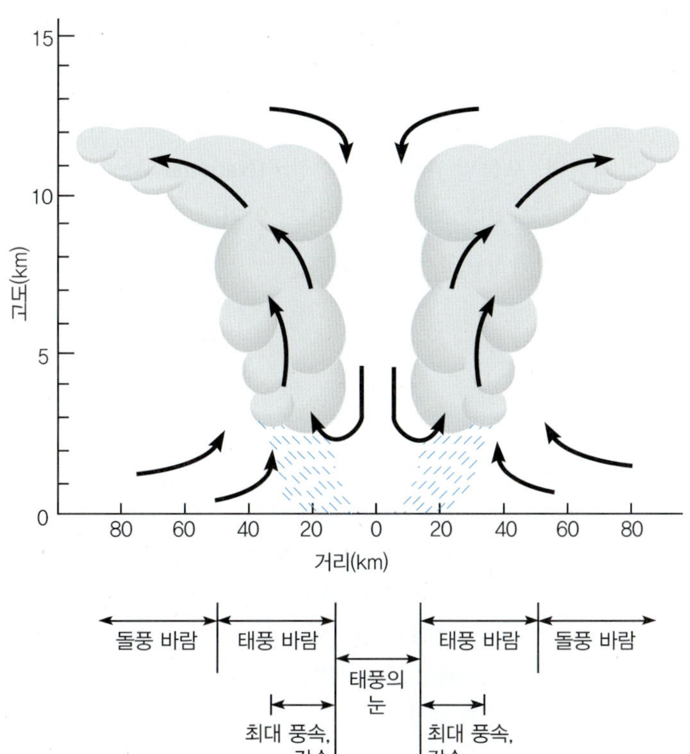

그림 13.34 태풍의 단면도

과학의 배후에 있는 사람들

빌헬름 비야크네스(Vilhelm Firman Koren Bjerknes, 1862-1951)

빌헬름 비야크네스는 현대 기상학을 창시한 노르웨이의 과학자이다. 비야크네스는 능력 있는 가문에서 태어났다. 그의 아버지는 크리스티아니아(현재는 오슬로) 대학교의 수학과 교수이자 영향력 있는 지구물리학자였다. 비야크네스는 1917년 베르겐 지구물리학 연구소가 설립되기 전에 스톡홀름과 라이프치히 대학교에서 학과장을 맡고 있었다. 비야크네스는 기상학이 과학으로 인정되는 데 중대한 기여를 하였다. 적어도 그는 날씨 예보가 어떻게 수학적 모형의 사용에 적용되는지 보여주었다.

제1차 세계 대전 동안, 비야크네스는 노르웨이 전역에 날씨 관측소의 네트워크를 설치하였다. 관측소에 관측된 결과를 이용하여 비야크네스와 그의 공동연구자들은 대기가 다른 특징을 가진 다른 기단으로 구성되어 있다는 발견을 근거로 한 대전선의 발달 이론을 발표하였다. 비야크네스는 **전선**(front)이라는 단어를 그러한 기단 사이의 경계를 묘사하기 위해 사용하였다. '베르겐 전선 이론'의 많은 기여 중 하나는 대서양 위의 따뜻한 공기와 차가운 공기의 접합부에서 저기압이 형성되는 과정을 설명했다는 것이다. 비야크네스의 연구는 현대 기상학에 이론적인 기본이 되었다.

출처: Modified from the *Hutchinson Dictionary of Scientific Biography*. Abington, UK: Helicon, 2011.

다가, 돌풍이 불기 시작하면서 구름이 두꺼워진다. 그 다음 6시간 정도, 전체적인 풍속이 강한 돌풍만큼 강해지고 집중적인 소나기가 내린다. 태풍의 눈의 도달과 함께 바람이 불지 않고 맑은 하늘이 나타나기 직전에 토네이도를 동반한 뇌우와 가장 강한 바람이 발생한다. 태풍의 눈은 10~15 km의 평균적인 반경을 가지고 있고, 특정 지역을 지나가는 데 약 한 시간 정도 걸린다. 태풍의 눈이 지나간 후에, 강한 폭우와 뇌우가 나타나고, 격렬한 바람이 다시 불기 시작한다. 이러한 전체적인 현상들이 다 지나가는 데 하루 또는 이틀이 걸리지만, 태풍은 예측할 수 없어 종종 며칠 동안 같은 자리에 머무르기도 한다. 일반적으로 태풍은 한 시간 동안 15~50 km를 이동한다.

태풍으로부터의 피해의 대부분은 강한 바람, 홍수, 드물게 발생하는 토네이도로부터 나온다. 홍수는 집중적인 폭우뿐만 아니라 해변가에서 부는 강하고 지속적인 바람으로 인한 해수면 상승 때문에도 발생한다. 해수면이 5 m 높아지면 높아진 해수면 위로 15 m 높아진 폭풍파가 발생한다. 그로 인해 많은 내륙 지역이 물에 잠기고 많은 재산 피해가 발생한다. 인구가 밀집된 해안 지역으로 다가오는 하나의 태풍은 과거에 수십억 달러의 재산 피해와 수백 명의 인명 피해의 원인이 되었다. 오늘날 미국 국립기상국(National Weather Service)은 인공위성을 이용하여 태풍을 추적하고 있다. 태풍, 토네이도, 악기상의 경보에 대해 전국에 위치한 특별 기상 경보 관측소에서 지역적으로 방송을 한다.

요약

지구의 대기는 고도가 증가함에 따라 급격히 옅어진다. 순수하고 건조한 공기는 거의 **질소**, **산소**, **아르곤**으로 구성되어 있고, **이산화탄소**와 나머지 기체가 미량을 차지한다. 대기는 또한 변화하는 양의 **수증기**를 포함한다. 수증기는 증발과 응결을 통해 대기로 들어가고 나오는 순환을 한다.

기압은 **수은기압계**로 측정된다. 해수면 높이에서, 기압은 약 76.00 cm의 수은 기둥의 높이와 같다. 이 값은 해수면 높이에서 평균된 값이며, **표준기압**, **정상기압** 또는 **1대기압**이라고 한다.

지구 표면의 물질은 햇빛을 흡수하며, 온도가 높을수록 더 많은 **적외에너지**를 방출한다. 대기 중 **이산화탄소**와 **수증기 분자**는 적외에너지를 흡수하고 재방출한다. 이와 같은 **온실효과**라는 과정으로 대기의 아래쪽부터 따뜻해지기 시작한다.

지표면부터 온도의 감소가 끝나는 높이까지의 대기층을 **대류권**이라고 한다. **성층권**은 대류권 위에 위치하는 대기층이다. 오존(O_3)과 태양으로부터 오는 자외선 사이의 상호작용 때문에 성층권에서는 고도가 증가할수록 온도가 증가한다.

지구의 표면은 태양에너지에 의해 균등하게 가열되지 않는다. 이것을 **불균등 가열**이라고 하며, 이것은 **대류**를 발생시킨다. 대류 때문에 발생하는 지표면에서의 수평적인 공기의 이동을 **바람**이라고 한다. 바람이 왜 부는지를 이해하기 위한 일반적인 모형은 (1) **공기의 온도**와 **공기의 밀도** 사이의 관계, (2) **기압**과 **공기의 이동** 사이의 관계를 포함한다. 이러한 모형은 국지적 바람과 전구적 바람에 대해 설명해준다.

특정 시간에서의 공기 중 수증기의 양을 **절대습도**라고 한다. **상대습도**는 주어진 온도에서 포화된 공기가 가질 수 있는 수증기량에 대한 현재 가지고 있는 수증기량의 비를 의미한다.

공기가 포화되었을 때 응결이 일어난다. 응결이 일어나는 온도를 **이슬점**이라고 한다. 이슬점이 어는점보다 높다면 **이슬**이 만들어진다. 이 온도가 어는점보다 낮다면 **서리**가 만들어진다. 이슬과 서리 모두 공기에서 떨어지는 현상이 아니라 물체 위에 직접적으로 만들어지는 현상이다.

수증기는 공기 중에 **응결핵** 위에서 응결된다. 이러한 응결이 지면 근처에서 일어나면, 작은 물방울의 축적은 **안개**를 만들어낸다. **구름**은 상공에 있는 공기 안에서 작은 물방울이 축적된 것이다. 일반적으로 구름에는 **권운**, **적운**, **층운**의 기본적인 3가지 형태가 있다. 이러한 기본적인 구름 형태를 통해 대기의 상태와 다가오는 날씨를 알 수 있다.

물은 **강수** 형태로 구름으로부터 떨어져 액체 또는 고체 형태로 지구 표면으로 돌아온다. 강수는 (1) 구름방울의 **충돌**, (2) **빙정의 성장**을 통해 구름 안에서 형성된다.

날씨 변화는 **기단**이라고 하는 거대한 공기 덩어리의 이동과 관련되어 있다. 기단의 예로는 (1) **대륙성 한대기단**, (2) **해양성 한대기단**, (3) **대륙성 열대기단**, (4) **해양성 열대기단**이 있다.

특정 지역이 기단의 영향 아래에 있다면, 그 지역에서는 느리고 점진적으로 변하는 **기단 날씨**가 나타난다. 더욱 급격한 변화는 두 기단 사이의 경계로 만들어지는 **전선**이 지나갈 때 나타난다.

정체전선은 종종 움직이는 한랭전선과 온난전선을 만들어내는 **파동**으로 발달한다. 빠르게 움직이는 한랭전선은 느린 온난전선을 덮치고, 온난전선을 상공으로 강제로 올리면서 **폐색전선**을 만든다. 올리는 과정은 **사이클론**이라고 하는 저기압 중심을 만들어낸다. 사이클론은 짙은 구름, 강수, 폭풍우 등과 관련되어 있다.

뇌우는 비, 천둥과 번개, 돌풍, 우박 등을 동반한 하나의 강한 폭풍우이다. **토네이도**는 작지만 지구에서 일어나는 가장 격렬한 날씨 현상 중 하나이다. **태풍**은 **열대저기압**으로 거대하고 강한 회전하는 폭풍우이며 적도 근처의 따뜻한 열대 바다에서 만들어진다.

개념에 대한 질문

1. 온실효과를 설명하시오. 온실은 지구 대기의 좋은 비유가 되는가? 설명하시오.

2. 오존층이 지구 표면의 생명체를 어떻게 보호하는지 서술하시오. 왜 이러한 오존층에 대한 걱정이 있는가?

3. 바람은 무엇인가? 바람의 에너지원은 무엇인가?

4. 공기의 온도와 공기의 밀도 사이의 관계를 설명하시오.

5. 가열된 공기가 왜 상승하는가?

6. 다음 표현의 의미에 대해 설명하시오. "중요한 것은 열이 아니라 습도이다."

7. 서리가 왜 맑고 고요하고 차가운 밤에 잘 생기는지 설명하시오.

8. 구름은 무엇인가? 구름이 어떻게 만들어지는지 설명하시오.

9. 대기안정도는 무엇인가? 구름의 형태와 안정도를 관련지어 설명하시오.

10. 구름의 물방울로부터 강수가 만들어지는 2가지 과정을 서술하시오.

11. 기단은 무엇인가?

12. (a) 온난전선, (b) 한랭전선과 관련되어 있는 구름의 형태와 날씨 변화를 각각 설명하시오.

13. 바람의 방향, 기압, 날씨를 (a) 저기압 중심, (b) 고기압 중심과 관련지어 각각 설명하시오.

14. 기단의 4가지 형태 중 오후에 뇌우가 나타날 것으로 예상되는 기단은 무엇인가? 설명하시오.

15. 뇌우의 생애에 대한 3가지 주요 단계를 설명하시오.

16. 토네이도는 무엇인가? 토네이도는 언제 어디서 잘 만들어지는가?

17. 태풍은 무엇인가? 태풍이 다가오고, 직접 지나가고, 멀리 지나갔을 때 어떠한 날씨가 나타나는지 설명하시오.

18. 호스와 물 양동이를 사용하여 기압계를 만드는 방법을 설명하시오. 물 기압계에서 표준기압과 균형을 이루는 물기둥의 높이는 얼마인가?

19. 가열된 공기가 저절로 상승할 때, 지표면보다 비행기가 날고 있는 10 km 고도의 공기가 더 차가운가?

20. 바람이 불기 전에 불균등 가열이 일어나야만 한다는 요구조건에 대하여 설명하시오. 어떠한 바람도 불균등 가열 없이 일어날 수 없는가?

21. 현재 온도와 상대습도를 고려하여, 그림 13.15에서 이슬점을 어떻게 찾을 수 있는지 설명하시오.

22. 이슬이 왜 강수의 형태가 아닌지 설명하시오.

23. 기단 날씨와 전선 날씨 사이의 비슷한 점과 다른 점을 설명하시오.

24. 태풍에 의한 잠재적인 피해와 토네이도에 의한 잠재적인 피해를 비교하여 설명하시오.

연습문제

그룹 A

1. 물놀이용 공의 크기에서, 지구 대기 질량의 50%를 나타내는 층은 얼마나 두꺼운지 계산하시오(단위: cm). (물놀이용 공의 직경은 91.5 cm이다.)

2. 1 mm의 두꺼운 천으로 지구 대기 질량의 99%를 나타내는 공을 싼다고 가정하면, 그 공의 직경은 얼마인가?

3. 헬륨 풍선이 기압이 2.5 N/m^{2}인 고도 12 km에서 1.0 m^{3}의 부피를 가지고 있다. 해수면 높이에서의 헬륨 풍선의 부피는 얼마인가?

4. 헬륨 풍선이 1,013 hPa 기압에서 250.0 cm^{3}의 부피를 가지고 있다. 그 풍선은 450.0 cm^{3}의 부피에서 터질 것이다. 그 풍선이 터지는 고도에서의 기압은 얼마인가?

5. 0°C에서 절대습도가 4 g/m^{3}라면, 상대습도는 얼마인가?

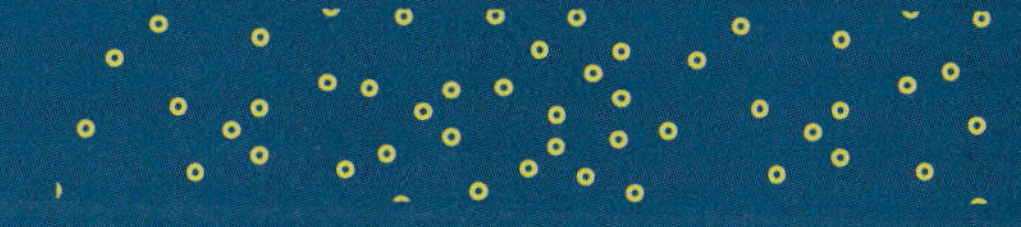

14 지구의 물
Earth's Waters

지구의 거대한 바다는 지구 표면의 70% 이상을 차지하고 있다. 물의 공급은 물 순환을 통해서 해수로부터 보충되기 때문에 담수는 일반적으로 육지에 많다.
©Design Pics/Ken Welsh RF

핵심 개념

물 순환은 바다로부터 증발된 물, 기단에 의한 운반되는 물, 땅으로 떨어지는 강수, 그리고 다시 바다로 들어가는 물로 구성된다.

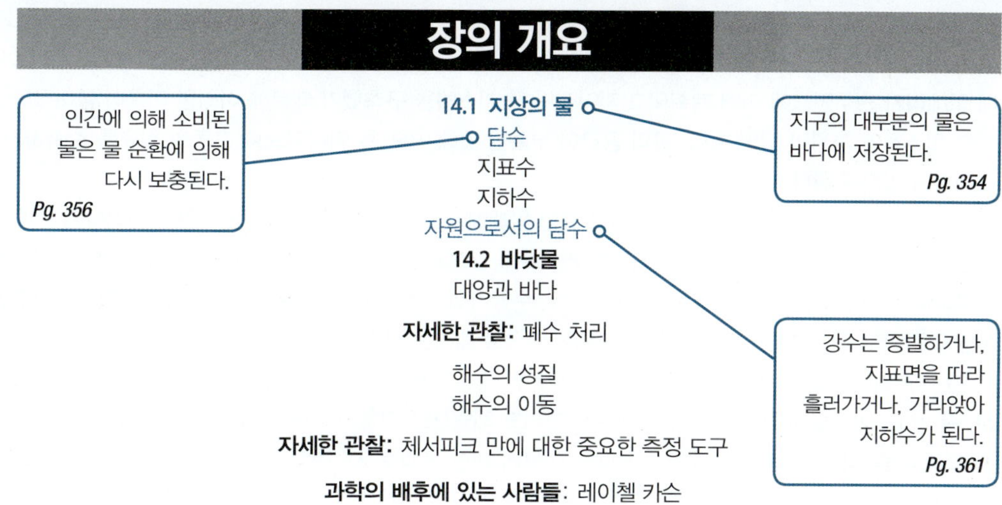

연관성

지구과학

▶ 대기 상태의 변화는 강수를 만들어낸다(13장).

개요

역사를 통해, 인간은 깨끗한 물의 공급을 보장하기 위해 강의 물줄기를 바꾸고 그 주변 육지에 정착했다. 예를 들면, 나일강을 따라 형성된 고대문명이 약 오천 년 전에 관개와 보관을 위해 물의 흐름을 바꾸었던 것이 그 증거이다. 고대 그리스와 로마는 약 이천 년 전에 그들의 도시로 하천을 유입하게 하려고 수도관 시스템을 구축했다. 이러한 일부 수도관은 오늘날에도 여전히 존재한다. 물과 관련된 활동은 애리조나주의 피닉스라는 이름의 원인이 되었다. 피닉스는 불에 타고 남은 잿더미에서 발생한 신화 속에 나오는 새의 이름을 따서 명명되었다. 그 도시는 고대 아메리카 원주민들에 의해 계획되고 지어진 운하 시스템을 구축했기 때문에 이러한 이름이 붙여졌다(그림 14.1). 물은 항상 과거부터 현재까지 필수적인 자원이 되어 왔다. 물의 공급이 부족한 곳에, 인간은 역사적으로 그들의 필요를 충족하기 위해 대규모의 수로 변경과 공급 프로젝트에 의지해 왔다.

강수는 오늘날 개천, 호수 그리고 지구 표면 아래에서의 물 공급에 대한 기본적인 원천이다. 그러나 육지에 내리는 강수 중 많은 양이 이러한 물 공급의 일부가 되기 전에 다시 대기권으로 증발해서 돌아간다. 증발하지 않은 물은 대부분 강과 하천으로 바로 유입되거나 또는 바다로 흘러가거나 일부는 땅에 흡수된다. 물의 증발, 수증기의 응결 그리고 강수의 생성 과정은 중요한 기후 요소로써 13장에서 살펴보았다. 이는 해양으로부터 증발, 기단에 의한 대기 중 이동, 땅으로 내리는 강수, 다시 해양으로의 유입으로 구성된 일반화된 수문 순환(hydrologic cycle)의 한 부분이다. 13장에서는 수문 순환의 한 부분인 증발에서 강수로 이어지는 과정에 대해서만 살펴보았다. 이 장에서는 물 순환의 다른 부분, 즉 땅에 있는 물에 어떤 일이 일어났는지 그리고 해양으로 되돌아오게 한 것이 무엇인지 살펴본다. 이 장은 물이 어떻게 지구에 분포되는지 그리고 좀 더 물의 순환에 대한 구체적인 정보에 대한 논의로 시작한다. 그리고 하천, 우물, 샘, 그리고 다른 사용 가능한 물의 원천이 제한된 자원으로써 논의될 것이다. 물 순환의 물이 최종적으로 해양으로 되돌아올 때 완료된다. 이런 순환의 마지막 부분은 해저의 본질, 해수의 특성, 파도와 해류가 어떻게 형성되는지를 다룰 것이다. 물은 이제 증발할 준비가 되었고, 지구의 끝없는 순환 중 하나를 시작할 것이다.

14.1 지상의 물

일부의 물은 지구 내부에서 화학적 결합으로 묶여 있지만, 자유로운 물은 지표면 근처에서 가장 많은 화학적 혼합물이다. 물은 지구 외곽 6 km에서 가장 많은 광물보다 5배 혹은 6배 정도 그 양이 더 많다. 따라서 물이 지표면의 약 70%를 덮고 있다는 것은 놀랄 일이 아니다. 평균적으로 이 물의 약 98%가 지표면의 움푹한 곳과 퇴적물 안에 액체 상태로 존재한다. 나머지 중 약 2%가 추운 지역의 지표면에서 눈이나 얼음 같은 고체 상태로 존재한다. 특정 시간에 대기에서 가변적으로 존재하는 수증기의 양은 극히 일부에 불과하다. 물은 지속적으로 이런 '저장소' 사이를 이동하지만, 앞서 언급한 각각의 저장소에서 차지하는 비율은 근본적으로 상수가 될 것이라고 추정한다.

그림 14.2에서 보여주듯이, 지구상에 존재하는 물의 97% 이상이 바다에 저장되어 있다.

그림 14.1 이것은 애리조나주 피닉스에 있는 현재의 수로 시스템 중 하나이다. 이 운하들은 아메리칸 인디언에 의해 건설되었다가 버려진 시스템으로 후에 재건되었다. 피닉스는 불에 탄 후 재에서 생겨난 전설적인 새의 이름을 따서 명명되었다. ©PhilAugustavo/iStock/Getty Images RF

이 물은 용해된 소금을 상대적으로 많이 함유하고 있다. 이러한 용해된 소금은 해수를 생활용수와 농업용수로 사용하는 데 부적합하게 한다. 생활용수와 농업용수로 사용하기에 적합한 물을 **담수**(freshwater)라고 한다. 지구에 공급되는 담수의 2/3는 그린란드, 남극 지방의 빙하에 있다. 그러므로 지구상에 있는 모든 물의 1% 미만이 이용 가능한 담수로 남는다. 그러나 담수의 공급이 지속적으로 보충되기 때문에 이 양은 일반적으로 꽤 많은 양이라 볼 수 있다.

(1) 증발된 수증기는 용해된 소금은 남기고 담수인 강수를 만들고, (2) 기체 상태의 수증기는 쉽게 대기 중에서 지구의 여러 장소로 이동할 수 있기 때문에 해양으로부터 물의 증발은 보충 과정의 중요한 부분이다. 일 년에 걸친 이러한 자연적인 담수 과정은 약 85 cm 깊이의 층으로 지구 전체를 덮을 만큼 충분히 많은 담수를 생성하고 이동시킨다. 강수는 물론 이러한 것처럼 고르게 분포하지 않기 때문에, 어떤 지역에는 좀 더 많은 양이 분배되는 반면 또 다른 지역에는 거의 분배가 되지 않는다. 전체 평균을 고려했을 때, 강수에 의해 직접적으로 바다로 되돌아가는 것보다 해양으로부터 증발되는 물의 양이 더 많다. 반면에 지표면에서 다시 대기로 증발되는 양보다 더 많은 물이 육지에 비로 내린다. 해양과 육지 위에서의 순증발량과 순강수량은 하천과 강에 의해 해양으로 되돌아오는 물로 균형을 이룬다. 증발, 강수, 해양으로의 돌아가는 물의 순환을 **수문 순환**(hydrologic cycle)이라고 한다(그림 14.3).

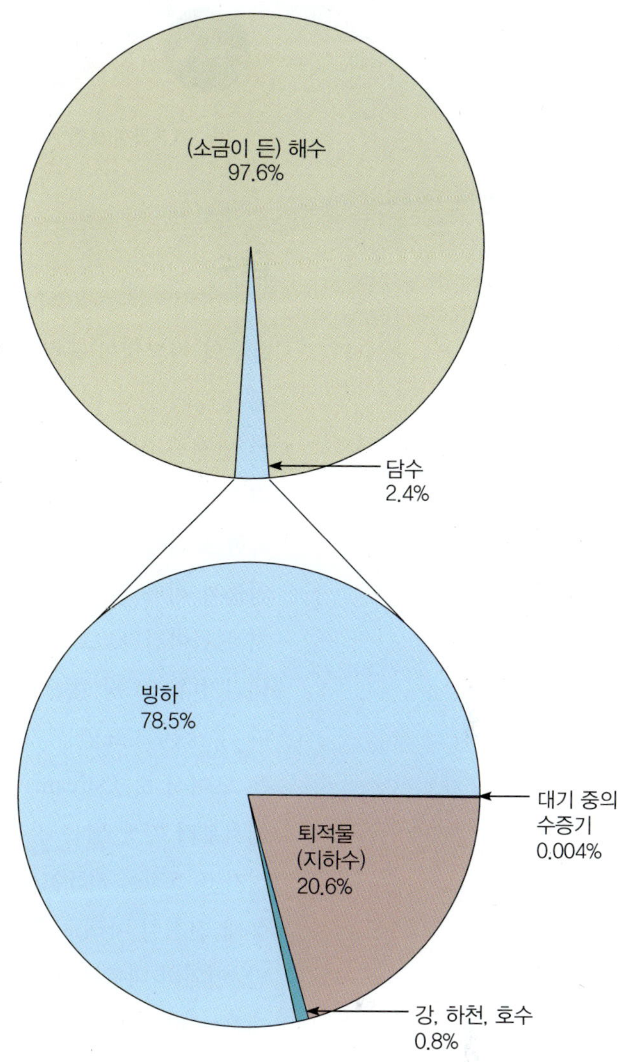

그림 14.2 지구의 표면에서 발견되는 물의 분포에 대한 상대적 비율

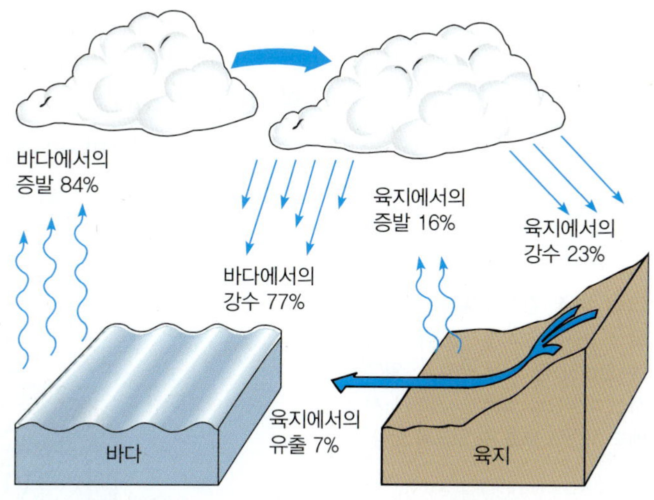

그림 14.3 평균적으로, 바다로부터 증발되는 물의 양이 강수로 내려서 다시 바다로 돌아오는 양보다 많다. 육지에서는 증발되는 양보다 강수로 내리는 물의 양이 많다. 이 차이나는 물의 양만큼은 강과 하천을 통해 바다로 돌아간다.

과학 스케치

그림 14.3의 자료를 사용하여 증발과 강수에 대한 비율을 보여주는 2개의 원형 차트를 그려보자.

담수

담수의 기본적인 공급원은 강수지만, 모든 강수가 담수 공급의 역할이 되는 것은 아니다. 액체 상태의 물은 비가 되어 내리는 바로 그 순간조차도 항상 증발하고 있다. 건조 기후에서 비는 완전히 성장한 뇌우에서 나오더라도 때때로 표면에 닿기 전에 완전히 증발한다. 증발은 지표면에 닿은 물로부터 계속 일어난다. 예를 들면, 비가 온 뒤에 도시의 주차장이나 길의 딱딱한 표면에 가만히 있는 물은 대기로 돌아와 증발하게 되고 그 표면은 점점 마른다. 많은 요인들이 비가 얼마나 증발하는지를 결정짓기는 하지만, 일반적으로 비의 2/3 이상은 결국 대기로 돌아간다. 그 외에 나머지는 (1) 지표면을 가로질러 낮은 곳을 향하여 내리막으로 흘러내리거나 (2) 땅 속으로 스며든다. 지표면을 가로질러 이동하는 물은 **유출**(runoff)이라고 한다. 유출은 지표면을 가로질러 움직이는 물의 얇은 막에 비가 쌓이면서 시작된다. 이러한 막은 모여서 **하천**(stream)이라고 하는 흐르는 물이 된다. 하천은 건널 수 있을 정도의 작은 것에서부터 가장 넓은 강까지 땅을 가로질러 흐르는 물을 말한다. 땅에 스며든 물은 아래로 내려가고 그것을 **지하수**(groundwater)라고 한다. 지하수는 지표면 아래에 있는 퇴적물과 암석을 통해 천천히 아래로 통과한다. 하천은 최근에 발생한 비나 녹은 눈을 유출 형태로 운반하지만, 이외의 대부분의 하천의 흐름은 수로로 침투한 지하수로부터 온다. 이것은 영구적으로 존재하는 하천이 유출이나 녹는 눈에 의해 물을 공급받지 않을 때도 어떻게 계속 흐를 수 있는지를 설명해준다(그림 14.4). 지하수의 공급이 부족해질 때 하천이 일시적으로 흐르는데 그것을 **간헐하천**(intermittent stream)이라고 한다.

유출 또는 지하수가 되는 비의 양은 (1) 지표면 토양의 형태, (2) 토양의 건조 상태, (3) 식생의 종류와 양, (4) 경사의 가파름 정도, (5) 비의 지속 기간이나 양을 포함한 여러 요인에 의해 결정된다. 이러한 요인들의 여러 가지 조합이 강우 현상의 5%에서부터 거의 100%까지를 야기할 수 있으며, 나머지는 땅 속으로 스며들거나 증발한다. 그러나 평균적으로 모든 강수량의 70%가 대기로 다시 증발하고, 약 30%가 유출되고, 1% 미만이 땅 속으로 흡수된다.

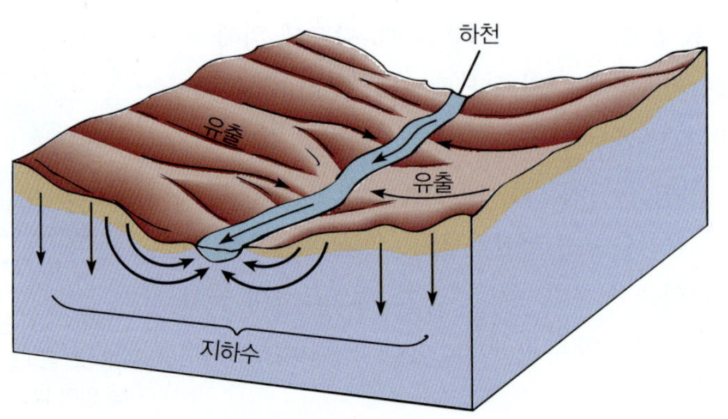

그림 14.4 강수의 일부는 땅 속으로 스며들어 지하수가 된다. 지하수는 천천히 땅 속을 흐르고, 일부는 하천 바닥으로 들어가, 건조한 시기에도 하천이 흐를 수 있도록 한다.

지표수

만약 여러분이 가장 작은 하천 아래로 따라 내려간다면, 결국 그것이 주요한 강을 형성할 때까지 다른 하천으로 합쳐지는 것을 발견할 수 있을 것이다. 하천에 의해 배수된 땅은 하천의 배수지 또는 **유역**(watershed)이라고 한다. 각각의 하천은 각자의 유역을 갖고 있지만, 큰 강의 유역은 큰 강으로 모이는 작은 하천의 모든 유역을 포함한다. 그림 14.5는 콜롬비아강, 콜로라도강, 미시시피강의 유역을 보여준다. 콜롬비아강과 콜로라도강 유역에서 나온 물은 태평양으로 흘러든다. 미시시피강 유역의 물은 대서양의 일부인 멕시코의 걸프만으로 흘러들어간다.

유역에 포함된 물의 양을 정량화할 수 있다. 순 물의 공급이 있는 유역 내에서, 유역에서 나오는 하천에서의 물의 양은 강수량(P)에서 실제 증발량(AE)을 뺀 양과 동일하다. 증발량을 빼고 남은 강수량은 유출이 되는데, 이 유출은 지하수 배출(Q_G)과 지표면 유출(Q_S)로 나뉜다. 따라서 유역에서의 물 수지(budget)는 '$P = AE + Q_G + Q_S$'와 같이 표현할 수 있다. 유역에서의 물 수지를 계산할 때 각 구성요소는 mm, cm, m 단위의 길이로 표현된다. 그러므로 각 성분의 부피는 유역의 면적(A)을 곱하는 것으로 계산할 수 있으며, 이 부피의 단위는 세제곱미터(m^3)이다.

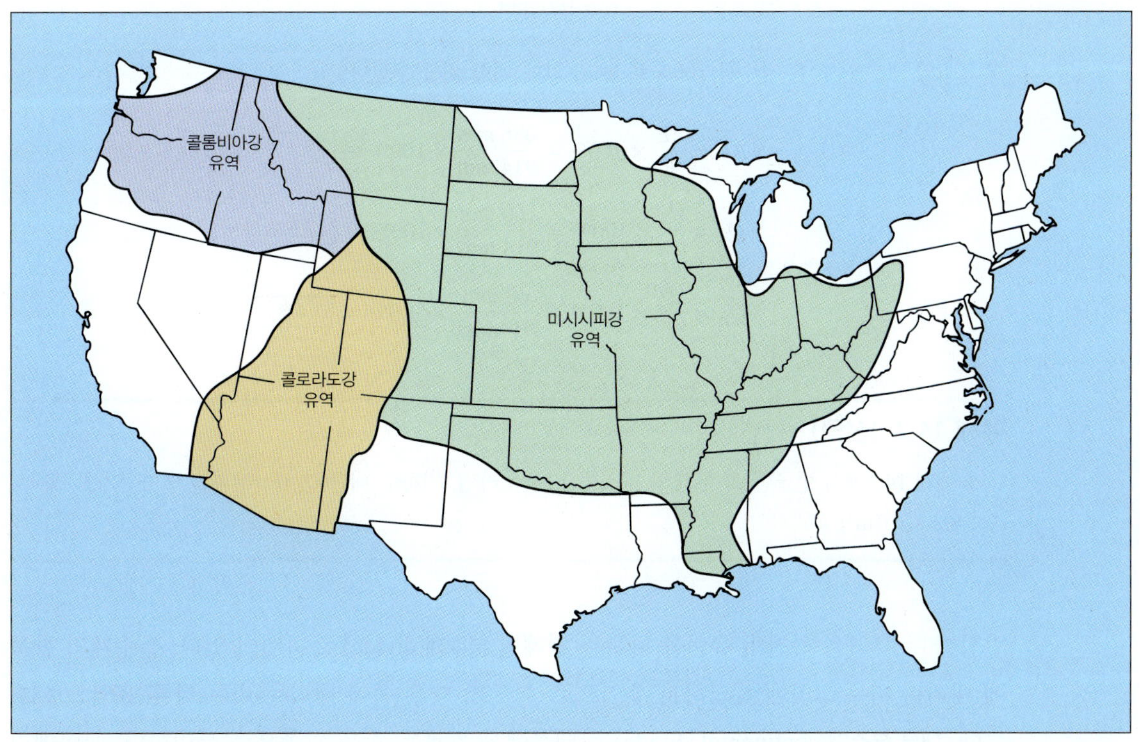

그림 14.5 콜롬비아강, 콜로라도강, 미시시피강의 대략적인 유역

예제 14.1 (선택)

연 총량을 고려했을 때, 만약 유역의 강수는 914 mm, 실제 증발산(증발과 증산)은 686 mm, 그리고 잉여강수(강수-증발)의 70%가 유출이라면, 유역에서의 물 수지에서 각 요소는 몇 %를 기여했는가?

풀이

특정 항을 구하기 위해 유역에서의 물 수지 방정식을 다른 항들의 식으로 정리하자.

$$P = AE + Q_S + Q_G$$
$$AE = P - (Q_S + Q_G)$$
$$Q_S = P - (AE + Q_G)$$
$$Q_G = P - (AE + Q_S)$$
$$Q_S = 70\%(P - AE)$$

위 식을 이용하고 Q_S를 제거하고 Q_G에 대해서 정리하자.

$$Q_G = P - [AE + 70\%(P - AE)]$$

Q_G를 계산하자.

$P = 914$ mm	$Q_G = P - [AE + 70\%(P - AE)]$
$AE = 686$ mm	$Q_G = 914\text{ mm} - [686\text{ mm} + 0.7\,(914\text{ mm} - 686\text{ mm})]$
$Q_G = ?$	$Q_G = 914\text{ mm} - (686\text{ mm} + 160\text{ mm})$
	$Q_G = 68$ mm

Q_S를 계산하자.

$P = 914$ mm	$Q_S = 70\%(P - AE)$
$AE = 686$ mm	$= 0.7\,(914\text{ mm} - 686\text{ mm}) = 0.7(228\text{ mm})$
$Q_S = ?$	$= 160$ mm

각 요소의 백분율(%)은 강수를 100%로 놓고, 그에 대한 비를 구한다.

$$\%AE = \frac{AE}{P} \times 100\% = \frac{686\ \cancel{\text{mm}}}{914\ \cancel{\text{mm}}} \times 100\% = \boxed{75.1\%}$$

$$\%Q_S = \frac{Q_S}{P} \times 100\% = \frac{160\ \cancel{\text{mm}}}{914\ \cancel{\text{mm}}} \times 100\% = \boxed{17.5\%}$$

$$\%Q_G = \frac{Q_G}{P} \times 100\% = \frac{68\ \cancel{\text{mm}}}{914\ \cancel{\text{mm}}} \times 100\% = \boxed{7.4\%}$$

예제 14.2 (선택)

만약 예제 14.1에서 언급한 그 유역의 면적이 12 km^2라면, 지하수 배출(Q_G)의 부피는 얼마인가?
(답: $8.2 \times 10^5\ m^3$)

인접한 두 유역은 하천의 유역을 나누는 경계인 **분수계**(divide)로 나뉘어 있다. 분수계의 한쪽에 내리는 비는 그곳에 해당하는 유역으로 흐르고, 다른 쪽에 내리는 비는 다른 유역으로 흐른다. **대륙 분수계**(continental divide)는 대륙에서 흐르는 강을 양쪽으로 분리한다. 북아메리카의 대륙 분수계는 로키산맥을 거쳐 북서쪽으로 향하고 있다. 양손에 물이 든 유리컵을 들고 그 분수계에 서서 땅으로 그 물을 부었다고 상상해보자. 한쪽 유리잔에 있던 물은 대서양으로 갈 것이고, 다른 유리잔에 있는 물은 태평양으로 갈 것이다.

내리막을 따라 흐르는 물은 때때로 유역 내의 일시적으로 고여 있는 담수를 모으는 오목한 곳에서 멈춘다. 고여 있는 물의 크기가 작은 경우를 보통 **연못**(pond)이라고 한다. 그리고 그것보다 조금 더 큰 크기의 고여 있는 물은 **호수**(lake)라고 한다. 연못과 호수는 자연적으로 움푹한 곳에 생성될 수 있거나, 혹은 하천의 댐 때문에 만들어질 수도 있다. 자연적인 연못, 자연적인 호수 또는 댐에 의해 만들어진 연못 또는 호수는 (1) 물 저장, (2) 홍수 조절, (3) 전기 발전을 위해 사용된다면 **저수지**(reservoir)라고 불린다. 저수지는 이러한 목적들 중 한두 개의 목적으로 사용될 수 있지만 일반적으로 3개 모두의 목적으로는 사용되지 않는다. 예를 들면, 물 저장의 목적으로 지어진 저수지는 가능한 한 많은 물을 저장하기 위해 가득 차 있다. 이때의 사용 용도는 육지에서의 홍수를 막기 위해 낮은 수위를 요구하는 홍수 조절의 목적과 맞지 않다. 게다가 전기를 발생시키기 위한 저수지의 사용은 물의 방출을 필요로 하기 때문에 물 저장의 목적과 맞지 않다. 하천, 연못, 호수 그리고 저수지의 물은 일괄적으로 **지표수**(surface water)라고 하고, 담수의 원천으로서의 역할을 한다. 알다시피 지표수의 관리를 통해 어떤 복합적인 문제를 막을 수 있다.

지하수

암석이나 토양 입자 사이에 비어 있는 공간을 물로 완전히 채울 수 있는 지역에 도달할 때까지 강수는 땅으로 들어가, 천천히 아래로 **스며든다**(percolate). 그러한 지역에 있는 물을 **지하수**(groundwater)라고 한다. 지하수로 엄청난 양의 물이 저장되어 있는데, 이것은 지구상의 모든 지표수의 약 25배에 해당한다. 지하수는 인간의 소비와 농업을 위한 담수의 중요한 원천이 된다. 지표수가 거의 없는 건조한 지역에서도 지하수는 100 m 이내에서 발견되는 경우가 종종 있다. 지하수는 건조한 기간에도 하천의 흐름을 유지하게 하는 원천이 될 뿐만 아니라 우물의 원천이 되기도 한다.

퇴적물은 **공극**(pore space)이라 하는 입자들 사이에 비어 있는 공간을 포함하기 때문에, 물은 그 공간까지 스며들 수 있다. 퇴적물이 더 많은 공극을 가질수록 더 많은 물을 담을 수 있다. 주어진 퇴적물 표본에서 공극의 총량은 그 **공극률**(porosity)을 의미하며, 이는 퇴적물의 전체 부피에 대한 공극의 비율을 나타낸다. 예를 들어, 모래와 자갈 퇴적물들은 큰 공극이 있는 알갱이들이 있고, 이러한 퇴적물들은 높은 공극률을 갖는다. 물이 퇴적물을 통해 움직이기 위해 공극들은 연결되어 있어야만 한다. 주어진 퇴적물 표본에서 물이 통과할 수 있도록 하는 능력을 **투수성**(permeability)이라고 한다. 모래와 자갈은 알갱이들끼리 서로 촘촘하게 맞닿아 있지 않기 때문에 높은 투수성을 갖고 있고 물이 한 공극에서 다른 공극으로 움직일 수 있다. 그러므로 모래와 자갈 퇴적물은 공극률뿐만 아니라 투수성도 높다. 그러나 진흙 퇴적물은 서로 촘촘하게 맞닿아 있는 작고 납작한 입자들을 가지고 있다. 그러므로 진흙은 투수성이 낮고, 포화 상태나 압축 상태가 되면 진흙은 물이 전혀 통과할 수 없는 **불투수성**(impermeable)의 성질을 갖는다(그림 14.6).

특정 위치에서 사용 가능한 지하수의 양은 현재와 과거의 기후, 땅의 경사도, 지표면 아래에 있는 퇴적물의 공극률과 투수성 같은 여러 요인에 의해 결정된다. 일반적으로 사암에 있는 모래와 자갈 퇴적물이 지하수가 통과하기에 최적의 공극률과 투수성을 갖는다. 반면 화강암 같은 단단한 암석은 절리나 균열에 의해 충분히 부서진다면 지하수가 통과할 수 있다. 어떤 경우든, 지하수는 압력과 다른 조건들이 모든 구멍, 균열, 절리를 없애는 곳에 도달할 때까

그림 14.6 (A) 모래와 자갈은 큰 공극을 가진 크고 불규칙적인 입자들을 가지고 있어 높은 공극률을 갖는다. 물은 한 공극에서 다른 공극으로 쉽게 움직일 수 있기 때문에 모래와 자갈은 투수성 또한 높다. (B) 진흙은 작고 납작한 입자들을 가지고 있어 낮은 공극률을 가지며, 물이 공극 사이를 이동할 수 없기 때문에 사실상 불투수성의 성질을 갖는다.

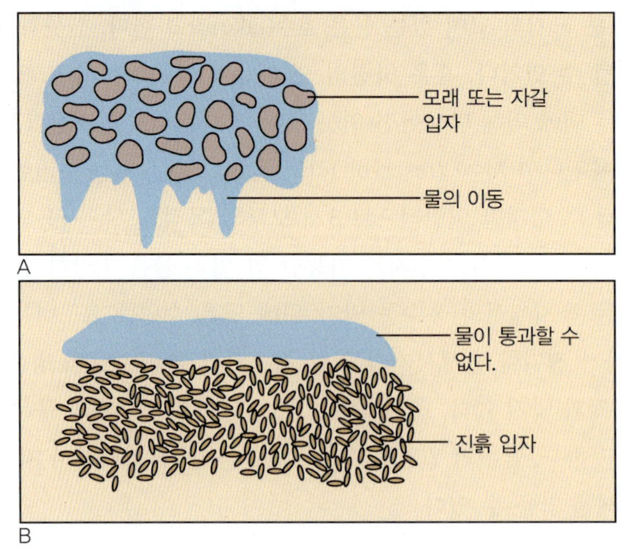

지 아래쪽으로 스며들 것이다. 구멍, 균열, 절리가 없는 불투수성의 층 위에, 가능한 모든 공간에 물이 들어가서 포화 상태가 되는데, 이렇게 포화된 곳을 **포화대**(zone of saturation)라고 한다. 포화대에 있는 물을 지하수라고 한다. 포화대 위의 포화되지 않은 불포화대에 있는 물은 지하수가 아니다. 포화대와 그 위의 불포화대 사이에 경계 표면을 **지하수면**(water table)이라고 한다. 지하수면의 표면이 반드시 수평인 것은 아니지만, 습한 기후에서 지표면의 지형을 따라가는 경향이 있다. 지표면에서부터 지하수면까지 뚫거나 파낸 구멍을 우물이라고 한다. 지하수면 아래에 있는 우물은 지하수로 채워져 있고, 우물 안에 물의 표면은 일반적으로 지하수면 수위와 같은 깊이에 있다.

강수는 땅에 내려서 포화대로 스며들고, 그 다음에 옆으로 흘러 더 낮은 곳을 향해 지표면으로 가는 길을 발견할 때까지 움직이기 시작한다. 이러한 표면 유출은 하천, 연못, 호수, 늪, 샘(그림 14.7)에서 발생할 수 있다. 지하수는 점진적으로 그리고 매우 느리게 아주 작은 공극을 통해 하루당 수 km부터 일 년당 수 m 속도로 흐른다. 반면에 표면에 있는 하천은 한 시간당 약 30 km까지의 속도로 빨리 이동한다.

대수층(aquifer)은 사용할 수 있을 정도의 다량의 물을 포함하고 있는 지표면 아래의 모래, 자갈, 사암, 그밖에 높은 투수성을 지닌 물질의 지층이다. 어떤 곳에서는 대수층이 높은 고도에서 낮은 고도로 물을 운반하는데, 낮은 고도에 있는 물은 불투수성층에 의해 막혀 있기 때문에 주변보다 수압이 높아진다. 높아진 수압을 받고 있는 지하수를 **자분**(artesian) 대수층이

그림 14.7 지하수면 아래의 지하수가 호수, 하천, 늪으로 스며들고 샘에서는 자연적으로 지표면으로 돌아온다. 지하수는 결국 바다로 돌아가지만, 바다로 돌아갈 때가지 수백 년이 걸릴지도 모른다.

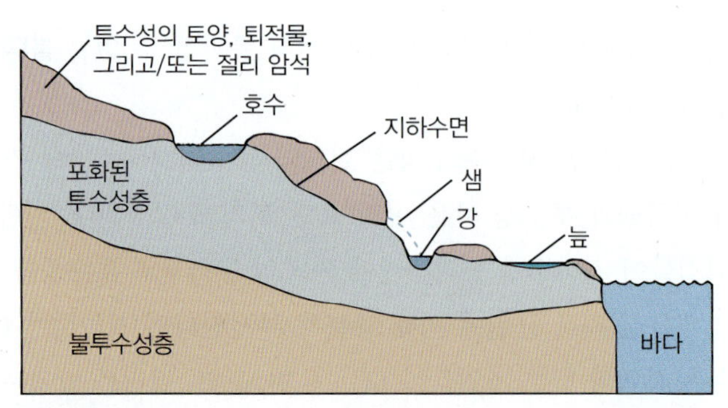

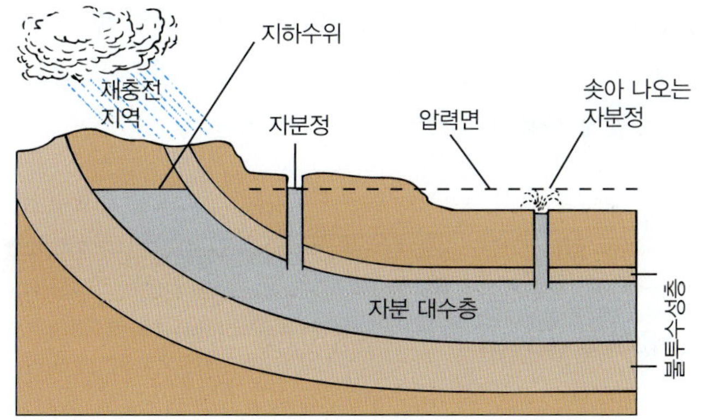

그림 14.8 자분 대수층은 두 불투수성층 사이에 있고, 높은 고도에 재충전 지역이 있기 때문에 높은 수압이 나타나는 지하수를 가지고 있다. 높은 압력으로 인해 대수층으로 뚫린 우물로 지하수가 올라가고, 압력이 충분히 높으면 자분정이 된다.

개념 적용

지하수위 조사

몇몇 자료를 조사한 후 그림 14.7과 같이 우리가 살고 있는 지역의 지하수위의 깊이를 그려보고, 주변의 하천, 호수, 늪, 우물과의 관련성을 생각해보자.

라고 한다. 자분이라는 단어는 압력을 가리키며, 수압 때문에 우물을 팠을 때 지하수가 위로 상승한다. 자분정(지하수가 수압에 의해 저절로 솟아오르는 우물)의 지하수는 대수층 꼭대기에서 상승하지만 반드시 지표면 이상으로 상승하지는 않는다. 지하수가 지표면 이상으로 상승하지 않더라도 수위가 우물 속 대수층의 상면보다 높으면 자분정이라고 한다. 일부 자분정은 분수 같은 것이나 샘을 생성하기에 충분한 압력을 갖고 있다(그림 14.8).

자원으로서의 담수

삶의 과정에 꼭 필요할 뿐만 아니라 현대 산업화된 사회에서의 역할 때문에 물은 필수적인 자원이다. 물은 가정에서 쓰레기를 없애기 위한 매개체로써, 그리고 잔디와 정원을 가꾸기 위해서, 또한 음용, 요리, 청소하는 목적으로 사용된다(표 14.1). 이러한 사용량은 하루에 인당 약 570 L의 소비로 이어지만, 이것은 총 소비량의 약 10%밖에 되지 않는다. 미국에서 하루 평균 물의 사용량은 인당 5,700 L로 일주일에 한 번 작은 수영장을 채울 정도로 충분히 많은 양의 물이다. 물의 대부분은 농업(약 40%), 전기 생산(약 40%), 산업용(약 10%) 등으로 사용된다. 이러한 전체적인 사용 비율은 국가별로, 그리고 국가 내에서도 지역별로 다른데, 이는

표 14.1 미국 가정에서의 평균적인 담수 사용비율

가정용 담수 사용량	비율
화장실	24.2%
세탁	21.7%
목욕	16.8%
급수	15.7%
누수 및 기타	19.0%

(1) 산업, 농업 및 인구의 상대적 비율, (2) 지역의 기후, (3) 산업 또는 농업의 특성 및 (4) 기타 변수에 따라 결정된다. 예를 들어, 농업과 과일 재배 비율이 높은 건조한 기후에서는 사용 가능한 물의 2/3가 농업에 사용될 수 있다.

과학 스케치

표 14.1에 주어진 가정용 물 사용량을 보여주는 원형 차트를 그려보자.

물 공급의 대부분은 하천, 호수, 저수지의 지표수 자원에서 얻어지며, 도시의 물 공급의 37%는 지하수에서 나온다. 농장과 마을, 그리고 많은 교외 지역을 더하면 인간이 사용하는 지하수의 비율은 40%를 훨씬 웃돈다. 지표수는 지하수보다 더 많은 퇴적물, 세균, 그리고 가능한 오염물질을 포함한다. 이는 지표수의 부유 물질을 제거하기 위해 여과, 세균을 죽이기 위한 처리, 때로는 용해된 화학물질을 제거하기 위한 과정을 필요로 한다는 것을 의미한다. 지하수는 대수층의 공극을 통과하면서 자연스럽게 여과되기 때문에 부유 입자와 세균이 상대적으로 없는 편이다. 따라서 지표수와 달리, 지하수는 특별한 처리 과정이 일반적으로 필요하지 않다(그림 14.9). 반면에 지하수는 지표면으로 끌어올려야 하기 때문에 자원으로 사용하기 위해 더 많은 비용이 들 것이다. 끌어올릴 때 필요한 에너지는 매우 비쌀 수 있다. 또 지하수는 일반적으로 용해된 광물을 더 많이 함유(경수 또는 센물)하고 있어, 문제가 되는 광물을 제거하기 위해 추가적인 화학 처리가 필요할 수 있다.

지표수를 담수원으로 사용하는 것은 공급량이 강수량에 달려 있다는 것을 의미한다. 가뭄이 발생할 때, 강과 호수의 수위가 낮아지면 물 소비를 줄여야 할 수도 있다. 콜로라도강 유

그림 14.9 도시 물 처리시설의 여과 장치. 지표수는 표면에 있고 대기에 노출되어 있기 때문에 더 많은 퇴적물, 세균, 그리고 다른 부유 물질들을 포함한다. 이는 지표수를 사용하기 전에 반드시 걸러내고 처리해야 한다는 의미를 가진다. 그러나 지하수를 사용할 때에는 이러한 과정이 필요하지 않다.
©Steve Allen/Brand X Pictures RF

수질

여러분은 하천을 볼 때 무슨 생각을 하는가? 하천이 얼마나 깊은지 궁금해하는가? 수영이나 낚시 같은 물에서 할 수 있는 활동들을 생각하는가? 여러분이 상상했듯이 하천을 보는 모든 사람이 같은 것을 생각하지는 않는다. 예를 들어, 도시 기술자는 하천이 도시의 물 공급을 보충하는 역할을 하기에 충분한지 궁금해할 것이다. 농부는 하천을 어떻게 관개용 물로 할 수 있는지 궁금해할 것이다. 반면에 전기 사업 계획자는 하천이 전기의 원천으로 역할을 할 수 있는지 궁금해할 것이다.

하천에 있는 물은 많은 다른 방법으로 사용될 수 있는 자원이지만, 물을 사용하기 위해서는 수량뿐만 아니라 수질도 알아야 한다. 수질이 사용 목적에 따라 적당한지 알 필요가 있다. 예를 들어, 전기 발전소의 목적에 맞는 물은 도시 물 공급으로써의 사용에 적합할 필요는 없다. 게다가 발전소에 사용될 물은 관개용 물의 사용에 적합할 필요도 없다. 수질은 물에 녹아 있거나 떠 있는 물질의 종류와 양, 그리고 사용 목적에 따라 결정된다. 예를 들어, 물이 식수로 사용될 수 있는지 없는지는 물속에 있으면 안 되는 것에 대한 엄격한 규칙과 지침에 의해 규제된다. 이러한 규제는 인간의 건강을 보호하기 위해 고안되었다.

아무리 건강에 좋은 하천의 물이라도 절대적으로 순수한 것은 아니다. 모든 물은 자연적으로 발생한 중탄산염, 칼슘, 마그네슘 이온 같은 많은 물질들을 포함한다. 오염물질은 자연적으로 발생하지는 않지만, 그것들은 보통 공기, 토양 또는 물을 오염시키는 폐물질이다. 수질 오염물질에는 기본적으로 분해할 수 있는 것과 지속적인 것의 두 종류가 있다. 분해할 수 있는 오염물질의 예에는 하수, 비료, 그리고 일부 산업 폐기물이 있다. 단어에서 추측할 수 있듯이, 분해할 수 있는 오염물질은 이산화탄소, 산소, 질소와 같은 단순하고 오염되지 않은 물질로 분해될 수 있다. 지속적인 오염물질의 예에는 일부 살충제, 석유 및 석유 제품, 플라스틱 물질, 매립지에서 유출된 화학물질, 석유 기반 페인트, 납, 수은, 카드뮴과 같은 중금속 및 금속 화합물, 일부 방사성 물질 등이 포함된다. 이러한 물질들이 야기하는 피해는 되돌릴수 없거나 오랜 기간 동안 회복할 수 없다.

질문과 토론

수질에 대한 다음 질문에 대해 토의해보자.

1. 물의 사용에 대한 어떠한 목적이 가장 깨끗한 물을 요구하는가? 어떠한 목적이 가장 덜 깨끗한 물을 요구하는가?
2. 가능한 물의 사용에 대한 계층을 만들어보자. 예를 들어, 발전소에서 사용되는 물은 나중에 농업에 사용될 수 있는가? 아니면 가정용으로 사용 가능한가?
3. 수질을 향상시키기 위해 개인이 할 수 있는 일은 무엇인지 생각해보자.

역과 같은 미국 서부의 일부 지역에서는, 산업용과 관개용 등으로 이미 모든 지표수가 사용되고 있다. 지하수도 이 유역에서 사용되고 있으며, 일부 지역에서는 강수량에 의해 보충되고 있는 것보다 더 빨리 지하에서 물을 뽑아 올려서 사용하고 있다(그림 14.10). 인구가 증가하고 새로운 산업이 발전함에 따라, 이미 다른 용도로 할당되어 있는 지표수에 대해 더 많은 요구가 생겨나고 있으며 지하수는 점점 고갈되고 있다. 이것은 어떻게 담수를 농업, 산업, 그리고 도시 가정용으로 나누어야 하는지에 대해 논란이 되는 문제들을 야기한다. 농업의 이해관계자들은 농업으로 사람들이 얻어야 할 음식과 섬유를 생산하기 때문에 그들이 물을 가져야

그림 14.10 이 사진은 관개를 위해 땅으로부터 뽑아 올리고 있는 지하수를 보여준다. 일부 지역에서는, 강수에 의해 보충되는 것보다 지하수가 더 빨리 줄어들고 있어 지하수면이 내려가고 있다. 그러므로 몇몇 지역에서 지하수 자원이 곧 고갈될 수도 있다. ©Richard Thornton/Shutterstock.com RF

한다고 주장한다. 산업계의 이해관계자들은 산업으로 반드시 가져야 할 일자리와 제품을 만들기 때문에 그들이 물을 가져야 한다고 주장한다. 반면 도시는 물 없이는 사람이 생존할 수 없기 때문에 도시 내에서의 소비가 가장 중요하다고 주장한다. 그러나 다른 이들은 어떤 집단도 자신의 영역을 유지하기 위해 필요한 물을 우선 사용할 권리가 있지 않다고 주장한다. 이런 경우 누가 물 사용에 관해 최우선 순위를 가져야 할까?

14.2 바닷물

지구 표면의 70% 이상이 바닷물로 덮여 있으며, 평균 깊이는 3,800 m이다. 육지 면적은 표면의 1/3도 안 되는 30%를 차지하며, 평균 고도는 약 830 m에 불과하다. 육지와 바다에 대한 비교를 통해, 인간은 전체 지구의 작은 부분을 사용하여 대부분의 필요를 충족시키고 살아가는 것을 알 수 있다. 인구가 계속 증가하고 토지의 자원이 계속 감소함에 따라, 바다는 쓰레기를 버리기에 편리한 장소보다는 자원으로 더 간주될 것이다. 바다는 이미 식량을 공급하고 있고 몇몇 광물의 공급원이지만, 앞으로 바다는 아마도 담수, 새로운 음식의 공급원, 중요한 광물의 새로운 공급원, 그리고 미래에 새로운 에너지원을 제공할 수 있을 것이다. 예를 들어, 해저에는 귀중한 자원으로 사용될 수 있는 인과 망간 광물이 굉장히 많이 매장되어 있다. 인은 농업에 필요한 중요한 비료를 제조하는 데 사용될 수 있는 원소인데, 육지에서의 공급은 고갈되고 있다. 해저에서 매우 풍부하게 발생하는 망가니즈 단괴는 망간, 철, 구리, 코발트, 니켈 등을 함유하고 있다. 바닷물은 망가니즈 단괴를 유용한 에너지원으로 만드는 데 필요한 중수소를 함유하고 있다. 1갤런의 바닷물에는 중수소 1스푼이 들어 있는데, 이는 휘발유 300갤런에 해당한다. 향후 100억 년 동안 현재 소비량의 100배에 달하는 전력을 공급하기에 충분한 중수소가 해양에 존재한다고 추측되어 왔다. 그러나 이러한 잠재적 에너지원을 활용하기 위해서는 제어된 핵융합 개발이 필요하다. 바다는 현재 육지에서 경작되는 방식대로 바다의 농업인 **양식업**(aquaculture)을 통해 새로운 식량원을 제공할 수 있다. 일부 양식업은 이미 굴, 바지락, 바닷가재, 새우, 특정 어류의 양식으로 시작했지만, 이 양식업은 아직 가능한 모든 자원을 거의 활용하지 못하고 있다.

대양과 바다

지구 표면의 70% 이상을 덮고 있는 소금물로 이루어진 거대한 영역을 보통 **대양**(ocean) 또는 **바다**(sea)라고 한다. 일반적으로, **대양**은 지구 표면에 있는 소금물로 이루어진 하나의 연속적인 영역이다. 지구에는 실제로 큰 하나의 대양밖에 없지만, 특정 지역은 장소를 묘사하는 데 편리하도록 이름이 붙여졌다. 이를 위해 그림 14.11과 같이 (1) 대서양, (2) 인도양, (3) 태평양의 주요한 세 지역으로 나눌 수 있다. 각 지역은 대서양이 북대서양, 남대서양 등으로 나뉘는 것처럼 더 세분될 수 있다.

바다는 보통 대양의 작은 부분을 칭하는데, 바다가 속해 있는 더 큰 대양과 구별되는 특징을 가진 지역이다. 종종 **바다**라는 용어는 사해(dead sea)처럼 소금물로 이루어진 특정 내륙

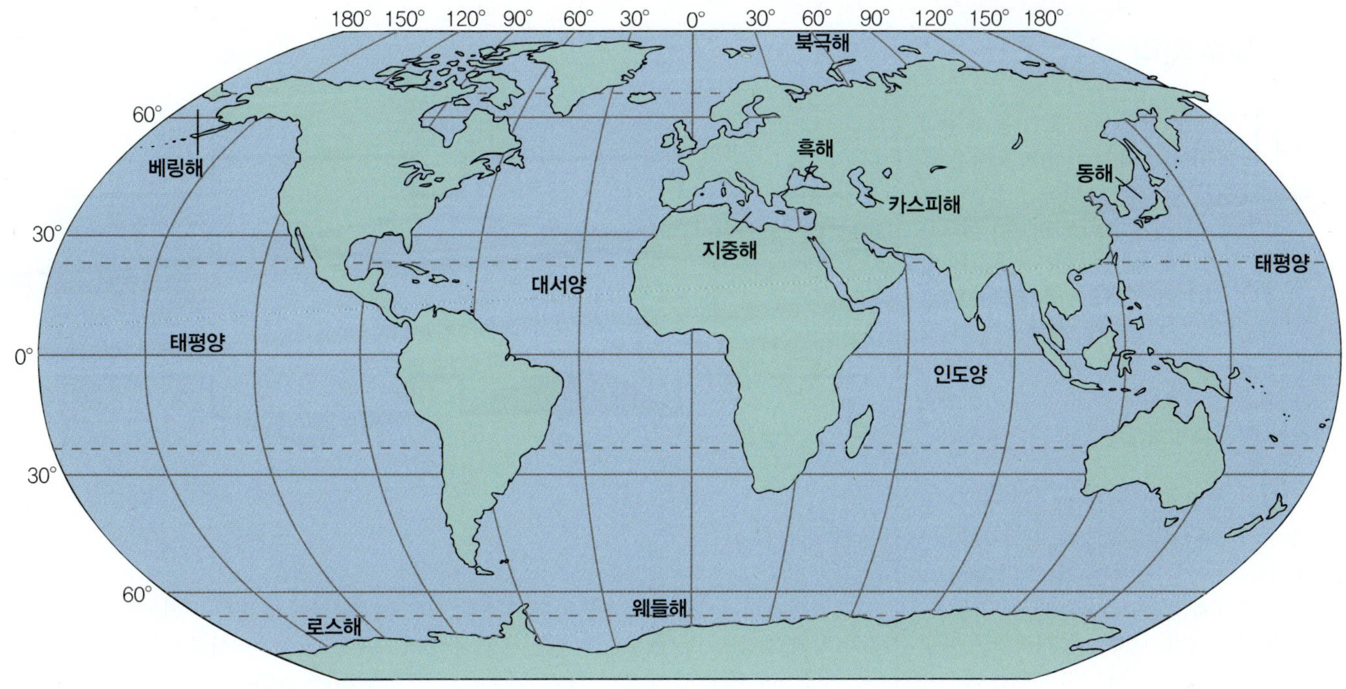

그림 14.11 지구 표면에서의 대양과 바다의 분포

수역의 이름으로 사용되기도 한다.

태평양은 주요 3대 대양 지역 중 가장 크다. 표면적이 1억 8,000만 km^2로 가장 넓고, 평균 깊이가 3.9 km로 가장 깊다. 태평양은 활동적인 수렴하는 판 경계에 의해 둘러싸여 있기 때문에, 때때로 '불의 고리'에 의해 둘러싸여 있다고 표현하기도 한다. 수렴하는 판 경계와 연관되어 있는 화산들 때문에 이렇게 불린다. '고리'는 또한 해구, 호상 열도, 지진과 같이 수렴하는 판 경계와 관련된 여러 특징을 가지고 있다. 대서양은 1억 700만 km^2의 표면적으로 두 번째로 넓고, 깊이는 3.3 km로 가장 얕다. 대서양은 남북으로 놓여 있는 판 경계가 동서방향으로 발산하여 서쪽과 동쪽으로 거의 비슷하게 나뉜다. 대서양에는 태평양과는 달리 해구와 호상 열도는 적지만, 판 경계에 있는 대서양 중앙해령의 일부분인 아이슬란드와 같은 섬들을 가지고 있다. 지중해, 카리브해, 멕시코만과 같은 대서양의 얕은 바다는 대서양의 얕은 평균 깊이에 기여한다. 인도양의 표면적은 7,400만 km^2로 가장 작으며, 평균 깊이는 3.8 km이다.

앞에서 언급한 바와 같이, 바다는 몇몇 특징으로 구분될 수 있는 대양의 한 부분이다. 예를 들어, 지중해, 멕시코만, 카리브해의 바다는 육지에 의해 경계를 이루며, 따뜻하고 건조한 기후에 위치한다. 이러한 곳에서 해수의 증발은 평소보다 더 많아지고, 이로 인해 바닷물이 더 많은 염분을 함유하게 된다. 육지에 의해 경계가 나뉘고, 더 염분이 많은 바닷물이라는 특징은 이러한 바다들을 대서양의 다른 바다들과 다른 것으로 구분되게 해준다. 반면에 사르가소해의 바다는 대서양의 일부로서 육지에 인접해 있지 않고 바닷물의 염분 농도가 보통이다. 이 바다는 지구 바람과 해류 패턴 때문에 풍부한 떠다니는 갈색 해초가 쌓여 있는 것이 특징이다. 북극해라고도 불리는 북극의 바다는 염분이 적은 북대서양 일부다. 그러므로 대양과 바다라는 용어는 아주 임의적인 용어로 지구의 하나의 연속적인 대양의 다른 부분을 묘사하는 데 사용된다.

자세한 관찰

폐수 처리

미국에서 가장 흔한 오염 통제 형태 중 하나는 폐수 처리다. 미국은 방대한 하수관, 펌프장, 처리장 시스템을 갖추고 있으며, 전체 미국인의 약 74%가 이러한 폐수 시스템에 의해 서비스를 받고 있다. 하수관은 가정, 기업, 그리고 많은 산업체에서 나온 폐수를 모아 처리장에 전달한다. 이러한 처리장들의 대부분은 폐수를 하천이나 다른 수돗물로 배출하는 데에 적합하도록 만들 수 있게 설계되었다.

폐수 처리장의 기본 기능은 물을 정화시키는 자연적인 과정을 가속화시키는 것이다. 처리 과정에는 **1차 처리**(primary stage)와 **2차 처리**(second stage)의 두 단계가 있다. 1차 처리는 물리적으로 폐수에서 고체를 제거한다. 2차 처리는 폐수를 더욱 정화하기 위해 생물학적 과정을 이용한다. 때로는 이러한 두 단계들이 하나의 처리로 결합되기도 한다.

미처리 폐수가 처리장으로 들어가면서, 먼저 스크린을 통과하여 막힘의 원인이 될 수 있는 천이나 막대기 같은 큰 부유물을 제거한다. 이러한 첫 번째 스크린 과정을 통과한 후 재, 모래, 작은 돌들이 바닥에 가라앉아 침사조로 들어간다(상자 그림 14.1). 이 침사조는 모래나 자갈이 비, 진흙, 그리고 다른 물질과 함께 폐수 처리장으로 씻겨 들어갈 수 있는 복합 하수 시스템이 있는 지역사회에서 특히 중요하다.

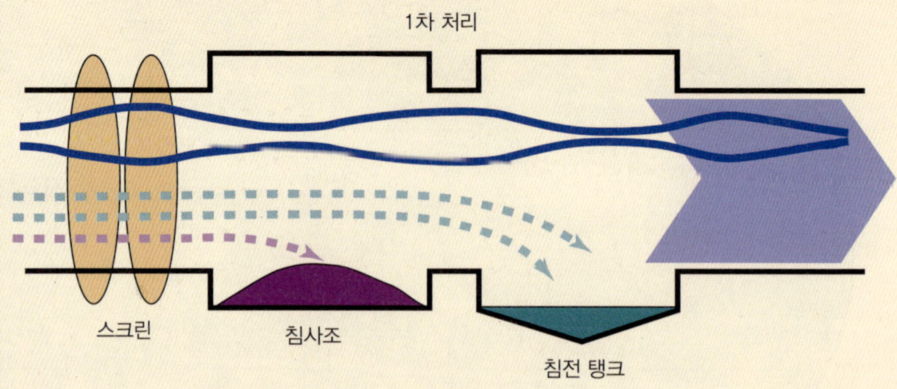

상자 그림 14.1

스크린과 침사조를 통과한 후에 폐수는 기본적으로 다른 고체의 부유 물질과 함께 유기물과 무기물의 혼합물이 된다. 고체 물질은 침전 탱크에서 제거될 수 있는 미세한 입자다. 더 큰 침전 탱크를 지나가면서 유속은 느려지고, 고체의 부유 물질은 점차 탱크 바닥으로 가라앉는다. 가라앉는 물질은 **생오니** 또는 **1차 오니**(raw primary sludge)라고 하는 고체 덩어리를 형성하는데, 이것은 보통 펌핑을 통해 탱크에서 제거된다. 오니는 비료로 사용하기 위해 추가 처리되거나 필요할 경우 소각을 통해 폐기된다.

일단 폐수가 주로 물리적 여과와 침전 과정인 1차 처리 과정을 통과하게 되면, 그 다음에는 미생물의 생물학적 활동과 관련된 2차 처리 과정으로 진입하게 된다. 2차 처리 과정에서는 폐수의 일부인 세균을 이용하여 폐수 안에 있는 유기물질의 약 85%를 제거한다. 2차 처리 과정에는 기본적으로 (1) **살수여상**(trickling filter)과 (2) **활성오니**(activated sludge)를 사용한 2가지 방법이 있다. 살수여상은 침전 탱크에서 흘러나오는 폐수가 흐르게 되는 깊이 1~2 m인 단순한 돌 층이다. 돌 층 대신 골판지 플라스틱 또는 다른 합성 매체의 맞물려 있는 것을 살수여상으로 사용할 수도 있지만, 중요한 것은 세균이 살고 성장할 수 있는 장소를 제공하는 것이다. 세균은 그 돌 층 또는 합성 매체 위에서 자라고 폐수에서 흐르는 대부분의 유기 물질을 소비한다. 이제 깨끗해진 물은 파이프를 통해 다른 침전 탱크로 흘러가고 여분의 세균이 제거된다. 염소가 함유된 폐수의 소독은 일반적으로 이 2차 처리 단계를 완료하는 데 사용된다.

오늘날의 추세는 살수여상 대신 활성오니를 사용하는 것이다. 활성오니 과정은 세균을 많이 가진 공기와 오니를 폐수와 밀접하게 접촉시켜서 세균의 작용을 가속화시키는 것이다(상자 그림 14.2). 폐수가 1차 처리에서 침전 탱크를 떠난 후, 폐수는 포기조로 펌핑되어 들어가고 그곳에서 세균을 가진 공기, 오니와 혼합되어 몇 시간 동안 머무르게 된다. 머무는 시간 동안 세균은 유기물을 무해한 물질로 분해한다.

현재 추가된 수백만 개의 세균으로 활성화된 오니는 새로운 폐수와 풍부한 양의 공기와 섞이기 위해 포기조에 다시 사용될 수 있다. 살수여상과 마찬가지로, 마지막 단계는 일반적으로 폐수에 염소를 첨가하는 것으로, 이를 통해 해로운 세균의 99%가 죽게 된다. 폐수 안에 있는 염소가 물고기와 다른 수생 생물에 해로운 상황에서는 자외선이나 오존 같은 염소 소독이 대체 방안으로 사용된다.

새로운 오염 문제는 폐수 처리 시스템에 추가적인 부담을 주었다. 오늘날의 오염물질은 물에서 제거하기가 더 어려울 수 있다. 물 공급에 대해 증가하는 수요는 이 문제를 더 악화시키고 있다. 이러한 문제를 해결하기 위한 시도는 처리장에서 오염물질을 제거하는 더 좋고 완벽한 방법을 개발하거나 오염물질을 원천지에서 제거하는 방법을 통해 수행되고 있다. 예를 들면, 산업 폐기물의 전처리에서는 파이프의 끝보다는 오히려 초기에 골치 아픈 오염물질을 제거한다.

물의 재사용에 대한 필요성이 증가함에 따라 더 나은 폐수 처리가 요구된다. 집에서든, 공장에서든, 또는 농장에서든 물의 모든 사용은 수질의 변화를 야기한다. 오염물질을 제거하는 새로운 방법들이 개발되고 있어, 이를 통해 좀 더 가용성이 높은 물이 호수나 하천으로 되돌려지고 있다. 이미 사용 중이거나 개발 중인 고급 폐수 처리 방법은 질소와 인을 제거할 수 있는 생물학적 처리에서부터 여과, 탄소 흡착, 증류, 역삼투 등의 물리-화학적 분리 방법에 이르기까지 다양하다. 이러한 방법들은 일반적으로 2차 처리를 넘어 3차 처리로 알려져 있다.

폐수 처리 과정은 단독으로 또는 여러 방법의 조합으로 원하는 거의 모든 정도의 오염물질 통제를 달성할 수 있다. 이러한 처리 방법에 의해 폐수가 더 높은 수준으로 정화되기 때문에 정화된 폐수는 산업용, 농업용, 여가용, 심지어 음용으로도 사용된다.

출처: *How Wastewater Treatment Works... The Basics*, U.S. Environmental Protection Agency, Office of Water.

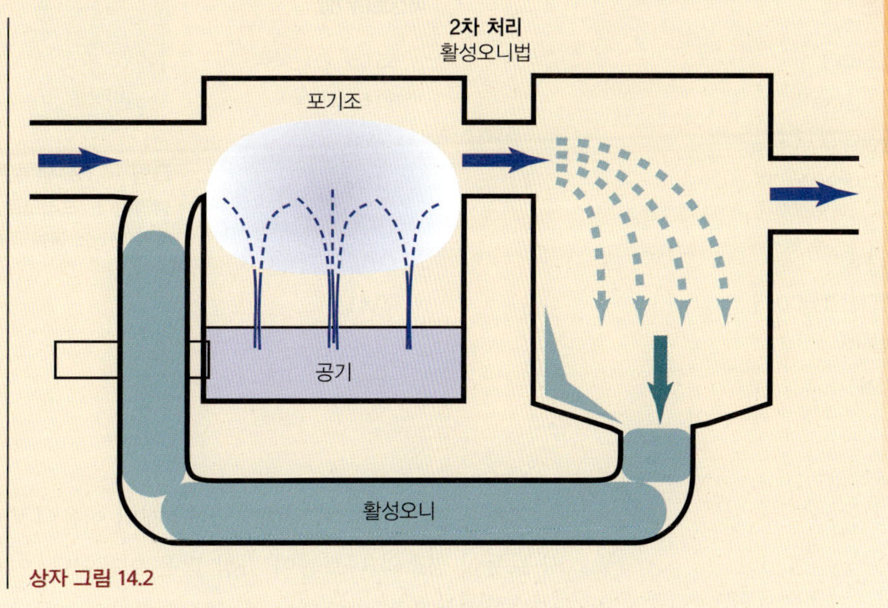

상자 그림 14.2

해수의 성질

한 이론에 따르면, 바다는 지구 표면의 아주 오래된 부분으로, 지구가 초기 용융 상태에서 냉각될 때인 적어도 30억 년 전에 형성되었다고 한다. 바닷물과 용해된 물질의 대부분은 용융된 암석 물질에서 수증기와 기타 기체들이 빠져나오면서 형성된 것으로 생각된다. 빠져나온 수증기는 곧 응결되어, 일정 기간 동안 초기 해양 분지의 움푹한 곳에서 액체로 모이기 시작했다. 그 이후로, 바닷물은 계속해서 수문 순환을 통해 순환하며 세계의 강들을 통해 바다로 물을 돌려보내고 있다. 수백만 년 동안, 이 강들은 많은 양의 부유 물질과 용해 물질을 바다로 운반해 왔다. 염분을 포함한 이 용해 물질들은 물이 다시 증발하고 응결되어 땅에 떨어지고 연속적인 컨베이어 벨트처럼 더 많은 용해 물질이 바다로 유입되는 동안 계속해서 바다에 남겨져 있었다.

왜 바다가 오랜 시간 지속된 퇴적물과 용해된 물질의 공급으로도 채워지지 않았는지 궁금할 것이다. 바다는 (1) 축적된 퇴적물은 판구조론을 통해 지구의 내부로 다시 돌아갔고, (2) 용해된 물질은 강에서 공급되는 것보다 빠른 속도로 자연적인 과정에 의해 제거되기 때문에 채워지지 않았다. 칼슘, 실리콘과 같은 용해된 물질 중 일부는 유기물에 의해 흡수 또는 제거되어 딱딱한 껍질, 뼈, 그리고 다른 단단한 부분으로 만들어진다. 철, 마그네슘, 인과 같은 다른 용해된 물질들은 바로 고체 퇴적물을 형성하고 또한 해저에 쌓이는 퇴적물을 만든다. 유기체의 단단한 부분과 고체 퇴적물은 바닷물 밖에서부터 가라앉은 부유 퇴적물과 함께 지구의 내부로 순환된다. 화석과 암석에 대한 연구들은 바닷물의 구성이 지난 6억 년 동안 거의 변하지 않았다는 것을 보여준다.

바닷물에 녹아 있는 물질은 물 분자의 강한 용해 능력 때문에 이온 형태로 존재한다. 거의

표 14.2 바닷물에 녹아 있는 주요 물질

이온	퍼센트(무게)
염소(Cl^-)	55.05
나트륨(Na^+)	30.61
황산염(SO_4^{2-})	7.68
마그네슘(Mg^{2+})	3.69
칼슘(Ca^{2+})	1.16
칼륨(K^+)	1.10
중탄산염(HCO_3^-)	0.41
브롬(Br^-)	0.19
합계	99.89

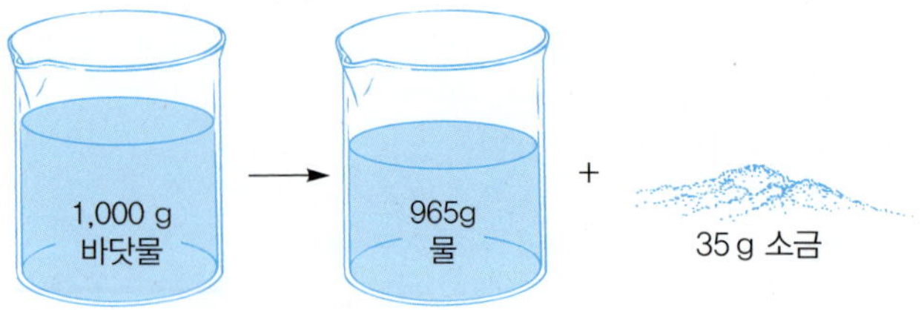

그림 14.12 염분은 바닷물 1,000 g에 녹아 있는 소금의 질량(g)으로 정의된다. 그러므로 바닷물의 염분이 35‰이라면, 1,000 g의 바닷물은 965 g의 물을 증발시켰을 때 35 g의 소금이 남게 된다.

모든 화학 원소가 존재하지만, 오직 6개의 이온이 바닷물의 99% 이상을 차지한다. 표 14.2에서 보듯이 염소와 나트륨이 가장 많은 이온이다. 이것들은 염화나트륨, 즉 일반 식탁용 소금의 구성성분이다. 바닷물이 증발함에 따라, 양의 금속 이온은 다른 음의 이온과 결합하여 **천일염**(sea salt)이라고 알려진 복잡한 이온 화합물을 형성한다. 천일염은 대부분 염화나트륨이지만, 염소, 황산염, 중탄산염 등의 서로 다른 음이온과 결합한 4개의 금속 이온(나트륨, 마그네슘, 칼슘, 칼륨)의 염도 포함한다.

바닷물에 용해된 염의 양은 **염분**(salinity)으로 측정된다. 염분은 1.0 kg, 즉 1,000 g의 바닷물에 용해된 염의 질량(g)으로 정의된다. 염분 함량이 1/1000로 보고되기 때문에 단위로 ‰(%는 1/100을 의미한다)이 사용된다. 그러므로 35‰은 1,000 g의 바닷물에 35 g의 염(및 965 g의 물)이 포함되어 있다는 것을 의미한다. 이는 3.5% 소금물(그림 14.12)과 같은 농도이다. 해양학자들은 바닷물 표본의 질량이 수온에 따라 변하지 않기 때문에 염분을 사용한다. 부피를 사용하는 다른 농도의 단위는 부피가 수축 또는 팽창하기 때문에 온도 변화에 따라 달라진다. 따라서 염분을 사용하면 온도 변화로 인한 보정이 필요 없어진다.

바닷물의 평균 염분은 약 35‰이지만, 일부 지역에서의 약 32‰의 낮은 농도부터 다른 지역에서의 약 36‰의 높은 농도까지 그 변화가 크다. 특정 위치에서 바닷물의 염분은 농도를 증가시키거나 감소시키는 요인에 의해 영향을 받는다. 염분 농도는 증발과 해빙의 형성이라는 2가지 요인에 의해 증가된다. 증발이 일어날 때, 수증기만 증발하기 때문에 농도가 높아지며 용해된 염은 더 큰 농도로 남게 된다. 얼음이 형성될 때, 염이 결정 구조에서 제외된다. 따라서 바닷물의 결빙으로 형성되는 얼음인 해빙은 담수가 되고 해빙의 형성으로 물이 일부 제거되며 용해된 염이 더 큰 농도로 남게 된다. 바닷물의 염분은 많은 양의 강수, 얼음이 녹는 것, 큰 강에 의한 담수의 3가지 요인에 의해 감소된다. 이 3가지 요인은 모두 바닷물을 담수로 희석시켜 염분 농도를 낮춘다.

예제 14.3 (선택)

1.03 g/cm^{3}의 밀도와 31‰의 염분을 가진 19 L의 바닷물을 담고 있는 5갤런의 플라스틱 통의 물을 완전히 증발시켰을 때 몇 g의 소금을 얻을 수 있는가?

풀이

$$V = 19\text{ L}$$
$$\text{염분} = 31‰$$
$$\rho = 1.03\text{ g/cm}^3$$
$$m_{\text{바닷물}} = ?$$
$$m_{\text{소금}} = ?$$

$m_{\text{바닷물}}$을 구하는 과정

$$\rho = \frac{m}{V} \quad \therefore\ m = \rho V$$

$$\begin{aligned} m &= \rho V \\ &= (1.03\text{ g/cm}^3)(19\text{ L})\left(\frac{1{,}000\text{ cm}^3}{1\text{ L}}\right) \\ &= \boxed{1.96 \times 10^4\text{ g}} \end{aligned}$$

$m_{\text{소금}}$을 구하는 과정

$$\begin{aligned} m_{\text{소금}} &= m_{\text{바닷물}} \times \text{염분} \\ &= (1.96 \times 10^4\text{ g})(0.031) \\ &= \boxed{607\text{ g}} \end{aligned}$$

예제 14.4 (선택)

1.03 g/cm^{3}의 밀도와 34‰의 염분을 가진 소금물과 염분을 똑같아지게 하려면 1 L의 담수에 몇 g의 소금을 넣어야 하는가? (답: 35 g)

담수를 첨가하거나 제거하는 것은 바닷물의 염도를 증가시키거나 감소시킬 수 있는데, 이때는 용액에 존재하는 물의 양만 바뀌게 된다. 이 경우, 바닷물에 존재하는 이온의 종류나 비율(표 14.2)은 담수의 양이 증가하거나 감소해도 변하지 않는다. 세계 어느 위치에서든지, 바다의 어떤 깊이에서든지, 또는 일 년 중 어느 때든지, 어떤 염분 농도든지 간에 바닷물에서는 동일한 화학 성분의 구성을 의미하는 동일한 비율이 나타난다. 즉, 바닷물은 농도가 변할지라도 동일한 화학 구성성분을 가지고 있다. 이것은 지구 전체의 바다가 잘 섞여 있다는 것을 의미한다. 어떻게 바닷물이 전 세계적으로 잘 섞이게 되는가는 바닷물의 이동에 관한 절에서 논의된다.

만약 수돗물 한 컵을 일정 기간 동안 가만히 둔 적이 있다면, 물이 따뜻해지면서 작은 기포가 발생하는 것을 본 적이 있을 것이다. 이 기포는 물속에 녹아 있던 질소와 산소 같은 대기 기체다(그림 14.13). 바닷물에는 용해된 소금 외에 용해된 기체가 포함되어 있다. 해수면 근

그림 14.13 공기는 물에 녹을 수 있고, 차가운 물은 따뜻한 물보다 더 많은 공기를 녹일 수 있다. 여기서 보는 기포는 음료수가 따뜻해졌을 때 용해되지 못하고 나오는 이산화탄소의 기포다. ©Bill W. Tillery

처에서, 바닷물은 대기에 있는 공기와 비슷한 비율로 질소와 산소를 포함한다. 하지만 바닷물에는 우리가 기대했던 것보다 더 많은 이산화탄소가 포함되어 있다. 이산화탄소는 물과 반응하여 기포가 콜라에서 발견되는 것과 같은 산인 탄산 H_2CO_3를 형성하기 때문에 더 많은 이산화탄소가 바닷물에 녹을 수 있다. 바닷물에서 탄산가스는 중탄산염과 탄산 이온으로 분해되어 용해된 상태로 남아 있게 된다. 수온과 염분은 얼마나 많은 기체가 바닷물에 용해될 수 있는지에 영향을 미치고, 둘 중 하나 또는 둘 다 증가하면 용해될 수 있는 기체의 양이 줄어든다. 추운 지역에서 차가운 저염분의 바닷물은 열대 지방의 따뜻한 고염분의 바닷물보다 더 많은 기체를 녹일 것이다. 햇볕이 잘 드는 표층 해수에서 충분히 많은 해조류(대조류)와 식물성 플랑크톤은 광합성 과정을 통해 용존 이산화탄소의 농도를 줄이고 용존 산소의 농도를 높이는 경향이 있다. 수심이 깊어지면 빛이 적게 침투하고, 80 m 아래에서는 광합성을 위한 빛이 불충분하다. 따라서 80 m보다 낮은 수심에서 해조류와 식물성 플랑크톤, 그리고 더 많은 용존 산소가 발견된다. 이 깊이 아래에는, 용존 이산화탄소가 많고 용존 산소는 적다. 산소가 부족한 깊은 바닷물은 궁극적으로 표면으로 다시 순환하지만, 그 순환 과정은 아마 수천 년이 걸릴지도 모른다.

해수의 이동

약 3억 6,100만 km^2의 표면적과 13억 7,000만 km^3의 바닷물의 부피를 가진 지구 대양의 거대함을 생각해보자. 전 세계의 바닷물에서 발견되는 균일한 화학적 성분을 만들어내기 위해서는 엄청난 양의 바닷물을 섞어주는 과정이 있어야 한다. 만약 바다의 긴 역사, 즉 혼합하는 일이 일어난 매우 긴 시간을 생각한다면, 얼마나 많은 혼합이 일어났는지를 쉽게 상상할 수 있다. 바닷물의 이동에 대한 조사를 바탕으로 약 2,000년마다 지구의 모든 바닷물이 완전히 섞이는 것으로 추정된다. 30억 년의 바다의 추정 연령을 생각해보면, 이것은 지구의 바닷물이 150만(30억÷2,000) 번 섞였다는 것을 의미한다. 이 정도의 혼합으로, 만약 바닷물이 지구 전체에서 동일하지 않다면 오히려 그게 더 이상할 것이다.

이렇게 완벽하게 섞어주기 위해 바닷물은 어떻게 움직일까? 바닷물의 해수면 위와 아래에서 모두 바닷물의 끊임없는 운동이 일어나고 있다. 해수면에서는 (1) 바람과 같은 일정한 요란에 의해 발생하는 **파도**(wave)와 (2) 한 장소에서 다른 장소로 바닷물이 이동하는 **해류**(current)의 2가지 형태의 운동이 있다. 파도는 일련의 주름처럼 해수면을 가로질러 이동하다가 해안가에서 부서진다. 육지에 있는 모든 강에서 이동하는 물보다 10,000배 이상 많은 물을 이동시키는 전 세계적인 표층 해류가 있다. 해수면 밑에서 특정 지역에서는 물을 위로 올리고, 다른 지역에서는 물을 아래로 내려가게 만드는 해류가 있다. 마지막으로 엄청난 양의 바닷물을 이동시키는 바다 깊은 곳의 심층 해류가 있다. 해수면 근처에서의 해류의 이동과 심층에서의 해류의 이동 사이의 관계는 아직 완전히 이해되고 있지 않다.

파도

아주 작은 요란이라도 물 표면을 가로질러 움직이는 물결을 일으킬 것이다. 예를 들어, 컵에 담긴 물의 표면에 바람을 불면, 표면을 가로질러 움직이는 작은 물결을 볼 수 있을 것이다.

그림 14.14 바다의 표면은 거의 고요하지 않다. 파도를 일으킬 수 있는 요인은 많지만, 바다에서 대부분의 파도는 국지적인 바람에 의해 형성된다. ©Bill W. Tillery

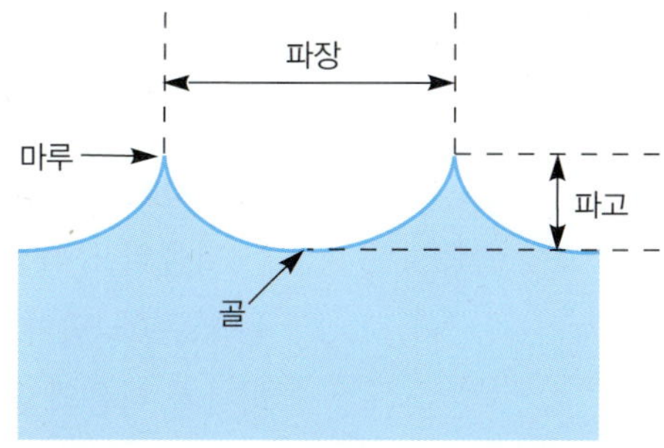

그림 14.15 몇 가지 기본적인 특징을 보여주는 가장 단순한 형태의 바다의 파도. 대부분의 파도는 크기와 속도가 다른 파장이 중첩된 복잡한 형태이기 때문에 이 그림처럼 나타나지는 않는다.

이러한 물결은 물 표면을 가로질러 움직이는 공기의 마찰 때문에 생긴다. 바다의 표면이 훨씬 더 크기는 하지만, 잔잔히 부는 바람도 같은 방법으로 물결을 만들어낸다. 고요한 물 위에 바람이 불면, 이러한 물결이 나타났다가 곧 사라진다. 바람이 지속적으로 분다면, 더 크고 오래 지속되는 물결이 만들어지고, 움직이는 공기가 물결의 표면을 계속해서 밀게 된다. 물결은 점진적으로 성장해서 바다의 표면의 가로질러 움직이는 요란인 **파랑**(ocean wave)이 된다. 가장 간단한 형태로, 각각의 파도는 **마루**(crest)라고 하는 물의 올라와 있는 부분과 **골**(trough)이라고 하는 물이 내려가 있는 부분을 가지고 있다. 파랑은 기본적으로 이러한 마루와 골이 반복되면서 물의 표면을 주름이 잡히듯 움직인다(그림 14.14).

파랑의 가장 단순한 형태는 (1) 마루의 꼭대기와 골의 바닥 사이의 수직 거리인 **파고**(wave height), (2) 연속된 2개의 마루와 마루(또는 골과 골) 사이의 수평 거리인 **파장**(wavelength), (3) 특정 위치를 지나가는 파도의 연속된 2개의 마루와 마루(또는 골과 골)가 지나가는 데 걸리는 시간인 **주기**(wave period)의 3가지 특성으로 표현될 수 있다(그림 14.15).

바람에 의해 형성되는 파랑의 특성은 (1) 풍속, (2) 바람이 부는 시간, (3) 외해를 가로질러 바람이 부는 거리인 **풍역대**(fetch)의 3가지 요인에 따라 달라진다. 여러분이 상상할 수 있듯이, 더 큰 파도는 긴 시간 동안 부는 강한 바람에 의해 생성된다. 일반적으로 더 오래 부는 강한 바람은 더 높은 파고, 더 긴 파장, 더 긴 주기를 가진 파도를 만들어낼 수 있다. 하지만 바람의 강도, 지속기간이 다양하기 때문에, 바람은 광범위한 크기와 속도를 가진 파도를 발생시킨다. 게다가 바람은 한 방향으로만 불지 않기 때문에 여러 방향에서 불어오는 바람은 다양한 파고와 파장을 가진 파도의 무질서한 형태를 만들어낸다. 그러므로 폭풍이나 강풍이 부는 지역의 바다 표면에서 형성된 파도는 많은 파도가 겹친 다양한 크기와 속도의 복잡한 형태를 보일 것이다. 작은 파도는 물속의 마찰로 금방 소멸되고, 큰 파도는 바람이 계속 파도의 마루를 밀어내면서 더 커질 것이다. 파랑은 높이가 몇 cm에서 30 m까지 다양하지만, 15 m 이상의 거대한 파도는 드물다.

폭풍 지역에 있는 무질서하고 여러 파도가 겹친 큰 파도는 그 파도를 만든 바람보다 더 오래 지속되어 그 파도는 원래 있던 곳에서 수백 km 또는 수천 km나 이동한다. 긴 파장의 파도는 짧은 파장의 파도보다 빠르고 오래 지속되기 때문에, 긴 파장의 파도는 짧은 파장의 파도를 추월하면서 흡수하기도 한다. 그러므로 폭풍 지역에서 생성되는 무질서하고 겹친 파도는 그 지역에서 멀리 이동하면서 변형된다. 이러한 파도는 규칙적인 그룹으로 묶이면서 **너울**(swell)이라고 하는 낮은 파고를 가진 현상을 만들어낸다. 해안 근처에서 볼 수 있는 너울은 수천 km 멀리 떨어진 폭풍에 의해 생성되었을지도 모른다.

너울의 규칙적인 마루와 골은 바다를 가로질러 에너지를 운반하지만, 물 자체를 운반하지는 않는다. 만약 너울에 떠 있는 배를 타본 적이 있다면, 각각의 마루에서 위와 앞으로 이동하다가 다음의 골에서는 다시 아래와 뒤로 이동하는 규칙적인 패턴으로 움직인다는 것을 알고 있을 것이다. 배는 바람이나 해류에 따라 움직이지 않는 한 파도와 함께 움직이지는 않는다. 마찬가지로, 표면의 물 입자는 각각의 파도의 마루와 함께 위와 앞으로 이동한 다음, 다음 골에서 뒤와 아래로 이동하면서 거의 제자리에서 원형 운동을 한다. 물 입자는 작은 원형 운동을 하는 동안 앞으로의 이동 없이 처음 위치로 다시 돌아간다. 원형 운동의 직경은 파고와 같다는 점을 유의하자(그림 14.16). 표면 아래의 먼 곳의 물 입자도 파도가 지나가면서 원형 운동을 하는데, 이러한 원형 운동의 직경은 깊이가 증가함에 따라 점진적으로 작아진다. 파장의 절반에 해당하는 깊이(파의 기저부)보다 더 깊은 곳에서는 파도로 인한 물 입자의 원형 운동이 일어나지 않는다. 따라서 파장을 측정하면 파도가 지나가면서 얼마나 깊은 곳까지 그 영향이 미치는지 알 수 있다.

너울이 깊은 바다에서 해안으로 이동할 때, 너울은 점점 더 낮은 깊이의 바다를 통과하게 된다. 파장의 절반 정도에 해당하는 깊이를 가진 바다에 도달하면, 물 입자의 원형 운동이 해저에 닿기 시작한다. 물 입자는 이제 해저를 가로질러 이동하며, 물 입자와 해저 사이의 마찰은 파고 증가와 함께 파도의 속도를 느려지게 만든다. 이 때문에 이동 방향의 변화가 발생하고, 파고가 증가함에 따라 점점 불안정한 상황을 초래한다.

대부분의 파도는 일정한 각도로 해안을 향해 움직인다. 해안에서 가장 가까운 파도의 마루가 느려지기 시작하지만, 상대적으로 먼 바다에 있는 파도는 여전히 같은 속도로 움직인다.

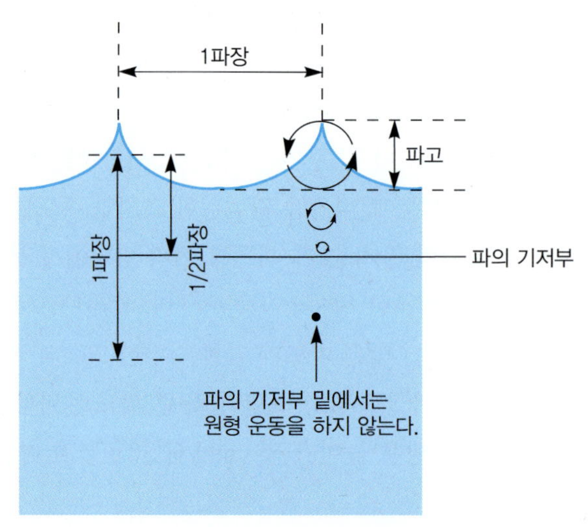

그림 14.16 물 입자는 탁 트인 바다에서 지나가는 파도에 의해 원형 운동을 한다. 표면에서의 물 입자는 파장 높이가 같은 직경의 원형 운동을 한다. 파장의 절반에 해당하는 깊이(파의 기저부)까지 물 입자의 원형 운동에서의 원의 직경은 깊이 증가와 함께 감소한다. 그 깊이보다 더 깊은 곳에 있는 퇴적물은 파도에 의해 움직일 수 없다.

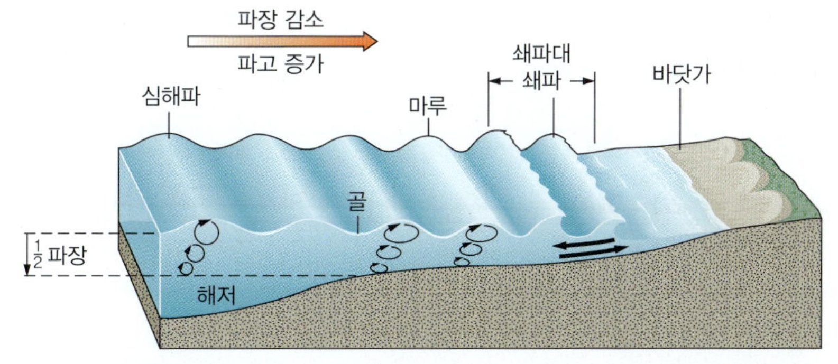

그림 14.17 너울이 완만하게 경사진 해변으로 다가감에 따라 물 입자의 원형 운동과 해저 사이의 마찰이 파도를 느리게 하고 파면은 점점 가파르게 된다. 수심이 파고의 약 1/3이 되면 파도가 앞으로 부러져 물을 바닷가 쪽으로 움직인다.

그림 14.18 흰 거품이 파도가 점점 높아지다가 부서지는 쇄파대에 있다. 이 그림에서 이안류의 증거가 보이는가? (그림 14.15 참조)
©John A. Karachewski RF

해안 쪽에서의 파속(velocity)의 둔화는 파도를 굴절시키거나 구부려서 파도의 진행방향이 해안과 수직이 되도록 만든다. 그러므로 파도는 항상 해안가 모든 곳에 동시에 도착하면서 해안가에 정면으로 접근하는 것처럼 보인다.

파도가 파장의 1/2이 안 되는 깊이의 물에 도달한 후, 물 입자의 원형 운동과 바닥 사이의 마찰이 점차적으로 파도의 아랫부분의 속도를 느리게 만든다. 위쪽의 파도가 아랫부분을 추월할 때 파도의 앞면인 **파면**(wave front)은 점점 가파르게 된다. 파면이 너무 가파르게 되면, 파도의 상부가 앞으로 부러지며 파도는 **쇄파**(breaker)가 된다(그림 14.17). 일반적으로 쇄파는 수심이 파고의 약 1/3이 되는 곳에서 발생한다. 쇄파가 발생하는 지역을 **쇄파대**(surf zone)라고 한다(그림 14.18).

예제 14.5 (선택)

해변이 1 m당 2.1 cm로 완만하게 경사져 있고 파장은 12 m라면 파의 기저부가 얼마나 먼 바다에서 해저에 부딪힐까?

풀이

파장 = 12 m　　　파의 기저부 = 파장의 $\frac{1}{2}$ = 6 m

파의 기저부 = ?

기울기는 바다까지의 거리에 대한 수심의 비이다. 그러므로 파의 기저부가 해저에 닿은 곳의 바다로부터의 거리는 이 기울기로부터 구할 수 있다.

기울기 $= 2.1 \dfrac{\text{cm}}{\text{m}}$

$\Delta Y = 6 \text{ m}$

$\Delta X = ?$

기울기 $= \dfrac{\Delta Y}{\Delta X} \quad \therefore \ \Delta X = \dfrac{\Delta Y}{\text{기울기}}$

$\dfrac{\text{cm}}{\text{m}}$를 $\dfrac{\text{m}}{\text{m}}$로 변환하면

$$2.1 \frac{\cancel{\text{cm}}}{\cancel{\text{m}}}\left(\frac{1 \ \cancel{\text{m}}}{1 \times 10^2 \ \cancel{\text{cm}}}\right)$$

$$2.1 \ \times 10^{-2}$$

$$\Delta X = \frac{6 \text{ m}}{2.1 \times 10^{-2}}$$

$$= \boxed{2.9 \times 10^2 \text{ m}}$$

예제 14.6 (선택)

예제 14.5에서 쇄파대가 해변에서 165 m 떨어져 있다면 쇄파의 파고는 얼마인가? (답: 2.6 m)

너울은 파도와 함께 물을 운반하지는 않지만, 성장하는 파도가 탁 트인 바다에서 바람에 의해 더 높은 높이로 밀리면서 소량의 물이 그 높은 곳으로 이동한다. 강한 바람이 탁 트인 바다에서 그런 파도를 쓰러뜨려 **백파**(whitecap)로 알려진 거품투성이의 파도를 만들어낼 수 있다. 일반적으로 30 km/h 이상의 바람이 불면 백파가 형성된다.

파도는 쇄파대에서 쇄파가 발생하는 지역의 물을 운반한다. 파도가 부서질 때, 물이 쌓이기 시작하는 해안 쪽으로 물이 모인다. 그 물 중 일부는 쇄파 아래의 바다 속으로 이동하여 바다 쪽으로 되돌아가기도 한다. 이러한 바다 속에서 되돌아가는 물은 **저층 역류**(undertow)라 하는 약한 해류를 만들어낸다. 축적된 물의 또 다른 일부는 파도에 의해 밀려와서 쇄파대 안에서 해안가와 평행하게 움직이는 **연안류**(longshore current)를 형성한다. 이 연안류는 인근 바닥보다 낮은 장소 또는 수로를 찾을 때까지 해안선과 평행하게 움직인다. 연안류가 그러한 수로를 발견하면, 파도의 반대 방향으로 쇄파대를 통과하여 바다로 돌아가는 강한 해류인 **이안류**(rip current)가 만들어진다(그림 14.19). 이 이안류는 보통 쇄파대를 벗어나면 소

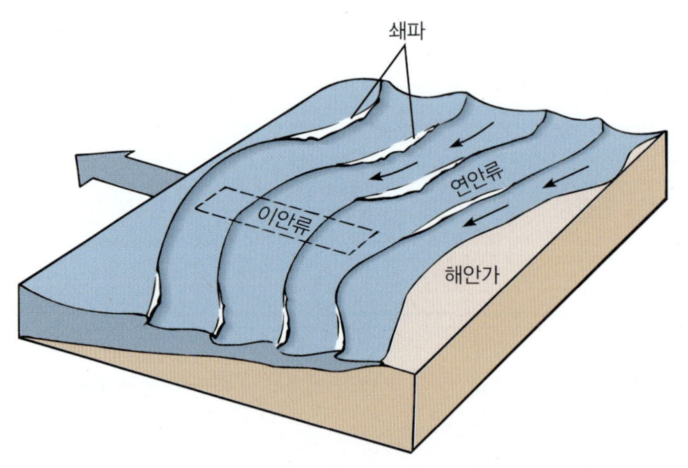

그림 14.19 쇄파로 축적된 물이 해안가 쪽으로 이동하고 해안가에 평행한 연안류를 만들어낸다. 연안류가 바다로 되돌아갈 수 있는 수로를 발견하면, 이안류라 하는 강한 해류가 발생한다.

멸된다. 이안류 또는 이안류가 일어나는 지역은 보통 (1) 쇄파의 부족, (2) 깊은 수로를 의미하는 더 어둡게 보이는 물, (3) 탁하거나 진흙으로 보이는 물줄기의 조합을 찾음으로써 위치를 알 수 있다.

해류

바람, 지진, 기조력에 의해 만들어진 파도는 바다의 표면을 끊임없이 움직이는 상태로 유지시킨다. 이안류나 조류 등과 같은 국지적이고 일시적인 흐름은 바닷물을 짧은 거리만 이동시킨다. 바닷물은 거의 같은 경로로 먼 거리의 바닷물을 이동시키는 연속적인 **해류**(ocean current)를 타고도 이동한다. 해류는 작은 규모에서의 물의 흐름과 섞여 있기 때문에 직접 관측하기는 힘들다. 바람 역시 움직이는 공기가 나머지 대기와 같이 섞여 있기 때문에 직접 관측하기 어렵다. 바람과 달리, 해류는 거의 같은 경로로 계속 이동하며, 종종 다른 흐름의 물과는 구분되는 화학적, 물리적 특성을 가진 물을 운반한다. 그러므로 해류와 주변 물의 화학적, 물리적 특성을 측정하여 해류를 식별하고 추적할 수 있다. 이것을 통해 해류가 어디서 오고 있는지, 그리고 어디로 가고 있는지를 알 수 있다. 일반적으로 해류는 (1) 바닷물의 밀도 차이와 (2) 같은 방향으로 지속적으로 부는 바람에 의해 생성된다.

밀도류 해수의 밀도는 (1) 수온, (2) 염분, (3) 부유하는 퇴적물의 3가지 요인에 영향을 받는다. 차가운 물은 일반적으로 따뜻한 물보다 무겁기 때문에 가라앉고 따뜻한 물이 그 자리에 대신 들어온다. 또한 염분이 높은 바닷물은 상대적으로 밀도가 높아서 가라앉고 염분이 낮은 바닷물이 그 자리에 대신 들어온다. 마찬가지로 부유 퇴적물의 양이 많은 바닷물은 맑은 물보다 밀도가 높기 때문에 가라앉고 깨끗한 물이 그 자리를 대신한다. 다음은 바닷물의 밀도를 변화시키는 이 3가지 요인으로 인해 흐르는 해류인 **밀도류**(density current)를 발생시키는지 설명한다.

지구는 극지방보다 열대지방에서 더 많은 태양복사에너지를 받고, 이것은 열대해양과 극해양의 온도차를 형성한다. 극지방 해양의 표층수는 보통 담수의 어는점(0°C) 이하인 반면, 열대지방 표층수의 온도는 평균 약 26°C이다. 바닷물은 소금을 함유하고 있어 담수의 어는점보다 낮은 온도에서 언다. 또 바닷물이 얼 때 소금은 얼음의 구조에서 제외되기 때문에 얼고 남은 바닷물은 염분이 높아진다. 염분이 높아지면, 어는점이 더 낮아지기 때문에 바닷물에서 얼음이 얼수록 남은 바닷물의 어는점이 더 낮아진다. 따라서 극지방 근처의 차갑고 염분이 높은 바닷물은 가장 밀도가 높아서 가라앉고, 이렇게 가라앉은 바닷물은 천천히 해저에서 적도를 향해 흐른다. 이처럼 해저에서 흐르는 차갑고 무거운 해류가 움직이는 곳과 방법은 해저의 모양, 지구의 자전, 그리고 그 밖의 다른 요인에 영향을 받는다. 이 해류가 움직이는 크기와 거리는 놀랄 만큼 크고 길다. 예를 들어, 북극의 차갑고 무거운 물은 그린란드와 아이슬란드 사이의 해저에서 직경 200 m의 해류로 움직인다. 이 해류는 약 500만 m^3/s의 바닷물을 북대서양 수심 3.5 km까지 운반한다. 이 해류가 운반하는 바닷물의 양은 미시시피강의 약 250배 정도 된다. 약 30 N°에서 북극의 차가운 물은 남극에서 북대서양 해저의 가장 깊은 곳까지 해류를 타고 이동한 훨씬 더 밀도가 큰 물과 만난다(그림 14.20).

두 번째 유형의 밀도류는 염분의 차이로 인해 발생한다. 예를 들어, 지중해의 물은 따뜻하

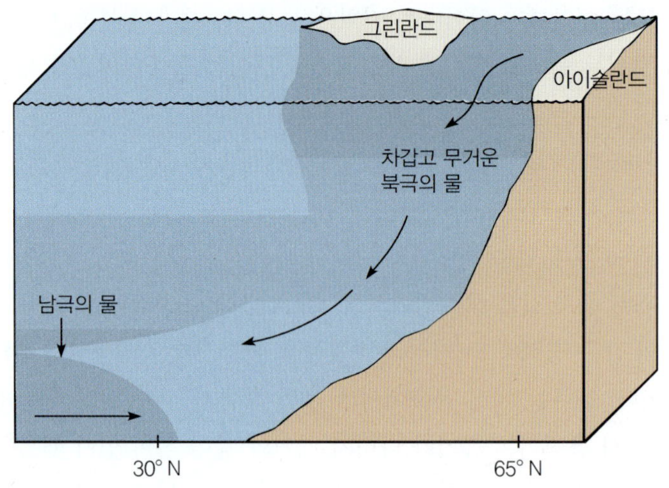

그림 14.20 차갑고 무거운 해류는 북극에서 그린란드와 아이슬란드 사이를 거쳐 대서양으로 미시시피강보다 250배나 많은 물을 운반한다. 약 30°N의 위도에서 이 해류는 남극에서부터 해류를 타고 이동한 더 차갑고 무거운 물과 만난다.

고 건조한 기후의 육지에 이해 둘러싸여 있기 때문에 염분이 높다. 염분이 높은 지중해의 바닷물은 탁 트인 대서양에 있는 바닷물보다 밀도가 높다. 이러한 밀도 차이는 지중해와 대서양의 서로 반대 방향으로 흐르는 2개의 분리된 해류를 야기한다. 밀도가 높은 바닷물은 지중해 바닥에서 대서양으로 흘러가는 반면, 밀도가 낮은 대서양 물은 해수면 가까이에서 지중해로 흘러들어간다. 밀도가 높은 지중해 바닷물은 북대서양의 대부분 지역에 걸쳐 퍼지면서 약 1,000 m의 깊이까지 가라앉는다.

세 번째 유형의 밀도류는 경사면에 쌓여 있는 수중 퇴적물이 해저 쪽으로 미끄러지면서 **저탁류**(turbidity current)라고 하는 진흙이나 탁한 물의 해류를 생성할 때 발생한다. 저탁류는 대륙에서 해양 분지로 퇴적물을 옮기는 주요 메커니즘으로 알려져 있다. 저탁류는 또한 해저 협곡과 같은 몇몇 해저 지형을 만드는 데에 기여할 수도 있다. 그러나 저탁류는 단지 간헐적으로 발생하는 것으로 여겨지며, 아직 직접적으로 관찰되거나 연구된 적은 없다. 따라서 저탁류가 어떻게 형성되는지, 해저에 어떤 영향을 미치는지에 대한 자료나 직접적인 증거는 없다.

표층 해류 해수면 근처에서 엄청난 부피의 물이 천천히 움직이는 해류가 있다. 그림 14.21에서 볼 수 있듯이, 각각의 해류는 전 세계 해류 순환 시스템의 일부분이다. 이러한 해류의 형태는 세계적인 바람의 형태와 유사하다. 표층 해류(surface current)를 움직이는 것은 해수면 위의 지배적인 바람에 의한 마찰이기 때문에 이러한 유사성이 나타난다. 해류는 지구의 자전과 해양 분지의 모양 등 다른 요인에도 영향을 받지만, 기본적으로 바람에 의해 발생한다.

각각의 바다는 중위도를 중심으로 하는 **환류**(gyre)라고 하는 거대한 해류를 가지고 있다. 환류는 북반구에서 시계 방향으로, 남반구에서 반시계 방향으로 돌고 있다. 이러한 환류와 환류 주변의 작은 해류가 전 세계 바다에서의 표층 해류 시스템을 이룬다. 이 시스템의 각 부분에는 대개 흐름의 방향에 기초하여 붙여진 이름이 있다. '만류(stream)'(멕시코 만류)와 '표류(drift)'(서풍 표류)라고 하는 일부 해류를 제외하고 대부분은 '해류(current)'라고 한다. 멕시코 만류와 서풍 표류 모두 해류와 연결된 하나의 전 세계적인 표층 해류 시스템 중의 일부이다.

대양 컨베이어 벨트 밀도류와 표층 해류는 결합하여 표층뿐만 아니라 깊은 바다에서도 일어나는 **열염순환**(thermohaline circulation)을 형성한다(그림 14.22). 열염순환은 바닷물이 태양

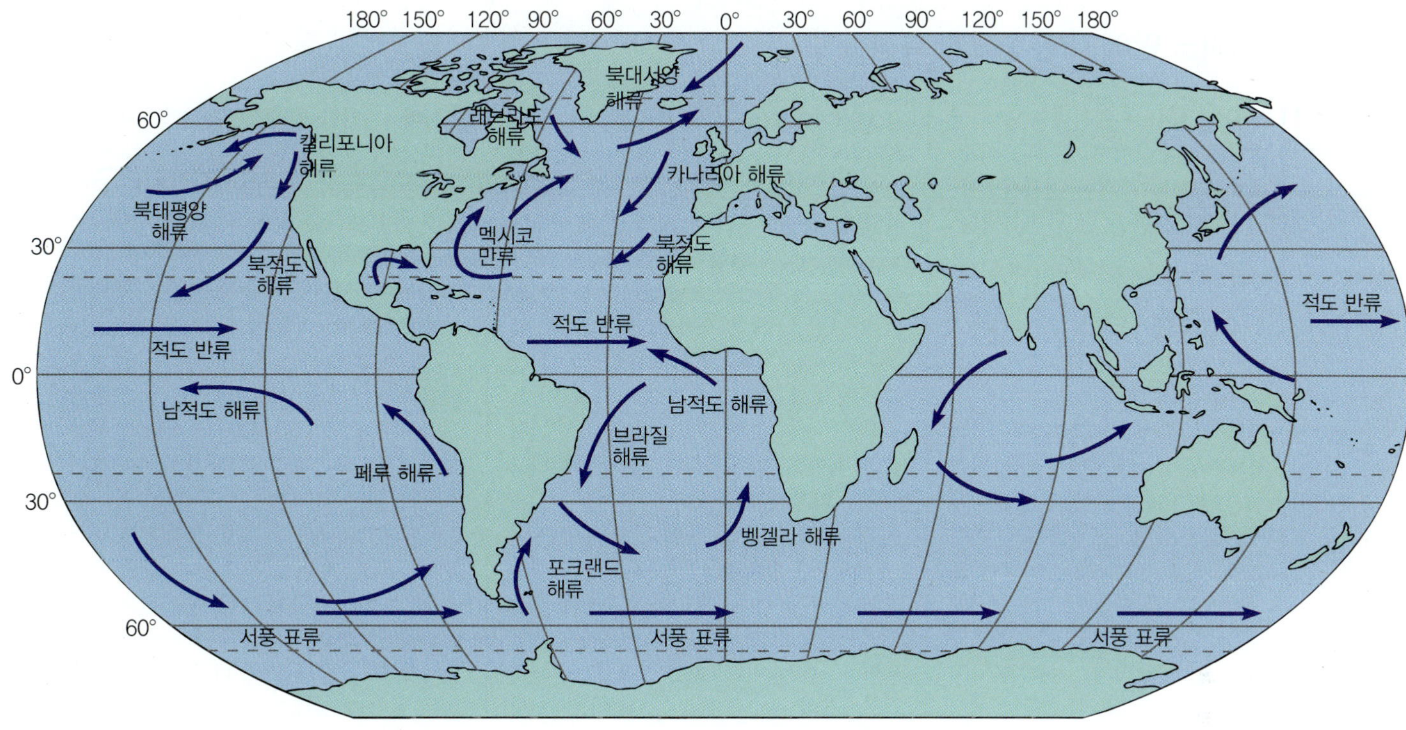

그림 14.21 전 세계 표층 해류

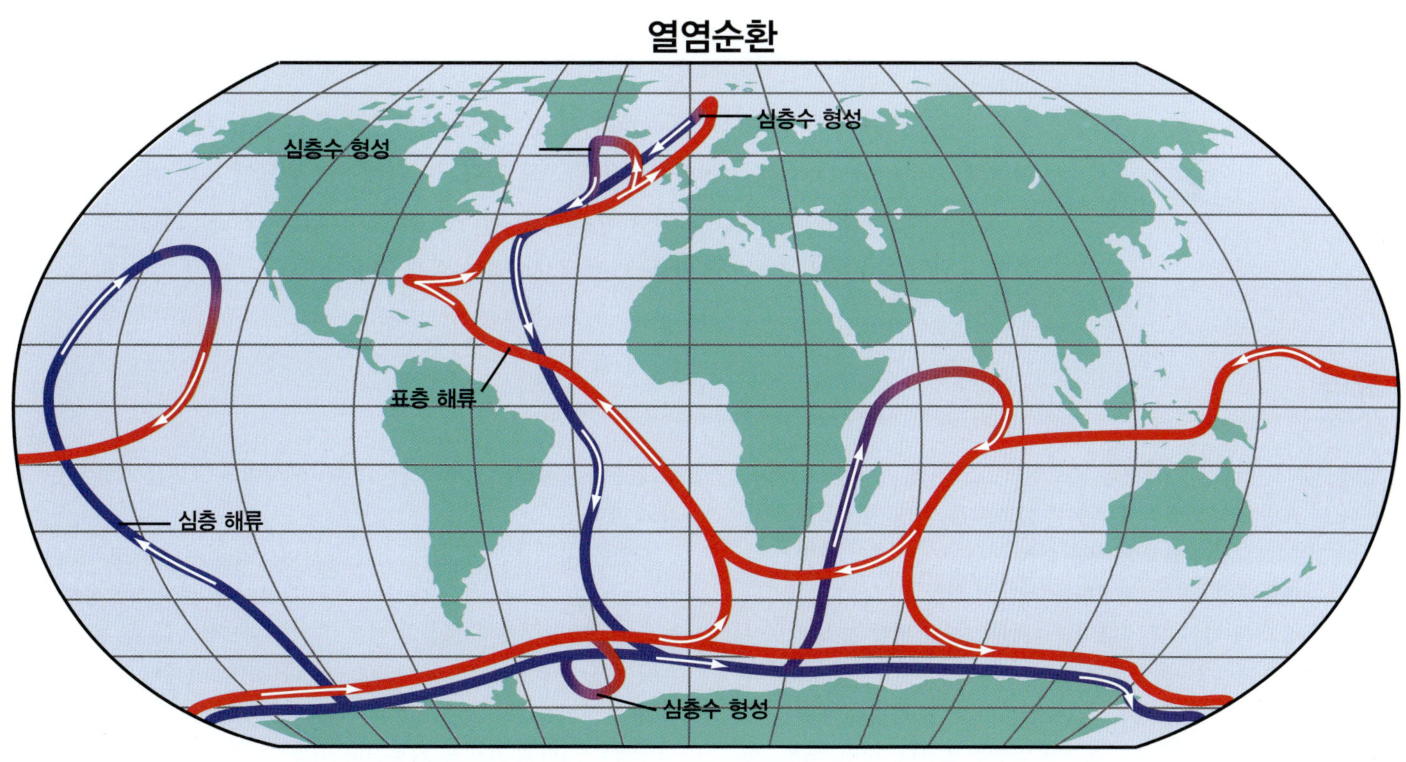

그림 14.22 전 세계 열염순환. 파란 선은 심층 해류를, 빨간 선은 표층 해류를 나타낸다.

자세한 관찰

체서피크 만에 대한 중요한 측정 도구

해저 수생 식물은 체서피크 만의 생태계에 필수적이며 체서피크의 전반적인 생태계 상태에 대한 지시자 역할을 한다. 장어와 줄말은 만 주변의 얕은 곳에서 자라 아기 꽃게와 물고기를 위한 식량과 은신처를 제공하고 오염물질을 걸러내며 물에 산소를 공급한다. 그래서 그 풀의 상태는 체서피크의 전반적인 건강 상태를 알려준다.

체서피크 만은 한때 600,000에이커의 풀이 있었으며, 굴, 꽃게, 청어, 대구, 철갑상어, 볼락 등의 많은 해산물이 풍부하게 있었다. 당시 그 만의 물은 맑았고, 어부들은 그들이 배 아래로 6 m의 바닥에 있는 풀도 선명하게 볼 수 있었다고 얘기했다. 그 이후에, 물은 오염되고, 풀은 죽어가기 시작했고, 만의 생태계가 쇠퇴하기 시작했다. 1984년에 이르러서는, 탁한 체서피크 해역에서 40,000에이커 미만의 풀만이 발견되었다.

풀이 줄어들면서, 함께 만에서 서식하는 수종의 쇠퇴가 찾아왔다. 청어, 대구, 철갑상어는 대형어업으로 번창했지만, 지금은 쇠퇴하였다. 꽃게뿐만 아니라 볼락도 한때 풍부했지만, 세월이 흐르면서 쇠퇴하였다. 꽃게는 놀라울 정도로 번식력이 좋기 때문에, 이러한 꽃게의 개체수 감소는 어부들에게 충격을 주었다. 그 꽃게들은 약 1년 안에 성숙하고, 한 마리의 암컷은 수백만 개의 알을 낳는다. 문제 중 하나는 새끼 게를 포식자로부터 보호하는 서식지로써의 수중 풀의 감소이다. 서식지 감소 외에도 일부에서는 게가 남획되고 있다고 여겨지고 있다.

체서피크의 수중 풀에 무슨 일이 일어난 것일까? 과학자들은 이것이 자연적인 침식과 강 유역에 위치한 농가에서 나온 오염물질의 결합 때문이라고 믿고 있다. 오염물질에는 비료, 화학 잔류물, 하수 처리장에서의 유출물들이 포함된다. 체서피크 근처에는 6,000여 개의 닭장이 있어 연간 6억 마리의 닭을 사육하고, 750,000톤의 거름을 생산하고 있다. 거름은 비료로 사용되며, 상당량의 질소와 인산염을 포함한다. 이러한 영양소들은 만 안에서 조류의 성장을 가속화하는데, 이 조류가 햇빛을 차단한다. 그 결과 풀은 죽고, 물이 탁해져서 새로운 풀들이 자라는 것을 불가능하게 한다.

600,000에이커의 수중 풀들이 죽으면서 1984년에는 40,000에이커까지 감소했고, 그 이후에 하수 처리장이 현대화되고 산업과 농장에서 나오는 오염물질이 줄어들면서 수중 풀들은 다시 증가하기 시작했다. 이 풀들은 1999년까지 63,500에이커까지 회복되었지만, 수질 변화에 매우 민감했다. 따라서 그 수중 풀들은 오염물질이나 탁한 수질을 가져올 수 있는 특이한 기상 조건과 함께 다시 죽을 것으로 예상되지만, 조건이 적절할 때는 계속해서 증가할 수 있다. 꽃게와 다른 수생종의 번성은 풀들의 상태에 따라 변동할 것으로 예상할 수 있다. 수중 풀의 성장 추세는 실제로 체서피크 만의 건강을 재는 중요한 척도를 제공한다.

복사에너지 또는 열을 흡수하고 재분배할 때 컨베이어 벨트처럼 작용하기 때문에 '대양 컨베이어 벨트(the great ocean conveyor belt)'라고도 한다. 이 컨베이어 벨트에 의한 열의 수송은 지구 각 지역의 기후에 영향을 미친다. 바닷물은 이러한 전 세계적인 운반 시스템을 통해 천천히 움직이며, 지구를 한 바퀴 다 도는 데 2,000년이 넘게 걸린다.

요약

땅에 떨어진 **강수**는 지표면을 가로질러 흐르거나, 땅 속으로 스며든다. 지표면을 가로질러 움직이는 물을 **유출**이라고 한다. 물이 모여 육지를 가로질러 흐르는 것을 **하천**이라고 한다. 하천 주변은 물이 일부 배수되어 **유역**을 형성한다. 하나의 하천 유역은 **분수계**라고 하는 선에 의해 다른 하천 유역과 나뉜다. 물이 특정 장소에 모여 가만히 있게 되었을 때, 상대적으로 작은 것을 **연못**, 큰 것을 **호수**라고 한다. **저수지**는 천연 연못, 천연 호수, 또는 물 관리나 제어를 위해 댐을 건설하여 만들어진 호수나 연못을 말한다. 하천, 연못, 호수, 저수지의 물을 총칭하여 **지표수**라고 한다.

땅으로 내린 강수는 **포화대**에 도달할 때까지 아래로 **스며든다**. 포화대에 있는 물을 **지하수**라고 한다. 물질이 담을 수 있는 물의 양은 **공극률**에 따라 달라지며, 물이 물질을 통해 얼마나 잘 움직일 수 있는가는 **투수성**에 따라 달라진다. 포화대의 표면을 **지하수면**이라고 한다.

대양은 지구 표면에 있는 소금물로 이루어진 거대한 영역이다. **바다**는 다른 특징을 가진 대양의 작은 부분이다. 바닷물에 용해된 물질은 대부분 6가지 물질의 이온이지만, 나트륨 이온과 염소 이온이 가장 풍부하다. **염분**은 1,000 g의 바닷물에 용해된 소금의 질량(g)을 의미한다.

파랑은 바다의 표면을 가로질러 이동하는 요란이다. 가장 단순한 형태로, 파도는 올라와 있는 부분인 **마루**와 내려가 있는 부분인 **골**을 가지고 있다. 파도는 **파고**, **파장**, **주기**라는 특성을 가지고 있다. 바람에 의해 만들어지는 파도의 특성은 **풍속**, 바람이 부는 **시간**, 외해를 가로질러 바람이 부는 거리인 **풍역대**에 따라 달라진다. 긴 파

과학의 배후에 있는 사람들

레이첼 카슨(Rachel Louise Carson, 1907-1964)

레이첼 카슨은 미국의 생물학자이자 환경보호론자이며 운동가이다. 많은 현대 관습들이 환경에 가한 위험에 대한 그녀의 글은 현대 환경 운동의 발생을 고무시켰다.

카슨은 1907년 5월 27일 펜실베이니아주 스프링데일에서 태어나 펜실베이니아 여성대학교에서 교육을 받았고, 문필 경력에 대한 꿈을 이루기 위해 영어를 공부하였다. 생물 교사가 그녀를 자극하여 그녀가 과학 연구 쪽으로 눈을 돌리게 하였고, 그녀는 존스 홉킨스 대학교에 가서 동물학을 전공하고 1929년에 졸업하였다. 그녀는 1932년에 동물학 석사학위를 받았고, 그 후 메릴랜드 대학교의 동물학과에 임용되어, 메사추세츠에 있는 우즈홀 해양생물학 연구소에서 강의하고 연구하면서 여름을 보냈다. 홀어머니와 고아가 된 조카들을 부양하기 위해 학업을 포기하고, 미국 수산국에서 일하며, 여가시간에 해양 생물과 물고기에 대한 글을 쓰고, 일본의 진주만 습격 직전 바다 위에서 그녀의 첫 번째 책을 썼다. 제2차 세계 대전 동안 미국 정부를 위해 해양 생물에 관한 라디오 프로그램 원고를 썼으며 미국 어류 야생생물청의 출판부를 개편했다. 1949년에 수석 생물학자와 편집장으로 임명되었다. 또한 현장 활동에 몰두하게 되었고, 정기적으로 자연계에 관한 프리랜서로 기사를 썼다. 이 기간 동안, 《우리를 둘러싼 바다》(The Sea Around Us)라는 책을 썼다. 이 책은 1951년에 출판되자마자 즉시 베스트셀러가 되었으며, 여러 언어로 번역되어 출판되었으며, 여러 문학상을 수상하였다. 이 책의 성공으로 인해 재정적으로 여유가 생겨, 카슨은 전문 작가가 되기 위해 1952년에 직장을 그만두었다. 그녀의 두 번째 책인 해변의 자연사를 다룬 《바다의 가장자리》(The Edge of the Sea, 1955)는 생물학 분야의 작가로서의 그녀의 명성을 더욱 확고히 해주었다. 그녀의 가장 유명한 책인 《침묵의 봄》(Silent Spring, 1962)은 인간들이 사용하고 있는 화학적 독, 특히 합성살충제가 지구, 바다, 하늘을 파괴하고 있다는 고발성 내용을 포함하고 있었다. 영향력 있는 화학공업회사의 반박에도 불구하고, 카슨 책의 즉각적인 효과로 그녀는 살충제 사용에 관한 대통령 자문 위원회에 임명되었다. 이때 카슨은 건강이 매우 안 좋았고, 1964년 4월 14일 메릴랜드주 실버스프링에서 사망했다. 《침묵의 봄》은 환경 문제의 새로운 움직임에 경고하고 영감을 주었다. 카슨은 공해와 생태계 파괴라는 광범위한 과학적 이슈에 대해 글을 쓰면서, 산업계에 의한 자연 자원의 무분별한 사용 문제에 대해서도 중요한 이슈를 제기했다.

출처: Modified from the *Hutchinson Dictionary of Scientific Biography*. Abington, UK: Helicon, 2011.

장의 파도가 규칙적인 그룹으로 묶인 것을 **너울**이라고 한다. 너울이 해안가로 접근할 때, 파도는 느려지고, 파고는 높아진다. 느려진 파도는 **굴절되거나** 구부러져서 파도는 해안에 정면으로 접근한다. 파고가 너무 높아지면, 윗부분이 앞으로 부서지고 **쇄파대**에서 **쇄파**가 형성된다. 물은 쇄파로부터 해안 쪽으로 축적되어 **저층역류**로, **연안류**로, 또는 **이안류**의 형태로 바다로 돌아간다.

해류는 먼 거리에 있는 바닷물을 통해 이동하는 물의 흐름이다. **밀도류**는 **수온**, **염분**, **부유하는 퇴적물**의 차이로 인해 발생하는 해류이다. 각각의 바다는 중위도를 중심으로 하는 **환류**라고 하는 거대한 해류를 가지고 있다. 환류의 다른 부분은 **멕시코 만류** 또는 **캘리포니아 해류** 같이 다른 이름으로 불린다.

개념에 대한 질문

1. 일반적으로 땅에 떨어지는 물에서 일어나는 모든 일들을 설명하시오.

2. 건조한 시기에도 하천이 어떻게 계속 흐를 수 있는지 설명하시오.

3. 지하수면은 무엇인가? 지하수면의 깊이와 뚫어야 되는 우물의 깊이 사이의 관계는 무엇인가? 설명하시오.

4. 담수의 원천으로써 (1) 표층수와 (2) 지하수를 사용하는 것에 대한 장점과 단점을 비교하시오.

5. 제한된 물 공급의 사용에 있어 (1) 농업, (2) 산업, (3) 도시 중 어떤 것에 우선순위를 두어야 하는지 토의하시오.

6. 담수의 공급을 늘릴 수 있는 가능한 방법에 대해 토의하시오.

7. 매년 세계의 강과 하천은 수백만 톤의 용해물을 바다로 운반한다. 이로 인해 바다의 염분이 증가하지 않는 이유를 설명하시오.

8. 너울은 무엇이며, 어떻게 형성되는가?

9. 파도는 왜 항상 해안가에 정면으로 다가오는 것처럼 보이는가?

10. 어떤 요인이 바람에 의해 만들어지는 파랑의 크기를 결정하는가?

11. 어떻게 쇄파가 너울로부터 형성되는가? 그리고 쇄파대는 무엇인가?

12. 해변에서 이안류가 일어나는 장소를 피하기 위해 무엇을 찾아야 하는지 설명하시오.

13. 지구의 물은 특정 시간 동안 고체, 액체, 기체로 어떻게 분배되는가? 물 중에서 소금물은 얼마만큼을 차지하며, 담수는 어떠한가?

14. 자분정이 만들어지기 위한 조건은 무엇인가?

15. 파도 아래의 해저에 있는 퇴적물이 움직이기 위해 필요한 파장과 파고를 설명하시오.

16. 지구에 있는 모든 물의 분포를 고려할 때, 운송, 처리, 저장 중 최소한의 비용으로 가장 많은 효과를 낼 수 있는 것은 무엇인가?

17. 유출이 아닌 지하수로 들어가는 강수량을 증가시킬 수 있는 여러 방법을 설명하시오.

18. 일부 사람들은 (1) 댐 아래의 하류 서식지가 변할 수 있고, (2) 저수지가 결국 실트와 퇴적물로 가득 찰 것이기 때문에 물의 저장을 위해 저수지를 만드는 것은 좋지 않은 생각이라고 믿는다. 주어진 이유로 저수지는 나쁜 것이라는 것에 동의하는 글을 써보자. 반대로 저수지의 건설을 지지하는 내용으로 글을 써보자.

19. 세계의 강물에서 용해된 소금이 지속적으로 공급되고 있음에도 불구하고, 지난 6억 년 동안 바닷물의 평균 염분이 어떻게 비교적 일정하게 유지되어 왔는지 설명하시오.

20. 파도나 해류가 에너지원으로 사용될 수 있을까? 왜 그런지 또는 왜 그렇지 않은지 설명하시오.

21. 강과 해류의 중요한 유사점과 차이점은 무엇인가?

연습문제

그룹 A

1. 연간 강수량이 254 mm, 잠재적 증발량이 1,800 mm인 지역의 순 물 수지는 얼마인가? 강수량과 증발량의 차이는 순 물 수지에서 물이 남는지 부족한지를 결정한다.

2. 미국 북동부 지역의 강수량은 연간 1,143 mm이다. 잠재적 증발산(증발과 증산)은 508 mm이다. 이 지역의 순 물 수지는 얼마인가?

3. 어떤 유역은 연평균 유출량이 737 mm이고 면적은 1,157 km^2이다. 유출되는 부피는 얼마인가?

4. 추적 염료는 동굴 안에 있는 석회암 대수층에서 나타난다. 염료는 12시간 후, 염료가 처음 나타난 곳에서 14.7 km 떨어진 곳에 위치한 분수에서 나타났다. 이때 지하수의 속도는 얼마인가?

5. 제조 공장에서 지하 탱크를 채우는 동안 용액이 지하수면 안으로 들어갔다. 약 429일 후, 용액은 탱크에서 229 m 떨어진 곳에 위치한 곳에서 검출되었다. 지하수의 유속은 얼마인가?

6. 천일염 제조 공장에는 면적 2.5×10^4 m^2, 깊이 3.5 m의 증발 연못이 있다. 이 과정에서 사용되는 해수의 염분은 36‰이다. 연못의 물이 완전히 증발했을 때, 몇 kg의 소금이 만들어지는가? (해수의 밀도는 1.03 g/cm^3로 가정한다.)

7. 해변은 1 m당 6.8 cm로 경사져 있다. 파도는 해안에서 24 m 떨어진 쇄파대에서 부서지며, 파장은 9.5 m이다. 파도는 해안가에서 얼마나 떨어진 곳에서 파의 기저부가 바닥에 닿는가? 쇄파의 높이는 얼마인가?

8. 한 수영선수가 30분 동안 물속에 있었는데, 해변에 있던 수건과 우산으로부터 87 m 떨어진 것을 알아차렸다. 이 경우 연안류의 속도는 얼마인가?

15 원자와 주기적 성질

Atoms and Periodic Properties

핵심 개념

원자 모형에 기여한 여러 연구 분야

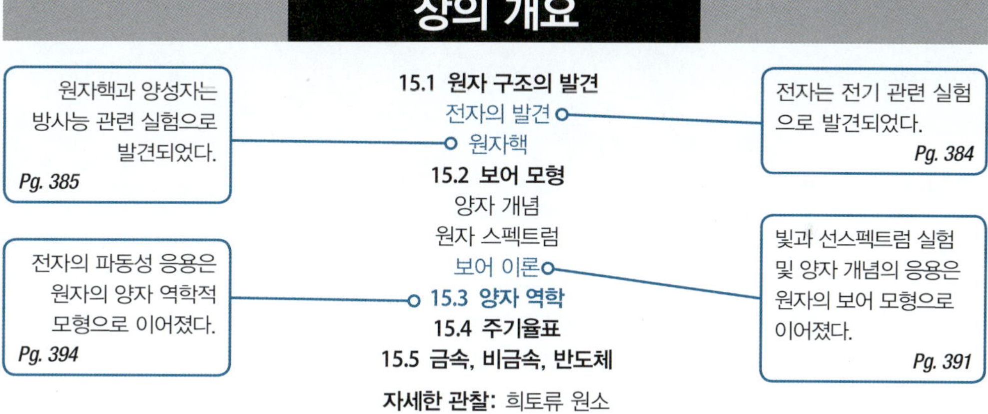

지구상에서 발견된 자연에 존재하는 94개 원소 중 하나인 순수한 리튬
©McGraw-Hill Education/Charles D. Winters, Photographer

연관성

화학

- 전자 배치는 원자들이 어떻게 서로 결합하는지를 설명하는 데 사용할 수 있다(16장).
- 물과 그것의 성질은 수소 원자와 산소 원자의 전자 구조를 고려하여 설명할 수 있다(17장).
- 원자핵의 성질은 방사능과 핵에너지를 설명할 것이다(8장).

천문학

- 별로부터 나오는 에너지는 별 중심에서 일어나는 핵반응에서 유래한다(9장).
- 별은 원자로이다(9장).

지구과학

- 지구를 구성하는 물질은 원자 구조를 고려하여 이해할 수 있다(11－12장).
- 지구는 변화를 통해 물질을 순환시킨다(11－14장).

생명과학

- 생명체는 복잡한 상호작용 속에서 에너지와 물질을 사용한다(18－22장).

개요

현대 원자 모형의 발전은 현대의 과학적 이해가 어떻게 많은 여러 연구 분야에서 나오는지를 설명해준다. 예를 들어, 여러분은 전기에 대한 연구로부터 어떻게 원자가 전자라고 하는 아원자 구성 성분을 발견했는지를 배울 것이다. 방사능의 발견으로 양성자와 중성자로 구성된 중심 원자핵과 같은 더 많은 구성 성분을 발견하게 되었다. 빛의 흡수와 방출에 대한 정보는 이런 구성 성분들이 어떻게 함께 있는지에 대한 모형, 즉 행성이 태양 주위의 궤도를 도는 것과 아주 비슷하게 전자가 원자핵 주위를 도는 축소된 태양계를 닮은 모형을 만드는 데 이용되었다. 태양계 모형은 처음에는 성공을 거두었지만, 제한된 성공이었고 물질과 에너지에 대한 다른 이해와 일치하지 않았다. 이 모형의 수정이 시도되었지만, 아무도 문제를 해결하지 못했다. 그 후 물질의 파동성 발견으로 완전히 새로운 원자 모형이 만들어졌다(그림 15.1).

원자 모형은 다음 여러 장에서 물질의 다양성과 물질이 겪는 변화를 설명하기 위해 사용될 것이다. 그 외에 이런 변화를 어떻게 의약품에서 도자기에 이르는 새로운 물질을 만드는지 배울 것이다. 요컨대, 원자와 원자가 겪는 변화를 이해하는 것이 어떻게 우리들의 생활과 직접 관련될 뿐 아니라 문명을 형성하고 영향을 미치는지 배울 것이다.

15.1 원자 구조의 발견

가장 배율이 높은 광학 현미경조차도 볼 수 없는 아주 작은 것에 대해 과학자들이 어떻게 알 수 있었는지 한 번이라도 궁금한 적이 있었는가? 원자는 물질의 작은 단위이며, 너무 작아서 수소 1그램(g)은 약 600,000,000,000,000,000,000,000(6×10^{23})개의 원자를 가지고 있다. 원자가 개별 단위가 아니라 훨씬 더 작은 입자들로 이루어져 있다는 사실은 더욱더 믿을 수 없다. 너무 작아서 볼 수 없는 것에 대해 과학자들이 어떻게 우리에게 알려 줄 수 있을까? 대답은 이런 것들을 직접 관찰할 수는 없지만, 실험 증거로부터 그것들의 존재가 추론될 수 있다는 것이다. 다음 이야기는 실험 증거와 과학자들이 어떻게 전자, 원자핵, 양성자, 중성자 등의 구성 성분들을 알았고 그것들이 어떻게 원자 안에 모두 배열되어 있는지를 서술한다.

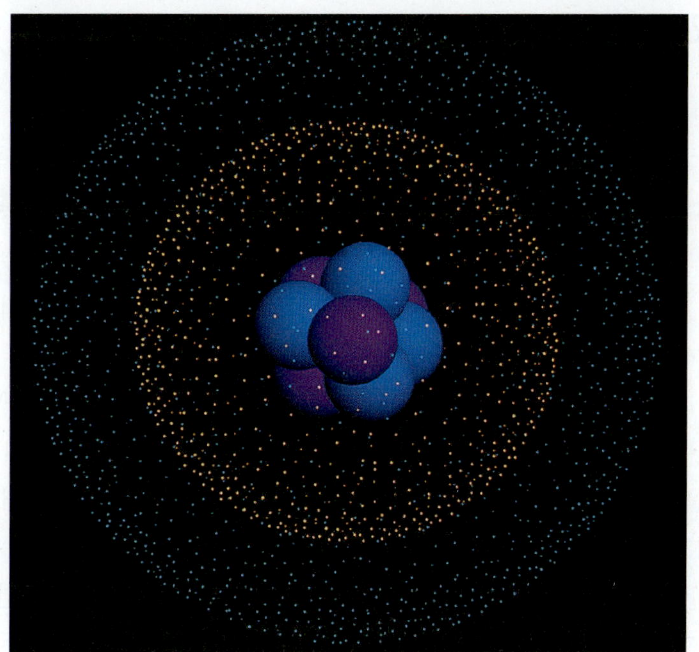

그림 15.1 핵과 전자 사이의 공간적 배치 관계를 보여주는 컴퓨터로 만든 베릴륨(Be) 원자 모형. 이러한 배치는 주기율표의 정보로도 예측할 수 있다.

원자 개념은 아주 오래되어 약 2500년 전 고대 그리스 철학자들로 거슬러 올라간다. 고대 그리스인들은 순수한 물질들이 함께 모이는 방식에 대해서도 추론했다. 예를 들어 한 잔의 물은 전부 같게 보인다. 그것은 같은가? 그럴듯하지만 모순되는 2가지 개념이 가능했다. 물은 **연속적**인 구조를 가질 수 있었다. 즉 물은 전체적으로 완전히 균일할 수 있었다. 다른 개념은 물이 연속적으로 보이지만 실제로는 **불연속적**이라는 것이었다. 이 개념은 점점 더 작은 부피들로 계속 나눈다면, 마침내 한계에 도달해서 더 나눌 수 없는 입자가 됨을 의미한다. 그리스 철학자 데모크리토스(기원전 460–362)는 기원전 4세기에 이 모형을 발전시켰고, 더 나눌 수 없는 입자를 그리스어로 "자를 수 없는"을 뜻하는 **원자**(atom)라고 불렀다. 하지만 플라톤과 아리스토텔레스는 물질의 원자 이론을 받아들이지 않았고, 2000년이 지나서야 물질의 원자 개념이 다시 소개되었다. 1800년대 초 영국 화학자 돌턴(John Dalton)은 고대 그리스의 단단한 나눌 수 없는 원자 개념을 다시 도입하여 화학 반응을 설명하였다. 그의 이론은 5개의 문장으로 요약된다. 오늘날 우리는 두 번째 문장이 엄밀하게 옳지 않다고 알고 있다.

1. 원자라고 부르는 나눌 수 없는 작은 입자들이 모든 물질을 구성한다.
2. 한 원소의 모든 원자들은 모양과 질량이 정확히 서로 같다.
3. 다른 원소들의 원자들은 질량이 서로 다르다.
4. 원자들은 화학적으로 명확한 정수비로 결합하여 화합물을 형성한다.
5. 원자들은 화학 반응에서 생성되거나 파괴되지 않는다.

1800년대, 돌턴의 단단하고 나눌 수 없는 원자 개념은 대부분의 과학자들에게 익숙했다. 하지만 원자의 존재는 모든 과학자에게 일반적으로 받아들여지지 않았다. 직접 관찰할 수 없는 것에 대한 회의적인 태도가 있었다. 1900년대 초 결국 원자는 나눌 수 없다는 발견을 통해 원자를 처음으로 완전히 받아들이게 되었다. 원자는 내부 구조를 이루는 구성 성분들을 가지고 있다. 발견된 첫 구성 성분은 전기의 연구를 통해 발견된 **전자**(electron)였다.

전자의 발견

1800년대 후반 과학자들은 새로 발견된 전류의 성질을 이해하는 데 관심이 있었다. 그들은 전류를 직접 관찰하기 위해 관에서 공기를 제거하고 진공 중에서 전류를 흘려주어 전선의 도움 없이 전류를 만들려고 하였다. 관 안의 금속판을 고전압의 음극 단자와 양극 단자에 연결했을 때(그림 15.2), 녹색 광선이 비어 있는 관을 통해 음극(음극 단자)으로부터 이동하여 양극(양극 단자)에 모이는 것을 관찰하였다. 이 신비로운 광선은 음극으로부터 나오는 것으로 보였기 때문에 **음극선**(cathode ray)으로 불렸다.

영국의 물리학자인 톰슨(J. J. Thomson)은 1897년 음극선의 정체를 알아냈다. 그는 광선이 지나는 곳에 금속판(그림 15.3)을 놓고 전하를 띠게 하면 광선이 음극판에서 먼 쪽으로 휘어진다는 것을 발견했다. 같은 전하들은 반발한다는 사실이 알려져 있었기 때문에, 광선은 음전하를 띤 입자들로 구성되어 있음을 의미했다.

음극선은 자석의 두 극 사이를 통과할 때도 휘어졌다. 톰슨은 전기장에 의한 휨과 자석에 의한 휨의 균형을 맞추어, 각 입자의 전하 대 질량비(charge to mass ratio)를 구할 수 있었다. 오늘날 전하 대 질량비는 1.7584×10^{11}쿨롬/킬로그램(coulomb/kg)으로 간주한다. 톰슨 실험의 중요한 부분은 그가 관 안의 기체가 무엇이든 전극이 무엇으로 만들어졌든 상관없이 전하 대 질량비가 같다는 사실을 발견했다는 것이다. 톰슨은 물질의 기본 입자인 **전자**(electron)를 발견한 것이었다.

전자의 전하와 질량을 측정하는 방법은 1906년경 미국 물리학자 밀리컨(Robert A. Millikan)에 의해 연구되었다. 밀리컨은 그림 15.4에 설명된 것과 같은 장치를 사용하여 작은 기름방울의 전하를 측정했다. 밀리컨은 모든 기름방울이 하나의 특정한 값(1.60×10^{-19} 쿨롬)보다 작은 전하를 갖지 않았으며 여러 기름방울이 갖는 더 큰 전하량은 언제나 이 전하 단위의 배수임을 발견하였다. 모든 기름방울이 한 단위의 전하를 가지거나 한 단위의 배수의 전하를 가지기 때문에 전하의 단위는 전자 1개의 전하로 이해되었다.

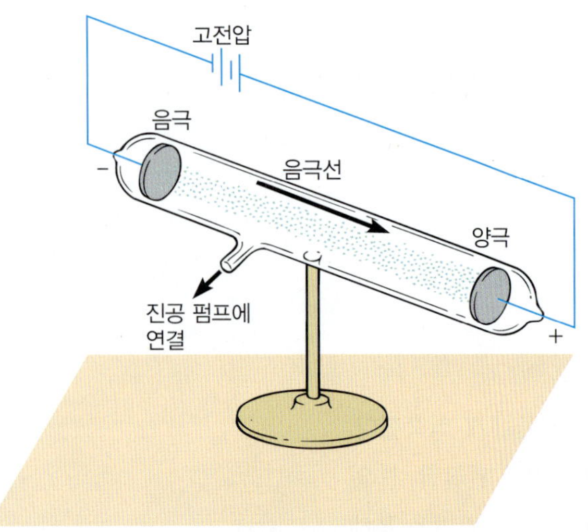

그림 15.2 고전압원에 부착된 금속판이 있는 진공관은 음극선이라고 부르는 녹색 광선을 만든다. 이 광선은 음극(음전하)으로부터 나와 양극(양전하)으로 이동한다.

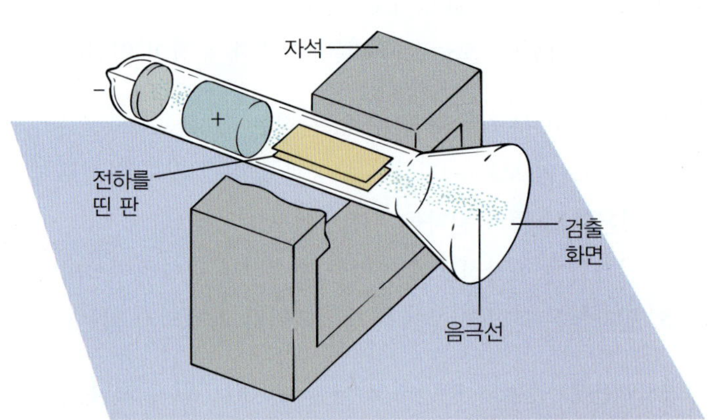

그림 15.3 전하를 띤 두 판 사이를 통과한 음극선은 양전하를 띤 판으로 휘어진다. 음극선은 자기장에 의해서도 휘어진다. 톰슨은 양전하를 띤 판과 자기장에 의한 휨을 측정하여 전하 대 질량비를 계산할 수 있었다. 그는 전하를 띤 입자가 충돌할 때 가시광선을 만들어내는 물질인 황화아연으로 덮인 검출 화면 덕분에 휨을 측정할 수 있었다.

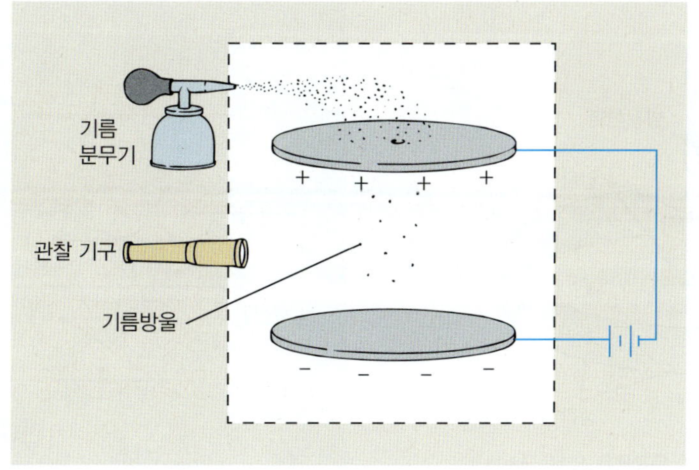

그림 15.4 밀리컨은 위쪽으로 향하는 전기력과 기름방울을 잡아당기는 중력 사이의 균형을 맞추어 전자의 전하를 측정했다. 밀리컨은 톰슨이 계산한 전하 대 질량비를 알고 있었으므로 각 기름방울의 전하를 계산할 수 있었다. 그는 모든 기름방울이 1.60×10^{-19}쿨롬의 전하 또는 그 전하의 배수를 가지고 있음을 알아냈다. 결론적으로 이것은 전자 1개의 전하였다.

전자 1개의 전하를 알고 톰슨이 측정한 전하 대 질량비를 알면 전자 1개의 질량을 계산할 수 있었다. 전자 1개의 질량은 약 9.11×10^{-31} kg, 즉 가장 가벼운 원자인 수소 원자 질량의 약 1/1,840로 결정되었다.

톰슨은 음전하를 띤 전자를 발견했고 밀리컨은 전자의 전하와 질량을 측정했다. 하지만 원자들 자체는 전기적으로 중성이다. 만약 전자가 원자의 구성 성분이라면, 전자의 음전하를 상쇄할 양전하를 띤 다른 것이 있어야 한다. 원자 구조를 이해하는 순서에서 다음 단계는 음전하를 중화하는 것을 발견하고 모든 구성 성분들이 어떻게 함께 모이는지를 이해해야 할 것이다.

톰슨은 그 당시 원자에 대해 알려진 것에 관한 모형을 제안했다. 그는 원자가 "자두 푸딩 안의 건포도(raisins in plum pudding)"처럼 질량이 없고 양전하를 띤 물질의 작은 방울에 전자가 박혀 있을 것이라고 제안했다. 수소 원자의 질량이 양전하를 띠고 질량이 없는 모체에 담겨 있는 전자들 때문이라면, 원자를 전기적으로 중성으로 만들기 위해서는 충분한 양전하(1,840개의 전자의 전하량을 상쇄할 정도의 양전하)를 띤 물질과 1,840개의 전자가 필요할 것이다.

원자핵

방사능과 물질의 성질은 영국 물리학자인 러더퍼드(Ernest Rutherford)의 흥미를 끄는 연구 대상이었다. 1907년 러더퍼드는 얇은 금속판으로 향하는 방사성 입자의 산란을 연구하고 있었다. 그림 15.5에 나타낸 바와 같이 방사선원에서 나온 입자들이 납 용기의 작은 구멍을 지나도록 하여, 빠르게 움직이는 무거운 입자들의 가느다란 줄기가 아주 얇은 금박을 투과하도록 했다. 입자들은 충돌했을 때 작은 섬광을 만드는 판에서 검출되었다.

러더퍼드는 대부분의 입자들이 금박을 곧바로 지나갔음을 발견했다. 하지만 일부는 아주 큰 각도로 휘어졌으며 일부는 심지어 반대쪽으로 휘어지기도 했다는 것을 발견하고서 깜짝 놀랐다. 그는 양전하를 띤 무거운 입자들이 금박 안에 있는 원자의 좁은 영역에 집중된 질량이 큰 양전하에 의해 튕겨 나갔다고 가정해야만 이것을 설명할 수 있었다(그림 15.6). 그는

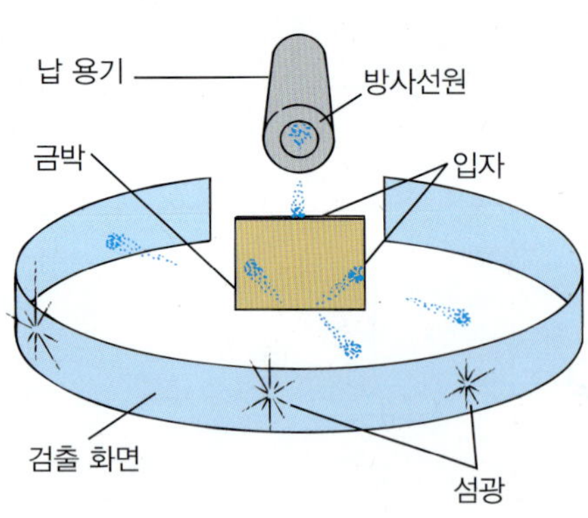

그림 15.5 러더퍼드와 그의 동료들은 얇은 금속박으로부터 산란하는 입자를 연구했다. 입자들은 검출 화면과 충돌하여 가시광선의 섬광을 만들었다. 섬광, 금속박, 그리고 입자가 나오는 곳(방사선원) 사이의 각도 측정은 방사선원으로 곧바로 되돌아가는 것을 포함하여 모든 방향으로 입자들이 산란하였음을 보여주었다.

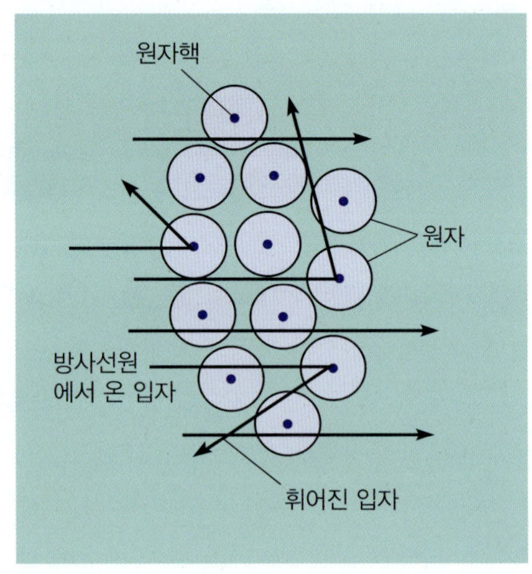

그림 15.6 러더퍼드의 원자핵 모형은 입자-산란 결과들을 양전하를 띤 입자가 양전하를 띤 원자핵으로부터 반발력을 느끼기 때문이라고 설명했다. 곧바로 지나가는 입자들의 비율과 원자핵 가까이 들어오는 입자들의 다양한 산란각 측정은 러더퍼드에게 원자핵의 크기를 추정하는 수단을 제공했다.

하나의 원자는 작고 무거운 양전하를 띤 **원자핵**(nucleus)과 원자핵 주위에 전자를 가지고 있어야 한다고 결론을 내렸다.

러더퍼드는 산란 측정으로부터 전자가 원자핵의 반경보다 10,000배 떨어진 거리에서 원자핵 주위를 움직이고 있어야 한다고 추정했다. 이것은 원자의 부피가 대부분 빈 공간임을 뜻한다. 몇 년 후 러더퍼드는 지금 **양성자**(proton)로 부르는 불연속적인 양전하 단위를 확인할 수 있었다. 러더퍼드는 원자핵 안의 중성 입자인 중성자의 존재에 대해서도 추측했다. **중성자**(neutron)는 1932년 채드윅(James Chadwick)에 의해 마침내 발견되었다.

오늘날 원자핵 안에 있는 양성자 수를 **원자 번호**(atomic number)라고 한다. 특정한 원소의 모든 원자들은 원자핵 안에 같은 수의 양성자를 가지고 있다. 따라서 한 원소의 모든 원자는 같은 원자 번호를 가지고 있다. 수소(hydrogen)는 원자 번호가 1이므로, 원자핵 안에 양성자를 1개 가지고 있는 원자는 수소 원자이다(원소는 물리적 또는 화학적 방법으로 더 간단한 것으로 나눌 수 없는, 한 가지 종류의 원자들로 구성된 순물질이다. 16장 참조). 오늘날 과학자들은 118개의 원소를 발견했으며, 각 원소는 양성자 수가 다르다.

원자핵의 중성자들은 양성자들과 함께 원자의 질량에 기여한다. 한 원소의 모든 원자들은 원자핵 안에 같은 수의 양성자를 가지고 있어야 하지만, 중성자 수는 다를 수도 있다. 다른 수의 중성자를 가지는 한 원소의 원자들을 **동위원소**(isotope)라고 한다. 그림 15.7에 설명된 수소의 동위원소는 3개이다. 세 동위원소 모두 양성자 수와 전자 수는 같지만, 어떤 동위원소는 중성자가 없고, 어떤 동위원소는 중성자가 1개 있으며(중수소, deuterium), 어떤 동위원소는 중성자가 2개 있다(삼중수소, tritium).

하나의 원자는 아주 작아서, 원자의 질량을 알아내는 것이 불가능하다. 하지만 한 원자와 다른 원자의 질량을 비교하는 것은 가능하다. 어떤 원자의 질량은 특정한 탄소 동위원소의 원자의 질량과 비교한다. 이 특정한 탄소 동위원소는 **원자 질량 단위**(atomic mass units, u)라

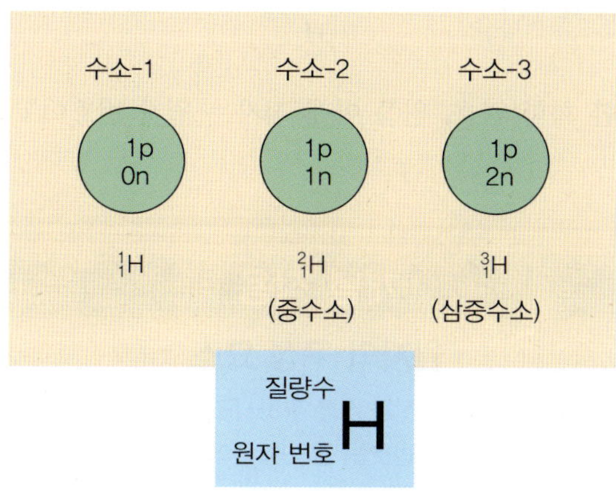

그림 15.7 수소의 세 동위원소는 양성자 수가 같지만, 중성자 수는 다르다. 수소-1은 가장 흔한 동위원소이다. 중성자가 1개 있는 수소-2는 중수소라 하고, 수소-3은 삼중수소라 한다.

부르는 정확히 12.00... u의 질량을 가진다. 이 동위원소가 정확히 12 u라고 정의되기 때문에, 12는 무한히 많은 개수의 유효 숫자를 가질 수 있다. 탄소-12(carbon-12)라 부르는 이 동위원소는 다른 모든 동위원소의 질량과 비교할 때 기준이 된다. 어떤 동위원소의 상대 질량은 탄소-12 동위원소의 질량에 근거한다.

중성자가 없는 수소 동위원소의 상대 질량은 탄소-12와 비교했을 때 1.007이다. 중성자가 1개 있는 수소 동위원소의 상대 질량은 탄소-12와 비교했을 때 2.0141이다. 원소는 자연에서 동위원소들의 혼합물로 존재하고, 각 동위원소의 기여는 원자량 계산에 사용된다. **원자량**(atomic weight)은 탄소-12와 비교한 상대 질량과 지구에서 발견된 동위원소들의 상대 존재비(relative abundance)에 근거한 동위원소들의 가중 평균(weighted average)이다. 예를 들어 수소의 모든 동위원소 중에서 99.985%는 중성자가 없는 동위원소로 존재하고, 0.015%는 중성자 1개를 가진 동위원소이다(다른 동위원소는 불안정하여 고려하지 않는다). 각 동위원소에 대한 상대 존재비와 상대 원자 질량을 곱하고, 각 동위원소에 대해 상대 원자 질량을 곱한 결과들을 모두 더하면 원자량을 얻는다. 표 15.1은 이런 계산 결과 수소의 원자량이 1.0079임을 나타낸다.

한 원자의 원자핵 안에 있는 양성자 수와 중성자 수의 합은 그 원자의 **질량수**(mass number)라고 부른다. 질량수는 동위원소를 확인하는 데 사용된다. 양성자 1개와 중성자 1개를 가진 수소 원자는 1 + 1, 즉 2의 질량수를 가지며, 수소-2라고 부른다. 양성자 1개와 중성자 2개를 가진 수소 원자는 1 + 2, 즉 3의 질량수를 가지며 수소-3이라 부른다. 기호를 사용하여 수소-3을 다음과 같이 나타낸다.

표 15.1 동위원소들의 질량과 존재비로부터 계산된 원자량

안정한 동위원소	C-12와 비교한 동위원소의 질량		존재비		원자량
$^{1}_{1}H$	1.007	×	99.985%		
$^{2}_{1}H$	2.0141	×	0.015%	=	1.0079
$^{9}_{4}Be$	9.01218	×	100%	=	9.01218
$^{14}_{7}N$	14.00307	×	99.63%		
$^{15}_{7}N$	15.00011	×	0.37%	=	14.0067

$$^{3}_{1}H$$

여기서 H는 수소에 대한 화학 기호, 왼쪽 아래 첨자는 원자 번호이고 왼쪽 위 첨자는 질량수이다.

개념 적용

원자의 구성 요소

$^{16}_{8}O$ 원자 안에 있는 양성자 수, 중성자 수, 전자 수를 구하시오.

왼쪽 아래 첨자는 원자 번호이다. 원자 번호는 원자핵 안에 있는 양성자 수이다. 따라서 양성자 수는 8이다. 8개의 양성자를 갖는 원자는 화학 기호 O로 나타내는 산소 원자이다. 왼쪽 위 첨자는 이 산소 동위원소의 질량수가 16임을 나타낸다. 질량수는 원자핵 안에 있는 양성자 수와 중성자 수의 합이다. 이미 양성자 수가 8이라고 알고 있기 때문에 중성자 수는 16 − 8, 즉 8개이다. 중성 원자는 양성자 수와 같은 수의 전자를 가지고 있기 때문에 이 산소 동위원소의 원자는 8개의 양성자, 8개의 중성자, 8개의 전자를 가지고 있다.

이제 $^{17}_{8}O$ 원자에서 양성자 수, 중성자 수, 전자 수를 찾는 법을 설명할 수 있겠는가? 여러분의 답을 반 친구의 답과 비교해서 확인해보시오.

원자핵 주위에서 전자들은 어떻게 움직이고 있을까? 러더퍼드와 다른 이들처럼 여러분에게도 하나의 원자는 태양계 축소판과 비슷할지도 모른다. 이런 비유에서 원자핵은 태양의 역할을 하고, 전자들은 자신의 궤도들에서 움직이는 역할을 하며, 원자핵과 전자들 사이의 전기적 인력은 중력의 역할을 한다. 하지만 이런 생각에는 큰 문제가 있다. 만약 전자들이 원형 궤도들 안에서 움직이고 있다면, 전자들은 움직이는 방향을 계속 바꾸어 가속하고 있을 것이다. 전자기 복사선의 맥스웰(Maxwell) 모형에 따르면, 가속하는 전하는 빛과 같은 전자기 복사선을 방출한다. 만약 전자가 빛을 방출한다면 에너지를 잃을 것이다. 에너지 손실로 전자는 궤도를 유지할 수 없어 반대 전하를 띤 원자핵으로 나선형을 그리며 들어가 원자는 붕괴할 것이다. 원자들은 이처럼 붕괴하지 않기 때문에 원자의 태양계 모형에는 중요한 문제점이 있다.

15.2 보어 모형

1912년에 러더퍼드의 실험실을 방문한 젊은 덴마크 물리학자였던 보어(Niels Bohr)는 원자의 태양계 모형에 대한 질문에 많은 관심을 가지게 되었다. 그는 전자 궤도들의 크기와 전자들의 에너지를 결정한 것이 무엇인지 궁금했다. 그는 그 당시의 과학 이론이 궤도를 돌고 있는 전자들이 전자기 복사선을 방출한다고 예측했지만, 왜 핵궤도를 돌고 있는 전자들이 원자핵 주위를 움직일 때 전자기 복사에너지를 방출하지 않는지 알고 싶었다. 보어는 이런 질문에 대한 답을 찾는 과정에서 원자의 바깥 부분에 있는 전자들을 설명하기 위해 러더퍼드 모형에 플랑크와 아인슈타인의 양자 개념(quantum concept)을 통합했다. 수소 원자에 대한 보어 모형의 발전에 관하여 말하기 전에 이 양자 개념을 간단히 살펴볼 것이다.

양자 개념

1900년에 플랑크(Max Planck)는 물질이 **양자**(quantum)라고 부르는 불연속적인 단위로 에너지를 방출하고 흡수한다는 개념을 도입했다. 플랑크는 분광학 실험 자료들과 전자기 복사에너지 이론이 예측할 수 있었던 자료들을 일치시키려 하고 있었다. 그는 이론과 실험 결과들을 일치시키기 위해 특정한 불연속적인 에너지의 양들이 진동수들과 관련 있다고 가정해야 했다. 1905년에 아인슈타인(Albert Einstein)은 양자 개념을 빛으로 확장하여, 빛이 지금은 **광자**(photon)라고 부르는 불연속적인 에너지 단위로 구성되어 있다고 했다. 광자의 에너지는 진동수에 정비례하여, 빛의 진동수가 높을수록 각 광자의 에너지는 더 커진다. 게다가 광자와 물질과의 상호작용에서, 물질은 양자택일로 광자 전부를 흡수하거나 광자 전부를 흡수하지 않는다. 진동수(f)와 에너지(E) 사이의 관계는 다음과 같다.

$$E = hf \tag{15.1}$$

여기서 h는 **플랑크 상수**(6.63×10^{-34} J·s)로 알려진 비례 상수이다. 이 관계는 자외선과 같은 높은 진동수의 빛이 붉은빛과 같은 낮은 진동수의 빛보다 더 많은 에너지를 가짐을 의미한다.

예제 15.1 (선택)

자동차의 미등으로부터 방출된 4.60×10^{14} Hz의 진동수를 가지는 붉은빛 광자의 에너지는 얼마인가?

풀이

$f = 4.60 \times 10^{14}$ Hz
$h = 6.63 \times 10^{-34}$ J·s
$E = ?$

$$\begin{aligned} E &= hf \\ &= (6.63 \times 10^{-34}\ \text{J·s})\left(4.60 \times 10^{14}\ \frac{1}{\text{s}}\right) \\ &= (6.63 \times 10^{-34})(4.60 \times 10^{14})\ \text{J·}\cancel{\text{s}} \times \frac{1}{\cancel{\text{s}}} \\ &= \boxed{3.05 \times 10^{-19}\ \text{J}} \end{aligned}$$

예제 15.2 (선택)

컴퓨터 화면으로부터 방출된 7.30×10^{14} Hz의 진동수를 가지는 보랏빛 광자의 에너지는 얼마인가? (답: 4.84×10^{-19} J)

원자 스펙트럼

플랑크는 전자기 복사에너지를 방출하는 뜨거운 물체에 대해 생각하며 시간을 보내고 있었다. **흑체 복사**(blackbody radiation)라 하는 이 복사에너지(radiated energy)의 성질은 물체의 온도에 의해 결정된다. 이 빛이 프리즘을 통과하면, 무지개처럼 **연속 스펙트럼**(continuous spectrum)으로 분산된다. 오늘날 연속 스펙트럼은 원자들이 상호작용하기 때문에 고체, 액체, 그리고 밀도가 높은 기체로부터 나온다고 이해되며, 한정된 온도 범위 안의 모든 진동수가

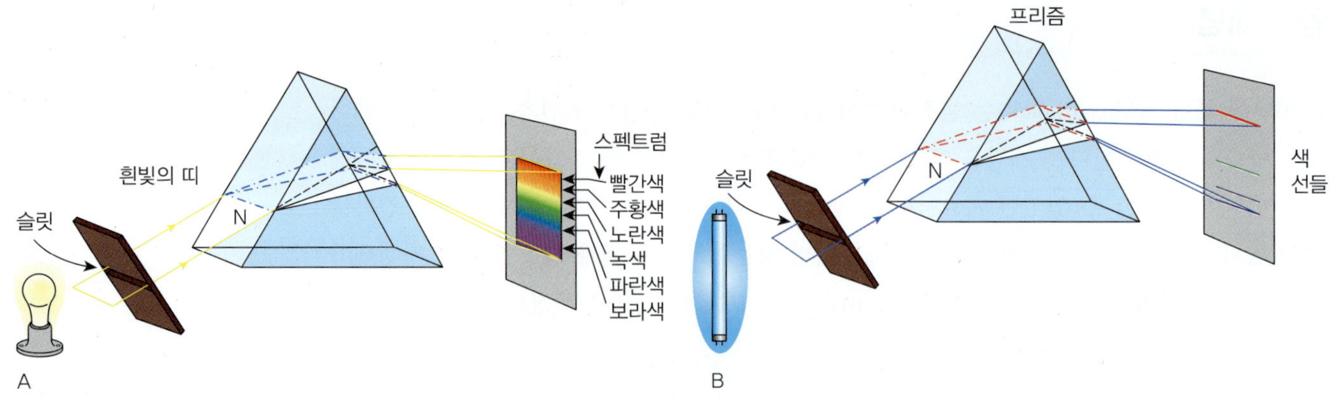

그림 15.8 (A) 백열 고체, 액체, 또는 밀도가 높은 기체로부터 나온 빛은 원자들이 상호작용하여 모든 진동수의 가시광선을 방출하기 때문에 연속 스펙트럼을 만든다. (B) 백열 기체로부터 나온 빛은 원자들이 각 원소의 특징을 나타내는 특정 진동수를 방출하기 때문에 선스펙트럼을 만든다.

방출된다. 한편 백열(incandescent) 기체로부터 나온 빛은 색을 띠는 좁은 색 선들인 **선스펙트럼**(line spectrum)으로 분산되는데, 색을 띠는 좁은 선들 사이에는 빛이 없다(그림 15.8). 백열 기체 안의 원자들은 특정 진동수를 방출할 수 있고, 각 진동수는 명확한 에너지 값을 나타내는 색의 선이다. 선스펙트럼은 물질에 따라 다르며, 온도의 증가 또는 감소는 색 선들의 세기만을 변화시킨다. 따라서 수소는 항상 같은 위치에서 같은 색의 선들을 만든다. 헬륨은 다른 물질들처럼 고유의 특정한 선들을 가지고 있다. 선스펙트럼은 기체를 확인하기 위해 사용할 수 있는 일종의 지문이다. 선스펙트럼은 가시광선을 넘어 자외선, 적외선 및 다른 전자기 복사선 영역들로 확장될 수 있다.

1885년에 스위스 수학 교사인 발머(J. J. Balmer)는 수소에 대한 선스펙트럼 간격의 규칙성을 연구하고 있었다. 발머는 모든 가시광선 선들에 맞는 식을 개발할 수 있었다. 이 4개의 선은 발머 계열(Balmer series)이라고 알려지게 되었다. 스펙트럼의 가시광선 영역 밖의 다른 계열은 나중에 발견되었다(그림 15.9).

관찰 가능한 스펙트럼선들의 그러한 규칙성은 원자 안의 보이지 않는 규칙성을 반영해야 한다. 이 당시 수소는 단 하나의 전자를 가진다고 알려져 있었다. 전자 1개가 어떻게 그러한 규칙성을 가진 스펙트럼선들의 계열을 만들어낼 수 있었을까?

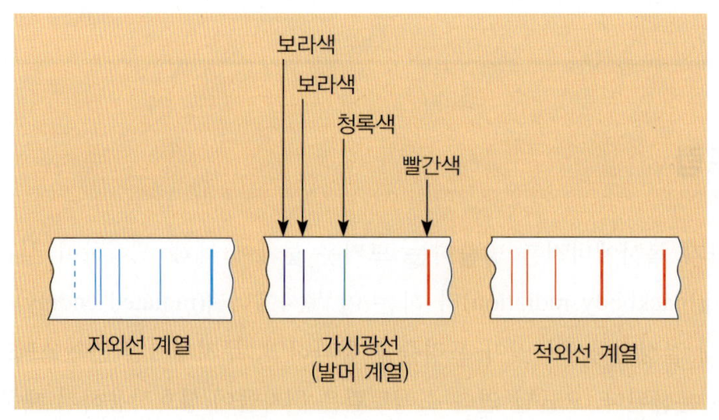

그림 15.9 수소 원자는 전체 스펙트럼의 자외선, 가시광선 및 적외선 부분에서 특징적인 선스펙트럼을 만든다. 가시광선 스펙트럼은 항상 2개의 보라색 선, 하나의 청록색 선 및 하나의 밝은 빨간색 선으로 구성되어 있다.

보어 이론

받아들일 수 있는 수소 원자 모형은 선스펙트럼과 발머가 기술한 규칙성을 설명해야만 할 것이다. 사실 성공적인 모형은 색의 기원을 설명할 뿐 아니라 각 색 선의 발생을 예측할 수 있어야 한다. 1913년 보어는 원자의 태양계 모형에 양자 개념을 적용하여 실험적 결과에 대한 설명과 예측을 할 수 있었다. 그는 수소에 있는 전자 1개가 원자핵 주위의 원형 궤도에서 회전하는 '행성'이라고 간주하고 시작하여, 3가지 규칙으로 이 전자를 기술했다.

1. **허용된 궤도**(Allowed orbits) 하나의 전자는 특정한 허용된 궤도에서만 원자핵 주위를 회전할 수 있다. 보어는 전자를 원자핵 주위에서 움직이는, 알려진 질량을 가진 입자로 간주하고 뉴턴 역학을 사용하여 허용된 궤도의 거리를 계산했다. 보어 모형에 따르면, 전자들은 허용된 궤도들 중 하나의 궤도에서만 존재할 수 있고 다른 곳에서는 존재할 수 없다.
2. **비복사 궤도**(Radiationless orbits) 허용된 궤도에 있는 하나의 전자는 궤도 안에 남아있는 동안 에너지를 방출하지 않는다. 맥스웰의 전자기 이론에 따르면, 가속하는 전자는 전자로부터 공간으로 나아가는, 빛과 같은 전자기파를 방출해야 한다. 보어는 원형 궤도에서 움직이는 전자들이 방향을 계속해서 바꾸고 있기 때문에 가속하고 있다는 것을 알았다. 그런데도 수소 원자들은 정상 상태에서 빛을 방출하지 않았다. 보어는 그런 상황이 궤도를 돌고 있는 전자들에 대해서는 달라야 하고 전자들은 허용된 궤도들에 머물 수 있으며 빛을 방출하지 않을 수 있다고 결정했다. 그는 이 규칙을 다른 과학 이론들과 그의 이론이 일치하도록 만드는 방법이라고 가정했다.
3. **양자 도약**(Quantum leaps) 하나의 전자는 하나의 허용된 궤도에서 다른 허용된 궤도로 이동할 때만 에너지를 얻거나 잃는다(그림 15.10). 보어 모형에서 전자가 가지는 에너지는 전자가 어떤 허용할 수 있는 궤도를 차지하느냐에 따라 결정된다. 전자가 에너지를 바꿀 수 있는 유일한 방법은 하나의 허용된 궤도에서 다른 허용된 궤도로 양자 '도약' 형태로 건너뛰는 것이다. 전자가 낮은 궤도에서 높은 궤도로 도약하기 위해서는 에너지를 얻어야 한다. 마찬가지로 전자는 높은 궤도에서 낮은 궤도로 도약할 때 에너지를 잃는다. 그러한 도약은 부분적으로 또는 서서히 일어나서는 안 되고 갑자기 일어나야 한다. 전자는 높은 온도나 전기 방전으로부터 에너지를 얻어 높은 궤도로 도약한다.

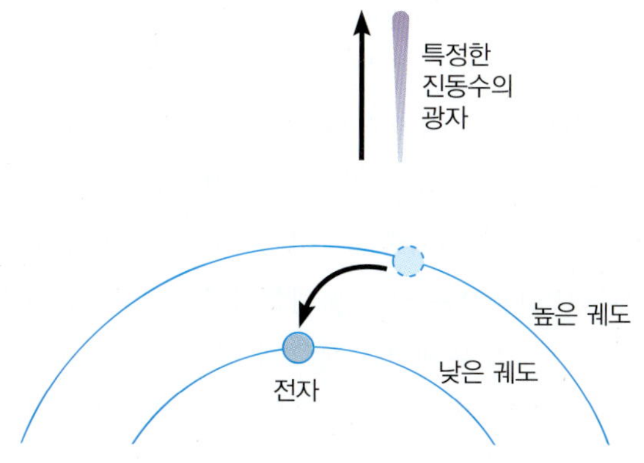

그림 15.10 전자가 높은 에너지 궤도에서 낮은 에너지 궤도로 이동하는 '양자 도약'을 할 때마다, 전자는 특정한 진동수와 에너지의 광자를 방출한다.

높은 궤도에서 낮은 궤도로 도약하는 전자는 빛의 형태로 에너지를 잃는다. 아래 방향의 도약이 일어날 때 광자 1개가 방출되고, 그 광자의 에너지는 **정확히** 두 궤도의 에너지 준위의 차이와 같다.

그림 15.11의 에너지 준위 도표는 수소 원자의 궤도들에 대한 에너지 상태들을 보여준다. 가장 낮은 에너지 상태가 **바닥 상태**(ground state) 또는 정상 상태(normal state)이다. 높은 에너지 상태들은 **들뜬 상태들**(excited states)이다. 수소 원자에 있는 전자는 보통 바닥 상태를 차지하지만, 높은 온도나 전기 방전은 전자에게 충분한 에너지를 제공하여 들뜬 상태들 중 한 상태로 도약할 수 있다. 화살표의 길이는 전자가 그 과정에서 방출하는 광자의 진동수를 나타낸다. 하나의 수소 원자는 한 번에 하나의 광자만을 방출할 수 있고, 수소 선스펙트럼의 많은 선은 많은 원자가 동시에 많은 광자를 방출하기 때문에 생긴다.

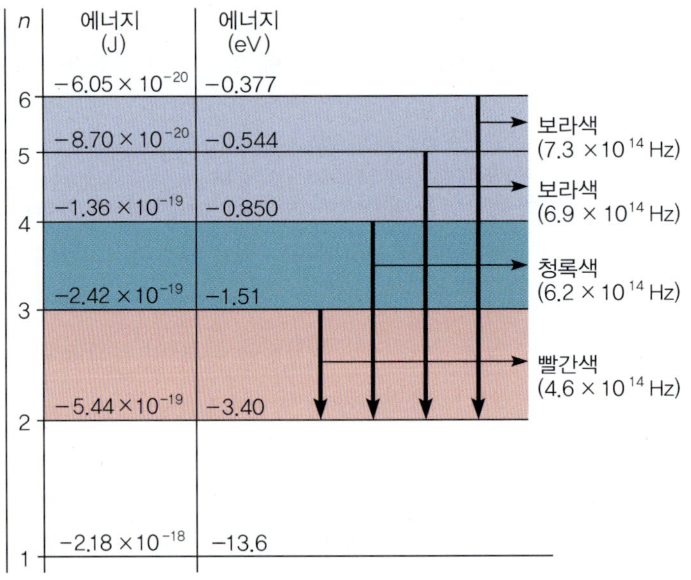

그림 15.11 수소 원자에 대한 에너지 준위 도표(정확한 비율로 그린 것은 아님). 에너지 준위(n)가 왼쪽에, 다음에 각 준위의 에너지가 줄(J)과 전자볼트(eV) 단위로 나열되어 있다. 방출된 가시광선 광자들의 색과 진동수가 오른쪽에 나열되어 있고, 굵은 화살표는 궤도들 사이의 이동을 나타낸다.

과학 스케치

전자가 $n = 5$와 $n = 3$의 에너지 준위 사이에서 움직일 때 한 원자로부터 방출되는 4.26×10^{-15} Hz 자외선 광자의 그림을 그림 15.11(또는 종이)에 그리시오.

전자 하나의 퍼텐셜에너지(potential energy, 또는 위치에너지)에 대한 기준은 전자가 하나의 원자로부터 **제거되었을** 때를 0으로 간주한다. 따라서 전자는 원자핵과 점점 더 가까운 거리에서 점점 더 낮은 퍼텐셜에너지를 가지며 어떤 허용된 궤도에 있을 때 음의 값을 가진다. 비유하자면, 바닥 에너지 준위를 어떤 물체의 퍼텐셜에너지가 0인 기준 에너지 준위로 간주할 수 있다. 하지만 바닥 아래 2개의 지하층 준위(basement level)가 있다고 상상해보라. 지하층 준위에 있는 어떤 물체는 0보다 작은 중력 퍼텐셜에너지(gravitational potential energy)를 가질 것이고, 0의 준위로 되돌리기 위해서는 물체에 일이 수행되어야 할 것이다. 따라서 각 물체는 음의 퍼텐셜에너지를 가질 것이다. 가장 낮은 준위에 있는 물체는 가장 큰 음의 에너지

값을 가질 것이다. 왜냐하면 0의 준위로 되돌리기 위해서는 물체에 더 많은 일이 수행되어야 하기 때문이다. 따라서 가장 낮은 준위에 있는 물체는 최소의 퍼텐셜에너지를 가질 것이고, 이것은 가장 큰 음의 값으로 나타날 것이다.

여러 지하층 준위에 있는 물체들이 음의 퍼텐셜에너지를 가지는 것과 마찬가지로, 전자는 허용된 각 궤도에서 분명히 음의 퍼텐셜에너지를 가진다. 보어는 원자핵에 가장 가까운 궤도에 있는 전자 하나의 에너지를 -2.18×10^{-18} J로 계산했고, 이 값은 가장 낮은 상태의 에너지라고 부른다. 전자의 에너지는 전자볼트(eV) 단위로 나타낼 수 있다. 1전자볼트는 1볼트(volt)의 전위를 통과하여 움직이는 전자 하나의 에너지로 정의된다. 이 에너지는 전하 × 전압($W = V \times q$, W는 일, q는 전하, V는 전압)이기 때문에, 1.00 eV는 1.60×10^{-19} J과 같다. 따라서 가장 안쪽 궤도에 있는 전자의 에너지는 줄(J) 단위의 에너지(-2.18×10^{-18} J)를 1.60×10^{-19} J/eV로 나눈 값, 즉 -13.6 eV이다.

보어는 허용된 각 궤도의 에너지를 다음과 같은 간단한 관계식으로부터 알아낼 수 있었다.

$$E_n = \frac{E_1}{n^2} \tag{15.2}$$

여기서 E_1은 가장 안쪽 궤도의 에너지(-13.6 eV)이고, n은 궤도의 양자수, 즉 1, 2, 3, … 등이다. 따라서 두 번째 궤도($n = 2$)에 대한 에너지(E_2)는 $E_2 = -13.6\ \text{eV}/4 = -3.40$ eV이다. 세 번째 궤도($n = 3$)에 대한 에너지(E_3)는 $E_3 = -13.6\ \text{eV}/9 = -1.51$ eV이고, 나머지도 이와 비슷하다(그림 15.11). 따라서 각 궤도의 에너지는 양자화되어 있고, 일정한 값으로만 존재한다.

보어 모형에서 전자의 에너지는 전자가 차지하는 허용 가능한 궤도에 의해 결정된다. 전자가 에너지를 바꿀 수 있는 유일한 방법은 허용된 궤도에서 다른 허용된 궤도로 양자 '도약'을 하는 것이다. 전자가 낮은 궤도에서 높은 궤도로 도약하기 위해서는 에너지를 얻어야 한다. 마찬가지로 전자가 높은 궤도에서 낮은 궤도로 도약할 때는 에너지를 방출한다. 그러한 도약은 갑자기 일어나야 하고, 부분적으로 또는 서서히 일어나서는 안 된다. 비유하자면, 이것은 계단 위를 걸을 때 갖는 중력 퍼텐셜에너지와 아주 유사하다. 맨 아래 계단(bottom step)에서 가장 낮은 퍼텐셜에너지를 가지며, 맨 꼭대기 계단(top step)에서 가장 높은 퍼텐셜에너지를 가진다. 수많은 계단을 오르내림으로써 퍼텐셜에너지를 증가시키거나 감소시킬 수 있지만, 계단 사이에서 멈출 수 없기 때문에 퍼텐셜에너지는 양자화되어 있다.

전자는 높은 온도나 전기 방전으로부터 에너지를 얻어 높은 궤도로 도약한다. 높은 궤도에서 낮은 궤도로 도약하는 전자는 빛의 형태로 에너지를 방출한다. 아래쪽으로 도약이 일어날 때 광자 하나가 방출되고, 그 광자의 에너지는 정확히 두 궤도의 에너지 준위의 차이와 같다. 만약 E_L이 원자핵에 가까운 낮은 에너지 준위를 나타내고 E_H가 원자핵에서 먼 높은 에너지 준위를 나타낸다면, 방출된 광자의 에너지는 다음과 같다.

$$hf = E_H - E_L \tag{15.3}$$

여기서 h는 플랑크 상수이고 f는 방출된 빛의 진동수이다.

그림 15.11의 에너지 준위 도표는 알려진 궤도들로부터 알려진 에너지 준위들의 변화가 어떻게 발머 계열에 있는 색 선들의 정확한 진동수를 나타내는지를 보여준다. 보어 이론은

놀라운 정확도로 수소 스펙트럼의 선들을 설명했다. 하지만 그 모형은 더 큰 원자들에 대하여는 그다지 성공을 거두지 못했다. 보어 모형은 더 큰 원자들의 스펙트럼을 단일 양자수(n)로 설명하지 못했다. 독일의 물리학자인 조머펠트(A. Sommerfeld)는 보어의 원형 궤도에 타원 궤도를 추가하여 보어 모형을 수정하려고 하였다. '수정된' 모형도 곧 적절하지 못했음이 명백해졌다. 보어는 설명도 없이 복사선을 방출하지 않는 궤도들이 있다는 규칙을 만들었고, 양자화된 궤도들을 설명하지 못했다. 그 모형에는 근본적으로 불완전한 어떤 것이 있었다.

예제 15.3 (선택)

수소 원자에 있는 전자 하나가 들뜬 에너지 준위 $n = 4$에서 $n = 2$로 도약한다. 방출되는 광자의 진동수는 얼마인가?

풀이

방출되는 광자의 진동수는 식 (15.3), $hf = E_H - E_L$으로부터 계산할 수 있다. 두 에너지 준위의 값들은 그림 15.11로부터 얻을 수 있다. [주의: E_H와 E_L은 줄(J) 단위여야 한다. 만약 그 값들이 전자볼트(eV) 단위라면, eV에 J/eV 비율을 곱해 줄 단위로 바꾸어야 한다. 즉 (eV)(1.60×10^{-19} J/eV) = J.]

$$E_H = -1.36 \times 10^{-19}\ \text{J}$$
$$E_L = -5.44 \times 10^{-19}\ \text{J}$$
$$h = 6.63 \times 10^{-34}\ \text{J·s}$$
$$f = ?$$

$$hf = E_H - E_L \quad \therefore\ f = \frac{E_H - E_L}{h}$$
$$= \frac{(-1.36 \times 10^{-19}\ \text{J}) - (-5.44 \times 10^{-19}\ \text{J})}{6.63 \times 10^{-34}\ \text{J·s}}$$
$$= \frac{4.08 \times 10^{-19}}{6.63 \times 10^{-34}} \frac{\cancel{\text{J}}}{\cancel{\text{J}}\text{·s}}$$
$$= 6.15 \times 10^{14} \frac{1}{\text{s}}$$
$$= \boxed{6.15 \times 10^{14}\ \text{Hz}}$$

이것은 수소 선스펙트럼에서 대략 청록색 선이다.

예제 15.4 (선택)

수소 원자에 있는 전자 하나가 들뜬 에너지 준위 $n = 4$에서 $n = 3$으로 도약한다. 방출되는 광자의 진동수는 얼마인가? (답: 1.60×10^{14} Hz)

15.3 양자 역학

보어의 원자 모형은 수소의 선스펙트럼을 성공적으로 설명했고 원자들에 의한 광자의 방출에 대하여 이해할 수 있는 메커니즘을 제시했다. 하지만 그 모형은 수소보다 더 큰 원자의 스펙트럼을 예측하지 못했고, 다른 한계들도 있었으므로 새로운 더 나은 이론이 필요했다. 새로운 이론의 기원은 빛과 관련한 실험에서 유래한다. 빛과 관련한 실험은 빛이 어떤 때는 입자들의 흐름처럼 행동하고 다른 때는 파동처럼 행동한다는 사실을 규명했다. 마침내 과학자들은 빛이 파동성과 입자성을 모두 가지고 있음을 받아들이기 시작했고, 지금은 **빛의 파동-입자**

이중성이라고 부른다. 1923년 프랑스 물리학자 드브로이는 대칭이 자연에서 일반적으로 발견되기 때문에 만약 빛의 입자가 이중성을 가지고 있다면, 전자와 같은 입자도 이중성을 가져야 한다고 추론했다.

고정된 끈에 갇힌(confined) 파동은 **정상파**라 하는 공명 진동 방식들을 만든다는 것을 상기하라(5장 참조). 특정한 기본 진동수와 배음(harmonic or overtone)만이 끈에 존재할 수 있고, 기본 진동수와 배음의 결합은 현악기에 독특한 음색을 제공한다. 공명 진동 방식의 동일한 결과가 파동이 고정된 공간에 갇혀 있는 모든 상황에서 관찰된다. 특징적인 정상파 모양은 끈에 형성된 파동, 폐쇄된 공기 기둥 안에 형성된 파동, 또는 갇힌 공간에 있는 파동의 파장과 속도에 따라 다르다. 전자들은 원자핵 근처의 공간에 갇혀 있고, 전자들은 파동성을 가지므로 한 원자 안의 하나의 전자는 갇힌 파동이 틀림없다. 전자는 특징적인 파동 모양을 형성할까? 이것은 1925년경 하이젠베르크, 슈뢰딩거, 디랙 등의 사람들이 전자 파동의 역학에 근거해서 새로운 원자 모형의 개발에 전자의 파동성을 적용했을 때 한 질문이었다. 새로운 이론은 현재 **파동 역학**(wave mechanics) 또는 **양자 역학**(quantum mechanics)이라 한다.

오스트리아 물리학자인 슈뢰딩거는 원자를 파동의 3차원 계로 취급하여 **슈뢰딩거 방정식**을 유도했다. 보어 모형의 간단한 원형 행성 궤도 대신에, 슈뢰딩거 방정식을 풀면 전자 파동이 원자핵에 갇힐 때 나타나는 무늬들의 3차원적인 모양을 기술할 수 있다. 슈뢰딩거는 처음에 수소 원자를 고려해서 원자핵에 갇힌 전자 파동에 대해 가능한 진동 상태들을 계산했다. 그는 이 진동 상태들의 진동수를 플랑크 상수와 곱했을 때, 수소 원자의 관찰된 양자 상태들의 에너지들과 정확하게 마지막 소수점까지 일치함을 발견했다. 결론적으로 전자의 파동성은 원자의 성공적인 모형을 고려하는 데 중요한 성질이다.

원자의 양자 역학 이론은 매우 성공적임이 입증되었다. 그것은 알려진 실험 사실들을 확증했으며 새로운 발견을 예측했다.

양자 역학은 보어 모형과 적어도 하나의 개념을 공유한다. 이 개념은 전자가 높은 상태에서 낮은 상태로 도약할 때 광자를 방출한다는 것이다. 하지만 보어 모형은 주어진 시간에 명확하게 할당된 위치를 갖는 원형 궤도에서 움직이는 전자의 **입자** 성질을 고려했다. 양자 역학은 **파동** 성질을 고려하여 전자를 명확한 모양과 진동수를 가진 갇힌 파동으로 간주한다. 파동은 입자처럼 한 곳에 있는 것이 아니고 공간에 퍼져 있다. 따라서 양자 역학 모형은 일련의 궤도와 비슷한 흔적, 즉 전자가 발견될 장소의 불분명한 통계적 표시이다.

양자 역학 이론은 보어 모형의 확장이나 수정이 아니다. 보어 모형은 전자를 원자핵으로부터 특정한 거리에서만 존재할 수 있는 원형 궤도에 있는 입자로 간주했다. 한편 양자 역학 모형은 전자를 파동으로 간주해서 배음의 에너지, 즉 정상파의 방식들에 따른 에너지를 고려한다. 보어 모형에서 전자의 위치는 궤도 안에서 확실하다. 양자 역학 모형에서 전자는 공간에 퍼져 있는 파동이다.

양자 역학은 4가지 **양자수**(quantum number)로 전자 파동의 에너지 상태를 기술한다.

1. **원자핵으로부터의 거리** **주양자수**는 원자핵으로부터 가장 있음 직한 거리에 있는 전자의 **주 에너지 준위**를 기술한다. 가능한 가장 낮은 에너지 상태는 원자핵에 가장 가깝고 주양자수 1($n = 1$)이 부여된다. 높은 에너지 상태들에는 $n = 2$, $n = 3$, $n = 4$ 등의 점점 더

높은 양의 정수가 부여된다. 높은 주양자수를 갖는 전자는 높은 에너지를 가지고 있으며 원자핵으로부터 더 멀리 위치한다.

2. **에너지 부준위** **각운동량 양자수**는 주 에너지 준위 안에 있는 에너지 부준위를 나타낸다. 각 부준위는 한 문자로 나타낸다. 이 문자들 중 첫 4개는 에너지가 증가하는 순서로 s, p, d, f이다. 문자 s는 가장 낮은 부준위를 나타내고, 문자 f는 가장 높은 부준위를 나타낸다. 주양자수와 각운동량 양자수를 나타내는 문자가 결합하여 전자 하나의 주 에너지 상태와 에너지 부준위를 나타낸다. 가장 낮은 주 에너지 준위 $n = 1$과 가장 낮은 부준위 s에 있는 하나의 전자에 대해 숫자와 문자는 1s이다("one-s"로 읽는다). 따라서 1s는 가능한 가장 낮은 에너지 부준위에 있는 원자핵에 가장 가까운 전자를 나타낸다.

   얼마나 많은 부준위들이 각 주 에너지 준위들을 차지할 수 있는가에 대해서는 한계가 있다. 기본적으로, 가장 낮은 주 에너지 준위는 가장 낮은 부준위만을 가질 수 있고, 다른 부준위는 주 에너지 준위를 거쳐 지나갈 때 첨가된다. 따라서 가장 낮은 주 에너지 준위 $n = 1$은 s 부준위만을 가질 수 있다. $n = 2$는 s와 p 부준위를 가질 수 있다. $n = 3$ 주 에너지 준위는 s, p, d 부준위를 가질 수 있다. 마지막으로 $n = 4$ 주 에너지 준위는 모두 4개의 s, p, d, f 부준위를 가질 수 있다. 따라서 가능한 부준위들의 수는 주양자수와 같다.

   보어 모형은 한 궤도 안에 있는 작은 축소된 구슬처럼 전자의 위치가 확실하다고 간주했다. 양자 역학 모형은 전자를 파동으로 간주하여, 전자의 위치에 대하여 아는 것은 매우 불확실하다. **하이젠베르크의 불확정성 원리**는 파동이 퍼져 있기 때문에 파동의 정확한 위치를 측정할 수 없다고 말한다. 퍼져 있는 전자의 위치와 운동량은 명확히 말할 수 없다. 전자의 위치는 어떤 주어진 순간에 어디에 있을 **확률** 용어로만 기술될 수 있다. 위치에 대한 확률은 **오비탈**(궤도 함수)이라 하는 공간의 불분명한 영역으로 기술된다. 오비탈은 전자가 발견될 가능성이 있는 공간을 나타낸다. 오비탈들은 특징적인 3차원적 모양과 크기를 가지고 있으며 특징적인 에너지 준위들에 전자들을 가지고 있다(그림 15.12). 오비탈의 모양은 전자가 특정한 순간에 있을 가능성이 있는 장소를 나타낸다. 이 '확률 구름'은 공간에서 특정한 배향을 가질 수 있고, 이 배향의 방향은 불확실하다.

3. **공간에서의 배향** 원자에 가해진 외부 자기장은 자기장에 대한 오비탈의 배향과 관련된 다른 에너지 준위들을 만든다. 공간에서 오비탈의 배향은 **자기 양자수**로 나타낸다. 이 양자수는 오비탈들이 공간에서 외부 자기장에 상대적으로 배향될 때 오비탈의 에너지, 즉 일종의 에너지 부-부준위(sub-sublevel)와 관련 있다. 일반적으로 가장 낮은 에너지 부준위(s)는 단 하나의 오비탈 배향을 가지고 있다(그림 15.12A). 다음으로 높은 에너지 부준위(p)는 3개의 오비탈 배향을 가질 수 있다(그림 15.12B). d 부준위는 5개의 오비탈 배향을 가질 수 있고, 가장 높은 부준위인 f는 7개의 다른 배향을 가질 수 있다(그림 15.12C, 또한 표 15.2 참조).

4. **스핀의 방향** 자세한 연구를 통해 외부 자기장 안에서 한쪽 방향, 예를 들어 시계 방향으로 자전하고 있는 전자는 다른 쪽 방향, 예를 들어 반시계 방향으로 자전하고 있는 전자와 다른 에너지를 가진다는 것을 보여주었다. **스핀 양자수**는 이 두 스핀 배향을 기술

과학과 사회

원자 연구

과학 연구에는 기초 연구와 응용 연구, 두 종류가 있다. 기초 연구는 이해를 위한 연구에 의해 추진되며, 실제 응용이 될 수도 있고 안 될 수도 있다. 응용 연구는 단지 이해를 추구하기보다 몇 가지 실제 문제들을 해결하는 것이 목표다.

어떤 사람들은 모든 연구가 실용적인 것이어야 하므로 모든 연구는 응용되어야 한다고 생각한다. 이 장에서 논의된 다음 연구가 기초 연구 또는 응용 연구인지를 고려하면서 그런 생각을 가져 보자.

1. 톰슨은 음극선을 연구한다.
2. 밀리컨은 전자 하나의 전하를 측정한다.
3. 러더퍼드는 방사성 입자들이 금박에 충돌하는 것을 연구한다.
4. 보어는 양자 개념을 적용하여 원자의 태양계 모형을 제안한다.
5. 슈뢰딩거는 전자의 파동성에 근거하여 원자 모형을 제안한다.

질문과 토론

1. 다섯 연구 주제는 기초 연구였는가 아니면 응용 연구였는가?
2. 모든 연구가 실용적이어야만 한다면 우리는 원자 모형을 개발했을까?

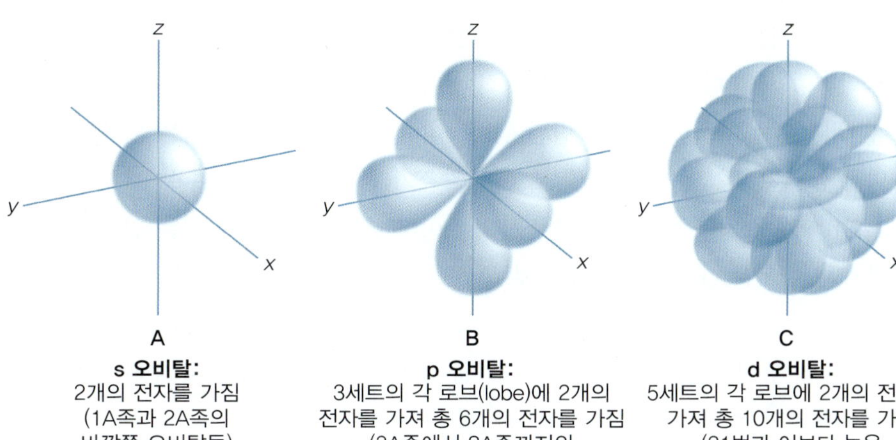

그림 15.12 전자들이 원자핵 주위에서 발견될 공간 영역인 s, p, d 오비탈의 일반적인 모양(f 오비탈은 묘사하기가 너무 어렵다)

표 15.2 n = 4까지의 양자수와 전자 분포

주 에너지 준위	에너지 부준위	최대 전자 수	주 에너지 준위당 최대 전자 수
$n = 1$	s	2	2
$n = 2$	s	2	
	p	6	8
$n = 3$	s	2	
	p	6	
	d	10	18
$n = 4$	s	2	
	p	6	
	d	10	
	f	14	32

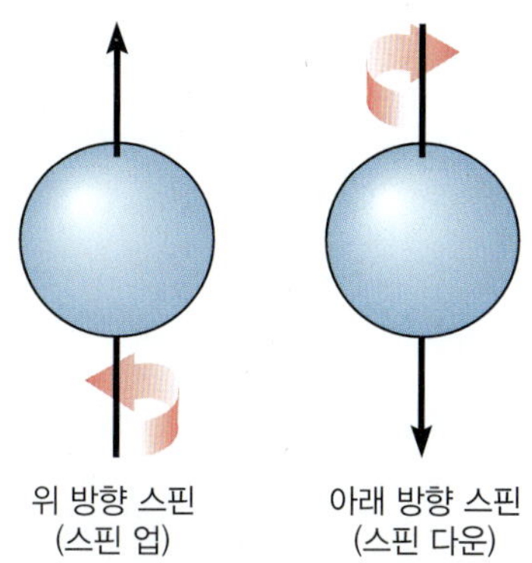

그림 15.13 실험 증거는 전자들이 외부 자기장 아래서 오비탈 주위를 움직일 때 한쪽 방향이나 반대 방향으로 자전한다고 간주할 수 있는 개념을 지지한다.

한다(그림 15.13).

전자 스핀은 원자의 전자 구조를 결정하는 데 도움이 되는 중요한 성질이다. 반대 방향으로 자전하는 두 전자는 서로 다른 자기장을 만들어서 같은 두 전하로부터 나오는 정상적인 반발력의 일부와 균형을 이룬다. 따라서 전자쌍이라고 하는 반대 스핀의 두 전자는 같은 오비탈을 차지할 수 있다. 독일 물리학자인 파울리는 1924년에 이런 생각을 요약했다. 현재 **파울리 배타 원리**라고 알려진 그의 요약은 **한 원자 안에서 두 전자는 같은 4개의 양자수를 가질 수 없다**고 말한다. 이 원리는 원자의 전자 구조를 이해하기 위한 실마리를 제공한다.

15.4 주기율표

주기율표에서 각 원소는 특정한 위치에 자신의 칸(cell)을 가지고 있으며, 이 칸들은 가로 행과 세로 열로 구성되어 있다. 칸들은 대칭적으로 배열되어 있지 않다. 배열은 원자 구조와 화학 반응 모두에 대하여 의미가 있다. 만약 여러분이 다음 논의에 주기율표를 자주 참고한다면, 그 배열은 규칙을 이해하는 데 도움이 될 것이다(그림 15.14).

원소는 각 칸에서 화학 기호로 확인한다. 화학 기호 위의 수는 그 원소의 원자 번호이고, 화학 기호 아래의 수는 그 원소의 반올림된 원자량이다.* 원소들의 가로 행은 왼쪽부터 오른쪽으로 가면서 원자 번호가 증가한다. 각 가로 행을 **주기**라 한다. 주기는 왼쪽에 1부터 7까지 번호가 매겨 있다. 원소들의 세로 열은 원소들의 **족**이라 한다. 같은 족에 있는 원소들은 비슷한 성질을 갖지만, 이것은 다른 족들보다 일부 족들에 더 잘 적용된다. 주기율표는 A족과 B족으로 다시 나뉜다. A족의 원소들을 **주족 원소**라 하고, B족의 원소들을 **전이 원소** 또는 **전이 금속**이라 한다. 어떤 과학 단체는 그림 15.14에 나타낸 것과 같이 A족과 B족에 대해 1에서 18까지의 수로 표시하지만, 이 책에서는 A와 B 표시가 사용될 것이다.

표 15.3에 나타낸 대로, 모든 첫 세로 열의 원소는 전자 1개의 바깥쪽 전자 배치를 가지고 있다. 수소를 예외로 하고, 첫 세로 열의 원소들은 광택이 있고 너무 물러서 칼로 쉽게 자를 수 있는 밀도가 낮은 금속들이다. 이 금속들은 물과 격렬하게 반응하여 알칼리성 용액을 형성하기 때문에 **알칼리 금속**이라 한다. 알칼리 금속은 너무 반응성이 커서 자유 원소 형태로 자연에 존재하지 않는다. 수소는 주기율표에서 독특한 원소이다. 수소는 알칼리 금속이 아니지만, 바깥쪽 오비탈에 하나의 전자를 가지고 있어서 알칼리 금속에 맞는 것처럼 보이기 때문에 알칼리 금속에 놓인다.

두 번째 세로 열에 있는 모든 원소는 전자 2개의 바깥쪽 전자 배치를 가지고 있어 **알칼리 토금속**이라 한다. 알칼리 토금속은 무르고 반응성이 있는 금속이지만, 알칼리 금속만큼 반응성이 있거나 무르지 않다. 많은 화합물 형태로 존재하는 칼슘과 마그네슘은 알칼리 토금속의 잘 알려진 예이다.

VIIA족에 있는 원소들은 전자 7개의 바깥쪽 전자 배치를 가지고 있고, 바깥쪽 오비탈을 완전히 채우기 위해서는 단 1개의 전자가 필요하다. 이 원소들은 **할로젠**이라고 한다. 할로젠은 매우 반응성이 큰 비금속이다. 할로젠인 플루오린과 염소는 옅은 노란색과 황록색 기체들

---

* 동위원소들은 그림 15.7에 나타낸 바와 같이 화학 기호, 원자 번호 및 질량수로 확인한다. 이 단위들은 핵반응식을 쓰는 데 사용된다. 원소들은 그림 15.14에 나타낸 바와 같이 화학 기호, 원자 번호 및 원자량을 사용해서 주기율표에 나타낸다. 주기율표는 화학 계산에서 원자량을 찾는 데 사용된다.

원소의 주기율표

금속 / 반도체 / 비금속

알칼리 금속: IA (1) · 알칼리 토금속: IIA (2) · 전이 원소: IIIB (3) – IIB (12) · 할로젠: VIIA (17) · 비활성 기체: VIIIA (18)

주기	IA (1)	IIA (2)	IIIB (3)	IVB (4)	VB (5)	VIB (6)	VIIB (7)	VIIIB (8)	VIIIB (9)	VIIIB (10)	IB (11)	IIB (12)	IIIA (13)	IVA (14)	VA (15)	VIA (16)	VIIA (17)	VIIIA (18)
1	Hydrogen 1 **H** 1.008																	Helium 2 **He** 4.003
2	Lithium 3 **Li** 6.941	Beryllium 4 **Be** 9.012											Boron 5 **B** 10.81	Carbon 6 **C** 12.01	Nitrogen 7 **N** 14.01	Oxygen 8 **O** 16.00	Fluorine 9 **F** 19.00	Neon 10 **Ne** 20.18
3	Sodium 11 **Na** 22.99	Magnesium 12 **Mg** 24.31											Aluminum 13 **Al** 26.98	Silicon 14 **Si** 28.09	Phosphorus 15 **P** 30.97	Sulfur 16 **S** 32.07	Chlorine 17 **Cl** 35.45	Argon 18 **Ar** 39.95
4	Potassium 19 **K** 39.10	Calcium 20 **Ca** 40.08	Scandium 21 **Sc** 44.96	Titanium 22 **Ti** 47.88	Vanadium 23 **V** 50.94	Chromium 24 **Cr** 52.00	Manganese 25 **Mn** 54.94	Iron 26 **Fe** 55.85	Cobalt 27 **Co** 58.93	Nickel 28 **Ni** 58.69	Copper 29 **Cu** 63.55	Zinc 30 **Zn** 65.39	Gallium 31 **Ga** 69.72	Germanium 32 **Ge** 72.61	Arsenic 33 **As** 74.92	Selenium 34 **Se** 78.96	Bromine 35 **Br** 79.90	Krypton 36 **Kr** 83.80
5	Rubidium 37 **Rb** 85.47	Strontium 38 **Sr** 87.62	Yttrium 39 **Y** 88.91	Zirconium 40 **Zr** 91.22	Niobium 41 **Nb** 92.91	Molybdenum 42 **Mo** 95.94	Technetium 43 **Tc** (98)	Ruthenium 44 **Ru** 101.1	Rhodium 45 **Rh** 102.9	Palladium 46 **Pd** 106.4	Silver 47 **Ag** 107.9	Cadmium 48 **Cd** 112.4	Indium 49 **In** 114.8	Tin 50 **Sn** 118.7	Antimony 51 **Sb** 121.8	Tellurium 52 **Te** 127.6	Iodine 53 **I** 126.9	Xenon 54 **Xe** 131.3
6	Cesium 55 **Cs** 132.9	Barium 56 **Ba** 137.3	Lanthanum 57 **La** 138.9 †	Hafnium 72 **Hf** 178.5	Tantalum 73 **Ta** 180.9	Tungsten 74 **W** 183.8	Rhenium 75 **Re** 186.2	Osmium 76 **Os** 190.2	Iridium 77 **Ir** 192.2	Platinum 78 **Pt** 195.1	Gold 79 **Au** 197.0	Mercury 80 **Hg** 200.6	Thallium 81 **Tl** 204.4	Lead 82 **Pb** 207.2	Bismuth 83 **Bi** 209.0	Polonium 84 **Po** (209)	Astatine 85 **At** (210)	Radon 86 **Rn** (222)
7	Francium 87 **Fr** (223)	Radium 88 **Ra** (226)	Actinium 89 **Ac** (227) ‡	Rutherfordium 104 **Rf** (261)	Dubnium 105 **Db** (262)	Seaborgium 106 **Sg** (266)	Bohrium 107 **Bh** (264)	Hassium 108 **Hs** (277)	Meitnerium 109 **Mt** (268)	Darmstadtium 110 **Ds** (281)	Roentgenium 111 **Rg** (280)	Copernicium 112 **Cn** (285)	Ununtrium 113 **Uut** (284)	Flerovium 114 **Fl** (289)	Ununpentium 115 **Uup** (288)	Livermorium 116 **Lv** (293)	Ununseptium 117 **Uus** (294)	Ununoctium 118 **Uuo** (294)

내부 전이 원소

†란타넘족 6	Cerium 58 **Ce** 140.1	Praseodymium 59 **Pr** 140.9	Neodymium 60 **Nd** 144.2	Promethium 61 **Pm** (145)	Samarium 62 **Sm** 150.4	Europium 63 **Eu** 152.0	Gadolinium 64 **Gd** 157.3	Terbium 65 **Tb** 158.9	Dysprosium 66 **Dy** 162.5	Holmium 67 **Ho** 164.9	Erbium 68 **Er** 167.3	Thulium 69 **Tm** 168.9	Ytterbium 70 **Yb** 173.0	Lutetium 71 **Lu** 175.0
‡악티늄족 7	Thorium 90 **Th** 232.0	Protactinium 91 **Pa** 231.0	Uranium 92 **U** 238.0	Neptunium 93 **Np** (237)	Plutonium 94 **Pu** (244)	Americium 95 **Am** (243)	Curium 96 **Cm** (247)	Berkelium 97 **Bk** (247)	Californium 98 **Cf** (251)	Einsteinium 99 **Es** (252)	Fermium 100 **Fm** (257)	Mendelevium 101 **Md** (258)	Nobelium 102 **No** (259)	Lawrencium 103 **Lr** (262)

기호 설명

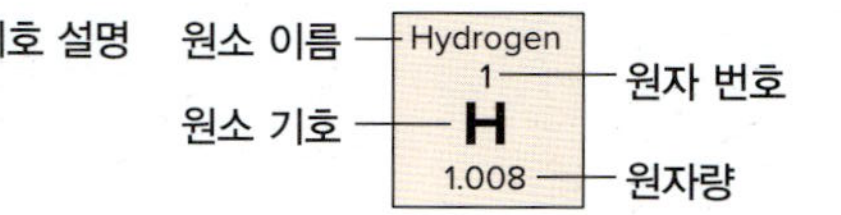

괄호 안에 있는 값은 가장 안정하거나
가장 잘 알려진 동위원소의 질량수이다.

그림 15.14 원소의 주기율표

표 15.3 알칼리 금속 족의 전자 구조

원소	주 에너지 준위에 있는 전자 수						
	1주기	2주기	3주기	4주기	5주기	6주기	7주기
리튬(Li)	2	1	—	—	—	—	—
소듐(Na)	2	8	1	—	—	—	—
포타슘(K)	2	8	8	1	—	—	—
루비듐(Rb)	2	8	18	8	1	—	—
세슘(Cs)	2	8	18	18	8	1	—
프랑슘(Fr)	2	8	18	32	18	8	1

표 15.4 비활성 기체 족의 전자 구조

원소	주 에너지 준위에 있는 전자 수						
	1주기	2주기	3주기	4주기	5주기	6주기	7주기
헬륨(He)	2	—	—	—	—	—	—
네온(Ne)	2	8	—	—	—	—	—
아르곤(Ar)	2	8	8	—	—	—	—
크립톤(Kr)	2	8	18	8	—	—	—
제논(Xe)	2	8	18	18	8	—	—
라돈(Rn)	2	8	18	32	18	8	—

이다. 브로민은 적갈색 액체이고 아이오딘은 진한 자주색 고체이다. 할로젠은 소독제, 표백제, 그리고 금속과 결합하여 할로젠 등(燈)의 광원으로 사용된다. 할로젠은 금속과 반응하여 염화소듐과 같은 **염**(salt)이라 하는 화학물질을 형성한다. 사실 할로젠이란 말은 그리스어로 '염 형성자'를 뜻한다.

표 15.4에 나타낸 대로 VIIIA족에 있는 원소들은 최대한 꽉 찬 오비탈들을 가지고 있다. 이 원소들은 다른 원소들과 반응하여 거의 화합물을 형성하지 않는 무색, 무취 기체이다. 가끔 그것들은 화학적으로 비활성이어서 다른 원소들 위에 있음을 나타내기 때문에 **영족 기체**라 한다. 그 원소들은 희소성 때문에 **희유 기체**라 불렸으며, 대부분 화학적으로 비활성이어서 화합물을 형성하지 않기 때문에 **비활성 기체**라고도 불렸다. 비활성 기체는 꽉 채워진 바깥쪽 전자 배치, 즉 특별히 안정한 조건을 가지기 때문에 비활성이다.

각 주기는 새로운 오비탈에 하나의 전자를 가지고 시작한다. 다음으로, 각 주기는 오비탈의 채움, 즉 주 에너지 준위를 채울 수 있는 최대 수의 전자로 채움으로써 끝난다. 첫 A족이 IA족으로 나타나기 때문에, 이 족에 있는 모든 원소의 원자들은 원자들의 바깥쪽 오비탈에 1개의 전자를 가지고 있다. IIA족에 있는 모든 원소의 원자들은 원자들의 바깥쪽 오비탈에 2개의 전자를 가지고 있다. 이런 유형은 VIIIA족으로 계속되고, VIIIA족에 있는 모든 원소의 원자들은 헬륨을 제외하고 원자들의 바깥쪽 오비탈에 8개의 전자를 가지고 있다. 따라서 헬륨을 제외하고 A족을 나타내는 수(VIII)는 **바깥쪽 오비탈에 있는 전자**(**원자가 전자**, valence electron)**의 수**와 같다. 헬륨은 그런데도 모두 채워진 바깥쪽 오비탈을 가지고 있기 때문에 VIIIA족에 있는 다른 원소들과 비슷하다. 16장에서 논의되는 화학 결합에 대한 전자 이론은 한 원자의 최외각(outermost) 오비탈에 있는 전자들만이 화학 반응과 관련된다고 말한다. 따라서 바깥쪽

개념 적용

주기율표 연습

주기율표에서 규소 원소의 주기와 족을 확인하시오.

규소는 화학 기호가 Si이고 원자 번호가 14이다. 화학 기호 Si와 원자 번호 14가 들어 있는 칸은 3주기(세 번째 가로 행)와 IVA로 확인되는 세로 열에 있다.

이제 철 원소의 주기와 족을 확인할 수 있겠는가? 여러분의 답을 반 친구의 답과 비교해서 확인해보시오.

오비탈 전자들은 대개 한 원소의 화학적 성질의 원인이 된다. 같은 족의 원소들은 모두 비슷한 바깥쪽 전자 배치를 가지기 때문에 비슷한 화학적 성질을 가진다고 예측할 것이고, 그 원소들은 비슷한 화학적 성질을 가진다.

15.5 금속, 비금속, 반도체

앞서 말한 대로, 화학 반응은 대개 바깥쪽 껍질 전자들과 관련 있다. 바깥쪽 껍질 전자들, 즉 가장 높은 에너지 준위 전자들은 **전자 점 표기법**으로 편리하게 나타낸다. 전자 점 표기법은 바깥쪽 껍질 전자들의 수를 나타내는 점을 화학 기호 주위에 써서 나타낸다. 전자 점 표기법이 그림 15.15에 주족 원소들에 대해 표시되어 있다. 또한 그림 15.15에 나타낸 것처럼, 모든 비활성 기체는 VIIIA족에 있고, 헬륨을 제외하고 모두 8개의 바깥쪽 전자를 가지고 있다. 모든 IA족 원소들(알칼리 금속)은 점이 하나이며, 모든 IIA족 원소들은 점이 2개이다. 이런 유형은 금속, 비금속, 그리고 반도체라 하는 중간에 있는 원소들의 세 번째 집단과의 차이를 설명해줄 것이다.

H•							He:
Li•	Be:	B	C	N	O	F	Ne
Na•	Mg:	Al	Si	P	S	Cl	Ar
K•	Ca:	Ga	Ge	As	Se	Br	Kr
Rb•	Sr:	In	Sn	Sb	Te	I	Xe
Cs•	Ba:	Tl	Pb	Bi	Po	At	Rn
Fr•	Ra:						

그림 15.15 주족 원소에 대한 전자 점 표기법

과학 스케치

그림 15.15(또는 종이)에 원자 번호 113에서 118번까지의 원소들에 대한 전자 점 표기법 그림을 추가하시오.

개념 적용

바깥쪽 오비탈

다음 원자에서 바깥쪽 오비탈에 전자가 몇 개 있는가? (a) 산소, (b) 칼슘, (c) 알루미늄.

(a) 산소는 화학 기호가 O이고 원자 번호는 8이다. 화학 기호 O와 원자 번호 8을 가진 칸은 VIA로 표시된 세로 열에 있다. A족의 수는 바깥쪽 오비탈에 있는 전자 수와 같기 때문에, 산소는 6개의 바깥쪽 오비탈 전자를 가지고 있다. (b) 칼슘은 화학 기호가 Ca(원자 번호 20)이며 세로 열 IIA족에 있으므로, 칼슘 원자는 2개의 바깥쪽 오비탈 전자를 가지고 있다. (c) 알루미늄은 화학 기호가 Al(원자 번호 13)이고 세로 열 IIIA족에 있으므로, 알루미늄 원자는 3개의 바깥쪽 오비탈 전자를 가지고 있다.

금속

비금속

반도체

1 H																	2 He
3 Li	4 Be											5 B	6 C	7 N	8 O	9 F	10 Ne
11 Na	12 Mg											13 Al	14 Si	15 P	16 S	17 Cl	18 Ar
19 K	20 Ca	21 Sc	22 Ti	23 V	24 Cr	25 Mn	26 Fe	27 Co	28 Ni	29 Cu	30 Zn	31 Ga	32 Ge	33 As	34 Se	35 Br	36 Kr
37 Rb	38 Sr	39 Y	40 Zr	41 Nb	42 Mo	43 Tc	44 Ru	45 Rh	46 Pd	47 Ag	48 Cd	49 In	50 Sn	51 Sb	52 Te	53 I	54 Xe
55 Cs	56 Ba	57 La	72 Hf	73 Ta	74 W	75 Re	76 Os	77 Ir	78 Pt	79 Au	80 Hg	81 Tl	82 Pb	83 Bi	84 Po	85 At	86 Rn
87 Fr	88 Ra	89 Ac	104 Rf	105 Db	106 Sq	107 Bh	108 Hs	109 Mt	110	111	112	113	114	115	116		118

그림 15.16 주기율표에서 금속, 비금속, 반도체의 위치

성질에 따라 물질을 분류하는 데는 여러 가지 방법이 있다. 한 가지 예는 물질을 금속과 비금속의 물리적 성질(광택, 전도도, 전성, 연성)에 따라 분류하는 것이다. 금속과 비금속도 주기율표에서 위치와 관련된 특정한 화학적 성질을 가지고 있다. 그림 15.16은 **금속**(metal), **비금속**(nonmetal), 그리고 **반도체**(semiconductor)가 어디에 있는지를 보여준다. 모든 원소의 약 80%가 금속이다.

비활성 기체는 가장 높은 에너지 준위에서 완전히 채워진 바깥쪽 오비탈을 가지고 있고, 이 전자 배치가 안정한 전자 배치이다. 다른 원소들은 화학적으로 반응하여, 즉 **전자를 얻거나 잃어 비활성 기체처럼 전자가 채워진 가장 바깥쪽 에너지 준위를 얻는다**. 원자가 전자를 잃거나 얻을 때, 원자는 균형이 맞지 않는 전자 전하를 가지며 이것을 **이온**(ion)이라 한다. 예를 들어, 리튬 원자는 3개의 양성자(양전하)와 3개의 전자(음전하)를 가지고 있다. 만약 리튬 원자가 가장 바깥쪽 전자를 잃으면, 비활성 기체인 헬륨과 같이 바깥쪽에 전자가 채워진 오비탈 구조를 가진다. 리튬도 이제는 3개의 양성자(3+)와 2개의 전자(2−)를 가지고 있어 1+의 알짜 전하(net charge)를 가지므로, 이온이다. 따라서 리튬 이온은 1+ 전하를 가지고 있다.

1개, 2개, 또는 3개의 바깥쪽 전자를 가지는 원소들은 전자를 잃고 양이온을 형성하려는 경향이 있다. 금속은 이처럼 전자를 잃으며, **금속은 전자를 잃고 양이온을 형성하는 원소이다**(그림 15.17). 한편, 5개에서 7개의 바깥쪽 전자를 가지는 비금속은 전자를 얻어 바깥쪽 오비탈을 채우려는 경향이 있는 원소이다. **비금속은 전자를 얻어 음이온을 형성하는 원소이다**. 일반적으로, 주기율표의 왼쪽 2/3 정도의 원소들이 금속이다. 비금속은 주기율표의 오른쪽에 있다.

금속과 비금속을 나누는 선은 IIIA족의 왼쪽 위에서부터 아래로 VIIA족의 왼쪽 아래까지의 계단형 선이다. 이것은 금속과 비금속을 나누는 뚜렷한 선이 아니고, 이 선을 따르는 원소들은 때로는 금속처럼, 때로는 비금속처럼 행동하고, 때로는 금속과 비금속처럼 행동한다. 분류하기 어려운 이 원소들은 **반도체** 또는 **준금속**이라 한다. 규소, 저마늄, 그리고 비소는 비금속의 물리적 성질을 가진다. 예를 들어 그것들은 망치로 두드려 새로운 모양으로 만들 수 없는 깨지기 쉬운 물질이다. 하지만 이 원소들은 특정한 조건 아래서 전류를 전도한다. 전류를 전도할 수 있는 능력은 금속의 성질이며, 전성이 없음(nonmalleability)은 비금속의 성질이므로,

희토류 원소

희토류 원소의 화합물은 흔하지 않은 광물로부터 분리되었을 때인 1700년대 후반에 처음으로 발견되었다. 희토류 원소들은 매우 반응성이 크고 비슷한 성질을 가지고 있어서, 약 50년 후에야 비로소 원소로 인정되었다. 따라서 처음에는 토류(土類, earths), 즉 비금속 물질로 인식되었지만, 사실은 금속 원소들이다. 희토류 원소들은 또한 그 당시에 흔하지 않은 광물에서만 존재한다고 알려졌기 때문에 희귀하다고 생각되었다. 오늘날 이런 금속 원소들은 금, 은, 수은, 또는 텅스텐보다도 지구에서 더 풍부한 것으로 알려져 있다. 희토류 원소들 중 가장 희귀한 원소인 툴륨(thulium)은 은보다 2배 더 많다. 희토류 원소들은 희귀하지도 않고 토류도 아니며, 유리, 전자 및 야금 산업에서 중요한 물질이다.

주기율표에서 2개의 가장 낮은 가로 행에서 희토류 원소들을 확인할 수 있다. 2개의 가로 행은 실제로 6주기와 7주기에 속하는 두 계열의 원소들을 포함하지만, 전체 주기율표가 너무 넓어지지 않도록 아래에 옮겨 놓는다. 두 계열은 함께 내부 전이 원소라 한다. 위쪽 계열은 58번부터 71번까지 14개의 원소들이다. 이 계열은 57번 원소인 란타넘(lanthanum) 다음 원소부터 이 계열에 속하기 때문에, 때로는 **란타넘족 계열**(lanthanide series)이라고 한다. 이 계열은 희토류 원소로도 알려져 있다. 14개의 원소를 가진 두 번째 계열은 **악티늄족 계열**(actinide series)이라고 한다. 악티늄족 계열은 대부분 자연에 존재하지 않고 인공적으로 만들어진 원소들이다.

희토류 원소들에 대해 전혀 들어본 적이 없을지도 모르지만, 그것들은 많은 고급 또는 첨단 기술 제품에서 중요한 물질이다. 예를 들면, 란타넘은 유리에 특별한 굴절 성질을 부여해서 광섬유와 값비싼 카메라 렌즈에 사용된다. 사마륨(Sm), 네오디뮴(Nd), 그리고 디스프로슘(Dy)은 레이저에 사용되는 결정을 만드는 데 이용된다. 사마륨, 이터븀(Yb), 그리고 터븀(Tb)은 새로운 전기 모터 설계, 컴퓨터의 자기-광학 장치, 세라믹 초전도체의 창조를 가능하게 만든 특별한 자기적 성질을 가지고 있다. 다른 희토류 금속도 가능한 고온 초전도 물질에 사용하기 위해 연구되고 있다. 많은 희토류 원소들은 금속 합금에도 사용된다. 예를 들면, 세륨(Ce)의 합금은 내열성 제트 엔진 부품을 만드는 데 사용된다. 어븀(Er)도 고성능 금속 합금에 사용된다. 디스프로슘과 홀뮴(Ho)은 중성자를 흡수하는 성질을 가지고 있어 핵분열을 제어하는 제어봉에 사용된다. 유로퓸(Eu)은 컬러텔레비전 화면의 빨간색을 만드는 역할을 하므로 언급되어야 한다. 희토류 원소들은 많은 일반적인 응용과 첨단 기술 응용에서 중요한 역할을 하는 상대적으로 풍부한 금속 원소들이다. 희토류 원소들은 초전도체 연구에서도 중요한 역할을 담당할 수 있다.

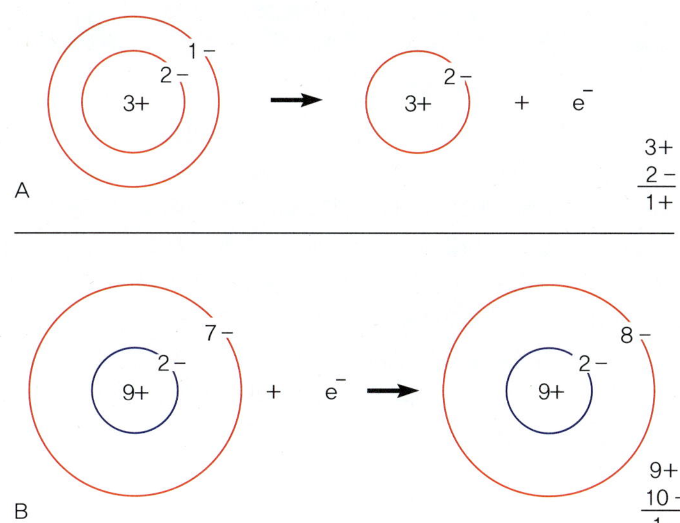

그림 15.17 (A) 금속은 바깥쪽 전자를 잃고 비활성 기체의 전자 구조를 이루어 양이온이 된다. 리튬은 하나의 바깥쪽 전자를 잃어 1+ 이온이 된다. (B) 비금속은 전자를 얻어 바깥쪽 비활성 기체 전자 구조를 이루고 음이온이 된다. 플루오린은 하나의 전자를 얻어 1– 이온이 된다.

이 반도체들은 금속과 비금속의 성질을 모두 가지고 있다.

반도체는 우리 생활 속에서 중요한 역할을 하며, 현재 컴퓨터, 휴대 전화, CD, 그리고 최근 텔레비전에서의 혁신을 가능하게 만든다. 오늘날 반도체가 태양 전지와 발광 다이오드(LED)의 사용 증가와 더불어 훨씬 더 큰 역할을 하고 있음을 알게 될 것이다. 전기를 생산하는 방법이 청정한 방법으로 점점 더 바뀜에 따라 태양 전지 사용은 증가할 것이다. LED가 더 많은 종래의 광원을 교체할 뿐 아니라 더 많은 혁신을 가능하게 만들기 때문에 LED 사용은 증가할 것이다. 연주회와 축구 경기장에 있는 거대한 TV 화면은 LED의 혁신적인 사용 예이다. LED는 수백 시간의 백열전구와 비교해 수천 시간 지속하기 때문에 종래의 백열전구를 대체하고 있다. 또한 반도체는 백열전구처럼 전기가 열로 낭비되지 않기 때문에 더 효율적이다.

모두 금속인 전이 원소들은 B족에 있다. 비슷한 성질의 세로 족을 형성하는 주족 원소들과 달리, 전이 원소들은 비슷한 성질을 갖는 원소들의 가로 족을 형성하려는 경향이 있다. 예를 들면, VIIIB족에 있는 철(Fe), 코발트(Co), 그리고 니켈(Ni)은 자기적 성질을 띠는 가로로 배열된 3개의 금속 원소들이다.

주족 원소들의 족은 모두 같은 전하를 가진 이온들을 형성한다. 예를 들어, 알칼리 금속은 전자 하나를 잃어 1+ 이온을 형성한다. 전이 원소들은 여러 전하(variable charge)를 가진다. 예를 들면, 어떤 전이 원소들(구리, 은)은 하나의 바깥쪽 전자를 잃어 1+ 이온들을 형성한다. 특별한 전자 배치 때문에 구리는 전자를 하나 더 잃어 2+ 이온을 형성할 수 있다. 따라서 구리는 1+ 이온이나 2+ 이온을 형성할 수 있다. 대부분의 전이 원소들(철, 코발트, 니켈)은 2개의 바깥쪽 오비탈 전자들을 가지고 있어 그 전자들을 잃고 2+ 이온들을 형성하지만, 이 중 일부 원소는 특별한 전자 배치를 가져 더 많은 전자를 잃는 것을 허용하기도 한다. 따라서 철과 코발트는 2+ 이온이나 3+ 이온을 형성할 수 있다. 훨씬 더 많은 원소가 주기율표로부터 설명될 수 있고, 주기율표가 다음 장들에서 사용될 때 더 많은 일반화가 이루어질 것이다.

개념 적용

금속과 전하

스트론튬(strontium)은 금속, 비금속, 아니면 반도체일까? 스트론튬 이온에 있는 전하는 얼마인가?

스트론튬의 화학 기호는 Sr(원자 번호 38)이다. 주기율표에서, Sr은 IIA족에 있어 스트론튬 원자 하나가 바깥쪽 껍질에 2개의 전자를 가지고 있음을 뜻한다. 여러 가지 이유로, 스트론튬이 금속이라고 알고 있다. (1) 하나의 스트론튬 원자는 바깥쪽 껍질에 2개의 전자를 가지고 있고, 1개, 2개, 또는 3개의 바깥쪽 전자를 갖는 원자들은 금속으로 확인된다. (2) 스트론튬은 알칼리 금속인 IIA족에 있다. (3) 스트론튬은 주기율표의 왼쪽에 있고, 일반적으로 주기율표의 왼쪽 2/3의 원소들은 금속이다.

1개, 2개, 또는 3개의 바깥쪽 전자를 갖는 원자들은 전자를 잃고 양이온을 형성하려는 경향이 있다. 스트론튬은 원자 번호가 38이기 때문에, 38개의 양성자(38+)와 38개의 전자(38−)를 가지고 있다. 스트론튬이 2개의 바깥쪽 껍질 전자를 잃으면, 38+와 36− 전하를 가지고 있어 2+의 알짜 전하를 띤다.

요약

물질을 이해하려는 시도는 물질이 **원소**, 또는 더 간단한 물질로 구성되어 있다고 본 고대 그리스 철학자들로 거슬러 올라간다. 물질을 (1) **연속적**이라고, 즉 무한히 나눌 수 있다고 간주하거나, (2) 원자라고 부르는 입자들로 구성된 **불연속적**이라고 간주하는 2가지 모형이 개발되었다.

1800년대 초에, 돌턴은 물질이 단단하고 나눌 수 없는 원자들로 구성되어 있으며, 원자들은 화학 변화 동안 결합하거나 분리한다는 **원자론**을 발표했다.

진공 펌프가 1885년에 발명된 후, **음극선**이 진공 유리관 안의 음극 단자로부터 나오는 것이 관찰되었다. 음극선의 성질은 신비

과학의 배후에 있는 사람들

드미트리 이바노비치 멘델레예프(Dmitri Ivanovich Mendeleyev, 1834-1907)

드미트리 멘델레예프는 항상 주기율표의 개발이라는 뛰어난 업적과 관련된 러시아 화학자였다. 그는 모든 원소가 하나의 정돈된 체계 속에 관련되어 있는 구성 요소들이라고 이해한 최초의 화학자였다. 그는 대단히 추측에 근거한 화학 분야를 정확하고 논리적인 과학으로 바꾸었다. 그의 이름의 철자는 학생들에게 혼동의 근원이 되었고 한 세기 이상 동안 편집자들에게 좌절감을 주기도 했으며, Mendeléef, Mendeléev, 심지어는 Mendelejeff 형태도 인쇄물에서 모두 발견할 수 있다.

멘델레예프가 주기 법칙을 만들기 전, 오랫동안 화학 원소의 이해는 이해하기 어렵고 좌절감을 주는 과제였다. 멘델레예프에 따르면, 원소의 성질은 원자량에 대한 주기적인 함수이다. 그는 1869년 "원자량의 크기에 따라 배열된 원소들이 주기적인 성질 변화를 나타낸다."고 말했다. 다른 화학자들, 특히 독일의 로타 마이어(Lothar Meyer)도 그동안 비슷한 결론에

©Olga Popova/Getty Images RF

도달했고, 자신의 발견을 독립적으로 출판했다.

멘델레예프는 정말로 주기율표를 처음으로 만들어 그 당시 알려진 63개 원소를 모두 나열했다. 모든 원소가 그 당시 알려진 원자량을 사용한 원소의 성질에 "맞지" 않아, 멘델레예프는 인듐(indium)의 원자량을 76에서 114(현대 값 114.8)로, 베릴륨의 원자량을 13.8에서 9.2(현대 값 9.013)로 바꾸었다. 1871년에 그는 17개 원소의 정확한 위치 변경을 나타내는 개정 논문을 출판했다.

주기율표 연구를 하기 위해, 멘델레예프는 빈자리를 남겨두어야 했고, 더 많은 원소가 결국 주기율표의 빈자리를 채우기 위해 발견될 것이라고 예측했다. 이런 예측은 주기 법칙에 가장 강력한 지지를 보냈다. 멘델레예프의 생애 동안 갈륨(1871년), 스칸듐(1879년), 저마늄(1886년)의 세 원소가 발견되었고, 그것들은 모두 그가 할당한 원소의 성질과 엄밀하게 일치하는 성질들을 가지고 있었다.

멘델레예프는 선견지명이 있었지만, 원소 목록에서 비슷한 성질들의 주기적인 반복이 원자 구조에서의 어떤 것을 반영한다는 개념은 없었다. 1920년대가 되어서야 주기적인 체계에서 중요한 매개 변수는 원소의 원자량이 아니라 원자 번호(원자 안에 있는 양성자 수의 척도)임을 깨닫게 되었다. 그 후 원자와 분자의 전자 구조에서 주기 법칙을 설명하는 데 큰 진전이 있었다.

출처: Modified from the *Hutchinson Dictionary of Scientific Biography*. Abington, UK: Helicon, 2011.

였다. 그러한 신비는 1887년에 톰슨이 현재는 **전자**라고 알려진 음전하를 띤 입자들을 발견하고 나서야 풀렸다. 톰슨은 원자를 구성하는 기본 입자를 처음으로 발견했고 이 입자의 전하 대 질량비를 측정했다.

러더퍼드는 얇은 금속판으로부터 산란하는 알파 입자 실험에 근거하여 원자의 태양계 모형을 개발했다. 이 모형에 따르면 작고, 무겁고, 양전하를 띤 **원자핵**은 움직이는 전자들에 둘러싸여 있다. 이 전자들은 원자핵으로부터 원자핵 반경의 100,000배 떨어진 거리에 있다고 계산되었으므로, 한 원자의 부피는 대부분 비어 있는 공간이다. 나중에 러더퍼드는 원자핵에는 양전하를 띤 **양성자**와 전하가 없는 **중성자**, 2가지 기본 입자가 들어 있다고 제안했다. **원자 번호**는 한 원자 안에 있는 양성자 수이다. 중성자 수가 다른 원소의 원자들을 **동위원소**라고 한다. 각 동위원소의 질량은 정확히 12.00 **원자 질량 단위**로 정의된 탄소-12의 질량과 비교한다. 원소의 존재비에 따른 한 원소의 동위원소들의 질량 기여를 원소의 **원자량**이라고 한다. 동위원소들은 원자핵 안에 있는 양성자 수와 중성자 수의 합인 **질량수**로 확인한다. 동위원소들은 원자 번호를 화학 기호 옆의 아래 첨자로, 질량수를 위 첨자로 나타낸 화학 기호로 확인한다.

보어는 수소에 의해 방출된 특징적인 **선 스펙트럼**을 설명하기 위해 수소 원자 모형을 개발했다. 그의 모형은 다음과 같이 명시했다. (1) 전자들은 허용된 궤도들 안에서만 움직일 수 있다. (2) 전자들은 궤도에 있을 때 복사에너지를 방출하지 않는다. (3) 전자들은 에너지를 얻거나 잃어 하나의 허용된 궤도에서 다른 허용된 궤도로 이동한다. 하나의 전자가 높은 궤도에서 낮은 궤도로 도약할 때, 전자는 단일 광자 형태로 에너지를 잃는다. 광자의 에너지는 두 준위 사이의 에너지 차이에 해당한다. 보어 모형은 수소 원자에 잘 적용되었지만 다른 원자들에는 적용되지 않았다.

슈뢰딩거와 다른 사람들은 전자의 파동성을 사용해서 **파동 역학** 또는 **양자 역학**이라고 하는 새로운 원자 모형을 개발했다. 이 모형은 새로운 실험 자료를 예측할 뿐 아니라 모든 실험 자료를 정확히 입증하였다. 양자 역학적인 모형은 전자의 파동성에 근거한 양자수로 전자의 에너지 상태를 기술한다. 양자수는 **오비탈**이라고 하는 공간의 불분명한 영역에서 전자의 위치에 대한 **확률**을 나타냈다.

주기율표는 **주기**라고 부르는 가로 행의 원소들과 **족**이라고 부르는 세로 열의 원소들로 구성되어 있다. 주어진 족의 구성 원소들은 같은 바깥쪽 오비탈 전자 배치를 가지며, 전자 배치가 바로 한 원소의 화학적 성질을 나타내는 주요 원인이다.

식의 요약

15.1 에너지 = (플랑크 상수) (진동수)

$E = hf$

여기서 $h = 6.63 \times 10^{-34}$ J·s

15.2 $\frac{\text{궤도 양자수의 에너지 상태}}{} = \frac{\text{가장 안쪽 궤도의 에너지 상태}}{\text{궤도 양자수의 제곱}}$

$$E_n = \frac{E_1}{n^2}$$

$E_1 = -13.6$ eV 그리고 $n = 1, 2, 3, \ldots$

15.3 광자의 에너지 $= \left(\text{더 높은 궤도의 에너지 상태}\right) - \left(\text{더 낮은 궤도의 에너지 상태}\right)$

$hf = E_H - E_L$

여기서 $h = 6.63 \times 10^{-34}$ J·s 그리고 E_H와 E_L은 줄(J) 단위여야 한다.

개념에 대한 질문

1. 톰슨이 음극선을 연구할 때 아원자 입자의 존재를 발견한 실험 증거는 무엇인가?

2. 러더퍼드가 한 원자 안에 원자핵이 있다는 개념을 갖게 된 실험 증거를 기술하시오.

3. 원자의 태양계 모형이 가진 주요 문제점은 무엇인가?

4. 원자 하나의 크기와 원자핵의 크기를 비교하시오.

5. 원자 번호는 무엇을 의미하는가? 원자 번호는 특정 원소의 원자들을 어떻게 확인하는가? 원자 번호는 한 원자 안의 전자 수와 어떤 관련이 있는가?

6. 어떤 원자가 원자핵에 11개의 양성자를 가지고 있다. 원자 번호는 무엇인가? 이 원소의 이름은 무엇인가? 이 원자의 전자 배치는 무엇인가?

7. 한 원소의 원자량은 어떻게 결정되는가?

8. 원자의 보어 모형에서 3가지 주요 사항을 기술하시오.

9. 왜 한 원자 안에 있는 전자들의 에너지들은 음의 값들을 가지는가? (힌트: 그것은 전자의 전하 때문이 아니다.)

10. 첫 번째 에너지 준위($n = 1$)에 있는 전자와 세 번째 에너지 준위($n = 3$)에 있는 전자 중 어느 것이 가장 낮은 에너지를 가지는가? 설명하시오.

11. 원자의 보어 모형과 양자 역학 모형에서 비슷한 점은 무엇인가?

12. 바닥 상태에 있는 수소 원자와 들뜬 상태에 있는 수소 원자의 차이점은 무엇인가?

13. 전자 하나의 전하를 발견하기 위한 밀리컨의 방법을 평가하시오. 이 방법을 사용한 결과들에 대해 어떤 의문점이 있는가?

14. 특정한 원소의 동위원소들 사이의 중요한 유사점과 차이점은 무엇인가?

15. 톰슨의 실험은 전자의 발견으로 이어졌다. 그가 전자를 발견했다는 것을 여러분이 얼마나 확실히 알고 있는지 검토하시오.

16. 원자량이 중력과 관련 있는 어떤 것이라는 사람들의 신념을 여러분이 바로잡을 때 여러분 자신과 다른 사람 사이의 대화를 기술하시오.

17. 물질이 에너지를 불연속적인 단위로만 방출하고 흡수한다는 관찰의 중요성을 검토하시오.

18. 원자의 보어 모형과 양자 역학 모형 사이의 최소 몇 가지 기본적인 차이점들을 기술하시오.

연습문제

그룹 A

1. 수소 원자에 있는 하나의 전자가 $n = 2$에서 $n = 6$으로 이동하기 위해 필요한 에너지는 얼마인가? (필요한 값은 그림 15.11 참조)

2. 수소 원자에 있는 하나의 전자가 $n = 6$에서 $n = 2$로 도약할 때 방출되는 빛의 진동수는 얼마인가? 여러분이 보는 색은 무엇인가?

3. 바닥 상태에 있는 하나의 수소 원자에서 전자를 완전히 제거하는 데 필요한 에너지는 얼마인가?

4. 톰슨은 전자의 전하 대 질량비를 -1.76×10^{11} 쿨롬/킬로그램(C/kg)으로 구했다. 밀리컨은 전자의 전하를 -1.60×10^{-19} 쿨롬(C)으로 구했다. 이 발견들에 따르면 전자의 질량은 얼마인가?

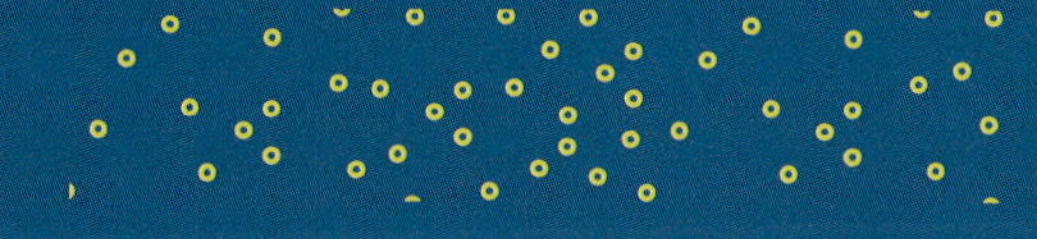

16 화학 반응

Chemical Reactions

철에 녹이 슬 때 화학 변화가 발생한다. 녹슨 철은 철과는 다른 물리적, 화학적 특성을 나타내는 새로운 물질이다. 사진 속의 녹슨 낡은 차는 풍경을 다채롭게 한다. ©Evannovostro/Shutterstock.com RF

핵심 개념

전자 구조는 원자들이 특정한 숫자로 함께 결합하는 이유와 방법에 대하여 설명할 것이다.

장의 개요

화학 결합은 화합물 내의 원자들을 함께 유지하는 인력이다. *Pg. 416*

이온 결합은 이온들의 정전기적 인력에 의한 화학 결합이다. *Pg. 417*

화학 반응은 화학 결합을 형성하거나 끊음으로써 다른 물질이 생성되는 물질의 변화이다. *Pg. 412*

공유 결합은 전자들을 공유함으로써 형성된 화학 결합이다. *Pg. 421*

연관성

화학

▶ 물의 전자 구조는 물의 특성과 용액의 특성을 설명한다(17장).

지구과학

▶ 화학 변화는 지구 표면의 단단한 암석이 풍화되는 한 가지 방식을 설명한다 (12장).

생명과학

▶ 유기 화학과 생화학은 생명의 중요한 유기 화합물의 화학 변화들을 고려한다 (18장).

개요

15장에서는, 현대 원자 이론이 원소의 원자 구조를 설명하는 데 어떻게 사용되는지를 학습하였다. 원자들의 전자 구조는 유사한 특성의 원소 단뿐만 아니라 주기율표에서의 원소들의 위치에 대하여 성공적으로 설명해주고 있다. 넓은 범위에서 모든 금속과 비금속은 유사한 전자 구조를 갖는다. 좁은 범위에서 알칼리 금속과 같은 화학 족은 동일한 최외각 전자 배치를 갖는 것으로 알려졌다. 이렇게 현대 원자 이론은 원자 구조의 관점에서 원소들에서 관찰되는 유사성을 설명한다.

지금까지 개별적이고 독립적인 원자들에 대하여 논의하였다. 그렇지만 우리는 원소의 원자들이 어떻게 결합하여 화합물을 생성하는지 고려하지 않았다. 원자들의 전자 구조와 특정 화합물을 생성하기 위한 반응 사이에는 어떤 관계가 있다. 이 관계를 이해하면 물질 자체에서 일어나는 변화를 설명할 수 있다. 예를 들면, 수소는 높은 가연성의 기체 성분으로 폭발적인 연소 반응을 한다. 반면, 산소는 수소 기체의 연소 반응을 지원하는 기체 성분이다. 수소와 산소는 결합하여 물을 생성한다. 물은 연소하거나 연소를 지원하지 않는 액체이다. 이러한 반응을 이해하기 위하여 고려해야 할 몇 가지 질문들은 다음과 같다.

1. 수소와 산소 같은 원소의 원자들이 결합하여 물과 같은 분자를 생성할 때 발생하는 현상은 무엇인가?
2. 원자들이 결합하는 이유는 무엇이며, 결합된 상태를 유지하는 이유는 무엇인가?
3. 물과 물을 형성하는 구성 원소가 서로 다른 성질을 가지는 이유는 무엇인가?
4. 물이 H_3O나 H_4O가 아닌 H_2O인 이유는 무엇인가?

원자들의 전자 구조를 이해함으로써 원자들이 특정 숫자로 함께 결합하는 이유와 방법에 대한 이유를 알 수 있다. 화학물질들은 원자들의 구조가 겹치면서 전자들이 상호작용하여 새로운 성질을 갖는 분자를 형성하며 새로운 형태의 전자 구조를 갖는다. 물 분자와 같은 새로운 전자 구조는 물 분자를 구성하는 산소나 수소와는 다른 특성을 나타낸다(그림 16.1). 이번 장의 주제는, 원자들이 전자 구조 겹침에 의하여 새로운 전자 구조를 어떻게 형성하는지를 이해함으로써 물질 자체에서 일어나는 변화를 이해하는 것이다.

16.1 화합물

우리 주변에는 크기, 모양, 형태, 그리고 종류가 다양한 물질들이 존재한다. 겉으로 보기에는 무질서해 보이지만, 우리가 물질을 이해하는 데 도움이 되는 어떤 유형이 존재하는가? 수많은 유형이 존재하며, 더 분명한 것은 모든 물질이 혼합물이나 순물질로 존재한다는 것이다(그림 16.2). **혼합물(mixture)**은 다양한 성분으로 이루어진, 서로 다른 조성의 물질이다. 예를 들면, 해변의 모래는 돌 조각, 광물, 조개껍질과 같은 다양한 성분의 혼합물이다.

그림 16.1 물은 지구상에서 가장 풍부하며, 모든 생명체에 꼭 필요한 액체이다. 물은 매우 우수한 용해 특성으로 주위 환경으로부터의 고체, 액체, 기체를 용해하여 포함한다. 하천은 근처의 빙하에 붙어 있던 암석가루도 현탁액 상태로 운반한다. ©Bill W. Tillery

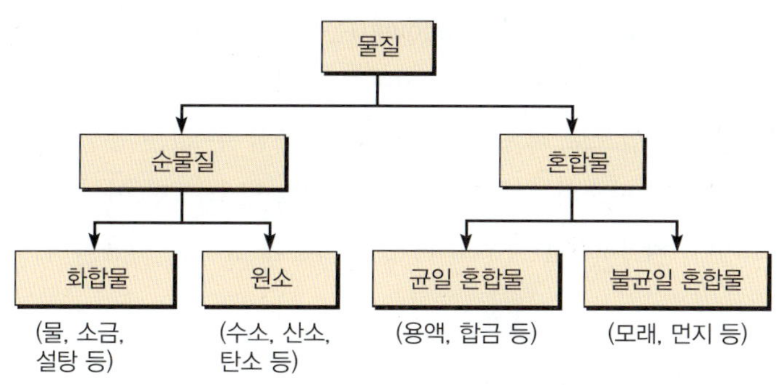

그림 16.2 물질의 분류

다양한 서로 다른 조성의 혼합물은 두 종류로 분류된다. **불균일 혼합물**(heterogeneous mixture)은 물리적으로 구별되는 서로 다른 특성을 가지고 있다. 소금물도 다양한 성분으로 이루어진, 서로 다른 조성의 혼합물로 정의할 수 있다. 그러나 소금물은 해변 모래 혼합물과는 다르게 시료 전체의 성분이 동일한 **균일 혼합물**(homogeneous mixture)이다. 균일 혼합물 또는 용액은 시료 전체의 성분이 동일하다. 용액이 혼합물이라는 것을 이해하는 핵심은 용액의 조성이 다양할 수 있다는 것이다. 용액, 혼합기체, 그리고 합금들은 서로 다른 성분으로 구성된, 다양한 조성의 균일 혼합물이다.

혼합물은 물리적 방법으로 구성 성분들을 분리할 수 있다. 예를 들면, 현미경과 핀셋을 이용하여 모래 혼합물의 구성 성분들을 물리적으로 분리할 수 있다. 혼합물을 분리하는 많은 방법들은 모두 **물리적 변화**(physical change)를 포함한다. 물리적 변화는 물질의 **고유성질**을 변화시키지 않는다. 물리적 변화는 단지 물리적 특성의 변화만을 나타낼 뿐 어떤 새로운 물질이 형성되지 않는다. 물리적 변화의 예로는 증발, 응축, 용융, 동결, 용해 등의 과정과 분쇄나

굽힘 같은 물질 성형 과정 등이 포함된다.

혼합물은 물리적으로 **순물질**로 분리할 수 있으며, 전체적으로 동일하며 고정된 명확한 조성을 갖는 물질이다. 식탁 위에 놓여 있는 소금을 자세히 살펴보면, 수백 개의 작은 정육면체 조각으로 이루어져 있음을 확인할 수 있다. 수백 개의 조각 중 어떤 조각도 짠맛을 내며, 다른 조각들과 동일한 특성을 갖는다. 설탕도 식탁 위의 소금처럼 모든 부분이 유사한 특성을 나타낸다. 소금과 달리 설탕 조각은 특별한 모양이나 형태는 가지고 있지 않지만, 동일한 단맛과 동일한 특성을 가지고 있다.

만약 소금과 설탕을 별도의 용기에서 가열하면, 매우 다른 결과를 나타냄을 확인할 수 있다. 소금을 가열하면 다른 순물질처럼 물리적 변화에 의해 녹게 되고, 다시 냉각하면 원래의 상태인 고체로 되돌아온다. 그러나 설탕을 가열하면 수증기가 방출되며 검은색 물질로 변한다. 변화된 검은색 물질을 냉각시켜도 다시 설탕으로 돌아오지 않는다. 소금은 원래의 상태로 돌아왔지만, 설탕은 새로운 물질로 **분해**(decomposed)되었다. 이 새로운 물질은 탄소이며, 설탕과는 완전히 다른 특성을 가지고 있다. 설탕에선 **화학 변화**(chemical change)가 발생한 것이다. 화학 변화는 물질의 본성을 변화시켜 다른 특성의 새로운 물질을 생성한다. 검은색으로 설탕이 변화된 경우와 같은 화학 변화는 분해현상 중 하나이다. 열은 설탕을 탄소와 수증기로 분해하는 화학 변화를 일으켰다.

설탕의 분해과정에서 발생되는 탄소와 물의 질량비는 항상 동일하기 때문에 설탕은 명확히 정해진 조성을 가지고 있다. **화합물**(compound)은 화학 변화로 고정된 질량비로 더 단순한 물질로 분해될 수 있는 순물질이다. 이것은 설탕이 화합물이라는 것을 의미한다(그림 16.3).

물리적 또는 화학적 방법으로 더 단순한 물질로 분해할 수 없는 순물질을 **원소**(element)라고 한다. 설탕은 가열하면 탄소와 수증기로 분해되지만, 탄소는 더 이상 분해되지 않는다. 따라서 탄소는 원소이다. 약 1800년 이후로 물은 전기분해 방법을 이용하여 수소와 산소로 분

A

B

그림 16.3 설탕(A)은 가열로 더 단순한 물질로 쉽게 분해될 수 있는 화합물이다. (B)는 더 단순한 물질 중 하나인 탄소 원소로, 더 이상 물리적 또는 화학적 방법으로 분해할 수 없다.
©Bear Dancer Studios/Mark Dierker

관련 내용

낯선 원소기호

일부 원소들은 라틴어에서 유래된 원소기호를 사용한다. 예를 들면, 금의 원소기호는 Au로, 라틴어로는 "빛나는 새벽"을 의미하는 *aurum*으로부터 유래하였다. 옆의 표는 라틴어로부터 유래된 10개의 원소기호와 독일어로부터 유래된 1개의 원소기호를 나타낸다.

원자 번호	명칭	어원	원소기호
11	Sodium	라틴어: *Natrium*	Na
19	Potassium	라틴어: *Kalium*	K
26	Iron	라틴어: *Ferrum*	Fe
29	Copper	라틴어: *Cuprum*	Cu
47	Silver	라틴어: *Argentum*	Ag
50	Tin	라틴어: *Stannum*	Sn
51	Antimony	라틴어: *Stibium*	Sb
74	Tungsten	독일어: *Wolfram*	W
79	Gold	라틴어: *Aurum*	Au
80	Mercury	라틴어: *Hydrargyrum*	Hg
82	Lead	라틴어: *Plumbum*	Pb

해할 수 있는 화합물이며, 두 기체는 더 이상 간단한 물질로 분해할 수 없다는 것이 알려져 있다. 따라서 설탕은 탄소, 수소 그리고 산소 성분으로 이루어진 화합물이다.

그러나 식탁 위의 식용 소금은 어떠한가? 식용 소금은 화합물인가? 식용 소금은 열에 의해 분해되지 않는 안정한 화합물이다. 식용 소금은 약 800 °C의 온도에서 녹고, 냉각시키면 동일한 짠맛의 특성을 갖는 고체 상태로 돌아온다. 전기를 이용하여 화합물을 분리하는 전기분해 방법으로 식용 소금을 분해하면, 소듐 원소와 염소 원소로 분해되며, 이러한 결과는 식용 소금이 화합물이라는 것을 증명해준다.

16.2 원소

원소는 다양하게 존재하지만 단지 몇 개의 원소만이 풍부하게 존재한다. 표 16.1에 나타낸 바와 같이 지구 지표면의 약 99%를 구성하는 원소는 8개뿐이다. 산소는 지각 중량의 약 50%를 차지하는 가장 풍부한 원소이며, 규소는 지각 중량의 25% 이상을 차지한다. 두 비금속 원소만으로도 지구 지표면의 약 75%를 차지하며, 나머지는 표에 나타낸 바와 같이 6개의 금속으로 구성되어 있다.

일반적으로 존재하는 원소의 수는 장소에 따라 다르며, 또한 제한적으로 존재한다. 지구 공기의 약 99%를 차지하는 원소는 단지 2가지 원소이다. 공기는 약 78%의 질소와 약 21%의 산소로 구성되어 있으며, 다른 5개의 미량원소와 화합물로 이루어져 있다. 물은 수소와 산소로 이루어져 있지만, 해수는 다양한 원소들이 용해되어 있는 용액이다. 해수에 용해되어 용액으로 존재하는 원소들은 염소 55%, 소듐 31%, 황 8%, 그리고 마그네슘 4%이다. 신체의 약 97%를 구성하는 3가지 원소는 수소 60%, 산소 26%, 그리고 탄소 11%이다.

표 16.1 지구 지각의 99%를 구성하는 원소

원소(기호)	중량 %
산소 (O)	46.6
규소 (Si)	27.7
알루미늄 (Al)	8.1
철 (Fe)	5.0
칼슘 (Ca)	3.6
소듐 (Na)	2.8
포타슘 (K)	2.6
마그네슘 (Mg)	2.1

그림 16.4 알루미늄, 철, 산소, 그리고 규소가 지구 지표면의 약 88%를 차지한다. 지표면과 구름과 안개의 상태로 공기 중에 존재하는 물은 수소와 산소로 이루어져 있다. 공기의 99%는 질소와 산소이다. 사람의 97%는 수소, 산소, 탄소로 이루어져 있다. ©Bill W. Tillery

16.3 화학 변화

원소는 더 이상 단순한 물질로 분해할 수 없는 기본 물질이다. 수소, 탄소, 그리고 칼슘은 원소의 예이다. 이 절에서는 원소들이 서로 다른 화합물을 형성하기 위하여 서로 다른 방식으로 결합하는 이유와 방법을 다룰 것이다.

원소는 원자들로 이루어졌다는 것을 현대 원자 이론에서 이미 배웠다. **원자는 원소의 최소 단위로써, 단독 또는 다른 원소와 결합된 상태로 함께 존재할 수 있다.** 원자가 화학 결합이라는 인력으로 함께 유지될 때 화합물을 형성한다. 화학 결합은 화합물 내의 각각의 원자들을 결합시키는 것이다. 일반적으로 분자는 고유특성의 원자들이 단단히 결합된 원자단이다. 더 구체적으로, **분자는 물질이 가지고 있는 화학적 특성을 지속적으로 유지하며 존재하는 기체 상태의 원소 또는 화합물의 가장 작은 입자**로 정의된다. 분자는 한 종류의 화학 결합을 가지는 화합물로써 독립적인 단위로 간주될 정도로 매우 강하게 결합된 전기적으로 중성인 원자단이다. 예를 들면, 물은 화합물이다. 물이 독립적으로 존재할 수 있는 가장 작은 단위는 2개의 수소 원자와 1개의 산소 원자가 화학 결합된 것으로 전기적으로 중성이다. 분자의 개념을 화학 결합에 대한 논의로 이어나갈 것이다.

화합물들은 기체, 액체, 고체 상태로 존재한다. 일반적으로 많은 기체들은 2개의 원자 또는 둘 이상의 원자로 이루어져 있다. 예를 들어, 상온에서 수소 기체는 2개의 수소 원자가 결합한 분자이고, 산소 기체는 2개의 산소 원자가 결합된 분자이다. 수소와 산소는 모두 **이원자 분자**로 존재한다. 산소는 때로는 3개의 산소 원자가 결합된 분자로 존재한다. 산소의 **삼원자 분자를 오존**이라고 한다.

어떤 크기의 분자가 더 간단한 물질로 분해되거나 형성될 때, 새로운 특성을 갖는 새로운 물질이 생성된다. 이러한 종류의 물질 변화를 화학 변화라고 하며, 그 과정을 화학 반응이라고 한다. **화학 반응**은 다음과 같이 정의한다.

화학 결합을 형성하거나 끊음으로써 새로운 화학물질이 생성되는 물질의 변화

일반적으로, 화학 결합은 원소의 원자들이 화합물을 형성하기 위하여 서로 결합할 때 만들어진다. 화합물이 더 간단한 물질로 분해될 때 화학 결합이 끊어진다. 6장에서 논의된 바와 같이, 화학 결합은 전기적 인력에 의해 형성되며, 본질적으로는 전기적 중성이다.

화학 반응은 우리 주변에서 빈번하게 발생한다. 식물 재배, 연료 연소, 그리고 신체활동을 위한 음식물의 이용에는 모두 화학 반응이 수반된다. 이러한 반응들은 다양한 값의 내부 퍼텐셜에너지를 갖는 새로운 화학물질을 생성한다(내부 퍼텐셜에너지에 대한 설명은 4장 참조). 큰 내부 퍼텐셜에너지를 가진 새로운 화학물질을 생성하기 위해서는 에너지가 **흡수**된다. 작은 내부 퍼텐셜에너지를 가진 새로운 화학물질이 생성될 때 에너지가 **방출**된다(그림 16.5). 일반적으로 내부 퍼텐셜에너지의 변화를 **화학에너지**(chemical energy)라고 한다. 예를 들면, **광합성**(photosynthesis)이라는 과정을 통하여 녹색식물은 새로운 화학물질을 생성한다. 녹색식물은 복사에너지(햇빛), 이산화탄소, 물을 이용하여 새로운 화학물질과 산소를 생성한다. 이 새로운 화학물질들(잎, 뿌리, 나무를 구성하는)은 이산화탄소와 물보다 더 큰 화학에너지를 포함한다.

화학 반응식은 화학 반응 현상을 설명하는 방법이다. 광합성의 화학 반응식을 단어를 사용하여 표현할 수 있다.

에너지(햇빛) + 이산화탄소 분자 + 물 분자 ⟶ 식물 분자 + 산소 분자

그림 16.5 마그네슘은 알칼리 토금속으로 공기 중에서 열과 빛을 방출하며 밝게 연소한다. 화학에너지가 방출되면서 새로운 화학물질이 만들어진다. 새로운 화학물질은 산화마그네슘으로, 물에 알칼리성 용액(마그네시아 우유라고 함)을 형성하는 부드러운 분말 물질이다. ©McGraw-Hill Education/Steven Frisch, photographer

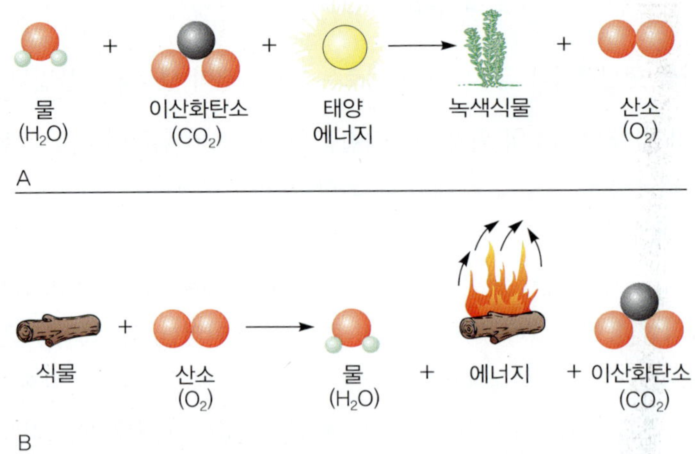

그림 16.6 (A) 녹색식물이 광합성 과정을 통하여 새로운 물질을 만들며 태양에너지를 저장함에 따라 새로운 화학 결합이 형성된다. (B) 화학 결합이 끊어지며 같은 양의 에너지와 동일한 반응 물질이 방출된다. 식물이 연소할 때는 동일한 에너지와 동일한 물질들이 빠르게 방출되고, 식물이 분해할 때는 서서히 방출된다.

변화되는 물질은 단어 반응식의 왼쪽에 있으며, **반응물**(reactant)이라고 한다. 반응물은 이산화탄소 분자와 물 분자이다. 또한 반응식의 **에너지**를 왼쪽에 표시하는 것은 에너지가 흡수된다는 것을 의미한다. 화살표는 **수득률**(yield)을 의미한다. 새로운 화학물질은 반응식의 오른쪽에 있으며, **생성물**(product)이라고 한다. 광합성 반응식은 "이산화탄소와 물이 에너지를 흡수하여 식물과 산소를 생성한다."라고 말할 수 있다.

반응에 의해 생성된 식물은 반응물보다 더 많은 내부 퍼텐셜에너지를 가지고 있으며, 내부 퍼텐셜에너지를 **화학에너지**라고 한다. **에너지**라는 용어가 반응식의 왼쪽에만 나타나는 것은 왼쪽의 내부 퍼텐셜에너지가 오른쪽의 내부 퍼텐셜에너지로 들어갔다는 것을 의미하며, 반응이 반대 방향으로 일어날 때 저장된 에너지를 방출할 수 있다(그림 16.6). 목재와 같은 식물이 연소되면 목재는 산소와 반응하여 새롭게 생성된 기체와 증기의 높은 운동에너지와 복사에너지(빛)의 형태로 화학에너지를 방출한다. 에너지 반응식은 다음과 같이 표현할 수 있다.

식물 분자 + 산소 분자 ⟶ 이산화탄소 분자 + 물 분자 + 에너지

두 반응식을 비교하면, 연소과정은 광합성 과정의 반대라는 것을 알 수 있다. 연소로 방출되는 에너지는 광합성 과정에 의해 태양으로부터 받은 식물에 저장된 내부 퍼텐셜에너지로써 정확히 동일한 양의 태양에너지이다. 화학에너지가 한 반응에 의해 저장되고, 다른 반응에 의해 방출되는 이러한 화학 변화는 화학 결합을 생성하거나 파괴한 결과이다. 화학 반응과 에너지 흐름은 화학 결합의 생성과 파괴로 설명할 수 있다. 화학 결합은 원자의 전자 구조 변화로 설명할 수 있다. 따라서 화학 반응에 대한 이해를 추구하기 위한 시작점은 원자 자체의 전자 구조이다.

16.4 원자가 전자 및 이온

15장에서 논의한 바와 같이, 일반적으로 원자의 화학적 성질을 결정하는 것은 최외각 궤도함수에 존재하는 전자의 개수이다. 최외각 전자를 **원자가 전자**(valence electron)라고 하며, 원자가 전자가 화학 결합에 참여한다. 내부 전자는 안정적이며, 완전히 점유된 궤도함수에 존재

하기 때문에 화학 결합에 참여하지 않는다. 주족 원소(A족)들은 최외각 궤도함수에 1~8개의 원자가 전자를 갖는다. 주기율표를 참고하면 쉽게 원자가 전자의 수를 알 수 있다. 각각의 주족 원소의 상단에 있는 숫자는 최외각 궤도함수에 있는 전자 수와 같다(헬륨 제외).

일반적으로 비활성 기체는 최외각 궤도함수가 모두 채워진 상태로 화합물을 형성하지 않는다. 절반만 채워지거나 모두 채워진 최외각 궤도함수는 특별히 안정한 전자 배치를 하고 있다. 원자는 최외각 궤도함수가 모두 채워진 비활성 기체의 안정한 전자 배치를 하려는 경향이 있다. 주족 원소들의 이러한 경향을 **옥텟 규칙**(octet rule)이라고 한다. 옥텟 규칙은 화학 반응을 통하여 **원자가 최외각 궤도함수를 8개의 전자로 채우려는 시도**이다. 이 규칙은 일반화된 것으로, 몇몇 원소는 8전자 조건에 부합하지 않지만, 일반적으로 안정화되려는 경향을 추구한다. 몇 가지 다른 예외가 있지만, 옥텟 규칙은 대부분의 주족 원소에서 원자가 전자를 파악하는 데 도움이 된다.

주기율표에서 주족 원소의 족 번호는 원자가 전자의 수를 말하며, 원자는 옥텟 규칙에 의한 안정성을 갖도록 해야 한다. 예를 들면, 소듐(Na)은 IA족으로 1개의 원자가 전자를 가진다. 소듐 원자가 화학 반응을 통하여 원자가 전자를 제거한다면, 비활성 기체인 네온(Ne) 원자와 동일한 최외각 전자 배치를 가질 것이다(그림 16.7B와 16.7C 비교).

소듐 원자(Na)가 하나의 전자를 잃어 소듐 이온(Na^+)을 형성할 때, 네온 원자(Ne)와 동일한 안정적인 최외각 전자 배치를 갖는다. 소듐 이온(Na^+)은 11개의 양성자를 가지기 때문에 여전히 소듐 형태이다. 그러나 11개의 양성자(11개의 양전하)를 가지고 있으며, 10개의 전자(10개의 음전하)를 가지기 때문에 소듐 **원자**가 아닌 소듐 **이온**이다.

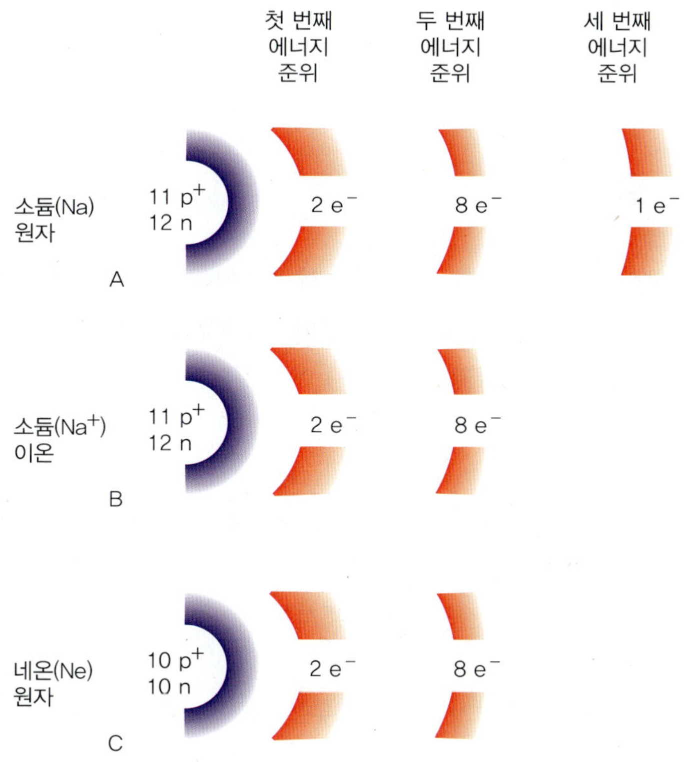

그림 16.7 (A) 소듐 원자는 첫 번째 에너지 준위에 2개의 전자, 두 번째 에너지 준위에 8개의 전자, 세 번째 에너지 준위에 1개의 전자를 가지고 있다. (B) 소듐 원자가 1개의 원자가 전자를 잃으면 양전하의 소듐 이온이 되며, (C) 네온 원자와 동일한 전자 구조를 갖는다.

11 + (양성자)

10 − (전자)

1 + (소듐 이온의 알짜 전하)

소듐 이온에 대한 화학 기호는 Na^+로 표시한다. 소듐 원자가 이온화될 때 소듐 핵과 내부 궤도함수는 변하지 않는다. 소듐 이온은 소듐 원자가 원자가 전자를 잃을 때 형성되며, 형성 과정은 다음과 같이 표현할 수 있다.

$$\text{에너지} + \text{Na}\cdot \longrightarrow \text{Na}^+ + e^-$$

여기서 Na는 소듐의 전자 점 기호이고, e^-는 소듐 원자에서 떨어져 나온 전자이다.

예제 16.1 (선택)

원소의 주기율표와 원자량을 참조하여 칼슘 이온의 원소기호와 전하를 쓰시오

풀이

칼슘 기호는 Ca이고, 원자 번호는 20번이다. 주기율표에서 Ca는 IIA족이며, 2개의 원자가 전자를 가지고 있다.

옥텟 규칙에 따르면, 칼슘 이온은 비활성 기체의 안정한 최외각 전자 배치를 갖기 위해, 2개의 전자를 잃어야 한다. 원자 번호가 20번으로 칼슘 원자는 20개의 양성자(20 +)와 20개의 전자(20 −)를 갖는다. 칼슘 원자는 2개의 전자를 잃고 이온화되며, 칼슘 이온은 (20 +) + (18 −) 또는 2 +의 총 전하를 갖는다.

칼슘 이온은 칼슘의 화학 기호로 표시되며, 전하는 첨자로 사용하여 Ca^{2+}로 표시한다.

예제 16.2 (선택)

알루미늄 이온의 원소기호와 전하는 무엇인가? (답: Al^{3+})

16.5 화학 결합

원자는 비활성 기체의 전자 배치처럼 좀 더 낮은 에너지 상태를 갖기 위해 화학 반응을 통하여 전자를 얻거나 잃는다. 화학 반응의 결과, 인력에 의해 화합물 내의 원자들이 함께 유지되는 **화학 결합**이 형성된다. 일반적으로 화학 결합은 (1) 이온 결합, (2) 공유 결합, 그리고 (3) 금속 결합으로 분류한다.

이온 결합(ionic bond)은 원자가 비활성 기체의 전자 배치를 이루기 위해 전자가 이동할 때 형성된다. 전자의 이동에 의해 전자를 잃거나 얻을 때, 양이온이나 음이온이 형성된다. 이렇게 반대로 하전된 이온들 사이의 정전기적 인력으로 이온 결합이 형성되며, 이때 형성되는 화합물이 이온성 화합물이다. 일반적으로 이온성 화합물은 주기율표 왼쪽의 금속과 오른쪽의 비금속이 반응하여 형성된다.

공유 결합(covalent bond)은 원자가 전자를 공유함으로써 비활성 기체의 전자 구조를 갖게 될 때 형성된다. 일반적으로 공유 결합은 주기율표의 오른쪽에 있는 비금속 원소들 사이에

서 형성된다.

금속 결합(metallic bond)은 모든 원소의 80%를 차지하는 철, 구리, 그리고 다른 금속 원소와 같은 고체 금속에서 형성된다. 금속 원자들은 밀집되어 있어 전자들이 하나의 금속 원자에서 다른 금속 원자로 자유롭게 이동할 수 있는 전자의 '바다'로 많은 전자를 공유한다. 금속 특성인 높은 전기 전도성은 금속 결합으로 설명된다.

이온 결합, 공유 결합, 그리고 금속 결합은 원자나 이온을 분자나 결정 상태로 유지하는 것은 인력이다. 이들 결합 중 하나가 형성될 때 전자에서 일어나는 현상을 설명하려면 2가지 방법을 고려해야 한다. (1) 원자 궤도함수가 중첩되어 **분자 궤도함수**(molecular orbital)라고 불리는 결합된 궤도함수가 형성되는 새로운 형태나 (2) 분자 내 원자는 최외각 궤도함수의 전자 배치가 변화된 **독립된 원자**(isolated atom)로 고려한다. 분자 궤도함수에서는 전체 분자가 전자들을 공유하며, 자체적인 모양, 배향 그리고 에너지 준위를 갖는 분자 궤도함수를 형성하는 것으로 간주한다. 분자 내 원자가 분자로부터 독립된 것처럼 원자가 갖는 전자의 에너지 준위를 고려한다. 독립된 원자로 설명하는 것이 분자 궤도함수로 설명하는 것보다 정확도는 낮지만, 복잡하지 않고 이해하기 쉽다. 따라서 화학 결합은 화합물 내의 개별 원자와 이온을 고려하면 자세히 설명될 수 있다.

이온 결합

이온 결합(ionic bond)은 양이온과 음이온 사이의 정전기적 인력에 의한 화학 결합으로 정의된다. 이온 결합은 금속 원자가 비금속 원자와 반응할 때 형성된다. 금속 원자로부터 비금속 원자의 원자가 껍질로 하나 이상의 원자가 전자가 이동함으로써 반응이 일어난다. 전자를 잃는 원자는 양이온이 되고, 전자를 얻는 원자는 음이온이 된다. 그 결과 하전된 이온들은 서로 끌어당기고, 이온들은 규칙적인 기하학적 구조로 배열하며 이온성 고체를 형성한다(그림 16.8). 이온 결합으로 염화소듐과 같은 염의 전형적인 결정성 고체를 생성한다(그림 16.9).

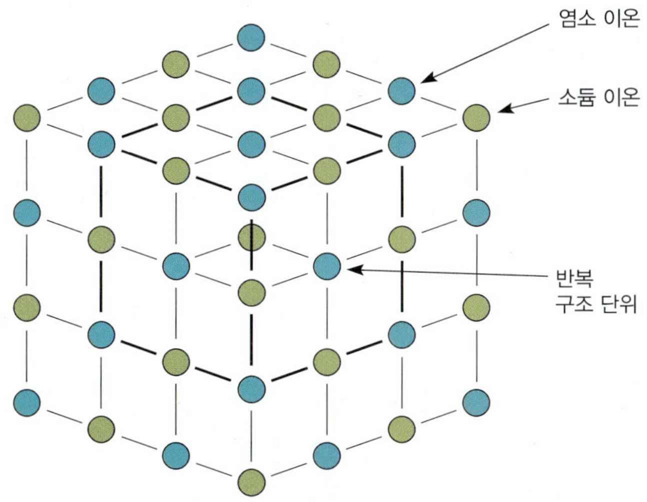

그림 16.8 염화소듐 결정은 소듐과 염소 이온의 정전기적 인력에 의해 결합되어 있다. 염화소듐 결정은 입방 구조이다.

그림 16.9 식용 소금을 10배로 확대하면 입방 구조의 소금 결정을 명확히 볼 수 있다. ©McGraw-Hill Education/Evelyn Jo Johnson, photographer

소듐(약한 반응성의 금속)과 염소(연한 황록색 기체)의 반응은 이온 결합의 예이다. 소듐 원자와 염소 원자가 충돌하면, 격렬하게 반응하며 원자가 전자가 소듐 원자에서 염소 원자로 이동한다. 반응의 결과 소듐 이온과 염소 이온이 생성된다. 반응을 전자 점 기호로 다음과 같이 설명할 수 있다.

$$\text{Na}\cdot \; + \; \cdot\ddot{\underset{\cdot\cdot}{\text{Cl}}}: \longrightarrow \text{Na}^+ \; (:\ddot{\underset{\cdot\cdot}{\text{Cl}}}:)^-$$

위와 같이, 원자가 전자가 이동한 소듐 이온은 안정한 전자 배치를 갖는다. 염소 원자는 안정한 전자 배치를 갖기 위하여 최외각 궤도함수에 전자를 받아들인다. 따라서 안정한 양이온과 안정한 음이온이 형성되며, 반대 전하의 이온들은 서로 끌어당기며 이온 결합을 형성한다. 많은 이온이 포함된 경우, 각각의 Na^+ 이온은 6개의 Cl^- 이온으로 둘러싸이고, 각각의 Cl^- 이온은 6개의 Na^+ 이온으로 둘러싸인다. 그림 16.9에 나타낸 것처럼 고체 NaCl은 결정성 입방 구조를 형성한다. 고체 상태에서, 모든 소듐 이온과 모든 염소 이온은 하나의 거대한 단위로 함께 포함된다. 따라서 염화소듐과 같은 이온성 고체에서 **분자**라는 용어는 실제로 적절하지 않다. 그러나 임의로 주어진 시료가 동일한 수의 Na^+ 이온과 Cl^- 이온을 포함하기 때문에 이 용어를 사용한다.

소듐-염소 반응은 전자 점 표기법을 사용하여 다음의 세 단계로 표현할 수 있다.

1. 에너지 + $\text{Na}\cdot \longrightarrow \text{Na}^+ + e^-$

2. $\cdot\ddot{\underset{\cdot\cdot}{\text{Cl}}}: \; + \; e^- \longrightarrow (:\ddot{\underset{\cdot\cdot}{\text{Cl}}}:)^-$ + 에너지

3. $\text{Na}^+ \; + \; (:\ddot{\underset{\cdot\cdot}{\text{Cl}}}:)^- \longrightarrow \text{Na}^+ \; (:\ddot{\underset{\cdot\cdot}{\text{Cl}}}:)^-$ + 에너지

2단계와 3단계에서 방출된 에너지는 1단계에서 흡수된 에너지보다 크며, 이온 결합이 형성된다. 이때 방출된 에너지를 **생성열**(heat of formation)이라 하며, 염화소듐 화합물을 원소로 분해하는 데 필요한 에너지의 양이다. 반응은 위와 같이 단계적으로 발생하지 않으며 동시에 일어난다. 앞에서 설명한 광합성 반응에서와 같이 화학에너지의 총량은 보존된다. 염화소듐 화합물을 형성할 때 방출되는 에너지는 염화소듐 화합물을 분해하는 데 필요한 에너지의 양과 동일하다.

이온 결합은 전자 이동에 의하여 생성되며, 전자는 그 과정에서 보존된다. 이것은 화학 반응에서 전자가 생성되거나 파괴되지 않음을 의미한다. 반응 전 존재하는 총 전자 수는 반응 후 존재하는 총 전자 수와 동일하다. 이온 결합반응에서 전자를 추적하는 데 사용할 수 있는 2가지 규칙이 있다.

규칙 1. 안정한 비활성 기체의 전자 구조를 만들기 위해 원자가 원자가 전자를 얻거나 잃음으로써 이온이 생성된다.

규칙 2. 원자가 반응에서 잃은 전자 수와 얻은 전자 수는 균형을 이루어야 한다.

소듐-염소 반응은 위 2가지 규칙을 따른다. 소듐 원자는 하나의 원자가 전자를 잃고 소듐

이온을 형성하고, 염소 원자는 하나의 원자가 전자를 얻음으로써 안정한 염소 이온을 형성한다. 따라서 두 이온은 비활성 기체의 전자 배치(규칙 1)를 가지며, 하나의 전자를 잃고 하나의 전자를 얻음으로써 잃은 전자 수와 얻은 전자 수는 균형(규칙 2)을 이룬다.

화합물의 **화학식**은 화합물에서 어떤 원소가 어떤 비율로 존재하는가를 나타낸다. 염화소듐은 음이온인 염소 이온 1개에 대하여 양이온인 소듐 이온 1개가 존재한다. 염화소듐 화합물의 화학식은 NaCl이다. 각 원소기호의 오른쪽 하단에 첨자가 없으면 숫자는 '1'을 나타낸다. 따라서 NaCl은 소듐과 염소 원소로 구성된 화합물을 나타내며, 소듐 원자 하나당 염소 원자 하나를 나타낸다.

칼슘(Ca)은 IIA족의 알칼리 금속이고, 플루오린(F)은 VIIA족의 할로젠이다. 칼슘은 금속이고 플루오린은 비금속으로 칼슘과 플루오린 원자가 반응하여 이온 결합을 갖는 화합물을 생성할 수 있다. 칼슘은 비활성 기체의 전자 배치를 얻기 위해 2개의 원자가 전자를 잃어야 하고, 플루오린은 비활성 기체의 전자 배치를 얻기 위해 하나의 원자가 전자가 필요하다. 따라서 칼슘은 2개의 전자를 잃고, 플루오린은 1개의 전자를 얻어 안정한 전자 배치를 이룬다(규칙 1). 잃은 전자 수와 얻은 전자 수의 균형을 맞추기 위하여 2개의 플루오린 원자가 각각 하나의 전자를 얻는다. 반응으로부터 생성된 화합물인 불화칼슘은 1−의 전하를 갖는 2개의 플루오린 이온에 대하여 2+의 전하를 갖는 칼슘 이온을 갖는다. 전자 점 기호는 최외각 원자가 전자만을 나타낸다는 것을 상기하면, 하나의 칼슘 원자가 2개의 전자를 2개의 플루오린 원자에 각각 하나씩 이동시키는 반응임을 알 수 있다.

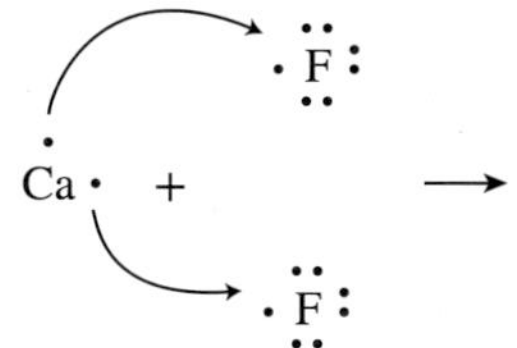

반응은 2개의 전자를 잃고(2+) 칼슘 이온이 생성되고, 각각 1개의 전자를 얻음(1−)으로써 2개의 플루오린 이온이 생성된다.

$$\dot{Ca}\cdot + \cdot\ddot{F}: + \cdot\ddot{F}: \longrightarrow Ca^{2+} \quad (:\ddot{F}:)^- \quad (:\ddot{F}:)^-$$

그러므로 화합물에 대한 화학식은 CaF_2이며, 플루오린에 대한 첨자는 2, 칼슘에 대한 첨자는 1이다. 이것은 화합물이 칼슘 원자 하나당 2개의 플루오린 원자로 이루어져 있음을 의미한다.

염화소듐(NaCl)과 플루오린화칼슘(CaF_2)은 이온 결합에 의한 화합물의 예이다. 이러한 화합물을 **이온성 화합물**이라고 한다. 주족 원소의 이온성 화합물은 일반적으로 백색의 결정성 고체로 무색 용액을 생성한다. 식용 소금인 염화소듐은 가장 일반적인 이온성 화합물의 예이다. 많은 전이 원소는 유색의 화합물로써 유색의 용액을 생성한다. 많은 이온성 화합물은 물에 용해되어 전류를 전도할 수 있는 이온 용액을 생성한다.

표 16.2 주조 원소의 이온전하

원소	기호	이온전하
Lithium(리튬)	Li	1+
Sodium(소듐)	Na	1+
Potassium(포타슘)	K	1+
Magnesium(마그네슘)	Mg	2+
Calcium(칼슘)	Ca	2+
Barium(바륨)	Ba	2+
Aluminum(알루미늄)	Al	3+
Oxygen(산소)	O	2−
Sulfur(황)	S	2−
Hydrogen(수소)	H	1+, 1−
Fluorine(플루오린)	F	1−
Chlorine(염소)	Cl	1−
Bromine(브로민)	Br	1−
Iodine(아이오딘)	I	1−

표 16.3 전이 원소의 이온전하

단일 이온전하		
원소	**기호**	**이온전하**
Zinc(아연)	Zn	2+
Tungsten(텅스텐)	W	6+
Silver(은)	Ag	1+
Cadmium(카드뮴)	Cd	2+
다양한 이온전하		
원소	**기호**	**이온전하**
Chromium(크로뮴)	Cr	2+, 3+, 6+
Manganese(망가니즈)	Mn	2+, 4+, 7+
Iron(철)	Fe	2+, 3+
Cobalt(코발트)	Co	2+, 3+
Nickel(니켈)	Ni	2+, 3+
Copper(구리)	Cu	1+, 2+
Tin(주석)	Sn	2+, 4+
Gold(금)	Au	1+, 3+
Mercury(수은)	Hg	1+, 2+
Lead(납)	Pb	2+, 4+

일반적으로 주기율표의 IA족과 IIA족 원소는 전자를 잃고 양이온을 형성하는 경향이 있다. 이들 원소의 이온전하는 원소의 족 번호와 동일하다. VIA족과 VIIA족의 원소들은 전자를 얻음으로써 음이온을 형성하는 경향이 있다. 이들 원소에 대한 이온전하는 8에서 족의 수를 뺀 값과 같다. IIIA족과 VA족의 원소들은 더 높은 주기의 원소들을 제외하면, 이온성 화합물을 생성하는 경향이 적다. 표 16.2는 몇몇 주족 원소들의 이온전하를 나타낸 것이다. 전이 원소들은 다양한 전하의 양이온을 생성한다. 표 16.3에는 일부 전이 원소의 이온전하를 나타내었다.

예제 16.3 (선택)

전자 점 표기법을 사용하여 알루미늄(Al)이 플루오린(F)과 결합할 때 생성되는 화합물의 화학식을 쓰시오.

풀이

원자 번호 13인 알루미늄은 IIIA족으로 3개의 원자가 전자를 갖는다. 전자 점 표기법은 다음과 같다.

$$\dot{\underset{\cdot}{\text{Al}}}\cdot$$

옥텟 규칙에 따르면, 안정한 비활성 기체 구조를 갖기 위하여 알루미늄 원자는 3개의 전자를 잃어야 한다. 원자 번호 9인 플루오린은 VIIA족으로 7개의 원자가 전자를 갖는다. 전자 점 표기법은 다음과 같다.

$$\cdot\ddot{\underset{\cdot\cdot}{\text{F}}}:$$

플루오린은 하나의 전자를 얻음으로써 비활성 기체 구조를 갖는다. 알루미늄에 의해 잃은 3개의 전자 수와 균형을 맞추기 위하여 각각 1개의 전자를 얻는 3개의 플루오린 원자가 필요하다. 반응은 다음과 같이 나타낼 수 있다.

$$\text{Al} + 3\,\text{F} \longrightarrow \text{Al}^{3+}\ 3(:\text{F}:)^-$$

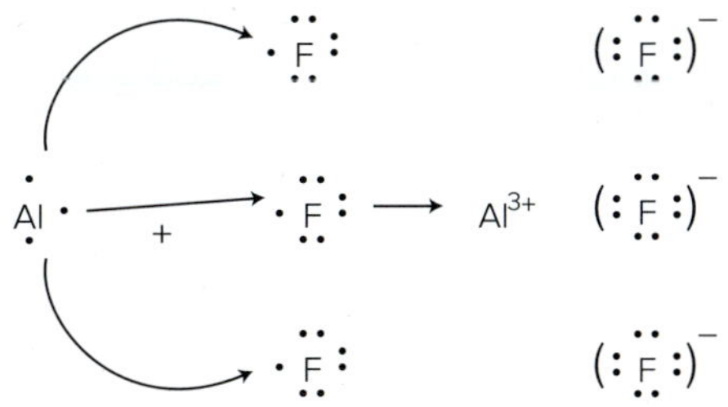

화합물에서 알루미늄 원자와 플루오린 원자의 비는 1:3이며, 플루오린화알루미늄의 화학식은 AlF_3이다.

예제 16.4 (선택)

전자 점 표기법을 사용하여 알루미늄과 산소 사이에 생성된 화합물의 화학식을 쓰시오. (답: Al_2O_3)

공유 결합

공유 결합(covalent bond)은 적어도 한 쌍의 전자를 공유함으로써 형성된 화학 결합이다. 이원자 수소 분자에서 각각의 수소 원자는 공유 쌍에 각각 하나의 전자를 제공한다. 두 수소 원자는 비활성 기체의 전자 배치를 이루기 위하여 전자쌍을 공유한다. 수소 원자는 한 쌍의 전자를 공유하지만, 다른 원소는 비활성 기체의 전자 구조를 이루기 위하여 한 쌍 이상의 전자를 공유할 수도 있다.

2개의 수소 원자가 서로를 향해 움직이는 것을 상상함으로써 2개의 수소 원자 사이에 공유 결합이 어떻게 형성되는지 생각해보자. 각 원자는 하나의 전자가 있다. 원자들이 서로 점점 더 가까워짐에 따라 그들의 궤도함수는 겹치기 시작한다. 각 전자는 다른 원자의 반대 전하인 원자핵에 이끌리며 중첩이 강화된다. 그런 다음, 같은 전하인 원자핵들의 척력으로 중첩이 중단된다. 2개의 원자핵과 2개의 전자 사이가 안정 상태에 도달되며, H_2 분자가 형성된다. 두 전자는 두 원자에 의해 공유되고, 각각의 원자핵은 다른 원자의 전자와 인력으로 결합한다(그림 16.10).

전자 점 표기법을 사용하여 공유 결합의 형성을 나타낼 수 있다. 예를 들면 2개의 수소 원자가 결합하여 H_2 분자를 형성하는 과정을 다음과 같이 나타낼 수 있다.

$$\text{H}\cdot \quad + \quad \text{H}\cdot \quad \longrightarrow \quad \text{H}:\text{H}$$

전자쌍은 공유 결합으로 **공유**되기 때문에, 두 전자는 전체 분자 궤도함수를 동시에 공유할 수 있다. 각각의 수소 원자는 이제 동일한 기준으로 두 전자를 포함하기 때문에, 비활성 기체인 헬륨 기체의 전자 구조를 갖는 것으로 간주될 수 있다. 각 기호 주위에 점선원은 2개의 원자에 2개의 전자가 있음을 나타낸다.

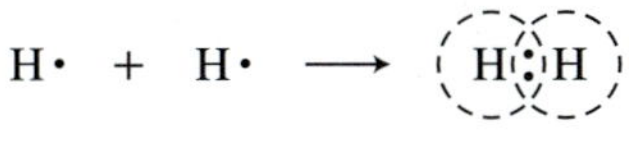

$$\text{H}\cdot \ + \ \text{H}\cdot \ \longrightarrow \ (\text{H}:\text{H})$$

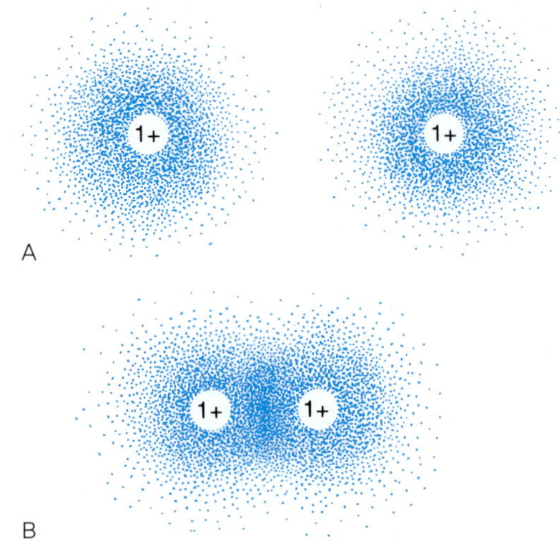

그림 16.10 (A) 수소 원자의 원자핵 주위에서 전자의 확률 분포. (B) 수소 원자가 결합할 때, 새로운 전자 분포 형태가 전체 분자 주위에서 형성되며, 두 원자가 두 전자를 공유한다.

수소와 플루오린은 반응하여 공유 결합 분자를 형성하며, 공유 결합을 전자 점 표기로 표현할 수 있다. 플루오린은 VIIA족으로 최외각 에너지 준위에 7개의 원자가 전자를 가지고 있다. 반응을 다음과 같이 나타낼 수 있다.

$$\mathrm{H\cdot} + \cdot\ddot{\underset{\cdot\cdot}{\mathrm{F}}}\colon \longrightarrow \mathrm{H}\colon\ddot{\underset{\cdot\cdot}{\mathrm{F}}}\colon$$

각 원자는 비활성 기체의 전자 배열을 갖기 위하여 하나의 전자쌍을 공유한다. 수소는 헬륨의 전자 배치, 플루오린은 네온의 전자 배치를 나타낸다. 모든 할로젠족 원소는 7개의 원자가 전자를 가지고 있고, 하나의 전자를 얻거나(이온 결합) 하나의 전자쌍을 공유(공유 결합)함으로써 비활성 기체의 전자 배치를 이룬다. 이것은 또한 할로젠 기체가 이원자 분자로 발생하는 이유를 설명한다. 2개의 플루오린 원자는 한 쌍의 전자를 공유함으로써 비활성 기체의 배치를 가질 수 있다.

$$\cdot\ddot{\underset{\cdot\cdot}{\mathrm{F}}}\colon + \cdot\ddot{\underset{\cdot\cdot}{\mathrm{F}}}\colon \longrightarrow \colon\ddot{\underset{\cdot\cdot}{\mathrm{F}}}\colon\ddot{\underset{\cdot\cdot}{\mathrm{F}}}\colon$$

이원자 수소(H_2)와 플루오린(F_2), 플루오린화수소(HF)와 물(H_2O)은 공유 결합에 의해 결합된 화합물의 예이다. 공유 결합에 의해 결합된 화합물을 **공유 결합 화합물**(covalent compound)이라고 한다. 일반적으로 공유 결합 화합물은 주기율표의 오른쪽에 위치한 비금속 원소로부터 형성된다. IVA족에서 VIIA족까지의 원소는, 짝을 이루지 않은 전자 수(공유 결합을 형성하는 수)는 8에서 족의 숫자를 뺀 것과 같다. 이와 같이 주기율표를 통하여 일반적인 많은 정보를 얻을 수 있다. 표 16.4와 주기율표를 참조하여 다른 일반적인 정보를 비교해보자. 표는 수소와 결합한 비금속 원소의 화합물과 전자 구조를 나타낸다.

2개의 점은 한 쌍의 원자가 전자를 나타낼 수 있거나, 한 쌍의 전자가 2개의 원자에 의해 공유되는 결합 쌍을 나타낼 수 있다. 결합 전자쌍은 두 원자 사이의 간단한 선으로 표시한다. 예를 들면 다음과 같다.

표 16.4 수소와 결합한 비금속 원소의 화합물과 전자 구조

비금속 원소	원소(동일족의 임의의 원소)	화합물
IVA족: C, Si, Ge	·Ė· (점 4개)	H:E:H (위아래 H, 전자쌍 4개)
VA족: N, P, As, Sb	·Ë· (점 5개)	H:Ë:H (아래 H)
VIA족: O, S, Se, Te	·Ë· (점 6개)	H:Ë:H
VIIA족: F, Cl, Br, I	·Ë: (점 7개)	H:Ë:

H : H 또는 H — H

:Ö: (H H) 또는 O (/ \ H H)

2개의 수소 원자 사이의 선은 전자쌍을 나타내므로, 각각의 수소 원자는 헬륨과 같은 최외각 껍질에 2개의 전자를 갖는다. 물 분자에서, 각각의 수소 원자는 이전과 같이 2개의 전자를 갖는다. 산소 원자는 2개의 고립 전자쌍(총 4개의 전자)과 2개의 결합 전자쌍(총 4개의 전자)으로 총 8개의 전자를 갖는다. 따라서 산소는 안정적인 옥텟 규칙의 전자를 갖는다.

한 쌍의 전자가 두 원자에 의해 공유되는 공유 결합을 **단일 공유 결합** 또는 간단히 **단일결합**(single bond)이라 한다. 어떤 원자들은 공유하지 않는 2개의 전자를 가지고 있으며, 하나 이상의 전자쌍을 공유할 수 있다. **이중결합**(double bond)은 두 원자에 의해 2개의 **전자쌍**을 공유할 때 형성되는 공유 결합이다. 이것은 주로 원소 C, N, O, 그리고 S의 원자를 포함하는 화합물에서 발생한다. 예를 들면 에틸렌은 과일 숙성에서 나오는 기체이다. 에틸렌의 전자 점 화학식은 다음과 같다.

H H / :C::C: / H H 또는 H H / C = C / H H

에틸렌 분자는 2개의 탄소 원자 사이에 이중결합을 갖는다. 각 선은 2개의 전자를 나타내므로 각각의 원소기호 주위의 선을 세어 옥텟 규칙이 충족되는지 확인할 수 있다. 각각의 H 원자는 하나의 선이 있으므로 각각의 H 원자는 2개의 전자를 공유한다. 각각의 C에는 4개의 선이 있으므로 각각의 C 원자는 8개의 전자를 공유하며 옥텟 규칙을 충족한다.

삼중결합(triple bond)은 세 쌍의 전자가 2개의 원자에 의해 공유될 때 형성된 공유 결합이다. 삼중결합은 C와 N 원소의 원자를 가진 화합물에서 형성한다. 예를 들면 아세틸렌은 용접 토치에 자주 사용되는 기체이다(그림 16.11). 아세틸렌의 전자 점 화학식은 다음과 같다.

H:C:::C:H 또는 H — C ≡ C — H

자세한 관찰

화합물 명명법

이온성 화합물의 명명법

금속 이온에 의해 형성된 이온성 화합물은 금속의 명칭(양이온)과 비금속의 명칭(음이온)을 기술함으로써 명명한다. 다양한 이온에 의하여 형성된 이온성 화합물들은 어떤 다양한 이온이 관여하는지를 식별하기 위한 추가 규칙을 갖는다. 금속 이름에 제일(*-ous*) 또는 제이(*-ic*)를 추가하여 이온의 전하를 구별하는 고전적인 방법이 있다. 접미사 제이(*-ic*)는 2개의 가능한 전하 중 더 높음을 의미하고, 접미사 제일(*-ous*)은 2개의 가능한 전하 중 낮은 것을 의미한다. 예를 들어 철은 2+ 또는 3+의 2가지 전하를 갖는다. 고전적인 방법은 라틴어 이름을 사용한다. 철의 라틴명은 ferrum(철)이고, 높은 전하의 철 이온(3+)은 제이철이온(ferric ion)으로, 낮은 전하의 철 이온(2+)을 제일철이온(ferrous ion)이라고 명명하였다. 때때로 고전적 명칭이 아직도 사용되지만, 화학자들은 다양한 전하 이온을 구별할 수 있는 더 좋은 방법을 가지고 있다. 새로운 방법은 전하수를 나타내기 위해 괄호 안에 로마 숫자가 있는 금속명을 사용한다. 따라서 2+의 전하를 갖는 철 이온을 철(II) 이온, 3+의 전하를 갖는 철 이온은 철(III) 이온이라고 한다. 상자표 16.1은 다양한 전하 이온의 현대적 명칭을 나타낸다. 이들 명칭은 2개의 다른 원소로 구성된 이온성 화합물의 단일전하 이온처럼 –화(*-ide*)로 끝나는 비금속의 명칭과 같이 사용된다.

일부 이온성 화합물들은 3개 또는 그 이상의 원소를 포함하여, 금속 이온과 비금속 이온의 결합보다 더 복잡하다. 이것은 둘 또는 그 이상의 원자단들이 강하게 결합된 **다원자 이온**(polyatomic ion)들이 마치 하나의 단원자 이온처럼 작용하기 때문이다(상자 표 16.2). 예를 들어, OH^- 이온은 산소 원자와 수소 원자가 결합한 상태로 알짜 전하가 1–이다. 이 다원자 이온을 **수산화 이온**이라고 한다. 수산화 화합물은 이온성 화합물의 주요 물질 중 하나인 **금속 수산화물**을 형성한다. 금속 수산화물은 수산화 이온과 금속으로 이루어진 이온성 화합물이다. 또 다른 주요 물질들은 다원자 이온의 염으로 구성되어 있다.

금속 수산화물의 명명은 수산화라는 용어를 명명한 후, 금속 이름을 명명한다.

상자 표 16.1 다양한 전하 이온의 현대명칭

이온	이온의 명명
Fe^{2+}	철(II) 이온
Fe^{3+}	철(III) 이온
Cu^{+}	구리(I) 이온
Cu^{2+}	구리(II) 이온
Pb^{2+}	납(II) 이온
Pb^{4+}	납(IV) 이온
Sn^{2+}	주석(II) 이온
Sn^{4+}	주석(IV) 이온
Cr^{2+}	크롬(II) 이온
Cr^{3+}	크롬(III) 이온
Cr^{6+}	크롬(VI) 이온

따라서 NaOH는 수산화소듐, KOH는 수산화포타슘으로 명명한다. 염도 유사하게 다원자 이온을 명명한 후, 금속(또는 암모늄 이온)을 명명한다. 따라서 $NaNO_3$는 질산소듐으로 명명하고, $NaNO_2$는 아질산소듐으로 명명한다. 접미사 –산(*-ate*)은 아–산(*-ite*) 이온보다 하나 이상의 산소 원자를 갖는 다원자 이온을 의미한다. 예를 들면, 염소산 이온은 $(ClO_3)^-$이고 아염소산염 이온은 $(ClO_2)^-$이다. 때때로 산소가 더 많거나 적게 존재할 때 2개의 가능한 명명법이 있다. 더 많은 산소 원자는 접두사 과–(*per-*)로, 더 적은 산소 원자는 접두사 하이포–(*hypo-*)로 명명한다. 따라서 과염소산 이온은 $(ClO_4)^-$이고 하이포염소산 이온은 $(ClO)^-$이다.

공유 결합 화합물의 명명법

공유 결합 화합물은 분자이며, 이온성 화합물이 구성하는 금속과 비금속 원소로 구성되어 있는 것과는 달리 2개의 비금속으로 이루어져 있다. 비금속 원소 간의 결합은 이온성 화합물처럼 간단한 명명으로 나타내지 않으므로, 명명법과 화학식 작성에 대한 다른 규칙이 필요하다.

이온성 화합물의 명명법은 –화(*-ide*)로 끝나는 비금속 음이온을 명명한 후, 금속 양이온을 명명한다. 그러나 이러한 방식은 공유 결합 화합물의 명명법에 적합하지 않다. 공유 결합 화합물은 2개 이상의 비금속 원자들로 형성되어 있다. 일부 원자는 동일한 원소의 원자뿐만 아니라 다

상자 표 16.2 다원자 이온

이온명	화학식
아세테이트	$(C_2H_3O_2)^-$
암모늄	$(NH_4)^+$
붕산	$(BO_3)^{3-}$
탄산	$(CO_3)^{2-}$
염소산	$(ClO_3)^-$
크롬산	$(CrO_4)^{2-}$
시안화	$(CN)^-$
중크롬산	$(Cr_2O_7)^{2-}$
탄산수소(또는 중탄산)	$(HCO_3)^-$
황산수소(또는 중황산)	$(HSO_4)^-$
수산화	$(OH)^-$
하이포염소산	$(ClO)^-$
질산	$(NO_3)^-$
아질산	$(NO_2)^-$
과염소산	$(ClO_4)^-$
과망가니즈산	$(MnO_4)^-$
인산	$(PO_4)^{3-}$
아인산	$(PO_3)^{3-}$
황산	$(SO_4)^{2-}$
아황산	$(SO_3)^{2-}$

른 원자와도 단일, 이중 또는 삼중결합을 형성할 수 있다. 결과적으로 동일한 두 원소가 하나 이상의 공유 결합 화합물을 형성할 수 있다. 예를 들어, 탄소와 산소는 결합하여 연소와 호흡으로 방출되는 기체인 이산화탄소(CO_2)를 형성한다. 특정 조건에서는 동일한 원소가 결합하여 다른 기체인 유독한 일산화탄소(CO)가 생성된다. 유사하게, 황과 산소도 다른 결합방식으로 2개의 서로 다른 공유 결합 화합물을 생성한다. 그러므로 공유 결합 화합물을 성공적으로 명명하기 위해서는 동일한 원소로 구성된 다른 화합물도 구별할 수 있는 방법이 필요하다. 이러한 방법은 그리스어 접두사를 사용하면 된다(상자 표 16.3 참조). 규칙은 다음과 같다.

1. 화학식의 첫 번째 원소의 숫자가 1보다 큰 경우, 원자수를 나타내는 접두사로 먼저 명명한다.
2. 화학식에서 두 번째 원소의 어간 명명은 다음과 같다. 두 원소가 2개 이

상의 화합물을 형성하는 경우, 접두어가 어간과 함께 사용된다. 접미사 -화는 단지 두 원소로 이루어진 화합물을 명명하는 데 사용된다. 예를 들어, CO는 일산화탄소이고 CO_2는 이산화탄소이다. 화합물 BF_3는 삼플루오린화붕소이고 N_2O_4는 사산화이질소이다. 상자 표 16.3의 화학식, 접두사, 그리고 어간 정보를 알면 -화로 끝나는 두 원소로 이루어진 공유 결합 화합물의 명칭을 작성할 수 있다. 역으로, 명칭은 화학식을 알려준다. 그러나 2개 이상의 원소(수산화 및 시안화)로 이루어진 어미 -화를 갖는 몇 가지 다원자 이온 화합물이 존재한다. 또한 암모늄 이온으로 형성된 화합물은 어미 -화를 가지며, 이들은 2개 이상의 원소로 구성되어 있다.

상자 표 16.3 접두사와 원소의 어간 명명

접두사		어간	
접두사	**의미**	**원소**	**어간**
Mono-	1	수소	수화-
Di-	2	탄소	탄화-
Tri-	3	질소	질화-
Tetra-	4	산소	산화-
Penta-	5	플루오린	플루오린화-
Hexa-	6	인	인화-
Hepta-	7	황	황화-
Octa-	8	염소	염화-
Nona-	9	브롬	브롬화-
Deca-	10	아이오딘	아이오딘화-

그림 16.11 아세틸렌(C_2H_2)은 2개의 탄소 원자와 2개의 수소 원자로 구성된 탄화수소이며, 2개의 탄소 원자 사이에 삼중 공유 결합으로 결합되어 있다. 산소가스(오른쪽 탱크)와 혼합하면 대부분의 금속을 절단할 수 있을 정도의 강력한 화염이 발생된다. ©Bill W. Tillery

아세틸렌 분자는 2개의 탄소 원자 사이에 삼중결합을 갖는다. 각 선은 2개의 전자를 나타낸다. 각각의 C원자에는 4개의 선이 있으므로 옥텟 규칙을 충족한다.

16.6 화합물의 조성

자연에 존재하는 90개 이상의 원소가 이온 결합이나 공유 결합에 의해 가능한 모든 조합으로 수백만 개의 화합물로 존재하고 있다. 이러한 수백만 개의 화합물들은 그들의 고유한 이름과 화학식을 갖는다. 초기에는 화합물이 어떻게 사용되는지, 어디서부터 유래됐는지, 또는 그들을 구별할 수 있는 다른 방법들에 의하여 **일반명**을 부여하였다. 따라서 탄산소듐은 소다라고 하였고, 이와 밀접하게 관련된 화합물을 베이킹 소다(중탄산소듐), 세척 소다(탄산소듐) 및 가성 소다(수산화소듐)라고 하였다. 소다를 산과 반응시켜 만든 거품음료를 소다수라고 하며,

그림 16.12 이들 물질들은 소듐과 몇 종류의 탄산 이온으로 구성되어 있다. 이러한 이유로 이들 물질들은 소다라는 일반명으로 불린다. 소다수(또는 '소다 팝')는 먼저 소다(탄산소듐)를 산과 반응시켜 만들어진 것으로 '소다수'라고 불린다.
©Bill W. Tillery

추후에 소다 팝이라고 불렸다(그림 16.12). 탄산포타슘은 물을 제거한 목탄에서 추출하여 포타쉬(potash)라고 부른다. 이러한 일반명은 다양하고 기술적이지만, 화합물의 수가 증가함에 따라 일반명을 유지하는 것이 불가능해졌다. 따라서 각 화합물의 명칭과 화학식을 결정하기 위한 체계적인 규칙이 개발되었다. 일단 규칙을 알면, 명칭을 들었을 때 화학식을 작성할 수 있다. 역으로 이 화학식을 보면 화합물의 체계적인 명칭을 알 수 있다. 이것은 흥미로운 지적 활동이 될 수 있으며, 제품의 조성을 이해하기 위하여 성분 목록을 읽을 때 중요할 수 있다.

이온성 화합물과 공유 결합 화합물은 서로 다른 체계적인 규칙이 사용되지만, 몇 가지 규칙에는 서로 공통점이 있다. 예를 들면, 단지 2개의 다른 원소로만 이루어진 화합물은 항상 접미사 −화로 끝난다. 따라서 −화로 끝나는 화합물의 명칭을 들으면 화합물이 2개의 원소로만 구성되어 있음을 자연스럽게 알 수 있다. 염화소듐은 소듐과 염소 이온으로 구성된 이온성 화합물이다. 이산화탄소는 탄소와 산소 원자로 이루어진 공유 결합 화합물이다. 따라서 체계적인 명명은 어미가 −화로 끝나는 화합물에는 어떤 원소가 존재하는지를 알려준다.

예제 16.5 (선택)

화합물 LiF를 명명**(a)**하고, 화합물 브롬화포타슘의 화학식**(b)**을 쓰시오.

풀이

(a) 화학식 LiF는 금속 양이온이 리튬이고, 비금속 음이온이 플루오린이며, 화합물 내에 2개의 원소로만 구성되어 있다. 리튬 이온은 Li^{1+}(IA족)이고, 플루오린 이온은 F^{1-}(VIIA족)이다. 명명은 플루오린화리튬이다.

(b) 이온은 K^{1+}와 Br^{1-}이다. 전하수를 계산하고 부호를 정리하면 화학식은 KBr이다.

예제 16.6 (선택)

화합물 PbF_2를 명명하고, 화합물 황화구리(I)의 화학식을 쓰시오. (답: 플루오린화납(II), Cu_2S)

16.7 화학 반응식

화학 반응은 원자의 최외각 부분에서 결합이 형성되거나 끊어질 때 발생한다. 예를 들면, 녹색식물이 햇빛을 에너지로 사용하여 설탕, 녹말, 그리고 식물섬유 분자를 생성할 때 결합이 형성된다. 설탕과 녹말을 소화하거나 식물섬유가 연소될 때는 결합이 끊어지고 에너지가 방출된다. 이와 같이 화학 반응에서는 물질의 변화, 새로운 특성의 새로운 물질의 생성, 그리고 에너지 교환이 발생한다. 지금까지 원소를 나타내는 화학 기호와 화합물의 구성을 설명하는 화학식을 알아보았다. 이제 화학 반응을 표현하는 **화학 반응식**을 알아보자.

단어 반응식은 화학 반응 전후에 어떤 일이 발생했는지를 식별하는 데 유용하다. 반응 전에 존재하는 물질을 **반응물**이라 하고, 반응 후에 존재하는 물질을 **생성물**이라 한다. 일반적으로 반응식은 다음과 같이 나타낸다.

$$\text{반응물} \longrightarrow \text{생성물}$$

여기서 화살표는 시간 흐름을 의미한다. 즉 반응 전에 존재하는 것과 반응 후에 존재하는 것이 무엇인가를 나타낸다. 예를 들어 바베큐 그릴에 사용된 숯은 탄소이다(그림 16.13). 탄소는 연소하는 동안 산소와 반응하고, 반응으로 (1) 에너지를 방출하고, (2) 이산화탄소를 생성한다. 이 반응에 대한 반응물 및 생성물을 다음과 같이 나타낼 수 있다.

$$\text{탄소} + \text{산소} \longrightarrow \text{이산화탄소}$$

화살표는 **수득률**을 의미하며, 반응식은 "탄소는 산소와 반응하여 이산화탄소를 생성한다."로 읽는다. 단어 반응식은 반응에서 일어나는 일을 설명하지만, 반응물 또는 생성물의 양에 대해서는 어떠한 언급도 없다.

화학 기호 및 화학식은 반응식에서 단어 대신 사용할 수 있으며 반응식은 완전히 새로운 의미를 갖는다. 예를 들어, 탄소와 산소가 반응하여 이산화탄소를 생성하는 반응식은 다음과 같다.

$$C + O_2 \longrightarrow CO_2 \qquad \textbf{(균형)}$$

그림 16.13 그릴에 사용되는 숯은 기본적으로 탄소이다. 탄소는 산소와 반응하여 이산화탄소를 생성한다. 이 반응의 화학 반응식은 $C + O_2 \rightarrow CO_2$이며, 단어 반응식과 동일한 정보와 정량적 의미를 갖는다.
©Ryan McVay/Getty Images RF

자세한 관찰

화학식 작성법

이온성 화합물의 화학식

이온성 화합물의 화학식은 2가지 규칙을 사용하여 쉽게 작성한다.

1. **기호** 양이온 원소의 기호를 먼저 쓰고, 음이온 원소의 기호를 쓴다(명칭과 같은 순서).
2. **첨자** 화합물을 생성하는 데 필요한 이온의 수를 나타내는 첨자를 추가한다.

예를 들어, 염화칼슘 화합물의 화학식을 작성해보자. 명칭으로부터 이 화합물이 양이온인 칼슘 이온과 음이온인 염소 이온으로 구성되어 있음을 알 수 있다. 접미사 –화는 2개의 원소로만 구성되어 있음을 나타낸다. 규칙 1에 따라, 기호는 CaCl이다.

규칙 2에 따라 칼슘 이온은 Ca^{2+}이고 염소 이온은 Cl^{-}이다. 원자 이론과 주기율표에서의 위치를 사용하면 칼슘이 2+, 염소가 1−임을 알 수 있다. 화합물이 전기적으로 중성이 되려면 양의 숫자와 음의 숫자가 동일해야 한다. 따라서 2+ 전하를 갖는 칼슘 이온에 대하여 2개의 염소 음이온이 필요하다. 그러므로 화학식은 $CaCl_2$이다. 2개의 염소 음이온의 총 전하는 2−이며, 이는 칼슘 양이온의 전하 2+와 균형을 이룬다.

화합물이 전기적으로 중성인 화학식을 작성하기 위한 간단한 방법 중 하나는 절대 전하수를 + 또는 − 부호 없이 교차하여 첨자로 사용하는 것이다. 예를 들어, 칼슘 이온과 염소 이온의 기호는 다음과 같다.

$$Ca^{2+}\ Cl^{1-}$$

절대 숫자를 첨자로 교차하면 다음과 같다.

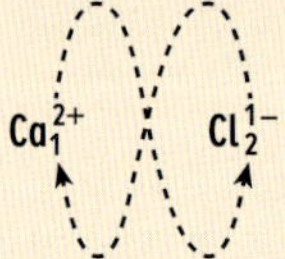

그리고 전하 숫자를 생략하면 다음과 같다.

$$Ca_1\ Cl_2$$

첨자 1을 생략하면 염화칼슘의 화학식은 다음과 같다.

$$Ca\ Cl_2$$

이온 결합은 전자의 이동에 의하여 생성되며, 알짜 전하가 유지되기 때문에 교차기술이 적용된다. 칼슘 이온은 2개의 전자를 잃고 2+ 전하를 갖고, 2개의 염소 원자는 각각 하나의 전자를 얻으므로 총 2개의 전자를 얻는다. 2개의 전자 손실은 2개의 전자 획득과 동일하며, 염화칼슘의 알짜 전하는 0이 된다.

교차기술을 사용할 때는 최소공배수의 비율로 첨자를 줄여야 한다. Mg_2O_2는 마그네슘과 산소 이온의 비율이 동일하므로 올바른 화학식은 MgO이다.

다양한 전하 이온에 대한 화학식은 로마 숫자로 전하수를 나타내기 때문에 작성하기가 어렵지 않다. 플루오린화주석(II)에 대한 화학식은 전하수(Sn^{2+}, F^{1-})를 교차하여 작성하면 SnF_2이다.

다원자 이온을 갖는 이온성 화합물의 화학식은 상자 표 16.2에 열거된 바와 같이 금속 양이온이나 다원자 이온인 암모늄 이온의 조합으로부터 작성된다. 다원자 이온은 전하를 가진 한 단위의 원자단으로 때때로 괄호로 표시한다. 예를 들어, 수산화마그네슘은 Mg^{2+} 이온과 $(OH)^{1-}$ 이온으로 구성된다. 교차기술을 사용하여 화학식을 작성하면 다음과 같다.

반응식에서 새로 추가된 의미는 하나의 탄소 원자(C)가 하나의 산소 분자(O_2)와 반응하여 하나의 이산화탄소(CO_2) 분자를 생성한다는 것이다. 또한 반응식은 반응물로서 왼쪽에 하나의 탄소 원자와 2개의 산소 원자(산소는 이원자 분자로서 존재한다)를 나타내며 생성물로서 오른쪽에 하나의 탄소 원자와 2개의 산소 원자를 나타낸다. 반응식의 양쪽에 나타나는 각각의 원자가 같은 수로 존재하기 때문에 반응식은 **균형**을 이룬다고 한다.

닫힌 공간에선 산소가 충분하지 않기 때문에 숯불 그릴을 사용하고 싶진 않다. 불충분한 산소 공급은 완전히 다른 생성물인 유독가스 일산화탄소(CO)를 생성한다. 이 반응에 대한 반응식은 다음과 같다.

$$C + O_2 \longrightarrow CO \qquad \textbf{(불균형)}$$

이 식은 화학 반응에서 물질은 생성되거나 파괴되지 않는다는 **질량보존의 법칙**(law of conservation of mass)을 위반한다. 질량보존의 법칙에 부합하는 반응식은 다음과 같다.

반응물의 질량 = 생성물의 질량

여기서 반응물의 질량은 반응에 참여하지 않는 반응물도 포함된 모든 반응물의 질량을 의미

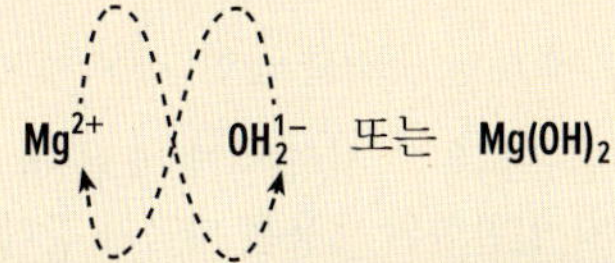

괄호 외부에 기록된 첨자는 전체 수산화물 단위가 2배라는 것을 나타낸다. 화학식 $Mg(OH)_2$는 플러스가 마이너스와 같다는 것을 보여준다.

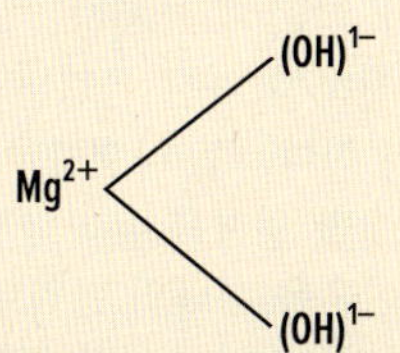

그러나 하나의 다원자 이온만 존재할 경우 괄호는 사용되지 않는다. 수산화소듐은 $Na(OH)_1$로 나타내지 않고 NaOH로 나타낸다.

공유 결합 화합물의 화학식

체계적인 명명법에서 공유 결합 화합물의 화학식을 알 수 있다. 예를 들어, 치과 의사가 마취제로 사용하는 기체는 일산화이질소이다. 이것은 분자 내에 2개의 질소 원자와 하나의 산소 원자가 존재한다는 것을 알려준다. 따라서 화학식은 N_2O이다. 동일한 원소로 구성된 다른 분자는 이산화질소이다. 이산화질소는 갈색 스모그의 원인인 오염물질이다. 이산화질소의 화학식은 NO_2이다.

공유 결합 화합물의 화학식은 한 원소의 원자가 다른 원소의 원자와 어떻게 결합하는지에 대한 방식을 나타낸다. 예를 들어, 탄소는 2개의 산소 원자와 결합하여 이산화탄소를 형성한다. 탄소는 4개의 염소 원자와 결합하여 사염화탄소를 형성한다. 이 두 분자를 전자 점 화학식으로 나타내면 다음과 같다.

O :: C :: O　　　:Cl: / :Cl : C : Cl: / :Cl:

결합 쌍을 나타내는 선을 사용하면 다음과 같다.

O = C = O　　　Cl — C(—Cl)(—Cl) — Cl

이들 두 화합물에서, 탄소 원자는 다른 원자와 4개의 공유 결합을 형성한다. 원자가 형성할 수 있는 공유 결합의 수를 원자가라고 한다. 탄소는 4가의 원지기를 가지며, 단일, 이중 또는 삼중결합을 형성할 수 있다. 단일 탄소 원자에 대한 결합 가능성은 다음과 같다(결합 원소는 표시하지 않음).

—C— (4개의 단일결합)　　—C= 　　=C=　　—C≡

수소는 단지 하나의 비공유 전자를 가지므로 수소 원자의 원자가는 1이다. 산소의 원자가는 2이고, 질소의 원자가는 3이다. 수소, 산소, 그리고 질소 원자의 결합 가능성은 다음과 같다.

H—　　—Ö—　　:Ö=

—N̈— (3개의 단일결합)　　—N̈=　　:N≡

한다. 따라서 원소들은 생성되거나 파괴되지 않으며, 이것은 존재하는 모든 원소들과 그들의 질량을 의미한다. 어떠한 화학 반응에서도 반응원소의 종류와 질량은 생성원소의 종류와 질량과 동일하다.

원자의 관점에서, 질량보존의 법칙은 화학 반응에서 원자가 생성되거나 파괴되지 않는다는 것을 의미한다. 화학 반응은 원자 또는 원자단 사이에서 화학 결합을 만들거나 파괴하는 것이다. 원자들은 반응과정에서 손실되거나 파괴되지 않으며 다른 종류로 변경되지도 않는다. 일산화탄소의 생성 반응식은 반응물(O_2)에 2개의 산소 원자가 존재하지만 생성물(CO)에 1개만 존재한다. 하나의 산소 원자가 어딘가로 사라졌고, 질량보존의 법칙에 위배된다. CO를 CO_2로 변경하면 화합물의 정체가 변화되기 때문에 반응식을 변경할 수 없다. 연소와 호흡에서 비교적 무해한 생성물인 이산화탄소에 비하여 일산화탄소는 유독가스이다. 화학식의 첨자를 변경하면 화학식이 변한다. 다른 화학식은 다른 조성과 다른 화합물을 의미하기 때문에 화학식은 변경할 수 없다.

화학식의 첨자를 변경할 수 없지만, 화학식 앞에 계수라는 숫자를 넣을 수 있다. 계수를 변경하면 물질의 양은 변화되지만 물질은 변화하지 않는다. 따라서 2CO는 두 분자의 일산화탄

자세한 관찰

균형 반응식(balancing equations)

천연가스의 대부분은 메탄(CH_4)으로, 산소(O_2)와 연소 반응하여 이산화탄소(CO_2)와 수증기(H_2O)를 생성한다. 4단계의 절차에 따라 이 반응에 대한 균형 화학 반응식을 작성한다.

단계 1. 불균형 반응식에 반응물과 생성물에 대하여 바른 화학식을 작성한다. 메탄의 연소반응에 대하여 불균형하지만 반응식은 다음과 같다.

$CH_4 + O_2 \longrightarrow CO_2 + H_2O$ **(불균형)**

단계 2. 불균형 반응식의 양쪽에 존재하는 각 원자별 수에 대한 목록을 작성하면 다음과 같다.

반응물	생성물
1 C	1 C
4 H	2 H
2 O	3 O

이 단계는 수소와 산소가 불균형임을 보여준다.

단계 3. 균형 반응식의 화학식 앞에 계수의 위치를 결정한다. 정수 비율로 할 수 있는 가장 간단한 수에 집중하는 것이 최선이다. 예를 들어, H와 O의 균형이 맞지 않으며, 왼쪽에 4개의 H 원자가 있고 오른쪽에 2개의 H 원자가 있다. H_2O 앞에 계수 2를 배치하면 H 원자는 균형을 이룬다.

$CH_4 + O_2 \longrightarrow CO_2 + 2H_2O$ **(불균형)**

이제 두 번째 목록을 작성한다.

반응물	생성물
1 C	1 C
4 H	4 H
2 O	4 O (O_2 + 2 O)

이것은 O 원자가 여전히 왼쪽에서 2와 오른쪽에서 4로 균형이 맞지 않는다. O_2 앞에 계수 2를 넣으면 O 원자의 균형이 맞는다.

$CH_4 + 2O_2 \longrightarrow CO_2 + 2H_2O$ **(균형)**

단계 4. 양쪽의 원자수가 동일한지 확인하기 위해 다시 목록을 작성하고, 계수가 가능한 가장 낮은 정수 비율인지 확인한다.

반응물	생성물
1 C	1 C
4 H	4 H
4 O	4 O

반응식의 양쪽에 존재하는 각 종류의 원자수는 동일하며, 1:2 → 1:2의 비율은 가능한 가장 낮은 정수 비율이다. 반응식은 균형을 이루고 있으며, 상자 그림 16.1의 분자 스케치 묘사로 설명된다.

화학 반응식의 균형을 맞추는 것은 대부분 시행착오의 과정을 거친다. 그러나 실제로는, 많은 단순한 반응들에 대한 균형을 맞추는 데 유용하게 이용될 수 있는 몇 가지 일반화된 '롤모델'이 있다. 반응식의 균형을 맞추는 데 있어서 성공의 열쇠는 다음과 같은 내용에 따라 단계별로 생각하는 것이다.

1. 원자는 화학 반응에서 잃거나 얻거나 그들의 정체성을 변화시키지 않는다. 반응물과 생성물에서의 동일한 종류와 수의 원자들이 존재해야 하며, 이는 원자가 보존된다는 것을 의미한다.
2. 화합물의 올바른 화학식은 첨자의 수 또는 위치를 변경하여 변화시킬 수 없다. 첨자를 변경하면 화합물의 정체성과 전체 반응식의 의미가 변화된다.
3. 화학식 앞의 계수는 화학식의 모든 수에 해당 숫자를 곱한다.

균형 반응식을 작성하는 데 도움이 되는 몇 가지 일반화된 내용은 다음과 같다.

1. 먼저 원자가 가장 많은 화합물의 화학식을 확인한 후, 원자 또는 원자가 생성되거나 분해된 화합물의 균형을 맞추도록 한다.
2. 반응식 양쪽에 존재하는 다원자 이온을 전하를 가진 독립된 단위로 취급해야 한다. 즉, 다원자 이온을 구성하는 개별 원자를 분리하지 말고, 다원자 이온을 하나의 단위로서 고려한다. 이것은 시간을 절약하고 과정을 단순하게 해준다.
3. '교차기술'과 '분획계수'의 사용은 균형 반응식의 최소공배수를 찾는 데 유용할 수 있다.
4. 반응에서 반응물 및 생성물의 물리적 상태는, 기체 (g), 액체 (l), 고체 (s), 그리고 물을 나타내는 수용액 (aq)로 나타낸다. 기체가 발생하면 위 방향의 화살표(↑)로 나타낸다. 용액에서 형성된 고체는 아래 방향의 화살표(↓)로 나타낸다. 그리스 기호 델타(Δ)는 온도나 다른 물리적 값의 변화를 나타내기 위하여 반응 진행기호(→)의 위나 아래에 사용된다.

반응: 메탄과 산소가 반응하여 이산화탄소와 수증기를 생성한다.

균형 반응식:

$CH_4 + 2\,O_2 \longrightarrow CO_2 + 2\,H_2O$

분자스케치 묘사:

의미:

메탄 1분자 + 산소 2분자 ⟶ 이산화탄소 1분자 + 수증기 2분자

상자 그림 16.1 균형 방정식에서의 각 원자수와 스케치 묘사로 표현된 각 원자수를 비교하면, 반응식과 스케치 묘사에서의 반응물과 생성물의 원자수는 동일하다.

C	의미		탄소 원자 1개
O	의미		산소 원자 1개
O_2	의미		산소 원자 2개로 이루어진 산소 한 분자
CO	의미		탄소 원자 1개와 산소 원자 1개로 이루어진 일산화탄소 한 분자
CO_2	의미		탄소 원자 1개와 산소 원자 2개로 이루어진 이산화탄소 한 분자
$3CO_2$	의미		탄소 원자 1개와 산소 원자 2개로 이루어진 이산화탄소 세 분자

그림 16.14 화학식과 함께 사용되는 첨자와 계수의 의미. 첨자는 화합물의 특정 원소의 원자수를 나타낸다. 계수는 화합물의 분자수를 알려준다.

소를 의미하고 3CO는 세 분자의 일산화탄소를 의미한다. 계수가 없으면 첨자와 같이 1로 간주한다. 계수와 첨자의 의미는 그림 16.14에서 설명한다.

반응식에서 C 앞에 계수 2와 CO 앞에 계수 2를 두면 양쪽 원자의 수와 종류는 같고 반응식은 균형을 이룬다.

$$2\,C + O_2 \longrightarrow 2\,CO$$

반응물:	2 C	생성물:	2 C
	2 O		2 O

화학 반응을 그룹으로 분류하면 유사한 반응들이 어떻게 진행될 것인가를 예측할 수 있다. 예를 들면, 메탄(CH_4), 프로판(C_3H_8), 그리고 옥탄(C_8H_{18})의 연소 반응은 수소와 탄소 원소만으로 이루어진 **탄화수소**(hydrocarbon) 화합물이다. 각각의 탄화수소는 O_2와 반응하여 CO_2를 생성하며 연소에너지를 방출한다. 이러한 반응을 일반화하면, 탄화수소의 연소 반응은 탄화수소 분자의 원자와 O_2가 반응하여 CO_2와 H_2O를 생성하며 에너지를 방출한다는 것을 예측할 수 있다. 이러한 반응들은 화학실험을 통하여 분석할 수 있으며, 생성물은 물리적 및 화학적 특성을 통하여 확인할 수 있다. 유사한 반응에 근거한 예측이 옳다는 것을 알 수 있고, 이러한 예측은 일반화된 내용을 근거로 한다. 예를 들어 부탄은 화학식 C_4H_{10}인 탄화수소이다. 부탄의 연소 반응에 대한 균형 반응식은 다음과 같다.

$$2\,C_4H_{10}(g) + 13\,O_2(g) \longrightarrow 8\,CO_2(g) + 10\,H_2O(g)$$

탄소와 수소뿐만 아니라 산소를 포함하는 화합물의 연소 반응도 CO_2와 H_2O를 생성한다(그림 16.15). 일반화를 더욱 확장하면, 탄소와 물로 구성된 **탄수화물**(carbohydrate)을 생각할 수 있다. 예를 들어 포도당은 화학식 $C_6H_{12}O_6$인 화합물이다. 포도당은 산소와 결합하여 CO_2와 H_2O를 생성하며 균형 반응식은 다음과 같다.

$$C_6H_{12}O_6(s) + 6\,O_2(g) \longrightarrow 6\,CO_2(g) + 6\,H_2O(g)$$

그림 16.15 탄화수소는 수소와 탄소 원소로 구성된다. 프로판(C_3H_8)과 옥탄(C_8H_{18})과 같은 분자 혼합물인 가솔린은 탄화수소의 예이다. 탄수화물은 수소, 탄소, 그리고 산소 원소로 구성되어 있다. 설탕은 화학식 $C_{12}H_{22}O_{11}$인 탄수화물이다. 일반적으로 모든 탄화수소와 탄수화물은 산소와 완전히 반응하여 CO_2 및 H_2O를 생성한다. ©Bill W. Tillery

반응물인 포도당은 분자당 6개의 산소 원자를 포함하기 때문에 3개의 산소 분자가 반응물의 O_2로부터 온 것이 아니라는 것에 주의해야 한다. 원자 목록은 반응식이 균형을 이루고 있음을 보여준다.

연소 반응은 일반적으로 O_2와 반응하여 불꽃과 에너지를 방출하는 빠른 반응이다. 연소 반응과 유사한 매우 느린 반응이 식물과 동물의 호흡으로 인한 반응이다. 호흡과정에서 탄수화물은 O_2와 결합하여 생물학적 활동에 사용되는 에너지를 방출한다. 이 반응은 연소 반응에 비해 느리고 체온에서 진행할 수 있도록 효소가 요구된다. 그럼에도 불구하고, 생성물은 CO_2와 H_2O이다.

16.8 화학 반응의 종류

탄화수소 및 탄수화물의 산소와의 반응은 **산화-환원 반응**이라 하는 중요한 화학 반응의 예이다. **산화**(oxidation)라는 용어가 처음 사용되었을 때, 이것은 특별히 다른 원자가 산소와 결합 반응하였다는 것을 의미하였다. 그러나 플루오린, 염소 및 기타 비금속 원소들이 산소와 유사한 반응을 한다는 것을 알게 되었고, 산화에 대한 정의는 반응에서 전자의 이동에 관한 것으로 변경되었다.

산화-환원 반응(oxidation-reduction reaction or redox reaction)은 광범위하게 전자가 한 원자에서 다른 원자로 전달되는 반응으로 정의한다. 용어에서 알 수 있듯이, 산화-환원 반응은 두 부분으로 되어 있으며 각 부분의 전자에서 일어나는 반응이 무엇인지를 알려준다. **산화**는 원자에 의한 전자의 손실을 의미하는 산화-환원 반응의 일부이며, **환원**은 원자에 의한 전자의 획득을 의미하는 산화-환원 반응의 일부이다. 용어에서 함축하는 의미는 산화가 발생하는 모든 반응에서 환원도 이루어져야 한다는 것이다. 즉, 산화-환원 반응은 동시에 발생한다는 것이다.

다른 물질에서 전자를 얻는 물질을 **산화제**(oxidizing agent)라고 한다. 산화제는 산화되는 물질로부터 전자를 받아들인다. 산소는 가장 일반적인 산화제로써 음식과 연료를 산화시키는

그림 16.16 산화제는 산화되는 다른 물질로부터 전자를 획득한다. 산소와 염소는 일반적으로 사용되는 강력한 산화제이다. ©Bill W. Tillery

방법에 대한 몇 가지 예가 이미 제시되었다. 염소는 세균을 살균하거나 표백의 목적으로 사용되는 또 다른 산화제의 예이다(그림 16.16).

환원제(reducing agent)는 환원되는 물질에 전자를 공급한다. 수소와 탄소가 일반적으로 사용되는 환원제이다. 탄소는 일반적으로 광석에서 금속을 추출하기 위한 환원제로 사용된다. 예를 들어, 탄소(석탄이 굳은 코크스)는 반응에서 철광석인 Fe_2O_3를 환원시키고, 철광석의 Fe은 환원제인 탄소로부터 전자를 얻는다.

$$2\,Fe_2O_3(s) + 3\,C(s) \longrightarrow 4\,Fe(s) + 3\,CO_2 \uparrow$$

많은 화학 반응은 산화–환원 또는 비산화–환원 반응으로 분류할 수 있다. 화학 반응을 분류하는 또 다른 방법은 반응물과 생성물에 어떤 일이 일어나는지를 고려하는 것이다. 이러한 유형의 화학 반응은 (1) 결합반응, (2) 분해반응, (3) 치환반응, 그리고 (4) 이온교환반응의 4가지 기본 범주의 분류 체계로 나눌 수 있다. 처음 3가지 범주는 산화–환원 반응의 하위 분류반응이고, 이온교환반응에서 산화–환원 반응이 아닌 첫 번째 반응의 예를 찾을 수 있을 것이다.

개념 적용

은 광택제

은으로 만들어진 제품과 은으로 도금된 물건은 종종 황에 의해 산화되어 Ag_2S를 형성하며 변색된다. 상업용 은 광택제는 산화된 층을 제거하는 연마제를 사용한다. 또 산화층을 제거하지 않고 Ag_2S를 다시 금속 은으로 환원시킴으로써 광택을 낼 수 있다. 깨끗한 알루미늄 용기의 끓는 물 1리터에 약 80 g의 중탄산소듐($NaHCO_3$)과 80 g의 NaCl을 녹인 후 변색된 은을 넣는다. 은 제품이 충분히 잠길 만큼의 충분한 양을 준비한다. 염들은 전자를 전달하고 반응을 촉진하는 데 도움이 되는 이온을 제공한다. 반응은

$$3\,Ag_2S + 2\,Al + 6\,H_2O \longrightarrow 6\,Ag + 2\,Al(OH)_3 + 3\,H_2S$$

(참고: H_2S는 썩은 달걀 냄새가 난다.)

결합반응

결합반응(combination reaction)은 둘 이상의 물질이 결합하여 단일 화합물을 형성하는 합성 반응이다. 결합물질은 (1) 원소, (2) 화합물, 또는 (3) 원소와 화합물 간의 결합물질들이 가능하다. 결합반응의 일반화 형태는 다음과 같다.

$$X + Y \longrightarrow XY$$

많은 산화-환원 반응들이 결합반응이다. 예를 들어, 금속은 공기 중에서 연소할 때 산화되어 금속 산화물을 형성한다. 밝은 백색광을 방출하며 연소하는 마그네슘의 반응식은 다음과 같다.

$$2\,\mathrm{Mg}(s) + \mathrm{O_2}(g) \longrightarrow 2\,\mathrm{MgO}(s)$$

금속의 부식은 연소보다 느린 속도로 일어나는 산화이지만, 그럼에도 불구하고 금속은 연소 과정에서 산화된다. 결합반응의 일반화된 형태를 고려한 철에 녹이 형성되는 반응식은 다음과 같다.

$$4\,\mathrm{Fe}(s) + 3\,\mathrm{O_2}(g) \longrightarrow 2\,\mathrm{Fe_2O_3}(s)$$

예를 들어, 충분한 O_2가 공급될 때 탄소가 연소하듯이 비금속은 공기 중에서 연소하여 산화된다.

$$\mathrm{C}(s) + \mathrm{O_2}(g) \longrightarrow \mathrm{CO_2}(g)$$

모든 결합반응은 $X + Y \rightarrow XY$와 같은 일반화된 형태를 따른다.

분해반응

용어에서 알 수 있듯이, **분해반응**(decomposition reaction)은 결합반응의 역반응이다. 분해반응에서, 화합물은 (1) 화합물의 구성원소, (2) 더 간단한 화합물, 또는 (3) 원소와 더 간단한 화합물로 분해된다. 분해반응의 일반화된 형태는 다음과 같다.

$$XY \longrightarrow X + Y$$

일반적으로 분해반응은 열 또는 전기와 같은 형태로 공급되는 일종의 에너지가 필요하다. 예를 들어, 전류는 물을 수소와 산소로 분해한다.

$$2\,\mathrm{H_2O}(l) \xrightarrow{\text{전기}} 2\,\mathrm{H_2}(g) + \mathrm{O_2}(g)$$

산화수은(II)은 열에 의해 분해되어 산소의 발견으로 이어졌다.

$$2\,\mathrm{HgO}(s) \xrightarrow{\Delta} 2\,\mathrm{Hg}(s) + \mathrm{O_2}\uparrow$$

모든 분해반응은 $XY \rightarrow X + Y$의 일반화된 형태를 따른다.

치환반응

치환반응(replacement reaction)에서 화합물 내의 원자 또는 다원자 이온이 다른 원자 또는 다원자 이온으로 치환된다. 치환된 부분은 화합물의 음 또는 양의 부분이다. 일반화된 형태는 다음과 같다.

$$XY + Z \longrightarrow XZ + Y$$

(음의 부분 치환)

또는

$$XY + A \longrightarrow AY + X$$

(양의 부분 치환)

치환반응은 일부 원소가 다른 원소보다 강한 전자수용 능력을 가지기 때문에 발생한다. 자신의 전자를 붙잡을 수 있는 능력이 작은 원소는 대부분 화학적으로 활성을 가지고 있다. 그림 16.17은 일부 금속의 화학적 활성에 관한 목록으로 최상단의 원소가 가장 화학적 활성이 크다. 수소는 산에서의 역할 때문에 화학적 활성목록에 포함된다. 그림 16.17의 일반화된 활성목록을 살펴볼 때, 나열된 목록이 결합반응, 분해반응, 그리고 치환반응에 적용된다.

치환반응은 좀 더 활성이 큰 금속이 더 낮은 활성목록의 전자수용 능력이 큰 금속 원소로 전자를 방출함에 따라 발생한다. 예를 들어, 알루미늄은 구리보다 높은 활성계열에 위치한다. 알루미늄 포일을 염화구리(II) 용액에 넣으면 알루미늄은 산화되며 구리는 전자를 얻는다. 금속 알루미늄은 전자를 잃고 용액에서 알루미늄 이온을 형성하고, 구리는 용액에서 고체 금속으로 석출된다(그림 16.18).

$$2\ Al(s) + 3\ CuCl_2(aq) \longrightarrow 2\ AlCl_3(aq) + 3\ Cu(s)$$

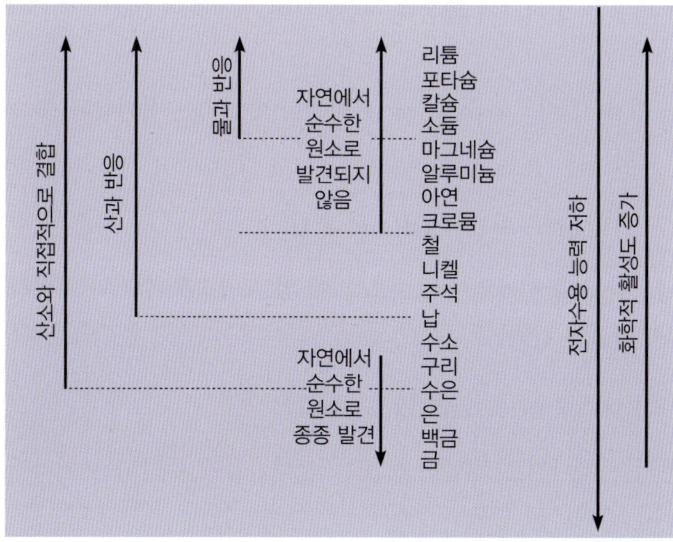

그림 16.17 금속의 화학적 활성도에 대한 일반적 활성계열. 이 계열은 치환반응이 발생할 것인지 아닌지를 예측하는 데 사용된다. (수소는 금속은 아니지만 산 반응에 대한 기준으로 포함한다.)

그림 16.18 금속 알루미늄과 파란색의 염화구리(II) 용액에서의 반응. 알루미늄은 활성계열에서 구리 위에 위치하며 구리 이온을 대체하고, 구리는 금속으로 석출된다. 알루미늄은 구리에 전자를 잃고 용액에서 알루미늄 이온을 형성한다.

과학과 사회

촉매 변환기

현대의 자동차는 불완전한 연료 연소로 (1) 일산화질소와 (2) 탄화수소 형태의 오염물질을 배출한다. 배기가스에서 나오는 오염물질들은 공기 중에서 빛과 반응하여 광화학 스모그라고 알려진 자극적인 연무를 생성한다. 현대의 자동차는 광화학 스모그를 줄이기 위하여 배기시스템에 촉매 변환기가 장착되어 있다(상자 그림 16.2).

분자들의 화학 결합을 변화시키기 위해서는 일정한 양의 에너지가 필요하다. 이 특정 양의 에너지를 **활성화 에너지**(activation energy)라고 하며, 화학 반응이 일어나기 전에 극복해야 하는 에너지 장벽을 나타낸다. 이것은 화학 반응이 고온에서 더 빠른 속도로 진행되는 이유를 설명한다. 더 높은 온도에서, 분자는 더 큰 평균 운동에너지를 갖는다. 따라서 분자는 이미 반응을 일으키는 데 필요한 최소 에너지의 일부를 가지게 된다.

화학 반응이 진행되는 반응속도는 **촉매**(catalyst)에 의해 영향을 받는다. 촉매는 반응에 의하여 영구적으로 변화하지 않는 물질로써 화학 반응속도를 높이는 물질이다. 촉매는 활성화 에너지를 낮춤으로써 화학 반응을 가속화시킨다. 분자들은 일시적으로 촉매의 표면에 부착되어 분자를 유지시키는 화학 결합을 약화시킨다. 분자결합이 약화된 분자는 활성화 에너지가 낮아지고 분해하기 쉽다. 일부 촉매는 특정 화합물에 효과가 높다. 또 광범위한 화학 연구 프로그램은 새롭고 효과적인 촉매를 발견하는 데 전념한다.

자동차의 촉매 변환기는 백금과 산화구리(II), 산화크롬(III)과 같은 전이 금속 산화물을 사용한다. 변환기에서 발생하는 촉매반응은 배기가스로부터 발생하는 탄화수소의 약 90%, 일산화탄소의 85%, 그리고 일산화질소의 40%를 감소시키거나 산화시킬 수 있다. 배기가스 재순환과 같은 다른 제어방법은 일산화질소를 추가적으로 감소시키기 위해 사용된다.

상자 그림 16.2 은색 용기는 촉매 변환기이다. 촉매 변환기는 엔진과 머플러 사이에 차량의 후면을 향하여 위치한다. ©Bill W. Tillery

활동계열이 위에 위치하는 금속은 용액 안의 어떤 금속 이온도 치환한다. 금속이 용액에서 금속 이온보다 아래에 위치하면 반응은 일어나지 않는다. 예를 들어, $Ag(s) + CuCl_2(aq) \rightarrow$ 무반응이다.

큰 활성의 금속(리튬, 포타슘, 칼슘, 그리고 소듐)은 물과 반응하여 금속 수산화물과 수소를 생성한다. 예를 들면, 다음과 같다.

$$2\,Na(s) + 2\,H_2O(l) \longrightarrow 2\,NaOH(aq) + H_2\uparrow$$

산은 용액에서 수소 이온을 생성하고, 활성계열에서 수소 위에 있는 금속은 수소와 치환하여 금속염을 형성한다. 예를 들면, 다음과 같다.

$$Zn(s) + H_2SO_4(aq) \longrightarrow ZnSO_4(aq) + H_2\uparrow$$

일반적으로, 치환반응에 수반되는 에너지는 결합반응 또는 분해반응에 수반되는 에너지보다 작다.

이온교환반응

이온교환반응(ion exchange reaction)은 한 화합물의 이온이 다른 화합물의 이온과 상호작용하여 (1) 용액(침전물), (2) 기체, 또는 (3) 물을 형성할 때 일어나는 반응이다.

이온성 화합물이 용해된 수용액은 이온의 용액이다. 예를 들어, 고체 염화소듐은 물에 용해되어 용액에서 이온이 된다.

$$NaCl(s) \longrightarrow Na^+(aq) + Cl^-(aq)$$

이온성 화합물이 다른 이온 용액에 용해되면 이온의 혼합물이 생성되며, 침전물, 기체, 또는 물이 생성되면서 용액에서 이온이 제거된다. 이러한 반응이 이온교환반응이다. 예를 들어, 가정용으로 사용되는 물은 가끔씩 현탁물질을 포함하는데, 황산알루미늄과 수산화칼슘을 물에 첨가하여 제거할 수 있다. 반응은 다음과 같다.

$$3\,Ca(OH)_2(aq) + Al_2(SO_4)_3(aq) \longrightarrow 3\,CaSO_4(aq) + 2\,Al(OH)_3\downarrow$$

수산화알루미늄은 모래여과를 통해 현탁물질을 제거하는 젤리형 고체이다. 불용성의 수산화알루미늄을 형성시켜 용액으로부터 알루미늄과 수산화 이온을 제거하는 이온교환반응이 일어났다.

이온교환반응의 일반화된 형태는 다음과 같다.

$$AX + BY \longrightarrow AY + BX$$

여기서 생성물 중 하나가 용액에서 이온을 제거한다. 수산화칼슘과 황산알루미늄은 알루미늄과 칼슘 이온이 자리를 교환하는 반응이 일어난다. 부록 A의 용해도표는 이온교환반응이 발생하는지를 알려준다. 표에 따르면 수산화알루미늄은 불용성이므로 반응이 일어났다. 새로운 생성물이 모두 가용성인 경우 이온교환반응은 일어나지 않는다.

이온교환반응이 일어나는 다른 방법은 용액으로부터 이온을 제거하기 위하여 기체 또는 물 분자가 형성되는 경우이다. 산과 염기(알칼리성 화합물)가 반응하면 염화소듐과 물이 형성된다.

$$HCl(aq) + NaOH(aq) \longrightarrow NaCl(aq) + H_2O(l)$$

산과 염기의 반응은 17장에서 설명한다.

개념 적용

화학 반응

화학 반응이 일어났다는 징후를 학교와 가정에서 살펴보자. 산소와 반응이 일어났다는 증거를 찾을 수 있는가? 새로운 물질이 생성되거나 분해되는 것을 발견할 수 있는가?

과학의 배후에 있는 사람들

라이너스 칼 폴링(Linus Carl Pauling, 1901-1994)

라이너스 칼 폴링은 20세기 과학 분야에서 가장 중요한 업적을 이룩한 미국의 이론 화학자 겸 생물학자이다. 그의 주요 업적은 분자 구조와 화학 결합에 대한 이해이다. 그는 두 번의 노벨상을 수상한 극소수의 사람 중 한 명으로, 1954년 분자력에 대한 연구로 노벨 화학상과 1962년 노벨 평화상을 수상하였다. 그의 경력 전반에 걸친 그의 연구는 그의 경이로운 기억에 힘입어 직관과 영감을 적용한 것으로 유명하다. 그는 종종 한 분야의 과학 원리를 다른 과학 분야에 응용하였다.

1931년 폴링은 〈화학 결합의 본질〉(The Nature of the Chemical Bond)이라는 논문을 발표하였다. 그는 양자 역학을 이용하여 전자쌍 결합이 2개의 짝을 이루지 않은 전자들이 두 원자 사이에서 상호작용하여 형성되며, 한 번 쌍을 이루면 이 전자들은 다른 결합 형성에 참여할 수 없다고 설명하였다. 그 후, 공저자로 참여한《양자 역학의 소개》(Introduction to Quantum Mechanics, 1935)란 책을 저술하였다. 그는 분자 구조에 양자 역학 원리를 적용하는 선구자였다.

폴링은 분자에 하이브리드 오비탈의 개념을 도입하여 대부분의 화합물에서 탄소 원자가 나타내는 대칭성을 설명하였다. 또한 원자의 전기음성도와 화학 결합의 극성을 조사하였다. 그는 전기음성도를 최대 4.0으로 하였다. 결합에서 한 쌍의 전자는 높은 전기음성도를 갖는 원자를 향해 이끌린다. 예를 들어, 염화수소(HCl)에서 수소는 전기음성도가 2.1이고, 염소는 3.5이다. 결합 전자는 염소 원자 방향으로 이끌려 과잉 음전하 상태(그리고 과잉 양전하 상태로 수소 원자는 존재)가 되어 수소-염소 결합이 분극화된다.

©Ralph Morse/The LIFE Picture Collection /Getty Images

화학 결합에 대한 폴링의 생각은 현대 분자 구조 이론의 기초이다. 연구의 대부분은 그의 저서인《화학 결합의 본질, 분자와 결정의 구조》(The Nature of the Chemical Bond, The Structure of Molecules and Crystals, 1939)에 통합 정리되었다. 1940년대, 폴링은 생물조직과 생물 시스템에 관련된 화학으로 관심을 전환하였다. 그는 분자 구조에 대한 지식을 생명의 복잡성, 주로 혈액 내 단백질에 응용하였다. 그는 로버트 코리(Robert Corey)와 함께 아미노산과 폴리펩티드의 구조에 대하여 연구하였다. 그들은 많은 단백질들이 수소 결합을 하며 구조를 이루며, 나선 모양을 하고 있다고 제안하였다. 이러한 개념은 프랜시스 크릭(Francis Crick)과 제임스 왓슨(James Watson)의 DNA 구조 연구에 도움을 주었으며, 결국 DNA 구조가 이중 나선 구조임이 규명되었다.

혈액연구에서 폴링은 면역학과 겸상적혈구빈혈증에 대하여 연구하였다. 그는 연구에서 질병은 유전적이며 정상적인 헤모글로빈과 비정상적인 '낫 모양' 세포의 헤모글로빈의 전하가 다를 것이라는 그의 예감을 확인하였다. 1940년대 동안, 그는 생명체에 관한 연구를 지속하였다. 또한 마취에 관한 연구를 수행하였다. 이 기간 그는 베스트셀러가 된 두 교재《일반화학》(General Chemistry, 1948)과《대학화학》(College Chemistry,1950)을 출간하였다.

출처: Modified from the *Hutchinson Dictionary of Scientific Biography*. Abington, UK: Helicon, 2011.

요약

혼합물은 다양한 **조성**을 갖는 **서로 다른 부분**으로 구성되어 있다. **순물질**은 **전체가 동일**하며 **명확한 조성**을 가지고 있다. 혼합물은 물질의 고유성질을 변화시키지 않는 **물리적 변화**를 통하여 그들의 구성 성분으로 분리할 수 있다. 일부 순물질은 **물질의 고유성질을 변화시킨 다른 특성의 새로운 물질을 생성**하는 **화학 변화**를 통하여 좀 더 단순한 물질로 분해될 수 있다. 화학 변화를 통하여 명확한 구성을 갖는 좀 더 단순한 물질로 분해된 순물질이 **화합물**이다. 더 이상 단순한 물질로 분해할 수 없는 순물질이 **원소**이다.

화학 변화는 화학 결합을 만들거나 끊음으로써 새로운 물질을 생성한다. 화학 변화 과정을 **화학 반응**이라고 한다. 화학 반응 동안, 내부 퍼텐셜에너지보다 크거나 작은 서로 다른 화학물질이 생성된다. **화학에너지**는 화학 반응 중 내부 퍼텐셜에너지의 변화이다. **화학 반응식**은 화학 반응을 설명하는 간단한 방법이다. 반응식은 변화된 물질들을 나타내며, 왼쪽에 **반응물**을, 오른쪽에 생성된 새로운 물질인 **생성물**을 나타낸다.

화학 반응에는 원자의 최외각 에너지 준위의 전자인 **원자가 전자**가 관련된다. 원자는 최외각 궤도함수를 채워 안정한 비활성 기체의 전자 배치를 이루기 위하여 전자를 잃거나 얻는 경향이 있다. 이러한 경향을 **옥텟 규칙**이라고 하며, 원자는 최외각 궤도함수에 8개의 전자 구조를 갖는 비활성 기체의 전자 구조를 만들기 위하여 전자를 잃거나 얻는다. 원자는 그 과정에서 **음이온** 또는 **양이온**을 형성한다.

화학 결합은 화합물에서 원자들을 함께 결합하는 인력에 의하여 발생한다. 원자가 전자를 이동시켜 이온이 되며, 이때 형성되는 화학 결합이 **이온 결합**이다. 이온 결합은 반대로 하전된 이온 사이의 정전기적 인력으로 발생한다. 이온이 전자를 공유할 때 형성된 화학 결합은 **공유 결합**이다.

이온 결합은 결정구조를 가진 **이온성 화합물**을 생성한다. 이온성 화합물이 형성될 때 방출되는 에너지를 **생성열**이라고 한다. 화합물을 원소로 분해하는 데 필요한 것과 동일한 양의 에너지이다.

화합물의 **화학식**은 기호를 사용하여 화합물에 존재하는 원소와 비율을 알려준다. 주족 원소의 이온은 단일 고정전하를 갖지만 대부분의 전이 원소는 다양한 전하를 갖는다. 이온성 화합물이 형성될 때 전자들은 유지되며, 이온성 화합물은 전기적으로 중성이다. 화학식은 전반적인 전하의 균형을 나타낸다.

공유 결합 화합물은 **공유 결합**에 의해 결합된 전기적으로 중성인 원자단으로 구성된 분자이다. 각각의 원자가 공유 쌍에 하나의 전자를 제공하여 한 쌍의 전자를 공유함으로써 **단일 공유 결합**을 형성한다. 두 쌍의 전자가 공유될 때 형성된 공유 결합을 **이중결합**이라고 하며, **삼중결합**은 세 쌍의 전자를 공유하는 것이다.

화합물은 이온 및 공유 결합 화합물에 대하여 다른 규칙으로 명명된다. 2가지 다른 원소로만 구성된 이온 및 공유 화합물은 항상 접미사 '-화'로 끝나지만 몇 가지 예외가 있다.

다양한 전하 이온의 명명 규칙은 이름 옆 괄호 안에 로마 숫자로 전하를 나타낸다. 이온성 화합물은 전기적으로 중성이며 화학식은 전하 균형을 이뤄야 한다. **교차기술**은 전하 균형을 나타내는 화학식을 작성하는 쉬운 방법이다.

공유 결합 화합물은 2개 이상의 비금속 원자가 공유 결합에 의해 유지되는 분자이다. 공유 결합 화합물의 명명은 그리스어 접두사를 사용하여 원자수를 구별한다. 하나 이상의 화합물이 동일한 두 원소(예: CO와 CO_2)로 형성될 수 있기 때문이다.

화학 반응을 설명하는 간결한 방법은 **화학 반응식**에 화학식을 사용하는 것이다. 각각 양쪽에 같은 수의 원자와 종류를 가진 화학 반응식을 **균형 잡힌 반응식**이라고 한다. 균형 잡힌 반응식은 **질량보존의 법칙**에 따라 화학 반응에서 원자가 생성되거나 파괴되지 않는다. 화학 반응식에서 균형을 맞추기 위해 화학식 앞에 **계수**가 배치된다. 화학식의 첨자를 변경하면 화학식이 변하여 다른 화합물을 의미하므로 변경하지 않는다.

화학 반응에 있어서 중요한 반응 중 하나는 **산화-환원 반응**이다. 산화-환원 반응은 전자 이동이 일어나는 반응이다. 전자를 잃는 과정을 **산화**라고 하며, 잃는 물질은 **산화되었다**고 한다. 전자를 얻는 과정을 **환원**이라고 하며, 전자를 얻는 물질을 **환원되었다**고 한다. 다른 물질에서 전자를 얻는 물질을 **산화제**라고 하며, 전자를 공급하는 물질을 **환원제**라고 한다.

화학 반응은 (1) **결합반응**, (2) **분해반응**, (3) **치환반응**, 그리고 (4) **이온교환반응**으로 분류된다. 이들 중 처음 3개의 반응은 산화-환원 반응이지만 이온교환반응은 산화-환원 반응이 아니다.

개념에 대한 질문

1. 화학 변화와 물리적 변화의 차이점은 무엇인가? 각각 3가지 예를 제시하시오.

2. (a) 소듐 원자와 소듐 이온, (b) 소듐 이온과 네온 원자의 유사점과 차이점을 각각 설명하시오.

3. 이온 결합과 공유 결합의 차이점은 무엇인가? 두 결합을 형성하는 원자가 공통적으로 가지는 특징은 무엇인가?

4. 옥텟 규칙은 무엇이며, 중요한 이유는 무엇인가?

5. 다원자 이온이란 무엇인가? 몇 가지 일반적인 다원자 이온의 명명과 화학식을 쓰시오.

6. 수산화마그네슘에 대한 화학식을 작성하고 괄호가 의미하는 것은 무엇인지 설명하시오.

7. 단일결합과 이중결합의 근본적인 차이점은 무엇인가?

8. 질량보존의 법칙은 무엇인가? 화학 반응식이 이 법칙과 일치하는지를 어떻게 알 수 있는가?

9. 화학 반응식의 균형을 맞추는 방법을 설명하시오.

10. 금속의 활성계열은 치환반응의 발생 여부를 예측하는 데 어떻게 사용되는가?

11. 이온교환반응이 발생하기 위한 필요한 조건은 무엇인가? 이온교환반응이 일어나지 않는다면 그 이유는 무엇인가?

12. 다음 반응에 대한 생성물을 예측하시오. (a) 에틸알코올(C_2H_5OH)의 연소, (b) 알루미늄(Al)의 부식.

13. 물리적 변화와 화학 변화의 유사점과 차이점은 무엇인가?

14. 여러분이 가진 순물질이 원소가 아닌 화합물이라는 것을 어떻게 알 수 있는지 설명하시오.

15. 여러분이 가진 순물질이 화합물이 아닌 원소라는 것을 어떻게 알 수 있는지 설명하시오.

16. 주기율표의 좌측의 금속과 우측의 비금속이 반응할 때 이온성 화합물이 형성되고, 주기율표의 우측의 비금속 원소 사이에서 공유 결합이 형성되는 이유는 무엇인가?

17. 단어가 아닌 화학 기호와 화학식으로 화학 반응식을 작성하는 것의 장점과 단점은 무엇인가?

18. 4가지 기본 화학 반응의 종류를 예시하고, 각각의 반응에 대하여 설명하시오.

19. 균형잡힌 화학 반응식을 성공적으로 작성하는 데 필요한 단계를 요약하여 설명하시오.

연습문제

그룹 A

1. 다음 원자의 최외각 궤도함수에 존재하는 전자의 개수는 몇 개인가?

a. Li
b. N
c. F
d. Cl
e. Ra
f. Be

2. 다음 원소에 대한 전자 점 표기법을 작성하시오.

a. 붕소(Boron)
b. 브로민(Bromine)
c. 칼슘(Calcium)
d. 포타슘(Potassium)
e. 산소(Oxygen)
f. 황(Sulfur)

3. 다음 이온의 전하를 확인하시오.

a. 붕소(Boron)
b. 브로민(Bromine)
c. 칼슘(Calcium)
d. 포타슘(Potassium)
e. 산소(Oxygen)
f. 질소(Nitrogen)

4. 다음의 다원자 이온을 명명하시오.

a. $(OH)^-$
b. $(SO_3)^{2-}$
c. $(ClO)^-$
d. $(NO_3)^-$
e. $(CO_3)^{2-}$
f. $(ClO_4)^-$

5. 교차기술을 사용하여 다음 화합물에 대한 화학식을 작성하시오.

a. 수산화철(III)(Iron(III) hydroxide)
b. 인산납(II)(Lead(II) phosphate)
c. 탄산아연(Zinc carbonate)
d. 질산암모늄(Ammonium nitrate)
e. 탄산수소포타슘(Potassium hydrogen carbonate)
f. 아황산포타슘(Potassium sulfite)

6. 다음의 공유 결합 화합물에 대한 화학식을 작성하시오.

a. 사염화탄소(Carbon tetrachloride)
b. 일산화이수소(Dihydrogen monoxide)
c. 이산화망가니즈(Manganese dioxide)
d. 삼산화황(Sulfur trioxide)
e. 오산화이질소(Dinitrogen pentoxide)
f. 오황화이비소(Diarsenic pentasulfide)

7. 다음의 공유 결합 화합물을 명명하시오.

a. CO
b. CO_2
c. CS_2
d. N_2O
e. P_4S_3
f. N_2O_3

8. 다음의 불균형 반응에 대한 균형 화학 반응식을 작성하시오.

a. $SO_2 + O_2 \rightarrow SO_3$
b. $P + O_2 \rightarrow P_2O_5$
c. $Al + HCl \rightarrow AlCl_3 + H_2$
d. $NaOH + H_2SO_4 \rightarrow Na_2SO_4 + H_2O$
e. $Fe_2O_3 + CO \rightarrow Fe + CO_2$
f. $Mg(OH)_2 + H_3PO_4 \rightarrow Mg_3(PO_4)_2 + H_2O$

9. 다음 반응을 결합반응, 분해반응, 치환반응, 또는 이온교환반응으로 구별하시오.

a. $NaCl(aq) + AgNO_3(aq) \rightarrow NaNO_3(aq) + AgCl\downarrow$
b. $H_2O(l) + CO_2(g) \rightarrow H_2CO_3(l)$
c. $2NaHCO_3(s) \rightarrow Na_2CO_3(s) + H_2O(g) + CO_2(g)$
d. $2Na(s) + Cl_2(g) \rightarrow 2NaCl(s)$
e. $Cu(s) + 2AgNO_3(aq) \rightarrow Cu(NO_3)_2(aq) + 2Ag(s)$
f. $CaO(s) + H_2O(l) \rightarrow Ca(OH)_2(aq)$

10. 다음의 각 반응에 대하여 완전하고 균형잡힌 반응식을 작성하시오.

a. $C_5H_{12}(g) + O_2(g) \rightarrow$
b. $HCl(aq) + NaOH(aq) \rightarrow$
c. $Al(s) + Fe_2O_3(s) \rightarrow$
d. $Fe(s) + CuSO_4(aq) \rightarrow$
e. $MgCl_2(aq) + Fe(NO_3)_2(aq) \rightarrow$
f. $C_6H_{10}O_5(s) + O_2(g) \rightarrow$

17 물과 용액
Water and Solutions

물은 수많은 종류의 용액을 생성하기 때문에 종종 만능용매(universal solvent)로 불린다. 흐르는 물은 궁극적으로 단단한 바위를 용해하여 용액으로 운반한다.
©Digital Archive Japan/ Alamy Stock Photo RF

핵심 개념

물과 수용액은 고유한 성질을 갖는다.

장의 개요

물 분자는 극성이며 수소 결합이 가능하다.
Pg. 444

물은 만능용매이며 높은 비열과 높은 증발열을 갖는다.
Pg. 444

산, 염기, 염 용액은 환경의 질, 음식과 일상생활의 증거이다.
Pg. 454

연관성

지구과학

- ▶ 대기 안밖의 물 순환(13장).
- ▶ 지구상에서 1% 내의 물이 인간과 농업에 소비된다(14장).

생명과학

- ▶ 대사과정은 모든 면에서 물을 필요로 한다(19장).

개요

시냇가에서 흐르는 물(그림 17.1)을 보면 어떤 생각이 드는가? 물의 성질과 물에 무엇이 용해되어 있는지 궁금하지 않은가? 시냇가의 물이 어디에서 시작이 되며 언젠가는 고갈되지 않을지 한번이라도 의문을 가졌을 것이다.

많은 사람들이 시냇가의 흐르는 물을 보면서 물에 대하여 다양한 생각을 가질 수 있다. 농부는 물을 이용하는 방법에 대해 생각할 것이며, 농작물에 사용한다. 도시 계획가는 물이 가정용수로 안전할 것인지, 아니면 물을 처리할 비용이 얼마나 드는지 궁금할 것이다. 다른 사람들은 시냇물에서 큰 물고기를 잡을 수 있는지 궁금할 것이다. 많은 양의 시냇물은 농작물, 가정용수, 여가 활동에 필요한 물을 공급할 수 있으며, 많은 다른 용도로도 사용될 것이다.

물의 특유의 성질 때문에 물은 농업, 가정용수 및 여가 활동에 중요하다. 생명체는 물 환경에서 진화하였기 때문에 물과 그 특성은 지구 생명체에 필수적이다. 물은 거의 모든 물질들을 용해하는 능력이 있기 때문에 쉽게 오염도 된다. 이 장에서는 물과 수용액의 특유의 성질, 그리고 가정용수에 대해 다룬다.

17.1 가정용수

물은 필수적인 자원으로 삶의 과정에 필요할 뿐만 아니라 현대 사회에 중요한 역할을 한다(14장 참고). 물은 먹는 물과 요리(2%), 설거지(6%), 세탁(11%), 목욕(23%), 화장실(29%), 그리고 잔디밭 및 정원 유지(29%)를 위하여 가정에서 사용된다.

물은 시냇물, 호수, 그리고 지표면의 저수지나 지표 아래에서 퍼 올린 지하수로부터 공급

그림 17.1 사용 잠재력이 큰 흐르는 신선한 시냇물
©Ken Eis/WeatherVideoHD.TV RF

물 사용 권리는 누구에게 있는가?

인구성장과 새로운 산업의 개발로 인하여 물 공급이 더 많이 요구된다. 이것은 물이 농업, 산업, 도시의 가정용수 사이에서 어떠한 방법으로 분배되어야 하는가에 대한 일부 쟁점을 일으킨다. 농업종사자는 사람들이 필요한 음식과 섬유질 식품을 생산하기 때문에 물이 있어야 한다고 주장한다. 산업은 일자리와 사람들이 필요한 제품을 생산하기 때문에 물이 있어야 한다고 주장한다. 반면에 도시는 사람들이 물 없이는 생존할 수 없기 때문에 가정용 소비가 가장 중요하다고 주장한다. 그렇지만 몇몇은 물의 생태를 유지하는 데 필요할 뿐이지 물을 사용할 권리가 어떤 집단에도 없음을 주장한다.

질문과 토론

1. 누구에게 물 사용에 대한 최우선의 권리가 있어야 하는가?
2. 누구에게 물 사용에 대한 마지막 권리가 있어야 하는가?
3. 질문 1과 2에 대한 여러분의 답을 결정하시오.

표 17.1 미국 상수원에서 발생 가능한 오염문제

오염	원인	위험 요소
납	오래된 집의 납파이프, 동파이프에서의 납땜, 황동 기구	신경손상, 유산, 출생저하, 고혈압, 청각문제
염소계 용매	산업오염	암
트리할로메탄	다른 오염물과 반응하는 염소 소독제	간 손상, 신장 손상, 발암성
PCBs	산업 폐기물, 오래된 변압기	간 손상, 발암성
세균, 바이러스	정화 탱크, 옥외 화장실, 하수관 라인의 범람	위장장애, 중대한 질병

된다. 지표수는 우물물보다는 더 많은 퇴적물, 세균 및 가능한 오염물을 포함한다. 이러한 이유로는 지표수는 대기 중에 노출되며, 흙으로부터 시냇물이나 강물로 흘러 들어오기 때문이다. 지표수는 부유 입자를 제거하기 위하여 여과, 세균의 살균처리, 그리고 오염물질의 제거 과정이 필요하다. 우물물은 일반적으로 좀 더 깨끗하지만, 물은 여전히 살균 제거 과정이 필요하며, 쓰레기 더미, 농업활동 또는 공업용지로부터 토양을 통해 유입된 오염물질도 제거해야 한다.

대부분의 오염물질은 많이 희석되면 건강에 해가 적지만 예외도 존재한다. 미국의 식수에서 발견되는 5가지 종류의 오염물은 광범위한 위험을 일으킨다(표 17.1). 이러한 일반적인 문제와 가끔씩 야기되는 지역문제에도 불구하고, 미국의 물 공급은 세계에서 가장 깨끗하다고 여겨진다.

물과 수용액의 성질을 알게 되면 안전한 물 공급의 유지에 관련된 문제를 쉽게 이해할 수 있으며, 이러한 내용이 다음 절의 주제이다.

과학 스케치

17.1절의 첫 번째 단락에서 가정에서 요리를 할 때 물의 적절한 사용방법에 대하여 설명하시오. 가정에서 파이를 만드는 데 물의 적절한 분배방법에 대하여 설명하시오.

17.2 물의 성질

물과 여러 가지 용해 물질로 채워진 세포로 구성된 생물에서 물은 생명에 필수적인 요소이다. 식품은 대부분이 물이며, 과일과 야채는 95%, 고기는 50%의 물을 포함한다. 우리의 몸은 체중의 70% 이상이 물이다. 물은 생명체의 많은 구성성분이기 때문에 물의 성질을 이해하는 것은 생명을 이해하는 데 중요하다. 한 가지 중요한 성질은 물이 용매로 작용하는 독특한 능력이다. 물은 대부분의 분자를 용해하는 성질 때문에 '만능용매'라고 한다. 이들 용해된 분자는 생명체에서 확산하거나 순환시스템의 일종에 의해 한 위치에서 다른 위치로 운반될 수 있다.

4장에서 설명한 바와 같이 물은 비열이 크기 때문에 특이하다. 동일한 질량의 토양과 물에 같은 양의 햇빛을 조사했을 때 물의 온도는 1°C 증가한 반면, 토양은 5°C 증가한다. 이와 같이 물의 온도를 증가시키는 데 필요한 햇빛은 토양의 경우보다 5배 이상 필요하다. 이러한 이유로 거대한 저수지의 온도는 적당한 온도로 유지된다.

물의 높은 증발열은 또 다른 특이한 성질이다. 이런 성질 때문에 적은 양의 물을 증발시켜서 많은 양의 열을 제거하는 것이 가능하다. 이러한 특이한 성질은 적은 물을 증발시키는 데 많은 열이 필요하고, 인간은 이러한 증발 냉각 시스템을 가지고 있기에 아주 더운 사막에서 살아남을 수 있다.

마지막으로, 물의 다른 특성은 생활에 중요하지 않지만, 그럼에도 불구하고 흥미롭다. 예를 들면, 왜 모든 눈꽃송이는 여섯 면을 가지는가? 2개의 눈꽃송이가 비슷하지 않다는 것이 사실일까? 물 분자의 독특한 구조는 독특한 용매 능력을 설명할 수 있을 것이다. 또한 고체 얼음이 액체 물보다 밀도가 낮은 이유, 높은 비열, 높은 증발열, 그리고 2개의 눈꽃송이가 비슷하지 않은 이유도 알 수 있을 것이다.

물 분자의 구조

16장에서 원자가 몇 가지 방법으로 결합하는 것을 배웠다. 주기율표의 반대편 원자는 하나 이상의 전자를 이동하여 이온 결합을 형성한다. 주기율표의 오른쪽 원자들은 하나 이상의 전자쌍을 공유함으로써 공유 결합을 형성한다. 이러한 구별은 많은 화합물에 명백히 존재하지만, 물의 경우에는 다르다. 원자가 물 분자에서 전자를 공유하는 방법은 공유 결합도 아니고 이온 결합도 아니다.

물 분자에서 산소 원자는 수소 원자와 함께 한 쌍의 전자를 공유한다. 산소는 6개의 최외각 전자를 가지고 있으며, 8개의 비활성 기체 구조를 이루어 옥텟 규칙을 만족하기 위해 전자가 2개 더 필요하다. 각 수소 원자는 2개의 궤도함수를 채우기 위해 하나 이상의 전자가 필요하다. 따라서 하나의 산소 원자는 2개의 수소 원자와 결합하여 물 분자(H_2O)를 형성한다. 산소와 수소 모두 비활성 기체의 궤도함수 배치(네온과 헬륨)를 가지므로 더욱 안정하게 된다.

전자들은 물 분자에서 공유되지만 동등하게 공유되지는 않는다. 8개의 양성자를 가진 산소는 단일 양성자를 가진 수소의 경우보다 더 큰 인력을 갖는 공유전자를 갖는다. 따라서 공

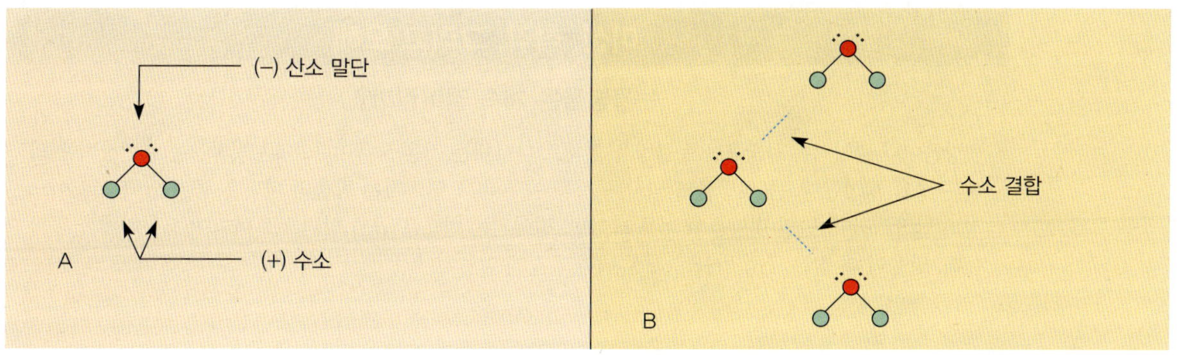

그림 17.2 (A) 물 분자는 극성으로 양전하와 음전하의 중심을 갖는다. (B) 양전하 및 음전하 중심 간에 인력이 작용하여 인접한 수소 결합이 형성된다.

유전자는 수소 주위보다 산소 주위에서 더 많은 시간을 보낸다. 이로 인해 물 분자에서 산소가 수소보다 더 음(−)의 성질이 커진다. 공유 결합의 전자가 동등하게 공유되지 않을 때, 그 분자는 **극성 분자**(polar molecule)가 된다. 극성 분자는 **쌍극자**(dipole), 즉 양극(+)과 음극(−)을 가진다는 것을 의미한다.

물 분자는 산소 말단에 음의 중심을, 수소 말단에 양의 중심을 갖는다. 두 수소의 양전하는 분리되어 분자는 직선보다는 오히려 굽은 모양을 나타낸다. 그림 17.2A는 극성을 보여주는 물 분자의 모형이다.

물 분자의 극성 구조로 인해 물은 독특한 성질을 갖는다. 어떤 극성 분자는 분자의 양극과 다른 분자의 음극 사이에 인력이 작용한다. 극성 분자가 한 부분에는 수소를, 다른 부분에는 플루오린, 산소, 질소를 가지고 있을 때, 분자끼리 강한 인력으로 결합할 수 있다. 이러한 결합을 **수소 결합**(hydrogen bonding)이라고 한다. 수소 결합은 분자의 수소 말단과 다른 유사한 분자의 플루오린, 산소, 질소 분자의 말단 사이에서 발생하는 결합이다.

수소 결합은 온도 변화에 따른 특이한 밀도 변화를 포함한 물의 물리적 성질을 설명한다. 그림 17.3은 얼음의 수소 결합 구조이다. 물 분자는 6개 면의 육각형 구조를 형성하며, 큰 분자로 확장된다. 가운데 큰 구멍을 가진 구조로 인해 얼음은 물보다 밀도가 낮다. 육각형 배열 형태는 왜 눈꽃송이가 항상 여섯 면이 있는가를 알려준다. 왜 2개의 눈꽃송이가 비슷하지 않는 것처럼 보이는가? 아마도 그 해답은 수십억 개의 작은 육각형 얼음 결정으로부터 형성된 거의 무한한 형태의 다양성에서 그 답을 찾을 수 있다.

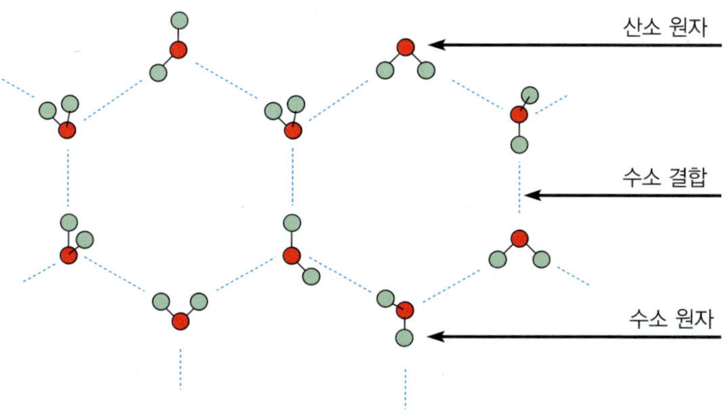

그림 17.3 얼음의 육각형 구조. 산소 원자와 다른 물 분자의 2개의 수소 원자 사이의 수소 결합으로 얼음의 개방형 구조와 육각형 구조가 형성된다. 물 분자의 각도는 바뀌지는 않으나 다른 방향을 갖는다.

미신, 착각, 그리고 오해

눈물방울은 계속 떨어질까?

빗방울이나 떨어지는 물방울을 눈물방울 형태로 나타내는 것은 오해이다. 작은 빗방울은 표면장력에 의해 구형을 형성한다. 큰 빗방울도 역시 구형을 이루지만, 떨어지는 방울의 바닥은 공기 압력으로 어느 정도 납작해진다. 만일 빗방울이 너무 크다면, 떨어지는 방울은 공기 압력으로 바닥이 오목하게 함몰되는데, 방울이 더 작은 구형 방울로 깨질 때까지 깊게 함몰된다.

과학 스케치

그림 17.3(또는 종이)에 각 원자를 (+)와 (−)로 표시하고 그들의 상대적인 전하를 설명하시오.

얼음의 온도가 올라가면 분자의 증가된 진동 에너지는 수소 결합 구조를 따라 퍼져 나간다. 얼음이 녹을 때 수소 결합의 약 15%가 파괴되고, 열린 구조는 액체 물의 조밀한 배열로 붕괴된다. 물을 0°C에서부터 가열하면, 여전히 더 많은 수소 결합이 파괴되며, 물의 밀도는 꾸준히 증가한다. 증가된 분자 진동으로 4°C부터 물은 다시 팽창하며, 더 많이 가열하면 밀도는 꾸준히 감소한다(그림 17.4). 따라서 물은 4°C에서 가장 큰 밀도를 갖는다.

물의 융해열, 비열 및 증발열은 다른 화학적으로 유사한 물질에 비하여 비정상적으로 높으며, 이는 수소 결합을 끊는 데 많은 에너지가 필요하기 때문이다.

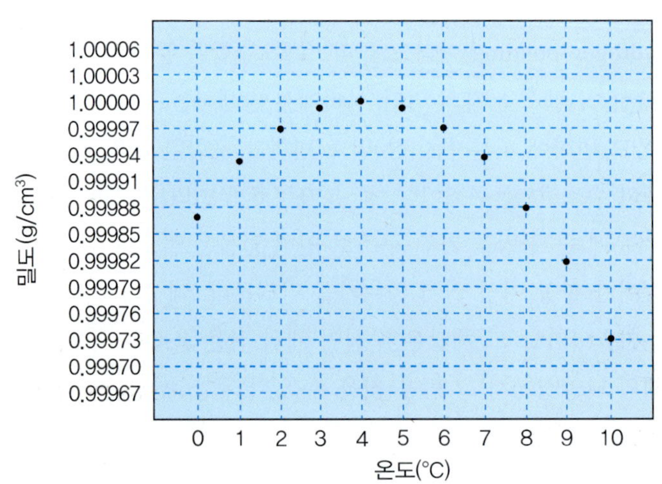

그림 17.4 0~10°C 범위의 물의 밀도. 물의 밀도는 4°C에서 최대이며, 온도가 냉각되거나 가열되면 밀도가 낮아진다. 특이한 밀도 변화는 수소 결합이 원인이다.

용해과정

용액(solution)은 두 종류 이상의 이온이나 분자들의 균일 혼합물이다. **용해**(dissolving)는 용액을 만드는 과정이다. 용해하는 동안에 용액을 구성하는 다른 성분들이 혼합된다. 예를 들면, 설탕이 물에 용해될 때, 설탕 분자는 물에 균일하게 분산된다. 설탕 용액에서 균일하게 단맛이 나는 이유는 모든 부분이 균일하게 혼합된 결과이다.

감압증

감압증(DCS)은 스쿠버다이버가 너무 빠르게 물 위에 올라오면 압력이 급격히 감소하여 혈중과 조직에 질소 기포가 발생하여 이런 이유 때문에 유발되는 질환이다. 이것은 보통 관절통증에 의해 나타날 수 있으며, 가슴 통증, 피부 자극, 근육 경련 등이 유발될 수 있다. 이 질환은 경미한 경우에는 거의 발견할 수 없지만, 심한 경우에는 치명적일 수 있다. 이러한 관절통증은 종종 **감압통**이라고 한다.

DSC는 사람이 높은 공기 압력하에서 빠르게 감압된 상태로 될 경우 발생한다. 공기는 78%의 질소와 21%의 산소로 구성된다. 질소는 우리가 흡입하고 배출하는 비활성 기체이나 일부 혈액에 용해된다. 질소의 용해는 일반적으로 발생되며 문제를 야기시키지 않는다. 그러나 사람이 더 높은 압력상태에서 호흡하고 있을 때, 질소를 더 많이 흡입하게 되며, 질소가 혈액과 다른 조직에 용해된다. 만일 사람이 정상적인 압력으로 천천히 돌아온다면, 더 많이 용해된 질소는 폐에 의해 배출되어 문제가 되지 않는다. 그러나 만일 정상압력으로 너무 빠르게 돌아오면, 혈액과 다른 조직에 질소 기포가 발생하여 DCS가 유발된다. 질소 기포는 신경에 압력을 야기하여 순환을 차단하고, 관절통증을 유발할 수 있다. 이들 증상은 일반적으로 잠수부가 수면에 복귀하였을 때 또는 정상기압으로 회복되는 8시간 이내에 발생한다.

DCS를 방지할 수 있는 방법 중 한 가지는 잠수부가 수면으로 복귀하면서 '감압 중지'를 하는 것이다. 감압 중지를 하면 용해된 질소가 조직과 혈액순환에서 기포를 생성하기보다는 폐로 유입되도록 한다. 또 잠수부가 잠수 후 여객기를 타고 바로 비행하는 것도 좋지 않다. 항공기는 약 2,500 m의 고도에서는 보통의 승객에 대해서는 안전하지만, 최근 작업한 잠수부는 더 많은 감압문제가 발생할 수 있다.

특별한 밀폐 공간에 질병이 발생한 사람을 배치하여 DCS를 처리할 수 있다. 처음에 밀폐 공간의 압력을 천천히 증가시키면, 질소 기포가 발생하여 용액 속으로 들어간다. 그리고 압력을 천천히 감소시키면, 용해된 질소가 폐로 배출된다.

용액은 일반적으로 **용매**(solvent)와 **용질**(solute)로 구성된다. 용매는 더 많은 부분을 차지하는 성분이며 용질은 더 적은 부분을 차지하는 물질이다. 예를 들면, 대기는 약 78%의 질소로 구성되어 있으므로 용매로 간주된다. 약 21%의 산소와 약 0.9%의 아르곤 및 기타 기체는 용질로 간주된다. 용액의 한 성분이 액체이면 그것을 보통 용매로 간주한다. **수용액**(aqueous solution)은 고체, 액체, 기체 물질이 물에 녹아 있는 용액이다.

용액은 두 종류 이상의 물질이 분자 또는 이온으로 균일하게 혼합될 때 생성된다. 그러나 용해과정은 '입자가 함께 혼합한다'라는 단순한 의미보다 복잡하다. 왜냐하면 (1) 용액은 포화되며, 용해도에 한계가 있음을 의미하고, (2) 일부 용액의 물질은 전혀 혹은 거의 용해되지 않는 **불용성**(insoluble)이다. 일반적으로 어떤 물질이 용해될 것인지, 용해도의 한계가 있는지는 용매 및 용질의 분자나 이온 간의 인력으로 결정된다. 용해과정에서의 물질 사이에서 인력과 역할은 다음 예에서 고려될 것이다.

첫째, 기체 및 액체의 용해과정을 고려한다. 기체에서는 분자 간의 힘이 적으므로 기체들은 어떤 비율로든 혼합할 수있다. 이처럼 어떤 비율로도 혼합할 수 있는 유체를 **혼합 유체**(miscible fluid)라고 한다. 그리고 혼합되지 않는 유체를 **불혼합 유체**(immiscible fluid)라고 한다. 공기는 기체의 혼합물이며, 기체(증기 포함)는 혼합 유체이다.

액체 용액은 기체, 다른 액체 또는 고체를 용해할 수 있다. 기체는 액체와 섞이는데 탄산음료는 물에 이산화탄소가 용해되어 있는 일반적인 예이다. 두 액체가 용액을 형성하느냐의 여부는 분자 구조의 유사성에 따라 달라진다. 예를 들면, 물 분자는 (−)와 (+)극의 양극성을 가진 극성 분자이다. 반면에 사염화탄소(CCl_4)는 대칭적으로 배열된 극성 결합을 가진 분자이지만 대칭 배열 때문에 (−)와 (+)극을 가지지 않으므로 비극성이다. 따라서 어떤 액체는 극성 분자를 갖고 있고, 일부는 비극성 분자를 갖고 있다. 용액을 형성하는 일반적인 규칙은 비슷한 것은 비슷한 것끼리 섞인다는 것이다. 사염화탄소와 같은 비극성 물질은 기름과 그리스를

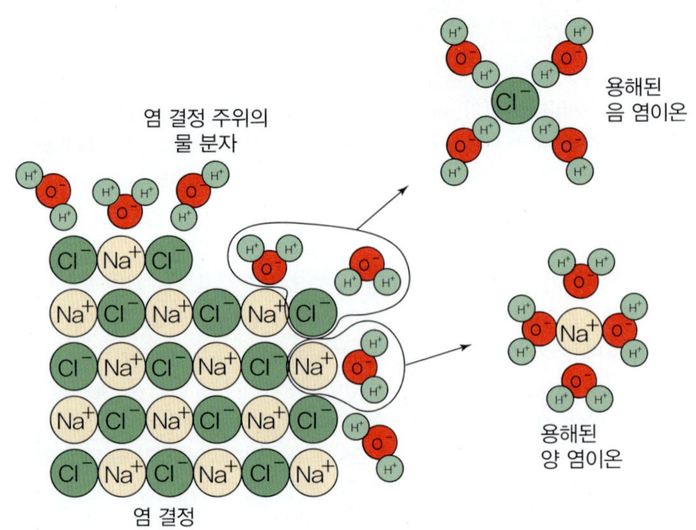

그림 17.5 이온 고체는 표면에 물 분자의 수가 다른 고체 이온의 수보다 많기 때문에 물에 용해된다. 극성 물 분자와 하전된 이온 사이의 인력으로 물 분자는 결정으로부터 이온을 멀리 끌어낼 수 있으므로 염 결정이 물에 용해된다.

용해하는 능력이 있으므로 한때 세정 용매로 사용하였으나 간에 손상을 주어 더 이상 사용이 권장되지 않는다.

"비슷한 것은 비슷한 것끼리 섞인다"는 규칙은 액체와 액체 용매뿐만 아니라 고체와 액체 용매에도 적용된다. 염과 같은 극성 고체는 극성 분자인 물에 쉽게 용해되지만, 기름, 그리스 또는 다른 비극성 용매에는 쉽게 용해되지 않는다. 극성인 물은 염을 쉽게 용해한다. 왜냐하면 전하를 띤 극성 물 분자는 이온을 잡아당겨 결정 구조로부터 떼어놓기 때문이다. 이와 같이 이온성 화합물은 물에 용해된다.

물에 대한 이온성 화합물의 용해도는 각각 다르다. 이 차이는 '줄다리기'하는 다른 두 힘에 의해 설명된다. 하나의 힘은 결정 표면, 이온과 물 분자 사이의 인력으로 **이온-극성분자력**(ion-polar molecule force)이라고 한다. 고체 염화소듐과 물이 혼합되었을 때, 물 분자의 음극(산소 말단)은 결정상의 양의 소듐 이온으로 향한다. 마찬가지로 물 분자의 양극(수소 말단)은 음의 염소 이온을 향한다. 이온에 대한 물 분자의 인력을 **수화**(hydration)라고 한다. 수화가 고체 내 이온 사이의 인력보다 큰 경우에는 고체로부터 떨어져 나가고, 용해가 일어난다(그림 17.5). 염화소듐의 경우만을 고려하면 반응식은 다음과 같다.

$$Na^+Cl^-(s) \longrightarrow Na^+(aq) + Cl^-(aq)$$

이 반응식은 이온이 고체로부터 분리되어 이온 용액이 된다는 것을 나타낸다. 다른 화합물에서는 고체 내 이온 사이의 인력이 수화에너지보다 클 수도 있다. 이 경우 고체 이온이 '줄다리기'에서 이기는 경우이며 이온 고체는 불용성이다.

용해도

기체와 액체는 어떤 비율로도 용해가 가능하지만, 고체는 액체에 녹을 수 있는 것에 한계가 있다. 우리는 뜨거운 차 한 잔에 여러 티스푼의 설탕이 용해되는 것으로 알고 있으나, 차가운 티 한 잔에는 용해도의 한계가 빠르게 도달하는 것도 안다. 설탕을 용해할 수 있는 한계는 차의 온도에 따라 다르다. 한계에 도달한 후에는 더 많은 설탕이 차가운 차에 추가되더라

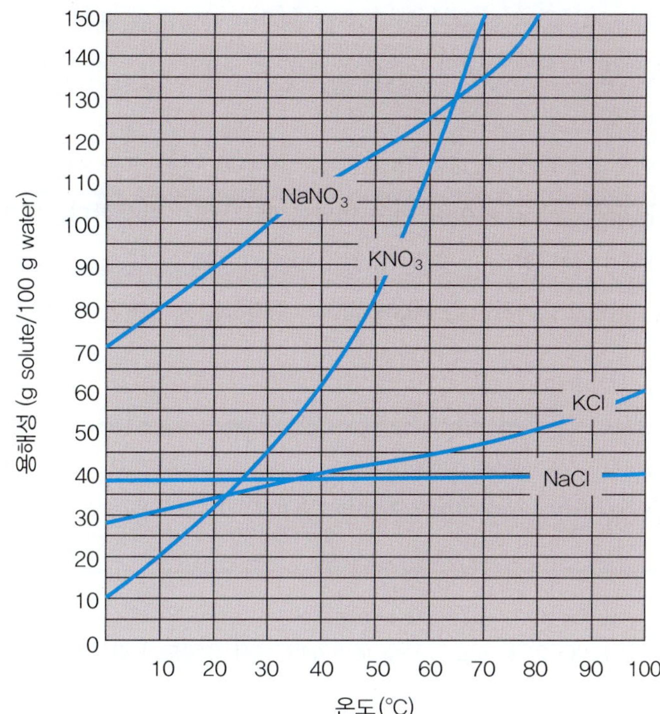

그림 17.6 질산소듐, 질산포타슘, 염화포타슘, 염화소듐에 대한 대략적인 용해도 곡선

도 용해되지 않는다. 그리고 고체 설탕의 과립은 유리잔 아래에 쌓이기 시작한다. 이 한계에서 설탕과 차 용액은 **포화**되었다고 한다. 용액이 포화되었을 경우에도 설탕을 용액에 계속 넣으면 용해는 실제로 멈추지 않는다. 그러나 용해된 설탕은 설탕이 용해되는 것과 같은 속도로 용해되지 않는 상태로 돌아온다. 설탕이 녹자마자 다시 석출되는, 전체적으로 용액이 평형을 이루는 상태를 **포화용액**(saturated solution)이라고 한다. 포화용액은 **용해되는 용질과 용액으로부터 석출되는 용질 사이에 존재하는 평형 상태**의 하나이다. 실제로는 포화용액에서 용해와 석출을 볼 수 없는데, 이러한 이유는 분자 또는 이온 크기의 입자에서 일어나는 현상이기 때문이다.

모든 화합물이 설탕처럼 용해되지 않으며, 화합물마다 특정 온도에서 포화되는 양은 각각 다르다. 일반적으로 화합물을 주어진 온도에서 용해할 수 있는 양의 차이를 **용해도**(solubility)라 한다. 더 구체적으로, 용질의 용해도는 **특정 온도에서 포화용액에 도달할 수 있는 농도**로 정의한다. 온도에 따른 용해도의 차이를 소듐염과 포타슘염의 예로 그림 17.6에 도시하였다. 이러한 용해도 곡선은 특정 온도에서 포화 평형에 도달하는 데 필요한 용질의 양을 설명한다. 일반적으로 대부분의 이온 고체의 용해도는 온도에 따라 증가하지만, 예외가 있다. 또 일부 염은 물에 녹을 때 열을 방출하며, 다른 염은 녹을 때 열을 흡수한다. 응급처치에 사용되는 '일회용 콜드팩'은 질산암모늄(NH_4NO_3)과 물 자루를 포함한 두 부분으로 이루어져 있다. 질산암모늄 자루 부분이 찢어지면 화합물이 용해되어 열을 흡수한다.

물의 온도가 증가하면 보통 염이나 설탕 같은 고체는 더 많이 용해된다. 그러나 기체는 일반적으로 온도가 증가하면 물에 덜 용해되는 현상이 발생한다. 물 한 잔의 온도가 올라가면 용존 공기가 용액 밖으로 배출되면서 작은 기포가 유리잔의 측면에 포집된다. 커피포트에 물을 끓일 때 최초로 나타나는 거품은 용액에서 떨어져 나오는 용존 공기의 기포이다. 끓인 물

맛이 '김 빠진(flat)' 맛이 나는 이유이다. 용해된 공기는 가열하면 제거된다. 끓는 물을 두 유리잔에 번갈아 따르면 물의 '정상적인' 맛을 회복할 수 있다. 이 과정에서 물은 더 많은 공기를 용해하고 일반적인 맛으로 회복된다.

압력의 변화는 액체에 대한 고체의 용해도에는 아무런 영향이 없으나, 기체의 용해도에는 큰 영향을 미친다. 탄산음료의 병이나 캔을 열었을 때 기포가 발생한다. 이것은 병 속의 압력이 감소하여 용해된 이산화탄소가 용액 밖으로 나오기 때문에 발생하는 현상이다. 일반적으로 기체의 용해도는 온도가 증가하면 감소하며, 압력이 증가하면 증가한다. 일반적으로 이러한 현상에는 예외가 없다.

예제 17.1 (선택)

그림 17.6에서 $NaNO_3$와 KNO_3의 용해도가 같아지는 온도를 나타내시오.

풀이

그림 17.6의 $NaNO_3$와 KNO_3의 용해도 곡선을 보면 64°C에서 용해도가 같아지는 것을 알 수 있다.

예제 17.2 (선택)

그림 17.6에서 KCl과 NaCl의 용해도가 같아지는 온도를 나타내시오. (답: 37°C)

17.3 수용액의 성질

순수한 용매인 물은 화학적 성질을 가지고 있으며, 그것은 용질이 첨가되면 변한다. 더 흥미로운 변화 중 일부는 다음과 같다.

전해질

이온 물질의 수용액은 전류를 전도하기 때문에 **전해질**(electrolyte)이라 한다. 전해질은 이온을 포함한 용액으로, 이온은 용액에서 자유롭게 이동하여 전하를 운반한다. 순수한 물은 아주 소량만 이온화하는 공유 결합 화합물이므로 전류를 전도하지 못한다. 설탕, 술, 그리고 대부분의 다른 공유 결합 화합물의 수용액은 부도체이며, 이들을 비전해질이라 한다. 비전해질은 공유 결합 화합물로 분자성 용액을 형성하기 때문에 전류를 전도하지 못한다.

몇몇 공유 결합 화합물은 순수 용액일 때는 비전해질이나, 물에 용해되면 전해질로 변한다. 예를 들면, 순수한 염화수소(HCl)는 전류를 전도하지 못하므로 분자성 물질로 추정할 수 있다. 염화수소가 물에 녹으면 전류를 전도하므로 이온이 포함되어 있음을 알 수 있다. 결국 염화수소는 물에 이온화된다. 분자로부터 이온이 형성되는 과정을 이온화(ionization)라고 한다. 염화수소는 물과 같은 극성 분자를 가지고 있다. HCl 분자에서 양성의 수소 원자는 물 분자의 음의 산소 말단을 끌어당긴다. 이때의 인력은 수소-염소 결합을 끊어 하전된 입자를 형

A H_2O + HCl → H_3O^+ + Cl^-

B $\mathrm{H{:}\ddot{\underset{\cdot\cdot}{O}}{:}H}$ + $\mathrm{H{:}\ddot{\underset{\cdot\cdot}{Cl}}{:}}$ → $\mathrm{[H{:}\ddot{\underset{\cdot\cdot}{O}}{:}H]^+}$ (H) + $\mathrm{{:}\ddot{\underset{\cdot\cdot}{Cl}}{:}^-}$

C H_2O + HCl → H_3O^+ + Cl^-

그림 17.7 물과 염화수소의 이온 결합을 나타내는 3가지 표현. (A) 반응에 관여하는 분자의 모습 (B) 반응의 전자 점 반응식 (C) 반응의 화학 반응식. 이러한 표현들은 수소가 염소 원자에서 이탈하여 하이드로늄 이온(H_3O^+)을 형성함을 보여준다.

성할 정도로 충분히 강한 결합을 형성한다(그림 17.7). 그 반응식은 다음과 같다.

$$H_2O(l) + HCl(l) \longrightarrow H_3O^+(aq) + Cl^-(aq)$$

여기서 H_3O^+ 이온을 **하이드로늄 이온**(hydronium ion)이라 한다. 하이드로늄 이온은 기본적으로 수소 이온이 부착된 물 분자이다. 하이드로늄 이온이 존재하면 용액은 새로운 화학적 성질을 갖는다. 용액은 더 이상 염화수소가 아니며, **염산**(hydrochloric acid)이 된다. 염산 및 기타 산은 곧 논의할 것이다.

끓는점

끓음은 액체로부터 탈출하려는 증기압(vapor pressure)이 액체에 미치는 대기압과 같을 때 발생한다. **정상 끓는점**(normal boiling point)은 증기압과 해수면에서의 평균 대기압이 같을 때의 온도로 정의된다. 순수한 물의 끓는점은 100°C이다. 끓음은 순수하게 물리적 과정이라는 것을 기억하는 것이 중요하다. 물 분자의 결합은 끓는 동안에 파괴되지 않는다.

같은 온도에서 용액의 증기압은 순수한 용매의 증기압보다 작다. 액체 분자는 액체 표면에서만 공기 중으로 탈출할 수 있기 때문에 용질 분자가 존재하면 표면에서 탈출할 수 있는 용매 분자수가 적어진다는 것을 의미한다. 따라서 용액의 증기압은 순수한 용매의 증기압보다 작다(그림 17.8).

용액의 증기압은 순수한 용매의 증기압보다 작기 때문에 용액은 더 높은 온도에서 끓는다. 증기압을 대기압만큼 증가시키기 위해서는 높은 온도가 필요하다. 어떤 요리는 포트의 물이 끓기 전에 약간의 소금을 추가하기도 한다. 이것은 끓는점을 높여 음식을 더 빨리 요리하기

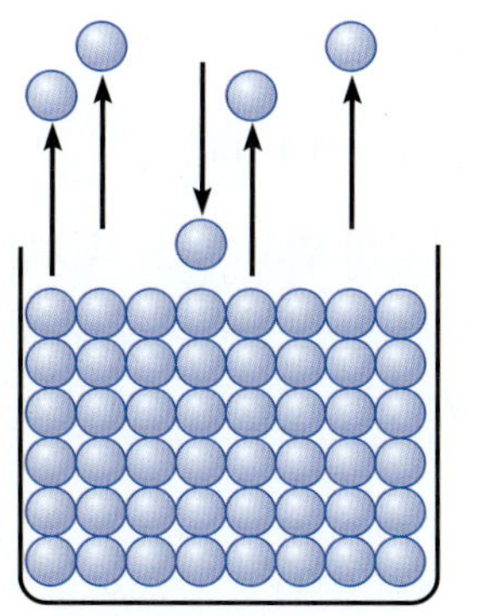

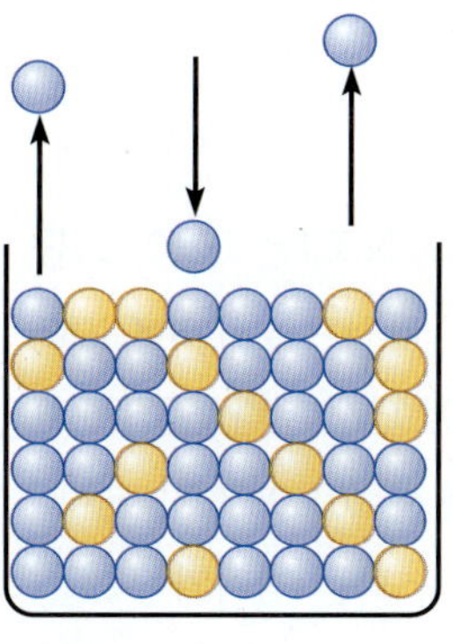

그림 17.8 증발속도, 증기압은 순수한 상태의 용매에 비해 용액의 경우가 낮은 증기압을 나타낸다. 용질의 농도가 크면 클수록 증기압은 더 낮아진다.

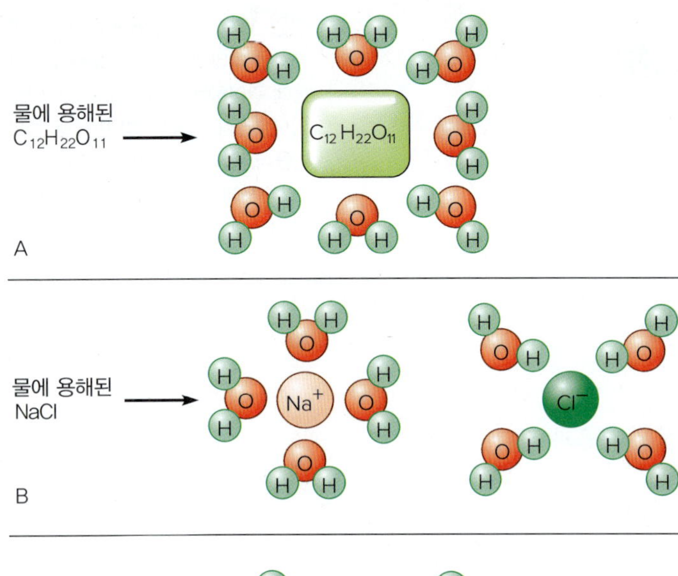

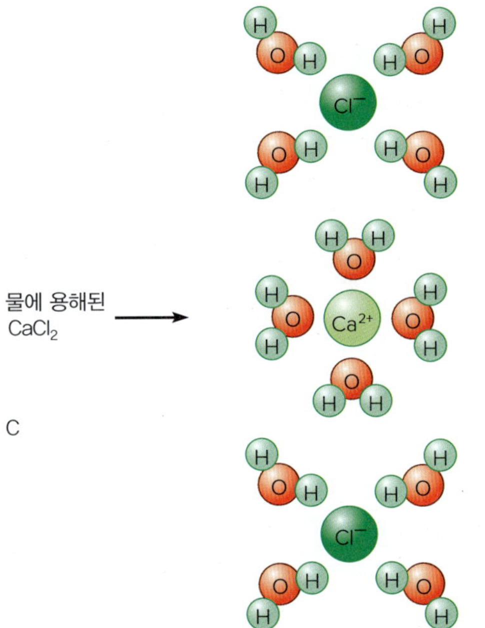

그림 17.9 이온성 화합물은 이온의 분리에 의해 분해되기 때문에 이온들은 분자 화합물보다 용액에 더 많은 입자를 제공한다. (A) 설탕 1몰은 아보가드로수의 입자를 제공한다. (B) NaCl은 2배의 아보가드로수의 입자를 제공한다. (C) $CaCl_2$는 3배의 아보가드로수의 입자를 제공한다.

위한 것이다. 약간의 소금이 끓는 온도를 얼마나 증가시킬 것인가? 그 답은 용질의 농도와 용액의 끓는점 사이의 관계에서 찾을 수 있다.

용액 표면에 용질 입자의 개수(이온 또는 분자)가 많을수록 끓는점은 증가한다. 몰(mol)은 아보가드로수라고 하는 입자의 개수로 정의되는 측정단위이다. 표면에서 입자의 수는 용액에서의 입자의 비율에 비례하므로 용질의 농도는 끓는점의 증가에 직접 영향을 미칠 것이다. 다시 말해서, 어떤 묽은 용액의 끓는점은 용질의 농도에 비례하여 증가한다. 물의 끓는점은 1,000 g의 물속에 녹아 있는 용질의 몰당 0.521°C 증가한다. 따라서 어떤 수용액은 순수한 물보다 높은 온도에서 끓을 것이다.

물에 녹는 물질이 어떤 것이냐는 상관없다. 물 1,000 g 속의 용질 1몰은 끓는점을 0.521°C 상승시킨다. 1몰은 아보가드로수의 입자에 해당하며, 어떤 용질 1몰은 같은 정도로 증기압을 낮출 것이다. 예를 들면, 설탕 화학식은 $C_{12}H_{22}O_{11}$이며 그램화학식량은 342 g이다. 따라서 물 1,000 g(1리터) 속의 설탕 342 g은 끓는점을 0.521°C 증가시킨다. 따라서 설탕 용액의 끓는점을 측정한다면, 용액에서 설탕의 농도를 결정할 수 있다. 예를 들면, 100.261°C(해수면 기압)에서 끓는 팬케이크 시럽은 물 1,000 g에 설탕 171 g이 녹아 있을 것이다. 이것은 100°C에서 0.261°C 증가한 것으로 0.521°C의 반이라는 것을 알 수 있다. 만일 끓는점이 100°C에 대해 0.521°C 증가한다면, 시럽은 물 1 kg에 최대 그램화학식량인 342 g이 녹을 것이다.

특정 물 시료에서 용질 입자의 개수가 많을수록 끓는점을 상승시키는데, 용해된 공유 결합 화합물과 이온 결합 화합물에서 상이한 효과가 관찰되었다(그림 17.9). 설탕은 공유 결합 화합물이며, 용질은 물 분자 사이를 이동하는 설탕 분자이다. 반면에, 염화소듐은 이온 결합 화합물이며 용해되면서 이온으로 분리된다.

$$Na^+Cl^-(s) \longrightarrow Na^+(aq) + Cl^-(aq)$$

이 반응식에서 1몰의 NaCl은 1몰의 소듐 이온과 1몰의 염소 이온, 즉 2몰의 용질로 분리되는 것을 알 수 있다. 따라서 1몰의 NaCl(58.5 g)로부터 만든 용액의 끓는점 상승은 2를 곱하여, $2 \times 0.521°C = 1.04°C$가 된다. 물 1,000 g에 NaCl 58.5 g을 첨가하여 만든 용액의 끓는점은 평균 해수면 기압에서 101.04°C가 된다.

이제 다시 약간의 소금 첨가가 포트 속 물의 끓는점을 얼마나 증가시킬 것인가라는 질문으로 돌아가면, 포트 물 약 1리터에 소금 한 스푼의 질량이 0.2 g이라 가정하면, 끓는점은 약 0.0037°C로 증가할 것이다. 요리사가 소금 한 스푼을 끓는 물 포트에 첨가하는 이유는 끓는점 상승 이외의 다른 이유가 있을 것이다. 아마도 조미료로 소금을 첨가한 것이다.

예제 17.3 (선택)

물 1,000 g에 684 g의 설탕을 첨가할 때 새로운 끓는점을 계산하시오.

풀이

1몰의 물 1,000 g에 끓는점이 0.521°C 상승한다. 1몰 설탕의 그램화학식량은 342 g이다. 따라서 각각 342 g의 설탕이 100°C 물 1,000 g에서 0.521°C 상승시킨다.

$$684\ \text{g} \times \frac{0.521°\text{C}}{342\ \text{g}} = 1.042°\text{C 상승}$$

$$100°\text{C} + 1.042°\text{C} = \boxed{101.042°\text{C}}$$

예제 17.4 (선택)

1,000 g의 설탕물의 끓는 온도가 101.563°C라면 설탕은 얼마나 필요하겠는가? (답: 1,026 g)

어는점

분자의 운동에너지가 충분히 감소하면 분자가 결합하여 고체 결정 구조를 형성하는데, 이때 얼기(freezing) 시작한다. 즉 온도를 낮추면 분자의 운동에너지가 감소하는데, 순수한 액체의 특유한 어는점을 알 수 있다. 예를 들면, 순수한 물의 **정상 어는점**(normal freezing point)은 정상 압력 하에서 0°C이다. 용액 속에 용질 입자가 존재하면 육면체의 육방 구조를 형성하려는 물 분자를 방해한다. 용질 입자의 운동에너지가 감소하거나 온도가 어는점 이하로 내려갈 때 비로소 물 분자는 용질 입자를 적절히 통과할 수 있다. 따라서 용질 입자의 존재는 어는점을 낮추고, 용액은 순수한 용매보다 낮은 온도에서 언다.

용액의 어는점 내림은 해수와 같은 용액에서 흥미롭게 나타난다. 바닷물의 물 분자는 소금 입자 주변에서 앞에서 설명한 것과 같은 방법으로 언다. 따라서 용질 입자는 보통 얼음의 육방 구조에 포함되지 **않는다**. 바닷물에서 형성된 얼음은 사실상 순수한 물이다. 얼음이 형성될 때 **용질은 제외되므로**, 해수의 결빙으로 바다의 염분은 증가한다. 증가된 염분은 증가된 농도를 의미하므로 해수의 어는점은 좀 더 내려가며 낮은 온도에서만 얼음을 형성한다. 이와 같이 얼음이 추가적으로 형성될수록 순수한 물이 더 많아 제거되고 이 과정이 반복된다. 따라서 해수는 고정된 어는점을 갖지 않으며, 점점 더 많은 얼음이 얼수록 더 낮은 어는점을 갖는다.

용질에 의한 어는점 내림은 한랭 기후에서 흥미롭게 나타난다. 예를 들면, 얼음의 어는점(녹는점)을 낮추기 위하여 빙판 길에 염을 뿌린다. 이와 같은 목적으로 염화칼슘($CaCl_2$)이 자주 사용된다. 자동차 라디에이터에 부동액이라는 용질을 넣지 않으면 라디에이터의 물은 추운 기후에서 동결된다. 메탄올은 물에 잘 용해되며, 냉각 시스템을 손상시키지 않으므로 부동액으로 사용된다. 그러나 메탄올은 끓는점이 낮아 끓어 날아가 버린다. 에틸렌글리콜은 높은 끓는점을 갖고 있어 '영구' 부동액이라 불린다. 또 다른 용질처럼 에틸렌글리콜은 끓는점을 상승시켜 여름 운전에도 적합하다.

17.4 산, 염기, 염

산, 염기, 그리고 염으로 알려진 전해질은 환경의 질, 음식, 일상생활에서 분명히 존재한다. 환경의 질은 물의 경도, 토양의 산도, 산성비를 포함한다. 경도는 특정 염의 존재에 의해 결정되며, 토양의 산도는 식물이 어떻게 잘 자라는가를 결정하고, 산성비는 산업 및 자동차 사용의 부산물이다. 대기오염과 수질오염은 종종 산, 염기와 염의 화학 개념과 관련되어 있다.

산과 염기의 성질

산 및 염기는 특유의 성질을 가진 화합물로 분류된다. 특유의 성질로 물질이 산인가 염기인가를 확인할 수 있다(표 17.2와 17.3). 다음은 물에 녹아 있는 산(acid)의 성질이다.

표 17.2 몇 가지 일반적인 산

이름	화학식	설명
아세트산	CH_3COOH	식초에서 발견된 약산
붕산	H_3BO_3	점안약으로 사용된 약산
탄산	H_2CO_3	탄산음료에 사용된 약산
포름산	$HCOOH$	어떤 식물이나 곤충의 상처를 만듦
염산	HCl	수영장, 산도조절제, 얼룩제거제로 사용된 염산
락트산	$CH_3CHOHCOOH$	신 우유, 소금에 절인 양배추, 채소절임에서 발견되며, 요쿠르트의 시큼한 맛을 냄
질산	HNO_3	강산
인산	H_3PO_4	세정용액으로 사용되며, 시큼함을 위해 탄산음료에 추가됨
황산	H_2SO_4	진한 황산이라 하며 수영장 또는 배터리 산으로 사용됨

표 17.3 몇 가지 일반적인 염기

이름	화학식	설명
수산화소듐	$NaOH$	잿물 또는 가성소다라 하며, 오븐 세제나 배수관 세제로 사용되는 강염기
수산화포타슘	KOH	가성칼륨이라고도 하며, 배수관 세제로 사용되는 강염기
암모니아	NH_3	가정의 세정용액으로 사용되는 약염기
수산화칼슘	$Ca(OH)_2$	소석회라고 하며, 벽돌 모르타르를 만들기 위하여 사용됨
수산화마그네슘	$Mg(OH)_2$	용액은 마그네슘 유제라고 하며, 제산제와 완화제로 사용됨

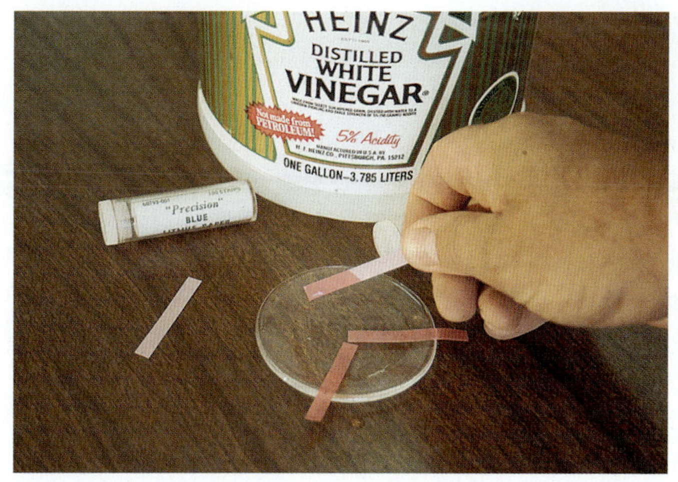

A

B

그림 17.10 (A) 산 용액은 파란색 리트머스지를 빨간색으로 변화시킨다. (B) 염기 용액은 빨간색 리트머스지를 파란색으로 변화시킨다. ©Bill W. Tillery

1. 산은 감귤 과일의 맛과 같은 신맛을 가지고 있다.
2. 산은 특정 물질의 색상을 변화시킨다. 예를 들면, 산성에서 파란색 리트머스 종이는 빨간색으로 변한다(그림 17.10A).
3. 산은 마그네슘이나 아연과 같은 활성 금속과 반응하여 수소 기체를 방출한다.
4. 산은 염기를 **중화**(neutralize)하여 물과 염을 생성한다.

마찬가지로 **염기**(base)도 자신의 특유한 성질을 갖는다. 염기는 알칼리성 물질이라 불리며, 다음은 물에 녹아 있는 염기의 성질이다.

1. 염기는 카페인의 맛과 같은 쓴맛을 가지고 있다.
2. 염기는 산에 의해 발생되었던 색상을 반대로 변환시킨다. 빨간색 리트머스 종이는 염기 용액에서 다시 파란색으로 변한다(그림 17.10B).
3. 염기 용액은 미끄러운 느낌이 든다. 염기는 식물과 동물 조직에서 **부식성 작용**을 하여 조직을 가용성 물질로 변환한다. 예를 들면, 강염기는 지방과 반응하여 비누와 글리세린을 만든다. 이것은 피부에서 미끄러운 느낌을 들게 한다.
4. 염기는 산을 **중화**하여 물과 염을 생성한다.

물질이 신맛이나 쓴맛이 나는지를 알아보려고 산과 염기를 맛보는 것은 일부 부식성이 있기 때문에 위험하다. 대부분의 유기산은 부식성이 없으며 식품에서 자연적으로 발생한다. 예를 들면, 감귤류의 과일은 구연산을 가지고 있으며, 식초는 초산 용액이고, 신 우유는 젖산을 가지고 있다. 일부 곤충(꿀벌, 말벌, 개미)이나 일부 식물(가시 쐐기풀)에 물리거나 찔렸을 때 유기산, 즉 개미산이 발생하기 때문에 통증이 생긴다. 사람의 위에는 염산을 가지고 있다. 상대적으로 위 속의 염산은 탄산음료의 탄산(H_2CO_3)보다 10배 이상 강하다.

염기의 예로는 수산화소듐(NaOH)과 수산화포타슘(KOH)의 용액이 있다. 수산화소듐은 일반적으로 잿물이나 가성소다로 알려져 있으며, 수산화포타슘은 가성칼륨으로 알려져 있다. 이 두 염기는 배수구 세제로 알려진 제품으로 사용된다. 이들은 기름, 머리카락, 기타 유기물

개념 적용

양배추 지시약

산 및 염기가 어떤 식물성 염료의 색상을 어떻게 변화시키는가를 보려면, 빨간 양배추에서 색상을 띠는 염료를 생각해보자. 빨간 양배추의 여러 잎을 잘게 자르고 냄비에 물과 함께 잎을 덮어 끓여서 염료를 추출한다. 자주색 용액이 되면 냄비 속의 양배추에서 주스를 짜서 그 용액을 냉각시킨다. 식초를 조금씩 추가하면서 색상이 변할 때까지 계속 용액을 흔들어 섞는다. 색상이 다시 원래대로 변할 때까지 암모니아를 조금씩 추가하면서 흔들어 섞는다. 소량의 식초를 추가하면 색상이 다시 거꾸로 변화된다. 이 자주색의 양배추 산염기 지시약이 어떤 물질이 산인지 염기인지를 알려줄 수 있을까?

덩어리로 막힌 배수구를 부식작용에 의해 비누성분이나 수용성 물질로 변화시켜 막힌 배수구를 뚫어버린다. 암모니아 용액(NH_3)은 약염기로 종종 가정용 세제로 사용된다. 수산화마그네슘[$Mg(OH)_2$]의 용액은 마그네슘 유제라는 일반 명칭을 가지고 있으며, 제산제와 완하제로 판매된다.

많은 천연물질은 산 및 염기와 혼합했을 때 색깔이 변한다. 녹차는 레몬주스(구연산)가 첨가되는 경우에는 밝은 색깔로 변한다. 일부 식물은 산성 토양에서 한 가지 색깔의 꽃을 피우는데, 염기성 토양에서 재배하면 다른 색깔의 꽃을 피운다. 산이나 염기에 따라 색깔이 변하는 식물성 염료는 **산염기 지시약**(acid-base indicator)으로 사용될 수 있다.

산-염기 성질의 특성

표 17.2와 17.3을 비교하면, 산과 염기는 화학적으로 반대인 것으로 볼 수 있다. 표 17.2에서 산은 모두 화학식에 H 또는 수소 원자를 가진다는 것을 알 수 있다. 표 17.3에서 대부분의 염기는 모두 화학식에 수산화 이온, 즉 OH^-를 가지고 있다. 이것이 산과 염기를 이해하는 열쇠가 될 수 있을까?

산의 현대적인 개념은 하이드로늄 이온, 즉 H_3O^+의 관점에서 산의 성질을 고려한다. 이전에 언급된 바와 같이 하이드로늄 이온은 H^+ 이온이 첨가된 물 분자이다. 수소 이온은 단일 전자가 없는 수소 원자이므로 하나의 양성자로 이루어진 이온으로 간주된다. 따라서 H^+ 이온을 **양성자**(proton)라고 한다. **산**은 물에 녹아 있는 경우에 **양성자 주개**(proton donor)이며, 하이드로늄 이온의 농도를 증가시키는 어떠한 물질로 정의한다.

예를 들면, 물에 용해된 염화수소는 다음과 같은 반응을 한다.

$$HCl(aq) + H_2O(l) \longrightarrow H_3O^+(aq) + Cl^-(aq)$$

점선 원과 화살표는 염화수소가 물 분자에 양성자를 제공하는 것을 표시하기 위함이다. 그 결과 용액은 H_3O^+를 포함하고 산의 성질을 가지므로 용액을 염산이라고 한다. H_3O^+ 이온은 산의 성질을 담당한다.

표 17.3은 모든 염기는 수산화 이온인 OH^-를 가진 것을 알 수 있다. 이들 염기의 수용액은 OH^- 이온을 포함하지만, 염기의 정의는 훨씬 더 광범위한 것이다. **염기**는 물에 녹아 있는

경우에 **양성자 받개**(proton acceptor)이며, 수산화 이온의 농도를 증가시키는 어떠한 물질로 정의한다. 예를 들면, 물에 용해된 암모니아는 다음과 같이 반응한다.

$$NH_3(g) + H_2O(l) \longrightarrow (NH_4)^+ + OH^-$$

점선 원과 화살표는 암모니아 분자가 물 분자로부터 양성자를 받고 수산화 이온(OH^-)을 제공하는 것을 표시하기 위함이다. 그 결과 용액은 수산화 이온을 포함하고 염기의 성질을 가지므로 수산화암모늄 용액은 염기이다.

탄산소듐(Na_2CO_3)과 같은 탄산염은 염기성 용액을 형성한다. 왜냐하면 탄산염이 물과 반응하여 수산화 이온을 생성하기 때문이다.

$$(CO_3)^{2-}(aq) + H_2O(l) \longrightarrow (HCO_3)^-(aq) + OH^-(aq)$$

이와 같이 탄산소듐은 염기성 용액을 생성한다.

산은 하이드로늄 이온의 단순한 수용액으로 생각되며, 염기는 수산화 이온의 수용액으로 간주될 수 있다. 양성자 주개와 양성자 받개에 의한 정의는 훨씬 광범위하여 하이드로늄 이온 및 수산화 화합물로서 산 및 염기의 정의를 포함한다. 더 폭넓고 일반적인 정의는 광범위하고 다양한 반응을 포함하므로 더 유용하다.

산과 염기를 함께 혼합하였을 때 산과 염기가 **중화되어** 그 성질을 잃어버린 이유를 산과 염기의 현대적인 개념으로 설명한다. 예를 들면, 염산 용액에서 생성된 하이드로늄 이온과 암모니아 용액에서 생성된 수산화 이온을 생각해보자. 이들 용액이 함께 혼합되면 하이드로늄 이온과 수산화 이온이 반응한다.

$$H_3O^+(aq) + OH^-(aq) \longrightarrow H_2O(l) + H_2O(l)$$

따라서 하이드로늄 이온의 양성자(산)는 수산화 이온(염기)에 의해서 이동하게 된다. 이때 물이 생성되며 산성과 염기성은 중화되어 사라진다.

강산, 약산, 강염기, 그리고 약염기

산 및 염기는 물속에서 그들의 이온화도에 따라 분류가 가능하다. **강산**(strong acid)은 물에서 완전히 이온화되며, 모든 분자가 이온으로 분리된다. 예를 들면, 질산은 다음 반응식과 같이 완전히 반응한다.

$$HNO_3(aq) + H_2O(l) \longrightarrow H_3O^+(aq) + (NO_3)^-(aq)$$

질산, 염산(그림 17.11), 황산은 일반적으로 강산이다.

부분적으로 이온화되는 산은 적은 양의 하이드로늄 이온을 생성하기 때문에 **약산**(weak acid)이라 한다. 예를 들면, 식초는 다음 반응에서 물과 반응하여 아세트산을 생성한다.

$$HC_2H_3O_2 + H_2O \longrightarrow H_3O^+ + (C_2H_3O_2)^-$$

아세트산 분자는 농도에 따라 단지 약 1% 또는 그보다 적게 이온화한다.

그림 17.11 염산(HCl)은 muriatic acid라는 관용명을 가진다. 염산은 강한 산성으로 수영장, 산도조절제, 얼룩제거제로 사용된다. ©Bill W. Tillery

염기는 강염기 또는 약염기로 분류된다. **강염기**(strong base)는 용액에서 완전히 이온화한다. 수산화소듐 또는 잿물(가성소다)은 가장 일반적인 강염기의 예이다. 그것은 물에 용해하여 소듐 이온과 수산화 이온을 생성한다.

$$Na^+OH^-(s) \longrightarrow Na^+(aq) + OH^-(aq)$$

약염기(week base)는 부분적으로 이온화한다. 암모니아, 수산화마그네슘 및 수산화칼슘은 약염기의 예이다. 수산화마그네슘과 수산화칼슘은 물에 조금 용해되기 때문에 용액 중의 수산화 이온의 농도가 낮다.

pH 척도

산성이나 염기의 세기는 일반적으로 **pH 척도**로 나타내며, 일정 범위를 갖는 값으로 표현한다. pH 척도는 산성 또는 염기성 용액에서 하이드로늄 이온농도(mol/L)에 기초한다. pH 척도가 하이드로늄 이온농도로 산과 염기의 세기를 어떻게 표현하는지를 이해할 필요가 있다. 첫째 순수한 물은 다음 반응에서 매우 조금만 이온화한다.

$$H_2O(l) + H_2O(l) \longrightarrow H_3O^+(aq)\ OH^-(aq)$$

물의 자체이온화 양은 여러 번의 측정을 통해 결정되었다. 온도 25°C에서 순수한 물 또는 중성 수용액의 H_3O^+의 농도는 1×10^{-7} mol/L이며, OH^-의 농도도 1×10^{-7} mol/L이다. 두 이온은 동일하며 H_3O^+의 농도와 OH^-의 농도는 같다. 그러므로 순수한 물은 산성이나 염기성

개념 적용

산 또는 염기?

산성이나 염기성의 특징을 가진다고 추측되는 몇 가지 가정용품을 선택한다(예:수족관의 pH 증가제). 별도의 종이에 제품이 적힌 성분을 작성하고, 그 수용액이 산성인지 염기성인지 예측한 것과 맞는지 확인해보시오. 여러분이 예측한 것을 말해보고, 리트머스 시험지법으로 확인한 사항을 설명해보시오.

H_3O^+ 농도 (mol/L)	pH	의미
1×10^{-0} (=1)	0	↑ 증가 산성
1×10^{-1}	1	
1×10^{-2}	2	
1×10^{-3}	3	
1×10^{-4}	4	
1×10^{-5}	5	
1×10^{-6}	6	
1×10^{-7}	7	중성
1×10^{-8}	8	증가 염기성 ↓
1×10^{-9}	9	
1×10^{-10}	10	
1×10^{-11}	11	
1×10^{-12}	12	
1×10^{-13}	13	
1×10^{-14}	14	

그림 17.12 pH 범위

그림 17.13 이들 물질의 산의 세기는 왼쪽에서 오른쪽으로 갈수록 작아지고 pH는 증가한다. 레몬주스가 식초보다 더 산성인 것을 아는가? 청량음료는 오렌지주스나 자몽주스보다 더 산성이다. ©Bill W. Tillery

이 아니며 중성이다.

일반적으로 순수한 물에 산성 물질을 첨가하면 H_3O^+의 농도가 증가하며, 순수한 물에 염기 물질을 첨가하면 OH^-의 농도가 증가한다. 또한 염기를 첨가하면 H_3O^+의 농도가 감소하는데, 첨가된 OH^-가 하이드로늄 이온과 결합하여 물을 생성하기 때문이다. 따라서 주어진 온도에서 OH^- 농도의 증가는 H_3O^+ 농도 감소와 일치한다. 하이드로늄 이온의 농도는 산성, 중성 및 기본 염기성 용액을 측정하는 척도로 사용될 수 있다. 일반적으로 (1) 산성 용액은 H_3O^+ 농도가 1×10^{-7} mol/L보다 크다. (2) 중성 용액은 H_3O^+ 농도가 1×10^{-7} mol/L이다. (3) 염기성 용액은 H_3O^+ 농도가 1×10^{-7} mol/L보다 작다. 이 세 문장은 직접적으로 pH 척도로 연결되어 있다. pH 척도는 프랑스어인 "*pouvoir hydrogene*"로 명명되었으며, "hydrogen power"를 의미한다. 파워(power)는 하이드로늄 이온농도의 지수로 나타내며, pH는 H_3O^+ 농도를 10의 거듭제곱으로 표현한다.

중성 용액은 pH 7.0이다. 산성 용액은 pH 7.0보다 작은 값을 나타내며, pH의 작은 숫자는 더 큰 산성을 의미한다. OH^-의 농도 증가는 H_3O^+ 농도의 감소를 나타낸다. 따라서 염기의 강도는 7보다 큰 값으로 동일한 척도를 나타낸다. pH 척도는 로그함수로 나타내므로 pH 2는 pH 3과 비교하면 산성이 10배 크다. 마찬가지로 pH 10 염기는 pH 8과 비교하여 염기성이 100배 크다. 그림 17.12는 pH의 범위를 나타내는 도표이며, 표 17.4는 몇 가지 일반적인 물질의 pH를 비교한 것이다(그림 17.13).

표 17.4 몇 가지 물질의 대략적인 pH

물질	pH
염산(4%)	0
위산	1.6-1.8
레몬주스	2.2-2.4
식초	2.4-3.4
청량음료	2.0-4.0
감귤류	3.0-3.2
오렌지	3.2-3.6
산성비	4.0-5.5
토마토	4.2-4.4
감자	5.7-5.8
비	5.6-6.2
우유	6.3-6.7
순수한 물	7.0
해수	7.0-8.3
피	7.4
탄산소듐 용액	8.4
제산제	10.5
암모니아 세척액	11.9
수산화소듐 용액	13.0

염의 특성

염(salt)은 산과 염기 사이의 중화 반응에 의해 생성된다. 염은 수산화 이온과 산화물 이온을 제외한 모든 이온성 화합물로 정의된다. 식염인 NaCl은 넓은 범위에서 이온성 화합물 중의 염의 한 예이다. HCl(산 용액)과 $Ca(OH)_2$(염기 용액)의 중화 반응에 의해 생성된 염의 예로

$CaCl_2$는 이온성 화합물이다. 이 반응은 다음과 같다.

$$2\,HCl(aq) + Ca(OH)_2(aq) \longrightarrow CaCl_2(aq) + 2\,H_2O(l)$$

이것은 물 분자를 생성하는 이온교환반응이며. 용액에서 Ca^{2+}와 Cl^-를 남긴다. 이러한 이온은 물이 증발하면서 용액 농도가 증가하므로 이온결정 구조를 형성한다. 물이 모두 증발되면, $CaCl_2$의 흰색의 결정질 염이 남는다.

수산화칼슘 대신에 수산화소듐이 염기로 사용되면 다른 염이 생성된다.

$$HCl(aq) + NaOH(aq) \longrightarrow NaCl(aq) + H_2O(l)$$

또한 원소끼리 결합하거나 산이 금속과 반응하거나 다른 반응에 의해 염이 생성된다.

염은 전해질물질로 보통 **광물질류**(minerals)라고 하는 특정 원소의 공급원으로서 모든 다이어트에 필수적이다. 식물은 수용성 염으로부터 원소를 공급받는다. 포타슘, 질산염, 인산염은 종종 필요한 원소를 제공하는 데 사용된다. 식물이 천연 자원인 퇴비나 화학비료로부터 이들 원소를 선호한다는 과학적 증거는 없다. 결국 질산 이온은 질산 이온이지 공급원이 무엇이든 상관없다. 표 17.5에 몇 가지 일반적인 염과 그 용도를 나타내었다.

경수, 연수

염은 물에서 용해도가 다양하다(부록 A 용해도표). 표 17.6은 다양한 일반적인 염에 관한 내용으로, 염의 일부는 물에 용해되어 결국 가정으로 급수된다. 염이 수용성 칼슘이나 마그네슘 화합물일 때 물은 칼슘 이온이나 마그네슘 이온을 포함한다. Ca^{2+} 이온이나 Mg^{2+} 이온 용액은 물에서 비누거품을 만들기 어렵기 때문에 **경수**(hard water)라고 한다. 반면에 **연수**(soft water)는 비누거품을 쉽게 만든다. 비누는 수용성 소듐 화합물 또는 포타슘 화합물이기 때

표 17.5 몇 가지 염과 용도

관용명	화학식	용도
백반	$KAl(SO_4)_2$	약, 통조림 제조, 베이킹 파우더
베이킹소다	$NaHCO_3$	소화제, 제산제, 탈취제, 베이킹 파우더
표백분(염소정제)	$CaOCl_2$	표백, 탈취제, 수영장의 소독제
붕사	$Na_2B_4O_7$	경수 연화제
분필(chalk)	$CaCO_3$	제산제, 정련 파우더
칠레초석	$NaNO_3$	비료
염화코발트	$CoCl_2$	습도계(습윤 날씨에 분홍색, 건조 날씨에 파란색)
엡솜염	$MgSO_4 \cdot 7\,H_2O$	완화제
형석	CaF_2	금속의 제련과정에서 사용
석고	$CaSO_4 \cdot 2\,H_2O$	소석고, 토양 개량제
질산은	$AgNO_3$	살균제, 화상처지
초석	KNO_3	육류 보존제, 흑색화약(75% KNO_3, 15% C, 10% S)
탄산포타슘(patash)	K_2CO_3	비누, 유리 제조 시 사용
로셀염	$KNaC_4H_4O_6$	베이킹 파우더 재료
TSP	Na_3PO_4	정수 연화제, 비료

표 17.6 염의 용해도

염	용해도	예외
소듐, 포타슘, 암모늄	가용	없음
질산, 아세트산, 염소산	가용	없음
염화물	가용	Ag, Hg(I) 염은 불용
황산염(sulfate)	가용	Ba, Sr, Pb 염은 불용
탄산염, 인산염, 규산염	불용	Na, K, NH_4 염은 가용
황화물(sulfide)	불용	Na, K, NH_4 염은 가용, Mg, Ca, Sr, Ba 염은 분해

문에 사용 시 어려움이 발생한다. 칼슘 이온이나 마그네슘 이온은 비누 화합물 중의 소듐 이온 또는 포타슘 이온과 치환되어 불용성 화합물을 생성한다. 이것은 '욕조 오염물 테(bathtub ring)'를 형성하고, 세탁의류 위에 쌓여 세탁을 방해한다.

경수를 '연수화(softening)'하는 열쇠는 칼슘 이온이나 마그네슘 이온을 제거하는 것이다. 경도는 **탄산수소칼슘**(calcium bicarbonate) 또는 **탄산수소마그네슘**(magnesium bicarbonate)에 의해 발생하며 가열하면 제거된다. 탄산수소 화합물을 가열하면 용액의 이온과 결합하여 불용성 화합물을 만들며 분해된다. 탄산수소칼슘의 분해 반응은 다음과 같다.

$$Ca^{2+}(HCO_3)_2^-(aq) \longrightarrow CaCO_3(s) + H_2O(l) + CO_2\uparrow$$

탄산수소마그네슘의 경우도 이 반응과 동일하다. 부록 A의 용해도표를 보면 탄산마그네슘과 탄산칼슘은 불용성이므로 용액에서 칼슘과 마그네슘 이온이 제거될 수 있음을 알 수 있다. 아마도 탄산수소염이 문제가 되는 지역에 살고 있다면, 수도꼭지 주위에 발생된 흰색 화합물에 관심을 기울여야 한다. 이러한 침전자국을 제거하는 데 사용되는 제품은 일반적으로 산을 포함하는데, 탄산염과 반응하여 새로운 용해성 물질을 만들어 씻겨나갈 수 있게 한다.

물의 경도는 황산마그네슘 또는 황산칼슘으로도 발생하므로 제거가 필요하다. 많은 즉, 세탁용 세제에는 경수를 연수로 만들기 위하여 Na_2CO_3, TSP 또는 붕사($Na_2B_4O_7$)가 첨가되어 있다. 예를 들면, 세탁용 소다와 황산칼슘은 다음과 같이 반응한다.

$$Na_2CO_3(aq) + CaSO_4(aq) \longrightarrow Na_2SO_4(aq) + CaCO_3\downarrow$$

탄산칼슘은 불용성이며, 따라서 칼슘 이온은 비누와 반응하기 전에 용액에서 제거된다. 그러나 TSP는 폐수에 첨가된 인산염이 조류의 성장을 자극(적조현상)하는 비료로 작용하여 물속 생물체가 사멸되거나 또는 다른 문제를 일으킬 수 있다.

물의 연화제 장치는 이온교환기(그림 17.14)이다. 이 장치는 칼슘과 마그네슘 같은 무기물이 들어 있는 장치를 통과할 때 소듐 이온은 칼슘과 마그네슘 이온으로 교환된다. 연화제는

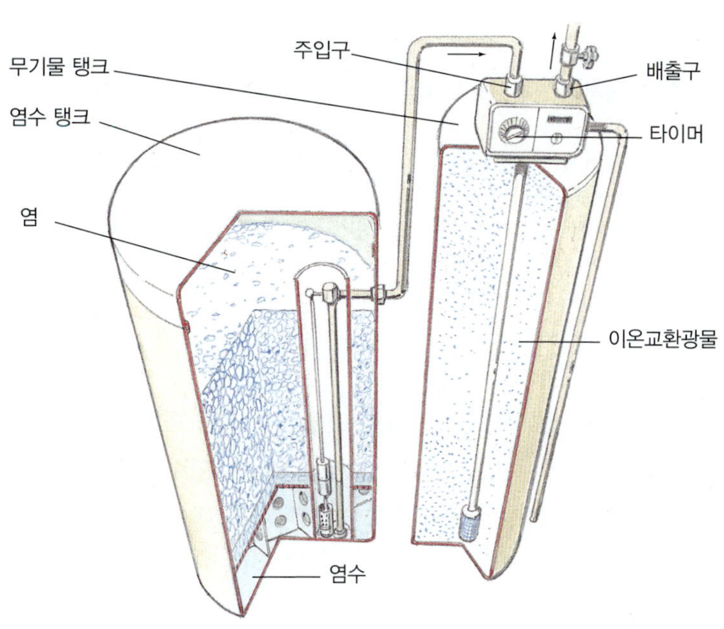

그림 17.14 물 연화 장치는 경수 중의 칼슘과 마그네슘 이온을 소듐 이온으로 교환한다. 물은 연성이지만 이전과 동일한 수의 이온을 포함한다.

자세한 관찰

산성비

산성비는 대기에서 내리는 습식 또는 건식의 모든 산성물질을 말한다. 습식 산성 강하물은 비의 형태로, 눈, 진눈깨비, 그리고 안개 등을 포함한다. 건성 산성물질은 기체, 먼지, 또는 고체 입자를 포함하며, 산성 조건의 대기 중에서 침강한다.

순수하고 오염되지 않은 비는 자연적으로 산성이다. 대기의 이산화탄소가 강우에 의해 흡수되면 탄산(H_2CO_3)을 생성한다. 탄산은 순수한 비의 pH를 5.6~6.2 범위로 낮춘다. 식물이 사라지면 지방규모에서는 CO_2가 많아지므로 산도도 낮아진다. 예를 들면, 아마존 정글처럼 멀리 떨어진 지역에서도 pH가 4.5~5.0으로 측정되었다. 사람들이 배출하는 황산화물과 질소산화물에 의해 강우의 pH가 4.0~5.5까지 낮아질 수 있다. 이는 산성비의 pH 범위이다.

산성비를 야기하는 황산화물과 질소산화물은 석탄을 태우는 산업과 전기 시설에 의해 배출되는 물질과 자동차, 트럭 및 버스의 배기가스로부터 발생한다(상자 그림 17.1). 이 배출물질은 때때로 'SO_x(삭스)'와 'NO_x(낙스)'라고 불린다. 여기서 x는 산화물의 다양한 형태를 나타내는 변수이다. 예를 들면, NO_x는 일산화질소(NO), 이산화질소(NO_2), 사산화이질소(N_2O_4)를 나타낸다.

SO_x와 NO_x는 산성비의 원인물질이지 그 자체가 산성은 아니다. 이것이 다른 대기 화합물질과 반응하여 황산염과 질산염을 생성하는데, 수증기와 결합하여 황산(H_2SO_4)과 질산(HNO_3)을 생성한다. 이들은 산성비와 관련된 화학물질이다.

대기 중에서 SO_x와 NO_x가 얼마나 많이, 그리고 얼마나 멀리 이동하는지에 많은 변수들이 영향을 미치며, 이들 산화물은 산성비로 변환되거나 단순히 건조 가스나 입자로 지표면에 돌아오기도 한다. 1960년대와 1970년대의 관심사는 약 60 m의 짧은 굴뚝이나 약 200 m의 높은 굴뚝에서 야기되는 지역규모의 오염에 대한 것이었다. 높은 굴뚝은 배기가스를 바람에 의하여 더 높이 대기 중에 배출하여 지역규모의 오염을 감소할 수 있었다. SO_x와 NO_x의 확산범위를 넓히긴 했어도 결국 산성으로 변한다.

SO_x와 NO_x가 산성으로 변환되는 반응경로는 2가지이다. 하나는 기체상태에서의 반응이고, 다른 하나는 구름과 안개의 물방울과 같은 액체상태에서의 반응이다. 기체 반응에서 SO_x와 NO_x는 주로 수산화이온과 오존에 의해 산성으로 산화되며, 산은 구름방울에 흡수되어 비나 눈으로 내린다. 산성비 중의 대부분은 질산과 약 1/4의 황산이 기체상 반응으로 생성된다. 황산을 생성하는 대부분의 액체상 반응은 흡수된 SO_x와 과산화수소(H_2O_2), 오존, 산소, 탄소 입자, 산화철 및 산화망가니즈 입자를 포함한다. 또한 이러한 입자는 화석연료 연소의 배기가스에서 발생한다.

산성비는 땅, 물줄기, 숲, 농작물, 건물, 사람들에게 내려 호수, 숲, 농작물 및 인간의 건강과 같은 환경에 지대한 영향을 미친다. 예를 들면, 지난 오십년 동안 세계적으로 각기 다른 지역의 호수의 산도가 증가하였다. 미국 북동부의 애디론댁은 캐나다의 일부를 이루는 호수로 pH 5.0 미만의 산도를 나타내며, 호수 산도와 수산자원 감소 사이의 상관관계가 규명되었다. 대부분의 침엽수 나무들은 미국의 북동부에서 비정상적으로 빠른 속도로 죽어가고 있다. 버몬트의 그린마운틴, 뉴욕과 뉴햄프셔 산의 빨간색 가문비나무는 산성비의 영향을 받아서 뉴저지의 소나무 불모지의 소나무와 같이 되어가고 있다. 산성비는 토양으로부터 칼슘과 같은 필수 영양소를 침출시키며, 알루미늄을 용해시켜 이온으로 만든다. 알루미늄 이온은 소나무 뿌리털의 물 평형을 방해하여 뿌리털은 죽고 나무도 고사한다.

상자 그림 17.1 자연 빗물은 pH 5.6~6.2로, 황산화물과 질소산화물의 배기물질에 의해 강우의 경우 pH 4.0~5.5의 범위로 낮아진다. 배기물질은 산업, 전기 이용과 자동차의 배기가스로부터 발생한다. 사진처럼 모든 배기물질이 눈에 보이는 것은 아니다.

인간이 화석연료를 사용하여 배출한 황산화물과 질소산화물은 산성비의 원인이다. 고도로 산업화된 미국 북동부는 황 및 질소의 배출로 pH가 4.0~4.5를 나타내고 있다. 이 지역은 국가의 산성비 문제의 지리적 중심지이다. 문제의 해결책은 (1) 화석연료 이외의 다른 연료를 사용하거나 (2) 화석연료를 사용하는 경우에는 매일 대기 중에 버려지는 수천 톤의 SO_x와 NO_x를 감축하는 것이다.

주기적으로 농축 염화소듐 용액으로 세척하여 재생한다. 연화제의 소듐 이온은 경수의 칼슘과 마그네슘 이온으로 대체되며 헹굼 물에 씻겨 내려간다. 연화장치는 다시 사용할 수 있는 준비 상태가 된다. 재생주기 빈도는 물의 경도에 의존하며, 재생주기당 염화소듐 1.8~9.1 kg을 소모할 수 있다. 일반적으로 칼슘 이온과 마그네슘 이온이 75 ppm 미만인 경수를 연수라고 하며, 75 ppm 이상의 농도를 경수라고 한다.

과학의 배후에 있는 사람들

요하네스 니콜라우스 브뢴스테드(Johannes Nicolaus Brönsted, 1879-1947)

요하네스 니콜라우스 브뢴스테드는 덴마크의 물리화학자이다. 용액화학, 특히 전해질에 대한 그의 연구결과는 새로운 산 및 염기 이론이 되었다.

브뢴스테드는 1879년 2월 22일에 바르테 유틀란트에서 토목공학자의 아들로 태어났다. 그는 화학공학을 공부하려고 1897년 코펜하겐 대학의 기술연구소에 가기 전에 지역학교에서 교육을 받았다. 2년 후에 졸업을 하였고, 화학으로 전공을 바꾸어 1902년에 자격을 취득하였다. 산업체에서 짧은 시간을 보낸 후, 1905년 대학의 화학실험실 조수로 임명되었으며, 1908년에 물리 및 무기화학의 교수가 되었다.

브뢴스테드의 초기 연구는 특히 전기화학의 분야, 수소 이온농도의 측정, 양쪽성 전해질, 그리고 지시약의 작용과 같은 광범위한 것이었다. 그는 전위 없이 수소 이온농도를 측정하는 방법을 발견하였는데, 전해질의 활동도와 삼투압 계수에 관련된 반응식을 고안하였으며, 활동도 계수를 반응속도와 연결하였다. 그는 크롬(III)염의 흡수스펙트럼으로부터 강전해질은 완전히 해리될 수 있는 것으로 결론 내렸다. 또한 분자 전도도 및 농도 변화에 따른 어는점의 변화는 용액 중 이온 사이의 전기력에 의하여 야기된다고 결론 내렸다.

1887년 아레니우스는 원자 수준에서의 성질을 설명하는 산성 이론을 제안했다. 그는 수용액에서 수소 이온을 생성할 수 있는 화합물을 산이라고 정의하였으며, 수산화 이온을 생성할 수 있는 화합물을 알칼리라고 하였다. 강산은 완전히 이온화, 즉 해리하여 많은 수소 이온을 생성하는 반면, 약산은 부분적으로 해리하여 약간의 수소 이온을 생성한다. 전도성 측정은 용액이 너무 농축되지 않은 한 그의 이론이 사실임을 확인해준다.

1923년 브뢴스테드는 영국의 토마스 로리와 동시에 산성의 새로운 이론을 발표하였다. 브뢴스테드의 이론은 아레니우스의 이론보다 확실히 중요한 장점을 가지고 있다. 브뢴스테드는 산을 양성자 주개, 염기를 양성자 받개로 정의하였다. 이 정의는 물을 제외한 모든 용매에 적용된다. 또 이 정의는 용액에서 순수한 산의 다른 작용을 설명한다. 순수한 황산 또는 아세트산은 지시약의 색을 변화시키지 않으며, 탄산염이나 금속과 반응하지 않는다. 하지만 물이 첨가되면 바로 이러한 모든 반응이 발생한다.

출처: Modified from the *Hutchinson Dictionary of Scientific Biography*. Abington, UK: Helicon, 2011.

요약

물 분자는 2개의 수소 원자와 1개의 산소 원자로 구성되어 있으며, 정사면체 구조 배열의 결합 및 전자쌍을 가지고 있다. 전자는 산소 주위에서 더 많은 시간을 보내고, 양전하 중심과 음전하 중심을 가진 **극성 분자**를 생성한다. 극성 물 분자는 상호작용하며, 이러한 인력을 **수소 결합**이라고 한다. 수소 결합은 얼음의 작은 밀도와 물의 큰 증발열(기화열)을 설명한다. 수소 결합은 또한 **용해 과정**에도 참여한다.

용액은 2개 이상의 이온이나 분자의 균일 혼합물이다. 다량으로 존재하는 물질이 **용매**이며, **용질**은 용매에 녹아 있다. 그러나 만일 구성성분 중의 하나가 액체이면, 그것은 용매라고 한다.

어떤 비율로 혼합된 유체를 **혼합 유체**라 하며, **불혼합 유체**는 혼합하지 않는다. 극성 물질은 극성 용매에 용해하지만, 비극성 용매에는 녹지 않는다. 그리고 일반적인 규칙은 **비슷한 것은 비슷한 것끼리 섞인다**는 것이다. 따라서 기름과 비극성 물질인 물과 혼합될 수 없다.

용액의 **포화**는 액체에 대한 고체의 용해도 한계이다. **포화용액**은 용질의 용해와 석출이 평형 상태이다. 고체의 **용해도**는 특정 온도에서의 포화용액의 농도이다.

전류를 이동하는 수용액을 **전해질**이라고 한다. 그리고 부도체를 **비전해질**이라고 한다. 일반적으로 이온 물질은 전해질 용액을 만들고, 분자 물질은 비전해질 물질을 만든다. 극성 분자 물질은 극성 물 분자에 의해 이온화되는데 물 분자는 분자 물질로 이루어진 전해질이다.

용액의 끓는점은 순수한 용매의 끓는점보다 높으며, 끓는점 증가는 용질의(일정 압력에서) 농도에 의존한다. 물의 끓는점은 물 1 kg 속의 각 용질의 1몰에 대하여 0.521°C 증가한다. 용액의 **어는점**은 순수한 용매의 어는점보다 낮으며, 어는점 내림 또한 용질의 농도에 의존한다.

산, 염기, 염은 물속에서 이온 용액을 생성하는 화학물질이며, 각각은 간단한 성질로 확인할 수 있다. 이러한 성질은 각각의 현대적인 개념으로 설명한다. **산**은 수용액에서 **하이드로늄 이온**(H_3O^+)을 생성하는 **양성자 주개**이다. **염기**는 수용액에서 **수산화 이온**(OH^-)을 생성하는 **양성자 받개**이다. 산성이나 염기의 세기는 일반적으로 **pH 척도**로 측정하며, 이것은 하이드로늄 이온농도를 10의 거듭제곱하여 나타낸다. 0~7 미만까지의 범위는 산성이며, 7은 중성, 7~14까지가 염기이다. 각 단위 수는 산성 또는 염기성에 대하여 10배의 증가를 나타낸다.

염은 어떤 수산화 이온과 산화물 이온을 제외한 이온성 화합물이다. 염은 식물과 동물에게 필수적인 원소를 제공한다. 염의 용해도는 이온에 따라 다양하며 화합물을 구성한다. 마그네슘 또는 칼슘 용액은 비누거품을 형성하기 어려운 **경수**를 형성한다. 경수는 마그네슘과 칼슘 이온을 제거하여 연수화한다.

개념에 대한 질문

1. 용액은 다른 혼합물과 어떻게 다른가?
2. 어떤 이온성 화합물은 물에 녹지 않으나 어떤 이온성 화합물은 물에 녹는다. 그 이유를 설명하시오.
3. 물에 염을 첨가하면 끓는점이 증가하는 이유를 설명하시오.
4. 미네소타에 있는 깊은 호수는 얼음으로 덮여 있다. 호수 바닥의 수온은 어떠한가? 생각해서 이유를 설명하시오.
5. 물이 0°C보다 4°C에서 더 큰 밀도를 가지는 이유를 설명하시오.
6. 경수란 무엇인가? 연수로 바꾸는 방법을 설명하시오.
7. 산과 염기의 정의에 의하면 순수한 물에 NaCl이 첨가되면 pH가 증가 또는 감소할 것인가? 아니면 같은 상태로 유지될 것인가? 설명하시오.
8. 수소 결합은 무엇인가? 수소 결합이 어떻게 형성되는지를 설명하시오.
9. 비누 분자의 어떤 특성이 세탁 능력을 주는 것인지 설명하시오.
10. 어떤 이온이 (a) 산성을 나타내며, (b) 염기성을 나타내는가?
11. 물에서 다음 설명이 맞는 것인지를 분류하시오. 만능용매가 되면, 녹을 때 밀도가 낮아지며, 큰 용해열을 가지며, 큰 비열을 가지며, 큰 증발열을 가진다.
12. 물에 염이 녹을 때와 녹지 않을 때의 같은 점과 차이점을 설명하시오.
13. 해발기준으로 100°C 물에서 끓는점의 변화를 아는 범위 내에서 3가지 방법으로 설명하시오.
14. 산과 염기, 염의 차이점과 비슷한 점을 서술하시오.
15. pH가 7보다 작으면 산이고, 7보다 크면 염기인지를 설명하시오.
16. 경수를 연수로 바꾸는 방법 중 4가지 다른 예를 들어 설명하시오.

연습문제

그룹 A

1. 그림 17.4를 보면 0°C 물의 밀도는 0.99987 g/cm^{3}이다. 식 (1.1)을 이용하여 이 온도에서 1.0000 g 물의 부피를 계산하시오.
2. 그림 17.6을 보고 실온(20°C)에서 KNO_3의 용해도를 계산하시오.
3. 그림 17.6을 보고 $NaNO_3$의 온도가 10°C 상승했을 때 용해도가 얼마나 증가했는지를 계산하시오.
4. 1,000 g의 물에 NaCl 29.2 g을 넣었을 때 끓는점이 0.521°C 증가한다면, 물의 끓는점이 102.08°C가 됐을 때 넣어주어야 할 NaCl의 양을 계산하시오.

18 유기화학과 생화학

Organic and Biochemistry

유기분자의 공-막대모형은 유기화합물의 3차원적 입체모형을 이해하는 데 도움을 준다.
©Hill Street Studios/Harmik Nazarian/Getty Images RF

핵심 개념

탄소 원자의 최외각 전자의 배치는 많은 다양한 유기화합물들이 탄소에 기초할 수 있도록 하는데, 그 중 많은 것들이 생활에서 중요한 역할을 한다.

장의 개요

인간은 많은 유기화합물을 합성하였다.
Pg. 480

연관성

물리

▶ 유기분자는 에너지 저장 및 방출에 관여한다(3장).

화학

▶ 옥텟 규칙은 결합이 형성될 때 따른다(16장).

▶ 탄소 원자의 화학은 유기화합물의 특성을 결정한다(15장).

지구과학

▶ 화석연료는 원래 생물체의 유기 성분이었다(3장).

▶ 공기, 토양, 물의 오염은 많은 종류의 유기화합물의 결과일 수 있다(11장).

생명과학

▶ 생물의 구조는 유기분자로 이루어져 있다(19장).

▶ 생물체는 유기화합물을 사용하고 있다(19장).

천문학

▶ 외계 유기화합물은 존재하는 것으로 알려져 있으며, 지구 생명체의 원래 분자의 근원이 되었을 수도 있다(18장).

▶ 외계 생명체에 대한 탐사는 유기화합물의 식별에 초점을 맞춘다(18장).

개요

고대 아리스토텔레스 학설의 운동, 원소, 그리고 물질에 대한 이해의 발달에 대한 영향은 앞 장에서 논의되었다. 역사가들은 생기론(vitalist theory)을 아리스토텔레스 시대까지 추적한다. 아리스토텔레스의 사상에 의하면, 모든 생명체는 네 원소(흙, 공기, 불, 그리고 물)로 이루어져 있으며, 생물은 무생물이 갖는 4가지 원소 이외에 생명 또는 영혼의 발동력(actuating force)을 추가로 가진다. 아리스토텔레스의 사물에 대한 체계에서는 동물뿐 아니라 식물도 이 발동력 또는 생기력을 갖고 있는 것으로 간주되었다.

19세기 초반까지 생기론의 강력한 지지자들이 있었다. 그들의 기본적인 주장은 생명과 연관된 것으로 인지된 물질과 화합물인 유기물은 실험실에서 생산될 수 없다는 것이었다. 그들은 유기물은 생명체에 의해서만 생산될 수 있으며, 실험실 화합물은 생기력이 없기 때문에 유기물을 만들 수 없다고 생각하였다. 1828년 독일의 화학자인 프리드리히 뵐러(Friedrich Wöhler)가 유기물이 아닌 화학물질의 분해반응을 통하여 소변의 성분 중 하나이며, 유기물인 요소(urea, N_2H_4CO)를 합성하였다. 뵐러의 유기물 합성은 다른 화학자들에 의하여 다른 유기물 합성으로 이어졌다. 생기론은 유기물의 새로운 반응방법에 의하여 점진적으로 소멸되었으며, 유기화학이라는 새로운 학문분야가 탄생하였다.

이 장에서는 탄소를 포함하는 화합물과 그 반응에 관계된 유기화학분야를 소개하고자 한다. 만약 합성물질, 천연식품과 가공식품 또는 매일 사용하는 수천 종의 탄소 기반의 화학물질에 대하여 놀라움을 가진 적이 있었다면 매우 흥미롭고 유익한 서론으로 느꼈을 것이다. 조사는 탄화수소로 알려진 탄소와 수소만으로 이루어진 가장 간단한 유기물부터 시작한다. 원유는 수백여 종의 석유제품의 원천이다(그림 18.1).

가장 흔한 유기화합물은 알코올, 에테르, 지방산과 에스터 같은 탄화수소의 유도체들이다. 이들 중 일부는 식품에 향기를 주는 유기물이며, 다른 것들은 얼굴 크림부터 마가린까지 수백 종의 상업 제품을 제조하는 데 사용된다. 파생상품의 주요 그룹, 즉 종류는 각 그룹의 몇 가지 흥미로운 사례와 함께 간략하게 소개될 것이다. 유기화학과 생화학 또는 생물화학이라고 하는 생명체와 화학 사이에는 매우 깊은 연관이 있다. 생명의 유기화합물은 단백질, 탄수화물, 핵산, 그리고 지방을 포함한다.

그림 18.1 원유의 탄화수소를 수많은 종류의 석유제품으로 바꾸기 위해서는 정유시설과 탱크저장시설이 필요하다. 탄화수소의 종류와 특성은 유기화학 연구의 한 분야이다.

18.1 유기화합물의 성질

유기화학(organic chemistry)은 탄화수소가 주된 원소인 화합물에 대한 연구로 정의되며, 화합물이 생명체에 의해서 생성되었는지는 관계가 없다. 주원소로 탄화수소를 포함하지 않는 화합물의 연구는 **무기화학**(inorganic chemistry)으로 불린다. 따라서 **유기화합물**은 탄화수소가 주된 원소이며, **무기화합물**은 그 이외의 화합물이다.

대부분의 알려진 화합물은 유기성 물질이다. 수백만 종이 알려져 있으며 매년 수천 종이 새로이 보고된다. 휘발유, 플라스틱, 곡물 알코올, 식품, 화장품 등 많은 유기화합물이 일상에 사용된다.

매우 다양한 화합물을 형성할 수 있게 하는 것이 탄소의 독특한 성질이다. 탄소 원자는 원자가 전자가 4개 있으며, 4개의 다른 탄소 원자 및 다른 원자들과 결합할 수 있다(그림 18.2). 가능한 분자 조합의 수는 거의 무한대이며, 이는 유기화합물이 매우 많음을 설명한다. 다행히도 유사한 화학적 특성을 가져다주는 탄소 원자단과 다른 원자단의 유형(patterns)이 있어서 유기화학의 연구를 덜 어렵게 한다.

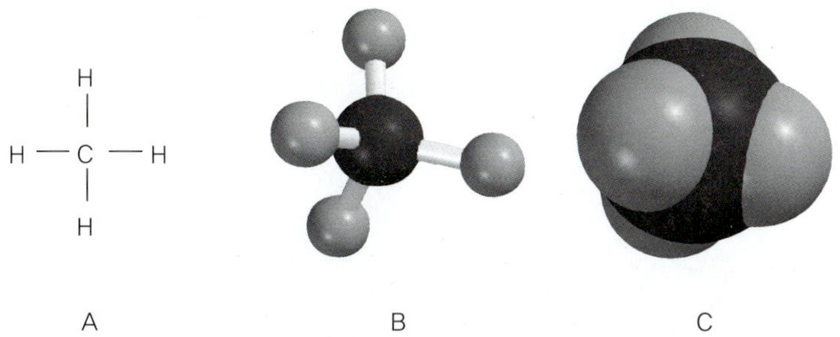

그림 18.2 메테인 분자의 모델. 탄소 원자의 결합 가능한 4개의 전자는 각각 서로 가능한 한 멀리 떨어져 있다. 탄소는 이들 각각을 다른 4개의 원자나 원자단과 공유할 수 있다. 간단히 말하면, 기체상 메테인과 같은 분자의 도해는 (A) 실제로는 공간을 차지하는 3차원 분자이지만 2차원 그림으로 나타낸다. 원자 번호가 높을수록 그 원소의 원자가 차지하는 공간이 더 크다. (B)에 나타낸 모델을 공-막대모형이라고 한다. (C)는 공간채움모형이다. 분자가 표시되는 다양한 방법을 볼 때마다 분자가 실제로 얼마나 많은 공간을 차지하는지 상상해보라.

18.2 탄화수소

탄소와 수소 단 두 종류로만 이루어진 유기화합물을 **탄화수소**(hydrocarbon)라고 한다. 가장 간단한 탄화수소는 탄소 원자 1개와 수소 원자 4개를 갖지만(그림 18.3), 탄소 원자가 서로 결합할 수 있기 때문에 가능한 구조와 배열은 수천 종이다. 탄소-탄소 결합은 단일, 이중 또는 삼중 공유 결합이 될 수 있다(그림 18.4). 구조에서 선은 두 원자 사이에 공유되는 한 쌍의 전자를 의미한다. 옥텟 규칙을 만족하기 위해서 탄소는 총 4개의 전자쌍을 가져야 하며, 각각 다른 원자에 결합되어야 한다.

탄소 원자가 이중 또는 삼중(공유)결합을 가질 때, 수소 원자를 덜 부착할 수 있다는 점에 유의해야 한다. 한 범주의 탄화수소는 단일 공유 결합만을 포함하며, 직선형, 곁가지를 갖는 사슬형 또는 고리 구조를 가지는 매우 큰 사슬을 형성한다(그림 18.5). 이러한 화합물의 예로는 석유와 석유제품이 있다.

파라핀 계열(paraffin series)에 속하는 분자들은 다른 탄화수소에 비하여 화학적으로 반응성이 크지 않다. 계열이라고 부르는 이유는 각각의 고분자량은 추가적인 CH_2를 가지기 때문이다. 가장 단순한 것은 메테인(CH_4)이며, 다음 고분자량은 에테인(C_2H_6)이다. 그림 18.4에서 볼 수 있듯이 에테인(C_2H_6)은 메칠렌기(CH_2)가 추가된 메테인(CH_4)이다.

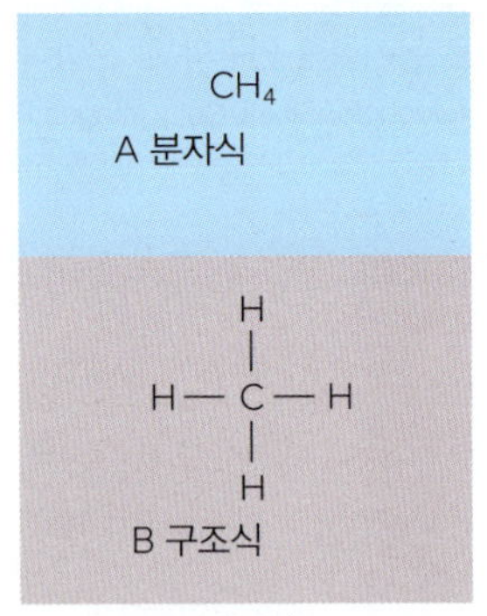

그림 18.3 분자식(A)은 분자 내의 서로 다른 종류의 원자의 수를 나타내고, 구조식(B)은 원자가 서로 어떻게 결합되었는지를 2차원 모형으로 나타낸다. 각 선은 결합하는 한 쌍의 전자를 나타낸다.

A 에테인

B 에텐 (에틸렌)

C 에타인 (아세틸렌)

그림 18.4 탄소-탄소 결합은 단일(A), 이중(B), 삼중(C)이 될 수 있다. 각 예에서 각 탄소 원자는 4개의 선을 가지고 있으며, 이는 4개의 결합된 전자쌍을 나타내며, 옥텟 규칙을 만족한다.

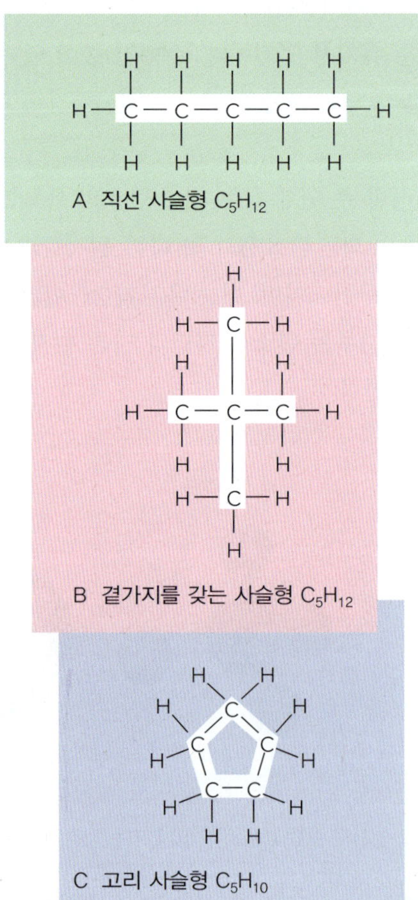

그림 18.5 탄소 사슬은 (A) 직선형, (B) 곁가지를 가지거나 (C) 폐쇄된 고리 모양이다. (일부 탄소 사슬은 더 길게 그려졌지만 실제로는 길이가 같다.)

표 18.1 직선형 탄화수소의 예

이름	분자식	구조식
메테인	CH_4	H H—C—H H
에테인	C_2H_6	H H H—C—C—H H H
프로페인	C_3H_8	H H H H—C—C—C—H H H H
뷰테인	C_4H_{10}	H H H H H—C—C—C—C—H H H H H
옥테인	C_8H_{18}	H H H H H H H H H—C—C—C—C—C—C—C—C—H H H H H H H H H

표 18.1에 나열된 화합물들의 이름을 보자. 이들 이름은 일관된 접두사와 접미사를 가지고 있다. 접두사와 접미사의 양식은 화합물에 대한 기본적인 단서를 제공한다. 그리스어 접두사는 분자를 구성하는 탄소의 수를 알려준다. 예를 들어, 접두사 *oct*-은 8이며, 따라서 *oct*ane(옥테인)은 8개의 탄소 원자를 가진 탄화수소이다. 접미사 *-ane*은 이 탄화수소가 포화 탄화수소 계열에 속한다는 것을 알려주며, 따라서 단일결합만을 가진다. 포화 탄화수소의 일반 공식은 C_nH_{2n+2}로, 이름을 들으면 화학식을 쓸 수 있다. 옥테인은 단일결합을 가진 8개의 탄소 원자를 가진 분자로 $n = 8$이며, $2n + 2$는 $8 \times 2 + 2 = 18$이고, 따라서 옥테인의 화학식은 C_8H_{18}이다. 대부분의 유기화합물의 이름은 이와 같은 정보를 제공한다.

표 18.1에 나열된 화합물들은 모두 직선형 사슬을 가진다. 그림 18.6A는 직선형 사슬의 뷰테인과 C_4H_{10}의 분자식으로 표현된다. 그림 18.6B는 동일한 C_4H_{10}의 분자식을 갖는 다른 분자 구조를 보여준다. 구조는 다르지만 분자식은 동일한 화합물을 **이성질체**(isomer)라고 한다. 곁가지를 가진 이성질체의 관용명은 **아이소뷰테인**이다. 이성질체는 뷰테인, 아이소뷰테인과 같이 구조가 다르기 때문에 서로 다른 물리적, 화학적 성질을 갖는다.

메테인, 에테인, 그리고 프로페인은 하나의 구조만 가질 수 있어 이성질체가 없으며, 뷰테인은 2개의 이성질체를 갖는다. 탄소 원자의 수가 증가하면 특정한 분자식을 가질 수 있는 이성질체의 수는 기하급수적으로 증가한다. 뷰테인 다음인 헥세인은 5개의 이성질체를, 옥테인은 18개의 이성질체를 가진다. 서로 다른 구조를 갖는 이성질체(구조이성질체)이므로 다른 물리적 성질을 갖는다.

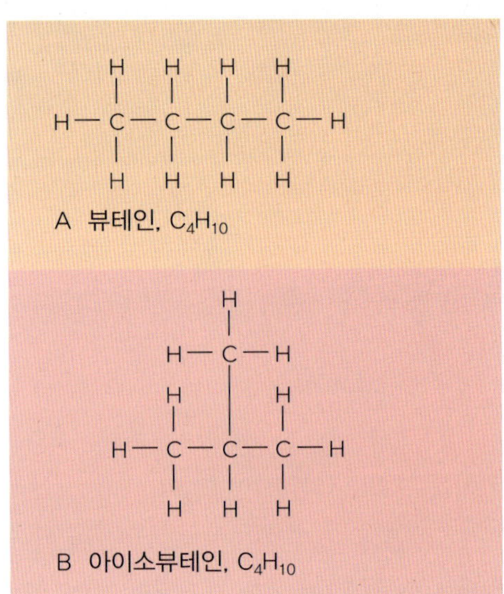

그림 18.6 (A) 직선 사슬형 이성질체 (B) 곁가지를 갖는 사슬형 이성질체

표 18.2 여러 탄화수소의 일반 분자식 및 분자 구조

화합물 예	분자 구조	일반 분자식
에테인	H_3C-CH_3	C_nH_{2n+2}
에텐 (에틸렌)	$H_2C=CH_2$	C_nH_{2n}
에타인 (아세틸렌)	$H-C\equiv C-H$	C_nH_{2n-2}

이중 또는 삼중결합의 탄화수소

다른 종류의 중요한 탄화수소는 **탄소–탄소 이중 공유 결합**을 갖는다. 이 이중결합의 존재를 나타내기 위해 접미사로는 *–ane* 대신 *–ene*을 사용하며, 그 예가 에텐이다(표 18.2). 그림 18.4에 (A) 에테인(ethane, C_2H_6)과 (B) 에텐(ethene, C_2H_4)의 구조식을 나타내었다. 이들은 이중결합으로 인하여 수소가 결합할 자리가 2개 적으며, 따라서 일반식은 C_nH_{2n}로 표현된다. 이 중 가장 간단한 화합물은 에텐이며, 관용명으로는 에틸렌을 사용한다.

에틸렌은 화학공업에서 중요한 원료이다. 석유처리과정에서 얻어지며, 상업적인 에틸렌의 절반 정도가 흔히 쓰이는 폴리에틸렌 플라스틱의 제조에 사용된다. 또 천연상태에서는 식물에 의하여 과일을 숙성시키기 위해 생산되며, 이는 익지 않은 과일을 플라스틱 봉지에 익은 과일과 함께 밀봉하면 빨리 익는 이유이기도 하다. 익은 과일에 의해 생성되는 에틸렌은 익지 않은 과일에 작용한다. 때로는 상업적 과일 포장업자는 녹색일 때 채집한 과일을 빨리 익히기 위하여 소량의 에틸렌을 사용한다.

일상생활에서 식용유나 마가린 광고에서 **포화** 또는 **불포화** 지방이라는 용어를 본 적이 있을 것이다. 최대한의 수소 원자를 갖지 않은 탄화수소와 같은 유기분자를 **불포화** 탄화수소라 한다. 예를 들면, 에틸렌(그림 18.7)을 수소 기체와 반응시켜 수소 원자를 첨가반응시키면 에테인을 형성할 수 있다.

$$H_2C=CH_2 + H_2 \longrightarrow H_3C-CH_3$$

에틸렌 + 수소 ⟶ 에테인

그림 18.7 에테인은 불포화 탄화수소 에틸렌에 수소 원자를 첨가함으로써 포화 탄화수소가 된다.

에테인 분자는 2개의 탄소 원자 모두 가능한 수소 원자(3개)를 가지고 있으며, 따라서 에테인은 **포화** 탄화수소이다. 불포화 분자는 덜 안정하며, 이는 포화 분자에 비하여 화학적으로 반응성이 높다.

다른 종류의 탄화수소는 **탄소-탄소 삼중결합을 가지며** 일반식은 C_nH_{2n-2}이다. 이들의 반응성이 매우 크며, 가장 단순한 에타인은 아세틸렌이라는 관용명을 갖는다. 아세틸렌은 연소할 때 불꽃온도가 3,000°C에 달하며 용접 토치에서 산소 기체와 함께 사용된다. 아세틸렌도 플라스틱 제조의 중요한 원료 중 하나이다.

고리형 탄화수소

지금까지 논의한 탄화수소는 탄소 원자가 직선형이거나 끝이 열린 곁가지를 가진 사슬구조였다. 탄소 원자는 서로 결합하여 고리 또는 **순환구조**를 형성할 수도 있다(그림 18.8). 고리를 갖는 탄화수소는 유사한 사슬형 탄화수소와 다른 화학적 성질을 갖는다. 이는 유기화합물들을 기술하는 데 있어서 간략히 표기된 분자식이 아니라 구조식의 중요성을 보여준다.

그림 18.9A의 탄소 6개의 고리구조는 기대하는 대로 행동하지 않는 3개의 이중결합을 가지고 있다. 이 탄소 6개의 고리에서 이중결합은 한 장소에 위치하지 않고 이동할 수 있으며, 전체 분자에 분산되어 있다. 단일과 이중결합의 교대가 아니라 그 중간의 성질을 갖는다. 이는 C_6H_6 분자의 안정성을 증가시킨다. 그 결과로 이 분자는 다른 불포화 화합물과 같은 행동

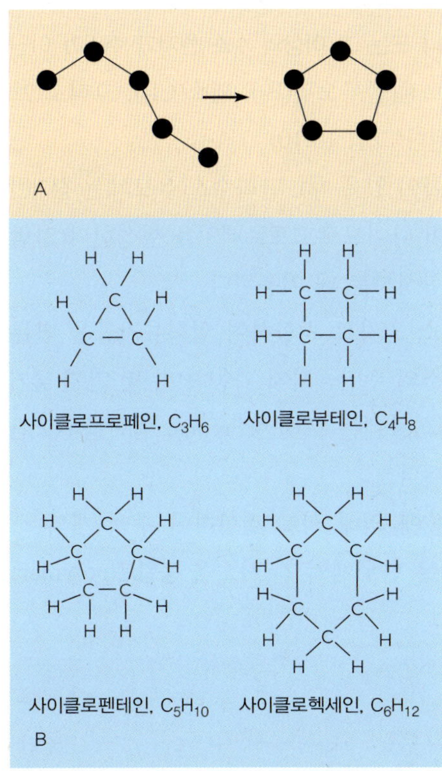

그림 18.8 (A) '직선' 사슬은 단일결합을 중심으로 자유롭게 회전할 수 있는 탄소 원자가 있으며, 때로는 닫힌 고리형으로 연결되기도 한다. (B) 고리 또는 순환 화합물

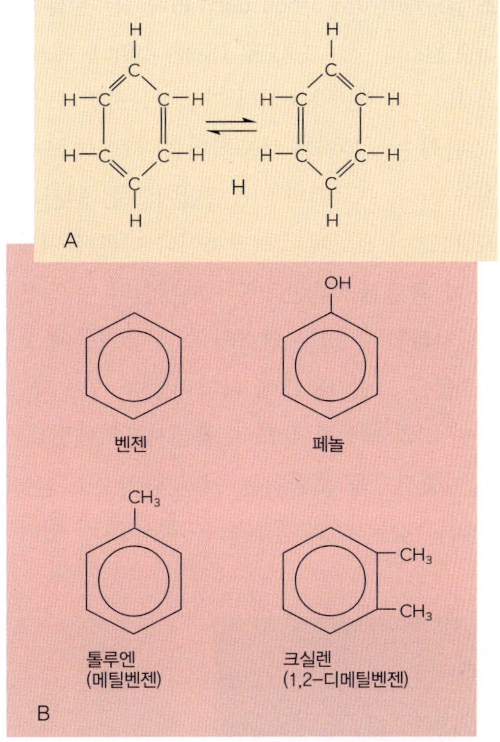

그림 18.9 (A) C_6H_6의 결합은 단일결합과 이중결합의 중간 정도로, 이중결합 탄화수소와 다른 화학적 성질을 갖는다. (B) 벤젠으로 알려진 고리 화합물을 가진 육각형 기호

을 보이지 않는다. 즉 고리에 수소의 첨가 반응은 쉽게 일어나지 않는다. C_6H_6 분자는 **벤젠**이라는 유기화합물이다. 본래의 위치에 존재하지 않는 전자를 가진 탄소 6개 고리를 표시하기 위하여, 벤젠은 그림 18.9B에 나타낸 기호로 표시한다. 이 그림의 4개 분자는 벤젠 고리에 부착된 원자의 종류와 위치에 따라 서로 다르다.

예제 18.1 (선택)

사이클로프로페인(C_3H_6)의 분자량은 얼마인가?

풀이

탄소의 원자량은 12.0 amu(원자질량단위), 수소의 원자량은 1.0 amu이므로 C_3H_6의 분자량은 C_3H_6 = 3(12.0 amu) + 6(1.0 amu) = 42.0 amu이다.

예제 18.2 (선택)

사이클로펜테인(C_5H_{10})의 분자량은 얼마인가? (답: 70 amu)

18.3 탄화수소 유도체들

알려진 유기화합물의 5%는 포화 탄화수소이며, 95% 이상은 탄화수소 유도체들이다. **탄화수소 유도체**(hydrocarbon derivatives)는 **탄화수소에서 하나 또는 그 이상의 수소 원자가 수소가 아닌 어떤 원소나 원소 그룹으로 대체된 것이다.** 예를 들어 할로젠[플루오린(F_2), 염소(Cl_2), 그리고 브롬(Br_2)]과 광반응하거나 가열반응하면 수소와 치환된다(그림 18.10).

탄화수소 분자가 불포화인 경우(이중 또는 삼중결합이 있을 때), 탄화수소 유도체는 **첨가반응**을 한다. 프로펜의 이중결합에 브롬 원자가 추가되어 다이브로모프로페인을 형성한다(그림 18.11). 이 유도체는 의약품이나 다른 유기화합물을 합성하는 데 이용된다.

이 특별한 **치환반응**에서 메테인의 수소 원자는 염소 원자로 치환하여 염화유기물을 만든다. 치환할 수 있는 염소의 수는 유기물에 포함된 수소의 수만큼까지 가능하며, 몇 가지 **유기염화물**을 그림 18.12에 나타내었다. 일반적인 유기염화물에는 프레온(Freons, 염화플루오린화탄소)과 테플론(Teflon, 폴리사불화에틸렌)이 포함된다.

이중결합을 포함하는 어떤 탄화수소들은 첨가반응에 의해 서로 결합하여 수백 개의 소단위를 갖는 매우 긴 사슬을 형성할 수 있다. 반복되는 단위체의 긴 사슬을 **중합체**(polymer;

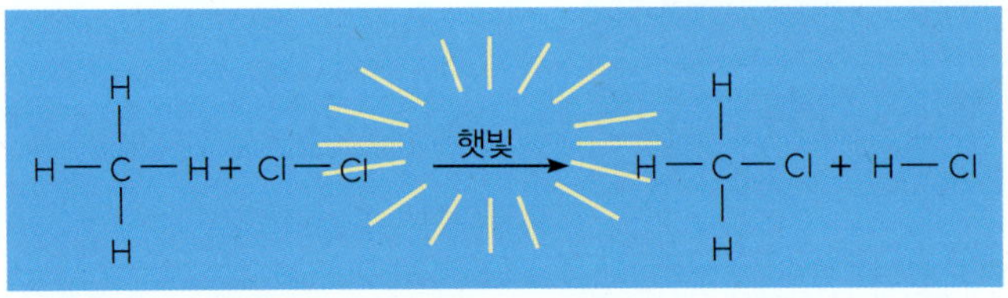

그림 18.10 할로젠(F_2, Cl_2, Br_2)은 햇빛 아래에서 탄화수소 화합물의 수소와 치환반응을 한다.

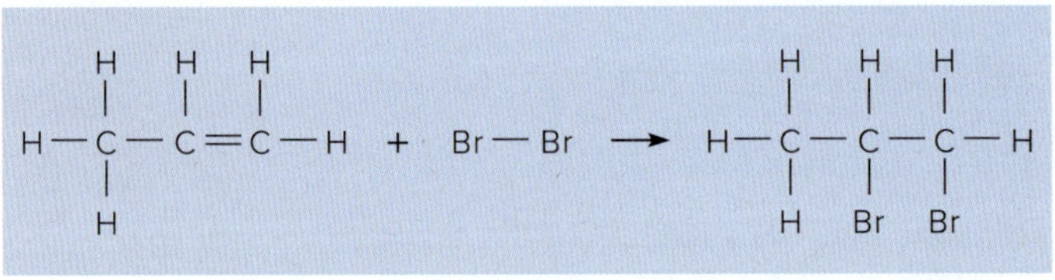

그림 18.11 브롬(Br_2)과 같은 다른 분자를 첨가하여 탄화수소 유도체 생성

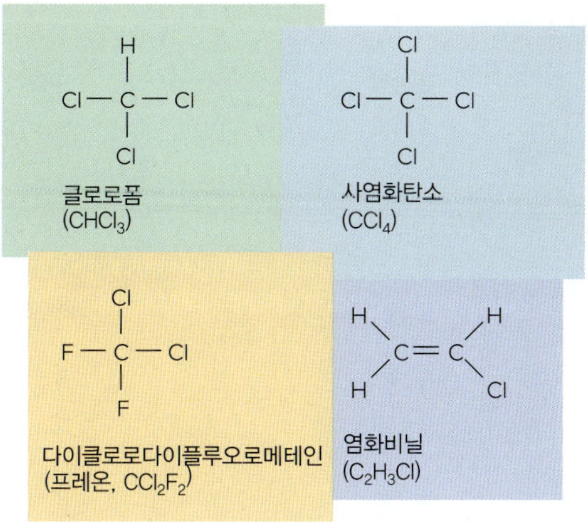

글로로폼
($CHCl_3$)

사염화탄소
(CCl_4)

다이클로로다이플루오로메테인
(프레온, CCl_2F_2)

염화비닐
(C_2H_3Cl)

그림 18.12 유기 할로젠화물의 일반적인 예

에틸렌 분자

중합

폴리에틸렌 분자

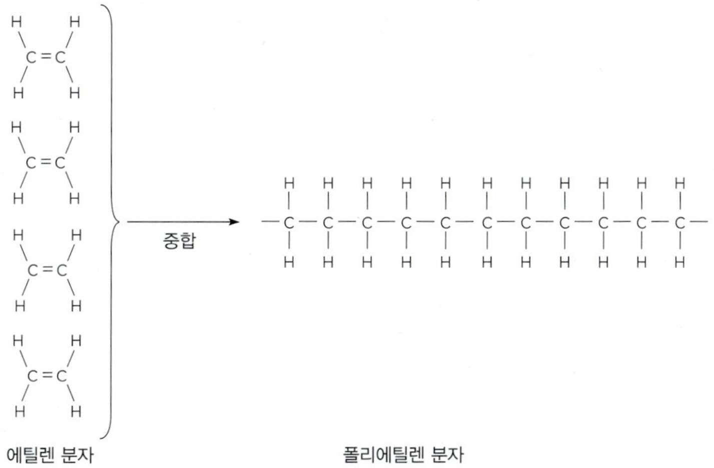

그림 18.13 유기 할로젠화물의 일반적인 예

poly = 많은, *mer* = 부분)라 하며, 각각의 조각을 **단량체**(monomers; *mono* = 하나의)라고 한다. 이러한 반응을 **첨가 중합반응**이라 한다. 에틸렌은 일정한 압력 하에서 촉매와 함께 가열하면 폴리에틸렌을 형성하며, 이는 세계적으로 가장 인기 있는 플라스틱이다. 폴리에틸렌은 잡화봉지, 샴푸병, 어린이 장난감, 그리고 방탄조끼 등을 만드는 데 사용된다. 가열하면 탄소 간의 이중결합이 깨지고 다른 에틸렌 단량체를 결합할 수 있는 단일 공유 결합 장소에 제공된다. 이 중합반응은 계속되어 수백 단위의 사슬을 형성한다(그림 18.13).

작용기는 다양성을 만든다

작용기(functional groups)는 탄소골격에 부착되어 유기화합물의 특정한 화학적 성질을 결정하는 원자의 특정한 조합이다. 작용기는 일반적으로 (1) 다중결합이 있거나 (2) 반응이 일어나는 장소가 되도록 하는 고립 전자쌍을 가진다. 표 18.3에 일반적인 탄화수소 작용기를 나열하였다. 목록을 보면서 작용기의 구조와 이름을 비교해보자. 몇몇 작용기 중 흥미 있는 예는 다음에 다룰 것이다. R과 R′(R 프라임)은 하나 또는 그 이상의 탄화수소기(hydrocarbon group)를 나타낸다. 예를 들어 메테인과 염소 사이의 반응에서 생성물은 염화메테인이다. 이

표 18.3 일반적인 탄화수소 작용기

작용기 이름	일반식	구조식
Organic halide(유기 할로젠화물)	RCl	R—C̈l:
Alcohol(알코올)	ROH	R—Ö—H
Ether(에테르)	ROR′	R—Ö—R′
Aldehyde(알데하이드)	RCHO	R—C(=:O:)—H
Ketone(케톤)	RCOR′	R—C(=:O:)—R′
Organic acid(유기산)	RCOOH	R—C(=:O:)—Ö—H
Ester(에스터)	RCOOR′	R—C(=:O:)—Ö—R′
Amino(아미노)	RNH_2	R—N̈(—H)—H
Phosphate(인산염)	RPO_4	R—O—P(—O)(—O)=O

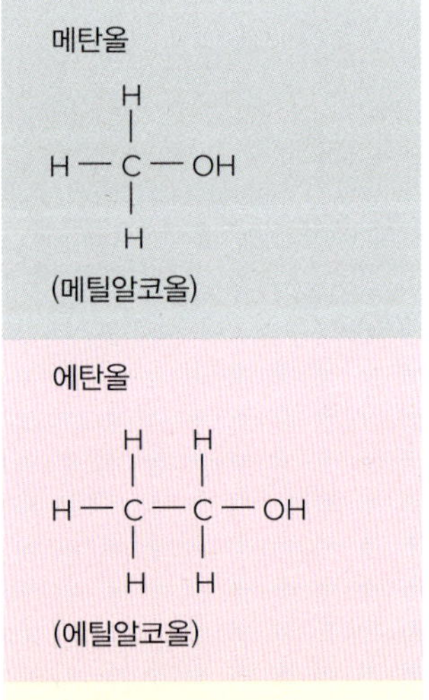

그림 18.14 4가지 알코올

경우에는 RCl의 R은 메틸기를 나타내지만, 어느 탄화수소기라도 나타낼 수 있다.

알코올

알코올은 탄화수소 분자의 하나 또는 그 이상의 수소를 수산기(−OH)로 대체하여 형성된 유기화합물이다. 수산기는 수산화 이온(OH^-)과 혼돈해서는 안 된다. 수산기는 유기화합물에 부착되어 용액에서 이온을 형성하지 않지만, 수산화 이온은 이온을 형성한다. 수산기는 탄화수소기(R)에 부착되어 있으면서 알코올과 연관된 성질을 부여한다.

탄화수소기의 명칭은 알코올의 명칭을 결정한다. 예를 들어 ROH의 탄화수소기가 메틸이면 알코올은 **메틸알코올** 또는 **메탄올**이다. 알코올의 접미사는 -*ol*이다(그림 18.14).

모든 알코올은 수산 작용기를 가지며 모두 화학적으로 유사하다. 알코올은 제한된 양을 소비할 수 있는 에탄올을 제외하고는 사람에게 독성이 있다. 알코올은 수천 년 동안 많은 문화에서 인간에 의해 소비되어 왔다. 과거와 마찬가지로 태아 알코올 증후군, 간 손상, 사회적 파면, 사망 등 음주와 관련된 건강 관련 문제가 끊이지 않고 있다. 소량의 메탄올을 섭취하면 실명, 사망에 이를 수 있다.

에탄올(C_2H_5OH)은 효모의 작용이나 석유 정제에서 파생된 에틸렌의 화학 반응에 의해 생산된다. 효모는 당(설탕)에 작용하여 에탄올과 CO_2를 생산한다. 맥주, 포도주 또는 다른 음료수가 원하는 산물일 때 CO_2는 발효 도중 새어나가고 알코올은 용액에 남는다. 빵을 만들 때, 같은 반응이 CO_2를 이용해 반죽이 부풀어 오르게 하고(발효) 알코올은 굽는 도중에 증발한다. 대부분의 알코올음료는 효모 발효에 의해 생산된다.

$$\underset{\text{포도당}}{C_6H_{12}O_6} + \underset{\text{과당}}{C_6H_{12}O_6} \longrightarrow \underset{\text{설탕}}{C_{12}H_{22}O_{11}} + \underset{\text{물}}{H_2O}$$

하지만 일부는 석유정제에서 파생된 에탄올로 만들어진다.

분자당 6개 이하의 탄소 원자를 갖는 알코올은 특정 유기용매와 물에 모두 용해된다. 에탄올과 휘발유의 용액은 **가소올**(gasohol)이라고 한다. 오늘날 거의 모든 휘발유에는 탄화수소의 더 깨끗한 연소를 유발하는 산소를 공급하기 위한 에탄올이 포함되어 있다(478쪽 관련 내용 '생물자원을 생물연료로'). 휘발유는 산소 원자를 전혀 갖고 있지 않은 탄화수소의 혼합물이다. 가소올은 산소를 가진 에탄올을 포함한다. 휘발유에 알코올을 첨가하는 것은 연료에 산소를 추가하는 것이다. 산소의 공급이 불충분할 때 일산화탄소가 형성되기 때문에, 휘발유에 알코올을 첨가하면 일산화탄소 배출량을 줄이는 데 도움이 된다.

알코올음료는 에탄올과 물의 용액이다. 이러한 음료의 **표준도수**(proof)는 부피에 의한 에탄올 농도의 2배이다. 따라서 부피로 40%인 에탄올의 표준도수는 80도이며, 부피로 12%인 포도주는 24도이다. 증류만으로 190도 농도를 만들 수 있으며, 200도 알코올을 얻기 위해서는 다른 기술이 필요하다.

과학 스케치

알코올의 도수(수직축)와 알코올의 비율(수평축)의 관계를 나타내는 그래프를 만드시오.

메탄올, 에탄올, 그리고 이소프로필알코올은 모든 분자당 하나의 수산기를 가진다. 분자당 2개의 수산기를 갖는 알코올을 **글리콜**이라고 한다. 에틸렌글리콜은 부동액으로 사용되기 때문에 가장 잘 알려진 글리콜이다. 분자당 3개의 수산기를 가지는 알코올을 **글리세롤**(글리세린)이라고 한다. 글리세롤은 지방분자의 구성요소이며 비누를 만들 때 생기는 부산물이다. 글리세롤은 습기와 유연성을 유지하기 위하여 치약, 로션, 화장품, 그리고 사탕에 첨가된다. 에탄올, 에틸렌글리콜, 그리고 글리세롤을 그림 18.15에 비교하였다.

글리세롤은 황산이 있을 때 질산과 반응하여 **나이트로글리세린**으로 알려진 글리세릴삼질산을 형성한다. 나이트로글리세린은 격렬한 폭발성이 있는 투명한 기름이며, 가열하면 극히 불안정하다. 1867년 알프레드 노벨(Alfred Nobel; 그의 이름을 따 노벨상의 이름이 지어짐)은 나이트로글리세린과 규산질 토양을 혼합하여 순수 나이트로글리세린보다 안정적이지만, 그럼에도 불구하고 폭발성을 갖는다는 것을 발견하였다. 규조의 세포벽은 이산화규소(SiO_2)로 이루어져 있다. 규조토는 조류(algae)의 구조를 가져 막대한 표면적을 제공하며, 흡착하여 나이트로글리세린이 안정화된다. 이 혼합물은 관에 포장하여 **다이너마이트**(dynamite)로 불린다.

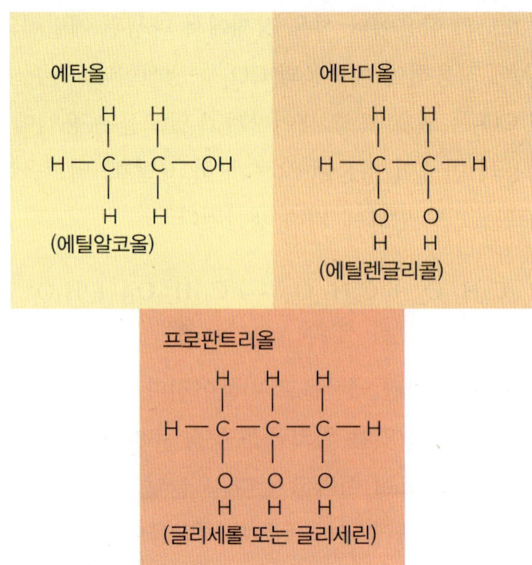

그림 18.15 분자당 1개, 2개, 3개의 수산기가 있는 알코올의 일반적인 예

다이너마이트라는 이름은 '힘'을 의미하는 그리스어에서 유래되었다.

에테르, 알데하이드, 그리고 케톤

에테르는 일반식이 ROR′이며 가장 잘 알려진 에테르는 다이에틸에테르이다. 다이에틸에테르 분자에서는 R과 R′ 모두 에틸기이다. 다이에틸에테르는 휘발성이 강하고 가연성이 매우 크며, 과거에는 마취제로 사용되기도 하였다. 오늘날 산업용 및 실험용 용매로 사용된다.

알데하이드와 **케톤**은 모두 카보닐기(C = O)라고 불리는 산소 원자에 이중결합으로 탄소 원자에 연결된 작용기를 가지고 있다. 알데하이드에는 탄화수소기 R(또는 수소)과 카보닐기에 결합된 수소를 갖는다. 케톤은 2개의 탄화수소기 2개가 부착된 카보닐기가 있다(그림 18.16).

가장 단순한 알데하이드는 **포름알데하이드**이다. 포름알데하이드는 물에 용해되며, **포르말린**

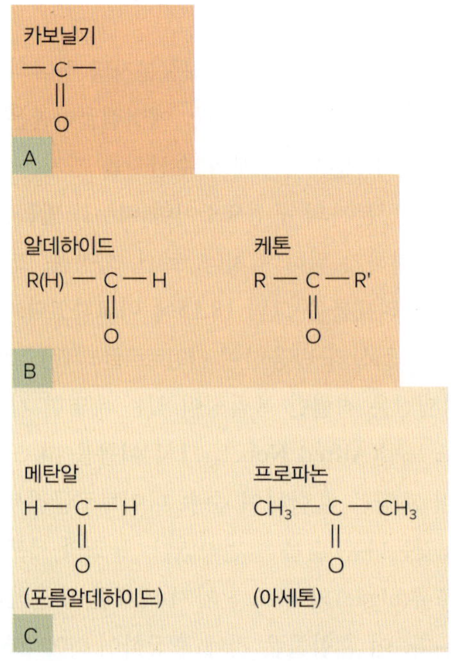

그림 18.16 카보닐기(A)는 (B)와 같이 알데하이드와 케톤에 모두 존재한다. (C) 체계명(구조식 위)과 일반적이지는 않지만 더 많이 사용되는 관용명(구조식 아래) 예.

이라 불리는 40% 용액은 방부제로 사용되어 생물학적 시료를 보존하고 있다. 포름알데하이드는 베이클라이트 같은 플라스틱을 만드는 데 사용되는 원료이다. 모든 알데하이드에는 냄새가 있으며, 일부 방향족 탄화수소의 냄새에는 아몬드, 계피, 바닐라향이 포함된다. 가장 간단한 케톤은 **아세톤**이다. 아세톤은 향기로운 냄새를 가지고 있으며 페인트 제거제와 매니큐어 제거제의 용매로 사용된다.

유기산과 에스터

염산과 황산 같은 무기산은 무기물질로 만들어졌다. 생명체로부터 유래한 산은 **유기산**(organic acid)이라 한다. 이러한 유기산들 중 많은 것들이 지방으로부터 만들어졌기 때문에 유기산을 **지방산**이라고 한다. 화학식으로는 카복실 작용기인 $-COOH$를 포함하기 때문에 **카복실산**이란 이름으로도 불리며 일반식은 $RCOOH$이다.

가장 단순한 카복실산은 중세 때부터 알려졌으며, 당시에는 개미를 증류하여 분리되었다. 라틴어인 **포미카**(formica)는 '개미'를 의미하기 때문에, 이 산은 **개미산**(formic acid; 포름산)으로 명명되었다(그림 18.17A).

개미산은 다른 자극성 물질과 함께 벌, 개미, 그리고 **쐐기풀**(Urtica urens)과 같은 식물의 쏘는 현상을 일으킨다(그림 18.17B).

식초산인 아세트산(acetic acid)은 고대부터 알려져 왔다. 아세트산은 에탄올의 산화로 만들어진다. 산화된 포도주병은 알코올 대신 아세트산을 포함하여 포도주에 식초 맛이 난다. 레스토랑에서 포도주가 나오기 전에, 주문하는 사람은 관례적으로 병 코르크와 소량의 포도주가 든 잔을 건네받는다. 먼저 코르크를 반으로 쪼개서 건조한지를 확인하는데, 이는 포도주가 산소로부터 밀봉되었다는 것을 알려준다. 한 모금 마시는 것은 포도주가 나오기 전에 식초 맛이 나는지 확인하기 위함이다. 그림 18.18은 포도주가 산화되었을 때 발생하는 반응을 나타낸다.

A

B

그림 18.17 이 개미들(A)은 유기산 중에서 가장 단순한 개미산(포름산)을 만든다. 벌, 개미, 심지어 몇몇 식물의 침은 다른 자극적인 물질들과 함께 포름산을 함유하고 있다. 포름산은 $HCOOH$이다. 쏘는 쐐기풀(B)로 알려진 이 식물은 포름산을 포함한 여러 자극성 물질을 포함하고 있는 작고 속이 빈 털을 가지고 있다. 이 털들은 피부와 점막을 할퀴어 즉각적으로 화끈거림, 가려움, 자극을 일으킨다. (a): ©Shutterstock/Kamphol Phorangabpai RF; (b): ©Steven P. Lynch RF

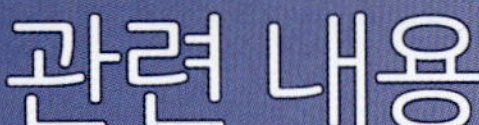

생물자원을 생물연료로

생물자원(biomass)은 생명체에 의하여 생산한 유기물이 축적된 것이다. 가장 보편적으로 이용되는 생물자원은 목재, 수확하고 남은 농업 잔류물, 에너지를 위하여 재배한 농작물, 동물 배설물 등이다. 종종 상업적이지 않은 이러한 전통적인 연료 공급원은 전 세계 에너지의 10% 이상을 제공하지만, 지구 에너지에 관한 대부분의 통계에는 보고되지 않는다. 많은 개발도상국에서, 이러한 연료의 원천은 이용 가능한 에너지의 많은 부분을 차지한다.

©Arterra Picture Library/Alamy Stock Photo

©Brand X Pictures/PunchStock RF

생물자원 변환은 생물자원에 저장된 화학에너지로부터 에너지를 얻는 과정이다. 이것은 새로운 아이디어가 아니다. 나무를 태우는 것도 수천 년 동안 사용되어 온 생물자원 변환의 대표적 형태이다. 생물자원은 요리를 위한 열원으로서 직접 연소하거나, 전기를 생산하기 위해 연소하거나, 알코올로 변환하거나 메테인을 생성하는 데 이용될 수 있다. 중국은 가정과 농장에 50만 개 정도의 소형 메탄 채굴기를 보유하고 있으며, 인도와 한국은 5만 개씩을 가지고 있다. 브라질은 생물자원으로부터 알코올을 가장 많이 생산한다. 알코올은 브라질 자동차 연료의 50%를 제공한다. 값싼 설탕과 비싼 석유 값은 그들이 보유하고 있는 대량의 사탕수수를 에너지원으로 이용하도록 하였다.

생물자원 변환은 일부 환경적, 그리고 경제적 우려를 불러일으킨다. 에너지를 위해 많은 양의 생물자원을 사용하는 나라들은 대개 식량 부족을 겪는 나라들이다. 생물자원 변환은 더 적은 양의 영양소가 토양으로 되돌아오고 있다는 것을 의미하며, 이것은 식량 부족을 더욱 악화시킨다. 식량 가격이 오르거나 기름 값이 떨어지면 생물자원 변환은 감소할 것이다.

생물자원에서 사용 가능한 에너지 비축량을 생산하는 데 필요한 에너지를 필히 고려해야 한다. 알코올을 생산하기 위해 옥수수를 재배하는 것은 큰 에너지 투입을 필요로 한다. 옥수수로 생산되는 알코올의 양은 실제로 생물학적 표본을 보존하는 데 사용되는 방부제에서 발견되는 알코올의 양과 거의 같다. 포름알데하이드는 베이클라이트 같은 플라스틱을 만드는 데 사용되는 원료이다. 모든 알데하이드에는 냄새가 있으며, 일부 방향족 탄화수소의 냄새에는 아몬드, 계피, 바닐라 냄새가 포함된다. 가장 간단한 케톤은 아세톤이다. 아세톤은 향기로운 냄새를 가지고 있으며 페인트 제거제와 매니큐어 제거제의 용매로 사용된다.

그림 18.18 포도주의 산화

에탄올 H–C(H)(H)–C(H)(H)–OH —산화→ 아세트산 H–C(H)(H)–C(=O)–OH

유기산은 많은 식품에 흔하다. 예를 들면 감귤주스에는 구연산이 들어 있어, 침의 흐름을 자극하여 목마른 느낌을 완화시킨다. 젖산은 신 우유, 탈지유, 소금에 절인 양배추, 그리고 오이절임(피클)에서 발견된다. 젖산은 또한 혐기성 탄수화물의 대사산물로서 근육에 생성되어 피로를 느끼게 한다. 세포에서 탄수화물의 혐기성대사는 가용한 에너지를 방출하는 당의 분해이다. 구연산과 젖산은 지방으로부터 생성되는 일부 카복실산에 비교하면 작은 분자이다. 예를 들면, 팔미트산은 $C_{16}H_{32}O_2$이며 야자유(palm oil)에서 나온다. 팔미트산의 구조는 14개의 CH_2 사슬의 한쪽 끝에는 CH_3-, 다른 쪽 끝에는 $-COOH$가 붙어 있다. 분자에 산성의 성

아주 흔한 유기화합물-아스피린

아스피린은 1898년 영국, 1900년 미국에서 특허를 받았으며, 1899년 처방약으로 시판되면서 생산이 시작되었다. 그러나 원시인류도 통증 완화제로서 그 가치를 잘 알고 있었다. 서양 흰 버드나무(Salix alba) 껍질의 '마술적인' 통증 완화능력은 수천 년 전에 알려졌다. 기원전 3000년 전의 석판 글에 이러한 나무의 유용한 효과를 묘사하고 있다. 많은 문화권의 사람들은 약효를 얻기 위해 껍질을 벗겨서 씹었다. 현재는 미국에서 매일 190억 정 이상의 아스피린이 사용되는 것으로 추정된다. 아스피린은 세계에서 가장 널리 복용되는 약이다. 정확히 아스피린은 어떠한 역할을 하는가? 아스피린[1899년 바이엘(Bayer) 제약회사의 과학자들이 명명하였음]은 실제로 몸에서 고통을 유발하는 **프로스타글란딘**이라는 물질의 생산을 방해하는 능력이 있는 아세틸살리실산이다. 두통을 줄여주는 것 외에도 아스피린의 다른 효과는 다음과 같다.

1. 특정한 사람에서 심근경색과 발작의 위험을 낮춘다.
2. 전립선암이나 대장암을 치료하는 것을 도와서 오래 살도록 한다.
3. 편두통을 조절한다.
4. 잇몸병을 예방한다.
5. 임신중독증(임신 중의 고혈압)을 감소시킨다.
6. 장시간 자동차/비행기 여행 중 정맥에 혈전이 생길 가능성을 줄인다.

질문과 토론

1. 아스피린의 어떤 구조 부분이 유기산이 되도록 하는가?
2. 인터넷을 이용하여 어떻게 이 유기화합물이 통증완화제로 작용하는지 찾아보자.

질을 부여하는 것은 카복실 작용기인 $-COOH$이다. 유기산은 또한 직물, 필름, 페인트를 만드는 데 사용되는 원료이다.

에스터는 알코올과 유기산으로부터 물을 제거하여 만들어진다. 식물과 동물 모두에게 흔하며, 과일과 꽃에게 그들의 독특한 냄새와 맛을 준다. 예를 들어 아밀 아세테이트 에스터는 바나나 냄새를 가지고 있다. 에스터는 향수와 인공감미료에 이용된다. 특정 에스터의 일부 향을 표 18.4에 열거하였다. 액체 에스터들은 천연물 기원에서 얻어지거나 화학적으로 합성될 수 있다. 천연향은 다른 유기물과 함께 이러한 에스터의 복합적 혼합물이다. 낮은 분자량을 갖는 에스터는 향기로운 냄새가 나는 액체지만, 높은 분자량을 갖는 에스터는 냄새가 없는 기름과 지방이다.

표 18.4 향과 에스터

에스터명	식	향
Amyl acetate 아밀 아세테이트	$CH_3-C(=O)-O-C_5H_{11}$	바나나
Octyl acetate 옥틸 아세테이트	$CH_3-C(=O)-O-C_8H_{17}$	오렌지
Ethyl butyrate 에틸 부티레이트	$C_3H_7-C(=O)-O-C_2H_5$	파인애플
Amyl butyrate 아밀 부티레이트	$C_3H_7-C(=O)-O-C_5H_{11}$	살구
Ethyl formate 에틸 포메이트	$H-C(=O)-O-C_2H_5$	럼

개념 적용

가정에서의 화합물들

많은 미국 가정에서 흔히 볼 수 있는 품목들이 나열된 표가 있다. 비어 있는 첫 번째 열에 각 화합물의 목적을 설명하시오. 두 번째 열은 인터넷이나 CRC 핸드북이나 머크 인덱스와 같은 참고서를 사용하여 소재가 무기질인지 유기물인지 판단하시오. 세 번째 열은 화합물의 화학적 이름을 쓰고 마지막 열을 사용하여 실험식을 작성하시오.

집 주변의 화합물들

품목	화합물의 목적	화합물 타입 (무기질 또는 유기질)	화학적 이름	실험식
1. 아세트아미노펜				
2. 식초				
3. 베이킹 소다				
4. 가정용 표백제				
5. 세틸 팔미테이트				
6. 순간접착제				
7. 초콜릿				
8. 구연산				
9. 메틸파라벤				
10. 암모니아				
11. 바다소금				
12. 페니실린				

18.4 합성고분자

천연 중합체는 단량체라고 불리는 수백 또는 수천 개의 더 작고 반복적인 분자 단위로 만들어진 거대한 사슬모양의 분자들이다. 셀룰로오스와 녹말은 포도당 단량체로 만들어진 천연 고분자의 예들이다. 합성 중합체는 매우 다양한 물질로 제조된다. 이러한 폴리머는 나일론과 포장 및 용기에 사용되는 저렴한 경량 플라스틱과 같은 합성 섬유로서 우리들에게 익숙한 중합체이다(그림 18.19).

최초의 합성 중합체는 천연 셀룰로오스 중합체를 변형한 것이다. 1862년 셀룰로오스를 화학적으로 변형시켜 최초의 플라스틱인 셀룰로이드를 만들었다. 플라스틱이라는 말은 셀룰로이드를 원하는 모양에 맞게 성형할 수 있다는 것을 의미한다. 셀룰로이드는 목화를 질산과 황산의 혼합액에 반응시켜 만들어졌다. 목화의 세포벽 셀룰로오스가 산과 반응하여 질산셀룰로오스 에스터를 만든다. 이 에스터는 '면화약(guncotton)' 또는 무연화약으로 알려진 폭발성 화합물이다. 에탄올과 장뇌를 혼합하면 폭발성이 떨어지고 유용한 성형 및 주형이 될 수 있었다.

이 최초의 플라스틱인 셀룰로이드는 틀니, 빗, 안경테, 사진필름을 만드는 데 사용되었다. 셀룰로이드가 발견되기 이전에 틀니를 포함한 많은 물품들은 나무로 만들어졌다. 오늘날 탁구공만이 질산셀룰로오스로 만들어진다(483쪽 자세한 관찰 '비지속성과 지속성 유기오염물질').

목화는 황산 촉매 하에서 아세트산과 반응하여 셀룰로오스 아세테이트 에스터를 생성한다. 이 중합체는 일련의 화학 반응을 시킨 후 작은 구멍을 통해 압출하면 레이온 섬유가 만들

중합체	구조식	용도
폴리에틸렌(PE)	$[-CH_2-CH_2-]_n$	플라스틱 병, 컨테이너, 세탁물과 쓰레기봉투, 포장비닐
폴리프로필렌 (PP)	$[-CH_2-CH(CH_3)-]_n$	옥내 외 카펫, 파이프밸브, 플라스틱 병,
폴리염화비닐 (PVC)	$[-CH_2-CHCl-]_n$	배관 파이프, 합성가죽, 플라스틱 식탁보, 축음기 레코드, 비닐타일
폴리이염화비닐 (사란)	$[-CH_2-CCl_2-]_n$	음식포장용 랩
폴리스타이렌 (PS)	$[-CH_2-CH(C_6H_5)-]_n$	아이스박스, 컵, 절연성 발포제, 내충격성 포장재, 모조목재가구
폴리사불화에틸렌 (테플론)	$[-CF_2-CF_2-]_n$	기어, 베어링, 조리기구의 표면 코팅
폴리아세트산비닐	$[-CH_2-CH(O-C(=O)-CH_3)-]_n$	비닐 혼방, 페인트의 접착제, 수지
부타다이엔 스타이렌 고무	$[-CH_2-CH=CH-CH_2-CH(C_6H_5)-CH_2-]_n$	자동차 타이어
폴리클로로프렌 (네오프렌)	$[-CH_2-CCl=CH-CH_2-]_n$	신발밑창, 여성용 구두 힐
폴리메타크릴산메틸 (PMMA)	$[-CH_2-C(CH_3)(C(=O)-O-CH_3)-]_n$	몰딩, 투명가구의 표면, 렌즈, 보석, 투명플라스틱 안경알
폴리카보네이트	$[-C_6H_4-C(CH_3)_2-C_6H_4-O-C(=O)-O-]_n$	오토바이 안전모 같은 단단한 성형품
폴리아크릴로 나이트릴 (PAN)	$[-CH_2-CH(CN)-]_n$	옷감(의류)

그림 18.19 합성 중합체, 중합체 단위 및 중합체들의 일부 용도

어진다. 이 섬유를 꼬아서 비스코스 레이온 실을 형성한다. 얇은 슬릿(slit)을 통해 사출하면 섬유 대신에 판이 형성되며 투명한 판을 **셀로판**(cellophane)이라고 한다. 레이온과 셀로판 둘 다 셀룰로이드로서 셀룰로오스의 천연 폴리머를 변형하여 제조한다.

최초의 진정한 합성 중합체는 1900년대 초에 천연 중합체를 변형하는 대신 비교적 작은 분자의 두 화합물을 반응시켜 생산되었다. 방향족 탄화수소인 페놀을 가장 단순한 알데하이드인 포름알데하이드와 반응시켜 **베이클라이트**(Bakelite)라는 중합체를 생산하였다. 베이클라이트는 중합체 사슬 간에 교차결합이 형성된 **열경화성** 물질이다. 생산과정에 일단 결합이 형성되면 플라스틱은 영구적으로 경화되어 부드럽게 하거나 흐르게 할 수 없다. 일부 플라스틱은 **열가소성** 중합체이며 교차결합을 형성하지 않기 때문에 가열하면 부드러워지고 냉각하면 경화된다.

그림 18.20 현대 플라스틱의 재활용 코드 번호는 플라스틱을 구성하는 화합물을 나타낸다.
©Thinkstock/Wonderfile RF

폴리에틸렌은 석유에서 파생된 에틸렌을 중합하여 생산되는 친숙한 열가소성 중합체이다. 이 합성물은 2차 세계대전 직전에 발명되어 전쟁 중에 전기 절연물질로 사용되었다. 오늘날 상이한 반응조건이나 에틸렌 분자의 수소를 치환하여 생산되는 변형 폴리에틸렌이 많다. 폴리에틸렌 테레프탈레이트(PET, polyethylene terephthalate)는 특히 탄산음료 음료수병과 의약품 용기에 광범위하게 사용된다(그림 18.20). 미국에서 이 용기들은 1번 재활용 코드를 가지고 있다.

녹는점 근처에서 부드러운 폴리에틸렌을 수직방향으로 번갈아 굴리거나 식으면서 팽창·압축하면, 폴리에틸렌 분자는 강성과 인장강도를 향상시키는 방식으로 정렬된다. 한 형태인 고밀도 폴리에틸렌(HDPE)은 우유와 물통, 스크류 병뚜껑과 병마개, 장난감의 재료로 사용된다. HDPE 병에는 2번 재활용 코드가 있으며 플라스틱 들보나 판자, 엔진오일 용기, 놀이터 장비 및 시트를 만드는 데 재사용할 수 있다. 다른 형태인 저밀도 폴리에틸렌(LDPE)은 4번 재활용 코드를 가지고 있다. 재활용된 LDPE는 야채 가방, 드라이클리닝 및 식료품 가방, 1번 재활용 코드가 있는 플라스틱 압착병에 사용된다.

폴리에틸렌의 성질도 에틸렌 분자의 수소 원자 중 하나를 교체함으로써 변화한다.

H　　　H
　C = C
H　　　Cl

수소를 염소 원자로 대체한 화합물을 염화비닐(vinyl chloride)이라고 하며 염화비닐로 형성된 중합체는 **폴리염화비닐**(PVC, polyvinyl chloride)이다. PVC는 플라스틱 수도관, 합성피혁, 기타 비닐 제품을 만드는 데 사용된다. 그것은 각각의 단량체에 있는 수소를 대체하는 염소 원자 때문에 폴리에틸렌의 무른 플라스틱과는 다르다.

수소 원자를 벤젠 고리로 대체하면 **스타이렌**이라는 단량체가 된다.

H　　　H
　C = C　　(스타이렌)
H

비지속성과 지속성 유기오염물질

비지속성 유기오염물질은 환경에서 오랜 기간 머무르지 않는다. 대부분의 비지속성 오염물질은 **생분해성**이다. 생분해성 물질은 미생물에 의해 화학적으로 변화되며 때로는 세균이 곰팡이 같은 분해자 생물에게 먹이와 에너지원으로 작용한다. 다른 비지속성 오염물질은 피해를 입히기엔 낮은 농도지만 빠르게 확산된다.

살충제와 같은 비지속성 독성물질은 대기 중에서 태양광이나 산소 또는 물과 반응하여 파괴된다. 예를 들어, 유기인은 일반적으로 살충제로 사용되는데(예, 파라티온) 보통 수주일 내에 분해된다. 그 결과 그들은 짧은 기간 동안만 오염물질로 존재하기 때문에 먹이사슬에 축적되지 않는다.

©Getty Images/Handout

지속성 오염물질은 변하지 않는 상태로 환경에서 여러 해 동안 남아 있는 오염물질이다. 대부분의 지속성 오염물질은 인간이 만든 유기물이다. 3만 종류 이상으로 추정되는 화학물질이 미국에서 사용된다. 그들은 끝없이 다양한 조합으로 혼합되어 일상생활의 모든 면에서 사용되는 모든 종류의 제품을 생산한다. 그것들은 우리의 음식, 교통, 의복, 건축 자재, 가전제품, 의약품, 오락 장비 등 많은 다른 물품들의 일부분이다. 우리의 생활방식은 합성물질에 크게 의존하고 있다.

지속성 유기오염물질의 한 예는 폴리염화 바이페닐(polychlorinated biphenyl)이다. PCB는 열, 산, 염기 산화에 대한 변화에 저항성이 있는 매우 안정한 유기화합물이다. 이러한 특성은 PCB를 산업용으로 바람직하게 하지만 환경에 방출되면 지속성 오염물질이 된다. PCB는 잉크, 플라스틱, 테이프, 페인트, 접착제, 왁스, 광택제 등으로 널리 사용되었다. 미국에서 PCB의 제조는 1977년 중단되었지만, 이러한 지속성 화학물질은 여전히 토양과 퇴적물에 존재하며 계속해서 해를 끼치고 있다. PCB는 생식을 방해하기 때문에 어류와 다른 수생 생물에 해롭다. 인간에게 PCB는 간질환과 피부변병을 일으킨다. 높은 농도에서 PCB는 신경계를 손상시킬 수 있으며, 발암물질로 의심된다.

스타이렌의 중합은 **폴리스타이렌**을 만든다. 폴리스타이렌은 기포가 가득 차 있어 익숙한 스티로폼 상자, 컵, 그리고 포장재를 생산한다.

에틸렌 분자의 수소 원자가 플루오린 원자로 치환되면 폴리테트라플루우오로에틸렌(polytetrafluoroethylene)이 생성되며, 이 제품은 고온에서도 잘 견딜 수 있는 강한 플라스틱이며 플라스틱이라기보다는 금속처럼 행동한다. 마찰력이 낮기 때문에 베어링, 톱니바퀴, 프라이팬의 달라붙지 않는 코팅제로 쓰인다. 이 플라스틱의 상표명인 **테플론**(Teflon)은 많이 알려져 있다.

PVC, 스티로폼, 테플론 이외에도 많은 중합체가 있으며, 이들 중 일부 단량체는 그림 18.19에 나타나 있다.

이 모든 합성 중합체는 일상생활의 모든 부분에 실질적으로 많은 도움을 준다. 여기에 그들의 용도를 모두 열거하는 것은 불가능할 것이다. 그러나 합성 중합체들은 문제점을 야기하는데 그 이유는 (1) 원자재가 석탄으로부터 얻은 원료와 줄어드는 석유 공급으로부터 제조되고, (2) 강, 바다, 또는 다른 환경에 버려졌을 때 쉽게 분해되지 않는다. 그렇지만 중합체 과학의 연구는 생물학적 조직에 관한 연구로부터 배운 새로운 이해를 반영하기 시작하고 있다. 이는 생태계와 공존할 수 있는 합성 중합체의 완전히 새로운 분자 설계로 이어질 수 있다.

18.5 생물과 거대분자

초기의 사상가들의 살아있는 유기체가 같은 원소로 만들어진 무기질과 다르다는 그들의 개념은 **부분적으로** 옳았다. 예를 들어 살아있는 유기체는 (1) 물질과 에너지를 주위 환경과 교환하고, (2) 물질과 에너지를 다른 형태로 변환하며, (3) 주변 환경의 변화에 반응하는 능력을 가지고 있다. 또한 생명체는 (4) 성장할 수 있으며, (5) 번식하기 위해 변환된 물질과 에너지를 사용할 수 있다. 그러나 생명체는 효소에 의해 촉매되는 매우 다양한 유기반응을 통하여 이러한 일을 수행할 수 있고, 불가사의한 '생명력'을 통한 것은 아니다. 이러한 효소 조절 유기 반응은 살아있는 유기체들이 고도로 조직되어 있고 많은 다른 화학적 과정들 사이에서 믿을 수 없을 정도로 많은 관계를 가지고 있기 때문에 일어난다.

생명체의 유기분자는 수천에서 수백만의 원자질량단위(amu, atomic mass units)를 가지고 있으므로 **거대분자**(macromolecule)라고 한다. 많은 종류의 거대분자는 유사한 반복 단량체로 구성된 고분자이다. 단량체는 보통 두 단량체 사이에서 물 분자를 제고하는 화학 반응(**탈수축합반응**)에 의해 중합체를 형성한다. 이 반응의 반대(**가수분해**)는 물을 첨가하여 큰 중합체를 분열시키는 과정이다. 위와 소장에서 음식물의 소화는 이러한 반응의 중요한 예이다. 세 종류의 주된 중합체 거대분자는 (1) 탄수화물, (2) 단백질, (3) 핵산이다. 더하여 진정한 중합체는 아니지만 거대분자인 지질이 네 번째 종류이다.

탄수화물

유기분자의 한 종류인 **탄수화물**(carbohydrate)은 탄소, 수소, 그리고 산소 원자가 결합하여 형성된 단순당 또는 단당류로 구성되어 있다(*mono* = 하나의, *saccharine* = 달콤한, 당분)(486쪽 관련 내용 '얼마나 달콤한가!' 참고). **탄수화물**은 문자 그대로 '물과 결합된 탄소'이며, 대부분 탄수화물에 대한 실험식인 (CH_2O)는 각각의 물에 대해 하나의 탄소를 나타낸다.

단당류에 대한 화학식은 동일한 수의 탄소와 산소, 그리고 2배의 수소가 있기 때문에 알아보기 쉽다. 예를 들면 $C_3H_6O_3$ 같은 분자나 $C_5H_{10}O_5$이다. 우리는 보통 분자 내의 탄소 수에 따라 간단한 당류를 묘사한다. *-ose*로 끝나는 것은 탄수화물을 가리킨다. 트리오스(triose)는 3탄당, 펜토스(pentose)는 5탄당, 헥소스(hexose)는 6탄당을 나타낸다. 탄소의 수는 산소의 수와 같고 수소의 수는 2배라는 것을 기억하면 이러한 이름은 단당류의 식을 알려준다. 탄수화물은 생명체에서 많은 역할을 한다. 그것들은 즉각적인 에너지원(당분)의 역할을 하며, 특정 세포에 모양을 제공하고(식물 세포벽의 셀룰로오스) 많은 항생제와 조효소의 구성 요소이며, 핵산, DNA, RNA의 필수적인 부분이다.

단순 당분은 서로 결합하여 **복합 탄수화물**(complex carbohydrate) 중합체를 형성할 수 있다(그림 18.21). 2개의 간단한 단당류가 결합하면 **이당류**(disaccharide; *di-* = 2)가 형성되고, 3개가 결합하면 **삼당류**(trisaccharide; *tri-* = 3)가 형성된다. 일반적으로 이것보다 큰 복합 탄수화물을 **다당류**(polysaccharide)라고 한다. 모든 경우에 있어서, 복합 탄수화물은 당류 사이에서 물을 제거함으로써 형성된다. 포도당과 과당이 결합하면 물 분자 하나를 잃고 **이당류**(설

자세한 관찰

오메가 지방산과 다이어트

지방산에서 이중결합의 존재는 그리스 문자 ω(오메가)와 분자 내에서 첫 번째 이중결합의 위치를 나타내는 숫자에 의해 나타난다. 올리브유에서 발견되는 지방산 중 하나인 올레산은 18개의 탄소를 가지며, 9번 탄소와 10번 탄소 사이에 하나의 이중결합을 가진다. 따라서 화학적으로 C18:1ω9로 나타내며 단일 불포화 지방산이다. 이 지방산은 통상 오메가-9 지방산, 리놀레산이라고 하며 해바라기유와 홍화유의 성분이다. 리놀레산은 화학적으로 2개의 이중결합을 가지고 있고 C18:2ω6로 나타내며 오메가-6 지방산인 다중 불포화 지방산이다. 이는 이 18개 탄소 분자의 첫 번째 이중결합이 6번과 7번 탄소 사이에 있다는 것을 나타낸다. 인체는 이 지방산을 만들 수 없기 때문에 **필수 지방산**으로 불리며 음식으로 섭취해야 한다. 다른 필수 지방산인 리놀렌산은 C18:3ω3이며 3개의 이중결합을 가지고 있다. 이 지방산은 흔히 오메가-3 지방산으로 불린다. 이러한 필수 지방산들의 주요한 기능 중 하나는 세포의 성장과 분화에 필요한 프로스타글란딘 호르몬의 합성이다.

오메가-3 지방산 공급원	오메가-6 지방산
등푸른 생선(연어, 정어리, 청어 등)	옥수수기름
아마씨 오일	땅콩기름
콩	목화씨유
대두유(콩기름)	대두유(콩기름)
호두	세사민 오일
호두유	홍화유
	해바라기유

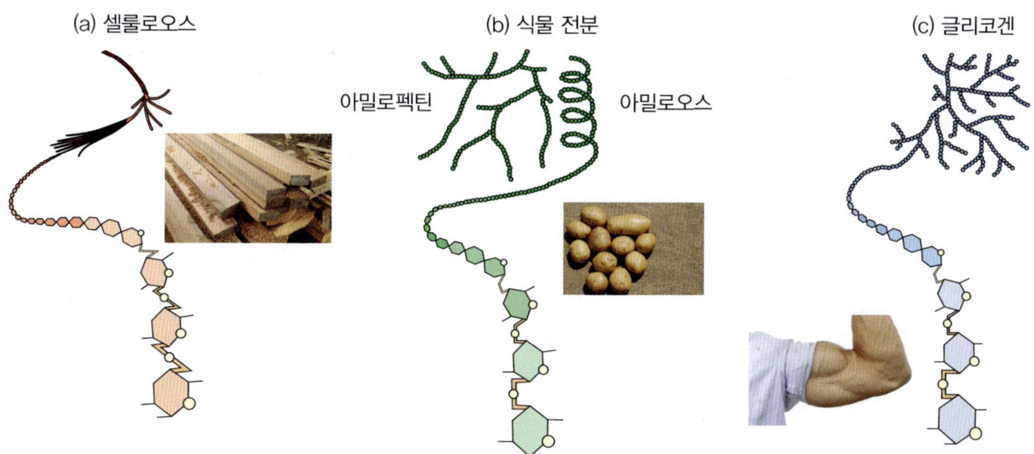

그림 18.21 단순당은 그들 사이에서 물 분자를 제거함으로써 서로 부착된다. 일반적인 복합 탄수화물은 (A) 셀룰로오스(나무 섬유), (B) 식물 전분(아밀로펙틴과 아밀로오스; amylopectin and amylose), (C) 글리코겐(동물 전분으로 불리기도 함)으로 알려진 중합체다. 글리코겐은 근육 세포에서 발견된다. 이것들은 모두 단순당의 중합체라는 점에서 유사하지만, 그것들은 서로 다른 결합 방식으로 결합한다. 많은 유기체들이 글리코겐과 식물 전분에서 발견되는 화학결합을 소화(가수분해)할 수 있는 능력이 있지만, 셀룰로오스의 단당류 간의 결합을 깨뜨릴 수 있는 유기체는 드물다.

(a): ©somnuek saelim/123RF RF; (b): ©vandame/Shutterstock.com RF; (c): ©Chad Zuber/123RF RF

탕; sucrose)가 된다.

$$\underset{\text{포도당}}{C_6H_{12}O_6} + \underset{\text{과당}}{C_6H_{12}O_6} \longrightarrow \underset{\text{설탕}}{C_{12}H_{22}O_{11}} + \underset{\text{물}}{H_2O}$$

보통 설탕인 수크로오스는 가장 흔한 이당류이며, 사탕수수와 사탕무에 높은 농도로 포함되어 있다. 식물 원료를 분쇄하여 추출한 다음, 재료에서 수크로오스를 물에 녹여낸다. 물을 증발시키고 결정화된 설탕은 숯으로 탈색되어 백설탕을 만든다. 다른 흔한 이당류에는 **락토오스**(젖당)와 **말토오스**(맥아당)가 있다. 3가지 이당류는 모두 성질이 비슷하지만, 말토오스는 수

관련 내용

얼마나 달콤한가!

포도당, 과당, 갈락토오스 같은 단순당은 생물이 생명을 유지하는 데 필요한 화학에너지를 제공한다. **포도당**($C_6H_{12}O_6$)은 가장 풍부한 탄수화물로, 식품이자 다른 탄수화물을 구성하는 기본적인 구성 요소 역할을 한다. 포도당(glucose 또는 dextrose)은 식물의 수액에서 발견되며, 사람의 혈류에서는 **혈당**이라고 한다. 감미료로 많이 쓰이는 옥수수 시럽은 대부분 포도당이다. 과당은 이름이 의미하듯이 과일에 나타나는 당류이며, 때로는 과일 설탕이라고도 한다. 식품라벨에서도 고과당 콘시럽을 쉽게 찾을 수 있다. 포도당과 과당은 같은 분자식을 가지고 있지만, 포도당은 알데하이드 당이고 과당은 케톤 당이다(상자 그림 18.1). 포도당과 과당이 혼합된 것이 꿀이다. 이 혼합물은 설탕을 산의 존재 하에서 물과 반응시키면 형성되며, 이 반응은 통조림 과일이나 사탕을 만들 때 일어난다. 포도당과 과당의 혼합물은 **전환당**이라고 한다. 과당으로 인하여 전환당은 동일한 양의 설탕보다 2배 정도 더 달콤하다.

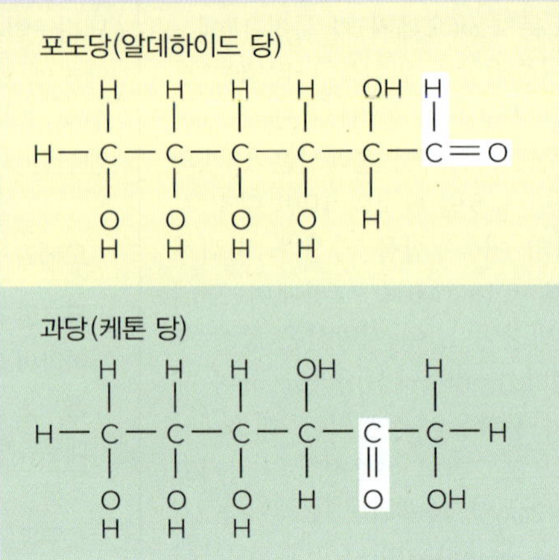

상자 그림 18.1 포도당(혈당)은 알데하이드, 과당(과일 설탕)은 케톤이다. 둘 다 $C_6H_{12}O_6$의 분자식을 갖는다.

다양한 당류와 설탕 대용품의 상대적 당도

당이나 인공감미료의 종류	상대적 당도
락토오스(젖당; Lactose)	0.16
말토오스(Maltose)	0.33
포도당(Glucose)	0.75
설탕(수크로오스; Sucrose)	**1.00**
과당(프룩토오스; Fructose)	1.75
시클라메이트(Cyclamate)	30.00
아스파탐(Aspartame)	150.00
스테비아(Stevia)	300.00
사카린(Saccharin)	350.00
수크랄로오스(Sucralose)	600.00

크로오스의 1/3 정도밖에 달지 않다. 락토오스는 수크로오스의 1/6 정도의 단맛에 불과하다. 어떤 이당류(수크로오스, 락토오스 또는 말토오스)를 소비하더라도 인체에서 이용되기 위해서는 포도당으로 변환되어 혈류를 통해 운반된다.

다당류의 일반적인 예로는 **셀룰로오스, 녹말, 글리코겐**이다. 셀룰로오스는 식물 세포벽을 구성하는 데 사용되는 중요한 다당류이다. 사람은 이 복잡한 탄수화물을 소화시킬 수 없기 때문에 그것을 에너지원으로 사용할 수 없다. 반면에 반추동물(예, 소나 양)과 흰개미들은 소화기관 내에서 셀룰로오스를 소화하는 미생물이 있어 에너지원으로 이용할 수 있다. 식물의 세포벽은 우리의 식단에 부피와 섬유질을 늘려주지만 열량은 없다. 섬유질은 체중 조절에 도움이 되고 대장암의 위험을 줄여주기 때문에 식단에서 중요한 첨가물이다. 또 물을 보유하는 능력이 커서 변비와 설사도 조절해준다. 녹말 또한 식물의 산물로 대부분의 다른 생물에 의하여 소화될 수 있다. 일단 분해되면 단당류는 에너지원이나 물질합성에 사용될 수 있다. 가깝지만 구조적으로 다른 다당류는 글리코겐이다. 이 거대분자는 다당류의 저장형태로서 많은 동물의 근육세포에서 발견된다.

많은 종류의 당이 세포에 의해 더 복잡한 다른 분자의 구성 성분으로 사용될 수 있다. 당 분자는 DNA(데옥시리보핵산; deoxyribonucleic acid), RNA(리보핵산; ribonucleic acid), ATP(아데노신삼인산; adenosine triphosphate) 같은 분자의 한 부분이다.

단백질

단백질(protein)은 많은 중요한 역할을 한다. 효소는 생명체에서 화학 반응을 촉진시키는 촉매이다. 헤모글로빈 같은 단백질은 산소와 같은 다른 분자의 운반체 역할을 한다. 콜라겐과 같은 단백질은 형태와 구조적 지지를 제공하며, 근육세포에 있는 몇 가지 종류의 단백질은 운동을 담당한다. 단백질은 화학적으로 전령으로도 작용하며, 호르몬이라고 한다. **호르몬**(hormone)은 내분비선에 의해 분비되어 인체의 다른 부분을 조절하는 화학 전달 물질이다. **항체**(antibody)라고 하는 어떤 다른 단백질은 위험한 미생물과 화학물질로부터 몸을 보호하는 데 도움을 준다. 항체는 항원(antigen)이라 하는 이물질 또는 해로운 분자의 존재에 대응하여 인체가 만든 구상 단백질이다. 항원 대다수의 경우가 단백질이다.

화학적으로 단백질은 아미노산이라는 단량체로 구성된 중합체이다. **아미노산**(amino acid)은 짧은 탄소 골격으로 골격의 한쪽 끝에는 아미노기(질소 하나와 수소 둘)를, 다른 쪽 끝에는 카복실산기를 가지고 있는 짧은 탄소 골격이다(그림 18.22). 그 외에 탄소 골격은 여러 종류의 곁사슬(side chain) 중 하나를 가지기도 한다. 곁사슬의 조성은 다양하며 아미노산의 R-기로 표시한다. 약 20여 종의 아미노산이 세포에 중요하며, 각 아미노산은 R-기의 성질이 서로 다르다 (488쪽 자세한 관찰 '고기를 먹지마세요! 어떻게 건강하게 살 것인가?' 참고).

어떤 아미노산도 다른 아미노산과의 결합을 형성할 수 있다. 그들은 하나의 아미노기가 다른 아미노산의 카복실산기와 결합하는 특유한 방식으로 결합한다. 20여 종류의 다른 아미노산을 소재로 하여 수백만의 다른 조합을 만들 수 있다. 5개의 아미노산 길이를 갖는 분자로 300만 가지 이상의 조합을 만들 수 있다. 이 각각의 조합은 **폴리펩티드 사슬**(polypeptide chain)이라고 불린다. 특정 폴리펩티드는 서로 연결된 특정한 아미노산 서열(sequence; 순서)로 이루어진다.

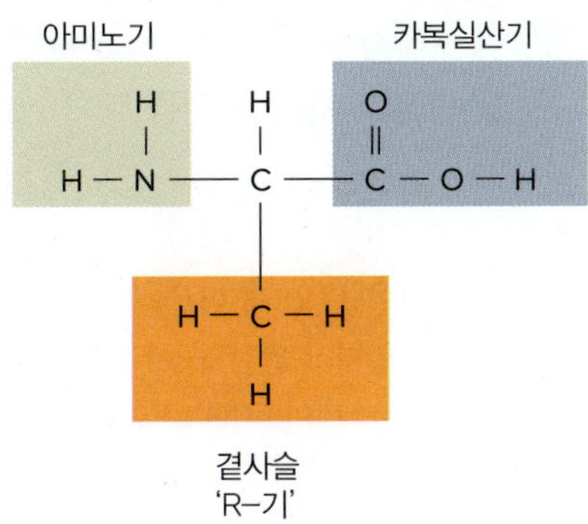

그림 18.22 아미노산은 아미노기, 카복실산기, 추가적인 변이성 기(R-기)의 3가지 작용기를 가진 짧은 탄소 골격으로 구성되어 있다. 어떤 변이성 기에 의해 특정한 아미노산의 종류가 결정된다.

자세한 관찰

고기를 먹지마세요! 어떻게 건강하게 살 것인가?

인간은 식단에 트레오닌, 트립토판, 메티오닌, 리신, 페닐알라닌, 이소류신, 발린, 히스티딘, 류신과 같은 9가지의 아미노산을 필요로 한다. 이들 아미노산은 사람의 인체에서 만들 수 없기 때문에 **필수 아미노산**이라고 한다. 인체는 건강에 필요한 단백질의 합성에 이러한 필수 아미노산을 사용한다. 예를 들어 황을 함유하는 아미노산인 메티오닌은 셀레늄과 칼륨의 흡수와 수송에 필수적이다. 또 간에서 지방이 과도하게 축적되는 것을 방지하고, 납, 카드뮴, 수은과 같은 중금속이 몸으로부터 배설될 수 있도록 한다. 필수 아미노산은 대부분의 식물 단백질에서 쉽게 구할 수 없으며, 육류, 생선, 유제품을 통하여 가장 쉽게 얻을 수 있다.

만약 그렇다면 개인적인 이유로 육류, 가금류, 생선, 육가공식품, 유제품, 꿀 등을 먹지 않는 사람은 어떻게 영양결핍을 피할 수 있을 것인가? 식단에서 모든 동물 식품을 배제하는 사람을 절대 **채식주의자**(vegan)라고 한다. 우유만 포함하는 사람들을 유당 채식주의자(lacto-vegetarian), 달걀만을 포함하는 사람을 계란 채식주의자(ovo-vegetarian)라고 한다. 그리고 달걀과 우유 둘 다 포함하는 사람을 유당 계란 채식주의자라고 한다. 절대 채식주의자가 아닌 사람은 우유와 달걀에서 소량의 필수 아미노산을 얻을 수 있다. 절대 채식주의자는 식물과 식품의 특정한 조합을 먹음으로써 모든 필수 아미노산을 얻을 수 있다. 이러한 모든 아미노산을 포함하는 특정 식물들(콩, 루피너스 씨앗, 삼씨, 치아씨, 아마란스, 메밀, 키노아 열매 등)도 있지만, 대부분의 식물은 필수 아미노산을 하나 또는 그 이상 함유하고 있다. 그러나 다른 식물을 적절히 조합하여 먹음으로써 한 끼에 모든 필수 아미노산을 섭취할 수 있다. 이러한 조합을 보완식품(complementary food)이라고 한다.

©Ingram Publishing/SuperStock RF

폴리펩티드에서 아미노산의 특정한 서열은 생물의 유전정보에 의해 통제된다. 유전자는 세포가 어떠한 순서로 특정한 아미노산을 연결할지 지시하는 특정한 메시지이며, 폴리펩티드의 1차 구조를 결정한다. 폴리펩티드 아미노산의 어떤 서열은 꼬이는 경향이 있는 반면(코일이나 주름진 판), 다른 서열은 직선형이다(그림 18.23). 예를 들어 머리카락 같은 일부 단백질은 꼬인 용수철 같은 나선구조로 만들어져 있다. 다른 폴리펩티드는 수소 결합을 형성하여 주름진 치마를 닮은 납작한 주름을 여러 개 만들게 한다. 이를 주름 시트(pleated sheet)라고 한다. 특정 단백질이 접히는 방식은 그 기능에 중요하다. 소해면상뇌염(광우병)과 크로이츠펠트 야곱병(Creutzfeldt-Jakob disease)에서는 단백질 구조가 올바르게 형성되지 않아 특징적인 신경계 증상이 나타난다.

열이나 빛 형태의 에너지는 단백질 분자 내의 결합을 깨뜨릴 수 있다. 이렇게 되면 단백질의 화학적, 물리적 성질이 변하며 단백질이 **변성하였다**(denatured)고 한다(단백질은 생물이 아

미신, 착각, 그리고 오해

단백질과 사람의 건강

사람들의 오해: 한 사람이 건강을 위해 필요한 하루 단백질의 양은 약 340 g 스테이크를 섭취함으로써 얻을 수 있다.

실제로는 보건영양 전문가들은 대부분의 성인남성(8세 이상)이 하루에 52~56 g의 단백질을 섭취해야 하는 반면 성인여성은 약 46 g을 섭취해야 한다고 말한다. 아침으로 계란 2개(12 g), 점심으로 치즈 없는 113 g 햄버거 1개(28 g), 저녁으로 340 g 스테이크(84 g)를 먹으면 하루 단백질의 섭취량이 얼마나 되는지 확인해보자! 총 124 g의 단백질이다.

관련 내용

단백질 구조와 겸상적혈구빈혈

단백질 내의 아미노산 배열의 변화는 그 기능에 광범위한 영향을 미칠 수 있다. 예를 들어 적혈구에서 발견되는 정상 헤모글로빈은 알파와 베타 두 종류의 폴리펩티드 사슬로 구성되어 있다. 베타 사슬은 146개의 아미노산이 결합되어 있다. 이러한 아미노산 중 하나만이라도 다른 아미노산으로 대체하면 헤모글로빈 분자가 제대로 기능하지 못할 수 있다. 이것의 전형적인 예는 **겸상적혈구빈혈**로 알려진 상태를 초래한다. 이 경우 베타 사슬의 여섯 번째 아미노산이 정상인 경우는 글루탐산이지만 발린으로 대체된다. 이러한 사소한 변화로 인해 헤모글로빈은 다르게 접히게 되고, 이 변형된 헤모글로빈을 포함하는 적혈구는 신체가 충분한 산소를 공급받지 못하게 낫 모양을 띠게 된다(그림 22.16 참조).

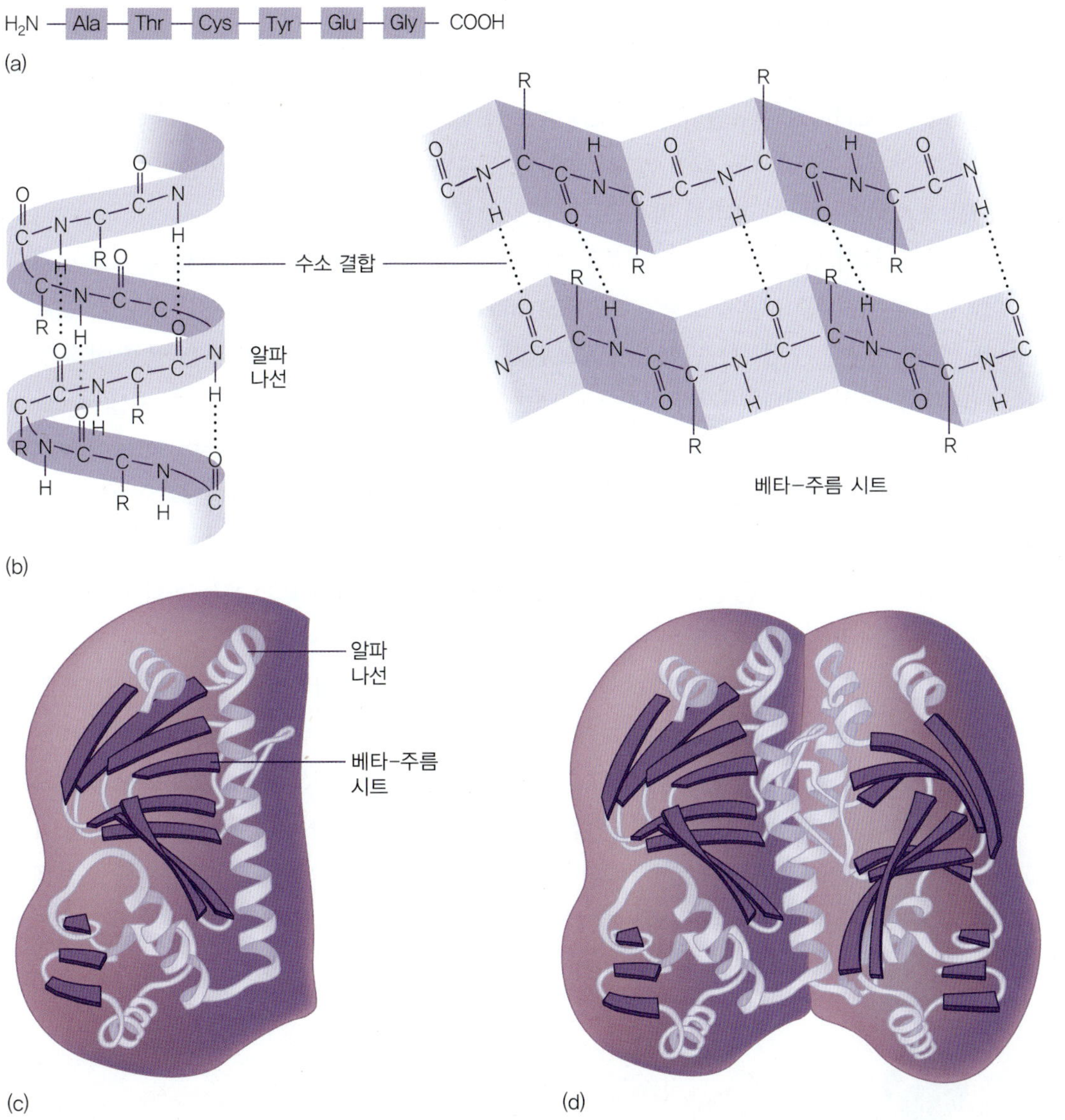

그림 18.23 (A) 단백질 분자의 구조는 아미노산이 나타나는 순서(서열)처럼 간단할 수 있다. (B) 이 그림은 다음 단계의 복잡성(예, 분자의 한 부분이 같은 분자의 다른 부분에 어떻게 부착되는지)을 보여준다. (C) 단일 분자의 접힌 부분이 다른 곳에 붙어 있으면, 분자는 훨씬 더 복잡한 구조를 나타낸다. (D) 가장 복잡한 구조적 배열은 2개 이상의 분리된 분자가 하나의 거대한 거대분자로 결합한 결과로 나타나는 단백질 분자에 의해 표시된다.

그림 18.24 단백질의 변성은 달걀의 젤라틴 같은 투명한 부분이 익고 단백질이 흰색 고체로 변할 때 관찰할 수 있다. ©McGraw-Hill Education

닌 분자로, 따라서 "사멸될 수 없다"는 것을 명심하라). 일반적인 예는 달걀의 젤라틴상 투명한 부분이 조리되고 단백질이 흰색 고체로 변할 때 일어난다(그림 18.24). 어떤 약들은 단백질이기 때문에 그 효과를 잃지 않도록 변성으로부터 보호되어야 한다. 인슐린이 한 예이며, 이를 보호하기 위하여 그러한 약품은 갈색 병이나 냉장 보관한다.

수천 종류의 단백질은 3가지 범주로 나눌 수 있다. 어떤 단백질은 세포와 유기체의 형태를 유지하는 데 중요하다. 보통 **구조단백질**(structural protein)이라고 불린다. 세포막, 근육세포, 힘줄, 혈구를 구성하는 단백질이 구조단백질의 예이다. 단백질 콜라겐은 인체 여러 곳에 나타나며 조직의 형태, 지지력 등을 나타낸다. 두 번째 범주의 단백질인 **조절단백질**(regulator protein)은 생물 내에서 어떠한 활동이 일어날지를 결정하는 데 도움을 준다. 이러한 조절단백질은 효소, 샤프롱(chaperone)과 일부 호르몬을 포함한다. 이 분자들은 세포와 유기체의 화학적 활동을 조절하는 데 도움을 준다. 효소는 단백질 분자로 반응속도를 빠르게 하는 촉매 역할을 한다. 모든 촉매들은 온도를 올리지 않고 화학 반응속도를 빠르게 하는 화학물질로, 반응에 의해 소모되지 않는다. 효소는 닳거나 파괴될 때까지 계속하여 사용할 수 있다.

이러한 단백질 촉매의 생산은 생물체의 유전물질(DNA)의 직접적인 통제 하에 있다. 효소의 제조에 대한 지침은 세포의 유전자에서 발견된다. 여러분은 여러분만의 효소를 만든다. 효소는 반응이 진행되는 데 필요한 에너지인 활성화 에너지(activation energy)의 양을 줄임으로써 작용한다. 이 에너지가 낮아지면 기질에 있는 결합 성질이 바뀌기 때문에 더욱 쉽게 파괴될 수 있다. 그림 18.25는 단일반응체가 (가수분해반응과 같이) 여러 개의 최종산물로 분해되는 것을 보여주는 반면에, 활성화 에너지의 감소는 또한 결합을 깨뜨려 여러 반응물질로부터 하나의 큰 최종산물을 만들 때(합성반응) 새로운 결합을 형성할 수 있게 할 수 있다.

과학 스케치

그림 18.25(또는 종이)에 그림 18.25의 효소보다 효과가 적은 효소가 시간이 지남에 따라 분자의 상대적인 에너지 양을 어떻게 변화시키는지에 대한 그림을 그리시오.

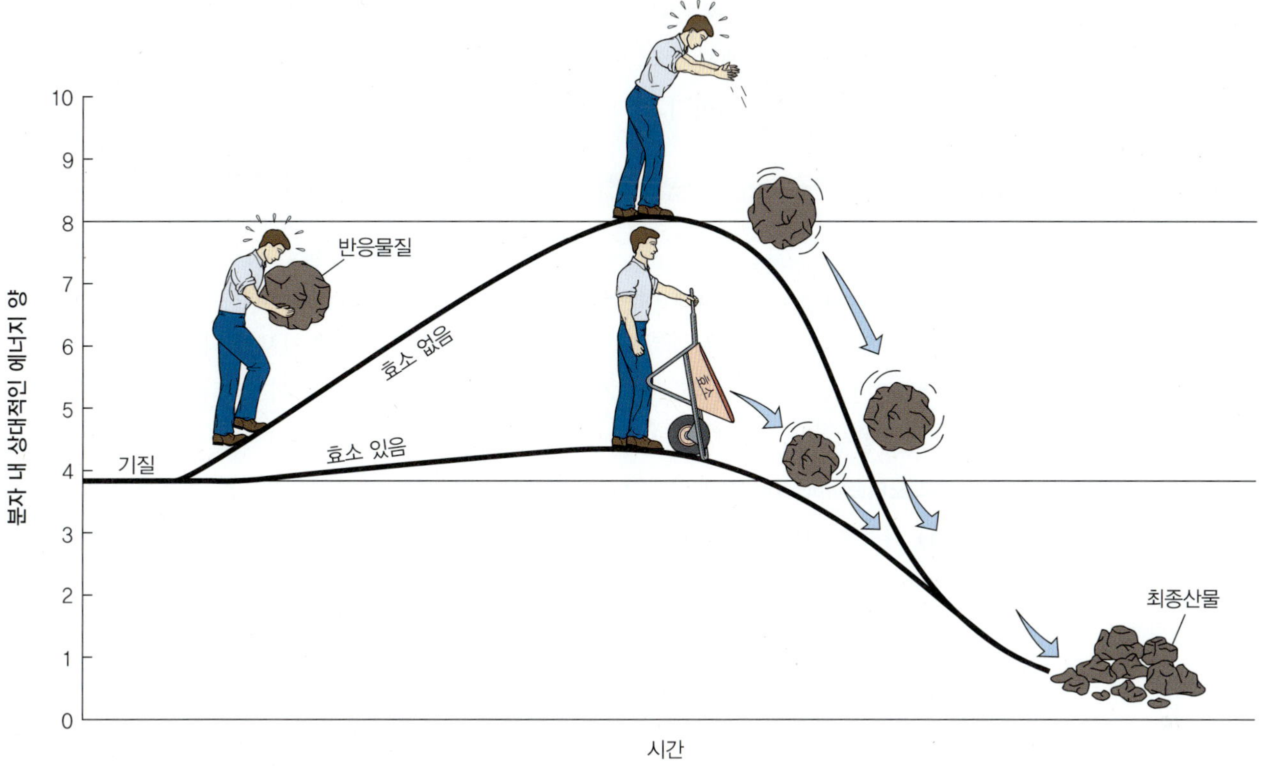

그림 18.25 이 그림의 효소는 손수레로 표현된다. 돌(기질)을 목적지(최종산물)로 이동시키는 데 필요한 에너지가 얼마나 적은지 주목하라. 더군다나 손수레는 몇 번이고 재사용할 수 있다.

효소조절반응 중 효소와 기질이 합쳐져 새로운 분자인 효소-기질 복합 분자를 형성한다. 이 분자는 매우 짧은 시간 동안만 존재한다. 이 시간 동안 활성화 에너지가 낮아지고 결합이 변화한다. 그 결과 반응의 최종산물이라는 새로운 분자가 형성된다. 특정 시간 동안 효소가 수행할 수 있는 작업의 수는 믿을 수 없을 만큼 크다. 촉매되지 않은 반응에 비해 분당 수천(10^3)~수경(10^{16})배만큼이나 빠르다. 효소가 없다면, 아마도 같은 시간 동안에 50개 혹은 100개의 기질 분자들만이 변형될 수 있을 것이다. 효소의 몇 가지 예는 위장의 소화 효소들이다. 샤프롱의 역할은 다른 단백질들이 적절한 모양으로 접히는 것을 돕는 것이다. 예를 들어 어떤 샤프롱은 열충격 단백질 역할을 하는데, 이는 열에 의해 손상된 단백질을 수선하는 것을 돕는다.

효소와 호르몬은 세포와 생물체의 화학적 활동을 조절하는 데 도움을 준다. 조절단백질인 두 호르몬은 인슐린(insulin)과 옥시토신(oxytocin)이다. 인슐린은 췌장에서 생산되며 혈중 포도당 양을 조절한다. 인슐린 생산이 너무 낮거나 분자가 부적절하게 조립되면 포도당 분자가 혈류에서 충분히 빠른 속도로 제거되지 않는다. 이때 과량의 당은 소변으로 제거된다. 혈중 과잉당의 다른 증상은 과도한 갈증과 심지어 의식의 상실이 있다. 인슐린이 제대로 기능하지 않아 생기는 병은 **당뇨병**으로 알려져 있다. 두 번째 단백질 호르몬인 옥시토신은 출산도중 자궁 수축을 자극한다. 이는 인공적으로 생산되어(예, 피토신) 의사들이 분만을 유도하는 데 사용되는 유기분자의 한 예이기도 하다.

단백질의 세 번째 범주는 **운반단백질**(carrier protein)이다. 이 범주의 단백질은 한 장소에서 분자를 수집하여 다른 장소로 운반한다. 예를 들어 단백질은 음식으로 시스템에 들어오는 콜레스테롤에 규칙적으로 부착되어 순환계를 통해 운반되는 지질단백질이라는 분자를 형성한다. 콜레스테롤은 소화관에서 멀리 떨어진 곳에서 방출되나, 단백질은 체내로 들어오는 더 많은 식이 콜레스테롤을 수집하기 위하여 돌아간다.

핵산

핵산(nucleic acid)은 세포 내에 정보를 저장하고 전달하는 복잡한 고분자이다. 여기서는 이 중요한 종류의 유기화합물을 개략적으로 이야기하고자 한다. 더 자세한 내용은 22장에서 다룬다. 핵산은 DNA와 RNA 두 종류가 있다. DNA는 어떤 단백질이 만들어질지를 결정하는 유전물질 역할을 하는 반면, RNA는 단백질 제조 과정에서 필수적인 역할을 한다. 모든 핵산은 **뉴클레오티드**(nucleotide)라고 하는 기본적인 단량체로 구성되어 있다. 각각의 뉴클레오티드는 (1) 리보오스나 디옥시리보오스인 5탄소 단당류 분자, (2) 인산기, (3) 질소를 함유한 5종류의 염기 등 세 부분으로 구성된다. 염기 중 2개는 더 크고 이중고리 분자로 아데닌과 구아닌이다. 더 작은 염기들은 단일고리이며, 티민, 사이토신과 우라실이다. 단량체인 뉴클레오티드(단량체)는 긴 서열(중합체)로 결합되어(중합되어) 당과 인산염 순서가 '등뼈(backbone)'를 형성하고 질소 염기가 외부로 돌출된다. DNA는 디옥시리보오스 당과 A, T, G, C 염기를 가지고 있으며, RNA는 리보오스 당과 염기 A, U, G, C(그림 18.26)를 가지고 있다.

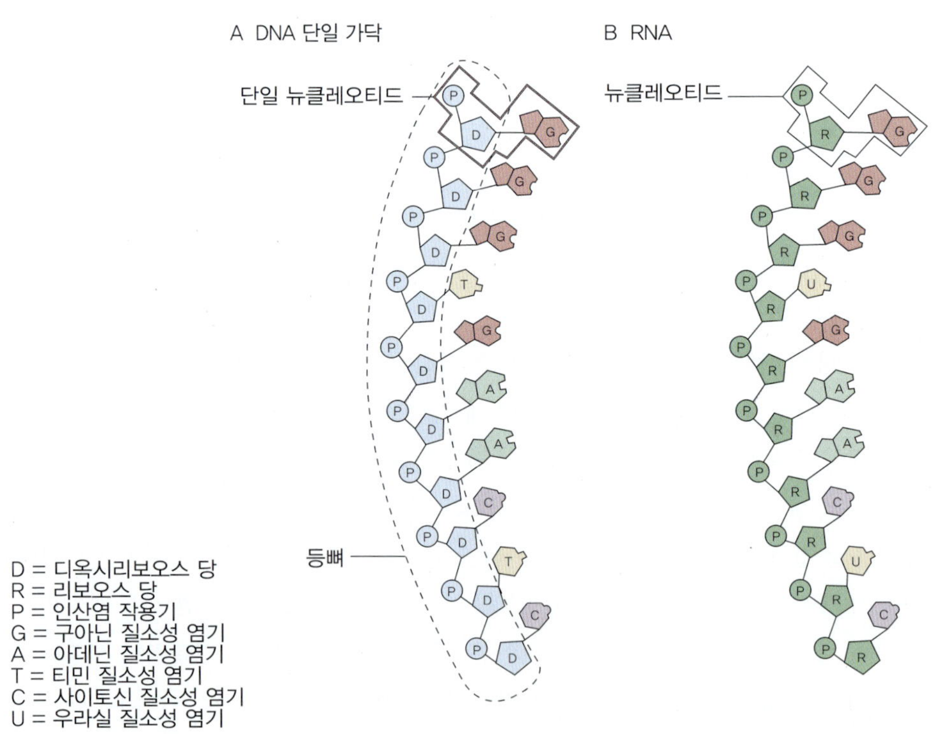

그림 18.26 (A) DNA의 단일 가닥은 뉴클레오티드로 구성된 중합체이다. 각 뉴클레오티드는(분자의 상단에 골격을 형성하는) 디옥시리보오스 당, 인산염, 그리고 4개의 질소를 함유한 염기 중 하나인 A, T, G, C로 구성되어 있다. 푸른빛이 도는 당과 인산염의 등뼈에 주목하라. (B) RNA도 중합체지만, 각각의 뉴클레오티드는(이 RNA 분자의 상단에 골격을 형성하는) 리보오스 당, 인산염, 그리고 A, U, G, C의 4가지 질소를 함유한 염기 중 하나로 구성되어 있다. 리보오스와 인산염의 등뼈는 녹색으로 강조하였다.

개념 적용

유치원에서 단량체와 중합체에 대해 배웠어요

단량체와 중합체, 그리고 그것들이 어떻게 상호 연관되는지는 생명체에 중요한 유기화합물을 이해하는 데 매우 중요하고 기본이다. 이르면 유치원에서 장식사슬(중합체)을 만들기 위하여 색종이 조각(단량체)을 부착하였을 때 이러한 개념으로 놀이를 했을지도 모른다. 그 경험을 되살려서 이 장에서 서술된 단백질, 탄수화물, 핵산을 더 잘 나타내는 중합체 분자를 만들어보시오. 각각의 중합체 유형을 형성하는 단량체에 적절히 라벨을 붙이시오.

DNA(데옥시리보핵산; *d*eoxyribo*n*ucleic *a*cid)는 두 가닥으로 이루어져 수천 뉴클레오티드 길이의 사다리 모양 구조를 형성한다. 두 가닥은 염기들의 **짝 규칙**에 따라 연결된다. 즉 한 가닥의 아데닌은 항상 다른 한 가닥의 티민과 짝을 이룬다. 구아닌은 항상 사이토신과 짝을 이룬다.

A T (또는 A U) 및 G C

DNA의 한 가닥은 질소 염기를 문자로 사용하여 쓴 의미 있는 유전적 메시지(예: CATTAGACT 염기서열)(그림 18.27)를 가지고 있기 때문에 **암호가닥**(coding strand)이라고 불린다. 이것은 모든 유기체에 대한 유전자 코드의 기본이다. 만약 염기들을 3개의 그룹으로 읽으면 마치 우리의 단어처럼 의미를 가진다(즉 'cat', 'tag', 그리고 'act' 등). 반대쪽 가닥은 **비암호가닥**이라고 하는데, 이는 의미는 가지고 있지 않지만 화학적, 물리적 손상으로부터 암호가닥을 보호한다. 두 가닥 모두 나선형으로 꼬여있는데, 즉 분자는 꼬인 용수철처럼 관 모양의 공간을 둘러 회전한다.

DNA가 가지고 있는 정보는 교과서의 정보와 비교할 수 있다. 책은 (개개의 문자로 구성된) 단어로 구성되어 있으며, 특히 장으로 정리되어 있다. 이와 같이 DNA는 유전자(장)로 조직된 특정 순서(단어)에 있는 수만 개의 뉴클레오티드로 구성되어 있다. 각각의 유전자는 하나의 아이디어와 관련된 정보를 가지고 있는 것처럼 단백질을 생산하기 위한 정보를 가지고 있다. 유전자 속의 뉴클레오티드의 순서는 단백질의 아미노산 순서와 직결된다. 책의 장들이 시작과 끝의 진술에 의해 확인되듯이, DNA 가닥을 따라 다른 유전자들은 시작과 끝 신호를 가지고 있다. 그들은 언제 어떤 특정한 유전자를 읽는 것을 멈추어야 하는지 말해준다. 인체 세포에는 각각 수천 개의 유전자(장)가 들어 있는 나선형 DNA의 46가닥(책)이 들어 있다. 이 가닥들은 세포 복제에 대비해 초코일화(supercoiled)되면 **염색체**(chromosome)라고 불린다. 세포 증식 전에 DNA는 암호와 비암호가닥의 복사본을 만들어, 자손이나 **딸세포**가 각각 생존에 필요한 유전자의 완전한 보완을 받을 수 있도록 한다. 각각의 염색체는 일련의 유전자로 구성되어 있다. **유전자**(gene)는 (1) 그 자체의 사본의 제조를 지시함으로써 복제할 수 있는 DNA의 한 부문이며, (2) 변이하거나 화학적으로 변화하여 미래 세대에 이러한 변화를 전달할 수 있으며, (3) 세포와 유기체의 특성을 결정하는 정보를 저장하고, (4) 이 정보를 이용하여 구조, 운반, 조절단백질의 합성을 지시할 수 있다.

전령 RNA(mRNA)는 특정한 유전자의 DNA 암호가닥 부분의 단일 가닥 복사본이다. DNA 표면에 mRNA가 형성되면 염기 짝 법칙이 적용된다. 단, RNA(리보핵산)는 티민을 가지고 있

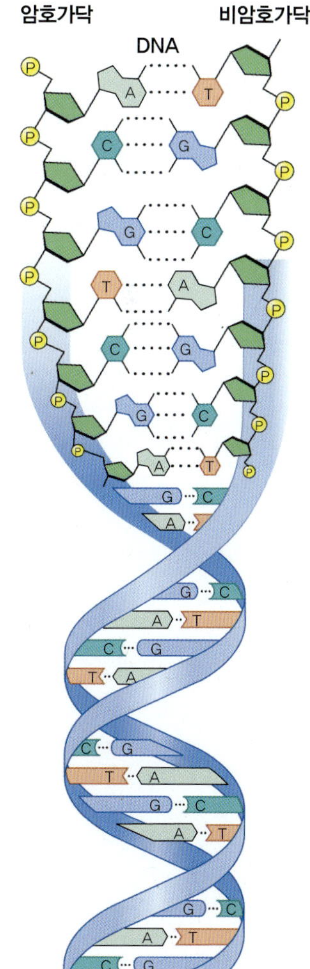

그림 18.27 유전물질은 실제로 유기체의 유전 암호를 상세히 적은 뉴클레오티드의 서열(순서)로 구성된 이중 가닥 DNA 분자 중합체이다. 이중 분자의 암호가닥은 세포에 의해 의미 있는 정보로 번역할 수 있다. 유전 암호는 세포가 어떤 단백질을 만들 것인가를 알려주는 정보를 가지고 있으며, 이것은 결국 세포의 주요한 구조적, 기능적 요소가 된다. 비암호가닥은 이러한 단백질을 암호화할 수 없다.

지 않기 때문에 뉴클레오티드 사이의 T-A 짝 대신에 U-A 짝을 이용한다. mRNA가 형성되고 떨어져 나오면, 그것은 **리보솜**(ribosome)이라고 하는 세포 구조와 연관되어 유전적 메시지가 단백질 분자로 번역될 수 있다. 리보솜은 다른 종류의 RNA, 즉 **리보솜 RNA**(rRNA)를 포함한다. rRNA도 DNA의 RNA 복사이지만, 형성된 후에는 꼬이고 단백질로 덮여서 리보솜을 형성한다. RNA의 세 번째 형태인 **운반 RNA**(tRNA) 또한 DNA의 다른 부분의 복사본으로 만들어지지만, 표면에서 떨어져 나오면 클로버잎의 형태를 갖는다. tRNA 분자는 특정한 아미노산을 리보솜에 전달하거나 운반하는 역할을 하는데, 리보솜에는 3가지 형태의 RNA가 모두 함께 모여 단백질 분자의 제조에 협력한다.

지질

일반적으로 이 그룹을 **지방**(fat)이라고 한다. 지질은 앞에서 논의된 탄수화물, 단백질, 핵산과 달리 중합체가 아니다. **지질**(lipid)에는 3가지 종류가 있는데, **중성지방**(돼지고기 지방 또는 올리브유), **인지질**(세포막의 주요 성분), **스테로이드**(일부는 호르몬)이다. 일반적으로 지질은 물과 같은 극성 용매에 쉽게 용해되지 않는 비극성(양전하 말단과 음전하 말단이 없음)의 유기분자들이다. 예를 들어, 비극성 식물기름은 극성 물 분자에 용해되지 않는다. 지질은 에테르나 아세톤 같은 비극성 물질에 용해된다. 탄수화물과 마찬가지로 지질은 탄소, 수소, 산소로 구성되어 있다. 일반적으로 지질은 탄소와 수소에 비하여 매우 적은 양의 산소를 가지고 있다.

중성지방

중성지방(neutral fat)은 무엇보다도 에너지를 공급하기 위해 사용되는 중요하고 복잡한 유기분자들이다. 지방의 구성요소는 글리세롤 분자와 지방산이다. **글리세롤**(glycerol)은 3개의 알코올기가 붙어 있는 탄소골격이다. 화학식은 $C_3H_5(OH)_3$이다. 실온에서 글리세롤은 투명하고 가벼운 기름처럼 보인다. 글리세롤은 많은 화장품에 첨가제로 글리세린이라는 이름으로 사용되어 부드럽고 퍼지기 쉽다.

```
   OH  OH  OH
    |   |   |
H - C - C - C - H   (글리세롤)
    |   |   |
    H   H   H
```

지방에서 발견되는 **지방산**(fatty acid)은 카복실산 작용기를 가진 긴 사슬의 탄소골격이다. 탄소골격에 가능한 한 많은 수소와 결합되었다면, 이때 **포화되었**다고 한다. 그림 18.28의 포화지방산은 스테아르산으로 베이컨과 같은 고체기름의 구성성분이다. 이 구조의 모든 부분에서 탄소는 결합할 수 있는 최대한의 수소를 가진다. 포화지방은 일반적으로 동물 조직에서 발견되며 실온에서 고체인 경향이 있다. 포화지방을 포함한 동물성 제품의 몇몇 예로는 버터, 고래지방, 소기름, 돼지기름 등이 있다.

지방산의 탄소가 한군데 이상에서 이중결합을 가질 때 **불포화되었**다고 한다. 불포화지방은 종종 식물성 지방이나 기름으로, 보통 상온에서 액체이다. 땅콩, 옥수수, 올리브유가 여러 중

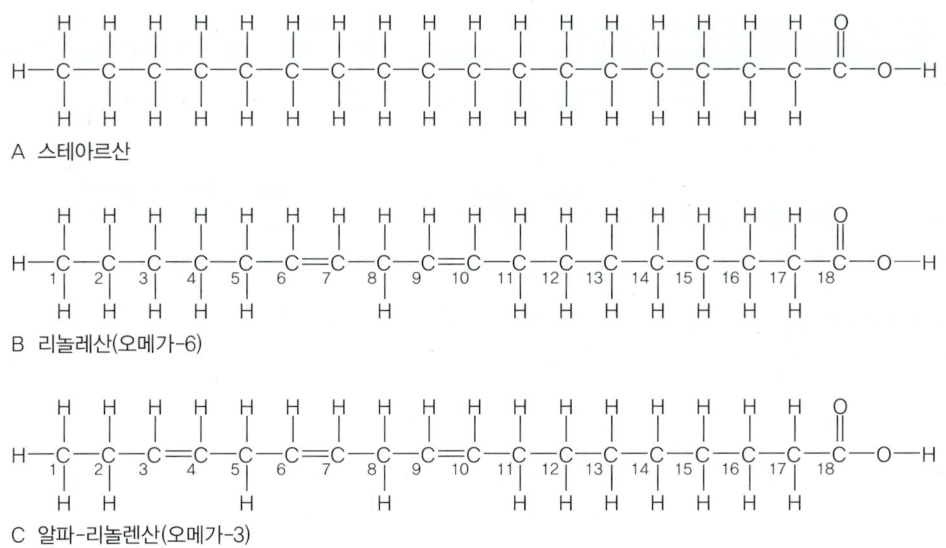

그림 18.28 포화지방산과 불포화지방산의 구조. (A) 스테아르산은 포화지방산의 한 예이다. (B) 리놀레산은 불포화지방산의 한 예이다. 리놀레산은 6번 탄소에서 이중결합이 처음 나타나므로 오메가-6 지방산이다. (C) 오메가-3 지방산, 리놀렌산. 리놀레산과 리놀렌산은 둘 다 인간에게 필수적인 지방산이다.

성지방의 혼합물인 불포화지방의 예이다. 글리세롤과 3개의 지방산이 결합하면 지방이 형성된다. 이 반응은 단당류가 서로 결합하게 하는 반응과 매우 유사하다.

지방은 에너지를 저장하는 데 중요한 분자이다. 1 g의 지방에는 9 Cal(kcal)로 당의 4 Cal에 비해 2배 이상 많은 에너지를 갖고 있다. 지방은 좁은 공간에 저장되면서도 많은 양의 에너지를 생산할 수 있어 생물에게 중요하다. 동물의 지방은 또한 열손실을 막아준다. 고래, 바다코끼리, 바다표범의 두꺼운 지방층은 그들이 서식하는 차가운 환경으로부터 내부 체열이 손실되는 것을 방지한다. 이러한 지방층은 일부 내부기관(신장과 심장 등) 주위의 지방 축적과 함께 내부 장기들을 물리적 손상으로부터 보호하는 쿠션 역할을 한다. 지방이 글리세롤 분자로부터 형성되고 3개의 지방산이 부착되면 **트라이글리세라이드**(triglyceride)라고 한다. 2개는 **다이글리세라이드**, 하나면 **모노글리세라이드**이다(그림 18.29). 트라이글리세라이드는 사람 조직에 저장된 지방의 약 95% 정도 차지한다.

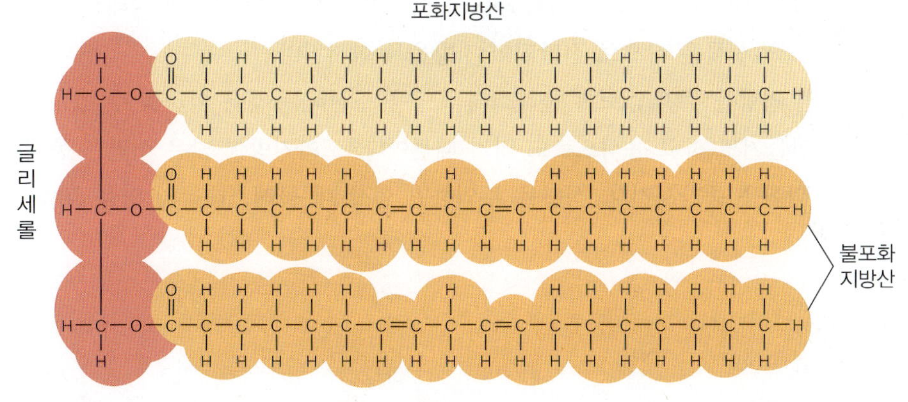

그림 18.29 글리세롤 분자에 부착된 3가지 지방산의 배열은 지방의 형성적인 구조이다. 지방의 구조식은 글리세롤에서 지방산을 분해하기 전까지 매우 복잡해 보인다. 분해하면 다루기 더 쉬워진다. 이 트라이글리세라이드의 예는 글리세롤 한 분자와 2개의 불포화지방산(리놀레산), 세 번째 포화지방산(스테아르산)을 포함한다.

인지질

인지질(phospholipid)은 지방을 닮았지만 복잡한 비수용성 유기분자의 일종이나 그 구조에는 인산기(PO_4)가 포함되어 있다. 인지질이 중요한 이유 중 하나는 세포막의 주요 성분이기 때

개념 적용

식품 저장고의 영양분

식품을 집어서 라벨에 있는 정보에 따른 1인분에 포함된 지방, 단백질, 탄수화물의 g을 적는다. 단백질과 탄수화물의 g수에 각각 4 Cal/g을 곱하고 지방의 g수에 각각 9 Cal/g을 곱한다. 1인분당 총 칼로리를 더한다. 구한 총합이 라벨에 있는 1인분당 칼로리 수와 일치하는가? 또 주어진 1인분의 양을 검토하시오. 이것은 한 번에 섭취할 수 있는 양으로 합당한가, 아니면 이 양보다 두세 배를 섭취할 것인가? 나머지 영양정보(비타민, 나트륨 함량 등)를 작성한 다음 성분 목록을 작성하자. 어떤 성분이 어떤 영양분을 제공한다고 생각되는지 말하시오(예: 식물기름-지방원, 우유-칼슘과 비타민 A, MSG-나트륨의 근원).

문이다. 이러한 지질들이 우리 세포막에 없다면 세포의 내용물은 외부환경과 분리되지 않았을 것이다. 몇몇 인지질은 **레시틴**(lecithin)으로 잘 알려져 있다. 레시틴은 세포막에서 발견되며 지방의 유화를 돕는다. 즉 큰 지방 덩어리를 작은 단위로 분리하는 것을 돕는다. 레시틴은 이러한 목적으로 많은 종류의 식품에 첨가된다(초콜릿바 등).

스테로이드

스테로이드(steroid)는 지질 분자의 다른 집단인데, 탄소가 서로 맞물린 고리구조로 특징지어진다. 많은 스테로이드 분자는 성호르몬이다. 그들 중 일부는 난자와 정자 생산과 같은 생식과정을 조절하며(20장 참조), 다른 호르몬은 혈중 염농도 등을 조절한다. 그림 18.30은 테스토스테론과 프로게스테론 같은 몇몇 스테로이드 화합물을 보여주는데, 이들은 일반적으로 유기체에 의해 제조되고 실험실에서 의약품으로 제조된다. 우리는 이미 콜레스테롤이라고 하는 한 종류의 스테로이드 분자를 다루었다. 혈장 콜레스테롤(혈액에 있으며 지질단백질과 결합됨)은 많은 동맥경화증에 연관되어 있다. 그러나 인체는 스테로이드를 세포막의 구성요소로 사용하기 위해 만든다. 콜레스테롤은 뼈와 치아의 적절한 발달에 도움을 주는 비타민 D의 제조에 필요하다. 비타민 D는 골격장애를 조절하는 데 중요한 역할을 할 뿐만 아니라, 자가면역질환, 암, 심혈관계 질병의 통제에 도움을 주는 것으로 밝혀졌다. 피부의 콜레스테롤 분자는 자외선과 반응하여 비타민 D를 생성한다. 신체는 담즙산을 만드는 데 콜레스테롤을 이용한다. 이러한 간의 산물은 장으로 전달되어 지방을 유화시킨다.

인체에 나쁜 영향을 주지 않도록 콜레스테롤 양을 조절하는 것은 어려울 수 있는데, 그 이유가 인체가 만들기도 하고 음식으로도 먹기 때문이다. 포화지방이 많은 식단은 동맥경화증 같은 질병의 위험을 증가시킨다. 식단을 주의하면 혈장 내 콜레스테롤의 양을 20%까지 줄

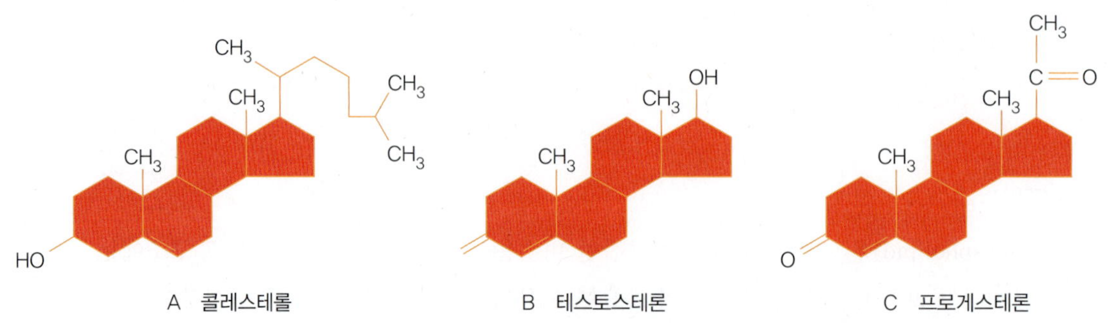

그림 18.30 (A) 콜레스테롤은 인체에 의해 생성되며 세포막에서 발견된다. (B) 테스토스테론은 사춘기에 증가하며 남성 성기관이 성숙하도록 한다. (C) 프로게스테론은 난소와 태반에서 생성되는 여성 성호르몬이다. 이 분자들 간의 작은 구조적 차이를 주목하라.

지방과 식단

지방을 포함하는 식품에서 트라이글리세라이드를 먹을 때 소화효소는 그것들을 글리세롤과 지방산으로 가수분해한다. 이 분자들은 장 내에서 흡수되고 단백질로 둘러싸여 지질단백질을 형성한다. 이 조합은 혈액에서 지방이 더 잘 용해되도록 하여 순환계를 통해 인체 모든 곳에 보내진다.

체내에서 발견되는 5가지 종류의 지질단백질(상자 그림 18.2)은 다음과 같다.

1. 유미입자(킬로미크론, Chylomicrons)
2. 초저밀도 지질단백질(VLDLs, Very-low-density lipoproteins)
3. 저밀도 지질단백질(LDLs, Low-density lipoproteins)
4. 고밀도 지질단백질(HDLs, High-density lipoproteins)
5. 지질단백질(Lipoprotein; [Lp(a)])

유미입자는 장에서 생성되는 매우 큰 입자로 80~95%가 트라이글리세라이드로 구성된다. 유미입자가 인체를 순환하면서, 세포는 성호르몬을 만들고, 에너지를 저장하고, 새로운 세포 부위를 만들기 위해 트라이글리세라이드를 제거한다. 대부분의 트라이글리세라이드가 제거되면 킬로미크론의 나머지 부분은 무해하게 파괴된다.

VLDL과 LDL은 간에서 생성된다. VLDL은 모든 종류의 지질, 단백질, 10~15%의 콜레스테롤을 함유하는 반면, LDL은 약 50% 정도 콜레스테롤을 함유하고 있다. 유미입자와 같이 인체는 그들이 함유된 지방을 얻기 위해 이들을 사용한다. 그러나 어떤 사람들에게는 혈액 속의 높은 LDL과 지질단백질이 동맥경화증, 뇌졸중, 심장마비를 유발하는 것과 관련이 있다. 포화지방은 혈관으로부터 LDL을 청소하는 것을 방해하는 것으로 보인다. 따라서 혈중에서 LDL은 혈관의 벽면에 달라붙어 침전을 형성하고 혈액의 흐름을 제한하여 고혈압, 발작, 심장마비를 일으킨다. 콜레스테롤은 30%이지만 LDL과 [Lp(a)]에 비해 높은 수준의 HDL(내장에서 만들어짐)인 경우 동맥경화증의 위험은 낮다. 이러한 질병의 위험을 줄이는 하나의 방법은 LDL과 지질단백질의 섭취를 줄이는 것이다. 이를 위해서는 포화지방의 소비를 줄이면 된다. LDL과 HDL의 관계를 기억하는 쉬운 방법은 'L = Lethal(치명적)' 그리고 'H = Healthy(건강)' 또는 'Low = Bad(나쁨)' 그리고 'High = Good(좋음)'이다. 미국 연방정부의 콜레스테롤 지침은 모든 성인에게 5년마다 전체 지질단백질 분석(총 콜레스테롤, LDL, HDL, 트라이글리세라이드)을 할 것을 권고한다. 그들은 또한 바람직한 LDL 수준에 대해 슬라이딩 스케일을 추천하지만, 최근 연구에 의하면 LDL 수준은 낮을수록 좋다고 한다.

특정한 약을 먹는 것도 지질단백질의 수치를 조절하는 한 가지 방법이다. 스타틴(예, 심바스타틴, 아톨바스타틴) 종류의 약은 체내에서 콜레스테롤 생산속도를 조절하는 효소의 작용을 차단한다. 이러한 약들을 사용하면 콜레스테롤을 20~60% 정도 낮출 수 있다. 그것들은 또한 간에서 저밀도 지질단백질을 제거하는 능력을 증진시킨다. 추가적인 이득은 약간의 고밀도 지질단백질의 증가와 트라이글리세라이드의 감소이다. 약을 먹지 않고 '좋은' 콜레스테롤 수치를 높이는 몇 가지 방법이 있다. HDL 수치는 사람들이 다음과 같은 행동을 하면 증가할 것이다.

1. 담배를 끊는다.
2. 운동을 한다.

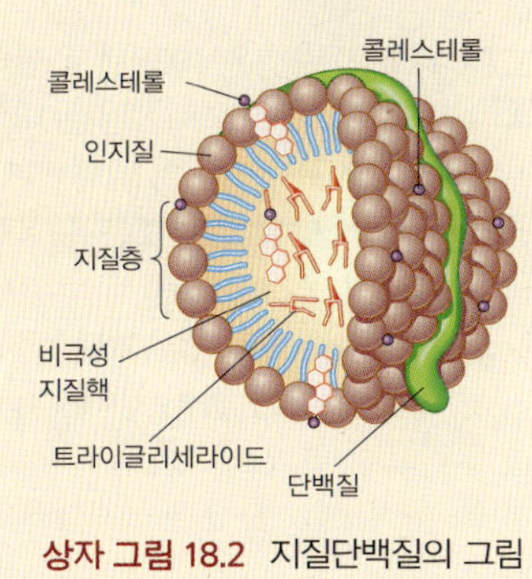

상자 그림 18.2 지질단백질의 그림

3. 체중을 줄인다.
4. 식사에서 트랜스지방의 양을 줄인다.
5. 정제된 설탕보다는 통곡물 음식을 더 많이 먹는다.
6. 니아신(niacin; 비타민 B_3)이 풍부한 음식을 먹는다.

총 콜레스테롤 목표값

- 20세 미만인 경우 75-169 mg/dL(데시리터당 밀리그램)
- 21세 이상인 경우 100-199 mg/dL

저밀도 지질단백질 목표값

- 심장이나 혈관계 질병이 있거나 심장질환 위험이 높은 환자(대사증후군)는 70 mg/dL 미만
- 고위험도 환자(예: 당뇨병이나 다발성 심장질환 위험인자를 가진 환자 중 일부)는 100 mg/dL 미만
- 그 이외의 경우 130 mg/dL 미만

초저밀도 지질단백질 목표값

- 40 mg/dL 이하 (낮을수록 좋다.)

고밀도 지질단백질 목표값

- 45 mg/dL 이상 (높을수록 좋다.)

트라이글리세라이드 목표값

- 150 mg/dL 미만

일 수 있는데, 이는 콜레스테롤을 저하시키는 약을 먹는 것과 같다. 따라서 콜레스테롤이 낮은 음식을 먹는 것이 최선이다. 저콜레스테롤 또는 무콜레스테롤이라고 주장하는 많은 식품들이 높은 포화지방 수준을 보이기 때문에 혈장의 콜레스테롤 수준을 조절하기 위해서는 피해야 한다.

과학의 배후에 있는 사람들

로이 J. 플런켓(Roy J. Plunkett, 1910–1994)

로이 J. 플런켓은 1938년 우연히 폴리테트라플루오로에틸렌(테플론)을 발명했을 때 뉴저지주의 키네틱케미칼의 화학자였다. 당시 플런켓은 실험실 작업을 위해 기밀용기에 보관되어 있던 테트라플루오로에틸렌이 필요했다. 그는 병의 판막이 굳어 있는 것을 알아차리고 그것을 열려고 하면 안에 있는 가스가 폭발할 것을 우려했다. 자신과 동료들을 보호하기 위해 병을 밖으로 옮겨 보호막 뒤에 놓았다. 폭발 없이 병을 잘라낸 그는 용기에 달라붙지 않는 흰 가루를 안에서 발견했다. 분석 결과 테트라플루오로에틸렌이 나중에 테플론으로 알려지게 된 폴리테트라플루오로에틸렌으로 중합되었다는 사실을 발견했다.

플런켓은 오하이오 주 뉴칼라일에서 태어났으며 뉴턴 고등학교, 맨체스터 대학교(BA 화학 1932), 오하이오 주립 대학교(Ph.D. 화학 1936)를 다녔다. 그는 프레온과 휘발유 첨가제 테트라에틸납의 생산에 관여한 수석 화학자였다. 1973년 플라스틱 명예의 전당, 1985년 발명가 명예의 전당에 헌액되었다.

출처: Modified from the *Hutchinson Dictionary of Scientific Biography*. Abington, UK: Helicon, 2011.

요약

유기화학은 탄소를 주원소로 하는 화합물을 연구하는 학문이다. 이러한 화합물을 **유기화합물**이라고 하며, 그 나머지는 모두 **무기화합물**이다. 탄소 원자는 다른 탄소 원자뿐만 아니라 다른 원소의 원자와도 결합할 수 있기 때문에 수백만 종의 유기화합물이 있다.

탄화수소는 수소와 탄소 원자로 구성된 유기화합물이다. 가장 단순한 탄화수소는 탄소 원자 하나와 수소 원자 4개로 이루어진 CH_4이다. CH_4보다 큰 탄화수소는 하나 이상의 탄소 원자가 다른 탄소 원자에 결합되어 있다. 결합은 단일, 이중 또는 삼중결합으로 될 수 있으며, 탄소의 사슬이나 고리를 갖는 형태로 발견될 수 있다.

한 종류의 탄화수소는 단일 탄소–탄소 결합을 가지며, 다른 종류는 이중 탄소–탄소 결합, 세 번째 종류는 삼중 탄소–탄소 결합을 가진다. 이러한 세 유형은 직선 또는 곁가지를 갖는 사슬형 분자를 가질 수 있다. 탄소의 수가 3개 이상이면 특정한 수의 탄소 원자에 대해 다른 배열이 발생할 수 있다. 동일한 분자식을 가지면서 배열이 다른 분자들을 **이성질체**라고 한다. 이성질체는 서로 다른 물리적 성질을 가지기 때문에 각각의 이성질체에는 고유의 이름이 주어진다.

결합 가능한 수소를 모두 가진 탄화수소를 **포화** 탄화수소라고 한다. 수소를 더 첨가할 수 있는 분자를 **불포화** 탄화수소라고 한다. 불포화 탄화수소는 포화 분자에 비해 화학적으로 반응성이 크다.

고리나 순환구조를 나타내는 탄화수소는 고리형 탄화수소이다. 3개의 이중결합을 가진 탄소 6개의 고리형 탄화수소는 이중결합 위치가 한곳에 한정되지 않아 다른 고리 모양 탄화수소와 다른 성질을 가진다. 이 탄소 6개짜리 분자는 **벤젠**이며 **방향족 탄화수소**의 기본이다.

산화뿐 아니라 탄화수소는 **치환**, **첨가**, **중합반응**을 한다. 반응은 다중결합 부위나 **작용기**의 고립 전자쌍에서 일어난다. 작용기는 유기화합물의 화학적 성질을 결정한다. 작용기의 변화는 **알코올**, **에테르**, **알데하이드**, **케톤**, **유기산**, **에스터**, **아민** 등 **탄화수소 유도체**를 생성한다.

중합체는 식물과 동물에서 자연적으로 발생하며, **합성 중합체**는 오늘날 에틸렌에서 유래한 단량체의 변형으로 만들어진다. 에틸렌으로부터 유도되어 널리 사용되는 합성 중합체에는 폴리에틸렌, 폴리염화비닐, 폴리스타이렌, 테플론 등이 있다. 합성 중합체의 문제는 주로 (1) 주된 에너지원으로도 이용되는 화석연료로부터 제조되고, (2) 쉽게 분해되지 않고 환경에 축적되는 경향이 있다는 것이다.

살아있는 유기체는 엄청나게 많은 수의 고도로 조직된 화학 반응을 가지고 있는데, 이 반응은 **효소**에 의해 촉매화되어 음식과 에너지를 사용하여 성장하고 번식한다. 이러한 생화학적 과정들은 단백질, 탄수화물, 지질과 같은 **거대분자**를 만드는 것을 포함한다.

탄수화물은 CHO로 이루어진 유기분자의 일종이다. **단당류**는 포도당과 과당 같은 단순당이다. 포도당은 **혈당**이며 에너지의 근원이다. 이당류는 **자당**(수크로오스; 설탕), **유당**(락토오스; 젖당), **말토오스**(맥아당) 등이다. 다당류는 중합체이거나 포도당의 직선 또는 곁가지를 가진 사슬로서 저장된 에너지의 단기간 근원이다. 식물은 에너지를 **전분** 형태로 저장하며, 동물은 **글리코겐** 형태로 저장한다. **셀룰로오스**는 사람은 소화시킬 수 없는 전분과 유사한 중합체이다.

단백질은 **아미노산**의 거대분자 중합체이다. 구조, 운반, 기능단백질을 만드는 다양한 중합체 조합에 이용되는 20여 가지의 아미노산이 있다.

핵산은 뉴클레오티드 단위로 구성된 중합체이다. DNA와 RNA라는 2가지 형태가 있다. 대부분 생물에서 DNA는 유전물질로 역할을 하는 반면, RNA는 단백질의 합성에 결정적인 역할을 한다.

지질은 네 번째로 중요한 종류의 생화학 물질이다. **중성지방**과

기름은 **지질**에 속하며, 3가지의 지방산과 글리세롤이 **트라이글리세라이드**로 형성된 에스터이다. 중성지방은 보통 동물과 연관된 고체 트라이글리세라이드와 식물과 연관된 기름 또는 액체 트라이글리세라이드지만 둘 다 고에너지 저장물질을 대표한다. 다른 2개의 하위집단은 세포막에 사용되는 **인지질**과 주로 호르몬으로 작용하는 **스테로이드**이다.

개념에 대한 질문

1. 유기화합물이란 무엇인가?

2. 유기화합물이 수백만 가지 이상 존재하는 특징적 이유는 무엇인가?

3. 에테인의 이성질체는 몇 개를 갖는가? 설명하시오.

4. 에틸렌이 플라스틱 생산에 사용되는 중요한 원료지만 에테인은 그렇지 않은 이유를 제시하시오.

5. 유기화합물이 3차원적인 이유를 설명하시오.

6. 고분자란 무엇인가?

7. 탄수화물, 단백질, 핵산, 지질 등의 유기분자 각 부류의 예를 들어보시오.

8. 작용기란 무엇인가? 4가지 예를 열거하시오.

9. 지방산 리놀레산에 대한 구조식을 그리시오. 이것을 포화지방으로 만드는 특징은 무엇인가?

10. 청량음료 광고에는 "설탕을 넣지 않는다"고 한다. 이 라벨에는 탄산수, 덱스트로스, 옥수수 시럽, 과당, 향신료의 성분이 적혀 있다. 광고를 평가하시오.

11. 미소분자와 거대분자의 차이점은 무엇인가?

12. DNA와 RNA의 주요 차이점은 무엇인가?

13. 세포에서 단백질이 하는 주요 역할을 나열하시오.

14. 이른바 피임약은 1960년대 초부터 있었다. 이 약은 다양한 유기분자로 구성되어 있다. 이 화합물의 성질은 무엇인가? 그들은 출산을 통제하지 않는데 어떻게 수태를 조절할 수 있을까? 부정적인 부작용은 무엇이고 '알약'을 복용하는 것과 관련된 이점은 무엇인가?

15. 전 세계 대부분의 국가에서 재활용을 하고 있다. 재활용된 재료의 가장 중요한 종류 중 하나는 플라스틱이다. 플라스틱을 재활용하는 비용이 새로운 플라스틱 제품을 만드는 비용보다 더 높다는 우려가 있어 왔다. 인터넷에서

a. 일반적으로 재활용되는 플라스틱의 종류를 식별하시오.

b. HDPE와 같은 플라스틱이 어떻게 재활용되는지 설명하시오.

c. HDPE의 재활용 배제와 HDPE의 재활용을 확장하기 위한 주장을 각각 제시하시오.

연습문제

그룹 A

1. 프레온, 다이클로로다이플루오로메테인의 분자량은 얼마인가?

2. 화합물 헵테인 화합물 분자식은 C_7H_{16}이다. 헵테인은 포화 탄화수소인가, 불포화 탄화수소인가?

19 생명체의 본질
The Nature of Living Things

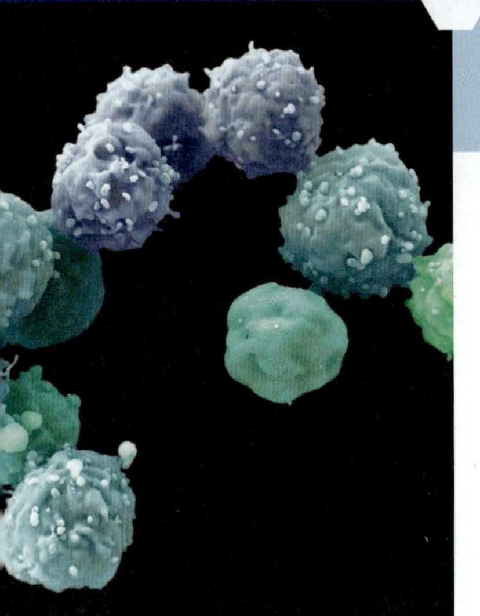

세포는 개체의 생명단위로서 존재할 수 있는 가장 단순한 구조이다. 이 단위 내에서 생명을 유지하기 위하여 많은 화학 반응이 요구된다. 이러한 반응은 무작위로 일어나지 않고, 다양한 종류의 세포의 특정한 부분과 연관되어 있다. 이 세포들은 손상된 조직을 복구할 수 있는 잠재력을 지닌 배아 줄기세포(stem cells)들이다.

핵심 개념

모든 생명체는 세포로 이루어져 있다.

장의 개요

모든 세포는 기존의 세포에서 나온다. *Pg. 505*

2가지 기본적인 유형의 세포는 많은 유사한 구조적 특징을 가지고 있다. *Pg. 505*

모든 형태의 생명체는 유사한 특징을 나타낸다. *Pg. 501*

연관성

물리학

- 유용한 형태의 에너지는 모든 생명체에 필수적이다(3장).

화학

- 세포 내외로 원자와 분자를 운반하기 위해서는 분자 운동이 필요하다(4장).
- 화학 반응은 모든 생명체의 필수적인 것이다(16장).

생명과학

- 생물의 구조는 기본적으로 동일하다—세포(19장).
- 생물의 생리적 과정은 모든 생명체에 공통적이다(19장).
- 수명 연장을 위해 세포 분열이 필요하다(19장).
- 모든 생물은 유전물질을 가지고 있다(19장).
- 많은 유형의 질병은 한 생명체가 다른 생명체에 살고 있는 결과이다(19장).

개요

살아있다는 것은 무엇을 의미하는가? 과학 교재에서 쉽게 답을 구할 수 있을 거라 생각하지만, 이것은 단순한 이론상의 질문 그 이상을 포함한다. 왜냐하면 최근 몇 년 동안 생명이 무엇이고, 특히 생명의 시작과 끝에 대한 법적 정의를 세우는 것이 필요했기 때문이다. 사망에 대한 법적 정의는 한 사람이 생명보험 혜택을 받을지 또는 신체 부위를 이식하는 데 사용할지 여부를 결정할 수 있기 때문에 중요하다. 심장 이식의 경우, 심장을 기증하는 사람은 법적으로 '죽음'일 수도 있지만, 심장은 '생명'을 가지고 있는 동안 제거될 수 있기 때문에 확실히 그렇지 않다. 바꾸어 말하면, 죽음에는 여러 가지 종류가 있다는 것이다. 전체 생명 단위의 사망과 생명 단위 내의 세포의 사망을 제시할 수 있는데, 사람은 모든 세포가 죽기 전에 실제로 사망한다. 따라서 죽음은 생명의 부재지만, 그것은 아직도 우리에게 생명이 무엇인지 말해주지 않는다. 이 장에서는 생명의 정의를 하지 않고, 생명체의 기본 특성을 기술하고자 한다.

PART I: 생명의 특성

이 장은 세 부분으로 나뉘어 있다. 첫 번째 부분은 모든 생명체에 의해 나타나는 일반적인 구조적, 그리고 기능적인 면에 중점을 두었다. 이것은 생물을 무생물 세계로부터 분리하는 특징들이다.

19.1 무엇이 사물을 살아있게 만드는가?

생명과학은 살아있는 물체에 대한 학문이라고 할 수 있다. **생물학**은 화학과 물리학에 기초를 두고 기본적인 물리법칙을 생명과정에 적용한다. 생명체는 생명을 가져본 적 없는 물체에서 보통 찾아볼 수 없는 능력과 구조를 가지고 있다. 에너지와 물질을 조작할 수 있는 것은 생명체의 고유능력이다. 생명체가 어떻게 물질을 변형하고 에너지를 사용하는가에 대한 이해를 발전시키는 것은 어떻게 무생물과 다른지를 평가하는 데 도움이 된다. 생명체는 무생물이 가지지 않은 5가지 특성을 보인다. (1) 대사과정, (2) 생식과정, (3) 반응과정, (4) 통제과정, (5)

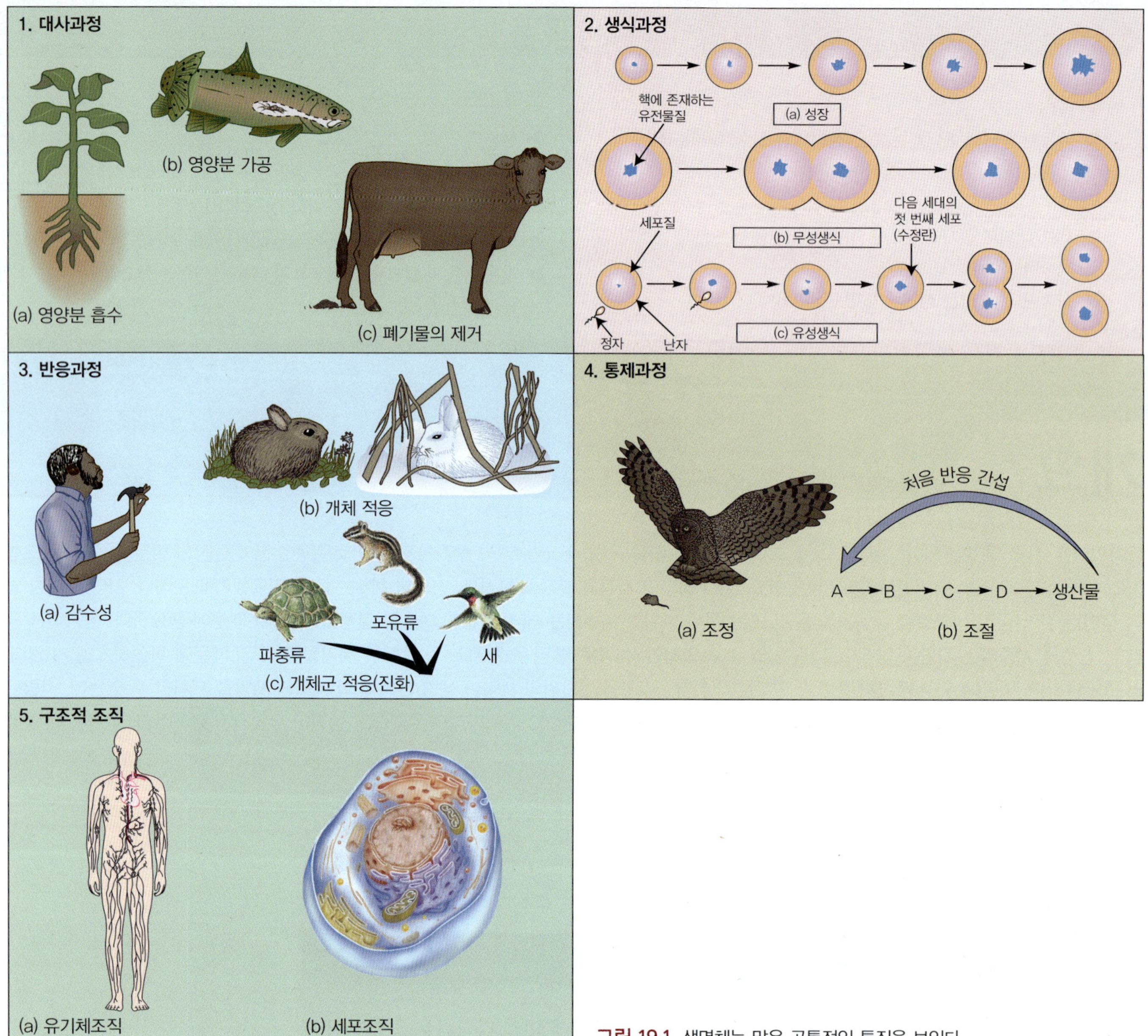

그림 19.1 생명체는 많은 공통적인 특징을 보인다.

독특한 구조적 조직이다(그림 19.1). '살아있기' 위해서는 위의 모든 특성을 보여야만 한다. 즉 모두 함께 작용해야만 한다. 이러한 특성은 모든 생명체에 전형적인 것이지만 항상 모든 생명체에 모두 존재하지 않을 수 있다. 예를 들면, 일부 개체는 특정한 시간에만 번식하거나 생식할 수 있다. 생명체가 이러한 특성을 하나 이상 오랫동안 상실하게 되면 '죽음'을 맞이할 것이다. 어떤 고유한 구조와 연관되어 일어나는 독특한 화학적 과정을 보일 때 그 물체는 살아있다. 이 절에는 이러한 기초적인 특성을 간단히 소개한다.

1. **대사과정**(metabolic process): 세포가 성장하고, 번식하고, 수선을 하는 데 필요한 모든 화학 반응을 **대사작용**(metabolism)이라고 한다. 대사의 특징은 세포를 살아있게 한다. 생명체가 사용하는 에너지는 복합분자의 화학 결합에 저장된다. 다른 종류의 생명체는 다른 방식으로 **영양분**(nutrient)이나 음식을 대사하지만, 주로 **영양분의 흡수**, **영양분의** 가

공, 폐기물의 제거 등의 3가지 주된 기능을 거친다. 모든 생명체는 환경에서 영양분(원료)을 섭취하기 위해 에너지를 소모한다. 동물은 다른 생물을 먹거나 삼켜서 물질을 받아들이고, 미생물과 식물은 생명을 유지하기 위하여 세포로 원료를 흡수한다. 일단 내부로 들어오면 원료는 새로운 부분을 만들고, 수선을 하고, 번식을 하고, 그리고 필수활동을 위한 에너지를 제공하기 위한 일련의 화학 반응에 이용된다. 그러나 생명체로 들어오는 모든 원료가 가치 있는 것은 아니다. 일부는 쓸모없거나 심지어 해가 되기도 한다. 생물은 이러한 부분을 폐기물로 처리한다. 대사과정은 폐기물로 간주될 수 있는 쓸모없는 열에너지도 생산한다.

2. 생명의 두 번째 특성인 **생식과정**(generative process)은 개체 크기의 증가(성장) 또는 생물군집의 개체수의 증가(번식)에 따른 반응이다. 성장하는 동안 생물은 구조를 추가하고 부분을 수선하며, 나중에 사용할 수 있도록 영양분을 저장한다. 성장과 번식은 영양소의 획득과 가공 없이는 일어날 수 없기 때문에 대사와 직접적으로 연관되어 있다.

   모든 생물은 죽기 때문에 개체의 번식은 꼭 일어나야 한다. 즉 번식은 생명체가 영속할 수 있는 유일한 방법이며, 모든 생물은 다음 세대로 유전되는 유전물질을 전달해야만 한다. 대부분의 생물은 유전물질이 DNA로 구성되어 있으며, 다양한 생물이 번식하고 존재를 계속 유지할 수 있도록 하는 다양한 방법들이 있다. 유성생식은 새로운 생명체를 제조하기 위하여 두 생물이 관여한다. 무성생식(성이 없음)은 생물이 자신과 동일한 복제물을 만든다.

3. 생명체는 체내 또는 주변 환경의 변화에 의미 있는 방식으로 반응한다. 이러한 **반응과정**(responsive process)은 **감수성**, **개체 적응**, 그리고 **개체군 적응** 또는 **진화**의 3가지 범주로 구성되어 있다. **감수성**이라는 용어는 일상에서 사용되는 개인이 '신경질적'이거나 화가 난다는 일상적인 맥락에서 사용되지 않는다. 여기서 감수성은 큰 소음, 아름다운 일몰, 혹은 악취에 대한 반응과 같은 자극에 대한 개인의 빠른 반응을 의미한다. 이러한 유형의 반응은 자극을 받는 개체에서만 나타나며 반응이 일어나도록 하는 기작이 근육, 골격, 신경 등에 이미 존재하기 때문에 빠르다. 개체 적응 또한 개체 반응이지만 성장이나 생물 내에서 기본적인 변화를 필요로 하기 때문에 느리다. 예를 들어 족제비의 모피 색상은 갈색 안료 생산을 담당하는 유전자가 "비활성화되면(turn off)" 갈색 여름 코트에서 하얀 겨울 코트로 바뀐다. 또는 신체가 질병생물에 대하여 반응하는 것은 세포가 궁극적으로 질병을 유발하는 생물을 통제할 수 있도록 하는 변화를 필요로 한다. 개체군 적응은 개체군 내의 개체가 나타내는 특성의 종류의 변화를 포함한다. 이는 **진화**라고도 하며, 생물 개체군의 유전적 조성의 변화이다. 이 과정은 오랜 시간에 걸쳐서 일어나며 한 종(특정 유기체)이 오랜 세대를 거쳐 환경의 장기적 변화에 적응하고 잘 생존할 수 있도록 한다. 예를 들어, 새들이 멀리 날 수 있도록 하는 구조는 겨울철이 생존을 위협하는 가혹한 조건을 제시하는 세상에 대응할 수 있도록 한다. 마찬가지로 인간이 생각하고 도구를 사용하는 능력은 생존하고, 다양한 환경조건에서 성공할 수 있도록 해준다.

4. 조정과 조절의 **통제과정**(control process)은 생물이 대사활동을 올바른 **순서**(**조정**) 및 알맞은 **속도**(**조절**)로 수행하도록 하는 기작이다. 생물의 모든 화학 반응은 특정한 생화학적

경로로 조정되고 연결되어 있다. 이러한 모든 반응의 조정은 생명을 유지하는 데 필요한 영양소의 단계적 처리가 구체적으로 이루어지도록 도와준다. **효소**는 생물에 의해 생산되는 분자, 즉 생명의 화학 반응이 일어나는 속도를 증가시키고 조절할 수 있는 분자이다. 효소는 다른 형태로 가공되는 영양분의 양도 함께 조절한다.

생명체의 많은 내부 활동은 상호 연관되고 조정되어 일정한 내부 환경을 유지하는데, 이것은 **항상성**(homeostasis)이라고 하는 과정이다. 예를 들어, 운동을 시작하면 산소를 빨리 소모하여 혈중의 산소량이 감소한다. 일정한 내부 환경을 유지하기 위하여 신체는 더 많은 산소를 획득해야 한다. 이는 호흡을 유발하는 근육의 신속한 수축과 혈액을 폐로 보내기 위한 심장의 더 빠르고 강한 펌프 작용을 포함한다. 이러한 활동은 정확한 시기에 올바른 속도로 함께 일어나야 하며, 그렇게 되면 추가적인 근육활동을 지탱하면서도 혈중 산소 수준은 정상으로 유지된다.

5. 생명체의 전형적인 이 4가지 기본적인 과정 외에도 생물은 몇 가지 기본적인 **구조적 유사성**(structural similarity)을 공유한다. 모든 생명체는 **세포**라고 하는 복잡한 구조단위로 구성된다. 세포는 외부 경계막과 특정한 기능을 갖는 내부 구조단위를 가지고 있다. 일부 생명체는 독립적으로 기능하는 전문화된 능력을 가진 수십억 개의 상호작용하는 세포로 구성되어 있다(그림 19.2). 일반적으로 인간과 같은 큰 다세포 생물에서 세포는 **조직**(tissue; 예, 근육, 신경)이라고 하는 단위로 서로 협력한다. 조직의 집단은 **기관**(organ; 예, 심장)이라는 더 큰 단위로 조직화되고, 나아가 **기관계**(orgain system; 예, 순

그림 19.2 각 생물은 단순하거나 복잡하거나 독립적으로 대사, 번식, 반응, 그리고 조절과정을 수행한다. 생물은 또한 특별한 분자들, 세포구조, 그리고 다른 구조성분을 포함한다. DNA는 생명체에 특별한 분자이다. 효모나 원생동물 유플로테스 같은 일부 생물은 단일 세포로 구성되며, 난초나 인간 같은 다른 생물은 복잡한 구조로 조직화된 많은 세포로 구성된다. (효모): ©Science Photo Library RF/Getty Images RF; (DNA 나선): ©Chad Baker/Getty Images RF; (난초): ©Steven P. Lynch RF; (인간): ©Jose Manuel Gelpi Diaz/123RF RF

표 19.1 생명체 조직의 단계

범주	특성/설명	예/적용
생물권	전 세계적인 생태계; 인간의 활동은 지구의 기후에 영향을 미친다.	지구 기후 변화, 오존층의 구멍
생태계	특정 장소에서 물리적 세계와 상호작용하는 공동체(개체군의 집단)	에버글레이즈(미국 플로리다주 남부 대습지대) 생태계에는 많은 종류의 생명체, 기후 및 남부 플로리다로의 물의 흐름이 포함된다.
군집	특정 장소에서 서로 상호작용하는 다른 종류의 생물 개체군	나무, 곤충, 조류, 포유류, 곰팡이, 세균 및 모든 위치에서 상호작용하는 많은 다른 생물의 개체군
개체군	특정 종류의 개별 생물 집단	인간의 현재 인구로 살펴볼 때, 60억이 넘는 개별 생물로 구성되어 있다. 캘리포니아 콘도르의 현재 개체군은 약 220개체이다.
개체 생물	독립적인 생명 단위	단일 생물 어떤 생물은 많은 세포로 구성되어 있다(사람, 곰보 버섯, 장미 덩굴). 다른 것은 단일 세포다(효모, 폐렴 세균, 아메바).
기관계	특정 기능을 수행하는 기관의 집단	순환계는 심장, 동맥, 정맥 및 모세혈관으로 구성되는데, 모두 혈액을 이곳저곳으로 이동시키는 데 관여한다.
기관	특정 기능을 수행하는 조직의 집단	눈에는 신경 조직, 결합 조직, 혈관 및 색소 조직이 포함되어 있으며 이 조직은 모두 시력에 관여한다.
조직	특정 기능을 수행하는 세포의 집단	혈액, 근육 세포 집단 및 피부층은 특정한 기능을 수행하는 세포 집단이다.
세포	생명의 특성을 나타내는 가장 작은 단위	일부 생물은 단일 세포다. 다세포 생물에는 여러 종류의 세포가 있다(심장 근육 세포, 신경 세포, 백혈구 등).
분자	원자의 특정 배열	생물은 단백질, 탄수화물 및 DNA와 같은 특정한 종류의 분자로 구성된다.
원자	물질의 기초 단위	수소, 산소, 질소 등 약 100여 종의 다른 원자들

환계)로 구성된다. 세균이나 효모와 같은 다른 생물은 단일 세포 내에서 모든 4가지의 생명과정을 수행한다. 바위, 물, 기체와 같은 무생물은 구조적으로 복잡한 공동 소단위를 공유하지 않는다.

생물학자와 다른 과학자들은 방대한 양의 정보를 서로 연관시키기 쉽도록 개념적인 덩어리로 조직화한다. 생물학에서 중요한 하나의 개념은 생물이 다양한 수준에서 주변과 상호작용하는 특별한 종류의 물질이라는 것이다(표 19.1). 생물학자가 특정한 문제의 답을 구할 때에는, 몇 개의 수준에서 동시에 착수한다. 그들은 생명체를 이루는 분자, 분자가 어떻게 세포로 병합되는지, 생물 내에서 조직, 기관 또는 기관계가 어떻게 기능을 하는지, 그리고 개체군과 생태계가 개체 생물의 변화에 의해 어떻게 영향을 받는지를 이해해야 한다.

19.2 세포설

생명의 특성 중 하나인 **세포**는 모든 생명체에 적용되기 때문에 생물학에서 가장 중요한 개념 중 하나이다. 이 개념은 한꺼번에 나타난 것이 아니라 수백 년 동안 발달되고 변형되었으며, 오늘날에도 지속적으로 수정되고 있다.

몇몇 사람은 세포설에 대해 주요한 공헌을 하였는데, 레벤후크(Anton van Leeuwenhoek,

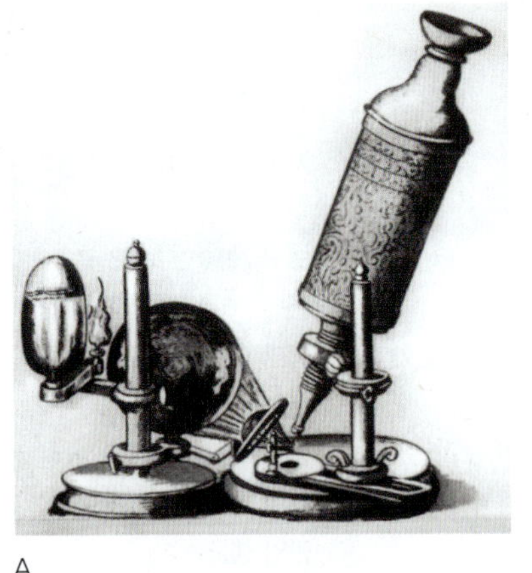

A

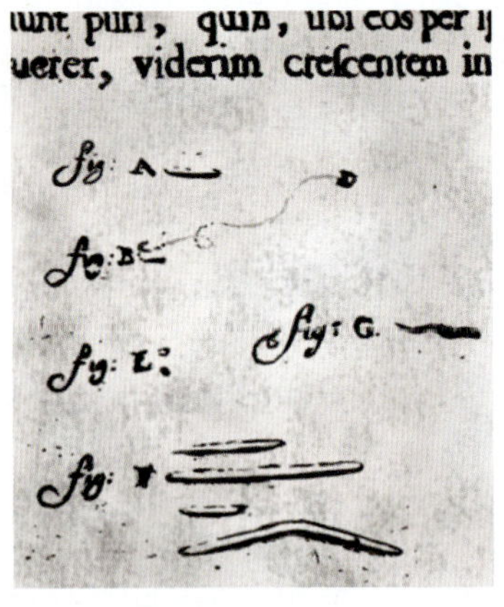

B

그림 19.3 세포 개념은 지난 300년 동안 상당히 변화하였다. 후크는 (A)에 나타낸 그 당시 가장 고성능 현미경인 복합현미경과 조명시스템을 발명하였다. 레벤후크는 다양한 물질을 많이 관찰하였으며, 이러한 미소동물(B)의 그림을 그렸다. 최초의 세포 이하 분화 중 하나는 원형질을 세포질과 핵으로 나눈 것이다. 현재는 세포가 이보다 훨씬 복잡하다는 것을 알고 있다. 세포는 많은 종류의 아세포 구조로 구성되어 있으며, 일부 구성요소는 수천 개에 달한다.

출처: (a): Wellcome Library, London; (b): ©INTERFOTO/Alamy Stock Photo

1632~1723)는 최초로 현미경을 이용해 생물학적 표본을 검사한 사람 중 한 명이었다. 레벤후크가 현미경을 이용해 연못물에서 움직이는 물체를 볼 수 있다는 사실을 발견했을 때, 그는 호기심에 다양한 다른 사물들도 함께 관찰하였다. 예를 들면, 혈액, 정액, 대소변, 후추, 치아 표면 물질 등을 연구하였다. 그는 최초로 개별 세포를 관찰하고 생명의 단위로 인식하였으나, 세포라고 부르지는 않았다. 그는 연못물에서 움직이는 미소동물을 관찰하였기에 **작은 동물들**(animalcules, 미소동물)로 명명하였다.

세포(cell)라는 용어를 처음 사용한 사람은 로버트 후크(Robert Hooke, 1635~1703)로, 물체를 확대하면(그림 19.3) 어떻게 보이는지에 대하여 관심을 가졌다. 그는 코르크 나무 껍질의 코르크 박편을 관찰하였다. 코르크 박편에서 정육면체 덩어리가 깔끔하게 잘 배열되어 있는 것을 보았는데, 이것은 수도원의 척박한 기숙사 방을 연상케 했다. 그래서 그는 그것을 **작은 방**(cell; 세포)이라고 불렀다. 현재 사용되고 있듯이 세포라는 용어는 모든 생물을 구성하는 기본적인 기능적, 구조적 단위를 가리킨다. 후크가 코르크 마개를 보았을 때 그가 본 작은 상자들은 사실 식물세포의 살아있는 부분을 둘러싸고 있는 세포벽에 불과했다. 우리는 **세포벽**이 세포의 살아있는 내용물에 강도를 제공하고 보호하는 탄수화물 복합체인 셀룰로오스로 구성되어 있다는 것을 안다. 세포벽은 단단하고 견고한 물질의 층으로 보이지만, 실제로는 엮어 짜인 셀룰로오스 분자의 여러 가닥으로 이루어져 있다. 세포벽의 느슨한 엮임은 세포에 견고한 외부 골격을 제공하지만, 많은 유형의 분자에게는 투과할 수 있는 구조를 가진다.

후크가 1665년에 출판한 《Micrographia》에서 **세포**라는 용어를 사용한 지 거의 200년이 지난 후에야, 모든 생물은 세포로 이루어져 있고 이 세포들은 스스로 복제할 수 있으며, 그것들은 이전부터 존재하는 세포로부터 왔다는 것이 일반적으로 인식되었다. 그러나 이 개념이 모든 생물에 어떻게 적용되는지 이해하는 데는 많은 다른 사람들이 관여하였다(이 장의 '과학의 배후에 있는 사람들' 참조).

세포라는 용어가 이해된 직후 세포의 매우 중요한 부분이 세포벽 안에 있다는 것이 인식되었다. 이 살아있는 물질은 **원형질**(protoplasm)로 불리며, 이는 **최초 형성된 물질**을 의미한다. 원형질이라는 용어는 과학자들이 세포의 살아있는 부분과 무생물 세포벽을 구별할 수 있게 해주었다. 곧이어 현미경학자들은 원형질의 서로 다른 2가지 영역을 구별할 수 있었다. 원형질의 한 영역은 다른 영역에 비해 점성이 높고 어둡다. **세포핵**(cell nucleus)이라 하는 이 핵심 부분은 그것을 둘러싸고 있는 유동성 물질 내의 중심체다. **세포질**(cytoplasm)은 원형질에서 콜로이드액 부분에 주어진 이름(원형질 = 세포질 + 핵)이다. **콜로이드**는 실제 용액의 입자보다 크지만 현탁액(suspension)의 입자보다 작은 부유 입자를 포함하는 혼합물이다. 콜로이드의 용질은 걸러낼 수 없으며 중력에 의해 침전되지 않는다. 오늘날 **원형질**이라는 용이는 거의 사용되지 않지만, **세포질**이라는 용어는 여전히 세포생물학자들의 어휘에서 매우 보편적이다.

더 나은 염색 기술과 현미경의 발달로 원형질에는 많은 **세포소기관**(organelle)이라고 하는 작은 구조가 많이 포함되어 있음이 밝혀졌다. 생명의 특징적인 몇 개의 기능이 특정 세포기관에서 수행되는 것으로 밝혀졌다. 세포소기관이 하는 필수적인 일은 그 구조와 관련 있다. 각각의 세포소기관은 작동에 있어서 역동적이며, 작용하면서 모양과 크기를 바꾼다. 세포소기관은 세포 내에서 움직이며 심지어 일부는 자기 복제도 한다. 이들 세포소기관의 구조와 기능은 이 장의 끝에 있는 표 19.3에 비교되어 있다.

모든 생물은 세포이거나 세포로 이루어져 있다. 현재까지 대부분의 생물학자들은 세포 유형을 **원핵생물**(prokaryote)과 **진핵생물**(eukaryote)의 2가지로 인식하고 있다(그림 19.4). 이들 **원핵세포**와 **진핵세포**는 모두 (1) 세포막, (2) 세포질, (3) 유전물질, (4) 에너지 전달분자, (5) 효소와 조효소(coenzyme) 등의 공통점을 가지고 있다. 이들은 모두 생명 기능을 수행하는 데 필수적이다. 이들 중 어느 하나라도 제대로 작동하지 않는다면 세포는 죽는다.

세포 유형의 차이점은 세부 구조에서 찾을 수 있다. 원핵세포에는 진핵생물의 전형적인 복잡한 내부조직이 대부분 부족하지만 세포로서 생명체의 기능을 수행할 수 있다.

우리가 흔히 **세균** 또는 **박테리아**라고 하는 단세포 생물은 대부분 원핵세포다(그림 19.4A). 조류, 원생동물, 진균류, 식물, 동물 등은 모두 진핵세포로 이루어져 있다(그림 19.4B, C).

예제 19.1 (선택)

부피가 1.0×10^{-10} m^3인 세균을 구성하는 6.2×10^{-31} m^3 크기의 원자는 얼마나 필요한가?

풀이

만약 한 원자가 6.2×10^{-31} m^3의 크기를 가진다면,

$$\text{원자의 수} = 1.0 \times 10^{-31}\ \cancel{m^3} \times \frac{1\text{원자}}{6.2 \times 10^{-31}\ \cancel{m^3}}$$

$$= \boxed{1.6 \times 10^{20}\ \text{원자}}$$

예제 19.2 (선택)

부피가 8.6×10^{-19} m^3인 미토콘드리아를 구성하는 6.2×10^{-31} m^3 크기의 원자는 얼마나 필요한가?
(답: 1.4×10^{12} 원자)

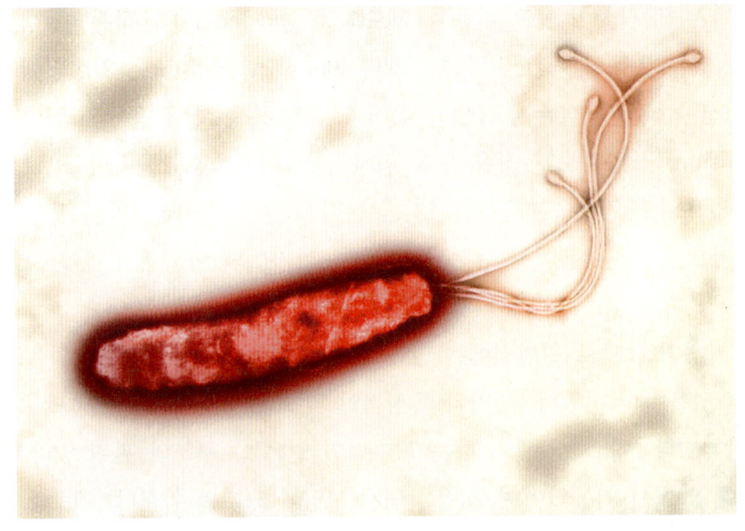

A

B

C

그림 19.4 세포의 주요한 종류에는 원핵세포와 진핵세포 2가지가 있다. 원핵세포는 (A) 세균(*Helicobacter pylori*)에서 볼 수 있으며, 진핵세포는 (B) 식물(잎의 표피) 및 (C) 동물세포(다양한 인간 혈액 세포-염색)로 표시된다. (a): ©Heather Davies/Science Source; (b): ©Steven P. Lynch RF; (c): ©Steve Gschmeissner/Science Source RF

19.3 세포막

모든 세포와 많은 세포기관에 공통적인 특징 중 하나는 막이라 하는 얇은 물질 판이다. 얇은 막의 판은 접히고 여러 가지 구조, 모양 및 형태로 꼬일 수 있다. 세포기관 막의 특정한 배열은 그것이 수행할 수 있는 기능과 관련이 있다. 이것은 직물 조각을 이용해서 바지, 셔츠, 베갯잇 또는 의자 덮개 등을 만들 수 있는 것과 유사하다. 모든 세포막은 다양한 세포기관으로 만들 수 있는 기본적인 분자 구조를 가지고 있다.

세포막(cell membrane)은 주로 인지질과 단백질로 구성된 얇은 판 구조이다. 막이 어떻게 구성되는지에 대한 현재의 가설은 **유동 모자이크 모델**(fluid-mosaic model)로 알려져 있는데, 이는 막의 다양한 분자가 흐르고 움직일 수 있다는 것을 제안한다(그림 19.5). 막은 분자와 주변과의 물리적 상호작용에 의해 그 형태를 유지한다. 막의 인지질 분자는 **친수성**

현미경

매우 작은 물체를 보기 위해서, 관찰력을 확대하는 방법으로 돋보기를 사용한다. 돋보기는 빛을 굴절시켜 물체를 실제보다 크게 보이게 하는 렌즈이다. 이러한 렌즈는 물체를 10배 또는 50배까지 확대할 수 있다. 네덜란드의 커튼과 옷 제작자인 레벤후크는 돋보기를 주의 깊게 연구한 최초 사람 중 한 명이었다. 그는 간단한 현미경으로 관찰한 물체를 매우 자세하게 스케치한 다음, 그의 발견을 로버트 후크와 런던왕립학회와 소통하게 되었다. 그의 연구는 확대 기술과 세포 구조의 묘사에 대한 더 많은 연구의 필요성을 제시하였고, 이를 통해 최초의 현미경은 1600년대 초에 개발되었다.

단순 현미경 바로 뒤에 개발된 **복합현미경**(상자 그림 19.1A)은 일련의 렌즈를 통하여 빛을 굴절시켜 확대를 증가시킬 수 있었다. **대물렌즈**는 표본을 확대하며 이는 두 번째 렌즈인 **접안렌즈**에 의해 더욱 확대된다.

현재 이용되는 현미경은 해부(입체), 형광, 암시야, 공 초점, 주사 음향, 디지털 영상, 터널링, 원자력(atomic force), 그리고 전자(투과와 주사)현미경을 포함한 많은 종류가 있다. **전자현미경**(상자 그림 19.1B)은 20만 배까지 확대할 수 있으면서도 개체의 구조를 분석할 수 있다. 물론 눈으로 전자를 직접 볼 수 없다는 문제점은 가지고 있다. 따라서 전자현미경 내에는 전자가 사진 필름이나 비디오 모니터에 충돌하며, 이 '그림'이 개별 구조를 보여주는 방식으로 진행된다. 표본을 매우 얇게 자르고 표본에 전자빔을 집중시키는 것과 같이 관찰할 물질을 준비하는 기술은 전자현미경을 과학과 함께 예술을 추구하게 한다.

최근에 **주사 터널링 현미경**이 개발되었다. 이 현미경의 개발자인 게르트 비니히(Gerd Binning)와 하인리히 로러(Heinrich Rohrer)는 1985년 노벨상을 수상했다. **주사 터널링 현미경**과 뒤 이은 **원자력 현미경**의 발견은 연구자들이 전에 볼 수 없었던 분자와 염소나 나트륨 같은 원자의 표면까지도 영상화할 수 있도록 하였다. 주사 터널링 현미경은 표본의 표면을 추적하기 위하여 얇은 백금과 비리듐 선을 이용한다. 탐침의 표면에 있는 전자는 표본 표면에의 전자와 상호작용하여 전류로 보이는 '터널'을 형성한다. 전류가 강할수록 탐침이 표면에 가까운 것이며, **원자력 현미경**은 분자처럼 작은 3차원 물체와 염소, 나트륨과 같은 원자의 표면을 볼 수 있게 해준다.

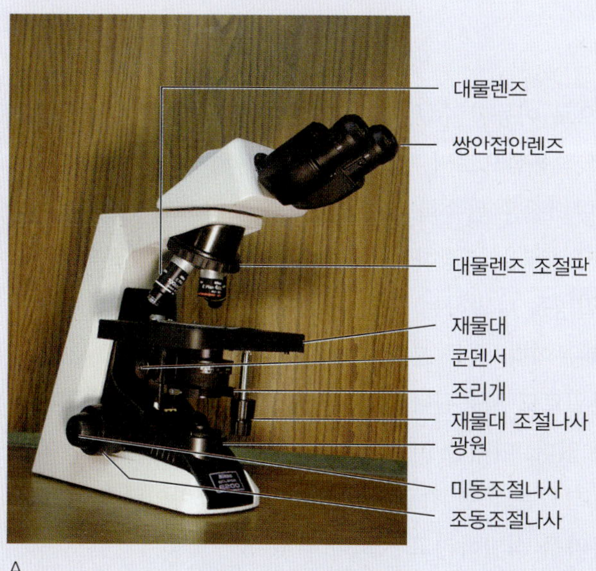

상자 그림 19.1 (A) 복합현미경. (B) 전자현미경. (a): ©Bill W. Tillery; (b): ©Brand X Pictures/PunchStock RF

(hydrophilic; 수용성, 물을 좋아하는)인 한쪽 끝(글리세롤 부분)을 가지고 있기 때문에 극성 분자다. 친수성이 아닌 다른 쪽 끝은 **소수성**(hydrophobic; 불용성, 물을 싫어하는)이라고 하며 지방산으로 구성되어 있다. 인지질 분자를 물에 넣으면, 분자의 친수성(수용성, 물을 좋아하는) 부분이 서로 반대쪽을 향하게 되어 이중층의 판을 형성한다. 이를 일반적으로 **인지질 이중층**이라고 한다.

세포막의 단백질 성분은 막의 표면 또는 인지질 분자 사이의 막 안에서 발견될 수 있다. 다

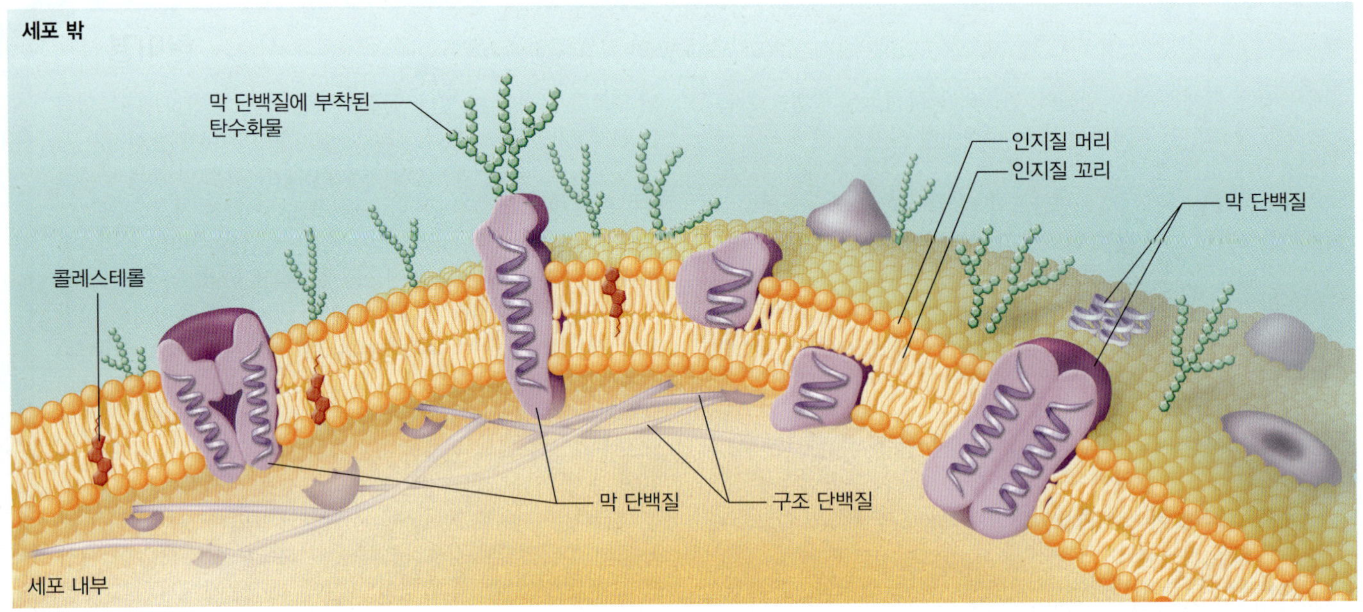

그림 19.5 일반화된 인간 세포의 이 부분에서는 후크가 설명한 것처럼 주위 세포벽이 없다는 것을 주목하라. 모든 세포의 막은 단백질과 인지질로 구성되어 있으며, 두 층의 인지질은 소수성 지질 꼬리가 서로에게 뻗어 있고, 친수성 글리세롤 머리는 바깥쪽에 있다. 인지질의 인을 포함하는 사슬은 글리세롤 부분 가까이에 감겨 있다. 단백질은 인지질 층 내부에 묻히거나 표면에 떠 있다. 단백질 중 일부는 세포 밖에서 물질을 축적하며, 다른 단백질의 화학작용의 장소로 작용한다. 탄수화물은 종종 막의 표면에 부착되어 있다.

수의 막 단백질은 한쪽에서 다른 쪽으로 이동할 수 있으며, 일부 단백질은 물질이 이동할 수 있는 채널을 형성하거나 수송 분자로 작용함으로써 채널을 통한 분자의 이동을 돕는다. 세포막의 외부 표면에서 발견되는 일부 단백질은 탄수화물이나 지방을 포함하고 있는데, 이러한 결합 분자는 세포막의 '방향성(내부-외부)'을 결정하는 데 중요하고 생물이 세포의 유형 간 차이를 인식하도록 돕는다. 신체는 질병을 유발하는 생물을 인식할 수 있는데, 그 이유는 표면 단백질이 세포막과 차이가 있기 때문이다. 이들 분자 중 일부는 특정 화학물질, 세균, 원생동물, 백혈구 및 바이러스의 결합 부위로도 사용된다. 많은 위험한 물질들은 세포 표면에 달라붙을 수 없기 때문에 해를 끼칠 수 없다. 이러한 이유로, 세포 생물학자들은 이러한 분자들의 정확한 구조와 기능을 탐구한다. 그들은 또한 감염을 통제하기 위해 바이러스와 세균 같은 물질의 결합을 방해할 수 있는 분자를 식별하려고 시도하고 있다.

세포막에서 발견되는 다른 유형의 분자는 콜레스테롤과 탄수화물이다. 콜레스테롤은 막을 안정화시키고 유연하게 유지시키는 역할을 하는 것으로 보인다. 탄수화물은 보통 막 외부에서 발견되며 단백질이나 지질에 결합한다. 이러한 탄수화물은 세포 간 상호작용에 중요한 역할을 하며 조절 분자와의 결합에 관여한다.

예제 19.3 (선택)

전형적인 세포막은 약 1.0×10^{-10} m이다. 표준지 한 장의 0.1 mm 두께와 같게 하기 위해 얼마나 많은 세포막을 쌓아야 하는가?

풀이

$$= 0.1 \times 10^{-3}\ \text{m} \times \left(\frac{1\ \text{세포막}}{1.0 \times 10^{-10}\ \text{m}}\right)$$

$$= 1.0 \times 10^{-4}\ \text{m} \times \left(\frac{1\ \text{세포막}}{1.0 \times 10^{-10}\ \text{m}}\right)$$

$$= \boxed{1.0 \times 10^{6}\ \text{세포막}}$$

예제 19.4 (선택)

물 분자의 길이가 약 2.75×10^{-10} m이다. 일반적인 500 μm 크기의 아메바를 채우기 위해 필요한 물 분자의 양은 어떻게 되는가? (답: 1.8×10^{6} 물 분자)

19.4 막을 통한 물질의 이동

세포가 살아있으려면 앞서 설명한 생명의 특성을 충족해야 한다. 이것은 영양분의 섭취, 폐기물 및 기타 대사 부산물 제거가 포함된다. 여러 가지 기작을 통해 세포는 확산, 삼투, 촉진확산, 능동수송 및 식균 작용을 포함한 생명과정을 수행할 수 있다. 세포가 세포막을 통해 물질을 이동하는 2가지 유형이 있는데, 그것은 수동수송과 능동수송이다. 수동수송의 방법에는 확산, 삼투, 촉진확산이 포함되며, 능동수송 기작은 세포 내 이입(endocytosis), 세포 외 유출(exocytosis), 식세포 작용(phagocytosis), 음세포 작용(pinocytosis)을 포함한다.

확산

다른 유형의 기체와 액체는 서로 완전히 섞이려는 자연적인 경향이 있다(17장 참조). 그 이유는 그들이 다양한 크기의 운동에너지로 끊임없이 움직이고 있기 때문이다. 분자의 두 종류를 생각해보자. 한 유형의 분자가 이동함에 따라, 그들은 가장 밀집되어 있던 곳에서 흩어지는 경향이 있다. 다른 유형의 분자도 같은 방식으로 흩어지는 경향이 있다. 이 무작위 운동의 결과는 결국 두 종류의 분자가 전체적으로 섞이게 된다는 것이다.

분자의 움직임은 완전히 무작위라는 것을 기억하라. 뜨거운 물 한 컵에 담긴 찻잎에서 분자의 경로를 따라가면, 몇몇 찻잎의 색소 분자들이 잎에서 멀어지는 반면 다른 찻잎 색소 분자들은 반대 방향으로 움직이는 것을 발견할 것이다. 그러나 시작 때 찻잎 색소 분자들이 더 많았기 때문에 찻잎에서 멀어지는 색소 분자가 더 많다. 충분히 오래 기다리면, 색소 분자가 차 한 잔 전체에 똑같이 분포한다는 것을 알게 될 것이다.

우리는 일반적으로 개별 운동에 관심이 없고 오히려 전반적인 운동에 관심이 있으며, 이를 **순이동**(net movement)이라고 한다. 전체 운동 방향(순이동)은 분자의 상대적인 농도에 의해 결정되는데, 예를 들어 다른 영역의 양과 비교하여 한 영역의 양에 의해 결정된다. **확산**(diffusion)은 분자의 농도가 높은 곳에서 낮은 곳으로 순이동하며 한 종류의 분자가 완전히 분산되고 모든 방향으로 운동이 동일할 때, 시스템이 **동적 평형**(dynamic equilibrium) 상태에

미신, 착각, 그리고 오해

가벼운 접촉을 통한 HIV 전염에 대해 걱정하지 않아도 되는가?

오해: 가벼운 접촉(예: 악수, 만지는 것)은 사람들이 HIV/AIDS에 감염될 수 있게 한다.

사실, 세포의 세포막은 각각의 세포를 독특하게 만드는 분자를 표면에 가지고 있다. 이러한 종류의 하나는 **분화집단** 또는 CD **표지자**라고 한다. 이들은 다음과 같은 CD1, CD2, CD3, CD4 등의 숫자 그룹으로도 지정된다. 다른 세포 유형은 표면에 다른 표지자를 가지고 있다. CD4 표지자를 가진 세포는 대식세포, 신경세포, 그리고 도움-T(T_H), 지연형-T(T_D)와 같은 과민세포로 알려진 면역계의 특정한 세포를 포함한다. CD4 세포는 전형적으로 피부가 아닌 신체 내부(예를 들어, 혈액에서) 깊은 곳에서 발견된다. 또한 CD4 표지자는 후천성면역결핍증(AIDS)을 일으키는 인간면역결핍바이러스(HIV)의 부착 부위로서 작용한다. AIDS를 유발하려면 바이러스가 CD4 세포로 들어가서 세포의 대사를 통제해야 하는데, HIV는 CD4 세포 표면 수용체가 없는 세포에는 부착할 수 없다. 결국 CD4 세포는 일반적으로 피부 표면에서 발생하지 않기 때문에 일상적인 가벼운 접촉은 HIV/AIDS의 전염을 초래하지 않는다.

도달했다고 본다. 이때 한 방향으로의 움직임이 다른 방향으로의 움직임과 동일하기 때문에 더 이상의 순이동은 없다. 그러나 시스템에서는 여전히 에너지가 있고 분자는 여전히 움직이기 때문에 동적이다.

세포막은 일정한 운동을 하는 인지질과 단백질 분자로 구성되어 있기에, 작은 분자들이 막의 한 측면에서 다른 측면으로 횡단할 수 있도록 임시 통로를 형성한다. 막에 가까운 분자들 또한 일정하게 움직이는데, 이들은 막의 이러한 통로를 통과함으로써 세포 내외로 이동할 수 있다.

확산 속도는 분자의 운동에너지 및 분자 크기와 관련이 있는데, 확산은 분자가 고르지 않은 분포일 때만 발생하므로 확산의 속도를 결정하는 데 분자의 상대 농도가 중요하다. 분자 농도의 차이는 **농도 구배**(concentration gradient)라고 하며, 분자가 균일하게 분포되면 이러한 구배는 존재하지 않는다.

확산은 분자의 자유로운 움직임에 장벽이 없는 한 일어날 수 있다. 세포의 경우, 막은 일부 분자를 통과하게 하는 반면, 다른 분자들은 통과하지 못하게 하거나 더 천천히 통과하도록 한다. 이 투과성은 관련 분자의 크기, 이온 전하 및 용해성에 기초하지만, 막은 분자의 이동 방향을 구분하지 않으므로 확산 방향에 영향을 미치지 않는다. 확산 방향은 막의 양쪽에 있는 특정 분자의 상대 농도에 의해 결정되며, 확산을 일으키는 에너지는 분자 자체의 운동에너지에 의해 공급된다. 세포에 충분한 산소를 공급하기 어려운 사람의 건강은 농도 구배를 증가시킴으로써 개선될 수 있다. 산소는 공기의 약 20%를 차지하며, 만약 이 농도에 특별한 산소원을 인위적으로 공급함으로써 증가시킨다면, 폐에서 혈액으로의 확산은 더 빠르게 일어난다. 이를 통해 산소가 필요한 신체 세포에 산소가 도달할 수 있도록 도와주며, 사람의 일부 증상을 조절할 수 있다(그림 19.6).

삼투현상

모든 막의 중요한 특징은 선택적으로 투과할 수 있다는 점으로, **선택적 투과**(selectively permeable)는 막이 특정 분자를 통과할 수 있게 하고 다른 분자들의 통과를 막을 수 있다는 것

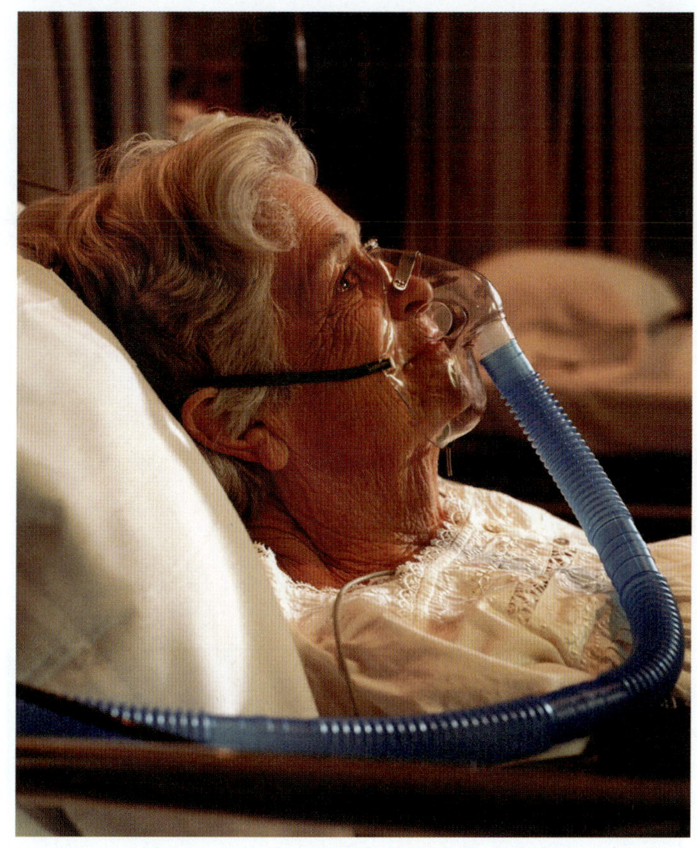

그림 19.6 분자 운동의 결과로 분자들은 밀집된 지역에서 덜 밀집된 지역으로 이동한다. 만성폐쇄성폐질환(COPD)은 허파가 감염되거나 손상을 입어 허파의 공기 출입이 제한되는 질병이기 때문에 숨쉬거나 건강을 위해 필요한 산소의 양을 받아들이지 못한다. 이 여성에게서 보는 것처럼 COPD를 가진 사람들은 '산소 마스크'를 착용하여 산소의 공급을 이롭게 한다.

©John Foxx/Getty Images RF

을 의미한다. 비타민 A 및 D와 같은 인지질에 용해될 수 있는 분자는 막을 쉽게 통과할 수 있지만, 많은 분자들은 거의 통과하지 못한다. 특정한 경우에, 막은 분자 크기를 기준으로 하여 통과 여부를 구분한다. 즉, 막은 물과 같은 소분자는 통과시키고 더 큰 분자의 통과를 막으며 또한 이온의 통과를 조절할 수 있다. 막의 특정 부분 표면에 많은 양이온을 갖는 경우, 환경의 양전하는 반발되어 막을 통과하는 것이 저해된다.

물 분자는 세포막을 통해 확산이 이루어지며 선택적 투과성 막을 통한 물 분자(용매)의 순이동(확산)을 **삼투**(osmosis)라고 한다. 어떠한 삼투에서도, 두 용액을 분리하는 선택적으로 투과성 막이 있어야 한다. 예를 들어, 60%의 물과 40%의 설탕 용액이 90%의 물과 설탕 10%의 다른 농도의 용액과 선택적 투과막에 의하여 분리되어 있으면 삼투를 나타낸다(그림 19.7). 이 막은 물 분자가 자유롭게 통과할 수 있게 해주지만 더 큰 설탕 분자가 통과하는 것을 막아 한 용액에는 다른 용액의 농도에 비해 물 분자의 농도가 더 높게 된다. 따라서 더 많은 물 분자가 90%의 물을 가진 용액에서 60%의 물을 가진 다른 용액으로 이동한다. 삼투는 실제로 확산 물질이 물인 확산이고 다른 농도의 영역은 물에 더 투과성이 높은 막에 의해 분리된다는 것을 인식해야 한다.

세포가 효율적으로 기능하기 위해서는 적절한 양의 물이 필요한데, 세포에 물이 너무 많으면 세포 내용물이 희석되어 세포를 생존시키는 데 필요한 화학 반응을 방해할 수 있고 반대로 세포에 물이 너무 적으면 유독성 폐기물이 쌓일 수 있다. 세포 주변 환경과 동일한 농도의 물과 용해된 물질이 포함된 경우 세포는 주변과 **등장**(isotonic)이라고 한다. 인체 내의 세포는 세포 내에 외부의 농도와 동일한 물과 용해된 물질의 농도가 있어야 한다. 예를 들어, 적혈구

관련 내용

다른 외층—세포벽

미생물, 식물 및 균의 **세포벽**은 단단하고 견고한 물질층으로 보이지만, 실제로는 느슨하게 짜여진 층이다. 틈새가 있는 짚 바구니에 물을 붓게 되면, 물이 새는 것처럼 많은 종류의 분자가 세포벽을 쉽게 통과한다. 세포벽은 단단하기 때문에 세포 내의 물질들을 보호해주지만 다른 한편으로는 유연성과 이동성을 방해한다. 세포벽을 구성하는 세 종류의 물질이 있는데, 모든 고등식물과 대부분의 조류에서는 **셀룰로오스**를 세포벽의 물질로 사용하며, 대량으로 있을 때는 **목재성분(wood)**을 구성하기도 한다. 다른 세포벽의 물질로는 **키틴**으로 균에서 발견된다. 키틴은 또한 곤충의 외부골격을 구성하는데, 딱정벌레나 새우의 외부 껍질과 같은 것이 그 예이다. 그러나 이러한 동물에서 키틴은 개별 세포가 아니라 조직덩어리를 둘러싸는 형태를 취한다. 균에서 키틴은 매우 얇게 구성되므로 새우 골격처럼 아삭거리거나 부스러지는 형태는 아니다. 많은 세균은 **펩티도글리칸**으로 이루어지는 세포벽을 가진다. 펩티도글리칸은 아미노산과 탄수화물로 구성되고, 사슬의 길이와 어떻게 연결되어 있는지에 따라 세균의 형태를 결정한다. 결핵(TB)을 일으키는 세균인 결핵균(*Mycobacterium tuberculosis*)은 체내에서는 죽이기 어렵고 항생제가 세균 내부로 들어가기가 더 어려운 특수한 유형의 펩티도글리칸으로 구성되어 있다. 항생제가 세포에 들어갈 수 없으면 세포증식을 방해하거나 미생물을 파괴할 수가 없다.

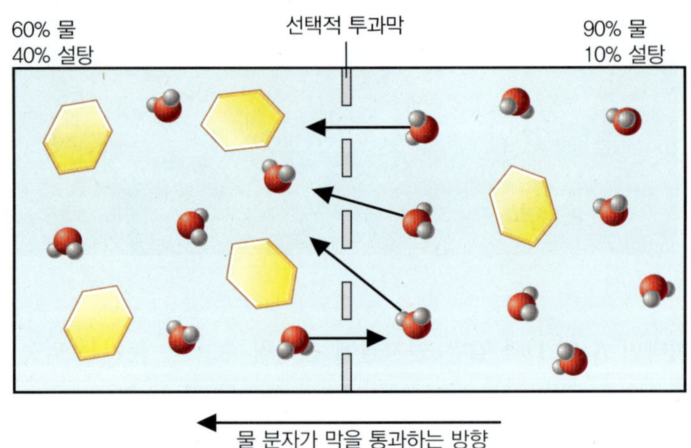

그림 19.7 물의 비율이 다른 두 용액이 선택적 투과막에 의해서 분리되면, 물의 비율이 높은 용액에서 물의 비율이 낮은 용액으로 물의 순이동이 발생한다.

과학 스케치

그림 19.7(또는 종이)에 또 다른 선택적으로 투과성인 막과 60% 물과 40% 설탕 용액에서 물 분자의 순이동을 나타내는 다른 용액을 추가하시오.

는 주변 혈장과 동일한 비율의 물과 용해된 물질을 가질 때 등장성이다. 다양한 제품들은 등장성을 가지고 있다. 예를 들어, 처방전 없이 구매할 수 있는 눈 세척제는 의학적으로 중요한 많은 용액과 함께 등장성으로 표시되어 있다. 생리적 또는 일반적인 식염수 용액은 다른 정맥내(IV) 용액(0.9% 용해된 염 또는 5% 포도당)과 같은 등장성이다.

그러나 세포나 조직이 다른 농도의 물을 가진 환경에서 살아 남으려면 이러한 차이를 유지하기 위해 에너지를 소비해야 한다. 적혈구는 주변 환경보다 낮은 농도의 물(용존 물질, 용질의 농도)을 가지고 있어 삼투에 의해 물을 매우 빠르게 얻는 경향이 있다. 그들은 주변 환경에 대해 **높은 삼투**(**고장성**; hypertonic)라고 하며 주변 환경은 **낮은 삼투**(**저장성**; hypotonic)라고 한다. 이 두 용어는 항상 2가지 다른 용액을 비교하는 데 사용된다. 고장성 용액은 더 많

인공신장의 작동

신장이 제기능을 하지 않으면, 독소를 걸러낼 수 없기 때문에 독성요소들이 혈액에 축적된다. 이것은 결국 **요독증**이라는 혈중에 독성이 함유된 상태로 이어지고, 독성요소가 신체에서 제거되지 않으면 독소의 농도는 계속 증가하게 되고 이는 결국 사망에 이르게 된다. 신장 또는 투석장치는 혈액에서 독성요소를 분리하기 위하여 관 모양의 셀룰로오스를 이용한다.

셀룰로오스는 포도당 분자의 중합체이며 요소 분자가 통과할 수 있도록 하는 틈이 있다. 투석장치에서 셀룰로오스 막의 관은 다량의 '세척' 또는 투석에서 잠겨 있으면서 혈액이 요독증이 있는 사람의 정맥에 연결되어 혈액을 받아오고 다시 이 관을 통해 환자에게 되돌아간다. 기계에 있는 동안 막은 혈액 대부분의 요소가 배관 벽을 통과하도록 허용하지만, 큰 혈액 단백질과 혈액세포는 통과하지 못하게 하여 환자는 생명 유지에 필요한 단백질이나 혈구세포는 잃지 않고 혈액의 독성요소만 걸러낼 수 있게 된다. 이 시스템은 관이 잠겨 있는 투석 용액이 혈액보다 요소량이 적기에 작동하게 되는데, 이 농도 차이로 인하여 피 속에 있는 요소(용질)가 피의 높은 농도로부터 셀룰로오스 막의 관 공극을 통하여 주변의 투석액으로 통과해가는 것이다. 결국 혈중 요소 농도가 감소한다. 투석액의 요소 농도가 증가하면 투석액이 버려진다. 투석액은 항상 일정하고 낮은 농도의 요소를 유지하고 있어 신체로부터 요소 분자가 빠져나갈 수 있도록 유지해 준다. 다른 필수적인 이온의 신체 농도를 유지하기 위하여 투석액은 이러한 이온의 농도가 혈중 농도와 동일하도록 제조되며, 다른 이온들은 동적 평형 상태이기 때문에 신장 투석 도중에 농도가 변하지 않는다(상자 그림 19.2).

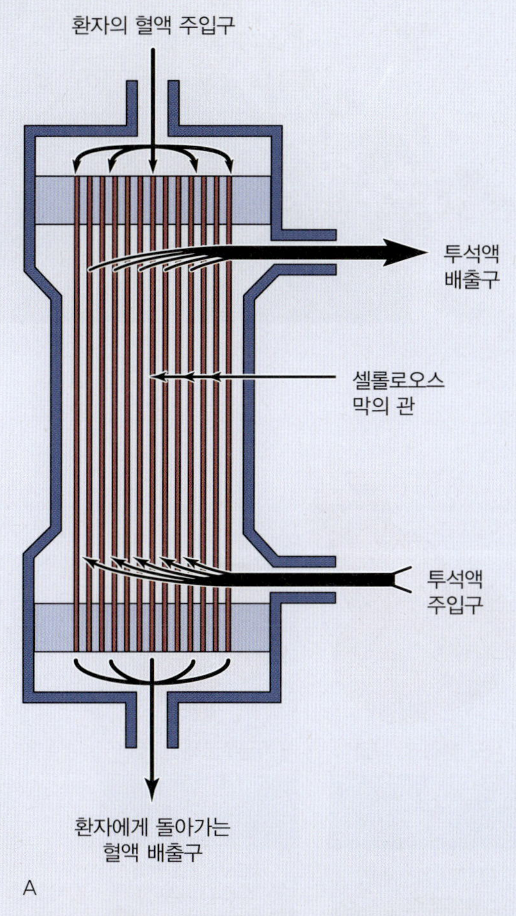

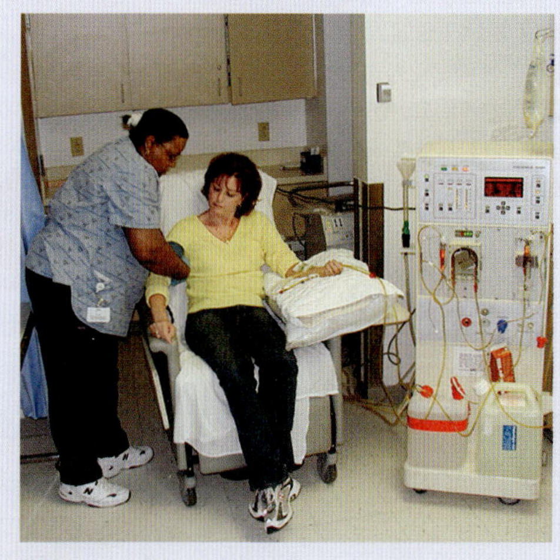

상자 그림 19.2 (A) 투석 과정 (B) 병원에서의 투석과정

(b): ©Fred Ross

은 용질(용해된 물질)과 적은 용매(물)를 가진 용액이며, 저장성 용액은 용질(용해된 물질)이 적고 용매(물)가 더 많다. 물이 소금이 있는 곳으로 간다는 것을 기억하는 데 도움이 될 수 있다(그림 19.8).

분자 수송의 조절 방법

일부 분자들은 특정 막 단백질과 상호작용하여 막을 통과하여 움직이며, 이러한 단백질의 존재 하에 물질의 확산 속도가 증가되는 경우, 이를 **촉진 확산**(facilitated diffusion)이라고 한다.

관련 내용

세포막에 존재하는 채널과 독감

세포막의 구조를 이해하면 질병을 통제할 수 있다. 2010년에 브리검영대학교(Brigham Young University)의 연구원들은 M2 단백질 세포막 채널을 통해 독감 바이러스가 어떻게 인간 세포로 들어오는지에 대해 명확한 근거를 제시했다(상자 그림 19.3). 만약 그들의 연구가 성공적이라면, 이 연구는 M2 단백질 채널을 방해하면 독감 바이러스가 인간 세포로 들어가는 것을 막는 약물 개발로 이어질 수 있을 것이다. 바이러스가 세포 안으로 들어가지 못하면 바이러스는 번식할 수 없고, 독감 증상을 유발할 수 없기 때문이다. 모든 유형의 독감 바이러스가 이 M2 단백질 채널을 통해 침입하는 것을 막는 약물이 속히 개발되기를 희망한다.

상자 그림 19.3 인플루엔자 바이러스. 인플루엔자(flu) 바이러스(노란색)가 숙주세포에서 발아하는 채색된 투과전자현미경(TEM). 숙주세포의 핵은 검정색이다. 배율: x83,300, 너비: 10 cm. ©Steve Gschmeissner/Science Source

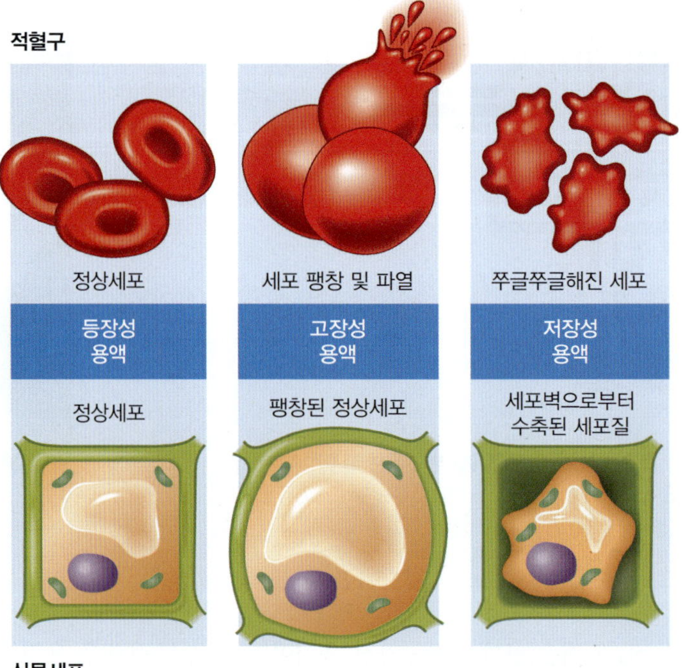

그림 19.8 세포는 물을 둘러싸고 있는 물에 용해된 물질의 양에 영향을 받는다. 등장성 용액에서 세포는 물을 얻거나 잃지 않는다. 고장성 용액에서 물은 주변에서 세포로 확산된다. 동물세포는 부풀어 오르고 파열되지만, 식물세포는 세포 내용물을 둘러싸는 단단한 세포벽을 가지고 있으며, 세포 내부에서 생성된 압력으로 인해 세포가 더욱 단단해진다. 식물세포와 동물세포는 모두 저장성 용액에 있을 때 물의 농도가 높은 세포에서 주변으로 물이 이동하기 때문에 수축된다.

이 움직임은 여전히 확산이므로, 움직임의 순방향은 고농도에서 저농도로 이동한다. 운반체의 작용은 분자의 운동에너지 이외에 다른 에너지의 입력을 요구하지 않아 이것을 **수동수송** 방법으로 간주하지만 필요한 단백질을 가진 살아있는 생물에서만 발생한다. 촉진–확산에 관여하는 막 단백질에는 (a) **운반 단백질** 및 (b) **이온 채널**의 두 그룹이 있다. 운반 단백질이 분자에 부착되어 막을 통과하여 이동할 때, 결합 분자는 형태를 변화시킨다. 이러한 형태 변화

개념 적용

콩의 무게 측정

생명체의 세포로 드나드는 물질의 운동을 설명하기 위해 꼭 정교한 장비를 사용하지는 않아도 되는데, 그 예로 콩을 이용하여 확인할 수 있다. 먼저 마른 콩을 구하여 30개의 콩을 세어 본 다음 나중에 비교하기 위해 마른 콩 10개를 제외한 남은 20개의 콩을 밤새 물에 넣어 둔다. 아침이 되었을 때 마른 콩과 물에 담근 콩의 크기를 비교해보라(가능하다면 콩의 무게를 측정하고, 크기의 변화도 관찰할 수 있다). 이후 물에 담근 콩 20개 중에서 10개를 다시 한번 고염도의 물에 담궈 놓는다. 고염도의 소금물에 담궈 놓은 콩의 크기와 마른 콩, 일반 물에 담근 콩의 크기와 비교해보고, 이러한 변화가 일어난 이유를 생각해보면 그 해답을 찾을 수 있을 것이다.

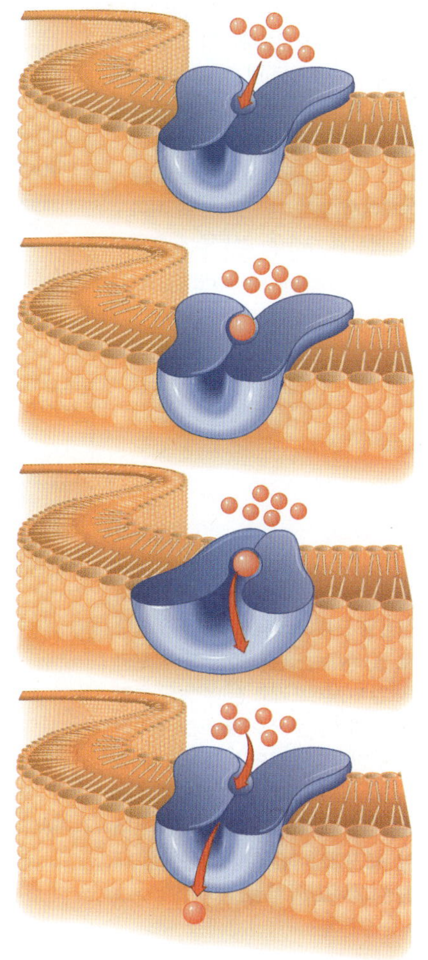

는 분자가 막의 한 측면에서 다른 측면으로 이동할 수 있게 한다. 그런 다음 운반체는 분자를 방출하고 원래 형태로 돌아간다(그림 19.9A). 이온 채널은 막을 통과하여 운반되는 분자와 실제로는 결합하지 않지만 관문처럼 작동한다. 채널의 개폐는 구멍에서의 '문지기(gate-keeping)' 신호 분자 혹은 전하 변화에 의해 조절된다(그림 19.9B).

분자가 저농도의 영역에서 고농도 영역으로 막을 통과하여 이동하면, 세포는 에너지를 소모해야 한다. 분자를 높은 농도로 이동시키기 위해 수송 단백질을 사용하는 과정을 **능동수송**(active transport)이라고 한다(그림 19.10). 능동수송은 매우 특이적으로 특정 분자나 이온만이 이런 식으로 운반될 수 있으며, 막의 특정 단백질이 그것들을 운반해야만 한다. 수송 단백질의 작용은 분자의 운동에너지 이외의 에너

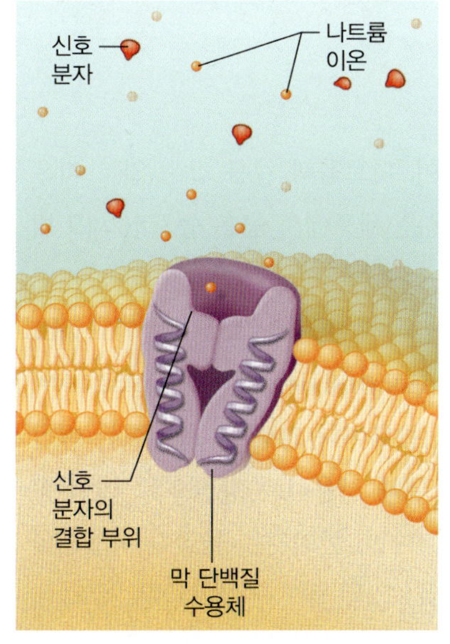

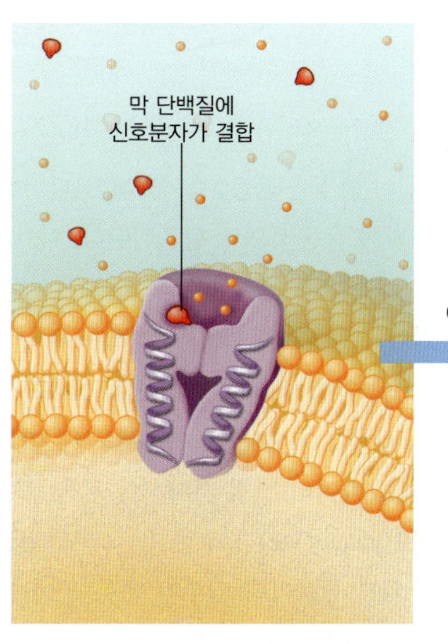

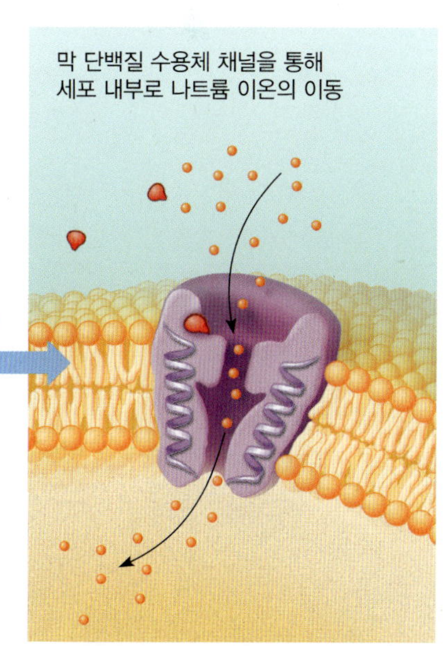

그림 19.9 (A) 막을 통해 이동하는 분자들은 막의 특정한 수송 운반체 단백질에 결합한다. 결합에 의하여 단백질의 구조가 변화하며 분자나 이온이 다른 쪽으로 이동하도록 한다. (B) 이온 채널은 나트륨 이온이 막의 다른 측면으로 수송될 수 있도록 개방 또는 폐쇄될 수 있다. 신호 분자가 이온 채널 단백질에 결합하면 문이 열린다.

그림 19.10 운반체 단백질의 작용에는 분자의 운동에너지 외에 에너지(ATP 화합물)의 투입이 필요하다. 따라서 이는 능동적(수동적이 아니라) 과정이며 능동수송이라고 한다. 능동수송 기작은 낮은 농도에서 높은 농도로 농도 차이와 분자의 수송을 거꾸로 진행할 수 있다.

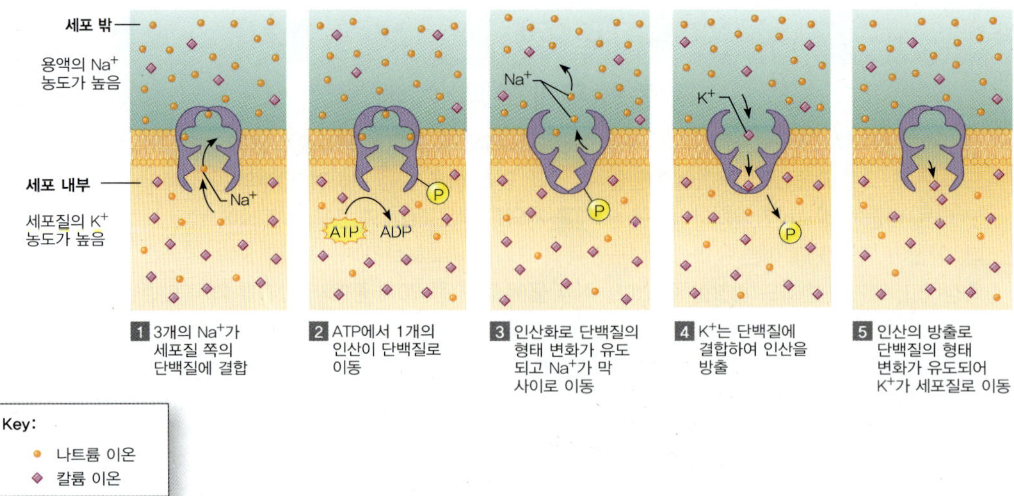

그림 19.11 이 순서는 세포가 미생물을 포획하고(세포 내 이입) 막으로 둘러싸는 것을 보여준다. 세포막의 일부(식세포라고 함)에 일단 들어가면 리소좀은 소화 효소를 추가하여 위험한 미생물의 분해 속도를 높인다. 마지막으로, 가수분해된(소화된) 물질은 액포로부터 세포막의 내부 표면까지 이동하여 내용물을 배출한다(세포 외 유출).

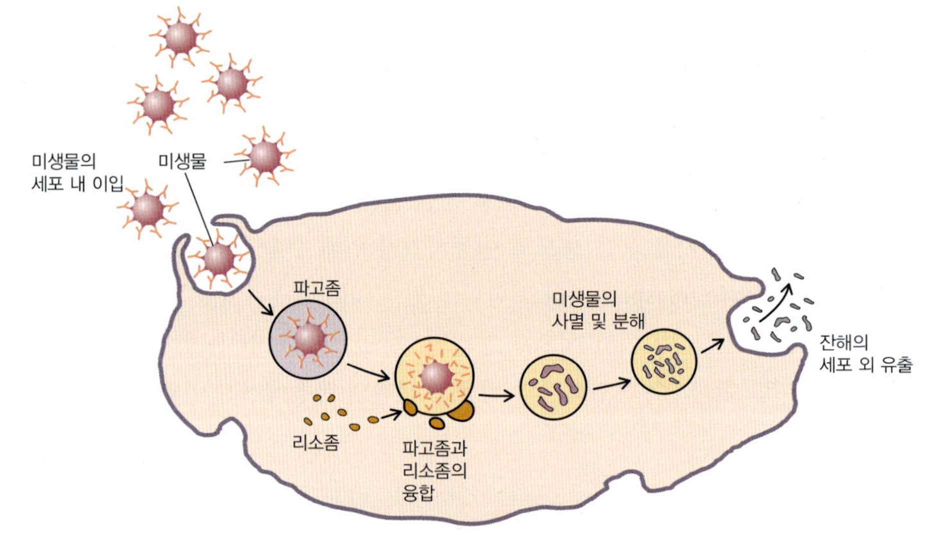

지를 필요로 하며 이 과정을 **능동수송**이라고 한다. 예를 들어, 나트륨과 칼륨 같은 일부 이온은 세포막을 통과하여 능동적으로 펌프질된다. 나트륨 이온은 세포에서 높은 농도인 **세포 밖**으로 이동하고, 칼륨 이온은 높은 농도인 **내부**로 이동한다.

물질은 능동적인 수송 외에도 **세포 내 이입**(endocytosis)에 의해 세포 안으로 운반되고 **세포 외 유출**(exocytosis)에 의해 밖으로 운반된다. **식세포 작용**(phagocytosis)은 입자를 막으로 주위를 감싸고 그것을 집어삼킬 때 사용하는 세포 내 이입의 한 종류이다(그림 19.11). 이는 백혈구가 침입하는 세균, 바이러스 및 기타 이물질을 포위하기 위해 사용하는 방법으로, 이런 종류의 세포를 **식세포**(phagocyte)라고 한다. **식세포 작용**이 일어나면, 삼켜지는 물질이 식세포의 표면에 접촉하여 외부 세포막의 일부가 움푹 들어가게 된다. 움푹 들어간 세포막은 세포 내에서 떨어져 나와 삼켜진 물질이 들어 있는 주머니(낭; sac)를 형성한다. 이 주머니는 하나의 막으로 이루어져 있으며, **액포**(vacuole)라고 불린다. 일단 세포 안에 들어가면 액포 막이 분해되어 세포 내부에 내용물을 방출하거나, 분해 효소가 함유된 또 다른 액포와 결합한다.

19.5 막으로 구성된 세포기관

이제 막의 구조와 기능에 관한 약간의 배경을 가지고 있으니, 세포가 그들의 원형질체의 구조적 성분을 만들기 위해 세포막을 사용하는 방법에 관심을 돌려보자. 세포의 바깥 경계를 세포막, 즉 **원형질막**(plasma membrane)이라고 한다. 그것은 분자의 섭취와 방출, 환경에서의 자극 감지, 다른 세포 유형 인식, 그리고 다른 세포와 무생물의 부착을 포함하는 대사라는 생명의 한 가지 특성과 관련이 있다. 세포막 외에도 많은 다른 기관들은 막으로 구성되어 있고 이 막으로 된 세포기관들은 각각 특정한 기능과 관련된 독특한 형태나 구조를 가진다.

세포에서 발견되는 가장 일반적인 세포기관 중 하나는 **소포체**(ER, endoplasmic reticulum)로 세포 전체에 걸친 일련의 접힌 막과 관의 집합이다. 이 막 시스템은 화학적 활동이 일어날 수 있는 넓은 표면을 제공한다(그림 19.12). 소포체는 거대한 표면적을 갖기 때문에 매우 작은 공간에서 많은 화학 반응을 수행할 수 있다.

골지체(Golgi apparatus)는 막으로 구성된 또 다른 세포기관으로, 이 세포기관도 막으로 구성되어 있지만, 기관의 구조가 다르기에 소포체와 다른 작업을 수행한다. 일반적으로 골지체는 5~20개의 평평하고 매끄러운 막 주머니로 구성되어 있으며 팬케이크 더미와 비슷하다. 골지체는 세포에서 생성된 특정 분자의 합성 및 포장이 일어나는 장소이며, 또한 특정 화학물질이 세포에서 방출되거나 세포 내에서 분배되기 전에 농축되는 장소이기도 하다.

세포에 필요한 중요한 분자집단에는 가수분해효소가 포함되며, 이 효소집단은 탄수화물, 핵산, 단백질, 지질을 분해할 수 있다. 세포는 이러한 분자를 많이 함유하고 있기에, 세포의 파괴를 막기 위해 이 효소들을 조절해야 한다. 골지체는 이러한 효소들이 불활성 형태에서 활성 상태로 전환되고 보호막 주머니에 포장되는 장소이다. 이 소포는 골지 주머니의 외부

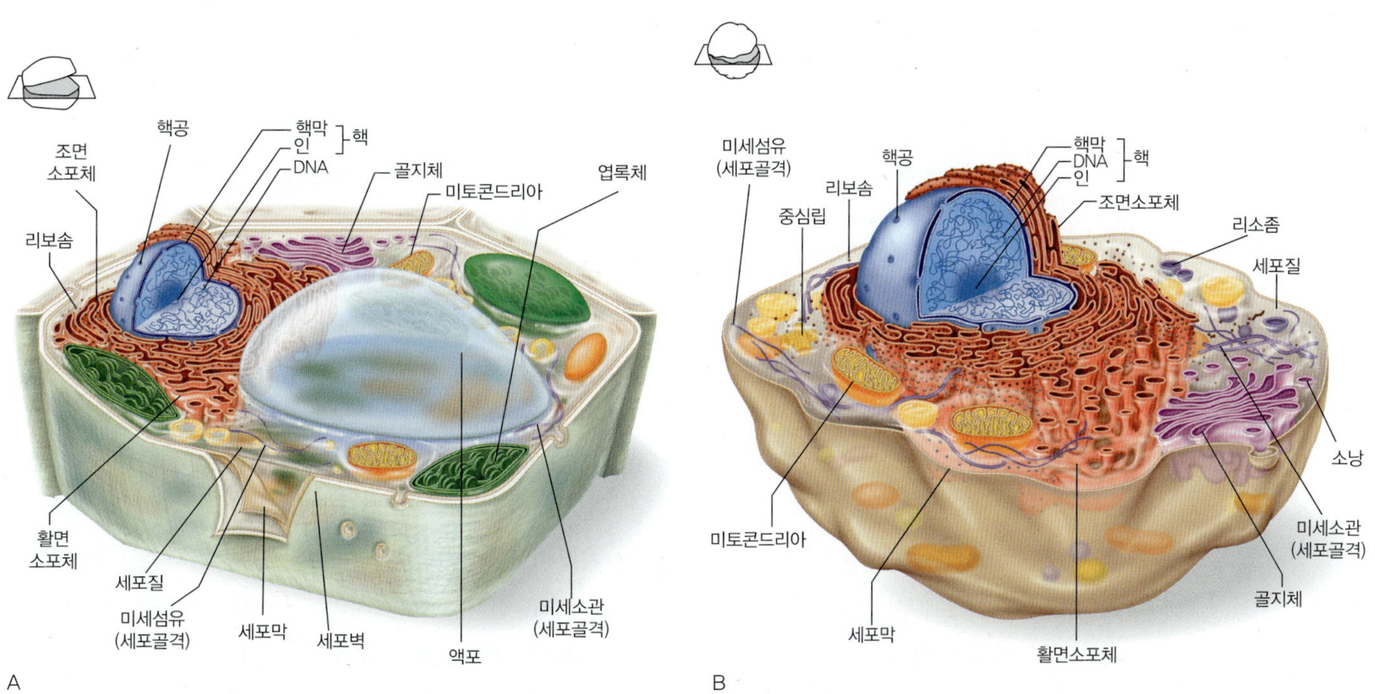

그림 19.12 세포질의 특정 구조는 막으로 이루어져 있다. 막은 단백질 및 인지질로 구성된다. 막으로 이루어진 전형적인 (A) 식물 및 (B) 동물세포 내의 세포질 세포기관을 보여준다.

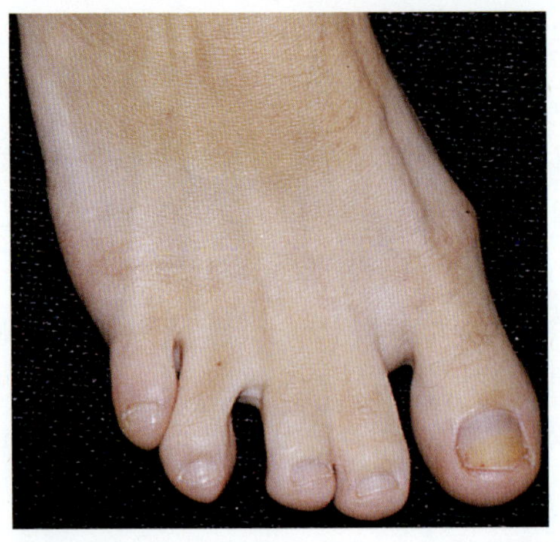

그림 19.13 이 사람은 합지증(syndactylism)으로 알려진 형질을 나타낸다(syn = 연결된, dactyl = 손가락 또는 발가락). 대부분의 사람들은 리소좀 효소가 발가락 사이의 세포를 분해하여 발가락이 분리되도록 한다. 이런 유전적 이상에서 이 효소들은 제 역할을 수행하지 못한다.
©Fred Ross

표면에서 분리되어 나와 **리소좀**(lysosome) 또는 '터지는 몸(bursting body)'을 형성하며 세포는 4가지 주요 방법으로 리소좀을 이용한다.

1. 죽은 세포와 죽어가는 세포를 분해한다.
2. 미숙한 상태에서 성숙한 상태로 발전하기 위해 선택적으로 세포를 파괴한다(그림 19.13).
3. 세포 속으로 섭취된 거대분자를 소화한다.
4. 세포로 흡수된 위험한 미생물을 식세포 작용으로 죽인다.

핵은 고체 덩어리가 아닌 세포 내의 장소로, 방이 벽, 바닥 그리고 천장이 만들어낸 장소인 것처럼 핵은 **핵막**(nuclear membrane)이 만들어낸 세포 속 공간이다. 이 막은 핵의 액체 물질인 **핵질**(nucleoplasm)을 세포질로부터 구분한다. 이들이 분리되어 있기에 세포질과 핵질은 다른 화학조성을 유지할 수 있다. 유전물질 주위에 막이 형성되지 않았다면, 핵이라고 하는 세포기관은 존재하지 않을 것이다. 핵막은 유전물질인 DNA(***d***eoxyribo***n***ucleic ***a***cid)를 중심으로 주위에 수많은 평평한 주머니가 속이 빈 구를 만들어 형성되었고, 또한 핵공으로 불리는 큰 구멍을 가지고 있어 이로 인해 분당 수천 개의 비교적 큰 분자가 핵으로 들어오고 나온다. 이 핵공은 신발끈이 걸려 있는 신발의 끈 구멍과 유사한 도넛 모양의 분자에 의해 열려 있다.

방금 설명한 모든 막으로 이루어진 세포기관은 한 형태에서 다른 형태로 변환될 수 있다(그림 19.14). 예를 들어, 식세포 작용은 리소좀 막과 융합하는 세포막으로부터 액포 막을 형성하여 최종적으로 골지막으로 변형된다. 막으로 구성된 2개의 다른 세포기관은 화학적으로 다르며 상호 변환이 불가능하다. 2가지 유형의 세포기관 모두 세포의 에너지 전환 반응과 관련이 있고 그 세포기관들은 **미토콘드리아**(mitochondrion)와 **엽록체**(chloroplast)이다(그림 19.15).

미토콘드리아는 자체적으로 접힌 큰 자루가 내부에 들어 있는 작은 자루를 닮은 소기관으로, 이 내부 접힌 표면을 **크리스테**(cristae)라고 한다. 크리스테의 표면에는 호기성 세포 호흡과 관련된 특정 단백질과 효소가 있다. **호기성 세포 호흡**(aerobic cellular respiration)은 음식 분자에서 유용한 에너지를 방출하는 데 관련된 일련의 반응으로 산소 분자의 참여가 필요하다. 평균 인간 세포는 1만 개 이상의 미토콘드리아를 포함하며 근육 세포와 같이 많은 양의

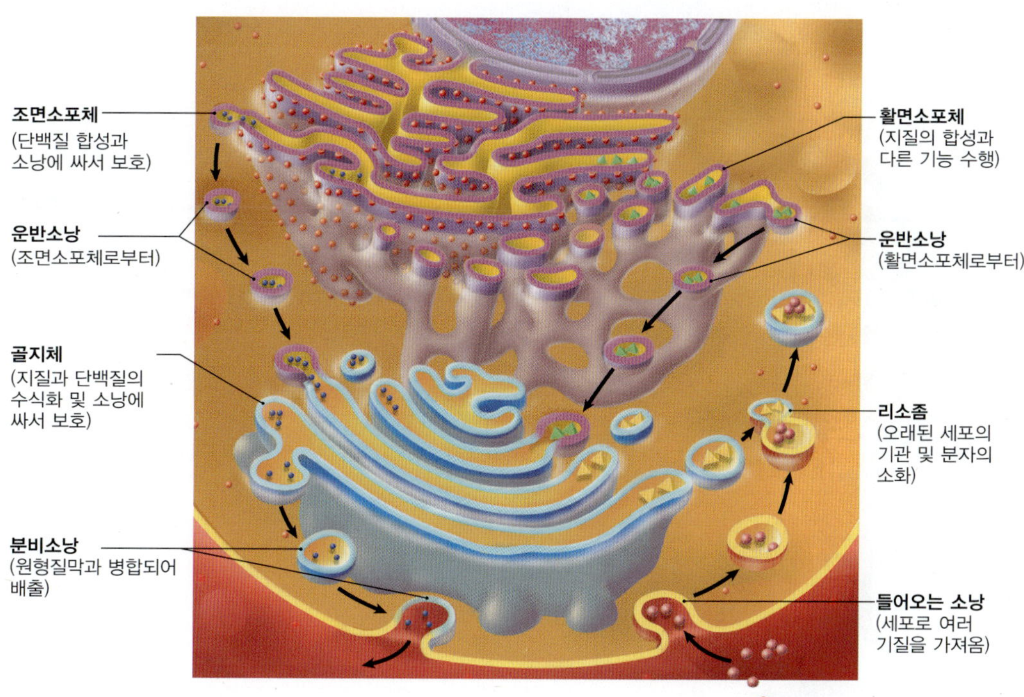

그림 19.14 진핵세포는 두 층의 인지질과 관련된 단백질로 이루어진 막이 구성되어 있는 다양한 세포소기관을 가진다. 각 세포소기관은 독특한 형태와 기능을 가진다. 이들 세포소기관의 대부분은 필수적인 기능을 수행하면서 한 형태에서 다른 형태로 서로 상호 변환된다.

에너지를 필요로 하는 활동에 관여하는 세포에서 더 많은 미토콘드리아를 가진다. 적절하게 염색되면 복합현미경으로 볼 수 있다. 호기성으로 기능하는 세포에서 미토콘드리아는 활동에 따라 팽창하게 되는데, 반대로 활동이 줄어들면 축소되고 실과 같은 구조로 보인다.

두 번째 에너지 변환 소기관은 **엽록체**로, 일부 세포에는 하나의 큰 엽록체가 포함되어 있고 다른 세포에는 수백 개의 작은 엽록체가 있다. 전자현미경으로 보이는 엽록체의 초미세구조에 관련된 연구는 전체 세포기관이 막에 의해 둘러싸여 있고, 다른 막들은 두루 접혀 있고 서로 결합되어 있다는 것을 보여준다. 그림 19.15와 같이 일부 지역에서는 이러한 막의 농도가 쌓여 있거나 스스로 접혀 있다. 엽록소와 다른 광합성 분자들은 이 막들에 붙어 있으며 이러한 엽록소가 농축된 부위는 엽록체의 **그라나**(grana)라고 하며, 엽록소가 없는 그라나 사이의 공간은 **스트로마**(stroma)라고 알려져 있다.

이러한 막질의 주머니 모양의 세포기관은 식물과 조류에서만 발견되며, 이 세포기관에서 빛에너지는 광합성으로 알려진 과정을 통해서 화학 결합 에너지로 변환된다. **광합성**(photosynthesis)은 **복사에너지를 포획하여 화학 결합 에너지로의 변환 과정**으로, 엽록체는 녹색 **엽록소**를 포함한 다양한 광합성 색소가 들어 있다.

미토콘드리아와 엽록체는 몇 가지 부분에서 다른 막으로 이루어진 구조와 다르다. 첫째, 그들의 막은 다른 막으로 이루어진 세포기관과 화학적으로 다르다. 둘째, 그것들은 내막과 외막의 이중층으로 구성된다. 셋째, 이 두 기관의 구조에는 세균과 유사한 리보솜과 DNA를 가진다. 마지막으로, 두 기관의 구조는 세포의 나머지 부분과 어느 정도 독립성을 가져 스스로 복제하는 능력이 제한적이지만 도움을 받기 위해 세포핵의 DNA에 의존한다.

미토콘드리아 및 엽록체와 관련된 생화학적 경로는 호흡 및 광합성이며, 둘 다 산화 환원 반응이다.

그림 19.15 (A) 크리스테라고 하는 내부 주름이 있는 미토콘드리아는 호기성 세포 호흡이 일어나는 장소이며, 음식 에너지는 사용 가능한 세포 에너지로 변환된다. 두 세포기관 모두 인지질과 단백질막으로 구성되어 있다. (B) 엽록소 색소의 저장소인 엽록체는 광합성이 일어나는 장소이다. 그라나에 위치한 엽록소는 빛에너지를 포착하여 스트로마에서 유기분자를 만드는 역할을 한다.

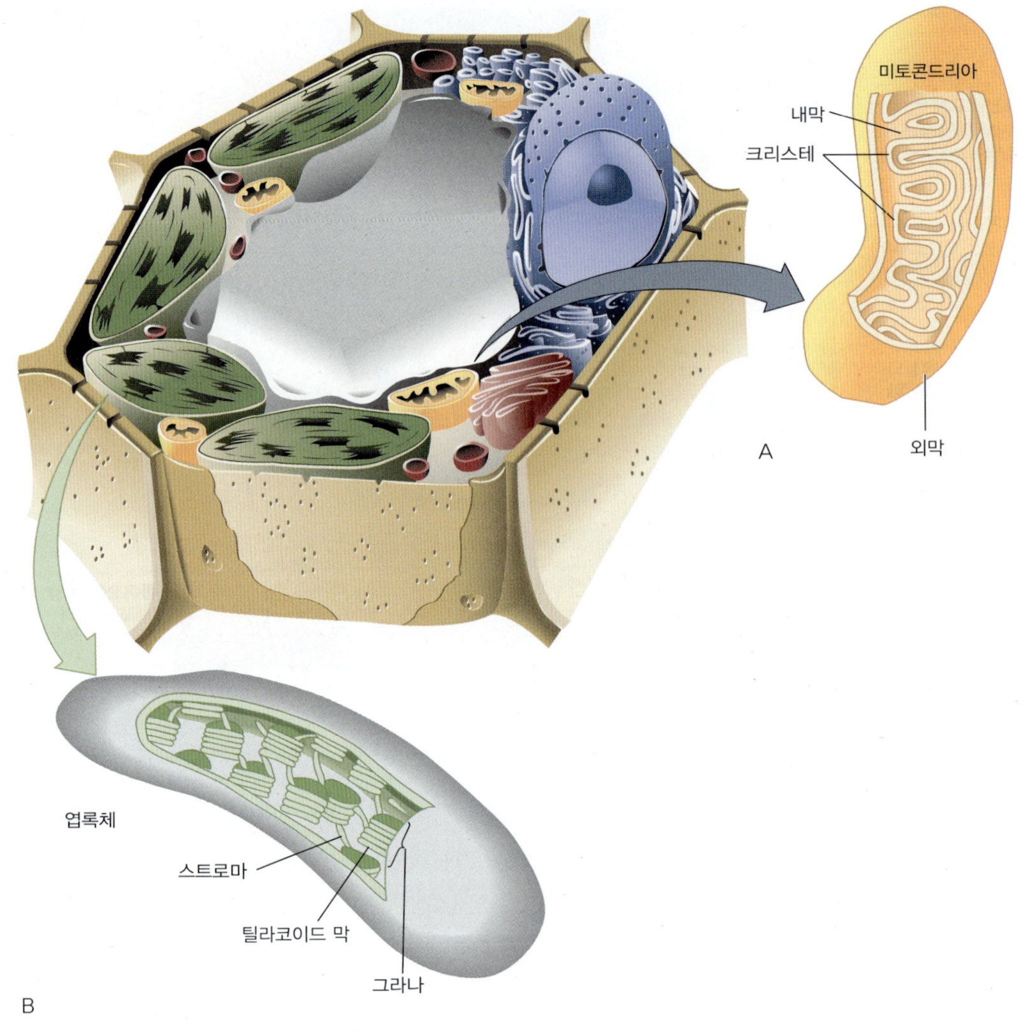

19.6 막으로 이루어지지 않은 세포기관

인지질이나 단백질이 판을 이루고 있지 않은 다양한 구조가 세포질에 존재하거나 막으로 이루어진 세포기관과 연관되어 있다. 이들은 막으로 이루어지지 않은 세포기관이다.

세포질 속에는 리보핵산(RNA)과 단백질로 이루어진 **리보솜**(ribosome)이라 하는 매우 작은 구조물들이 많이 있다. 리보솜은 단백질을 만드는 기능을 하며, 많은 리보솜이 세포질 안에서 자유롭게 존재하여 소포체(endoplasmic reticulum)에 붙어 있는 것으로 발견된다(그림 19.16). 단백질을 활발하게 생산하는 세포(예: 간세포)에는 세포질이 자유롭게 존재하고 소포체에 부착된 다수의 리보솜이 확인된다.

막으로 이루어지지 않은 많은 세포기관들 중에는 **미세소관**, **미세섬유**, **중간섬유**로 알려진 가늘고 길쭉한 단백질 구조로, 그들의 다양한 기능은 고층 오피스 빌딩, 구형 돔의 구조뼈대나 케이블, 또는 대형 동물의 골격 및 근육계처럼 복잡하다. 세 종류의 세포기관이 서로 상호연결되며 일부는 세포막 내부에 부착되어 세포의 **세포골격**(cytoskeleton)을 형성한다(그림 19.17). 이러한 세포 구성요소는 세포에 형태, 지지, 그리고 환경에서 이동 능력을 제공한다. ALS(근위축성측색경화증 또는 루게릭 탈아증), 알츠하이머, 다운증후군 등 특정 질환에는

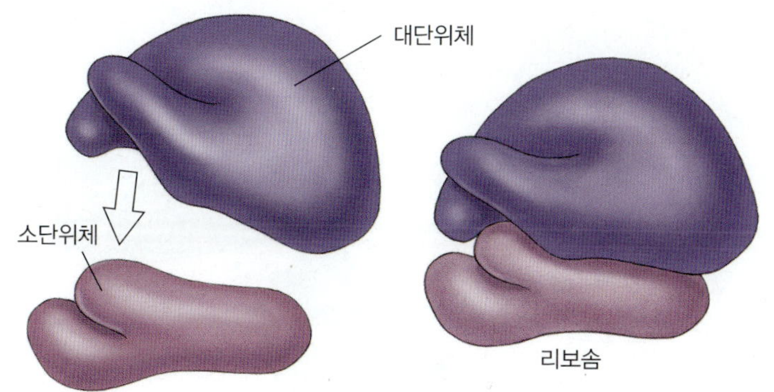

그림 19.16 각 리보솜은 2개의 소단위로 구성된다. 각각의 소단위는 단백질 및 RNA로 구성된다. 이 구형 세포기관은 개별 아미노산에서 단백질 분자의 구성과 관련이 있다. 2009년 노벨 화학상이 리보솜의 구조와 기능을 결정한 벤카트라만 라마크리슈난, 토마스 스타이츠, 그리고 아다 요나스에게 수여되었다.

중간섬유가 축적되며, 연구자들은 이러한 축적을 막는 방법을 연구하고 있다.

서로 직각으로 두 짝의 미세소관을 배열하면 **중심소체**(centriole)로 알려진 구조가 구성되며, 이는 **방추사**(spindle)라고 하는 복잡한 끈으로 미세소관을 조직화하여 작동한다. **방추사**는 세포 분열 중에 염색체에 부착되어 적절히 분리될 수 있도록 하는 구조로, 각각의 짝은 원통형으로 배열된 9쌍의 짧은 미세소관 집단으로 구성된다(그림 19.18). 중심체에 대한 흥미로운 사실 중 하나는 대부분의 동물세포에는 존재하지만 많은 종류의 식물세포에는 존재하지 않는다는 것이다.

많은 세포들은 표면에서 돌출된 미세한 털 모양의 구조를 가진다. 이것들은 **섬모**(cilia) 혹은 **편모**(flagella)로(그림 19.19) 일반적으로 길이가 길고 수가 적으면 편모라고 하고, 짧고 수가 많으면 섬모라고 한다. 세포는 이러한 미세관 구조의 작동을 조절할 수 있어 다양한 방식으로 움직일 수 있다. 그들의 조절된 행동은 세포가 환경을 통과하여 밀어내거나 세포 표면을 지나가도록 한다. 정자의 편모는 생식기관을 통하여 난자를 향해 그들을 밀어내며, 원생동물인 **짚신벌레**(Paramecium)는 리듬 운동으로 강하게 저어서 물을 통해 세포를 이동시키도록

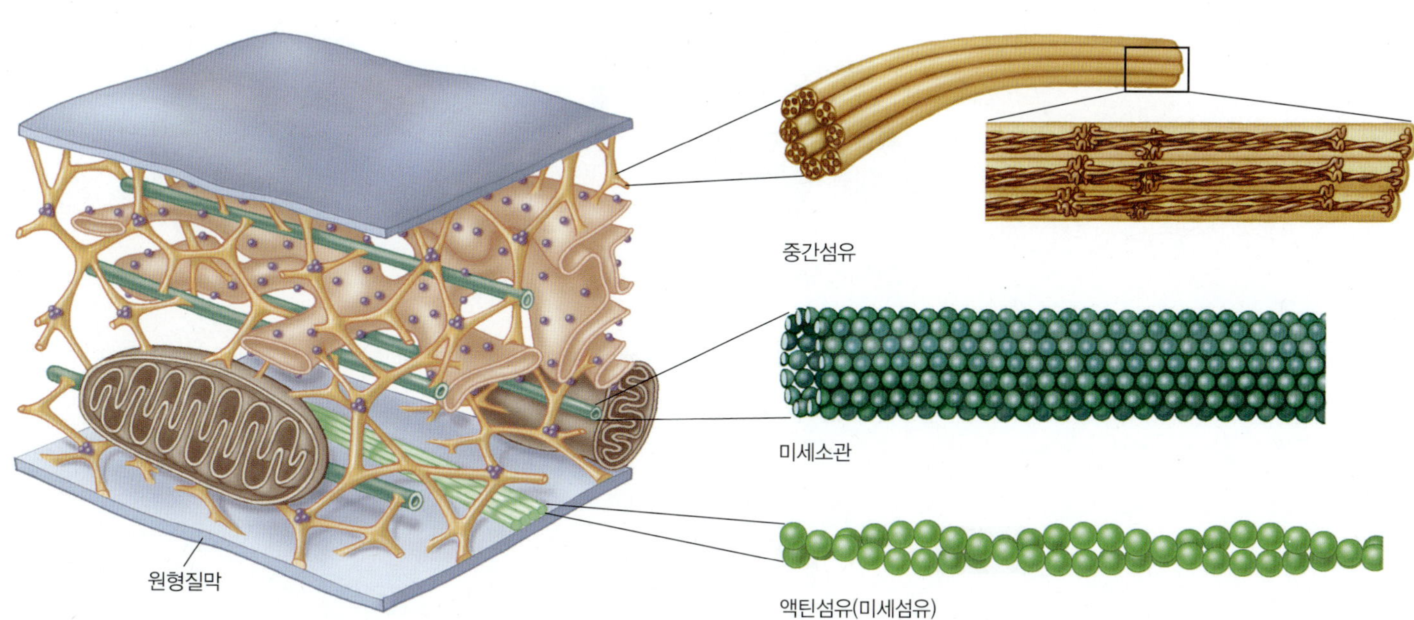

그림 19.17 미세소관, 액틴섬유 및 중간섬유는 모두 세포의 세포질 내에서 서로 연결되어 있다. 이러한 구조는 다른 세포소기관과의 연결과 함께 세포의 세포골격을 형성한다. 세포골격은 딱딱한 고정 위치 구조가 아니라 액틴섬유, 중간섬유 및 미세소관 구성요소가 조립 및 분해됨에 따라 변경된다.

그림 19.18 이 2개의 짧은 미세소관은 여러 유형의 세포에서 핵막 바로 바깥에 위치한다.

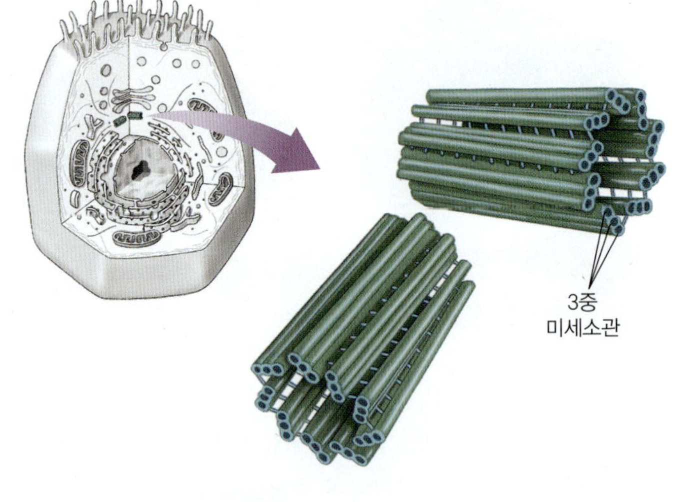

그림 19.19 섬모와 편모는 세포를 환경을 통해 이동시키거나 환경이 세포를 지나다니도록 이동시키는 노 또는 프로펠러와 같은 기능을 한다. 섬모와 편모는 왼쪽에 보이는 섬모를 가진 원생동물과 오른쪽과 같은 편모를 가지는 조류에서 보여주는 것처럼 미세소관 집단으로 구성된다. 편모는 일반적으로 섬모보다 수가 적고 길다.

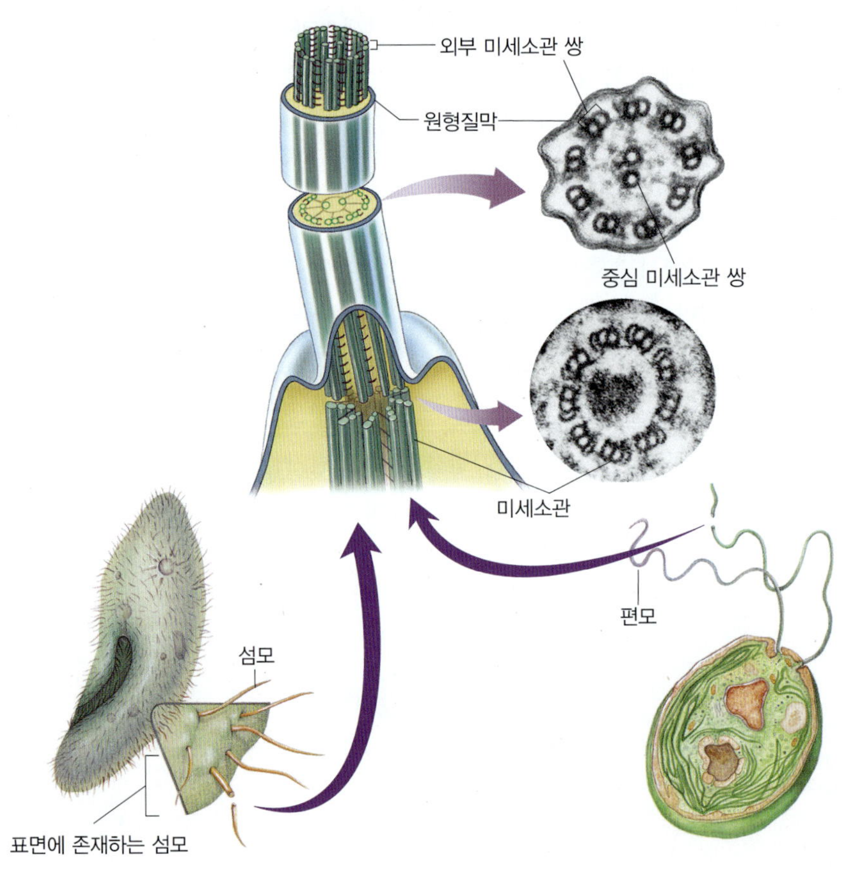

하는 수천 개의 섬모로 덮여 있다. 호흡관에 줄지어 있는 세포의 섬모는 폐 깊숙한 곳에서 점액 함유 입자를 이동시킨다.

19.7 핵의 구성요소

핵의 구조가 처음 확인되었을 때, 특정 염료가 다른 염료보다 더 많이 염색되었다는 것을 알게 되었다. 더 많이 염색된 부분은 '색소 물질'을 의미하는 **염색질**(chromatin)이라고 불렸다.

염색체는 단백질과 결합된 데옥시리보핵산(DNA)의 긴 분자로 구성되어 있다. 염색질은 느슨하게 조직된 DNA/단백질 가닥이다. 염색질이 더 짧고 더 밀도가 높은 구조로 촘촘히 감겨질 때, 그것을 **염색체**(chromosome)라고 한다. 염색질과 염색체는 동일한 분자이지만 구조적인 배열은 다르다. 염색체 외에도 핵에는 하나, 둘 또는 여러 개의 **핵 물질**을 포함할 수 있다. **인**(nucleolus)은 리보솜을 생산하는 세포의 DNA와 연관된 입자와 섬유로 구성되어 있다.

핵의 최종 구성요소는 **핵질**(nucleoplasm)이라고 하는 액체성 기질이다. 핵질은 물과 리보솜, 핵산 및 기타 핵 물질을 만드는 데 사용되는 분자로 구성된 콜로이드 혼합물이다.

19.8 주요 세포 유형

위에 설명한 모든 세포소기관이 모든 세포에 존재하는 것은 아니다. 일부 세포는 일반적인 구성과 다른 세포소기관의 조합을 가진다. 예를 들어, 일부 세포에는 핵막, 미토콘드리아, 엽록체, 소포체, 골지체가 있으며, 다른 세포들은 미토콘드리아, 중심소체, 골지체, 소포체 및 핵막을 가지고 있다. 다른 세포들은 훨씬 더 단순하여 이 장에서 설명된 복잡한 막으로 이루어진 세포기관이 없다. 이러한 사실 때문에 생물학자들은 세포를 원핵세포와 진핵세포 2가지 주요 유형으로 분류할 수 있었다.

원핵세포의 구조

세균(bacteria) 및 고세균(archaea)의 원핵세포(prokaryotic cell)는 핵막으로 둘러싸인 전형적인 핵이나 미토콘드리아, 엽록체, 골지체, 또는 소포체의 광범위한 네트워크를 소유하고 있지 않다. 그러나 원핵세포에는 DNA와 효소가 포함되어 있어서 번식할 수 있으며 대사작용을 할 수 있다. 그들은 작고 간단한 세포기관으로 생물의 모든 기본적인 기능을 수행한다. 고세균 집단은 질병을 일으키는 것으로 확인된 종이 없기 때문에 의료계에서 거의 관심이 없다. 이들은 일반적으로 pH, 염 농도 또는 온도가 대부분의 다른 생물들이 생존할 수 없는 극단적인 환경에서 자라는 것으로 밝혀져 있다. 다른 원핵세포는 세균이라고 하며 이중 약 5%가 결핵, 인후염, 임질 및 여드름과 같은 질병을 유발한다. 다른 세균은 죽은 생물의 부패와 분해를 담당한다. 일부 세균에는 녹색 광합성 색소가 있으며 광합성을 수행하지만 엽록체 없이 다른 화학 반응을 사용한다.

대부분의 원핵세포는 다양한 화합물로 구성될 수 있는 **캡슐**, 점액층 또는 포자외투(spore coat)로 둘러싸여 있다(그림 19.20). 특정 세균에서 이 층은 숙주세포 표면에 달라붙어 식세포 작용에 저항하는 역할을 한다. 많은 세균은 또한 물체에 달라붙는 것을 돕는 머리카락 같은 단백질 구조인 핌브리에(fimbriae)를 가지고 있다. 편모가 있는 것들은 환경을 통해 스스로를 추진할 수 있다. 캡슐 아래에는 펩티도글리칸이라는 독특한 단백질–탄수화물 복합체로 구성된 단단한 세포벽

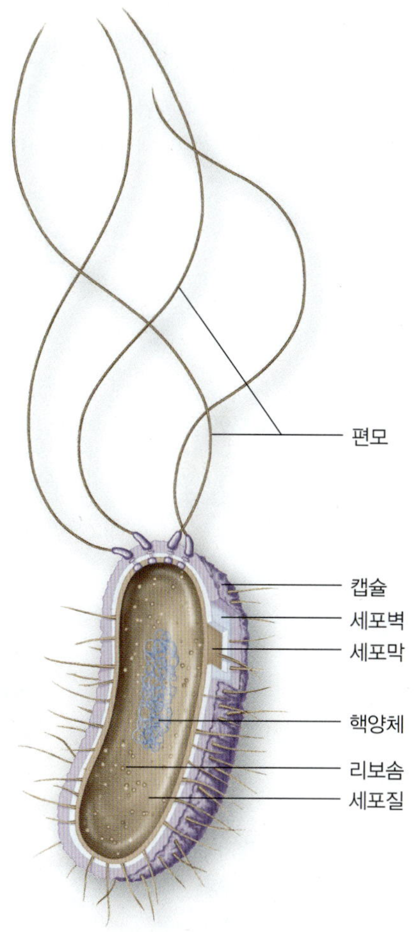

그림 19.20 모든 세균은 원핵세포이다. 진핵세포보다 작고 덜 복잡한 반면, 각각은 스스로 생존할 수 있다. 대부분의 세균은 부패와 분해에 관련되지만, 그중 몇몇은 인후염, 결핵, 매독 및 가스 괴저병과 같은 질병을 일으키는 병원균이다. 여기에 표시된 세포는 막대 모양의 간균(bacillus)이다.

자세한 관찰

생명체의 연관성

세포가 어떻게 구성되는지에 대한 개념을 알게 되었으므로 존재하는 매우 다양한 종류의 세포를 이해할 수 있다. 특히, 진핵세포와 원핵세포 사이에는 상당한 차이점이 있음을 이미 알고 있다.

원핵생물(진핵생물이 아님) 세포와 진핵생물의 세포가 매우 다르고 원핵생물 세포가 화석을 통해 먼저 등장하므로, 두 종류의 세포 사이의 차이는 생명체를 분류하는 데 사용할 수 있다. 이러한 결과들을 통해 생물학자들은 이러한 생명체를 도메인(역)이라고 하는 3가지 큰 범주로 나눌 수 있게 되었다. 다음의 도표는 생물이 어떻게 분류되는지를 보여준다.

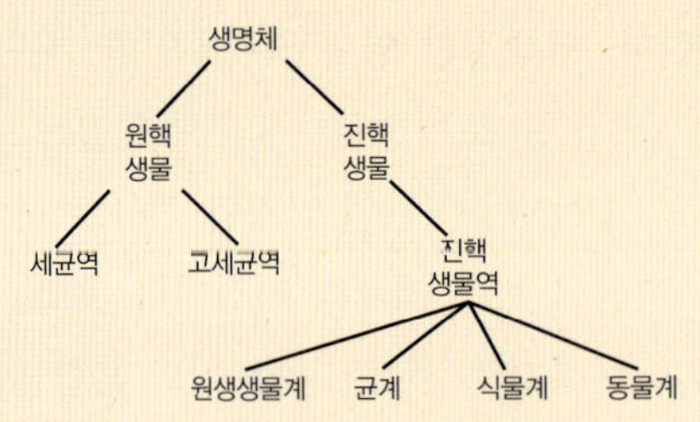

세균역은 대부분의 미생물을 포함하고 있으며, 다양한 환경에서 발견될 수 있다. 고세균역은 세균과 생화학적으로 중요한 차이가 있는 많은 종류의 미생물을 포함하며, 특별한 신진대사 능력을 가짐을 확인할 수 있다. 더불어, 고온과 고염의 극한 환경에서 서식하는 특징을 가진다. 수천 종의 세균과 200종의 고세균만이 기록되어 있지만, 최근 해수와 토양에 대한 DNA 연구는 수백만의 기록되지 않은 다양한 종이 존재한다는 것을 말해준다. 아마도 이러한 진핵생물이 아닌 것들이 진핵생물의 수보다 많을 것이며, 이 세균역과 고세균역에 존재하는 생명체를 제외하면 진핵생물역에 속할 것이다.

이 있다. 이 복합체는 세포에 삼투 변화에 저항하는 힘을 제공하고 세포 형태를 유지하는 강도를 제공한다. 세포벽 바로 아래에는 세포막이 있다. 진핵세포에 비해 더 얇고 약간 다른 화학적 조성을 가지며, 진핵세포의 세포막과 동일한 기능을 수행한다. 대부분의 세균은 막대형(bacilli), 구형(cocci) 또는 곡선형(spirilla)이다. 세포질 내 유전물질은 고리 형태이다.

진핵세포의 구조

진핵세포는 실제 핵과 앞에서 설명한 대부분의 막으로 이루어진 세포소기관을 가진다. 진핵생물은 가지고 있는 세포소기관의 특정 조합에 기초하여 몇 가지 범주로 더 나눌 수 있다. 식물, 진균, 원생동물 및 조류, 그리고 동물은 모두 진핵생물이다. 식물과 조류를 다른 생물과 구별시키는 가장 분명한 특징은 녹색이며, 이는 세포에 엽록소가 포함되어 있음을 나타낸다. 엽록소는 빛에너지를 식품 분자의 화학 결합 에너지로 변환하는 광합성 과정에 필수적이다. 이 세포들은 세포질에 엽록체를 포함한다는 점에서 다른 세포들과 다르다. 식물과 조류의 다른 특징은 세포벽에 셀룰로오스가 존재한다는 것이다(표 19.2).

표 19.2 식물세포와 동물세포의 구조비교

식물세포	동물세포
세포벽	________
세포막	세포막
원형질	원형질
핵	핵
미토콘드리아	미토콘드리아
중심액포	________
엽록체	________
________	**중심체**
골지체	골지체
소포체	소포체
리소좀	리소좀
액포/소낭	액포/소낭
리보솜	리보솜
인(핵소체)	인(핵소체)
세포 함유물	세포 함유물
세포골격	세포골격

과학 스케치

표 19.2에 표시된 식물 및 동물세포 비교 데이터를 두 원을 이용한 벤다이어그램으로 중첩시켜 비교해 보시오.

세포벽을 가지고 있지만 엽록소가 없는 생물 집단은 **진균**으로 알려져 있다. 그들은 과거에는 자신의 식량을 만들 수 있는 능력을 잃어버린 식물이거나 세포벽을 발달시킨 동물이라고 생각되었다. 이 범주의 진핵생물에 속하는 생물 집단에는 효모, 곰팡이, 버섯, 그리고 무좀균, 열대 피부병을 일으키는 곰팡이, 그리고 백선균(ringworm) 등이 포함된다. 이제 우리는 이 집단을 식물과 동물과 다른 것으로 인식하여 별도의 계(kingdom)로 분류하였다.

항생제와 세포의 구조적 차이

원핵세포와 진핵세포 사이의 하나의 중요한 차이점으로 리보솜의 화학적 조성의 차이를 생각해볼 수 있다. 원핵세포의 리보솜은 진핵세포에서 발견되는 단백질과 다른 단백질을 함유하고 있고, 크기 또한 진핵생물에 비해 작다. 이 발견은 일반적으로 다양한 질병을 일으키는 많은 세포의 형태가 세균이기 때문에 의학적으로 매우 중요하다. 리보솜의 차이가 알려지고 난 뒤 바로 연구자들은 진핵세포의 리보솜 기능은 방해하지 않고, 원핵세포의 리보솜 활성만 억제할 수 있는 방법을 고안하기 시작하였고, 이 연구의 결과물로 스트렙토마이신과 같은 항생제(antibiotic)를 만들게 되었다. 이 약물은 원핵생물의 리보솜과 결합하여 생존에 필수적인 단백질 생성을 방해하고, 원핵생물의 죽음을 야기한다. 진핵생물의 리보솜은 원핵생물의 리보솜과 다르기 때문에 스트렙토마이신은 인간 세포에서 리보솜의 정상적인 기능을 방해하지 않는다. 그러나 바이러스는 리보솜을 포함한 세포 구조가 없기 때문에 항균 항생제는 감기, 바이러스 유발 독감 또는 헤르페스바이러스 같은 바이러스 감염을 억제할 수 없다.

세포벽이 없고 광합성을 할 수 없는 진핵생물은 별도의 집단으로 분류된다. 하나의 세포로 구성되는 생물은 원생동물(protozoans)이라고 하며, 그 예로 아메바와 짚신벌레가 있다. 그들은 엽록체를 제외한 이 장에서 설명된 모든 세포소기관을 가지고 있다. 따라서 원생동물은 진균 및 다세포 동물과 마찬가지로 음식을 섭취해야 한다.

비록 이러한 생물 집단의 차이점은 멀리 떨어져 있는 것처럼 보일 수 있지만, 세포 구조에서의 그들의 유사성은 생물학 분야를 통합하는 중심 주제들 중 하나이다. 특정 예를 연구함으로써 세포가 일반적으로 어떻게 작동하는지 더 잘 이해할 수 있다. 세포기관은 발견되는 세포의 종류와 상관없이 동일한 일반적인 구조와 기능을 가지고 있기 때문에 동물에서 미토콘드리아가 어떻게 기능하는지를 연구함으로써 식물에서 미토콘드리아가 어떻게 기능하는지를 더 많이 알 수 있다. 세포 구조와 기능에 관한 모든 생명체들 사이에는 공통점이 있다.

PART II: 세포의 에너지 변환

이 장의 이 부분은 생물에 의해 수행되는 가장 근본적인 생화학적 과정의 2가지를 설명한다. 이러한 과정들은 모든 생명체가 살아있게 하는 에너지 변환 기능이다.

19.9 호흡과 광합성

생명체에서 산화 환원 반응은 한 단계에서 일어나지 않고 작은 일련의 단계에서 일어나는 대사 과정이다. 이것은 산화된 분자의 잠재적(potential) 에너지가 더 작고 더 유용한 양으로 방출되게 한다. 독특한 단백질 촉매(효소)가 각 단계를 조절한다. 각각의 단계는 **기질**(substrate)이라 하는 반응물질로서 작용하며 분자로부터 시작된다. 반응이 완결되면, 기질은 생성물(product)로 변환되고, 이는 차례로 다음 효소-조절 반응을 위한 새로운 기질이 된다. 이러한 일련의 효소-조절 반응은 종종 **생화학적 경로** 또는 **대사 경로**라고 한다.

$$\text{기질 A} \xrightarrow{\text{효소 1}} \text{기질 B} \xrightarrow{\text{효소 2}} \text{기질 C} \xrightarrow{\text{효소 3}} \text{기질 D} \xrightarrow{\text{효소 4}} \text{최종 산물}$$

이러한 경로를 사용하여 분자 생성(예: 광합성), 에너지 방출(예: 호기성 세포 호흡) 등 여러 가지 행동을 수행한다. 자연의 놀라운 사실 중 하나는 대부분의 생명체는 동일한 기본 생화학 또는 대사 경로를 사용한다는 것이다. 따라서 코끼리의 호기성 세포 호흡을 연구하면 애기담배풀, 상어 또는 지렁이와 본질적으로 동일하다는 것을 알 수 있다. 그러나 생물이 생산할 수 있는 효소의 종류는 유전자에 따라 다르기 때문에, 다른 생물에서 생화학석 경로의 세부 사항에 약간의 변화가 있을 수 있다. 수많은 생명체들이 본질적으로 동일한 생화학적 과정을 사용한다는 사실은 공통 조상으로부터의 진화라는 개념에 대한 강력한 논증이다. 성공적인 생화학적 전략을 통해 진화를 하였다면 유전자와 진행경로는 조금 차이가 있겠지만 진화적 후손들에 의해 계속 보존되어 유지된다. 중요한 2가지 경로는 호기성 세포 호흡 및 광합성이며, 둘 다 ATP 형태의 화학 결합 에너지의 전달을 포함한다.

생명체의 에너지 전달분자 ATP

에너지 방출에서 에너지 요구 반응으로 적절한 양의 화학 결합 에너지를 전달하기 위해, 세포는 ATP 분자를 사용한다. **아데노신삼인산**(ATP, ***A****denosine* ***t****ri****p****hosphate*)은 적절한 양의 유용한 화학 결합 에너지의 유용한 공급원이다. 세포에서 사용되는 각 ATP 분자는 전동 장난감 및 전자 장비에 전원을 공급하는 데 사용되는 충전식 AAA 배터리와 같다. 각각에는 작업에 필요한 에너지가 포함되어 있다. 전원이 방전되면 재활용하기 전에 여러 번 재충전할 수 있다.

AAA 배터리를 재충전하려면 수력발전소와 같은 고에너지 공급원에서 소량의 에너지를 얻어야 한다(그림 19.21). 발전소에서 나오는 에너지는 너무 강력해서 작은 손전등이나 휴대폰을 직접 가동할 수 없다. 휴대전화를 직접 발전소에 꽂으면 휴대전화가 망가질 것이다. 그러

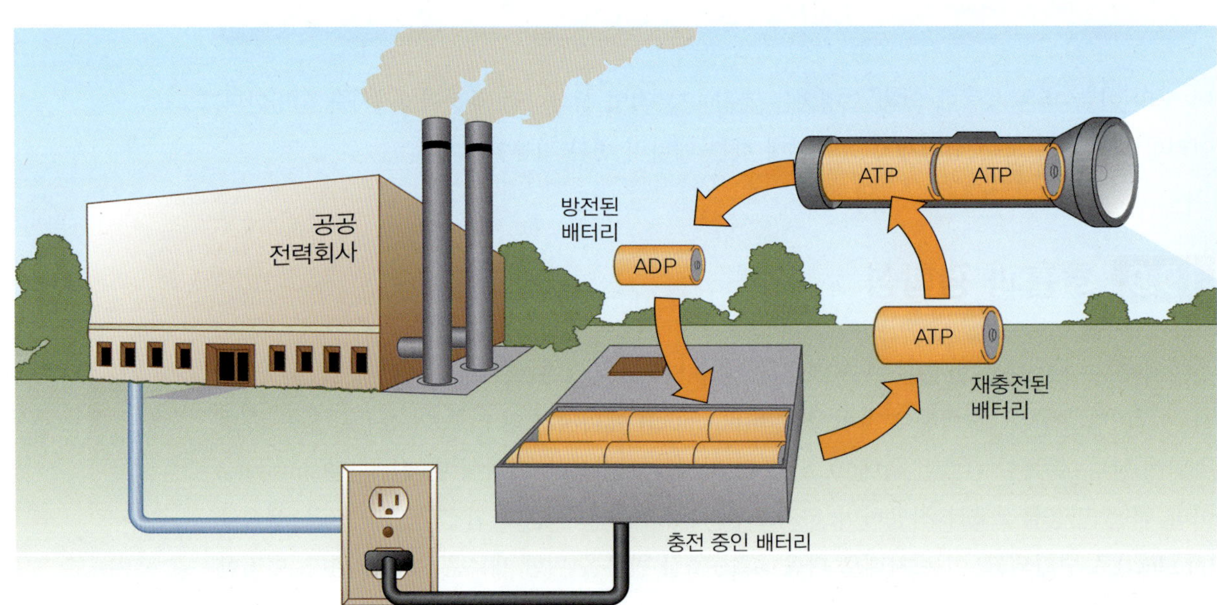

그림 19.21 손전등의 충전식 배터리의 전원이 방전되면 특별히 설계된 배터리 충전기에 넣어 충전할 수 있다. 이를 통해 적절한 전력을 배터리에 포장하여 재사용할 수 있다. 세포도 거의 같은 방식으로 작동한다. 세포의 배터리인 ATP가 근육 수축과 같은 작업에 전원을 공급하고 작업의 결과로 방전되면 이러한 방전된 배터리 ADP를 완전한 ATP 전원으로 재충전할 수 있다.

나 충전된 AAA 배터리는 적절한 시간과 장소에서 적절한 양의 에너지를 전달한다. ATP(충전 분자)는 거의 같은 방식으로 기능한다. 화학 결합 에너지를 소진하여 결합 중 하나를 파괴하여 배출된 후,

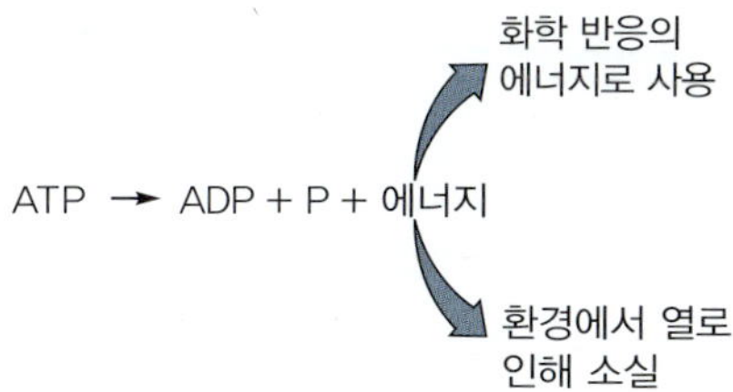

방전분자(ADP)는 고출력 에너지원에 접속하여 재충전된다. 이 근원은 (1) 햇빛(광합성) 또는 (2) 화학 결합 에너지(세포 호흡에서 방출)일 수 있다.

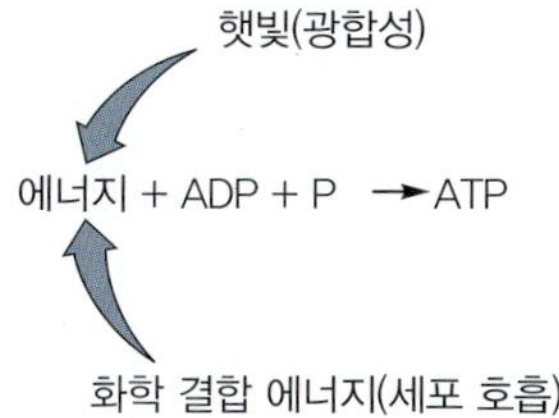

ATP 분자는 아데닌(Adenine, nitrogenous base), 리보스(sugar), 인산(그림 19.22)으로 형성된다. 이 3가지가 화학적으로 결합되어 AMP, 아데노신일인산(*a*denosine *m*ono*p*hosphate)을 형성한다. 두 번째 인산기가 AMP에 추가되면, ADP(인산기 2개) 분자가 형성된다. ADP는 더 많은 에너지를 추가하여 세 번째 인산기와 결합하여 ATP를 형성할 수 있다. 두 번째 인산기를 AMP 분자에 부착하는 공유 결합은 쉽게 절단되어 에너지가 필요한 세포 과정에 에너지를 방출한다. 이 결합의 에너지는 세포가 사용하기 매우 쉽기 때문에, **고에너지 인산 결합**이라고 한다. ATP는 2개의 고에너지 인산 결합을 가지고 있다. ADP와 ATP 모두 고에너지 결합을 포함하기 때문에 매우 불안정한 분자여서 쉽게 인산기를 잃는다. 인산기를 잃게 되면

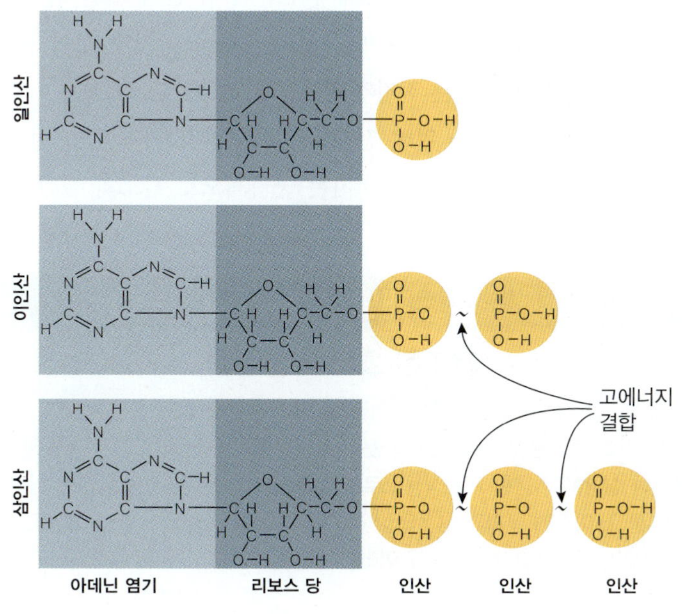

그림 19.22 ATP의 거대분자는 아데닌, 리보스 분자 및 3개의 인산기로 구성된다. 2개의 말단 인산기는 고에너지 결합에 의해 함께 결합된다. 이러한 결합이 깨지면 비정상적으로 많은 양의 에너지가 방출된다. 그래서 이러한 결합은 고에너지 결합으로 알려져 있다. ATP 분자는 에너지 운반체로 간주된다.

인산염의 고에너지 결합에 포함된 에너지는 다른 분자로 전달되거나 환경으로 방출될 수 있다. 세포가 생명을 유지시켜 주는 모든 특성을 수행하기 위해 사용하는 것이 바로 이 ATP 에너지이다.

호기성 세포 호흡

호기성 세포 호흡은 산소가 포도당의 이산화탄소와 물로의 분해에 관여하고 포도당의 화학 결합 에너지가 ATP의 형태로 세포로 방출되는 일련의 효소-조절 화학 반응이다. 호기성 세포 호흡의 실제 과정은 많은 효소-조절 단계를 포함하지만, 전체 과정은 기질의 당과 산소 사이의 반응으로 에너지 방출과 함께 이산화탄소와 물이 생성된다. 다음 식은 이 과정을 요약한다.

$$\text{포도당} + \text{산소} \longrightarrow \text{이산화탄소} + \text{물} + \text{에너지}$$
$$C_6H_{12}O_6 + O_2 \longrightarrow CO_2 + H_2O + ATP + \text{열}$$

공유 결합은 에너지를 가진 전자쌍을 공유하는 원자에 의하여 형성된다. 따라서 포도당에서의 공유 결합은 화학적 잠재적(potential) 에너지를 가진다. 포도당의 모든 공유 결합(O—H, C—H, C—C) 중에서 가장 쉽게 얻을 수 있는 것은 분자 외부의 C—H와 O—H 결합이다. 포도당에서 전자를 제거하는 화학작용으로 인해 포도당이 산화된다. 이러한 결합이 깨지면 다음과 같은 몇 가지 일이 일어난다.

1. 일부 ATP가 생산된다.
2. 수소 이온(H^+ 또는 양성자)이 생성된다.
3. 전자는 방출되어 특수한 운반 분자에 의해 흡수된다.

ATP는 세포의 대사작용에 에너지를 주는 데 사용되는데, 포도당에서 전자를 제거하는 화학활동은 포도당이 산화되는 결과를 낳는다.

호기성 세포 호흡 중에 생성된 전자는 통제되어야 한다. 만약 그들이 무작위로 날아다니게 되면 그들은 재빨리 다른 분자와 결합하여 세포의 죽음을 야기할 것이다. 전자전달분자는 일시적으로 전자를 잡아두었다가 다른 전자전달분자로 전달한다. ATP는 이러한 전달이 이루어질 때 형성된다. 일단 ATP 생산을 위해 전자에서 에너지가 제거되면, 전자는 안전한 장소에 보관된다. 호기성 세포 호흡에서 이러한 전자는 궁극적으로 산소와 결합한다. 산소는 에너

개념 적용

건조된 효모의 활성화

세포 호흡을 설명하는 간단한 방법은 따뜻한 물 몇 숟가락, 설탕과 함께 좁은 입구의 병에 건조된 효모를 넣는 것이다. 그리고 풍선을 입구에 씌우고 끈이나 고무줄로 묶어 부드럽게 흔들어 주면, 효모는 세포 호흡을 이용하여 설탕을 이용한 대사작용으로 CO_2를 생성하게 된다. 호흡으로 인해 발생하는 CO_2로 인해 풍선이 부풀고, 이후에 날아가거나 터질 것이다. 풍선이 부풀어 오르면 며칠 기다렸다가 이것을 증명할 수 있을 것이다. 풍선은 어떻게 될까? 이러한 현상을 어떻게 설명할 수 있을까?

지를 상실한 전자의 최종 휴식 장소로 사용된다. 전자가 산소에 첨가되면, 음으로 하전된 이온 O^{-2}이 된다. 산소가 전자를 얻었으므로 **환원되었다. 따라서 포도당의 호기성 세포 호흡에서 포도당이 산화되고 산소가 환원된다.** 만약 어떤 것이 산화된다면(전자를 잃음), 다른 것은 환원되어야만 한다(전자를 얻음). 산화 환원 반응을 식별하는 데 도움이 되는 간단한 방법은 연상 장치인 "사자 LEO가 GER이라고 말한다"를 사용하는 것이다. LEO는 "전자를 잃는 것이 산화이다(Loss of Electrons is Oxi-dation)"를 의미하고 GER은 "전자를 얻는 것이 환원이다(Gain of Electrons is Reduction)"를 의미한다. 분자는 단순히 전자를 잃을 수는 없다. 결국 포도당 분자로부터 방출된 양으로 하전된 수소 이온은 음으로 하전된 산소 이온과 결합하여 물을 형성한다.

일단 수소가 포도당 분자에서 떨어져 나오면, 나머지 탄소와 산소 원자는 이산화탄소의 개별 분자를 형성하도록 재배열하여 산화 환원 반응이 완료된다. 원래 포도당의 일부였던 모든 수소는 산소로 옮겨져 물을 형성했다. 원래 포도당의 탄소 및 산소 원자는 현재 CO_2 형태로 남아 있다. 이 과정에서 방출된 에너지는 다시 ATP를 생성하는 데 사용된다.

세포에서 이러한 산화 반응은 특정 순서 및 세포 내의 특정 장소에서 일어난다. 진핵세포에서 음식 분자로부터 에너지를 방출하는 과정은 세포질에서 시작되어 미토콘드리아에서 완성되는데, 다음의 3가지 구별되는 효소 경로가 관련되어 있다(그림 19.23).

1. **해당작용**(glycolysis; *glyco* = 당; *lysis* = 분해하다)은 세포의 세포질에서 일어나는 일련의 효소-조절 반응으로, 포도당이 분해되어 전자의 방출과 ATP의 형성을 가져온다. 전자는 처리를 위해 전자전달계(ETS)로 보내진다.
2. **크렙스 회로**(Krebs cycle)는 미토콘드리아 안에서 일어나는 일련의 효소-조절 반응으로, 이산화탄소와 더 많은 ATP를 방출하며 원래 포도당의 남은 부분이 분해되고, 더 많은 전자가 처리를 위해 전자전달계(ETS)로 보내진다.
3. **전자전달계**(ETS)는 미토콘드리아 내에서 나타난다. 전자전달계는 해당작용과 크렙스 회로에서 받은 전자의 운동에너지를 ATP로 변환하는 일련의 효소-조절 반응이다. 사실

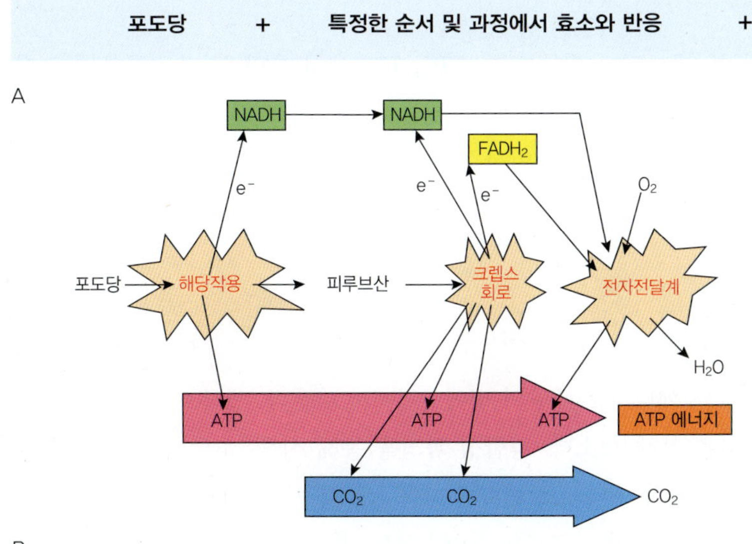

그림 19.23 (A) 포도당의 호기성 산화에서 이러한 일련의 반응은 세포의 에너지 생성 반응의 개요이다. (B) 해당작용, 크렙스 회로 및 전자전달계는 각각 포도당 분자의 화학 결합에서 에너지를 추출하는 일련의 효소-조절 반응이다. 해당작용에서 포도당은 피루브산으로 분리되고 ATP와 전자가 방출된다. 크렙스 회로 동안 피루브산은 ATP와 전자의 방출로 이산화탄소로 더욱 분해된다. 전자전달계에서 산소는 전자를 받아들이는 데 사용되고 물이 생성된다. 매우 많은 양의 ATP도 생성된다. 해당작용은 세포의 세포질에서 일어난다. 피루브산은 미토콘드리아로 들어가며 크렙스 회로와 전자전달계가 일어난다.

자세한 관찰

줄기세포

줄기세포는 뉴스에서 인기 있는 주제로, 줄기세포의 근원과 생명의 정의에 대한 토론에서 어떻게 줄기세포를 설명할 수 있는가에 대한 논란은 끊임없이 제기되고 있다. 그렇다면 줄기세포는 무엇이고, 어떻게 만들어지며, 어떠한 가치가 있을까?

줄기세포는 간, 피부 그리고 두뇌 세포를 포함하는 많은 다른 종류의 세포가 될 수 있는 능력을 가진 미분화된 세포이다. 이론적으로 줄기세포는 실험실 배양에서 계속 분열하여 무기한으로 나눌 수 있다. 줄기세포는 순환하는 혈액과 골반을 포함하는 특정한 뼈의 붉은골수와 배아와 같은 다수의 조직에서 발견되거나, 실험실에서 배아로부터 생성될 수 있다. 성체 줄기세포는 이들이 기원한 조직의 모든 특수화된 세포 유형을 생성할 수 있도록 분화될 수 있다. 배아줄기세포는 배아로부터 미분화된 상태로, 특수 세포로 분화하는 능력은 질병이나 부상으로 인해 세포를 잃은 사람의 대체세포로 사용될 매우 중요한 가치를 가진다.

줄기세포는 실험실 배양, 배아로부터 분리, 성인 기증자 등 3가지 출처를 통해 얻을 수 있다. 배아줄기세포를 얻는 방법 중 하나는 기증받은 정자와 난자를 이용하여 체외에서 수정하는 것이다. 수정란 또는 접합자는 유사분열을 진행하도록 하여 세포의 덩어리를 유도한 이후에 일부 세포를 제거하여 별도의 공간에서 배양하여 배아줄기세포로 사용한다.

배아줄기세포는 다양한 세포로 분화될 수 있어서, 이 세포를 이용하여 많은 문제를 해결할 수 있으리라 기대하고, 특히 다음과 같은 주제가 문제점에 포함될 수 있을 것이다. 마비된 손발의 기능을 회복하기 위해 척추 손상을 회복하는 것, 심장마비 이후 불필요한 반흔 조직을 대체하는 것, 유전적 또는 다른 질병의 결과로 정상적으로 생산되지 않은 화학물질을 생산하는 것(예: 파킨슨 환자의 도파민, 당뇨병 환자의 인슐린, 사람들이 HIV 또는 페스트 전염병에 저항하도록 돕는 특정 수용체 부위). 또 배아줄기세포는 겸상적혈구질환자에게서 정상적인 적혈구를 생산하는 데 필요할 것으로 생각된다. 그러나 이러한 연구는 아직 연구 단계에 머물러 있으며, 이러한 치료법이 대중에게 사용되기 위해서는 아직 많은 부분의 연구가 필요하다.

성인도 줄기세포의 공여자가 될 수 있다. 특정 질병(예: 만성림프구성백혈병, CLL)이 있거나 암 치료를 위한 화학 요법 또는 방사선 치료를 받는 사람은 줄기세포를 상실하기 때문에 적혈구 또는 백혈구 수가 현저히 적다. 이러한 사람을 대상으로 조직이 적합하다면, 성인 기증자로부터 건강한 조혈모줄기세포를 제공받아 대체할 수 있다. 성체줄기세포에는 골수와 순환하는 혈액 등 두 종류의 출처를 생각할 수 있다.

성인줄기세포는 피하 주사기를 이용하여 기증자로부터 얻을 수 있다. 멸균된 주사바늘을 골반에 삽입하여 골수를 채취하는데, 줄기세포는 분리반출법(apheresis)이라고 하는 전체 혈액 공여와 유사한 방법으로 얻을 수 있나. 분리반출법 시행 시에는 기증자의 혈액은 세포를 혈장에서 분리하는 기계를 통과하고, 줄기세포는 다른 유형의 혈액세포에서 분리가 된다. 이 과정을 통해 불필요한 세포와 혈장은 다시 기증자에게로 돌아가는데, 이 과정은 수 시간이 소요되는 단점이 있다. 수율의 향상을 위해서는 분리반출법 시행 전에 기증자에게 줄기세포 성장인자를 제공하여 줄기세포의 유사분열을 촉진시켜 그 수를 증가시키는 방법을 사용한다. 일단 줄기세포가 얻어지면 수혜자에게 주사하기 위하여 농축되는 과정을 거치고 성공적으로 기증된 줄기세포는 수혜자의 골수를 다시 회복하고, 유사분열을 겪으며 수혜자에게 필요한 적혈구 및 백혈구의 원천이 된다.

의학연구를 위하여 최근 사용되는 기술이 있는데, 근위축성측삭경화증 또는 ALS(루게릭병)와 같은 특정 유전질환이 있는 환자로부터 줄기세포를 만드는 기술 등이 이에 포함된다. 특정 유전질환이 있는 질병을 앓고 있는 환자의 섬유아세포(fibroblast)에 외래 유전자를 첨가하면 세포가 배아가 되도록 재프로그램화된다. 그 이후 세포들이 번식하고 뉴런과 같은 그 환자의 질병 특성을 나타내는 세포로 재생산하고 분화시킨다. 이러한 맞춤형 세포는 새로운 약물의 잠재적 효과를 선별하는 데 이용될 수 있다.

호기성 세포 호흡 중에 생산되는 대부분의 ATP는 ETS에서 온다. 전자는 효소를 포함하는 일련의 산화 환원 반응을 통해 전달되며, 결국 전자는 산소 원자에 의해 결합되어 산소 이온(O^{2-})을 형성한다. 음전하를 띤 산소 원자는 양전하를 띤 두 수소 이온을 끌어당겨 물(H_2O)을 형성한다.

광합성

궁극적으로, 생물에 힘을 주는 에너지는 태양의 빛에너지에서 나온다. 엽록소는 광합성 과정을 위해 빛에너지를 흡수하는 녹색 색소다. 광합성 과정을 통해 식물, 조류 및 특정 세균은 빛에너지를 ATP 형태의 화학 결합 에너지로 변환한 다음 ATP를 사용하여 포도당과 같은 복잡한 유기분자를 생성하는 데 이용한다. 조류와 녹색식물의 잎에서는 엽록소를 포함하는 세

그림 19.24 가을에는 각 잎의 하단에 방수조직층이 형성되어 물과 다른 영양소의 흐름을 차단한다. 잎세포는 죽고 엽록소는 분해된다. 세계의 특정 지역에서 가을에 잎에서 보이는 색 변화는 녹색 엽록소가 파괴되어 나타나는 결과이다. 다른 색소(빨강, 노랑, 주황, 갈색)는 항상 존재하지만 녹색 엽록소 색소로 가려져 있다. 엽록소가 분해되면 빨강, 주황, 노랑, 갈색이 나타난다. ©PHOTO 24/Getty Images RF

포에서 광합성이 발생한다.

다음 식은 녹색식물과 많은 다른 광합성 생물이 ATP와 유기분자를 만들기 위해 사용하는 화학 반응을 요약한 것이다.

빛에너지 + 이산화탄소 + 물 ⟶ 포도당 + 산소

빛에너지 + CO_2 + $H_2O \longrightarrow C_6H_{12}O_6$ + O_2

광합성 경로에는 3가지 뚜렷한 사건이 있다.

1. **광 포획 작용**(Light-capturing event) 진핵세포에서 광합성 과정은 엽록체 내에서 일어난다. 각각의 엽록체는 막에 둘러싸여 있으며 다른 색소와 함께 녹색 색소인 엽록소를 포함한다. 엽록소 및 기타 **보조** 색소(노란색, 빨간색, 주황색)는 특정 파장의 빛을 흡수한다(그림 19.24). 광합성 색소에 의해 특정 양의 빛이 흡수되면 전자는 '들뜬 상태'가 된다. 이 추가된 에너지로 이러한 들뜬 전자는 ATP 생산을 담당하는 화학 반응에 들어갈 수 있다.
2. **광 의존 반응**(Light-dependent reactions) 광 의존 반응은 광 포획 작용에 의해 생성되는 들뜬 전자를 이용한다. 광 의존 반응은 **명반응**(light reaction)이라고도 한다. 이러한 반응 동안에 빛을 포획하는 반응에서 나오는 '들뜬' 전자는 2가지 다른 일을 하기 위해 사용된다. '들뜬' 전자의 일부는 ATP를 만드는 데 사용되며, 다른 전자는 물을 수소와 산소로 분해하는 데 사용된다. 물에서 나오는 산소는 O_2 분자로 방출되고, 수소는 전자운반체로 전달된다.
3. **광 비의존 반응**(Light-independent reactions) 이러한 반응은 반응이 일어나기 위해 빛이 필요하지 않기 때문에 **암반응**(dark reaction)이라고 한다. 이들 반응 동안, 광 의존 반응에서 생성된 ATP 및 전자운반 분자는 이미 세포에 존재하는 5개의 탄소 분자에 CO_2를 부착하여 새로운 더 큰 유기분자를 제조하는 데 사용된다. 궁극적으로 포도당($C_6H_{12}O_6$)이 생성된다. ADP 및 광 비의존 반응 동안 생성된 전자운반체는 광 의존 반응으로 재생되어 다시 사용될 수 있다(그림 19.25).

원핵세포는 미토콘드리아와 엽록체가 없기 때문에 세포질 내에서, 세포막의 내부 표면에서, 또는 다른 특별한 막에서 광합성과 세포 호흡을 수행한다. 광합성과 세포 호흡은 둘 다

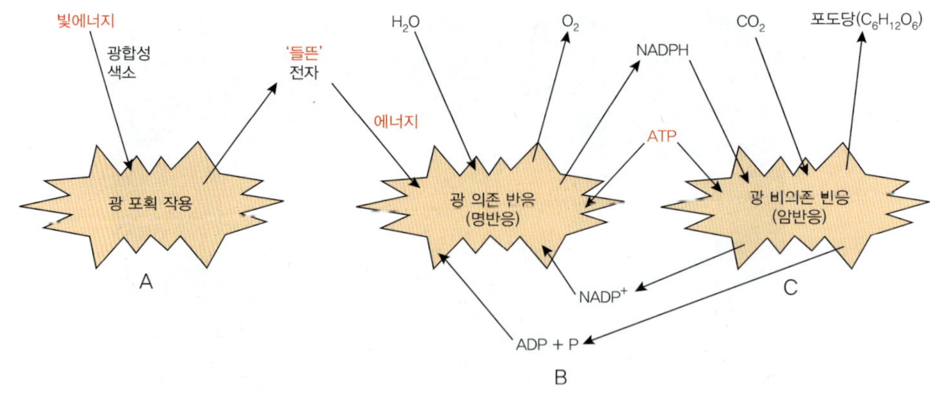

그림 19.25 광합성은 식물, 조류 및 특정 세균에서 일어나는 복잡한 생화학적 경로이다. 이 그림의 상단 부분은 전체 과정을 보여준다. 햇빛은 CO_2 및 H_2O와 함께 설탕과 같은 유기분자를 만드는 데 사용된다. 아랫부분은 과정의 세 부분을 나타낸다. (A) 광 포획 작용, (B) 광 의존 반응 및 (C) 광 비의존 반응. 광 의존 반응의 최종산물인 전자운반체와 ATP는 광 비의존 반응을 작동하는 데 필수적이며, 물과 이산화탄소는 환경으로부터 공급된다.

에너지의 흐름을 조절하는 일련의 화학 반응을 포함한다.

많은 사람들은 식물이 산소를 발산할 뿐 절대 그것을 필요로 하지 않는다고 믿지만, 이것은 사실이 아니다! 식물은 광합성의 광 의존 반응에서 산소를 방출하지만, 호기성 세포 호흡에서는 다른 생물과 마찬가지로 산소를 사용한다. 생명주기 동안 녹색식물은 호흡에 사용하기 위해 섭취하는 것보다 더 많은 산소를 대기에 방출한다. 배출된 잉여 산소는 식물과 동물 모두에서 호기성 세포 호흡을 위한 공급원이다. 동물은 산소를 위해 식물에 의존할 뿐만 아니라 궁극적으로 그들의 신체와 대사를 유지하는 데 필요한 유기분자를 위해 식물에 의존한다(그림 19.26).

방금 설명한 모든 세포기관이 막으로 구성되어 있다. 이들 막 중 다수는 특별한 기능을 위해 변형되었다. 각각의 막은 결합된 단백질과 함께 인지질 이중층으로 구성된다.

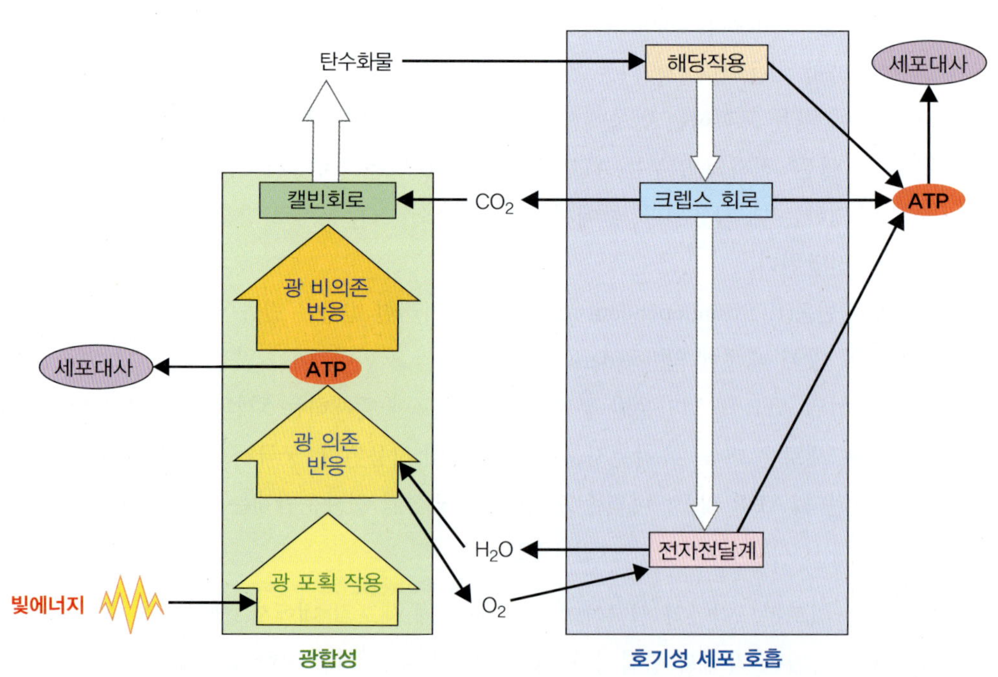

그림 19.26 독립영양생물과 종속영양생물이 모두 세포 호흡을 하지만, 광합성 독립영양생물에서 고유한 광합성 과정은 두 과정에 필수적인 영양소를 제공한다. 광합성은 빛에너지를 흡수하여 궁극적으로 탄수화물 및 기타 유기 화합물의 형태로 종속영양생물로 전달된다. 광합성은 또한 호기성 세포 호흡에 사용되는 O_2를 생성한다. 종속영양생물(예: 동물)과 독립영양생물(예: 식물) 모두에서 세포 호흡에 의해 생성된 ATP는 많은 대사과정에 동력을 제공하는 데 이용된다. 그에 따라 세포 호흡은 광합성의 가장 중요한 2가지 기본 성분인 CO_2와 H_2O를 공급한다.

이 장의 마지막 부분은 살아있는 세포에서 발생하는 기본적인 생식 활동을 설명한다. 세포 생식이 없다면 지구상의 모든 생명은 멸종될 것이다.

19.10 세포 분열의 중요성

세포 분열 과정은 생명의 특성 중 하나인 생식 과정이다. 그것은 죽은 세포를 새로운 세포로 대체하고 손상된 조직을 복구하며 살아있는 생명이 자랄 수 있도록 한다. 예를 들어, 정자와 난자가 결합하여 단일 세포로부터 시작한다. 이 단일 세포의 **첫 번째** 활동은 분열하는 것이다. 이 과정이 진행되면서 신체의 세포수가 증가하여 성인의 몸은 몇조 개의 세포로 구성된다.

세포 분열의 **두 번째** 기능은 신체를 유지하는 것이다. 적혈구 및 장의 벽과 피부 같은 신체의 특정 세포는 닳아 없어진다. 따라서 그들은 새로운 세포로 대체되어야 한다. 또한 사람은 초당 약 5천만 개 정도의 세포가 손실된다. 이것은 항상 수백만 개의 세포가 우리 몸에서 분열되고 있음을 의미한다.

세포 분열의 **세 번째** 기능은 복구이다. 뼈가 부러지면 세포가 분열되어 부러진 조각들을 함께 묶을 수 있는 세포수가 증가하기 때문에 부러진 조각들이 치유된다. 일부 피부 세포가 절단이나 찰과상으로 파괴되면, 세포 분열은 새로운 세포를 만들어 손상을 치료한다.

진핵세포의 세포 분열 중에 2가지 사건이 발생한다. 세포의 복제된 유전정보는 **유사분열**[mitosis, 그리스어로 *mitos*는 실 가닥(thread)을 의미]이라는 과정을 통해 2개의 딸핵에 동일하게 분배된다. 핵이 분열을 할 때 세포질도 2개의 새로운 세포로 나뉜다. 이 세포질의 분열을 세포가 쪼개지는 **세포질 분열**(cytokinesis)이라고 한다. 각각의 새로운 세포는 2개의 딸핵 중 하나를 얻기 때문에 둘 다 유전정보의 완전한 쌍을 가진다.

19.11 세포 주기

모든 진핵세포는 동일한 기본 세포 주기를 거치게 되지만, 서로 다른 단계에서 보내는 시간은 달라진다. 세포 주기에 대한 일반화된 그림은 그것을 더 잘 이해하는 데 도움이 될 수 있다(그림 19.27). 일단 시작되면 세포 분열은 시작도 끝도 없는 연속적인 과정이다. 세포가 연속해서 자라고 분열하는 순환이다. 진핵세포의 세포 주기에는 (1) G_1, 간극(성장)—기 1, (2) S, 합성(synthesis), (3) G_2, 간극(성장)—기 2, (4) 세포 분열(유사분열과 세포질 분열), (5) G_0, 간극(성장)—유사분열 휴지기(dormancy) 또는 분화(differentiation)의 5단계가 있다.

G_0기 동안 세포는 분열 주기에 있지 않다고 간주되지만 기능에 있어서 **차별화**되거나 전문화된다. 이 시기에는 유전자 구성에 의해 특화된 역할을 수행하기 위해 세포가 성숙해진다. G_0기에 들어가는 일부 세포가 어느 정도 영구적으로 유지되는 반면(예: 신경세포), 다른 세포

그림 19.27 세포 주기 동안, tRNA, mRNA, 리보솜 및 효소들은 G_1기에서 생성된다. DNA 복제는 S기에서 일어난다. 방추사에 필요한 단백질은 G_2기에서 합성된다. 핵은 유사분열에서 복제되고 세포 분열에 의해 2개의 세포가 형성된다. 뇌와 같은 일부 기관이 완전히 발달하면 신경세포와 같은 특정 종류의 세포가 G_0기에 들어간다. 표시된 기간은 상대적이며 세포 종류와 생명체의 연령에 따라 변화한다.

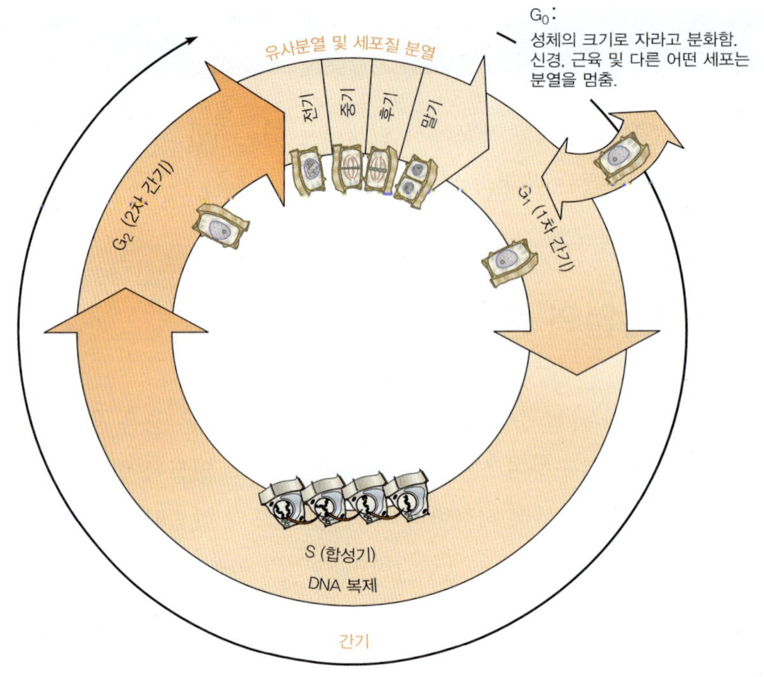

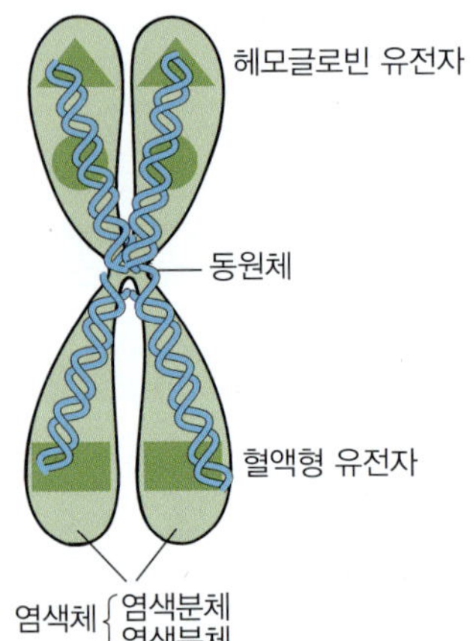

그림 19.28 염색체 복제가 발생하는 간기 동안, 원래의 이중가닥 DNA는 풀려 중심체에 부착된 2개의 동일한 이중가닥을 형성한다. 이러한 이중가닥 각각은 염색질이다. 염색체의 동일한 두 염색질은 때때로 이중 염색체라고 하는데, 이는 2개의 이중나선 DNA가 있다는 것을 반영한다. DNA는 유전적 정보를 포함한다. (여기에 제시된 예는 단지 설명을 위한 것이다. 나열되어 있는 특성이 실제로 이 가상의 염색체에 표시된 위치에 있다고 가정하지 마라.)

는 유사분열의 세포 주기(G_1, S 및 G_2)로 쉽게 이동할 수 있는 능력(예: 피부 세포)을 갖는다.

세포 주기의 처음 3단계(G_1, S 및 G_2)는 **간기**(interphase)라고 알려진 기간 동안 발생한다. 간기는 세포 분열의 중간 단계이다. G_1기 동안 세포는 tRNA, mRNA, 리보솜, 효소 및 기타 세포 구성요소를 생성함에 따라 부피가 커진다. S기 동안 DNA 복제가 일어나 딸세포로 유전자를 분해할 준비를 한다. 뒤따라오는 G_2기 동안 방추사 단백질(spindle-fiber protein)의 합성으로 유사분열을 위한 최종 준비가 완료된다.

간기 동안 세포는 분열하지 않지만 광합성 또는 선세포(glandular-cell) 생성과 같은 대사 활동에 관여한다. 간기 동안 핵막은 손상되지 않고 개별 염색체는 보이지 않는다. 느슨하게 감긴 개별 **염색질** 실은 너무 얇고 얽혀 있어 보이지 않는다. 염색체는 고도로 감긴 DNA 가닥이며 (1) 영양소 소화에 필요한 효소를 생산하는 방법, (2) 영양소를 대사하고 유해 폐기물을 제거하는 효소를 제조하는 방법, (3) 세포의 부분을 복구 및 조립하는 방법, (4) 건강한 자손을 번식하는 방법, (5) 환경의 유리하고 불리한 변화에 언제 그리고 어떻게 대응하는지의 방법, (6) 모든 생명에 필수적인 기능을 조정하고 조절하는 방법 등에 대한 암호화된 정보를 포함한다. DNA와 뉴클레오솜의 이중나선은 **염색분체**(chromatid)로 배열되어 있으며, S기 이후 각 복제된 염색체마다 2개의 부착된 염색분체가 있다(그림 19.28). 이러한 염색분체(염색체)는 유사분열 동안 분배될 것이다.

19.12 유사분열 단계

세포 생명주기의 모든 단계는 연속적이다. 언제 G_1기가 종료되고 S기가 시작되는지, 또는 간기 기간이 종료되고 유사분열이 시작되는지 정확한 지점이 없다. 마찬가지로, 유사분열의 각 단계에서도 한 단계에서 다음 단계로 점진적으로 전환된다. 그러나 연구와 의사소통을 위해 과학자들은 유사분열 과정을 인식 가능한 사건에 기초하여 4단계로 나누었다. 이 4단계는 전기, 중기, 후기, 그리고 말기이다(그림 19.29).

전기

이 단계에서 복제된 염색질 가닥이 인식 가능한 염색체로 꼬이기 시작한다. 핵막 파편과 조각은 다른 막으로 이루어진 세포기관의 일부가 된다. 조각과 조각들은 다른 막 조직의 일부가 된다. 중심립들은 세포의 반대 끝으로 서로 멀어져서 세포의 극을 형성한다. 방추사가 형성되어 한 극에서 다른 극으로 성장한다. 전기가 진행되고 염색체가 더 잘 보이게 되면, 각각의 염색체는 2개의 평행한 실 같은 부분이 서로 옆으로 배열되어 염색분체를 이루는 것을 확인할 수 있다.

중기

이 단계는 응축된 염색체가 세포의 적도로 이동하는 단계이다. '세포의 적도'라는 말은 '지구의 적도'와 같은 방식으로 쓰인다. 적도는 지구(세포) 표면을 둘러싼 상상의 원이다. 염색체가 도착하면 염색체의 동원체 부분이 방추사에 부착된다. 유사분열의 이 단계에서는 각각의 염색체는 아직 동원체에 부착된 2개의 염색분체로 이루어져 있다. 인간의 세포에서 중기에는 46개의 염색체 또는 92개의 염색분체가 세포의 적도 평면에 정렬된다. 중기 후반에는 각각의 염색체의 DNA가 복제되면서 분리되어, 세포는 다음 단계인 후기로 진입한다.

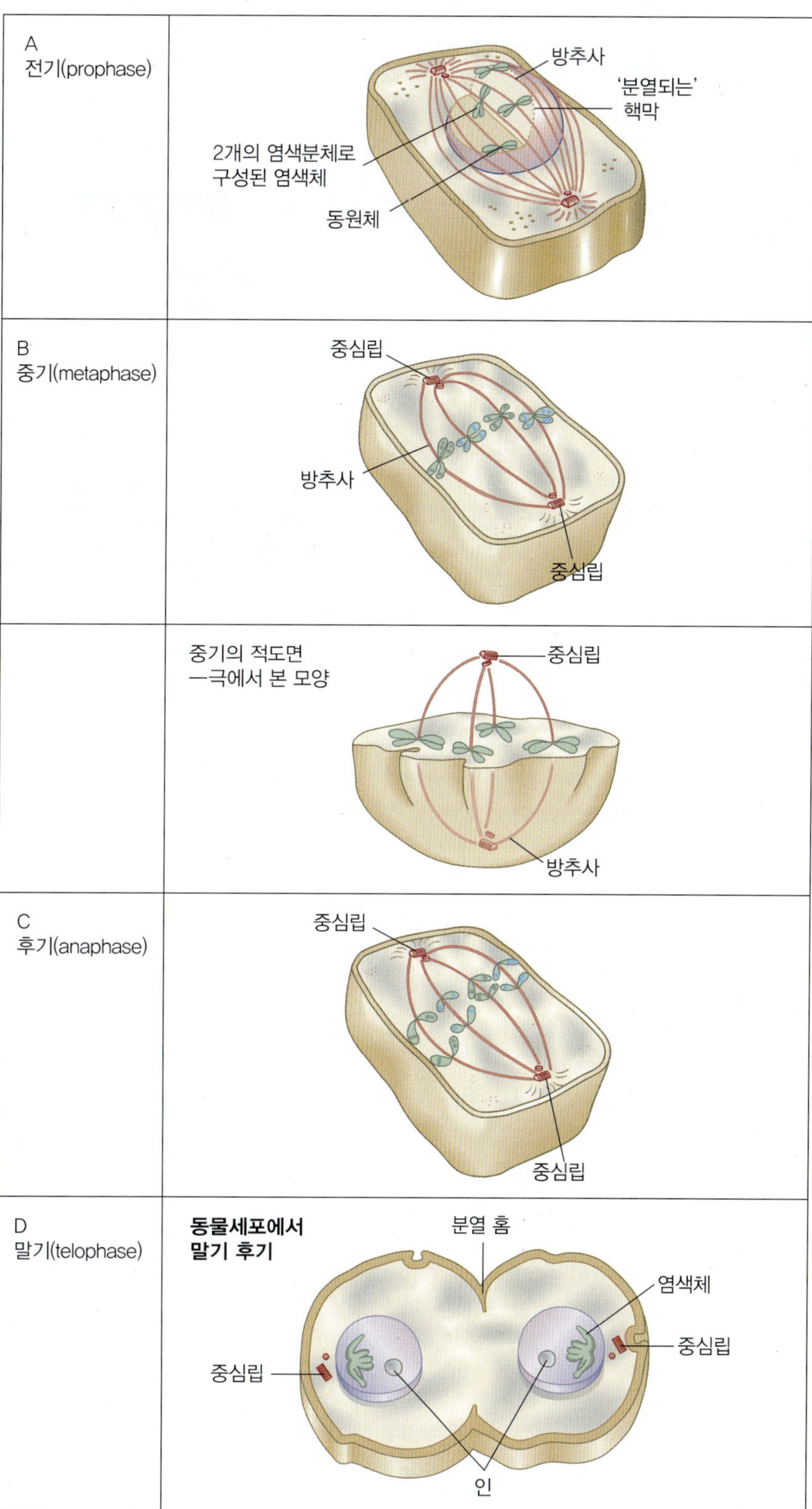

그림 19.29 유사분열의 각 단계

과학과 사회

비정상적 세포 분열: 암

암(cancer)은 세포 분열을 조절하지 못하여 발생하는 질병이다. 이는 세포가 너무 자주 분열하도록 하여 정상적인 신체 기능을 방해한다. 그러므로 과학자들은 암을 세포 분열을 조절하는 유전자의 돌연변이에 의해 발생한 것으로 생각하고 있다. 돌연변이는 유전되거나 환경의 매개체에 의하여 발생될 수 있는데, 담배 연기의 타르 성분은 p53유전자의 돌연변이와 직접적인 연관이 있기 때문에 담배 연기의 타르는 **돌연변이원**(mutagen)과 **발암물질**(carcinogen)로 분류되는 것을 예를 들어 설명할 수 있다. 특히, **돌연변이원**은 DNA를 돌연변이시키거나 화학적으로 손상시키는 작용을 하므로 모든 **발암물질**은 암을 유발하는 돌연변이원으로 생각할 수 있다.

©Flying Colours Ltd/Getty Images RF

많은 약제는 높은 암 발생률과 관련성을 가지는데, 그 약제들은 공통적으로 DNA분자의 핵산 서열을 변경하는 능력을 가지고 있어, DNA에 손상이 발생하면, 세포 기작으로는 더 이상 DNA의 유전정보를 읽지 못하게 될 수 있다. 다음은 환경에서 발견되는 돌연변이 유발요인의 일부 목록을 정리해보았다.

방사선

X선 및 감마선
자외선:
  일광욕 램프의 UV-A
  햇볕 화상의 원인인 UV-B

화학물질

비소	담배의 타르
석면	폴리염화비닐(PVC)
벤젠	질산을 함유한 식품 (예: 베이컨)
알코올	
다이옥신	훈제 고기와 생선에서 발견되는 화학물질

일부 바이러스는 유전자 물질의 사본을 세포의 DNA에 삽입한다. 이때 삽입된 유전자 물질의 사본이 세포 주기 조절에 관련된 유전자의 삽입 돌연변이를 일으키면, 세포가 유사분열을 조절하는 능력을 방해할 수 있다. 이러한 사실을 근간으로 높은 암 발생률과 연관된 많은 바이러스는 특정한 종류의 암과 관련되어 있다.

바이러스	암
B형 간염 바이러스(HBV)	간암
단순헤르페스 바이러스(HSV) 유형 II	자궁암
엡스타인-바 바이러스	버킷림프종
인간 T-세포 림프성 바이러스(HTLV-1)	림프종과 백혈병
파필로마바이러스	여러 암

암은 DNA의 변화로 인해 발생하기 때문에, 과학자들은 개인의 유전적 배경이 암의 발생에 기여할 수 있음을 확인하게 되었다. 이러한 경향은 부모로부터 유전되는데, 다음 암은 부모로부터 발병에 대한 성향을 물려받는 것으로 나타났다.

백혈병	위암
폐암	망막아종
특정 피부암	전립선암
자궁내막암	유방암
결장암	

제어되지 않은 유사분열이 발생하면 세포 그룹이 종양을 형성한다. **종양**(tumor)은 신체의 특정한 부분에서 정상적으로 발견되지 않는 세포의 덩어리다. **양성종양**(benign tumor)은 원래의 성장 영역을 넘어서서 분열되지 않는 세포 덩어리인 반면, 정상적인 신체 기능을 방해할 정도로 성장하는 경우도 있어, 이와 같은 때는 해를 입히기도 한다. 또 일부 종양은 악성인데, **악성종양**(miligant tumor)은 신체의 다른 부위로 퍼지거나 침입할 수 있으므로 해롭다. 특히 이 종양의 세포는 **전이**(metastasize)되거나 원래 장소에서 이동하여 신체의 다른 곳에서 새로운 종양의 생장을 유도한다.

후기

동원체는 후기에 DNA 복제를 완료하여 염색분체가 분리되어 극으로 이동할 수 있게 한다. 염색분체의 분리가 일어나면 염색분체는 딸염색체라고 불린다. 딸염색체는 동일한 유전정보

과학의 배후에 있는 사람들

마티아스 슐라이덴(Matthias Jakob Schleiden,1804-1881)과 테오도어 슈반(Theodor Schwann, 1810-1882)

마티아스 슐라이덴은 테오도어 슈반과 함께 세포 이론을 확립한 가장 잘 알려진 식물학자이다. 세포의 존재는 17세기 이후에 발견되었지만(로버트 후크는 일반적으로 1665년에 발견된 것으로 인정), 슐라이덴은 생명체의 기본단위로서의 세포의 중요성을 가장 먼저 알아보았다. 1838년에 그는 식물의 다양한 부분이 세포 또는 세포의 유도체로 구성되어 있다고 발표하였으며, 다음해에는 슈반이 동물을 대상으로 생명체 조직에서 세포의 기본적인 중요성에 대한 슐라이덴의 주장을 확인한 논문을 발표하였다. 결과적으로 슐라이덴과 슈반은 오늘날의 일반적인 지식이고, 물리학의 원자 이론만큼 생물학의 기초가 되는 개념인 세포 이론을 확립하였다.

슐라이덴은 또한 세포의 다른 측면을 연구하였는데, 그는 세포 분열에서 핵의 중요성을 강조하였다. 또 그는 식물조직에서 세포 내 물질의 활동적인 움직임에 주목하였다.

1834년 테오도어 슈반은 소화 과정을 조사하기 시작하여, 2년 후 단백질 소화를 담당하는 펩신이라는 화학물질을 분리하였는데, 이것은 동물조직에서 분리된 최초의 **효소**이다. 슈반은 또한 발효를 연구하고 설탕의 발효가 살아있는 효모 세포의 생활 과정의 결과를 보여주었는데,

마티아스 슐라이덴
©The Granger Collection, NY

테오도어 슈반
©Mary Evans Picture Library/
Alamy Stock Photo

이를 통해 나중에 생체 조직에서 일어나는 화학 변화를 나타내기 위한 **신진대사**라는 용어를 만들게 되었다. 그러나 프리드리히 뵐러(Friedrich Wöhler)와 유스투스 폰 리비히(Justus von Liebig) 같은 화학자들은 1850년대 루이 파스퇴르(Louis Pasteur)의 발효 실험이 끝나기 전까지 발효에 대한 슈반의 연구를 크게 비판하였지만, 파스퇴르에 의해 슈반이 옳은 것으로 판명되었다. 그러나 슈반은 자연발생설을 반박하고 개선된 기술로 라차로 스팔란차니(Lazzaro Spallanzani)의 초기 실험을 반복하기 위해 부패(썩는 것)를 조사했는데, 슈반이 이 이론을 뒷받침할 증거를 찾지 못했음에도 불구하고 일부 과학자들은 이 이론을 믿고 있었다.

결국 1839년 슈반은 **동물과 식물의 구조와 성장의 유사성에 대한 현미경을 이용한 연구**를 발표하여 세포 이론을 공식화하였는데, 이 이론은 그 전 해 슐라이덴이 식물과 관련하여 세포 이론을 발표한 것을 동물로 확장시킴으로써, 모든 생명체(동물과 식물 모두)는 전적으로 세포 또는 세포 산물로 구성되며 각 개별 세포의 생명은 전체 생명체의 생명보다는 2차적이라고 결론짓게 되었다.

출처: Modified from the *Hutchinson Dictionary of Scientific Biography*. Abington, UK: Helicon, 2011.

를 가진다. 후기의 나중에 두 번째로 중요한 사건인 세포질 분열이 일어난다. 세포질 분열은 마지막 단계인 말기 동안 완료되고, 원래 세포의 세포질은 2개의 작은 독립된 딸세포로 분열된다.

말기

후기에 시작된 세포질 분열이 완료되면, 분열된 세포로부터 2개의 딸세포가 형성되며, 이에 따라 핵막과 핵 형성이 일어난다. 방추사 단편 및 염색체는 풀려서 염색질로 변화한다. 세포 유형에 따라 새로 형성된 딸세포는 분화되어 그들의 기능에 전문화되거나 또는 세포 주기의 유사분열로 다시 진입할 수 있다.

표 19.3 세포소기관의 구조와 기능

세포기관	위치한 세포의 유형	구조	기능
원형질막	원핵세포와 진핵세포	막으로 이루어짐; 전형적인 막 구조; 인지질과 단백질로 구성.	세포와 주변 환경 사이에서 일부 물질의 통과를 조절함.
세포 함유물(과립)	원핵세포와 진핵세포	막으로 이루어지지 않음; 변화 가능.	다양한 기능을 가짐.
염색질 물질	원핵세포와 진핵세포	막으로 이루어지지 않음; DNA와 단백질(진핵세포에서는 히스톤, 원핵세포에서는 HU 단백질)로 구성됨.	세포가 일상생활에 이용하고 다음 세대의 세포에 전달하는 유전정보를 포함함.
리보솜	원핵세포와 진핵세포	막으로 이루어지지 않음; 단백질과 RNA 구조.	단백질 합성 장소.
미세소관, 미세섬유, 중간섬유	진핵세포	막으로 이루어지지 않음; 단백질로 구성된 가닥.	구조적인 지지를 제공하고 운동할 수 있도록 함.
핵막	진핵세포	막으로 이루어짐; 핵질과 핵산을 포함하는 하나의 용기를 형성하는 이중막.	핵을 세포질로부터 분리시킴.
인	진핵세포	막으로 이루어지지 않음; RNA 집단과 DNA가 인(핵소체)에 위치함.	리보솜의 합성 및 보관장소.
소포체	진핵세포	막으로 이루어짐; 면(sheet)과 통로를 형성하는 막의 접힘.	화학 반응의 표면과 세포 내 운반체.
골지체	진핵세포	막으로 이루어짐; 단일막의 주머니가 쌓였음.	분비물의 생산과 효소의 활성화와 연관됨.
액포와 소낭	진핵세포	막으로 이루어짐; 현미경적인 단일막으로 이루어진 주머니.	물질의 보관소.
퍼록시좀	진핵세포	막으로 이루어짐; 초현미경적인 막으로 둘러싸인 소낭.	퍼록시좀은 지방대사에서 중요한 역할을 하는 여러 효소를 포함함.
리소좀	진핵세포	막으로 이루어짐; 초현미경적인 막으로 둘러싸인 소낭.	강력한 효소를 세포의 나머지 부분으로부터 격리함.
미토콘드리아	진핵세포	막으로 이루어짐; 이중막 세포기관; 작은 막 내부에 큰 막이 접혀 있음.	음식으로부터 에너지 방출과 연관; 호기성 세포 호흡의 장소.
엽록체	진핵세포	막으로 이루어짐; 이중막 세포기관; 작은 막 내부에 큰 막이 접혀 있음(그라나).	빛에너지의 포획과 탄수화물 분자의 합성에 연관; 광합성의 장소.
중심체	진핵세포	9 미세소관의 두 다발로 구성.	세포 분열과 연관됨.
수축포	진핵세포	막으로 이루어짐; 단일막 용기.	과잉으로 물을 배출.
섬모와 편모	원핵세포와 진핵세포	막으로 이루어지지 않음; 원핵생물은 세포벽과 막에 고정된 섬유상으로 배열된 단일유형의 단백질로 구성; 진핵생물에서는 9+2 튜불린 단백질.	원핵생물의 편모 운동 형태는 회전; 진핵생물의 섬모와 편모 운동은 물결치거나 비트는 형태로 보임.

요약

생명체는 (1) 대사과정, (2) 생식과정, (3) 반응과정, (4) 통제과정, (5) 독특한 구조적 조직의 특성을 보여준다. 세포의 개념은 여러 해를 걸쳐 발전해 왔으며, 초기에는 세포질과 핵 두 영역만 확인될 수 있었다. 현재는 원핵세포나 진핵세포의 주된 세포 유형의 필수 구성요소로 수많은 세포기관이 인식된다. 이러한 세포기관 일부의 구조와 기능을 표 19.3에 비교하였다. 이 표는 그 세포소기관이 원핵세포나 진핵세포에 독특한지 아니면 둘 다에서 발견되는지도 나타내고 있다.

세포는 생명의 공통단위이다. 세포가 개별적인 생명체로서, 다세포 생물의 부분으로서 어떻게 기능하는지를 이해하기 위하여 개별세포와 그들의 구조를 연구하고 있다. 원핵세포와 진핵세포의 유형이 어떻게 닮았고 다른지를 이해하는 것은 의사가 인간에서 위험한 생물을 통제할 수 있도록 도와준다.

호흡과정에서 생물은 음식을 에너지(ATP)와 노폐물(이산화탄소와 물)로 변환한다. 호기성 세포 호흡은 생화학적 경로에서 산소(O_2)를 사용한다. 이 에너지 방출 과정은 (1) 해당작용, (2) 크렙스 회로, (3) 전자전달계(ETS)의 3단계로 구성된다. 식물은 광합성 경로에서 호흡의 산물을 사용한다. 광합성은 (1) 광 포획 작용, (2) 광 의존 반응, (3) 광 비의존 반응의 3단계로 이루어지며, 광합성 생물은 호흡과 광합성 2가지 생화학적 경로를 모두 수행한다. 또 식물과 동물 사이에는 물질의 지속적인 순환이 존재한다. 태양광은 우리가 알고 있는 생명체의 형태를 유지하는 데 필요한 큰 유기분자를 만들기 위한 필수적인 초기 에너지를 공급한다.

모든 세포는 세포 분열의 결과로 이미 존재하는 세포로부터 유래한다. 이 과정은 성장, 수선 및 번식에 필수적이다. 진핵세포는 세포 분열(유사분열과 세포질 분열) 및 간기를 포함하는 세포 주기를 거친다. 간기는 성장과 함께 분열을 준비하는 기간이다. 유사분열은 전기, 중기, 후기, 말기의 4단계로 나뉘며, 유사분열 동안 하나의 부모핵으로부터 2개의 딸핵이 형성된다. 이 핵들은 부모의 핵과 정확한 복사물인 동일한 세트의 염색체와 유전자를 가진다. 유사분열 과정은 일련의 단계로 나타내었지만, 이 과정은 연속적이며, 전기부터 말기까지 연속적으로 흘러가는 과정이다. 유사분열 후에 세포질 분열이 세포질을 분할하고 세포는 간기로 돌아간다.

개념에 대한 질문

1. 진핵세포의 막으로 이루어진 세포기관을 열거하고 각각의 기능을 설명하시오.
2. 확산, 촉진 확산, 삼투 및 능동수송은 어떻게 다른가?
3. 세포벽과 세포막의 차이점은 무엇인가?
4. 세포를 도식화하고 단백질, 핵산, 탄수화물 및 지질이 어디에 있는지 설명하시오.
5. 시중에는 처방전 없이 구입할 수 있는 여러 가지 세안용품이 있다. 만약 이들이 등장성 용액이 아닌 경우 어떻게 되는지 설명하시오.
6. ATP를 충전식 배터리와 비교하면 어떠한 차이가 있는가?
7. 세포 호흡의 해당 과정 동안 일어나는 일을 간단히 설명하시오.
8. 호기성 세포 호흡에서 O_2는 어느 시기에 작용을 하는가?
9. 진핵세포에서 해당작용, 크렙스 회로 및 전자전달계(ETS)과 같은 반응이 일어나는 곳은 어디인가?
10. 빛이 없을 때, 광합성 경로의 어느 부분이 작동을 멈추는가?
11. 유사분열의 4단계를 명명하고 각 단계에서 어떠한 일이 일어나는 일을 서술하시오.
12. 세포 주기는 무엇을 의미하는가?
13. DNA 복제는 세포 주기의 어느 단계에서 일어나는가?
14. DNA가 가장 눈에 띄는 유사분열 단계는 어느 시기인가?
15. 유사분열 동안 방추사가 염색분체의 분리에 어떻게 도움이 되는가?
16. 어떤 사람들은 일반적인 감기 바이러스가 급성 인후염과 같은 감염을 조절하는 데 사용되는 것과 같은 항생제를 사용하여 조절할 수 있다고 믿는다. 어떤 것이 사실인가?
17. 지역 혈액원에서는 항상 혈액 기증자를 찾는다. 그들은 기증자로부터 전혈, 적혈구, 그리고 혈소판을 제취한다. 각각의 차이는 무엇이며, 의료 상황에서 각각의 가치와 적용예는 무엇인가?
18. 적혈구와 백혈구의 기원은 줄기세포이라고 하는 미분화 세포이다. 현재 연구와 의료 목적으로 이러한 세포의 출처와 사용에 대한 논란이 크게 일고 있다. 이 논란의 본질은 무엇인가? 줄기세포와 관련하여 어떠한 변칙이 있는가? 줄기세포는 어떠한 의료 목적으로 사용되어야 하는가?
19. 암은 종종 p53과 같은 유전자의 돌연변이에 의해 발생한다. 그러나 자궁경부암과 같은 일부 암은 바이러스(인간 유두종 바이러스, HPV)에 의해 시작될 수 있다. 이 두 종류의 암은 어떻게 다른가? 예방접종에 의해 예방될 수 있는가? 백신은 어떠한 역할을 하는가?

연습문제

그룹 A

1. 3.3×10^{-15} m^3 동물세포를 구성하는 원자(6.2×10^{-31} m^3)는 몇 개인가?
2. 산소가 몸의 약 2/3를 구성한다고 가정할 경우, 81.6 kg의 사람에게 포함되어 있는 산소 원자는 몇 개인가?
($m_{산소} = 2.66 \times 10^{-26}$ kg)
3. 세포의 에너지 소비 속도가 2.0×10^{-17} watts인 경우 하루에 일반적인 진핵세포는 얼마나 많은 에너지를 사용하는가?
4. 1.0×10^{-4} m 두께의 종이 한 장의 두께가 되려면, 8.0×10^{-6} m의 긴 적혈구는 몇 개가 쌓여야 하는가?

20 생명의 기원과 진화

The Origin and Evolution of Life

핵심 개념

지구와 지구의 생명은 수십억 년에 걸쳐 변화하였다.

장의 개요

지구의 생명체가 어떻게 시작되었는지에 대한 몇 가지 의견이 존재한다. *Pg. 545*

지구의 표면과 대기는 유기체의 작용에 의해 크게 수정되었다. *Pg. 551*

진화는 자연선택의 결과로 일어났다. *Pg. 559*

지구는 태양계에서 액체상 물을 가지고 있는 유일한 행성이며 또한 생명체가 있는 유일한 행성이다. 외계에서 보았을 때 거대한 해양으로 인해 지구는 푸르게 보인다. 지구 역사의 초기에 무기물이 유기물로 변환되어 해양에 축적된 것으로 생각되었는데, 향후 이러한 유기물은 세포라고 하는 생명 단위로 결합되었다. 세포는 생명의 기본단위이다. 우리는 세포와 세포가 이루는 생물에 대하여 많은 것을 알지만, 과학자들은 여전히 2가지 질문을 한다. 무엇이 생명의 본질인가? 생명이 어떻게 유래하였는가? ©Stocktrek/Getty Images RF

연관성

물리학

- 뉴턴의 운동 법칙은 세포 수준에서 섭취 및 제거를 이해하기 위한 배경을 제공한다(2장).
- 특정 방사성 동위원소를 측정하면 지구의 나이를 측정할 수 있게 된다(8장 및 21장).

화학

- 생화학적 반응은 생명체와 함께 진화했다(18장).
- 탄소 화학은 생명체의 화학이다(18장).

천문학

- 우주의 기원을 이해하는 것은 지구상의 생명의 기원과 관련된 가설을 설립하는 데 중요하다(9장).

지구과학

- 대기 가스는 시간이 지남에 따라 변했으며 삶의 본질에 영향을 미쳤다(13장).

생명과학

- 광합성은 태양에너지를 사용하여 유기물을 만들고 산소를 방출한다(19장).
- 호흡은 유기분자에서 사용 가능한 에너지를 방출한다(19장).
- DNA는 유기체가 수행할 수 있는 생화학적 반응의 종류를 결정하는 유전정보를 저장한다(18장과 22장).

개요

지구가 어떻게 복잡하고 다양한 생명체의 조합을 가지게 되었는지 이해하는 것은 수천 년 동안 사상가들에게는 도전적인 주제였다. 지구는 항상 생명체로 가득 차 있었을까? 멸종한 생명체가 있을까? 생명체는 지구에서 기원되었을까? 오늘날 새로운 종류의 생명체가 생겨났을까? 자연의 법칙과 생명체의 본질에 대한 이해가 발전함에 따라 이러한 질문에 접근하는 방식이 지속적으로 바뀌고 있다.

한때 이러한 질문들은 단지 흥미로운 지적 유희였지만, 오늘날에는 실질적으로 적용되는 부분이 많고 정부, 기업, 그리고 시민의 정책 결정에 영향을 미친다. 예를 들어, 우리는 다양한 생물 종의 멸종을 우려하고 있으며, 정부는 멸종을 막기 위해 상당한 시간과 자금을 투자한다. 개체집단에서 진화 과정이 어떻게 발생하는지 이해하는 것은 일반적으로 사용되는 항생제에 내성이 있는 균주를 지속적으로 개발하는 질병 유기체 집단을 통제하는 데 중요하다. 사람들은 생명체의 DNA 조작을 염려하는데, 이는 생명체의 본질에 큰 변화를 일으킬 수 있기 때문일 것이다. 또 정부는 다른 행성에 생명체가 있는지 또는 존재했는지 확인하기 위해 막대한 양의 예산을 쓰고 있다. 그러나 현대 과학적 관점에서도 우리는 여전히 동일한 기본적인 질문을 하고 있다. 생명이 어떻게 유래하였는가? 생명체는 어떻게, 또 왜 변화하는가?

PART I: 생명이 어떻게 유래하였는가?

이 장의 모든 의견들은 생명의 기원과 변화에 관련이 있다. 그러나 이 장을 별개의 부분으로 나누면 이 주제를 여러 측면에 대해 생각하는 것이 더 쉬울 수 있다. 따라서 2가지 부분(1부 생명이 어떻게 유래하였는가?, 2부 진화의 과정)으로 나누었으며, 각 부분은 생명의 기원과 진화를 이해하는 일반적인 주제의 한 측면에 중점을 두고 있다. 대부분의 고대 사회가 대답하고자 하는 근본적인 질문 중 하나는 "생명이 어디에서 왔는가"이다. 이 질문을 연장해보면, "생명은 어떻게 유래하였는가?"이다. 1부에서 이 질문에 적용되는 다양한 종류의 이론을 살펴볼 것이다.

20.1 생명의 기원을 이해하기 위한 초기의 시도

초기에는 생명이 무생물로부터 비롯되었다는 것을 아무도 의심하지 않았다. 생명이 무생물로부터 생성될 수 있다는 개념은 **자연발생설**(spontaneous generation)로 알려져 있다. 그리스인들, 로마인들, 중국인들, 그리고 다른 많은 고대 사람들은 썩어가는 고기로부터 구더기가 생기고, 어둡고 습한 곳에 저장된 밀에서 쥐가 생기고, 땀에서는 이가 형성되고, 축축한 진흙에서는 개구리가 생긴다고 믿었다. 이 생각은 17세기까지 널리 받아들여졌지만 자연발생을 의심하는 사람들이 있었고, 이들은 생명이 기존의 생명에서만 시작된다는 반대 개념에 동의했다. 이 개념을 **생물발생설**(biogenesis)이라고 한다.

생명이 무생물의 물질로부터 발생한다는 생각에 대한 가장 초기의 증명 실험 중 하나는 1668년에 일어났는데, 이탈리아 의사였던 프란체스코 레디(Francesco Redi)에 의해 통제된 실험을 계획했다(그림 20.1). 그는 한 측면을 제외하고는 동일한 2개의 병을 사용했는데, 두 병 세트에는 모두 부패하는 고기가 들어 있었고 둘 다 대기에 노출되었다. 그러나 1개의 병은 거즈로 덮었고, 다른 병은 덮지 않았다. 레디는 열린 병에서 고기에 파리가 앉은 것을 확인했지만 거즈를 덮은 병에서는 고기에 대한 접근을 막았다. 그 이후에 뚜껑이 없는 병의 고기에는 구더기가 나타났지만 거즈를 덮은 병의 고기에는 구더기가 나타나지 않았을 때, 레디는 구더기가 파리의 알에서 생기는 것이고 썩는 고기에서는 만들어지지 않는다고 결론지었다.

1861년 프랑스의 화학자인 루이 파스퇴르는 대부분의 과학자들에게 자연발생은 불가능하다고 확신시켰다. 그는 백조목 플라스크에 발효 가능한 설탕 용액을 넣었다. 혼합물과 플라스크를 오랫동안 끓여 용액에 이미 존재하는 유기체를 모두 죽였다. 그리고 백조목 플라스크는 열린 채로 두어 산소가 유입되도록 하였다. 당시 많은 사람들이 산소가 자연발생에 필요한 '핵심 요소'라고 생각했기 때문에 이것은 중요한 실험이었다. 파스퇴르는 그러한 혼합물에서 생명이 발생하도록 하는 것은 산소가 아니라, 공기 중에 영양 혼합물에 들어가 발효를 일으킨 유기체가 존재한다고 가정했다. 그는 또한 공기 중 유기체가 목의 구부러진 부분의 바닥에 정착하여 설탕-물 혼합물에 도달할 수 없으므로 설탕 용액이 발효되지 않을 것이라 가정했다. 그가 실험을 수행했을 때, 백조목 플라스크의 용액은 발효되지 않았다. 파스퇴르는 대조군으로 사용한 다른 플라스크의 백조목을 잘라내어(그림 20.2), 공기로부터 미생물이 플라

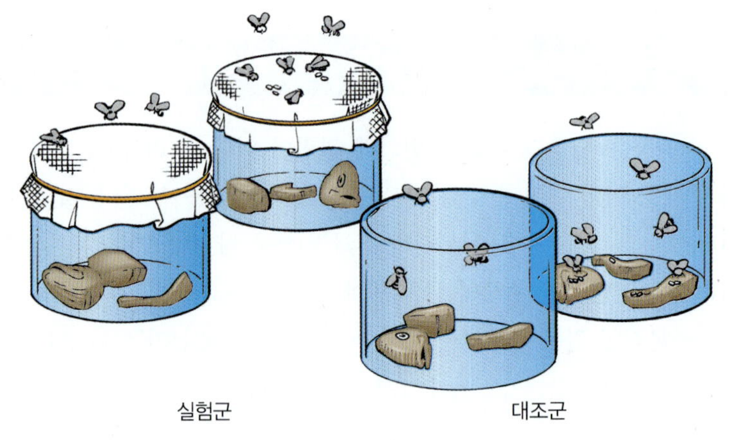

그림 20.1 프란체스코 레디는 한 가지만 제외하고 모든 면에서 동일한 두 세트의 병을 준비하여 실험을 수행하였다. 병 한 세트에는 거즈를 덮었다. 덮지 않은 세트는 대조군이었고, 덮은 세트는 실험군이었다. 대조군과 실험군 사이의 단일 변수인 거즈를 덮은 것 이외에는 어떠한 차이도 없지만, 실험군은 아무것도 발견되지 않은 반면 대조군에서는 구더기가 발견되었다. 이러한 실험으로 레디는 고기에 구더기가 나타나는 것은 자연발생이 아닌 파리가 고기에 알을 낳기 때문이라는 결론을 내렸다.

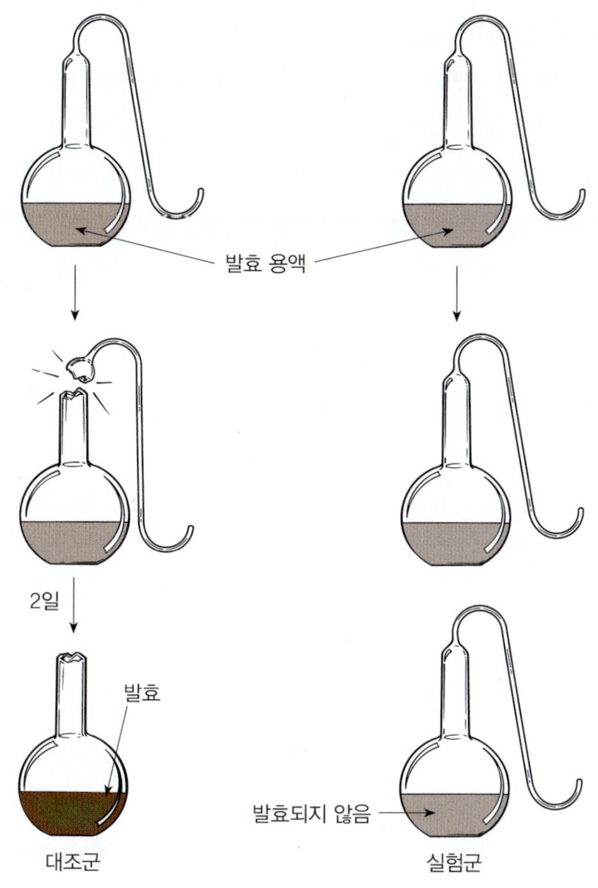

그림 20.2 파스퇴르는 자연발생이 일어나기 위해서는 산소가 필요하다고 생각하고 이를 검증하기 위한 실험을 수행했다. 파스퇴르는 산소는 통하게 하지만 산소에 포함된 다른 생물은 들어가지 못하게 하는 백조목 플라스크를 이용하였다. 플라스크에 끓인 발효 용액을 담은 후 한 플라스크는 그대로 유지했지만 다른 플라스크의 목은 부러뜨렸다. 온전한 플라스크는 실험군이었고 목이 부러진 플라스크는 대조군이었다. 2일 이내에, 목이 부러진 플라스크에서 발효가 진행되었지만, 온전한 플라스크에서는 성장이 전혀 없었다. 따라서 파스퇴르는 부러뜨리지 않은 백조목을 통하여 플라스크로 들어가지 못하게 된 생명체는 발효의 흔적이 없었고, 이는 결국 공기 중의 산소가 발효를 일으킨 원인이라는 것을 보여주었다. 이는 자연발생설에 대한 추가적인 반박 증거를 제공하였다.

스크 내로 떨어질 수 있게 하였더니, 이틀 이내에 발효액에서 미생물 군집이 관찰되었다. 파스퇴르는 프랑스 아카데미 연설에서 "자연발생주의는 이 간단한 실험의 치명적인 일격으로 결코 회복될 수 없을 것이며, 현미경적 존재가 씨앗이 없이 자신과 유사한 부모가 없이 출현할 수 있다는 것을 지지할 수 있는 어떠한 정황도 현재는 없다."[1]라는 연설을 하였다.

20.2 생명의 기원에 대한 현재의 생각

외계 또는 지구의 기원?

오늘날 과학자들이 지구상의 생명이 어떻게 유래하였는지에 대한 질문을 볼 때, 우리는 여전히 기본적으로 동일한 2가지 이론을 가지고 있다. 하나는 생명이 어떤 외계 근원으로부터 지구에 도착했다고 주장한다. 이것은 근본적으로는 생물발생설 주장의 변형이라고 할 수 있다. 다른 하나는 생명이 지구상에서 화학적 진화 과정을 통하여 무생물 물질로부터 창조되었다는 것을 옹호하고 있는데, 이는 자연발생설 주장의 변형이라 할 수 있다. 지구상의 생명체가 어떻게 생겼는지 확실히 알 수는 없지만, 이 근본적인 질문과 관련된 증거를 추측하고 조사하는 것은 흥미로운 일이다.

[1] 루이 파스퇴르(1822-1895)

지구상의 생명체에 대한 외계 기원

1900년대 초, 스웨덴 과학자 스반테 아레니우스(Svante Arrhenius)는 **범종설**(panspermia)의 개념을 대중화시켰다. 범종설은 생명이 지구 외부에서 일어났으며 생명체가 지구에 생명을 공급하기 위해 지구로 운송되었다는 개념이다. 그러나 이 주장은 생명의 기원은 설명하지 못했다. 범종설은 지구를 스팔란차니 또는 파스퇴르의 열린 플라스크와 유사하다고 본다. 아레니우스의 의견은 당시 과학적 지지를 받지 못했지만, 운석과 우주 탐사를 통해 얻은 새로운 증거의 결과로 그의 기본 개념이 부활하고 수정되었다.

삶의 본질에 관한 2가지 중요한 주장이 있다. 하나는 생명이 적어도 약간의 물을 필요로 한다는 것, 다른 하나는 생명체가 유기분자를 기반으로 한다는 것이다. 우리가 알고 있는 모든 생명체는 유기분자를 기반으로 하기 때문에 우주와 운석 같은 외계 물체에 유기분자가 존재한다는 것은 다른 세계에서도 생명이나 생명에 필요한 조건이 존재할 수 있음을 시사하고 있다.

지난 수십 년간 NASA(National Aeronautics and Space Administration)는 현재 또는 과거의 삶의 흔적을 찾기 위해 화성 표면을 탐색하기 위한 많은 우주선을 발사했다. 수집된 증거에 따르면 과거에는 물이 강, 호수 및 짠 바다를 형성하기에 충분한 양으로 존재했을 가능성이 높다. 2009년 화성에는 단순한 유기분자가 존재한다는 사실이 밝혀졌다. 그러나 이것들은 진화학적 또는 생물학적 수단에 의하지 않고도 생산이 될 수 있기 때문에, 현재 어떤 과정에 의한 것인지는 확실하지 않다.

최근 천문학자들은 우리 행성 너머의 다른 행성계에서 별을 공전하는 행성의 존재를 감지할 수 있게 되었다. 2017년까지 3,000개가 넘는 행성이 확인되었다. 천문학자들은 지구의 크기에 가까운 행성을 지명하고 물을 수용하고 생명이 살 수 있는 행성을 '거주 가능한 구역'에 속한다고 **골디락스 행성**(Goldilocks planet)이라고 했다. 이것은 이 행성들이 지구에서 정의하는 것처럼 생명의 존재에 꼭 알맞은 조건을 가지고 있다는 것이다. **생명이 살 수 있는 지역**은 지구와 같은 행성이 표면에 액체상 물과 지구 같은 생명을 유지할 수 있는 행성으로부터의 거리이다.

이 발견들 중 어느 것도 우주 어딘가에 생명체가 존재한다는 것이나 존재했다는 것을 입증하지는 못하지만, 생명체가 다른 곳에서 생겨나 지구에 도달했을 가능성을 열어둔다.

개념 적용

자연발생

한때 사람들은 생명이 무생물로부터 자연적으로 생겨날 수 있다고 믿었는데, 왜 사람들이 이것이 가능하다고 생각했는지 알아보기 위해 다음을 실행해보고자 한다. 투명한 병이나 단지를 가지고 그 안에 소량의 흙을 넣고 물을 채운다. 그 후 따뜻하고 조명이 밝은 곳에 둔다. 특히, 태양이 비치는 창문가가 이상적이다. 2~3주 동안 변화를 관찰해보자. 병에 생물이 있다는 증거를 찾았는가? 물을 현미경으로 관찰하여 생물을 찾아보자.

지구상 생명의 지구 기원

지구에서 생명이 시작되는 데 필요한 조건과 초기 생물이 해결해야 할 문제의 종류에 대한 많은 연구와 추측이 있었다. 이 논의에는 몇 가지 다른 종류의 정보가 중요하다.

1. **물은 생명에 필수적이다.** 지구는 현재 태양계에서 물이 표면에 액체 상태로 존재할 수 있게 허용하는 온도를 가진 유일한 행성이며, 물은 대부분의 생명체에 가장 공통적인 화합물이다.
2. **초기 지구의 대기는 산소 분자가 부족했다.** 지구의 현재 대기의 산소는 광합성 활동의 결과이다. 따라서 지구에 생명이 있기 전에 대기에는 상당한 양의 산소 분자가 부족했을 것이다.
3. **산소가 없는 상태에서 유기분자가 자발적으로 형성될 수 있다.** 실험은 실질적인 산소가 부족한 대기에서 유기분자가 형성될 수 있음을 보여준다. 더욱이, 이들 유기분자는 해양에 축적되었을 수 있는데, 그 이유는 해양에는 산화를 일으켜 산소를 소비하지 않기 때문이다(그림 20.3 참조).
4. **초기 지구의 표면은 뜨거웠다.** 모든 행성이 나이가 들어감에 따라 냉각되고 있다고 가정하기 때문에 과거에는 지구가 훨씬 더 뜨거웠을 가능성이 크다. 화산 표면인 지구 표면의 많은 부분이 이 주장을 강력하게 지지한다.
5. **초기 지구의 에너지의 기원은 오늘날과 다르다.** 지구 표면은 뜨거웠다. 뜨거운 지구는 대기 중 더 많은 수증기를 유발하여 더 많은 폭풍과 번개를 초래했을 것이다. 대기 중에 산소가 없어서 훨씬 더 많은 자외선 에너지가 지구 표면에 도달했을 것이다.

그림 20.3 원시 지구의 환경은 거칠고 생명이 없었다. 그러나 과학자들은 지구가 최초의 생명체를 생성할 필요 분자들과 에너지가 있었다고 믿고 있다. 화산, 번개 및 자외선에 의해 제공된 에너지는 대기 중 이산화탄소(CO_2), 암모니아(NH_3) 및 메탄(CH_4)과 같은 단순한 무기분자의 결합을 끊고, 작은 분자로부터의 원자가 재배열되면서 새로운 결합을 형성하여 대기 중에 단순한 유기화합물을 만들었을 것이다. 육지에서 비와 빗물이 이 화합물을 바다로 운반하여 바다에서 그 화합물들은 서로 반응하게 되고 더 복잡한 유기분자를 형성하였을 것이다.

6. **오늘날의 단순한 유기체는 종종 원시 지구에 존재한다고 생각되는 것과 비슷한 조건에서 산다.** 원핵생물(세균과 고세균)은 비교적 단순하고 매우 흔하다. 오늘날 특정 원핵생물은 고온, 고염도, 저산소 또는 산소가 없는 극한 환경에서 산다. 이것은 그들이 오늘날의 지구와는 매우 다른 세상의 삶에 적응했을 수 있음을 시사한다. 이 특화된 유기체는 오늘날 온천과 같은 특이한 위치와 해저의 열 통풍구 주변에서 발견되며, 원시적이고 더 적대적인 지구에 형성된 최초의 유기체의 후손일 수 있다.
7. **모든 것을 종합해보자.** 이러한 주장들을 모두 고려하면 다음과 같은 시나리오를 만들 수 있다. 다량의 자외선, 번개, 그리고 열이 에너지원으로 작용하는 뜨거운 행성인 지구와 산소가 결핍된 대기는 무기물로부터 유기물이 형성되게 하였다. 이러한 유기물 분자는 비에 의해 대기로부터 씻겨내려 강에 의해 바다로 운반되어 분해시키는 산소가 존재하지 않았기 때문에 묽은 유기물 상층액을 형성하였다. 유기물 상층액은 단순한 생물을 발생키기기 위한 소재로 작용하였을 수 있다. 이들은 또한 새로 형성된 생명체의 에너지원으로서도 작용하였을 수 있다. 생명의 최초 형태는 현재의 지구에 존재하는 생명체와는 매우 다른 조건에 적응하였을 것이다.

대사 요구의 충족

화석 증거는 적어도 35억 년 전에 지구상에서 세균과 같은 형태의 생명체가 존재했음을 나타낸다. 그들이 어떻게 발생했는지에 관계없이, 이 최초의 원시세포는 유기체가 자라거나 기존 분자가 없어지거나 파괴될 때 에너지를 얻고 구조에 새로운 유기분자를 추가하는 방법이 필요했을 것이다. 이를 달성하는 데는 2가지 방법이 있다.

종속영양생물(heterotroph)은 주변으로부터 유기분자를 소비하여 새로운 분자를 만들고 자신의 에너지원으로 사용한다. 오늘날 모든 동물, 진균 및 대부분의 원생동물과 세균을 종속영양생물로 인식한다.

독립영양생물(autotroph)은 무기 화학 반응(chemoautotroph) 또는 햇빛(photoautotroph)과 같은 외부 에너지원을 사용하여 물과 이산화탄소와 같은 단순한 무기분자를 결합하여 새로운 유기분자를 만든다. 이 새로운 유기분자는 새로운 세포의 소재로 사용되거나 에너지원을 제공하기 위해 나중에 분해될 수 있다. 오늘날 진핵식물과 조류는 광독립영양생물로 인식된다. 세균과 고세균 중에는 많은 광독립영양생물과 화학독립영양생물이 있다.

종속영양생물 가설

많은 과학자들은 지구상에서 처음으로 생성된 생물이 바다에 축적된 유기분자를 먹으면서 생존한 원시적이고 세균 같은 종속영양생물이라는 주장을 지지한다. 초기 해양에는 다양한 화합물이 존재했다는 증거가 있다. 초기 종속영양생물은 산소가 부족한 대기에서 발달한 것으로 생각되기 때문에 혐기성 유기체였을 것이다. 따라서 그들은 환경에서 얻은 유기분자로부터 최대량의 에너지를 얻지 못했을 것이다. 처음에는 이것이 문제가 되지 않았을 것이다. 수백만 년 동안 바다에 축적된 유기분자는 종속영양생물을 위한 유기물질의 충분한 공급원으로 사용되었다.

초기에 이들 원시 다양한 영양소는 그들의 필요를 충족시키기 위해 화합물을 변형시킬 필요가 없었으며, 아마도 최소한의 효소 제어 대사 반응을 수행했을 것이다. 종속영양생물에 의해 쉽게 사용될 수 있는 화합물은 초기 환경에서 가장 먼저 고갈되었을 것이다.

쉽게 사용되는 유기분자가 부족해짐에 따라, 원시세포의 일부는 변형(변이)된 유전자 물질을 사용하여 직접 사용할 수 없는 물질을 사용할 수 있는 화합물로 변환시켰을 것이다. 돌연변이를 일으키는 것으로 알려진 자외선의 양이 많았기 때문에 유전자 돌연변이가 일반적일 수 있다. 오늘날 오존은 대기권의 산소로 형성되며 오존은 많은 자외선을 차단한다. 대기 중에 산소가 존재하기 전에는 오존이 없었고 훨씬 더 많은 자외선이 지구에 도달했을 것이다. 그러한 돌연변이를 가진 세포는 살아남을 수 있었지만, 먹이로 사용하던 화합물이 부족해지면서 이 물질이 없는 생물은 멸종했을 것이다. 초기 종속영양생물에서 일련의 돌연변이를 통해서 더 복잡한 일련의 생화학적 반응이 일부 세포 내에서 발생한다고 제안되었다. 이러한 세포는 제어된 반응을 사용하여 주변 환경에서 화학물질을 변형하고 사용 가능한 유기화합물로 변환될 수 있었다.

독립영양생물 가설

과학의 많은 영역에서 과학자들의 의견 차이는 종종 발생한다. 생명체의 기원에 대한 종속영양생물 가설은 오랫동안 널리 퍼진 유력한 이론이었지만 최근의 발견으로 인해 많은 과학자들이 대안을 생각하게 되었다. 그들은 최초의 생물이 무기 화학 반응에서 방출된 에너지를 사용하여 유기분자를 합성하는 독립영양생물이었다고 제안했는데, 이러한 생물은 화학독립영양생물이라고 한다. 많은 종류의 세균과 고세균은 전 세계의 극한 환경에서 생존한다. 이러한 생물은 옐로스톤 국립공원과 같은 곳에 있는 온천이나 뜨거운 열 통풍구 근처에서 발견된다. 이 지역은 미네랄이 풍부한 뜨거운 물이 해저에서 해수로 유입된다(그림 20.4). 그들은 무기 성분으로부터 유기분자를 합성할 수 있도록 무기 화학 반응을 에너지원으로 사용한다. 이러한 많은 생물들이 매우 뜨거운 환경에서 산다는 사실은 그들이 현재보다 훨씬 더 뜨거운 지구에서 유래했을 수 있음을 암시한다. 만약 최초의 생물이 독립영양생물이었다면, 뒤이어 독립영양생물과 종속영양생물의 다양한 종류의 세포가 진화되고, 이는 현재 우리가 보는 다양한 다른 원생세포로의 진화 결과를 가져왔을 것이다.

생명의 기원에 관한 생각

과학자들은 많은 종류의 증거를 검사하고 연구의 새로운 길을 꾸준히 탐색한다. 결과적으로 현재 지구상 생명의 기원에 대하여 3가지의 경쟁적인 과학 이론이 있다.

1. 생명은 우주의 다른 곳에서 유래하여 어떠한 외계 기원으로부터 지구에 도달하였다.
2. 생명은 지구에서 종속영양생물로 유래하였다.
3. 생명은 지구에서 독립영양생물로 유래하였다.

현대의 관점에서 볼 때, 오늘날 모든 생명이 번식의 결과로 존재한다는 것을 알 수 있다. 생명은 생물발생설 과정에 의해 다른 생명체로부터 발생되었다. 그러나 생식은 다음과 같은 질

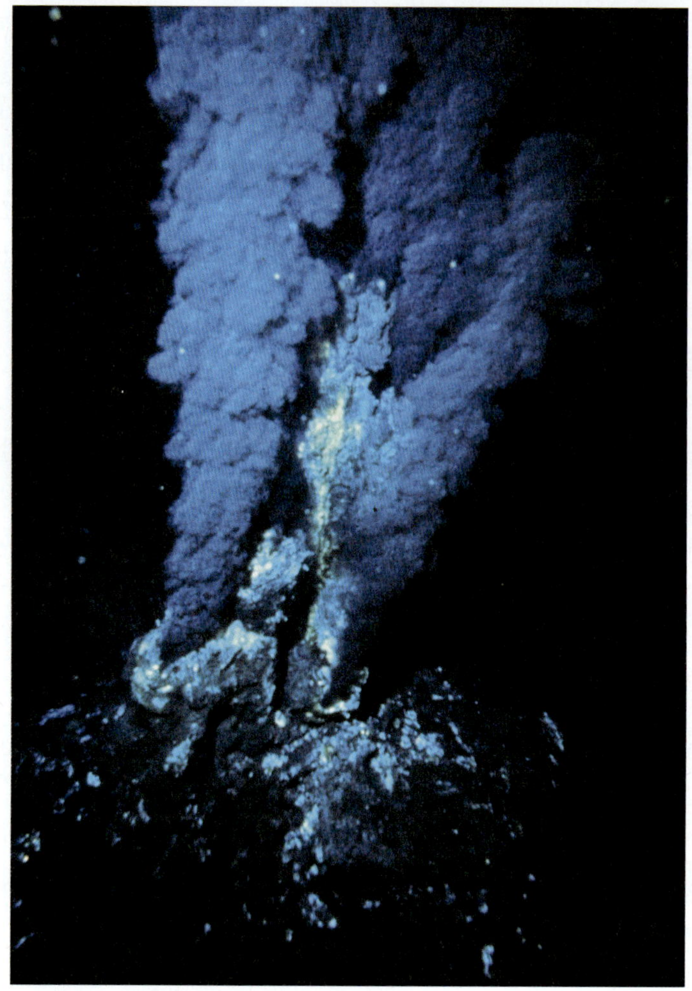

그림 20.4 태평양의 '블랙 스모커'와 같은 열수 분기공은 해저의 구멍으로부터 미네랄이 풍부한 뜨거운 물이 해수로 유입되는 곳이다. 이 분기공 주변에는 많은 종류의 동물 군락이 모여 있다. 고세균은 미네랄이 풍부한 뜨거운 물을 유기분자를 합성하는 에너지원으로 사용한다.
출처: OAR/National Undersea Research Program(NURP)/NOAA

문에 답을 하지 않는다. 생명은 처음에 어디에서 왔는가? 심사숙고하고, 가설을 검정하고, 다양한 가능성을 논의할 수 있지만, 결코 확실히 알 수 없을 것이다. 생명은 과거 어느 시점에 있었거나 시작되었다.

20.3 생명체 초기 진화의 중요한 사건

최초의 생명체가 어떻게 생겼든지 간에, 일단 존재했다면 그들의 능력과 구조에 변화를 가져오는 과정이 시작되었을 것이다. 또한 지구의 성질도 지속적으로 바뀌었다. 우리가 첫 생명체의 원시적 특성을 현재 생명체의 특성과 비교할 때, 첫 번째 생명체에서 오늘날 우리가 보는 다양성과 복잡성으로 나아가기 위해 몇 가지 주요한 단계가 필요하다는 것을 인식할 수 있다.

생식과 유전물질의 유래

초기 생명체의 가능한 대사 활동에 대한 이전의 논의에서, 우리는 그들의 대사 활동을 지시하는 어떤 종류의 유전물질이 있다고 가정했다. 이 유전물질의 특성에 대해서는 상당한 의견이 있었지만, 오늘날 DNA와 RNA라는 2가지 중요한 핵산 분자가 세포 내에서 정보를 저장하고 전달한다는 것을 알고 있다. RNA는 DNA보다 단순한 분자이다. 대부분의 현재 세포에서 DNA는 유전정보를 저장하고 RNA는 DNA가 지시를 수행하는 것을 보조한다. DNA와 RNA 기능에 대한 자세한 내용은 22장에서 설명한다.

그러나 일부 바이러스에서는 DNA가 아닌 RNA가 유전물질로 작용할 수 있다는 것이 밝혀졌다. RNA의 성질에 대한 다른 연구는 흥미로운 정보를 제공한다. RNA는 간단한 소단위로부터 조립될 수 있다. 과학자들은 또한 RNA 분자가 효소 없이도 스스로 복제할 수 있으며 세포 내부에 있지 않고도 가능하다는 것을 보여주었다.

이 증거들은 RNA가 생명의 기원과 관련된 문제 중 하나를 해결하는 데 도움이 되는 최초의 유전물질일 수 있음을 시사한다. 유전정보가 어떻게 이러한 원시 생명체에 저장되었는가. 원시 생명체가 유전물질을 복제할 수 있게 되면 생식을 할 수 있었을 것이다. 생식은 생물의 가장 근본적인 특성 중 하나이다.

생명이 존재하고 정보를 저장하는 분자를 가졌다면, 새로운 형태의 생명의 진화를 위한 무대가 마련된 것이다. 어떻게 DNA와 RNA가 유전정보를 저장하고 사용하는지는 이러한 분자가 변할 수 있다는 생각을 포함한다. 즉 **돌연변이**가 발생할 수 있다. 따라서 생명체가 특정 환경 조건에 맞도록 다양성을 가질 수 있도록 하였다.

산화성 대기의 발달

지구는 형성된 이래로 끊임없이 변화하고 있다. 처음에는 대기를 지탱하기에는 너무 뜨거웠다. 나중에 지구가 식고 화산에서 기체가 분출되면서 대기 온도 감소로 환원성 대기 환경(산소가 없는)이 생겼을 가능성을 제기하고 있다. 초기 생명체는 이 환경에서 살았을 것으로 생각되지만, 오늘날은 산화성 대기이며 대부분의 생물은 산소를 호기성 호흡의 과정을 통하여 유기물로부터 에너지를 만드는 수단으로 사용한다. 그렇다면 대기가 바뀌는 원인은 무엇인가?

광합성에 의해 생성된 대기 산소

오늘날 대기 중의 산소는 광합성 과정의 결과라는 것이 분명하다. 원핵생물 시아노박테리아는 광합성을 할 수 있는 가장 단순한 생물이다. 원시생물의 최초 화석은 약 35억 년 전에 나타났으며, 약 20억 년 전에 산화성 대기가 발달하기 시작했다. 화석 기록에 따르면 대기 중에 산소가 존재하기 전에 생물이 존재했으며, 시아노박테리아가 생명의 진화 초기에 존재했기 때문에 첫 번째 유기체는 시간이 지남에 따라 많은 돌연변이를 축적하여 광합성을 할 수 있는 독립영양생물이 될 수 있었다는 것이 논리적으로 여겨진다. 결국 광합성에서 산소가 방출되어 대기 중 산소가 축적되어 **산화성 대기**(oxidizing atmosphere)가 되었기 때문에 이것은 중요한 변화였을 것이다. 일단 대기 중에 산소가 존재하면 이 장의 앞부분에서 설명한 것처럼 바다에 유기분자를 축적할 수 없었을 것이다.

오존의 중요성

대기 중 산소의 존재는 추가적으로 중요한 의미를 가진다. 산소 분자는 서로 반응하여 오존(O_3)을 형성하는데, 오존은 대기권에 모여서 대부분의 자외선이 지구 표면에 도달하는 것을 막아주는 역할을 하여, 결과적으로는 자외선을 감소시킨다. 이는 결국 세포의 돌연변이 수를 감소시키는 역할을 담당하였다.

호기성 호흡이 가능한 진화

대기 중 산소의 존재는 호기성 호흡의 진화를 가능하게 했다. 초기의 종속영양생물은 혐기성 생물이었기 때문에 먹이로 이용 가능한 유기물질로부터 다량의 에너지(ATP)를 얻지 못했지만, 호기성 종속영양생물의 진화로 먹이를 사용 가능한 에너지로 훨씬 더 효율적으로 변환할 수 있었다. 그들은 호기성 호흡을 위해 산소를 사용할 수 있으며, 따라서 그들이 소비한 먹이 분자로부터 더 많은 에너지가 풍부한 ATP 분자를 생성할 수 있었다. 이 때문에 호기성 생물은 혐기성 생물에 비해 상당한 이점을 가질 수 있었다.

생명의 3가지 주요 역의 설정

생물학자들은 전통적으로 생물을 구조와 기능에 따라 분류하였으나, 미세한 생물은 이렇게 하기가 매우 어려웠다. 1977년 칼 워스(Carl Woese)는 유사한 생물 그룹으로 간주되었던 '세균'(핵이 없는 생물)이 실제로는 매우 다른 두 종류의 생물인 세균과 고세균로 구성되어 있다는 주장을 하였다. 새로 개발된 핵산 서열을 해독하는 능력은 외부 구조에 혼동되지 않고 생물의 유전적 특성을 볼 수 있게 하였기 때문에, 워스는 리보솜의 RNA 서열을 연구하고 유사성과 차이를 비교했다. 그의 연구와 다른 많은 연구의 결과로, 다양한 종류의 생물 사이의 관계에 대한 새로운 개념이 등장했다. 생명체의 주된 범주 3가지는 세균, 고세균, 진핵생물이며 **역**(domain)으로 분류한다.

이 새로운 생명체의 그림은 우리의 사고를 재구성하게 하였는데, 가장 오래된 생물이 세균역의 구성원이고 고세균역과 진핵생물역은 둘 다 세균으로부터 파생된 것으로 보인다. 아마도 가장 흥미로운 것은 고세균과 원핵생물이 많은 특성을 공유하여, 그들이 세균보다 서로 더 밀접하게 관련되어 있다는 것을 시사한다. 결국 각 역(도메인)은 특정 능력을 발달시킨 것으로 보인다.

세균역은 다양한 대사능력을 발달시켰는데, 오늘날 많은 세균은 유기분자를 에너지원으로 이용할 수 있다(종속영양생물). 이 종속영양생물 중 일부는 혐기성 호흡을 하는 반면 다른 일부는 호기성 호흡을 한다. 다른 세균은 독립영양생물이다. 시아노박테리아와 같은 일부는 광합성을 하는 반면, 다른 일부는 화학합성으로 무기 화학 반응으로부터 에너지를 얻는다.

고세균역은 매우 다양한 대사능력을 가진다. 일부는 화학독립영양생물이며 무기 화학 반응을 통해 유기물을 만드는 데 필요한 에너지를 생성한다. 그들에게 에너지를 제공하는 반응은 종종 메탄(CH_4) 또는 황화수소(H_2S)를 생성한다. 게다가 이러한 생물의 대부분은 온천과 같은 극한 환경이나 극도로 짜거나 산성인 환경에서 발견된다. 그러나 그들은 토양과 동물의 내장에도 서식하며, 특히 바다에 풍부하다는 사실이 분명해지고 있다.

진핵생물역(동물, 식물, 곰팡이, 원생동물 및 조류)은 대부분의 사람들에게 친숙하다. 진핵생물역의 세포는 원핵생물의 세포에 비하여 훨씬 크고 자신의 세포 구조에 다른 생물의 완전한 세포를 병합한 것처럼 보인다. 엽록체와 미토콘드리아는 진핵세포 내에서 발견되는 세균과 유사한 구조이다.

내부공생 이론과 진핵세포의 기원

최초의 화석은 약 35억 년 전에 나타났고 현재의 세균이나 고세균의 구조와 유사한 것으로 보인다. 따라서 초기 종속영양생물과 독립영양생물은 아마도 단순한 단세포 원핵생물이었을 가능성이 높다. 진핵세포의 최초 화석은 약 18억 년 전에 나타난 것으로 보인다.

내부공생 이론(endosymbiotic theory)은 진핵세포의 진화를 설명하려고 시도한다. 진핵세포에서 발견되는 몇몇 세포기관은 유생하는 원핵생물로부터 유래하였다고 생각된다. 예를 들어 미토콘드리아와 엽록체는 세균 같은 DNA와 리보솜을 가지고 있고, 자신의 번식을 제어하고, 자신의 효소를 합성하기 때문에 그들이 유생하는 원핵생물으로부터 유래하였다고 여겨졌다. 이러한 세균세포는 다른 원시 핵막을 가지는 세포 유형과 공생관계를 정립하였을 수 있다(그림 20.5). 이 이론이 처음 제안되었을 때, 그것은 많은 비판을 받았고 심지어 조롱까

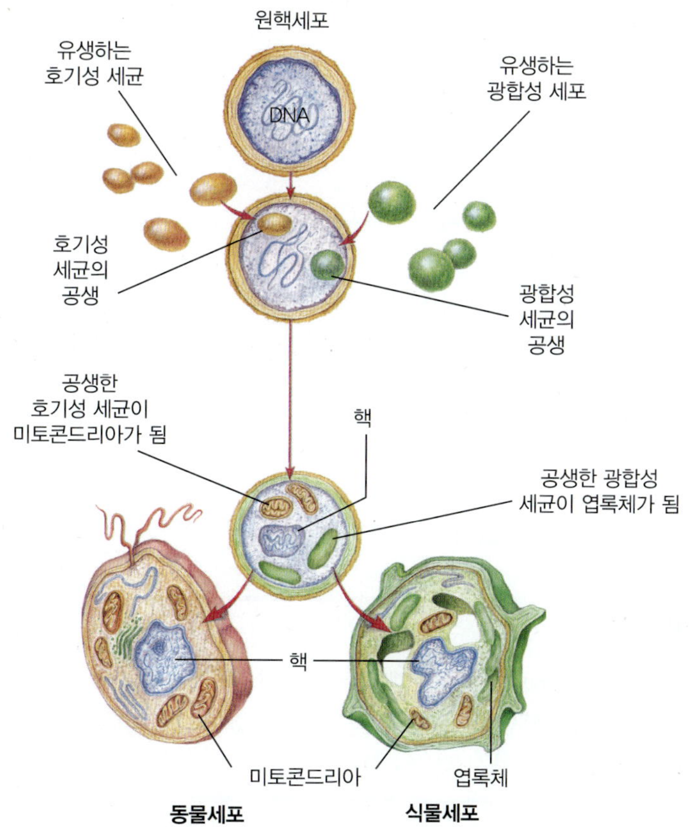

그림 20.5 내부공생 이론은 일부 유생하는 원핵세포가 숙주세포와 공생관계를 발달시켰다고 제안한다. 일부 호기성 세균이 미토콘드리아로 발달된 것으로 보이며 광합성 세균이 엽록체로 발달된 것으로 보인다.

지 당했다. 그러나 지속적인 연구결과로 2개의 다른 원핵세포가 결합하여 하나를 형성했을 가능성이 있는 몇 가지 다른 사례가 발견되었다. 만약 이 세포들이 서로 적응하여 하나의 팀으로서 생존하고 더 잘 번식할 수 있다면, 이 관계가 현재의 진핵세포로 진화했을 가능성이 있는 것이다.

만약 이 관계가 단지 핵막이 포함된 세포와 호기성 세균만 포함되었다면, 새로 진화된 세포는 오늘날의 종속영양 원생동물, 진균 및 동물세포와 유사했을 것이다. 또는 이 관계가 호기성 세균과 광합성 세균을 모두 포함했다면 새로 형성된 세포는 현재의 독립영양 조류와 식물세포와 유사했을 것이다. 게다가 내부공생은 진핵생물 사이에서도 일어났을 것이다. 여러 종류의 진핵성 홍조류와 갈조류는 엽록체 유사 구조를 함유하며, 이는 유생하는 진핵생물에서 유래된 것처럼 보일 것이다.

생명의 초기 진화에 대한 요약

내부공생에 대한 정보를 유전물질들이 가지는 정보와 통합하면, 이러한 다양한 종류의 생물이 어떻게 서로 연관되어 있는지를 알 수 있도록 도와주는 도표를 만들 수 있다(그림 20.6A). 우리는 지구 형성과 지구상의 생명체 발달에 있어 몇 가지 주요 사건을 고려할 때 지구의 역사와 다양한 생명에의 발달 사이의 관계를 설명할 수 있다(그림 20.6B). 또 표 20.1은 이 3가지 주요 생명체의 주요 역(도메인)의 연관성을 요약하여 정리하였다.

과학 스케치

그림 20.6B(또는 종이)에 만약 지구의 고대 대기에 상당한 산소와 오존이 15억 년 전에 발생했다면 현재 진핵생물과 다세포 생명체가 언제 발달했을지 설명하시오.

예제 20.1 (선택)

영양분이 가득한 병에 1분에 한 번 세포 분열에 의해 재생될 수 있는 세균종의 단일 구성원을 배치한다고 상상해보자. 숫자가 2^t의 비율로 기하급수적으로 증가하면 5분 후에는 얼마나 많은 세균이 존재할 것인가?

풀이

생식 속도가 2^t이고 $t = 5$인 경우, 세균의 수는 2^5 또는 32개이다.

예제 20.2 (선택)

영양분이 가득한 병에 1분에 한 번 세포 분열에 의해 재생될 수 있는 세균종의 단일 구성원을 배치한다고 상상해보자. 숫자가 2^t의 비율로 기하급수적으로 증가하는 경우, 예제 20.1 결과에서 1분을 추가한 총 6분 동안 몇 개의 세균이 존재하는가? (답: 64개)

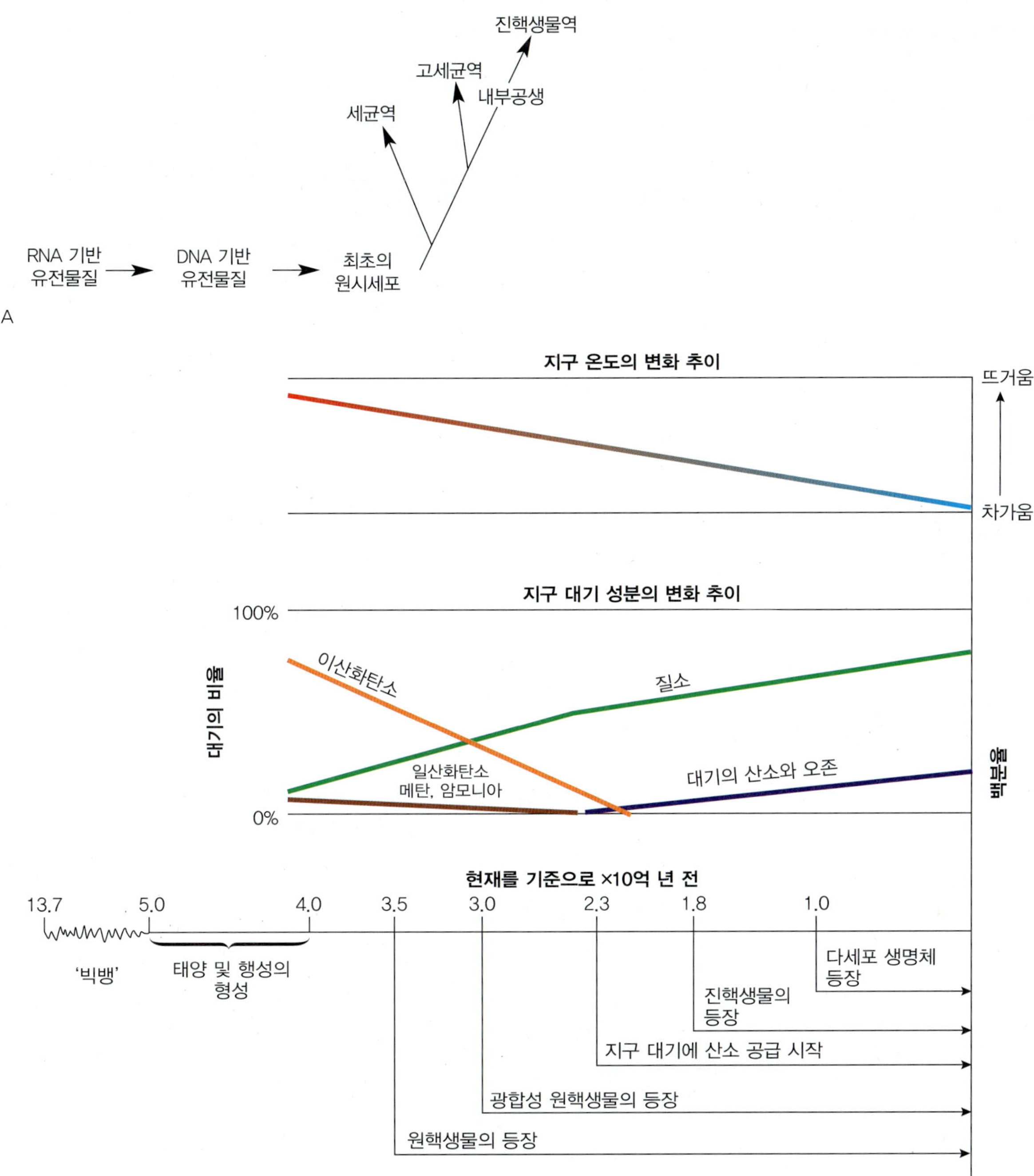

그림 20.6 (A) 내부공생 이론에 관련된 정보와 유전물질의 성질에 대한 정보를 결합하면, 이러한 다양한 종류의 유기체가 어떻게 서로 관련성을 가지는지 알 수 있다. (B) 현재 우리의 생각은 몇 가지 요소가 지구의 본질과 대기를 형성했음을 시사한다. 초기 대기는 소량의 질소(N_2), 암모니아(NH_3), 메탄(CH_4) 및 일산화탄소(CO)를 포함하고 대부분 이산화탄소(CO_2)로 이루어졌다. 지구 표면에서 화학 반응의 결과로 이산화탄소가 감소했다. 살아있는 유기체가 일단 광합성을 시작하면 이산화탄소가 더 줄어들고 산소(O_2)가 증가하기 때문에 대기에 중대한 영향을 끼칠 것이고, 산소의 존재는 오존(O_3)의 증가를 가져왔기 때문에 대기를 통과하는 자외선의 양을 감소시킨다. 자외선은 일반적으로 돌연변이를 일으키기 때문에, 오존에 의한 보호층은 아마도 원시 지구에 존재했던 것으로부터 돌연변이의 빈도를 감소시켰을 것이다.

표 20.1 생명의 3가지 주요 역(도메인) 특징의 요약

	역		
특징	**세균**	**고세균**	**진핵생물**
세포 구조	막 구조 거의 없다.	막구조 거의 없다.	세포에 많은 종류의 막으로 이루어진 세포기관이 존재한다.
	핵막이 없다.	핵막이 없다.	핵막이 존재한다. 시아노박테리아로부터 엽록체가 왔으며 세포내공생을 통하여 세포로 들어갔다. 특정 호기성 세균으로부터 미토콘드리아가 유래되었으며 세포내공생을 통하여 세포로 들어갔다.
대사 활동	일부 세균은 무기 화학 반응의 에너지를 이용하여 유기분자를 생산하는 독립영양생물이다.	대부분의 고세균은 유기물을 만들기 위해 무기반응으로부터 에너지를 얻는 화학독립영양생물이다.	
	대부분 세균은 혐기성 종속영양생물이다. 일부 세균은 혐기성 종속영양생물이다. 엽록소에 기반을 한 산소를 발생시키는 광합성은 시아노박테리아에 의해 시작되었다.	종속영양생물은 거의 없다.	적은 수의 진핵생물은 혐기성 호흡을 한다(진균, 일부 원생동물). 많은 진핵생물은 혐기성 호흡을 하는 조직을 가진다(근육). 거의 모든 진핵생물은 미토콘드리아를 가지고 있고, 호기성 호흡을 한다. 식물과 조류는 엽록체를 가지고 있고, 호기성 호흡에 추가하여 광합성을 한다.
진화적 상태	최초의 생명체와 관련되어 있을 것으로 예상된다.		
	일부는 고온에서 서식하며 고세균의 조상으로 예상된다.	세균에서 유래되었을 것이다.	
		진핵생물과 공통의 조상을 가질 것이다.	아마 고세균과 공통의 조상을 가질 것이고, 공통적 진화의 주제는 다른 생물과 세포내공생을 통한 복잡한 세포의 발달이다.
생태적 상태	수서환경에서 광합성자로서 주요한 역할을 할 것이다.		육상과 수서환경에서 광합성자로서 주요한 역할을 할 것이다.
	분해자로 주로 분류될 것이다.	일반적으로 극한 환경에서 나타난다.	현재 생명의 주된 형태이다.
	일부는 병원성이다.	병원성을 가진 것으로 확인된 것은 전혀 없다.	다양한 진핵생물은 생산자, 소비자, 병원체, 그리고 분해자의 다양한 생태학적 역할을 한다.
예시	결핵의 원인균 중 하나인 *Streptococcus pneumoniae*	*Pyrolobus fumarii*, 심해 열수공, 온천, 화산지대, 통풍구, 113℃까지 성장한다.	담수에서 나타나는 섬유상 조류인 *Spirogyra*

PART II: 진화의 과정

생명의 기원에 대해 논의하면서 진화적 변화에 대한 여러 의견을 소개하였지만, 생물의 진화가 무엇을 의미하고 이 중요한 과정을 추진하는 기작을 명확히 이해하는 것은 매우 중요하다. 2부에서는 진화적인 변화를 초래하는 기작에 대해서 초점을 맞춘다.

20.4 진화에 대한 사고의 발달

수세기 동안 사람들은 다양한 종의 식물과 동물이 고정되어 있고 변화하지 않는다고 믿었는

데, 이것은 그들이 창조된 이후로 변화하지 않고 유지되었다고 생각되었다. 이는 사람들이 DNA는 무엇인지, 어떻게 정자와 난자가 형성되는 것인지 개체군 유전학에 대해서는 아무것도 알지 못했기 때문에 당연한 가정이었고, 더 나아가 진화의 과정은 너무나도 느렸기 때문에 진화의 결과는 인간의 생애 동안에는 명확하지 않았다. 현대 과학자들에게도 많은 종류의 생물이 이렇게 느리게 변화하는 것은 인식하기 어려운 일이다. 생명체의 진화 과정을 이해하는 데 필요한 장기적이고 전체적으로 올바르게 보는 능력을 얻을 수 있기까지는 말, 글, 과학 그리고 기술의 발달이 필요하였다.

찰스 다윈(Charles Darwin, 1809–1882)은 진화에 영향을 끼치는 과정으로서 자연선택을 주장함으로써 유명해졌다. 하지만 만약 다윈이 생명이 시간에 따라 변화할 수 있다는 생각을 가진 사람들의 의견들을 받아들이거나 함께 토론에 참여하지 않았다면 자연관찰의 중요성을 알지 못하였을 것이다. 다음 토론은 다윈의 생각에 영향을 미친 것으로 알려진 일부 사람들이다.

조르주 루이 레클레르크, 뷔퐁 백작(Georges-Louis Leclerc, Comte de Buffon, 1707–1788)은 현재 우리가 보는 대로 창조되었으며 변하지 않는다는 당시 기성 교회의 교리에 대해 의문을 가졌다. 그리고 지구가 약 6천 년밖에 되지 않았다는 교리에도 의문을 가졌다. 하지만 뷔퐁은 진화의 기작에 대해서는 전혀 제안하지 못했다. 뷔퐁은 자연계에 대해 알려진 거의 모든 것을 망라한 36권의 책을 발간하였다. 다윈은 자연선택의 아이디어를 제안한 최초의 사람이라고 언급하였다.

이래즈머스 다윈(Erasmus Darwin, 1731–1802)은 찰스 다윈의 할아버지로, 그는 당대의 주요 사상가였으며 생물이 시간에 따라 변할 수 있다는 기작에 대해서 많은 생각을 가졌다. 찰스가 태어나기 전에 죽었지만, 그의 생각은 손자가 생물학적 사상의 기본교리를 형성하는 것을 앞당겼다.

> 끝없는 파도 아래서 유기 생물이 태어나 바다의 진주 같은 동굴에서 양육되었네
> 최초에는 작고, 돋보기로도 보이지 않네, 진흙 위를 움직이고, 또는 물을 뚫으면서
> 이들은, 다음 세대가 번성하면서, 새로운 능력을 얻고 큰 손발을 얻으며
> 거기서부터 수많은 무리의 식물이 싹트고, 그리고 지느러미와 발과 날개의 왕국이 숨쉬는.
>
> 이래즈머스 다윈, *The Temple of Nature*(1802)

장 바티스트 드 라마르크(Jean-Baptiste de Lamarck, 1744–1829)는 뷔퐁의 제자로 1809년 진화가 일어날 수 있는 과정을 제안하였다. 그는 획득된 형질이 자손에게 전달될 수 있다고 제안하였다. 예를 들어 그는 기린이 원래는 짧은 목을 가졌다고 가정했다. 기린이 먹이를 얻기 위해서 끊임없이 목을 뻗었기 때문에 목이 약간 길어졌다. 이렇게 얻어진 긴 목이 자손에게 전해질 수 있었고, 자손도 목을 뻗어 시간이 지남에 따라 기린의 목은 점점 더 길어질 수 있었다. 현재는 라마르크의 이론이 틀렸다는 것을 알지만(획득된 형질은 유전되지 않음), 이 생각은 어떻게 진화가 일어날 수 있는지에 대한 생각을 더욱 자극하였다. 그의 세대 동안인 1700년대 중반부터 1800년대 중반까지, 진화적 변화의 가능성에 대해 논쟁이 계속되었다. 다윈은 라마르크의 글을 알고 있었으며 그를 당대의 중요

한 사상가로 여겼다.

토머스 맬서스(Thomas Malthus, 1766-1834)는 《인구론》(An Essay on the Principle of Population)이라는 수필을 통해 인간은 인구를 유지하기 위해서 필요한 자원보다 빨리 번식한다는 개념을 제시했다. 따라서 제한된 사용 가능한 자원을 위해 인류는 끊임없이 투쟁할 것이다. 다윈이 이 수필을 읽고 한정된 자원에 대한 투쟁의 의미를 함축한 것은 그가 자연선택의 이론을 진화의 기작으로서 형성하는 데 도움이 되었다.

찰스 라이엘(Charles Lyell, 1797-1875)은 당대의 저명한 지질학자였다. 그는 동일과정설에 대한 아이디어의 설명으로 가장 잘 알려져 있다. 동일과정설의 중심 아이디어는 사물이 현재 어떻게 작용하느냐를 이해함으로써 지질학적 과거 사건의 증거를 설명할 수 있다는 것이다. 그는 퇴적, 화산활동, 그리고 침식과 같은 과정이 현재가 과거와 다르게 작용하지 않았다고 느꼈다. 그의 생각의 명백한 결과 중 하나는 지구의 나이가 수천 년보다 훨씬 오래되었다는 것이다. 다윈은 라이엘을 알고 있었으며, 라이엘의 생각은 진화의 기작이 작동할 수 있는 시간에 대한 다윈의 생각에 크게 영향을 끼쳤다.

앨프레드 러셀 월리스(Alfred Russel Wallace, 1823-1913)는 다윈과 마찬가지로 멀리 여행을 다녔으며, 여행의 결과로 다윈과 마찬가지로 자연선택에 대해 동일한 결론에 도달했다. 그도 다윈과 마찬가지로 맬서스의 《인구론》에 의해 영향을 받았다. 현재는 월리스가 종종 언급되지만, 다윈이 《자연선택에 의한 종의 기원, 또는 생존을 위한 투쟁에서 우수 종족의 보존》을 출판하도록 자극한 것은 자연선택의 이론에 대한 월리스의 수필에서 유래하였다.

20.5 진화와 자연선택

많은 문화적 배경에서 진화라는 단어는 진보적인 변화를 의미한다. 우리는 경제, 유행, 또는 음악적 취향의 진화에 대해 이야기한다. 생물학적 관점에서 이 단어는 더욱 특별한 의미를 가지는데, 생명의 주요 특성 중 하나는 생물이 주위에 반응할 수 있다는 것이다. 진화는 개체군 수준에서 일어나는 반응 과정이다.

진화의 정의

진화(evolution)는 시간에 따른 개체군 내에서 유전적으로 결정된 특성의 빈도 변화라 할 수 있다. 이 정의에는 3개의 핵심이 있는데, 첫째, 진화는 개체군에서만 일어난다. **개체군**은 서로 교배될 수 있고, 따라서 유전적으로 유사한 같은 종의 생물 집단이다. 둘째, **유전자**(DNA의 특정 부분)가 생물이 나타내는 특징을 결정한다는 것이다. 셋째, 개체군 내 유전자(DNA)의 혼합이 변할 수 있다는 것이다. 따라서 진화는 개체군에 존재하는 유전자의 변화를 포함한다. 정의에 의하면 개별 개체는 진화할 수 없으며 개체군만 진화할 수 있다.

진화에서 환경의 역할

생물의 환경은 어떤 특징이 생존과 번식을 선호하는지 결정한다(예: 어떠한 특징이 생물을 환경에 가장 잘 적응하게 하는지). 진화가 일어나는 주된 기작은 유성생식에 의하여 한 세대에서 다음 세대로 선택적인 유전자의 이동을 포함한다. 이러한 적응은 다양한 수준과 다양한 시간 주기에서 일어날 수 있다. 가장 작은 수준에서 개체군은 지역 개체군 내에서 유전자의 변화를 보인다. 예를 들어 화학물질이 그들 환경의 변하지 않은 부분이 되면 감자잎벌레의 일부 개체군이 특정한 살충제에 내성을 가지고, 어떤 왕바랭이는 특정한 제초제에 저항성을 가진다. 영향을 받기 쉬운 구성원은 죽고 저항성이 있는 구성원은 살아서 주로 저항성이 있는 개체로 구성된 개체군으로 바뀌어 간다. 특히, 이 개체군은 변화한 환경에 유전적으로 적응이 되었다. 이러한 영향에 적응할 수 있도록 변한 생물의 유전자는 이러한 개체군에서 더욱 흔하게 된다. 수백만 또는 수십억 년 동안에 걸친 진화적 변화를 살펴보면 지구의 기후, 해수면, 그리고 다른 조건이 크게 변화하였다는 것을 알 수 있다. 이러한 변화는 생물의 존재도 함께 바꾸었다. 새로운 종이 나타나면서 어떠한 종은 멸종한 것이다.

진화를 가져오는 자연선택

유익한 유전자를 다음 세대로 전달하도록 촉진하고 해롭거나 가치가 덜한 유전자의 전달을 방해하는 다양한 과정을 일괄적으로 **자연선택**(natural selection)이라고 한다. 어느 개체의 유전자 조합이 그들의 환경에서의 생활에 유리할 때 생존하고, 번식하고, 유전자를 다음 세대로 이어갈 가능성이 높을 것이라는 생각이 **자연선택 이론**(theory of natural selection)으로 알려져 있다. **진화론**은 생물의 개체군은 시간에 따라 유전적으로 결정된 특성의 빈도 변화를 경험한다고 이야기한다. 따라서 자연선택은 어떠한 유전자가 다음 세대로 전달될지 '선택'하여 진화를 일으키는 과정이다. 자연선택이 진화를 시작하는 주된 기작이기는 하지만, 세대 간에 유전자의 변화를 야기하는 다른 과정들도 있다.

한때는 종의 개체군이 시간에 따라 변하였다는 생각이 혁명적이었다. 오늘날 진화와 자연선택의 개념은 모든 생명과학 연구의 중심이다.

자연선택 이론은 찰스 다윈과 앨프레드 월리스에 의해 처음 제안되었으며, 1859년 다윈에 의해 그의 책《자연선택에 의한 종의 기원, 또는 생존을 위한 투쟁에서 우수 종족의 보존》에서 명백하게 제시되었다. 처음 제안된 이래 자연선택 이론은 셀 수 없는 시험을 받았으며 진화가 어떻게 일어났는지를 설명하는 핵심 개념으로 남아 있다.

자연선택 과정과 연관된 2가지 일반적인 견해가 있는데, 첫째는 '적자생존'이라는 것이고, 보통은 자연선택 이론과 연관된다. 개체의 생존은 생존하지 못하면 번식할 수 없기 때문에 중요하다. 하지만 더 중요한 사실은 생물이 남기는 후손의 수이다. 수백 년을 생존해도 번식하지 않는 생물은 다음 세대로 유전자를 기여하지 않기 때문에 도태되었다. 따라서 핵심은 생존뿐 아니라 생존과 번식을 적합하게 하는 것에 있다.

둘째로 '생존을 위한 투쟁'이라는 말은 필연적으로 공개적인 충돌과 싸움을 말하는 것은 아니다. 이는 그보다는 훨씬 미묘하다. 보금자리를 지을 재료, 물, 태양빛, 또는 식량 같은 자

그림 20.7 쇠부리 딱다구리가 나무의 구멍에 둥지를 틀고 있다. 만약 이 새들이 늙고, 죽은 나무를 사용할 수 없으면 번식할 수 없을 것이다.
출처: U.S. National Park Service (NPS)

원이 부족할 때, 일부 개체들은 다른 개체들에 비해 효율적으로 생존하고 번식한다. 예를 들어, 많은 종류의 새들은 보금자리 터로 나무에 구멍을 필요로 한다(그림 20.7). 만약 구멍이 부족하면, 일부 새들은 운 좋게 좋은 보금자리를 찾고 일부는 전혀 찾지 못할 것이다. 터를 소유하기 위해 싸울 수도 있고, 그러지 않을 수도 있다. 만약 터에 이미 주인이 있다면, 새는 주인을 쫓아내려고 하지 않고 적합한 터를 계속 찾을 수도 있다. 성공적으로 좋은 터를 점유한 새들은 좋지 않은 장소에 터 잡은 새들보다 더 성공적으로 새끼들을 기를 수 있을 것이다.

유사한 예로 햇빛이 거의 들지 않는 곳에서, 일부 작은 식물은 더 서서히 자라는 식물의 빛을 가리면서 빠르게 자라고 빛을 얻을 수 있다. 이 경우 생존을 위한 투쟁은 식물이 자라는 속도의 미묘한 차이를 포함한다. 그렇지만 식물은 실제로 투쟁 중이며, 우월한 성장속도가 생존을 위한 무기일 것이다.

20.6 자연선택을 위한 유전적 다양성의 중요성

이제 어떻게 자연선택이 작용하는지 기본적인 이해를 하였으므로 이에 영향을 미치는 요인들을 더 자세히 살펴보도록 하자. 자연선택이 일어나기 위해서는 생물의 서로 교배하는 개체군의 많은 개체 사이에 유전적인 차이가 있어야만 한다. 만약 개체들이 유전적으로 동일하다면 어떠한 것이 번식하는지에 관계없이 동일한 유전자가 다음 세대로 전달되어 자연선택은 일어날 수 없다. 종의 생물 내에서 유전적 다양성이 발생할 수 있는 2가지 방법은 돌연변이와 유성생식 동안의 유전적 재조합이다.

돌연변이로부터 결과한 유전적 다양성

돌연변이(mutation)는 생명체의 유전정보(DNA)의 변화를 일컫는다. **자연발생적 돌연변이**(spon-

HMS 비글호의 항해, 1831-1836

찰스 다윈의 생애에서 가장 의미 있는 사건은 아마도 영국 조사선 HMS 비글호에서의 항해 경험일 것이다(상자 그림 20.1). 그 당시 조사는 평범했는데, 그들은 지도를 개선하고 항해 시 위험요소에 대한 것들을 해도에 표시하는 것을 도왔다. 당시 다윈은 22세였으며 삼촌이 항해에 데려갈 수 있도록 다윈의 아버지를 설득하지 않았더라면 기회가 없었을 것이다.

비글호의 항해는 거의 5년간 지속되었는데, 항해 기간 동안 배는 남아메리카, 갈라파고스 제도, 오스트레일리아와 많은 태평양 섬들을 방문하였다(상자 그림 20.2). 위의 지역에 대한 비글호의 전체 항로는 그림을 보면 알 수 있다. 다윈은 뱃멀미로 인해 크게 고생하였기 때문에 배가 정박할 때마다 노새를 타거나 걸어서 내륙으로 상당한 거리를 여행하였다. 이러한 내륙을 여행함으로써 다윈은 많은 관찰을 할 수 있었다. 이 경험은 그에게 좋은 경험이 되었지만, 당시에 너무 느리게 여행했기 때문에 되풀이하기는 어려웠다.

많은 사람들이 다윈이 방문했던 장소에 동일하게 방문하였을 때, 그 전의 어떠한 자료보다도 방대하다는 것을 알게 되었고, 이러한 먼 장소를 방문했던 대부분의 다른 사람들은 그들이 본 것의 중요성을 알지 못하는 군인이나 탐험가였을 뿐이었다. 다윈의 공책에는 그가 봤던 식물, 동물, 암석, 지리, 기후, 그리고 토착민에 대한 정보들이 적혀 있었다. 항해 동안 그가 가져간 자연에 대해 기록한 공책은 그의 여생 동안 저술한 방대한 정보를 우리에게 제공해주는 자료가 되었다. 다윈은 부유했기 때문에 생계를 위해 일을 하지 않아도 되었으며 자연과학에 대한 공부를 한층 더 하고 그의 자료를 분석하는 데 전념할 수 있었다. 그는 말년의 대부분은 병약하게 지냈는데, 사람들은 그의 건강의 악화 이유가 비글호 항해 기간 동안 열대의 질병에 노출되었기 때문이라 생각하였다. 그의 경험의 결과로, 다윈은 항해 때의 세세한 상황을 여러 권으로 집필하여, 비글호의 항해와 관련된 다른 정보와 함께 1839년 최초로 출판하였다. 그의 책은 수차례 개정되어 궁극적으로 《비글호의 항해》(The Voyage of the Beagle)로 명명되었다. 그는 따개비, 산호초의 정보, 산호초의 형성에 어떻게 화산이 연관되어 있는지, 그리고 마지막으로 《자연선택에 의한 종의 기원, 또는 생존을 위한 투쟁에서 우수 종족의 보존》에 관련된 책도 집필하였다. 이 마지막 책은 항해에서 돌아온 지 23년 후에 집필되었는데, 이후 모든 시대의 생물학적 사고에 영향을 끼치게 되었다.

상자 그림 20.1 찰스 다윈의 초상화
출처: U.S. National Library of Medicine

상자 그림 20.2 갈라파고스 제도

관련 내용

유전적 다양성과 건강관리

사람들은 의학적인 문제를 경험하게 되면, 이 문제의 시발점이 사고, 감염, 어떠한 비정상적인 상황이든 의료종사자와 의논을 하게 된다. 결과적으로 많은 대도시에서 대형병원의 응급실(ER)은 의사 사무실이나 인근의 의료원 대신 방문하는 곳이 되었다. 의료시설의 이미지는 모든 사람이 항상 좋아지고, 아무도 병을 얻지 않는 장소라는 인식이 있다. 하지만 매년 2백만 명의 사람들이 병원에서 치료를 받으면서 세균에 감염된다. 매년 9만 명 정도가 이러한 감염으로 인해 사망하는 것으로 알려져 있다.

많은 사람들은 병원이 집에서 자가치료를 하지 못한 환자들이 미생물들을 모두 가지고 오는 장소라는 것을 실감하지 못하고 있다. 한 연구에 의하면 병원에서 멀어질수록 덜 위험하다는 것이 밝혀졌다. 이 상황을 더욱 악화시키는 것은 이러한 세균들은 유전적 변화를 통해 치료를 둔감하게 한다는 것이다. 병원 미생물의 개체군은 특수한 항생제로부터 보호하는 돌연변이, 즉 항생제 내성을 포함한다. 내성 미생물에 감염되면 통제하기가 훨씬 어렵게 된다. 예를 들어 메티실린 내성 *Staphylococcus aureus*(MRSA)은 미국에서 2005년 9만4천 건의 치명적 감염과 1만9천 명의 사망을 초래했다. 이러한 사망의 85%가 건강관리 시설과 연관되어 있다.

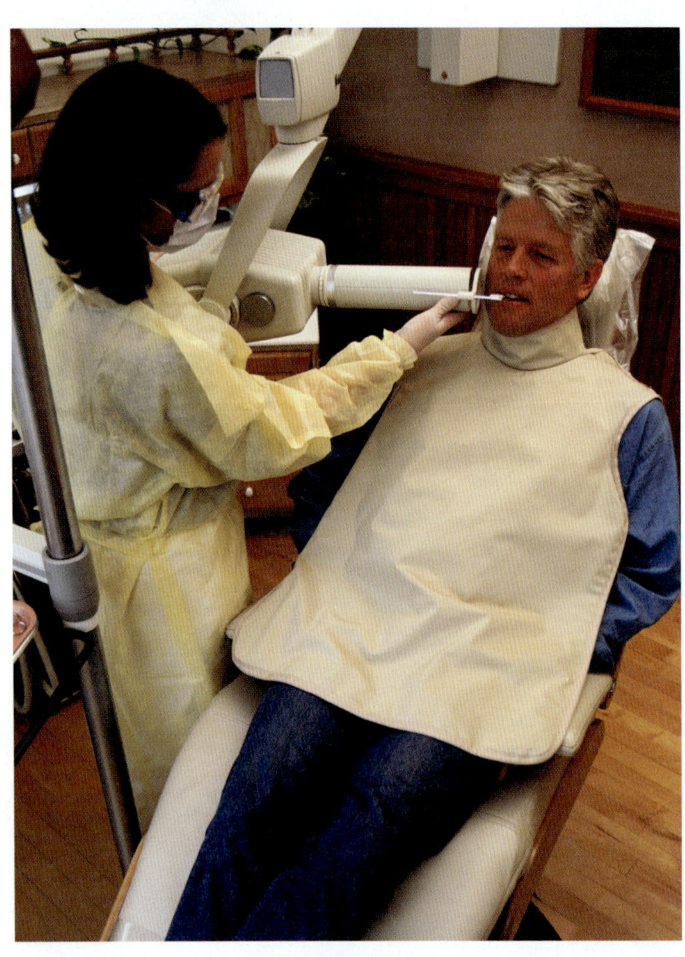

그림 20.8 방사선과 특정 화학물질들은 돌연변이 유도의 가능성을 증가시키기 때문에, 위험한 환경에서 일하는 사람들은 특별한 훈련을 받고 돌연변이 유발 매개체에 대한 노출을 감소시키기 위해 방어용구를 착용한다. 특히 난소와 고환을 보호하는 것이 중요한데, 이는 난자와 정자의 DNA를 변화시키는 돌연변이가 자식에게 전달될 수 있기 때문이다. 이 그림의 치과 환자는 납이 포함된 담요로 자신을 보호하고 있다. ©Keith Brofsky/Getty Images RF

taneous mutation)는 특정한 원인과 연관이 되지 않는 DNA의 변화라고 할 수 있는데, 자외선이나 자연적으로 발생하는 돌연변이 유발 화학물질들이 이러한 돌연변이의 많은 부분을 야기하는 것으로 생각된다. 많은 양의 방사선이나 특정 화학물질에 생물을 노출시키면 돌연변이가 일어나는 비율이 증가하는 것으로 알려져 있다. 이러한 이유로 방사성 물질이나 기타 돌연변이성 약품을 취급하는 사람은 특별한 예방조치가 필요하다(그림 20.8). 세포가 DNA를 복제할 때 DNA가 완벽하게 복제되지 않고 작은 오류가 생길 수 있다는 것도 알려져 있다.

자연적으로 발생하는 돌연변이율은 매우 낮다(유전자가 변화될 확률은 10만분의 1 정도 확률). 돌연변이는 너무 작아 영향이 전혀 없거나, 해롭거나, 반대로 이로울 수 있다. 대부분 돌연변이는 중립적이거나 해롭지만, 이로운 돌연변이가 일어나기도 한다. 백만 개체의 개체군에서 각각의 개체가 수천 개의 유전자를 가지고 있을 때, 수천 세대에 걸쳐 돌연변이의 결과로 유전정보의 이로운 부분이 새로 생길 수 있다. 사람이나 다른 생물에 존재하는 다양한 유전자를 볼 때, 모든 유전자는 기존에 존재하던 유전자가 변형되어 기원하였다는 것을 기억해야 할 것이다. 예를 들어 푸른 눈의 유전자는 갈색 눈 유전자의 변형일 수 있고, 금발머리는 돌연변이 된 갈색 머리에서 유래하였을 수 있다. 따라서 돌연변이는 시간에 따라 새로운 유전물질을 도입하는 데 매우 중요하였다.

돌연변이가 생물의 진화에 중요하게 작용하려면, 생식세포가 되는 세포에 있어야 하는데, 피부나 간세포의 돌연변이는 특정한 세포만 영향을 미치고 다음 세대로는 전달되지는 않는다.

유성생식으로부터 결과한 유전적 다양성

유전적 다양성을 생성하는 두 번째로 매우 중요한 과정은 유성생식이라 할 수 있다. 유성생식은 돌연변이처럼 새로운 유전정보의 변형을 일으키지는 않지만, 유전자의 조합을 통하여 이전에는 나타나지 않았던 혼합을 이룬다. 유성생식에 의하여 개체군에 존재하는 각각의 개체는 유전자의 독특한 조합을 가지는데, 이는 절반은 어머니로부터 받고 나머지 절반은 아버지로부터 받기 때문이다. 생식세포를 형성할 때 염색체의 작용은 유전자의 새로운 조합을 가져오고, 이는 결국 각 개체의 생식세포에서 수백만 가지 이상의 가능한 유전자의 조합을 유도한다. 수정이 일어나게 되면, 수백만의 정자 중 하나가 난자와 결합하여 유전적으로 독특한 개체를 형성하게 된다. 유성생식 동안의 유전자 혼합을 **유전적 재조합**(genetic recombination)이라고 명명한다. 그러므로 새로 생성된 개체는 여태까지 존재했던 다른 어느 생물과도 완전히 다른 유전자를 가지게 된다.

유전자 재조합 능력은 가족의 구성원을 보면 쉽게 알 수 있는데, 각자의 형제자매, 부모, 그리고 조부모와 비교해보면, 여러분의 유전자는 조부모까지 거슬러 올라가지만 여러분의 특수한 유전자 조합은 독특하며, 이러한 독특함은 생리, 물리적 구조, 그리고 행동의 차이에서 드러난다.

20.7 자연선택을 구동하는 과정

몇 가지 기작은 특별한 개체가 생존하고 성공적으로 번식하는 것을 선택할 수 있도록 유도한다. 어떤 성질을 선호하는 특별한 환경요인을 **선택매개체**(selecting agent)라고 하는데, 포식자가 빠른 사냥감을 쫓아야 한다면 빠른 포식자가 선택될 것이며, 선택매개체는 가용한 사냥감의 신속성이라 생각할 수 있다. 만약 포식자가 느리지만 찾기 힘든 사냥감을 찾게 된다면, 선택매개체는 사냥감의 위장 채색일 것이므로 날카로운 시력이 요구된다. 식물이 곤충에게 먹힌다면, 잎에서 독성물질을 생산하는 것이 선택된다. 이러한 모든 선택매개체에서 어떠한 성질이 다음 세대로 전달될지의 가능성에 제기되는 3가지 기작으로 차별적 생존, 차별적 번식률, 그리고 차별적 짝짓기를 생각해볼 수 있다.

차별적 생존

앞에서 언급했듯이 '적자생존'은 자연선택 이론과 연관성을 가진다. 이것이 개념을 지나치게 단순화한 것으로 인식되지만 생존은 유전자의 흐름이 다음 세대에 영향을 미치는 중요한 요소가 된다. 개체군이 유전적 그리고 구조적으로 상이한 많은 수의 개체로 이루어졌다고 하면, 이 중 일부는 생존을 어렵게 할 성질을 가지고 있을 수가 있기 때문에 그들은 생활사의 초기에 죽을 가능성이 높고, 이는 결국 다음 세대로 유전자를 전달할 기회가 없는 것과 같은 의미이다.

표 20.2 *Geospiza fortis* **신체 구조의 변화**

	가뭄 전	가뭄 후
평균 체중	16.06 g	17.13 g
평균 부리 두께	9.21 mm	9.70 mm

찰스 다윈은 갈라파고스 제도에서 핀치새 몇 종에 대해 기술하였는데, 과학자들이 이 새들을 진화의 과학적 연구에 종종 이용하였다. 갈라파고스 제도 중 하나의 섬에서 과학자들은 씨앗을 먹는 지면 핀치인 *Geospiza fortis*종의 하나를 연구하였는데, 과학자들은 새의 크기와 부리의 크기를 측정하여 이 특성을 그들의 생존과 관련지었다. 그 연구 결과를 통해 그들이 발견한 사실은 다음과 같다. 가뭄 때에는 새들이 작고 부드러운 씨앗을 크고 단단한 씨앗보다 쉽게 먹었다. 새들이 쉽게 먹을 수 있는 씨앗을 소비하면서 크고 단단한 씨앗만 남았다. 그러므로 가뭄시기에는 사망률이 매우 높았다. 과학자들이 지면 핀치새의 사망률을 보았을 때, 강하고 깊은 부리를 가진 큰 새들이 약하고 좁은 부리를 가진 새들보다 생존력이 더 좋은 것을 알게 되었고, 생존한 새들의 후손도 큰 몸집과 큰 부리를 가진 것을 확인하였다. 결과적으로 가뭄으로 인해 작고 쉽게 먹을 수 있는 씨앗의 부족으로 크고 단단한 부리를 가진 큰 새들이 선택된 것이다. 표 20.2는 이 연구에서 측정된 두 종류의 변수를 보여준다.

차별적 생존이 개체군 내의 유전자 변화를 가져오는지에 대한 다른 예로서, 다양한 살충제에 노출된 많은 곤충 개체군에 어떠한 일이 일어났는지를 확인할 수 있다. 곤충의 모든 종에는 유전적 다양성이 있기 때문에, 특정 종에 대하여 첫 번째로 사용된 살충제는 유전적으로 민감한 개체를 모두 죽일 것이다. 그러나 그 살충제에 대하여 저항성을 가지는 다른 유전적 조성을 가진 개체는 죽이지 못할 것이다.

개념 적용

자연선택의 모의실험

자연선택의 영향은 카드 한 벌로 모의실험을 할 수 있다. 검정색 카드가 곤충을 특정 살충제에 취약하게 하는 열성 대립유전자라고 가정해보고, 빨간색 카드는 곤충이 살충제에 노출되어도 생존하게 하는 우성 대립유전자라고 가정해보자. 처음에 우성 대립유전자는 개체군 내에서 거의 없을 것이다. 이를 모의실험하기 위하여 모든 검정색 카드와 빨간색 카드 6장을 보존한다. 빨간색 카드의 비율은 6/32 = 18.75%이다.

곤충 개체군에 살충제를 살포하면 어떤 일이 일어날까? 카드를 이용하여 이 효과를 모의실험한다. 카드를 섞어서 무작위로 2장의 카드를 뽑는다. 모든 개체군은 각 특징에 대하여 2개의 유전자(대립유전자)를 가지기 때문에 2장의 카드를 뽑는 것이다. 2장의 검정색 카드를 뽑으면 버린다. 이 개체는 살충제에 대해 생존할 수 있게 하는 대립유전자를 전혀 가지고 있지 않은 것이다. 만약 2장의 빨간색 카드나 빨간색과 검정색 카드를 뽑으면 보관한다. 여기서는 살충제를 견딜 수 있는 우성 대립유전자를 가지고 있다.

모든 카드를 뽑은 다음에 버리지 않은 카드를 검토하여 빨간색 카드의 빈도를 계산해보자(빨간색 카드의 수/빨간색과 검정색 카드의 합). 내성 유전자 빈도의 변화는 사망률의 다른 비율의 결과이며 진화의 예로 볼 수 있다. 이 모의실험은 몇 세대 안에 곤충 개체군이 살충제에 대해 내성을 가지게 되는지를 이해하는 데 도움이 될 것이다.

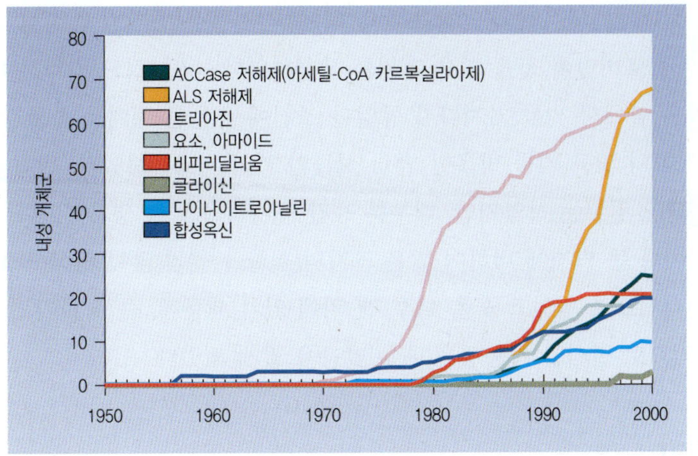

그림 20.9 제초제에 반복적으로 노출된 잡초식물 개체군은 종종 내성 개체군을 유도한다. 제초제에 견딜 수 있었던 잡초식물 개체는 번식까지 생존하여 내성을 가진 유전자를 자손에게 전달한다. 따라서 잡초의 내성 개체군은 너욱 빌달하게 되었다.

특별한 종의 개체군에서 5%의 개체가 특정한 살충제에 대하여 저항력을 가지는 개체라고 가정해보자. 살충제를 처음 살포하면 개체군의 95%를 죽일 것이다. 그러나 내성을 가진 개체는 생존한 번식 개체군의 대부분을 차지하게 될 것이다. 이는 2세대 곤충의 대부분이 내성을 가진다는 것을 의미한다. 이 개체군에 대하여 두 번째로 살충제를 사용하는 것은 첫 번째만큼의 효과가 나오지 않을 것이다. 동일한 살충제를 계속해서 사용하면 각 세대는 더욱 내성을 가지게 될 것이다. 이 예시에서는 살충제를 살포하는 것이 개체군 내성을 가지게 하는 돌연변이를 일으키지 않았음에도, 살충제의 사용은 민감한 개체를 죽여도 내성이 있는 개체들이 번식하여 다음 세대로 내성 유전자를 전달하게 하였다.

곤충의 많은 종과 함께 매달 새로운 세대를 생산한다. 짧은 세대시간을 가진 생물에서는 5년 이내에 개체군의 99%가 내성을 가지게 된다. 그 결과 그 살충제는 그 종에는 더 이상 유용하지 않게 된다. 새로운 요인(살충제)이 곤충의 환경에 도입되면서, 자연선택이 그 살충제에 내성에 있는 개체군을 생기게 하는 결과를 초래한 것이다.

제초제에 대해서도 같은 종류의 선택 과정이 일어났음을 확인할 수 있었는데, 과거 50년 동안 농경지에서 잡초를 제거하기 위하여 많은 종류의 제초제가 개발되었다. 수년간 제초제의 사용 결과 더 많은 종들이 내성을 나타내는 익숙한 경향이 보였고, 그림 20.9를 통하여 몇 종류의 제초제와 시간에 따라 내성을 가지게 된 잡초 종의 수를 확인하게 되었다. 결과적으로 각 잡초 중에서, 제초제에 내성을 가지도록 하는 유전정보를 가진 개체에 대해서만 선택이 일어난 것을 확인하였다.

차별적 번식률

생존이 항상 번식의 성공을 보장하지는 않는다. 다양한 원인으로 인해 어떤 생물은 자손을 생산하기 위해 더 많은 가용한 자원들을 이용해야 한다. 어떤 개체가 100마리의 자손을 남기고 다른 개체는 단지 둘만 남겼다면, 첫 번째 생물은 두 번째에 비하여 유전정보를 다음 세대로 많이 전달하게 되고 자손 개체군의 유전자형 또한 부모세대와는 다른 양상을 띠게 된다.

과학자들은 클로버 식물의 키에 대한 유전자의 빈도에 대한 연구를 수행하면서, 2개의 동일한 클로버 밭에 씨를 뿌리고 이 중 하나의 밭에 소를 방목해보았다. 소들은 큰 식물을 먼저 먹음으로써 선택매개체로서의 역할을 하였고, 큰 식물들은 좀처럼 번식할 기회를 찾지 못했다. 결국 작은 클로버만이 꽃을 피우고 씨를 생산하였다. 어느 정도 경과한 다음 방목한 밭과 방목하지 않은 밭에서 씨를 가져다가 동일한 조건에서 온실 재배를 하였다. 특히, 방목하지 않은 밭의 식물의 평균 키를 방목한 밭의 식물의 키와 비교해보았다. 방목하지 않은 밭의 씨앗은 일부는 크고 일부는 작았지만, 대부분 중간 크기의 식물을 생산하였다. 그러나 방목한 밭의 씨는 중간이나 큰 크기에 비하여 짧은 크기의 식물을 훨씬 많이 생산하였다. 소가 큰 키의 유전자를 선택적으로 먹었고 꽃은 나무 맨 위에 있기 때문에, 큰 식물이 소에게서 살아남았더라도 성공적으로 번식할 가능성은 매우 낮음을 알게 되었다.

차별적 짝짓기

동물 개체군 내에서 어떤 개체는 다른 개체에 비하여 더 빈번하게 짝으로 선택될 수 있다. 빈번하게 짝으로 선택되는 개체는 드물게 짝으로 선택되는 개체에 비하여 더 많은 유전자의 복제물을 후대에 전달할 수 있다. 더 빈번히 짝으로 선택되는 개체의 특성은 신체의 크기나 공격성, 또는 반대 성에게 더 매력적인 특성 등 일반적인 성질을 포함할 수 있다.

예를 들어 붉은날개지빠귀 수컷들은 암컷들이 둥지를 튼 부들 습지에 영역을 정하고, 다른 모든 수컷들을 쫓아낼 것이지만 암컷을 기다린다. 어떤 수컷은 넓은 영역을 가지고, 어떤 수컷은 좁은 영역을, 또 다른 수컷은 영역을 확보하지 못할 것이다. 어떠한 수컷도 짝지을 수 있지만, 영역이 없는 수컷은 짝지을 가능성이 매우 낮은 것으로 나타났다. 넓은 영역을 방어하는 수컷은 그들의 영역에 둘 또는 그 이상의 암컷을 가질 수 있으며 이러한 암컷과 짝지을 가능성이 매우 높다. 왜 암컷이 수컷의 영역을 비교하여 선택하는 논리에 대하여는 알려진 바가 없지만, 명확한 것은 어떠한 수컷은 짝으로 선택되고, 어떠한 수컷은 선택되지 못한다는 사실이다.

다른 경우는 암컷이 화려한 성질을 나타내는 수컷을 선택하는 것으로 보인다. 공작 수컷은 화려한 꼬리 깃털을 가진다. 호화로운 꼬리를 가진 수컷이 짝짓기를 하여 새끼를 가질 가능성이 높을 것이다(그림 20.10). 다윈은 공작의 예를 이해하지 못했는데, 이는 새에게 화려한 꼬리는 불리하였을 것이기 때문이다. 긴 꼬리는 만드는 데 에너지를 필요로 하며, 날기 어렵게 하고, 포식자에게 잡히기 쉽기 때문이다. 이 모순을 설명하기 위한 현재의 이론은 암컷의 선택을 포함하게 되었다. 만약 암컷이 가장 정성들여 치장한 수컷을 선택하는 타고난(유전적) 경향을 가지고 있다면, 암컷이 화려한 수컷을 짝으로 선택하기 때문에 이러한 깃털을 선호하는 유전자가 규칙적으로 다음 세대로 전해질 것이다. 암컷이 특정한 성질을 가지는 수컷을 선택하는 특별한 경우를 성 선택이라고 한다.

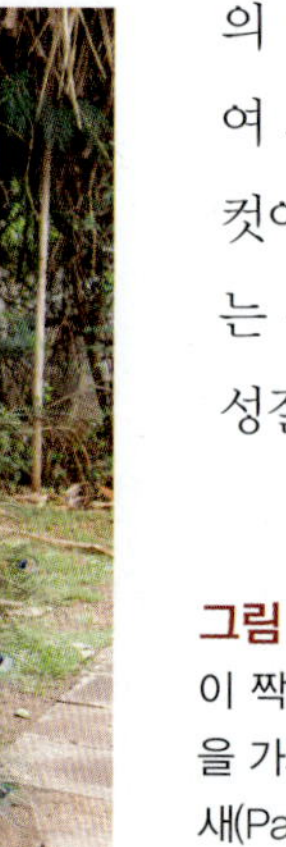

그림 20.10 많은 동물 종에서 수컷은 암컷에 매우 매력적인 특징을 나타낸다. 암컷이 짝짓기할 수컷을 선택하기 때문에, 가장 매력적인 특징을 가진 수컷이 더 많은 자손을 가지게 되고, 자손 세대에서도 매력적인 특징을 강화하는 경향이 나타날 것이다. 공작새(*Pavo cristatus*)의 경우 크고 다채로운 색을 가진 수컷이 짝짓기할 가능성이 더 높다. 암컷 공작새는 색이 다채롭지 않고 짧은 꼬리를 가지고 있다. ©Shutterstock/byvalet RF

20.8 자연선택에 영향을 끼치지 않는 획득된 성질

많은 개별 생명체들은 일생 동안 가지고 있는 유전자의 결과가 아닌 성질들을 획득하게 된다. 예를 들면, 다람쥐는 새 먹이가 있는 곳을 알게 되고 그곳을 자주 찾게 된다. 심지어 다람쥐가 먹이를 구하는 것을 방해하도록 고안된 특별한 새 먹이 기계의 기작을 파악하여 없애는 방법까지 배운다. 이러한 능력은 먹이가 귀해지게 되면 생존에 매우 중요하게 작용하게 된다. 이러한 **획득된 성질**(acquired characteristic)은 생물들에게서 일생 동안 얻어지는 것이다. 그 성질들은 유전적으로 결정되지 않으며, 따라서 유성생식에 의하여 다음 세대로 전해지지 않는다.

예를 들어, 길들여진 동물에 특별한 성질들을 원한다. 그 예로 복서(boxer)로 알려진 개 품종은 짧은 꼬리를 가진 것으로 알고 있지만, 실제로 이 품종에서 짧은 꼬리를 가지는 유전자는 드물다. 그렇기 때문에 이 개의 꼬리는 도킹이라고 하는 과정에 의해서 절단된다. 유사한 경우로 새끼 양의 꼬리 또한 보통 절단된다. 이렇게 획득한 성질은 다음 세대로 전달되지 않는다. 동물의 꼬리를 제거하는 것은 유전정보로부터 꼬리를 형성하는 유전자를 제거하지 않으며, 강아지나 새끼 양의 다음 세대는 꼬리를 가지고 태어난다.

그러나 유전자의 본질과 유전의 기작이 이해되기 전에는 이런 식으로 획득된 성질이 세대 간에 전달될 수 있다고 생각되었다. 앞에서 언급하였듯이 라마르크는 기린이 먹이에 도달하기 위하여 목을 늘인 결과로 긴 목을 가지게 되었고, 이렇게 얻어진 특징이 새끼에게 전달될 것이라고 가정하였다. 다윈의 자연선택 이론은 기린의 긴 목에 대한 다른 설명을 제공하였다.

1. 각 세대에서, 식량공급이 감당할 수 있는 것보다 많은 기린이 태어날 것이다.
2. 각 세대에서, 어떤 기린은 긴 목을 물려받고, 어떤 기린은 짧은 목을 물려받을 것이다.
3. 모든 기린들은 같은 먹이자원을 두고 경쟁할 것이다.
4. 목이 긴 기린은 더 많은 먹이를 얻고, 더 높은 생존율을 가지며, 더 많은 자손을 낳을 것이다.
5. 그 결과, 다음 세대는 기린 종의 목 길이가 증가할 것이다.

그림 20.11은 기린의 긴 목 현상에 대해 라마르크와 다윈이 어떻게 다른 설명을 제공하는지 대조하였다.

20.9 하디-바인베르크 개념

이 장 앞에서 진화와 자연선택에 대한 설명 중에, 진화는 시간에 따른 개체군의 유전적 조성의 변화로 설명되었다. 개체군에 있는 모든 개체의 모든 유전자를 **유전자 풀**(gene pool)로 생각할 수 있고, 유전자 풀의 변화는 진화가 나타나고 있음을 알 수 있다.

1900년대 초 영국의 수학자인 하디(G.H. Hardy)와 독일 의사인 빌헬름 바인베르크(Wilhelm Weinberg)는 어떠한 조건이 부합될 때 유전자를 연구하는 데 간단한 수학적인 관계를 적용

그림 20.11 (A) 라마르크는 획득한 성질이 다음 세대로 전해질 수 있다고 생각하였다. 그러므로 그는 먹이를 얻기 위하여 기린이 목을 늘이면 목이 좀 더 길어질 것이라 가정하였다. 이러한 특징은 다음 세대로 전달되었고, 다음 세대에서 기린은 더 긴 목을 가지게 되었다. (B) 다윈-월리스 이론은 개체군 내 변이를 통해 긴 목을 가진 개체군이 생존하고, 번식하여, 다음 세대로 긴 목을 형성하는 유전자를 전달할 가능성이 높다고 설명하였다.

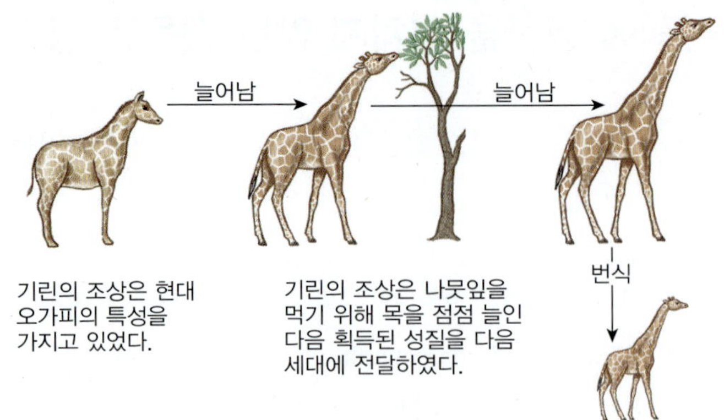

A 라마르크 이론: 변이는 획득된다.

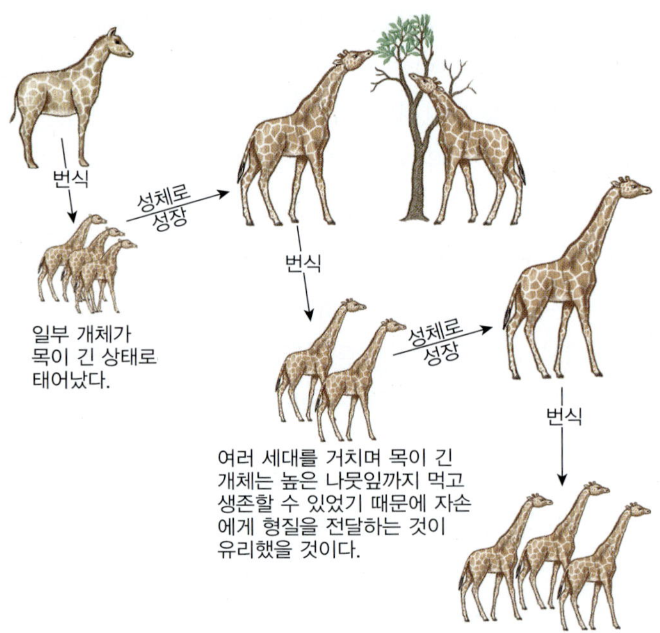

B 다윈-월리스 이론: 변이는 유전된다.

할 수 있다는 것을 제시했다. 수세대 동안 변화하지 않은 유전자 풀은 진화가 일어나지 않는다는 것을 의미할 것이다. 변화하는 유전자 풀은 진화가 일어난다는 것을 나타낸다.

그들은 유전자의 조성이 **일정하게 유지되기** 위하여(진화가 일어나지 않는 상황) 필요한 조건은 다음과 같다고 생각하였다.

1. 짝짓기는 완전히 무작위적이어야 한다.
2. 돌연변이가 일어나서는 안 된다.
3. 개별 생물의 유입이나 유출이 일어나서는 안 된다.
4. 개체군은 매우 커야 한다.
5. 모든 유전자는 다음 세대로 전달될 동일한 기회를 가져야 한다(자연선택이 일어나지 않는다).

위의 5가지 조건이 만족되면 유전적 조성이 일정하게 유지될 것이다. 이 개념은 **하디-바인**

베르크 개념(Hardy-Weinberg concept)으로 정의된다. 하디-바인베르크 개념은 개체군 내에서 유전적 변화가 일어나고 있는지를 나타내는 유전자의 비교를 가능하게 하기 때문에 중요하다. 같은 종의 다른 두 개체군은 그들이 동일한 유전적 조성을 가지고 있는지 비교될 수 있고, 또 변화하는지를 알아보기 위해 검토될 수 있다.

하디와 바인베르크는 진화를 막기 위해 필요한 조건들을 기술했지만, 이러한 조건의 검토는 오히려 왜 진화가 일어나야만 하는지에 대한 강력한 주장이 되었다.

무작위 짝짓기는 좀처럼 일어나지는 않는다. 예를 들어 개체 간 짝짓기는 떨어져 있는 개체들보다는 가까이 있는 개체들 사이에 더 잘 일어난다. 게다가 동물 개체군에서는 암컷이 짝지을 특정 수컷을 선택할 가능성이 존재한다.

돌연변이는 하나의 유전적 메시지를 다른 것으로 변화시키거나 또는 개체군에 완전히 새로운 유전정보를 도입하여 일어나며 유전적 다양성을 변화시킨다.

이동은 유전자 풀을 변화시키는데, 이는 생물이 한 장소에서 다른 장소로 이동할 때 유전자도 함께 이동하기 때문이다. 식물이나 진균류도 바람, 물, 또는 동물에 의해 새로운 장소로 이동할 수 있다. 유입 이주(immigration)는 새로운 유전정보를 도입하며, 유출 이주(emigration)는 유전자 풀로부터 유전자를 제거한다.

개체군 규모는 유전자 풀에 영향을 미친다. 작은 개체군은 큰 개체군에 비하여 대체적으로 적은 유전적 다양성을 가진다.

마지막으로, **자연선택**은 개체군으로부터 일부 유전자를 체계적으로 걸러내어, 다른 유전자는 남아서 더 흔하게 해준다. 자연선택에 관련된 주요 기작은 사망률, 번식률, 그리고 어떤 개체가 짝으로 선택되는 비율의 차이이다. 그림 20.12의 도표는 이 개념을 요약하여 정리한 것이다.

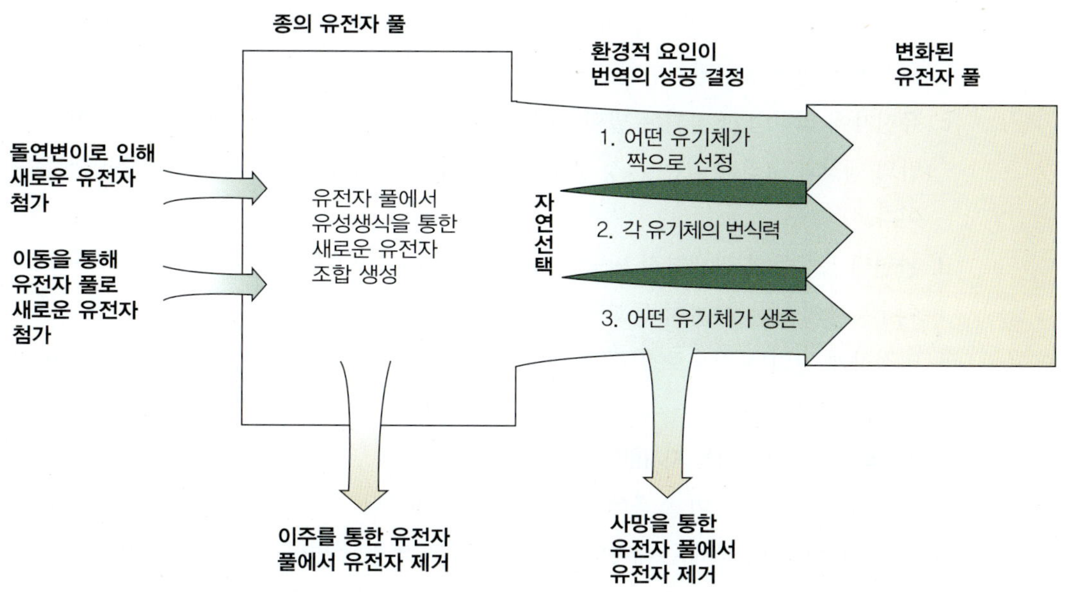

그림 20.12 여러 가지 다른 과정은 유전자 변화를 유도한다. 이입과 돌연변이로 생성된 유전자는 집단으로 유입되기도 하고, 집단에 존재하는 유전자는 개체의 사망과 이주를 통해 개체군에서 떠나가기도 한다. 결과적으로 자연선택은 개체의 사망과 번식률을 통하여 개체군 내에서 시작된다.

20.10 진화의 축적되는 증거

진화론은 생명과학의 주된 통합 학설이 되었다. 의학은 돌연변이의 위험성, 서로 비슷한 종의 동일 기관의 기능의 유사성, 그리고 환경이 발생학적 발달의 미리 정해진 과정을 방해하는 방법 등을 인식한다. 농학은 농작물 식물이나 동물의 새로운 품종에 전달하기 위해 특정한 유전자를 선택하는 것이 중요함을 인식한다. 돌연변이, 선택, 그리고 진화에 대한 개념은 생물에서 어떠한 일이 일어나는지를 이해하는 데 있어 매우 기초적이기 때문에 진화론을 지지하는 많은 종류의 사실을 종종 망각하게 만든다. 다음의 목록은 진화가 생명체의 본성을 형성하는 주동력이었고, 앞으로도 그럴 것이라는 주요 증거의 예를 설명한다.

1. **종이나 개체군은 유전적으로 고정되지 않는다.** 개체와 개체군에서 변화가 일어난다.
   a. 돌연변이는 개별 생물의 유전적 조성에 아주 작은 변화를 초래한다.
   b. 동일 종의 다른 개체군은 그들의 지역적 조건에 적합한 적응을 보여주며 유전자의 상이한 조성을 가진다.
   c. 종에 의해 표시되는 특징의 변화는 환경변화와 연관될 수 있다.
   d. 가축화된 식물이나 동물의 선택적 교배는 생물의 형태, 색, 행동, 대사 그 외의 다른 많은 특성이 선택될 수 있다는 것을 나타낸다.
   e. 적응하지 못한 종의 멸종은 흔하게 일어난다.

2. **진화는 작고 점진적인 단계로 일어나며 주된 변화에 의하지 않는다.** 모든 증거는 특정한 진화적 과정을 통해 변화한다. 다음의 목록은 진화가 재앙적인 변화가 아니라 이미 존재하는 구조나 과정의 변형에 의해 진행된다는 개념을 지지한다.
   a. 모든 종은 같은 DNA 암호를 사용한다.
   b. 모든 종은 그들의 단백질에 동일한 아미노산을 사용하고, 아미노산과 다른 유기분자들은 편광을 비추었을 때 오른쪽이나 왼쪽으로 회전이 일어난다. L형과 D형의 아미노산이 존재하는데, 편광을 비추었을 때 아미노산을 왼쪽으로 회전시키는 L형 아미노산만 생명체에서 발견된다.
   c. 유전자에 의하여 조절되는 발달 과정의 부분일 때는 그 구조를 제거하기 어렵다. 사람의 맹장과 꼬리뼈 같은 흔적 구조는 진화의 이전 단계에서 유지된 유전물질의 증거이다.
   d. 관련된 동물들의 발생학적 발달은 성체 해부의 특성임에도 불구하고 유사하다. 모든 척추동물의 배는 아가미 틈과 같은 구조를 포함하는 초기 단계를 가진다.
   e. 밀접하게 관련된 것으로 알려진 생물 종들은 먼 종들에 비하여 DNA의 유사성이 크게 나타난다.

3. **화석 기록이 진화의 개념을 지지한다.**
   a. 지구의 자연은 시간이 흐름에 따라 상당히 변화했다.
   b. 화석 기록은 지구상에 존재하였던 생물 종류의 엄청난 변화를 보여준다. 새로운 종이 나타나고 대부분은 멸종한다. 이는 생명체가 그들의 환경변화에 반응하여 변화한다는 증거이다.

자세한 관찰

감염성 질병의 재출현

세균, 바이러스, 진균, 그리고 기생충에 의해 발생되는 감염성 질병은 전 세계에 걸쳐 고통과 사망의 주된 요인으로서 지속되어 왔다. 특히, 이러한 요인들은 미국에서 세 번째 주요 사망원인이다. **감염성 질병의 재출현**(예: 디프테리아, 말라리아, 백일해)은 한때 주요 건강 관심사일 뿐이었지만, 현재는 점점 그 빈도가 증가하기 시작했다. 많은 종류의 감염성 질병의 재출현은 2가지 주요 요인의 결과물로 생각되는데, 이러한 질병에 대한 면역의 실패와 미생물의 진화적 변화이다. 이러한 질병에 대하여 면역이 되지 않은 사람은 감염되기 쉬우며 질병으로 병들거나 미생물의 무증상 보균자가 된다. 또한 오래된 질병의 재출현에 대하여 더욱 기여하는 요인은 면역기능이 제대로 기능하지 않는 사람의 증가이다. 예로 HIV/AIDS 면역반응이 제대로 발휘되지 못하는 사람의 인구수를 크게 증가시켰다. 기근과 영양실조 또한 면역체계를 손상시킨다. 또한 전쟁 혹은 난민수용소와 교도소에 발생하는 밀집현상은 질병이 쉽게 전파될 수 있는 상황을 야기하였다.

하지만 진화가 일어나기 위해서는 돌연변이가 필수적이기 때문에 어떤 질병의 재출현은 진화의 결과로도 볼 수 있다. 또 기생충과 숙주가 상호작용하면 그들은 진화적 방식에서 서로 지속적으로 반응한다. 숙주는 기생충과 싸우기 위한 새로운 기작을 지속적으로 발전시키고, 기생충은 숙주의 방어를 극복하기 위한 새로운 기작(예: 항생제 내성)을 발달시킨다.

바이러스가 이용하는 기작의 하나는 높은 돌연변이율이다. 이 돌연변이 능력은 새롭고 심각한 다수의 인간 질병을 초래하고 있다. 추가하여 다른 동물에 질병을 일으키는 바이러스가 인간에 정착할 수 있게 되어 많은 새로운 질병이 발생하게 된다. 돼지, 오리, 또는 닭에서 유래한 많은 종류의 독감이 감염된 동물과 가까이 접촉하거나 감염된 동물의 고기를 먹음으로써 인간에게 전달되기도 한다. 세계의 여러 지역에서 이러한 가축화된 동물은 사람과 가까이 서식하여(종종 같은 건물에서), 동물 바이러스가 인간에게 전파되기에 좋은 조건을 형성한다.

매년 새로운 변종 독감과 감기가 일어나며, 이는 인간에게 감염된다. 새로운 변종은 때때로 인간사회에 치명적이다. 1918년 미국의 돼지에서 유래된 새로운 변종 독감 바이러스가 전 세계로 전파된 이후 1918~1919년 독감 유행 기간에 이로 인한 2천만~4천만 명이 사망하였다. 1997년 홍콩에서 18명의 감염자 중 6명이 사망한 새로운 종류의 독감이 확인되었다. 공중보건 관리가 바이러스가 닭으로부터 왔다는 것을 발견하고 난 뒤, 홍콩에 있는 모든 살아있는 닭을 도살할 것을 명령했으며, 그 결과로 질병의 확산을 멈출 수 있었다.

2003년 초에 SARS(중증급성호흡기증후군)로 알려진 새로운 바이러스가 중국에서 출현했다. SARS는 코로나 바이러스의 변형 형태이고 일반 감기와 관련 있는 바이러스인데 중증을 유발하고 치료하지 않으면 사망에 이르는 바이러스였다. 2003년 6월 SARS 바이러스가 사향고양이과(*Paguma larvata*)로 알려진 동물에서 분리되었다. 이 동물은 중국에서 식품으로 사용되며, 이 때문에 사람에서 SARS를 일으키는 출처로서 여겨질 수 있지만, 다른 동물들에서도 바이러스에 양성으로 측정되었다. 이 질병은 사람들이 중국에서 세계 다른 지역으로 비행기를 타고 여행하면서 여러 나라로 빠르게 전파되었다. 질병의 심각성을 인식하고 감염된 사람들을 격리하여 더 이상의 전파를 막았기 때문에 이 질병은 통제될 수 있었다. 하지만 만약에 우리가 알지 못하는 야생동물을 숙주로 바이러스가 존재한다면, 미래에 다시 나타날 수 있을 것이다.

감기와 독감에 추가적으로 다른 종류의 질병들이 종종 비인간에서 인간으로 넘어온다. 2009년 돼지 독감 바이러스 대발생도 멕시코의 돼지 개체군에서 유래된 것으로 추정되었다. 이것은 돼지의 세포에서 유전적 혼합이 발생하여 새, 인간, 그리고 돼지 유전자를 포함하는 새로운 종류의 바이러스를 초래한 것으로 보인다. 이러한 새로운 종류의 바이러스의 출현은 한 종에서 다른 종으로 바이러스가 더욱 쉽게 이동할 수 있도록 하였다.

c. 오래된 암석에서 발견된 화석은 오래되지 않은 암석에서는 나타나지 않는다. 생물이 한 번 멸종하면 다시는 나타나지 않으며, 새로운 생물이 과거 생물로부터 변화되어 나타난다.

4. **새로운 기술과 발견은 변함없이 진화론을 지지한다.**
   a. 지구가 수십억 년 전에 형성되었다는 사실은 새로운 종류의 생물이 서서히 발생한다는 내용을 지지한다.
   b. 지구의 대륙들이 분리되고 표류한다는 인식은 호주의 생물이 다른 대륙에서 발견되는 생물과 어떻게 다른지를 설명한다.
   c. DNA의 발견과 어떻게 작용하는지는 돌연변이를 설명하는 것을 도와주며 가까운 종들의 유전적 유사성을 보여줄 수 있도록 한다.

과학의 배후에 있는 사람들

에른스트 마이어(Ernst Mayr, 1904–2005)

에른스트 마이어는 1923년 3월 고등학교를 마친 직후 독일 드레스덴에서 북쪽으로 약 15 km 떨어진 호수를 방문하여 독일에서는 드문 홍조류 한 쌍의 오리를 관찰했다. 그리고 의학 연구를 위해 그라이프스발트 대학으로 가는 길에 베를린에 들러서 유명한 조류 학자인 에드윈 슈트레제만에게 자신의 발견에 대해 이야기했는데, 이 일로 인해 그의 삶의 방향이 바뀌었다. 마이어는 전임상 연구를 마친 후, 슈트레제만은 베를린 대학에 그를 초대하여 박사학위를 진행하였고, 21세의 나이에 박사학위를 받았다. 이후 슈트레제만은 조류 수집가인 영국의 월터 로스차일드 경에게 마이어를 소개하였다. 로스차일드는 마이어가 조류를 모으고 연구하기 위해 뉴기니섬을 방문하는 것을 후원해주었다.

마이어는 뉴기니에 있는 동안 미국 자연사 박물관에서 연구원들을 만나 함께 솔로몬 제도를 여행하게 되었다. 독일로 돌아온 직후, 마이어는 미국 자연사 박물관(1931)의 직원으로 초청되었고, 1953년에는 하버드 대학교의 교수로 합류하게 되었다.

마이어는 20세기를 선도하는 진화생물학자 중 한 사람으로 알려져 있으며, 1942년에 출간한 《계통 분류와 종이 기원》(Systematics and the Origins of Species)을 통해 생물학적 종개념을 소개하였다. 종은 잠재적으로 교배할 수 있는 유기체의 집단이며, 두 집단의 개체가 서로 교배할 수 없는 경우는 다른 종으로 생각한다. 이전에는 과학자들은 보유한 물리적 특성에 의해 개인이 다른 종에 속하는 것으로 식별하려고 노력했었다.

그는 또한 동종 분화 과정을 설명했는데, 이는 고립된 집단이 독특한 환경 조건에 영향을 받아 분리된 부모 집단과는 다른 돌연변이를 가질 수 있다는 생각이다. 이 과정은 궁극적으로 고립된 개체군이 별개의 종이 되게 할 수 있다. 이 2가지 개념은 현대 진화론의 중심 아이디어로 정리된다.

마이어는 그의 생애 동안 많은 상을 받고 1975년에 은퇴하였지만, 사망한 100세(2005년)까지 진화와 생물학 철학에 대한 글을 계속 집필하였다.

출처: Modified from the *Hutchinson Dictionary of Scientific Biography*. Abington, UK: Helicon, 2011.

요약

생명의 기원에 대한 여러 가지 생각들이 있지만, 지금은 다음의 2가지 가설이 가장 지지를 받고 있다. (1) 초기 지구의 환경이 **자연적인 결합**을 통해 **유기화합물**을 구성하고 이를 통해 원시세포를 발생한 것이다. 또는 (2) 원시형태의 생명은 **우주에서 기원하여 지구에 도달**하였다. 초기 생명체의 기본단위는 오늘날의 **원핵생물**과 유사하였을 것이며, 원시세포에서 환경의 변화에 따라 반응하여 나타난 돌연변이와 오랜 시간에 걸쳐 변화하였을 것이다. 특히, 생명체의 존재는 지구 대기의 성질에 영향을 주었을 것으로 생각된다. 첫 번째 생명체는 대기 중에 산소가 없기 때문에 **혐기성**이었을 것이며, 시아노박테리아와 같은 유기체에 의한 **광합성**에 의해 대기에 산소가 점차 증가하였을 것이다. 산소의 존재는 **호기성 호흡**을 가능하게 하였다. **세균**, **고세균** 및 **진핵생물** 등 3가지 유기체를 역(도메인)이라고 하는데, 이 3가지 역에서 세균역이 가장 오래된 것으로 보이며 고세균역과 진핵생물역이 그 뒤를 이어 발생하였을 것이라 생각된다. 특히, 진핵생물역은 **내부공생 이론**의 과정의 결과로 발생한 것으로 생각된다.

모든 유성생식으로 번식하는 생명체는 자연적으로 **돌연변이**와 유성생식으로 인한 **유전자 재조합**의 결과물을 통한 집단의 개체들 사이에서 유전적 다양성을 보여준다. **유전적 차이**는 개인 간의 물리적 차이를 유발한다. 이러한 **유전적 다양성**은 **자연선택**이 일어나는 중요한 요인이 되므로 종의 생존에 매우 중요하다. **환경**에 의한 자연선택은 잘 적응된 개체가 유전적으로 적응하지 못하는 개체에 비해 더 많은 수의 자손을 생산할 수 있게 한다.

넓은 **지리적 분포**를 보이는 생물은 그들 **범위**의 분리된 부분에서 유전적인 차이를 보인다.

한때 사람들은 모든 생명체는 창조 당시부터 **변하지 않았다**고 생각했지만, 라마르크는 **변화가 일어났으며**, **변화가 일어난 특성이 다음 세대로 전달될 수 있다**고 생각했다. 또한 다윈과 월리스는 **진화론**을 이끌어내는 기작으로 **자연선택 이론**을 제시했다.

개념에 대한 질문

1. 다음의 사건들이 일어난 순서는 어떻게 되는가? 살아있는 세포, 산화성 대기, 진핵생물의 발달, 환원 대기, 첫 번째 유기분자.
2. **자연발생설**은 무엇이며, **생물발생설**이란 무엇인가?
3. 대기 중 산소 증가로 인해 나타나는 2가지 중요한 영향은 무엇인가?
4. 진핵세포가 원시적인 원핵세포의 공생관계의 발달로 인해 발생했다는 이론을 뒷받침하는 증거는 무엇인가?

5. 자연발생설을 반박하기 위한 프란체스코 레디의 실험에 대해 설명하시오.

6. 오래전 사람들은 말의 털이 벌레로 변한다고 생각하였는데, 심지어 말머리 벌레라고 알려진 단순한 종류의 벌레군이 존재한다. 다음의 증거는 이러한 생각을 뒷받침하였다.

   - 말에게 마실 물통을 제공하였다.
   - 말의 갈기에서 털이 물통의 물로 떨어지는 것이 관찰되었다.
   - 이후 길고 얇은 벌레가 물통에서 수영하는 것을 확인하였다.

   털은 살아있지 않기 때문에, 벌레가 나타나기 위해서는 자연발생의 경우여야 한다. 무생물의 말의 털이 살아있는 벌레가 될지 결정하는 실험을 고안해보시오.

7. 진화생물학자들은 왜 획득한 성질에는 관심이 없는가?

8. 자연선택은 무엇인가? 이것은 어떻게 진행되는가?

9. 선택매개체의 2가지 예를 제공하고 작동 방식을 설명하시오.

10. 라마르크의 이론은 왜 인정받지 못했는가?

11. 자연선택 이론에서 앨프레드 러셀 월리스는 어떤 역할을 하였는가?

12. 진화의 개념을 이해하기 위해서는 3가지 중요한 항목을 알아야 하는데, 이 항목에 대하여 설명하시오.

13. 자연선택의 과정에서 나타나는 가장 흔한 2가지 일반적인 오해는 무엇인가?

14. 유성생식은 유전적 다양성, 진화 및 자연선택에서 어떤 역할을 담당하는가?

15. 입원한 환자들은 병원에 간 이후에 종종 감염을 일으키는데, 이러한 감염 중에는 기존의 항생제로 치료하기가 어려운 감염증이 존재한다. 왜 그렇게 생각하는가?

16. 수업에 참여하는 학생들의 머리 색깔이 얼마나 다양한가? 보이는 모든 색상이 자연스럽다고 가정한 뒤, 학생들에게 머리 색깔의 뚜렷한 차이에 따라 그룹으로 구성해보자. 몇 개의 다른 카테고리가 존재하는가? 이러한 실험은 우리 종의 유전적 다양성에 대해 무엇을 알려주는가?

17. 20세기 초반, 우생학(eugenics) 운동으로 알려진 사회 운동이 일어났다. 우생학 목적은 인구에서 '나쁜 유전자'를 제거함으로써 인간 유전자 풀의 질을 향상시키는 것이었다. 대학은 우생학 과정을 강의했으며, 주에서는 특정 사람들이 자신의 의지에 반하여 거세할 수 있는 법안을 통과시켰고, 주 박람회에서 최고의 성질을 가진 가족을 결정하고 심사하는 대회가 열렸다. 히틀러의 '지배자 민족(master race)' 개념은 이러한 생각의 연장으로 볼 수 있다. 진화과정을 연구하는 과학자들은 우생학을 인정하지 않았지만, 아직도 사회에는 이러한 사고의 흔적들이 남아있다. 몇 가지 예를 들어 설명해보시오.

18. "진화는 사실이다." "진화는 이론이다." 이 두 이야기가 모두 어떻게 사실이 될 수 있는지 설명하시오.

19. 과학자들은 유기체의 특정 종들이 진화했다고 생각하는 방법을 주기적으로 재구성한다. 어떤 사람들은 진화가 '단지 이론'이며 변화가 어떻게 일어났는지 알 수 없는 증거라고 주장한다. 이 비판에 대해서 어떻게 반박할 수 있을까?

연습문제

그룹 A

1. 영양분이 가득한 병에 1분당 한 번 세포 분열에 의해 재생할 수 있는 세균종의 단일 구성원을 배치한 이후에 세균의 수가 $2^{(t-0.5t)}$의 비율로 기하급수적으로 증가하면, 정확히 1시간 이후에 얼마나 많은 세균이 존재할까?

2. 만약 단일 1.3×10^{-10} m^3 세균이 $3^{(t-0.5t)}$의 속도로 세포 분열을 통해 번식할 수 있다면, t가 분 단위로 측정되는 경우, 1시간 이후에는 얼마나 많은 세균이 성장하고 있을까?

3. 인구증가율을 $(Pop_{new} - Pop_{old})/Pop_{old}$ 곱하기 100으로 계산하고, 시간을 t로 년으로 나누게 되면, 인도에서 1.053×10^9명에서 1.311×10^9명으로 증가한 2000년에서 2015년까지 인구증가율은 얼마인가?

4. 브라질 인구가 1억 7,600명에서 2억 8천만 명으로 증가한 2000년에서 2015년 사이 인구 증가율은 얼마인가?

21 생물의 역사
The History of Life on Earth

서호주에는 현대의 스트로마톨라이트(stromatolite)가 있다. 돔 모양의 구조는 시아노박테리아와 세균이 분비하는 물질로 층이 구성되어 있으며, 길이는 60 cm까지 자란다. 일부는 약 35억 년 전의 고대 스트로마톨라이트로 가장 오래된 화석으로 알려져 있다.
©Eldon Enger

핵심 개념

지구와 다양한 지구 생명체는 수십억 년에 걸쳐 크게 변화하였다.

장의 개요

생물은 논리적인 진화 순서로 정리될 수 있다.
Pg. 580

인간은 지구에 최근에 출현했다.
Pg. 596

연관성

물리학

- ▶ 방사능의 특성을 이해하는 것은 화석의 연대를 측정하는 데 중요하다(8장).

화학

- ▶ 화석연료는 과거 생물의 산물이다(19장).

지구과학

- ▶ 화석 형성에 영향을 미치는 특정 조건하에 다양한 종류의 암석들이 형성된다(11장).
- ▶ 판구조론은 대륙의 이동 결과와 진화에 영향을 미친다(11장).
- ▶ 풍화 과정은 진화에 영향을 미치는 중요한 지질학적 부분이다(12장).

생명과학

- ▶ 생명체의 자연선택과 진화가 일어나는 것을 과학적 증거로 보여준다(20장).
- ▶ 세포내공생설은 아마 진핵생물로 이어졌다(20장).

개요

한때, 사람들은 지구와 지구에 사는 거주자들은 고정되어 있고 변하지 않았다고 생각했다. 그러나 화산폭발, 지진, 침식과 같은 자연현상으로 인해 지구가 변할 수 있음이 분명해졌고, 더욱이 화석이 된 멸종된 생물체들의 존재는 지구에 서식했던 자연상태가 변화했음을 보여주었다. 이러한 사고는 기존에 가지고 있던 신념을 무너뜨리고 지구의 역사와 생명체를 바라보는 시각을 수정하도록 하였다. 특히 지구의 역사와 삶을 수백 또는 수천 년이 아닌 수십억 년으로 길게 측정하고 폭넓게 이해해야 한다고 생각하였다.

21.1 생물의 분류

우리가 사는 곳에서 한 사물에 대해 이야기를 하려면, 그 사물을 위한 이름을 가지고 있어야 한다. 새로운 사물이 생기거나 발견되면 그 사물을 묘사할 수 있는 새로운 단어를 만든다. 예를 들어 노트북, 스마트폰, 문자 메시지와 같은 단어들은 30년 전에는 존재하지 않았던 신기술에 대한 단어들이다. 이와 비슷하게 생물학적 세계에서 사람들은 새로 발견된 생명체에게 다른 사람들과 관련 생명체에 연관된 의사소통이 가능하도록 이름을 붙여준다.

일반적인 이름의 문제

다른 문화를 가진 사람들이 사용하는 일반적인 단어들은 대개 서로 다르다. 영어로 개(*dog*)는 프랑스어로는 *chien*이고, 스페인어로는 *perro*, 이탈리아어로는 *cane*이다. 심지어 한 국가 내에서 같은 생명체를 식별하기 위해 다른 이름을 사용하는 경우도 있다. 예를 들어, 가터뱀(garter snake)은 우리가 사는 곳에 따라 정원뱀(garden snake) 또는 정원사뱀(gardner snake)으로 불릴 수 있다(그림 21.1). 사실 서로 구분이 가능한 것으로 알려진 몇 가지 다른 종의

그림 21.1 우리가 사는 곳에 따라 이 생명체를 가터뱀, 정원뱀, 정원사뱀이라고 부를 수 있다. 일반적인 이름은 사람마다 어떤 종류의 뱀에 대해 이야기하고 있는지 혼동될 수 있다. 하지만 과학적 이름(가터뱀, *Thamnophis sirtalis*)은 과학계에서 세계적으로 인정받고 있다.
©lokvi/Shutterstock.com RF

'가터뱀'들이 존재한다. 따라서 일반적인 이름의 사용은 서로 혼란을 야기할 수 있으므로, 과학자들은 혼란을 없애고 모든 과학자들이 사용 가능한 생명체의 이름을 부여하기 위해서 좀 더 수용 가능한 방법을 추구하였다.

생명체의 이름은 기술적인 과정을 거치지만 이는 매우 중요하다. 생물학자들은 자신의 연구를 설명할 때 로빈, 단풍나무, 가터뱀과 같은 일반적인 이름들로는 불충분하다고 판단하였다. 특히, 연구 보고서를 읽는 모든 사람들은 전 세계 어디에서나 어떤 생명체가 논의되고 있는지 알 수 있도록 관련된 생명체를 제대로 식별할 수 있도록 해야 하기 때문이다. 생명체에 대한 과학적 관점으로는 다음의 2가지 관련 기술이 필요한데, 하나는 생명체의 명명과 연관된 **분류학**(taxonomy)이고 다른 하나는 생명체가 진화적으로 어떻게 관련성을 가지는지를 판단하는 **계통발생학**(phylogeny)이다. 실제로 생명체의 진화 역사를 고려하지 않고서는 분류학적 결정을 내리지 않는다.

분류학

분류학(taxonomy)은 생명체의 이름을 명명하고 논리적인 범주로 분류하는 학문이다. 생명체를 분류하기 위해서는 다양한 접근법이 사용되는데, 그리스 철학자 아리스토텔레스(Aristotle, 기원전 384-322)는 자연에 관심이 있었으며 논리적으로 분류체계를 시도한 최초의 인물로 알려져 있다. 분류학의 근원은 그리스어의 *taxis*로 이는 '정렬'을 뜻한다. 아리스토텔레스는 식물의 크기를 나무, 관목, 허브의 범주로 분류하였다.

중세시대에는 라틴어를 과학 언어로 널리 사용하였기 때문에, 새로운 종이 발견되면 라틴어로 된 이름을 받게 되는데 종종 하나의 생명체를 묘사하기 위해 무려 15개의 단어를 이용했다. 라틴어를 사용한다는 것은 생물학자들이 자신의 모국어와 상관없이 종 이름을 이해할 수 있다는 것을 의미했지만, 그것이 중복된 이름을 완전히 없앨 수는 없었다. 많은 생명체들이 넓은 지리적 영역에서 발견될 수 있고, 의사소통 속도가 느렸기 때문에 여전히 한 종에 2개 이상의 라틴어 이름이 존재할 수 있었다. 특히 일반 사람들은 공통된 지역 이름을 사용하여 생명체의 이름을 정하는 것은 이러한 상황을 좀 더 혼란스럽게 만들었다.

이항 명명법

현대의 분류체계는 1758년 스웨덴의 의사이자 식물학자인 캐롤루스 린네우스(Carolus Linnaeus, 1707-1778)가 《Systema Naturae》 10판을 출판하면서 시작되었다(그림 21.2). (린네우스의 원래 이름은 Karl von Linne이지만, Carolus Linnaeus로 라틴어로 명명하였다). 이전의 출판에서 린네우스는 다항식(다수 이름, many-names) 라틴어로 명명하였지만, 10판에서 린네우스는 이항 명명법을 도입하였다. **이항 명명법**은 각 생물 종에 오직 2개의 라틴어 이름—속명 및 특정 서술어—을 사용하는 것이다. **속**(genus)은 밀접하게 관계된 **종**(species)들의 집단으로 종은 번식 능력이 있고 번식이 가능한 자손을 낳을 수 있는 생명체의 집단이며, 각 생명체는 종의 구성원으로 확인된다. 명명법에 사용된 특정 서술어는 논의하고 있는 속의 여러 종 중 하나를 식별하기 위하여 속 이름에 추가된 것이라고 할 수 있다. 재미있게도 이항 명명법은 우리가 사용하는 이름을 짓는 것과 매우 유사함을 알 수 있는데, 전화번호부를 보고 먼저 성을 찾고 이후에 원하는 사람을 식별하기 위해 이름을 찾는 것과 같은 구조라 생각할 수 있다. 또한 특정 생명체에게 주어진 고유한 이름을 종명 또는 학명이라고 부르는데, 다른 단어로부터 학명을 명확하게 구분하기 위해 이항 명명법에서는 이탤릭체로 표기하거나 밑줄을 긋는다. 속 이름의 첫 글자는 대문자로 표기하고, 구체적인 명칭은 항상 소문자로 쓴다. 예를 들면, 가터뱀의 이항 명칭인 탐노피스 시르탈리스(*Thamnophis sirtalis*)를 보

그림 21.2 캐롤루스 린네우스는 스웨덴의 의사 겸 식물학자로 현대의 분류학 체계를 만들었다.

관련 내용

분류학의 현재 상황

Tree of Life 웹사이트는 생명체의 분류학과 계통발생학적 관계에 대한 최신 정보를 쉽게 접근할 수 있도록 하여 만들어진 웹사이트이다. 이 사이트는 전 세계의 사람들이 생명체에 대한 정보와 특정 종류의 생명체 정보를 찾을 수 있도록 기여하고 있다. 전문 생물학자, 교육자, 학생들을 위해 설계되었으며, 분류학과 계통발생 분야처럼 계속 보완할 것이다. 지속적으로 새로운 정보가 들어오면 전문 생물학자들에 의해 평가되어 최신 정보를 최대한 정확하게 확인할 수 있도록 돕고 있다 현재 상태를 보고자 한다면, 검색 엔진에 'tree of life'를 입력하거나 http://tolweb.org/tree/로 들어가면 된다.

고 확인할 수 있다.

각 종에 대한 특정 명칭을 부여하는 것 외에도, 린네우스는 생명체들을 의미 있는 집단으로 구분하는 것의 필요성을 인지하여, 모든 형태의 생명체를 식물계와 동물계의 두 계(kingdom)로 나누었고, 더 나아가 계를 더 작은 단위로 세분화하였다.

종을 논리적인 그룹으로 구성

린네우스가 모든 생명체를 분류하려는 시도 이후 많은 변화가 생겼는데, 가장 근본적인 것 중 하나는 역을 이용하여 생명체를 주요 3가지 범주로 구분지었다.

역(domain)은 생명체가 구분되는 가장 큰 범주이며, 3개의 역[세균(Bacteria), 고세균(Archaea), 진핵생물(Eucarya)]으로 구성되어 있다(그림 21.3). 특히, 생명체는 세포 구조의 특이성과 생화학적 특성을 기반으로 3개의 역으로 구분되는데, 세균역과 고세균역은 원핵생물(prokaryotic)이며 진핵생물역은 진핵생물(eukaryotic)로 구성되어 있다.

계(kingdom)는 역을 세분화하였으며, 세균역과 고세균역에 포함되어 있는 세균계와 고세균계는 주로 생명체의 신진대사와 유전적 구성의 차이에 기반을 두고 있다. 진핵생물역은 4개[식물계(Plantae), 동물계(Animalia), 균계(Fungi) 및 원생생물계(Protista, 원생동물 및 조류)]의 계로 구성되어 있다. 그림 21.4에서는 3개의 역에 포함되어 있는 예시를 보여주지만,

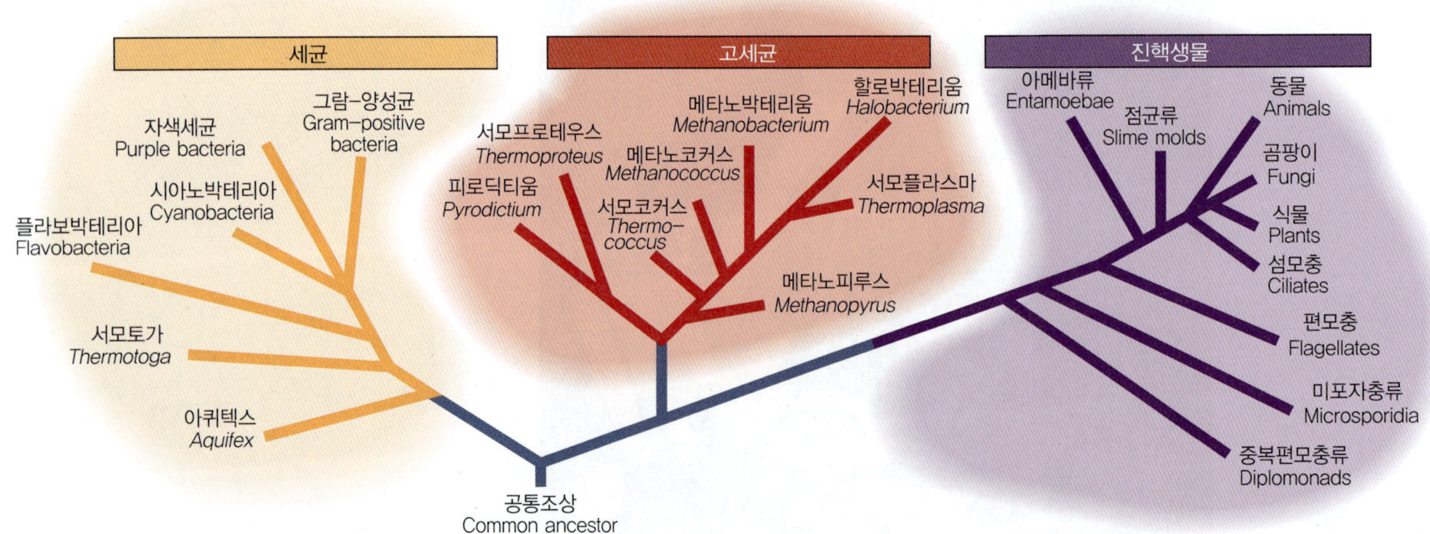

그림 21.3 이 도표는 생명체의 3가지 역과 생명체가 서로 진화적으로 연관되어 있는 방식을 보여준다. 세균역은 가장 오래된 집단이다. 고세균역과 진핵생물역은 세균에서 유래되었다.

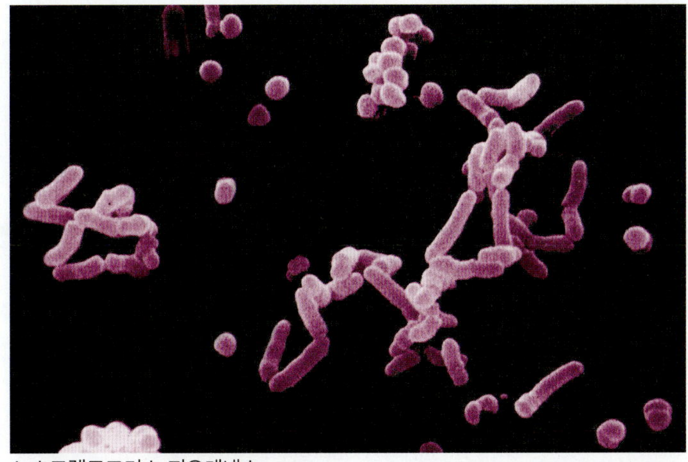
A 스트렙토코커스 피오게네스

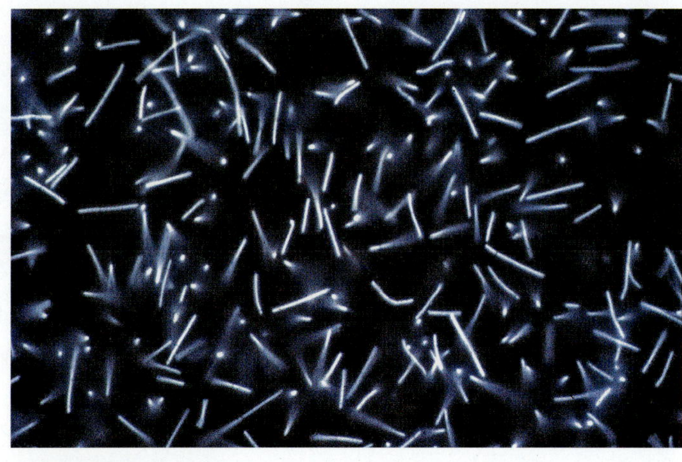
B 메타노피루스

C 곰보버섯

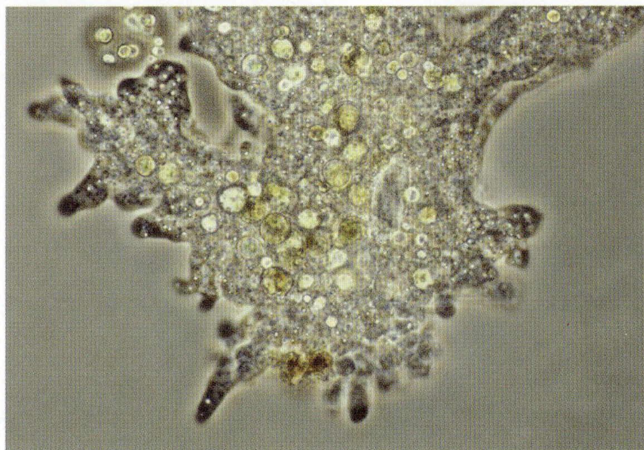
D 아메바 프로테우스

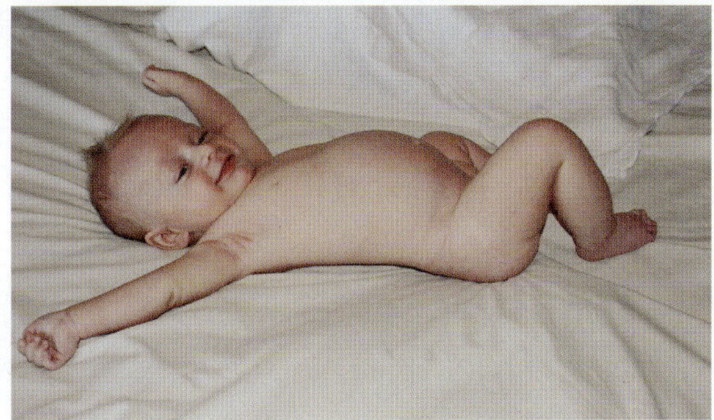
E 호모 사피엔스 사피엔스

F 단풍나무

그림 21.4 (A) 세균역은 스트렙토코커스 피오게네스(*Streptococcus pyrogenes*)가 대표적이다. (B) 고세균역은 메탄을 생성하는 메타노피루스(*Methanopyrus*)가 대표적이다. 진핵생물역은 다음과 같은 계의 구성원이 대표적이다. (C) 균계의 자낭균 곰보버섯(ascomycete *Morchella esculenta*), (D) 원생생물계의 단세포인 아메바 프로테우스(*Amoeba proteus*), (E) 동물계의 호모 사피엔스 사피엔스(*Homo sapiens sapiens*), 그리고 (F) 식물계의 단풍나무. (a): ©Image Source/Getty Images; (b): Courtesy of Karl O. Stetter; (c): ©Carol Wolfe, photographer RF; (d): ©Stephen Durr; (e): ©Fred Ross; (f): Source: Photo by Tim McCabe, USDA National Resource Conservation Service

현재 보이는 것보다 세균과 고세균에 밝혀지지 않은 다양한 계가 존재할 것으로 생각된다.

문(phylum, 식물학에서는 division)은 계의 하위로 구분되며, 모든 계는 1개 이상의 문으로 구성된다. 예를 들면, 식물계에는 속씨식물, 침엽수, 이끼, 양치류 그리고 몇 개의 다른 집단들로 구성되어 있다. 이처럼, 생명체의 구조, 신진대사, 생화학적 특성에 대한 면밀한 조사를 바탕으로 문으로 구분되고 있다. 인위적이나 무질서한 구성보다는 다음과 같은, 예를 들

표 21.1 인간의 분류체계

분류 범주	분류 이름	특징	다른 대표들
역(Domain)	진핵생물역(Eucarya)	핵 및 다른 종류의 많은 세포소기관을 포함한 세포	식물, 동물, 곰팡이, 원생동물, 조류
계(Kingdom)	동물계(Animalia)	진핵세포로 보통 운동성을 가진 종속영양생물이며 특정 조직을 가짐	해면, 해파리, 벌레, 조개, 곤충, 뱀, 고양이
문(Phylum)	척삭동물문(Chordata)	등에 딱딱한 막대가 아래를 따라 존재하는 동물	물고기, 양서류, 파충류, 새, 포유류
강(Class)	포유류(Mammalia)	털과 유선이 있는 동물	오리너구리, 캥거루, 쥐, 고래, 스컹크, 원숭이
목(Order)	영장목(Primates)	비교적 큰 뇌와 대칭되는 엄지손가락을 가진 포유류	원숭이, 고릴라, 침팬지, 개코원숭이
과(Family)	사람과(Hominidae)	꼬리가 없고 자세가 꼿꼿한 영장류	인간과 멸종된 몇 가지 인간 동족들(오스트랄로피테쿠스, 파란트로푸스, 호모)
속(Genus)	사람속(Homo)	큰 뇌를 가진 호미닌	인간과 멸종된 호모 에렉투스 및 호모 네안데르탈렌시스와 같은 인간 동족들
종(Species)	호모 사피엔스 사피엔스	인간	

어 거의 모든 식물은 녹색이고 광합성을 하지만 오직 속씨식물만 꽃과 씨를 가지고 있음, 침엽수는 꽃이 없지만 방울 열매 안에 씨를 가지고 있음, 양치류는 꽃, 열매, 씨가 없음, 이끼는 구조가 너무 단순해서 물을 수송하는 조직이 부족함 등을 토대로 하여 자연적인 집단을 식별하려고 한다.

강(class)은 문의 하위로 구분된다. 예를 들면, 척삭동물문(phylum Chordata)에는 포유강, 조강, 파충강, 양서강과 어류로 구성된 3개의 강으로 총 7개의 강이 포함된다.

목(order)은 강의 범주에 속한다. 식육목(Carnivora)은 포유강에서 육식을 하는 동물들, 즉 말과 말 동류들, 소와 소 동류들, 설치류, 토끼, 박쥐, 물개, 고래, 인간 등 많은 포유동물이 식육목에 포함된다.

과(family)는 목에서 나뉘어졌으며, 유사한 종의 집단들이 구성하는 속이 과에 속해 있다. 특히, 고양이과(Felidae)는 식육목의 하위 집단이며 캐나다 스라소니와 붉은 스라소니(스라소니속, genus *Lynx*), 퓨마(퓨마속, genus *Puma*), 표범, 호랑이, 재규어, 사자(표범속, genus *Panthera*) 그리고 고양이(고양이속, genus *Felis*) 등 기타 여러 종류가 있으며 여러 속의 많은 종을 포함한다. 그러므로 오늘날의 분류학에서 분류된 각 생명체는 고유한 이항 이름이 있는데, 그것은 공통된 진화역사를 가지고 있다고 생각되는 큰 그룹에서부터 분지되는 것을 확인할 수 있다. 표 21.1은 인간의 분류체계를 통해 다양한 범주의 사용법을 보여준다.

계통발생학

계통발생학(phylogeny)은 생명체 간의 진화관계를 탐구하고 진화역사를 재구성하는 과학이다. 분류학자와 계통발생학자는 협력하여 결과물이 호환되도록 하는데, 분류학적 순위는 분류되는 생명체 간의 계통발생학적(진화학적) 관계를 반영하여 결과물을 도출한다. 비록 분류학과 계통발생학은 과학의 범주에 있지만, 생명체가 어떻게 분류되는지 또는 어떻게 관계되는지에 대한 완전한 일치가 되지 않고, 새로운 생명체와 관련 정보들은 지속적으로 발견 및 보고가 되기 때문에, 분류학과 계통발생학 간의 결과물 또한 지속적으로 개정되고 있다. 이러한 개정 과정 동안 분류학자와 계통발생학자들은 끊임없이 의견 공유를 실시한다.

계통발생학적 관계를 수립하는 데 이용된 증거

계통발생학자들은 진화적 역사를 발전시키고자 화석, 비교 해부학, 삶의 주기 정보, 생화학·분자생물학적 증거 등과 같은 다수의 증거를 사용한다.

1. **화석**은 이전에 존재했던 삶의 증거이다. 생물학자들은 화석의 발견과 연구를 통해 얻은 증거를 통해 생명체를 시간순으로 배열하고, 시간이 지남에 따라 특정 화석의 미세한 변화를 비교할 수 있다. 특정 식물 화석의 잎 크기가 긴 지질학적 시대를 거쳐 광범위하게 변하는 것 등을 통해 시간의 흐름에 따라 생명체의 비교 변화를 실시할 수 있는 것 등을 예로 들 수 있다. 특히, 극단적으로 가장 오래된 식물과 가장 최근의 식물을 비교해볼 수 있다면, 그 식물들은 다른 범주로 분류될 수도 있다. 그러나 이들 사이에 존재하는 화석들의 연관성으로 최근 식물이 오래된 식물의 후대임을 명백하게 확인할 수 있는 근거로 사용된다.
2. 화석 또는 현재 생존하는 생명체에 대한 **비교 해부학 연구**는 계통발생학을 발전시키는데 매우 유용하게 사용될 수 있다. 왜냐하면 생명체의 구조는 유전자와 발달과정에 의해 결정되기 때문에, 유사한 구조를 가진 생명체들은 연관이 있을 것으로 예상된다. 예를 들어, 식물계에서 꽃을 가진 모든 식물은 꽃을 가지지 않은 식물보다 양치류에 더 밀접하게 관계가 있을 것으로 볼 수 있으므로 관련 사실로 인해 몇 가지 분류를 실시할 수 있을 것이다. 또한 동물계에서도 털과 유선을 갖는 생명체는 같은 무리로 나누고, 깃털, 날개, 부리를 가지는 그룹은 새 무리로 분류할 수 있을 것이다.
3. **삶의 주기 정보**는 계통발생학자와 분류학자에게 유용한 또 다른 증거로 보인다. 많은 생명체들은 완전히 다른 단계를 포함하는 복잡한 삶의 주기를 가진다. 수정 후, 일부 생명체의 수정란은 종의 성체와 유사하지 않은 자유로운 발달 단계로 성장한다. 이것을 유생(larvae, 단수일 경우 larva)이라고 한다. 유생 단계는 종종 생명체의 관련성에 대한 정보를 제공한다. 예를 들어, 따개비(barnacle)는 바위와 다른 단단한 해양물체에 붙어살며 작고 단단한 원뿔처럼 보인다. 이러한 겉모습은 새우와 관련이 있는 것으로 보이지 않지만, 따개비와 새우의 유생 단계는 매우 유사하고, 따개비에 대한 해부학적 연구는 새우와 많은 구조를 공유하는 것을 보여준다. 그러나 따개비와 새우의 겉모습은 이러한 관련성이 없는 것처럼 보인다(그림 21.5).

   또한 새와 파충류 둘 다 껍질을 가진 알을 낳는다. 하지만 파충류는 깃털이 없고 비늘로 몸이 덮여 있다. 두 집단이 기본적으로 달걀 껍질이라는 특징을 공유하는 것은 다른 집단보다 서로 밀접하게 관계가 있지만, 해부학적 차이를 근거하여 두 집단으로 나눌 수 있다.

   이와 같은 유형의 증거는 식물계에서도 확인된다. 완두콩, 땅콩, 리마콩과 같은 많은 종류의 식물은 꼬투리 안에서 두 부분으로 나누어진 씨앗(씨앗을 쉽게 두 부분으로 나눌 수 있음)을 많이 생산한다. 비록 완두콩은 덩굴 같이 자라고, 리마콩은 덤불 같이 자라며,

A 따개비

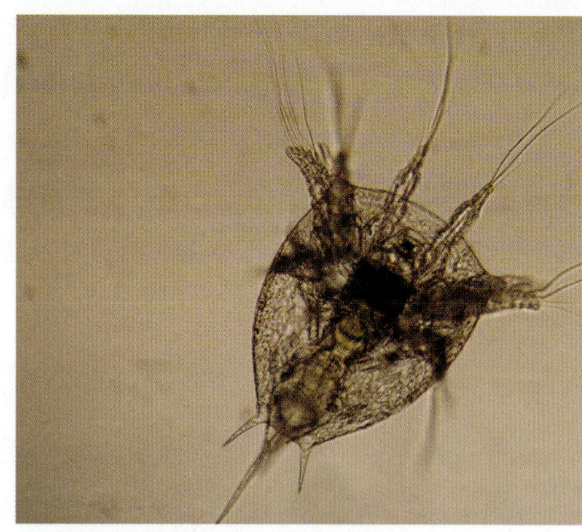

C 따개비의 노플리우스

B 새우

D 새우의 노플리우스

그림 21.5 따개비(A)와 새우(B)의 성체는 매우 다르지만 유생 단계(C와 D)는 매우 닮았다. (a): ©Brand X Pictures/PictureQuest RF; (b): ©Medioimages/PunchStock RF; (c): ©Robert F. Sisson/National Geographic/Getty Images; (d): Source: NOAA

땅콩은 씨앗이 땅 아래에 존재하지만, 이 모든 식물은 관련이 있는 것으로 생각된다.

4. **생화학·분자생물학 연구방법론**은 최근에 계통발생학자들에게 중요성이 부각되었는데, 생물학과 마찬가지로, 계통발생학 또한 새로운 기술이 발전함에 따라 끊임없이 발전하고 있기 때문이다. 특히, DNA 분석법을 통해 종 간의 유전적 유사성을 밝히는 데 중요하게 사용되고 있다. 새를 연구하는 조류학 분야에서 황새와 홍학이 밀접한 관련성이 있다는 그룹과 홍학이 거위와 더 밀접한 관계가 있다는 그룹 사이에서 DNA 분석을 이용하여 홍학과 거위보다 홍학과 황새 사이가 더 높은 관련성을 가지는 것을 보여준다. 이 결과는 홍학과 황새의 관계가 가장 가깝다는 의미로 해석된다.

또 조류와 식물은 여러 종류의 엽록소(a, b, c, d, e)를 가지고 있는데, 대부분의 광합성 생명체는 이러한 엽록소 분자의 2개의 조합을 가지고 있다. 특히, 식물계에 속하는 구성원들은 엽록소 a, b를 가지고 있다. 다시마와 같은 큰 해초는 표면적으로 육상의 나무나 관목과 비슷하지만, 엽록소의 존재를 비교하면 다시마는 엽록소 a, d를 가지고 있는 걸 보여준다. 또 다른 **녹조**라고 불리는 조류집단을 조사하면, 식물과 같은 엽록소 a, *b*를 가지는 것이 확인되었다. 이러한 결과를 토대로 해부학적 및 발달 증거와 함께 제시된 생화학·분자생물학 연구방법론에 의해 보고된 정보를 통해 녹조와 식물 사이의 진화적 연관성을 확립하는 데 도움을 주었다. 결국 위의 제시된 다양한 종류의 증거들(화석, 비교 해부학, 삶의 주기, 생화학·분자생물학적 증거)은 계를 포함한 다양한 분류학적 범주를 설정하고 이해하는 데 도움을 주었다.

이러한 모든 증거의 근원을 고려하여 생물학자들은 모든 생명체가 진화적으로 어떻게 연관되는지에 대한 생각을 발전시켜 나갔다(그림 21.6). 이 진화적 생각의 바탕은 세포의 생화학적 진화를 염두하고 있는데, 최초의 세포는 모든 생명체의 기원으로 추정된다. 최초의 세포는 더 이상 존재하지 않지만, 그의 후손들은 수백만 년에 걸쳐 다양해졌을 것으로 추정한다. 특히, 세균역과 고세균역의 구성원들은 가장 단순한 구조를 가지고 있으므로 아마도 지구상의 최초 세포생명체와 가장 유사할 것으로 판단되며, 진핵생물역의 구성원들은 나중의 진화를 통해 구조적 및 기능성 복잡성을 많이 가졌을 것으로 생각된다.

21.2 생물 다양성에 대한 조사

지구에는 다양한 생물이 존재한다. 세균과 고세균과 같은 집단은 30억 년 이상 존재했을 것이며, 식물 및 동물과 같은 다른 집단들은 10억 년 전부터 존재했을 것으로 생각된다. 이 절에서 생물의 3개의 역을 살펴보고, 각 역의 독특한 특징을 간략하게 설명하고자 한다.

세균역과 고세균역

세균와 고세균 둘 다 원핵생물이기 때문에 이전에는 하나의 분류학 단위로 함께 묶여 있었으며, 지금도 여전히 '세균(bacteria)'이라고 부른다. 그러나 두 역의 구성원은 서로 매우 다르며 지금은 계통수(evolutionary tree)에서 독립된 위치에 존재하는 것을 확인할 수 있다. 특히, DNA와 RNA 뉴클레오티드 서열에 대한 연구와 단백질의 아미노산 서열을 비교함으로써 얻은 결과를 통해 세균이 고세균보다 진화적으로 더 오래 되었다는 것을 증명하였다.

세균역

세균은 크기가 작고 단세포로 구성된 원핵생물이다. 세균의 세포벽은 펩티도글리칸(peptidoglycan)으로 알려진 독특하고 복잡한 유기분자로 구성되어 있다. 펩티도글리칸은 세균에서만 발견되며 아미노산에 의해 연결된 두 종류의 당으로 구성되어 있다. 두 종류의 당 중에서 무라민산(muramic acid)은 세균에서만 발견되었다. 세포막의 구조와 DNA 성질의 차이와 함께 이러한 특성은 세균을 고세균과 진핵생물과 구별하는 데 사용된다.

세균은 신진대사능력에 따라 수천 종으로 나눌 수 있는데, 대부분의 세균은 영양 공급원으로 유기분자를 필요로 하는 종속영양생물로 알려져 있다. 그렇기 때문에 대부분이 죽은 유기물의 중요한 분해자로 활동하고 있다. 하수처리장은 다른 유기물과 함께 세균을 사용하여

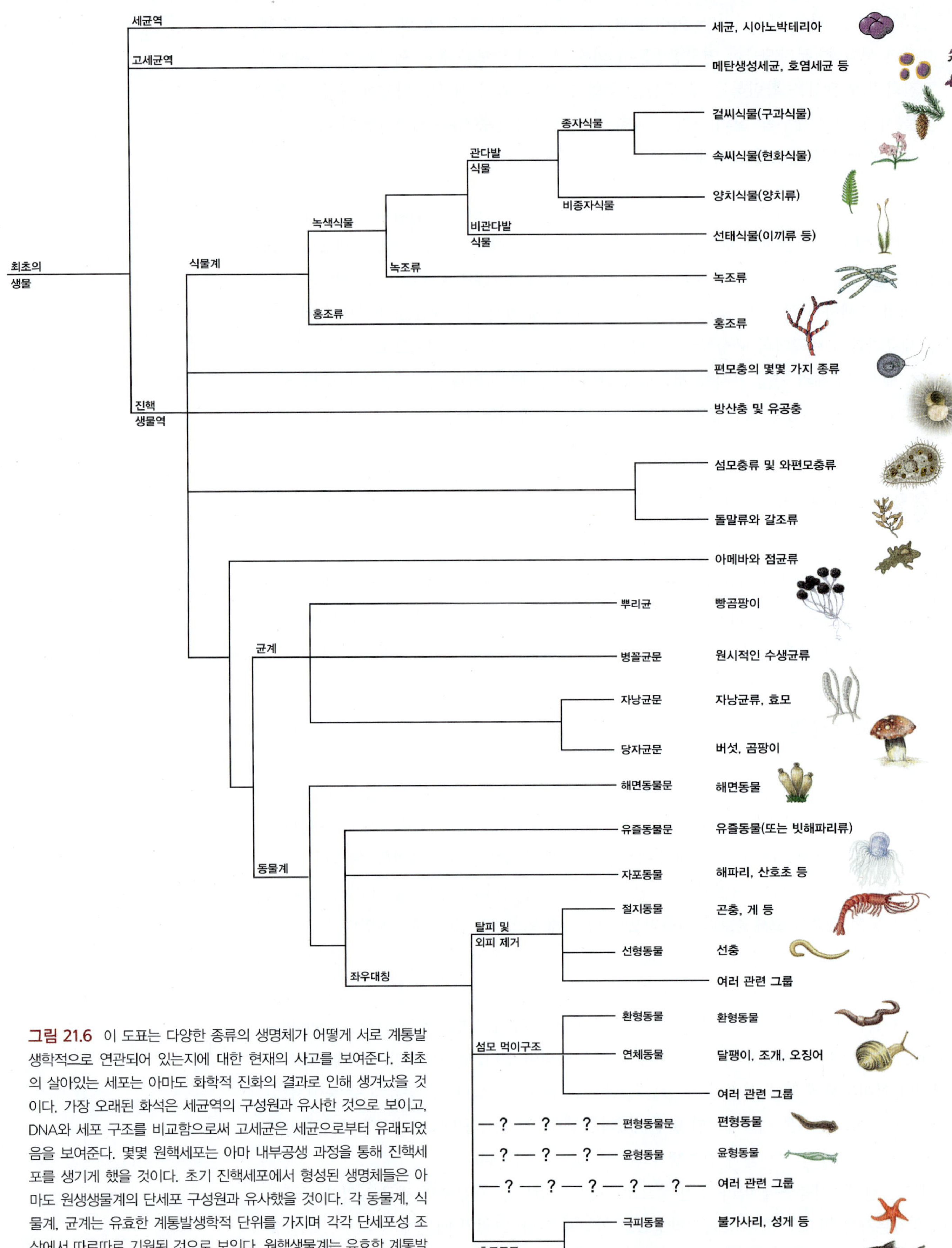

그림 21.6 이 도표는 다양한 종류의 생명체가 어떻게 서로 계통발생학적으로 연관되어 있는지에 대한 현재의 사고를 보여준다. 최초의 살아있는 세포는 아마도 화학적 진화의 결과로 인해 생겨났을 것이다. 가장 오래된 화석은 세균역의 구성원과 유사한 것으로 보이고, DNA와 세포 구조를 비교함으로써 고세균은 세균으로부터 유래되었음을 보여준다. 몇몇 원핵세포는 아마 내부공생 과정을 통해 진핵세포를 생기게 했을 것이다. 초기 진핵세포에서 형성된 생명체들은 아마도 원생생물계의 단세포 구성원과 유사했을 것이다. 각 동물계, 식물계, 균계는 유효한 계통발생학적 단위를 가지며 각각 단세포성 조상에서 따로따로 기원된 것으로 보인다. 원핵생물계는 유효한 계통발생학적 단위를 가지지 않는다.

유기 폐기물을 분해하고 있다. 몇몇 종류는 다른 생명체의 조직에 살며 질병을 일으키는 **기생충**(parasite)이다. 기생 세균은 우리에게 문제를 일으키기 때문에 집중적으로 연구되어 왔으며 폐렴, 결핵, 매독, 임질, 인후염 및 포도상구균 감염은 우리가 잘 이해하고 대처하고 있는 몇 안 되는 세균이다. 게다가 종속영양세균은 산소를 이용할 능력에 따라 구별될 수 있는데, 일부 균은 호기성(유기분자를 분해하기 위해 산소 이용)이고 다른 일부 균은 혐기성(산소를 이용하지 않음)으로 알려져 있다. 초기 지구의 대기는 환원성 대기(reducing atmosphere)로 생각되기 때문에 최초의 세균은 아마 혐기성 생명체일 것으로 예측하고 있다.

몇 가지 종류의 독립영양세균도 존재하는데, 시아노박테리아(청록색 세균)는 아마도 광합성을 한 최초의 생명체로 알려져 있다. 그 세균은 햇빛을 포착하고 일종의 광합성을 수행할 수 있는 청록색 색소를 가지고 있다. 시아노박테리아는 해안과 담수에 매우 흔하게 있고 대기 중의 산소 생성에 크게 기여한다. 다른 종류의 세균은 새로운 유기분자를 만드는 데 필요한 에너지를 얻고자 무기 화학 반응을 이용할 수 있으며, 특히 환경에 중요한 영향을 미치는 **티오바실러스 페로옥시단스**(*Thiobacillus ferrooxidans*)는 철과 황의 산화로 에너지를 얻으며, 이는 어느 정도 산성 광산 배수 발달에 원인이 된다.

고세균역

고세균(*Archaea*)이라는 용어는 '고대(ancient)'를 의미하는 그리스어의 *archaios*에서 유래되었다. 세균이 고세균보다 앞서 존재했고 고세균은 20억 년~30억 년 사이에 세균으로부터 분리되어졌다고 생각하기 때문에 약간의 오해의 소지가 있지만, 고세균은 몇 가지 근본적인 부분에서 세균과는 다른 특성을 가지고 있다. 고세균은 세포벽에 펩티도글리칸을 가지고 있지 않지만 세균과 진핵생물에서 발견되지 않은 독특한 세포막 구조를 가지고 있다. 고세균의 DNA는 세균과 진핵생물과는 다른 많은 비율의 유전자를 가지고 있으나, DNA 구조는 여러 가지 면에서 진핵생물에서 발견된 것과 유사함을 알 수 있다.

고세균에 속하는 많은 구성원이 극한의 환경에서 발견되기 때문에 극한 생물로 알려져 있지만, 더 많은 종들이 발견되고 한때 세균으로 여겨졌던 생명체들이 고세균으로 재분류되면서 극한 환경에 살지 않은 많은 생물들이 존재하는 것 또한 분명해졌다. 고세균은 에너지를 얻기 위해 다양한 방법을 사용하고 있으며, 대부분은 자가영양생물로 무기 화학 반응(화학적 독립영양생물) 또는 빛(광독립영양생물)을 이용하여 에너지를 얻으며, 탄소는 이산화탄소로부터 얻는다. 몇몇은 종속영양생물로 에너지와 탄소 원천으로 유기분자를 이용한다.

고세균의 구성원은 매우 다양하다. 고세균이 차지하고 있는 특정 서식지와 그들이 보여주는 신진대사 종류를 기반으로, 고세균은 다음과 같은 몇 가지 기능적인 집단으로 나눌 수 있다.

1. **메테인 균**은 혐기성 균으로 메탄을 생성하는 생명체이다. 이 균은 하수와 늪, 그리고 흰개미 및 소, 양, 염소와 같은 반추동물의 장에서 발견될 수 있다. 심지어 사람의 장에서도 발견된다.
2. **할로박테리아**[할로(*halo*) = 소금]는 그레이트솔트호(미국 중서부 유타 주에 있는 호수), 염전, 소금 용액과 같은 매우 소금이 많은 환경에서 산다. 많은 균이 붉은 색소를 가지며 많은 수로 존재할 수 있어 물을 붉게 물들인다. 어떤 균들은 특별한 종류의 엽록소를

자세한 관찰

분기학(분지학, cladistic)—계통발생학과 분류학을 위한 도구

분류 또는 분류학은 매우 큰 분야인 계통분류학의 한 부분이다. 분류는 생명체를 논리적 범주로 나누고 그 범주에 이름을 정해주는 것을 포함한다. 계통발생학 또는 **계통분류학**은 수십억 년의 생물학적 역사에서 생명이 다양화되고 변화된 방식을 해석하고자 생물의 진화적 관계를 이해하려고 노력한다. 또 계통발생학은 시간이 지남에 따라 생명체가 어떻게 변화되었는지를 이해하려고 한다. **분기학**[어린 싹(*klados*) = 가지(branch)]은 생물학자들이 유전적 유사성을 바탕으로 집단 내 생명체들 간의 관련 정도를 평가하는 데 이용되는 방법이며, 다음과 같은 기본적인 가정을 포함한다.

1. 생명체 집단은 공통된 조상으로부터 유래하였다.
2. 각각의 집단 사이의 관계는 공통의 조상에서 유래한 다른 진화 집단과 함께 분지양상으로 나타낼 수 있다.
3. 시간이 지남에 따라 생명체에서는 다양한 특성의 변화가 일어난다.

특정 생물군에 분기학을 적용하기 위해서는 몇 가지 단계를 거친다. 첫째는, 연구하고자 하는 생명체 집단에 대한 정보를 수집하여 다양한 특성을 파악하고 표현되는 특징을 선택하여야 한다. 둘째로, 표현되는 특징이 조상으로부터 유래한 것인지 최근 **외부 집단**으로부터 유래한 것인지를 알아내야 한다. 결국, 이는 관심 있는 집단 이외에도 다른 집단과 비교하고 분석해야 하는 것을 의미한다. 또한 외부 집단의 특성은 곧 조상이 가지는 특성으로 간주한다. 마지막으로, 연구하고자 하는 집단이 보이는 특성을 비교하여 분기도(분지도)로 알려진 도표(상자 그림 21.1)와 같이 정리해야 한다. 예를 들어, 만약 여러 종류의 육지성 척추동물이 어떻게 연관되는지에 대한 연구에 관심이 있다면, 상자 표 21.1에 나타나는 특징들을 먼저 정리해볼 수 있다.

상자 표 21.1

특징 / 생물	폐가 있음	건조한 피부	온혈동물	털이 있음
상어	0	0	0	0
개구리	+	0	0	0
도마뱀	+	+	0	0
까마귀	+	+	+	0
박쥐	+	+	+	+

표에 따르면, 상어는 외부 집단이며, 폐가 없고 피부가 건조하지 않으며 털이 없는 냉혈동물이 조상이 가지는 특징이다. 이 정보를 이용하여 아래의 분기도를 구성해볼 수 있다.

상어를 제외한 개구리, 도마뱀, 까마귀, 박쥐는 폐를 가지고 있고, 도마뱀, 까마귀, 박쥐는 피부가 건조한 특징을 추가적으로 가진다. 또 까마귀와 박쥐는 온혈동물이다. 이 둘은 다른 집단보다 더 많은 특성을 공유하기 때문에 더 밀접한 관련이 있는 것으로 본다.

가장 중요한 것은 비교할 특성을 선택하는 것으로, 두 생명체는 많은 특성을 공유하지만 비교되는 특성이 동일한 유전적 배경에서 나온 것이 아니라면 동일한 집단의 구성원이 될 수 없다. 예를 들어, 날개와 밝은 색상 등의 존재를 특징으로 삼아 나비, 새, 다람쥐를 비교한다면 나비와 새가 새와 다람쥐보다는 더 밀접하게 관계되어 있다고 볼 수 있지만, 새와 나비의 날개는 같은 진화적 기원이 다르기에 이는 타당한 비교가 될 수 없음을 보여준다.

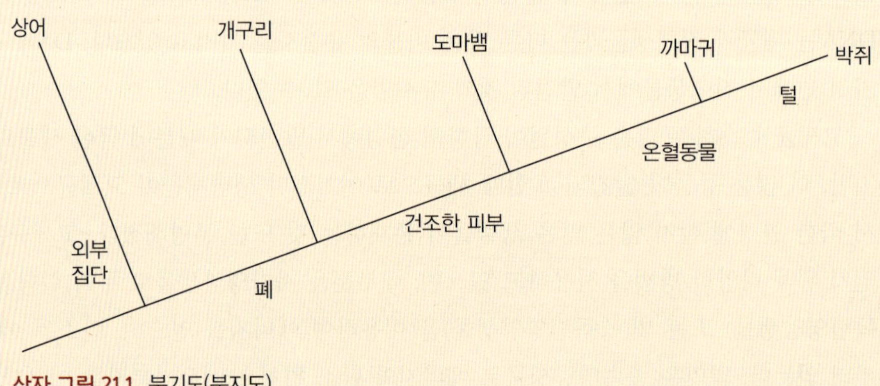

상자 그림 21.1 분기도(분지도)

가지고 있기에 광합성과 같이 ATP를 생성할 수 있지만 산소를 방출하지는 않는다.

3. **호열성** 고세균은 보통 매우 높은 온도와 고농도의 황(예, 뜨거운 유황천 또는 심해 열수 분출구 주변)이 있는 환경에 산다. 500종 이상의 호열성 균이 바다의 열수 분출구에서 발견되었다. 이러한 균들 중 일부는 종속영양생물인 반면에 다른 균은 화학적 독립영양생물이며 황을 이용하여 유기분자를 합성하기 위해 에너지원으로 이용한다. 호열성 균 중 하나인 **피로로부스 푸마리**(*Pyrolobus fumarii*)는 옐로스톤 국립공원의 온천에서 자란다. 최고 성장 온도는 113℃이고 최적 성장 온도는 106℃, 최소 성장 온도는 90℃이다.

4. 해양, 담수, 토양에 사는 **고세균**은 최근에 매우 많이 발견됐지만 이러한 서식지에 사는 균들이 가지는 역할은 아직 알려진 것이 거의 없다.
5. 최근 다른 종족에 기생하는 것으로 보이는 종족이 발견되었다.

진핵생물역

대부분의 생물학자들은 진핵세포가 내부공생 과정에 의해 원핵세포로부터 진화했다는 증거를 지지한다(20.3절의 '내부공생 이론과 진핵세포의 기원' 참조). 이 가설은 미토콘드리아, 엽록체, 다른 막 기관과 같은 구조들은 크고 좀 더 원시적인 세포에서 유래된 것을 의미한다. 내부공생을 통해, 이들의 구조와 기능이 숙주세포와 통합되어 결국 생존에 필수적이게 된다. 이런 새로운 세포의 유형은 보통 원핵세포보다 훨씬 큰 오늘날 진핵세포의 선조였으며, 일반적으로 원핵세포 부피의 천 배 이상을 가진다. 진핵세포의 큰 크기는 미토콘드리아, 소포체, 엽록체, 핵과 같은 특정 막 기관의 존재를 가능하게 한다. 계의 구성인 원생생물계, 균계, 식물계, 동물계는 진핵생물이다. 단세포 진핵생물은 원생생물계에 속한다.

원생생물계

진핵생물로 이어진 세포 구조의 변화는 현재 원생생물계로 분류된 것과 유사한 단세포 생명체에서 유래되었을 것이다. 이 계에 속하는 구성원들은 비록 몇몇은 집단을 형성하지만 단세포 생물이 대부분이다.

6만 종의 알려진 원생생물계에는 많은 다양성이 존재한다. 특히, 대부분 많은 종은 민물에 산다. 다른 종들은 해양이나 육지에서 발견되기도 한다. 또 어떤 종은 기생충이며, 다른 생물의 조직에서 살기도 한다. 그러나 어떠한 종은 해를 끼치지 않고 다른 생명체에 사는 **공생적**인 생명체이고, 다른 어떤 종은 서로의 이득을 얻는 관계에 있는 다른 생명체와 협력해서 사는 **상호 공생적**인 생명체도 존재한다. 모든 종은 체세포 분열이 가능하며, 그 결과 무성생식을 할 수 있지만 유성생식도 가능하다. 많은 종들이 엽록체에 엽록소를 포함하고 있어 독립영양생물이다. 다른 종들은 에너지 원천으로 유기분자를 필요로 하여 종속영양생물이다. 독립영양생물과 종속영양생물 둘 다 미토콘드리아를 가지며 산소를 필요로 하여(호기성) 호흡한다. 일부 특수한 기생적인 유형은 미토콘드리아와 다른 세포소기관이 부족한 경우도 있다.

이러한 계에 속하는 구성원들은 형태, 대사, 생식방법이 매우 다양하기 때문에 대부분의 생물학자들은 원생생물계가 유효한 계통발생적 집단을 형성한다고 보지 않지만, 여전히 편리한 분류체계의 그룹으로 사용되고 있다. 이러한 생명체 집단들을 분류학적 집단으로 봄으로써 다른 종류의 생명체와 어떻게 연관되어 있는지에 대한 유용한 관점을 얻을 수 있는데, 특히 진핵생물의 기원 이후 진화는 몇 가지 다른 경로를 따라 진행되었다. 오늘날 진화의 계통을 따라가 보면 식물과 같은 독립영양생물(조류), 동물과 같은 종속영양생물(원생동물), 균류와 같은 종속영양생물(점균류)을 볼 수 있다. **아메바**와 **짚신벌레**는 흔하게 원생동물의 예로 접한다. 많은 해조류와 연못 위에 뜨는 각종 조류들은 많은 수의 조류 세포들의 무리이다. 점균류는 습한 서식지의 토양이나 토양 안에서 살기 때문에 흔하게 볼 수 없다. 그것들은 썩은 통나무에 끈적한 덩어리로 가장 많이 접할 수 있다. 그림 21.7은 다양한 생명체 집단의 몇 가

그림 21.7 원생생물계는 구조가 단순한 다양한 생물들이 존재한다. 이는 계통발생학적 집단은 아니다. 이것은 다양한 집단의 몇 가지 예이다. (조류): ©Melba/AGE Fotostock; (다시마): ©James Forte/Getty Images RF; (점균류): ©Melinda Fawver/Getty Images RF; (원생동물): ©frenta/123RF RF

녹조류

다시마

점균류

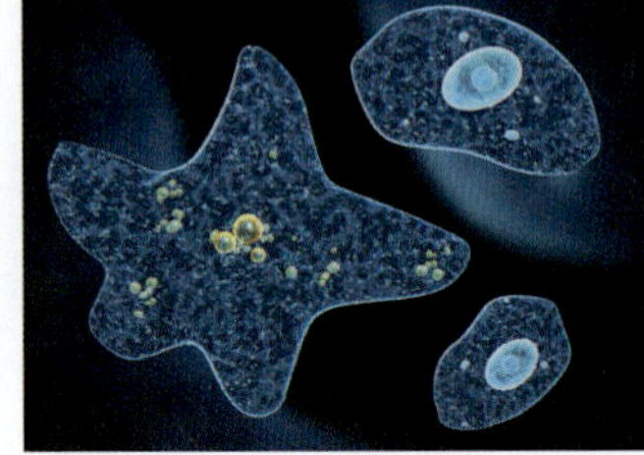
원생동물

지 예를 보여준다.

결과적으로 원생생물계는 진화 과정을 통해 식물과 같은 독립영양생물은 아마 식물계를 생기게 하며, 동물과 같은 종속영양생물은 동물계를, 균류와 같은 종속영양생물은 균계의 선조 그룹을 형성할 것이다.

균계

균계(Fungus)는 곰팡이계에 속하는 부류에 대한 일반적인 이름이라 할 수 있다. 곰팡이의 대부분은 움직일 수가 없다. 그것들은 질소를 포함한 탄수화물 복합체인 키틴을 가진 딱딱하고 얇은 세포벽을 가진다. 식물은 셀룰로오스 세포벽을 가지기 때문에 이는 중요한 진단의 특징이다. 균계의 구성원은 비광합성 진핵생물이다. 대부분(버섯과 곰팡이)은 다세포로 이루어져 있지만 효모와 같은 몇몇은 단세포로 구성된다. 특히, 다세포 진균에서는 다세포 섬유의 네트워크가 다세포 기본단위로 구성되어 있다.

이 모든 생물체들은 종속영양생물이기 때문에 반드시 유기적인 원천으로부터 영양분을 얻어야 한다. 대부분은 큰 분자를 흡수가 가능한 작은 단위로 분해하기 위해 세포 밖으로 효소를 분비하게 되는데, 이는 생태계의 분해자로서 역할을 수행하는 데 있어서 매우 중요하다. 그것들은 죽은 유기체에서부터 신발, 식품, 옷과 같은 제품에 이르는 다양한 영양분을 먹고 산다. 대부분의 합성 유기분자는 곰팡이에 의해 쉽게 공격받지 않는다. 이는 플라스틱 가방, 고무 컵, 유기농약의 분해가 느린 이유 중 하나이다.

어떤 균은 기생적이고 다른 균은 상호 공생적이다. 많은 기생적인 균들은 식물에서 매우 유해하다고 알려져 있고, 일부 균은 식물을 공격하고 죽이기도 한다(밤나무줄기마름병, 네덜란드 느릅나무병). 다른 균들은 과일, 잎, 뿌리, 줄기를 손상시켜 수확량을 감소시킨다. 사람에 기생하는 균은 무좀, 칸디다질염, 계곡열, '링웜'과 다른 질병들에 원인이 된다. 다른 균 중

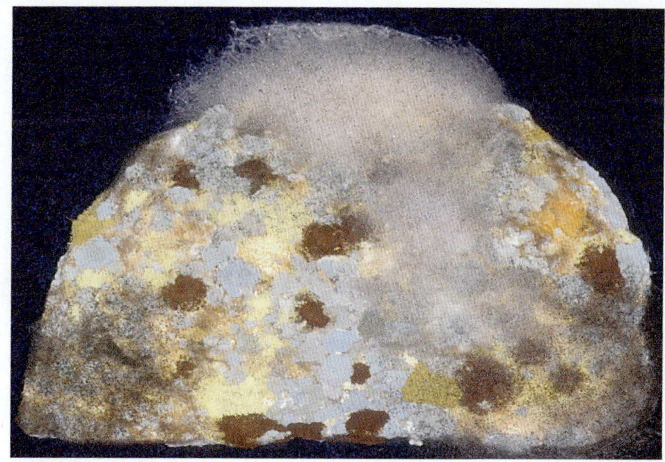

곰팡이

주머니버섯

버섯

그림 21.8 곰팡이, 버섯, 주머니 버섯은 일반적인 균계의 예이다. (곰팡이): ©Steven P. Lynch RF; (버섯): ©Fred Ross; (주머니버섯): ©Tinke Hamming/Ingram Publishing RF

에는 여러 종류의 생물과 상호 공생적인 관계를 형성하여 이끼와 특정 종류의 식물 뿌리의 결합에 중요하게 작용하여 식물이 토양으로부터 영양분을 얻는 것을 돕는다. 그림 21.8은 이 생명체 집단의 몇 가지 예를 보여준다.

식물계

원생생물계에서 유래되었다고 생각되는 또 다른 집단으로 광합성을 하는 녹색 식물계이다. 식물의 조상은 일반적으로 **녹조**로 불리는 특정 종류의 조류일 가능성이 가장 높다. 식물계의 구성원은 엽록소를 가지고 광합성을 통해 자체적으로 유기화합물을 생산하는 비이동적인 육상의 다세포 생명체이다. 모든 식물 세포는 셀룰로오스 세포벽을 가지고 있으며, 30만 종이 넘는 식물들이 분류되어 있다. 이 중 약 85%는 꽃이 피는 식물이고, 14%는 이끼와 양치류, 나머지 1%는 원뿔형 식물과 식물계 내의 작은 집단들로 구성되어 있다.

오늘날 지구상에는 다양한 식물들이 존재하는데, 식물계는 이러한 구성원들을 포함하듯이 단순한 이끼에서부터 뿌리, 줄기, 잎, 꽃을 가진 유관속식물까지 다양한 구성원을 가지고 있다. 대부분의 생물학자들은 식물계의 진화가 거의 5억 년 전인 원생생물계의 녹조가 이끼와

자세한 관찰

세계에서 가장 오래되고 큰 생명체

세계에서 가장 오래되고 큰 생명체라는 기록을 가진 것으로 알려져 있는 생명체들이 있다. 이 중 다수의 식물도 이와 같은 기록을 가지고 있다. 캘리포니아의 화이트 마운틴에 있는 **강털소나무**(Bristlecone pines, *Pinus longaeva*)의 경우 5천 년 이상 된 것으로 알려져 있으며, **주르파 오크**(Jurupa Oak, *Quercus palmeri*)는 식물의 중앙 부분이 죽을 때 중앙에서 클론을 형성하는데, 주르파 오크의 몇몇 클론이 13,000년 정도 된 것으로 추정된다. 하지만 이러한 클론이 아마 30,000년 정도 될 것이라고 추정하는 이도 있다. **남극 해면**(Antarctic sponge, *Cinachyra antarctica*)은 남극해의 차가운 물에서 극도로 천천히 자라기 때문에 1,550년 정도 된 것으로 추측한다. 가장 큰 생명체라는 기록은 여러 가지 방법으로 결정될 수 있다. **거삼나무**(Giant Redwood, *Sequoiadendron giganteum*)의 경우 단일 줄기로 가장 큰 줄기를 가진 나무로 알려져 있으며, 그 크기가 높이 70~85 m, 직경 5~7 m에 달한다. 제너럴 셔먼 나무(General Sherman tree)의 무게는 약 1,270,058 kg이다. 단일은 아니지만, 북미 사시 나무(trembling aspen, *Populus tremuloides*)의 경우에는 뿌리로부터 유래한 다수의 클론으로 구성되어 있으며, 로키산맥에 있는 한 클론은 약 0.4 km^{2}에 달하며, 무게는 약 5,443,108 kg이다. 그러나 가장 큰 생명체의 기록을 보유하고 있는 것은 토양에 사는 곰팡이 아밀라리아(*Armillaria*) 클론일 수도 있는데, 워싱턴주에 있는 이 클론은 약 3 km^{2}에 달하는 것으로 확인되었기 때문이다.

같은 관이 없는 식물로 일으켰을 때 시작되었다고 생각한다. 식물의 진화 초기에 관다발 조직의 발달은 양치식물, 원뿔형 식물, 속씨식물을 포함하는 두 번째 진화의 연장선으로 이어졌는데(그림 21.9), 그 중 일부 유관속식물은 씨앗을 가지는 오늘날 원뿔형 및 속씨식물로 진화했으며, 반면에 양치류는 씨앗이 없도록 진화하였다. 유관속식물의 발달은 식물이 수생에서 육지 환경으로 진화하는 데 있어 중요한 단계였을 것이다.

개념 적용

생명의 다양성

마당이나 공원에서 1 m^{2}를 측정할 수 있는 장소를 찾고, 엎드려서 보이는 식물, 동물, 곰팡이 종류를 구분해보자. 각각의 구체적인 이름을 아는지는 중요하지 않으며, 그것들을 구분하기 위해 이용할 특징과 다른 생명체를 식별하기 위한 별도의 리스트 3개(식물, 동물, 곰팡이)를 만들어보자. 그 안에서 얼마나 많은 다양한 생명체를 발견하였는가? 어느 것이 가장 많은가?

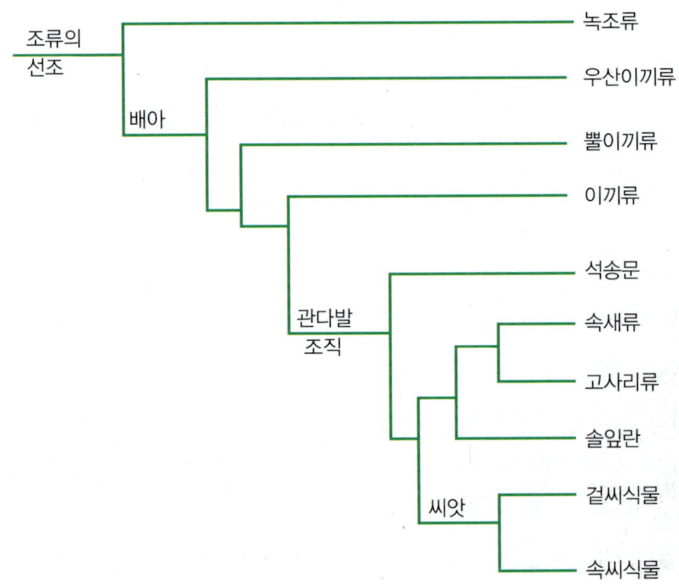

그림 21.9 식물의 진화는 육지에 살기 위해 특화되며 번식 방식이 변화했다. 식물은 배아라고 알려진 다세포성 미성숙 단계가 있다는 점에서 그들의 조상인 조류와 다르다. 관다발 조직과 씨앗은 식물이 습한 서식지에서 성공적으로 벗어날 수 있게 해주는 중요한 진화 단계이다.

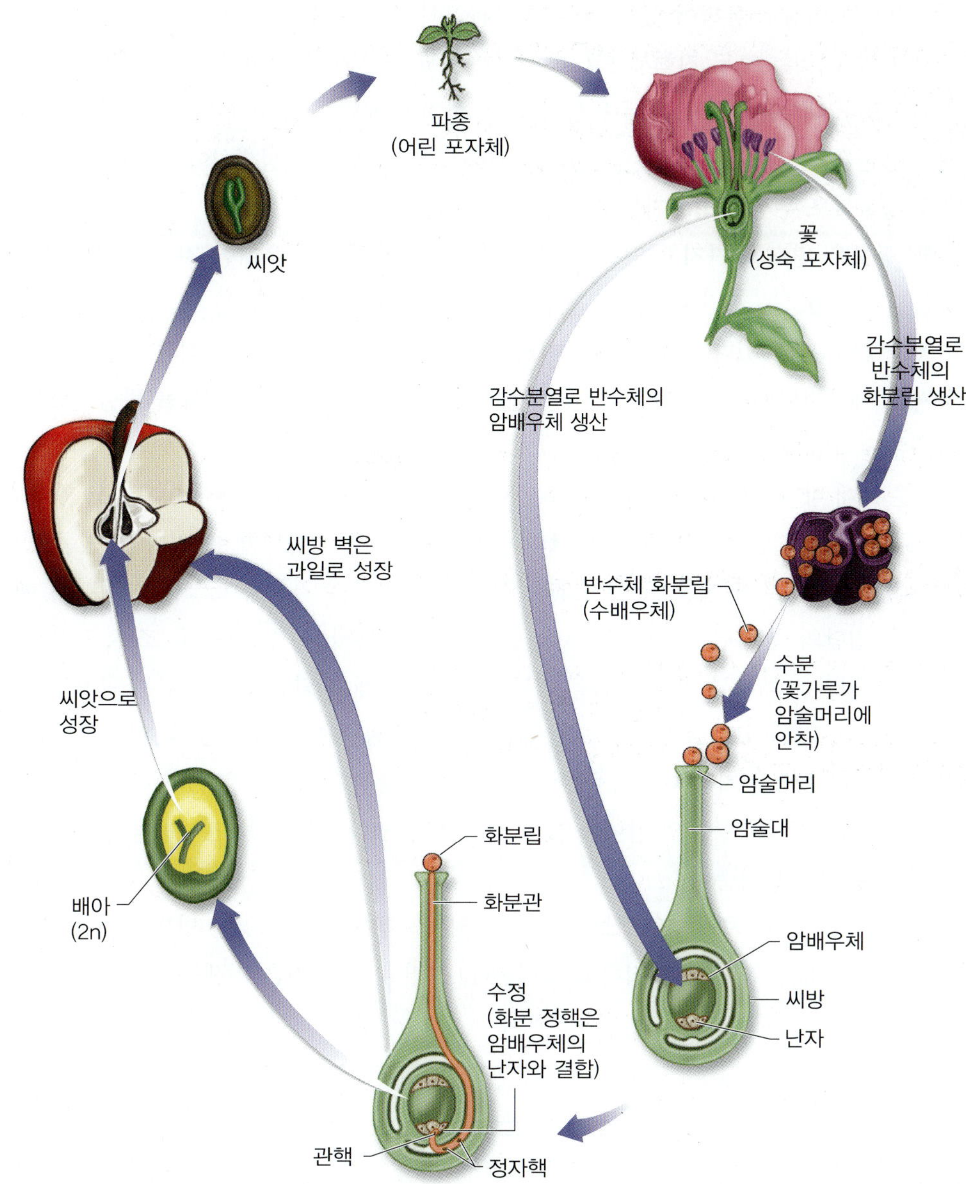

그림 21.10 속씨식물에서 포자체 세대일 때 뿌리, 줄기, 잎, 꽃을 구성한다. 꽃은 두 종류의 배우체를 형성한다. 화분립은 수컷 배우체이며, 암배우체는 꽃 씨방 안에서 만들어진다. 수배우체는 정자와 동일하게 생산하고 암배우체는 난자를 생산한다. 수분(pollination)은 화분을 꽃의 암술머리에 옮기는 것을 의미한다. 수정은 수분 후에 일어나는데, 화분관이 정핵을 분비하여 꽃 씨방 안에 있는 암배우체의 난자와 수정된다. 수정란은 배아식물로 성장하고 암배우체의 다른 세포들은 비축된 음식을 생산한다. 터프코트(tough coat)는 배아와 음식 둘레에 생긴다. 이 씨앗은 발아하여 새로운 포자체 식물을 만든다.

식물은 명백하게 다른 두 단계(배우체 단계, 포자체 단계)의 독특한 삶의 주기를 가지는데, 이것은 세대의 교대로 알려져 있다. 이런 종류의 삶의 주기의 존재는 식물계의 모든 구성원을 하나로 묶을 수 있다. 먼저 체세포 분열에 의해 생식세포를 생산하는 배우체 단계가 있다. 그리고 생식세포는 결합되면 감수분열로 포자를 생성하는 포자체 단계를 일으킨다. 이후 포자는 다시 새로운 배우체 단계를 일으킨다. 이끼와 양치류는 비교적 명확한 배우체와 포자체 단계를 가진 삶의 주기를 가지고 있다. 그림 21.10은 속씨식물의 삶의 주기를 보여준다. 추가로 식물은 유성생식 외에도 무성생식을 할 수 있다.

동물계

균계나 식물처럼 동물도 원생생물계에서 진화한 것으로 생각된다. 동물은 해양동물의 진드기나 수생 애벌레와 같은 매우 작은 종류부터 코끼리나 고래와 같은 거대한 동물까지 다양하며, 약 백만 종 이상 분류되어 있다. 종류에 상관없이, 모든 동물들은 몇 가지 공통적인 특성을 가지고 있다. 이는 모두 진핵세포로 이루어져 있고 모든 종은 종속영양생물이며 다세포로 구성되어 있다. 대부분의 동물은 운동성이 있다. 하지만 해면동물, 따개비, 홍합, 산호들과 같은 몇몇 동물들은 고착(움직일 수 없음)되어 있다. 모든 동물은 유성생식이 가능하지만 덜 복잡한 몇 동물들도 무성생식이 가능하다.

특히, 동물은 편모를 가지고 있는 특정 종류의 원생생물에서 유래한 것으로 보여지는데, 이러한 생각은 편모를 가진 원생생물 집단이 오늘날의 해면동물과 같은 단순한 다세포성 형태의 동물에서 유래하였다고 주장한다. 이러한 첫 번째 동물은 특별한 조직과 기관이 존재하지 않지만, 세포가 더욱 세분화되면서 생명체들은 특별한 기관과 기관 체계를 발달시켰고 동물의 종류도 다양해졌을 것이다.

동물은 고대 바다에서 유래되었고 대부분 종류의 동물들 또한 계속해서 발견되고 있다. 대부분의 주요 동물 집단은 5억 년 전 캄브리아기 화석으로부터 확인할 수 있다. 해면동물, 해파리, 지렁이, 갑각류, 연체동물, 불가사리, 상어, 경골어류는 기본적으로 해양 집단의 예지만, 대부분 집단의 몇 종은 민물 또는 육상 종을 가진다. 특히, 곤충, 파충류, 조류, 포유류 등 4개의 주요 집단은 대부분 공기 호흡을 가지며 육상생물체가 되었다. 서식하는 곳으로 인위적으로 나누는 것 외에도 생명체는 보통 주요하게 구조적 차이로 분류할 수 있는데, 이러한 구분 중 하나는 척추를 가진 척추동물(어류, 양서류, 파충류, 조류, 포유류)과 다른 모든 동물 집단을 포함하는 무척추동물의 차이를 들어 설명할 수 있다. 그림 21.11은 동물의 주요 집단과 그 진화 관계를 보여준다.

비록 모든 동물들은 종속영양생물이지만 영양분을 얻기 위해 다양한 방법을 사용하는데, 일반적으로 대부분은 먹이를 수집하고 소비한다. 그러나 어떤 것은 기생동물이라 다른 생명

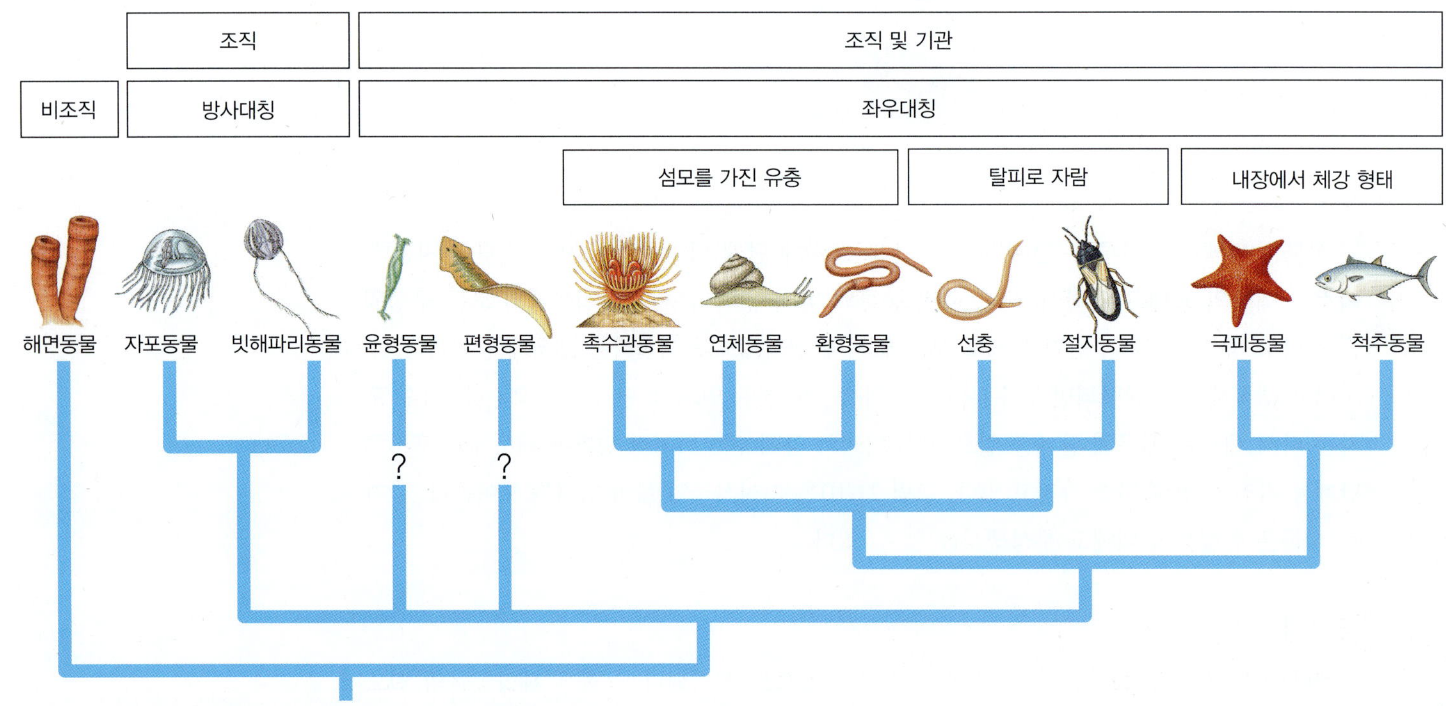

그림 21.11 동물의 분류는 체형의 복잡성과 발달 특징을 반영한다.

체 안에 또는 같이 살며 그 생명체를 먹이로서 이용한다. 많은 종류의 곤충, 지렁이, 진드기 심지어 몇몇 연체동물과 물고기는 기생 관계로 관여한다. 다른 동물들은 상호 공생적이며 먹이를 얻기 위해 다른 생명체와 협력하기도 한다. 예를 들어, 산호 생물체는 해조류와 상호 공생적인 관계를 가지고 있어 해조류의 광합성으로 얻는 일부 영양분을 산호가 얻을 수 있게 해준다.

21.3 비세포성 감염 입자

지금까지 논의한 모든 집단은 세포 형태의 생명체라는 범주에 속한다. 이는 적어도 모두 다음과 같은 공통점을 갖는다. (a) 세포막, (b) 유전물질로써 핵산, (c) 세포질, (d) 효소와 조효소, (e) 리보솜, (f) 화학 결합 에너지로서 ATP 이용. 그러나 생명체의 몇 가지 특성을 보이고 질병을 일으키지만 세포 구조를 가지지 않는 입자도 있다. 그것은 세포 구조가 없기 때문에 **비세포성**(*acellular*, 접두어 *a*는 부족하다는 것을 의미)이라고 한다. 세포에 들어가서 질병을 일으키고 한 생명체에서 다른 생명체로 전달될 수 있기 때문에 흔히 감염성 입자(infectious particles)라고 부르는데, 이 입자는 질병을 일으키는 과정 중에는 스스로를 복제하여 삶의 연속성을 획득한다. 이 입자들이 어떻게 생겨났는지에 대한 명확한 설명은 없다. 따라서 이 입자는 세포성 생명체에 사용되는 분류체계에는 포함되지 않는다. 비세포성 감염 입자에는 바이러스, 비로이드, 프리온의 3가지 종류가 있다.

바이러스

바이러스(virus)는 비세포성 감염 입자로 가장자리가 단백질로 덮여 있고 중심에는 핵산을 가지고 있다(그림 21.12). 바이러스는 일반적으로 **세포 내 기생충**(obligate intracellular parasite)이라고 불리는데, 이는 바이러스가 살아있는 세포 내부에 있어야 기능을 하는 감염성 입자임을 의미한다. 바이러스는 스스로 생활하고 번식할 능력이 없고 오직 살아있는 세포 내에서만 몇 가지의 생명체적 특성을 보이기 때문에 살아있는 것으로 간주되지 않는다.

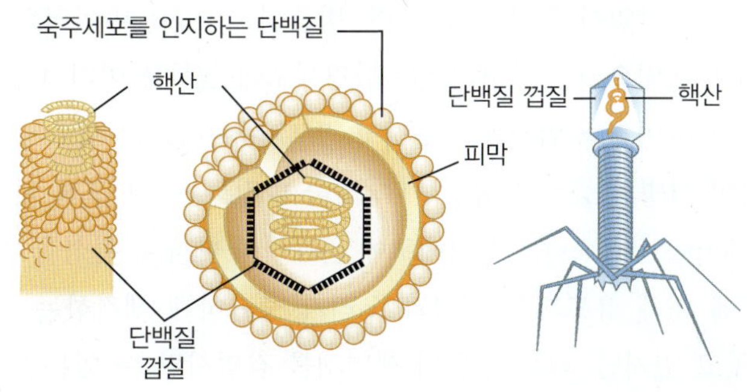

그림 21.12 바이러스는 바이러스 종류에 따라 DNA나 RNA 중에 중요한 핵산으로 구성한다. 핵산은 주위가 단백질 껍질로 둘러싸여 있다. 게다가 몇몇 바이러스는 단백질 껍질에 피막(envelope)를 가지고 있다.

바이러스의 기원은 무엇일까?

19세기 후반에 바이러스가 발견된 직후 생물학자들은 바이러스의 기원에 대해 추측하기 시작하였다. 초기 가설 중 하나는 바이러스는 세포로 진화하지 않은 전구세포(pre-cell)에서 유래했다는 것이다. 이 가설은 생물학자들이 바이러스와 숙주세포 사이의 복잡한 관계에 대해 많이 알게 되면서 버려졌다. 두 번째 가설은 세포 내 기생충에서 발달하여 자신의 존재를 지속시키기 위해 핵산만 필요하게 되었다는 것이다. 세 번째 가설은 바이러스는 세포에서 탈출한 런어웨이 유전자(runaway genes)로 복제하기 위해서는 숙주세포로 돌아와야 한다는 것이다. 그러나 가장 중요한 점은 바이러스가 어떻게 생겨났는지에 상관없이, 바이러스는 오늘날 모든 형태의 기생충을 이해하는 데 있어 매우 중요하다는 것이다.

바이러스가 질병을 일으키는 방법

바이러스는 전형적으로 특정한 숙주에만 기생하며, 이는 결국 바이러스가 기능하는 데 필요한 것을 제공하는 한 종류의 숙주세포만 공격한다는 것을 의미한다. 세포 내로 들어가려면 바이러스는 세포 표면에 부착해야 하기 때문에, 바이러스가 부착할 수 있는 적절한 수용체 부위가 있는 세포만 감염시킬 수 있다. 예를 들어 홍역을 일으키는 바이러스는 피부세포막에 부착하고, 간염바이러스는 간세포에 부착하며, 볼거리바이러스는 침샘이 있는 세포에 부착한다. 인간면역결핍바이러스(HIV)의 숙주세포에는 몇 가지 유형의 인간 뇌세포 및 면역체계에 속하는 몇몇 유형을 포함한다.

일단 바이러스가 숙주세포에 부착되면, 바이러스는 세포 안으로 들어가거나 세포 안으로 핵산을 주입한다. 세포로 들어가게 된다면 바이러스는 단백질 껍질을 잃고 핵산을 방출한다. 바이러스의 핵산이 일단 세포 안으로 들어오게 되면 세포 안에 자유자재로 존재하거나 숙주의 유전물질과 결합될 수 있다. 어떤 바이러스는 유전자를 3개 정도 가지고 있지만 다른 바이러스는 많으면 500개까지 가지고 있다. 일반적으로 진핵세포는 수만 개의 유전자를 가지고 있다.

바이러스의 유전자는 숙주의 대사경로를 지휘할 수 있고 기존의 바이러스에서 새롭게 복제 사본을 만드는 것을 수행하도록 지시할 수 있다. 바이러스는 이러한 목적을 위해 숙주의 효소와 ATP를 이용한다. 새로운 바이러스의 핵산과 단백질 껍질이 충분히 생성되면 완전한 바이러스 입자로 조립되고 숙주에서 방출된다(그림 21.13). 많은 경우 바이러스가 숙주에서 방출되는 과정은 숙주세포의 사망을 초래한다. 바이러스 입자가 방출되면 인접해 있던 세포를 감염시켜 전체적으로 감염이 확산될 수 있다. 방출될 수 있는 바이러스의 수는 10~수천 개까지 된다. 소아마비를 일으키는 바이러스는 신경세포에 영향을 미치며 감염된 숙주세포에서 약 1만 개의 새로운 바이러스 입자를 방출하고, 일부 바이러스는 세포에 남아 있으며 가끔 회복 복제를 유도하여 질병의 증상을 유발한다. 입술 발진, 생식기 포진 및 반점을 일으키는 헤르페스바이러스(Herpes viruses)는 신경세포에 존재하며 때때로 활성을 가진다.

우리는 바이러스에 의해 유도되는 질병과 우리가 중요하게 생각하는 다른 생명체 질병에 대해서는 많이 알고 있지만, 다른 종류의 생명체를 감염시킬 수 있는 바이러스에 대해서는 거의 알지 못한다. 대부분의 종은 몇 가지 종류의 바이러스의 숙주역할일 가능성이 높다(표 21.2).

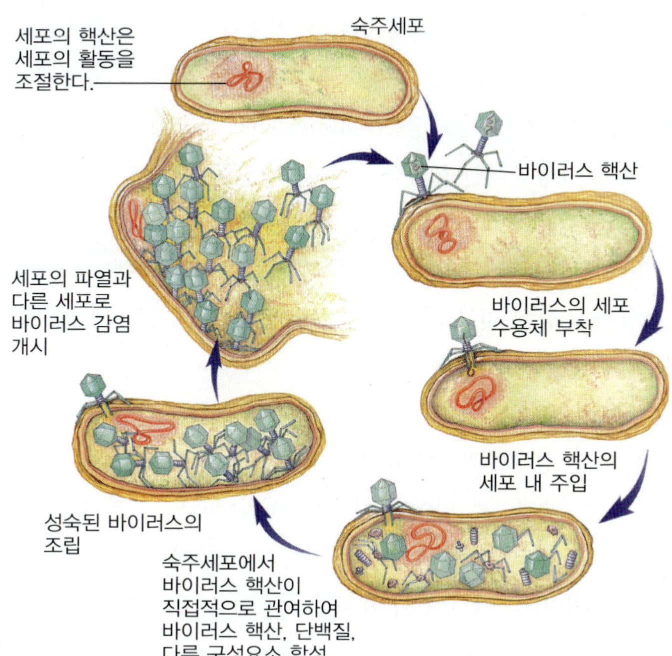

그림 21.13 바이러스의 핵산은 숙주세포의 활동을 통제한다. 바이러스는 기능적인 소기관들을 가지고 있지 않기 때문에, 숙주세포 내에 있는 동안에만 대사활동을 할 수 있다.

표 21.2 바이러스성 질환

바이러스 종류	질병
파포바바이러스(Papovaviruses)	사람에 사마귀 유도
파라믹소바이러스(Paramyxoviruses)	사람의 볼거리와 홍역, 개에 디스템퍼(distemper)
아데노바이러스(Adenoviruses)	대부분 포유류의 호흡기 감염
폭스바이러스(Poxviruses)	두창(smallpox)
상처-종양바이러스(Wound-tumor viruses)	옥수수와 쌀에 질병 유도
포텍스바이러스(Potexviruses)	감자질병(potato diseases)
박테리오파지(Bacteriophage)	여러 종류의 세균에 감염

비로이드: 감염성 RNA

비로이드(viroid)라는 용어는 고리 형태의 작은 단일 가닥 RNA로 구성된 감염 입자를 말한다. 현재까지 동물에 기생하는 비로이드는 발견되지 않았지만, 감자, 토마토, 오이와 같은 재배 작물들을 숙주로 하는 비로이드들이 보고되고 있다. 비로이드 감염을 통해 숙주의 성장을 방해하거나 기형으로 자라게 하며 때론 식물을 죽게 할 수 있다. 또 꽃가루, 씨앗, 농기계를 통해 비로이드가 한 식물에서 다른 식물로 이동할 수 있음을 확인하였다. 일부 과학자들은 비로이드는 정상 RNA에서 문제가 생긴 일부라고 생각한다.

프리온: 감염성 단백질

프리온(prions)은 한 생명체에서 다른 생명체로 전달되어 질병을 일으킬 수 있는 단백질이다.

현재 알려진 이 유형의 모든 질병은 뇌에 변화를 일으켜 해면상뇌병증(spongiform encephalopath)이라는 스펀지와 같은 외형을 갖는다. 특히, 이 질병은 한 동물에서 다른 동물로 전염될 수 있기 때문에 전염성해면상뇌병증(transmissible spongiform encephalopathy)이라고도 부른다. 증상으로는 비정상적인 행동을 지속하고, 결국 죽음에 이르게 된다. 동물에서 가장 흔한 예로 양의 스크래피(scrapie), 소의 광우병(mad cow disease), 사슴과 엘크(큰 사슴)의 만성소모성질병(chronic wasting disease) 등이 주로 나타나는데, 스크래피는 질병의 증상 중 하나가 신경 손상과 관련된 피부 가려움이 동반되어 동물들이 물체에 몸을 문지르고 털을 긁어내기 때문에 이름을 얻게 되었다.

영국에서 발생한 광우병(우해면상뇌병증, BSE)은 양에서 소로 프리온이 전파되어 생긴 것으로 파악된다. 이러한 광우병의 발생은 양 사체에서 쓸 수 없는 부분을 단백질 보충제로 가공하여 소에게 먹이는 관행으로 일어난 것이다. 사람에서도 발견되는 이 질병은 크로이츠펠트-야콥병(CJD)이라고 불리며, 기존의 광우병이 다양하게 형태가 변화되어 인간을 감염시킨 것으로 생각하고 있다. 그러므로 이 새로운 형태를 vCJD라고 부르며 과학자들은 광우병(BSE)와 크로이츠펠트-야콥병(CJD)이 사실 같은 프리온에 의해 발생한 것이라 믿는다.

프리온은 정상 단백질의 형태를 비정상적인 프리온 형태로 바꾸면서 질병을 일으키는 것으로 보이지만, 사람의 경우 프리온 질병이 각 개인이 가지고 있는 유전자가 주요한 역할을 하여 프리온에 대한 감수성을 결정한다고 생각된다.

21.4 고생물학, 고고학 및 인류의 진화

인간(Homo sapiens sapiens)이 어떻게 생겨났는지에 대한 호기심과 인류의 종의 진화는 항상 흥미롭고 뜨거운 주제이다. 인간은 영장류로 알려진 집단에 속하는 포유류로 분류된다. 영장류는 약 6천 6백만 년 전에 존재한 것으로 보이는데, 여기에는 크고 복잡한 뇌를 가진 동물이 포함되며, 손과 발에 손발톱이 다섯 자리, 그리고 움켜쥐기에 적응된 손과 발을 가진다. 인간을 제외한 그들의 몸은 털로 덮여 있다. 영장류에는 (1) 원원류(prosimians)—여우원숭이와 안경원숭이—와 (2) 유인원(anthropoids)—원숭이, 유인원(apes), 인간—2개의 집단이 있다(그림 21.14).

미신, 착각, 그리고 오해

지구에서 생존하는 최고의 종

잘못된 인식: 인간은 진화 피라미드 꼭대기에 있기 때문에 '최고' 생명체는 인간이다.

사실, 진화 피라미드 같은 것은 없다. 이는 고정 조건이 아니며, 진화는 과정이고 모든 생물은 끊임없이 이 과정에 연루되어 있다. 만약 어떤 생물체 집단의 진화가 멈추면 멸종될 것이므로, 결국 '최고의' 생명체는 없다. 만약 **최고**라는 용어가 한 종(species)이 진화 과정의 끝에 도달했다는 것을 의미한다면, 그 종은 멸종되고 있는 과정에 놓여 있다고 할 수 있다. 그러나 다른 한편으로, 지정된 시간과 환경에 '최적화'된 종으로 이해하고 이것이 **최고**라는 용어라는 의미를 지칭한다면, 어느 종의 생명체도 지정된 시간과 환경에서 '최고'가 될 수 있을 것이다.

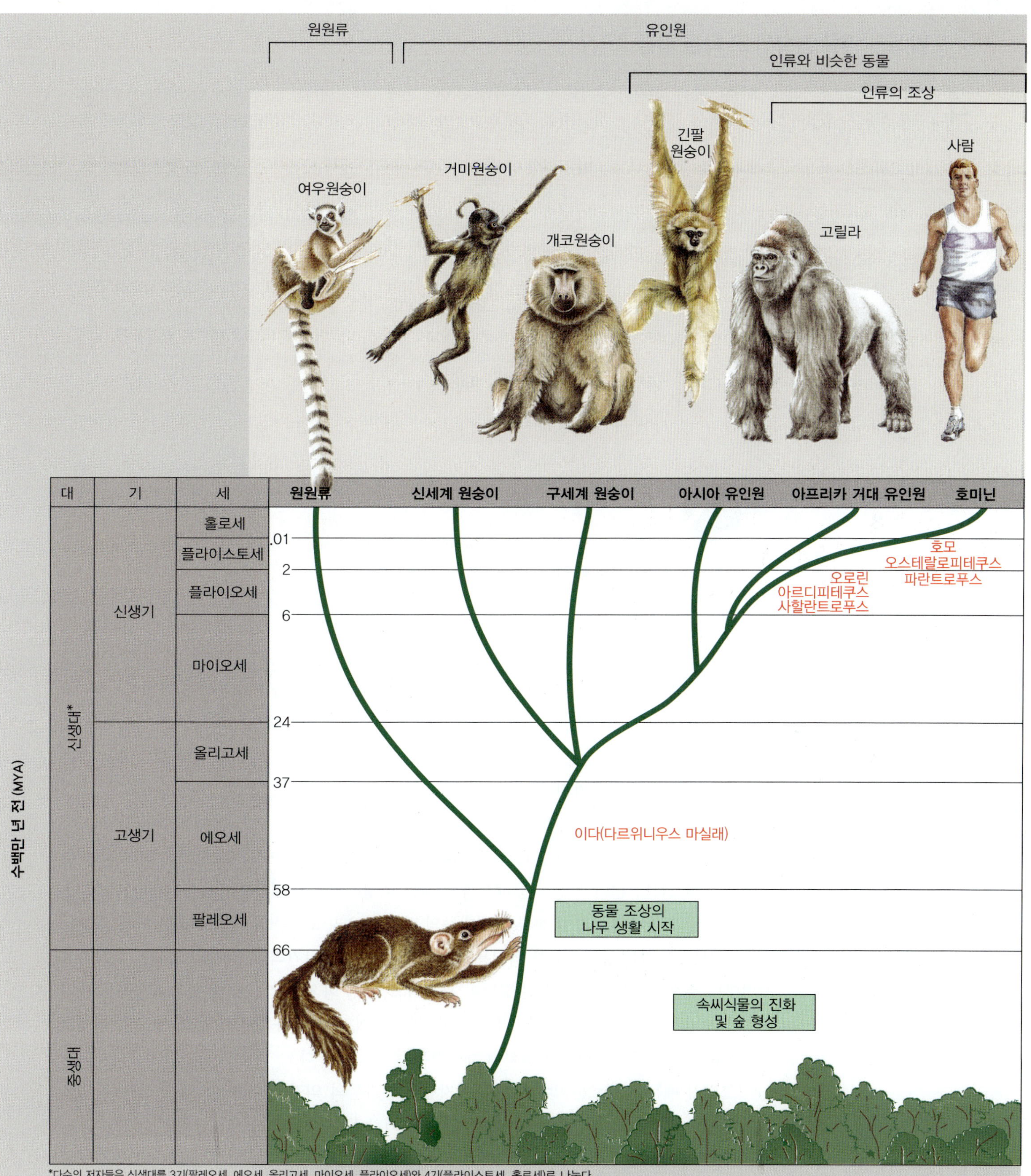

그림 21.14 새로운 증거가 밝혀지면서, 과학자들은 이 정보가 어떻게 인간의 진화에 대한 가설에 가장 잘 맞는지를 확인한다. 주어진 퍼즐 조각들을 하나씩 맞춰가게 되면 인간의 위치를 좀 더 확실하게 확인하게 될 것이다.

자세한 관찰

밝혀진 인류 진화의 또 다른 퍼즐 조각?

4,700만 년 된 영장류의 화석을 어디서 찾을 수 있을까? 물론 아프리카로 생각할 수 있지만 이번에는 다른 것 같다. '이다(Ida)'(*Darwinius masillae*)는 1983년 독일의 석유 셰일 채굴작업에서 생성된 메셀 피트에서 전문 고생물학자가 아닌 아마추어 수집가에 의해 발견되었다. 채굴작업이 완료된 이후 채석장이 쓰레기 처리장으로 변한 뒤에 화석탐사가 시작되었다. 이다는 오슬로 대학교의 자연사 박물관에 인수되기 이전에는 25년간 개인 소장품으로 보관되어 있었다.

화석 기록에서 가장 완전한 영장류 뼈로 알려진 이다는 완전한 골격, 부드러운 신체의 윤곽과 소화관에는 음식이 존재했다. 이전 자료를 토대로 공룡이 멸종된 후 영장류는 원원류와 유인원 두 집단으로 나뉘어 있을 때인 에오세 시대(Eocene epoch) 동안 살았다는 사실이 밝혀졌다. 이 지역은 대륙의 이동이 지속적으로 일어나, 현재 독일의 풍경으로 인식되는 환경을 이제 막 갖추기 시작했을 때로 추정된다. 에오세 시대에는 정글과 같은 환경인 아열대에서 많은 현대의 동식물이 진화하고 있었다. 진화적으로 보면, 이다와 그 동류들은 원숭이, 유인원, 인간으로 이어지는 유인원의 가지에 진화적 기반을 둔 것으로 평가된다.

이다는 발 두 번째 발가락의 손질발톱, 아래턱 중앙의 뭉쳐져 있는 이빨(빗 모양의 앞니, toothcomb), 발톱 등 여우원숭이에서 발견되는 특성이 부족한 것으로 보이며, 신기하게도 손톱의 존재, 앞을 향해 있는 눈(3D 시력 및 거리판단 능력), 원숭이와 유사한 이빨과 같은 특성을 가진다. 또 이다는 발에 목말뼈를 가지고 있는데, 이 뼈는 두 발로 걷는 동물의 중요한 특징으로 몸무게 전체가 발에 전달되도록 한다. 이처럼 이다의 발견은 영장류를 이해하는 주요한 발견이라 할 수 있다.

과학 스케치

그림 21.14(또는 종이)에 공룡이 멸종된 곳을 표시하시오.

우리는 사람속에 속하는 다른 종들과 근본적으로 다르고, 우리와 진화적으로 가까운 동류들의 모든 다른 종류들은 멸종되었기 때문에 우리의 진화 계통을 이해하고 시각화하는 데 어려움이 있다. 그렇기 때문에 어떤 사람들은 인간이 자연법칙을 따르지 않는다고 생각하는 경향이 있다. 그러나 인간은 유전적 다양성을 보이고 돌연변이를 겪으며 다른 생명체와 같은 동일한 진화적 계통을 가진다.

과학자들은 인간의 진화역사를 정리하기 위해 몇 가지 종류의 증거를 사용한다. 다양한 종류의 인류 이전에 존재한 생물과 고대 인류 조상의 다양한 종류의 화석들이 발견되었지만 상당수가 뼛조각일 뿐이라 정확한 해석과 연대를 추정하기가 어렵다. 그러나 인류 이전 및 초창기 인류와 관계된 다양한 종류의 석기들의 발견과 우리 조상들의 문화에 대한 다른 부분들을 확인할 수 있는 동굴벽화와 의식용 물건이 매장지에서 발견되어, 각각의 자료를 분석하고 연대를 추정하기 위해 다각적인 방법이 사용되고 있다. 화석을 조사할 때 인류학자들은 종의 변화와 일치하는 뼈 구조의 차이를 확인할 수 있는데, 인류학자들이 본 변화 정도와 화석의 연대를 바탕으로 과학자들은 화석에 해당하는 종을 판별한다.

그렇기 때문에 새로운 발견이 이루어지면 전문가들의 의견은 지속적으로 수정될 것이고, 이는 결국 우리의 진화역사가 더 명확해지는 계기가 될 것이다.

또 과학자들은 우리 조상을 언급하기 위해 사용된 용어를 지속적으로 검토하고 변경해야 한다. 호미닌(hominin)이란 용어는 현재 인간과 인간의 조상을 가리키지만, 이전에는 호미니드(hominid)라는 용어를 사용했다. 현재 호미니드는 고릴라, 오랑우탄, 침팬지, 난쟁이 침팬지와 같이 인간과 비슷한 모든 생물과 유인원을 포함하는 더 넓은 집단을 포함한다. 앞으로 이

표 21.3 영장류 분류—아과(Subfamily)까지 순서

분류 범주	이름	구성원
목(Order)	영장류(Primates, *Primates*)	원원류, 안경원숭이, 원숭이, 긴팔원숭이, 오랑우탄, 고릴라, 침팬지, 인간
아목(Suborder)	진원류(Anthropoidea, *Anthropoid*)	안경원숭이, 원숭이, 긴팔원숭이, 오랑우탄, 고릴라, 침팬지, 인간
상과(Superfamily)	유인원(Hominoidea, *Hominoid*)	긴팔원숭이, 오랑우탄, 고릴라, 침팬지, 인간
과(Family)	사람과(Hominidae, *Hominid*)	오랑우탄, 고릴라, 침팬지, 인간
아과(Subfamily)	사람아과(Homininae, *Hominin*)	인간과 직계 조상들

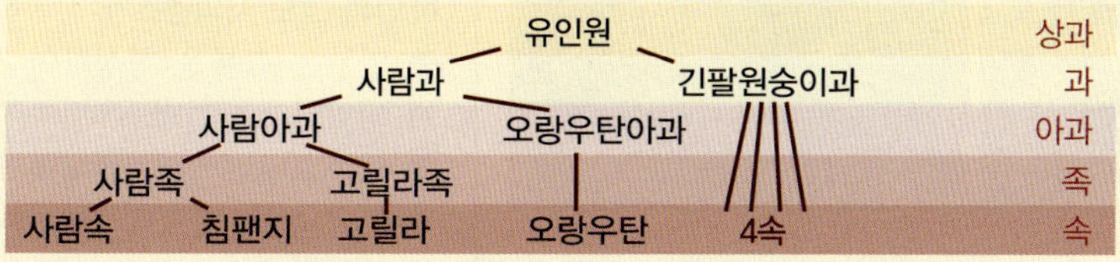

*DNA 증거에 기초

주제에 대한 자료를 확인하게 되면, 용어의 사용법을 효율적으로 검토하고 지정해야 할 것이다. 비록 인간이 어떻게 진화되었는지에 대한 명확한 사진은 없지만, 화석에 남겨진 기록에 의하면 인간이 비교적 최근에 생명체의 흐름에 추가되었으며, 사람속의 구성원들은 적어도 220만 년~250만 년 전에 진화하였다고 여겨진다(표 21.3).

결국 과학자들이 제시한 모든 정보를 종합해보았을 때, 우리 종의 진화는 다음과 같은 시나리오로 구성해볼 수 있을 것 같다. 침팬지 같은 조상으로부터 인간이 진화된 것보다 침팬지와 인간은 공통된 영장류 조상으로부터 진화되었다. 현재 원숭이, 침팬지, 유인원의 조상인 초기 영장류는 숲이 우거진 지역에 사는 것에 적응했고, 그 곳에서 손 움켜쥐기, 대칭되는 엄지손가락, 큰 발가락, 광범위하게 움직일 수 있는 어깨는 나무에서 자유롭게 움직이게 했다. 기후가 건조해지면서 초원은 숲을 대체했다. 초기 호미닌은 건조한 환경에 적응하기 위해 직립보행을 시작했을 것으로 추정한다. 후기 대부분의 호미닌은 큰 뇌를 가지며 도구를 사용했다. 그러나 최근 발견들은 인간의 진화에 대한 이해가 얼마나 잠정적인지를 보여준다.

2003년 인도네시아의 한 섬에 있는 동굴의 퇴적물에서 '호빗(hobbit)'으로 알려진 작은 인간 화석이 발견되면서 사람의 새로운 종인 **호모 플로레시엔시스**(Homo floresiensis)에 대하여 많은 추측을 하게 되었다. 이 화석은 약 18,000년 전에 등장한 것으로 추정되는데, 과학자들 사이에서 이 발견의 중요성에 대해 많은 논의가 있었다. 일부 과학자들은 이 작은 크기는 발달 이상을 나타내며 잔해들은 비정상적으로 작은 **호모 사피엔스 사피엔스**일 수도 있다고 본다. 다른 과학자들은 작은 크기를 나타내는 섬 동물의 예는 많고 이 화석이 섬 환경에 적합했던 것으로 본다. 연구가 계속 진행되고 더 많은 정보가 수집될수록 좀 더 완벽한 이해로 발전될 것이다. 인간의 다른 동류와 마찬가지로 **호모 플로레시엔시스**는 멸종되었다. 그러므로 **우리의 진화론에서 유일한 생존자는 호모 사피엔스 사피엔스**이다. 이제 인류의 진화를 이해하는 데 중요한 몇 가지 생명체를 살펴보자.

네안데르탈인(Neandertals), 데니소바인(Denisovans), 호모 사피엔스(Homo sapiens)

현재 서유럽의 네안데르탈인, 아시아의 데니소바인과 현대 인류의 관계를 둘러싼 논쟁이 계속되고 있다. 이 고대 사람들의 이름은 일반적으로 화석이 처음 발견된 곳에서 유래되었는데, 네안데르탈인은 독일의 네안데르 계곡에서 처음 발견되었고, 현대의 **호모 사피엔스 사피엔스**로 보는 크로마뇽인은 프랑스의 크로마뇽 동굴에서 처음 발견되었다. 데니소바인은 2008년 시베리아 데니소바 동굴에서 발견된 41,000년 된 여성 유골을 발견하여 이름이 지어졌다.

네안데르탈인과 데니소바인은 약 40만 년 전에 인류의 진화 계보에서 분기되었으며, 두 그룹은 약 20만 년 전에 서로 분리되었다는 것으로 추정된다. 일부 과학자들은 이들이 작고 별개의 소규모 종족이거나 인간의 아종(subspecies)이라고 생각한다.

분자유전기술의 사용은 네안데르탈인과 데니소바인의 다른 종류의 인간과의 관계에 대한 의문을 밝혀주었는데, 네안데르탈인과 데니소바인의 뼈와 치아에서

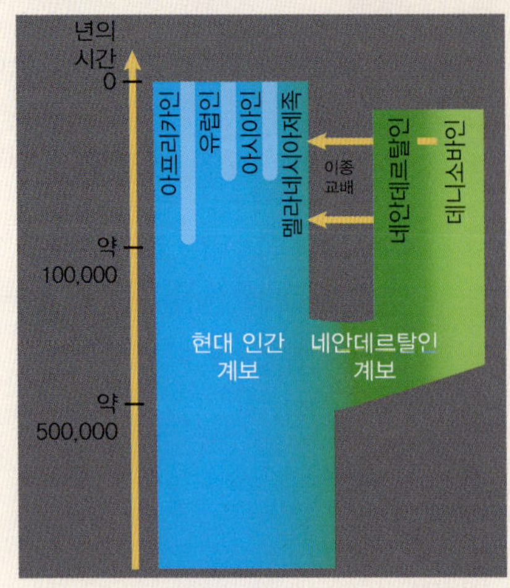

얻은 핵과 미토콘드리아 DNA를 검사한 결과, 다른 초기 인류와 상당한 차이가 있다는 것을 보여주었다. 이러한 결과는 네안데르탈인과 데니소바인이 약 40만 년 전 현대 인류의 혈통에서 분리되었다는 주장을 뒷받침한다. 또 생명공학기술을 이용하여 과학자들이 확인한 결과 네안데르탈인과 인간 게놈이 99.5~99.9% 사이로 동일하고, 데니소바인 여성의 DNA는 네안데르탈인의 DNA와 가장 비슷하지만 네안데르탈인과는 오랫동안 분리된 별개의 집단이라는 것을 확인하였다.

현대의 유전적 증거는 '순종' **호모 사피엔스 사피엔스**가 빙하기에 의해 발생한 병목현상을 통해 아프리카에서 유럽과 아시아로 이동했음을 보여준다. 네안데르탈인과 **호모 사피엔스**가 접촉하고, 데니소바인과 **호모 사피엔스**가 접촉하는 동안 이중 일부는 그룹을 형성하여 후손을 가지게 되었다. 그 결과, 유럽과 아시아 조상의 이종교배로 인해 현대의 모든 인류는 '순종'이 아닐 것으로 생각되며 네안데르탈인과 데니소바인과의 유전적 유대관계를 보인다. 증거에 의하면 '순종' 네안데르탈인의 멸종은 아마 화산 폭발, 기후 변화, 유전적 차이 때문에 가속화되어 동시대의 유럽계 **호모 사피엔스 사피엔스**가 지배할 수 있는 길을 열게 되었다고 한다.

또 네안데르탈인과 데니소바인은 그들의 아종이 더 많은 인구와 더 성공한 집단과 교배하게 되어 없어지면서 아마 사라졌을 수도 있을 것이다(역사적으로 많은 소수의 먼 부족은 동일한 문화적, 유전적 실체를 잃어버린다). 다른 이들은 네안데르탈인과 데니소바인이 초기 인류와 너무 큰 차이를 보이는 명확히 다른 종이었을 것으로 보며, 아프리카에서 넘어온 더 성공한 현대 인간과 경쟁할 수 없기에 멸종되었다고 본다.

아르디피테쿠스 및 다른 초기 호미닌

에티오피아의 산림지대에서 발견된 **아르디피테쿠스 라미두스**(Ardipithecus ramidus)의 125조각의 유골은 직립보행의 토대를 마련한 최초의 해부학적 변화를 보여준다. '아르디(Ardi)'는 유인원처럼 보이지는 않았지만, 땅에 있을 때 똑바로 걸을 수 있었으며, 나뭇가지를 잘 다루었던 것으로 파악된다. 440만 년 전 것으로 파악되는 화석에 대한 연구에 따르면, 아르디피테쿠스 라미두스가 서 있을 때 키는 약 120 cm이며, 무게는 약 50 kg, 뇌 부피는 400 cm^3 미만인 것으로 확인된다. 뒷다리로 걷고 뛸 수 있지만 대칭되는 큰 발가락을 가지고 있어 네 발로 나뭇가지 위를 오르고 걸을 수 있었다. 남성과 여성의 크기는 거의 같은 크기로 보이며, 산림지대 서식지에서 다양한 식물과 동물을 먹었다. 아프리카에서만 발견되는 호미닌 **오로린**

(Orrorin)과 사헬란트로푸스(Sahelanthropus)는 아르디피테쿠스보다 더 오래 전에 등장한 것으로 파악되지만, 여기에 대한 연구는 많이 되어 있지 않아 이해도가 높지 않다.

오스트랄로피테쿠스속 및 파란트로푸스속

오스트랄로피테쿠스(Australopithecus)와 파란트로푸스(Paranthropus) 둘 다 과거 인류의 진화를 이해하는 데 중요한 연결고리이다. 아프리카에는 약 440만 년 전부터 약 100만 년 전까지 다양한 종류의 오스트랄로피테쿠스와 파란트로푸스가 존재했다. 멸종된 두 속의 다양한 구성원들은 종종 오스트랄로피스(australopiths)로 불린다. 그 이전에 등장한 아르디피테쿠스(여러 종을 포함할 수도 있음), 사헬란트로푸스(700~600만 년 전), 오로린(600~520만 년 전)과 같은 화석들은 오스트랄로피테쿠스의 조상으로 추정된다. 특히, 아르디피테쿠스는 인간의 직계 조상보다는 '먼 거리의 사촌'일 가능성이 더 높다. 화석을 통해 오스트랄로피테쿠스와 파란트로푸스는 초식성이며 직립보행이 가능했고 수컷이 암컷보다 훨씬 컸다.

오스트랄로피테쿠스는 '루시의 아기(Lucy's baby)'로 불리는 330만 년 전 오스트랄로피테쿠스 아파렌시스(A. afarensis)와 함께 유명한 320만 년 전 '루시'가 속하는 속이다. 루시의 아기 셀람(Selam)은 루시가 죽었을 때 약 3세 정도로 추정되며 지금까지 발견된 호미닌 뼈대 중 가장 온전한 상태이다. 그러나 이러한 초기 인간과 같은 생명체 화석은 거의 없으며, 많은 화석들은 조각으로 존재하므로, 전문가들 사이에서 많은 추측과 논쟁을 불러일으킨 것도 사실이다. 그러나 다리, 골반 및 발 등의 화석 뼈를 검사한 결과, 오스트랄로피스는 인간처럼 비교적 키가 작으며(수컷의 경우 1.5미터 이하, 암컷의 경우 약 1.1미터) 체격이 크고 직립보행을 했다는 것이 명백하다. 비교적 작은 뇌(두개골의 부피는 530 cm^3 이하로 소프트볼 표준 크기 정도임)를 가진다.

직립 자세는 건조해지고 있는 세상에서 살아가는 데 몇 가지 장점을 가지고 있다. 장거리에서 더 빠른 이동과 더 긴 거리를 볼 수 있으며 태양으로부터 받는 열의 양을 감소시킨다. 게다가 직립 자세는 물체를 운반하고 조작하며 도구를 사용하는 것과 같이 다른 용도에 맞게 팔이 자유롭다. 오스트랄로피테쿠스와 파란트로푸스의 다양한 종은 이러한 특성을 공유한 것으로 보이며, 두개골, 턱, 치아의 구조를 바탕으로 비교적 작은 뇌를 가진 초식성이었던 것으로 보인다.

사람속

연구결과에 따르면, 과학자들은 호모 사피엔스 사피엔스로 이어지는 진화적 계통이 조상으로부터 직접적으로 유래한 것이 아니라 다양한 조상이 다수 포함된 것으로 파악하고 있다. 특히, 인간으로 진화할 동물들이 500만 년~700만 년 전에 침팬지와 공통된 조상으로부터 분기된 것으로 추정한다. 약 250만 년 전에 최초의 사람속 구성원이 나타난 것으로 생각된다. 얼마나 많은 종과 아종이 있었는지에 대해서는 의견이 분분하지만, 현재는 모두 멸종되었다는 것으로 알고 있다. 아시아와 유럽에서 발견되는 사람종의 화석은 일반적으로 아프리카에서 발견된 초기 사람종보다 추정연도가 짧기 때문에 젊을 것으로 생각되며, 아프리카에서 유럽과 아시아로 이주한 것으로 추정된다. 호모 하빌리스(H. habilis)는 초기 인류 중 하나로, 오스트랄로피스에 비해 뇌(650 cm^3)가 크고 치아가 작아 석기를 더 사용한 것으로 보인다. 일부 과학자들은 호모 하빌리스가 오스트랄로피테쿠스 아프리카누스(Australopithecus africanus)의 직계 후손이라고 생각한다. 그들은 호모 하빌리스가 집단활동과 도구를 사용하고 높은 지능을 이용하여 다른 육식 동물을 죽이는 데 사용하였을 것으로 생각하여 그 시대의 약탈자로 생각했다. 또 호모 하빌리스가 섭취하였을 질 높은 식단은 그들이 가진 큰 뇌의 대사가 원활하도록 하였을 것이다.

약 180만 년 전에 등장한 호모 에르가스터(Homo ergaster)는 키가 약 1.3 m의 호모 하빌리스보다 훨씬 큰 1.6 m였으며 뇌(두개골 부피가 850 cm^3)도 훨씬 컸다. 이후 아시아에서 주로 발견된 비슷한 종[호모 에렉투스(Homo erectus)]이 화석 기록을 통해 나타난다. 어떤 사람들은 호모 에르가스터와 호모 에렉투스는 같은 종의 변형으로 여긴다. 호모 에르가스터와 호모 에렉투스는 큰 뇌와 몸 크기와 함께 석기를 광범위하게 사용함으로써 초기 인류들과는 구별되는 특성을 가진다. 특히, 손도끼를 제작하여 먹이감의 살점을 자르고 뼈를 으깨어 지방 골수를 얻었다. 이를 바탕으로 생각해보면, 이 생명체들은 약탈자였던 호모 하빌리스와는 달리 포식자로서의 지위를 획득한 것으로 보인다. 특히, 육류를 음식으로 사용하게 되면 생활을 지속할 수 있는 음식이 거의 모든 곳에서 제공될 수 있어 더 자유롭게 움직일 수 있지만, 대조적으로 초식성을 가지면 과일을 먹는 사람을 위한 과일, 풀을 먹는 사람을 위한 풀, 둘러보고 싶은 사람을 위한 숲 등 자신의 용도에 적합한 음식을 가진 장소에 국한되는 경우가 많다. 실제 아프리카 외에 중동과 아시아에서도 호모 에렉투스 화석이 발견 되었는데, 대부분의 전문가들은 호모 에렉투스가 아프리카에서 기원하였고, 중동 지역을 거쳐 아시아로 이주했다고 생각한다.

약 80만 년 전, 또 다른 호미닌으로 보이는 호모 하이델베르겐시스(Homo heidelbergensis)의 화석 기록이 등장했다. 이 화석은 아프리카, 유럽 및 아시아에서 발견되었기 때문에 초기 인류가 아프리카에서 다른 지역으로 이주하는 제2의 물결 역할을 증명한 것으로 생각되며, 호모 에렉투스와 호모 하이델베르겐시스는 새로운 종 호모 사피엔스 네안데르탈인(Homo sapiens neanderthalensis), 호모 사피엔스 사피엔스, 데니소바인의 등장과 함께 화석 기록에서 사라지게 된다.

네안데르탈인과 데니소바인은 아프리카에서는 발견되지 않았지만 주로 유럽과 인접해 있는 아시아에서 발견되었다. 특히 네안데르탈인은 유럽에서 주로 발견이 되었으므로 네안데르탈인의 등장보다 앞선 호모 하이델베르겐시스의 후손으로 생각된다.

이 모든 것의 시작은 어디인가?

호모 사피엔스는 40만 년~25만 년 전에 진화했다고 생각된다. 오늘날 우리가 분류하는 호모 사피엔스 사피엔스는 약 13만 년 전을 기준으로 지금은 전 세계에서 발견되고 있다. 특히, 우리는 길고 가지가 많은 조상의 역사가 남아 있는 유일한 호미닌 종으로 알려져 있지만, 지구상의 모든 곳에서 시작이 되었을까? 최근의 증거를 통해 살펴보면 우리의 기원이 동아프리카에 있었다는 이론이 가장 널리 받아들여지는 모델이다. 이 이론은 OOA[아프리카 밖으로(Out-of-Africa hypothesis)] 모델로 불리고, 학계에서는 RSOH [최근의 단일 기원 모델(Recent Single-

그림 21.15 대부분의 과학자들은 약 20만년 전에 아프리카에서 발생했던 호모 사피엔스 사피엔스의 기원과 이동설에 대한 설명이 가장 적합하다고 생각한다.

Origin Hypothesis)], RH[대체학설(Replacement Hypothesis)] 및 RAO[최근의 아프리카 기원(Recent African Origin)] 모델로 일컬어지고 있다.

이 가설은 미토콘드리아 DNA와 Y 염색체 연구와 구시대 화석에서 나온 자연 인류학의 증거들이 이를 뒷받침하는데, 호모 사피엔스 사피엔스가 20만 년~15만 년 전 사이에 아프리카에서 우리가 알고 있는 현대 인류로 진화했을 뿐이라는 것을 보여준다. 이후 약 7만 년~6만 년 전에 아프리카에서 먼저 이동하기 시작했고 약 5만 년 전에 아시아와 호주에 이르렀다. 그러나 한 연구에서 12만 5천 년 전에 조기 이동이 일어났다고 제안하기도 한다. 이 수만 년 동안 호모 사피엔스 사피엔스는 호모 사피엔스 네안데르탈인, 데니소바인, 호모 에렉투스와 같은 초기 인류를 대체했고, 해수면이 낮고 시베리아와 알래스카를 잇는 육로를 이용해 약 2만~1만 5천 년 전에 아메리카 대륙으로 이주했다고 생각된다(그림 21.15).

특히, 세계 곳곳에서 많은 수의 선사시대 인류 화석이 발견되었고, 이 중 대부분은 우리가 문화라고 부르는 집단 기억의 증거를 보여준다. 동굴벽화, 나무와 뼈에 새겨진 조각, 다양한 종류의 도구, 매장을 그 예로 들 수 있다. 이는 생각과 발명할 수 있는 능력의 증거이며 음식이나 다른 생활 필수품을 모으는 것 이외에 전념할 수 있는 '여가(free time)'이다. 우리는 어떻게 우리가 생겨났는지 알 수 없을지 모르지만, 항상 호기심을 가지고 우리의 시작에 대해 계속 탐색하고 추측하고 있다. 그림 21.16은 인간과 그 동류의 역사적 기록에 대한 현재까지의 지식을 요약하여 보여준다.

예제 21.1 (선택)

인류 최초로 알려진 조상의 뼈에 붙여진 이름인 루시는 키가 1.1 m 정도였을 것으로 추정한다. 현재 미국 여성의 평균적인 키가 1.6 m라면, 인류 최초의 조상보다 현대의 평균적인 여성의 키는 얼마나 큰 것인가?

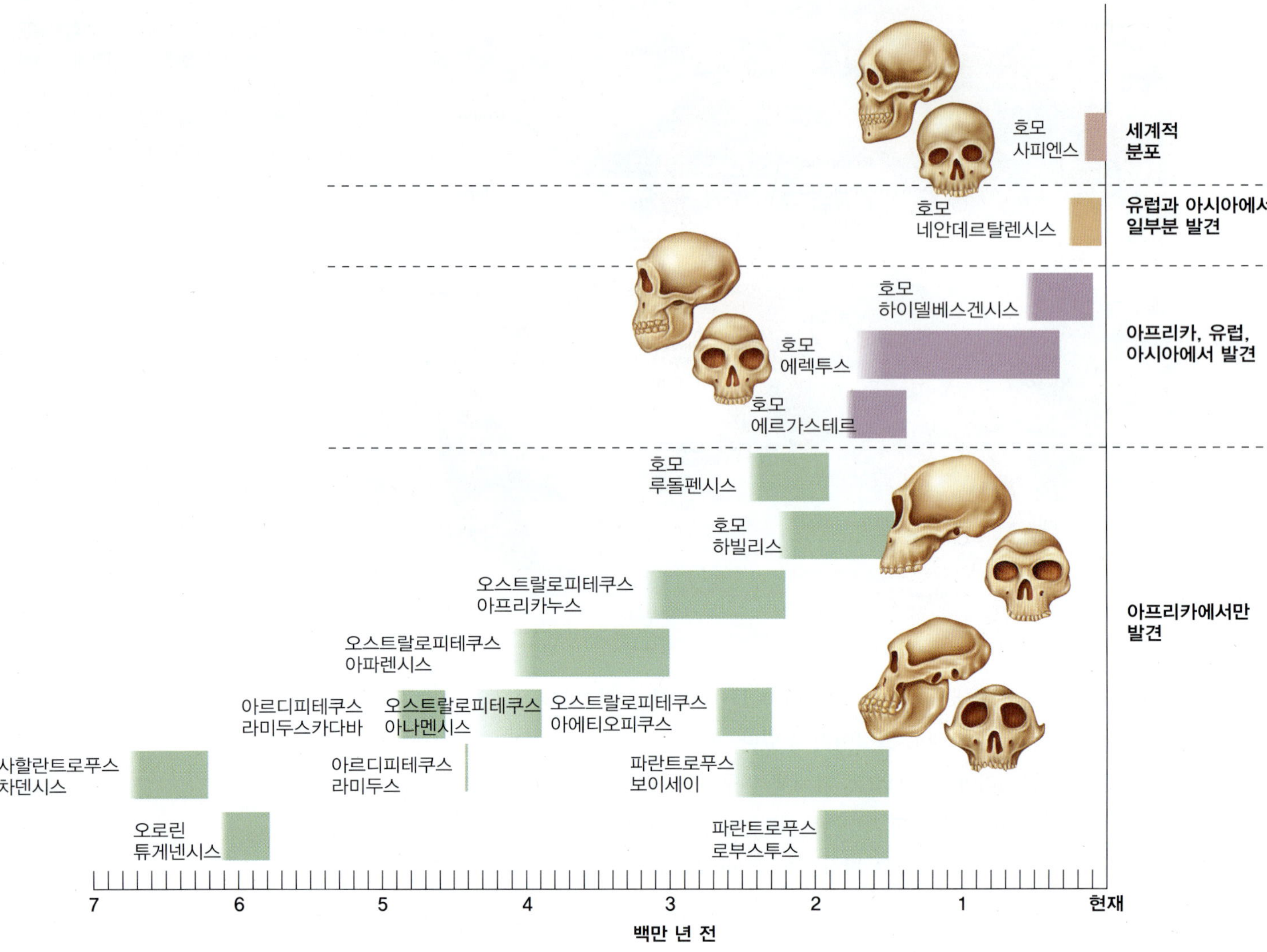

그림 21.16 이 도표는 인간의 동류로 생각되는 다양한 생명체를 보여준다. 막대는 해당 종이 존재했다고 생각되는 대략적인 시간을 의미한다. (1) 오늘날 인간을 제외한 모든 종은 멸종되었다. (2) 여러 종의 다른 생명체들이 오랜 기간 동안 공존했다. (3) 이 생명체들을 연결하는 진화 계통은 과학자들도 아직 어떻게 연관되는지 조사하고 있기 때문에 진화 계통은 없다.

풀이

$$\text{수치 비교} = \frac{\text{키}_{\text{현대}}}{\text{키}_{\text{루시}}}$$

$$= \frac{1.6\ \cancel{m}}{1.1\ \cancel{m}}$$

$$= \boxed{1.5\text{배 더 큼}}$$

예제 21.2 (선택)

인류 최초로 알려진 조상의 뼈에 붙여진 이름인 루시와 같은 시대에 살았던 남성들은 키가 1.5 m 정도였을 것으로 추정한다. 현재 미국 남성의 평균적인 키가 1.8 m라면, 인류 최초의 조상보다 현대의 평균적인 남성의 키는 얼마나 큰 것인가? (답: 1.2배 더 큼)

과학의 배후에 있는 사람들

린(알렉산더) 마굴리스[Lynn (Alexander) Margulis, 1938-2011]

린(알렉산더) 마굴리스는 브랜다이스 대학과 보스턴 대학에서 강의했으며, 매사추세츠 대학교 애머스트의 지질학과 교수로 재직하였다.

마굴리스는 분류학과 계통발생에 연관된 2가지 영역에서 큰 영향을 끼쳤다. 마굴리스는 진핵세포가 원핵세포(세포내 공생 이론)의 결합의 결과로 생겨났으며, 생명체의 본질을 더 잘 반영하는 분류법의 변화를 주장하였다. 특히, 원생생물계(조류, 원생동물, 관련 생물체들)에 대한 그녀의 연구는 원생생물계의 생명체가 식물, 동물과 다르다는 것을 인지할 수 있도록 하였으며, 그 결과로 생물을 2개의 계(식물계와 동물계)로 나누는 전통적인 방식의 오류에 대한 문제를 제기하였다. 그녀의 노력으로 인해 부분적으로는 식물계와 동물계가 오늘날 이전으로 원생생물계, 균계, 식물계, 동물계로 나뉘게 되었다.

또 지구와 지구상의 모든 생물이 공생관계에 있음을 제안하는 가이아 가설(Gaia hypothesis)에 대한 지지는 그녀가 다양한 환경문제에 대하여 앞장서는 인물로 부각되는 결과를 가져왔다.

요약

정확한 **의사소통**을 용이하게 하기 위해 생물학자들은 분류된 각 종에 **특정한 이름**을 부여한다. 다양한 종은 유사한 특징을 바탕으로 더 큰 집단으로 분류되는데, **분류학**은 생명체를 분류하고 이름을 명명하는 과학이다. **계통발생학**은 특정 생명체의 진화역사를 알아내려고 하는 과학이다. **생명체의 분류학적 순서**는 그들의 **진화적 관계**를 반영한다. **화석 증거, 비교 해부학, 발달 단계, 생화학·분자생물학적 증거**는 분류학과 계통발생학에 이용된다.

진화된 것으로 생각되는 최초로 진화된 생명체는 단세포로 이루어진 원핵생물이다. 이 단순한 생명체는 2개의 다른 원핵생물인 세균역과 고세균역을 만들었다. 세균은 매우 다양한 생물군을 가지는데, 어떤 그룹은 독립영양생물인 반면, 다른 그룹은 종속영양생물인 경우도 있다. 시아노박테리아는 아마도 광합성을 한 최초의 생명체일 것이다. 많은 종류의 종속영양생물인 세균은 분해자로 알려져 있지만, 어떤 세균은 기생, 상호 공생적 또는 공생 유기체로써 구분된다. 고세균은 세포벽, 세포막 및 DNA 성질의 차이로 세균과 구분되는데, 대부분의 고세균은 매우 극한 환경에 살고 있다. 진핵생물은 아마도 세균과 고세균에서 유래되어 진핵생물역을 형성하였을 것으로 보인다. 진핵생물역에는 4개의 계(**원생생물계, 균계, 식물계, 동물계**)들을 포함하며, 원생생물계는 단세포 또는 작은 세포 군집으로 구성된 원생동물 및 조류와 같은 유기체를 포함한다. 균계는 키틴으로 만든 세포벽을 가진 다중 세포, 종속영양생물을 포함한다. 식물계는 셀룰로오스를 가진 세포벽을 가지며 주로 육상에서 복잡한 다세포성 독립영양생물이다. 동물계는 세포벽이 없으며 일반적으로 유동성을 가진 복잡한 다세포성 종속영양생물이다.

초기 인류의 진화는 단편적인 증거로 인해 예측하기가 어려웠다. 약 440만 년 전에 시작된 가장 초기 형태의 **오스트랄로피테쿠스**와 **파란트로푸스**는 직립보행과 다른 인간적인 특성을 보여준다. 턱과 치아의 구조는 다양한 종류의 오스트랄로피스가 초식동물임을 보여주며, **호모 하빌리스**는 더 큰 뇌를 가지며 약탈자로 알려져 있다. 아프리카에서 사람속의 다른 여러 종이 생겨났다. 이 형태는 육식을 시작했던 것으로 파악되며, 이들 중 일부는 유럽과 아시아로 이동하여 현대 인류의 기원이 되었을 것으로 생각된다.

개념에 대한 질문

1. 세균역과 고세균역은 어떻게 다른가?
2. 분류학의 중요성은 무엇인가?
3. 바이러스는 어떻게 복제되는가?
4. 왜 속과 종에 라틴어 이름을 사용하는가?
5. 다음의 4계(원생생물계, 균계, 식물계, 동물계)에서 보여지는 각 계의 특징을 2가지씩 서술하시오.
6. 생명체들 사이의 계통적 관계를 확립하기 위해 사용되는 4종류의 증거를 서술하시오.
7. 자동차를 예로 '계통발생'을 도식화하시오. 계통발생을 결정할 때 다음의 질문들을 고려하라.
   - 현재 얼마나 많은 '종류'가 존재하는가 ?
   - 자동차에 대한 '화석'이 존재하는가?
   - 자동차 조상은 무엇인가?

• 첫 번째 자동차는 어떠한 것이었는가?
• 사라진(단종된) 자동차는 어떠한 것이 있는가?
• 자동차 발전에서 어떠한 주요 변화가 일어났는가?
• 어떤 '환경적 요인'이 자동차 발전을 만들었는가?

여러분이 만든 계통발생도를 보여주고, 반 친구들과 만들어진 계통발생도에 대한 논의를 실시하시오.

8. 다음 질문에 논하시오.
• 초창기 우리의 조상인 호미닌은 살아있는 공룡을 볼 수 있었는가?
• 캄브리아기 시대의 동물들은 무엇을 먹었는가?
• 어떤 생명체가 지구 역사의 대부분을 차지했는가?
• 바이러스와 비로이드는 어떻게 연관되어 있는가?

연습문제

그룹 A

1. 그림 21.4에 묘사된 스트렙토코커스 피오게네스(*Streptococcus pyrogenes*)의 부피는 약 1 μm^3이다. 평균적으로 원자는 직경 약 0.1 nm를 가진다. 전형적인 스트렙토코커스 세포에는 몇 개의 원자가 있는가?

2. 세균을 감염시키는 대표적인 박테리오파지 또는 바이러스는 0.1 μm^3 크기를 가진다. 하나의 스트렙토코커스 피오게네스가 바이러스보다 몇 배나 더 큰가? (스트렙토코커스 피오게네스의 부피는 1 μm^3이다.)

3. 최소 육지성 관다발 식물의 90%는 뿌리에 사는 곰팡이에 의존하여 물과 미네랄을 흡수하는 데 도움을 받는 것으로 추정한다. 만약 적어도 30만 종의 다른 종류의 육지성 관다발 식물이 있다면, 얼마나 많은 식물들이 이 곰팡이에 의존하고 있다고 생각하는가?

4. 확인된 곤충의 종류는 최소 90만 종이지만 전 세계적으로 3천만 종이 있을 것으로 추정한다. 그렇다면 우리는 아직도 몇%의 곤충이 확인되기를 기다리고 있다고 생각하는가?

22 멘델유전학과 분자유전학

Mendelian and Molecular Genetics

핵심 개념

모든 생명체는 분자 유전자 정보를 한 세대에서 다음 세대로 복제하고 전달함으로써 생명을 유지하고 번식한다.

장의 개요

유성생식을 통해 유전자를 자손에게 전달한다.

Pg. 608

DNA는 단백질의 합성과 차례로 특성을 제어한다.

Pg. 637

찰스다윈은 인간의 얼굴 표정은 보편적이라고 제안하였다. 현재 진행되는 연구는 이 가설을 지지하는데, 연구결과 얼굴 표정은 유전적으로 결정됨을 알게 되었다.
©BananaStock/Alamy RF

연관성

화학

- ▶ 유전물질은 수소 결합을 통해 유지된다(16장).
- ▶ 핵산과 단백질의 안정화를 위해 공유 결합이 필요하다(16장).
- ▶ DNA 복제 및 단백질 합성에는 화학 반응이 관여한다(16장).
- ▶ 효소는 유전적 기작과 관련된 모든 반응을 제어한다(19장).

생명과학

- ▶ 매우 단순하지만 유전적 특성을 표현하는 훨씬 더 복잡한 기작을 설명한다(22장).
- ▶ 돌연변이는 모두 나쁜 것은 아니지만 대부분 유전적 이상을 초래한다(22장).
- ▶ 중심이론은 유전적 정보를 사용하여 어떻게 물리적 특성을 생성하는 것인지 설명한다(22장).

개요

왜 우리는 특정한 혈액형이나 머리카락 색깔을 가지는가? 왜 어떤 사람은 부모와 동일한 피부 색깔을 가지는데, 다른 사람은 부모와 다른 피부 색깔을 가지는가? 왜 꽃은 그렇게 다양한 색깔을 나타내는가? 왜 식물, 동물, 그리고 미생물의 세대는 자신의 종류와 그렇게 똑같이 보이는가? 유전적으로 변형된 생물은 무엇이며, 어떻게 생산되는가? 멘델유전학과 분자유전학을 이해하면 이러한 질문과 더 많은 질문들에 대답할 수 있다.

22.1 유전학, 감수분열 및 세포

유전자(gene)는 형질을 결정짓는 DNA의 일부이다. 감수분열과 생식은 한 세대에서 가지는 유전자를 다른 세대로 전달할 수 있다. 유전자가 어떠한 특성을 형성하는지, 특성이 어떻게 유전되는지와 같이 유전자에 대해 전반적으로 연구하는 생물학 분야 중 하나를 **유전학**(genetics)이라고 한다. 유전을 체계적으로 연구하고 특성이 한 세대에서 다음 세대로 어떻게 전달되는지에 대해 처음으로 공식화한 사람은 아우구스티누스 수도회(Augustinian)의 수도사였던 그레고르 멘델(Gregor Mendel, 1822–1884)인데, 멘델의 연구는 1900년 3명의 과학자들이 30년보다도 더 이전에 공식화한 멘델의 아이디어 중 일부를 다시 인용하기 전까지 인정받지 못했다. 하지만 이후 멘델의 연구에 의해 공식화된 법칙을 따르는 유전 양상에 대한 연구를 종종 **멘델의 유전학**(Mendelian genetics)이라고 부르게 되었다.

이 장을 이해하려면 몇 가지 기초 용어를 알아야 하는데, 이전에 서술했던 **유전자**라는 용어이다. 멘델은 유전자를 부모에서 **자손**(어린이, 후손 또는 후대)에게 전달할 수 있는 입자로 생각했는데, 유전자가 실제로 DNA 뉴클레오티드의 특정 서열로 구성되어 있음을 알게 되었다. 그러나 특정 유전자는 **유전자좌**(locus, *loci* = pl.; location)라고 하는 염색체의 특정 위치에 있기 때문에 입자 개념은 완전히 부정확하지 않다. 결국 유전학은 이러한 입자나 유전자가 부모에서 자손에게 어떻게 전달되는지 연구하는 학문이다.

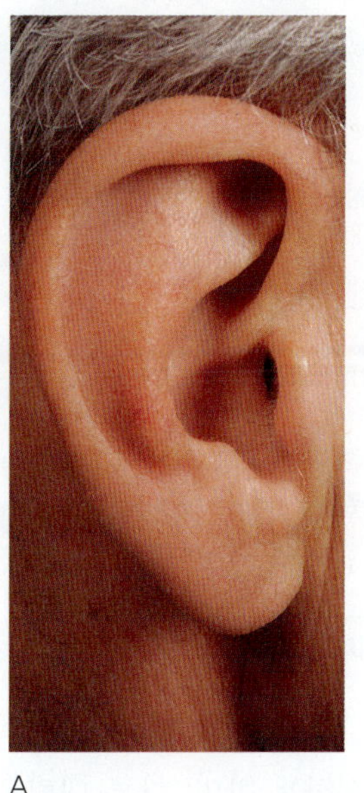

A

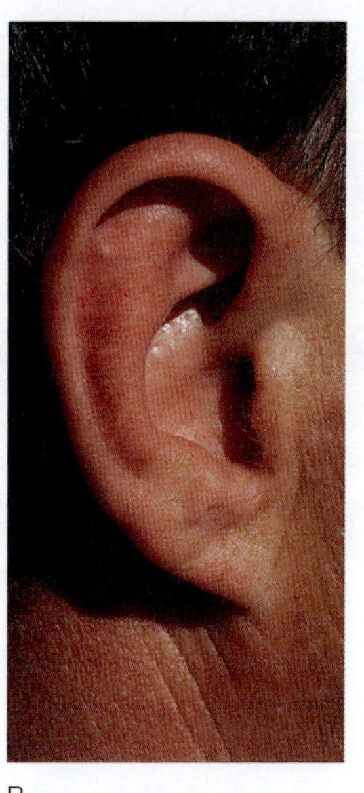

B

그림 22.1 귓불이 떨어져 있는지(A) 또는 달라붙어 있는지(B)는 유전된 유전자에 따라 달라진다. 유전자의 발현은 다양한 조직 및 기관의 발달에 영향을 주는데, 어떤 사람들의 귓불은 다른 사람들처럼 머리의 양쪽에서 분리되지 않는다. 유전자가 이 복잡한 성장양상을 어떻게 조절하고, 어떤 유전자는 다른 유전자와 다르게 기능하는지는 아직 명확하지 않다. 친구들 사이에서 얼마나 많은 변이를 발견할 수 있는가? ©McGraw-Hill Education/Bob Coyle, photographer

또 기억해야 할 다른 중요한 점은 유성생식을 하는 생물체는 이배체[diploid(2*n*)] 단계를 갖는다는 것이다. 대부분의 생명체는 이배체이지만 생식세포는 반수체[haploid(*n*)]이기 때문에, 감수분열 동안 이배체를 반수체 세포로 전환시키는 중요한 과정이다.

$$2(n) \longrightarrow \text{감수분열 } (n) \longrightarrow \text{배우자}$$

이배체 세포는 각각의 부모로부터 한 벌씩 물려받아 두 벌의 염색체를 가진다.

$$\text{부 } n + \text{모 } n \longrightarrow \text{수정} \longrightarrow 2n$$

따라서 각 개체는 2가지 종류의 염색체 세트와 각 특성에 대한 2개의 유전자를 가지며 하나는 어머니에게서, 하나는 아버지에게서 전달받는다. 생식세포에서 감수분열이 일어날 때 이배체 수는 반수체로 감소되기 때문에, 감수분열에 의해 생성된 생식세포는 이배체 세포에 존재하는 각각의 상동 염색체 쌍 중 하나의 염색체를 갖는다. 이배체 생명체는 일반적으로 반수체인 정자와 난자의 수정으로 발생하고, 따라서 그들은 각 부모로부터 각 유형의 유전자 하나씩을 유전 받는다. 예를 들어, 우리 각자에게는 2개의 귓불 모양을 결정하는 유전자가 있는데, 그 중 하나는 아버지의 정자로부터, 나머지 하나는 어머니의 난자로부터 유래한 것이다(그림 22.1).

22.2 단일 유전자 유전 양상

이배체 생명체에서 나타나는 유전자는 2가지 다른 형태로 존재한다. 실제로 모집단 내에서 각 유전자에 여러 가지 대립형질 또는 **대립유전자**(allele)가 있을 수 있다. 일반적으로 **유전자**라는 단어는 유전물질을 지칭하는 데 사용되는 반면 **대립유전자**는 특별한 성질에 대한 대안적인 형태의 유전물질을 구체적으로 지칭한다. 예를 들어 사람들에게는 귓불 모양의 대립유전자가

그림 22.2 상동 염색체는 같은 위치에 같은 특성을 가진 유전자를 포함한다. 달라붙은 귓불 대립유전자는 하나의 염색체상의 귀 모양 유전자 위치에 존재하고 달라붙지 않은 귓불 대립유전자는 상동 염색체 쌍의 다른 염색체상의 귀 모양 유전자 위치에 있다. 다른 두 유전자는 헤모글로빈 구조(정상 및 겸상세포의 대립유전자)와 혈액형(A 및 O의 대립유전자)에 사용된다. 여기서 제시된 예는 설명을 돕기 위한 것으로, 이러한 특정 유전자가 실제로 이 염색체에 있다는 것은 아니다.

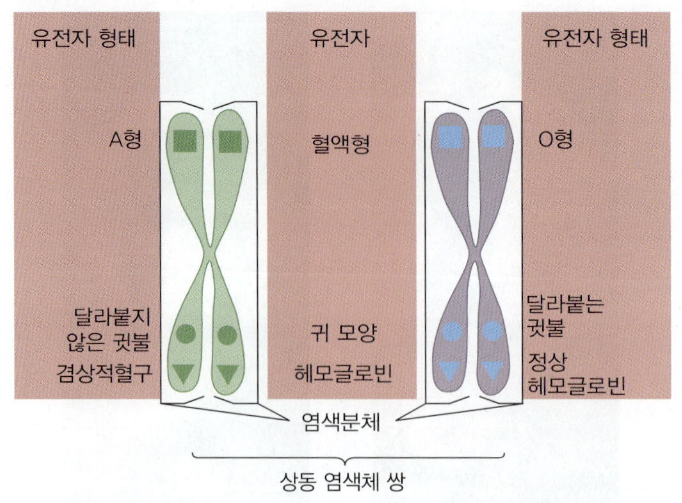

2개 존재한다. 하나는 달라붙지 않은 귓불을 생성하는 반면, 다른 대립유전자는 얼굴 측면에 달라붙어 있는 귓불을 생성한다. 각 부모로부터 받은 대립유전자의 유형과 이 대립유전자가 서로 상호작용하는 방식에 따라 귓불의 유형이 결정된다. 대립유전자는 동일한 한 쌍의 상동 염색체의 각각의 염색체에 하나의 대립유전자가 위치하게 되고, 또한 대립유전자는 동일한 위치 또는 유전자좌(locus)에 존재한다(그림 22.2).

유전체(genome)는 생명체의 모든 특성 목록을 지정하는 데 필요한 유전자의 집합체이다. 또는 세포에서 이배체(2*n*) 또는 반수체(*n*) 염색체의 수를 의미할 수 있다. 유전체는 2가지 의미로 사용되는데, 용어가 어떤 의미로 사용되는지 명확히 알아야 한다. **유전자형**(genotype)은 해당 생명체에 존재하는 유전자들의 목록이며, 세포의 DNA 암호로 구성되어 있다. 따라서 생명체의 유전자형을 볼 수 없다. 대부분 생명체의 완전한 유전자형을 아는 것은 불가능하지만, 종종 특정 특성을 결정하는 유전자를 알아내는 것은 가능하다. 예를 들어 귓불 모양을 결정하는 두 대립유전자의 조합 가능한 3가지 유전자형이 존재한다. 유전자형은 일반적으로 대문자와 소문자로 표시되는데, 귓불 형질의 경우 달라붙지 않은 귓불(free earlobe)의 대립유전자는 '*E*'로 표시하고 달라붙은 귓불(attached earlobe)의 대립유전자는 '*e*'로 지정한다. 한 사람에게서 3가지 유전자형 (1) 달라붙은 귓불에 대한 2개의 대립유전자(*ee*), (2) 달라붙지 않은 귓불에 대한 대립유전자 및 달라붙은 귓불에 대한 대립유전자(*Ee*), (3) 달라붙지 않은 귓불에 대한 2개의 대립유전자(*EE*)가 나타난다.

이 3가지 유전자형이 각 개인에게 어떻게 보일까? 생명체의 관찰 가능한 성질은 **표현형**(phenotype)이라고 알려져 있으며, 그 자체를 표현하는 방식은 결국 대립유전자의 각 조합에 의해 결정된다. 유전자는 화학적 활성을 제어하고 지시하거나 생명체의 구조적 구성요소가 되는 생성 분자(단백질)를 만듦으로써 자체적으로 발현한다. 대립유전자의 조합이 스스로 발현하는 것은 생명체의 환경에 의해서도 영향을 받는다. **유전자 발현**(gene expression)이라는 것은 유전자가 단백질 합성을 통해 개인의 물리적 특징을 나타내는 정도를 말한다.

달라붙은 귓불에 대한 2개의 대립유전자를 가진 사람은 달라붙지 않은 귓불을 가질 수 없고, 달라붙은 귓불에 대한 하나의 대립유전자 및 달라붙지 않은 귓불에 대한 대립유전자를 가진 사람은 달라붙지 않은 귓불에 대한 표현형을 나타낼 것이다. 달라붙지 않은 귓불에 대

유전학자들의 노력

멘델의 연구는 1900년대 초에 '법칙'으로 받아들여졌으며 유전학자들은 많은 중요한 것들을 발견했다. 이 분야는 분자유전학의 시대가 1950년대에서 1960년대에 시작된 이래로 새로운 삶의 변화 또는 단순한 흥미로 폭발적인 발전을 이루었다. 이러한 발견들 중 일부는 특정한 특성이나 조건을 담당하는 실제 유전자의 존재를 밝힌 것이며, 또 다른 일부는 유전자가 어떻게 발현되는지 혹은 어떻게 발현이 변형되어 나타나는지에 관련된 요소들을 설명한다.

최근 유전학 분야를 연구하는 과학자들의 관심사는 다음과 같다.

- 최근 항생제 저항성을 갖는 토양 세균이 발견되었고 이러한 세균이 인간 및 가축의 병원성과 밀접한 관련이 있기에 문제가 된다.
- 헌팅턴병(Huntington's disease)을 유발하는 유전적 이상은 뇌의 뉴런을 파괴하지만 암세포를 파괴하는 역할도 한다. 즉 헌팅턴병에 걸린 환자는 암에 걸릴 확률이 다른 사람들보다 적다. 따라서 헌팅턴병과 관련된 유전자는 하나 이상의 효과를 가지는 것으로 본다.
- 개의 짙은 검정의 가죽색과 관련된 유전은 통상적으로 색소를 담당하는 유전자와 관련이 있지만 그 유전자와 상호작용하는 유전자도 포함된다. 이 유전자의 변이는 노란색, 검은색 및 얼룩무늬와 같은 기존과 다른 색상의 개를 탄생시키며, 이 유전자는 다른 종에서 미생물을 파괴할 수 있는 단백질(β-defensin)을 생성한다. 검은 색상의 늑대가 존재하는 이유는 때때로 발생하는 검은 색상의 개와 회색 늑대 사이 교배에 의한 결과이다.
- DISC1(Disrupted-in-Schizophrenia 1) 유전자는 정신분열증, 우울증, 조울증 및 자폐증과 매우 높은 관련이 있다.

한 2개의 대립유전자를 가진 사람도 마찬가지로 달라붙지 않은 귓불을 가질 것이다. 3가지 유전자형이 있지만, 표현형은 2가지만 나타나는 것에 주목하라. 결국 달라붙지 않은 귓불을 갖는 개체는 상이한 2가지의 유전자형을 가질 수 있다.

대립유전자(= 대립형질)	유전자형	표현형
E = 달라붙지 않은 귓불	*EE*	달라붙지 않은 귓불
e = 달라붙은 귓불	*Ee*	달라붙지 않은 귓불
	ee	달라붙은 귓불

일부 대립유전자의 발현은 동일한 유전자의 다른 대립유전자의 존재에 의해 직접 영향을 받는다. 개인의 특정한 대립유전자 쌍에 대하여, 두 부모로부터 유래한 2개의 대립유전자는 동일하거나 동일하지 않다. 사람은 특별한 성질에 대하여 두 개의 동일한 대립유전자의 조합(예: *EE* 및 *ee*)이 있는 경우 각 성질에 대해 **동형접합체**(homozygous)이다. 보통 주근깨에 대한 2개의 대립유전자를 가진 사람은 그 특징에 대해 동형접합체라고 한다. 반대로 주근깨가 없는 것에 대하여도 2개의 대립유전자를 가지고 있는 사람들은 동형접합체라고 한다. 만약 생명체가 동형접합체를 갖는 경우 그 성질은 특별한 방법으로 표현되는데, 달라붙지 않은 귓불에 대한 동형접합체인 사람은 달라붙지 않은 귓불을 가지고, 달라붙은 귓불에 대한 동형접합체는 달라붙은 귓불을 가진다.

또한 특정 유전자에 대해 다른 대립유전자의 형태 2가지를 갖는 경우(예: *Ee*)를 **이형접합체**(heterozygous)라고 한다. 이형접합체는 두 부모로부터 서로 다른 특성의 대립유전자를 물려받는 경우에 나타나는데, 예를 들면 주근깨가 있는 하나의 대립유전자와 주근깨가 없는 대립유전자를 가진 경우를 이형접합체라고 한다. 생명체에서 이형접합체인 경우 2가지 대립유전자가 상호작용하여 그 성질을 결정하며, 2개의 상이한 대립유전자가 상호작용하는 방식에 따라 생성되는 표현형이 달라질 수 있다.

예제 22.1 (선택)

전 세계 인구의 약 8%만이 파란 눈을 갖는 것으로 추정된다. 이 경우 전 세계에 75억 명의 인구가 존재한다면 지구상에 얼마나 많은 사람이 파란 눈을 가지고 있겠는가?

풀이

파란 눈을 갖는 사람의 인구 수 = 전 세계 인구 수 × 파란 눈을 갖는 사람 비율

$= 7.5 \times 10^9$명 × 8%

$= \boxed{6 \times 10^8\text{명}}$

예제 22.2 (선택)

전 세계 인구의 55%가 갈색 눈을 갖는 것으로 추정된다. 이 경우 전 세계에 75억 명의 인구가 존재한다면 지구상에 얼마나 많은 사람이 갈색 눈을 가지고 있겠는가? (답: 4.1×10^9명)

22.3 유전의 단순한 모델—우성 및 열성 대립유전자

표현형은 각 부모로부터 물려받은 대립유전자의 특성과 이 대립유전자의 상호작용에 의해 결정된다. 유전자형으로 표현형을 예측하는 데 사용하는 가장 간단한 규칙은 한 쌍의 대립유전자에서 하나의 유전자 특성이 나타나고 다른 대립유전자의 특성은 나타나지 않은 것이다. 이것이 우성과 열성이라고 불리는 유전양식이다. **우성 대립유전자**(dominant allele, 대문자로 표기)는 다른 대립유전자와 함께 존재할 때 유전자의 특성 표현형으로 나타낸다(표 22.1). 예를 들어, 사람이 달라붙지 않은 귓불에 대한 대립유전자와 달라붙은 귓불에 대한 대립유전자를 각각 하나씩 갖는 경우 그 사람은 달라붙지 않은 귓불에 대한 표현형이 나타낸다. 이러한 경우 달라붙지 않은 귓불에 대한 대립유전자가 우성이 된다. **열성 대립유전자**(recessive allele, 소문자로 표기)는 다른 특성의 대립유전자와 함께 존재할 때 유전자의 특성이 나타나지 않

표 22.1

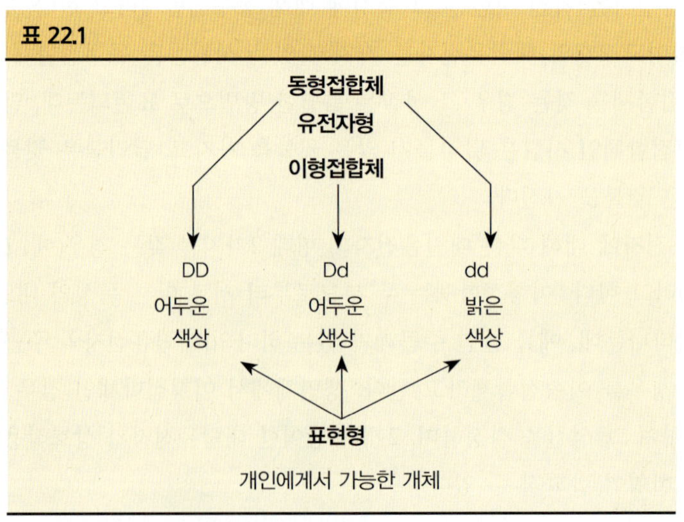

는다. 예를 들어, 이형접합체인 사람의 경우(달라붙지 않은 귓불에 대한 대립유전자 및 달라붙은 귓불에 대한 대립유전자, *Ee*) 우성 대립유전자인 달라붙지 않은 귓불에 대한 표현형이 나타나게 된다. 반면 열성인 달라붙은 귓불의 특성은 나타나지 않는다. 대립유전자가 *EE* 또는 *Ee*인 경우 우성 형질이 나타나며 열성 표현형은 2개의 대립유전자가 열성(*ee*)인 경우에만 관찰할 수 있다.

많은 사람들이 다음과 같은 열성 대립유전자에 대한 오해를 가지고 있다. 첫 번째가 열성 대립유전자는 모두 나쁘거나 해롭다는 것인데, 열성 유전자가 나쁜 것은 아니다. 열성이라는 용어는 유전자의 중요성이나 가치와는 아무 관련이 없으며 단순히 어떻게 표현될 수 있는지에 대해서만 설명한다.

열성 대립유전자는 유전되는 가능성이 낮지만 스스로의 형질을 발현시키기 위해서는 반드시 동형접합체 상태로 존재해야 한다. 따라서 열성 대립유전자가 관찰될 수 있는 가능성 또한 매우 낮다. 두 번째 오해는 열성 대립유전자가 집단에서 빈번하지 않게 발생한다는 것인데, 항상 그렇지는 않다. 사람이 가진 손가락의 수는 유전자에 의해 결정되는데, 이 결과는 열성 대립유전자에 의해 결정된다. 우성 대립유전자의 표현형질은 여섯 손가락이기 때문인데, 대부분의 인구가 여섯 손가락이 아닌 다섯 손가락을 가지고 있기 때문에 열성 대립유전자는 우성보다 더 빈번하게 발생할 수 있다.

22.4 멘델의 유전 법칙

유전 문제는 어떤 대립유전자가 부모로부터 자손에게 전달되고, 어떠한 다양성을 가진 유형의 자손들이 생산되는가를 결정하는 데 연관이 있다.

성 아우구스티누스 수도회의 수도사 멘델은 유전의 결과를 예측하는 방법을 개발했다. 그는 일반적인 **완두콩 식물**(Pisum sativum)에서 특정한 특성의 유전 양상을 보여주는 실험을 진행했는데, 그 결과 완두콩에서 어떤 특성이 우성이고 열성인지 결론을 내리게 되었다. 멘델의 결과 일부를 표 22.2에 정리하였다.

멘델의 연구가 특별했던 이유는 한 번에 하나의 형질만 연구했다는 것이다. 이전 연구에서는 동시에 수많은 형질을 추적하고자 하였기 때문에 전체 특성을 동시에 연구하는 것에 대

표 22.2 완두콩 식물의 우성과 열성 특징

특징	우성 대립유전자	열성 대립유전자
식물의 길이	큰 키	작은 키
깍지 모양	통통함	잘록함
깍지 색	녹색	노란색
씨앗 표면	둥근	주름진
씨앗 색	노란색	녹색
꽃색	자주색	흰색

한 부담감과 어떻게 자손이 형질을 물려받는가에 대한 명확한 아이디어가 만들어지지 않았다. 하지만 멘델은 자주색 또는 흰색 꽃 색, 노란색 또는 녹색의 씨앗 깍지 그리고 키가 크거나 작은 식물의 특성을 명확히 나누어 연구했다. 특히, 자가수분하는 완두콩 식물을 선택한 것은 매우 운이 좋았는데, 완두콩은 여러 세대에 걸쳐 자가수분이 발생하면서 여러 특성에 대해 동형접합체인 식물 개체군을 확보할 수 있기 때문이다. 이러한 개체군을 **순수 혈통**이라고 한다.

멘델은 자주색 꽃 색깔의 완두콩 식물을 가져와 수술(anther) 부분을 제거하고 식물이 자가 수분을 하지 못하도록 한 다음 순수 계통의 흰색 꽃 식물에서 수술을 가져와 수술이 없는 자주색 꽃에 수분을 하였다. 수분된 꽃이 씨앗을 생산하였을 때, 멘델은 씨앗을 수집하여 표기를 한 이후에 씨를 다시 심고, 이 씨들이 발아하고 성장하여 꽃을 피우게 하였다.

이러한 교배로 탄생한 모든 식물에 자주색 꽃이 피었다는 것은 놀라운 일인데, 멘델의 시대에 널리 퍼진 가설 중 하나가 자주색과 흰색 꽃이 혼합되면 부모의 자주색 꽃보다 밝은 꽃이 생성될 것이라고 예측했기 때문이다. 또 다른 가설은 자손이 흰색과 자주색 꽃이 섞여 있을 것이라고 예측했는데, 이 예상치 못한 결과(모든 자손이 한 부모의 꽃과 같은 자주색 꽃을 생산했지만 다른 부모의 꽃과 같은 흰 꽃은 생산하지 않음)로 멘델은 다른 특성도 마저 조사하여 결국 그의 연구에 대한 많은 부분의 기초자료를 구축하게 되었다.

과학 스케치

자주색 꽃 완두콩 식물에 대한 멘델의 실험 및 결과를 보여주는 멀티패널 만화를 만들어보시오.

멘델은 다른 특성에 순수한 종자를 사용하여 실험을 반복했는데, 순종의 키가 큰 식물과 키가 작은 식물을 서로 교배했다. 또 노란 콩깍지의 식물과 녹색 콩깍지의 식물을 교차 교배하였다. 결과는 재미있게도 모두 동일하게 하나의 특성만이 자손에게 나타났다.

추가적으로 멘델은 흰색과 자주색을 교배시킨 자손(모두 자주색 꽃을 가짐)을 다시 교배하여 3세대를 확인하였는데, 원래 흰색 꽃을 가진 부모의 특성이 완전히 사라졌을까? 이 자주색 꽃을 띠는 2세대 자손을 서로 다시 수분하여 생산된 씨앗을 수집하여 재배하고 난 이후, 이 식물들이 꽃을 피웠을 때 그 꽃들 중 3/4은 자주색 꽃을, 1/4은 흰색 꽃을 피웠다.

이와 같은 연구결과를 토대로 멘델은 한 세대에서 다음 세대로 특성이 전달되는 방식과 개체가 특성을 표현하는 방식을 설명하기 위하여 몇 가지 유전 법칙을 주장하였다.

멘델의 **우열의 법칙**(law of dominance) — 생명체가 주어진 형질에 대해 2개의 다른 대립유전자를 가질 때, 다른 대립유전자의 발현을 나타나지 않도록 하고 발현하는 대립유전자를 우성이라고 한다. 그리고 발현이 나타나지 않는 유전자를 열성이라고 한다.

멘델의 **분리의 법칙**(law of segregation) — 이배체 생명체에 의해 생식세포가 형성될 때, 형질을 제어하는 대립유전자는 서로 다른 생식세포로 분리되어 개성을 유지한다. 대립유전자는 생식세포에서 감수분열을 통해 분리된다.

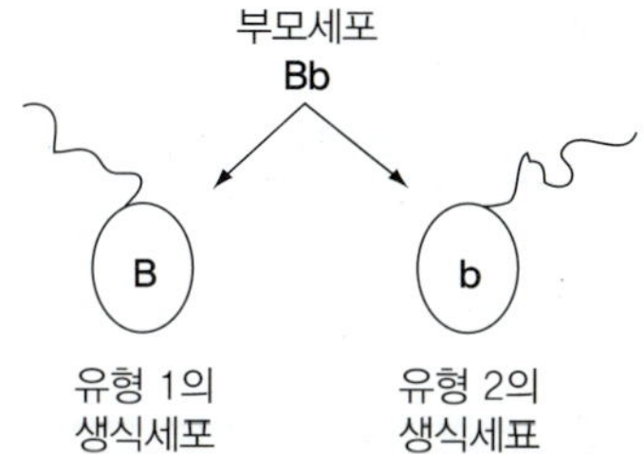

멘델의 **독립의 법칙**(law of independent assortment) — 한 쌍의 대립유전자의 구성원은 다른 한 쌍의 대립유전자의 구성원과 독립적으로 분리된다. 다시 말해 2개의 다른 유전자가 서로 다른 염색체라면 하나의 대립유전자가 분리되는 것에 다른 대립유전자의 영향을 받지 않는다.

멘델의 연구 당시 생물학자들은 염색체나 DNA, 유사분열과 감수분열 과정에 대해 전혀 알지 못했다. 그러나 멘델은 각 유전자가 다른 유전자와 분리되어 있다고 가정했다. 그가 연구하기 위해 선택했던 대부분의 특성이 별도의 염색체에서 발견되었다는 것은 그에게 행운이었으며, 만약 이 유전자 중 둘 이상이 동일한 염색체(연관된 유전자)에 위치했다면 아마도 멘델은 그의 법칙을 고안하지 못했을 것이다. 멘델의 유전학 이후 염색체와 DNA의 발견은 멘델이 주장했던 법칙을 수정하였지만, 멘델이 연구했던 부분은 현재 유전학의 기초가 되었다.

22.5 유전 문제를 해결하는 단계: 단일인자 교배

사람들은 식물이나 동물의 자손이 왜 부모와 비슷하거나 유사하지 않은지 이해하는 데 오랫동안 관심을 가져왔다. 멘델의 연구는 이 질문에 답을 할 수 있는 이유를 제시하는 데 도움을 주었다. 우리가 고려해야 할 첫 번째 문제는 가장 쉬운 유형인 단일인자 교배이다. **단일인자 교배**(single-factor cross, 때때로 monohybrid cross로 불림: *mono* = 단일; *hybrid* = 조합)는 하나의 특성이 한 세대에서 다음 세대로 이어질 수 있는 유전자 교차 또는 교배이다.

예를 들어, 사람의 투렛 증후군(Tourette syndrome)에 대한 대립유전자는 우성 대립유전자이다. 이 유전적 장애를 보이는 사람들은 여러 세기 동안 비정상적인 행동을 보여주었기 때문에 악마에 홀린 것으로 생각되었다. 이러한 비자발적인 운동 및 언어적 행동 또는 틱(예: 다리 떨기, 눈 깜박임, 얼굴 비틀림)은 가벼운 형태에서부터 욕설, 머리 경련, 침 뱉기, 강박적인 단어 반복 또는 개처럼 짖는 소리 같은 격렬한 형태에 이르기까지 다양하다. 이러한 증상은 뇌 신호 및 도파민의 과잉 생산으로 인해 나타나게 된다.

단일인자 문제: 두 부모가 투렛 증후군에 대하여 이형접합체(투렛 증후군에 대한 대립유전자 하나와 투렛 증후군이 없는 대립유전자 하나)인 경우, 아이에게 투렛 증후군이 나타날 확률은 얼마나 되는가? 혹은 나타나지 않을 확률은 얼마인가?

1단계: 각 대립유전자에 대한 기호 부여

일반적으로 우성 대립유전자는 대문자, 열성 대립유전자는 소문자로 표기한다. 투렛 증후군의 경우 *T*

를, 투렛이 없는 경우 *t*를 사용한다.

대립유전자	유전자형	표현형
T = 투렛	*TT*	투렛 증후군
t = 정상	*Tt*	투렛 증후군
	tt	정상

2단계: 각 부모의 유전자형을 결정하고 교배를 표시

두 부모가 모두 이형접합체이기 때문에 남성 유전자형은 *Tt*이고, 여성 유전자형 또한 *Tt*이다. 두 유전자형 사이에 ×를 표시해 교배를 나타내었다.

$$Tt \times Tt$$

3단계: 각 부모가 생산할 수 있는 모든 가능한 종류의 생식에 연관된 경우의 수를 결정

생식체는 반수체임을 명심하고, 배수체 세포인 부모의 2개 대신에 생식체는 하나의 대립유전자를 가질 수 있다. 아버지가 투렛 증후군 대립유전자(*T*)와 정상 대립유전자(*t*)를 모두 가지고 있기 때문에, 자손은 아버지에게서 물려받은 유전자형이 나타날 확률을 2가지 모두 포함한다. 어머니도 동일한 유전자형을 가지고 있기 때문에, 어머니의 생식체도 아버지의 생식체와 동일할 것이다.

유전적인 문제의 경우 **푸넷 사각형**(Punnett square)을 이용하는데, 푸넷 사각형은 특정 교배 시 자손의 유전자형과 표현형의 확률을 결정할 수 있도록 한다. 감수분열 과정으로 인해 각 생식체는 각 특징에 대하여 하나의 대립유전자를 받기 때문에, 아버지는 *T* 또는 *t*로 정자

미신, 착각, 그리고 오해

가지고 있더라도 항상 보이지 않는다

오해: 우성의 유전자라면 그 특성이 나타날 것이다.

실제로, 우리가 가지고 있는 대립유전자가 형질에 대해 우성이더라도 그것이 항상 나타나는 것은 아니다. **침투**(penetrance)는 대립유전자가 존재할 때 표현형을 나타내는 빈도이다. 침투를 이해하면 "왜 모든 사람들이 같은 유전자를 갖고 있지만 모든 사람이 같은 형태로 보이지 않는가?"라는 질문에 답할 수 있다. 예를 들어 이형접합 남성은 투렛 증후군의 90%가 이러한 현상이 나타난다. 즉 투렛 증후군에 우성 대립유전자를 가진 남성의 90%가 투렛 증후군을 진단받으며 여성의 경우 인구의 60~70%에 불과하다.

미신, 착각, 그리고 오해

또 다른 치명적인 실수

오해: 모든 돌연변이는 치명적이다.

실제로, 이것은 사실이 아니다! (1) 돌연변이는 효과가 없을 수도 있다. 즉 돌연변이가 일어나더라도 동일한 아미노산으로 변형될 수 있다. (2) 돌연변이가 일어나 새로운 단백질이 생성되더라도 신진대사에 치명적이지 않을 수 있다. (3) 돌연변이가 일어난 위치에 유전자가 중요하지 않을 수 있다.

자세한 관찰

근위축증과 유전학

대부분의 유전자는 수천 개의 뉴클레오티드 염기쌍으로 구성되어 있으므로 이들 서열은 많은 변화를 통해 다수의 '나쁜' 유전자 산물이 형성되어 비정상적인 표현형이 형성될 수 있다. 동일한 유전자에서 여러 가지 '나쁜' 형태를 가질 수 있다. 표현형으로 나타나는 특정한 형질이 다양한 대립유전자에 의해 결정될 수 있다는 사실을 **유전적 이질성**(genetic heterogeneity)이라고 한다. 예를 들어 가장 잘 알려진 형태의 **근위축증**(MD)은 뒤센(Duchenne)과 베커(Becker)의 다른 증상이다. 뒤센의 근위축증(DMD)의 특징은 근육이 심각하게 퇴화하고 장단지에 허위 근육 위축(변성)이 나타나며 주로 어린 시절에 발병해서 30세가 되기 전에 사망할 가능성이 매우 높다. DMD는 X 염색체에 위치한 디스트로핀(dystrophin) 유전자의 돌연변이에 의해 발생하며 열성 형질이다. 베커의 근위축증(BMD)은 같은 디스트로핀 유전자에서 다른 위치에 있는 돌연변이에 의해 발생한다. BMD는 DMD와 비교하여 매우 가벼운 형태의 근위축증에 속한다.

를 생산하고 어머니도 *T* 또는 *t*로 난자를 생성한다. 아버지에 의해 생성된 경우의 수는 왼쪽에, 어머니의 경우의 수는 상단에 나열한다. 이 예에서 푸넷 사각형은 왼쪽에 단일 우성 대립유전자와 단일 열성 대립유전자를 표기하며, 상단에도 마찬가지로 우성, 열성 대립유전자를 각각 나타낸다.

어머니 유전자형 *Tt*

아버지 유전자형 *Tt* / 가능한 여성 배우체 *T*와 *t*

가능한 남성 배우체 *T*와 *t*

	T	*t*
T		
t		

4단계: 모든 경우의 수가 통합되어 나타날 수 있는 모든 유전자 조합을 결정

이 교배의 결과로 발생할 수 있는 대립유전자의 조합을 결정하려면 각각의 빈 사각형에 각 부모로부터 받을 수 있는 대립유전자를 채우고, 모든 경우의 수가 통합된 결과를 통해 모든 유전자 조합을 확인하면 된다.

	T	*t*
T	*TT*	*Tt*
t	*Tt*	*tt*

5단계: 가능한 각각의 유전자 조합에 의한 표현형을 결정

이 문제에서 자손 중에 *TT, Tt* 그리고 *Tt*의 세 그룹은 투렛 증후군을 나타낸다. 단 하나의 자손인 *tt*만 정상의 표현형을 나타낸다. 따라서 문제의 답인 투렛 증후군의 자손을 가질 확률이 3/4이라는 것과 투렛 증후군이 아닐 확률이 1/4이라는 답을 얻을 수 있다.

이 다섯 단계 방법을 사용하여 모든 단일인자의 문제를 해결할 수 있다. 문제의 유일하게 변형할 수 있는 것은 대립유전자의 종류와 부모가 생산할 수 있는 경우의 수의 종류임을 다시 한번 확인해볼 수 있다.

개념 적용

맛을 느낄 수 있는가?

어떤 사람들은 페닐티오카르바미드(PTC, phenyl-thiocarbamide)를 맛볼 수 있는 능력을 물려받았지만 그렇지 못한 사람도 있다. PTC가 함유된 종이를 이용해서 혀에서 맛을 느껴보자. 쓴맛이 난다면 맛을 볼 수 있는 사람이다. 조부모, 부모, 형제자매, 자녀, 숙모 및 삼촌을 포함한 가족들과 동일한 테스트를 진행해보고 가계도를 구성하면 이를 통해 가족 구성원의 유전자형을 결정할 수 있는가? 그렇다면 PTC의 맛을 느끼는 유전자는 우성인가 열성인가? 또는 불완전한 우성인가? 아니면 다른 특성과 관련이 있는가?

가계도에서 원은 여성을 나타내고 사각형은 남성을 나타내며 부모의 기호는 수평 짝짓기 선으로 연결되어 있고 자손은 부모 아래 수직선으로 표시된다. 맛보는 개인은 꽉 찬 기호로 표시되고 그렇지 않은 사람은 빈 기호로 표시된다. 전형적인 가계도는 3세대를 보여주는 아래 그림과 비슷할 수 있다. 자신의 혈통을 만들어보자. 이 분석에는 생물학적으로 가족인 경우에 사용할 수 있다.

조부모

부모, 숙모, 삼촌

아버지

어머니

자신, 형제자매

22.6 유전의 복잡한 모델

지금까지는 두 대립유전자 사이에서 우성 및 열성에 의해 결정되는 표현형을 고려하였는데, 실제로 대부분의 유전 양상이 일반적인 유전 모델인 우성 및 열성 유전처럼 단순한 양상만 존재하는 것은 아니다. 대부분의 상황에서 표현형은 대립유전자의 유형뿐 아니라 서로 상호작용하는 방법과 환경이 표현에 미치는 영향에 따라 결정되는데, 이러한 양상은 크게 X 염색체 연관 특성, 공동우성, 불완전 우성, 다중 대립유전자, 다인자 유전 및 다면발현과 같은 6가지로 분류한다.

X 염색체 연관 유전자

동일한 염색체에 위치한 대립유전자는 함께 유전되는 경향이 있는데, 그것을 연관되어 있다고 말한다. 이러한 연관은 감수분열 전기에서 발생하는 교차 과정을 통해 분리될 수 있고, 교차는 어머니와 아버지에게 유래된 상동 염색체 사이에서 발생하며 유전자가 혼합된다. 특히 2개의 유전자는 염색체에서 서로 가까울수록 함께 유전될 가능성이 높다.

사람을 포함한 많은 생명체에는 2가지 유형의 염색체를 가진다. 상염색체(autosome, 22쌍)는 성 결정에 관여하지 않으며 상동 염색체 쌍이 두 구성원에 대해 동일한 특성의 대립유전자를 가진다. **성염색체**는 생명체의 성별을 조절하는 한 쌍의 염색체인데, 사람이나 동물에는 X 염색체와 Y 염색체 2가지 유형의 성염색체가 존재한다. Y 염색체는 X 염색체보다 훨씬 짧으며 사람의 X 염색체에서 발견되는 특성을 약간 가지고 있다. Y 염색체에 위치하는 하나의 유전 특징은 고환을 결정하는 유전자인 SRY가 존재한다. 일반적으로 2개의 X 염색체를 가지는 여성의 경우 X 염색체만 가지기 때문에 SRY 유전자를 가지고 있지 않아 여성의 표현형을 보이게 되며, 남성은 일반적으로 하나의 X 염색체와 하나의 Y염색체가 존재하기 때문에 표현형이 나타난다.

X 염색체에 함께 발견되는 유전자를 **X 염색체 연관**(X-linked) 유전자라고 한다. Y 염색체는 X 염색체보다 짧기 때문에, X 염색체의 비교되는 부분에서 나타나는 대립유전자들이 많지 않다. 따라서 남성의 경우 상응하는 대립유전자가 Y 염색체에 없기 때문에 우성이거나 열성인지 여부와 관계없이 X 염색체 상의 단일 대립유전자의 특성이 나타나게 된다. 사람에게 Y 염색체 연관 형질은 SRY 유전자로, 이 유전자는 배아 생식선의 고환으로 분화를 유도하게 된다. 대조적으로 X 염색체에는 100개 이상의 유전자가 있는데, 이러한 X 염색체 연관 유전자 중 일부는 **색 결핍**(색맹이라고도 함), **혈우병**, **갈색 치아**, 그리고 최소 2가지 형태의 **근위축증**(베커나 뒤센) 같은 비정상적인 특성을 유발할 수 있다.

공동우성

일부 유전적 상황에서 대립유전자는 이형접합체에서 우성이나 열성에 영향을 받지 않고 2가지 특성을 모두 나타낸다. 이러한 유전 양상을 공동우성이라고 한다. 이형접합체의 조건에서 공동우성의 경우 각 대립유전자의 표현형이 나타난다. 결과적으로 이형접합체의 유전자형을 갖는 사람은 동형접합체 부모 중 어느 것과도 전혀 맞지 않은 다른 표현형을 가질 수 있다. 공동우성 대립유전자의 경우 모든 기호가 대문자로 표기되며 다른 대립유전자를 표기하기 위해 위첨자가 추가된다. 대문자는 대체 대립유전자가 존재하는 경우에도 각 대립유전자가 표현형으로 어느 정도로 확인될 수 있냐는 사실이 중요하다. 예를 들어 말, 소 및 다른 동물들의 가죽 색상(C)은 혼합된 색상(roan)을 표현형으로 가질 수 있다. 혼합된 색상 유전자는 색상에 상관없이 그 색상에 흰색을 추가하게 된다. 혼합된 색상 유전자는 임의의 색상에 적용될 수 있으며, 가장 일반적인 색상은 붉은색이다. 서로 다른 2개의 색상의 머리카락이 섞일 것이라 생각되며, 특히 진홍색(red roan)은 붉은색과 흰색이 섞여 있을 것이다. 붉은색의 동물은 C^RC^R 유전자형을, 진홍색은 C^RC^W, 흰색은 C^WC^W의 유전자형을 갖는다(그림 22.3).

불완전 우성

부분적 또는 **불완전 우성**(incomplete dominance)으로 알려진 유전 양상에서 대립유전자는 우열의 관계를 보이지 않는다. 교배 시 동형접합체의 부모와 구별되지 않는 중간 표현형을 갖는 이형접합체의 자손이 나타나게 된다.

불완전 우성의 또 다른 예는 특정 색상의 말에서 발생하는데, 팔로미노(Palomino)나 벅스킨(Buckskin)은 색상 유전자(C^{cr})의 크림색의 대립유전자를 나타낸다. 이 말들에서 C^{cr} 대립유전자는 모발 색소를 황색으로 희석시킨다. 동형접합체 조건($C^{cr}C^{cr}$)의 말을 크레멜로(Cremello)라고 하며, 검정색과 붉은색 색소가 하나의 털에 섞여 황색이 나타난다.

식물에서 불완전 우성의 전형적인 예는 금어초의 꽃잎의 색인데, 유전자가 상호작용하여

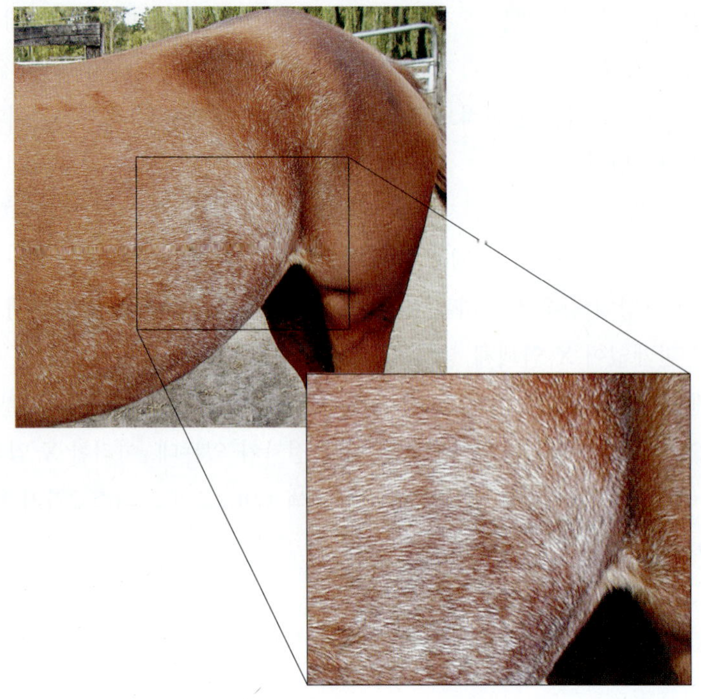

그림 22.3 아랍의 말들은 주로 혼합된 색상을 가지는데 이는 공동우성의 대표적인 예이다. 이 말의 몸에는 흰색 털과 붉은색 털이 나란히 있다. ©Fred Ross

혼합된 결과를 생성한다. 이 꽃의 색에는 2가지 대립유전자가 있는데, 대립유전자가 열성이 없기 때문에 대립유전자의 상징인 대문자와 소문자를 사용할 수 없다. 대신 흰색 꽃잎의 대립유전자의 기호를 F^W로, 붉은 꽃잎의 대립유전자를 F^R로 지정한다(그림 22.4).

이 두 대립유전자의 조합은 총 3가지로 다음과 같이 표기되었다.

그림 22.4 두 대립유전자 F^W 및 F^R에 의해 금어초의 꽃잎의 색이 결정된다. 대립유전자가 서로 상호작용하는 방식 때문에 3가지의 표현형이 나타나며 대립유전자는 이형접합 조건에서 우열의 형질이 나뉘지 않는다. (a): ©Heather/FOAP/Getty Images RF; (b): ©Stockdisc/PunchStock RF; (c): ©Fred Ross

자세한 관찰

그 특성은 어머니로부터 유래한 것이다!

진핵세포에서 대부분의 DNA가 핵에 위치하며 세포의 생화학적 과정의 대부분을 조절하는 것이 유전물질인 DNA이다. 그 밖에 미토콘드리아에서 자체적인 DNA, mtDNA를 함유하는 것으로 알려져 있다. 이 유전물질은 핵에 있는 물질과 함께 작용한다. 그러나 감수분열의 결과로 정자가 형성되면 흥미로운 일이 발생한다. 모든 미토콘드리아는 정자의 '머리'가 아닌 '몸체'에 저장되며, 정자가 난자를 관통하면 머리가 안으로 들어가지만 몸체에 있는 미토콘드리아의 대부분은 바깥에 존재하게 되어 아버지의 미토콘드리아 DNA는 자녀에게 거의 전달되지 않는다. 따라서 어머니의 미토콘드리아 DNA에 돌연변이가 발생하면 자녀에게 그대로 전달될 것이다. 반대로 아버지의 미토콘드리아 DNA에 돌연변이가 발생하더라도 자녀에게 전달되기 어렵다. 이 특이한 전달 방법을 **미토콘드리아(또는 모계) 유전**이라고 한다. 미토콘드리아는 진핵세포에서 ATP의 주요 공급원이기 때문에 미토콘드리아 유전자를 통해 전달되는 대부분의 이상은 근육 약화와 관련이 있다. **레베르시신경병증**과 같은 희귀한 유형의 유전적 이상이 있는 사람들은 20세 정도에 시신경 사망으로 인한 갑작스런 시력 상실 증상이 나타나며, 이는 성별에 상관없이 모두 영향을 받는다.

유전자형	표현형
F^WF^W	흰색 꽃잎
F^RF^R	붉은 꽃잎
F^RF^W	분홍 꽃잎

붉은색과 흰색에 대한 2가지 대립유전자가 있지만 붉은색, 흰색 및 분홍색 총 3가지 표현형이 있다. 붉은꽃 대립유전자와 흰색 꽃 대립유전자가 동시에 존재할 때 각각 특성의 일부가 나타나 결과적으로 분홍색이 된다.

다중 대립유전자

지금까지 2개의 대립유전자에 의해 결정되는 특성(예를 들어 A와 a)에 대해서만 논의했다. 그러나 단일 특성에 대하여 2가지 이상의 대립유전자가 있을 수 있기 때문에, 특정 형질을 제어하는 동일한 유전자(대립유전자)의 다양한 모든 형태를 **다중 대립유전자**(multiple alleles)라고 지칭한다. 그러나 한 사람은 형질에 대해 최대 2개의 대립유전자를 가질 수 있다. 다중 대립유전자에 의해 결정되는 형질의 좋은 예는 ABO 혈액형이며, 혈액형에는 다음과 같은 3가지 대립유전자가 있다.

대립유전자*
I^A = 혈액의 적혈구 표면에 A형 항원을 가진다.
I^B = 혈액의 적혈구 표면에 B형 항원을 가진다.
i = O 혈액형은 적혈구 표면에 A형 또는 B형 항원이 없다.

*I^A와 I^B는 적혈구에 부착된 항원 탄수화물인 면역원에 대한 기호를 나타내는데, 이 대립유전자는 9번 염색체에 존재한다. ABO 시스템은 혈액 유형을 확인하는 유일한 방법은 아니며, 다른 방법으로 Rh, MNS 또는 Xg 시스템이 있다.

ABO 시스템에서 다중 대립유전자의 예로써 A 및 B는 동일한 개체에 함께 존재할 때 공동우성을 나타낸다는 것이 중요하며, 또한 A 및 B는 O 대립유전자에 대하여 우성이다. 이 3개의 대립유전자는 6가지 방식으로 쌍을 이루어 4가지 다른 표현형을 나타낸다.

관련 내용

피부색, 유전자 빈도 변화 및 자연 선택

수세기 동안 우리는 인간을 피상적 특성에 따라 '인종'을 분류했다. 가장 분명한 것은 피부색으로, 대부분 설문 조사를 작성할 때 인종에 따라 자신을 식별하도록 요구하는 카테고리를 찾을 수 있다. 피부색은 거의 백인, 아프리카계 미국인, 히스패닉 또는 혼혈인지를 항상 염두에 두어야 한다. 그러나 이 특성에 관련된 유전자가 있는가? 인간은 언제부터 피부색이 달랐는가? 여러 가지 피부색이 존재하는 요인과 그것을 안정화시키는 요인은 무엇인가?

그렇다. 피부색은 유전자에 의해 조절된다. 실제로 몇몇 유전자가 색소 생산에 관련된 다인자 유전에 관여한다. 과학자들은 약 40,000년 전에 유럽인들이 북쪽에 더 가까워지면서 창백해지기 시작했다고 생각하여 창백한 피부가 더 많은 햇빛이 피부에 침투할 수 있다고 가정했다. 즉 더 많은 자외선(UV)을 통해 뼈 성장과 다른 많은 필수 경로에 사용되는 비타민 D의 생성을 자극할 수 있다. SLC24A5로 알려진 창백한 피부를 유발하는 유전자 중 하나가 많은 유럽인들에게서 확인되었지만, 아시아인들은 아니다. 피부 색소 침착에 사용되는 단백질의 생산을 제어하는 이 유전자에는 2가지 형태가 있다. 이 두 대립유전자에 의해 생성된 단백질은 하나의 아미노산만 다르다. 거의 모든 아프리카인과 동아시아인은 '어두운' 유전자를 가지고 있는 반면, 유럽인의 98%는 '창백한' 유전자를 가지고 있다. DNA를 분석할 수 있게 된 현재 창백한 유전자의 근원이 돌연변이였으며 이전에 생각했던 것과 다르게 최근 유럽 인구에서 빈도가 증가한 것으로 나타났다. 그것은 아마도 6,000년~12,000년 정도 전일 것이다.

유전자형		표현형
I^AI^A	=	A 혈액형
I^Ai	=	A 혈액형
I^BI^B	=	B 혈액형
I^Bi	=	B 혈액형
I^AI^B	=	AB 혈액형
ii	=	O 혈액형

다중 대립유전자 문제는 단일인자 문제와 같이 작용하는데, 이 장의 끝에 이에 대한 몇 가지 문제가 있다.

다인자 유전

지금까지 단일 유전자의 단일 장소에 있는 대립유전자에 의해 결정되는 표현형 특징만 고려하였다. 그러나 일부 특성은 여러 가지 다른 유전자좌(다른 염색체 또는 단일 염색체의 다른 위치)에서 유전자의 상호작용에 의해 결정된다. 이러한 것들을 **다인자 유전**(polygenic inheritance)이라고 한다. 다수의 상이한 대립유전자 쌍이 함께 상호작용하여 특성을 결정한다. 인간의 피부색이 이 유전 양상의 좋은 예인데, 일부 전문가에 따르면 피부색 유전자는 최소 3개의 염색체 위치 또는 유전자좌에 존재한다. 각 부위에서 어두운 피부의 대립유전자는 밝은 피부의 대립유전자보다 우성이기 때문에 어두운 피부 대립유전자의 수에 따라 다양한 피부색이 나타난다(그림 22.5).

다인자 유전은 본질적으로 특성의 결정이 명확하지 않고, 단계적으로 나타나는 것이 매우 일반적이다. 그래서 피부색의 예와 다른 많은 특성들에서도 특성을 살펴보면 하나의 관점에서 분류될 수는 없지만 표현형의 변화는 얼만큼(how much) 또는 얼마나(what amount)로 분류될 수 있을 것이다.

좌 1	d^1d^1	d^1D^1	d^1D^1	D^1D^1	D^1d^1	D^1d^1	D^1D^1
좌 2	d^2d^2	d^2d^2	d^2D^2	D^2d^2	D^2d^2	D^2D^2	D^2D^2
좌 3	d^3d^3	d^3d^3	d^3d^3	d^3d^3	D^3D^3	D^3D^3	D^3D^3
어두운 피부 유전자의 총 개수	0	1	2	3	4	5	6
	가장 밝은			중간			가장 어두운

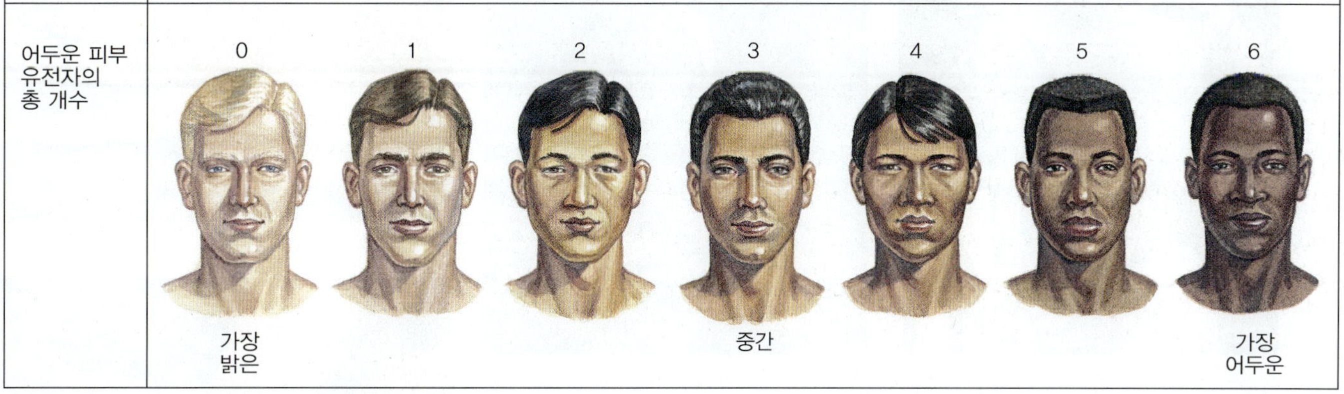

그림 22.5 인간의 피부색은 다인자 유전의 예로 피부색에 대한 여러 가지 유전자가 서로 다른 염색체에 존재하고 있으며 각각 어두운 색과 밝은 대립유전자를 가지고 있다. 존재하는 어두운 대립유전자(D)의 총 개수에 따라 피부색은 부가적인 효과를 보인다. 그림의 상단 부분은 다른 피부색을 생성할 수 있는 유전형의 예로 D가 상이한 유전자에 어떻게 분포되어 있는지보다 D의 수가 더 중요한 것을 보여준다.

예를 들어 사람들의 키는 지속적으로 변한다. 키가 단지 크고 작은 사람뿐만 아니라 다양한 크기의 사람들도 존재한다. 어떤 사람은 1 m 정도보다 작고 어떤 사람들은 2 m보다 크다. 이 정량적 특성은 아마도 많은 다양한 유전자에 의해 결정될 것이다. 지능 또한 심각한 저능아부터 천재인 사람들까지 상당히 다양하다. 이러한 특성 중 다수는 식이, 질병, 사고 및 사회적 요인과 같은 외부 환경요인의 영향을 받았을 수 있다. 이들은 다인자 유전 양상의 몇 가지 예일 뿐이다.

다면발현

하나의 유전자는 하나의 생산물을 만들지만 종종 다양한 표현형에 영향을 끼친다. 이를 **다면발현**(pleiotropy, *pleio-* = 바뀔 수도 있는)이라고 한다. 다면발현은 하나의 유전자가 표현형에 미치는 여러 영향에 대해 정의하고 있는데, 다면발현의 좋은 예는 미국 대통령 에이브러햄 링컨(Abraham Lincoln)에게 발생한 것으로 의심되는 **마르판 증후군**(Marfan syndrome)(그림 22.6)이다. 마르판 증후군은 신체 결합 조직에서 발생하는 장애지만 눈, 심장, 혈액, 골격 및 폐를 포함한 다양한 장기에도 영향을 줄 수 있다. 일반적으로 증상은 키가 크고 긴 팔과 거미 모양지증, 척추측만증(척추만곡) 및 흉부 함몰 등이 나타난다. 또 많은 마르판 증후군 환자는 눈의 수정체가 탈구되어 있어 대부분 근시이며, 눈의 흰자 위(공막)가 파랗게 보일 수 있다. 심장에서는 대동맥 확장 및 심장 판막 이상이 일어날 수 있고, 대동맥 동맥류라고 불리는 대동맥의 약화와 팽창으로 인한 파열로 인해 사망에 이를 수도 있다. 따라서 마르판 증후군을 생성하는 대립유전자는 키, 시력 및 기타 여러 가지 특성에 영향을 주어 질병을 유발시킨다.

다면발현의 또 다른 예는 유전적 이상인 페닐케톤뇨증(PKU, phenylketonuria)이다. 이 예에서 단일 유전자는 일반적인 식품에서 발견되는 아미노산인 페닐알라닌을 세포 대사에 이

A

B

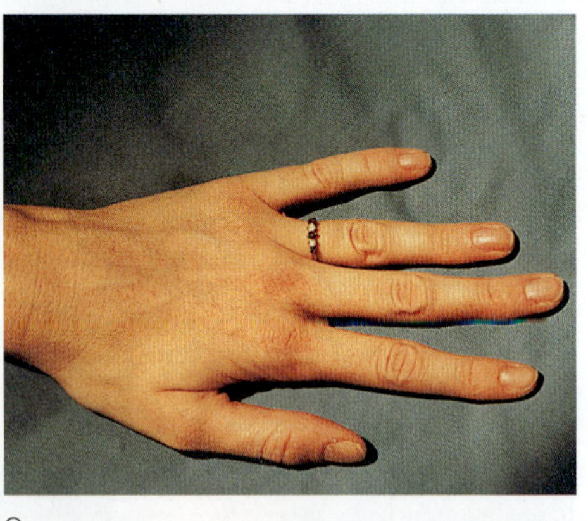

C

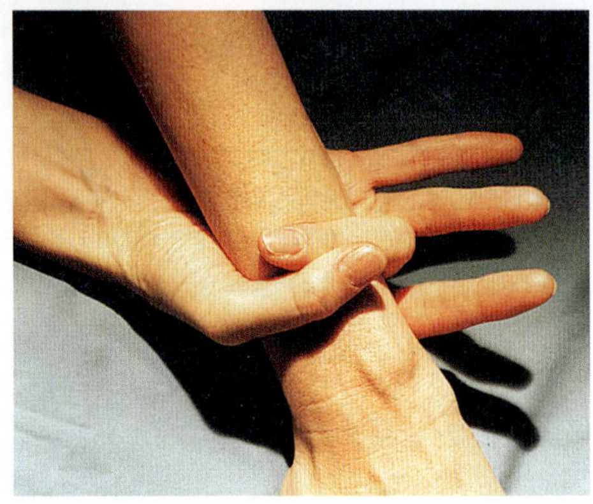

D

그림 22.6 미국의 약 40,000명(10,000명 중 1명)의 사람들이 상염색체 우성 이상이 있는 것으로 추정된다. (A) 마르판 증후군이 있는 사람과 (B) 에이브러햄 링컨 전 미국 대통령의 몸과 얼굴에 흔하게 나타나는 모습을 자세히 보라. 사진 (C)와 (D)는 비정상적으로 긴 손가락을 보여준다. (a): Courtesy Jeanette Navia; (b): Source: Library of Congress Prints & Photographs Division [LC-B8171-1321]; (c and d): Courtesy Jeanette Navia

용하여 다양한 화학 반응에 영향을 끼치게 된다(그림 22.7 참조).

이 유전적 이상에서 사람들은 페닐알라닌을 타이로신으로 전환할 수가 없게 되어, 페닐알라닌이 몸에 축적되면서 신경계에서 나타나는 정상적인 발달에 방해를 줄 수 있다. 하지만 PKU를 가진 성인은 실제로 질병의 존재를 모르는 경우가 많아 의학적으로 우려가 되고 있다. 또 PKU로 진단 받은 아이들을 일생 동안 추적할 수 없고, 많은 부모들은 자녀에게 질병의 존재 사실을 이야기하지 않는다. 그렇기 때문에 이 아이들은 성인이 된 이후에도 자신의 병력을 쉽게 알아차리지 못한다. 문제는 여성 PKU 환자가 임신을 한 뒤 자신이나 의사가 병

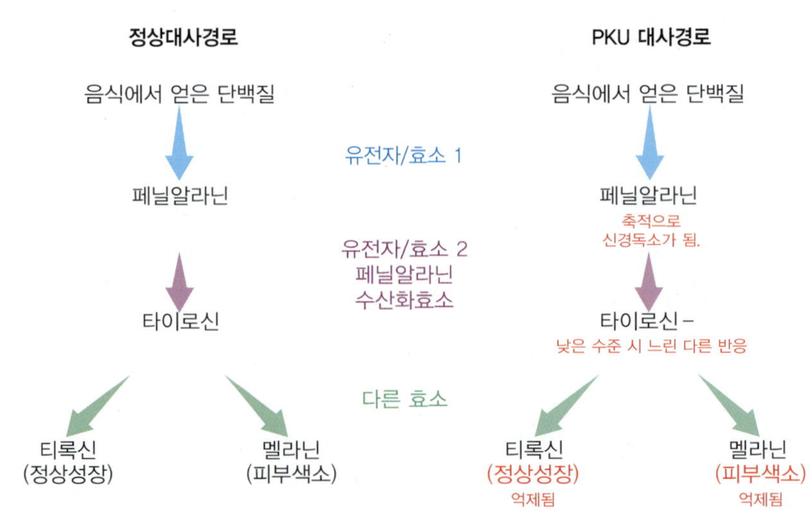

그림 22.7 PKU는 염색체 12번에 위치한 열성 장애이다. 왼쪽의 도표는 정상적인 경로를 보여주며 오른쪽의 도표는 비정상적인 경로를 보여준다. 돌연변이 된 유전자로 인해 페닐알라닌 수산화효소(phenylalanine hydroxylase)가 생성되지 않으면 아미노산 페닐알라닌이 타이로신으로 전환될 수 없어 페닐피루브산(phenylpyruvic acid)으로 전환되어 체액에 축적된다. 페닐피루브산의 축적은 신경세포의 사망을 유발하고 궁극적으로 정신지체를 초래한다. 페닐알라닌이 타이로신으로 전환되지 않기 때문에 경로에서의 후속 반응에도 영향을 받는다.

관련 내용

유전자, 발달 및 진화

현대 분자유전학의 중요한 발견 중 하나는 모든 생명체에서 발견되는 유전자들의 상당한 유사성으로, 이것은 생명체의 진화를 이해하는 데 중요한 영향을 미친다. 돌연변이 과정을 통해 새로운 형태의 유전자가 만들어지면 진화하는 자손에게 보존되는 것으로 보인다. 하나의 예로 **호메오 유전자**(homeotic gene)로 알려진 이 유전자들은 발달하는 배아의 어느 쪽 끝이 머리이고 어느 쪽이 꼬리인지를 결정함으로써 생명체의 몸이 전체적으로 형성되는 것을 조절한다. 배아가 발달하고 규칙적인 신체 부위가 형성됨에 따라 호메오 유전자는 또한 각 부위가 무엇인지 정의하는 데 도움이 된다. 곤충에서는 한 부분이 더듬이를 발생시키는 반면 다른 부분은 날개나 다리를 발생시킬 수 있다. 수백 년 동안 동물 유전학을 연구하는 사람들에게 가장 인기가 많은 종인 초파리(Drosophila melanogaster)에서 동종 유전자가 처음 발견되었다. 초파리는 여러 가지 이유로 유전자 연구에 적합하다. 실험실에서 키우기 쉽고 저렴하며 10일에 한 번씩 교배가 가능하고 한 번의 교배로 많은 자손을 생산할 수 있다.

호메오 유전자는 좌우 대칭(개체의 왼쪽과 오른쪽이 동일한)인 모든 생명체에서 동일한 발달 과정을 조절하는 것으로 알려져 있다. 이러한 경향은 매우 강하게 발현하기 때문에 일부 과학자들은 호메오 유전자의 한 종류인 *Hox* 유전자의 존재가 동물의 전체를 정의하는 데 필요하다고 본다.

본질적으로 동일한 기능을 가진 동일한 유전자가 초파리, 지렁이, 성게, 촌충 및 인간과 같이 광범위한 개체에서 발견될 수 있다. 이는 초파리에서의 유전자 연구가 인간과 다른 동물에서의 유전자 기능을 유추하는 데 사용될 수 있음을 의미한다. 호메오 유전자는 배아 발달 및 세포 분화 조절에 관여하기 때문에 이러한 연구는 인간 배아 발달 이상 및 암과 같은 다른 질병의 원인을 식별하는 데 도움이 될 수 있다.

력을 알지 못하기 때문에 적절한 출산 전 간호를 받지 못하게 되면서 발생한다.

유전자 발현의 환경요인

유전학의 복잡한 측면 중 하나는 대립유전자의 표현형을 나타내는 것이 단지 생명체의 유전자형에만 의존하지 않는다는 것이다. 때때로 물리적 환경이 우성 또는 열성 대립유전자의 발현을 결정하기도 한다. 예를 들면 인간의 주근깨 유전자는 사람의 피부가 햇빛에 노출되지 않으면 완전히 발현되지 않는다(그림 22.8). 또 다른 예는 6개의 손가락(다지증, polydactylism)에 대한 대립유전자인데, 이 대립유전자를 물려받은 사람들의 일부는 완전한 6개의 손가락을 가지고 있기도 하고 또 일부의 경우에는 작은 토막으로 손가락이 형성되어 있을 수 있다. 또 일부는 6개의 손가락 대신에 다섯 번째 손가락을 구부릴 수 없는 증상을 나타낸다. 그러나 대립유전자를 물려받은 대부분의 자손은 공통적으로 새끼손가락이 딱딱해지는 현상을 갖는데, 흥미롭게도 어떠한 경우에는 대립유전자를 물려받아도 이 특성이 나타나지 않거나 한 손에만 나타날 수도 있다. 따라서 대립유전자가 개체에서 특성을 발현하는 것에 정도의

A

B

그림 22.8 많은 유전자들이 발현하는 데 환경의 영향을 받는다. 고양이의 검은 머리카락에 대한 대립유전자(A)는 온도에 민감하며 몸의 일부가 차가워지는 부위에만 나타난다. 주근깨의 대립유전자(B)는 더 많은 햇빛에 노출되면 더 과도하게 발현된다. (a): ©Stockdisc (Stockbyte)/Getty Images RF; (b): ©Hero/Corbis/Glow Images RF

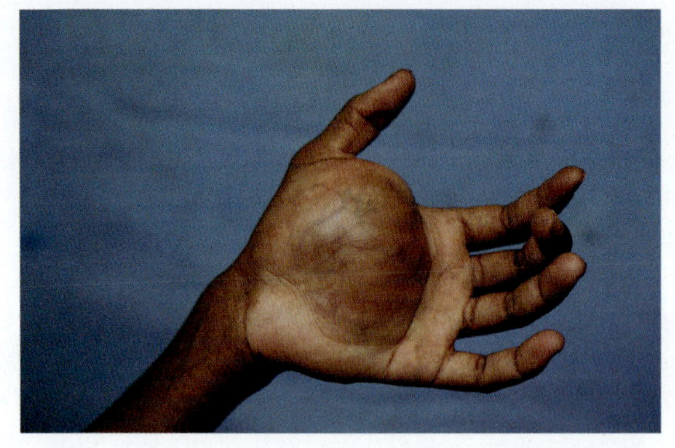

그림 22.9 신경섬유종증 제I형은 양성 섬유성 피부 종양, 카페오레(café-au-lait) 반점, 홍채 결절 및 악성종양 등 다양한 형태의 증상이 나타난다. 이것으로 나타날 수 있는 표현형이 매우 다양해서 특성이 거의 나타나지 않거나 혹은 매우 광범위하게 나타난다. 상염색체의 우성 형질은 종양 형성을 유발하는 유전자를 억제하는 단백질(neurofibromin)의 생성과 돌연변이의 결과이다. ©MedicImage/Universal Images Group/Getty Images

차이가 존재한다는 것을 보여준다. 유전학자들은 이것을 **가변 발현성**(variable expressivity)이라고 하는데, 이것의 좋은 예는 유전적 비정상으로 인한 **신경섬유종증 제I형**(NF1, neurofibromatosis type I)이다(그림 22.9). 그러나 어떠한 경우에는 모집단에서 전혀 나타나지 않을 수도 있는데, 이것은 유전자가 질병의 발생에 미치는 **영향**(penetrance)이 낮기 때문으로 생기는 것으로 생각된다. 또 다른 유전자와 이러한 우성 대립유전자와 상호작용하여 발현의 변이를 유발할 수도 있다.

내부 및 외부 환경요인 모두 유전자 발현에 영향을 줄 수 있는데, 예를 들면 남성은 태어날 때 목소리의 톤을 결정하는 유전자를 물려받는다. 그러나 이 유전자들은 사춘기 이후에 다르게 발현한다. 사춘기에는 남성 호르몬이 분비되는데, 이러한 내부 환경 변화는 굵은 남성의 목소리를 갖게 한다. 이 호르몬을 생산하지 않는 남성은 이후에도 늦게까지 높은 톤의 목소리를 유지한다. 여성도 마찬가지로 부신이 정상적이지 못해 많은 양의 남성 호르몬을 분비하게 되면 비슷한 변화가 나타날 수 있다.

식이요법 또한 개인의 표현형에 영향을 줄 수 있는 외부 환경요인 중 하나인데, 혈액 내 포도당이 제대로 대사되지 않고 소변으로 배출되는 대사 관련 장애로 발병하는 **당뇨병**은 유전적인 요소가 있다. 당뇨병에 대한 가족력이 있는 일부 사람들은 이 질병의 특성을 유전 받는 것으로 알려져 있다. 이러한 경우 식이요법으로써 섭취하는 설탕의 양을 줄여 질병의 발병을 지연시킬 수 있다.

후성유전학 및 유전자 발현

후성유전학(epigenetics)은 세포의 DNA 변화 이외의 요인에 의해 발생하는 유전자 발현의 변화를 연구하는 학문이다. 이 용어는 '유전학에 추가하여(in addition to genetics)'로, 즉 세포의 유전자 발현을 변화시키는 비유전적 요인을 의미한다. 후성유전학적 변화가 발생하면 세포의 수명 또한 지속될 수 있으며 심지어 다음 세대에도 전달될 수 있다. 이것은 세포(줄기세포)가 분화 과정을 겪을 때 발생할 수 있다. 특히, 줄기세포는 신체에서 발견되는 모든 종류의 세포(예: 근육, 뼈 또는 피부 세포)가 될 가능성이 있기 때문에 만능(pluripotent)이라고 한다. 그러나 일단 분화가 진행되면 다른 종류의 세포가 되는 능력을 상실하며 다시 세포 분열을 통해 생성된 세포도 마찬가지이다. 예를 들어 만능 세포가 인슐린 단백질 유전자가 아닌 근육 단백질 유전자를 발현한다면 그 세포는 인슐린 생산 세포가 아닌 근육 세포로 분화할 것이다.

다음은 후성유전에 의해 발생하는 작용에 대한 4가지 예이다.

1. 유전자의 시토신(cytosine)에 메틸기를 추가하면 메틸시토신(methylcytosine)으로 바뀐다. 메틸시토신은 번역이 될 수 없으므로 유전자가 불활성화된다.
2. 유전자 주변의 히스톤 모양이 바뀐다. 히스톤이 변경되면 분화된 세포가 분화된 상태를 유지하고 만능 세포로 다시 전환되지 않도록 한다.
3. 이미 전사된 단백질이 유전자로 돌아와서 계속 활성화되도록 한다.
4. 유전자에 의해 원래 결정되지 않은 서열들로 RNA를 결합한다.

일부 화합물은 후성유전적 발암물질로 간주되는데, 즉 세포가 종양을 형성하게 할 수 있지만 유전자의 염기 서열을 변화시키지는 않는다. 예를 들어 항진균제로 사용되는 특정 염소화 탄화수소(chlorinated hydrocarbon) 및 일부 니켈 함유 화합물(nickel containing compound)이 이러한 범주에 포함된다.

22.7 유전학의 분자적 기초

분자유전학의 역사는 50년 정도에 불과하지만 빠르게 발전하였다. DNA 구조와 기능에 대한 우리의 이해는 생명체의 유전자를 제어하는 능력을 크게 향상시켰는데, 과학자들이 **핵산**(nucleic acid)의 화학적 구성을 이해하기 시작하면서 DNA와 RNA가 유전, 세포 구조 및 세포 활동에 어떻게 관련되어 있는지에 대해 알고자 했다. 그 결과로 나온 개념을 **중심원리**(central dogma)라고 한다. 그 개념은 다음과 같다.

DNA ← (복제) ← DNA → (전사) → RNA → (번역) → 단백질 → 구조 / 운반 / 효소/호르몬

특히, 세포의 유전물질인 DNA가 그 중심에 있으며, **DNA 복제**(DNA replication)라는 과정(왼쪽)을 통해 자체적으로 재생할 수 있다. 또 DNA는 **전사**(transcription)라는 과정을 통해 RNA의 제조를 유도(오른쪽)할 수 있으며, 이 과정은 **번역**(translation)이라는 과정을 통해 단백질 분자를 생성할 수 있다.

유사분열 및 감수분열의 세포 분열 과정을 준비하기 위해 세포에서 DNA 복제가 일어난다. 복제 과정이 없으면 딸세포는 생명 유지에 필요한 유전정보(library)를 받지 못하기 때문이다. 전사 과정에서는 DNA 부분의 일부분이 복제되어 RNA 가닥을 형성하는데, 일부 RNA는 직접 다양한 생화학적 과정에 관여하기도 하지만 대부분의 RNA는 RNA 정보를 단백질로 번역하는 데 사용된다. 구조 단백질은 세포의 구조를 유지하기 위한 물질로 사용되며 다른 많은 단백질들은 주로 화학 반응(효소 또는 호르몬)을 지시하거나 제어하고 운반(헤모글로빈)하는 용도로 사용된다.

모든 효소는 전사 및 번역 과정을 통해 생산되며, 각각의 독특한 효소들은 DNA 염기 서

열 또는 유전자로부터 결정된다. 세포에서 생산된 수천 가지 효소 중 일부는 전사 및 번역을 수행하는 데 필요한 도구이며, 이 과정에서 만들어진 효소는 다시 더 많은 효소를 만드는 과정을 수행하게 된다.

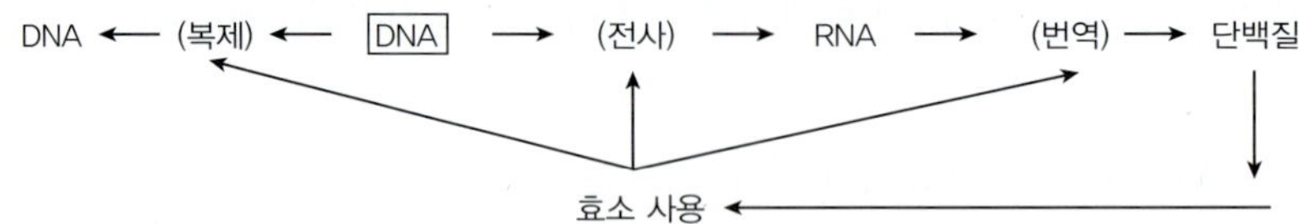

결국 도구가 더 많은 도구를 갖도록 하는 것처럼 DNA 복제에서도 마찬가지 현상이 일어난다. 전사 및 번역을 통해 DNA로부터 만들어진 효소는 다시 유전물질의 정확한 복제를 위한 도구로 사용되기 때문이다. 특히, 미래의 세포 생성에서 자체 조절 및 구조 단백질을 제조하는 데 필요한 유전물질이 포함되도록 더 많은 생성물이 만들어진다고 생각할 수 있다. DNA, RNA 및 효소가 적절한 방식으로 기능을 하지 않는다면 우리의 삶은 예상할 수 없는 상태가 될 것이다.

DNA는 유전물질로 기능할 수 있는 다음의 4가지 특징을 가진다. (1) **복제**를 통해 자신의 사본을 스스로 만들 수 있다. (2) **돌연변이** 또는 화학적인 변화를 통해 이를 변형시킬 수 있으며 이러한 변형을 다음 세대에 전달할 수 있다. (3) 세포 및 생명체의 특성을 결정하는 정보를 **저장**한다. (4) 이 정보를 사용하여 세포 또는 생명체의 유지에 필수적인 구조 및 조절 단백질을 합성할 수 있다.

DNA와 RNA의 구조

핵산 분자는 **뉴클레오티드**(nucleotide)라고 하는 단량체로 구성된 엄청나고 복잡한 중합체이다. 각각의 뉴클레오티드는 5개의 탄소 원자를 함유하는 당 분자(S), 인산기(P) 및 **질산염기**(B)로 지칭되는 질소를 함유하는 분자로 구성되어 있다(그림 22.10). 핵산은 뉴클레오티드(DNA 및 RNA)에 사용되는 당 및 질산염기의 종류에 따라 2가지 주요 그룹으로 분류된다.

세포에서 DNA는 단백질 합성을 위한 최초의 청사진으로 기능하는 핵산으로, 당으로 **데옥시리보스**(deoxyribose), 인산 및 질산염기인 아데닌(A, adenine), 구아닌(G, guanine), 시토신(C, cytosine), 티민(T, thymine)을 포함한다. RNA는 단백질 합성에 직접 관여하는 핵산의 유형으로, **리보스**(ribose)당과 인산 그리고 질산염기는 DNA와 동일하지만 티민이 없고 우라실(U, uracil)이 포함된다.

DNA와 RNA는 하나 더 다른 점이 있는데, DNA는 실제로 이중 분자이고, 돌출된 염기 사이에 2개의 유연한 가닥이 함께 고정되어 있다. 두 가닥은 꼬인 사다리 모양과 유사한 코일 또는 이중나선형으로 꼬여 있다(그림 22.11). 서로 맞물려 상대적으로 결합력이 약한 수소 결합에 의해 퍼즐 조각처럼 서로 '짝'이 맞추어져 안정화된다. 아데닌(A)과 티민(T), 그리고 구아닌(G)과 시토신(C)이 각각 항상 명확한 방식으로 짝을 이루는데, 큰 분자(A 및 G)는 작은 분자(T 및 C)와 쌍을 이루어 두 상보적인 가닥을 평행하게 유지한다. 쌍을 이루는 염기를 **상보적 염기쌍**(complementary bases)이라고 한다.

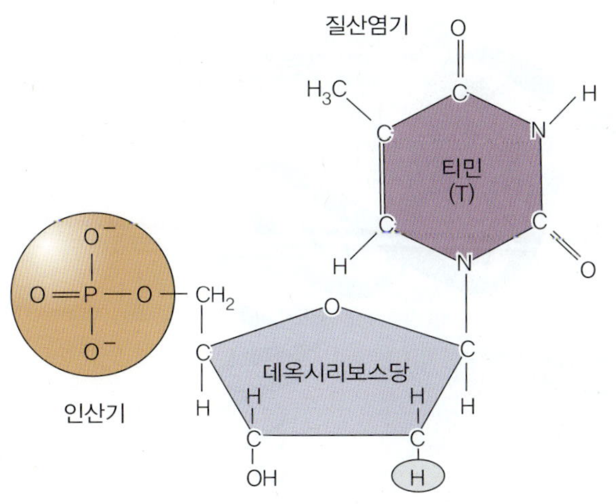

A DNA 뉴클레오티드

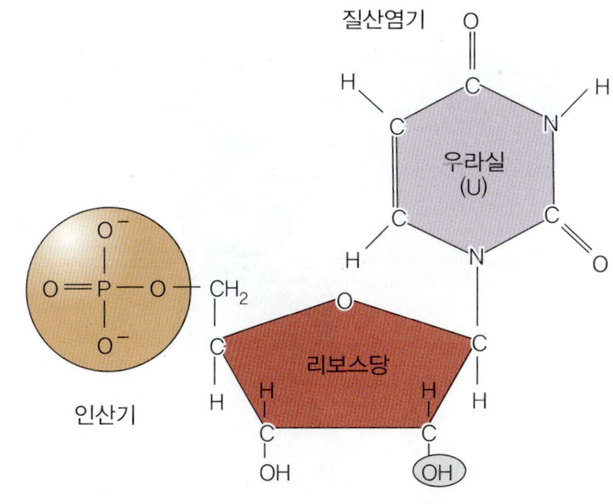

B RNA 뉴클레오티드

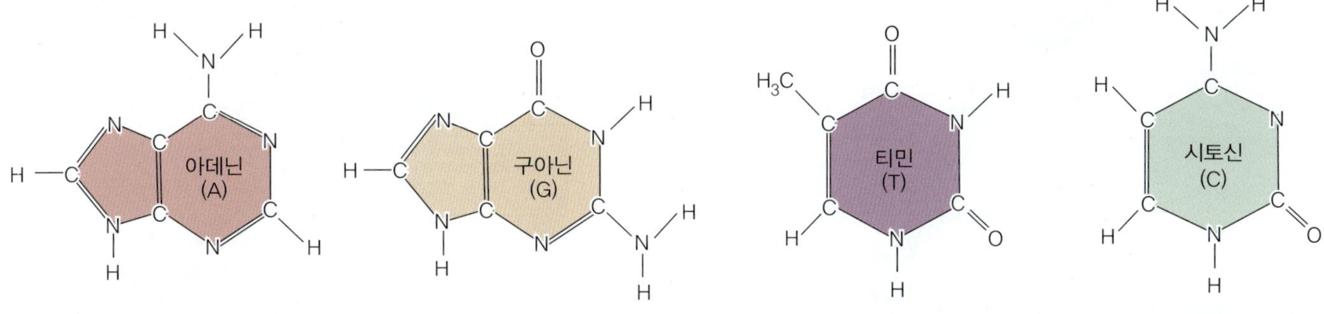

C DNA에서 발생하는 4가지 질산염기

그림 22.10 (A) 뉴클레오티드는 모든 핵산 분자의 기본 구조 단위이다. DNA의 티민(T) 뉴클레오티드는 인산기, 데옥시리보스당 및 질산염기, 티민으로 구성된다. 뉴클레오티드에서 인산기는 원 안에 P로 약어 형태로 기록된다. (B) RNA인 우라실(U) 뉴클레오티드는 인산기, 리보스당 및 질산염기, 우라실로 구성된다. T와 U의 차이를 확인해보라. (C) 이들 기본 성분(인산기, 당, 염기)을 사용하여 세포는 8가지 공통 유형의 뉴클레오티드를 구성한다. 8가지를 모두 설명할 수 있겠는가?

A : T 그리고 G : C

4개의 서로 다른 DNA 뉴클레오티드(A, T, G, C)를 결합하여 안정적인 DNA 분자 형태의 특정 서열을 만들어낼 수 있으며, 4개의 DNA 뉴클레오티드는 세 글자 단어를 구성하기 위해 알파벳으로 사용된다. 이러한 암호(code)를 이해하려면 한 방향으로 읽어야 하는데, 이 단락을 반대로 읽는 것은 의미가 없는 것처럼 서열을 거꾸로 읽는 것은 의미를 가지지 않는다.

인간 및 다른 진핵생물의 유전물질은 길이에 따라 히스톤 단백질이 붙어 있는 코일형의 이중가닥 DNA이다. 진핵생물에서 염색질 섬유가 응축된 상태에서 염색을 하면 현미경으로 쉽게 관찰할 수 있는데, 이와 같이 응축된 염색질 섬유를 **염색체**(chromosome)라고 한다(그림 22.12B). 세균의 유전물질은 이중가닥 DNA지만 분자의 끝이 고리를 형성하기 위해 연결되어 있어 응축된 염색체를 형성하지는 않는다(그림 22.13).

각 염색질 DNA 가닥은 서로 다른 화학적 암호를 가지고 있기 때문에 각각의 가닥은 서로 다르게 되는데, 암호화된 DNA는 세포의 중앙도서관 역할을 수행한다. 이 도서관에는 수만 개의 정보가 있는데, 이 정보는 (1) 영양소 소화에 필요한 효소를 생성하는 방법, (2) 영양소

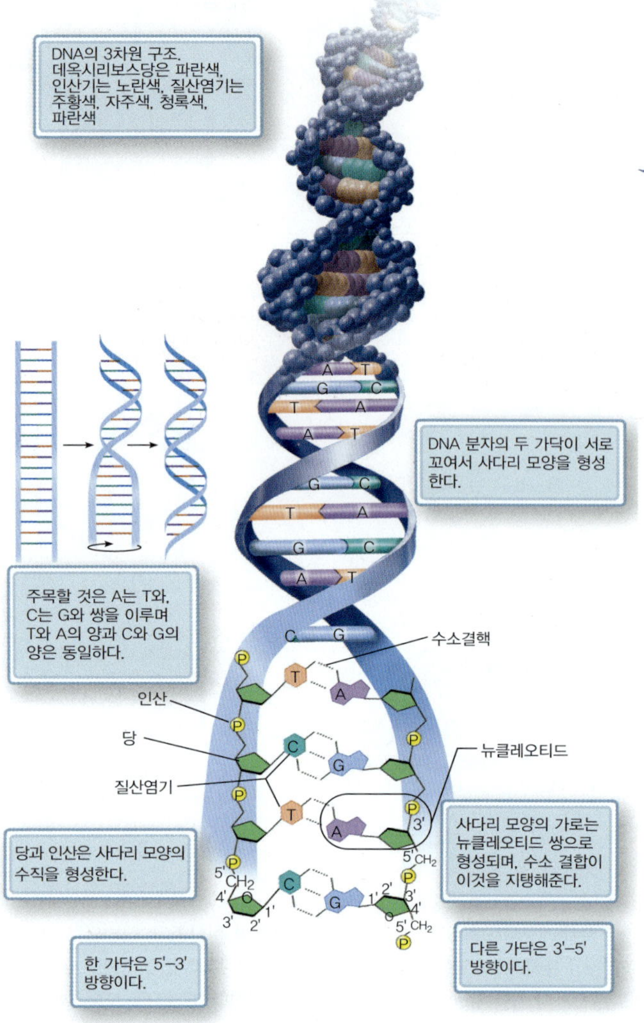

DNA의 3차원 구조. 데옥시리보스당은 파란색, 인산기는 노란색, 질산염기는 주황색, 자주색, 청록색, 파란색

DNA 분자의 두 가닥이 서로 꼬여서 사다리 모양을 형성한다.

주목할 것은 A는 T와, C는 G와 쌍을 이루며 T와 A의 양과 C와 G의 양은 동일하다.

수소결합

인산

당

질산염기

뉴클레오티드

당과 인산은 사다리 모양의 수직을 형성한다.

사다리 모양의 가로는 뉴클레오티드 쌍으로 형성되며, 수소 결합이 이것을 지탱해준다.

한 가닥은 5′–3′ 방향이다.

다른 가닥은 3′–5′ 방향이다.

그림 22.11 DNA는 이중나선형 분자이며 각 가닥 내의 뉴클레오티드는 공유 결합으로 연결되어 있다. 2개의 평행 가닥은 염기쌍 질산염기 사이의 수소 결합으로 연결되어 있다.

(a) DNA 분자는 이중나선으로 꼬인 2개의 뉴클레오티드 가닥으로 구성된다.

벗겨진 DNA (모든 단백질 제거)

질산염기

뉴클레오좀

10 nm

(b) 감기는 DNA의 첫 단계는 공 모양의 단백질을 감싸서 뉴클레오좀을 형성하는 것이다.

히스톤 단백질

뉴클레오좀 10 nm

감기는 DNA를 위한 중심 단백질

(c) 단순히 몇 μm의 염색체를 만들기 위해 DNA는 단단히 감기는 과정을 진행한다.

핵

세포

(d) 염색체는 하나의 DNA와 관련 단백질로 구성된다.

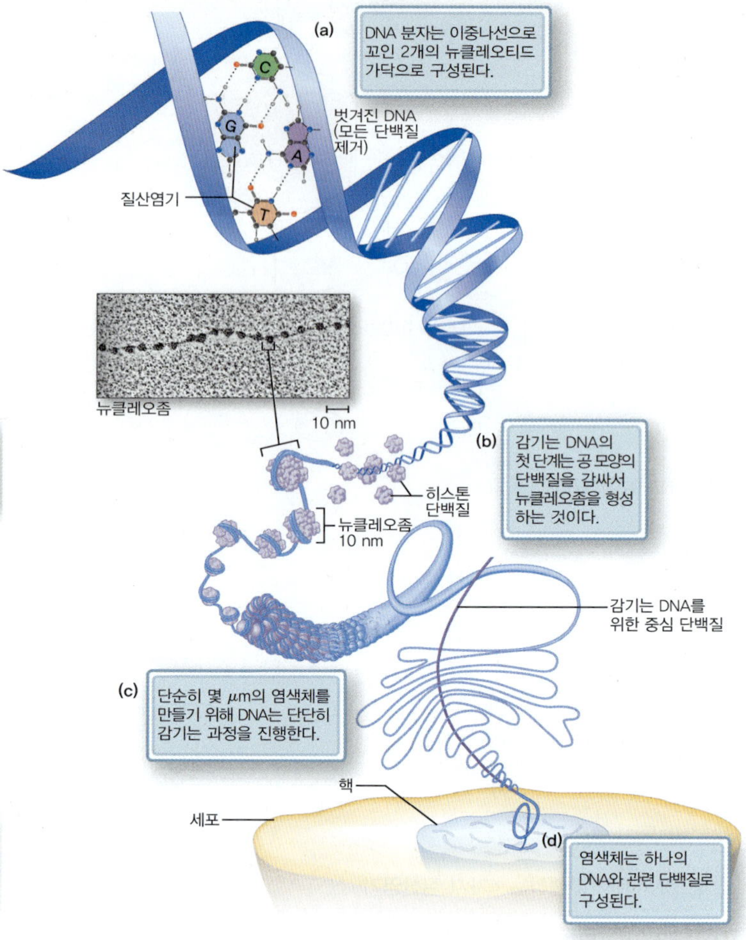

그림 22.12 진핵세포의 수명주기 특정 단계에서 DNA는 단단히 뭉쳐 염색체를 형성한다. 염색체를 형성하기 위해 DNA 분자는 여러 히스톤 단백질 그룹에 의해 감기게 되어 히스톤과 DNA는 함께 뉴클레오좀(nucleosome)을 형성하며, 뉴클레오좀은 코일 형태로 쌓여 염색체를 형성한다.

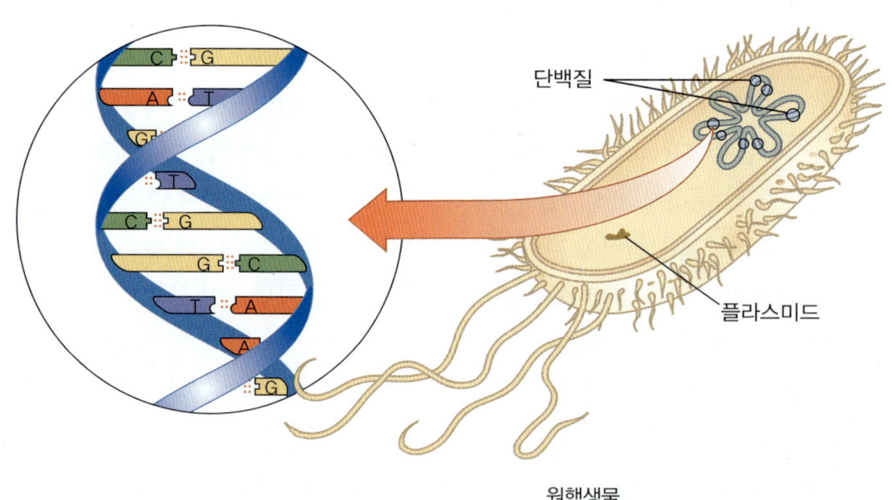

그림 22.13 원핵세포(세균)의 핵산은 진핵세포와는 다른 단백질을 가지고 있다. 그리고 거대한 핵 단백질 분자의 말단은 서로 중첩되어 서로 결합하며 고리를 형성한다. 플라스미드(plasmid)는 세포의 일상생활에 필수적이지 않은 유전자를 포함하는 소형 고리의 DNA이다.

대사 및 유해 배설물을 제거하는 효소를 제조하는 방법, (3) 세포 구조를 수리하고 조립하는 방법, (4) 건강한 자손을 재생산하는 방법, (5) 환경 변화에 대하여 반응하는 방법, (6) 모든 생활 필수 기능을 조절하는 방법 등이 있다. 이러한 기능 중 하나라도 제대로 수행되지 않으면 세포가 죽을 수도 있으며, DNA가 없었을 경우를 고려하였을 때 세포에 필수 DNA를 유지하는 것 또한 매우 중요하다는 것을 알 수 있다. 예를 들어 사람의 적혈구(RBC, red blood cell)는 신체의 여러 곳에 산소와 이산화탄소를 운반하는 일에 전문화되면서 핵이 사라졌고, DNA가 없기 때문에 스스로를 유지하기 위해 필요한 세포 구성 요소를 생산할 수 없게 되었다. 그러므로 적혈구는 약 120일 동안만 유지될 수 있으며 초기에 생산된 효소들만 사용할 수 있다. 이러한 효소마저도 사라지면 세포는 결국 죽게 되는데, 이러한 특수한 세포는 DNA를 잃는 순간 죽기 시작하기 때문에 적혈구는 **적혈소체**(RBCs, red blood corpurscles), 즉 '죽어가는 작은 붉은 물체'라고 말하는 것이 더 맞다.

DNA 복제

모든 분열하는 세포는 유전물질의 쌍을 완벽하게 유지해야 하므로 자손에게 DNA를 전달하기 위해서는 DNA 수가 배가 되어야 한다(19.10절 '세포 분열의 중요성' 참고). DNA 복제는 세포가 딸세포로 분열하기 전에 유전자를 복제하는 과정인데, 세포가 2개의 딸세포로 나뉠 때 각각의 새로운 세포는 부모 세포의 유전자 정보의 완벽한 사본을 받아야 한다. 그렇지 않으면 세포가 살아가는 데 필수적인 단백질을 모두 생산할 수 없다. 복제의 정확도는 해당 유형의 세포가 계속 존재하도록 하는 데 필수적이다. 딸세포가 정확한 복사본을 받지 못하면 대부분 사망할 것이다.

1. DNA 복제 과정은 효소가 DNA의 두 가닥 사이의 결합을 끊었을 때 시작되는데, 진핵세포에서 이것은 DNA 길이를 따라 수백 개의 다른 지점에서 발생한다(그림 22.14).
2. 효소가 DNA를 따라 움직이면서 DNA를 풀어 주고(그림 22.14A), DNA의 이중가닥은 상보적인 염기쌍(AT, GC)의 수소 결합에 의해 유지된다. 하나의 가닥은 각 뉴클레오티드의 당과 인산이 공유 결합에 의해 연결되어 있다.
3. 양쪽에서 반대 방향으로 진행하면서 DNA **중합효소**가 새로운 DNA 뉴클레오티드를 부착시키고, 수소 결합에 의해 주형가닥의 상보적인 뉴클레오티드가 위치하게 되면 후에 뉴클레오티드는 인접한 뉴클레오티드의 당과 인산 사이를 공유 결합으로 강하게 연결시킨다(그림 22.14B).
4. 신장되는 가닥의 뉴클레오티드를 결합시키는 효소는 다른 효소와 함께 작용하여 오류가 발생하는 것을 막아주고, 잘못된 뉴클레오티드가 결합되었을 경우 효소는 더 이상 신장을 진행하지 않는다. 이러한 오류가 발생하였을 경우 특정 효소가 이를 올바른 뉴클레오티드로 대체할 수 있다(그림 22.14C).
5. 복제는 양방향으로 진행되고 염색질을 따라 여러 위치에서 일어나기 때문에 '거품'처럼 보인다(그림 22.14D).
6. 상보적인 뉴클레오티드(AT, GC)는 새로운 수소 결합을 형성함으로써 DNA의 두 가닥

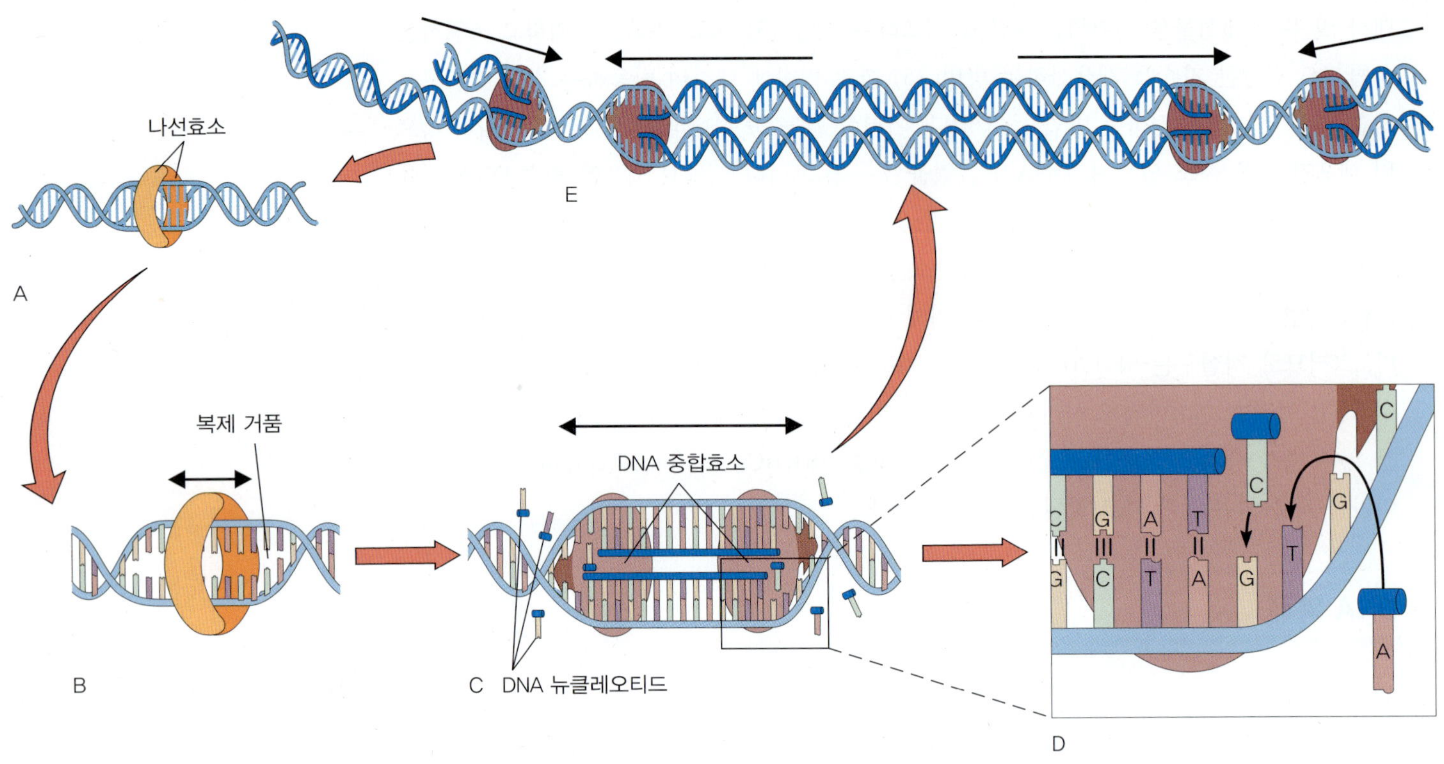

그림 22.14 (A) DNA 나선효소(Helicase enzyme)가 DNA에 결합한다. (B) 효소가 DNA를 두 가닥으로 분리한다. (C, D) DNA 가닥이 분리되면 DNA 중합효소에 의해 새로운 가닥이 합성된다. (E) DNA 가닥을 따라 한 번에 두 방향으로 합성되면서 세포는 DNA를 더 빠르게 복제할 수 있다. 각각의 새로운 딸세포는 이 복사본들 중 하나를 물려받는다.

을 연결한다(그림 22.14C).

7. 정상적으로 정렬이 이루어지면 새로 위치한 뉴클레오티드의 당과 인산 사이에 결합이 형성된다. 이 과정을 통해 강한 골격이 형성된다(그림 22.14C).
8. 이 과정은 모든 복제 '거품'들이 결합될 때까지 지속된다(그림 22.14D).

각 DNA의 기존 가닥 상에 새로운 상보적인 DNA 가닥이 형성되어 2개의 이중가닥 DNA가 형성된다. 이러한 방식으로 기존의 DNA에 노출된 질산염기는 새로운 DNA 형성을 위한 주형 또는 패턴의 역할을 한다. 새로운 DNA가 완성되면 이중나선 모양으로 변형된다.

DNA 복제 과정이 완료되면 염기 서열이 동일한 2개의 이중나선이 생성된다. 절반은 새로 생긴 것이고, 절반은 원래 부모의 DNA와 동일하다. DNA 복제 과정은 매우 정확하게 일어나는데, 2×10^9 뉴클레오티드당 하나의 오류가 발생하는 것으로 추정된다. 인간의 세포는 약 3,000,000,000(30억) 염기쌍으로 구성된 46개의 염색체를 포함하고 있기 때문에 세포 하나당 평균 약 1.5개의 오류가 발생할 것으로 추정할 수 있다. 일부 세포에서는 복제 시 5개의 오류가 있을 수 있지만 어떤 세포에서는 더 많은 오류가 있거나 오류가 전혀 없을 수도 있다. 또 일부 오류는 매우 심각하고 치명적일 수 있지만 어떤 오류는 중요하지 않을 수 있다. 이 오류율은 매우 적기 때문에 본질적으로 DNA 복제 과정에서 오류가 없는 것으로 간주된다. DNA 복제 후 세포는 2개의 유전자 정보를 가지며 다시 2개의 딸세포로 분열할 수 있는 과정을 시작할 수 있게 된다.

DNA는 세포를 분할하고 2개의 새로운 딸세포에 일련의 유전자 정보를 전달하는 역할을 한다. 이러한 방식으로 각각의 새로운 세포는 스스로 활동을 조절하는데 필요한 정보를 가지게 된다. 모세포는 2개의 딸세포로 내용물을 분할하면 더 이상 존재하지 않게 되지만, 세포의 증식은 계속 일어난다. 결국 세포는 번식을 하면서 새로운 시작을 계속하게 된다.

DNA 전사

DNA는 책을 대출하지 않는 참고 도서관과 같은 역할을 담당한다. 원본의 정보를 도서관 밖에서 이용하기 위해서는 복사를 진행해야 한다. DNA의 두 번째 주요 기능은 DNA의 단일가닥에 상보적인 RNA를 복제하는 것이다. 이 과정을 전사(*scribe* = to write)라고 하며 한 형태에서 다른 형태로 정보를 전달한다는 의미를 가진다. 이 경우 자료는 DNA 언어에서 RNA 언어로 복사되고, DNA 복제의 정확성을 규제하는 것과 동일한 염기쌍의 규칙이 전사 과정에도 적용된다. 이 과정을 통하여 DNA 염기 서열에 코딩된 유전자 정보가 RNA 복사본 형태로 세포의 다른 부분으로 운반된다. 아미노산을 구조 및 조절 단백질로 조립하는 데 사용하는 것은 RNA인데, 전사 과정이 없다면 유전자 정보는 세포의 기능에 관여할 수 없게 될 것이다. 많은 유형의 RNA가 유전자로부터 합성되지만 **전령** RNA(mRNA, messenger RNA), **운반** RNA(tRNA, transfer RNA), **리보솜** RNA(rRNA, ribosomal RNA) 3가지가 가장 중요한 RNA이다.

전사는 DNA 복제와 유사한 방식으로 시작되는데, DNA 가닥은 효소에 의해 분리되어 두 가닥의 질산염기 서열을 노출시킨다. 그러나 DNA 복제와 달리 전사는 DNA 가닥 중 주형 또는 패턴의 역할을 하는 하나의 가닥에서만 RNA 합성이 일어나게 된다(그림 22.15 참고). 이러한 DNA 주형가닥은 DNA의 유전자 **암호가닥**으로 지칭되는데, 그렇다면 어떤 가닥이 복사되는가? 어디서 복사가 시작되고 끝나는가? 특정 단백질을 합성하기 위한 암호화 서열은 어디서부터 어디까지인가? 전사가 무작위로 시작되면 생성된 RNA는 정확한 복사본이 아닐 수 있으며, 이렇게 생성된 효소는 세포에 쓸모가 없거나 치명적일 수 있다. 이러한 질문에 답하기 위해서는 유전자 정보 자체의 본질을 탐구하는 것이 필요하다.

유전자 정보는 화학적 암호 형태로 DNA에 저장되어 있다. 암호화된 정보를 사용하거나 **발현**시킬 때 특정 아미노산을 조립하여 구조나 조절에 필요한 폴리펩티드나 단백질을 만든다. DNA를 분자 언어로 생각한다면, 이 언어의 각 뉴클레오티드는 네 글자 알파벳 안의 글자라 할 수 있다. 각 단어 또는 암호는 항상 세 글자(뉴클레오티드) 길이이며, 세 글자 단어만 사용될 수 있다. **DNA 암호**(DNA code)는 20종류의 기본 아미노산 중 하나를 암호화하는 세 쌍의 뉴클레오티드 서열이다. 이 언어의 암호 수는 3개의 그룹으로만 이용되는 단지 4개의 다른 뉴클레오티드만 있기 때문에 상당히 제한적이다. 세 글자의 순서는 우리 언어와 마찬가지로 DNA 언어에서도 중요하다. 우리는 CAT와 TAC가 같지 않다는 것을 인식한다. 만약 글자로 단지 4종류의 DNA 뉴클레오티드를 이용하여 모든 가능한 세 글자 암호가 기록된다면, 총 64개의 조합이 있을 것으로 예측된다.

$$4^3 = 4 \times 4 \times 4 = 64$$

DNA 암호가닥을 따라 특정한 위치에 암호가 존재하고 그 서열이 의미가 있을 때, 그 서

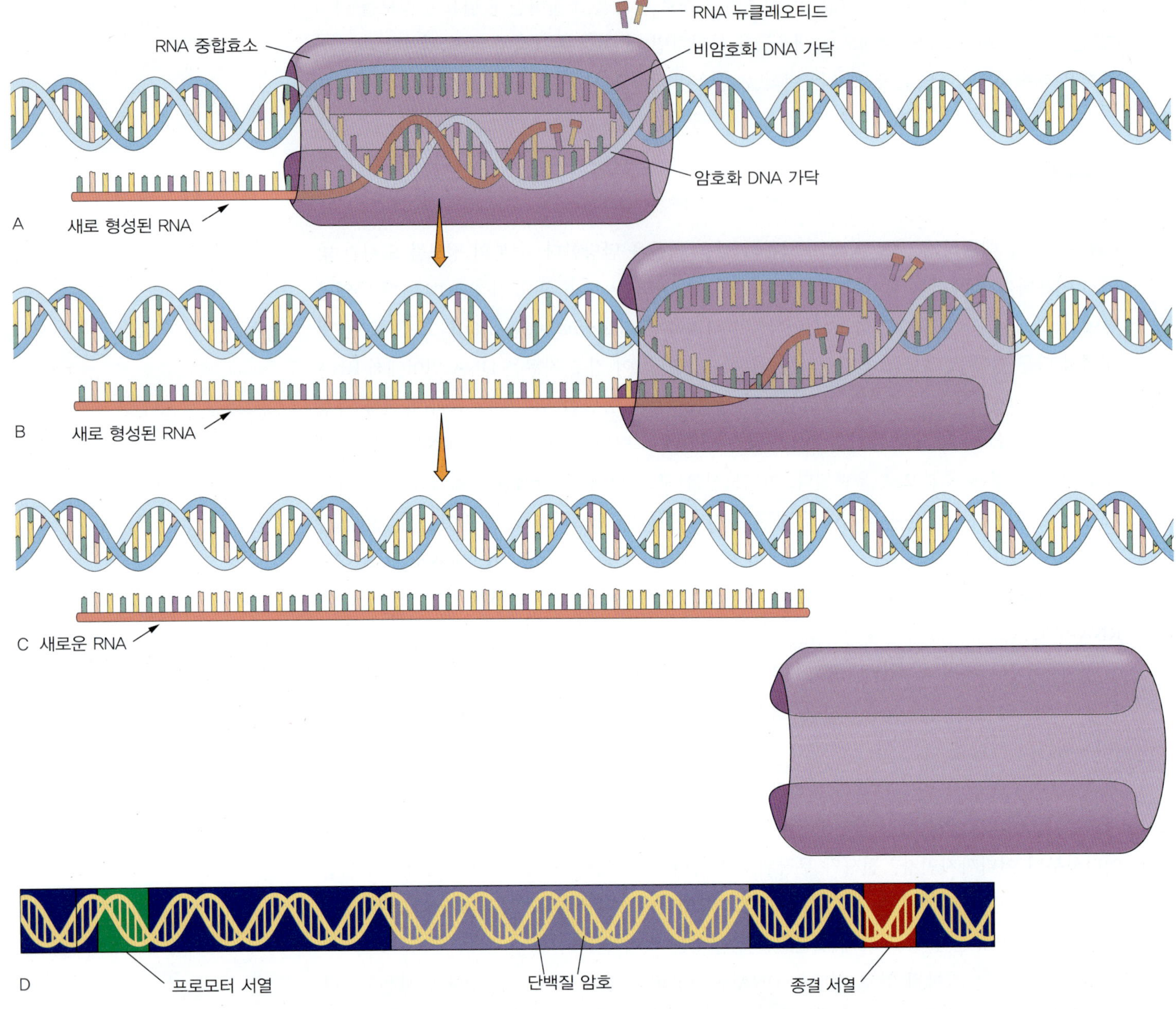

그림 22.15 이 그림은 전사 중에 발생하는 기본 과정을 보여준다. (A) RNA 중합효소가(D 참조) 프로모터 영역에서 DNA에 결합한 뒤 상보적인 가닥을 분리한다. 그런 다음 DNA 가닥을 따라 한 방향으로 진행하며 유전자의 (D) 단백질 암호화 영역을 찾는다. (B) RNA 중합효소가 암호가닥 아래로 이동함에 따라 새로운 뉴클레오티드가 결합하여 상보적인 새로운 RNA 가닥을 형성한다. (D) 종결 서열은 RNA 중합효소에 의한 mRNA 전사를 종결시키도록 신호를 보내고 RNA가 번역을 진행하기 위해 핵에서 방출되도록 돕는다. (C) 이어 새로 형성된(전사된) RNA가 DNA로부터 분리되어 세포에 이용된다.

열을 유전자라고 한다. 여기서 말하는 '의미'는 유전자가 RNA로 전사될 수 있고 나아가 개별 아미노산을 조립하여 폴리펩티드로 만들 수 있다는 사실이다.

유전자가 RNA로 전사될 때 이중가닥 DNA는 '압축이 풀리고' RNA **중합효소**가 DNA에 존재하는 프로모터 영역에 부착된다. 효소가 개시 및 종결 부위를 포함하는 DNA 뉴클레오티드 서열에 완벽하게 일치하는 단일가닥의 RNA 형태의 유전자를 복사하게 될 것이다. 이렇게 DNA 서열에 상보적인 RNA에서 3개의 뉴클레오티드 서열을 **코돈**(codon)이라고 한다. 특히 RNA 서열에는 티민이 존재하지 않으며 우라실로 대체된다는 점을 명심하고, 따라서 DNA의

번역의 기본 과정

1. mRNA 분자가 리보솜의 두 부위 중 작은 부위에 위치하며 6개의 뉴클레오티드(2개의 코돈)가 고정된다.
2. 리보솜의 큰 부위가 리보솜/mRNA 조합에 추가된다.
3. mRNA 코돈 영역에 상보적인 염기쌍을 갖는 tRNA가 mRNA에 결합한다. tRNA는 특정 아미노산을 보유하고 있으며, 부착되면 결합 부위 특이적 아미노산이 결합된 제2 tRNA가 제1 tRNA 옆으로 이동하여 부착된다.
4. 2개의 tRNA는 아미노산이 화학적으로 부착될 수 있도록 2개의 아미노산을 결합시킨다(상자 그림 22.1).
5. 일단 2개의 아미노산이 펩티드 결합에 의해 서로 연결되면 제1 tRNA는 아미노산 및 mRNA의 코돈으로부터 분리된다.
6. 리보솜은 mRNA를 따라 다음 코돈으로 이동한다(제1 tRNA는 세포질을 자유롭게 떠다니며 또 다른 아미노산을 부착하고 전달한다).
7. 다시 tRNA/아미노산 조합이 리보솜에 들어가 첫 번째 결합 부위 옆의 코돈에 결합한다.
8. tRNA는 계속 아미노산들이 서로 화학적으로 부착되어 3개의 아미노산이 사슬을 형성할 수 있도록 아미노산을 결합시킨다.
9. 3개의 아미노산이 서로 연결되면 제2 tRNA가 아미노산 및 mRNA로부터 방출된다(이 tRNA는 다시 세포질을 떠다니며 또 다른 아미노산을 부착하고 전달한다).
10. 리보솜은 mRNA를 따라 다음 코돈으로 이동하고 네 번째 tRNA가 결합된다(상자 그림 22.2).
11. 이 과정은 단백질 형성에 필요한 모든 아미노산이 적절한 순서대로 부착될 때까지 반복된다. 이 아미노산 서열은 DNA 유전자에 의해 암호화되어 있다.
12. 마지막 아미노산까지 아미노산 사슬에 결합하면 모든 분자(mRNA, tRNA 및 새로 형성된 단백질)들이 리보솜에서 방출된다. mRNA 종결 코돈이 이러한 작용을 조절한다.
13. 리보솜은 또 다른 단백질 합성에 자유롭게 관여할 수 있다.
14. 새로 합성된 아미노산 사슬(새로운 단백질)은 리보솜이 작업을 시작하게 한다. 그러나 단백질은 사용 준비가 되기 전 세포에 의해 다시 변경하는 과정을 거칠 수도 있다(상자 그림 22.3).

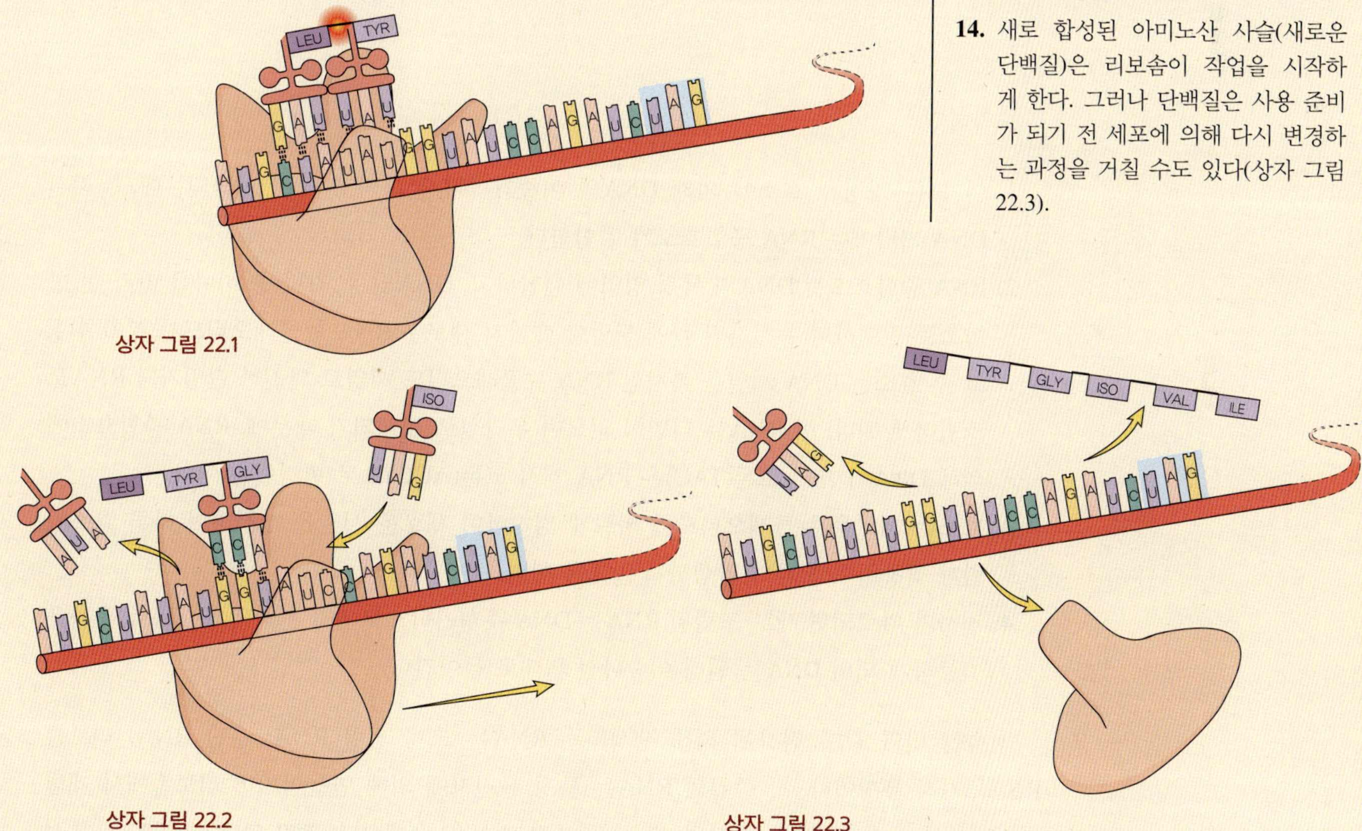

상자 그림 22.1

상자 그림 22.2

상자 그림 22.3

개시 코돈(TAC)은 RNA 중합효소에 의해 RNA의 개시 코돈 AUG로 변경될 것이다. 전사가 완료되면 새로 복사된 RNA는 주형 DNA로부터 분리되어 세포 내에서 사용 가능하게 된다. 그 후 DNA는 원래 이중나선 형태로 돌아간다.

관련 내용

텔로미어(말단소체)

염색체의 각 끝은 **텔로미어**(telomere)라고 하는 뉴클레오티드 서열을 포함한다. 인간에게 이들 염색체 '캡(cap)'은 다음 뉴클레오티드 염기쌍의 반복된 서열을 가지고 있나.

TTAGGG
AATCCC

텔로미어는 염색체의 매우 중요한 부분이다.

1. 염색체 복제에 필요하다.
2. DNA 분해효소(DNAase)에 의해 염색체가 파괴되지 않도록 보호한다.
3. 염색체들이 서로 끝과 끝이 결합되지 않도록 한다.

텔로미어의 소실은 '세포 노화'와 관련이 있지만 제거되지 않으면 '암'과 관련이 있다는 증거가 있다. 매번 세포가 스스로 복제할 때마다 일부 텔로미어를 상실한다. 그러나 텔로머레이즈(telomerase)라는 효소를 가진 세포에서는 세포가 분열할 때마다 염색체 끝에 새로운 말단소체가 첨가된다. 따라서 텔로머레이즈를 가진 세포는 다른 세포와 달리 노화되지 않고, 암세포는 이 효소로 인하여 불멸이 된다. 텔로머레이즈는 한 세대에서 다음 세대로 넘어갈 때 텔로미어의 길이를 늘이지는 않지만 유지하도록 한다.

텔로미어의 길이와 사람의 점의 수 사이에도 흥미로운 연관이 있는데, 100개 이상의 점을 가진 사람은 노화가 늦고, 피부 주름이 적으며, 골다공증 위험이 낮다는 증거가 있다. 점이 많은 사람은 텔로미어의 길이가 길다. 긴 텔로미어는 세포가 더 이상 분열할 수 없을 때 노화를 지연시키고 건강한 조직을 유지하도록 하는 것으로 보인다.

상자 그림 22.4의 염색체 그림의 노란색 부분은 텔로미어가 있는 부위를 가리킨다.

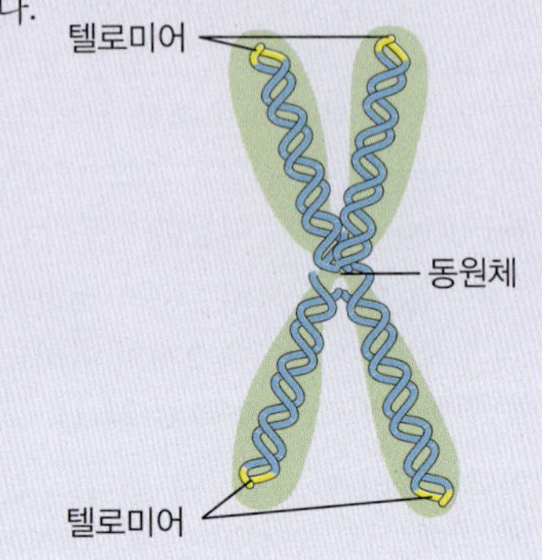

상자 그림 22.4

요약하면,

1. 이 모든 과정은 효소에 의해 DNA의 이중가닥이 분리되고 나서 시작되는데, 분리된 DNA 가닥에는 RNA 중합효소가 결합한다.
2. RNA 중합효소는 DNA의 특정 영역에 결합하고, DNA의 두 가닥 중 하나를 따라 한 방향으로 진행하며 유전자의 끝에 도달할 때까지 새로운 RNA 뉴클레오티드를 부착한다. 그 후 효소는 DNA 서열을 복사한 RNA 뉴클레오티드 서열로 완전한 단일가닥 RNA로 조립하게 된다. 이 RNA는 티민이 없으며 우라실로 대체되기 때문에, RNA 중합효소에 의해 DNA의 개시 코돈(TAC)은 RNA 개시 코돈(AUG)으로 변경될 것이다.
3. 효소는 새로운 뉴클레오티드를 빠르게 첨가하여 새로운 서열을 성장하며 다른 효소가 함께 작용하여 오류가 발생하지 않도록 한다.
4. 전사가 완료되면 새로 조립된 RNA는 DNA 주형가닥으로부터 분리되어 세포에서 사용 가능하게 되며 DNA는 원래 이중나선 형태로 돌아간다.

서술한 바와 같이 전사에 의해 생성되는 RNA는 크게 전령 RNA, 운반 RNA, 리보솜 RNA 3가지 유형이다. 각 종류의 RNA는 특정 유전자에 의해 만들어지며 리보솜에서 개별 아미노산이 폴리펩티드로 합성될 때 각각 특정 기능을 수행한다. **전령** RNA(mRNA)는 특정 아미노산이 함께 결합하여 정확한 서열의 폴리펩티드를 형성하도록 기술하는 유전자 암호화 서열의 완벽한 사본이다.

운반 RNA(tRNA)는 리보솜에서의 폴리펩티드 조립 과정에서 특정 아미노산을 선택하고 전달해주는 역할을 담당한다(635쪽의 자세한 관찰 '번역의 기본 과정' 참고). 모든 tRNA는 클로버잎 모양인데, 이 모양은 가닥이 접히면서 형성되며 동시에 염기의 일부가 수소 결합을 형성하여 고정된다. tRNA의 한 말단에 특정 아미노산이 부착될 수 있으며, 서열 중간 부위는 3개의 뉴클레오티드 서열로써 mRNA 상의 코돈과 염기쌍을 형성한다. mRNA의 코돈에 상보적인 tRNA 상의 3개의 뉴클레오티드 서열을 안티코돈(anticodon)이라고 한다. **리보솜 RNA(rRNA)**는 코일형 구조이며 여러 단백질들과 함께 단백질 합성을 위한 세포질 소기관인 리보솜 형성에 관여한다.

번역 또는 단백질 합성

mRNA는 생물학적 세계에서 보편적인 핵산 언어로 작성된 암호화된 메시지이다. 시작 지점으로부터 한 방향으로 코돈을 읽어나가는데, 이 과정에서 정보는 번역이라는 과정을 통해 아미노산으로 단백질을 조립하게 된다. **번역**은 핵산 언어가 단백질 언어로 변경되는 과정으로, mRNA 언어를 단백질 언어로 번역하려면 암호에 대한 사전이 필요하고, 4개의 핵산 구성요소는 나란히 3개의 서열을 갖추어 총 64개의 코돈을 형성한다는 것을 기억하라. 단백질 언어는 20개의 공통 아미노산의 형태로 20개의 단어를 가지고 있다. 따라서 각각의 3개의 뉴클레오티드가 아미노산을 암호화하기 때문에 20개의 아미노산에 대한 뉴클레오티드 단어는 충분히 존재할 것이다.

표 22.3을 통해 핵산-아미노산에 대한 암호해독을 알 수 있는데, 하나 이상의 코돈이 동일한 아미노산을 코딩할 수 있다. 일부 사람들은 이러한 중복이 불필요한 반복이라고 주장하기도 하지만, 이러한 중복은 중요한 의미를 가질 수도 있다. 예를 들어 특정 염기가 다른 유형

표 22.3 아미노산-mRNA 핵산 암호해독표

두 번째 글자

첫 번째 글자	U	C	A	G	세 번째 글자
U	UUU, UUC: Phe UUA, UUG: Leu	UCU, UCC, UCA, UCG: Ser	UAU, UAC: Tyr UAA: Stop UAG: Stop	UGU, UGC: Cys UGA: Stop UGG: Trp	U C A G
C	CUU, CUC, CUA, CUG: Leu	CCU, CCC, CCA, CCG: Pro	CAU, CAC: His CAA, CAG: Gln	CGU, CGC, CGA, CGG: Arg	U C A G
A	AUU, AUC, AUA: Ile AUG: Met or start	ACU, ACC, ACA, ACG: Thr	AAU, AAC: Asn AAA, AAG: Lys	AGU, AGC: Ser AGA, AGG: Arg	U C A G
G	GUU, GUC, GUA, GUG: Val	GCU, GCC, GCA, GCG: Ala	GAU, GAC: Asp GAA, GAG: Glu	GGU, GGC, GGA, GGG: Gly	U C A G

으로 변하는 방식으로 유전자 또는 mRNA가 손상되어도 적절한 위치에서 적절한 아미노산으로 해독될 가능성은 여전히 높다. 이러한 모든 변화를 코돈 시스템으로 보정할 수 있는 것은 아니며, 변경된 단백질이 생성될 수도 있기 때문에 변경된 단백질은 큰 피해를 가져올 수도 있다. 또 손상이 너무 광범위하여 DNA의 전체 가닥이 파괴되어 부적절한 단백질이 합성되거나 단백질 합성이 전혀 되지 않을 수도 있다. 이러한 모든 DNA의 변화를 **돌연변이**라고 하는데, 일부 돌연변이는 규모가 너무 작아서 효과가 없거나 미미할 수 있고 어떤 돌연변이는 해롭거나 또는 이로울 수 있다. 대부분의 돌연변이는 효과가 나타나지 않거나 유해한 영향을 끼치지만 가끔 유익한 돌연변이가 발생하기도 한다.

단백질의 구성 부위(번역 부위)는 리보솜에 있다. 세포질 소기관인 리보솜은 아미노산 운반체인 tRNA와 mRNA의 만남의 장소 역할을 하며, 소포체에 부착되어 있거나 세포질에 자유롭게 존재한다.

따라서 mRNA는 아미노산의 특정 서열에 화학 결합을 허용하는 코돈 서열을 포함하고 있으며 리보솜을 통해 이동한다. 결국 이러한 서열은 DNA에 의해 결정된다.

단백질의 3차원 구조는 아미노산 서열에 의해 결정되고 이러한 구조는 단백질의 기능 및 활동을 결정한다. 단백질은 세포의 구조적 성분 또는 효소와 같이 조절 단백질의 역할을 한다. 아미노산이나 그 순서의 변화는 단백질의 작용을 변화시키는데, 인슐린과 같은 경우를 예로 들어 설명할 수 있다. 인슐린은 소화 효소인 트립신과 다른 아미노산 서열을 가지고 있는데, 두 단백질 모두 인간의 삶에 필수적이며 지속적이고 정확하게 생산되어야 한다. 결국 각각의 아미노산 서열은 다른 유전자에 의해 결정되고 그 유전자는 DNA 뉴클레오티드의 특정한 염기 서열이 될 수 있다. 그러므로 그 서열이 임의로 변경되면 단백질 구조의 변경, 즉 생명체의 생존에 직접적인 영향을 미칠 수도 있다.

DNA의 변성

DNA의 몇 가지 종류의 변화는 돌연변이를 초래할 수 있다. 특히 DNA 손상의 원인으로 알려져 있거나 의심되는 것들을 **돌연변이 유발인자**(mutagenic agent)라고 한다. DNA에 손상을 주는 것으로 알려진 인자에는 특정 바이러스(예: 유두종 바이러스), DNA의 약하거나 변하기 쉬운 지점, X선, 그리고 담배에서 발생하는 화학물질과 같은 식품이나 다른 산물에서 발견되는 화학물질이다. 모두 광범위하게 연구되어 왔으며, 이들이 돌연변이를 유발한다는 점에 대해서는 의심의 여지가 없다. **염색체 이상**은 DNA의 주요한 변화를 설명하는 데 사용되는 용어로, 역위(inversion), 전이(translocation), 중복(duplication), 결손(deletion) 4가지 유형으로 나뉜다. 염색체가 파괴되어 이 조각이 원래 염색체에 재부착되지만, 그 순서가 역전된 것으로 염색체가 잘려 뒤집힌 것을 **역위**라 한다. **전이**는 DNA의 조각난 부분이 다른 염색체에 통합됨으로써 발생한다. **중복**은 염색체의 일부가 복제되어 원래 위치에 순서대로 부착된 것이다. 결손은 조각난 DNA가 손실되거나 다시 부착되지 못하고 파괴됨으로써 발생한다.

일부 개체에서는 유전자의 단일 뉴클레오티드가 변화할 수 있다. 이러한 유형의 돌연변이를 **점돌연변이**(point mutation)라고 한다. 변성된 DNA의 효과는 인간의 적혈구에서 볼 수 있다. 적혈구는 산소를 운반하는 분자인 헤모글로빈을 포함한다. 정상 헤모글로빈 분자는 4개의 폴리펩티드 사슬(2개의 알파 사슬과 2개의 베타 사슬)의 150개의 아미노산으로 구성되어 있다. 베타 사슬에 대한 유전자 염기 서열은 알려져 있으므로 이 사슬의 아미노산 서열도 알고 있다. 정상적인 경우 아미노산 순서는 다음과 같이 시작한다.

Val–His–Leu–Thr–Pro–Glu–Glu–Lys…

DNA 서열의 단일 뉴클레오티드의 변화는 모든 적혈구에서 새로운 아미노산 서열을 생성하는 돌연변이를 초래한다.

Val–His–Leu–Thr–Pro–Val–Glu–Lys…

이 단일 뉴클레오티드의 변화(**미스센스 점돌연변이**, missense point mutation)는 아미노산 하나의 변화를 초래하기 때문에 사소한 것으로 볼 수 있지만, 이것이 적혈구를 정상적인 둥근 형태에서 낫 모양으로 변형시켜 산소 농도가 낮을 때 적혈구에 영향을 주는 질병인 **겸상적혈구 빈혈증**(sickle-cell anemia)의 원인이 된다(그림 22.16). 이러한 겸상적혈구화가 나타나면 적혈구는 모세혈관으로 부드럽게 이동할 수 없고, 이는 적혈구가 산소를 요구하는 조직으로 산소를 배달하는 것을 방해한다. 결과적으로 신체적 허약, 뇌 손상, 관절 통증 및 경직, 신장 손상, 류머티즘 같은 여러 가지 신체 장애가 발생할 수 있으며 심한 경우 사망에 이른다.

과학 스케치

낫 모양의 세포가 조직에 산소를 효율적으로 전달할 수 없는 이유에 대한 모식도를 간단히 그려보시오.

생식세포에서 발생하는 DNA 구조의 변화는 다음 세대에 해로운 영향을 줄 수 있다. DNA에 대한 일부 손상은 매우 광범위해서 전체 DNA가 파손되어 비정상 단백질의 합성이나 단백질 합성의 전체적인 결핍을 초래할 수 있다. 많은 실험에 따르면 LSD(lysergic acid diethylamide)와 같은 마약이 돌연변이 유발인자로 밝혀졌으며, 염기의 수나 서열 변화의 결과인 비정상도 확인되었다. 이러한 다양한 종류의 돌연변이를 나타내는 한 가지 방법을 표 22.4를 통해 제시하였다.

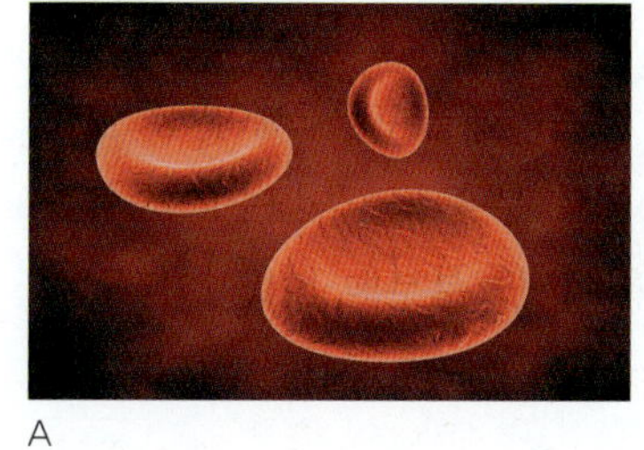

그림 22.16 (A) 정상적인 적혈구 세포를 (B) 낫 모양의 적혈구 세포와 비교하여 보여준다. 낫 모양의 적혈구는 헤모글로빈 분자에서 아미노산 하나의 돌연변이로 생긴 결과이다.

표 22.4 염색체 이상의 유형

정상 서열	THE ONE BIG FLY HAD ONE RED EYE*
돌연변이의 종류	**변형 서열**
미스센스(Missense)	THQ ONE BIG FLY HAD ONE RED EYE
넌센스(Nonsense)	THE ONE BIG
프레임시프트(Frameshift)	THE ONE QBI GFL YHA DON ERE DEY
결손(Deletion)	THE ONE BIG HAD ONE RED EYE
중복(Duplication)	THE ONE BIG FLY FLY HAD ONE RED EYE
삽입(Insertion)	THE ONE BIG WET FLY HAD ONE RED EYE
확장 돌연변이(Expanding mutation):	
부모	THE ONE BIG FLY HAD ONE RED EYE
자식	THE ONE BIG FLY FLY FLY HAD ONE RED EYE
손자	THE ONE BIG FLY FLY FLY FLY FLY FLY HAD ONE RED EYE

출처: Based on Lewis, R., *Human Genetics, Concepts and Applications*, 2d ed., Dubuque, IA: Wm. C. Brown Publishers, 1997.

*위의 세 글자 단어로 구성된 문장은 유전자의 뉴클레오티드 서열에 대한 돌연변이의 경향을 비교하여 제시할 수 있다.

요약

유전자는 생명체가 나타내는 특성을 결정짓는 특정 서열의 DNA로 구성된 유전 단위이다. 특정 유전자는 특정 염색체의 특정 유전자좌에 있으며, 생명체에 의해 나타나는 **표현형**은 유전자가 스스로 발현하는 특성에 미치는 영향에 대한 결과라 생각할 수 있다.

이배체 생명체는 각각의 특성에 대한 유전자를 2개씩 가지고 있는데, 이러한 특성에 대하여 다른 형태의 유전자를 **대립유전자**라고 한다. 그렇기 때문에 각각의 특성에 대해 여러 가지 대립유전자가 있을 수 있다. 2개의 동일한 대립유전자를 가진 생명체를 **동형접합체**라고 하고, 다른 대립유전자를 가진 생명체는 **이형접합체**라 한다. 또 이러한 대립유전자는 **우성** 및 **열성**의 성질을 가지고 있다.

때때로 2개의 대립유전자가 동시에 발현을 하거나 하나의 유전자가 생명체의 하나 이상의 표현형에 영향을 미치기도 하는데, 일부 특성은 여러 다른 대립유전자 쌍에 의해 결정되는 경우도 있다. 또 대립유전자의 유형뿐만 아니라 유전자 간 상호작용을 하거나 환경 그리고 후성적 요인에 따라 인간 및 다른 생명체에서는 표현형의 발현에 영향을 미칠 수도 있다. 일반적으로 알려진 6가지 패턴에는 다중 대립유전자, 공동우성, 불완전 우성, X 염색체 연관 유전자, 다인자 유전 및 다면발현 등이 있다.

세포가 살아가는 것을 정상적으로 유지하기 위해서는 DNA에서 발견된 유전자 정보를 정확하게 사용하는 능력이 중요한데, DNA의 정보를 사용하여 합성할 수 있는 **효소**는 세포의 신진대사를 효율적으로 제어하기 때문이다. 그리고 이러한 효소의 생성은 세포의 주요 조절 인자인 **핵산**을 통해 제어하고 있다. 핵산의 구조(DNA 및 RNA)는 단백질의 구조를 결정하고, 단백질의 구조는 세포의 수명에 관련된 주기에서 다양한 기능들을 결정하기도 한다. **단백질 합성**은 DNA를 특정 단백질 효소로 해독하고 리보솜에서 일부 단백질, mRNA 및 tRNA를 사용하여 이루어진다. 특히 이 과정에서 유전 암호 코돈에 문제가 생기면 세포의 기능에 눈에 띄는 변화가 생길 수 있으며 세포 사멸로 이어질 수 있다.

DNA 복제는 유전물질을 정확하게 복사하고, 이것은 사실상 동일한 가닥의 DNA가 다음 세대 세포로 전달을 용이하게 하는 과정이라 할 수 있다.

과학의 배후에 있는 사람들

그레고르 요한 멘델(Gregor Johann Mendel, 1822–1884)

그레고르 요한 멘델은 유전의 기본 법칙을 발견한 오스트리아의 수도승으로 그의 업적이 사후까지 인정을 받지는 못했지만, 현대 유전학의 기초가 되는 중요한 업적을 남겼다.

멘델은 1822년 7월 22일 오스트리아 하이젠도르프에서 농부의 아들로 태어났으며, 이때 그의 이름은 요한 멘델이었다. 그는 올로모우츠 철학교육기관에서 2년을 공부하고, 1843년 모라비아의 브룬에 있는 성 아우구스티누스 수도원에 들어가 그레고르라는 이름을 얻었다. 1847년 성직자로 임명되었으며, 종교훈련 중 독학으로 과학을 공부하였다. 1850년 교사 자격시험에 응시하였으나 통과하지 못했고, 1851년 대 수도원장에 의해서 비엔나 대학으로 가서 물리, 화학, 수학, 동물학, 그리고 식물학 등을 배웠다. 이후 1853년 대학을 떠나 1854년 브룬의 수도원으로 돌아왔다. 1868년까지 지역 기술 고등학교에서 자연과학을 가르쳤으며, 동 기간 동안 상급기관에서 가르칠 수 있는 교사자격을 획득하려고 했지만 실패하였다. 브룬의 수도원으로 돌아온 1854~1868년 사이가 멘델이 유전에 대한 과학적인 업적을 수행한 대부분의 기간으로 알려져 있다. 그는 1868년 브룬 수도원의 대 수도원장으로 선출되었으며, 행정 업무로 인해 과학적인 발견을 할 수가 없었다. 1884년 1월 6일 사망할 때까지 멘델은 브룬의 대 수도원장의 집무를 수행하였다.

상자 그림 22.5

©Pixtal/age Fotostock RF

멘델은 1856년 유전의 기본법칙을 발견하는 실험을 시작하였다. 그의 연구의 대부분은 그가 수도원의 정원에서 재배한 식용 완두콩(*Pisum* sp.)을 대상으로 진행하였다. 그는 각 식물을 조심스럽게 자가수분시키고 포장(곤충에 의한 우발적인 수분 억제)하였으며, 식물이 생산한 종자를 수집하여 종자의 자손을 연구하였다. 그는 난쟁이 식물은 오로지 난쟁이 식물 자손만 생산하며 이 자손의 다음 세대에서 생산한 씨앗도 동일하게 난쟁이 식물만 생산한다는 것을 발견하였다. 그러나 멘델은 키 큰 식물은 키 큰 식물과 난쟁이 식물 자손을 모두 생산하고 키 큰 식물의 1/3 정도가 순종이라는 것을 알게 되어, 이로부터 키 큰 식물에는 순종과 순종이 아닌 2가지 유형이 있음을 결론짓게 되었다. 다음에 그는 난쟁이 식물을 순종인 키 큰 식물과 교배하여 발생한 종자를 심어서 이 2세대를 각각 자가수분시켰다. 그는 1세대의 모든 자손은 키 큰 식물이 었지만 이 1세대의 자손을 자가수분한 결과 1/4은 순종의 난쟁이 식물, 1/4은 순종의 키 큰 식물, 1/2은 혼성의 키 큰 식물로 나타났다. 멘델은 완두콩의 꽃 색깔, 종자의 모양, 그리고 꽃의 위치 등 다른 특성도 연구하여, 키와 마찬가지로 이러한 형질의 유전에도 간단한 법칙이 존재한다는 것을 알아냈다. 그의 발견으로 인해, 멘델은 각 부모 식물이 특정한 형질을 결정하는 요인에 기여하며 자손에서 요인들의 짝은 형질의 합병을 가져오지 않는다고 결론을 내렸다. 이러한 결론으로 유명한 분리의 법칙과 독립의 법칙을 공식화하였으며, 이는 현재 유전의 2가지 기본적인 법칙으로 인정받고 있다.

멘델은 1865년 자연과학 연구의 브룬 학회에 그의 발견을 보고하였으며, 다음 해에 그 결과를 요약한 《식물 잡종의 연구》(*Experiments with Plant Hybrids*)라는 논문을 출간하였다. 그러나 그의 연구의 중요성은 그 당시에는 인정받지 못했으며, 1900년대에 들어 그가 사망하고 16년이 지나서야 위고 드브리스, 칼 에리히 코렌스, 그리고 에리히 체르마크 폰 세이세네그 등에 의해 그의 연구가 재발견되고 나서야 명성을 얻었다.

출처: Modified from the *Hutchinson Dictionary of Scientific Biography*. Abington, UK: Helicon, 2011.

개념에 대한 질문

1. 다음 각각의 부모가 보여지는 유전자형을 가진 자손을 낳을 수 있는 확률은 어떻게 되는가?

부모	자손	유전자형
a. AA	3 aa	Aa
b. Aa	3 Aa	Aa
c. Aa	3 Aa	aa

2. 유전자형 Aa의 자손이 태어나기 위해서 필요한 부모의 유전자형 조합은 어떤 것이 있는가?

3. 인간에게서 백색증(albinism)에 대한 대립유전자는 정상 피부색소 대립유전자에 비하여 열성이다.

a. 이형접합체의 부모로부터 태어난 아이가 백색증을 확률은 얼마인가?

b. 자손이 정상이라면 열성인 백색증에 대한 대립유전자의 보인자일 확률은?

4. 왜소증(achondroplasia)은 섬유아세포 성장인자를 생성하는 유전자의 돌연변이에 기인한다. 이 병은 상염색체 우성 장애로 유전되며, 종종 새로운 돌연변이가 나타난다. 정상키와 몸무게를 가진 2명에게서 5명의 자손이 태어났을 때 그 중 한 명이 왜소증을 보이는 경우에 대해서 설명해보시오.

5. 색맹의 여성과 정상적인 남성이 결혼하였다. 그들에게 6명의 남자아이와 4명의 여자아이 총 10명의 자녀가 있다.
   a. 정상적인 시력의 아이는 몇 명인가?
   b. 색맹인 아이는 몇 명인가?

6. 혈우병(hemophilia)은 상처에서 혈액이 정상적으로 응고되지 않는 질병이다. 이 병은 X 염색체에 위치한 열성 대립유전자에 의해 발생한다. 혈우병을 앓고 있는 남자아이가 있다. 그러나 그의 부모나 조부모 모두 질병을 가지고 있지 않다. 그의 부모와 조부모의 유전자형은 무엇인가?

7. 말의 혼합된 색은 공동우성의 대표적인 예이다. 이유는 무엇인가?

8. DNA와 RNA의 차이점은 무엇인가?

9. DNA 정보가 단백질로 번역될 때 발생하는 사건의 순서를 차례대로 나열하시오.

10. 염색체 이상 및 점돌연변이는 모두 DNA에서 발생한다. 그것이 어떻게 다른지와 재조합 DNA와 어떤 관련이 있는지 이야기해 보시오.

11. DNA 복제와 RNA 제조의 차이점을 설명하시오.

12. DNA 염기 서열이 CATAAAGCA인 경우 이것과 염기쌍을 형성하는 mRNA 염기 서열은 무엇인가?

13. 문제 12의 염기 서열에 의해 화학적으로 암호화된 단백질에서는 어떤 아미노산을 생성할 수 있는가?

14. 생명공학에서 줄기세포와 관련된 응용 예시를 설명해보시오.

15. DNA 중합효소의 역할은 무엇인가?

16. 멘델의 연구가 불과 100년 전에 발표되었다는 것은 매우 중요하다. 당시 기본적인 이해 수준의 가설에 불과했던 그의 연구는 매우 중요한 유전적 이상을 조절할 수 있는 수준으로 발전하였다. 이에 해당하는 질병 5가지를 나열해보고, 각각의 질병에 사용되는 유전자 치료제의 종류를 나열해보시오.

17. 다음 질병의 유전적 기초는 무엇이며 증상은 어떤 것인가?
   a. 컨스-세르 증후군(Kearns-Sayre syndrome)
   b. 레베르시신경병증(LHON, Leber's hereditary optic neuropathy)
   c. MERRF 증후군(Myoclonic epilepsy and red ragged fibers)

18. 다지증(polydactyly)은 손에서 발생하는 가장 흔한 유전적 이상이며 3가지 유형으로 분류된다.
   a. 이 3가지 유형은 무엇인가?
   b. 이러한 표현형이 DNA 돌연변이로 시작하여 중심원리를 거쳐 어떻게 발현되는지 순서대로 설명하시오.

19. 인간과 침팬지의 유전체 차이는 약 1.5%인 것으로 알려져 있다. 전혀 다른 개체인 인간과 침팬지 두 생명체에서 이 정도의 작은 차이만 있다면 인간과 인간 사이에는 어느 정도의 차이가 있을까? 이 정보를 바탕으로 전 세계의 인간을 별개의 인종으로 분리하는 타당성에 대해서 설명해보시오.

연습문제

그룹 A

1. 핵산의 32%는 티민으로 구성된다. 그렇다면 시토신은 핵산의 몇 %인가?

2. 특정 세균이 분당 1회 분열한다고 가정했을 때, 100만 개의 세균이 포함된 접시에서 5분 후에 확인되는 세균의 총 개수는 몇 개인가?

3. 만약 100만 개 세포 중 1개의 비율로 돌연변이가 발생한다면 문제 2의 접시에서 발생한 돌연변이 세균의 수는 얼마인가?

4. 아프리카 출신의 47%가 O+ 혈액형을 가지고 있는 것으로 추정된다. 미국에 3,890만 명의 아프리카계 미국인이 있다면 얼마나 많은 아프리카계 미국인이 O+ 혈액형을 가지고 있겠는가?

부록 A

용해도표

	Acetate	Bromide	Carbonate	Chloride	Fluoride	Hydroxide	Iodide	Nitrate	Oxide	Phosphate	Sulfate	Sulfide
Aluminum	S	S	—	S	s	i	S	S	i	i	S	d
Ammonium	S	S	S	S	S	S	S	S	—	S	S	S
Barium	S	S	i	S	s	S	S	S	S	i	i	d
Calcium	S	S	i	S	i	s	S	S	s	i	s	d
Copper(I)	—	s	i	s	i	—	i	—	i	—	d	i
Copper(II)	S	S	i	S	S	i	S	S	i	i	S	i
Iron(II)	S	S	i	S	s	i	S	S	i	i	S	i
Iron(III)	S	S	i	S	s	i	S	S	i	i	S	d
Lead	S	s	i	s	i	i	s	S	i	i	i	i
Magnesium	S	S	i	S	i	i	S	S	i	i	S	d
Mercury(I)	s	i	i	i	d	d	i	S	i	i	i	i
Mercury(II)	S	s	i	S	d	i	i	S	i	i	i	i
Potassium	S	S	S	S	S	S	S	S	S	S	S	i
Silver	s	i	i	i	S	—	i	S	i	i	i	i
Sodium	S	S	S	S	S	S	S	S	d	S	S	S
Strontium	S	S	s	S	i	s	S	S	—	i	i	i
Zinc	S	S	i	S	S	i	S	S	i	i	S	i

S = soluble
i = insoluble
s = slightly soluble
d = decomposes

부록 B

상대습도표

Dry-Bulb Temperature (°C)	Difference Between Wet-Bulb and Dry-Bulb Temperatures (°C)																			
	1	2	3	4	5	6	7	8	9	10	11	12	13	14	15	16	17	18	19	20
0	81	64	46	29	13															
1	83	66	49	33	17															
2	84	68	52	37	22	7														
3	84	70	55	40	26	12														
4	86	71	57	43	29	16														
5	86	72	58	45	33	20	7													
6	86	73	60	48	35	24	11													
7	87	74	62	50	38	26	15													
8	87	75	63	51	40	29	19	8												
9	88	76	64	53	42	32	22	12												
10	88	77	66	55	44	34	24	15	6											
11	89	78	67	56	46	36	27	18	9											
12	89	78	68	58	48	39	29	21	12											
13	89	79	69	59	50	41	32	23	15	7										
14	90	79	70	60	51	42	34	26	18	10										
15	90	80	71	61	53	44	36	27	20	13	6									
16	90	81	71	63	54	46	38	30	23	15	8									
17	90	81	72	64	55	47	40	32	25	18	11									
18	91	82	73	65	57	49	41	34	27	20	14	7								
19	91	82	74	65	58	50	43	36	29	22	16	10								
20	91	83	74	66	59	51	44	37	31	24	18	12	6							
21	91	83	75	67	60	53	46	39	32	26	20	14	9							
22	92	83	76	68	61	54	47	40	34	28	22	17	11	6						
23	92	84	76	69	62	55	48	42	36	30	24	19	13	8						
24	92	84	77	69	62	56	49	43	37	31	26	20	15	10	5					
25	92	84	77	70	63	57	50	44	39	33	28	22	17	12	8					
26	92	85	78	71	64	58	51	46	40	34	29	24	19	14	10	5				
27	92	85	78	71	65	58	52	47	41	36	31	26	21	16	12	7				
28	93	85	78	72	65	59	53	48	42	37	32	27	22	18	13	9	5			
29	93	86	79	72	66	60	54	49	43	38	33	28	24	19	15	11	7			
30	93	86	79	73	67	61	55	50	44	39	35	30	25	21	17	13	9	5		
31	93	86	80	73	67	61	56	51	45	40	36	31	27	22	18	14	11	7		
32	93	86	80	74	68	62	57	51	46	41	37	32	28	24	20	16	12	9	5	
33	93	87	80	74	68	63	57	52	47	42	38	33	29	25	21	17	14	10	7	
34	93	87	81	75	69	63	58	53	48	43	39	35	30	28	23	19	15	12	8	5
35	94	87	81	75	69	64	59	54	49	44	40	36	32	28	24	20	17	13	10	7

찾아보기

ㅅ

ㅇ

ㅈ

ㅊ

ㅋ

ㅌ

ㅍ

▶ 역자 소개

감수

김덕현 한밭대학교 기초과학부

역자

강광철 충북대학교 화학과
김석준 조선대학교 의생명과학과
김영태 아주대학교 물리학과
김주천 충북대학교 화학과
박태원 전남대학교 지구과학교육과
양도현 충북대학교 화학과
원기탁 공군사관학교 물리/화학과
정연환 충북대학교 화학과

7판
TILLERY
자연과학개론

2020년 12월 24일 7판 인쇄
2020년 12월 30일 7판 발행

지은이 Bill W. Tillery 외
감　수 김덕현
옮긴이 강광철 · 김석준 · 김영태 · 김주천 · 박태원 · 양도현 · 원기탁 · 정연환
펴낸이 류원식
펴낸곳 **교문사**
편집팀장 모은영
책임편집 안영선
디자인 신나리
본문편집 신성기획

주소 (10881) 경기도 파주시 문발로 116
전화 031-955-6111
팩스 031-955-0955
홈페이지 www.gyomoon.com
E-mail genie@gyomoon.com
등록번호 1960.10.28. 제406-2006-000035호
ISBN 978-89-363-2124-6(93400)
값 36,000원

Table of Atomic Weights (Based on Carbon-12)

Name	Symbol	Atomic Number	Atomic Weight	Name	Symbol	Atomic Number	Atomic Weight
Actinium	Ac	89	(227)	Mendelevium	Md	101	258.10
Aluminum	Al	13	26.9815	Mercury	Hg	80	200.59
Americium	Am	95	(243)	Molybdenum	Mo	42	95.94
Antimony	Sb	51	121.75	Neodymium	Nd	60	144.24
Argon	Ar	18	39.948	Neon	Ne	10	20.179
Arsenic	As	33	74.922	Neptunium	Np	93	(237)
Astatine	At	85	(210)	Nickel	Ni	28	58.71
Barium	Ba	56	137.34	Niobium	Nb	41	92.906
Berkelium	Bk	97	(247)	Nitrogen	N	7	14.0067
Beryllium	Be	4	9.0122	Nobelium	No	102	259.101
Bismuth	Bi	83	208.980	Osmium	Os	76	190.2
Bohrium	Bh	107	264	Oxygen	O	8	15.9994
Boron	B	5	10.811	Palladium	Pd	46	106.4
Bromine	Br	35	79.904	Phosphorus	P	15	30.9738
Cadmium	Cd	48	112.40	Platinum	Pt	78	195.09
Calcium	Ca	20	40.08	Plutonium	Pu	94	244.064
Californium	Cf	98	(251)	Polonium	Po	84	(209)
Carbon	C	6	12.0112	Potassium	K	19	39.098
Cerium	Ce	58	140.12	Praseodymium	Pr	59	140.907
Cesium	Cs	55	132.905	Promethium	Pm	61	144.913
Chlorine	Cl	17	35.453	Protactinium	Pa	91	(231)
Chromium	Cr	24	51.996	Radium	Ra	88	(226)
Cobalt	Co	27	58.933	Radon	Rn	86	(222)
Copper	Cu	29	63.546	Rhenium	Re	75	186.2
Curium	Cm	96	(247)	Rhodium	Rh	45	102.905
Dubnium	Db	105	(262)	Rubidium	Rb	37	85.468
Dysprosium	Dy	66	162.50	Ruthenium	Ru	44	101.07
Einsteinium	Es	99	(252)	Rutherfordium	Rf	104	(261)
Erbium	Er	68	167.26	Samarium	Sm	62	150.35
Europium	Eu	63	151.96	Scandium	Sc	21	44.956
Fermium	Fm	100	257.095	Seaborgium	Sg	106	(266)
Fluorine	F	9	18.9984	Selenium	Se	34	78.96
Francium	Fr	87	(223)	Silicon	Si	14	28.086
Gadolinium	Gd	64	157.25	Silver	Ag	47	107.868
Gallium	Ga	31	69.723	Sodium	Na	11	22.989
Germanium	Ge	32	72.59	Strontium	Sr	38	87.62
Gold	Au	79	196.967	Sulfur	S	16	32.064
Hafnium	Hf	72	178.49	Tantalum	Ta	73	180.948
Hassium	Hs	108	(277)	Technetium	Tc	43	(98)
Helium	He	2	4.0026	Tellurium	Te	52	127.60
Holmium	Ho	67	164.930	Terbium	Tb	65	158.925
Hydrogen	H	1	1.0079	Thallium	Tl	81	204.37
Indium	In	49	114.82	Thorium	Th	90	232.038
Iodine	I	53	126.904	Thulium	Tm	69	168.934
Iridium	Ir	77	192.2	Tin	Sn	50	118.69
Iron	Fe	26	55.847	Titanium	Ti	22	47.90
Krypton	Kr	36	83.80	Tungsten	W	74	183.85
Lanthanum	La	57	138.91	Uranium	U	92	238.03
Lawrencium	Lr	103	(262)	Vanadium	V	23	50.942
Lead	Pb	82	207.19	Xenon	Xe	54	131.30
Lithium	Li	3	6.941	Ytterbium	Yb	70	173.04
Lutetium	Lu	71	174.97	Yttrium	Y	39	88.905
Magnesium	Mg	12	24.305	Zinc	Zn	30	65.38
Manganese	Mn	25	54.938	Zirconium	Zr	40	91.22
Meitnerium	Mt	109	(268)				

Note: A value given in parentheses denotes the number of the longest-lived or best-known isotope.

Periodic Table of the Elements

Metals · Semiconductors · Nonmetals

Alkali Metals: IA (1) · Alkaline Earth Metals: IIA (2) · Transition Elements: IIIB (3) – IIB (12) · Halogens: VIIA (17) · Noble Gases: VIIIA (18)

Period	IA (1)	IIA (2)	IIIB (3)	IVB (4)	VB (5)	VIB (6)	VIIB (7)	VIIIB (8)	VIIIB (9)	VIIIB (10)	IB (11)	IIB (12)	IIIA (13)	IVA (14)	VA (15)	VIA (16)	VIIA (17)	VIIIA (18)
1	Hydrogen 1 **H** 1.008																	Helium 2 **He** 4.003
2	Lithium 3 **Li** 6.941	Beryllium 4 **Be** 9.012											Boron 5 **B** 10.81	Carbon 6 **C** 12.01	Nitrogen 7 **N** 14.01	Oxygen 8 **O** 16.00	Fluorine 9 **F** 19.00	Neon 10 **Ne** 20.18
3	Sodium 11 **Na** 22.99	Magnesium 12 **Mg** 24.31											Aluminum 13 **Al** 26.98	Silicon 14 **Si** 28.09	Phosphorus 15 **P** 30.97	Sulfur 16 **S** 32.07	Chlorine 17 **Cl** 35.45	Argon 18 **Ar** 39.95
4	Potassium 19 **K** 39.10	Calcium 20 **Ca** 40.08	Scandium 21 **Sc** 44.96	Titanium 22 **Ti** 47.88	Vanadium 23 **V** 50.94	Chromium 24 **Cr** 52.00	Manganese 25 **Mn** 54.94	Iron 26 **Fe** 55.85	Cobalt 27 **Co** 58.93	Nickel 28 **Ni** 58.69	Copper 29 **Cu** 63.55	Zinc 30 **Zn** 65.39	Gallium 31 **Ga** 69.72	Germanium 32 **Ge** 72.61	Arsenic 33 **As** 74.92	Selenium 34 **Se** 78.96	Bromine 35 **Br** 79.90	Krypton 36 **Kr** 83.80
5	Rubidium 37 **Rb** 85.47	Strontium 38 **Sr** 87.62	Yttrium 39 **Y** 88.91	Zirconium 40 **Zr** 91.22	Niobium 41 **Nb** 92.91	Molybdenum 42 **Mo** 95.94	Technetium 43 **Tc** (98)	Ruthenium 44 **Ru** 101.1	Rhodium 45 **Rh** 102.9	Palladium 46 **Pd** 106.4	Silver 47 **Ag** 107.9	Cadmium 48 **Cd** 112.4	Indium 49 **In** 114.8	Tin 50 **Sn** 118.7	Antimony 51 **Sb** 121.8	Tellurium 52 **Te** 127.6	Iodine 53 **I** 126.9	Xenon 54 **Xe** 131.3
6	Cesium 55 **Cs** 132.9	Barium 56 **Ba** 137.3	Lanthanum 57 **La** 138.9	Hafnium 72 **Hf** 178.5	Tantalum 73 **Ta** 180.9	Tungsten 74 **W** 183.8	Rhenium 75 **Re** 186.2	Osmium 76 **Os** 190.2	Iridium 77 **Ir** 192.2	Platinum 78 **Pt** 195.1	Gold 79 **Au** 197.0	Mercury 80 **Hg** 200.6	Thallium 81 **Tl** 204.4	Lead 82 **Pb** 207.2	Bismuth 83 **Bi** 209.0	Polonium 84 **Po** (209)	Astatine 85 **At** (210)	Radon 86 **Rn** (222)
7	Francium 87 **Fr** (223)	Radium 88 **Ra** (226)	Actinium 89 **Ac** (227)	Rutherfordium 104 **Rf** (261)	Dubnium 105 **Db** (262)	Seaborgium 106 **Sg** (266)	Bohrium 107 **Bh** (264)	Hassium 108 **Hs** (277)	Meitnerium 109 **Mt** (268)	Darmstadtium 110 **Ds** (281)	Roentgenium 111 **Rg** (280)	Copernicium 112 **Cn** (285)	Ununtrium 113 **Uut** (284)	Flerovium 114 **Fl** (289)	Ununpentium 115 **Uup** (288)	Livermorium 116 **Lv** (293)	Ununseptium 117 **Uus** (294)	Ununoctium 118 **Uuo** (294)

Inner Transition Elements

thanides

Cerium 58 **Ce** 140.1	Praseodymium 59 **Pr** 140.9	Neodymium 60 **Nd** 144.2	Promethium 61 **Pm** (145)	Samarium 62 **Sm** 150.4	Europium 63 **Eu** 152.0	Gadolinium 64 **Gd** 157.3	Terbium 65 **Tb** 158.9	Dysprosium 66 **Dy** 162.5	Holmium 67 **Ho** 164.9	Erbium 68 **Er** 167.3	Thulium 69 **Tm** 168.9	Ytterbium 70 **Yb** 173.0	Lutetium 71 **Lu** 175.0

mber

ht

Values in parentheses are the mass numbers of the most stable or best-known isotopes.